Wasser in der mittelalterlichen Kultur / Water in Medieval Culture

Das Mittelalter
Perspektiven mediävistischer Forschung

Beihefte

Herausgegeben von
Ingrid Baumgärtner, Stephan Conermann
und Thomas Honegger

Band 4

Gerlinde Huber-Rebenich, Christian Rohr,
Michael Stolz (Hrsg.)

Wasser in der mittelalterlichen Kultur / Water in Medieval Culture

―

Gebrauch – Wahrnehmung – Symbolik /
Uses, Perceptions, and Symbolism

DE GRUYTER

Die Drucklegung dieser Publikation wurde gefördert durch:

Burgergemeinde Bern   Fondation Johanna Dürmüller-Bol

Mediävistenverband e.V.

Schweizerische Akademie der Geistes- und Sozialwissenschaften (SAGW)

Schweizerische Akademie der Geistes- und Sozialwissenschaften
Académie suisse des sciences humaines et sociales
Accademia svizzera di scienze umane e sociali
Academia svizra da scienzas moralas e socialas
Swiss Academy of Humanities and Social Sciences

Schweizerischer Nationalfonds (SNF)

SCHWEIZERISCHER NATIONALFONDS
ZUR FÖRDERUNG DER WISSENSCHAFTLICHEN FORSCHUNG

UniBern Forschungsstiftung
(Berne University Research Foundation)

ISBN 978-3-11-063592-8
e-ISBN (PDF) 978-3-11-043743-0
e-ISBN (EPUB) 978-3-11-043476-7

Library of Congress Cataloging-in-Publication Data
A CIP catalog record for this book has been applied for at the Library of Congress.

Bibliografische Information der Deutschen Nationalbibliothek
Die Deutsche Nationalbibliothek verzeichnet diese Publikation in der Deutschen Nationalbibliografie; detaillierte bibliografische Daten sind im Internet über http://dnb.dnb.de abrufbar.

© 2018 Walter de Gruyter GmbH, Berlin/Boston
Dieser Band ist text- und seitenidentisch mit der 2017 erschienenen gebundenen Ausgabe.
Satz: Dörlemann Satz GmbH & Co. KG, Lemförde
Druck und Bindung: Hubert & Co. GmbH & Co. KG, Göttingen
♾ Gedruckt auf säurefreiem Papier
Printed in Germany

www.degruyter.com

Inhaltsverzeichnis

Gerlinde Huber-Rebenich (Bern) / Christian Rohr (Bern) / Michael Stolz (Bern)
Zur Einleitung. Wasser in der mittelalterlichen Kultur —— 1

Ruedi Imbach (Paris)
De aqua: Philosophische und theologische Diskussionen über das Wasser im Mittelalter —— 17

Ortrun Riha (Leipzig)
Das Wasser in der mittelalterlichen Naturkunde und Medizin —— 36

Wahrnehmungen von Flüssen, Meeren und Mündungen

Christoph Mauntel (Tübingen) / Jenny Rahel Oesterle (Heidelberg)
Wasserwelten. Ozeane und Meere in der mittelalterlichen christlichen und arabischen Kosmographie —— 59

Laury Sarti (Berlin)
Totius terrae circulum oceani limbo circumseptum. Das Meer aus der Perspektive gotischer und langobardischer Historiographen —— 78

Stefan Burkhardt (Heidelberg) / Sebastian Kolditz (Heidelberg)
Zwischen Fluss und Meer: Mündungsgebiete als aquatisch-terrestrische Kontaktzonen im Mittelalter —— 90

Uwe Israel (Dresden)
Zwischen Land und Meer. Venedigs Ringen um eine hegemoniale Stellung am Unterlauf des Po im Mittelalter —— 105

Georg Jostkleigrewe (Münster)
Herrschaft im Zwischenraum. Politik von oben, außen und unten in den Küstenlagunen des Rhone-Mittelmeer-Systems —— 118

Daniel Ziemann (Budapest)
Die Ambivalenz von Grenze und Austausch. Die untere Donau und das Schwarze Meer —— 134

Thomas Wozniak (Tübingen)
Eisschollen in Konstantinopel – der Extremwinter des Jahres 763/764 —— 150

Hauke Horn (Mainz)
Baukultur am Mittelrhein. Beziehungen zwischen Fluss und Architektur im 13. und 14. Jahrhundert —— 163

Chun Xu (Heidelberg)
Between Chthonian and Celestial Powers: River Cults and Socio-cultural Control of the Yellow River in Ming China —— 179

Wassernutzung

Annapaola Mosca (Rom)
Navigation on Lake Garda from Antiquity to the Middle Ages —— 193

Nicole Stadelmann (St. Gallen)
Austausch übers Wasser. Wirtschaftliche Beziehungen und Arbeitsalltag zwischen dem Nord- und Südufer des Bodensees —— 206

Paweł Sadłoń (Gdańsk)
Skippers from Gdańsk as Victims of Danish Privateers from the Turn of the 15th Century to the First Half of the 16th Century —— 221

Beata Możejko (Gdańsk)
The Seven Voyages of the Great Caravel *Peter von Danzig* – a New Type of Ship in the Southern Baltic in the Late Medieval Period —— 229

Jens Rüffer (Bern)
Funktionalität und Spiritualität. Die Wasserversorgung bei den Zisterziensern —— 242

Marco Leonardi (Catania)
Die Nutzung und Verwaltung des Wassers durch die Benediktiner im Val Demone und im Val di Noto im Spätmittelalter —— 255

María Aurora Molina Fajardo (Granada)
Territorial Organisation, Irrigation and Religious Space in the Islamic Kingdom of Granada. The Case of the Village of Acequias —— 266

Niels Petersen (Göttingen) / Arnd Reitemeier (Göttingen)
Die Mühle und der Fluss. Juristische Wechselwirkungen —— 276

András Vadas (Budapest)
Some Remarks on the Legal Regulations and Practice of Mill Construction in Medieval Hungary —— 291

Simone Westermann (Zürich)
Spätmittelalterliche Badekultur. Der badende Körper und seine Visualisierung in den illustrierten ‚Tacuina sanitatis' —— 305

Wasser in Religion, Ritus und Volksglaube

Ueli Zahnd (Basel)
Die sakramentale Kraft des Wassers. Scholastische Debatten über ein augustinisches Bild zur Wirkweise von Weihwasser und Taufe —— 321

Hanns Peter Neuheuser (Köln)
Das Wasser als Naturelement und Zeichen in der mittelalterlichen Liturgie —— 333

Wendelin Knoch (Hattingen)
Baptismus – Sacramentum (Hugo von St. Viktor). Kirchliche Vollmacht und Taufspendung ‚mit Wasser' —— 345

Jürgen Bärsch (Eichstätt)
Der Wasserritus der Taufe im Spiegel der mittelalterlichen Liturgiepraxis und -kommentare —— 354

Görge K. Hasselhoff (Dortmund)
Ubi aqua oritur – Zur Exegese von Genesis 1,2 und 1,6 f. zwischen Juden und Christen —— 367

Isabel Del Val Valdivieso (Valladolid)
Beliefs, Religious Practice and Superstition in Castile in the Late Middle-Ages —— 375

Rica Amran (Amiens)
L'antijudaïsme aux XIVe et XVe siècle : l'utilisation de l'eau —— 386

Philologisch-literarische Annäherungen

Thomas Haye (Göttingen)
Die Rede des personifizierten Wassers im Briefcorpus des Petrus Damiani (1007–1072) —— 397

Sebastian Holtzhauer (Osnabrück)
Naufragentes in hoc mari – **Zur Symbolik des Wassers in Berichten über die Seereise des Hl. Brandan** —— 406

Robert Steinke (Augsburg)
Providenz und Souveränität. Wasser als Element göttlichen und menschlichen Wirkens im ‚Gregorius' Hartmanns von Aue —— 419

Angelica Rieger (Aachen)
« D'une espee forbie et blanche estoit li pons sur l'eve froide » – Ponts fantastiques du monde arthurien —— 431

Brigitte Burrichter (Würzburg)
La Fontaine de Barenton – Poetologische Implikationen der Gewitterquelle aus dem ‚Yvain' —— 449

Friedrich Wolfzettel (Frankfurt am Main)
Wassersymbolik und Zeitenwende bei Boccaccio —— 465

Manuel Schwembacher (Salzburg)
Una fonte di marmo bianchissimo e con maravigliosi intagli – **Brunnen in mittelalterlichen Gärten** —— 472

Dieter Röschel (Bonn)
Il a un lieu dessus la mer – **Das Schloss der Fortuna in Christine de Pizans ‚Livre de la mutacion de Fortune'** —— 488

Wassertiere in der Literatur

Sabine Obermaier (Mainz)
Wassertiere. Mittelalterliche Denkfiguren zur Erfassung einer unbekannten Welt —— 501

Jacqueline Leclercq-Marx (Brüssel)
Une page d'histoire naturelle peu connue : les contreparties marines d'animaux terrestres dans la littérature didactique et encyclopédique —— 508

Thomas Honegger (Jena)
The Sea-dragon – in Search of an Elusive Creature —— 521

Hélène Cambier (Namur)
Un grand poisson qui pose question. La baleine au Moyen Âge —— 532

Stephanie Mühlenfeld (Mainz)
Die ‚jungfräuliche' Barnikelgans – Klerikal geprägte Denkmuster und ihr Einfluss auf die Wahrnehmung fremder Wasservögel —— 542

Wasser in Architektur, Kunst und Kunsthandwerk

Esther P. Wipfler (München)
Brunnen und Quelle als Metaphern in der Bildenden Kunst des Mittelalters —— 557

Joanna Olchawa (Osnabrück)
Sirenen, Tauben und Löwen bei der Handwaschung. Die Bedeutung des Wassers in der Ikonographie der Aquamanilien —— 572

Stefan Trinks (Berlin)
Der Christus im Kelch – Sonderikonographien des Wassers in San Juan de la Peña —— 585

Hans-Rudolf Meier (Weimar)
„Paradies der Erde" – Wasserinszenierungen in den Normannenpalästen Siziliens —— 601

Helga Steiger (Frankenhardt)
Der Marktbrunnen von Schwäbisch Hall. Ein politisches Bildprogramm —— 614

Liste der Beitragenden —— 627

Register —— 631

Gerlinde Huber-Rebenich (Bern) / Christian Rohr (Bern) / Michael Stolz (Bern)

Zur Einleitung.
Wasser in der mittelalterlichen Kultur

Abstract: Water is life. Individual organisms, social formations, and cultural achievements all depend on water. It is used in both pragmatic and symbolic contexts. Being a life-sustaining as well as a destructive force, water connects and divides, absolves and dissolves. Society as a whole and individual institutions alike need to engage with, and adapt to, these ambivalent aspects of water. As a natural element, water provokes cultural reactions in regard to its utilisation, evaluation, and symbolism. The different functions water fulfils in the natural world are also addressed and negotiated in literature and the visual arts. This article provides a short introduction into the main research questions of the interdisciplinary conference of the "Mediävistenverband e. V." held in Bern, Switzerland in March 2015, it gives a concise overview on previous publications in this field and it summarizes the findings of the overall volume.

Keywords: Mittelalterforschung interdisziplinär, Wasser: Wahrnehmungen, Wasser: Schifffahrt, Wasser: Literatur, Wasser: Kunst

Wasser ist Leben. Der individuelle Organismus, menschliche Sozialbildungen und Kulturleistungen sind auf das Wasser angewiesen. Es kann lebenserhaltend und zerstörend, verbindend und trennend, erlösend und auflösend wirken. Menschliche Gesellschaften und Institutionen sind gezwungen, sich diesen ambivalenten Funktionen zu stellen. Das natürliche Element Wasser fordert zu kulturellen Reaktionen im Bereich seiner Bewirtschaftung, Bewertung und Symbolik heraus. Alle Funktionen, die das Wasser in der realen Welt erfüllt, können auch in Literatur und Kunst thematisiert werden.

1 Wasser als Forschungsgegenstand aus interdisziplinärer kulturwissenschaftlicher Perspektive

Die Rolle des Wassers für historische Gesellschaften ist ein wichtiges Thema kulturwissenschaftlicher Betrachtungsweisen. Dennoch ist die interdisziplinär ausgerichtete Literatur zu diesem Thema überschaubar geblieben. Der von Hartmut BÖHME herausgegebene Sammelband „Kulturgeschichte des Wassers"[1] erschien schon 1988,

---

[1] Hartmut BÖHME (Hg.), Kulturgeschichte des Wassers (suhrkamp taschenbuch 1486), Frankfurt / M. 1988.

also vor knapp 30 Jahren. Er vereinigt in sich insgesamt elf Beiträge, die zum Teil eher essayistisch angelegt sind und einen Bogen von naturphilosophischen Betrachtungen bei Thales von Milet bis zu Wahrnehmungen des Wassers aus einer globalen, kulturvergleichenden Perspektive spannen. Explizit dem Mittelalter ist aber gerade ein Beitrag gewidmet.[2] In ähnlicher Weise spart der kürzlich von Sitta VON REDEN und Christian WIELAND edierte Band „Wasser. Alltagsbedarf, Ingenieurskunst und Repräsentation zwischen Antike und Neuzeit" das Mittelalter praktisch völlig aus.[3] Der von Axel GOODBODY und Berbeli WANNING 2008 herausgegebene Sammelband „Wasser – Kultur – Ökologie. Beiträge zum Wandel im Umgang mit dem Wasser und zu seiner literarischen Imagination"[4] ist zwar interdisziplinär angelegt, beschränkt sich aber auf die Zeit ab dem 18. Jahrhundert.

Konkret vom Umgang mit dem Wasser in der mittelalterlichen Kultur handelt Paolo SQUATRITIS Sammelband „Working with Water in Medieval Europe. Technology and Resource-Use".[5] Der Titel verrät aber schon, dass hier rein Fragen der (technischen) Wassernutzung behandelt werden und sich die Interdisziplinarität auf einige wenige Forschungsrichtungen beschränkt. Eine ähnliche Ausrichtung hat auch der dem Mittelalter gewidmete Band in der Reihe „Geschichte der Wasserversorgung" der Frontinus-Gesellschaft e. V.[6] Zuletzt hat sich ein von Birte FÖRSTER und Martin BAUCH herausgegebener Sammelband mit dem Titel „Wasserinfrastrukturen und Macht von der Antike bis zur Gegenwart" des Themas Wasserversorgung im Mittelalter angenommen,[7] ein Fokus, der mit vier Beiträgen vertreten ist. Wirklich in einem breiten Umfang mediävistisch-interdisziplinär ist allein der 2008 erschienene Kongressband „L'acqua nei secoli altomedievali" zu nennen, entstanden im Rahmen der *Settimane di Studio del Centro italiano di studi sull'alto medioevo* in Spoleto.[8] Der Schwerpunkt liegt dabei programmgemäß auf dem Früh- und Hochmittelalter; der Anteil an literaturwissenschaftlichen und kunstgeschichtlichen Beiträgen ist relativ niedrig. Demzufolge kommt es kaum zu inhaltlichen Doppelungen mit den Beiträgen in diesem Sammelband, ja selbst bei den 33 Autorinnen und Autoren des Spoletiner Tagungsbandes und den 52 hier vertretenen gibt es keine einzige Überschneidung.

---

[2] Heimo REINITZER, Wasser des Todes und Wasser des Lebens. Über den geistigen Sinn des Wassers im Mittelalter, in: BÖHME (Anm. 1.), S. 99–144.
[3] Sitta VON REDEN u. Christian WIELAND (Hgg.), Wasser. Alltagsbedarf, Ingenieurskunst und Repräsentation zwischen Antike und Neuzeit (Umwelt und Gesellschaft 14), Göttingen 2015.
[4] Axel GOODBODY u. Berbeli WANNING (Hgg.), Wasser – Kultur – Ökologie. Beiträge zum Wandel im Umgang mit dem Wasser und zu seiner literarischen Imagination, Göttingen 2008.
[5] Paolo SQUATRITI (Hg.), Working with Water in Medieval Europe. Technology and Resource-Use (Technology and Change in History 3), Leiden 2000.
[6] Frontinus-Gesellschaft e. V. (Hg.), Die Wasserversorgung im Mittelalter (Geschichte der Wasserversorgung 4), Mainz 1991.
[7] Birte FÖRSTER u. Martin BAUCH (Hgg.), Wasserinfrastrukturen und Macht von der Antike bis zur Gegenwart (Historische Zeitschrift, Beihefte, N.F. 63), München 2015.
[8] L'acqua nei secoli altomedievali, 2 Bde. (Settimane di Studio del Centro italiano di studi sull'alto medioevo 55), Spoleto 2008.

Der vorliegende Sammelband vereinigt, aufbauend auf dem 16. Symposium des Mediävistenverbands e.V. vom 22. bis 25. März 2015 in Bern, insgesamt 47 Beiträge aus der Geschichtswissenschaft, Kunstgeschichte, Medizingeschichte, Theologie, Philosophie und aus den Literaturwissenschaften zu den Themenfeldern Wahrnehmungen von Flüssen, Meeren und Mündungen, Wassernutzung, Wasser in Religion, Ritus und Volksglaube, philologisch-literarische Annäherungen an das Wasser, Wassertiere in der Literatur sowie Wasser in Architektur, Kunst und Kunsthandwerk. Es ist somit der erste Versuch überhaupt, die Rolle des Wassers in der mittelalterlichen Kultur unter Einschluss des Spätmittelalters derart umfassend und interdisziplinär zu beleuchten. Der zeitliche Bogen spannt sich von der Antike bis ins 16. Jahrhundert. Europa steht in fast allen Beiträgen im Zentrum, doch werden insbesondere auch Randgebiete beleuchtet, etwa die Kontaktzonen zum mittelalterlich-islamischen Bereich oder der Schwarzmeerraum.

2 Plenarvorträge

Ortrun RIHA eröffnet in ihrem Beitrag ein breites Spektrum mittelalterlicher Vorstellungen von Mensch und Natur, die auch von anderen Autoren in diesem Band wieder aufgegriffen werden. Nach einem kurzen Panorama über naturkundliche Darstellungen des Wassers samt seinen Bewohnern wird seine Bedeutung in Kultur- und Alltagsgeschichte in den Blick genommen. Berücksichtigt werden dabei sowohl das Element Wasser als Abstraktum wie auch Konkretisierungen dieses Elements – etwa in unterschiedlichen Gewässerformen oder als Nutzwasser. All diese Faktoren bilden den Rahmen und die Voraussetzung für das Verständnis des zentralen Themas des Beitrags: Wasser in der mittelalterlichen Medizin, die mit ihrem ‚ganzheitlichen' Ansatz, d.h. der Analogie von Mikrokosmos und Makrokosmos, naturphilosophische Anschauungen mit heilkundlichem Erfahrungswissen verbindet. Zur Sprache kommen folglich anthropologische Bezüge wie etwa die Auffassung des Wassers – mit seinen Primärqualitäten ‚kalt' und ‚feucht' – als ‚weibliches' Element oder seine Zuordnung zum Typus des Phlegmatikers in der Temperamentenlehre. Aus dieser Lehre lassen sich entsprechend für die Humoralpathologie therapeutische und präventive Anweisungen ableiten, z.B. in der Diätetik. Dem Aspekt ‚Wasser und Krankheit' – demonstriert am Beispiel der Wassersucht – wird die therapeutische Funktion des ‚heilenden Wassers' gegenübergestellt, die häufig auch mit religiösen Vorstellungen verbunden ist: Pilgerströme zu wundertätigen Quellen belegen einmal mehr, wie tief die mittelalterliche Medizin nicht nur in der Tradition der Naturkunde, sondern auch im theozentrischen Weltbild verwurzelt ist.

In dem zweiten auf einen Hauptvortrag zurückgehenden Beitrag stehen dagegen Wahrnehmung und Symbolik des Wassers im Vordergrund. Ruedi IMBACH zeichnet darin wichtige Stationen der philosophischen und theologischen Diskussionen über das Wasser nach, die sich von der antiken Elementenlehre über die Patristik zu

Thomas von Aquin und Dante erstrecken. Wie der Verfasser zeigt, bezieht die mittelalterliche Rezeption der Elementenlehre gemäß dem Mikrokosmos-Makrokosmos-Schema auch den Menschen als Wahrnehmenden von Elementen wie Wasser ein, dies gemäß dem aristotelischen Imperativ, dass das ‚Wahrnehmbare durch Wahrnehmbares' zu erklären sei. Augustinus setzt sich in seiner Genesis-Exegese mit schwer verständlichen Stellen wie der Angabe zu Wasser oberhalb des Firmaments auseinander und bezeugt dabei eine erstaunlich modern anmutende Abwägung von Offenbarung und Vernunft. Thomas von Aquin deutet die Begegnung Jesu mit der Samariterin am Brunnen (Joh 4,5–15) als Metapher der Lehre Jesu, die der Mensch gleichsam dürstend ersehnt und die ihn erfrischt. Dante schließlich fragt in seiner ‚Abhandlung über das Wasser und die Erde' nach dem Ort des Wassers auf der Erde und fordert dabei eine konsequent philosophische Klärung, in der eine Trennung von Religion und Naturforschung erfolgt.

3 Wahrnehmungen von Flüssen, Meeren und Mündungen

Die Kategorie ‚Wahrnehmung' spielt in den letzten zwanzig Jahren auch in einer kulturhistorisch ausgerichteten Umweltgeschichte eine wesentliche Rolle. Insgesamt neun Beiträge befassen sich daher mit Sichtweisen und Deutungen zu Flüssen, Meeren und Mündungsgebieten. Christoph MAUNTEL und Jenny Rahel OESTERLE vergleichen dabei die Sicht von Ozeanen und Meeren in der mittelalterlichen christlichen und arabischen Kosmographie anhand der Beschreibungen bei Isidor von Sevilla und weiteren Enzyklopädisten sowie den Karten von Pietro Vesconte, Fra Mauro, Ibn Ḥauqal und al-Masʿūdī. Sie kommen dabei zu dem Schluss, dass das Weltbild lateinisch-christlicher dem arabischer Gelehrter grundsätzlich ähnlich war: Da wie dort stellte man sich die Erde als von einem unüberwindlichen Ozean umgeben vor. Bei den Beschreibungen ging man häufig regional vor, d. h. gliederte größere Gewässer wie das Mittelmeer oder den Ozean in kleinere Abschnitte, die man nach dem benachbarten Land benannte. Kartographische Darstellungen nahmen die Welt global in den Blick, wobei sich die arabische Kartographie gegenüber der christlichen durch stärkere Abstraktion und – mit Ausnahme der TO-Karten – reduzierte Beschriftung auszeichnete. Zudem spiegeln arabische Weltkarten bei der Darstellung der Meere schon früh die globale Perspektive der Araber wider, die bereits in vorislamischer Zeit Handel auf dem Indischen Ozean trieben und im Zuge der islamischen Expansion rasch das Mittelmeer und das Kaspische Meer erreichten. Laury SARTI fragt in ihrem Beitrag ebenfalls nach Wahrnehmungen des Ozeans und der Meere, konzentriert sich dabei aber auf die Perspektive gotischer und langobardischer Historiographen, namentlich Jordanes, Paulus Diaconus und Liutprand von Cremona. Sie kann damit Entwicklungslinien über ein halbes Jahrtausend aufzeigen. Die darin dargelegte Konzeption des Meeres unterschied sich nicht wesentlich von antiken Auffassungen. Charakteristisch blieb die seit der Antike gängige Vorstellung eines den gesamten Erdkreis umgebenden Ozeans.

Diesen unterschieden die Autoren begrifflich von den Binnenmeeren, wobei das Mittelmeer eine Zwischenstellung einnahm und als einziges Meer keinen näher spezifizierten Namen aufwies. Auch wenn die drei Quellen nicht für die zeitgenössische Sichtweise insgesamt stehen können, so können sie doch als Indiz gewertet werden, dass in der Wahrnehmung des Mittelmeeres keine nennenswerte Zäsur ab dem 7. Jahrhundert zu erkennen ist, wie dies Henri PIRENNE in seinem Hauptwerk „Mahomet et Charlemagne" postulierte, da damals das Mittelmeer durch die Expansion der Araber seinen Charakter als Binnenmeer innerhalb des Römerreichs verloren hatte.

Den Mündungsgebieten als aquatisch-terrestrische Kontaktzonen zwischen Flüssen und Meeren widmen sich weitere Beiträge. Stefan BURKHARDT und Sebastian KOLDITZ stellen zu diesem Themenblock zunächst einige allgemeine Überlegungen an und bieten einen Forschungsüberblick von den frühen *area studies* im Sinne der ‚Annales' (Lucien FEBVRE, Fernand BRAUDEL) bis hin zu den umwelthistorisch ausgerichteten Flussbiographen der letzten Jahre. Sie konstatieren dabei, dass die Mündungsgebiete in der Forschung bislang „sowohl im maritimen wie im fluvialen Paradigma marginale Räume" geblieben seien. Dies verwundert umso mehr, als diese Ästuarräume aus siedlungs-, verkehrs- und naturräumlicher, aber auch politik- und kulturgeschichtlicher Perspektive beleuchtet werden können. Die folgenden drei Beiträge stellen Fallstudien zu den großen europäischen Flüssen Po, Rhone und Donau dar: Uwe ISRAEL beschäftigt sich mit Venedigs Ringen um eine hegemoniale Stellung am Unterlauf des Po im Mittelalter. Dabei kam insbesondere zum Tragen, dass der sedimentreiche Po durch Anschwemmung und Dammbau bereits im Mittelalter teils über dem Niveau des Umlands lag, was immer wieder zu verheerenden Überschwemmungen und Verlagerungen seines Laufs führte. Die spektakulärste Veränderung des Polaufs in mittelalterlicher Zeit war jedoch der Dammbruch von Ficarolo etwa 20 Kilometer nordwestlich von Ferrara in der Mitte des 12. Jahrhunderts, was dazu führte, dass der Po seinen Hauptarm in ein weiter nördlich gelegenes altes Bett, den Po Grande, zurückverlagerte. Damit konnte Venedig seinen wichtigsten Konkurrenten in der Region seit frühmittelalterlicher Zeit, Ferrara, endgültig überflügeln und den Salzhandel aus dem nahen Comacchio kontrollieren. Das Rhonedelta mit seinen Küstenlagunen stellte gleichsam eine Herrschaft im Zwischenraum dar, auf das die Politik „von oben, außen und unten" einwirkte, wie Georg JOSTKLEIGREWE aufzeigt. Er konzentriert sich dabei auf das 13. und 14. Jahrhundert. Als Quellen dienen ihm unter anderem sogenannte ‚Enquêtes' oder ‚Inquisitiones', die von königlichen Kommissaren im Rahmen der Klärung strittiger Herrschaftsansprüche an den Küsten des Languedoc verfasst wurden. Dabei lässt sich im späten 13. Jahrhundert zweifellos ein verstärkter Zugriff des französischen Königtums auf Mittelmeerküste und Rhonemündung sowie auf die dort abzuschöpfenden Güter beobachten. Die geographische Dreiteilung der Küstenzone – Meer, Étang und Festland – wurde dabei durch die Hervorhebung der binären Außengrenze des Königreiches überlagert. Dennoch wurde die dortige Politik weiterhin nicht nur vom Königtum, sondern auch von Untertanen und auswärtigen Akteuren gemacht. Daniel ZIEMANN lenkt in der Folge den Blick auf die untere Donau und das Schwarze Meer und charakterisiert diesen Raum in seiner Ambivalenz von Grenze und Austausch. Er legt dabei einen Schwerpunkt auf die Rolle von Flüssen im Rahmen früh- und hochmittelalterlicher Origo-Erzählungen, etwa von Theophanes dem Bekenner und dem Patriarchen Nikephoros, zum Eindringen der Bulgaren in den Mündungsbereich der Donau. Aber auch im Zusammenhang mit weiteren ‚Migrationsgeschichten' spielt das Überschreiten von Flüssen immer wieder eine entscheidende Rolle. Zudem hatten die Donau und ihre Nebenflüsse auf dem Balkan sowohl eine verbindende Funktion als Übergangs-, Transport- und Expansionsraum als auch eine trennende als Grenze inne.

Eine Kontaktzone anderer Art untersucht Thomas WOZNIAK, wenn er über den Schwarzmeerraum sowie den Bosporus im Großraum von Konstantinopel schreibt. Waren der Zugang sowohl zum Schwarzen Meer als auch zur Ägäis sowie die Meerenge zwischen Europa und Asien in der Regel ein Garant für die wirtschaftliche Prosperität der Stadt, so wurden die Eisschollen während des Extremwinters im Jahr 763/764 zu einer Bedrohung. Der Autor versucht zunächst eine Rekonstruktion der Gesamtwitterung auf einer europäischen Ebene, wofür ihm zahlreiche annalistische Kurznachrichten zur Verfügung stehen, die allerdings einer besonderen Quellenkritik bedürfen. Für Konstantinopel selbst liegt mit dem ausführlichen Augenzeugenbericht von Theophanes dem Bekenner eine Quelle ersten Ranges vor, doch auch diese bleibt für die Rekonstruktion der Ereignisse nicht unproblematisch. Auszugehen ist davon, dass sich die Eisschollen meterhoch an den Mauern nahe der Meerenge auftürmten.

Die letzten beiden Beiträge in diesem Themenblock sind allein Flüssen gewidmet: Hauke HORN nähert sich der Baukultur am Mittelrhein aus einer kunsthistorischen Perspektive und sucht nach Beziehungen zwischen Fluss und Architektur im 13. und 14. Jahrhundert. Die Analyse der Burg Pfalzgrafenstein (Kaub) sowie von St. Peter und der Wernerkapelle zu Bacherach bringt ihn zu dem Schluss, dass der Fluss als Transportmittel für Baustoffe, aber auch als Verkehrsweg für Personen und den Austausch von Ideen diente, insbesondere mit der nahen Metropole Köln. Manche Bauwerke mussten sich der Gewalt der Fluten entgegenstemmen; manche Bauwerke wurden errichtet, um den Fluss zu kontrollieren. Die Baukultur macht gesellschaftliche Verbindungen an der Rheinschiene sichtbar und legt ein Zeugnis für die regionale Vernetzung und den überregionalen Anspruch der Architektur am Mittelrhein ab. Schließlich erweitert Chun XU den Blick auf Ostasien und zeigt auf, in welcher Weise am Gelben Fluss (Huanghe) soziokulturelle Kontrolle über Kulte, die in Zusammenhang mit dem Fluss standen, ausgeübt wurde. Die ansonsten weniger an lokalen Kulten orientierte Ming-Dynastie (1368–1644) versuchte diese aber doch und offensichtlich bewusst zu integrieren, um auf diese Weise an lokales Expertenwissen zur Bewältigung der häufigen Flussüberschwemmungen zu gelangen und damit ein kostensparendes Hochwassermanagement zu gewährleisten.

4 Wassernutzung

Ein wesentlicher Aspekt der Wassernutzung ist die Schifffahrt. Sie dient nicht nur im zivilen Bereich der Fortbewegung, dem Transport von Gütern und dem Austausch von Nachrichten, sondern erfüllt entsprechende Zwecke auch in militärischen Zusammenhängen, in denen neben regelrechten Kriegsschiffen auch Kaperschiffe – zur Schwächung des Gegners durch Handelskrieg – zum Einsatz kommen, mit fließenden Grenzen zur Piraterie. All diese Formen der Schifffahrt implizieren spezifische Organisationsstrukturen und rechtliche Regelungen, die von den jeweiligen geopolitischen Rahmenbedingungen abhängen. Im vorliegenden Band behandeln vier Beiträge unterschiedliche Facetten dieses Komplexes. Während Annapaola MOSCA und Nicole STADELMANN sich der Schifffahrt auf südeuropäischen Binnengewässern – dem Gardasee und dem Bodensee – widmen, konzentrieren sich Paweł SADŁOŃ und Beata MOŻEJKO auf den Ostseeraum mit Fokus auf Danzig.

Annapaola MOSCA verfolgt von der Römerzeit bis ins 15. Jahrhundert unter Heranziehung archäologischer und epigraphischer Zeugnisse und unter Berücksichtigung topographischer Gegebenheiten die Veränderungen in der Nutzung von Verkehrs- und Handelswegen in der Region Gardasee – Po – Mincio. Sie kann nachweisen, dass der Handel in der Römerzeit keineswegs auf lokale Produkte beschränkt war, sondern dass auf dem Wasserwegesystem rund um den Gardasee auch Waren aus anderen Regionen Italiens und selbst Fernhandelsgüter transportiert wurden. Die Bedeutung dieses Wasserwegenetzes schätzte noch Theoderich, der sich gegen andere Interessen für seine Pflege und Bewahrung einsetzte. Erst ab dem Ende des 6. Jahrhunderts scheint der überregionale Handel deutlich zurückgegangen zu sein, was MOSCA auf den Wandel der politischen Verhältnisse und möglicherweise auch auf klimatische Faktoren, konkret eine Flutkatastrophe von 589 in Oberitalien, zurückführt. Im Hochmittelalter wurden die Ufer des Sees von konkurrierenden Anrainern beherrscht, so dass eine freie Schifffahrt und Nutzung der Wasserwege erst mit der Eroberung des Gebiets durch die Venezianer 1440 wieder möglich wurde. Die Reaktivierung dieses Verkehrsnetzes spiegelt sich in Reiseberichten des 15. Jahrhunderts wie auch in der kartographischen Erschließung der Region.

Während Annapaola MOSCA den Schiffsverkehr auf dem Gardasee diachron über einen Zeitraum von ca. 1500 Jahren untersucht, wertet Nicole STADELMANN ein spätmittelalterlich-frühneuzeitliches Quellencorpus, die St. Galler Missiven von 1400–1650, aus, um Aufschlüsse über wirtschaftliche Beziehungen zwischen den Bodenseestädten des Nord- und Südufers zu gewinnen und den davon abhängigen Arbeitsalltag der regionalen Bevölkerung zu rekonstruieren. STADELMANN zeichnet nach, wie der Zugang zum See und der Besitz entsprechender Nutzungsrechte über die Prosperität und Bedeutung einzelner Städte entschied und wie die Spezialisierung auf bestimmte Wirtschaftszweige (z. B. Textilindustrie, Weinbau, Milchproduktion) in den verschiedenen Anrainerstädten zu einem lebhaften Austausch führte, von dem nicht nur Produzenten und Händler profitierten, sondern der auch eine regelrechte Arbeitsmigration von Handwerkern mit sich brachte.

Einen speziellen Aspekt der Handelsschifffahrt auf der Ostsee nimmt Paweł SADŁOŃ in den Blick. Am Beispiel von Danzig beleuchtet er die Situation von Hansestädten im Konflikt zwischen Dänemark und Schweden im späten 15. und frühen 16. Jahrhundert und die Bedrohung ihrer Schiffe durch Kaperer unter dänischer Flagge. Besonderes Augenmerk gilt dem Schicksal der gefangen genommenen Kapitäne – einerseits bezüglich ihrer Behandlung durch die Kaperfahrer, andererseits bezüglich ihrer Unterstützung durch die Danziger Behörden, die sich über die Lösung des Einzelfalls hinaus um die Beilegung des Konflikts mit der dänischen Krone zu bemühen hatten.

Nicht die Bedrohung Danziger Handelsschiffe durch Kaperfahrer, sondern das wechselvolle Schicksal eines individuellen Schiffs, das selbst eine Zeitlang für Danzig als Kaperschiff diente, steht im Zentrum des Beitrags von Beata MOŻEJKO: Ursprünglich ein französisches Handelsschiff, lag die *Pierre de La Rochelle*, die erste große Kraweel im Ostseeraum im 15. Jahrhundert, nach schwerer Beschädigung mehrere Jahre im Danziger Motlau-Hafen, bevor sie wieder flott gemacht wurde, um fortan als Kriegs- und Kaperschiff unter dem Namen *Peter von Danzig* im Konflikt der Hanse mit England eingesetzt zu werden – zunächst unter dem Kommando des Ratsherrn Berndt Pawest, später unter dem Kaperer Paul Beneke, dem beim Angriff auf zwei burgundische Galeeren neben weiterer reicher Beute auch Hans Memlings Triptychon ‚Das Jüngste Gericht' in die Hände fiel (noch heute im Nationalmuseum Danzig). Nach der Beendigung des Seekriegs zwischen der Hanse und England erlitt die *Peter von Danzig* im Golf von Biskaya Schiffbruch und wurde endgültig abgewrackt.

Mit einem anderen Aspekt der Wassernutzung, nämlich mit Bewässerungstechnik in unterschiedlichen Regionen, setzen sich drei weitere Beiträge auseinander. Zunächst untersucht Jens RÜFFER die Aspekte der Funktionalität und Spiritualität im Rahmen der Wasserversorgung bei den Zisterziensern. Diese war schon bei den ersten Klosteranlagen bis ins letzte Detail durchdacht und wurde in der Folge bei praktisch jeder Neugründung nach dem Muster von Clairvaux übernommen: eine in der Regel künstliche Ableitung im Inneren einer Flussschleife, die einerseits in das Klostergebäude selbst zum Brunnenhaus sowie in die Küche führte, andererseits aber auch reine Wirtschaftsbereiche und Fischteiche erreichte sowie die Abwasserentsorgung gewährleistete. Mit dem berühmten Wibert-Plan aus Canterbury (1158/60) liegt auch eine einzigartige Planzeichnung vor, aus der hervorgeht, wie diese Bereiche der Wasserversorgung miteinander in Verbindung standen. Marco LEONARDI richtet in seinem Beitrag den Blick auf Sizilien und sieht die Nutzung und Verwaltung des Wassers durch die Benediktiner im Val Demone und im Val di Noto als Spiegel der Hegemonialpolitik des Ordens auf der Insel. Aufbauend auf einem umfangreichen Urkundencorpus im *Tabularium* der Klöster San Nicolò l'Arena zu Catania sowie Santa Maria zu Licodia aus dem 13.–16. Jahrhundert zeigt er auf, wie die Benediktiner die Kontrolle über das Territorium und an Gewässerherrschaft in dieser Zeit ausbauen konnten und die ‚Herrschaft über die Wasserzufuhr' auch zu repräsentativen Zwecken nutzen konnten, indem sie sich von einer reinen Brunnen- und Zisternenversorgung loslösten und einen aufwändigen Aquädukt errichteten. María Aurora MOLINA FAJARDO illustriert schließlich am Beispiel des Dorfs Acequias im islamischen Königreich Granada, wie dort territoriale Organisation, Bewässerungssysteme und religiöse Orte in Verbindung standen. Auf der Grundlage schriftlicher Dokumente und archäologischer Befunde kann sie nachweisen, dass Moscheen und später Kapellen häufig in der Nähe von wichtigen Verzweigungen im Bewässerungssystem standen, nicht zuletzt, um die durchaus häufigen Konflikte zwischen Nachbargemeinden um die Wassernutzung zu schlichten.

Die Rolle von Mühlen für vormoderne Gesellschaften kann nicht unterschätzt werden. Wasser war dabei als Antriebsquelle wohl noch deutlich wichtiger als Wind, unterlag aber wie dieser auch witterungsbedingten Schwankungen. Durch die Vielzahl von Nutzern am Fluss entstanden naturgemäß auch vielerorts Konflikte, weil im Bereich der meisten Mühlen das Flusswasser aufgestaut und in Kanälen dem Mühlenrad zugeleitet wurde, um das ganze Jahr hindurch unter ähnlichen Bedingungen arbeiten zu können, was aber wiederum die Schifffahrt oder die Lebensräume der Fische beeinflusste. Die beiden in diesem Sammelband enthaltenen Beiträge zu Mühlen sind vornehmlich rechtshistorisch ausgerichtet. Zunächst analysieren Niels PETERSEN und Arnd REITEMEIER anhand von Fallstudien aus dem heutigen Niedersachsen „juristische Wechselwirkungen zwischen Mühle und Fluss". Der Fluss stellt sich demnach als Raum sich überlagernder Rechte und Anforderungen der Nutznießer dar. Die Errichtung und der Betrieb einer Wassermühle waren im Mittelalter in technischer, ökonomischer und ökologischer Hinsicht anspruchsvolle Vorhaben, die zugleich eine Reihe von Rechtsbereichen berührten. Die juristische Regulierung lag bei den Konflikten nicht zwangsläufig beim Inhaber der Wasserrechte, sondern auch bei denjenigen, die für die Wahrnehmung der Rechte der betroffenen Institutionen verantwortlich waren, darunter auch die Landesherren. Auch András VADAS setzt sich mit dem Recht, Mühlen zu errichten, auseinander. Er konzentriert sich auf das Königreich Ungarn, für das umfangreiche Urkundencorpora aus dem Hoch- und Spätmittelalter überliefert sind. Der Fokus ist dabei auf die Pertinenzformeln der Urkunden gerichtet, in denen nicht nur Mühlen selbst, sondern immer wieder auch Mühlenplätze (*loca molendini*) genannt werden. Er kann nachweisen, dass es sich dabei nicht nur um tatsächliche Mühlplätze handelte, sondern auch um aufgegebene oder potenzielle Mühlplätze, die grundsätzlich für den Bau von Mühlen in Frage kamen. Damit wurden offenbar mögliche Konflikte antizipiert.

Schließlich betrachtet Simone WESTERMANN die spätmittelalterliche Badekultur aus kunsthistorischer Perspektive. Sie analysiert den badenden Körper und seine Visualisierung in den illustrierten ‚Tacuina sanitatis', die allesamt in einem höfischen Kontext in Norditalien entstanden. Sie beobachtet dabei unter anderem, dass die dargestellten nackten Frauen auf die drei Grazien, die Töchter Jupiters, anspielen und damit auf eine Verkörperung der tugendhaften Freundschaft und Allianz. Der nackte Körper wurde somit keineswegs nur negativ im Sinne von *vanitas* verstanden, sondern konnte eine Fülle von positiv konnotierten Assoziationen beinhalten. Zudem können die Illustrationen der ‚Tacuina sanitatis' als *missing link* zwischen den zeitgenössischen medizinischen Theorien über den Körper und der höfischen Kunst und Literatur des Trecento angesehen werden.

5 Wasser in Religion, Ritus und Volksglaube

Auch Religion, Ritus und Volksglaube sind im Mittelalter mit dem Wasser auf vielfältige Weise verbunden. Die Symbolträchtigkeit des flüssigen Elements spielt in der Kirche seit der Frühzeit eine wichtige Rolle. Dabei scheiden sich die Lehrmeinungen an der Frage der Wirkung, wie Ueli ZAHND in seinem Beitrag über die sakramentale Kraft des Wassers bei der Weihe und Taufe aufzeigt. Sind es hauptsächlich die gesprochenen Worte des Priesters, die eine Umwandlung des Menschen vollziehen, oder ist es doch die reinigende Wirkung des Wassers, die sich auch auf die Seele auswirkt? Zwar sieht der Kirchenvater Augustinus den Effekt der heiligen Worte als prioritär an. Doch hat sich die Wassertaufe im Laufe der Jahrhunderte durchgesetzt, befürwortet durch scholastische Theologen wie Hugo von St. Viktor und Petrus Lombardus, welche die Ähnlichkeit der natürlichen Beschaffenheit des Wassers und der göttlichen Gnade betonen. Dass dem Wasser innerhalb der Liturgie generell ein hoher Stellenwert in seiner Funktion als Naturelement und als Zeichen zukommt, stellt Hanns Peter NEUHEUSER in einem Überblick, ausgehend von gallisch-fränkisch geprägten Gottesdienstformen dar. Diese zeichneten sich dadurch aus, dass Naturelemente wie Wasser, wertvolle ätherische Öle, Brot, Wein, Wachs und ähnliche Mittel zur eher nüchternen Liturgie römischer Provenienz hinzutraten. Die den Menschen aus ihrer Alltagserfahrung bekannten Dinge sollten dem besseren Verständnis und der Einsicht in die Religion dienen. Anhand der Sakramentenlehre Hugos von St. Viktor erläutert Wendelin KNOCH die Bedeutung der Wassertaufe für das Leben des Gläubigen: Als symbolhafte Reinigung, vorgenommen in einem einmaligen Ritus, gewährt sie die Vergebung der Sünden und den Eintritt in die christliche Gemeinschaft. In der Frage nach der Wirkungsweise des Wassers folgt der Viktoriner dem Kirchenvater Augustinus („Es kommt das Wort zum Element und es entsteht das Sakrament"). Erst die Ergänzung der Dreifaltigkeitsformel macht den durch Übergießen mit Wasser vollzogenen Taufritus zum Sakrament. Wie sich die Taufe ihrerseits wandelt, zeichnet Jürgen BÄRSCH anhand mittelalterlicher Liturgiekommentare nach. Waren es zu Beginn des Christentums vorwiegend erwachsene Personen, die getauft wurden, sind es seit dem Frühmittelalter kleine Kinder und Säuglinge. Dieser Umstand beeinflusst die Taufpraxis, bei der die Einweisung in den neuen Glauben entfällt und an Paten delegiert wird, die das heranwachsende Kind in Glaubensfragen beraten.

Doch woher stammt das vieldiskutierte Element? Dieser Frage geht Görge K. HASSELHOFF anhand verschiedener Genesis-Interpretationen jüdischer und christlicher Autoren nach. Obwohl das lebensnotwendige Wasser in der Genesis mehrfach erwähnt wird, thematisiert keiner der vorgestellten Gelehrten dessen Herkunft bei der Erschaffung der Welt. (Pseudo-)physikalische Erklärungen des Wassers als Urelement mit verschiedenen Beschaffenheitsformen, wie sie Moses Maimonides bietet, wirken bei Meister Eckhart und Nikolaus von Lyra nach. Von der Wahrnehmung des Wassers als Naturgewalt im spätmittelalterlichen Kastilien handelt der Beitrag von Isabel DEL VAL VALDIVIESO. Lebensspendende und gefährdende Kräfte wurden in ihrer Ambivalenz erkannt, Flut und Dürre als Strafen Gottes angesehen. Dass die betroffenen Menschen mit ihren Gebeten und Ritualen oft die Grenze zu Aberglauben und Magie überschritten, lässt sich dabei deutlich erkennen. Die unter anderem in Abhandlungen gegen den Aberglauben überlieferten Vorkommnisse zeugen oft schlicht von der Hilflosigkeit gegenüber der Naturgewalt des Wassers. Inwiefern Wasser auch zur Diskriminierung Andersgläubiger dienen kann, erläutert Rica AMRAN anhand der Schicksale jüdischer Gemeinden auf der Iberischen Halbinsel im 14. und 15. Jahrhundert. Als Beispiele dienen Vorwürfe der Vergiftung und Verunreinigung von Wasser, die zu Pogromen und Vertreibungen führten. Der Eskalation war eine viele Jahrhunderte andauernde friedliche Koexistenz der Religionen in der Region vorausgegangen. In Krisenzeiten aber wurde auch das Wasser für Schuldzuweisungen gegenüber Andersgläubigen instrumentalisiert.

Anhand unterschiedlicher Kontexte zeigen die Beiträge mithin, welch bedeutende Rolle das Wasser im religiösen Bewusstsein des Mittelalters spielt; es ist mit seinen lebensspendenden und -vernichtenden Aspekten im Glauben der Menschen tief verankert.

6 Philologisch-literarische Annäherungen

Eine weitere Gruppe von Beiträgen bietet philologisch-literarische Annäherungen, in denen diverse Wahrnehmungsmuster und Funktionalisierungen des Wassers herausgearbeitet werden. So verweist der Aufsatz von Thomas HAYE, der die Rede des personifizierten Wassers bei Petrus Damiani im 11. Jahrhundert behandelt, auf erzieherische Anliegen. In einem an den abtrünnigen Mönch Wilhelm gerichteten Brief rühmt die personifizierte *Aqua* ihre Vorzüge und fordert die Klosterinsassen mit einer hochgelehrten und ausgefeilten „Rhetorik des Verzichts" zu einem gemäßigten Lebensstil und zur Weinabstinenz auf. Die Reformierung klerikaler und monastischer Verhaltensmuster ist ein wichtiges Anliegen des Petrus Damiani, der zeitlebens für Armut und Askese kämpfte und gegen Simonie und Konkubinat eintrat. Ebenfalls einem monastischen Umfeld entstammt die in Sebastian HOLTZHAUERs Beitrag behandelte frühmittelalterliche ‚Navigatio sancti Brendani abbatis'. Auf seiner Fahrt auf offenem Meer trotzt der heilige Brendan geduldig den Gefahren des Wassers, die ihm während seiner siebenjährigen Reise begegnen. Dabei folgt diese zyklisch dem Kirchenjahr, und die Mönche verbringen die wichtigsten liturgischen Feste immer an denselben

Orten. In jüngeren volkssprachigen Aneignungen tendiert die christlich geprägte Symbolik der Reise jedoch zu einer im Rahmen göttlicher Providenz erfahrbar werdenden Kontingenz. Eine ähnliche Spannung zeigt sich auch in Hartmanns von Aue legendenhafter Erzählung ‚Gregorius‘, in der nach Robert STEINKE das Wasser als Element göttlichen und menschlichen Wirkens zur Darstellung kommt: Göttliche Providenz und die Handlungsbefugnis des Menschen werden gleichermaßen durch das Wasser repräsentiert. Das Wasser als Leitmotiv eröffnet in seiner Ambivalenz von transzendenter Lenkung und gefahrvollem Element Spielräume, die der Protagonist Gregorius nach eigener Entscheidung ausfüllen muss.

Wassermotive spielen auch im Artusroman des 12. Jahrhunderts eine wichtige Rolle. So beschreibt Angelica RIEGER in ihrem Beitrag die fantastischen Brücken in Chrétiens de Troyes ‚Lancelot‘. Sie dienen dem gefahrvollen Übergang in eine fremde, fantastische Welt jenseits der Grenzen des Wassers, sie symbolisieren Selbstüberwindung und die Macht der Liebe. Das zu überquerende Wasser fungiert als Grenzfluss, besteht als Unterwasserwelt voller Mysterien oder umgibt schützend eine Insel. Die Wandelbarkeit eines einzelnen Wassermotivs in verschiedenen Texten zeigt Brigitte BURRICHTER anhand der Quelle von Barenton auf. In Waces ‚Roman de Rou‘, den ‚Yvain‘-Romanen Chrétiens und Hartmanns von Aue sowie in Huons de Méry ‚Tournoiment Antéchrist‘ lassen die unterschiedlichen Gestaltungsweisen jeweils spezifische poetologische Zielsetzungen erkennen. Dabei werden Zugänglichkeit und Faktizität der Quelle zugunsten von deren Fiktionalisierung in Frage gestellt.

Auf eine Zeitenwende hin interpretiert Friedrich WOLFZETTEL den im Frühwerk Giovanni Boccaccios fassbaren Wandel der Wassersymbolik. Quellengesättigte Gärten und Flusslandschaften als Orte erotischer Begegnung stehen für Regeneration und Erneuerung. In den gegen die Mitte des 14. Jahrhunderts entstandenen Texten können sie zeichenhaft als Markierung des Anbruchs einer neuen Epoche im „Zeichen des Wassers" gelesen werden. Unter etwas anderen Prämissen beschäftigt sich ein weiterer Aufsatz mit dem Brunnen im *cornice*-Garten, wo Boccaccio den dritten Erzähltag seines ‚Decameron‘ ansiedelt. Manuel SCHWEMBACHER unterscheidet dabei funktionale und ästhetische Aspekte der Brunnenarchitektur von einer symbolisch-assoziativen Ebene, die das Irdische Paradies als imaginativen Referenzpunkt evoziert. Der Brunnen als zentraler Bestandteil des Gartens dient der Bewässerung, soll aber auch künstlerischen Ansprüchen genügen und zum Verweilen einladen. Als Sinnbild wechselnden Glücks erscheint das von Wogen umtoste Schloss der Fortuna im ‚Livre de la mutacion de Fortune‘ der Christine de Pizan von 1403. Dieter RÖSCHEL arbeitet in seinem Aufsatz die von der Autorin mit verantworteten Varianten des Bildmotivs in der Handschriftenillustration heraus. Dabei werden auch die erhaltenen Instruktionen an den Maler und die dabei entstandenen Missverständnisse ausführlich erläutert.

Die in diesem Themenbereich behandelten Text- und Bildbeispiele zeugen damit von Konstanz und Wandel des Wassermotivs in der literarisch-künstlerischen Gestaltung und erweisen dieses seinerseits als ‚im Fluss‘.

7 Wassertiere in der Literatur

Auf der Grenze zwischen Naturkunde und Symbolik bewegt sich die Gruppe von Beiträgen, die sich mit Wassertieren befassen. Sie stehen in engem Zusammenhang mit dem *animaliter*-Projekt (http://www.animaliter.info), dessen Ziel in der Einrichtung eines interdisziplinären Online-Lexikons zu Tieren in der Literatur des Mittelalters besteht, welches sich an dem über Isidor von Sevilla ins Mittelalter gelangten Lebensraum-Konzept des Plinius orientiert. In den Blick genommen wurden mithin Tiere, die in der weitgehend unzugänglichen und unbekannten Welt des Wassers leben.

Einleitend vermittelt die Koordinatorin der Gruppe, Sabine OBERMAIER, einen Überblick über die Forschungslage und setzt sich mit der Frage auseinander, wie vertraut bzw. fremd Wassertiere dem mittelalterlichen Menschen in seiner praktischen bzw. ideellen Erfahrungswelt waren. Im Zentrum der Überlegungen stehen die Denkformen, die man entwickelte, um das Unbekannte zu erfassen. Diese Denkfiguren finden sich dann auch in den einzelnen Beiträgen wieder: Hierzu gehören ‚Parallelisierung und Analogisierung', d.h. die Vorstellung von einer symmetrischen Entsprechung von Erd- und Wasserfauna. Diese Vorstellung belegt Jacqueline LECLERCQ-MARX mit Text- und Bildbeispielen aus der didaktischen und enzyklopädischen Literatur, namentlich aus englischen Bestiarien des 12. und 13. Jahrhunderts. Der Wasserdrache, in Texten, Illustrationen und Karten zu finden, verdankt – so Thomas HONEGGER – seine Existenz gar erst dem Streben nach Analogisierung. Indem der *draco*, wie die Belege zeigen, seinen Lebensraum frei wählen kann, spiegelt die jeweilige Existenzform (*draco maris / terrestris / aeris*) nur einen vorübergehenden Zustand wider, der sich mit der ansonsten durchaus gebräuchlichen Denkfigur der ‚Kategorisierung oder Klassifikation' nicht fassen lässt. Bizarre Hybridwesen wie der Wasserdrache, die durch die Parallelisierung von Erd- und Wasserfauna quasi neu geschaffen werden, verleihen – ebenso wie traditionelle Seeungeheuer und real existierende, aber in der jeweils eigenen Lebenswelt unbekannte Tiere – dem Element Wasser und seinen Bewohnern den Charakter der Fremdheit. Durch die Denkfigur der ‚Monstrifizierung' lassen sich diese Lebewesen indes wieder in gängige Kategorien einordnen und werden dadurch verstehbar gemacht. Zu beobachten ist auch die ‚Multiplikation', das Nebeneinander von realer und imaginärer Variante einer Tierart. Als Beispiel für diese Denkfigur präsentiert Hélène CAMBIER den Wal, der in Dokumenten zur empirischen Erfahrung von Küstenbewohnern und in der Naturkunde eher als *balena*, in symbolisch aufgeladenen Texten und exegetischer Literatur (z.B. zum Buch Jona) aber als *cetus* erscheint. Eine scharfe Trennung der Tendenz zur ‚Rationalisierung' einerseits und zur ‚Mirabilisierung / Mythifizierung' andererseits lässt sich indes nicht nachweisen, so dass die reale *balena* zuweilen ‚mirabilisiert', der imaginäre *cetus* aber ‚rationalisiert' wird, ohne dass es je zu einer kompletten Identifizierung der beiden Varianten käme. Wie schwer es für rationale Ansätze ist, sich gegen etablierte, durch theologische Exegese fundierte Denkmuster durchzusetzen, zeigt Stephanie MÜHLENFELD am Beispiel der Barnikelgans, die nach traditionellem Verständnis, wie es etwa in den Schriften von Alexander Neckam, Jakob von Vitry oder Konrad von Megenberg vorliegt, ihr Leben einer ‚jungfräulichen Geburt' verdankt und die sich daher zu den *mirabilia* Gottes zählen lässt. Trotz einsetzender Zweifel an dieser Lesart – so in Friedrichs II. ‚De arte venandi cum avibus' – beeinflusst die wundersame, keusche Barnikelgans, etwa in spätmittelalterlichen Reiseberichten, die Wahrnehmung fremdartiger Wasservögel, deren ansonsten unverständliche Eigenarten durch den Vergleich mit der Barnikelgans plausibel erklärbar werden.

Alle genannten Denkfiguren sind – so OBERMAIER – nicht spezifisch für die Wasserfauna, sondern werden ebenso auf exotische Tiere und Wundervölker angewendet. Allerdings schlage sich die Ambivalenz des lebensspendenden wie lebensbedrohenden Wassers in einer außerordentlichen Fülle von Deutungsansätzen und Wertungen seiner Bewohner nieder, die häufig als Teil einer ‚Anderwelt' empfunden würden und ein Stück weit ‚Fremde' blieben.

8 Wasser in Architektur, Kunst und Kunsthandwerk

Die symbolische Bedeutung des Wassers kommt auch in der Gestaltung von Artefakten – vom Kunsthandwerk bis zur Architektur – zum Ausdruck, selbst wenn diese ganz konkreten Zwecken wie etwa der Wasserversorgung dienen. Dies gilt für Objekte, die in religiösen (Reinigungs-)Riten eingesetzt werden, wie auch im profanen Bereich, wo die Zurschaustellung der Beherrschung des Elements zugleich die Macht des (Be-)Herrschenden repräsentieren kann.

Dieser Bereich ist im vorliegenden Band mit fünf Beiträgen vertreten: Grundlegende Fragen werden im Aufsatz von Esther WIPFLER zur Quell- und Brunnenmetaphorik in der religiösen und profanen Literatur und Kunst des Mittelalters angesprochen. Im religiösen Kontext fungieren Quellen und Brunnen als Sinnbilder für Reinigung, Heilung und Erneuerung, auch im Sinne der moralischen Läuterung; darüber hinaus sind sie mit der Vorstellung vom göttlichen Ursprung des Lebens und der unerschöpflichen Weisheit, Gnade und Liebe Gottes verbunden. Entsprechend findet sich in der profanen Literatur, im höfischen Roman und den Alexander-Legenden des Hochmittelalters die Vorstellung vom lebensspendenden Jungbrunnen und vom Liebesbrunnen, die jedoch erst im Spätmittelalter in die Bildende Kunst übertragen wird. WIPFLER kann zeigen, dass in der bildlichen Umsetzung alle zeitgenössischen Brunnenformen unterschiedslos das genannte Bedeutungsspektrum repräsentieren können. Allein in der Ikonographie der Ostkirche wird für die Darstellung eines bestimmten Marien-Typs, nämlich der Gottesmutter als Lebensquell (Ζωοδόχος Πηγή), ab dem 14. Jahrhundert regelmäßig ein bestimmter Brunnentypus, die Schale, gewählt.

Joanna OLCHAWA untersucht die Ikonographie von Aquamanilien, seit dem 12. Jahrhundert in Westeuropa nachweisbaren Handwaschgeräten. Sie macht plausibel, dass die Wahl der sie zierenden Motive (z. B. Löwen, Drachen, Tauben, Hirsche,

Greifen, Sirenen, Ritter) nicht etwa, wie in der älteren Forschung angenommen, auf Einflüssen aus der islamischen Kunst beruht, sondern mit ihrer symbolischen Bedeutung im zeitgenössischen christlichen Tugend-/Lasterdiskurs zusammenhängt. Dadurch erhalte die Handreinigung mit diesen Gießgefäßen eine moralische Sinndimension, zumal in rituellem Kontext. Diese symbolische Aufladung der Aquamanilien werde durch die symbolische Bedeutung ihres Inhalts, des Wassers, noch verstärkt, vor allem dann, wenn das gewählte Motiv eine Verbindung zum Wasser aufweist – wie etwa die Taube aus der Geschichte von der die Sünden tilgenden Sintflut.

Stefan TRINKS schreibt der außergewöhnlichen Taufdarstellung Christi – in einem Kelch, mit der Taube auf dem Kopf an der Seite von Johannes Baptista – an einem Kapitell im Kreuzgang des von einer Quelle durchflossenen Felsenklosters von San Juan de la Peña, der Grablege der Könige von Aragón, eine Doppelfunktion zu: als Symbol der Auferstehung und als Hinweis auf die führende Rolle der aragonesischen Könige in der Reconquista. Durch die Situierung der Taufe in einem Kelch werde die Vorstellung vom ‚Kelch des Heils' evoziert und somit – für eine Grablege durchaus sinnvoll – die Verbindung zur Auferstehung hergestellt. Weitere Kapitellmotive, in denen gehäuft Szenen auftreten, die einerseits mit Wasser zu tun haben (z. B. Fußwaschung beim letzten Abendmahl), andererseits mit Auferweckung vom Tod (z. B. Lazarus), trügen zu dieser symbolischen Aufladung bei. Dass das Kloster für sich reklamierte, in einer Kelch-Reliquie den ‚wahren Abendmahlskelch', d. h. den heiligen Gral, zu besitzen, steigerte erheblich sein Prestige und prädestinierte seine weltlichen Patrone, die Könige von Aragón, dazu, eine Führungsrolle im Kampf gegen die Muslime auf der Iberischen Halbinsel zu postulieren.

Ganz auf herrscherliche Selbstdarstellung angelegt ist laut Hans-Rudolf MEIER die architektonische Gestaltung sizilischer Normannenpaläste als ‚Irdisches Paradies'. Diese Wahrnehmung, die auch in zeitgenössischen Beschreibungen zum Ausdruck kommt, beruhe nicht zuletzt auf kunstvollen Wasserinszenierungen in den fein aufeinander abgestimmten Innen- und Gartenräumen, wie man sie ebenso aus der römischen wie aus der arabischen Architektur kennt. Die Hauteville-Dynastie erhebe mit diesem aus unterschiedlichen Quellen gespeisten Bauprogramm ihren Herrschaftsanspruch über die verschiedenen auf Sizilien vertretenen mediterranen Kulturen.

Auf städtische Selbstinszenierung zielt, so Helga STEIGER, der Anfang des 16. Jahrhunderts errichtete Fischmarktbrunnen von Schwäbisch Hall mit seinem politischen Skulpturenprogramm, in dem sich die ständische Stadtgesellschaft in legitimatorischer Absicht ein Denkmal gesetzt habe: mit St. Georg als Ritter, St. Michael als Kleriker und Simson im Bürgergewand. Zugleich werde – über die Gestaltung der Wasserzuleitungen im Sinne der Bändigung der Naturgewalt durch die figürlich dargestellten Heroen – auf die Bedeutung von ‚gutem Wasser' (Sole) für den materiellen Wohlstand der Salzstadt hingewiesen.

9 Danksagungen

Die Durchführung des Symposiums sowie die Publikation dieses Bandes waren zum einen nur durch die finanzielle Unterstützung von Sponsoren möglich. Gedankt sei in diesem Zusammenhang der Burgergemeinde Bern, der Donation Maria Bindschedler, der Fondation Johanna Dürmüller-Bol, dem Mediävistenverband e. V., der Schweizerischen Akademie der Geistes- und Sozialwissenschaften (SAGW), dem Schweizerischen Nationalfonds (SNF) und der UniBern Forschungsstiftung. Zum anderen haben zahlreiche Mitarbeitende und Studierende bei der Organisation des Kongresses exzellente Arbeit geleistet. Für ihre tatkräftige Mitwirkung bei der Redaktion der Beiträge danken wir Sabine Lütkemeyer, Stephanie Renner und Julia Wermelinger. Anthony Ellis hat die Korrektur der Abstracts sowie mehrerer Beiträge in englischer Sprache übernommen. Der Wissenschaftliche Beirat des Mediävistenverbands e. V. hat sich des *peer reviewing* der eingereichten Beiträge angenommen. Schließlich sind wir auch dem Verlag De Gruyter für die stets angenehme und konstruktive Zusammenarbeit zu Dank verpflichtet.

Ruedi Imbach (Paris)
De aqua: Philosophische und theologische Diskussionen über das Wasser im Mittelalter

Abstract: This article studies various aspects of the preoccupation with water in the theology and philosophy of the middle ages. The first section is devoted to a summary of the doctrine of the four elements; the second shows how Augustine understands water in the first chapter of Genesis. The third section discusses another biblical aspect of water: the exegesis of Jesus' conversation with the Samaritan in the fourth chapter of the Gospel of John. The last section focuses on the work by Dante Alighieri in which the Italian poet discusses "the position and figure or form of two elements, namely of water and earth". Together these four sections show the diversity – in terms of both content and method – of the theological and philosophical discussion on water, which reveals a special conception of creation and of humanity.

Keywords: Kosmologie, Naturwischenschaft und Schöpfung, Philosophie und Theologie, Bibelexegese, Anthropologie

1 Einleitung

Wer ein so allgemeines und weitläufiges Thema zu behandeln unternimmt wie das in dem Titel dieser Ausführungen angezeigte, kann der Versuchung erliegen, sich, in einem zweiten Akt der Dreistigkeit, mit dem heiligen Augustinus zu vergleichen, der nach einer Legende anlässlich eines Spaziergangs am Meeresufer ein Kind angetroffen hat, das soeben im Sand eine kleine Grube aushob und mit einer Muschel Wasser in dieselbe schöpfte. Augustinus fragte das Kind, was es denn mache. Und der Knabe antwortete, er wolle das Meer ausschöpfen. Als Augustinus dem Knaben erklärte, das sei unmöglich, erwiderte das Kind, was es beabsichtige, sei noch eher möglich als, was er vorhabe. Dem Kirchenvater, der eben dabei war sein großes Werk über die Trinität zu verfassen, ging ein Licht auf und er begriff den Fürwitz seines eigenen Vorhabens.[1] Diese Legende liefert in der Tat einen passenden Einstieg in das zu erör-

---

[1] Zur Geschichte und Bedeutung dieser sehr populären Legende vgl. Henri-Irénée MARROU, Saint Augustin et l'ange. Une légende médiévale, in: Christiana tempora. Mélanges d'histoire d'archéologie, d'épigraphie et de patristique, Rome, École française de Rome, 1978, S. 401–413. Nach der von MARROU zitierten Version im ‚Catalogus sanctorum' des Pietro de' Natali (um 1369/1372) lautet die entscheidende Stelle (zitiert S. 408): *Et cum Augustinus puerum interrogasset quid faceret, respondit puerum quod mare disposuerat coclea exiccare, et in foveam illam mittere. Cumque hoc Augustinus impossibile esse diceret, et simplicitatem pueri rideret, puer ille ei dixit, quod possibilius sibi esset hoc perficere quam Augustino minimam partem mysteriorum trinitatis in libro suo explicare, assimilans foveam codici, mare trinitati, cocleam intellectui.*

ternde Thema, nicht nur weil sie diskret auf die Zweifel und Leiden eines unbedarften Verfassers hinweist, sondern weil sie unmittelbar einen einleuchtenden Aspekt der vielseitigen Funktion, die das Wasser in der mittelalterlichen Gedankenwelt spielt, andeutet. Das Wasser spielt in der reichen Symbolwelt des langen Mittelalters eine ganz zentrale Rolle, es genügt in diesem Zusammenhang an die Liturgie zu erinnern, aber selbstverständlich darf auch die naturwissenschaftliche Dimension des Begriffs dabei nicht vergessen werden.

2 Das Sehen und Berühren als Kriterium

Unter dieser Perspektive scheint es angebracht, gleich eingangs daran zu erinnern, dass das Wasser eines der vier Elemente ist. Die Doktrin der vier Elemente, die zuerst beim vorsokratischen Philosophen Empedokles wirklich fassbar ist, war in der Scholastik vor allem durch ihre Ausformung im Werk des Aristoteles wirksam.[2] Nach seiner Schrift ‚Über den Himmel' (302a15–18) sind Elemente Körper, „in die die anderen Körper zerlegt werden, und die in ihnen der Möglichkeit nach vorliegen", die aber selber nicht mehr zerlegt werden können. An anderer Stelle (‚Metaphysik' V,3; 1014a26 f.) definiert er das Element (*stoicheion*) als dasjenige „woraus etwas als primärem, immanentem Bestandteil zusammengesetzt ist und welches nicht mehr der Art nach in Verschiedenartiges zerlegbar ist". Wenn man es zerlegte, fährt er fort, „ergäben sich gleichartige Teile".[3]

Es ist offenkundig, dass wir es hier mit einem fundamentalen und sehr wirkmächtigen Paradigma europäischen Naturdenkens zu tun haben, das von den Brüdern BÖHME in folgender Weise umschrieben wird:

> „Danach wird die Natur, oder besser gesagt, jedes einzelne Ding in der Natur angesehen als ein Zusammengesetztes, das in seinem Wesen und seiner Herkunft sich mehr oder weniger aus den Teilen, aus denen es zusammengesetzt ist, erklärt."[4]

---

[2] Zur Geschichte der vier Elemente vgl. Gernot BÖHME, Hartmut BÖHME, Feuer, Wasser, Erde, Luft. Eine Kulturgeschichte der Elemente, 3. Aufl., München, 2014; vgl. ferner Danielle BUSCHINGER et André CREPIN (Hgg.), Les Quatre éléments dans la culture médiévale. Actes du colloque des 25, 26 et 27 mars 1982, Université de Picardie, Centre d'études médiévales. Göppingen 1983 (Göppinger Arbeiten zur Germanistik 386); sowie Adolf LUMPE, Element, in: Historisches Wörterbuch der Philosophie, Bd. 2 (1972), Sp. 439–441.
[3] Vgl. Johannes HÜBNER, Stoicheion/Element, Buchstabe, in: Otfried HÖFFE, Aristoteles-Lexikon, Stuttgart 2005, S. 539–543. Der Artikel erinnert daran, dass der Stagirite das Thema der vier Elemente in ‚De caelo', Buch III, sowie in ‚De generatione et corruptione', Buch II, Kapitel 1–8 erörtert. Vgl. dazu Helen S. LANG, The Ordre of Nature in Aristotle's Physics. Place and the Elements, Cambridge 1998.
[4] BÖHME (Anm. 2), S. 91.

In der aristotelischen Sichtweise, wie sie namentlich im zweiten Buch ‚Vom Werden und Vergehen' entfaltet wird, gibt es vier und nur vier körperliche, d. h. mit dem Tastsinn wahrnehmbare Qualitäten, nämlich warm und kalt, trocken und feucht. Nach der Auffassung des Aristoteles können diese Grundqualitäten auf vierfache Weise miteinander kombiniert werden, so dass sich aus dieser Kombination die vier Elemente ergeben:[5]

	Trocken	Feucht
Warm	Feuer	Luft
Kalt	Erde	Wasser

Immer noch nach aristotelischer Lehre, die von praktisch allen Naturphilosophen des Mittelalters treu befolgt wurde, entspricht dem Feuer die Bewegung nach oben, dagegen der Erde die Tendenz nach unten, wie ein unbekannter Schüler des Thomas von Aquin festhält.[6] Des Weiteren herrscht in jedem der Elemente eine Qualität vor: in der Erde ist es die Trockenheit, im Wasser die Kälte, in der Luft die Feuchtigkeit und im Feuer die Wärme.

Derselbe Schüler des Thomas von Aquin hat sowohl die Lehre als auch die Argumentation des Stagiriten konzis und korrekt zusammengefasst, wenn er zuerst daran erinnert, dass Gegensätzliches sich nicht gleichzeitig im selben Subjekt befinden kann, so dass sich folgende Kombinationen ergeben: das Feuer ist warm und trocken, die Luft warm und feucht, das Wasser kalt und feucht und die Erde kalt und trocken. „Und auf diese Weise sind die ersten Differenzen der Qualitäten in den ersten Körpern auf vernünftige Weise verteilt, nämlich in den Elementen. Es ist notwendig, dass die Vielheit der ersten Körper dieser genannten Regel entsprechen, weil die ersten Qualitäten nur in vierfacher Weise kombiniert werden können."[7] Die Argumentation

---

5 Das folgende Schema nach BÖHME (Anm. 2), S. 115.
6 Fortsetzung des Kommentars des Thomas von Aquino zu ‚De generatione et corruptione', Textus Leoninus, Roma 1886, lib. II, lectio 3, n. 4: *Sicut ignis qui est simpliciter levis, ideo simpliciter fertur sursum, terra vero simpliciter deorsum, quia simpliciter gravis. Sed media elementa utroque participant: aqua enim levis est in terra, et gravis est in aere et in igne; cum ergo aqua plus habeat de gravitate quam de levitate, magis communicat cum terra: et ideo utrique datur unus locus; similiter autem de aere et igne. Addit autem ad hoc, quod constituta sunt ex contrariis quatuor passionibus et primis, ex quibus gravitas et levitas causatur et ceterae tangibiles qualitates.*
7 Fortsetzung des Kommentars des Thomas von Aquino zu ‚De generatione et corruptione' (Anm. 6), lib. II, lectio 3, n. 1: *Dicit ergo primo philosophus: cum sint quatuor elementa, idest quatuor tangibiles qualitates (et non quatuor simplicia corpora ut quidam exponunt: nondum enim probatus est numerus eorum), quatuor autem qualitatum sint duae coniunctiones, scilicet calidum et frigidum, siccum et humidum, quae sunt duae impossibiles coniugationes, quia impossibile est contraria esse in eodem, manifestum est quod solum reliquae quatuor coniugationes erunt possibiles, scilicet calidum et siccum, calidum et humidum, frigidum et humidum, frigidum et siccum. Et hoc quod dictum est secundum hanc rationem, assecutum est, idest conveniens est, his quae apparent in simplicibus corporibus, scilicet in igne, aere, aqua et terra. Ignis enim est calidus et siccus, et ita constituitur per primam coniugationem;*

dieses Autors zeigt nicht nur, dass der Ausgangspunkt der Überlegungen die vier mit dem Tastsinn wahrnehmbaren Eigenschaften sind (*tangibiles qualitates*), sondern der Autor unterstreicht auch, dass diese vier Qualitäten nur in diesen vier Kombinationen angetroffen werden können.

Die wissenschaftliche Auffassung der vier Elemente beherrschte die Weltdeutung bis mindestens ins 16. Jahrhundert. Sie hatte bekanntlich ebenfalls einen großen Einfluss auf die Medizin.[8] Wir können diesen Aspekt hier nicht eigens betrachten, aber ich möchte anhand des Beispiels von Hildegard von Bingen darauf hinweisen, wie die Lehre der vier Elemente auch die Anthropologie beinflusste. Die Denkerin des 12. Jahrhunderts weist darauf hin, dass die Elemente sich auch im Menschen befinden:

> „Gott schuf auch die Elemente der Welt. Alle Weltelemente befinden sich im Menschen und mit ihnen wirkt der Mensch. Sie heißen aber: Feuer, Luft, Wasser und Erde. Diese vier Grundstoffe sind in sich selber dermaßen durchflochten und verbunden, dass keines vom anderen geschieden werden kann; und die halten sich so im Gesamtverband zusammen, dass man sie das Fundament nennt."[9]

Wahrscheinlich wie kein anderer Denker des Mittelalters hat Hildegard die Kommunikation des Makrokosmos mit dem menschlichen Mikrokosmos beschrieben. Aber

---

aer calidus et humidus, per secundam; aqua frigida et humida, per tertiam; terra frigida et sicca, per quartam. Et sic primae differentiae qualitatum rationabiliter distribuuntur primis corporibus, scilicet quatuor elementis, et oportet quod multitudo primorum corporum sit secundum praedictam rationem: quia scilicet primae qualitates non possunt nisi quadrupliciter combinari.

8 Vgl. dazu die Hinweise bei BÖHME (Anm. 2), S. 164–210.

9 Hildegardis Causae et curae, hrsg. v. Paul KAISER, Leipzig 1903, lib. I, S. 2–3: *Et elementa mundi deus fecit, et ipsa in homine sunt, et homo cum illis operatur. Nam ignis, aer, aqua, terra sunt, et haec quatuor elementa sibi ita intricata et coniuncta sunt, ut nullum ab alio separari possit, et se ita insimul continent, quod dicuntur fundamentum.* Vgl. lib. II, ebd., S. 43: *Nunc autem, ut praedicatum est, elementa, videlicet ignis, aer, terre, aqua in homine sunt et viribus suis in illo operantur ac in operibus illius sicut rota cum flexuris suis velociter circueunt.* Ich zitiere nach der Ausgabe von KAISER vgl. jedoch: Subtilitates diversarum naturarum creaturarum: Cause et cure (oder: Liber compositae medicinae), hrsg. v. Laurence MOULINIER. Berlin 2003 (Rarissima mediaevalia 1). Es existieren von diesem Werk mehrere deutsche Übersetzungen; Zitat nach: Hildegard von Bingen, Heilkunde (Causae et curae). Das Buch von Grund und Wesen der Heilung in der Schöpfung, übersetzt und erläutert von Heinrich SCHIPPERGES, 4. Aufl. Salzburg 1981, S. 69. Zu beachten ist ebenfalls die neueste Übersetzung: Heilwissen. Von den Ursachen und der Behandlung von Krankheiten nach der hl. Hildegard von Bingen, übersetzt und herausgegeben von Manfred PAWLIK, Augsburg 1990. Aufschlussreich ebenfalls folgende Stelle, die die Bedeutung der Elemente zeigt (Causae et curae, lib. II, S. 39): *Nam deus mundum quatuor elementis colligavit, ita quod nullum ab alio separari potest, quoniam mundus subsistere nequiret, si aliud ab alio separari valeret, sed indissolubiliter sibi concatenata sunt.* Vgl. auch Liber diuinorum operum, pars 2, visio 1, cap. 25 (hrsg. v. Albert DEROLEZ u. Peter DRONKE, Turnhout 1996, CCCM 92): *Et factum est uespere et mane, dies quartus, quia quatuor elementa uidelicet ignis, aer, aqua et terra per gratiam Dei parata et oculata in omnibus rebus apparuerunt, in quibus constituta erant.* Zu Hildegards Auffassung des Wassers vgl. Cause et curae, hrsg. v. Paul KAISER, lib. I, S. 22, S. 24–30.

selbst ein so nüchterner Denker wie Thomas von Aquin greift den Gedanken des Mikrokosmos auf, wenn er behauptet, der Mensch sei gleichsam aus allem zusammengesetzt, auch aus den Elementen:

> „Er besitzt in seiner natürlichen Erkenntnis keine Kenntnis aller natürlichen Dinge, aber er ist gleichsam aus allen Dingen zusammengesetzt, weil er von der Gattung der geistigen Substanzen die vernünftige Seele besitzt [...]. Die Elemente hat er gemäß seiner Substanz in sich, derart jedoch, dass die höheren Elemente hinsichtlich ihrer Kraft überwiegen, Feuer und Luft, weil das Leben vor allem im Warmen, dem Feuer, und im Feuchten, der Luft, besteht; die niederen Elemente überwiegen aber in ihm der Substanz nach, sonst wäre ein Ausgleich der Mischverhältnisse nicht möglich, wenn die niederen Elemente, die weniger Kraft besitzen, der Qualität nach nicht im Menschen überwiegen würden. Und deswegen heißt es, der Körper des Menschen sei aus Lehm geformt worden, da der Lehm Wasser mit Erde vermischt. Deswegen wird der Mensch eine Welt im Kleinen genannt, weil alle Geschöpfe der Welt sich in ihm in gewisser Weise befinden."[10]

Es bleibt festzuhalten, dass das Viererschema nicht nur das Naturverständnis Europas bis ca. 1800 entscheidend bestimmt hat, sondern auch das Selbstverständnis des Menschen in der Welt geprägt hat. Wir haben es hier, und dies scheint mir ausschlaggebend, mit einer Deutung und Auffassung der Wirklichkeit und der Welt zu tun, die dem aristotelischen Imperativ, dass das ‚Wahrnehmbare durch Wahrnehmbares' zu erklären sei, entspricht.[11] Dass dabei dem Sehen einerseits und dem Betasten andererseits ein maßgeblicher Vorrang zuerkannt wird, trägt zweifelsohne zur bis heute andauernden Plausibilität dieser Sicht der Natur bei, eine Konzeption, die als men-

---

10 Summa theologiae I, q. 91, art. 1 (editio Paulina, 3a editio, Roma 1988, S. 440b–441a): *Non enim in sua cognitione naturali habet omnium naturalium notitiam; sed est ex rebus omnibus quodammodo compositus, dum de genere spiritualium substantiarum habet in se animam rationalem, [...] elementa vero secundum substantiam. Ita tamen quod superiora elementa praedominantur in eo secundum virtutem, scilicet ignis et aer, quia vita praecipue consistit in calido, quod est ignis, et humido, quod est aeris. Inferiora vero elementa abundant in eo secundum substantiam, aliter enim non posset esse mixtionis aequalitas, nisi inferiora elementa, quae sunt minoris virtutis, secundum quantitatem in homine abundarent. Et ideo dicitur corpus hominis de limo terrae formatum, quia limus dicitur terra aquae permixta. Et propter hoc homo dicitur minor mundus, quia omnes creaturae mundi quodammodo inveniuntur in eo.* Der Gedanke des Menschen als Mikrokosmos, in dem die ganze Welt sich spiegelt, wird bei Thomas des Öfteren als Argument verwendet, ich habe über zwanzig Stellen identifizieren können, vgl. besipielsweise: In Sent. II, d. 1, q. 2, art. 3, s.c.: *Unde et minor mundus dicitur: quia omnes naturae quasi in homine confluunt*; z.B. Summa theologiae I-II, q. 2, art. 8, arg. 2; De veritate, q. 5, art. 8, s.c.; q. 24, art. 5, s.c.; q. 27, art. 3, ad 23.

11 Zur Bedeutung der Aristotelischen Wahrnehmungslehre vgl. Deborah MODRAK, Aristotle. The Power of Perception Chicago 1987; Wolfgang WELSCH, Aisthesis. Grundzüge und Perspektiven der Aristotelischen Sinneslehre, Stuttgart 1987; Wolfgang BERNARD, Rezeptivität und Spontaneität der Wahrnehmung bei Aristoteles. Versuch einer Bestimmung der spontanen Erkenntnisleistung der Wahrnehmung bei Aristoteles in Abgrenzung gegen die rezeptive Auslegung der Sinnlichkeit bei Descartes und Kant, Baden-Baden 1988.

schenfreundlich gelten kann, weil die Zusammensetzung des Menschen und jene der Welt miteinander korrespondieren.

3 Kosmologische Probleme mit dem Wasser

Von ganz besonderer Wichtigkeit ist für das christliche Denken selbstverständlich der Gedanke der Weltschöpfung und verständlicherweise haben alle bedeutenden Theologen und Philosophen des Mittelalters den Versuch unternommen, die Schöpfungserzählung zu Beginn der ‚Genesis' richtig zu verstehen und zu deuten. Ich will in diesem Zusammenhang nur das Beispiel von Augustinus etwas ausführlicher darstellen, da seine diesbezüglichen Ausführungen von ganz besonderer Wirkung waren. Wer das erste Kapitel der ‚Genesis' liest, dem fällt bei genauerem Hinsehen recht schnell auf, dass in dieser Erzählung das Wasser nicht nur mehrfach erwähnt wird, sondern dieses Vorkommen dem aufmerksamen Leser mehrere Schwierigkeiten bereitet. Wir beschränken uns auf die ersten zehn Verse:

> „(1) Im Anfang schuf Gott Himmel und Erde; (2) die Erde aber war wüst und wirr, Finsternis lag über der Urflut und Gottes Geist schwebte über dem Wasser. (3) Gott sprach: Es werde Licht. Und es wurde Licht. (4) Gott sah, dass das Licht gut war. Gott schied das Licht von der Finsternis (5) und Gott nannte das Licht Tag und die Finsternis nannte er Nacht. Es wurde Abend und es wurde Morgen: erster Tag. (6) Dann sprach Gott: Ein Firmament entstehe mitten im Wasser und scheide Wasser von Wasser. (7) Gott machte also das Firmament und schied das Wasser unterhalb des Firmaments vom Wasser oberhalb des Firmaments. So geschah es (8) und Gott nannte das Firmament Himmel. Es wurde Abend und es wurde Morgen: zweiter Tag. (9) Dann sprach Gott: Das Wasser unterhalb des Himmels sammle sich an einem Ort, damit das Trockene sichtbar werde. So geschah es. (10) Das Trockene nannte Gott Land und das angesammelte Wasser nannte er Meer. Gott sah, dass es gut war."[12]

Sogar der naive Leser kann feststellen, dass in diesem Text nicht nur mehrfach vom Wasser die Rede ist, sondern dass offensichtlich an den verschiedenen Stellen nicht vom selben Wasser gesprochen wird: zuerst wird behauptet, der Geist Gottes habe über den Wassern geschwebt (v. 1); dann ist von Wassern oberhalb des Firmaments

---

12 Text nach der sog. Einheitsübersetzung; Text der Vulgata: Biblia sacra iuxta vulgatam versionem, recensuit Robertus WEBER OSB, editio tertia, Stuttgart 1983, S. 4: *In principio creavit Deus caelum et terram. (2) Terra autem erat inanis et vacua, et tenebrae erant super faciem abyssi: et spiritus Dei ferebatur super aquas. (3) Dixitque Deus: Fiat lux. Et facta est lux. (4) Et vidit Deus lucem quod esset bona: et divisit lucem a tenebris. (5) Appellavitque lucem diem, et tenebras noctem: factumque est vespere et mane, dies unus. (6) Dixit quoque Deus: Fiat firmamentum in medio aquarum: et dividat aquas ab aquis. (7) Et fecit Deus firmamentum, divisitque aquas, quae erant sub firmamento, ab his, quae erant super firmamentum. Et factum est ita. (8) Vocavitque Deus firmamentum, caelum: et factum est vespere et mane, dies secundus. (9) Dixit vero Deus: Congregentur aquae, quae sub caelo sunt, in locum unum: et appareat arida. Et factum est ita. (10) Et vocavit Deus aridam terram, congregationesque aquarum appellavit maria. Et vidit Deus quod esset bonum.*

und unterhalb des Firmaments die Rede (v. 6) und schließlich wird das Meer gebildet (v. 10). Es genügt, das Schrifttum des Augustinus zu studieren, um ohne Mühe festzustellen, dass der Kirchenvater durch die Probleme dieses Anfangs der ‚Genesis' im wahrsten Sinne des Wortes beunruhigt und gequält war. Nicht nur in den ‚Bekenntnissen', sondern vor allem in seinen drei Auslegungen des Bibelanfangs[13] hat er versucht, das beängstigende Knäuel zu entwirren.

Das erste Auftreten des Ausdrucks Wasser hängt mit einem grundsätzlichen Auslegungsproblem zusammen, durch das nicht nur Augustinus verwirrt war: Was wird in den ersten Versen behauptet? In den nachfolgenden Versen wird ja bekanntlich die Schöpfung der Welt in sechs Tagen erzählt, also von welchem Himmel und welcher Erde spricht dann der Eingangsvers? Augustinus kennt nicht weniger als fünf veschiedene Interpretationen dieses Anfangs und seine eigene Antwort hat sich offensichtlich entwickelt.[14] Es scheint mir, dass er schließlich der Meinung war, die Erschaffung der Welt müsse in ‚zwei Schritten' gedeutet werden: In metaphysischer Sprache bedeutet dies, dass Gott zuerst die Möglichkeit der Schöpfung aus dem Nichts geschaffen hat. Diese Möglichkeit können wir die Formlosigkeit und die formlose Materie nennen. Danach hat er den formlosen Stoff, der die Möglichkeit als solche darstellt, geformt. Dieses zweite Moment wird durch die sechs Tage ausgedrückt, während der erste Schritt eben durch die ersten zwei Verse angedeutet wird. Wenn diese Interpretation richtig ist, dann kann behauptet werden, dass mit dem Wasser, über dem Gottes Geist schwebt, ebenfalls die das Geformtwerden ermöglichende Materie gemeint ist. Augustinus rechtfertigt das Vorgehen von Moses, indem er sagt, dass er versucht habe, durch die Unterscheidung des ersten und zweiten Schrittes das schwer verständliche metaphysische Problem, dass die Schöpfung als Akt zuerst die Schöpfung ihrer Möglichkeit voraussetzt, auch für weniger gebildete Leser anschaulich zu machen:

> „Vor jeglichem Tag hast du im Ursprung Himmel und Erde gemacht, diese beiden, die ich schon nannte; ‚die Erde' aber ‚war unsichtbar und ohne Ordnung, und Finsternis lag über dem Abgrund'; mit diesen Worten wird die Formlosigkeit angezeigt, um die Meinung, gänzlicher Mangel an Erscheinungsform führe notwendig zum Nichts, allmählich zu überwinden; aus

---

[13] Die ‚Bekenntnisse' sind 396–398 entstanden, bereits vorher hat er zwei erste Kommentare (‚De Genesi contra Manichaeos' um 388; ‚De Genesi ad litteram imperfectus liber', um 393) abgefasst. Sein großer Genesiskommentar (‚De Genesi ad litteram') wurde 401–404 geschrieben. Zur Bibelexegese bei Augustinus fundamental Isabelle BOCHET, ‚Le firmament de l'Écriture'. L'herméneutique augustinienne, Paris 2004.

[14] Vgl. zu diesem Punkt die sehr reichhaltig kommentierten französischen Ausgaben der Genesiskommentare des Augustinus: La Genèse au sens littéral en douze livres (De Genesi ad litteram libri duodecim), traduction, introduction et notes par P[aul] AGAËSSE et A[rmand] SOLIGNAC, 2 Bände, Paris 1972; Sur la Genèse, contre les manichéens, traduction de P[ierre] MONAT, introduction par M[artine] DULAEY, M[addalena] SCOPELLO, A[nne]-I[sabelle] BOUTON-TOUBOULIC; annotations et notes complémentaires de M. DULAEY; Sur la Genèse au sens littéral, livre inachevé, introduction, traduction et notes de P[ierre] MONAT, Paris 2005. Vgl. Ebenfalls Antonio V. NAZZARO, Aqua, in: Augustinus-Lexikon, Bd. 1 (1994), Sp. 425–427.

dieser Formlosigkeit sollen dann der zweite Himmel, die sichtbare und geordnete Erde, das glänzende Wasser und all das entstehen, was sonst noch bei der Erschaffung dieser zu bestimmten Tagen erwähnt wird, weil es derart ist, dass an ihm wegen der geordneten Veränderungen seiner Bewegungen und Former Wechsel der Zeiten auftritt."[15]

Was aber ist gemeint, wenn von Wasser oberhalb des Firmaments gesprochen wird? Nicht allein Augustinus stellt fest, dass eine derartige Behauptung in eindeutigem Widerspruch steht zur Lehre der Elemente: „Es behaupten nämlich viele, sagt Augustinus, es könne oberhalb des Firmaments keine Wasser geben, weil sie ein ihnen zugeordnetes Gewicht besitzen, derart dass sie entweder auf der Erde fließen oder in der unmittelbar über der Erde sich befindlichen Luft als Dunst verbreitet sind."[16] An der ausführlichen Antwort, die der Kirchenvater auf diesen gewichtigen Einwand versucht, sind zwei Aspekte von Bedeutung. Zuerst ist festzuhalten, dass er die Lösung seines Lehrers Ambrosius (und vieler anderer) entschieden zurückweist:

„Eine Ansicht wie diese ist nicht damit zurückzuweisen, dass im Hinblick auf die Allmacht Gottes, dem alles möglich ist, auch die Wasser, deren Gewicht wir kennen und empfinden, in den Stand gesetzt werden, das Firmament, auf dem die Sterne sich befinden, zu überfluten."[17]

Der Verweis auf die Allmacht Gottes und ein Wunder ist nicht haltbar und keinesfalls angebracht. Augustinus formuliert ein methodisches Prinzip von grosser Tragweite:

---

15 Confessiones XII,12, in: Confessiones libri tredecim, hrsg. v. Lucas VERHEIJEN, Turnhout 1981 (CCSL 27): *sed hoc ut informe esset, non reliquisti, quoniam fecisti ante omnem diem in principio caelum et terram, haec duo quae dicebam. terra autem inuisibilis erat et incomposita et tenebrae super abyssum. quibus uerbis insinuatur informitas, ut gradatim excipiantur, qui omnimodam speciei priuationem nec tamen ad nihil peruentionem cogitare non possunt, unde fieret alterum caelum et terra uisibilis atque composita et aqua speciosa et quidquid deinceps in constitutione huius mundi non sine diebus factum commemoratur, quia talia sunt, ut in eis agantur uicissitudines temporum propter ordinatas commutationes motionum atque formarum.* Deutscher Text: Augustin, Bekenntnisse, deutsch von Kurt FLASCH und Burkhard MOJSISCH, Stuttgart 1989, S. 342. Beachtenswert sind die kommentierenden Bemerkungen in der Ausgabe: Les Confessions, texte de l'édition de M[artin] SKUTELLA, introduction et notes par A[rmand] SOLIGNAC, traduction de E[ugène] TRÉHOREL et G[uilhem] BOUISSOU, Paris 1962, S. 598–603.
16 De Genesi ad litteram II,1, in: Sancti Aureli Augustini De Genesi ad litteram libri duodecim, eiusdem Libri capitula; De Genesi ad litteram inperfectus liber; Locutionum in Heptateuchum libri septem, recensuit Iosephus ZYCHA, Prag 1894 (CSEL 28,1), S. 32: *multi enim asserunt istarum aquarum naturam super sidereum caelum esse non posse, quod sic habeant ordinatum pondus suum, ut uel super terras fluitent uel in aere terris proximo uaporaliter ferantur.* Deutscher Text nach: Über den Wortlaut der Genesis. De Genesi ad litteram libri duodecim. Der grosse Genesiskommentar in zwölf Büchern, zum ersten Mal in deutscher Sprache von Carl Johann PERL, Paderborn 1962–1964, S. 342.
17 De Genesi ad litteram (Anm. 16), II,1, S. 32: *neque quisquam istos debet ita refellere, ut dicat secundum omnipotentiam dei, cui cuncta possibilia sunt, oportere nos credere aquas etiam tam graues, quam nouimus atque sentimus, caelesti corpori, in quo sunt sidera, superfusas.* Übersetzung PERL, S. 40.

> „Unsere Aufgabe ist vielmehr, auf Grund der göttlichen Schrift zu fragen, wie Gott die Naturen der Dinge eingerichtet hat, nicht aber was er an ihnen oder aus ihnen für Wunder seiner Macht vollbringen will."[18]

Augustinus schlägt schließlich, das ist der zweite Punkt der Beachtung verdient, eine Lösung vor, die er selber als Mutmassung bezeichnet. Sie hängt zusammen mit der zu seiner Zeit verbreiteten Meinung, Saturn sei der kälteste Planet, wiewohl er eigentlich aufgrund seines Ortes und der Schnelligkeit seiner Bewegung sehr heiß sein sollte. Was uns an dieser Stelle interessiert, ist nicht das Detail der naturwissenschaftlichen Erklärung, sondern das Bemühen des Augustinus, eine Lösung zu finden, die mit der physischen Theorie seiner Zeit nicht im Widerspruch steht. Dieses Bemühen können wir in Zusammenhang beobachten mit einer wiederum methodischen Bemerkung, die er kurz zuvor formumliert hat:

> „Oft genug kommt es vor, dass auch ein Nichtchrist ein ganz sicheres Wissen durch Vernunft und Erfahrung erworben hat, mit dem er etwas über die Erde und den Himmel, über Lauf und Umlauf, Größe und Abstand der Gestirne, über bestimmte Sonnen- und Mondfisternisse, über die Umläufe der Jahre und Zeiten, über die Naturen und Lebenwesen, Sträucher, Stein und dergleichen zu sagen hat. Nichts ist nun peinlicher, gefährlicher und am schärfsten zu verwerfen, als wenn ein Christ mit Berufung auf die christlichen Schriften zu einem Ungläubigen über diese Dinge Behauptungen aufstellt, die falsch sind und, wie man sagt, den Himmel auf den Kopf stellen, so dass der andere kaum sein Lachen zurückhalten kann. Dass ein solcher Ingnorant Spott erntet, ist nicht das Schlimmste, sondern dass von Draussenstehenden geglaubt wird, unsere Autoren hätten so etwas gedacht."[19]

Das Beispiel der augustinischen Bemühungen um das richtige Verständnis der biblischen Schöpfungslehre ist in mehrfacher Hinsicht lehrreich, nicht sosehr weil es gleichsam eine Verurteilung der Verturteilung Galileis enthält, sondern einen aufschlussreichen Aspekt der intellektuellen Geschichte Europas anzeigt. Ich meine den anregenden Konflikt zwischen Vernunft und Offenbarung. Nicht selten wurde der Disput zugunsten des Vorranges der Schrift und der Offenbarung entschieden, auch bei Augustinus, aber in dem von uns erörterten Beispiel hat der Kirchenvater in einem ersten Schritt den möglichen Konflikt erkannt und identifiziert und in einem zweiten

---

18 De Genesi ad litteram (Anm. 16), II,1, S. 32: *nunc enim, quemadmodum deus instituerit naturas rerum, secundum scripturas eius nos conuenit quaerere, non, quid in eis uel ex eis ad miraculum potentiae suae uelit operari.* Übersetzung PERL, S. 40.
19 De Genesi ad litteram (Anm. 16), I,19, S. 28: *plerumque enim accidit, ut aliquid de terra, de caelo, de ceteris mundi huius elementis, de motu et conuersione uel etiam magnitudine et interuallis siderum, de certis defectibus solis ac lunae, de circuitibus annorum et temporum, de naturis animalium, fruticum, lapidum atque huiusmodi ceteris etiam non christianus ita nouerit, ut certissima ratione uel experientia teneat. turpe est autem nimis et perniciosum ac maxime cauendum, ut christianum de his rebus quasi secundum christianas litteras loquentem ita delirare audiat, ut, quemadmodum dicitur, toto caelo errare conspiciens risum tenere uix possit. et non tam molestum est, quod errans homo derideatur, sed quod auctores nostri ab eis, qui foris sunt, talia sensisse creduntur.* Übersetzung PERL, S. 32–33.

Schritt zwar nicht der Vernunft den Vorrang zugesprochen, aber zumindest, und das ist nicht wenig, zur Vorsicht gemahnt, wie wenn er geahnt hätte, was Immanuel Kant so wundervoll benannt hat: „denn eine Religion, die der Vernunft unbedenklich den Krieg ankündigt, wird es auf die Dauer gegen sie nicht aushalten."[20]

4 Wasser als Metapher der Lehre

Wir haben bislang nur von dieser einen, allerdings grundlegenden Bibelstelle gesprochen, aber vom Wasser ist nicht nur an unzähligen anderen Stellen der Heiligen Schrift die Rede (bespielsweise in den Psalmen), sondern das Wasser spielt auch in der Lehre Jesu eine kaum zu überschätzende Rolle. Wahrscheinlich der diesbezüglich wichtigste Aspekt betrifft selbstverständlich die Taufe. Ich möchte indes im Folgenden kurz eine andere Dimension des Wassers in der Bibel besprechen, nämlich die Begegnung Jesu mit der Samariterin, von der im 4. Kapitel bei Johannes berichtet wird. Zur Einführung ist daran zu erinnern, dass sowohl die theologische als auch die philosophische Rede sich der Metaphern nicht bloss in einer Behelfsfunktion bedient, sondern Metaphern in manchen Fällen die Aufgabe erfüllen, einen Gedanken im eigentlichen Sinne des Wortes zu verdeutlichen. Dies gilt beispielsweise für die Metapher des Lichts im Falle der Interpretation der menschlichen Erkenntnis,[21] aber es ist ebenfalls nicht zu leugnen, dass Metaphern wie die Jagd,[22] der Weg oder das Erklimmen eines Berg[23] nicht nur belanglose Bilder des philosophischen Tuns darstellen, sondern zweifelsohne Aspekte des Gemeinten vertiefen und überhaupt erst sichtbar machen. Der bereits erwähnte Passus im Johannesevangelium in der Auslegung des Thomas von Aquin in seinem diesbezüglichen Kommentar[24] kann uns

---

[20] Immanuel KANT, Die Religion innerhalb der Grenzen der bloßen Vernunft, herausgegeben von Karl VORLÄNDER, mit einer Einleitung von Hermann NOACK, Hamburg 1978, S. 11.
[21] Vgl. dazu Hans BLUMENBERG, Licht als Metapher der Wahrheit, in: Studium generale 10 (1957) S. 432–447.
[22] Vgl. Ruedi IMBACH, Einige vorläufige Bemerkungen zur Jagd als Bild der Philosophie, in: Dieter DAPHINOFF (Hg.), Der Wald. Beiträge zu einem interdisziplinären Gespräch, Freiburg / Schweiz 1993, S. 87–100.
[23] Vgl. Ruedi IMBACH, Was bringt das Klettern? Der Aufstieg (*ascensus*) als Bild philosophischen Bemühens, in: Freiburger Zeitschrift für Philosophie und Theologie 61 (2014), S. 5–17.
[24] Zu diesem Werk des Thomas vgl. Pierre-Yves MAILLARD, La vision de Dieu chez Thomas d'Aquin. Une lecture de l',In Ioannem' à la lumière de ses sources augustiniennes, Paris 2001; Graziano PERILLO, Teologia del *Verbum*. La ,Lectura super Ioannis Evangelium' di Tommaso d'Aquino, Napoli 2003; Reading John with St. Thomas Aquinas. Theological exegesis and speculative theology, edited by Michael DAUPHINAIS and Matthew LEVERING, Washington 2005; Matthias HAMMELE, Das Bild der Juden im Johannes-Kommentar des Thomas von Aquin. Ein Beitrag zu Bibelhermeneutik und Wissenschaftsgeschichte im 13. Jahrhundert, Stuttgart 2012. Zur thomistischen Exegese im Allgemeinen vgl. Maximio Arias REYERO, Thomas von Aquin als Exeget: die Prinzipien seiner Schriftdeutung und seine Lehre von den Schriftsinnen, Einsiedeln 1971, vor allem aber: Piotr ROSZAK/ Jörgen VIJGEN, Reading

zeigen, wie die Metapher des Wassers eingesetzt wird, um einen Aspekt der Botschaft Jesu zu erhellen. Hier der entscheidende Passus des Textes:

> „(5) So kam er zu einem Ort in Samarien, der Sychar hieß und nahe bei dem Grundstück lag, das Jakob seinem Sohn Josef vermacht hatte. (6) Dort befand sich der Jakobsbrunnen. Jesus war müde von der Reise und setzte sich daher an den Brunnen; es war um die sechste Stunde. (7) Da kam eine samaritische Frau, um Wasser zu schöpfen. Jesus sagte zu ihr: Gib mir zu trinken! (8) Seine Jünger waren nämlich in den Ort gegangen, um etwas zum Essen zu kaufen. (9) Die samaritische Frau sagte zu ihm: Wie kannst du als Jude mich, eine Samariterin, um Wasser bitten? Die Juden verkehren nämlich nicht mit den Samaritern. (10) Jesus antwortete ihr: Wenn du wüsstest, worin die Gabe Gottes besteht und wer es ist, der zu dir sagt: Gib mir zu trinken!, dann hättest du ihn gebeten, und er hätte dir lebendiges Wasser gegeben. (11) Sie sagte zu ihm: Herr, du hast kein Schöpfgefäß, und der Brunnen ist tief; woher hast du also das lebendige Wasser? (12) Bist du etwa größer als unser Vater Jakob, der uns den Brunnen gegeben und selbst daraus getrunken hat, wie seine Söhne und seine Herden? (13) Jesus antwortete ihr: Wer von diesem Wasser trinkt, wird wieder Durst bekommen; (14) wer aber von dem Wasser trinkt, das ich ihm geben werde, wird niemals mehr Durst haben; vielmehr wird das Wasser, das ich ihm gebe, in ihm zur sprudelnden Quelle werden, deren Wasser ewiges Leben schenkt. (15) Da sagte die Frau zu ihm: Herr, gib mir dieses Wasser, damit ich keinen Durst mehr habe und nicht mehr hierher kommen muss, um Wasser zu schöpfen."[25]

Thomas betont, dass die Erwähnung des Jakobsbrunnens gleich zu Beginn des Textes andeute, wovon die Rede sein wird: die materielle Quelle, der Brunnen gibt Anlass von einem geistlichen Wasser und einer geistlichen Quelle zu sprechen. Der Brunnen „gibt Gelegenheit über die geistliche Quelle, die Christus ist, zu disputieren" sagt Thomas.[26] Die Frau, eine Samaritanerin, also kein Glied des auserwählten jüdischen

---

Sacred Scripture with Thomas Aquinas. Hermeneutical, Theological Questions and New Perspectives, Turnhout 2015. Ich benütze folgende Ausgabe: S. Thomae Aquinatis super Evangelium S. Ioannis lectura, hrsg. v. P. Raffaele CAI O.P., editio V revisa, Turin, Rom 1952.

25 Text nach der sog. Einheitsübersetzung; der Wortlaut der Vulgata (Anm. 12), S. 1663a–b: *(5) Venit ergo in civitatem Samariae, quae dicitur Sichar, juxta praedium quod dedit Jacob Joseph filio suo. (6) Erat autem ibi fons Jacob. Jesus ergo fatigatus ex itinere, sedebat sic supra fontem. Hora erat quasi sexta. (7) Venit mulier de Samaria haurire aquam. Dicit ei Jesus: Da mihi bibere. (8) (Discipuli enim ejus abierant in civitatem ut cibos emerent.) (9) Dicit ergo ei mulier illa Samaritana: Quomodo tu, Judaeus cum sis, bibere a me poscis, quae sum mulier Samaritana? non enim coutuntur Judaei Samaritanis. (10) Respondit Jesus, et dixit ei: Si scires donum Dei, et quis est qui dicit tibi: Da mihi bibere, tu forsitan petisses ab eo, et dedisset tibi aquam vivam. (11) Dicit ei mulier: Domine, neque in quo haurias habes, et puteus altus est: unde ergo habes aquam vivam? (12) Numquid tu major es patre nostro Jacob, qui dedit nobis puteum, et ipse ex eo bibit, et filii ejus, et pecora ejus? (13) Respondit Jesus, et dixit ei: Omnis qui bibit ex aqua hac, sitiet iterum; qui autem biberit ex aqua quam ego dabo ei, non sitiet in aeternum: (14) sed aqua quam ego dabo ei, fiet in eo fons aquae salientis in vitam aeternam. (15) Dicit ad eum mulier: Domine, da mihi hanc aquam, ut non sitiam, neque veniam huc haurire.*
26 Caput IV, lectio 1, n. 561, S. 107b: *Consequenter cum dicit* Erat autem ibi fons Iacob *ponit praeambulum doctrinae ex parte rei de qua doctrina erat. Et hoc congruenter: nam doctrina futura erat de aqua et fonte spirituali, et ideo fit hic mentio de fonte materiali, ex quo sumitur occasio disputandi de fonte spirituali qui est Christus.*

Volkes, versinnbildlicht die noch nicht erlösten Heiden. Indem Jesus die Frau bittet, ihm zu trinken zu geben, „gibt er ihr Gelegenheit zu fragen".[27]

Was ist mit dem Wasser gemeint,[28] fragt Thomas. Er gibt zuerst eine knappe Antwort, es sei damit auf die „Gnade des Heiligen Geistes" verwiesen, die in der Schrift manchmal als Feuer, manchmal als Wasser bezeichnet werde. Das Feuer deute an, dass sie „das Herz erhebe", während mit dem Wasser die Reinigung, die Erfrischung und die Durststillung der Seele gemeint sei. Mit dem lebendigen Wasser, das nicht Regenwasser ist oder in Zisternen aufbewahrt wird, ist ein Wasser gemeint, das in direkter Beziehung steht zur Quelle.[29]

Thomas unterstreicht, dass die Frau offensichtlich das Gesagte stets zu wörtlich versteht und dass Jesus sich deswegen darum bemüht, ihren Blick zu öffnen für den geistigen Sinn der Worte,[30] sie soll einsehen, dass seine Lehre wie das Wasser den Durst stillt. Hier ist indes ein Unterschied zu bemerken, denn das „Wasser, das Jesus gibt, stillt den Durst und stillt ihn zugleich nicht."[31] Wer Wasser trinkt, der hat immer noch Durst. Dafür gibt es zwei Gründe. Zum einen weil das natürliche Wasser vergänglich ist, ist auch seine Wirkung vergänglich.[32] Vor allem aber muss unterschieden werden zwischen einem geistigen und einem zeitlichen Ding, meint Thomas:

---

27 Caput IV, lectio 1, n. 567–568, S. 108b: *Persona autem, cui exhibetur doctrina, est mulier Samaritana; unde dicit v e n i t   m u l i e r   d e   S a m a r i a   h a u r i r e   a q u a m. Mulier ista significat Ecclesiam gentium nondum iustificatam, quae idolatria detinebatur, sed tamen per Christum iustificandam. Venit autem ab alienigenis, scilicet a Samaritanis, qui alienigenae fuerant, licet vicinas terras incolerent: quia Ecclesia de gentibus, aliena a genere Iudaeorum, ventura erat ad Christum; Matth. VIII, 11: ‚multi venient ab oriente et occidente, et recumbent cum Abraham Isaac et Iacob in regno caelorum'. Haec autem mulier praeparatur ad doctrinam per Christum, cum dicit d a   m i h i   b i b e r e. Et primo dat ei occasionem quaerendi; secundo Evangelista interponit quaerendi opportunitatem.*

28 Dazu vgl. den Aufsatz von Walter SENNER, Feuer und Wasser bei Thomas von Aquin und anderen, in: In principio erat verbum. Mélanges offerts en hommage à Paul TOMBEUR par des anciens étudiants à l'occasion de son éméritat, Turnhout 2005, S. 379–407.

29 Caput IV, lectio 2, n. 577–578, S. 110b: *Et dicendum, quod per aquam intelligitur gratia spiritus sancti: quae quidem quandoque dicitur ignis, quandoque aqua, ut ostendatur quod nec hoc, nec illud dicitur secundum substantiae proprietatem, sed secundum similitudinem actionis. Nam ignis dicitur, quia elevat cor per fervorem et calorem […]. Est autem duplex aqua: scilicet viva et non viva. Non viva quidem est quae non continuatur suo principio unde scaturit; sed collecta de pluvia, seu aliunde, in lacunas et cisternas a suo principio separata servatur. Viva autem aqua est quae suo principio continuatur, et effluit. Secundum hoc ergo gratia Spiritus sancti recte dicitur aqua viva, quia ita ipsa gratia Spiritus sancti datur homini quod tamen ipse fons gratiae datur, scilicet Spiritus sanctus.*

30 Caput IV, lectio 2, n. 581, S. 111a: *Circa primum sciendum est, quod mulier ista Samaritana, verba quae dominus spiritualiter intelligebat, carnaliter accipiebat, quia erat animalis.*

31 Caput IV, lectio 2, n. 586, S. 112a: *Sed dicendum, quod utrumque verum est: quia qui bibit ex aqua quam Christus dat et sitit adhuc et non sitit; sed qui bibit ex aqua corporali, sitiet iterum.*

32 Caput IV, lectio 2, n. 586, S. 112a: *Primo, quia aqua materialis et carnalis non est perpetua, nec causam perpetuam habet, sed deficientem: unde et effectus oportet quod cesset; Sap. V, 9: ‚transierunt haec omnia quasi umbra' et cetera. Aqua vero spiritualis causam perpetuam habet, scilicet spiritum sanctum, qui est fons vitae, numquam deficiens: et ideo qui ex ea bibit, non sitiet in aeternum; sicut qui haberet in ventre fontem aquae vivae, non sitiret unquam.*

„Beide verursachen Durst, aber auf je andere Weise. Das Haben eines zeitlichen Dinges verursacht den Durst nicht seiner selbst, sondern von etwas anderem. Das geistige Ding hebt den Durst von etwas anderem auf und verursacht den Durst seiner selbst. Der Grund dafür ist folgender: bevor ein zeitliches Ding im Besitz ist, wird es als etwas Wertvolles und Befriedigendes eingeschätzt, aber sobald es erreicht ist, zeigt sich, dass es nicht ausreichend ist, um das Verlangen zu stillen, daher wird das Verlangen nicht beruhigt, und es entsteht das Verlangen nach etwas anderem."[33]

Ganz anders verhält es sich bei geistigen Gütern, meint Thomas: ihr Besitz ist ihre Erkenntnis selbst und diese bewirkt ein noch größeres Verlangen nach ihnen selbst.[34] Und genau so verhält es sich bei dem „lebendigen Wasser", von dem hier die Rede ist. In der hier angesprochenen ‚Dialektik von Durst und Erfüllung' erweist sich die Metapher des Wassers als besonders fruchtbar, um die Lehre zu erklären: wer davon etwas erhält, sehnt sich danach, diese Lehre noch vollkommener zu besitzen. Schließlich vermittelt der Vergleich zwischen dem materiellen und geistigen Wasser noch eine weitere Einsicht:

„Anders ist das Fließen des stofflichen Wassers, das nach unten fließt; anders dasjenige des geistigen Wasser, das nach oben führt; deshalb sagt Jesus: ich sage, das stoffliche Wasser kann den Durst nicht stillen, das Wasser, das ich verteile, stillt nicht nur den Durst, sondern es ist lebendig, weil es mit der Quelle verbunden ist."[35]

Was können wir beobachten, wenn wir die Sache in hermeneutischer Perspektive betrachten?[36] Im Text des Evangelisten können wir drei Ebenen unterscheiden. Zuerst die narrative Begebenheit: der müde Jesus, der eine Frau bittet, ihm zu trinken zu geben. Dann die Ebene der Rede Jesu, der seine Botschaft mit dem Wasser vergleicht und seine Lehre gleichsam als das wahre, lebendige Wasser versteht. Von diesen beiden Ebenen ist das Verständnis der Frau zu unterscheiden, die die Worte Jesu

---

[33] Caput IV, lectio 2, n. 586, S. 112a: *Licet enim utraque generet sitim, tamen aliter et aliter: quia res temporalis habita, causat quidem sitim non sui ipsius, sed alterius rei; spiritualis vero tollit sitim alterius rei, et causat sui ipsius sitim. Cuius ratio est, quia res temporalis antequam habeatur, aestimatur magni pretii et sufficiens; sed postquam habetur, quia nec tanta, nec sufficiens ad quietandum desiderium invenitur, ideo non satiat desiderium, quin ad aliud habendum moveatur.*

[34] Caput IV, lectio 2, n. 586, S. 112a: *Res vero spiritualis non cognoscitur, nisi cum habetur Apoc. II, 17: ‚nemo novit nisi qui accipit'. Et ideo non habita, non movet desiderium; sed cum habetur et cognoscitur, tunc delectat affectum et movet desiderium, non quidem ad aliud habendum, sed quia imperfecte percipitur propter recipientis imperfectionem, movet ut ipsa perfecte habeatur.*

[35] Caput IV, lectio 2, n. 587, S 112b: *Sed alius est cursus aquae materialis, scilicet deorsum, alius istius spiritualis, quia ducit sursum; et ideo dicit: dico, quod talis est aqua materialis quod non tollit sitim, sed aqua quam ego do, non solum sitim aufert, sed est viva quia est coniuncta fonti.*

[36] Die exegetische Perspektive des vierten Kapitels vom Johannesevangelium kann selbstverständlich hier nicht berücksichtigt werden, vgl. dazu Enrique BECERRA, Le symbolisme de l'eau dans le quatrième évangile, Strasbourg 1982; Larry Paul JONES, The Symbol of Water in the Gospel of John, Sheffield 1997; Ruben ZIMMERMANN, Wassersymbolik, in: Ders., Christologie der Bilder im Johannesevangelium, Tübingen 2004, S. 142–153.

nicht angemessen versteht. Der Kommentator Thomas geht im Vergleichen der ersten und zweiten Ebene weiter als der biblische Text, indem er zum einen die Metapher des Wassers verdeutlicht und zum anderen die Unterschiede zwischen der Metapher und dem durch sie Bezeichneten genauer identifiziert. Die beiden Texte, von denen ich handle, sind der Erläuterung einer originellen, wenig geläufigen Metapher der *doctrina*, der Lehre, gewidmet. Was verdeutlicht sie, was zeigt sie, das im abstrakten Ausdruck Lehre nicht sichtbar wird? Die Lehre Jesu erscheint als etwas, wonach der Mensch sich sehnt; deswegen wird das Reden vom Wasser mit der Metapher des Durstes verbunden. Die genauere Auslegung der Relation des geistigen Durstes mit demjenigen des gewöhnlichen Dürstens, offenbart die Dialektik von Verlangen und Erfüllung, die im Falle der Lehre nicht nur ein sich steigerndes Sehnen, sondern ebenfalls eine zielgerichtete Selbstgenügsamkeit beinhaltet. Die Metapher des Wassers erweist die Lehre Jesu als etwas, wonach sich der Mensch natürlicherweise sehnt, das ihn erfrischt, belebt und befriedigt.

5 Eine sonderbare Disputation Dantes

Wir beschließen unseren Rundgang, indem wir uns einem anderen italienischen Denker zuwenden, der sich in einer erstaunlichen Weise mit dem Wasser beschäftigt hat. Es wird oft übersehen, dass der Dichter der ‚Commedia' nach dem Abschluss dieses Meisterwerks, kurz vor seinem Tod im Jahre 1320 in Verona eine philosophische Disputation veranstaltet hat,[37] die folgendermaßen überschrieben ist:

> „Euch allen sei folgendes offenkundig: Als ich mich in Mantua aufhielt, wurde eine gewisse Frage aufgeworfen, die mehrmals eher gemäß dem Sein als gemäß der Wahrheit abgehandelt wurde und unentschieden blieb. Da ich seit meiner Kindheit unaufhörlich in der Liebe zur Wahrheit genährt wurde, ertrug ich es nicht, die erwähnte Frage unerörtert zu lassen, sondern hielt es für angebracht, diesbezüglich das Wahre aufzuzeigen, nicht ohne die Gegenargumente aufzulösen – aus Liebe zur Wahrheit auch aus Abscheu von der Falschheit."[38]

Die philosophische Frage, die Dante, der sich selber als den geringsten unter den Philosophen[39] bezeichnet, formuliert er in folgender Weise:

---

[37] Dante Alighieri, Abhandlung über das Wasser und die Erde. Übersetzt, eingeleitet und kommentiert von Dominik PERLER, Lateinisch-Deutsch, Hamburg 1994. Diese Ausgabe druckt den Text von PISTELLI (1921) ab. Im Folgenden zitiert als: Abhandlung. Vgl. ebenfalls die von Francesco MAZZONI unternommene, reich kommentierte Neuausgabe des Textes von PISTELLI, in: Dante Alighieri, Opere Minori, tomo II, hrsg. v. Pier Vincenzo MENGALDO u. a. Milano, Napoli 1979, S. 691–880.
[38] Abhandlung § 3, S. 2/3: *Unde cum in amore veritatis a pueritia mea continue sim nutritus, non sustinui questionem prefatam linquere indiscussam; sed placuit de ipsa verum ostendere, nec non argumenta facta contra dissolvere, tum veritatis amore, tum etiam odio falsitatis.*
[39] Abhandlung § 1, S. 2: *inter vere phylosophantes minimus*; § 87, S. 40: *Determinata est hec phylosophia dominante invicto domino, domino Cane Grandi de Scala pro Imperio sacrosancto Romano, per me Dantem Alagherium, phylosophorum minimum.*

> „Die Frage also handelte von der Lage und der Figur oder der Form zweier Elemente, nämlich des Wassers und der Erde [...]. Und die Frage wurde im Sinne des Prinzips der zu ergründenden Wahrheit auf folgendes eingegrenzt: Es sollte untersucht werden, ob das Wasser in seiner Sphäre, d. h. in seiner natürlichen Kugeloberfläche, in irgendeinem Teil höher liegt als die Erde, die aus den Wassern emporragt und die wir gewöhnlich den vierten bewohnbaren Teil nennen."[40]

Ich kann an dieser Stelle die Frage der Echtheit, die mir gesichert scheint,[41] nicht eingehen. Nach einer knappen Darstellung der Bedeutung der Fragestellung sowie der Lösung Dantes, möchte ich vor allem die philosophiehistorische Bedeutung von Dantes Text zu skizzieren versuchen.[42] Wir haben eingangs an die aristotelische Deutung der Elementenlehre erinnert. Die sich im Mittelpunkt der Welt befindliche kugelförmige Erde besteht aus den vier Elementen, die sphärisch angeordnet sind. Die Erde im Zentrum wird vom Wasser umgeben, dieses von der Luft und diese wiederum vom Feuer. Nach diesem umfassenden kosmologischen Modell sind die Elemente wie vier konzentrische Kreise angeordnet. Allerdings besteht eine offensichtliche Spannung zwischen der alltäglichen Erfahrung und diesem wissenschaftlichen Paradigma, da an einigen Stellen das Wasser die Erde überflutet und an anderen die Berge das Wasser überragen. Das Thema wurde im 13. Jahrhundert gründlich diskutiert, wobei namentlich die Frage der Exzentrizität und Konzentritzität der elementaren Sphären berücksichtigt wurde. Dante, der offensichtlich mit diesen Diskussionen vertraut war,[43] will von der Annahme der Konzentrizität nicht abweichen und entscheidet sich am Ende einer eingehend geführten Debatte für die These, dass die Erde höher liegt als das Wasser. Sein Lehrer Brunetto Latini hatte sich für die gegenteilige Auffassung entschieden,[44] Thomas von Aquin dagegen optiert für die Lehre, dass die Erde an einigen Stellen höher liegt. Er begründet dies zuerst durch die Finalität, um das Leben der Tiere und Pflanzen zu gewährleisten.[45] In einem zweiten Argument

---

40 Abhandlung § 4–5, S. 2–4/3–5: *Questio igitur fuit de situ et figura sive forma duorum elementorum, aque videlicet et terre. [...] Et restricta fuit questio ad hoc, tanquam ad principium investigande veritatis, ut quereretur utrum aqua in spera sua, hoc est in sua naturali circumferentia, in aliqua parte esset altior terra que emergit ab aquis et quam comuniter quartam habitabilem appellamus.*
41 Dazu die Einleitung zu seiner Ausgabe von Mazzoni, S. 693–737, vor allem aber: ‚La Questio de aqua et terra', in: Studi Danteschi 34 (1957), S. 39–84; ‚Il punto sulla Questio de aqua et terra', in: Studi Danteschi 39 (1962), S. 39–84; sowie die Einleitung von Perler, Abhandlung (Anm. 37), S. XII–XXVIII.
42 Vgl. dazu Perler, Einleitung (Anm. 37), S. LIX–LXXIV.
43 Vgl. dazu Perler, Einleitung (Anm. 37), S. XLIII–LIX.
44 Livre dou tresor, I, c. 105, n. 2, hrsg. v. F[rancis] J. Carmody, Berkeley/Los Angeles 1948, S. 89: *Et il est voirs que la mers est *sus la terre, selon ke ce li contes devise ça en ariere el chapitle des elimens. Et se ce est voirs k'ele siet sur la terre, donc est ele plus haute ke la terre; donc n'est il mie merveille des fontaines ki sordent sor les hautes montaignes, car c'est la propre nature des euues k'ele monte tant comm elle avale.* Zur Position von Restoro d'Arezzo vgl. Perler, Einleitung (Anm. 37), S. LII–LIII.
45 Summa theologiae (Anm. 10), I, q. 69, art. 1, ad 4, S. 328b: *Ad quartum dicendum quod iussio Dei naturalem motum corporibus praebet. Unde dicitur quod suis naturalibus motibus faciunt verbum eius. Vel potest dici quod naturale esset quod aqua undique esset circa terram, sicut aer undique est circa*

dagegen beruft sich Thomas auf die Allmacht Gottes, wie in der Schrift steht, etwa bei Jeremias 5,22: „Wollt ihr mich nicht fürchten, spricht der Herr, und vor mir nicht erschrecken, der ich dem Meere den Sand zur Grenze setze."⁴⁶ Es ist durchaus bemerkenswert, dass an dieser Stelle Thomas das tut, wovor Augustinus gewarnt hat, indem er sich in Fragen, die durch die Philosophie zu lösen, wären auf Wunder beruft.

Diese Feststellung führt uns zu dem Aspekt der Disputatio Dantes, der mir der bedeutsamste zu sein scheint: Dantes Sohn, der die *Questio* beschreibt, betont mit aller nur wünschbaren Deutlichkeit hierzu, dass Dante die Frage „gemäß der natürlichen Vernunft" behandeln wollte.⁴⁷ Der gesamte Text basiert nämlich auf der Überzeugung, dass es sich hier um ein Problem handelt, das mit den Kräften der bloßen Vernunft untersucht werden muss. Es ist zweifellos richtig, was Dominik PERLER in seiner Ausgabe festhält: „Seit der Überwindung des geozentrischen Weltbildes und der aristotelischen Elementenlehre ist nicht nur die vorgeschlagene Lösung, sondern die ganze Problemstellung hinfällig geworden."⁴⁸ Muss man also dem Urteil von Giorgio PADOAN zustimmen, die *Questio* sei „di irrelevante importanza filosoficoscientifica, di nessun valore artistico"?⁴⁹ Ich bin anderer Meinung, wenn wir einerseits die Strenge der Gedankenführung betrachten und andererseits die methodische Ausrichtung beurteilen.⁵⁰ Was den ersten Punkt betrifft, so erweist sich der Text als ein beredter Beleg dafür, dass Dante Aristoteles als den „Meister derer, die wissen" (*il maestro di color che sanno*) wie es in der ‚Komödie' heißt,⁵¹ betrachtet. Er verteidigt nicht nur im Allgemeinen die aristotelische Position, sondern wir können feststellen, dass die Substanz der Frage auf einer Reihe Aristotelischer Prinzipien beruht. Ich will dafür nur drei Beispiele vorlegen:

---

aquam et terram; sed propter necessitatem finis, ut scilicet animalia et plantae essent super terram, oportuit quod aliqua pars terrae esset discooperta aquis. Quod quidem aliqui philosophi attribuunt actioni solis, per elevationem vaporum desiccantis terram.

46 Summa theologiae (Anm. 10), ebd.: *Sed sacra Scriptura attribuit hoc potestati divinae, non solum in Genesi, sed etiam in Iob XXXVIII, ubi ex persona domini dicitur ‚circumdedi mare terminis meis'; et Ierem. V ‚me ergo non timebitis, ait dominus, qui posui arenam terminum mari?'*

47 Cf. Il ‚Commentarium' di Pietro Alighieri nelle redazione Ashburnhamiana e Ottoboniana, hrsg. v. R[oberto] DELLA VEDOVA u. M[aria] T[eresa] SILVOTTI, Florenz 1978, S. 449: *Quantum vero ad veritatem et naturalem racionem de huiusmodi parte terre nostre sic ellevata a mari, non ficte et transumptive loquendo, ut est loqutus hic auctor.*

48 Abhandlung, S. p. LXIX

49 Introduzione, in: De situ et forma aque et terre, Florenz 1968, S. XXIII.

50 Vgl. vor allem die Argumentation von MAZZONI in seiner Einleitung, S. 711: „Per capacità di sintesi e rigore dialettcio, per il suo vigoroso, ben condotto e strutturato argomentare, la Questio [...] è insomma, nel genre, un pezzo di bravura, teso a definire e risolvere (facendo un ben ragionato punto), un discusso problema, senza presumere di scoprire e portare novità."

51 Über Dantes Beziehung zu Aristoteles vgl. Einleitung zu: Dante Alighieri, Das Gastmahl, Viertes Buch, übersetzt von Thomas RICKLIN, eingeleitet und kommentiert von Ruedi IMBACH in Zusammenarbeit mit Roland BÉHAR und Thomas RICKLIN, Hamburg 2004, S. XII–XXVIII.

Dante erinnert daran, dass „das Wasser sich natürlicherweise nach unten bewegt und dass das Wasser natürlicherweise ein unsteter Körper ist" und dann fügt er hinzu:

> „Und würde jemand diese beiden Prinzipien oder eines von beiden bestreiten, so wäre die Untersuchung nicht für ihn bestimmt, denn mit jemandem, der die Prinzipien einer Wissenschaft bestreitet, kann man nicht in dieser Wissenschaft diskutieren, wie aus dem ersten Buch der ‚Physik' hervorgeht. Diese Prinzipien werden nämlich durch Sinneswahrnemung und durch Induktion gefunden, [...] wie aus dem ersten Buch der ‚Nikomachischen Ethik' erhellt."[52]

Mehrere grundlegende Aspekte der Aristotelischen Wissenschaftslehre werden hier aufgezählt und geltend gemacht. Die Überzeugung, dass die Natur und Gott stets das Beste bewirken gehört zu den Grundpfeilern von Dantes Denken und begegnet uns in allen Schriften. Im folgenden Passus verweist er präzis auf die Quellen:

> „Denn Gott und die Natur bewirken und beabsichtigen immer das, was besser ist, wie durch den Philosophen im ersten Buch ‚Über den Himmel und Erde' und im zweiten Buch ‚Über die Entstehung der Tiere' deutlich wird."[53]

Dieses Prinzip begründet den rationalistischen Optimismus Dantes, während an anderer Stelle seine Zustimmung zum aristotelischen Empirismus zum Ausdruck kommt:

> „Da uns also der Weg zur Untersuchung der Wahrheit in Bezug auf natürliche Gegenstände angeboren ist (nämlich ausgehend von dem, was uns bekannter, der Natur nach aber weniger bekannt ist, hin zu jenem, was für die Natur gewisser und bekannter ist, wie aus dem ersten Buch der ‚Physik' hervorgeht), und da uns dabei die Wirkungen bekannter sind als die Ursachen (von ihnen nämlich werden wir zur Erkenntnis der Ursachen hingeführt, wie klar ist, denn die Sonnenfinsternis hat zur Erkenntnis geführt, dass sich der Mond zwischen der Erde und der Sonne befindet, und daher hat das Philosophieren mit dem Staunen begonnen), aus diesen Gründen muss der Weg der Erforschung natürlicher Dinge von den Wirkungen zu den Ursachen führen."[54]

Diese Hinweise könnten uns dazu verführen von einem aristotelischen Dogmatismus zu sprechen, aber dieser Vorwurf wäre unhistorisch. In der Tat ist die von Dante voll-

---

52 Abhandlung § 21, S. 10/11: *Et si quis hec duo principia vel alterum ipsorum negaret, ad ipsum non esset determinatio, cum contra negantem principia alicuius scientie non sit disputandum in illa scientia, ut patet ex primo Physicorum; sunt etenim hec principia inventa sensu et inductione [...], ut patet ex primo ‚Ad Nicomacum'.*
53 Abhandlung § 28, S. 16/17: *cum Deus et natura semper faciat et velit quod melius est, ut patet per Phylosophum primo ‚De Celo et Mundo', et secundo ‚De Generatione Animalium'.*
54 Abhandlung § 61, S. 28–30/29–31: *Cum igitur innata sit nobis via investigande veritatis circa naturalia ex notioribus nobis, nature vero minus notis, in certiora nature et notiora, ut patet ex primo Phisicorum, et notiores sint nobis in talibus effectus quam cause, – quia per ipsos inducimur in cognitionem causarum, ut patet, quia eclipsis solis duxit in cognitionem interpositionis lune, unde propter admirari cepere phylosophari -, viam inquisitionis in naturalibus oportet esse ab effectibus ad causas.*

zogene Identifikation der aristotelischen Philosophie mit der Sprache der Vernunft eine gewisse Blindheit und eine unbestreitbare Naivität, aber wir müssen sie in ihrem historischen Kontext beurteilen. Dante folgt hier dem Imperativ, den gewisse Aristoteliker in der zweiten Hälfte des 13. Jahrhunderts geprägt haben: *loqui ut naturalis*,[55] mit den Worten und Argumenten der natürlichen Vernunft sprechen. Dieses Bemühen können wir mit dem Versuch einer Emanzipation der Philosophie von der theologischen Bevormundung in Beziehung setzen. Wenn Dante seine Frage konsequent auf dem Weg der natürlichen Vernunft lösen will, dann dürfen wir seinen Versuch in diese Richtung interpretieren:

> „Um aber die Wirkursache zu untersuchen, muss zuvor festgehalten werden, dass die vorliegende Abhandlung die Materie der Naturwissenschaft nicht verlässt, d. h. das bewegbare Seiende, nämlich Wasser und Erde, die natürliche Körper sind. Und deshalb muss eine Gewissheit gemäß der Materie der Naturwissenschaft angestrebt werden, die hier Gegenstand der Untersuchung ist."[56]

Damit ist ganz klar gesagt, dass in dieser Untersuchung nur und ausschließlich die Kriterien der Naturphilosophie, also der menschlichen Vernunft zu berücksichtigen sind. Die *Questio* Dantes ist aus drei Gründen wirklich bemerkenswert:

1. Es ist nach meiner Meinung offensichtlich, dass der Text Dantes eine Bestätigung dafür gibt, nicht nur, dass Dante einen Beitrag zur Philosophie leisten will, sondern auch, dass seine Konzeption der Philosophie als einer selbständigen Wissenschaft am Ringen gewisser Denker des 13. Jahrhunderts um eine Befreiung der Philosophie von jeder vernunftwidrigen Bevormundung teilhat.
2. Es ist unzweifelhaft, dass er in dieser Schrift keine neuen Ideen im Bereich der Naturphilosophie artikuliert, aber seine Forderung nach einer Methode *sola ratione* zeitigt in der ‚politischen' Philosophie wichtige Konsequenzen, da sie, wie die ‚Monarchia' zeigt, die Forderung einer klaren Trennung von Religion und Politik enthält.[57] Im Bereich der Naturphilosophie formuliert sie das Postulat einer von der Religion gänzlich unabhängigen Naturforschung.
3. Trotz eines unerschütterlichen Vertrauens in die Vernunft kennt Dante die ‚Grenzen' der natürlichen Vernunft, was den Platz für den Glauben freilegt: „Auf-

---

55 Vgl. dazu das wichtige, diesem Sytagma gewidmete Kapitel von Luca BIANCHI, in: Luca BIANCHI / Eugenio RANDI, Vérités dissonantes, Aristote à la fin du Moyen Age, Fribourg 1993, S. 39–70.

56 Abhandlung § 60, S. 28/29: *Propter causam vero efficientem investigandam, prenotandum est quod tractatus presens non est extra materiam naturalem, quia inter ens mobile, scilicet aquam et terram, que sunt corpora naturalia; et propter hec querenda est certitudo secundum materiam naturalem, que est hic materia subiecta; nam circa unumquodque genus in tantum certitudo querenda est, in quantum natura rei recipit, ut patet ex primo ‚Ethicorum'.*

57 Vgl. dazu die Einleitung zu Dante Alighieri, Monarchia, Studienausgabe, Einleitung, Übersetzung und Kommentar von Ruedi IMBACH und Christoph FLÜELER, Stuttgart 1989, S. 13–57.

hören sollen sie, aufhören sollen die Menschen, nach dem zu fragen, was sie übersteigt, und sie sollen bis dorthin fragen, wo sie es können."⁵⁸

Wer wie Dante das Recht der Vernunft auf Autonomie in Anspruch nimmt, ist keineswegs blind für das Religiöse, aber unterscheidet mit Sorgfalt die Ansprüche der Vernunft und den Ruf des Glaubens. Es ist bemerkenswert und vielleicht erstaunlich, dass eine auf den ersten Blick aus der vertrauten Perspektive der Philosophie so entlegene Thematik wie das Wasser denjenigen, der sich damit auseinandersetzt, zu den grundelegenden Problemen der Philosophie, ihrer Möglichkeiten, Grenzen und Rechte führt.⁵⁹

---

58 Abhandlung § 77, S. 34/35: *Desinant ergo, desinant homines querere que supra eos sunt, et querant usque quo possunt, ut trahant se ad inmortalia et divina pro posse, ac maiora se relinquant.*
59 Die Beispiele, die wir vorgeführt haben, verdeutlichen, dass das Wasser auch in der mittelalterlichen Theologie und der Philosophie sehr interessanten Diskussionen angeregt hat. Diese Feststellung kann jedoch die eingangs formulierten Zweifel nicht verscheuchen: es ist offensichtlich, dass der vorliegende Beitrag nicht einmal andeutungsweise vom Reichtum des Themas Zeugnis ablegen kann.

Ortrun Riha (Leipzig)
Das Wasser in der mittelalterlichen Naturkunde und Medizin[*]

Abstract: Medieval natural history describes different sorts of waters (running, stagnant, smelly, coloured) and many species of marine animals. Water is of great importance in folk customs relevant to fertility. In medieval natural philosophy and medicine, water is one of the four elements and has the primary qualities of being cold and moist. These qualities are also attributed to the female sex, to childhood, to the phlegmatic type, the colour white, the night, the north, winter, and – last but not least – to foods and drugs, thus providing the basis for rational dietetics and therapy. Healing springs supply water as remedy. On the other hand, the example of dropsy shows the potential dangerousness of water in the body.

Keywords: Wasser, Vier Elemente, Temperamentenlehre, Wassertiere, Mittelalterliche Diätetik

In den mittelalterlichen Vorstellungen von Natur und Mensch[1] spielt das Wasser als eines der vier Elemente – die drei anderen sind Feuer, Luft und Erde – eine herausragende Rolle. Aber auch in seiner konkret sichtbaren Manifestation in Form von Gewässern oder Körperflüssigkeiten begegnet das Wasser in den unterschiedlichsten Kontexten. Im Folgenden werden zunächst naturkundliche Darstellungen des Wassers und seiner Bewohner skizziert, ergänzt durch einen kurzen Blick auf Kultur- und Alltagsgeschichte. Ein zweiter Schwerpunkt ist dann die Bedeutung des Wassers innerhalb des Viererschemas der Humoralpathologie als Beispiel für die ‚ganzheitliche' Weltsicht des Mittelalters sowie als rationale Grundlage von Diätetik und Therapie. Das Verhältnis von Wasser und Medizin in Form von heilendem und von krankmachendem Wasser wird zum Schluss exemplarisch erläutert.

---

[*] Der Beitrag beruht auf dem Einführungsvortrag zur Tagung, in dem ich möglichst viele Facetten, interdisziplinäre Anknüpfungspunkte und Programmverweise zusammengetragen habe. Für die Publikation beschränke ich mich an den entsprechenden Stellen auf weiterführende Literaturangaben und habe ansonsten die Bezüge zur Medizin stärker herausgearbeitet.
[1] Vgl. Ortrun RIHA, Mikrokosmos Mensch. Der Naturbegriff in der mittelalterlichen Medizin, in: Peter DILG (Hg.), Natur im Mittelalter. Konzeptionen – Erfahrungen – Wirkungen, Berlin 2003, S. 111–123.

1 Wasser in der Natur

In der mittelalterlichen Naturkunde ist Wasser nicht gleich Wasser: Das Element Wasser ist ein Abstraktum, konkrete Wässer wurden differenziert, meistens nach Brauchbarkeit bzw. gesundheitlicher Zuträglichkeit. Das Salzwasser des Meeres wurde vom Süßwasser abgegrenzt, dieses danach wiederum nach Flüssen, Quellen, Teichen, Brunnen, Tau-, ‚Leitungs-‘ und Regenwasser unterschieden,[2] wobei stehende Gewässer immer als potenziell gefährlicher galten als fließende.[3] Zu ergänzen wäre, dass im Mittelalter Flüsse mehr noch als Straßen wichtige Handels- und Kommunikationswege darstellten[4] und als ‚Kulturträger‘ eingestuft werden können, was sich bis in die Metaphorik der Moderne hinein zeigt.[5] Hildegard von Bingen (1098–1179) interessierte sich in ihrem naturkundlichen Werk ‚Physica‘ für die Anwendungsoptionen der lebensweltlichen Dinge und konkretisierte daher im zweiten Buch die ihr bekannten Gewässer – das Meer, Brackwasser und verschiedene Flüsse (Rhein, Main, Donau, Mosel, Nahe, Glan) – nach Aussehen, Geschmack und Verträglichkeit, Brauchbarkeit für Kochen, Bad und Gesichtspflege, Genießbarkeit und Haltbarkeit der Fische sowie gegebenenfalls nach der Gewinnung von Sand, Kies und Bodenschätzen.[6] Als Beispiel mögen ihre Ausführungen zum Rhein genügen:

---

[2] Ein schönes Beispiel sind die Angaben im ‚Tacuinum sanitatis‘, das auf spätantik-arabischen Traditionen beruht und sich seit dem Hochmittelalter großer Beliebtheit erfreute (Tacuinum sanitatis. Das Buch der Gesundheit, hg. v. Luisa COGLIATI ARANO, Einf. v. Heinrich SCHIPPERGES u. Wolfram SCHMITT, München 1976): Lauwarmes und süßes Wasser ist vorzuziehen, vor allem im Winter, für Geschwächte, für Phlegmatiker und in kalten Regionen. Es reinigt den Magen, laxiert aber und macht feuchte Blähungen (Kap. 2, S. 30). Das Lütticher ‚Tacuinum‘ ergänzt: Quellwasser eignet sich nur aus östlichen Quellen, es kühlt jedoch die Leber ab und bewirkt feuchte Blähungen (Kap. 73, S. 110). Regenwasser ist gut gegen Husten, gegen Melancholie und gegen Schmerzen in den Händen, macht aber heiser, wenn es verdorben ist (Kap. 74, S. 111). Schnee und Eis aus süßem Wasser verbessern die Verdauung, verursachen aber Husten (Kap. 75, S. 111).
[3] Vgl. z. B. die Differenzierung der verschiedenen Gewässer mit ihren kosmischen bzw. geografischen Bezügen bei Hildegard von Bingen, ‚Causae et curae‘, Kap. 48–52: Beate Hildegardis Cause et cure, hrsg. v. Laurence MOULINIER (Rarissima mediaevalia 1), Berlin 2003, S. 46–54; deutsch: Hildegard von Bingen: Ursprung und Behandlung der Krankheiten. Causae et curae, übers. v. Ortrun RIHA (Hildegard von Bingen, Werke 2), Beuron 2011, S. 46–53.
[4] Norbert FISCHER u. Ortwin PELC (Hgg.), Flüsse in Norddeutschland. Zu ihrer Geschichte vom Mittelalter bis zur Gegenwart (Studien zur Wirtschafts- und Sozialgeschichte Schleswig-Holsteins 50), Stade 2013; Birte FÖRSTER, Wasserinfrastrukturen und Macht von der Antike bis zur Gegenwart (Historische Zeitschrift, Beiheft 63), Berlin 2015; Ralf MOLKENTHIN, Straßen aus Wasser. Technische, wirtschaftliche und militärische Aspekte der Binnenschifffahrt im Westeuropa des frühen und hohen Mittelalters, Berlin 2006.
[5] Vgl. hierzu den Projektband von Elmar SCHENKEL u. Hans-Christian TREPTE (Hgg.), Flüsse in Literatur und Kultur, Leipzig 2015.
[6] Hildegard von Bingen, Physica. Liber subtilitatum diversarum naturarum creaturarum. Textkritische Ausgabe hrsg. v. Reiner HILDEBRANDT u. Thomas GLONING, 1. Bd. Text, Berlin, New York 2010, S. 171–175; deutsch: Hildegard von Bingen: Heilsame Schöpfung. Die natürliche Wirkkraft der Dinge.

> Der Rhein ergießt sich vom Meer in starker Strömung und deshalb ist er klar. Er fließt durch sandige Erde, deren Sand leicht und durchmischt ist, und deshalb finden sich darin Bodenschätze. Und da er das Meer in starker Strömung verlässt, ist er etwas herb wie Lauge. Und roh genossen beseitigt [sein Wasser] die schädlichen und schleimigen Säfte im Menschen; aber wenn es im Menschen keine schädlichen und schleimigen Säfte findet, verursacht es roh genossen in einem gesunden Menschen eher Geschwüre, weil es in ihm nichts findet, was es reinigen könnte. Wenn daher Essen damit gekocht wird, zerstört es die Schleime dieser Speise und macht so das Essen ziemlich gesund. Aber wenn dieses Wasser in Speisen oder Getränken [roh] genossen wird oder wenn das Fleisch des Menschen im Bad oder beim Waschen des Gesichts damit begossen wird, bläht es dieses auf und macht es geschwollen und verzerrt und schwärzt es. Auch das darin gekochte Fleisch macht es schwarz und bläht es auf, weil es herb ist. Und es durchläuft das Fleisch des Menschen schnell. Die frisch gefangenen Fische aus diesem Fluss sind gesund zu essen, weil sie durch seine Herbheit gereinigt wurden, aber alt geworden faulen sie schnell, weil sie eben durch diese Herbheit angegriffen sind.[7]

Bemerkenswert ist, dass bei Hildegard die Fließrichtung der Flüsse vom Meer weg angegeben wird. Während Hildegards Quellen unbekannt sind (wahrscheinlich hat sie gar keine benutzt), steht die deutschsprachige Enzyklopädie Konrads von Megenberg (1309–1374) repräsentativ für das in der gelehrten *imagines mundi*-Literatur transportierte Wissen.[8] Auch Konrad handelt in seinem ‚Buch der Natur' das Wasser im Abschnitt über die Elemente ab, wenn auch weniger anwendungsbezogen.[9] In Kapitel II.31 erwähnt er zunächst das von Nord nach Süd fließende, das bewohnte Land umgebende Meer. Das ungenießbare Salzwasser lässt sich angeblich durch einen Wachsfilter in Trinkwasser verwandeln. Konrad weist auf den erhöhten Auftrieb in Salzwasser hin (*daz gesalzen wazzer sei von der zuogemischten erden dicker*), kennt den extrem hohen Salzgehalt des Toten Meeres, schildert den Einfluss des Mondes auf die Gezeiten, vermutet bei einigen Binnenseen eine Verbindung zum Meer und vermerkt, dass durch Beimischung von in der Erde enthaltenen Mineralien das eigentlich klare und neutrale Wasser unterschiedlichen Geschmack annehmen

---

Physica. Vollst. neu übers. u. eingel. v. Ortrun RIHA (Hildegard von Bingen, Werke 5), Beuron 2012, S. 173–178.

7 ‚Physica' (Anm. 6), Kap. 2.5, S. 174.

8 Benutzt hat Konrad insbesondere Thomas von Cantimpré und Albertus Magnus: Helgard ULMSCHNEIDER, „Ain puoch von latein ... das hat Albertus maisterleich gesamnet". Zu den Quellen von Konrads von Megenberg ‚Buch der Natur' anhand neuerer Handschriftenfunde, in: Zeitschrift für deutsches Altertum 121 (1992), S. 36–63; DIES., „Ain puoch von latein ...". Nochmals zu den Quellen von Konrads von Megenberg ‚Buch der Natur', ebd. 123 (1994), S. 309–333; Bernhard SCHNELL, Wissenstransfer in mittelalterlichen deutschen Kräuterbüchern. Zu den Quellen Konrads von Megenberg und Johannes Hartliebs, in: Edith FEISTNER (Hg.), Konrad von Megenberg. Ein spätmittelalterlicher „Enzyklopädist" im europäischen Kontext, Wiesbaden 2011, S. 143–156.

9 Konrad von Megenberg, Das Buch der Natur, hrsg. v. Franz PFEIFFER, Stuttgart 1861, ND Hildesheim 1971 (hier zit. Ausg.), S. 100–106; Neuedition: Konrad von Megenberg: Das ‚Buch der Natur', hrsg. v. Robert LUFF u. Georg STEER (Text und Textgeschichte 54), 2. Bd.: Kritischer Text nach den Handschriften, Tübingen 2003.

kann, was manchmal die Gesundheit fördert, bisweilen aber auch krank macht. Als Beispiel nennt er die in Kärnten häufigen Kröpfe. Er lässt sich ferner über das Material für Rohrleitungen aus (Holz sei wegen des Luftzutritts am besten), am gesündesten sei aber Regenwasser, gefolgt von Quellen, die nach Osten oder Süden gerichtet sind. Den Abschluss bilden Zitate medizinischer Autoritäten zu Nutzen, Schaden, Anwendungsweise und Testverfahren des Wassers.

Am Schluss seines Werkes kommt Konrad noch einmal auf Gewässer zurück und widmet das kurze Buch VIII *den wunderleichen prunnen*:[10] Darin geht es nicht um Heilquellen im eigentlichen Sinn, sondern um Wundermärlein, die hauptsächlich mit einer Steigerung der Fruchtbarkeit zu tun haben, aber auch um Quellen von besonderer Hitze, mit rhythmischem Auftreten und Versiegen, mit auffälligem Mineraliengehalt, Petroleumaustritt und ähnlichen Besonderheiten.

Großes Interesse hatten die Verfasser von Naturlehren darüber hinaus an den Lebewesen im Wasser. Hildegard hat das fünfte Buch der ‚Physica' den Fischen gewidmet, wobei sie Wal, Delfin, Wasserschlange und Krebs dazu rechnet. Aus heutiger Sicht sind die Fischarten allerdings teilweise schwer zu bestimmen bzw. abzugrenzen. Besonderes Augenmerk liegt auf der Lebensweise an der Oberfläche, in der Mitte oder auf dem Grund der Gewässer, wovon Verträglichkeit und Geschmack abhängen – das ist Hildegards Hauptintention. Aber auch die extrakorporale Fortpflanzungsart scheint Hildegard fasziniert zu haben, und geradezu sensationell sind ihre damit in Verbindung stehenden Überlegungen zur Neuentstehung von Arten, die entweder durch Kreuzung (z. B. stamme der Aal von Wasserschlange und Hecht ab) oder durch fremde Bebrütung zustande komme (z. B. werde das Neunauge von verschiedenen Schlangen betreut).

Noch bevor Konrad von Megenberg über Wassertiere berichtet, widmet er Buch III.C den sagenhaften ‚Meerwundern' (*Auzgängel, Merfraz, Hertsnabel, Kutschutrillen, Denkfuoz, Kilon, Merhund, Mertracken, Delphin, Wazzerpfärd, Merrind, Swertrüezel, Killen, Lutlacher, Mermünch, Klagant, Merweiben, Merjuncfrawen, Stichen* und *Teste*). Für einen Eindruck mag der hinterhältige Meermönch genügen:[11]

> Daz ist in der gestalt als ain visch und oben als ain mensch vnd hat ain haupt als ain newbeschorn münch. Oben an dem haupt hat ez platen [...] vnd hat ainen swarzen raif umb daz haupt ob den orn, reht als der reif ist von dem har, den die rehten münch habent. Daz merwunder hat die art, daz ez die läut an dem gestat pei bei dem mer gern zuo im lokt vnd springt vor in in dem mer vnd nahent zuo in, vnd wen es siht, daz die läut lustig sint in seinem spil, so fräut ez sich vnd spilt dester mer auf dem wazzer, unz daz im ain mensch so nahen kümt, daz es in hin gezucken mag, so füert ez in under daz wazzer vnd frist in.

---

10 Ebd., S. 482–485.
11 Ebd., S. 239 (III.C.15). Zu anderen Beispielen vgl. die jeweiligen Beiträge in diesem Band, S. 501–541.

Das anschließende siebte Buch (III.D) handelt dann systematisch Süß- und Salzwasserfische ab, wobei Konrad sich auf das Ausgefallene und Erstaunliche konzentriert. Selbst dem banalen Hering gewinnt er so eine hübsche Anekdote ab:

> Der visch hat allain die art vil nahen vnder allen andern vischen, daz er neur des wazzers lebt vnd mag auz dem wazzer ain stunt niht geleben, wan er stirbt zehant wenne er über daz wazzer kümt. Sein augen scheinent dez nahtes in dem mer reht sam ain lieht, aber diu kraft der augen stirbt mit dem visch. Wa die häring in dem mer ain lieht sehent ob dem wazzer, da samnent si sich hin in grozen scharn, vnd mit der kündichait pringt man si in die netz. Di pesten häring gent pei Schottenlant vnd die aller pästen pei däutschen landen.[12]

Es ist hier nicht der Ort, um nun über Fischfang,[13] Fischkonservierung und Fischhandel im Mittelalter zu berichten; daher sei nur erwähnt, dass ab dem 10. Jahrhundert (z. T. geräucherter) Salzhering und getrockneter Kabeljau bzw. Dorsch als Handelsware belegt sind. An Flüssen, Seen und Küsten figurierte Fisch als relativ billiges Nahrungsmittel, allerdings war das Fischereirecht oft eingeschränkt, so dass Fische mancherorts als veritable Herrenspeise einzustufen sind. Stockfisch und Salzhering können aber als paneuropäische Fastenessen bezeichnet werden. Ab dem 13. Jahrhundert gab es außerdem die ausgedehnte Teichwirtschaft von Klöstern, bei der vor allem der ab 1000 in Mitteleuropa gezüchtete Karpfen eine wichtige Rolle spielte. Was die Vorschriften für die Fastenzeiten angeht, so galten – zumindest zeitweise und bei manchen Autoren – auch Wale, Muscheln, Krebse, einige Wasservögel (Weißwangengans), Biber und Fischotter als zulässige Nahrung.[14]

Was Festkultur und Brauchtum angeht, so gehört in der abendländischen Kultur Wasser ganz selbstverständlich zu Fruchtbarkeitsriten dazu. Beliebt bei jungen Frauen waren das Maienbad oder das Johannisbad in Flüssen. Bis in unsere Zeit haben wasserbezogene Osterbräuche überlebt, vom Brunnenschmücken (in Franken und der Rhön) bis zum mehr oder weniger rabiaten Besprengen von Frauen mit Wasser (bei den Sorben, in der Slowakei und Ungarn). Dem von jungen Mädchen unter strengem Stillschweigen aus dem Fluss geschöpften Osterwasser wurden besondere Kräfte zugeschrieben, das an Pfingsten eingeholte Wasser sollte Brautpaaren Glück bringen. In gewisser Weise kann das christliche Weihwasser als Superstitionssurrogat aufgefasst werden, sofern es nicht selbst zum magischen Gegenstand wurde.[15]

---

12 Ebd., S. 245 (III.D.2).
13 Birgit PELZER-REITH, Sex & Lachs & Kabeljau. Das Buch vom Fisch, Hamburg 2005; Cornelia OELWEIN, Fischerei im Wandel der Zeit, Nürnberg 2008; Madeleine BETSCHART, Fisch. Ressource aus dem Wasser. Eine Geschichte um Mensch und Fisch, Beute und Fangtechnik, Biel 2009.
14 Gisbert STROTDREES, Struwen, Fisch und „Neegensterken". Alte Fasten- und Karwochenbräuche im ländlichen Westfalen, in: Unser Westfalen (1997), S. 95–96. Vgl. ansonsten den Beitrag von Stephanie Mühlenfeld zur Barnikelgans (in diesem Band, S. 542–554).
15 Heino PFANNENSCHMID, Das Weihwasser im heidnischen und christlichen Kultus, Leipzig 2011. Insgesamt sei auf die einschlägigen Artikel im „Handwörterbuch des deutschen Aberglaubens" verwiesen.

Überhaupt spielt im Christentum das Wasser schon durch die Taufe eine besondere Rolle. Einen Medizinbezug gibt es hier durch die Silvesterlegende:[16] Demnach soll Kaiser Konstantin vom Aussatz geheilt worden sein, nachdem er sich hatte taufen lassen. Bei der multimodalen Behandlung des Aussatzes wurde daher traditionell nicht nur die Heilkraft, sondern auch die kultische Bedeutung des Wassers berücksichtigt.[17]

Eine weitere Facette des mit Wasser verbundenen ‚Aberglaubens' ist die mentale Verarbeitung von Naturkatastrophen.[18] Das Mittelalter war reich an solchen Ereignissen, die zwar in der Regel regional beschränkt waren (Sturmfluten, Blitz- und Hagelschlag, Starkregen), aber manche Überschwemmungen, allen voran das berüchtigte Magdalenenhochwasser vom 24. Juli 1342, zogen doch größere Landschaftsgebiete nachhaltig in Mitleidenschaft. Unsere Metapher von der ‚Wetterküche', in der ‚sich etwas zusammenbraut', ist vermutlich ein später Reflex vom unwetterbezogenen Schadenzauber als omnipräsentem Erklärungsmuster.[19] Aufgrund der enormen Bedeutung der Witterung für Ernte und Ernährung gehörten Wetterprognosen zur populären Mantik: In ‚Bauernpraktiken' wird oft eine Vorhersage für den Sommer nach dem Wetter an Weihnachten gegeben und auch die heute noch bekannten Bauernregeln mit vielen weiteren Lostagen (im Sommer vor allem Medardus am 8. 6. und Siebenschläfer am 27. 6.) finden sich in diesem Zusammenhang. Eines der ersten speziellen ‚Wetterbüchlein' stammt von Leonhard Reymans („Von wahrer erkantnus des wetters') aus dem Jahr 1505.

2 Das Element Wasser in seinen anthropologischen Bezügen

Von den vier Primärqualitäten (warm – kalt, trocken – feucht) sind dem Element Wasser Kälte und Feuchtigkeit zugeordnet. Der Schleim (Phlegma) repräsentiert diese Konstellation im menschlichen Körper; das zum Wasser gehörige Tempera-

---

[16] Jacobus de Voragine, Legenda aurea, übers. v. Richard BENZ, 13. Aufl. Gütersloh 1999, online unter: https://www.heiligenlexikon.de/Legenda_Aurea/Silvester_I.htm (letzter Zugriff am 11. 06. 2015). Vgl. Paula GIERSCH, Der Heilige in der zweiten Reihe. Das schwierige Erbe Konstantins des Großen im lateinischen Westen von der Antike bis ins Mittelalter, Saarbrücken 2007, besonders S. 55–62.
[17] Kay-Peter JANKRIFT, Reinheit von Körper und Seele. Zur Funktion von Wasser im Umgang mit Leprakranken im Mittelalter, in: Sylvelyn HÄHNER-ROMBACH (Hg.), „Ohne Wasser ist kein Heil". Medizinische und kulturelle Aspekte der Nutzung von Wasser, Stuttgart 2005, S. 45–53.
[18] Kay-Peter JANKRIFT, Brände, Stürme, Hungersnöte. Katastrophen in der mittelalterlichen Lebenswelt, Ostfildern 2003: Sturmfluten S. 13–48, Überschwemmungen an Flüssen S. 49–62.
[19] Wilhelm GAERTE, Wetterzauber im späten Mittelalter, in: Rheinisches Jahrbuch für Volkskunde 3 (1952), S. 226–273.

ment ist somit das des Phlegmatikers.[20] Dieser wohlbeleibte, etwas träge Typus[21] wird in einem verbreiteten Arzneibuch des späten 13. Jahrhunderts folgendermaßen charakterisiert:[22]

> Hat aber der mensch der feucht mer vnd der kelten denn der hicz oderr der dürre, so ist sein haren zu massen weÿsz vnd zu massen dick, so ist er an dem antlicz feÿst. Sein har ist nit craüs vnd ist val. Sein aderen seyn jm grosz vnd treg. Er ist alweg wol beÿ leib vnd slefft geren. Er hat vil speichel in dem münd. An seÿnen sitten ist er nicht zu gach. Er ist auch nit küne.

Die Analogien gehen jedoch noch viel weiter:[23] Schon aus dem kurzen Textausschnitt wird die Assoziation mit der Farbe Weiß erkennbar. Von den Geschmacksrichtungen – auf das Essen werden wir noch zurückkommen – gehört ‚salzig' hierher, von den Metallen Silber und Zinn, von den vier Evangelisten Matthäus, von den Himmelsrichtungen der Norden und von den Jahreszeiten der Winter. In dieser Saison sind die ‚heiß-trockenen' Choleriker weniger aggressiv, bei Gallenkrankheiten geht es den Patienten besser, der Süden ist erträglicher, aber das Phlegma wird verstärkt, daher ist auf warme Kleidung und ausreichende Heizung zu achten[24] – Auskühlung war besonders gefürchtet, auch davon wird noch die Rede sein. Von den Tageszeiten ist die Nacht zu nennen,[25] von den Lebensaltern Säugling bzw. Kleinkind,[26] und von den Planeten Mond und Venus. Diese Sterne sind die einzigen der sieben Planeten, die in griechischer und lateinischer Sprache Feminina sind – nicht nur, aber auch deswegen ist das Wasser das ‚weibliche' Element, wie die Nacht die ‚weibliche' Tageszeit ist. Die Verknüpfung von Frau und Wasser hat sich in der abendländischen Sagenwelt vielfach niedergeschlagen; die Beispiele reichen von Nymphen, Nereiden und Sirenen

---

20 Erich SCHÖNER, Das Viererschema in der antiken Humoralpathologie (Sudhoffs Archiv, Beih. 4), Wiesbaden 1964.
21 Klaus SCHÖNFELDT, Die Temperamentenlehre in deutschsprachigen Handschriften des 15. Jahrhunderts, phil. Diss. Heidelberg 1962; Harald DERSCHKA, Die Viersäftelehre als Persönlichkeitstheorie. Zur Weiterentwicklung eines antiken Konzepts im 12. Jahrhundert, Ostfildern 2013, z. B. Isidor von Sevilla (S. 57–62), Beda Venerabilis (S. 62–68), Schule von Salerno (S. 69–88), Wilhelm von Conches (S. 89–96), Honorius Augustodunensis (S. 97–98) u. a.
22 Ortrun RIHA, Das Arzneibuch Ortolfs von Baierland. Auf Grundlage des Teilprojekts des SFB 226 ‚Wissensorganisierende und wissensvermittelnde Literatur im Mittelalter' zum Druck gebracht, eingeleitet und kommentiert (Wissensliteratur im Mittelalter 50), Wiesbaden 2014, hier Kap. 5, Satz 4, S. 43.
23 Gerhard E. SOLLBACH, Die mittelalterliche Lehre von Makrokosmos und Mikrokosmos (Studien zur Geschichtsforschung des Mittelalters 5), Hamburg 1995.
24 ‚Tacuinum sanitatis' (Anm. 2), hier Kap. 17, S. 65.
25 Vgl. dazu Ortolf (Anm. 22), S. 42, Kap. 4, Satz 3: *dem wirt wirser zu mitternacht*: Die feucht-kalte Nacht verstärkt die Beschwerden bei ohnehin schon feucht-kaltem Phlegma-Überschuss.
26 Vgl. dazu DERS., S. 53, Kap. 37, Satz 1: *Dv salt mercken, daz der jungen kind haren ist weÿsz vnd dick, wann sÿ feucht seyn von natur.*

bis zu Meerjungfrauen, Undinen, Melusinen, Nixen usw.[27] Zwar ist das Votum von Aristoteles (384–322) nicht zu unterschätzen, der aus der feucht-kalten Körperkonstitution der Frau ihre biologische Unterlegenheit gegenüber dem Mann abgeleitet und in deren Konsequenz auch eine soziale Hierarchie postuliert hatte,[28] doch spielte diese Politisierung im medizinischen Diskurs des Mittelalters keine Rolle. Die gynäkologische Literatur zeigt sich eher vom Gegenteil überzeugt: Je perfekter eine Frau ist, desto stärker ausgeprägt sind Feuchte und Kälte,[29] wie Venus eben auch die ideale Partnerin des ‚heiß-trockenen' Mars gewesen ist.[30] Die Planetensymbole für Venus und Mars kennzeichnen bis heute in der Biologie weibliche und männliche Individuen.[31] Die besondere Nähe von Frau und Kind, die nicht nur mit dem Vorgang des Gebärens, sondern eben auch mit der konstitutionellen Verwandtschaft begründbar ist, hat sich in der Medizinliteratur ebenfalls niedergeschlagen; Neugeborenen- bzw. Kinderpflege figuriert als fester Teil der ‚Frauenbüchlein'.[32] Und da wir gerade bei der Medizin sind: Kalt-feuchte Organe sind nicht nur die weiblichen Geschlechtsorgane und die Lippen (die traditionell mit der Vulva – den *Labia maiora* und *minora* – analog gesetzt werden), sondern auch die Wasser ausscheidenden Nieren und die

---

27 Anna Maria STUBY, Liebe, Tod und Wasserfrau. Mythen des Weiblichen in der Literatur (Kulturwissenschaftliche Studien zur deutschen Literatur), Opladen 1992; Beate OTTO, Unterwasser-Literatur. Von Wasserfrauen und Wassermännern (Epistemata 348), Würzburg 2001; Helena MALZEW, Menschenmann und Wasserfrau. Ihre Beziehung in der Literatur der deutschen Romantik, Berlin 2004, zur europäischen Tradition S. 35–55.
28 Aristoteles, Historia animalium, hrsg. v. David M. BALME, Cambridge 2011, hier Buch VII, 3.20–25; Aristoteles, De generatione animalium, trans. with notes by David M. BALME, Oxford 2003, hier Buch I, 72–76 und 88–91. Vgl. hierzu Nancy TUANA, Der schwächere Samen. Androzentrismus in der Aristotelischen Zeugungstheorie und der Galenschen Anatomie, in: Barbara ORLAND u. Elvira SCHEICH (Hgg.): Das Geschlecht der Natur. Feministische Beiträge zur Geschichte und Theorie der Naturwissenschaften, Frankfurt / M. 1995, S. 203–223; Ortrun RIHA, Pole, Stufen, Übergänge. Geschlechterdifferenz im Mittelalter, in: Frank STAHNISCH u. Florian STEGER (Hgg.), Medizin, Geschichte und Geschlecht. Körperhistorische Rekonstruktionen von Identitäten und Differenzen, Wiesbaden 2005, S. 159–180.
29 Vgl. z.B. Robert REISERT, Der siebenkammerige Uterus. Studien zur mittelalterlichen Wirkungsgeschichte und Entfaltung eines embryologischen Gebärmuttermodells (Würzburger medizinhistorische Forschungen 39), Pattensen 1986.
30 Ein spätmittelalterliches Beispiel bei Christoph Graf VON WALDBURG ZU WOLFEGG, Venus und Mars. Das mittelalterliche Hausbuch aus der Sammlung der Fürsten Waldburg Wolfegg, München 1997.
31 Es gibt inzwischen viele Buchtitel, die hinsichtlich Gender-Differenzen auf den verschiedensten Gebieten mit dieser Planetenmetapher spielen. Den Anfang machten Cris EVATT, Männer sind vom Mars, Frauen von der Venus. Tausend und ein kleiner Unterschied zwischen den Geschlechtern, Hamburg 1994, sowie John GRAY, Männer sind anders, Frauen auch. Männer sind vom Mars, Frauen von der Venus, München 1998.
32 Vgl. hierzu z.B. Monica H. GREEN, The Trotula. A Medieval Compendium of Women's Medicine (The Middle Age Series), Philadelphia 2001, hier Kap. 124 (*De regimine infantis*) und 128 (*De pustulis puerorum*).

Blase, außerdem Magen und Därme und nicht zuletzt das in ‚Schleim' (dem *Liquor cerebrospinalis*) schwimmende Gehirn.[33]

Angesichts des überwältigenden Mainstreams ist eine originelle und kreative Stimme aus dem 12. Jahrhundert umso bemerkenswerter und soll deshalb nicht unerwähnt bleiben: Hildegard von Bingen hat sich um dieses simple Modell so gut wie nicht gekümmert, sondern das Viererschema in den kosmologischen Ausführungen ihres Werkes ‚Causae et curae' zugunsten einer viel komplizierteren Elementenlehre gesprengt; ich zitiere nur die Ausführungen zum Wasser:[34]

> Das Wasser jedoch hat fünfzehn Kräfte, das sind Wärme, Luft, Feuchtigkeit, Überfluten, Schnelligkeit, Beweglichkeit; es gibt den Gehölzen Saft, den Obstbäumen den Geschmack, den Kräutern das Grün; mit seiner Feuchtigkeit benetzt es alles, es trägt die Vögel, ernährt die Fische, lässt die Tiere in seiner Wärme leben, umzäunt die Würmer in seinem Schaum und erhält alles am Leben: Genauso sind die Zehn Gebote und die fünf Bücher Moses' des Alten Testaments, die Gott alle auf geistige Einsicht ausgerichtet hat. *Aus einer lebendigen Quelle nämlich stammen die springenden Wasser, die allen Schmutz abwaschen. Das Wasser gleitet durch jedes bewegliche Geschöpf und ist auch der Funke jeder Lebenskraft bei unbeweglichen Geschöpfen. Es fließt infolge der Wärme der feuchten Luft, und wenn es die Wärme nicht hätte, wäre es hart wegen der Kälte. Durch die Wärme also fließt es herab und durch die Feuchtigkeit der Luft strömt es. Wenn es diese Luft nicht hätte, könnte es nicht fließen. Durch diese drei Kräfte, Wärme, Flüssigkeit und Luft, ist es schnell, so dass nichts Widerstand leisten kann, wenn es die Übermacht gewonnen hat.*[35] Aber den Gehölzen gibt es Saft und macht sie durch seine Luft beweglich und gibt durch seine warme Feuchtigkeit den Obstbäumen Geschmack, natürlich jedem nach seiner Art. Von seiner fließenden Feuchtigkeit haben die Kräuter ihr Grün, und die Steine schwitzen von seiner Feuchtigkeit. So sammelt die Kraft des Wassers alles, damit es nicht abstirbt, weil seine Feuchtigkeit in allem schwitzt. Auch die Wasservögel erhält es durch seine heiße Wärme und ernährt die Fische, weil sie in ihm geboren sind und von seinem Hauch leben. Aber auch die Tiere, die darin bleiben können, überdauern durch seine Wärme, und die Würmer haben von seinem wässrigen Hauch den Atem, so dass sie leben können. Auf diese Weise erhält und trägt [das Wasser] alles mit seinen Kräften.

Auch die berühmte Charaktertypologie aus Hildegards ‚Causae et curae' fällt aus dem geschilderten Rahmen, nicht nur weil dort – was sonst nicht vorkommt – nach Männern[36] und Frauen[37] differenziert wird, sondern auch weil die zugrunde gelegte Physiologie abweicht: Hildegard kennt nicht nur ein Phlegma,[38] sondern verschie-

---

33 Vgl. dazu Ortolf (Anm. 22), S. 45, Kap. 11.
34 ‚Causae et curae', Kap. 45, bei MOULINIER (Anm. 3), S. 44–45, in der Übersetzung von RIHA (Anm. 3), S. 45.
35 Die kursivierte Passage auch in Hildegards ‚Physica' (Anm. 6), Kap. 2.2, bei HILDEBRANDT / GLONING (Anm. 6), S. 171–172, in der Übersetzung von RIHA (Anm. 6), S. 173.
36 ‚Causae et curae', Kap. 144–149, bei MOULINIER (Anm. 3), S. 106–114; in der Übersetzung von RIHA (Anm. 3), S. 91–96.
37 ‚Causae et curae', Kap. 172–175, bei MOULINIER (Anm. 3), S. 126–129; in der Übersetzung von RIHA (Anm. 3), S. 107–109.
38 In ‚Causae et curae' entspricht Kap. 66 am ehesten der Tradition.

dene, und sie spricht noch dazu von Schäumen und *livores*, worunter sie (weitere) Schleime versteht – das macht die Sache komplizierter und viel differenzierter als die gängigen Temperamentenlehren.[39]

3 Wasser und Humoralpathologie

Aus dem beschriebenen Viererschema mit seinen zwei Qualitätenpaaren lassen sich in der Medizin therapeutische und präventive Anweisungen ableiten, die sich bis in die Kochbücher verfolgen lassen.[40] Die im ‚Buoch von guoter spise' um 1350 für den Adel verfassten Fischrezepte empfehlen beispielsweise, dass der (kalt-feuchte) Fisch ‚trocknend' und ‚erhitzend' zubereitet werden soll, um zuträglich zu sein, also gebraten, gebacken oder frittiert und immer scharf gewürzt. Die häufigste Textgattung auf dem Gebiet der Diätetik ist das *Regimen sanitatis*,[41] wo neben Schlaf, Bewegung, Entleerung, Emotionen und Umgebung hauptsächlich die Ernährung thematisiert ist. Im ‚Tacuinum sanitatis' wird bezüglich der Zubereitung von frischen Fischen zur Verwendung von Wein und Rosinen geraten, beides als ‚warm' geltende Zugaben.[42] Feucht-kalte Speisen sind dagegen Granatäpfel,[43] Maulbeeren,[44] Trüffel,[45] Weizensuppe[46] und Weizenbrei,[47] allerdings soll man es mit diesem Nahrungstyp niemals übertreiben, weil die zugeführte Kälte auf die Dauer für Verdauung, Leber und Stimme schädlich ist.

Die diätetischen Texte sind ansonsten oft nach Jahreszeiten und vor allem nach Monaten geordnet.[48] Feucht-kaltes Essen ist im heiß-trockenen Sommer angebracht,

---

[39] Ausführlich zu Hildegards Psychologie DERSCHKA (Anm. 21), S. 158–201.
[40] Trude EHLERT, Wissensvermittlung in deutschsprachiger Fachliteratur des Mittelalters oder Wie kam die Diätetik in die Kochbücher?, in: Würzburger medizinhistorische Mitteilungen 8 (1990), S. 138–159.
[41] Verglichen habe ich die beiden folgenden weitverbreiteten Texte: Regimen sanitatis Salernitanum. Mittelalterliche Gesundheitsregeln aus Salerno, in neue Reime gebracht von Konrad GOEHL (DWV-Schriften zur Medizingeschichte 7), Baden-Baden 2009; Arnaldus de Villanova, De conservanda bona valetudine. Opusculum scholae Salernitanae ad regem Angliae, Antwerpen 1562.
[42] ‚Tacuinum sanitatis' (Anm. 2), S. 108, Kap. 60.
[43] Ebd., S. 99, Kap. 8.
[44] Ebd., S. 100, Kap. 13.
[45] Ebd., S. 101, Kap. 21.
[46] Ebd., S. 103, Kap. 29.
[47] Ebd., S. 103, Kap. 30.
[48] Als repräsentative Kompilation, die lateinisch und deutsch überliefert ist, darf gelten: Ortrun RIHA, ‚Meister Alexanders Monatsregeln'. Untersuchungen zu einem spätmittelalterlichen Regimen duodecim mensium mit kritischer Textausgabe (Würzburger medizinhistorische Forschungen 30), Pattensen 1985. Vergleiche mit anderen, inhaltlich immer sehr gleichartigen Gattungsvertretern bei: Ortrun RIHA, Frühmittelalterliche Monatsdiätetik. Anmerkungen zu einem komplexen Thema, in: Würzburger medizinhistorische Mitteilungen 5 (1987), S. 371–379.

der als besonders belastend eingestuft wird. Bei der einen oder anderen feucht-kalten Speise ist jedoch Vorsicht angebracht: Fische und Milch sind verderbliche Ware und kommen daher bei großer Hitze nicht infrage. Wasser kann man unbesorgt trinken, Wein dagegen gar nicht oder nur mit Wasser verdünnt. Ein bis heute ‚klassisches' Sommergericht ist Salat.[49] Zu vermeiden ist alles, was ‚trocken' und insofern schwer verdaulich ist, wie rohes Obst,[50] harter (alter) Käse[51] und harte Eier.[52] Auch Rindfleisch, Gedörrtes und Geräuchertes gelten als heiß-trocken und sind dem Winter vorbehalten.

Unter der Rubrik ‚Entleerung' bzw. Entschlackung (*evacuatio*) findet sich das Baden, das je nach Temperatur alle Primärqualitäten haben kann.[53] Kalte Wasserbäder passen in den Sommer, während ein heißes Bad oder ein Schweißbad der Hitzezufuhr dient (in Verbindung mit Aufgüssen ist es zudem feuchte Hitze), was zwar Schlacken verflüssigt und den Körper davon befreit, aber eben auch tendenziell schwächend wirkt. Daher ist bei Kindern, Kranken, Alten sowie im Sommer Vorsicht angebracht, während die Maßnahmen in den ‚kalten' Monaten September bis April gut anwendbar sind. Der Aspekt der Sauberkeit spielt zumindest in diesem Diskurs keine Rolle.[54]

Es soll hier nun nicht auf städtische Wasserversorgung, Stadthygiene, Brunnen- und Gewässerschutz eingegangen werden,[55] doch seien die Badestuben als Teil der mittelalterlichen Stadtkultur sowie der medizinischen Basisversorgung zumindest kurz angesprochen. Anfangs waren solche Einrichtungen oft einem Hospital angegliedert, und sie erlebten ihre Blütezeit im Spätmittelalter.[56] Danach führten Holz-

---

49 Nach dem ‚Tacuinum sanitatis' (Anm. 2) gehört dazu nicht nur der Grüne Salat (Lattich, Kap. 18, S. 66), sondern auch Gurke (Kap. 10, S. 59), Spinat (Kap. 40, S. 88) und Kürbis (Kap. 11, S. 59).
50 Das ‚Tacuinum sanitatis' (Anm. 2) warnt ausdrücklich vor Sauerkirschen (Kap. 7, S. 55), Süßkirschen (Kap. 16, S. 101), Pomeranzen (Kap. 8, S. 56), Aprikosen (Kap. 12, S. 100) und Melonen (Kap. 21, S. 69).
51 Milchprodukte kommen insgesamt im ‚Tacuinum sanitatis' (Anm. 2) schlecht weg, weil sie verstopfen, so auch Molkenkäse (Kap. 31, S. 78) und Frischkäse (Kap. 37, S. 104).
52 Laut ‚Tacuinum sanitatis' (Anm. 2) ist vor allem das Eiweiß schädlich, deshalb sollte man ggf. nur den warm-feuchten Dotter verzehren (Kap. 40, S. 105).
53 Ebd., S. 111, Kap. 76.
54 Georges VIGARELLO, Wasser und Seife, Puder und Parfüm. Geschichte der Körperhygiene seit dem Mittelalter (Reihe Campus 1057), Frankfurt / M., New York 1992; Cynthia KOSSO u. Anne SCOTT (Hgg.), The Nature and Function of Water, Baths, Bathing and Hygiene from Antiquity through the Renaissance, Leiden 2009.
55 Frontinus-Gesellschaft (Hg.), Wasserversorgung im Mittelalter (Geschichte der Wasserversorgung 4), Mainz 1991; Harry KÜHNEL, Die städtische Gemeinschaft – Probleme und Lösungen, in: DERS. (Hg.), Alltag im Spätmittelalter, Graz, Wien, Köln 1996, S. 49–91, hier S. 49–58; Axel STEFEK, Weimars frühe Kanäle im Spiegel der Stadtentwicklung, in: Abwasserbetrieb Weimar (Hg.), Wasser unter der Stadt. Bäche – Kanäle – Kläranlagen. Stadthygiene in Weimar vom Mittelalter bis zum 20. Jahrhundert, Weimar 2012, S. 15–74.
56 Iso HIMMELSBACH, „Von wegen der Badstuben ...". Zur Geschichte des Freiburger Badewesens von 1300 bis 1800, Freiburg / Br. 2000.

knappheit und die Ausbreitung der Syphilis zu einem Niedergang. Inwieweit das populäre Bildmotiv von Badenden realistische Szenen darstellt[57] oder leicht anarchische Sinnenfreude ausdrückt,[58] hängt sicher vom jeweiligen Kontext ab. Die Aufgaben der Bader und Barbiere sind jedoch sowohl ikonografisch als auch archivalisch gut belegt:[59] Ihnen oblag die Körperpflege mit Schnitt von Bart und Haaren, aber sie hatten auch medizinische Aufgaben, wie kleine chirurgische und zahnmedizinische Eingriffe, Aderlass und Schröpfen sowie Massagen und Einreibungen. Und dazu mussten sie natürlich den Badebetrieb mit Wannenbad, Schwitzstube, Auf- und Wassergüssen organisieren, der teilweise streng behördlich reglementiert und auf einzelne Wochentage bzw. auf bestimmte Termine vor Festtagen beschränkt war; auch für Mönche gehörte vor Ostern und Weihnachten der Besuch des klösterlichen Badehauses zur Festvorbereitung. Es bestand fast überall die Möglichkeit für begüterte Bürger, als fromme Stiftung für Arme sogenannte Seelbäder zu finanzieren, die dann an festgelegten Badetagen angeboten wurden. Ein zumindest eingeschränktes Schankprivileg für Badestuben war nicht ungewöhnlich, allerdings nicht selbstverständlich.

In der mittelalterlichen Therapie galten die gleichen humoralpathologischen Grundprinzipien: Kalt-feuchte Drogen wurden gegen heiß-trockene Krankheiten eingesetzt. Interessanterweise gibt es gar nicht so viele davon: Es scheint viel mehr ‚kalte' Zustände gegeben zu haben (feucht ist eine eher selten erwähnte Komponente) und dabei war Erkalten gefährlicher als Hitze, da es mit dem Versagen der lebenswichtigen ‚warmen' Organe (besonders der Leber, aber auch des Herzens und der Lunge) in Verbindung gebracht wurde. Die weitaus meisten Drogen sind jedenfalls als ‚heiß-trocken' eingestuft.

Werfen wir also einen Blick in medizinische Texte, die wir teilweise schon kennengelernt haben, dann werden wir feststellen, dass es ein recht kleines Spektrum gibt. Hildegards ‚Physica'[60] erweist sich als nicht so gut geeignet, weil die Verfasserin die den Pflanzen zugeschriebenen Qualitäten fast durchgängig auf warm oder kalt beschränkt; im Buch 3 über die Bäume gibt es kein einziges geeignetes Beispiel. Im ersten Buch sind nur folgende kalt-feuchte pflanzliche Drogen zu finden, die gleichzeitig überwiegend als ‚schleimig' bezeichnet werden, was negativ konnotiert ist: Erbse (1.6), Linse (1.8) und Hirse (1.9), Gurke (1.88), die Kranken nicht gegeben werden

---

57 Heiner LÜCK, Eine Badestubenszene in den Bilderhandschriften des Sachsenspiegels, in: Rüdiger FIKENTSCHER (Hg.), Badekulturen in Europa, Halle 2010, S. 57–80.
58 Birgit STUDT, Umstrittene Freiräume. Bäder und andere Orte der Urbanität in Spätmittelalter und Früher Neuzeit, in: Didier BOISSEUIL u. Hartmut WULFRAM (Hgg.), Die Renaissance der Heilquellen in Italien und Europa von 1200 bis 1600. Geschichte, Kultur und Vorstellungswelt, Frankfurt / M. u. a. 2012, S. 75–98.
59 Heinz FLAMM, Bader – Wundarzt – Medicus. Heilkunst in Klosterneuburg, Klosterneuburg 1996; Heinz Maria LINS, Geschichte und Geschichten um Wasser – Ärzte – Bader vom Altertum bis zum Mittelalter, Frankfurt / M. 1995.
60 Ausgabe in Anm. 6.

soll, Mohn (1.96), dessen Öl wenig zuträglich ist, Malve (1.97), der giftige Zwergholunder (1.120) sowie die Ringelblume (1.122). Von den Vögeln trifft die Kombination kalt-feucht nur für den Schwan (6.5) zu, bei den Landtieren für das Schaf (7.15) und bei den Kriechtieren für den Frosch (8.5).

Im Arzneibuch Ortolfs von Baierland[61] gibt es ebenfalls nur wenige Speisen bzw. Drogen, die bei der Krankenbehandlung und -ernährung ausdrücklich als kalt-feucht eingestuft sind: Bohne, Lattich (Salat), Malve, Melone, Pfirsich, Schweinsfüße, Tragant-Latwerge (*diatragantum*) und Veilchen. Die oft erwähnte Rose und die daraus hergestellten Mittel haben nur ‚kalte' Qualität, das Fleisch junger Tiere hat nur ‚feuchte'.

Von den mittelalterlichen Kräuterbüchern habe ich den deutschen ‚Macer'[62] sowie zwei ihn verarbeitende spätmittelalterliche Kompilationen (das ‚Abdinghofer Arzneibuch'[63] und das ‚Eberhardsklausener Arzneibuch'[64]) überprüft: Explizit kalt-feucht sind im ‚Macer' Melde, Hanf, Alant (Helenenkraut), Galgant, Lattich, Bilsenkraut, Hirse, Portulak und Veilchen. Im ‚Eberhardsklausener Arzneibuch' ist die Übereinstimmung groß: Melde (Kap. IX), Hanf (Kap. XLVII), Galgant (Kap. LVII), Lattich (Kap. LXVIII), Bilsenkraut (Kap. LXXVIII), Hirse (Kap. LXXX), Portulak (Kap. XCIIII) und Veilchen (Kap. CXXIIII) werden nur durch die Malve (Kap. LXXIX) ergänzt. Das ‚Abdinghofer Arzneibuch' übernimmt dagegen die kalt-feuchte Einstufung nur für Veilchen (Nr. 25) und Melde (Nr. 56), nennt aber in dieser Kategorie – auf der Basis anderer Quellen – auch Tragant (Nr. 60), Zwergholunder (Nr. 72), Blei (Nr. 225), Schlehdorn (Nr. 248) und Ringelblume (Nr. 261).

4 Heilendes Wasser

Bisher haben wir auf die dem Wasser entsprechenden Primärqualitäten geschaut, nun wollen wir das Wasser selbst in seiner Heilwirkung betrachten. Zunächst sei zum oben Gesagten ergänzt, dass das Wannenbad durch Badezusätze zur therapeutischen Maßnahme werden kann: Kalte Bäder können ‚abkühlend' wirken, was allerdings nicht sehr oft für nötig gehalten wurde.[65] Viel häufiger wird Wärmezufuhr von außen angeraten: Wenn heißes Wasser den Körper ‚öffnet', fördert es auch die Aufnahme

---

61 Ausgabe in Anm. 22.
62 Der deutsche ‚Macer' (Vulgatfassung). Mit einem Abdruck des lateinischen Macer Floridus, ‚De viribus herbarum', hrsg. v. Bernhard SCHNELL u. William CROSSGROVE (Text und Textgeschichte 50), Berlin 2003.
63 Mareike TEMMEN, Das ‚Abdinghofer Arzneibuch'. Edition und Untersuchung einer Handschrift mittelniederdeutscher Fachprosa (Niederdeutsche Studien 51), Köln, Weimar, Wien 2006.
64 Marco BRÖSCH, Volker HENN u. Silvia SCHMIDT, Ein Eberhardsklausener Arzneibuch aus dem 15. Jahrhundert (Stadtbibliothek Trier Hs. 1025/1944 8o) (Klausener Studien 1), Trier 2005.
65 Ortolf (Anm. 22) empfiehlt dieses Verfahren bei Tobsüchtigen (Kap. 91).

von Drogen. Bevorzugt wurden duftende Kräuter (Kamille, Lavendel, Salbei) und Gewürze (Nelken), deren Dämpfe man gleichzeitig inhalieren konnte. Das Gleiche gilt für aromatische Aufgüsse im Schwitzbad; bisweilen wurden dort auch Pflanzen auf erhitzte Steine gelegt, die beim Trocknen ihren Duft abgeben. Die dritte Variante waren Sitzbäder bei gynäkologischen und proktologischen Problemen, in denen Kleie, Leinsamen und Schleimdrogen (wie Malve) zum Einsatz kamen.[66]

Doch bleiben wir beim Wasser: Die Vorstellung, dass (besonderes) Wasser aus eigener Kraft heilende Wirkung entfalten kann, geht auf den antiken Jungbrunnenmythos zurück.[67] Die im Alexanderroman[68] geschilderte Suche nach der sagenhaften Quelle der ewigen Jugend hielt diese medizinische Utopie im Mittelalter präsent. Die berühmten antiken Badeorte mit ihren heißen, oft schwefelhaltigen Quellen erhielten ab dem Hohen Mittelalter wieder Zulauf,[69] so Aquae Cumanae (Baiae), Aenaria insula (Ischia), Aquae Sextiae (Aix-en-Provence), Aquae Aureliae (Baden-Baden), Aquae solis (Bath) und nicht zuletzt Aquae Granni (Aachen). Die schon von Karl dem Großen genutzten Aachener Quellen, die nach zwischenzeitlicher Zerstörung um 1200 ausgebaut wurden, galten als besonders wohltuend für Aussätzige. Das Leprosorium Melaten wurde dadurch zu einer der größten derartigen Einrichtungen in Europa.[70]

Trinkkuren, bei denen man sich hauptsächlich die abführende Wirkung von salzhaltigen Mineralwässern zunutze macht, kamen erst ab Ende des 15. Jahrhunderts auf.[71] Im Mittelalter wurde das Heilwasser nur äußerlich angewandt. Die meisten

---

66 Zum Beispiel Ortolf (Anm. 22), Kap. 118 (Vom Mastdarm), Kap. 120 (Tenesmen) und Kap. 133 (Gebärmuttersenkung).
67 Anna RAPP, Der Jungbrunnen in Literatur und bildender Kunst des Mittelalters, Diss. Zürich 1976; Zecharia SITCHIN, Stufen zum Kosmos. Die Suche nach der Unsterblichkeit (Die Chroniken des Planeten Erde 8), Rottenburg 2003; Annette KEHNEL, Altersforschung im Mittelalter. Strategien der Altersvermeidung vom Jungbrunnen in Indien bis zur Kurie in Rom, in: Christoph Oliver MAYER u. Alexandra-Kathrin STANISLAW-KEMENAH (Hgg.), Die Pein der Weisen. Alter(n) in romanischem Mittelalter und Renaissance (Mittelalter und Renaissance in der Romania 5), München 2012, S. 27–57.
68 Florian KRAGL, König Alexanders Glück und Ende in der höfischen Literatur des deutschen Mittelalters im Allgemeinen und bei Rudolf von Ems im Besonderen, in: Archiv für das Studium der neueren Sprachen und Literaturen 250 (2013), S. 7–41; George CARY, The Medieval Alexander, Cambridge 2009. Vgl. auch das von Zachary ZUWIYYA herausgegebene Handbuch: A Companion to Alexander Literature in the Middle Ages (Brill's Companion to the Christian Tradition 29), Leiden 2011.
69 Erika BRÖDNER, Römische Thermen und antikes Badewesen, 3. Aufl., Darmstadt 2011; BOISSEUIL / WULFRAM (Anm. 58).
70 Axel Hinrich MURKEN, Die Geschichte des Leprosoriums Melaten bei Aachen vom Mittelalter bis zum Beginn der Neuzeit, in: Richard TOELLNER (Hg.), Lepra – gestern und heute, Münster 1992, S. 48–56; Manfred BREUER, Aachener Melaten. Das Leprosorium und der Hof Gut Melaten in der Aachener Hospitalgeschichte, in: Dominik GROSS (Hg.), Medizingeschichte im Rheinland, Kassel 2009, S. 27–41.
71 Frank FÜRBETH, Heilquellen in der deutschen Wissensliteratur des Spätmittelalters. Zur Genese und Funktion eines Paradigmas der Wissensvermittlung am Beispiel des „Tractatus de balneis naturalibus" von Felix Hemmerli und seiner Rezeption (Wissensliteratur im Mittelalter 42), Wiesbaden 2004; Alfred MARTIN, Deutsches Badewesen in vergangenen Tagen, Dresden 2013.

Anlagen verfügten nur über provisorische Bauten, denn die Becken waren Wildbäder im Freien,[72] auch wenn Gelände, Unterkünfte, Gaststätten und Lokalitäten für geselliges Beisammensein ansprechend gestaltet sein konnten.[73] Manche Orts- und Flurnamen erinnern noch an diese Praxis (z. B. Wildbad Kreuth in Oberbayern). Wildbad im Nordschwarzwald wurde wohl schon im 12. Jahrhundert besucht, die erste Urkunde stammt von 1345. Das Wildbad Burgbernheim (Lkr. Neustadt/Aisch) im Quellgebiet der Altmühl soll schon 1128 von Kaiser Lothar III. (1075–1134) wegen seines Steinleidens genutzt worden sein; ein Besuch von Karl IV. (1316–1378) ist für das Jahr 1347 belegt.[74] Heute gibt es dort einen Gasthof ‚Wildbad' mit Gebäuderesten aus dem Badebetrieb des 18. Jahrhunderts, der am Eingang zum ‚Quellental' mit den Heilquellen liegt.

Bedeutende Badeorte im Mittelalter waren ferner Warmbrunn in Niederschlesien am Riesengebirge, das vielleicht schon 1175, spätestens aber seit 1281 in Betrieb war, sowie ab dem 13. Jahrhundert das noch immer renommierte Karlsbad in Böhmen.[75] Aus der Schweiz sei Pfäfers genannt,[76] wo in der benachbarten Taminaschlucht um 1040 durch Zufall eine Thermalwasserquelle entdeckt wurde. 1242 gab es erste einfache Badeeinrichtungen, Mitte 14. Jahrhunderts wurden Badehäuser in die Klamm hineingebaut. Im 16. Jahrhundert erlangte Pfäfers durch eine kleine Monografie von Paracelsus (1493–1541), der sich dort 1535 aufhielt, überregionale Bekanntheit. Seit 1840 ist die Unzugänglichkeit der Schlucht kein Hindernis mehr, denn das Wasser gelangt über eine Leitung nach Bad Ragaz.

Ein besonderes Anliegen für Hilfe Suchende waren Augenkrankheiten, denn bei Erblindung waren die Menschen praktisch hilflos. Wie man sich die Heilwirkung von Wasser vorgestellt haben könnte, beschreibt Hildegard von Bingen:[77]

> Wenn nun Blut und Wasser in den Augen eines Menschen entweder durch Alter oder wegen irgendeiner Krankheit übermäßig abgenommen haben, soll er zu einem Fluss gehen oder frisches Wasser in ein Gefäß gießen und sich darüber beugen und die Feuchte dieses Wassers mit

---

72 Annegret WALDNER, Tiroler Wildbäder, Sommerfrischorte und Bauernbadln, Bade- und Sommerfrischwesen im Spannungsfeld kultureller Wandlungsprozesse von der frühen Neuzeit bis zum beginnenden 20. Jahrhundert (Beiträge zur europäischen Ethnologie und Folklore 6), Frankfurt / M. 2003.
73 Birgit STUDT, Baden zwischen Lust und Therapie. Das Interesse von Frauen an Bädern und Badereisen in Mittelalter und Früher Neuzeit, in: HÄHNER-ROMBACH (Anm. 17), S. 93–117.
74 Dietrich Wilhelm Heinrich BUSCH u. Carl Ferdinand GRAEFE, Encyclopädisches Wörterbuch der medicinischen Wissenschaften, Bd. 6, Berlin 1831, S. 454–457, mit Nennung der verschiedenen Quellen.
75 Lubomír ZEMAN u. Pavel ZATLOUKAL, Slavné lázně Čech, Moravy a Sleszka, Prag 2014.
76 Bernhard ANDERES, Altes Bad Pfäfers, Mels 1999; Pius KAUFMANN, „Nonulli ad conservandam vel ad reparandam corporis sanitatem thermis vel balneis aliis opus habent". Entwicklung der Badefahrten und ‚Naturbäder' im 15. und 16. Jahrhundert im Gebiet der Schweiz, in: BOISSEUIL / WULFRAM (Anm. 58), S. 99–114.
77 ‚Causae et curae' (Anm. 3), Kap. 361; wortgleich in ‚Physica' (Anm. 6), Kap. 2.2.

den Augen aufnehmen: So erweckt jene Feuchte das Wasser seiner Augen, das schon in ihnen [fast] ausgetrocknet war, und macht sie klar. Er kann auch ein Leintuch nehmen, es in reines und kaltes Wasser tauchen und es so um seine Schläfen und Augen legen und binden, wobei er darauf achten muss, die Augen nicht innen zu berühren, damit sie von dem Wasser keine Geschwüre bekommen. Er möge also mit dem Leintuch – weil es weich ist – die Augen mit kaltem Wasser befeuchten, bis das Wasser der Augen durch dieses Wasser wieder zum Sehen angeregt wird. Weil die Augen feurig sind, verdickt sich durch das Feuer das Häutchen der Augen und wenn es, wie oben gesagt, von Wasser berührt wird, wird dieses Häutchen durch die Kälte und Feuchtigkeit des Wassers dünner.

Der bekannteste Spezialkurort für Augenkranke war seit 777 Bad Hall in Oberösterreich.[78] Die schon in der Gründungsurkunde des Klosters Kremsmünster erwähnte Tassiloquelle ist die stärkste Jod-Sole-Quelle Mitteleuropas. Von der großen Bedeutung von Wasser bei Augenleiden zeugen bis heute die vielen ‚Augenbrünnlein', die man mit etwas Aufmerksamkeit fast überall finden kann.

Vom heilenden zum wundertätigen Wasser ist der Schritt nicht groß. Schon in vorchristlicher Zeit wurden bestimmte Quellen für heilig gehalten.[79] Wasserwunder haben in biblischer Tradition oft ein Quellwunder in der Vorgeschichte, analog zum alttestamentlichen Quellwunder von Kades (4. Mose 20,1).[80] Die Beispiele aus Heiligenlegenden sind Legion: Um 1000 lebte zum Beispiel die Bonner Stadtpatronin Adelheid von Vilich; den Adelheidis-Brunnen in Köln-Pützchen gibt es noch heute.[81] Wundertätige Quellen ziehen Pilger an und liegen entlang von Pilgerwegen, wo sie wichtige spirituelle Stationen markieren. Im Mittelalter war der St. Wolfgangs-Kult in diesem Bereich der wichtigste,[82] heute allenfalls mit Lourdes vergleichbar.

---

78 Raimund LUČIČNIK, Bad Hall anno dazumal. Illustrierte Geschichte eines Weltkurorts, Steyr 2005, S. 13–46.
79 Beispiele aus regionalgeschichtlicher Perspektive: Curt DÖRING, Wundertätige Quellen des Erzgebirges, des Vogtlandes und Mittelsachsens, in: Chemnitz und das Erzgebirge 16 (1932), S. 3–6; Werner DIETZEL, Heilige Bäume und wundertätige Quellen. Frühe christliche und vorchristliche Kultstätten, in: Saalfische N.F. (1992/1996), S. 109–110, 115–116.
80 Erich BECKER, Das Quellwunder des Moses in der altchristlichen Kunst, Straßburg 1909.
81 Vgl. www.adelheidjahr.de (letzter Zugriff am 11. 06. 2015). Als Beispiel aus dem Frühmittelalter (um 800) möge Cuthbert dienen: Theodor WOLPERS, Die englische Heiligenlegende des Mittelalters, Berlin 1964, S. 72. Hl. Franziskus (berühmt durch Giotto di Bondone [um 1266 – 1337]); regionalgeschichtliche Bedeutung: Hl. Gangolf, Notburga von Bühl. Übersicht zu Besonderheiten von Quellen im Artikel von Katalin HORN, in: Enzyklopädie des Märchens, Bd. 11 (2004), Sp. 103–108; ansonsten Erich WIMMER, Quellwunder, ebd., Sp. 108–111; Übersicht zur Ikonografie bei Hermann SCHLOSSER, Quellwunder, in: Lexikon der christlichen Ikonographie, Bd. 3 (1971), S. 487–488. Christian KIENING, Unheilige Familien. Sinnmuster mittelalterlichen Erzählens (Philologie der Kultur), Würzburg 2009, S. 11–13 zu Ingmar Bergmanns Film ‚Jungfrauenquelle' (1960) als Bearbeitung eines mittelalterlichen Balladenstoffs.
82 Ulrike BAUSEWEIN u. Robert LEYH, Studien zum Wolfgangskult, in: Zeitschrift für Bayerische Kirchengeschichte 61/62 (1992), S. 1–26.

5 Wasser und Krankheit

Bisher war nur von äußerlich appliziertem Wasser die Rede. Zum Schluss wollen wir uns dem Wasser im Körper zuwenden. Hydromantie im eigentlichen Sinn (Deutung von Wasserbewegung und Wellenformen)[83] spielte in der mittelalterlichen Medizin keine Rolle. Es gibt jedoch mantische Genesungsproben, die mit einem ‚Körperwasser', nämlich dem Harn, arbeiten und in Sammelhandschriften gar nicht so selten sind:

> Wildw pesechen, wieter ein mensch sich, ob er den siechtagen sull sterbenn oder genesenn: Dw solt nehmen des siechen harm vnd einer frawenn milch, dy einen knaben seuget, ytlichs gleich vil, thue czw samen vnd schayden si sich entczway: Der siech der stierbt.[84]
> Nymm dez siechen harnn und güsse den vff grün nesseln: dorrent die an dem andern tage, so stirbet er.[85]

Darüber hinaus will ich jedoch das große und schon gut untersuchte Feld der Harndiagnostik nicht weiter beackern,[86] zumal wir bereits oben kleine Kostproben der Anwendung gegeben haben.[87] Stattdessen sei hier in gebotener Kürze eine ‚klassische' Krankheit mit pathologischer Produktion bzw. Ansammlung von Flüssigkeit in den Blick genommen – die Wassersucht. Darüber hinaus finden sich natürlich Vorstellungen von Verschleimung und Überwässerung bzw. die Metapher der Überschwemmung auch in anderen Krankheitskontexten,[88] aber das Beispiel dürfte einen hinreichenden Eindruck geben.

Bereits im ‚Corpus Hippocraticum' wird die Wassersucht erwähnt und in vier Typen unterteilt:[89] Hydrops, Anasarka, Ödem (Ablagerung von weißem Schleim) und Aszites (Umwandlung von Fett in Wasser).[90] Als Ursachen werden Versagen von Leber

---

[83] Christa Agnes Tuczay, Kulturgeschichte der mittelalterlichen Wahrsagerei, Berlin 2012.
[84] Staats- u. Stadtbibl. Augsburg, 2° Cod. 167, fol. 19v.
[85] Salzburg, St. Peter, Cod. M III 3, fol. 74r.
[86] Zwei Monografien aus den letzten Jahren: Michael Stolberg, Die Harnschau. Eine Kultur- und Alltagsgeschichte, Köln 2009; Laurence Moulinier-Brogi, L'uroscopie au Moyen Age, Paris 2012.
[87] Vgl. Anm. 22 und 26. Den eigentlichen Harntraktat in Ortolfs Arzneibuch bilden die Kapitel 31–54, dazu ein ausführlicher Kommentar bei Riha (Anm. 22), S. 198–211.
[88] Zu nennen wäre etwa der Katarrh (bei Ortolf [Anm. 22], Kap. 93). Vgl. ansonsten z. B. Ortrun Riha, Reißende Flüsse, schäumende Töpfe. Die Bedeutung der Bilder in Hildegards von Bingen ‚Causae et curae', in: Concilium medii aevi 14 (2011), S. 223–237, online unter: http://cma.gbv.de,cma,014,2011,a,10.pdf (letzter Zugriff am 11. 06. 2015).
[89] Hippokrates, ‚De affectionibus', Kap. 22 (Hippocrate, Oeuvres complètes, hrsg. v. Émile Littré, Bd. 6, Paris 1849, S. 223; Hippokrates, Sämtliche Werke, hrsg. v. Robert Fuchs, Bd. 2, München 1897, S. 358); Hippokrates, ‚De morbis internis', Kap. 25 (Littré, Bd. 7 [1851], S. 233; Fuchs, ebd., S. 514).
[90] Diese Begriffe werden in anderer Bedeutung heute noch verwendet: Hydrops ist eine Ansammlung von Flüssigkeit in präformierten Höhlungen, wie z. B. in der Gallenblase bei einer Abflussstörung durch einen Stein; Anasarka ist Flüssigkeit in Weichteilen, z. B. am Rücken oder an den Flanken bei Rechtsherz- oder Nierenversagen; Ödeme sind Schwellungen durch Flüssigkeitsaustritt aus den

oder Milz, Phthise (Schwindsucht) sowie übermäßiges Trinken von kaltem Wasser genannt. Im Wesentlichen wiederholen alle späteren Autoren mehr oder weniger diesen Kerninhalt mit den vier Ausprägungsformen, wenn auch manchmal mit etwas abweichender Terminologie: Aulus Cornelius Celsus (um 25 v. Chr. – um 50 n. Chr.) unterschied *tympanites, leukophlegmatia, hyposarca* und *ascites* und brachte als Auslöser eine Säfteüberflutung des Körpers und chronische Leiden (z. B. Quartana) ins Spiel, kannte aber auch ein (idiopathisches) Auftreten ohne erkennbare Ursache.[91] Bei dem großen Hippokrates-Kommentator Galen von Pergamon (um 130 – um 200 oder 215) gibt es für diese Begriffe – insbesondere für *hydrops* – Dutzende von Belegen, unter anderem auch in den Erläuterungen zu den hippokratischen Schriften ‚De humoribus' oder ‚De morbis acutis'.[92] An diese Tradition knüpften die spätantiken byzantinischen Autoren Oribasius[93] (um 325–403), Alexander von Tralle(i)s[94] (um 525 – um 605) und Paulus von Ägina[95] (um 625–um 690) an und erklärten (neben Niere, Milz, Blase, Zwerchfell und ausbleibender Monatsblutung) eine Erkaltung der Leber zur Hauptursache: Dadurch sei keine Blutbildung mehr möglich, und stattdessen werde die zugeführte Nahrung in Wasser (Aszites, manchmal auch *asklithes*), Schleim (Anasarka) oder Luft (Tympanites) umgewandelt. Die gleiche Position findet sich in der islamischen Medizin bei Rhazes[96] (854–925), Hali Abbas[97] (gest. 994), Albukasim[98] (auch Albucasis, 936–1013) und Avicenna[99] (um 980–1037).

Im westlichen Abendland wurde dieses antike Wissen zuerst in der berühmten Medizinschule von Salerno vermittelt, beginnend im frühen 11. Jahrhundert mit der Galen-Kompilation ‚Passionarius'[100] und auf breiter Front in ihrer Blütezeit im

---

Gefäßen, z. B. an den Knöcheln bei Herz- oder Veneninsuffizienz oder um die Augen bei Allergien; Aszites ist die Bauchwassersucht, z. B. bei Leberzirrhose, Tumoren oder Eiweißmangel.

91 Celsus, De medicina, hrsg. v. Charles DAREMBERG, Leipzig 1891, Buch 3, Kap. 21 (*De hydropicis*), S. 105.
92 Vgl. hierzu den Registerband zur Galen-Ausgabe von Karl Gottlob KÜHN: Friedrich Wilhelm ASSMANN, Index in Galeni libros (Medicorum Graecorum opera 20), Leipzig 1833, zum Lemma Hydrops S. 320–321.
93 Oeuvres d'Oribase, hrsg. v. Ulco Cats BUSSEMAKER u. Charles DAREMBERG, Paris 1873, Bd. 5, Kap. 22, S. 504, und Bd. 6, Kap. 22, S. 316.
94 Theodor PUSCHMANN, Alexander von Tralles, 2. Bd., Wien 1879, S. 438.
95 Pauli Aeginetae medicinae totius enchiridion, Basel 1551, Buch 3, Kap. 48, S. 252–256 (*De intercute seu hydrope*); Paulus Aegineta, hrsg. v. Francis ADAMS, London 1819, Sekt. 48, S. 569–576.
96 Rases, Liber ad Almansorem, Venedig 1500, Liber divisionum, Kap. 65, S. 66–67 (*De ydropisi*).
97 Haly Abbas, Medicina, Venedig 1523, Buch 7 (Practica), Kap. 36 (*De hydropisis*), S. 253.
98 Alzaharavii libri theoricae et practicae, Augsburg 1519, hier: Liber practice, Kap. XII (*De ydropisi*), fol. 87v–88r.
99 Avicennae liber canonis, Basel 1556, Buch 3, Fen. 14, Tract. 4, Kap. 4 (*De hydropisi*), S. 589–593.
100 Gariopontus von Salerno, Passionarius, Lyon 1526, Buch 5, Kap. 11 und 12 (*De hydropisi*).

12. Jahrhundert (Bartholomaeus,[101] [Ps.-]Kopho,[102] Matthaeus Platearius[103]). Auch die großen Kompendien des 13. und frühen 14. Jahrhunderts – Gilbertus Anglicus (um 1180 – um 1250),[104] Wilhelm von Saliceto (auch Gulielmus Placentinus, um 1210 – um 1280),[105] Arnald von Villanova (um 1235 – 1311),[106] Bernhard von Gordon (um 1258 – um 1318),[107] John of Gaddesden (um 1280 – 1348/49 oder 1361)[108] – wiederholen die Theorie vom Leberversagen, durch das die *virtus unitiva* im Körper verloren geht. Hypo- bzw. Anasarka entsteht dann aus einer *causa frigida*, Aszites und Tympanites aus einer *causa calida*. In vereinfachter Form, aber in den wesentlichen Aussagen unverändert gelangte die Lehre von der Wassersucht dann auch in deutschsprachige Arzneibücher.[109]

---

101 In: Collectio Salernitana, hrsg. v. Salvatore DE RENZI, Bd. 4, Neapel 1854, S. 352– 361, hier S. 362 und 389. Auf diese Autorität bezieht sich auch ein als ‚Bartholomäus' bezeichneter, sehr verbreiteter deutscher Text: Angebliche Practica des Bartholomaeus von Salerno. Introductiones et experimenta magistri Bartholomaei in practicam Hippocratis Galieni Constantini Graecorum medicorum. Papierhandschrift der Herzogl. Sachsen-Coburg-Gothaischen Bibliothek Nr. 920 (vielmehr 980), Bl. 85a–104b, hrsg. v. Felix VON OEFELE, Neuenahr 1894; Joseph HAUPT, Über das mitteldeutsche Arzneibuch des Magister Bartholomaeus, Wien 1872. Weiteres siehe Anm. 109.
102 In: ‚Collectio Salernitana' (Anm. 101), S. 487.
103 Platearius, Liber de simplici medicina dictus Circa instans, ins Frz. übers. v. Paul DORVAUX, Paris 1913.
104 Compendium medicinae, Lyon 1516, Buch 6, fol. 241r–253r (*De hydropisi*).
105 Chirurgia. Summa conservationis et curationis, Venedig 1489/90, Kap. 120 (*De hydropisi cum febri et sine febri*).
106 ‚Breviarium practicae medicinae', Buch 2, Kap. 41 (*De hydropisi*), in der Werkausgabe Lyon 1504, S. 213–214.
107 Tabula practice Gordoni dicte Lilium medicinae, Neapel 1480 und Venedig 1501, S. 183–187.
108 Rosa anglica. Practica medicinae a capite ad pedes, Papia 1492 und Venedig 1502, Bl. 36–42 (*De idropisi*); Henry Patrick CHOLMELEY, John of Gaddesden and the Rosa medicinae, Oxford 1912, S. 29–39 (*Hydrops*).
109 Hier sei noch einmal (vgl. schon Anm. 101) auf den verbreiteten ‚Bartholomäus' hingewiesen, der im 13. Jahrhundert führend war und z. B. im ‚Breslauer Arzneibuch' (vgl. Gundolf KEIL, in: Verfasserlexikon, Bd. 1 [1978], Sp. 609–615 und 1023–1024) bzw. im ‚Deutschen Salernitanischen Arzneibuch' (Gundolf KEIL, in: Verfasserlexikon, Bd. 2 [1980], Sp. 69–71) überliefert ist. Ein weiteres Beispiel ist die ‚Düdesche Arstedie' („Heilkunde auf Deutsch", vgl. dazu Jan FREDERIKSEN, in: Verfasserlexikon, Bd. 2 [1980], Sp. 238–239) im ‚Gothaer Arzneibuch' (Karl REGEL, Das mittelniederdeutsche Gothaer Arzneibuch und seine Pflanzennamen, in: Programm des Herzoglichen Gymnasium Ernestinum, Teil 1, Gotha 1872, S. 1–16; Schluss, Gotha 1873, S. 1–26), hier Kap. CLIII, fol. 60–62. Eine längere Kompilation aus dem 14. Jh. (Landesbibliothek Karlsruhe, Cod. St. Georgen 61, fol. 36r–39r) wurde ediert von Friedrich SCHELLIG, Ein deutscher Traktat über die Wassersucht. Nach einer Handschrift des XIV. Jahrhunderts veröffentlicht und im Zusammenhange mit verwandten mittelalterlichen Texten betrachtet, Diss. Leipzig 1913, S. 11–22 (vgl. dazu Gundolf KEIL, ‚Von der Wassersucht', in: Verfasserlexikon, Bd. 10 [1999], Sp. 774–775); aus dem 15. Jh. stammt der Beleg bei Johan Hendrik GALLÉE, Mittelniederdeutsches Arzneibuch, in: Jahrbuch des Vereins für niederdeutsche Sprachforschung 15 (1889), S. 105–149, hier S. 120–121 und 125.

Ein bedeutendes Lehrbuch der Medizin, das ab dem 14. Jahrhundert den ‚Bartholomäus' verdrängte, war das schon zitierte Werk Ortolfs von Baierland. Das dort aufgenommene Kapitel zur Wassersucht schauen wir uns gleich näher an, doch zuvor seien die vier einschlägigen hippokratischen Prognosen zitiert, in denen bereits die Gefährlichkeit dieses Leidens angesprochen wird:

> Wirt ein mensch husten jn eÿner wassersucht, daz ist pösz.
> Wirt ein mensch wünt in eÿner wassersucht, daz heÿlet vngeren vnd ist tötlichen.[110]
> Wirt einem menschen jn einer sucht dÿ wassersucht, daz ist pösz vnd jm jst mülichen ze helfen.
> Alle wassersucht von hicze vnd ob der haren rot ist vnd wenig vnd ob esz lang gewert hat, daz ist tötlichen.[111]

Das Kapitel *Von der wassersucht* findet sich dann gegen Ende der Krankheitslehre und enthält die bekannten Informationen zur hepatischen Ätiologie sowie zur auslösenden Kälte bzw. Wärme, ganz entsprechend der lateinischen Vorlage, dem oben genannten ‚Compendium medicinae' des Gilbertus Anglicus. Nur die Terminologie hat Ortolf zugunsten eines einzigen (verballhornten) Begriffs reduziert und den Harnbefund (Satz 4) seinem vereinfachten Konzept angepasst:

> ¹ Idropisis heÿst ein wassersucht ² vnd kumpt von krangheit der leberen, also daz sÿ den trangk von krangheit ausz dem magen nit gezÿhen mag. Vnd davon bleÿbt der trangk in dem magen vnd geet zwischen vel vnd fleisch. Vnd davon dürstet dÿ lewt alweg, wann dÿ gelid nemen den trangk ausz der leberen. Als sÿ sein denn nicht in sich gezogen hat, so ist sÿ dürr vnd vindent dÿ gelid nit feuchtigkeit vnd darvon wirt im dürstes nÿmmer püsz. ³ Vnd kumpt etwen von kelten, etwen von hicz.
> ⁴ Jst es von kelten, so ist der haren molkenvar vnd trüb. ⁵ Du salt in also helfen: ⁶ Nÿm ein pfunt oximel squiliticum vnd gib sein im dreÿ löffel vol des morgens vnd des abents mit dreÿen löffelen vol heÿsz wassers. ⁷ Du salt auch mercken, ob dÿ wassersucht von kelten seÿ, daz auf ertrich nÿe so gutes nicht wart so alle tag funf pillen als grosz als dÿ ponen von eÿnem halben virdung aloe vnd von eÿnem quintein masticis. ⁸ Darnach mache im ein sweÿszpad mit tosten vnd mit konigskerczen, daz er vast swicze. ⁹ Darnach mache im also ein clister: Nÿm zweÿ pfunt wassers vnd ein halb pfunt salcz, sewd es daz drittell ein, darein thu zweÿ lot yeram pigram. Zertreib es miteinander, daz es dünn wird vnd stoß es in den leib.
> ¹⁰ Disz ist auch ein versuchte erczeneÿ fur dÿ wassersucht: Nÿm neszelwurcz, petrosiliumwurcz, epichwurcz, attigwurcz, venickelwurcz, ÿtlichs ein hantvol, sewd es in andert halb vierteil weÿns. Darnach seÿhe es durch ein tuch vnd thu ein meszlein honigs darzu vnd sewd es anderweit. Gib sein im des morgens vnd des abents ein guten trunck oder in eÿnem pad, so swiczet er sere.
> ¹¹ Kümpt aber dÿ wassersucht von hicz, so nÿm ein pfunt oxizacharam vnd gib sein im dreÿ löffel vol des morgens vnd des abents mit warem wasser. Darnach gib im des morgens vnd des abents zweÿ quintein aloe mit fünf löffel vol zickeins molckens, thu es dick, es hillfft. ¹² Darnach mach im ein pad von weÿdenpletteren vnd von violkrawt.
> ¹³ Darnach mach im ein clister: Nÿm wermüt, pappelen vnd violkrawt, itlichs ein hantvol, sewd es in zweÿen pfunden wassers, seÿhe es durch ein tuch vnd thu ein hantvol weÿczener cleÿen

---

110 Ortolf, Kap. 68, Satz 17 und 18, in der Edition (Anm. 22) S. 64 (Text), Kommentar S. 219.
111 Ortolf, Kap. 70, Satz 10, in der Edition (Anm. 22) S. 65 (Text), Kommentar S. 220–221.

darzu, seihe es aber vnd thu zweÿ lot violöls vnd zweÿ lot lauters salczes vnd ein lot de electuario de succo rosarum darzu vnd gewß sein jm ein pfunt in den leib mit eÿnem clister. [14] Darnach gib im spica nardi ein halb lot vnd rewbarbarum ein quintein, gesotten in dreÿen pfunden zickeins molkens, vnd gib sein im des morgens vnd des abents, thu es dick, es hilfft. [15] Man mag jn auch lassen zu der leberaderen auf dem rechten arem. [16] Es ist auch gut, daz der mensch vngetruncken seÿ.[112]

An diesen therapeutischen Maßnahmen können noch einmal abschließend die Grundprinzipien der mittelalterlichen Medizin gut verdeutlicht werden: *Oximel squiliticum* (Satz 6) ist eine gegorene Latwerge aus Honig, Essig und Wasser, der Meerzwiebel zugesetzt wurde. Sie war bis 1968 in Deutschland in Apotheken erhältlich und wurde als ‚Herzmittel' verkauft, weil die (Weiße) Meerzwiebel herzwirksame Glykoside enthält. In der Alten Medizin kannte man nur ihre entwässernde Wirkung, die in diesem Fall ja erwünscht ist. Außerdem wirken Latwergen immer abführend. Aloe (Satz 7) ist ‚heiß-trocken'; die daraus hergestellten Pillen sind außerdem Abführmittel, womit Ortolf – wie auch mit den in Satz 8–10 und 13–15 folgenden Maßnahmen – die überschüssige ‚Feuchtigkeit' reduzieren will. In Satz 11–12 werden allgemeine Kühlungsmaßnahmen genannt, die nicht speziell auf diese Krankheit zugeschnitten sind und auch an anderen Stellen erwähnt werden. Die in Satz 16 angeratene Flüssigkeitseinschränkung erklärt sich aus den Einlagerungen von Wasser, das nicht genutzt bzw. ‚verbraucht' werden kann.

Nicht nur in der Theorie, auch in der praktischen Anwendung zeigt sich also, dass die mittelalterliche Medizin zum einen ein zwar einfaches, aber plausibles und rationales Konzept hatte, bei dem der Vorteil in der leichten Analogiebildung und der problemlosen Erweiterbarkeit lag. Zum andern waren die mittelalterlichen Ärzte sehr wohl in der Lage, empirische Aspekte systementsprechend in die Theorie zu integrieren und ihre Erfahrungen modellkonform zu erklären. Um das zu demonstrieren, war das omnipräsente Wasser ein schöner Ausgangspunkt.

---

112 Ortolf, Kap. 135, in der Edition (Anm. 22) S. 98–99 (Text), Kommentar S. 278.

**Wahrnehmungen von Flüssen,
Meeren und Mündungen**

Christoph Mauntel (Tübingen) / Jenny Rahel Oesterle (Heidelberg)
Wasserwelten. Ozeane und Meere in der mittelalterlichen christlichen und arabischen Kosmographie

Abstract: This article explores the relevance of oceans and seas for Christian-Latin and Arabic-Islamic cosmographic concepts. It offers a comparative view on Latin and Arabic sources which discuss maritime spaces, including encyclopaedias, historiographic sources, and world as well as regional maps from the tenth to the fourteenth century. It describes the maritime knowledge of medieval Arabic and Latin writers and cartographers such as Isidore of Seville, Pietro Vesconte, Fra Mauro, Ibn Ḥauqal, al-Masʿūdī and others. The main questions which this paper addresses are: to what extent did oceans and seas structure the world in a specific way? What was their significance for Christian and Muslim concepts and perceptions of the world? How did authors and cartographers describe the relationship of oceans and seas to the mainland on the one hand and the interconnectivity of seas on the other hand? Although both geographic traditions had its roots in the knowledge of Antiquity, their modes of describing and depicting the world reveal some considerable differences.

Keywords: Wasser, Ozean, Meere, Kartographie, Kosmographie

1 Einleitung

„Das Element des Wassers befiehlt allen anderen"[1], so fasst der frühmittelalterliche Gelehrte Isidor von Sevilla die Bedeutung des Wassers für die mittelalterliche Naturkunde zusammen. Seine Feststellung, die primär den Vorrang des feuchten Elements vor den drei anderen betont, hat jedoch auch Auswirkungen auf die Bedeutung von Ozeanen und Meeren für übergreifende Vorstellungen vom Aufbau der Welt, denn „das Meer ist im Allgemeinen eine Ansammlung von Wasser"[2]. Um größere Gewässer und ihre Rolle für mittelalterliche Weltordnungen soll es auch im Folgenden gehen. Dabei sollen zentrale Linien lateinischer und arabischer kosmographischer Vorstellungen herausgearbeitet und verglichen werden. Der komparative Ansatz erscheint insofern lohnenswert, als dass arabische und lateinische Gelehrte zwar die gleichen antiken Wissensbestände teilten, wenngleich ihnen diese zu unterschiedlichen Zeit-

---
[1] Isidor von Sevilla, Etymologiae sive origines libri XX, hrsg. v. Wallace Martin LINDSAY (Scriptorum classicorum bibliotheca Oxoniensis), Oxford 1911, ND Oxford 1987, XIII,12,3: *Aquarum elementum ceteris omnibus imperat*. Alle deutschen Übersetzungen nach Die Enzyklopädie des Isidor von Sevilla, übers. v. Lenelotte MÖLLER, Wiesbaden 2008.
[2] Isidor von Sevilla, Etymologiae (Anm. 1), XII,14,1: *Mare est aquarum generalis collectio*.

punkten zugänglich waren, sie dann aber in ihrer Rezeption und Aktualisierung je eigene Wege gingen.³

2 Zur Darstellung und Bedeutung von Meeresräumen für die Kosmographie

Christlich-lateinische und arabisch-islamische kartographische Weltentwürfe sind in zahlreichen Einzel- sowie Überblicksstudien in jüngerer Zeit untersucht, zum Teil auch zueinander in Beziehung gesetzt worden.⁴ Aufgearbeitet wurden lateinische und arabische Welt- und Regionalkarten, kartographische Traditionen, Schulen und Stile, befragt wurden das Wissensrepertoire der Kartographen sowie mögliche praktische Verwendungen der Karten, sei es zum Zwecke der Repräsentation, der Kontemplation oder der Navigation.⁵

Dabei rückten auch transkulturelle Austauschprozesse zwischen arabischer und lateinischer Kartographie in den Blick der Forschung, für die etwa der italienische Kartograph Pietro Vesconte steht, der für seine Karten auch arabisch-islamisches Wissen rezipierte.⁶ Umgekehrt finden sich auch Anregungen lateinischer Kartographie in ara-

---

3 Vgl. dazu Michael BORGOLTE, Christliche und muslimische Repräsentationen der Welt. Ein Versuch in transdisziplinärer Mediävistik, in: Berlin-Brandenburgische Akademie der Wissenschaften, Berichte und Abhandlungen 14 (2008), S. 89–147.

4 Zum kartographischen Wissenstransfer zwischen der arabischen und lateinischen Welt vgl. etwa Fuat SEZGIN, Geschichte des arabischen Schrifttums. Mathematische Geographie und Kartographie im Islam und ihr Fortleben im Abendland. Historische Darstellung, Teil I, Bd. X, Frankfurt / M. 2010, S. 205–267; s. auch Evelyn EDSON u. Emilie SAVAGE-SMITH, Medieval Views of the Cosmos, Oxford 2004.

5 Zu nennen ist hier v. a. der entsprechende Band der Reihe ‚The History of Cartography': John B. HARLEY u. David WOODWARD (Hgg.), Cartography in Prehistoric, Ancient, and Medieval Europe and the Mediterranean (The History of Cartography 1), Chicago, London 1987. Vgl. aber auch Evelyn EDSON, The World Map, 1300–1492. The Persistence of Tradition and Transformation, Baltimore / MD 2007; Naomi Reed KLINE, Maps of Medieval Thought. The Hereford Paradigm, Woodbridge 2001. Zur Darstellung Europas s. Ingrid BAUMGÄRTNER, Europa in der Kartographie des Mittelalters. Repräsentationen – Grenzen – Paradigmen, in: DIES. u. Hartmut KUGLER (Hgg.), Europa im Weltbild des Mittelalters. Kartographische Konzepte (Orbis mediaevalis 10), Berlin 2008, S. 9–28. Zum Wissen um die Grenzen der Oikumene s. Anna-Dorothee VON DEN BRINCKEN, Fines terrae. Die Enden der Erde und der vierte Kontinent auf mittelalterlichen Weltkarten (Schriften der Monumenta Germaniae Historica 36), Hannover 1992. Zur Verortung des Paradieses s. Alessandro SCAFI, Mapping Paradise. A History of Heaven on Earth, London 2006. Zur Farbgebung s. Anna-Dorothee VON DEN BRINCKEN, Die Ausbildung konventioneller Zeichen und Farbgebungen in der Universalkartographie des Mittelalters, in: Archiv für Diplomatik 16 (1970), S. 325–349.

6 Vgl. als Überblick EDSON u. SAVAGE-SMITH (Anm. 4). Zu Pietro Vesconte s. Stefan SCHRÖDER, Wissenstransfer und Kartieren von Herrschaft? Zum Verhältnis von Wissen und Macht bei al-Idrīsī und Marino Sanudo, in: Ingrid BAUMGÄRTNER u. Martina STERCKEN (Hgg.), Herrschaft verorten. Politische Kartographie im Mittelalter und in der frühen Neuzeit (Medienwandel – Medienwechsel – Medien-

bischen Werken, etwa im anonymen ‚Buch der Erschaffung und Geschichte' (1570), dessen Karten geostet und nicht, wie für arabische Karten üblich, gesüdet sind.[7]

Während die Rolle von Meeresräumen in der mittelalterlichen Naturkunde sowie in breiteren Vorstellungswelten (*imaginaire*) bereits untersucht wurde, geriet ihre Bedeutung für kosmographische Vorstellungen bisher nur ansatzweise in den Blick.[8] Dabei stand vor allem das Wissen europäischer Reisender und Kartographen über den Indischen Ozean im Fokus, der in den uns überlieferten lateinischen Quellen erst durch empirische Erfahrungen seit dem 13. Jahrhundert Kontur gewann.[9]

Der Bedeutung von Ozeanen, Meeresräumen und Flüssen für die Ordnung der Welt bzw. für mittelalterliche Ordnungsentwürfe hingegen wurde kaum Aufmerksamkeit gewidmet. Dabei ist festzuhalten, dass allein das solchen Vorstellungen zugrundeliegende Ordnungssystem, das Gewässer in Ozeane, Meere und Seen einteilt oder bestimmte Gewässer angrenzenden Ländern zuordnet, als kulturell konstruiert anzusehen ist.[10] Vor diesem Hintergrund ist nicht nur der Blick auf hydrographische Vorstellungen einzelner kultureller Traditionen lohnenswert, sondern auch ihr Vergleich, zu dem dieser Beitrag einen ersten Ansatz liefern soll. Im Folgenden gilt es, in einer ersten Versuchsanordnung ausgewählte arabische und lateinische Werke daraufhin zu untersuchen, a) welche Meere den Autoren bekannt waren, wie sie vorgestellt und benannt wurden und in welches Verhältnis sie zum Land gesetzt wurden. Vor allem die Beschreibung und kartographische Gestaltung des Mittelmeers soll hier als Vergleichsbeispiel dienen. In einem zweiten Schritt ist b) der Fokus auf die Frage zu richten, in welches Verhältnis zueinander die Meere von spezifischen

---

wissen 19), Zürich 2012, S. 313–333. Aktuell arbeitet Stefan Schröder (Helsinki) an einer ausführlichen Darstellung dieser Austauschprozesse („Karten als Brücken für Welt-Wissen: Westeuropäische und muslimische Kartographie des Mittelalters im interkulturellen Austausch"). Eine vergleichende Analyse christlicher und islamischer kartographischer Traditionen ist Ziel des in London angesiedelten Leverhulme networks ‚Cartography between Europe and the Islamic World', http://www.cartography.qmul.ac.uk (letzter Zugriff am 06. 07. 2016).

7 EDSON u. SAVAGE-SMITH (Anm. 4), S. 81, 84 (Abb.).
8 Zur Naturkunde s. Danielle LECOQ, L'océan et la mer entre mythe et questions naturelles (XIIe–XIIIe siècles), in: Società ligure di storia patria (Hg.), L'uomo e il mare nella civiltà occidentale: da Ulisse a Cristoforo Colombo. Atti del convegno Genova, 1–4 giugno 1992, Genua 1992, S. 256–281. Zum *imaginaire* s. Patrick GAUTIER DALCHÉ, Comment penser l'Océan? Modes de connaissance des *fines orbis terrarum* du Nord-Ouest (de l'Antiquité au XIIIe siècle), in: Société des Historiens Médiévistes de l'Enseignement Supérieur (Hg.), L'Europe et l'Océan au Moyen Âge. Contribution à l'histoire de la navigation, Paris 1988, S. 217–233. Beispielhaft zum Mittelmeer als Grenze und Hindernis im Reisebericht Felix Fabris: Stefan SCHRÖDER, Grenzerfahrungen. Mittelalterliche Reisende an den Rändern Europas, in: BAUMGÄRTNER u. KUGLER (Anm. 5), S. 219–237.
9 Vgl. dazu Jacques LE GOFF, L'occident médiéval et l'océan indien. Un horizon onirique, in: DERS., Un autre Moyen Âge, Paris 1999, S. 269–286; sowie Marianne O'DOHERTY, A peripheral matter? Oceans in the East in Late-Medieval Thought, Report, and Cartography, in: Bulletin of International Medieval Research 16 (2011), S. 14–59.
10 Martin W. LEWIS, Dividing the Ocean Sea, in: Geographical Review 89 (1999), S. 188–214.

Autoren oder Kartographen gesetzt werden und welches hydrographische Bild sie aus globaler Sicht entwerfen. Diese Frage erweitert die Perspektive vom Mittelmeer hin zu ‚globalen' Meeresordnungen. Vor diesem Hintergrund rückt abschließend c) die Frage nach der kosmographischen Bedeutung von Gewässern in den Mittelpunkt, die aus arabischer und lateinischer Perspektive anzugehen ist.

2.1 Darstellungen maritimer Räume in Enzyklopädien, Geschichtsschreibung, Geographie und Kartographie

Das untersuchte Quellenkorpus auf lateinisch-christlicher Seite besteht aus zwei Hauptgattungen: Enzyklopädien und Weltkarten. Grundlegend sind hier die ‚Etymologien' Isidors von Sevilla (verfasst um 630), die auch für spätere enzyklopädische Werke wie die ‚Imago Mundi' des Honorius Augustodunensis (um 1120), ‚De rerum Proprietatibus' von Bartholomaeus Anglicus (um 1235), das ‚Speculum Maius' von Vinzenz von Beauvais (1247) oder den ‚Livre du Trésor' des Brunetto Latini (1260er Jahre) noch eine maßgebliche Quelle waren. Diese Wissenssammlungen waren universell angelegt, das heißt sie bieten geographische Informationen, ohne dass diese im Zentrum des Interesses stehen würden.

Ein zweiter Schwerpunkt liegt auf der Analyse mittelalterlicher Weltkarten.[11] Mit dem Werk Isidors sind vor allem die sogenannten TO-Karten verknüpft, die zahlreiche Isidor-Handschriften illustrieren und auch darüber hinaus weite Verbreitung fanden. Diese TO-Karten zeigen ein graphisch radikal reduziertes Bild der Welt: Ein Kreis stellte den die Erde umgebenen Ozean da, sein Inneres die bewohnbare Welt, meistens nach Osten ausgerichtet. Die Oikumene wurde traditionell in drei Erdteile gegliedert, deren Grenzen ein ‚T' ergaben. Grundsätzlich waren auch die großen *mappaemundi*, die ab Ende des 13. Jahrhunderts als eigene Werke jenseits ihrer Einbettung in Handschriften entstanden, nach dem gleichen System angelegt, obwohl sie so dicht mit topographischen, historischen, biblischen und mythischen Legenden beschriftet waren, dass die klare TO-Struktur verloren ging.[12] Mit den stärker an realen geographischen Gegebenheiten orientierten Weltkarten italienischer und katalanischer Kartographen kam im 14. Jahrhundert eine weitere Spielart der *mappaemundi* hinzu, die bezüglich der Genauigkeit der Küstenverläufe auf dieselben empirischen Erkenntnisse zurückgriff wie die zeitgleich entstehenden Portolane. Ihre um nautisches Wissen erweiterte Quellenbasis macht sie für unsere Fragestellung besonders wertvoll.

---

11 Zu den verschiedenen Traditionen lateinisch-christlicher Kartographie s. die entsprechenden Kapitel in HARLEY u. WOODWARD (Anm. 5); sowie bei Anna-Dorothee VON DEN BRINCKEN, Kartographische Quellen. Welt-, See- und Regionalkarten (Typologie des sources du Moyen Âge occidental 51), Turnhout 1988; s. zudem auch O'DOHERTY (Anm. 9), S. 42–44

12 Vgl. z. B. die Ebstorfer Weltkarte, die jedoch in der rechten oberen Ecke ein knappes TO-Schema zeigt; dazu Hartmut KUGLER, Die Ebstorfer Weltkarte, 2 Bde., Berlin 2007, hier Bd. 1, S. 40 (6.1).

Arabische Darstellungen von Meeresräumen finden sich in kartographischen, historiographischen und geographischen Werken, wobei diese Gattungen zum Teil nicht streng voneinander trennbar sind.[13] Arabische Historiographen, unter ihnen der Weltreisende al-Masʿūdī (896–956),[14] verfassten historiographische Werke, in die zugleich eine Fülle geographischen Wissens floss. Kartographen, wie etwa Ibn Ḥauqal (gest. 977)[15] oder der anonyme Autor des ägyptischen sogenannten ‚Buchs der Kuriositäten'[16] (10. Jh.), statteten ihre Werke mit ausführlichen textlichen Beschreibungen aus, die sie dem Kartenmaterial beifügten. Bereits im frühen 9. Jahrhundert lies der abbasidische Kalif al-Maʾmūn eine Weltkarte anfertigen, die auf genauen Berechnungen von Entfernungen beruhte, aber leider nicht erhalten ist.[17] Unter den verschiedenen kartographischen Schulen ist vor allem die Bagdader Balḫī-Schule[18] hervorzuheben, der auch Ibn Ḥauqal zugehörig war; die Karten dieser kartographischen Schule waren stets hoch abstrakt und von Linealität gekennzeichnet. Jedes der kartographischen Werke der Balḫī-Schule setzt sich aus einer Weltkarte und über zwanzig Regionalkarten zusammen.[19] Die Zusammenstellung von Welt- und Regionalkarten findet sich auch in den meisten anderen kartographischen Werken, etwa im nordafrikanischen ‚Buch der Kuriositäten'. Anders als in christlich-lateinischen kartographischen Traditionen wird die Darstellung der Welt hier also stets mit dem Fokus auf bestimmte Regionen verbunden; häufig sind diese auf islamische Länder des *Dar al-islām* konzentriert.[20] Nicht selten enthalten die Werke regionale Flusskarten, Inselkarten oder

---

13 Den folgenden Ausführungen zur arabischen Kartographie und Historiographie liegt eine ausführlichere Version zugrunde: Jenny Rahel OESTERLE, Arabische Darstellungen des Mittelmeers in Historiographie und Kartographie, in: Michael BORGOLTE u. Nikolas JASPERT (Hgg.), Maritimes Mittelalter. Meere als Kommunikationsräume, Ostfildern 2016, S. 149–180.
14 ʿAlī ibn Ḥasan al-Masʿūdī, Les Prairies d'or. Arabische Edition und französische Übersetzung des „Murūǧ aḏ-Ḏahab wa maʿādin al-ǧawhar", hrsg. v. Charles BARBIER DE MEYNARD u. Abel PAVET DE COURTEILLE, Paris 1861–1877. Vgl. dazu Ahmad M. H. SHBOUL, Al-Masʿūdī and His World. A Muslim Humanist and His Interest in non Muslims, London 1979; Tarif KHALIDI, Islamic Historiography. The Histories of al-Masʿūdī, New York 1975; Bernd RADKE, Weltgeschichte und Weltbeschreibung im mittelalterlichen Islam (Beiruter Texte und Studien 51), Stuttgart 1992.
15 Ibn Hauqal, Kitāb Ṣūrat al-arḍ, hrsg. v. Johannes Hendrik KRAMERS (Bibliotheca Geographorum Arabicorum), 2 Bde., Leiden 1938.
16 The Book of Curiosities. A Critical Edition, hrsg. v. Emilie SAVAGE-SMITH u. Yossef RAPOPORT, World-Wide-Web Publication, www.bodley.ox.ac.uk/bookofcuriosities (letzter Zugriff am 06. 07. 2016).
17 Vgl. EDSON u. SAVAGE-SMITH (Anm. 4), S. 62.
18 Gerald R. TIBBETTS, The Balkhi-School of Geographers, in: John B. HARLEY u. David WOODWARD (Hgg.), Cartography in the Traditional Islamic and South Asian Societies (The History of Cartography 2/1), Chicago, London 1992, S. 108–136.
19 EDSON u. SAVAGE-SMITH (Anm. 4), S. 63.
20 Eine prominente Ausnahme auf christlicher Seite ist Marino Sanudos Kreuzzugstraktat ‚Liber secretorum fidelium crucis' von 1321, von dem zahlreiche Handschriften mit einem Kartenprogramm illustriert sind, das neben einer Weltkarte auch Regional- und Stadtkarten umfasst; vgl. unten S. 71–71 mit Abb. 3.

Regionalkarten, auf denen Meere besonders viel Raum einnehmen, wie etwa auf der Maghrebkarte des Ibn Ḥauqal. Zu unterstreichen ist zudem die Zusammenstellung von Text und Karten in den Werken. In der Verbindung von Literarisierung und Visualisierung werden die Meeresräume einerseits kommunizierbar gemacht, andererseits werden sie in der Vorstellung als Bewegungsräume entworfen.[21]

2.2 Maritimes Wissen lateinischer und arabischer Autoren

Für die Frage nach grundlegendem geographischem Wissen erscheinen die ‚Etymologien' Isidors von Sevilla, im ersten Drittel des 7. Jahrhunderts verfasst, als guter Ausgangspunkt: Nach Anna-Dorothee VON DEN BRINCKEN wirkte Isidors umfangreiche Wissenssammlung als „Kopfbahnhof", in den das antike Wissen mündete und der Ausgangspunkt für dessen weitere Rezeption wurde.[22]

Nach der etymologischen Herleitung des Begriffs *mare* beschrieb Isidor den Ozean, womit er in antiker Tradition das Gewässer bezeichnete, das die bekannte und bewohnbare Welt umfloss und als unüberwindbar galt.[23] Er gliederte ihn in sieben Teile, die er nach den angrenzenden Regionen benannte: *Gallicus* (Ärmelkanal), *Germanicus* (Nordsee), *Scythicus* (Schwarzes Meer), *Caspius* (Kaspisches Meer), *Hyrcanus* (Kaspisches Meer), *Atlanticus* (Atlantischer Ozean), *Gaditanus* (Straße von Gibraltar).[24] Isidor ging dabei vom Ärmelkanal aus im Uhrzeigersinn den Erdkreis entlang, sparte jedoch den östlichen Teil Asiens sowie den Süden Afrikas weitgehend aus. In antiker Tradition werden das Kaspische und das Schwarze Meer nicht als Binnenmeere gesehen, sondern als direkt mit dem umfließenden Ozean verbunden.[25]

Das auf den Ozean folgende Kapitel widmet sich dem Mittelmeer, das – so Isidor – aufgrund seiner Größe auch das „Große Meer" genannt werde. Es erstrecke sich in der Mitte der Erde und trenne die Erdteile Europa, Afrika und Asien voneinander[26] – wir kommen darauf zurück. Ähnlich wie beim Ozean gliedert Isidor von Sevilla auch das

---

21 Vgl. BAUMGÄRTNER (Anm. 5), S. 9–28.
22 VON DEN BRINCKEN, Fines terrae (Anm. 5), S. 45.
23 Isidor von Sevilla, De natura rerum, hrsg. v. Jacques FONTAINE (Bibliothèque de l'École des Hautes Études Hispaniques 28), Bordeaux 1960, XL,3, S. 307–309: *Oceani autem magnitude inconparabilis et intransmeabilis latitude perhibetur. [...] Philosophi autem aiunt quod post oceanum terra nulla sit, sed solo denso aere nubium contineantur mare sicut et terra subterius*. Zur antiken Vorstellung s. Holger SONNABEND, Die Grenzen der Welt. Geographische Vorstellungen der Antike, Darmstadt 2007, S. 34–50.
24 Isidor von Sevilla, Etymologiae (Anm. 1), XIII,15,2.
25 Vgl. SONNABEND (Anm. 23), S. 90–92.
26 Isidor von Sevilla, Etymologiae (Anm. 1), XIII,16,1: *Quod inde magnum appellatur quia cetera maria in conparatione eius minora sunt. Iste est et Mediterraneus, quia per mediam terram usque ad orientem perfunditur, Europam et Africam Asiamque disterminans.*

Mittelmeer in kleinere Abschnitte, die Meeresbuchten (*sinus*).[27] Ihre Abfolge beginnt er bei der Iberischen Halbinsel und folgt dem Küstenverlauf dann Richtung Osten bis zum Hellespont und dem Eingang zum Schwarzen Meer.[28] Die nordafrikanische Küste des Mittelmeers lässt Isidor hier außer Acht.[29] Auch die Abschnitte des Mittelmeers werden nach den angrenzenden Ländern oder Völkern benannt. Dies erklärt Isidor damit, dass auch das Land, obwohl es eine Masse sei, ja unterschiedlich gegliedert und benannt werde – gleiches gelte auch für das Meer.[30]

Nach dem Blick auf Ozean und Mittelmeer folgt in den ‚Etymologien' im Kapitel über Meeresbuchten (*sinus*) nur indirekt eine Aufzählung weiterer bedeutender Meere: „Buchten werden die größeren abgelegenen Orte des Meeres genannt, wie im Mittelmeer das Ionische [Meer], im Ozean das Kaspische, Indische, Persische und Arabische [Meer], welches auch Rotes Meer [genannt und] dem Ozean zugerechnet wird."[31] Auch hier folgt Isidor antiken Quellen und stellt die benannten Gewässer als Ausbuchtungen des die Erde umfließenden Ozeans dar, nicht als eigenständige Meere.

In der Beschreibung von Meeresräumen lehnten sich spätere Enzyklopädien eng an Isidors Beispiel an: Auch Honorius Augustodunensis thematisierte einzig den Ozean gesondert, während ihm das Mittelmeer nur zur Beschreibung der angrenzenden Regionen diente. Meere insgesamt wurden primär etymologisch behandelt.[32] Ähnlich verfuhren im 13. Jahrhundert auch Bartholomaeus Anglicus und Brunetto Latini.[33]

Ein ähnliches Bild ergibt der Blick auf die TO-Karten, die z. B. häufig in Handschriften von Isidors ‚Etymologien' oder seiner ‚Naturkunde' (‚De natura rerum') überliefert sind.[34] Diese zeigen ein graphisch radikal reduziertes Bild der Welt. Zwar

---

27 Vgl. dazu ebd., XII,17.
28 Ebd., XIII,16,2–4.
29 Eine Aufzählung der hier liegenden Provinzen erfolgt an späterer Stelle bei der Beschreibung Afrikas, ebd., XIV,5,2.
30 Ebd., XII,16,5: *Sicut autem terra dum una sit, pro diversis locis variis appellatur vocabulis, ita et pro regionibus hoc mare magnum diversis nominibus nuncupatur.*
31 Ebd., XII,17,1: *Sinus dicuntur maiores recessus mari, ut in mari Magno Ioniuns, in Oceano Caspius, Indicus, Persicus, Rubrum, qui et mare rubrum, qui Oceano adscribitur.*
32 Honorius Augustodunensis, Imago Mundi, hrsg. v. Valerie I. J. FLINT, in: Archives d'histoire doctrinale et littéraire du Moyen Âge 27 (1982), S. 7–151, zum Ozean S. 68 (§ 39), zu Meeren S. 70 f. (§ 51).
33 Bartholomaeus Anglicus, De rerum proprietatibus. Liber de genuinis rerum coelestium, terrestrium et inferarum proprietatibus, Frankfurt / M. 1601, ND 1964, zu Meeren (stark naturkundlich) S. 569–575 (XIII,21), speziell zum Mittelmeer S. 575–577 (XIII,22). Brunetto Latini, Tresor, hrsg. v. Pietro G. BELTRAMI u. a., Turin 2007, zum Ozean, S. 142–144 (I,105), das Mittelmeer wird nur indirekt bei der Beschreibung der Welt thematisiert, S. 186 (I,121).
34 Vgl. Jörg-Geerd ARENTZEN, Imago mundi cartographica. Studien zur Bildlichkeit mittelalterlicher Welt- und Ökumenekarten unter besonderer Berücksichtigung des Zusammenwirkens von Text und Bild (Münstersche Mittelalter-Schriften 53), München 1984, S. 108–112; VON DEN BRINCKEN, Fines terrae (Anm. 5), S. 49–54. Vgl. auch die Übersicht bei Marcel DESTOMBES (Hg.), Mappemondes A. D. 1200–1500. Catalogue préparé par la Commission des Cartes anciennes de l'Union Géographique Internationale (Monumenta Cartographica Vetustioris Aevi 1), Amsterdam 1964, S. 29–34, 54–64.

wird durch den begleitenden Text klar, dass sowohl das O als auch das T für Gewässer stehen (Mittelmeer, Nil und Don, s. dazu weiter unten), der Fokus der TO-Karten liegt jedoch auf der Darstellung der drei Erdteile. Auch komplexere *mappaemundi* wie die Ebstorfer Weltkarte (um 1300, Abb. 1) zielen ihrer Anlage nach klar auf die Darstellung von Land.[35] Ein einleitender Text am Rand der Karte weist hier knapp auf den die Erde umgebenden Ozean sowie auf das Mittelmeer hin, das die Erdteile trenne.[36] Daneben verweisen mehrere Inschriften auf spezielle Abschnitte des Ozeans und benennen diese recht rudimentär nach den Himmelsrichtungen als nördlichen,[37] östlichen[38] oder westlichen Ozean,[39] bzw. nach angrenzenden Regionen als Indischen,[40] Chinesischen[41] oder Britannischen Ozean[42]. Daneben kennt die Ebstorfer Weltkarte eine Reihe anderer Meere, darunter das Kaspische Meer,[43] das Mittelmeer,[44] das Schwarze[45] und das Rote Meer[46] – nur selten jedoch werden diese mit einem exklusiven Schriftzug benannt,[47] sondern zumeist nur in beschreibenden Legenden knapp erwähnt. Gemessen an diesen Ergebnissen scheint die Weltkarte aus Hereford (ca. 1290) Gewässer etwas konsistenter zu behandeln: Mehrere Meere werden gesondert in eigenen Inschriften und zudem mit roter Tinte hervorgehoben;[48] beim Mittelmeer und Schwarzen Meer werden zudem in weiteren (roten) Inschriften spezifische

---

35 Edition KUGLER (Anm. 12), speziell zur Datierung Bd. 2, S. 69.
36 Ebd., Bd. 1, S. 38 (5.5): *Orbis a rotunditate circuli dictus, quia est ut rota. Undique enim occeanus circumflens in circulo. Est triphariam divisus, id est in Asyam, Europam, Africam. Sola Asya medietatem orbis, due tenent alteram partem Europa et Africa, quas intersecat velut subterraneum Mediterraneum mare.*
37 Ebd., Bd. 1, S. 44 (8.2): *In occeano aquilonari*; ebd., Bd. 1, S. 72 (22.8): *Per ora oceani septentrionalis usque ad Meotides paludes per deserta multa ostenditur.*
38 Ebd., Bd. 1, S. 34 (3.1): *EOUS*; ebd., Bd. 1, S. 50 (11.4/8): *Et contra orientem fluens occeano Orientali excipitur.*
39 Ebd., Bd. 1. S. 148 (60.4): *Occidentalis occeanus in Nostrum mare irrumpens discidium orbis ita mittit.*
40 Ebd., Bd. 1, S. 38 (5.1): *INDICUS*.
41 Ebd., Bd. 1, S. 48 (10.3/7): *A Serico oceano*.
42 Ebd., Bd. 1, S. 116 (44.37/33): *Intrant Britannicum occeanum*.
43 Ebd., Bd. 1, S. 58 (15.5): *CASPIUM MARE*.
44 Ebd., Bd. 1, S. 104 (38.23): *A Mediterraneo mari*.
45 Ebd., Bd. 1, S. 88 (30.6): *EUXINUS PONTUS*.
46 Ebd., Bd. 1, S. 96 (34.8): *A Rubro mari*.
47 So z.B. das Kaspische Meer (vgl. Anm. 43), der persische (*SINUS PERSICUS*, Kugler [Anm. 12], Bd. 1, S. 82 [27.2]) und arabische Merbusen (*SINUS ARABICUS*, ebd., Bd. 1, S. 82 [27.12]) sowie der östliche (vgl. Anm. 38) und indische (vgl. Anm. 40) Ozean.
48 The Hereford Map, hrsg. v. Scott D. WESTREM (Terrarum orbis 1), Turnhout 2001, S. 405 (Nr. 1028): *Mare Medieranea*, S. 391 (Nr. 990): *Euxinum mare*, S. 71 (Nr. 146): *Mare Caspium*, S. 119 (Nr. 261): *Mare mortuum*.

Abb. 1: Ebstorfer Weltkarte, um 1300. Reproduktion auf der Basis des 1943 zerstörten Originals. Gewässer wie der die Oikumene umgebende Ozean oder das Mittelmeer werden nur stark gestaucht wiedergegeben, treten in ihrer Gliederungsfunktion jedoch deutlich hervor. Foto: https://upload.wikimedia.org/wikipedia/commons/3/39/Ebstorfer-stich2.jpg, letzter Zugriff am 11. 09. 2016.

Abschnitte benannt.[49] Andere Gewässer, darunter auch der Ozean, werden allerdings ebenfalls nur beiläufig in Legenden erwähnt.[50]

---

49 Beim Mittelmeer *Egea* (ebd., S. 395, Nr. 1001), *Mare Leonum* (S. 409, Nr. 1041), *Adriaticus sinus* (S. 403, Nr. 1025). Beim Schwarzen Meer *Cimerisum mare* (S. 391, Nr. 992), *Propontidis mare* (S. 393, Nr. 995).
50 *Occeanus* (ebd., S. 229, Nr. 556), *Occeanum Ethiopicum* (S. 375, Nr. 958), *occeanus Indicus* (S. 67, Nr. 138), *mare rubrum* (S. 57, Nr. 114; S. 81, Nr. 167; S. 125, Nr. 278); *Ethiopico mari* (S. 341, Nr. 875).

Während das Mittelmeer bei Isidor von Sevilla aus lateineuropäischer Perspektive als das „Große Meer" bezeichnet wurde, finden sich in arabischen Quellen regionale Zuschreibungen für das Mittelmeer, nämlich *baḥr al-rūm* (römisches bzw. byzantinisches Meer), *baḥr al-šām* (syrisches Meer) oder *baḥr al-maġrib* (westliches Meer). Es liegt auf der Hand, dass für die Araber, die bereits in vorislamischer Zeit auf dem Indischen Ozean Handel trieben und die während der islamischen Expansion innerhalb kürzester Zeit weite Teile der Welt erschlossen, das Mittelmeer nur eines unter anderen Meeren war; dies spiegeln historiographische, geographische und kartographische Werke wider. Auf allen Kartenwerken und in vielen geographischen und historiographischen Texten tritt eine Trias der Meere hervor: Dem Indischen Ozean (*baḥr al-ḥabašī*) werden das Kaspische Meer (*baḥr al-ḫazar*) und das Mittelmeer (*baḥr al-rūm*) zur Seite gestellt; hinzu tritt der alles umgebende Ozean, der als das umgebende Meer (*baḥr al-muḥīṭ*), das Grüne Meer (*baḥr al-aḫḍar*) oder das dunkle Meer (*baḥr al-muẓlim*) bezeichnet wird. Erst viel später wird auf den Weltkarten das Schwarze Meer (*baḥr al-buntus*) aufgenommen; es gehörte zum byzantinischen Herrschaftsgebiet und blieb den Arabern daher lange nur schwer zugänglich. Dem Mittelmeer wurde in allen hier vorzustellenden historiographischen und kartographischen Weltdarstellungen Beachtung geschenkt, doch stand es nicht immer im Zentrum der kartographischen und historiographischen Weltentwürfe, insbesondere nicht in den Werken der Bagdader Kartographenschule, sondern wurde meistens den anderen Meeren in Größe und Detailliertheit nachgeordnet.

Die Weltkarte des Bagdader Balḫī-Kartographen al-Istakhri (gest. 951, Abb. 2) führt diese Größenverhältnisse exemplarisch vor Augen. Der Indische Ozean dominiert die Landkarte, während das Mittelmeer und der umgebende Ozean Europa zur kleinen Insel am westlichen Rand der Karte werden lassen.[51]

Diesem kartographischen Weltentwurf aus Bagdad sind die Beschreibungen der Meere durch den Bagdader Historiographen, Geographen und Reisenden al-Masʿūdī (896–965) zur Seite zu stellen. Al-Masʿūdīs universalhistorisches Werk enthält neben der Geschichte islamischer und nichtislamischer Dynastien und Völker ausführliche Kapitel über Meere, Flüsse und Seen – allerdings ohne Karten.[52] Bereits die Folge der Anordnung der Meere in dieser Darstellung ist sprechend: al-Masʿūdī setzt mit dem Indischen Ozean ein, den er, wie auch das Mittelmeer und das Kaspische Meer, nach eigenen Angaben selbst bereiste. Seine Quellen sind vielfältig: al-Masʿūdī zog antike Autoren (etwa Ptolemaios, dessen ‚Geographie' und ‚Almagest' bereits im 9. Jahrhundert in arabischer Sprache zugänglich waren) sowie Texte muslimischer Historiographen (so die Karten der Ma'mūn-Geographie), Theologen, Geographen und Philosophen heran; er befragte erfahrene Seeleute und wog die verschiedenen schriftlichen

---

51 Vgl. Andreas KAPLONY, Ist Europa eine Insel? Europa auf der rechteckigen Weltkarte des arabischen ‚Book of Curiosities', in: BAUMGÄRTNER u. KUGLER (Anm. 5), S. 143–156.
52 Al-Masʿūdī (Anm. 14), v. a. Kap. 10–14.

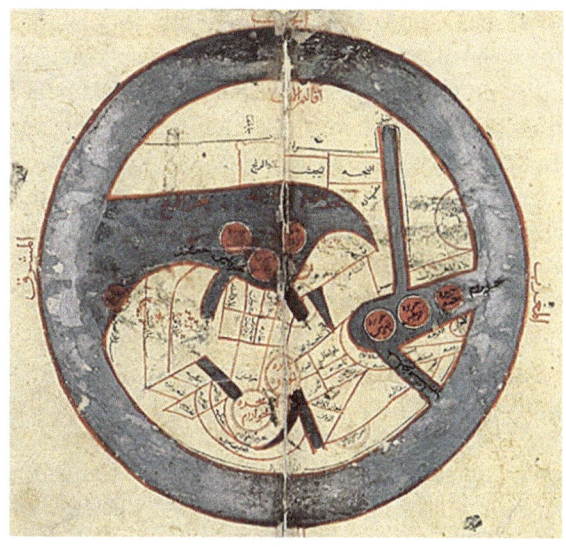

Abb. 2: Gesüdete Weltkarte des Balḫī-Kartographen al-Istakhri mit Abbildung des umgebenden Ozeans, des Indischen Ozeans, Mittelmeers, Kaspischen Meers, des Nils und Aralsees. Oxford, Bodleian Library, MS Ouseley 373, fol. 3b–4a. Foto: Oxford, Bodleian Library.

und mündlichen Informationen gegeneinander ab.[53] Das Mittelmeerkapitel selbst beginnt mit einer geographischen Konturierung: Küstenverläufe werden in ihrer Länge, Städte und Flüsse an der nordafrikanischen, byzantinischen und levantinischen Küste benannt, dazu mediterrane Inseln wie Kreta und Sizilien. Al-Masʿūdīs Meereskapitel vermittelt den Eindruck, dass Meere und Ozeane um die Mitte des 10. Jahrhunderts in arabischen Weltentwürfen fest verankert waren. Basierend auf Gelehrtenberechnungen von Astronomen und Geographen, Vermessungen, empirisch erworbenen Informationen auf Reisen sowie der Rezeption antiken, jüdischen, christlichen und indischen Wissens wird eine Perspektive auf die Welt entworfen, die eine Trennung von Ost und West nicht kennt, sondern ihre Zusammengehörigkeit betont. In diesem Zusammenhang erhalten die einzelnen Meere eine unterschiedliche Gewichtung. Das Mittelmeer ist in diesem arabischen Weltentwurf wichtig, aber keineswegs zentral.

2.3 Maritim-terrestrische Relationen

Jenseits des Blicks auf einzelne Gewässer stellen lateinisch-christliche Enzyklopädien Gewässer als zusammenhängendes System dar: Ozean und Meere galten als verbunden, beziehungsweise man stellte sich vor, dass das Wasser des Ozeans in der Form von Meeren in das Innere der bewohnten Welt floss.[54] Bartholomaeus Angli-

---

53 Zu den Quellen Masʿūdīs vgl. KHALIDI (Anm. 14).
54 Vgl. Isidor von Sevilla, Etymologiae (Anm.1), XIII,15,1 u. XIII,16,1. Ähnlich: Brunetto Latini (Anm. 33), S. 186 (I,121,1). Auch diese Annahme beruhte auf antiken Vorstellungen, s. Daniela DUECK,

cus beschrieb die Gewässer gar als Kreislauf und sah die Meere sowohl als Ursprung (*caput*) als auch als Endpunkt (*hospitium*) aller Flüsse und als Quelle allen Regens.⁵⁵

Die Vorstellung von miteinander verknüpften Gewässern beruhte naturkundlich auf ihrer gemeinsamen elementaren Grundlage, dem Wasser. Ein solches Netz von Gewässern lässt sich auf Weltkarten nur schwer darstellen. Vielmehr spielen Meere hier nur eine untergeordnete Rolle: Um dem Land und den Inschriften mehr Raum zu geben, wird etwa das Mittelmeer stark gestaucht abgebildet (vgl. Abb. 1). Den so häufig eher filigran dargestellten Gewässern dürfte hier das Bild Honorius Augustodunensis entsprechen, nach dem die Wasserströme die bewohnbare Welt durchfließen würden, „wie Venen den Körper durchziehen".⁵⁶

Arabische Autoren dagegen gingen nicht ohne weiteres von einer Verbindung verschiedener Meere aus. In seiner Universalchronik diskutiert al-Masʿūdī ausführlich, ob das Schwarze Meer und das Kaspische Meer miteinander verbunden seien.⁵⁷ Solche Überlegungen zeigen jedoch zugleich den stärker auf reale geographische Gegebenheiten fokussierten Blick der arabischen Gelehrten, denn es ging Masʿūdī durchaus auch um die Frage des Handels bzw. der Auslotung möglicher Handelswege.

Ähnliche Interessen verfolgten auch die eingangs angesprochenen Karten italienischer oder katalanischer Kartographen ab dem 14. Jahrhundert. Da diese sich ebenfalls stärker an empirischen Erfahrungen und physikalischen Messungen orientierten, führte dies bei der globalen Darstellung von Wasser und Land zu einer Neustrukturierung.⁵⁸ Ein frühes Beispiel sind die Weltkarten, die der in Venedig tätige Kartograph Pietro Vesconte um 1320 für den Kreuzzugstraktat Marino Sanudos („Liber secretorum fidelium crucis') anfertigte (Abb. 3):⁵⁹ Neun der 19 erhaltenen Handschriften enthal-

---

Geographie in der antiken Welt. Mit einem Kapitel von Kai Brodersen, Darmstadt 2013, S. 17. Vgl. zudem auch LEWIS (Anm. 10), S. 189.
55 Bartholomaeus Anglicus (Anm. 33), S. 570 (XIII,21): *Est autem mare caput & hospitium fluuiorum, fons imbrium, quo sibi discrepantes populi copulantur, subsidium in necessitatibus, refugium in periculis, itineris compendium, laborantis lucrum.* Ähnlich Brunetto Latini (Anm. 33), S. 142 (I,105,1): *Sus la terre, de cui li contes a tenu lonc parlement, est assise l'eue, c'est la mer greignor, qui est apelee la mer Occeane, de cui tout l'autre mer et braz de mer et fluves et fonteines qui sont parmi la terre issent et nais[s]ent premierement, et la meesmes retornent a la fin.*
56 Honorius Augustodunensis (Anm. 32), S. 51 (I,5): *Interius meatibus aquarum ut corpus venis sanguinis penetratur, quibus ariditas ipsius ubique irrigatur. Unde ubicumque terre infoditur aqua reperitur.* Winfried NÖTH, Medieval Maps. Hybrid Ideographic and Geographic Sign Systems, in: BAUMGÄRTNER u. STERCKEN (Anm. 6), S. 335–353, hier S. 335 wies darauf hin, dass die Flüsse auf der Ebstorfer Weltkarte in der Tat als Venen des Körpers Christi gesehen werden können, der als die Welt umfassend dargestellt ist.
57 Al-Masʿūdī (Anm. 14), Kap. 14, S. 282.
58 Vgl. dazu EDSON (Anm. 5), S. 15–18; David WOODWARD, Medieval *Mappaemundi*, in: HARLEY u. WOODWARD (Anm. 11), S. 314–318.
59 Vgl. dazu Evelyn EDSON, Reviving the Crusade. Sanudo's Schemes and Vesconte's Maps, in: Rosamund ALLEN (Hg.), Eastward Bound. Travel and Travellers, 1050–1550, Manchester, New York 2004, S. 131–155; SCHRÖDER (Anm. 6), v. a. S. 324–331. Edition des Traktats: Marino Sanudo, Liber secreto-

Abb. 3: Geostete Weltkarte Pietro Vescontes aus dem ‚Liber secretorum fidelium crucis' des Marino Sanudo, 1321. London, British Library, MS Add. 27376, fol. 187v–188r. Foto: London, British Library.

ten ein Kartenprogramm, darunter eine Weltkarte sowie mehrere Regional- und Stadtkarten. Auf der Weltkarte blieb der die Oikumene umgebende Ozean als schmale ringförmige Umfassung erhalten; dezidiert neu war jedoch die Darstellung des Kaspischen Meeres als Binnenmeer[60] (als solches wurde es auf arabischen Karten bereits im 10. Jahrhundert dargestellt) sowie das Auftreten des Indischen Ozeans, der sich als breiter Golf zwischen Asien und Afrika schob.[61] Benannt ist dieses Gewässer auf der Karte jedoch nicht.[62]

---

rum fidelium crucis super Terræ Sanctæ recuperatione et conservatione, hrsg. v. Joshua Prawer, Jerusalem 1972.
60 Diese geographische Beobachtung ist zuerst überliefert bei Wilhelm von Rubruk, Itinerarium, hrsg. v. Anastasius van den Wyngaert, (Sinica Franciscana 1: Itinera et relationes Fratrum Minorum saeculi XIII et XIV), Quaracchi-Florenz 1929, S. 145–332, hier S. 211 (XVIII,5). Auf den Karten Pietro Vescontes ist das Kaspische Meer zudem zweifach verzeichnet, als *Mare caspis* bzw. *mare caspium*; s. Konrad Miller (Hg.), Mappae mundi. Die ältesten Weltkarten, 6 Bde., Stuttgart 1895–1898, Bd. 3, S. 135. Vgl. dazu auch Edson (Anm. 59), S. 138 f.; Schröder (Anm. 6), S. 330 f.
61 S. dazu Anm. 9.
62 Pietro Vesconte benannte generell kaum Gewässer; Ausnahmen sind das zweifach dargestellte Kaspische Meer, das Rote und das Schwarze Meer sowie der *oceanus sarmaticus*; vgl. Miller (Anm. 60), Bd. 3, S. 132–146; O'Doherty (Anm. 9), S. 44.

Um 1450 entstanden dann weitere durch nautisches Wissen beeinflusste Karten. Die sogenannte ‚Katalanische Weltkarte' (um 1450/1460) zum Beispiel präsentiert eindrucksvoll den Stand des Wissens zur Mitte des 15. Jahrhunderts: Die Westküste Afrikas wird sehr präzise dargestellt und mit zahlreichen Hafenstädten versehen, Aden als wichtiger Handelshafen benannt und das *mar de les indies* als reich an Gewürzen, Handelsschiffen und Sirenen beschrieben.[63] Jacques LE GOFF wies emphatisch darauf hin, dass die Darstellung des Indischen Ozeans weit entfernt von jeglicher Präzision sei.[64] Dies ist zweifellos richtig, verdeckt aber den Umstand, dass das Interesse, Gewässern überhaupt flächenmäßig Platz auf Weltkarten einzuräumen, neu war. Detailliert auf den Indischen Ozean geht die Karte Fra Mauros (1459) ein. Eine eingehende Analyse würde den Umfang dieses Aufsatzes sprengen, aber schon auf den ersten Blick wird deutlich, dass Fra Mauro dem Indischen Ozean viel Raum und zahlreiche Inschriften widmete. Dabei betonte er, dass Afrika im Süden umschiffbar und das Indische Meer vom Ozean aus zugänglich sei[65] – also das Gegenteil dessen, was das in Europa erst seit Beginn des 15. Jahrhunderts viel rezipierte geographische Werk des Ptolemaios (es war den arabischen Kartographen bereits im 9. Jahrhundert zugänglich) behauptete, der den Indischen Ozean als von einer Landmasse umschlossen beschrieb. Aus der Perspektive von Händlern war diese Konnektivität der Meere von zentraler Bedeutung. Gleichzeitig zeigen Karten wie die ‚Katalanische Weltkarte' oder die Fra Mauros, wie katalanische und italienische Kartographen gezielt auf aktuelles und ihnen lokal verfügbares nautisches Wissen zurückgriffen – und dies nicht nur für nautische Spezialkarten (wie Portolane), sondern auch für Weltkarten.

Während die Karten Fra Mauros und Pietro Vescontes das im 14. Jahrhundert entstehende Interesse am Indischen Ozean widerspiegeln, ist dieser bereits im 10. Jahrhundert auf den Karten der Balḫī-Kartographen stets abgebildet. Wie die Karte des al-Istakhri (Abb. 2) zeigt, ist er das dominante Meer im Vergleich zu den anderen Meeresräumen. Auf bestimmten arabischen Karten des 10. und 11. Jahrhunderts ist jedoch auch, je nach Standort ihrer Verfasser, eine Umgewichtung der Interessenssphären von Osten nach West auf den Mittelmeerraum festzustellen: Diese Verschiebung des kartographischen Schwerpunkts lässt sich exemplarisch an den Werken des Kartographen Ibn Ḥauqal und des anonymen Autors des ‚Buchs der Kuriositäten' zeigen. Der Indische Ozean gehört zwar weiterhin fest zu der Dreiheit der Meere, die die arabischen Kartographen auf Weltkarten verzeichneten. Im ‚Buch der Kuriositäten' erhielt der Indische Ozean neben dem Mittelmeer und dem Kaspischen Meer

---

[63] Il Mappamondo Catalano Estense. Die Katalanische Estense-Weltkarte, hrsg. v. Ernesto MILANO u. Annalisa BATTINI, Zürich 1995: S. 175–179, Tafel 3, Nr. 314, 347, 369 und öfter (Westküste Afrikas), S. 184, Tafel 4, Nr. F (Aden), S. 191, Tafel 6, Nr. A (*mar de les indies*).
[64] LE GOFF (Anm. 9), S. 269 f.
[65] Fra Mauro's World Map. With a Commentary and Translations of the Incriptions, hrsg. v. Piero FALCHETTA (Terrarum orbis 5), Turnhout 2006, S. 179 (Nr. 19), 193 (Nr. 53), 211–213 (Nr. 149).

sogar eine eigene Regionalkarte.⁶⁶ An den Küsten werden Berge, Ortschaften und bestimmte Länder, wie etwa das der Zanj, verzeichnet; inmitten des Ozeans befinden sich namentlich benannte Inseln, z. B. Sansibar. Der anonyme Autor des ‚Buchs der Kuriositäten' bildet auch mehrere Inselkarten (wie Sizilien), eine Karte der nordafrikanischen Stadt al-Mahdiyya sowie eine Mittelmeerkarte ab. Letztere übermittelt im Vergleich zum Indischen Ozean allerdings ungleich differenziertere Informationen zu den Küstenstädten, Häfen und Inseln des Mediterraneums.⁶⁷

Je nach historischen Bedingungen wie Herrschaftsverhältnissen und Dynastien schwankten die Akzentuierungen der Karten und Beschreibungen sowie die räumlichen Fokussierungen der Kartographen insgesamt. Der Autor des ‚Buchs der Kuriositäten', der aller Wahrscheinlichkeit aus Ägypten stammte und dem fatimidischen Kalifat⁶⁸ nahestand, maß dem Mittelmeer erhöhte Bedeutung gegenüber anderen Weltmeeren zu.

Auch im Fall Ibn Ḥauqals ist eine Nähe zum nordafrikanischen fatimidischen Kalifat wahrscheinlich. Es ist davon auszugehen, dass er schiitischer Ismailit war, ja möglicherweise sogar als Missionar reiste; jedenfalls gehörte er der Glaubensrichtung des Fatimidenkalifats (909–1171) an, das in religiöser und politischer Hinsicht mit dem Bagdader Abbasidenkalifat konkurrierte. Als Kartograph zählt Ibn Ḥauqal zwar zur Balḫī-Schule,⁶⁹ indem er deren abstrakte und lineare Darstellungsverfahren verwendete. Im Unterschied zum eher östlich orientierten Fokus dieser Kartographenschule verlagerte er seiner Nähe zum fatimidischen Kalifat entsprechend jedoch den geographischen Fokus nach Westen auf das Mediterraneum. Sein Werk enthält eine Weltkarte sowie 21 Regionalbeschreibungen und -karten, die auf die islamischen Länder konzentriert sind. Auf der Weltkarte (Abb. 4) nehmen die Meere, die nicht beschriftet sind, den größten Teil ein, auch wenn sie im Verhältnis zum Land kleiner wirken. Mittelmeer und „Persisches Meer" (*baḥr al-fars*) sind mit dem „umgebenden Ozean" (*baḥr al muḥīṭ*) verbunden.

Drei Regionalkarten und Kapitel Ibn Ḥauqals befassen sich mit Meeren. An erster Stelle steht das Persische Meer, d. h. der Indische Ozean. Darauf folgen jedoch nicht die Küstengebiete und Länder um das Persische Meer, wie es aus der Perspektive des Bagdader Kalifats nahegelegen wäre. Ibn Ḥauqal wendet sich stattdessen der Beschreibung der islamischen Mittelmeergebiete zu. Damit wird eine deutliche Schwerpunktverlagerung auf den Mittelmeerraum vollzogen, d. h. von Osten nach

---

66 Regionalkarte des Indischen Ozeans, Book of Curiosities, Oxford, Bodleian Library, MS Arab. c. 90, fol. 29b–30a, http://cosmos.bodley.ox.ac.uk/hms/mss_browse.php?reset=1&state=main&act=chunit&unit=8&expand=732,803 (letzter Zugriff am 06. 07. 2016).
67 Book of Curiosities, Oxford, Bodleian Library, MS Arab. c. 90, fol. 30b–31a, http://cosmos.bodley.ox.ac.uk/hms/mss_browse.php?reset=1&state=main&act=chunit&unit=11&expand=732,803 (letzter Zugriff am 06. 07. 2016).
68 Vgl. Heinz HALM, Das Reich des Mahdi. Der Aufstieg der Fatimiden (875–973), München 1991.
69 Vgl. TIBBETTS (Anm. 18), S. 108–136.

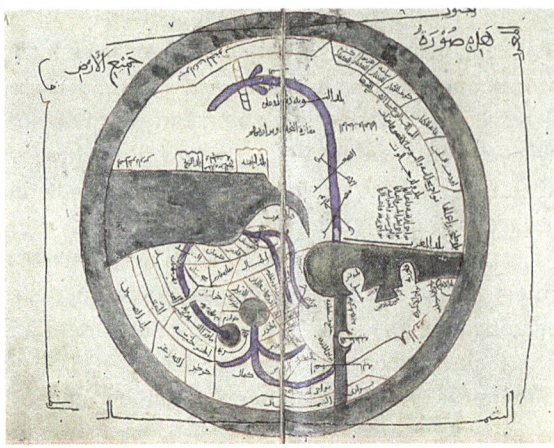

Abb. 4: Weltkarte Ibn Ḥauqal, Kopie von 1445. Istanbul, Topkapı Serayı Müzesi, A. 3346. Foto: Istanbul, Topkapı Serayı Müzesi.

Westen. Das entspricht den imperialen Akzentsetzungen des nordafrikanischen Fatimidenkalifats.

Ibn Ḥauqals Karten bieten keine realitätsgetreue Abbildung, sondern ein Umrissschema, das gefällig, fasslich und memorierbar ist. Meeresräume werden zwar in Karten und Texten speziell bedacht, aber nicht in ihrer Eigenart gegenüber terrestrischen Räumen behandelt. Seewege werden nicht verzeichnet (in Texten allerdings gelegentlich erwähnt), obwohl die Verzeichnung von Routen und Wegen als Charakteristikum der Balḫī-Schule gelten kann; akzentuiert wird eindeutig das Land.

3 Die kosmographische Bedeutung der Meere

Das Weltbild, das lateinische Enzyklopädien im Laufe des Mittelalters vermittelten, blieb weitgehend stabil. Die recht statischen Aufzählungen von Meeren und Meeresbuchten treffen jedoch aus lateinisch-christlicher Sicht noch nicht den Kern der kosmographischen Bedeutung von Gewässern – dieser wird erst mit Blick auf die Funktion von Meeren und Flüssen in Bezug auf das Land, genauer gesagt: die drei Erdteile, deutlich. Hier stimmen die Enzyklopädisten überein: Während der als unüberwindbar stilisierte Ozean die Oikumene umfasste, wurden auch die drei Erdteile durch Gewässer getrennt und definiert. Europa erstreckte sich vom Ozean im Westen zum Don im Osten, im Mittelalter *Tanais* genannt, der Grenze zu Asien. Im Süden trennte das Mittelmeer Europa und Afrika. Der Bosporus trennte Asien und Europa, während der Nil Asien von Afrika abgrenzte.[70] Die Grenzen der drei Erdteile können als geographisches Grundwissen des Mittelalters angesehen werden und wurden in Traktaten

---

[70] Klaus Oschema, Bilder von Europa im Mittelalter (Mittelalter-Forschungen 43), Ostfildern 2013, S. 109–111, 209–218, mit entsprechenden Quellenverweisen.

und Enzyklopädien immer wieder aufgelistet und wiederholt. Mitunter finden sie sich sogar auf den graphisch stark reduzierten TO-Karten als eine der wenigen Inschriften. Zusammen mit den Namen der Erdteile und den Himmelsrichtungen schienen diese Gewässer zu den wichtigsten geographischen Informationen zu gehören.

Der Trias der Erdteile im lateinischen Westen vergleichbar tritt die Dreiheit der Meere in der arabischen Kartographie als ‚Grundwissen' zur Seite. Für christliche TO-Karten wie Weltkarten der arabischen Balḫī-Schule aus Bagdad sind abstrakte Darstellungsformen charakteristisch; anders als christliche Weltkarten, die stark religiös geprägt waren und Meeresräume nicht immer konsequent benannten, waren arabische Karten frei von religiöser Zentrierung und beschrifteten maritime Räume stets: Mit Namen versehen wurden Flüsse, Seen und Inseln, Meere und Länder.[71] Obwohl religiöse islamische Quellen, d. h. Koran und Hadith, ein eher meeresskeptisches Bild entwerfen und frühe Kalifen die Seefahrt sogar verboten,[72] maßen arabische Kartographen Meeren bereits im 10. Jahrhundert eine hohe Bedeutung zu. Sie zeigen zum Teil ein hohes Interesse an maritimen Räumen, an Häfen, in begleitenden Texten manchmal sogar an Seerouten.

4 Zusammenfassung

Das Weltbild lateinisch-christlicher und arabischer Gelehrter ähnelte sich grundsätzlich: Man stellte sich die Erde als von einem unüberwindlichen Ozean umgeben vor, man thematisierte und kartographierte sowohl das Land als auch die Meere. In Beschreibungen ging man häufig regional vor, d. h. gliederte größere Gewässer wie das Mittelmeer oder den Ozean in kleinere Abschnitte, die man nach dem benachbarten Land benannte. Kartographische Darstellungen nahmen die Welt global in den Blick, wobei sich die arabische Kartographie gegenüber der christlichen durch stärkere Abstraktion und (mit Ausnahme der TO-Karten) reduziertere Beschriftung auszeichnete.

Im Blick auf die Darstellung der Meere spiegeln arabische Weltkarten schon früh die globale Perspektive der Araber wider, die bereits in vorislamischer Zeit Handel auf dem Indischen Ozean trieben und im Zuge der islamischen Expansion rasch Mittelmeer und Kaspisches Meer erreichten. Die arabischen Kartographen waren an der Pluralität der Meere interessiert, ohne jedoch immer praxisnah und anwendungsbe-

---

[71] Arabische Weltkarten, etwa aus dem ‚Buch der Kuriositäten', enthielten jedoch aus religiösen Gründen keine figürlichen Abbildungen, wie es auf lateinisch-christlichen Weltkarten des Hochmittelalters üblich war (vgl. etwa die Hereford-Weltkarte).
[72] Vgl. etwa die meeresskeptischen Koransuren 10,22 und 24,40 sowie die Überlieferungen von dem Verbot der Seefahrt durch den zweiten Kalifen ʿUmar (634–644). Vgl. dazu auch Albrecht FUESS, Verbranntes Ufer. Auswirkungen mamlukischer Seepolitik auf Beirut und die syro-palästinensische Küste 1250–1517 (Islamic History and Civilization 39), Leiden 2001.

zogen zu sein. Im Gefüge der Meere kam dem Mittelmeer daher kaum eine besondere Bedeutung zu, ja es stand mitunter hinter dem Indischen Ozean zurück. Auf christlicher Seite dagegen war das Mittelmeer zentral, eben „weil es sich mitten über die Erde [...] ergießt"[73], wie Isidor festhielt. Entsprechend wurde ihm in geographischen Beschreibungen, auf TO-Karten und auf traditionellen *mappaemundi* besondere Bedeutung beigemessen. Diese Bedeutung lässt sich auch dadurch fassen, dass das Mittelmeer der Überlieferung gemäß die Erdteile Europa und Afrika voneinander trennte, und ihm damit über die reine Geographie hinaus kulturelle und historische Relevanz zugeschrieben wurde. Während Meeresräume in arabischer Perspektive vor allem in ihrer praktischen Nutzbarkeit thematisiert wurden, war die lateinisch-christliche Sicht bis ins 13. Jahrhundert primär durch abstrakt-geographische Überlegungen geprägt, jedoch stark auf das Mittelmeer fixiert.

Neben antiken Quellen wurde in der arabischen kartographischen Tradition bereits früh Erfahrungswissen einbezogen. Arabische Gelehrte profitierten von empirisch gewonnenen Informationen muslimischer Geographen und Reisender über Gewässer, die in ihre Darstellungen einflossen und über Jahrhunderte hinweg zitiert wurden. Solche empirischen Erfahrungen sind auf lateinisch-christlichen Karten ab dem 14. Jahrhundert nachweisbar: Sowohl Portolane als auch Weltkarten griffen dezidiert auf nautisches Wissen zurück, um bei der Darstellung von Küstenlinien eine höhere Präzision zu erreichen – die gar nicht das Ziel traditioneller *mappaemundi* war. Im Falle des Kartographen Pietro Vesconte lässt sich sogar nachweisen, dass er für seine Werke gezielt arabische Quellen nutzte, um etwa den Indischen Ozean darstellen zu können. Der Blick lateinisch-christlicher Kartographen auf die Welt wurde globaler und es wurde die Konnektivität der Meeresräume betont. Damit fand die europäische Kartographie Anschluss an arabische Wissenstraditionen, die bereits in der Bagdader Kartographenschule sichtbar waren. Veränderungen traten hier dagegen mit einzelnen Kartographen seit dem 10. Jahrhundert auf, die je nach religiösen und politischen Zugehörigkeiten und Interessensphären jenseits ihrer kartographischen Schule Größenordnungen und Schwerpunkte in ihren Darstellungen verschoben: So maß etwa Ibn Ḥauqal durch seine religiöse Nähe zum Fatimidenkalifat dem Mittelmeer vor allem in Regionalkarten und begleitenden Texten eine deutlich höhere Bedeutung zu, als dies die anderen Bagdader Kartographen taten. Zeitlich versetzt war auch die Rezeption spezifischer Werke antiker Geographie: Während etwa die Schriften des Ptolemaios den arabischen Kartographen bereits im 10. Jahrhundert bekannt wurden, wurde etwa seine ‚Geographia' erst 1410 ins Lateinische übersetzt.[74]

---

[73] Isidor von Sevilla, Etymologiae (Anm. 1), XIII,16,1: *Iste est et Mediterraneus, quia per mediam terram usque ad orientem perfunditur.*
[74] Vgl. VON DEN BRINCKEN, Fines terrae (Anm. 5), S. 140 f.

Die Darstellung von Gewässern oszilliert sowohl in der christlichen als auch der arabischen Kosmographie zwischen Tradition und Empirie, zwischen Abstraktion und Präzision. Bei all diesen feinen Unterschieden ähnelt sich jedoch das hydrographische Weltbild beider Traditionen grundsätzlich, vor allem durch die antike Prägung. Man ging von einer Welt aus, deren bewohnbares Land vom Ozean umgeben und von Meeren gegliedert war.

Laury Sarti (Berlin)
Totius terrae circulum oceani limbo circumseptum. Das Meer aus der Perspektive gotischer und langobardischer Historiographen*

Abstract: In Antiquity, the Mediterranean Sea lay in the centre of the civilised world. It was an essential route of travel and transportation, connecting all major regions of the Greco-Roman world. This situation changed in the late fifth century, when the collapse of the Roman Empire in the West stimulated an ongoing process of regionalisation. With the Arab expansion in the seventh century, core Mediterranean regions of the ancient Empire became occupied by an enemy people, leading Henri PIRENNE to assume that it was this event that brought about the end of the ancient Roman world. This paper focuses on these changes in the Mediterranean region, drawing on the testimonies of Jordanes, Paul the Deacon and Liutprand of Cremona. It analyses the terminology used to refer to the sea to retrace contemporary knowledge and perceptions of the wide Ocean and the smaller seas, including the Mediterranean. The paper also discusses contemporary perceptions of the sea and its significance. The evidence points to a gradual estrangement from the sea and growing sense that it represented a threat, ideas that emerged concurrently with a process of regionalisation which is also perceptible in the maritime world, for instance in the lack of a proper name for the Mediterranean as a whole. Scattered indications confirm that the sea was increasingly perceived as a fearsome entity.

Keywords: Mittelmeer, Ozean, Italien, Vorstellungen, Regionalisierung

1 Einleitung

Die Bedeutung des Meeres in der Welt der griechischen Antike unterstrich Platon eindrücklich, als er seinem Lehrer Sokrates die Worte in den Mund legte, dass „[w]ir, die wir zwischen den Säulen des Herakles und dem Fluss Phasis leben, [...] einen kleinen Teil der Erde, wie Ameisen oder Frösche um einen Teich [bewohnen]".[1] Obwohl die römische Zivilisation weit über den mediterranen Raum hinausreichte, behielt Platons Darstellung des Meeres als Mittelpunkt bis in die Zeit des *Imperium*

---
* Ich danke Dr. Christoph Mauntel herzlich für die Einladung zur Vortragssitzung „Bounded by Waters. The Significance of Rivers and Seas for Medieval World Orders" und für die Durchsicht dieses Beitrages. Bei Frau Pia Bockius bedanke ich mich sehr für das Korrekturlesen.
1 Platon, Phaidon 109 a–b, zitiert nach Michael SOMMER, Wie Frösche um einen Teich. Güteraustausch in der klassischen Mittelmeerwelt, in: Robert BOHN (Hg.), Fernhandel in Antike und Mittelalter (Damals. Sonderband), Darmstadt 2008, S. 25–42, hier S. 25.

Romanum ihre Gültigkeit. Noch um das Jahr 400 n. Chr. fand das römisch-zivilisierte Leben mehrheitlich um das Mittelmeer herum statt, das die Zeitgenossen *mare nostrum* nannten.[2] Doch mit dem Ende des Imperiums und der zunehmenden Zersplitterung der ehemals römischen Territorien entstanden im Westen erstmals auch abseits dieses Raumes bedeutende politische und kulturelle Zentren. Spätestens seit der muslimischen Expansion im 7. Jahrhundert konnte das Mittelmeer nicht mehr als römisches Binnenmeer betrachtet werden, ein Umstand, der den belgischen Historiker Henri PIRENNE im frühen 20. Jahrhundert mitunter dazu bewegt hatte, die Erklärung für das Ende der antiken Welt im Vordringen des Islams zu suchen.[3]

Dieser Teil von PIRENNES These ist seither zurecht in Frage gestellt worden.[4] Dies betrifft nicht seine Beobachtung, dass das Mittelmeer nach der arabischen Expansion aufgehört hatte, ein verbindendes Binnengewässer inmitten der Territorien eines Großreiches zu sein. Die vorliegende Untersuchung möchte sich vor diesem Hintergrund den Fragen widmen, welche Vorstellungen vom Meer für den nachrömerzeitlichen Westen erfasst werden können und inwiefern sich das Ende der politischen Einheit der Mittelmeerküsten in der zeitgenössischen Wahrnehmung niederschlug. Da im Rahmen dieses Beitrages keine umfassende Behandlung zu diesem Thema vorgelegt werden kann, soll Italien im Zentrum der Untersuchung stehen, ein Gebiet, das durch seine geographische Lage und Beschaffenheit merklich durch das Meer geprägt ist. Die Studie wird beispielhaft anhand von drei Autoren durchgeführt, die mit Blick auf diese Halbinsel geschrieben und sich in ihren historiographischen Arbeiten wohl auch aus diesem Grund immer wieder mit dem Meer beschäftigt haben: Jordanes in seiner ‚De origine actibusque Getarum' (‚Getica') in der Mitte des 6. Jahrhunderts, Paulus Diaconus in seiner ‚Historia Langobardorum' im späten 8. Jahrhundert und Liutprand von Cremona in seinem ‚Liber antapodoseos' sowie seiner ‚Legatio' im zweiten Drittel des 10. Jahrhunderts. Da diese Autoren jeweils im Abstand von rund zwei Jahrhunderten schrieben, ermöglicht die Analyse ihrer Arbeiten auch eine vorläufige Einschätzung möglicher zeitlicher Tendenzen. Keiner dieser Autoren wurde bisher eigens mit Blick auf ihre Darstellung des Meeres untersucht.[5] Im Folgenden wird in einem ersten Schritt auf die in diesen Texten enthaltene Konzeption und Terminologie des Meeres eingegangen, um anschließend die Beziehung zwischen Mensch und Meer zu beleuchten.

---

2 So z. B. Plinius, Naturalis historia 6,47, hrsg. v. Karl-Friedrich T. MAYHOFF, Leipzig 1906.
3 Henri PIRENNE, Mahomet et Charlemagne, Paris 1937.
4 Vgl. die Zusammenfassung in Carl August LÜCKERATH, Die Diskussion über die Pirenne-These, in: Jürgen ELVERT u. Susanne KRAUSS (Hgg.), Historische Debatten und Kontroversen im 19. und 20. Jahrhundert, Stuttgart 2003, S. 55–69.
5 Mit der Ausnahme knapper Diskussionen wie in Patrick G. DALCHÉ, Comment penser l'Océan? Modes de connaissances des fines orbis terrarum du nord-ouest (de l'Antiquité au XIIIe siècle), in: Actes des congrès de la Société des historiens médiévistes de l'enseignement supérieur public 17 (1986), S. 217–233, hier S. 225–226.

2 Der Ozean und die (Binnen)Meere

Von den drei genannten Autoren hat sich Jordanes am intensivsten mit dem Meer beschäftigt. Wie bedeutsam dieses aus seiner Sicht war, lässt sich aus der Einleitung seiner ‚Getica' ableiten, einer eigenständigen Zusammenfassung der heute verlorenen zwölfbändigen Gotengeschichte des Cassiodor, die Jordanes vermutlich in Konstantinopel verfasste.[6] Seine Darstellung beginnt er mit einer Metapher: Obwohl er es vorzöge, mit seinem kleinen Boot eine friedliche Küste entlang zu gleiten, um kleine Fische aus den Seen der Vorfahren zu fangen, sei er nun gebeten worden, auf hohe See zu fahren.[7]

Mit Rekurs auf Orosius beginnt er seine Darstellung, indem er die ihm bekannte Welt umreißt: er nennt die drei Teile des Erdkreises (*orbis terrarum*) Asien, Europa und Afrika, und verweist dabei auf Autoren, die sich bereits vor ihm mit deren Geographie beschäftigt haben.[8] Wie auch in seiner ‚Historia Romana' unterstreicht Jordanes dabei in seiner ‚Gotengeschichte', dass alle Erdteile von einem einzigen Ozeangürtel umringt seien.[9] Was jenseits dieses alles umfassenden Ozeans sei, habe noch niemand beschreiben können, da es gänzlich unmöglich wäre, diese Orte zu erreichen.[10] Er fügt hinzu, der bekannte Teil dieses Ozeans, jener der die Küsten wie ein Gürtel umschließe, würde „Kreis der Welt" (*totius mundi circulum*) genannt.[11] Die Küsten am inneren Rand des Ozeans seien bewohnt, wie auch manche der äußeren Inseln, von denen Jordanes einige namentlich nennt und situiert, darunter die große Insel Taprobane im Indischen Ozean.[12] Nennenswert ist die von ihm vorgeschla-

---

6 Jordanes, Getica, hrsg. v. Theodor MOMMSEN (MGH Auctores antiquissimi 5,1), Berlin 1882, S. 53–138, 1,1. Zu Jordanes s. Walter A. GOFFART, The Narrators of Barbarian History (A. D. 550–800). Jordanes, Gregory of Tours, Bede, and Paul the Deacon, Princeton 1988, S. 20–111; Johann WEISSENSTEINER, Cassiodor – Jordanes als Geschichtsschreiber, in: Anton SCHARER u. Georg SCHEIBELREITER (Hgg.), Historiographie im frühen Mittelalter (Veröffentlichungen des Instituts für Österreichische Geschichtsforschung 32), Wien 1994, S. 308–325; Ian N. WOOD, Cassiodorus, Jordanes and the History of the Goths, in: Historisk Tidsskrift 103 (2003), S. 465–484; Patrick G. DALCHÉ, Cassiodore, Jordanes et les Getica, in: DERS. (Hg) L'espace géographique au Moyen Âge (Micrologus' library 57), Florenz 2013, S. 107–118.
7 Jordanes, Getica (Anm. 6), 1,1.
8 Ebd., 1,4.
9 Ebd., 1,4; Jordanes, Historia Romana, hrsg. v. Theodor MOMMSEN (MGH Auctores antiquissimi 5,1), Berlin 1882, S. 1–52, 130: *Hi quondam ab ultimis terrarum oris et cingente omnia oceano ingento agmine profesti cum iam media vastassent*.
10 Jordanes, Getica (Anm. 6), 1,5.
11 Ebd., 1,6. Ähnlich Jordanes, Historia Romana (Anm. 9), 255: *Totum Oceani circulum*. Hierzu DALCHÉ (Anm. 4), S. 219–220.
12 Jordanes, Getica (Anm. 6), 1,6–7. Als Vorlage diente Jordanes hier wohl die ‚Cosmographia'. Vgl. hierzu Andrew H. MERRILLS, History and Geography in Late Antiquity (Cambridge Studies in Medieval Life and Thought 4,64), Cambridge 2005, S. 133; Gilbert DAGRON, Une lecture de Cassiodore-Jordanès. Les Goths de Scandza à Ravenne, in: Annales. Économies, Sociétés, Civilisations 26,2 (1971),

gene Lokalisierung der Balearen, die, so Jordanes, tiefer in den Gezeiten des großen Ozeans lägen und wohl darum von ihm in einem Zug mit der Insel Mevania und den nordschottischen Orkney-Inseln genannt werden. Der anonyme ravennatische Kosmograph, der um 700 n. Chr. eine umfassende Beschreibung der Erde vorlegte und die Balearen korrekt im Mittelmeer verortet, lokalisiert die Insel Mevania in der Nähe der Orkney-Inseln. Sie wird darum gerne mit der Isle of Man identifiziert.[13] Mit MERRILLS ist aus der Lokalisierung der Balearen im Ozean zu schließen, dass Jordanes keine Karte verwendet hatte,[14] denn ein solcher Fehler konnte ohne ein solches Hilfsmittel leicht entstehen.[15] Insgesamt zeigen seine Darstellungen aber, dass er eine sehr klare Vorstellung von seiner Welt hatte.

Die Konzeption eines weltumspannenden Ozeans geht auf die früheste Antike zurück. Von diesem Ozean wurden die Binnenmeere abgegrenzt, eine Unterscheidung, die sich auch in den Werken des Jordanes wiederfindet. Er verwendet den Begriff *oceanus* ausschließlich zur Bezeichnung des Ozean(gürtel)s,[16] Binnenmeere hingegen nennt er grundsätzlich *mare*.[17] Diese in Anbetracht der vielen einschlägigen Einträge bemerkenswert klare terminologische Unterscheidung findet sich jedoch nicht bei jedem Begriff. Das Wort *pelagus* wird sowohl zur Benennung des Ozeans als auch für das Meer verwendet, wobei der Ozeangürtel an zwei Stellen auch spezifischer als *inmensus pelagus* charakterisiert wird.[18] Auch für jene Meere, die aus damaliger Sicht über eine direkte Verbindung zum Ozean verfügten, findet sich eine weniger einheitliche Terminologie. Gelegentlich wird zwischen *mare* und *oceanus* gewechselt, wie im Fall des baltischen Meeres resp. der Ostsee, die Jordanes einmal

---

S. 290–305, hier S. 295. Zu Taprobane s. Stefan FALLER, Taprobane im Wandel der Zeit. Das Śrî-Lankâ-Bild in griechischen und lateinischen Quellen zwischen Alexanderzug und Spätantike (Geographica Historica 14), Stuttgart 2000.

13 So John QUINE, The Isle of Man (Cambridge County Geographies), Cambridge 2012, S. 3. Vgl. auch MERRILLS (Anm. 12), S. 95, 133–137. Zum ravennatischen Kosmograph s. Joseph SCHNETZ, Itineraria Romana, Bd. 2: Ravennatis Anonymi Cosmographia et Guidonis Geographica, 2. Aufl. Stuttgart 1990; Ravennas Anonymus. Cosmographia. Eine Erdbeschreibung um das Jahr 700, übers. v. Joseph SCHNETZ (Nomina Germanica 10), Uppsala, 1951. Vgl. auch die Rekonstruktionszeichnung seiner *mappa mundi* in Konrad MILLER, Mappae mundi. Die ältesten Weltkarten, Bd. 6: Rekonstruierte Karten, Stuttgart 1898.
14 Jordanes, Getica (Anm. 6), 2,10 erwähnt auch keine Karte, sondern nennt lediglich Texte und Autoren, die er als Informationsquelle heranzog.
15 MERRILLS (Anm. 12), S. 133.
16 Vgl. Jordanes, Getica (Anm. 6), 3,16–17; 44,230; 45,237.
17 Mit einer Ausnahme in ebd., 1,6: *Insule in eodem mare habitabiles sunt.* Hier bezieht sich der Begriff *mare* auf den Ozeangürtel, mit Verweis auf die bewohnten Inseln dort. Eine weitere Abweichung findet sich in einem bei Jordanes, Getica (Anm. 6), 3,16–17 überlieferten Zitat des Geographen Pomponius Mela: *De qua et Pomponius Mela in maris sinu Codano positam refert, cuius ripas influit Oceanus.* Zur Stelle s. MERRILLS (Anm. 12), S. 145. Diese Ausnahmen fallen angesichts der Vielzahl an einschlägigen Einträgen bei Jordanes jedoch kaum ins Gewicht.
18 Jordanes, Getica (Anm. 6), 1,9; 3,17.

Germanicum mare[19] und einmal *oceanus Germanicus*[20] nennt. Weitere Meere mit direktem Zugang zum Ozean, wie das *Indico mare*,[21] das Rote Meer (*rubri maris*)[22] und das etwas häufiger erwähnte Kaspische Meer (*mare Caspium*)[23] werden hingegen alle durchgehend als *mare* bezeichnet. Allerdings werden sie zu selten erwähnt, um zu entscheiden, inwiefern auch hier *mare* und *oceanus* hätten deckungsgleich verwendet werden können. Die aus Sicht des Autors wohl wichtigsten, da am häufigsten erwähnten (Binnen)Meere waren das Mittelmeer und das Schwarze Meer. Letzteres wird durchgehend als *Ponticus mare* bezeichnet,[24] eventuell dadurch bedingt, dass dieses auch nach damaliger Auffassung über keinerlei Zugang zum Ozean verfügte.

Nicht in allen hier untersuchten Texten findet sich eine derart eindeutige Terminologie. Wenn Paulus Diaconus die Lage von Skandinavien beschreibt, benutzt er zur Benennung des Ozeans nicht das Wort *oceanus*, sondern *mare*, und dies, obwohl die vermeintliche Insel nach damaliger Auffassung im Ozeangürtel lag.[25] Bemerkenswerter ist eine andere Stelle, die erkennen lässt, dass Paulus Diaconus nicht zwangsläufig von der Existenz eines einzigen (allumfassenden) Ozeans ausging, denn in seiner Einleitung zu seiner Version der Legende der Siebenschläfer, die er an die Küsten des hohen Nordens von Germanien verlegt, verwendet er zwar den Begriff *oceanus* zur Benennung des Nordmeeres; diesem Wort ist aber das Demonstrativpronomen *ipse* vorangestellt, was als impliziter Hinweis auf die Existenz von mindestens einem weiteren ‚Ozean' in der Vorstellung des Autors gedeutet werden kann.[26] Die beiden Werke von Liutprand von Cremona enthalten wiederum eine der ‚Getica' vergleichbare

---

19 Ebd., 3,17.
20 Ebd., 23,129.
21 Ebd., 7,53.
22 Ebd., 7,53.
23 Ebd., 5,30; 5,45; 7,54.
24 Ebd., 5,35; 5,37; 5,38; 5,42; 50,263.
25 Paulus Diaconus, Historia Langobardorum, hrsg. v. Georg WAITZ u. Ludwig BETHMANN (MGH Scriptores rerum Langobardicarum et Italicarum 1), Hannover 1878, S. 45–187, 1,2: *Haec igitur insula, sicut retulerunt nobis qui eam lustraverunt, non tam in mari est posita, quam marinis fluctibus propter planitiem marginum terras ambientibus circumfusa.* Zu Paulus Diaconus s. GOFFART (Anm. 6), S. 329–431; Walter POHL, Paulus Diaconus und die ‚Historia Langobardorum'. Text und Tradition, in: SCHARER u. SCHEIBELREITER (Anm. 6), S. 375–405; Paolo CHIESA (Hg.), Paolo Diacono. Uno scrittore fra tradizione longobarda e rinnovamento carolingio. Atti del Convegno Internazionale di Studi. Cividale del Friuli-Udine, 6–9 maggio 1999, Udine 2000; Jörg JARNUT, Die Familie des Paulus Diaconus. Ein vorsichtiger Annäherungsversuch, in: Steffen PATZOLD, Anja RATHMANN-LUTZ u. Volker SCIOR (Hgg.), Geschichtsvorstellungen. Bilder, Texte und Begriffe aus dem Mittelalter. Festschrift für Hans-Werner Goetz zum 65. Geburtstag, Köln 2012, S. 43–52.
26 Paulus Diaconus, Historia Langobardorum (Anm. 25), 1,4: *in ipso Oceani litore*. Vgl. zur Stelle auch DALCHÉ (Anm. 5), S. 225–226.

Begrifflichkeit. Da Liutprand aber deutlich seltener vom Meer spricht, lässt dieser Befund keine weitreichenden Schlussfolgerungen zu.[27]

Das Mittelmeer lag, aus der Sicht der hier betrachteten Autoren, im Zentrum des bekannten Erdkreises. In den Darstellungen nimmt es insofern eine Sonderstellung ein, als die hier untersuchten Quellen keinen eigenen Namen nennen. Bezeichnungen wie *mare mediterraneum* oder *mare nostrum* sucht man vergeblich. Selbst in der ‚Gotengeschichte' des Jordanes, der alle Binnenmeere näher benennt, bleibt das Mittelmeer das namenlose *mare* oder *pelagus*. Einem Namen am nächsten kommt derselbe Autor, wenn er erklärt, dass die Kykladen und Sporaden beide im „großen Meer" lägen, dem *mare magnum*.[28] Diese Benennung ist auch insofern interessant, als hier offensichtlich nicht nur zwischen dem zentralen Mittelmeer und den vielen kleineren Meeren unterschieden wird, sondern auch eine dem Begriff *inmensus pelagus* entsprechende Terminologie verwendet wird. Diese scheint dem Mittelmeer einen Status zwischen dem unendlichen Ozean und den vielen kleineren Meeren zu bescheinigen. Das Fehlen einer eigenen Benennung lässt die Vermutung zu, dass es sich beim Mittelmeer aus Sicht der hier untersuchten Autoren um das Meer schlechthin handelte.

Namen nennen die Autoren hingegen für die einzelnen Abschnitte des „großen Meeres", darunter das Tyrrhenische und das Ionische Meer sowie die Adria. Die Bedeutung solcher Teilabschnitte als Referenzpunkte bezeugt Paulus Diaconus, indem er nicht das Mittelmeer insgesamt, sondern die Adria als „unser Meer" bezeichnet, *nostrorum quoque, id est Adriaticum, mare*.[29] Diese Untergliederung deutet eine dem ländlichen Regionalisierungsprozess vergleichbare Entwicklung an.[30] Offensichtlich war im 8. Jahrhundert das Mittelmeer insgesamt nicht mehr als Identifikationspunkt geeignet. Diese Befunde stehen im Einklang mit dem Umstand, dass das Mittelmeer zunehmend aufgehört hatte, lediglich vertraute Regionen miteinander zu verbinden, indem es nun auch an feindliche Orte angrenzte.

Die Teilabschnitte des Mittelmeeres werden in den Quellen auch genauer definiert. Jordanes erklärt z. B. hinsichtlich der Straße von Messina, dass sie das Tyrrhenische Meer vom Wellengang der Adria abhalte,[31] und an einer anderen Stelle erläutert er, dass die Straße von Gibraltar nicht nur Afrika von Spanien trenne, sondern auch die Mündung des Tyrrhenischen Meeres mit den unendlichen Weiten des Ozeans ver-

---

27 Zu Liutprand von Cremona s. Karl J. LEYSER, Liutprand of Cremona, Preacher and Homilist, in: Katherine J. WALSH u. Diana S. WOOD (Hgg.), The Bible in the Medieval World. Essays in Honour of Beryl Smalley (Studies in Church History. Subsidia 4), Oxford 1985, S. 43–60; Jon N. SUTHERLAND, Liutprand of Cremona, Bishop, Diplomat, Historian. Studies of the Man and his Age, Spoleto 1988.
28 Jordanes, Getica (Anm. 6), 1,4: *Cycladas vel Sporadas cognominant, in inmenso maris magni pelagu sitas determinant*.
29 Paulus Diaconus, Historia Langobardorum (Anm. 25), 1,6.
30 S. Julia M. H. SMITH, Europe after Rome. A new cultural history 500–1000, Oxford 2007, S. 59.
31 Jordanes, Getica (Anm. 6), 60,308.

binde.³² In seiner Beschreibung Italiens umreißt er das „Land der Bruttii" und erklärt, dass es sich vom südlichsten Apennin wie eine Zunge ausstrecke und an seinem Ende die Adria vom Tyrrhenischen Meer trenne.³³ Ähnlich beschreibt auch Paulus Diaconus, wie das Tyrrhenische und Adriatische Meer die Insel Sizilien umspülen.³⁴ Die Benennungen der einzelnen Meeresabschnitte waren über die Jahrhunderte nicht immer einheitlich, wie Liutprand in seiner ‚Antapodosis' zeigt. Das Meer zwischen der Stadt Genua und Nordafrika nennt er nicht das Tyrrhenische Meer, sondern das *Africanum mare*.³⁵ Dadurch, dass diese Benennung auf die inzwischen mehrheitlich islamischen Küsten im Süden verweist, lässt sich hier eine subjektive Distanz zu diesen Ufern des Mittelmeeres fassen.

3 Mensch und Meer

Italien steht im Zentrum der hier behandelten Quellen. Paulus Diaconus beschreibt, wie es vom Tyrrhenischen Meer und der Adria umgeben, im Norden hingegen wegen der Alpen nur über wenige Pässe zugänglich sei.³⁶ Das Meer war folglich die wichtigste Verkehrsstraße Italiens und für die Entwicklung der Halbinsel und seine Geschichte von größter Bedeutung. Seine dem Meer gegenüber exponierte Lage ermöglichte einen regen Schiffverkehr, nicht nur nach Konstantinopel.³⁷ Dies hatte Vorteile für den Handel und für militärische Unternehmungen. Paulus Diaconus berichtet etwa, dass es dem Langbardenkönig Alboin möglich war, über die Adria den Römern schnelle Hilfe gegen die Goten zu schicken.³⁸ Die unmittelbare Nähe zum Meer war auch vorteilhaft für Städte wie Ravenna. Jordanes illustriert, dass diese, ähnlich einer Insel, vor allem über das Meer zu erreichen sei, da die Stadt im Westen von Flussarmen und Sümpfen umringt war, die nur über einen schmalen Pfad den Zutritt zuließen.³⁹ Eine ähnliche Situation beschreibt der gleiche Autor für die Stadt Aquileia: sie war

---

32 Ebd., 33,167.
33 Ebd., 30,156.
34 Paulus Diaconus, Historia Langobardorum (Anm. 25), 2,22.
35 Liutprand, Antapodosis, hrsg. v. Joseph BECKER (MGH Scriptores rerum Germanicarum 41), 3. Aufl. Hannover, Leipzig 1915, 4,5.
36 Paulus Diaconus, Historia Langobardorum (Anm. 25), 2,9.
37 Jordanes, Getica (Anm. 6), 28,143 berichtet z. B. vom Staunen des Königs Athanarich über das Kommen und Gehen der vielen Schiffe in der *Nova Roma* und dem Zusammentreffen von Menschen aus den unterschiedlichsten Regionen: *et huc illuc oculos volvens nunc situm urbis commeatuque navium, nunc moenia clara prospectans miratur*. Vgl. auch David JACOBY, Byzantium, the Italian Maritime Powers, and the Black Sea before 1204, in: Byzantinische Zeitschrift 100 (2007), S. 677–699.
38 Paulus Diaconus, Historia Langobardorum (Anm. 25), 2,1: *Qui per maris Adriatici sinum in Italiam transvecti*.
39 Jordanes, Getica (Anm. 6), 29,148–150. Vgl. auch Paulus Diaconus, Historia Langobardorum (Anm. 25), 2,19.

im Norden durch Flüsse und eine eigene Ringmauer vom Land abgeschottet.[40] Eine derart geschützte Lage machte aus einer Stadt auch eine ausgezeichnete Festung.[41]

Das Meer war für die Menschen aber nicht nur Segen, sondern auch Fluch. Den Ozeangürtel charakterisiert Jordanes an mehreren Stellen als unpassierbar,[42] eine Idee, die er in Bezug auf die Meerenge zwischen dem Schwarzen und dem Asowschen Meer nördlich davon wieder aufgreift, indem er sie als „unpassierbar wie das Meer" charakterisiert.[43] Dass sich auch der Tod mit dem Meer in Verbindung bringen ließ, zeigt Jordanes, wenn er vom Kampf zwischen dem Gotenkönig Thiudimer und dessen jüngerem Bruder spricht und das anschließend hinterlassene Schlachtfeld als (blut)rotes Meer (*rubrum pelagus*) beschreibt.[44]

Wirklich bedrohlich aber wirkt erst die Darstellung bei Paulus Diaconus. Sich auf antike Quellen beziehend, beschäftigt er sich mit den Gezeiten: Im westlichen Mittelmeer befände sich ein mächtiger Wasserstrudel, der als Nabel des Meeres bezeichnet würde (*nomine maris umbilicum*). Zweimal am Tag würde er die Wellen in sich hineinziehen und wieder ausspucken.[45] Einen solchen Meeresstrudel, den er Charybdis nennt, lokalisiert er mit Hilfe von Vergil zwischen Sizilien und Tunesien, einen weiteren zwischen Britannien und dem Kontinent.[46] Immer wieder käme es vor, so Paulus Diaconus, dass Schiffe von diesem pfeilschnell eingesogen würden. Häufig würden diese im letzten Moment und mit der gleichen Geschwindigkeit wieder durch die Massen der Wogen auf das offene Meer zurückgeworfen. Paulus berichtet weiter, wie einem gallischen Adligen zufolge mehrere Schiffe nach einem Sturm von diesen Fluten verschlungen worden seien. Nur ein Passgier habe sich retten können. Dieser sei schließlich durch den Sog der Ebbe an den Abgrund des Strudels gespült worden. Als er nun in den unendlichen Trichter blickend und halbtot vor Angst nur noch darauf gewartet habe, dass ihn das Meer verschlinge, sei er auf wundersame

---

40 Jordanes, Getica (Anm. 6), 42,219.
41 So soll sich der *dux* Rodoald in einer brenzligen Lage zuerst nach Istrien und dann mit dem Schiff nach Ravenna geflüchtet haben, um von dort Pavia (*Ticinum*) zu erreichen. Paulus Diaconus, Historia Langobardorum (Anm. 25), 6,3.
42 Jordanes, Getica (Anm. 6), 1,5: *Oceani vero intransmeabiles*; 3,17: *innavigabili eodem vastissimo concluditur Oceano*.
43 Ebd., 24,124: *quem inpervium ut pelagus aestimant*.
44 Ebd., 54,278.
45 Paulus Diaconus, Historia Langobardorum (Anm. 25), 1,6.
46 Ebd. Charybdis wird in Vergil, Aeneis, hrsg. v. Gian Biagio Conte (Bibliotheca scriptorum Graecorum et Latinorum Teubneriana), Berlin 2009, 7,420 genannt. Vgl. auch Otto Waser, Charybdis, in: Paulys Realenzyklopädie der klassischen Altertumswissenschaft 3,2, Stuttgart 1899, S. 2194 f. Die Darstellung dieses Strudels bei Paulus Diaconus entspricht nicht ganz der antiken Überlieferung und erscheint hier etwas vage. Auch spricht er hier von *Galicia*, obwohl sich der anschließende Text auf die Seinemündung bezieht. Hier ist wohl Gallien gemeint; vgl. in diesem Sinne Karl P. Harrington u. Joseph M. Pucci (Hgg.), Medieval Latin (Medieval Studies), 2. Aufl. Chicago 1997, S. 200, Anm. zu Zeile 1.

Weise auf einen Felsen gespült worden. Noch unter dem Eindruck des Erlebten habe er beobachtet, wie Berge von Wasser die ersten Schiffe wieder aus der Tiefe hervorbrachten. So sei er wieder an das sichere Ufer gelangt.[47] Bemerkenswert ist auch der Hinweis von Paulus Diaconus, dass seiner Meinung nach „unser Meer, das ist die Adria" keine solchen verborgenen Bewegungen des einsaugenden und wieder ausspuckenden Wassers kennen würde.[48]

Der einzige Autor, der von eigenen Erlebnissen berichtet, ist Liutprand von Cremona. In seiner ‚Legatio' beschreibt er, wie er nach einem beschwerlichen Landweg von Konstantinopel aus die Stadt Naupactus im Süden Griechenlands erreichte und von dort mit dem Schiff in Richtung Otranto fahren wollte. Von seiner Abreise sei er aber tagelang durch einen Sturm abgehalten worden. Es entspricht dem zeitgenössischen Denken, dass er die Ursache für diesen Sturm nicht in der Natur, sondern in seiner eigenen Person suchte, und seine Vermutung, es müsse sich um eine göttliche Strafe für eigenes Vergehen handeln, bestätigte sich ihm auch zwei Tage später, als sich das Toben des Meeres, nach eindringlichem Beten, wieder gelegt hatte.[49] Die Vorstellung, dass das Meer auch als strafende Macht fungieren könne, findet sich nochmals, wenn Liutprand erklärt, die ‚Griechen' (i. e. die Byzantiner) hätten das Meer verwünscht, nachdem sie erfahren hatten, dass das Schiff des päpstlichen Boten unbescholten nach Konstantinopel gelangt sei, und das, obwohl er dort Otto I. als römischen, Nikephoros hingegen als griechischen Kaiser benennen sollte.[50] Bei Jordanes ist diese Vorstellung bereits angedeutet, wo er vom Untergang einiger Schiffe des Alarich samt Beute auf dem Weg zurück nach Afrika berichtet.[51]

Das Meer erschien nicht nur bedrohlich durch seine unbekannten Ausmaße und die Gefahr auf See. Es konnte auch Gefahren an Land bringen. Jordanes berichtet etwa, wie die Vandalen unter Geiserich von Afrika nach Italien kamen, um Rom zu verwüsten.[52] Ähnliches berichtet später Paulus Diaconus von den Slaven, die mit einer Vielzahl an Schiffen die Stadt Sipontum heimsuchten.[53] Die Gefahr ging seit dem 7. Jahrhundert auch zunehmend von den Sarazenen aus, die neben Konstantino-

---

47 Paulus Diaconus, Historia Langobardorum (Anm. 25), 1,6.
48 Ebd.
49 Liutprand, Legatio, hrsg. v. Joseph BECKER (MGH Scriptores rerum Germanicarum 41), 3. Aufl. Hannover, Leipzig 1915, 60 f.: *Pugnavit contra me insensatum auster mare flatibus ad imis trubans sedibus. Cumque hoc continuis diebus ac noctibus faceret, pridie Kalendas Decembris, ipso scilicet passionis die, intellexit meo mihi hoc accidisse delicto.*
50 Ebd., 47.
51 Jordanes, Getica (Anm. 6), 30,157.
52 Ebd., 45,235. Ähnlich hatten die frühen Goten Jordanes (Getica 20,107) zufolge den Hellespont nach Asien überquert, um dort mehrere Städte zu verwüsten, darunter Chalcedon, und mit reicher Beute zurückzukehren. Liutprand, Antapodosis (Anm. 35), 3,48 erwähnt an einer Stelle, dass Heinrich in Italien besonders geschätzt war, da er den Wikingern erfolgreich die Stirn geboten hatte, nachdem diese mit ihren Schiffen die Flüsse unsicher gemacht hatten.
53 Paulus Diaconus, Historia Langobardorum (Anm. 25), 4,44.

pel und Afrika⁵⁴ auch den westlichen Mittelmeerraum bedrohten. Liutprand berichtet unter anderem, wie zwanzig Sarazenen vom Wind von Spanien aus an die burgundische Küste gespült wurden, dort an Land gingen und die dortigen Bewohner ermordeten – ein Vorgang, den der Autor erneut mit dem göttlichen Willen erklärt.⁵⁵ Liutprand beschreibt außerdem, wie „Punier", nachdem eine blutrote Wasserfärbung bereits die drohende Gefahr angekündigt hatte, in Genua (*Ianuensi urbe*) mit einer größeren Flotte ankamen und mit Ausnahme der Kinder und Frauen alle Stadtbewohner erschlugen und deren Schätze als Beute mitführten.⁵⁶

Andere Gefahren konnten fast unbemerkt über den gleichen Weg vordringen, z. B. wenn Krankheiten sich über den Seeweg verbreiteten. Eine solche beschreibt Paulus Diaconus für Ravenna und andere Orte entlang der Meeresküste. Eine Pestwelle habe in den Gebieten bis Verona zu einer merklich erhöhten Sterblichkeit geführt.⁵⁷ Derselbe Autor berichtet auch, wie im späten 6. Jahrhundert der Tiber in Rom derart überquoll, dass selbst die Stadtmauern überflutet wurden, so dass in dessen Bett eine große Anzahl Schlangen und selbst drachenähnliches Getier von erstaunlicher Größe schwammen. Auch ihnen sei eine furchtbare Seuche gefolgt, die viele Menschen dahinraffte.⁵⁸

Angesichts dieser sehr vielseitigen Wahrnehmungen des Meeres verwundert es kaum, dass in ihm gelegentlich auch mehr als ein seelenloses Grundelement gesehen wurde. Liutprand beschreibt das Meer implizit als den verlängerten Arm Gottes, wenn er berichtet, wie der Graf Hugo von günstigen Winden nach Pisa (*Alphea*) geführt worden sei, da Gott ihn als Herrscher dieses Landes gewollt habe.⁵⁹ Andererseits berichtet Jordanes, wie der Suebenkönig Rechiar vor den Westgoten in Spanien mit einem Schiff zu fliehen versuchte, dabei aber von einem zweiten Gegner geschlagen wurde: dem entgegengesetzten Wind des Tyrrhenischen Meeres.⁶⁰

---

54 Ebd., 6,11 (Afrika); 6,47 (Konstantinopel).
55 Liutprand, Antapodosis (Anm. 35), 1,3. Zur Bedrohung Italiens durch die Sarazenen vgl. auch Liutprand, Legatio (Anm. 49), 7.
56 Liutprand, Antapodosis (Anm. 35), 4,5.
57 Paulus Diaconus, Historia Langobardorum (Anm. 25), 4,14.
58 Unter den Opfern befand sich auch der römische Papst Pelagius. Vgl. Paulus Diaconus, Historia Langobardorum (Anm. 25), 3,24, wohl beruhend auf Gregor von Tours, Decem libri historiarum, hrsg. v. Bruno KRUSCH (MGH Scriptores rerum Merovingicarum 1,1), Hannover 1937, 10,1, S. 477 f.
59 Liutprand, Antapodosis (Anm. 35), 3,16.
60 Jordanes, Getica (Anm. 6), 44,232: *Quorum rex Riciarius relicta infesta hoste fugiens in nave conscendit adversaque procella Tyrreni hoste repercussus Vesegotharum est manibus redditus. Miserabilis non differt mortem, cum elementa mutaverit.*

4 Fazit

Dort wo Land und Meer zusammentreffen, kommt letzterem immer eine grundlegende Bedeutung zu. Aus Sicht der hier behandelten Autoren war das Mittelmeer von zentraler Bedeutung. Im Italien des Frühmittelalters wurde das Meer weiterhin intensiv für die Schifffahrt und die damit einhergehenden Möglichkeiten des Reisens, des Handels und für die Überführung von Militärtruppen genutzt; ein Standort in unmittelbarer Küstennähe barg immer noch wichtige Vorteile.

Die hier dargelegte Konzeption des Meeres unterschied sich nicht wesentlich von antiken Auffassungen. Charakteristisch blieb die seit der Antike gängige Vorstellung eines den gesamten *orbis terrarum* umgebenden Ozeans. Diesen unterschieden die Autoren begrifflich von den Binnenmeeren.[61] Das Mittelmeer, das über einen schmalen Zugang zum Ozean verfügte, wurde zu den Binnenmeeren gerechnet, trägt aber als einziges keinen eigenen Namen. Hier wurden nur die kleinräumigeren Einzelbestandteile benannt.

Die aus den hier untersuchten Quellen ersichtliche Wahrnehmung des Mittelmeeres weist Merkmale einer zunehmenden Regionalisierung auf. Ein Indiz stellt das Fehlen eines eigenen Namens dar. Bemerkenswert ist, dass sich diese Tendenz bereits in der ‚Getica' feststellen lässt, und damit bereits vor dem 7. Jahrhundert. Ein weiterer Hinweis ist die Identifizierung der Adria durch Paulus Diaconus als „unser Meer". Beide Beobachtungen deuten an, dass der in Bezug auf das Land bekannte Prozess der Regionalisierung auch mit Blick auf das Meer spürbar geworden war. Hinweise wie die Benennung des Tyrrhenischen Meeres als *Africanum mare* durch Liutprand von Cremona lassen darüber hinaus eine zunehmende Entfremdung gegenüber den entfernteren Teilen des Mittelmeeres vermuten. Weitere Aussagen in den Werken von Paulus Diaconus und Liutprands bezeugen außerdem, dass das Meer als bedrohlich empfunden wurde. Dies führte dazu, dass sich die Menschen vom Meer ab- und dem Land zuwandten.

Drei Quellen können nicht für die zeitgenössische Sichtweise insgesamt stehen, sondern immer nur als Indiz gewertet werden. Die hier untersuchten Zeugnisse weisen auf keine nennenswerte Zäsur für das 7. Jahrhundert hin. Sie untermauern aber die Tatsache, dass, wie von Henri PIRENNE[62] beobachtet, das Mittelmeer seit dem Ende der römischen Herrschaft im Westen faktisch aufgehört hatte, Binnenmeer des

---

61 Die Terminologie des Jordanes, sein fundiertes Wissen und Interesse an der Geographie sowie sein Bemühen um Präzision laden dazu ein, die Qualität der Arbeitsweise dieses Autors zu überdenken. Vgl. GOFFART (Anm. 6), S. 64 f.; Patrick J. GEARY, The Myth of Nations. The Medieval Origins of Europe, Princeton 2002, S. 60 f. Das von Jordanes gezeichnete Bild entspricht insgesamt durchaus dem Wissen seiner Zeit über die *mappae mundi*. Vgl. Brigitte ENGLISCH, Ordo orbis terrae. Die Weltsicht in den ‚Mappae mundi' des frühen und hohen Mittelalters, Berlin 2002.
62 PIRENNE (Anm. 3), S. 143–153, 260.

gesamten ‚eigenen' *orbis* zu sein, was dazu führte, dass dieses zunehmend in ‚eigene' und ‚fremde' Regionen unterteilt wurde – ein Umstand, der sich in entsprechenden Veränderungen in der zeitgenössischen Wahrnehmung des Meeres niederschlug.

Stefan Burkhardt (Heidelberg) / Sebastian Kolditz (Heidelberg)
Zwischen Fluss und Meer: Mündungsgebiete als aquatisch-terrestrische Kontaktzonen im Mittelalter

Abstract: Belonging both to the course of a river and the coastal landscape of a sea, estuaries lie at the very intersection between fluvial and maritime environments, sometimes forming characteristic deltas or flowing into a coastal lagoon. Though representing particularly dynamic landscapes on a historic timescale, they typically receive little attention from historians of either rivers or seascapes. Against this background our article discusses various perspectives for research on the medieval history of these spaces: The history of settlement in these areas is closely interrelated with the basic ecological developments and transformations of their natural landscape. Furthermore, estuarine zones deserve attention since they represent a link between maritime and fluvial transport systems which have usually been studied separately. But attention should also be drawn to the political conditions in these often marginalized zones of weak natural protection, to their religious configuration, and to the way they were perceived in contemporary sources.

Keywords: Delta, Lagune, Ästuar, Schifffahrt, Umweltgeschichte

1 Mündungsräume zwischen Meeresforschung und Flussbiographien

In einer Geschichte des Wassers, wie sie für die Mediävistik spätestens mit der Spoletiner Settimana von 2007 in ihrer gesamten Breite sichtbar geworden ist,[1] bilden Meere und Flüsse zwei komplementäre Gegenstände des Interesses: auf der einen Seite das fließende und daher oft mit Reinheit, aber auch ursprünglichen vitalen Kräften, ja mit den Strömen des Paradieses assoziierte Wasser,[2] dessen Dimensionen vom schmalen Rinnsal bis zum reißenden Strom reichen können; auf der anderen die gewaltige, unüberschaubare Fläche salzhaltigen Wassers, der *aequor* – bald ruhend, bald stürmisch bewegt. Isidor von Sevilla charakterisiert das Meer in seinen ‚Ety-

---

[1] Vgl. L'acqua nei secoli altomedievali, 2 Bde. (Settimane di Studio del Centro italiano di studi sull'alto medioevo 55), Spoleto 2008.
[2] Vgl. Gen 2,10–14. Zur Identifizierung der Flüsse und Lokalisierung des Paradieses s. Alessandro SCAFI, Mapping Paradise. A History of Heaven on Earth, London 2006, S. 33–41, 46–49; zu Darstellungen in der östlichen Kunst s. Henry MAGUIRE, The Nile and the Rivers of Paradise, in: DERS. (Hg.), Image and Imagination in Byzantine Art, Aldershot 2007, Nr. I, S. 1–17; Nira STONE, The Four Rivers that Flowed from Eden, in: Konrad SCHMID u. Christoph RIEDWEG (Hgg.), Beyond Eden, The Biblical Story of Paradise (Genesis 2–3) and Its Reception History, Tübingen 2008, S. 227–250.

mologien' zwar als *aquarum generalis collectio*, weist jedoch sofort darauf hin, dass es nicht korrekt sei, jegliche *congregatio aquarum* als Meer (*mare*) zu bezeichnen, sondern nur diejenigen bitteren Wassers (*aquae amarae*),[3] wohingegen ein Fluss sich durch die dauerhafte fließende Bewegung (*perennis aquarum decursus*)[4] auszeichne. Doch trotz aller Gegensätzlichkeit sind Meer und Fluss nicht isoliert voneinander denkbar, sondern bilden, auch das impliziert Isidors Definitionsversuch bereits, Teile der einen erdumspannenden Hydrosphäre[5] und haben ihre zahlreichen Berührungspunkte überall dort, wo ein Fluss sich in ein Meer ergießt.

Bei genauerem Hinsehen zeigt sich allerdings, dass die Abgrenzung von Meer und Fluss oft nicht geringe Probleme bereitet, auch wenn mittelalterliche Autoren klar zwischen dem Flusslauf (*meatus*) und der Mündung (*ostium*) unterschieden:[6] viele Flüsse verbreitern sich, wie etwa die Elbe oder die Weser, zu mehr oder minder trichterförmigen Ästuaren;[7] manche von ihnen weisen sogar seeartige Verbreiterungen auf, wie der Tejo unmittelbar vor Lissabon. Andere Flüsse lagern in ihren Mündungszonen im Laufe erdgeschichtlich kurzer Zeiträume große Mengen Sedimente ab und verzweigen sich darin zu komplizierten dynamischen Deltalandschaften,[8] womit sich, wie im Rhein-Maas-Delta, auch Ästuareigenschaften verbinden können. Eine weitere charakteristische Form des Übergangs bilden schließlich mitunter Lagunen, die durch schmale Landlinien vom offenen Meer abgegrenzt und somit gegen dieses gleichsam abgeschirmt und geschützt erscheinen.[9] Diese vielfältig gestalteten und dynamischen bzw. instabilen Landschaften werden mithin sowohl von den Kräften der Fließgewässer als auch des Meeres, vom Süß- wie vom Salzwasser permanent

---

3 Isidor von Sevilla, Etymologiarum sive Originum libri XX, hrsg. v. Wallace M. LINDSAY, 2 Bde., Oxford 1911, XIII,14,1.
4 Isidor (Anm. 3) XIII,21,1.
5 Zur Hydrosphäre vgl. Albert BAUMGÄRTNER, Die Hydrosphäre der Erde. Wasservorkommen und Wasserumsätze, in: DERS. u. Hans-Jürgen LIEBSCHER, Allgemeine Hydrologie – quantitative Hydrologie, 2. Aufl. Berlin u. a. 1996, S. 86–132; Friedrich WILHELM, Hydrogeographie. Grundlagen der allgemeinen Hydrogeographie, 3. Aufl. Braunschweig 1997.
6 Vgl. Jens POTSCHKA, Wasser und Gewässer auf dem Gebiet der Elbslaven. Eine semantische Analyse von Wahrnehmungs- und Deutungsmustern mittelalterlicher Autoren, Göttingen 2011, S. 107–109.
7 Zur Charakteristik und zur von der Gezeitenwirkung geprägten Genese von Ästuaren vgl. Frank AHNERT, Einführung in die Geomorphologie, 4. Aufl. Stuttgart 2009, S. 331–334. S. auch Dieter KELLETAT, Physische Geographie der Meere und Küsten. Eine Einführung, 3. Aufl. Stuttgart 2013, S. 112; Richard A. DAVIS Jr. u. Duncan M. FITZGERALD, Beaches and Coasts, Oxford 2004, S. 278–288.
8 Zu Delta-Landschaften vgl. den kondensierten Überblick aus geographischer Perspektive bei Dieter KELLETAT, Deltaforschung (Erträge der Forschung 214), Darmstadt 1984; DERS. (Anm. 7), S. 138–144; AHNERT (Anm. 7), S. 197–205; DAVIS u. FITZGERALD (Anm. 7), S. 289–306.
9 Neben dem bekanntesten Beispiel, der Lagune von Venedig, ist beispielsweise auch an die Odermündung im sog. Stettiner Haff oder an das Kurische Haff der Memel zu denken. Im früheren Mittelalter trifft die Lagunensituation auch auf die Gegend von Ravenna zu. Zur geographischen Charakterisierung von Lagunen, für die Flüsse keine entscheidende Rolle spielen vgl. AHNERT (Anm. 7), S. 348; DAVIS u. FITZGERALD (Anm. 7), S. 175–182; KELLETAT (Anm. 7), S. 159–166.

ge- und verformt.[10] Sie erscheinen daher als Räume *sui generis*, die auch aus wassergeschichtlicher Perspektive mehr Aufmerksamkeit als bisher verdienen,[11] denn eine eigenständige, systematisch oder vergleichend vorgehende historisch-geographische Charakterisierung solcher Räume ist bisher u. E. noch nicht vorgenommen worden, obgleich sowohl die historische Beschäftigung mit Meeresräumen als auch Flüssen bereits seit Jahrzehnten sichtlich blüht.

Die Paradigmen dieser beiden Forschungsfelder weisen jedoch nicht geringe Unterschiede auf, wie schon ein knapper Seitenblick auf zwei klassische Werke zeigt: Lucien FEBVRES konzis-essayistisches Werk über den Rhein[12] und das große Mittelmeerbuch seines Schülers Fernand BRAUDEL,[13] das eine komplexe Genese aufweist.[14] Während BRAUDEL der erfühlten inneren Einheit des Mittelmeerraumes in den natürlichen Bedingungen, aber auch im Verkehr und in den urbanen Strukturen auf die Spur zu kommen versuchte,[15] distanzierte sich FEBVRE im Lauf seines Nachdenkens über den Rhein immer stärker von der Vorstellung eines einheitlichen Stromes, der gleichsam unverändert seit der Antike eine maßgebliche Verkehrsader gebildet habe. Vielmehr wachse ihm erst durch die gezielten Korrekturen seines Laufes im 19. Jh. eine überragende wirtschaftliche Bedeutung zu.[16] Die ältere Einheit der rheinischen Lande sieht FEBVRE vielmehr in einem verbindenden „Geist" mit römischen,

---

10 Zu Mustern der Verteilung von Süß- und Salzwasser in Ästuarräumen vgl. DAVIS u. FITZGERALD (Anm. 7), S. 280 f.; s. auch KELLETAT, Deltaforschung (Anm. 8), S. 75 f.
11 Vgl. nunmehr auch Katherine BLOUIN, Triangular Landscapes. Environment, Society, and the State in the Nile Delta under Roman Rule, Oxford 2014.
12 FEBVRES Text erschien zuerst 1931 und erneut 1935 zusammen mit einer ökonomischen Studie von Albert DEMANGEON (s. Albert DEMANGEON u. Lucien FEBVRE, Le Rhin: problèmes d'histoire et d'économie, Paris 1935). Er wurde schließlich 1997 separat herausgegeben: Lucien FEBVRE, Le Rhin: histoire, mythes et réalités, hrsg. v. Peter SCHÖTTLER, Paris 1997, s. auch die deutsche Übersetzung des Buches: Lucien FEBVRE, Der Rhein und seine Geschichte, hrsg. v. Peter SCHÖTTLER, 3. Aufl. Frankfurt / M., New York, Paris 2006.
13 Fernand BRAUDEL, La Méditerranée et le monde méditerranéen à l'époque de Philippe II, Paris 1949; 4ème édition revue et corrigée, 2 Bde., Paris 1979; hier zitiert nach der deutschen Übersetzung von Grete OSTERWALD: Fernand BRAUDEL, Das Mittelmeer und die mediterrane Welt in der Epoche Philipps II., 3 Bde., Frankfurt / M. 1990.
14 Zur Entstehungsgeschichte des Werkes einschließlich seiner kolonialen Kontexte vgl. Erato PARIS, Influence de l'Algérie et du Maghreb dans l'oeuvre de Fernand Braudel, La Méditerranée: longue durée et latinité, in: Colette ZYTNICKI u. Chantal BORDES-BENAYOUN (Hgg.), Sud-Nord. Cultures coloniales en France (XIXe–XXe siècles), Paris 2004, S. 275–286; Peter SCHÖTTLER, Fernand Braudel als Kriegsgefangener in Deutschland, in: DERS. (Hg.), Fernand Braudel, Geschichte als Schlüssel zur Welt. Vorlesungen in deutscher Kriegsgefangenschaft 1941, Stuttgart 2013, S. 187–211.
15 Namentlich im ersten Teil des Werkes, vgl. etwa BRAUDEL, Mittelmeer (Anm. 13), Bd. 1, S. 330–340, 399–402.
16 Die scheinbar selbstverständliche Einheitlichkeit des Flusslaufs stellt FEBVRE schon in seinem Rheinbuch in Frage, vgl. FEBVRE, Rhein (Anm. 12), S. 16 f.; stärker wird dieser Akzent in seinen „Überlegungen zur Wirtschaftsgeschichte des Rheins" von 1953, s. FEBVRE, Rhein (Anm. 12), S. 209–217, dazu auch die Kommentare SCHÖTTLERS, ebd., S. 248–251.

germanischen und christlichen Wurzeln, ausgeprägt in den rheinischen Städten des ausgehenden Mittelalters mit ihren Kaufleuten, ihrer Kulturlandschaft und ihrem religiösen Nonkonformismus.[17] Im Gegensatz dazu scheint BRAUDEL seinem Mediterraneum kaum eine geistige Dimension zuzuschreiben, stellt aber die Bindekraft von Handel, Schifffahrt und Austausch heraus.[18] Diese differenten Paradigmen für die Meeres- und die Flussgeschichte erweisen sich als bemerkenswert robuste Leitbilder: So hat BRAUDELS Schema zahlreiche Studien, zum Mittelmeer[19] ebenso wie zu den nördlichen Meeren Europas[20] oder dem Indischen Ozean[21], beeinflusst. Während die maritime Geschichte unverkennbar die Handelsschifffahrt privilegiert, trägt die in jüngster Zeit intensive Beschäftigung mit der Geschichte von Flüssen, die sich vor allem in ‚Flussbiographien' niederschlägt,[22] mitunter Züge eines kultur- und politikgeschichtlichen Panoramas ‚von der Quelle bis zur Mündung'.[23] Der ökologischen

---

[17] Vgl. besonders FEBVRE, Rhein (Anm. 12), S. 93–135.
[18] Allerdings diskutiert BRAUDEL durchaus die Prägekraft kultureller Faktoren in der von ihm betrachteten Phase mediterraner Geschichte, s. BRAUDEL, Mittelmeer (Anm. 13), Bd. 2, S. 552–652. Zur weitgehend fehlenden kulturgeschichtlichen Dimension bei BRAUDEL auf inhaltlicher Ebene vgl. James AMELANG, Braudel and the Cultural History of the Mediterranean: Anthropology and Les lieux d'histoire, in: Gabriel PIETERBERG, Teofilo F. RUIZ u. Geoffrey SYMCOX (Hgg.), Braudel Revisited. The Mediterranean World 1600–1800, Toronto 2010, S. 229–245, hier S. 229 f.
[19] Vgl. vor allem Peregrine HORDEN u. Nicholas PURCELL, The Corrupting Sea. A Study of Mediterranean History, Oxford 2000, die sich einleitend (S. 36–49) zu BRAUDEL und seinem historiographischen Erbe positionieren.
[20] Zur Ostsee folgt Michael NORTH, Geschichte der Ostsee. Handel und Kulturen (Beck'sche Reihe 6005), München 2011, in seinem von den Rhythmen der politischen Geschichte bestimmten Aufriss zwar nicht den Kategorien BRAUDELS, zitiert diesen aber gleich in der ersten Fußnote. BRAUDELS Charakterisierung eines Meeresraumes in der longue durée hat sichtlich CUNLIFFES große Synthese der älteren Geschichte des Atlantik beeinflusst: Barry CUNLIFFE, Facing the Ocean: the Atlantic and its Peoples; 8000 BC–AD 1500, Oxford 2001; s. auch DERS., Europe between the Oceans. Themes and Variations: 9000 BC–AD 1000, New Haven, London 2008; eher im narrative Duktus bleibt ohne Anlehnung an Braudel Simon WINCHESTER, Der Atlantik. Biographie eines Ozeans, München 2012.
[21] Vgl. insbesondere Kirti N. CHAUDHURI, Trade and Civilisation in the Indian Ocean. An economic history from the rise of Islam to 1750, Cambridge 1985; Anthony REID, Southeast Asia in the Age of Commerce, 1450–1680, 2 Bde., New Haven 1988–1993. Vgl. auch Markus P. VINK, Indian Ocean Studies and the ‚New Thalassology', in: Journal of Global History 2 (2007), S. 41–62, hier S. 42–46.
[22] Michael W. WEITHMANN, Die Donau. Geschichte eines europäischen Flusses, Regensburg 2012; Hansjörg KÜSTER, Die Elbe. Landschaft und Geschichte, München 2007; Uwe RADA, Die Elbe. Europas Geschichte im Fluss, München 2013; Horst Johannes TÜMMERS, Der Rhein. Ein europäischer Fluß und seine Geschichte, 2. Aufl. München 1999; Peter ACKROYD, Die Themse. Biographie eines Flusses, München 2008.
[23] Eine kulturell verbindende und Gemeinsamkeiten stiftende Dimension ist mitunter auch Meeren, vor allem der Ostsee, zugeschrieben worden, sei es auf der Basis wirtschaftlichen Austauschs, vgl. Ilgvars MISĀNS, Integration durch Handel: Die Einheit des Ostseeraumes zur Hansezeit (12./13.–15. Jahrhundert), in: Saeculum 56 (2005), S. 227–239 oder indirekt aufgrund einer expansiven Erschließung: Nils BLOMKVIST, The Discovery of the Baltic. The Reception of a Catholic World-System in the European North (AD 1075–1225) (The Northern World 15), Leiden, Boston 2005.

Dimension der Flussgeschichte wird vor allem im Hinblick auf das 19./20. Jahrhundert mit der massiven technokratischen Umgestaltung von Flussläufen als einer sukzessiven „Eroberung der Natur" (David BLACKBOURN)[24] Gewicht beigemessen.[25] Dabei ist die Bedeutung diverser Facetten des Wasserbaus[26] wie die von Deichen, flussbasierten Wasserleitungen (man denke etwa an den wiederholt rekonstruierte Aquädukt von Konstantinopel[27]) oder Kanälen[28] auch für die mittelalterliche Flussgeschichte nicht gering zu veranschlagen.

Die mediävistische Thematisierung von Flüssen und Flusslandschaften fußt, wie auch die Maßstäbe setzende Monographie Jacques ROSSIAUDS zur Rhone[29] zeigt, auf einer wesentlich disparateren Quellenlage als ihr neuzeitliches Pendant.[30] Zwar gibt es Lobgedichte und Panegyriken auf Flüsse und Ströme, die in ihrem Gehalt durchaus mit romantischen Schilderungen vergleichbar sind – am berühmtesten ist wohl die ‚Mosella' des Decimus Magnus Ausonius.[31] Primär ist die Untersuchung von fluvialen Räumen jedoch auf Quellen angewiesen, die nur en passant Auskunft geben: etwa

---

[24] David BLACKBOURN, Die Eroberung der Natur. Eine Geschichte der deutschen Landschaft, München 2007.
[25] Vgl. etwa die Studien zur Transformation des Rheins in der Moderne von Mark CIOC, The Rhine: an Eco-Biography, 1815–2000 (Weyerhaeuser Environmental Books), Seattle 2002 und Christoph BERNHARDT, Im Spiegel des Wassers: Eine transnationale Umweltgeschichte des Oberrheins (1800–2000), Köln 2013 sowie die Schwerpunktsetzung in: Christof MAUCH u. Thomas ZELLER (Hgg.), Rivers in History. Perspectives on Waterways in Europe and North America, Pittsburgh 2008.
[26] Vgl. nunmehr Andreas DIENER u. Matthias UNTERMANN (Hgg.), Wasserbau in Mittelalter und Neuzeit (Mitteilungen der Deutschen Gesellschaft für Archäologie des Mittelalters und der Neuzeit 21), Paderborn 2009. S. auch die Beiträge in Uta LINDGREN (Hg.), Europäische Technik im Mittelalter. 800 bis 1400. Tradition und Innovation. Ein Handbuch, 3. Aufl. Berlin 1998, S. 101–120, 221–234.
[27] Vgl. James CROW, Richard BAYLISS u. Jonathan BARDILL, The Water Supply of Byzantine Constantinople, London 2008.
[28] Zuletzt Peter ETTEL u. a. (Hgg.), Großbaustelle 793 – Das Kanalprojekt Karls des Großen zwischen Rhein und Donau (Mosaiksteine. Forschungen am RGZM 11), Mainz 2014.
[29] Jacques ROSSIAUD, Le Rhône au Moyen Age, Paris 2007; vgl. dazu auch die synthetisierende Besprechung von Susanne RAU, Fließende Räume oder: Wie läßt sich die Geschichte des Flusses schreiben?, in: Historische Zeitschrift 291 (2010), S. 103–116. Zur Geschichte der Rhone s. auch Gilbert GARRIER (Hg.), Le Rhône et Lyon de la préhistoire à nos jours, St. Jean d'Angély 1987.
[30] Heinz MUSALL, Die Entwicklung der Kulturlandschaft der Rheinniederung zwischen Karlsruhe und Speyer vom Ende des 16. bis zum Ende des 19. Jahrhunderts (Heidelberger geographische Arbeiten 22), Heidelberg 1969; Tom SCOTT, Regional Identity and Economic Change. The Upper Rhine 1450–1600, Oxford u. a. 1997. Zur Quellenlage für die mittelalterliche Schifffahrt auf dem Po vgl. Pierre RACINE, Aperçu sur les transports fluviaux sur le Pô au bas Moyen Age, in: Annales de Bretagne et des pays de l'Ouest 85 (1978), S. 261–271, hier S. 262.
[31] Decimus Magnus Ausonius, Mosella. Mit Texten von Symmachus und Venantius Fortunatus. lat. / dt., hrsg., übers. u. kommentiert v. Otto SCHÖNBERGER, Stuttgart 2000.

städtische Nachrichten zu Flussschifffahrt, Uferbefestigungen, Brücken[32] oder Naturkatastrophen; Urkunden und Gerichtsverfügungen, die z. B. das alte Regalienrecht an schiffbaren Flüssen in Erinnerung riefen,[33] oder Zollregister.[34] In Verbindung mit weiteren Quellengruppen sind Flussläufe in der Forschung als vielseitige Wirtschaftsräume thematisiert worden,[35] aber auch als Räume spezifischer politischer Relevanz, die sich etwa bei ritualisierten Herrschertreffen,[36] Grenzziehungen oder Grenzüberschreitungen zeigte.[37] Damit wird auch für das Mittelalter die Polyvalenz der Flüsse als „Verkehrswege, Nahrungs- und Energiespender, politische Grenzen, Standorte von Gewerbe und Industrie, Schauplätze von Katastrophen, auch Kulissen für Kunst und Literatur"[38] erkennbar, eine Aufzählung, die sich mühelos erweitern ließe.

---

32 Zur Geschichte der Brücken s. u. a. Danièle JAMES-RAOUL u. Claude THOMASSET (Hgg.), Les ponts au moyen âge, Paris 2006; Markus J. WENNINGER, Straßen- und Brückenbau im Mittelalter, in: Johannes GRABMAYER (Hg.), Baubetrieb im Mittelalter, Klagenfurt 2011, S. 193–222.
33 Belege dazu bei Reinhard SCHNEIDER, Das Königsrecht an schiffbaren Flüssen, in: Rainer Christoph SCHWINGES (Hg.), Straßen- und Verkehrswesen im hohen und späten Mittelalter (Vorträge und Forschungen 66), Ostfildern 2007, S. 185–200. Auf die urkundliche Überlieferung stützt sich besonders die Arbeit von Ralf MOLKENTHIN, Straßen aus Wasser. Technische, wirtschaftliche und militärische Aspekte der Binnenschifffahrt im Westeuropa des frühen und hohen Mittelalters, Berlin 2006.
34 Zur Zollerhebung am Rhein vgl. grundlegend Friedrich PFEIFFER, Rheinische Transitzölle im Mittelalter. Berlin 1997; DERS., Zollpolitik und Zollpraxis am Rhein im 14. und 15. Jahrhundert zwischen Fiskalinteresse und Handelssteuerung, in: Rheinische Vierteljahrsblätter 68 (2004), S. 64–82; Franz IRSIGLER, Rhein, Maas und Mosel als Handels- und Verkehrsachsen im Mittelalter, in: Flüsse und Flusstäler als Wirtschafts- und Kommunikationswege (Siedlungsforschung 25), Bonn 2007, S. 9–32, hier bes. S. 13–19, 22.
35 Eine besonders aspektreiche Transportgeschichte liegt für den oberen Lauf der Maas im Mittelalter vor: Marc SUTTOR, Vie et dynamique d'un fleuve. La Meuse de Sedan à Maastricht (des origines à 1600), Bruxelles 2006; zu anderen Aspekten der fluvialen Ökonomie s. etwa Götz KUHN, Die Fischerei am Oberrhein. Geschichtliche Entwicklung und gegenwärtiger Stand (Hohenheimer Arbeiten 83), Stuttgart 1976; Rudolf Arthur PELTZER, Geschichte der Messingindustrie und der künstlerischen Arbeiten in Messing (Dinanderies) in Aachen und den Ländern zwischen Maas und Rhein von der Römerzeit bis zur Gegenwart, in: Zeitschrift des Aachener Geschichtsvereins 30 (1908), S. 235–463; Michael MATHEUS (Hg.), Weinbau zwischen Maas und Rhein in der Antike und im Mittelalter (Trierer historische Forschungen 23), Mainz 1997.
36 Reinhard SCHNEIDER, Mittelalterliche Verträge auf Brücken und Flüssen (und zur Problematik von Grenzgewässern), in: Archiv für Diplomatik 23 (1977), S. 1–24.
37 Zu diesen politischen Funktionen der Flüsse im Mittelalter vgl. die konzise Übersicht bei Andreas RÜTHER, Flüsse als Grenzen und Bindeglieder. Zur Wiederentdeckung des Raumes in der Geschichtswissenschaft, in: Jahrbuch für Regionalgeschichte 25 (2007), S. 29–44; Nikolas JASPERT, Grenzen und Grenzräume im Mittelalter: Forschungen, Konzepte und Begriffe, in: DERS. u. Klaus HERBERS (Hgg.), Grenzräume und Grenzüberschreitungen im Vergleich. Der Osten und der Westen des mittelalterlichen Lateineuropa (Europa im Mittelalter 7), Berlin 2007, S. 43–70, hier S. 49 f.
38 Norbert FISCHER u. Ortwin PELC, Flussgeschichte: zur Einführung, in: DIES. (Hgg.), Flüsse in Norddeutschland. Zu ihrer Geschichte vom Mittelalter bis in die Gegenwart, Wachholtz 2013, S. 9–16, hier S. 9.

2 Charakterisierungen der Mündungsgebiete

Die Mündungsgebiete bleiben sowohl im maritimen wie im fluvialen Paradigma marginale Räume: Flussgeschichten können sie zwar nicht ignorieren, und so wird bisweilen (etwa von Peter ACKROYD für die Themse[39] oder Hansjörg KÜSTER für die Elbe[40]) die Frage erörtert, wo eigentlich der jeweilige Fluss ende; doch die Geschichte der Ästuarräume selbst, ihrer Nutzung und räumlichen Transformation wird in der Regel nicht vertieft verfolgt.[41] Aus maritimer Sicht erscheinen die großen Ströme bei BRAUDEL subsumiert unter die Isthmen, entlang derer sich das Mediterraneum gleichsam über seinen geographischen Horizont hinaus ausbreite.[42] Doch den Mündungsräumen der Flüsse kommt in BRAUDELS impliziter Landschaftstypologie mit ihren Bergen, Hochebenen, Ebenen, Küstenstrichen und Inseln[43] kein eigenes Gewicht zu. Peregrine HORDEN und Nicholas PURCELL plädieren hingegen dafür, die Relevanz der ‚great wetlands' (Flussmündungen, Marschland und Sümpfe) für die mediterranen Lebens- und Austauschverhältnisse nicht zu unterschätzen.[44]

Zu den natürlichen Charakteristika vormoderner Mündungslandschaften lässt sich etwa die starke Veränderlichkeit und Instabilität ihrer Landschaft, auch hinsichtlich des genauen Verlaufs einzelner Flussarme in Deltas, zählen,[45] die Präsenz von Salzwasser in Teilen der Landschaft und die Nutzung als Weideland[46] oder der Charakter als ungesunde Lebensräume (Malaria).[47] Diese für menschliche Besiedlung

---

[39] ACKROYD (Anm. 22), S. 501–507.
[40] KÜSTER (Anm. 22), S. 280–290.
[41] Vgl. aber den wichtigen, uns leider unzugänglichen Band zur Landschaftsgeschichte des Rhonedeltas: Corinne LANDURÉ, Michel PASQUALINI u. Armelle GUILCHER (Hgg.), Delta du Rhône: Camargue antique, médiévale et moderne, Aix-en-Provence 2004.
[42] BRAUDEL, Das Mittelmeer (Anm. 13), Bd. 1, S. 269–319, unter den Isthmen (russisch, polnisch, deutsch und französisch) versteht er „Straßen", die den Mittelmeerraum nach Norden anbinden, doch wird der Begriff nur im Hinblick auf das Rhonetal mehr oder minder klar profiliert, während die übrigen drei „Isthmen" ganze Großregionen umfassen können, einschließlich der Flüsse.
[43] Vgl. BRAUDEL, Das Mittelmeer (Anm. 13), Bd. 1, S. 33–240.
[44] HORDEN u. PURCELL (Anm. 19), S. 186–190 „The underestimated Mediterranean wetland".
[45] Ebd., S. 187. Die historischen Veränderungen der Flussläufe sind besonders deutlich am Unterlauf und Delta des Po zu erkennen, vgl. dazu Marco BONDESAN, Evoluzione geomorfologica e idrografica della pianura ferrarese, in: Anna Maria VISSER TRAVAGLI u. Giorgio VIGHI (Hgg.), Terre ed acqua. Le bonifiche ferraresi nel delta del Po, Ferrara 1989, S. 13–20; Paolo FABBRI, L'evoluzione del Delta Padano dall'Alto al Basso Medioevo, in: Storia di Ferrara, Bd. 5: Il Basso Medioevo XII–XV, Ferrara 1987, S. 15–41 und den Beitrag von Uwe ISRAEL in diesem Band.
[46] Die Funktion der ‚wetlands' als Weideland haben HORDEN u. PURCELL (Anm. 19), S. 187 f. herausgestellt.
[47] Zum Problem der Malaria und den Meliorationsanstrengungen der Frühen Neuzeit in den mediterranen Feuchtgebieten vgl. BRAUDEL, Das Mittelmeer (Anm. 13), Bd. 1, S. 84–101; s. auch Joachim RADKAU, Natur und Macht. Eine Weltgeschichte der Umwelt, München 2002, S. 154–159.

eher nachteiligen Rahmenbedingungen dürften zur charakteristischen Marginalität der Regionen[48] – bis in die Forschungsgeschichte hinein – beigetragen haben.

HORDEN und PURCELL verweisen jedoch auch auf die Vorteile der ‚wetlands', so die Verlässlichkeit des Vorhandenseins von Wasser für Agri- oder Hortikulturen[49] oder ihre besondere Eignung als „place of communication" bzw. „node[s] in networks of redistribution",[50] und dem wäre beispielsweise noch die Bedeutung der Salzgewinnung in diesen Zonen hinzuzufügen, die etwa für Ebro, Po und die venezianische Lagune untersucht worden ist.[51] Gerade der Salzhandel begünstigte enge Verflechtungen dieser Räume mit dem Hinterland ebenso wie über das Meer.[52] Landschafts- und Umweltgeschichte sowie die Geschichte spezifischer Wirtschafts- und Verkehrszweige erweisen sich hinsichtlich der Mündungsgebiete als untrennbar miteinander verwobene Felder, für deren historische Erforschung weitere Disziplinen einzubeziehen sind, um die Aussagen der Schriftquellen zu ergänzen und zu kontextualisieren: in erster Linie die historisch orientierte Geographie und Geologie, die Ökologie sowie terrestrische und aquatische Archäologien.[53] Vor diesem Hintergrund sollen nun exemplarisch einige Forschungsansätze für die Übergangszonen zwischen Flüssen und Meeren in der mittelalterlichen Epoche skizziert werden.

3 Mündungsräume in siedlungsgeschichtlicher, verkehrsgeschichtlicher und naturräumlicher Perspektive

Für die Geschichte der Besiedlung von Mündungs- und Deltaregionen spielen Verflechtungen mit der Landschafts- und Umweltgeschichte, aber auch der politischen Geschichte eine grundlegende Rolle: Sie treten etwa markant bei den Verlagerungen von Siedlungszentren im Bereich des Strymon-Deltas in frühbyzantinischer Zeit in Erscheinung, die Archibald DUNN in verschiedenen Aufsätzen[54] pointiert thematisiert

---

48 Vgl. für die Camargue Patricia PAYN-ECHALIER, Entre fleuve et mer. Le port d'Arles et le delta du Rhône (XVIe–XVIIe siècle), in: Rives méditerranéennes 35 (2010), S. 29–44, hier bes. S. 30 f.
49 HORDEN u. PURCELL (Anm. 19), S. 189.
50 Ebd., S. 187.
51 Vgl. Josep Pitarch LOPEZ, Les salines del delta de l'Ebre a l'Edat Mitjana, Barcelona 1998; Luigi BELLINI, Le saline dell'antico Delta Padano, Ferrara 1962; Jean-Claude HOCQUET, Le sel et la fortune de Venise, Bd. 1, Lille 1979. Für die Salzgewinnung an den atlantischen Küsten: Jean-Claude HOCQUET u. Jean-Luc SARRAZIN (Hgg.), Le sel de la Baie. Histoire, archéologie, ethnologie des sels atlantiques, Rennes 2006.
52 Zum Seehandel mit Salz im Mittelmeerraum vgl. Jean-Claude HOCQUET, Les ports du sel en Europe meridionale, in: Simonetta CAVAIOCCHI (Hg.), I porti come impresa economica, Florenz 1988, S. 41–58.
53 Zu Gegenständen und methodischen Instrumentarien der ‚wetland archaeology' vgl. allgemein, jedoch leider ohne Beispielstudien mit Bezug auf mittelalterliche Mündungsräume Francesco MENOTTI u. Aidan O'SULLIVAN (Hgg.), The Oxford Handbook of Wetland Archaeology, Oxford 2013.
54 Archibald DUNN, From polis to kastron in Southern Macedonia: Amphipolis, Khrysoupolis, and

hat. Ebenso sind diese Zusammenhänge bereits intensiv für das besonders seit dem 10. Jahrhundert nachhaltig erschlossene Rhein-Maas-Delta erforscht worden.[55] Dabei steht die Besiedlungsgeschichte dieses Raumes im frühen Mittelalter nicht zuletzt im Horizont der Debatte um die Ursprünge der mittelalterlichen urbanen Landschaft im Bereich der niederen Lande.[56] Die unmittelbaren Küstenzonen in diesem Bereich weisen Diskontinuitäten in ihrer Besiedlung während des Übergangs von der Antike zum Mittelalter auf.[57] Auch die früh- und hochmittelalterliche Siedlungsgeschichte entlang der Weichsel und im Gebiet der Weichselmündung kann auf eine lange Forschungsgeschichte zurückblicken.[58]

Mit diesen Fragen hängt wiederum das in jüngster Zeit erstmals auch im transmarinen Vergleich untersuchte Phänomen der temporär blühenden *emporia* der Karolingerzeit[59] zusammen, von denen einige in oder nahe bei Deltaregionen lagen:

the Strymon Delta, in: Castrum 5: Archéologie des espaces agraires méditerranéens au Moyen Age, Madrid, Rom 1999, S. 399–413; DERS., Loci of Maritime Traffic in the Strymon Delta (IV–XVIIIcc): Commercial, Fiscal and Manorial, in: Oi Serres kai e perioche tous apo ten archaia ste metabyzantine koinonia, Bd. 1, Thessaloniki 1998, S. 340–359.

55 Vgl. Guus J. BORGER, Siedlung und Kulturlandschaft am Unterlauf großer Ströme von der Eisenzeit bis zur frühen Neuzeit am Beispiel des Rhein-Maas-Deltas, in: Siedlungsforschung 7 (1989), S. 9–15 sowie die anderen Beiträge in diesem Themenheft. Eine umfassende, epochenübergreifende, aber auf die Neuzeit konzentrierte Umweltgeschichte dieses Deltaraumes stammt von Piet H. NIENHUIS, Environmental History of the Rhine-Meuse Delta. An Ecological Story on Evolving Human-Environmental Relations Coping with Climate Change and Sea-Level Rise, Dordrecht 2008, hier bes. S. 39–79 zum Mittelalter.

56 Zu dieser auf Henri PIRENNES Thesen über die Entstehung der niederländischen Städtelandschaft zurückgehenden Debatte vgl. die repräsentative Sammlung grundlegender Aufsätze, in: Adriaan VERHULST (Hg.), Anfänge des Städtewesens an Schelde, Maas und Rhein bis zum Jahre 1000 (Städteforschung A 40), Köln, Weimar, Wien 1996; zum Delta-Bereich s. auch Adriaan VERHULST, Die Entstehung der Städte im Rhein-Maas-Delta, in: Siedlungsforschung 7 (1989), S. 109–117.

57 Vgl. Stephen RIPPON, The Transformation of Coastal Wetlands. Exploitation and Management of Marshland Landscapes in North West Europe during the Roman and Medieval Periods, Oxford 2000, S. 138–185.

58 Vgl. dazu den instruktiven Überblick durch Thérèse DUNIN-WĄSOWICZ, Les grands fleuves et l'habitat humain dans la Baisse-Plaine européenne: la Vistule, in: Jean-François BERGIER (Hg.), Montagnes, fleuves, forêts dans l'histoire. Barrières ou lignes de convergence? Travaux présentés au XVIe Congrès International des Sciences Historiques, Stuttgart, août 1985, St. Katharinen 1989, S. 181–197; für den Unterlauf s. auch Przemyslaw URBAŃCZYK, The Lower Vistula Area as a "Region of Power" and its Continental Contacts, in: Mayke DE JONG u. Frans THEUWS (Hgg.), Topographies of Power in the Early Middle Ages, Leiden 2001, S. 509–532. Stark belastet durch germanozentrische ethnische Deutungen ist die frühe Studie von Hugo BERTRAM, Wolfgang LABAUME u. Otto KLOEPPEL, Das Weichsel-Nogat-Delta. Beiträge zur Geschichte seiner landschaftlichen Entwicklung, vorgeschichtlichen Besiedlung und bäuerlichen Haus- und Hofanlage, Danzig 1924, welche die Geschichte der slavischen Besiedlung nahezu komplett ignoriert.

59 Tim PESTELL u. Katharina ULMSCHNEIDER (Hgg.), Markets in Early Medieval Europe. Trading and "Productive" Sites, 650–850, Macclesfield 2003; nunmehr besonders Sauro GELICHI u. Richard HOD-

Dorestad am unteren Rhein, jedoch relativ weit im Landesinneren,[60] Comacchio im Podelta,[61] das nur in Wulfstans Reisebericht erwähnte Handelszentrum Truso bei der Weichselmündung[62] oder die frühmittelalterliche Stadt Wolin an der Odermündung.[63] Die Strukturen urbaner Besiedlung an den Flussmündungen sind eng mit der Funktion der Flüsse als Verkehrs- und Handelswege durch das Land hin zum Meer verknüpft. Dabei ist es auffällig, dass urbane Zentralorte in spät- und poströmischer Zeit, wie Alexandria, Ravenna, Arles oder Marseille, zwar in unmittelbarer Nähe zum jeweiligen Flussdelta gelegen sind, jedoch nicht direkt in der Deltazone. Andere große städtisch-ökonomische Zentren bildeten sich an Flussunterläufen heraus wie London, Hamburg oder Bremen, jedoch oft relativ weit gegenüber der Seeküste zurückversetzt. Politisch autonom agierende Städte zeigen daher im späten Mittelalter bisweilen die Tendenz, ihre politisch-ökonomische Kontrolle entlang des Flusses bis zur eigentlichen Mündungszone auszudehnen, wie Bremen entlang der Unterweser[64] oder Florenz entlang des Arno[65]. Interdependenzen zwischen der Herausbildung und langfristigen Stabilisierung ökonomischer Zentralorte und ihrer Lage relativ zu Flussunterläufen, die selbstverständlich in jedem Fall individuell und zeitabhängig betrachtet werden müssen, verdienten daher wohl eine vertiefte vergleichende Betrachtung.

GES (Hgg.), From One Sea to Another. Trading Places in the European and Mediterranean Early Middle Ages, Turnhout 2012.
60 Annemarieke WILLEMSEN u. Hanneke KIK, Dorestad in an International Framework. New Research on Centres of Trade and Coinage in Carolingian Times, Turnhout 2010; Annemarieke WILLEMSEN, Dorestad. Een wereldstad in de middeleeuwen, Zutphen 2009; Willem A. VAN ES u. W. J. H. VERWERS (Hgg.), Excavations at Dorestad, Bd. 3, Amersfoort 2009.
61 Sauro GELICHI u. a., The History of a Forgotten Town: Comacchio and its Aarchaeology, in: GELICHI u. HODGES (Anm. 59), S. 169–205; s. auch Michael McCORMICK, Comparing and Connecting: Comacchio and the Early Medieval Trading Towns, in: ebd., S. 477–502.
62 Zu Truso vgl. Marek JAGODZIŃSKI, Truso, Das frühmittelalterliche Hafen- und Handelszentrum im Ostseegebiet bei Elbing, in: Westpreußen-Jahrbuch 50 (2000), S. 41–56; DERS., The Settlement of Truso, in: Anton ENGLERT u. Athena TRAKADAS (Hgg.), Wulfstan's Voyage. The Baltic Sea Region in the Early Viking Age as Seen from Shipboard, Roskilde 2008, S. 182–197; zuletzt: Sebastian BRATHER u. Marek JAGODZIŃSKI, Der wikingerzeitliche Seehandelsplatz von Janów (Truso): geophysikalische, archäopedologische und archäologische Untersuchungen 2004–2008 (Zeitschrift für Archäologie des Mittelalters, Beiheft 24), Bonn 2012.
63 Zu Wolin vgl. u. a. Władysław FILIPOWIAK, Wolin – Die Entwicklung des Seehandelszentrums im 8.–12. Jahrhundert, in: Slavia antiqua 36 (1995), S. 93–104; DERS. u. Marek KONOPKA, The Identity of a Town: Wolin, Town-State, 9th–12th Centuries, in: Wojciech FALKOWSKI (Hgg.), Palatium, Castle, Residence (Quaestiones medii aevi novae 13), Warschau 2008, S. 243–288.
64 Vgl. Thomas HILL, Die Stadt und ihr Markt. Bremens Umlands- und Außenbeziehungen im Mittelalter (12.–15. Jahrhundert) (VSWG Beihefte 172), Stuttgart 2004, S. 263–336.
65 Vgl. Sergio TOGNETTI, Firenze, Pisa e il mare (metà XIV–fine XV sec.), in: DERS. (Hg.), Firenze e Pisa dopo il 1406: La creazione di un nuovo spazio regionale, Florenz 2010, S. 151–178, hier bes. S. 156–164; s. auch Francesco SALVESTRINI, Libera città su fiume regale. Firenze e l'Arno dall'antichità al Quattrocento, Florenz 2005.

Schließlich stellten die besonderen ökologischen Bedingungen in Mündungszonen auch Herausforderungen an regionale politische Akteure, etwa im Umgang mit der nahezu permanenten Überflutungsgefahr im Bereich des Rhein-Maas-Deltas im Spätmittelalter,[66] mit den zahlreichen Überflutungen am Po[67] oder im Hinblick auf das prekäre ökologische Gleichgewicht einer Lagune.[68] Daher bieten gerade die Mündungszonen interessante Laboratorien für die Erkundung mittelalterlicher Ansätze von Umweltbewusstsein und ‚Umweltpolitik': Wo nahm man sich der Herausforderungen wie an (oder auch nicht)? Welche Zusammenhänge zur Siedlungsgeschichte der jeweiligen Gebiete lassen sich erkennen?

Aus verkehrsgeschichtlicher Perspektive bilden die Mündungsgebiete Kontaktzonen maritimer und fluvialer, zudem in der Regel auch terrestrischer Transport- und Kommunikationssysteme.[69] Die Begegnung von See- und Flussschifffahrt[70] bedingte die Ausbildung von Hafensystemen mit maritimen und fluvialen Komponenten.[71] Andererseits konnten die Einwirkungen der veränderlichen Flussläufe und die sedi-

---

66 Annika W. HESSELINK, History Makes a River. Morphological Changes and Human Interference in the River Rhine. The Netherlands, Utrecht 2002; NIENHUIS (Anm. 55), S. 231–241; TÜMMERS (Anm. 22), S. 367–370.

67 S. Franco CAZZOLA, Il Po, in: Michael MATHEUS u. a. (Hgg.), Le calamità ambientali nel tardo medioevo europeo: realtà, percezioni, reazioni, Florenz 2010, S. 197–230.

68 Vgl. dazu einerseits die Pionierarbeit von Elisabeth CROUZET-PAVAN, La mort lente de Torcello. Histoire d'une cité disparue, Paris 1995, andererseits zur Entstehung ökologisch-hydrologischer Kompetenzen in der venezianischen Nobilität des Spätmittelalters Karl APPUHN, Politics, Perception and the Meaning of Landscape in Late Medieval Venice, in: John HOWE u. Michael WOLFE (Hgg.): Inventing Medieval Landscapes, Gainesville 2002, S. 70–88; s. auch RADKAU (Anm. 47), S. 144 f.

69 Zum Verhältnis von Wasser- und Landtransport im Mittelalter vgl. die ältere, jedoch grundlegende Studie von Jacques HEERS, Rivalité ou collaboration de la terre et de l'eau? Position générale des problèmes, in: Les grandes voies maritimes dans le monde, XVe–XIXe siècles. Rapports présentés au XIIe Congrès International des Sciences Historiques par la Commission Internationale d'histoire Maritime à l'occasion de son VIIe Colloque, Paris 1965, S. 13–63; Friedhelm BURGARD u. Alfred HAVERKAMP, Auf den Römerstraßen ins Mittelalter. Beiträge zur Verkehrsgeschichte zwischen Maas und Rhein von der Spätantike bis ins 19. Jahrhundert (Trierer historische Forschungen 30), Mainz 1997.

70 Zur Entwicklung der Flussschifffahrt vgl. Detlev ELLMERS, Frühmittelalterliche Handelsschifffahrt in Mittel- und Nordeuropa, Neumünster 1972; DERS., Die Archäologie der Binnenschifffahrt in Europa nördlich der Alpen, in: Untersuchungen zu Handel und Verkehr der vor- und frühgeschichtlichen Zeit in Mittel- und Nordeuropa, Bd. 5: Der Verkehr, Göttingen 1989, S. 291–350; DERS., Mittelalterliche Schiffe am Rhein, in: Beiträge zur Rheinkunde 32 (1980), S. 3–13 sowie MOLKENTHIN (Anm. 33), bes. S. 15–45.

71 Zu Hafensystemen mit Bezug auf urbane Zentren in Antike und Mittelalter vgl. die Bemerkungen von Charles VERLINDEN, Les grandes escales. Synthèse générale vue sous l'angle économique, in: Les grands escales. Troisième partie: Période contemporaine et synthèses générales (Recueils de la Société Jean Bodin 34), Brüssel 1974, S. 657–679, hier S. 662–667. Das Verhältnis von Fluss- und Seehäfen erfährt leider keine vertiefte systematische oder vergleichende Betrachtung im wichtigen Sammelband der Société des Historiens Médiévistes de l'Enseignement Supérieur Public (Hg.), Ports maritimes et ports fluviaux au Moyen Age, Paris 2005.

mentationsbedingte Verschiebung der Küstenzonen auf ehemaliges Meeresgebiet zur Zerstörung und Verlandung von Häfen führen, die zuvor stark frequentiert worden waren,[72] ein Problem, welches besonders intensiv an kleinasiatischen Flussmündungen (Mäander, Kaystros) in byzantinischer Zeit zu beobachten ist.[73]

Unzweifelhaft bilden Fluss- und Seewege Teile eines konnektiven Gesamtsystems, wobei die Kombination mehrerer Flussläufe mit (möglichst kurzen) Überlandverbindungen Bindeglieder zwischen sonst unverbundenen Meeresräumen darstellen konnten: Man denke nur an den berühmten ‚Weg der Waräger' von der Ostsee über das Flussnetz der Rus' zum Schwarzen Meer und nach Konstantinopel.[74] Doch aus der kleinräumigen Perspektive der Mündungslandschaften stellt sich von Region zu Region zeit-raum-spezifisch die Frage, wie intensiv der Umschlag vom maritimen auf den fluvialen Verkehr und umgekehrt tatsächlich war und wie weit ins Hinterland hinein die Anbindungswirkung der Flüsse reichte. Konnten im Frühmittelalter viele an den Meeresküsten fahrende Schiffe auch die Flussläufe noch über weite Strecken befahren, so bedingte die größere Transportkapazität der Schiffe im späteren Mittelalter oft zwingend das Umladen der Güter zwischen Meer und Fluss.[75]

4 Politik- und kulturgeschichtliche Perspektiven auf Mündungsgebiete

Neben der ökonomischen Perspektive sollten Mündungsgebiete aber auch als politisch, militärisch, kulturell und religiös relevante Zonen untersucht werden. Flussmündungen konnten, wie bei Themse oder Nil, allseitig von einem Herrschaftsraum umschlossen sein; sie konnten aber auch in Fortsetzung des Flusslaufes eine politische Grenze markieren, etwa der Rhone-Unterlauf zwischen dem Königreich Frankreich und der zum burgundischen Regnum gehörenden Provence[76] oder der Unterlauf

---

72 Bekannt ist das Beispiel des in der Antike blühenden Ravennater Hafens Classe. Umgekehrt profitierte Brügge von der aus der Sturmflut 1134 hervorgegangenen Fahrtrinne zum Swin für die Anlage des Hafens Damme, vgl. Marc RYCKAERT, Brügge und die flandrischen Häfen vom 12. bis 18. Jahrhundert, in: Heinz STOOB (Hg.), See- und Flußhäfen vom Hochmittelalter bis zur Industrialisierung (Städteforschung, Reihe A, Darstellungen 24), Köln 1986, S. 129–139.
73 Vgl. Johannes KODER, Der Lebensraum der Byzantiner, Darmstadt 1984, S. 47–50.
74 Dieser fluviale Transportweg wird eingehend im 9. Kapitel des als ‚De administrando imperio' bekannten Traktates Kaiser Konstantins VII. beschrieben. Vgl. mit zahlreichen Kommentaren und Literaturangaben: Die Byzantiner und ihre Nachbarn. Die *De administrando imperio* genannte Lehrschrift des Kaisers Konstantinos Porphyrogennetos für seinen Sohn Romanos, übers. v. Klaus BELKE u. Peter SOUSTAL (Byzantinische Geschichtsschreiber 19), Wien 1995, S. 78–86.
75 Vgl. Detlev ELLMERS, Techniken und Organisationsformen zur Nutzung der Binnenwasserstraßen im hohen und späten Mittelalter, in: Straßen- und Verkehrswesen (Anm. 33), S. 161–183, hier S. 169 f., 178.
76 Zur komplexen Realität und Dynamik dieser Grenzsituation im späteren Mittelalter vgl. ROSSIAUD

der Donau über lange Zeit zwischen Byzantinern bzw. Bulgaren und romanisch-vlachischer Bevölkerung einerseits und nordpontischen Steppennomaden andererseits.[77] Darüber hinaus erscheinen Delta-Landschaften aufgrund ihrer natürlichen Feingliedrigkeit auf den ersten Blick prädestiniert für die Ausbildung kleinräumlicher Herrschaftsgefüge, doch wäre zu untersuchen, in welchem Maße und für welche Räume in welchen Phasen das tatsächlich zutrifft.

Siedlungen in Mündungsgebieten waren oft besonders verwundbare Zonen: vom Land her zumeist leicht zugänglich, waren sie auch zur See den Angriffen durch Seeräuber oder militärischen Überfällen weitgehend ungeschützt ausgeliefert und konnten ggf. auch als Rückzugsraum für solche Gewaltakteure dienen, wie etwa im Falle der Niederlassung arabischer Verbände an der Mündung des Garigliano in Mittelitalien.[78] Als klassisches Beispiel können aber die Normannen angeführt werden, die ihre Quartiere bevorzugt an Flussmündungen anlegten.[79] Umgekehrt strebten Mächte des Binnenlandes häufig danach, die Kontrolle über Mündungsgebiete und damit den Zugang zum Meer zu erlangen.[80] Folglich ließe sich vergleichend fragen, wie sich der Wandel von Herrschaftskonfigurationen auf das maritim-fluviale Verkehrsgefüge auswirkte, ob sich politische Zugehörigkeiten oder der Grenzcharakter von Flussräumen auf Dauer verfestigten oder nur flüchtig in Erscheinung traten. Zu fragen wäre auch, welche Wirkung auf die Geschichte eines Mündungsraumes Phasen zeitigten, in denen Zentralorte politischer Herrschaft in unmittelbarer Nähe lagen (wie z. B. Ravenna südlich des Podeltas) oder sich die strategische Lage des

---

(Anm. 29), S. 93–115. Vgl. auch ältere Studien, darunter Jacques DE ROMEFORT, Le Rhône, de l'Ardèche à la mer. Frontière des Capétiens au XIIIe siècle, in: Revue Historique 161 (1929), S. 74–89; Bertram RESMINI, Das Arelat im Kräftefeld der französischen, englischen und angiovinischen Politik nach 1250 und das Einwirken Rudolfs von Habsburg (Kölner historische Abhandlungen 25), Köln, Wien 1980, bes. S. 9–19, 283–306.

77 Vgl. Victor SPINEI, The Romanians and the Turkic Nomads North of the Danube Delta from the Tenth to the Mid-Thirteenth Century (East Central and Eastern Europe in the Middle Ages 6), Leiden 2009; Petre DIACONU, Les Petchénègues au bas-Danube (Bibliotheca Historica Romaniae 27), Bukarest 1970 sowie den Beitrag von Daniel ZIEMANN in diesem Band.

78 Vgl. Andreas OBENAUS, „... Diese haben nämlich die maurischen Piraten verwüstet". Islamische Piraterie im westlichen Mittelmeerraum während des 9. und 10. Jahrhunderts, in: DERS., Eugen PFISTER u. Birgit TREMML (Hgg.), Schrecken der Händler und Herrscher. Piratengemeinschaften in der Geschichte, Wien 2012, S. 33–54, hier S. 42 f. Vom arabischen Herrschaftsstützpunkt Fraxinetum in der Provence gingen Raubzüge ins Gebiet der Rhonemündung bis nach Arles aus, vgl. ebd., S. 45 f.

79 Vgl. Ekkehard EICKHOFF, Maritime Defense of the Carolingian Empire, in: Rudolf SIMEK u. Ulrike ENGEL (Hgg.), Vikings on the Rhine. Recent Research on Early Medieval Relations between the Rhinelands and Scandinavia, Wien 2004, S. 51–64, hier bes. S. 55 f. Alheydis PLASSMANN, Die Normannen. Erobern – Herrschen – Integrieren (Kohlhammer-Urban-Taschenbücher 616), Stuttgart 2008, S. 59–67; Simon COUPLAND, The Fortified Bridges of Charles the Bald, in: Journal of Medieval History 17 (1991), S. 1–12; Carroll M. GILLMOR, War on the Rivers. Viking Numbers and Mobility on the Seine and Loire, 841–886, in: Viator 19 (1988), S. 79–109.

80 Vgl. oben Anm. 64 u. 65.

Herrschaftszentrums gegenüber dem Delta verschob, wie etwa zwischen Alexandria und Fusṭāṭ/al-Qāhira.[81]

Die besondere Stellung von Mündungsgebieten als liminale Zonen zwischen Land und Wasser, zwischen Salzwasser und Süßwasser, zwischen friedlicher Siedlungs- und Handlungstätigkeit und militärischer Bedrohung lässt zudem die Frage nach Manifestationen kulturellen Austauschs in kooperativen ebenso wie in agonalen Konstellationen in diesen Zonen fruchtbar erscheinen. In welchen Fällen wurde für solche Räume eine hohe politische und religiöse Regulierungsdichte angestrebt, in welchen Situationen wurden sie bewusst der Marginalisierung anheimgegeben? Auch die Ansiedlung von Klöstern und monastischen Gemeinschaften in solchen Zonen oder ihrer unmittelbaren Nachbarschaft – erinnert sei nur an Pomposa,[82] aber auch an die ganz anderen natürlichen Rahmenbedingungen unterliegenden Klöster in der Sketischen Wüste nahe am Nildelta[83] – werfen die Frage nach den kulturellen Konnotationen der Perzeption und Nutzung der Mündungsräume auf. Lassen sich charakteristische Züge der religiösen Topographie dieser Räume – ggf. auch religions- und kulturübergreifend – beobachten?

Nicht zuletzt ist nach den Rückwirkungen der naturräumlichen Herausforderungen, die verschiedene potentiell herrschaftlich konkurrierende Akteure auch zur Kooperation im Hinblick auf den Schutz vor Überflutung zwingen konnten,[84] auf die Entstehung verbindender regionaler und transregionaler Identitäten zu fragen, aber auch auf die politischen Expansionsbemühungen einzelner Akteure in den fragilen Zonen.[85]

Vielfältige Erkenntnisse verspricht im Anschluss daran aber auch die Untersuchung von Wahrnehmungen und Imaginationen der in Mündungslandschaften

---

81 Die zur Geschichte des Nildeltas in islamischer Zeit grundlegende neue Studie von John P. COOPER, The Medieval Nile. Route, Navigation and Landscape in Islamic Egypt, Cairo 2014, lag uns leider bei Abfassung dieses Textes noch nicht vor.

82 Vgl. Mario ZUCCHINI, Pomposa e la bonifica ferrarese, in: Antonio SAMARITANI, Analecta Pomposiana. Atti del primo convegno internazionale di studi storici pomposiani, Codigoro 1965, S. 435–454; Guerrino FERRARESI, Santa Maria di Pomposa tra acque e terre (sec. IX–XI), in: I quaderni del MAES 7 (2004), S. 37–56.

83 Mario CAPPOZZO, I monasteri del deserto di Scete (Studi sull'antico Egitto 3), Todi 2009; Maged S. A. MIKHAIL (Hg.), Christianity and Monasticism in Wadi al-Natrun: Essays from the 2002 International Symposium, Cairo 2009.

84 Jacob VOSSESTEIN, The Dutch and their Delta. Living below Sea Level, Den Haag 2011. Vgl. RADKAU (Anm. 47), S. 151.

85 So bedingte die für Venedig überlebenswichtige Stabilisierung des ökologischen Gleichgewichts in Teilen der Lagune eine Orientierung auf das unmittelbare Hinterland, von dem aus die Flüsse in die Lagune mündeten, und rief besonders im 15. Jahrhundert – in Koinzidenz mit der Intensivierung einer aggressiven Terraferma-Politik, die vermehrte Wahrnehmung eigener Gefährdung durch das Wasser hervor, s. Elisabeth CROUZET-PAVAN, Toward an Ecological Understanding of the Myth of Venice, in: John MARTIN u. Dennis ROMANO (Hgg.), Venice Reconsidered. The History and Civilization of an Italian City-State, 1297–1799, Baltimore, London 2000, S. 39–64, hier S. 49–53.

aufeinander treffenden Fluss- und Meeresräume wie auch der Mündungslandschaften selbst: Wurden Meere und Flüsse als Teile eines verbundenen Wassersystems imaginiert oder als stark distinkte Kategorien, wurden also Gemeinsamkeiten oder Unterschiede der beiden Erscheinungsformen der Wasserwelt in Texten und Darstellungen betont? Übertrug sich die für die Meereswahrnehmung so charakteristische Kategorie der Gefahr und Unsicherheit[86] auch auf die Flüsse oder wurden diese als eher sichere Räume verstanden? Ist die oft negative Perzeption sumpfiger, feuchter Räume[87] auch für die Mündungsgebiete charakteristisch? Zu beachten wäre auch, dass seit der Antike ein lebendiger Diskurs über die Vor- und Nachteile des Meeres und der Flüsse für menschliche Gemeinschaften in Nähe zu deren Ufern bestand.[88] Welche Rolle spielte in der Wahrnehmung schließlich der zerklüftete Charakter von Delta-Bereichen? Wurden hier die Flussarme als neue Flüsse oder die eingeschlossenen Landbestandteile als Inseln wahrgenommen?[89]

Vor diesem Hintergrund bestand das Ziel der Sektion auf dem Berner Kolloquium des Mediävistenverbandes darin, charakteristischen Merkmalen von Mündungszonen als Kontakträumen zwischen maritim, terrestrisch und fluvial geprägten Landschaften nachzuspüren. Dies sollte anhand charakteristischer Fallbeispiele aus verschiedenen Küstenzonen erfolgen: Mit Donau, Rhone, Po und Nil waren dabei einige der bedeutendsten Flüsse im euromediterranen Raum vertreten. Doch ging es zugleich darum, mit einem solchen Ensemble die große Vielfalt systematischer methodischer Perspektiven und Fragestellungen aufzuzeigen, um neben der unbestreitbaren ökonomischen auch die politische, kulturelle und insbesondere religiöse Relevanz dieser Räume zu berücksichtigen.

---

86 Vgl. etwa Margaret E. MULLETT, In Peril on the Sea: Travel Genres and the Unexpected, in: Ruth MACRIDES (Hg.), Travel in the Byzantine World, Aldershot 2002, S. 259–284; John PRYOR, At Sea on the Maritime Frontiers of the Mediterranean in the High Middle Ages: the Human Perspective, in: Oriente e Occidente tra Medioevo ed Età Moderna: Studi in onore di Geo Pistarino, Genua 1997, Bd. 2, S. 1005–1034.
87 Vgl. Aidan O'SULLIVAN, Europe's Wetlands from the Migration Period to the Middle Ages. Settlement, Exploitation and Transformation, AD 400–1500, in: The Oxford Handbook of Wetland Archaeology (Anm. 53), S. 27–53, hier 27 f.
88 Vgl. etwa Marcus Tullius Cicero, De re publica, hrsg. v. J. F. G. POWELL, Oxford 2006, II,5–10, insb. II,10 über die Gründung Roms: *Qui potuit igitur divinius et utilitates conplecti maritimas Romulus et vitia vitare, quam quod urbem perennis amnis et aequabilis et in mare late influentis posuit in ripa? quo posset urbs et accipere a mari quo egeret, et reddere quo redundaret, eodemque ut flumine res ad victum cultumque maxime necessarias non solum mari absorberet, sed etiam invectas acciperet ex terra?*
89 Zur Wahrnehmung von Inseln in Flüssen als besonders instabile Landschaften vgl. auch POTSCHKA (Anm. 6), S. 72–78.

Uwe Israel (Dresden)
Zwischen Land und Meer. Venedigs Ringen um eine hegemoniale Stellung am Unterlauf des Po im Mittelalter

Abstract: This article investigates the lagoon city's long path to economic and political dominance of the lower Padan Plain, with a particular focus on geographical conditions and competition with Ferrara. Finally, the author asks whether the description of Venice as a "Maritime Republic" is adequate – considering the importance of mainland connections for its function as hub between Orient and Occident.

Keywords: Ferrara, Handel, Po, Venedig, Wasserstraßen

Der Po entspringt in den Cottischen Alpen an der italienisch-französischen Grenze und ist mit etwa 680 Kilometern der mit Abstand längste Fluss Italiens. Er ist zentral für die nach ihm benannte Tiefebene. Durch etwa 140 Zuflüsse aus den Alpen und dem Apennin ist er sehr wasserreich. Dabei ist der Po sehr sedimentreich und schiebt das Land in seinem Mündungsgebiet kontinuierlich vor sich her in die Adria. Die von Meeresströmungen weggeschwemmten Sande führten zu den Strandwällen der Lidi, hinter denen sich Lagunen wie die von Venedig und Comacchio bilden konnten.

Wasser war für Handel und Verkehr in der Vormoderne viel wichtiger als heute. Im Mittelalter wurde der Transport zu Wasser jederzeit dem zu Land vorgezogen – und das nicht nur bei Massengütern. Bequemlichkeit, Sicherheit, häufig auch Schnelligkeit sprachen für das Boot. Das galt umso mehr in einer Deltaregion mit sumpfigen Zonen und zahlreichen Wasserläufen, die sich als Routen anboten, aber auf dem Landweg umgangen oder erst überschritten werden mussten.[1] Der Po war neben den zahllosen anderen natürlichen und künstlichen Wasserstraßen insbesondere der unteren padanischen Ebene die wichtigste Verkehrsader in Oberitalien.[2] Er konnte bis zur Mitte des 12. Jahrhunderts mit großen Seeschiffen bis zum etwa 50 Kilometer

---

[1] Vgl. zu den Landwegen Gian Maria VARANINI, Appunti sul sistema stradale nel Veneto tardomedievale. Secoli XII–XV, in: Thomas SZABÓ (Hg.), Die Welt der europäischen Straßen. Von der Antike bis in die Frühe Neuzeit, Köln, Weimar, Wien 2009, S. 97–117; Giuseppe SERGI (Hg.), Luoghi di strada nel medioevo fra il Po, il mare e le alpi occidentali, Turin 1996.

[2] Vgl. Nadia COVINI, Strutture portuali e attraversamenti del Po. Alcuni aspetti delle relazioni tra comunità, signori e stato ducale lombardo (secolo XV), in: Arturo CALZONA u. Daniela LAMBERINI (Hg.), La civiltà delle acque tra Medioevo e Rinascimento. Atti del Convegno internazionale (Mantova, 1–4 ottobre 2008) (Ingenium 14), Florenz 2010, S. 243–259; Donato GALLO u. Flaviano ROSSETTO (Hgg.), Per terre e per acque. Vie di comunicazione nel Veneto dal medioevo alla prima età moderna, Padua 2003; Pierre RACINE, Po, in: Lexikon des Mittelalters, Bd. 7 (1995), Sp. 27–29; DERS., Poteri medievali e percorsi fluviali nell'Italia padana, in: Franco FARINELLI, Aldo MONTI u. Giuseppe SERGI (Hgg.), Vie

von der Küste entfernten Ferrara befahren werden, womit diesem Ort lange Zeit eine Zentralstellung relativ weit im Landesinneren zukam. Mit kleineren Booten kam man sogar 200 Kilometer flussaufwärts bis nach Pavia, dem alten Vorort des italischen Königreichs.[3] Neben dem Po und vielen seiner Nebenflüsse waren im Adriabogen zahlreiche weitere Gewässer schiffbar wie die Piave, der Sile, die Brenta und vor allem die Etsch. Auf der Etsch konnte man bei gutem Wasserstand weit in die Alpen hinein bis Bozen einfahren – und damit nahe an den Reschenpass bzw. Brenner und die Hauptrouten nach Deutschland gelangen.[4]

Im flachen, von Sümpfen, Teichen und Lagunen durchzogenen Podelta bestand ferner die Möglichkeit, mit dem Boot quer zur Flussrichtung zu fahren. So konnte man schon in der Antike von Ravenna im Süden, wo die padanischen und apenninischen Gewässer zusammentrafen und das Meer nicht weit war, teils über die künstliche *Fossa Augusta* bis nach Aquileia im Norden allein über Flussarme, Kanäle und andere Binnengewässer gelangen, was den Vorteil bot, sich auch ohne seetaugliche Schiffe oder maritime Gefahren bewegen zu können.[5] Auch im Ostgotenreich war diese Passage möglich, wenn man Cassiodor folgt. In seiner Funktion als Präfekt schrieb er wohl im Jahre 537 einen stilisierten Brief an die venetischen *tribuni maritimi* in Bezug auf die Versorgung der Königsresidenz Ravenna. Es ging um die Lieferung von Wein, Öl und Getreide aus Histrien durch die padanische Lagunen- und Deltalandschaft. Cassiodor verweist darauf, dass neben dem Seeweg eine Alternativroute offenstände, die sich durch dauerhafte Sicherheit und Ruhe auszeichne. Denn wenn das Meer durch raue Winde unzugänglich sei, öffne sich hier ein Weg durch die lieblichste Flusslandschaft, wo man, statt von unberechenbaren Segeln abhängig zu sein,

---

di comunicazione e potere, Bologna 1986, S. 8–32; Gina FASOLI, Navigazione fluviale – Porti e navi sul Po, in: La navigazione mediterranea nell'Alto Medioevo (Settimane di Studi del Centro italiano di studi sull'alto Medioevo 25), Spoleto 1978, Bd. 2, S. 565–607 (mit Diskussion S. 609–620); Mario DI GIANFRANCESCO, Per una storia della navigazione padana dal medioevo alla vigilia del Risorgimento, in: Quaderni storici 10 (1975), S. 199–226.

3 Vgl. Pierre RACINE, Aperçu sur les transports fluviaux sur le Pô au bas Moyen Age, in: Annales de Bretagne et des Pays de l'Ouest 85 (1978), S. 261–271; Pierre RACINE, Il Po e Piacenza nel Medioevo. Per una storia economica e sociale della navigazione padana, in: Bollettino storico piacentino 63 (1968), S. 26–37.

4 Vgl. Eugenio TURRI u. Sandro RUFFO (Hgg.), L'Adige. Il fiume, gli uomini, la storia, Verona 1997; Tommaso FANFANI, L'Adige come arteria principale del traffico tra nord Europa ed emporio realtino, in: Giorgio BORELLI (Hg.), Una città e il suo fiume. Verona e l'Adige, Verona 1977, S. 571–628.

5 Vgl. Mauro CALZOLARI, Il Delta padano in Età romana. Idrografia, viabilità, insediamenti, in: Fede BERTI (Hg.), Genti nel delta da Spina e Comacchio. Uomini, territorio e culto dall'antichità all'alto Medioevo, Ferrara 2007, S. 153–172; Luciano BOSIO, Dai Romani ai Longobardi. Vie di comunicazione e paesaggio agrario, in: Lellia CRACCO RUGGINI u. a. (Hgg.), Storia di Venezia, Bd. 1: Origini – età ducale, Rom 1991, S. 175–208.

zuverlässig treideln könne.⁶ Siebenhundert Jahre später befuhr Albert von Stade die Wasserwege des Podeltas, als er im Jahre 1236 aus Rom heimkehrte. In seiner Weltchronik gab er genaue Tagesetappen an.⁷ Von Ravenna aus fuhr er demnach auf seichten Wasserwegen, die teils von Sümpfen gesäumt waren, über Ferrara bis zum Po. Bei Gewitter sei der Fluss hier aber sehr gefährlich, weil man wegen Sümpfen und Ödnis an keiner Uferseite Zuflucht fände: Was zunächst wie eine Engstelle aussehe, verbreitere sich dann endlos. Er empfiehlt daher, bei ruhigem Wetter in einem guten Boot durchzufahren. Verlässliche Menschen könne man dort aber nicht finden, es erwarteten einen nichtsnutzige Schwätzer. Daher solle man besser bei Tag und nicht bei Nacht fahren.

Durch Anschwemmung und Dammbau lag der Wasserspiegel des sedimentreichen Po im Unterlauf bereits im Mittelalter teils über dem Niveau des Umlands, was immer wieder zu verheerenden Überschwemmungen und Verlagerungen seines Laufs führte.⁸ So liegt Padua heute an seiner höchsten Stelle 13 Meter über dem Meer; in seiner aktuellen Provinz gibt es aber einige Punkte, die sogar unter Meeresniveau liegen.⁹ Die spektakulärste Veränderung des Polaufs in mittelalterlicher Zeit war sicher der Dammbruch von Ficarolo. Dies geschah Mitte des 12. Jahrhunderts etwa 20 Kilometer nordwestlich von Ferrara, was dazu führte, dass der Po seinen Hauptarm in ein weiter nördlich gelegenes altes Bett, den Po Grande, zurückverlagerte.¹⁰ Auf diesem Weg strebt er auch noch heute dem Mittelmeer zu. Die Katastrophe war vermutlich von Menschenhand ausgelöst worden, wenn wir einem Chronisten aus

---

6 Flavius Magnus Aurelius Cassiodorus, Variarum libri XII. De anima, hrsg. von Åke Josephson FRIDH (Magni Aurelii Cassiodori Senatoris Opera, Bd. 1, Corpus Christianorum, Series Latina 96), Turnhout 1973, XII,24, S. 491f.
7 Albert von Stade, Annales ad a. 1236, hrsg. v. Johann Martin LAPPENBERG (MGH Scriptores 17), Hannover 1859, S. 271–379, hier S. 338: *A Roma redeas per Viterbium* (Viterbo), *et sic ultra Alpes ad balneum sanctae Mariae* (Bagno) *via praedicta usque Meldolam* (Meldola). *Et, tunc Furlin* (Forlì) *non veniens, eas 25 leucas ad Travenam* (Ravenna). *Inde 9 per modicam aquam, ex utroque latere omnino paludosam, usque trans Padum, 3 ad Sanctum Albertum* (S. Alberto am Po di Primaro), *30 ad Argenteam* (Argenta), *20 ad Ferrariam* (Ferrara), *10 ad aquam* (Po), *7 per aquam. Haec aqua, quamvis sit modica, tempore tempestatis valde est periculosa, quia a nullo latere refugium est, obstantibus paludibus et deserto; et licet primo sit arta, ad ultimum se dilatat. Unde consulo tibi, ut tranquillo tempore transeas in bona navi. Bonos homines ibi habere non potes, quia nequissimi manent ibi leccatores. Transeas ergo contra diem, non contra noctem. Aqua transacta, vadas 5 leucas usque Ruvine* (Rovigo), *5 iterum ad Anguillariam* (Anguillara), *28 ad Paduam, 8 Curterole* (Curtarolo), *8 Passanum* (Bassano). *Ibi est introitus ad montana.*
8 Vgl. Franco CAZZOLA, Il Po, in: Michael MATHEUS (Hg.), Le calamità ambientali nel tardo Medioevo europeo. Realtà, percezioni, reazioni, Florenz 2010, S. 197–230.
9 Dario CANZIAN, Presentazione, in: Remy SIMONETTI, Da Padova a Venezia nel medioevo. Terre mobili, confini, conflitti, Rom 2009, S. 7–11, hier S. 7.
10 Vgl. Reinhold SCHUMANN, Die Verkehrslage der Emilia-Romagna in vorstaufischer Zeit und ihr Wandel durch den Dammbruch von Ficarolo (1150–1152), in: Quellen und Forschungen aus italienischen Archiven und Bibliotheken 57 (1977), S. 46–68.

Ferrara vom Anfang des 14. Jahrhunderts folgen, der schreibt, dass Leute von Ficarolo während einer Fehde den Damm des Flusses angeschnitten hätten, um die Felder eines Nachbardorfes zu verwüsten.[11] Künstliche Veränderungen von Wasserläufen kamen immer wieder vor, sei es zur Amelioration oder sei es, dass man einem Gegner das Wasser abgraben und damit dessen Felder, Mühlen und Wasserwege trockenlegen oder wie hier Überflutungen herbeiführen wollte.

Die Konsequenzen des Dammbruchs von Ficarolo waren weitreichend – in naturräumlicher Hinsicht, weil das Delta vor dem Dammbruch über 30 Kilometer weiter flussaufwärts begann und damit viermal so groß war wie heute und weil die alten südlichen Arme des Po danach mit der Zeit versandeten;[12] in historischer Hinsicht, weil Ferrara, ein wichtiger Konkurrent Venedigs seit frühmittelalterlicher Zeit und der Umschlagplatz, wo lange Zeit das Salz aus Comacchio und die Waren aus Ravenna zusammenkamen, bald abgehängt wurde. Venedig konnte nämlich erst jetzt das Kontrollmonopol Ferraras brechen und nahezu ungehindert in das weitverzweigte Verkehrssystem des Po eindringen. Schon länger hatte Venedig, das seine Flotte nicht nur zur Beherrschung des Meeres, sondern auch der padanischen Wasserläufe einzusetzen verstand, die Kontrolle am Unterlauf des Po übernehmen wollen. Bereits 963/64 hatte der Doge Petrus IV. Candianus ferraresische Befestigungen zerstört, um den Handelskonkurrenten im Bereich der Poebene zu schädigen.[13] Das stellte sich nach dem Dammbruch einfacher dar, da die Hauptmündung durch den neuen Verlauf nicht nur deutlich näher an die Lagune rückte, sondern Ferrara über den Fluss nun umgangen werden konnte. Das Delta fächerte sich nach dem Dammbruch nicht mehr in Ferrara in die beiden Hauptzweige, des Po di Volano und des Po di Primaro auf, sondern erst flussabwärts im neuen Po Grande. Die beiden alten, langsam absterbenden Arme waren wegen Wasserarmut nach einigen Jahrzehnten nicht mehr für größere Schiffe geeignet. Damit war das Schicksal von Ferrara als wichtigstem Kontrollpunkt des Pohandels besiegelt, auch wenn der Po Grande teils noch durch ferraresisches Gebiet führte.[14]

Auch das venezianische Habitat war zu jeder Zeit äußerst fragil.[15] Die Lagune brauchte ein Mindestmaß an Salzwasser und Anschluss an die Gezeiten, um nicht zu Brackwasser zu werden – mit unabsehbaren Folgen für Mensch und Tier. Umgekehrt

---

11 Ricobaldo da Ferrara, Chronica parva Ferrariensis, hrsg. v. Gabriele ZANELLA, Ferrara 1983, S. 116: *Hec pars Padi que dicitur rupta Ficaroli hominum opus fuit. Nam homines eius loci odio hominum colentium agros vici qui dicitur Ruina aggerem Padi scinderunt ut aquarum exundantium mole suis emulis damna agrorum inferrent.*

12 Vgl. Paolo FABBRI, L'evoluzione del delta padano dall'Alto al Basso Medioevo, in: Augusto VASINA (Hg.), Storia di Ferrara. Bd. 5: Il basso medioevo, XII–XIV sec., Ferrara 1987, S. 15–41.

13 Francesca BOCCHI, Ferrara, in: Lexikon des Mittelalters, Bd. 4 (1989), Sp. 335–390.

14 Vgl. Marcello TOFFANELLO, Ferrara la città rinascimentale e il delta del Po, Rom 2005.

15 Vgl. Christian MATHIEU, Inselstadt Venedig. Umweltgeschichte eines Mythos in der Frühen Neuzeit, Köln 2007; Donatella CALABI, Una città „seduta sul mare", in: Alberto TENENTI u. Ugo TUCCI (Hgg.), Storia di Venezia. Temi: Il mare, Rom 1991, S. 135–143.

bestand stets die Gefahr, dass die Lagune aus dem aquatischen Gleichgewicht geriet und durch die Schwebstoffe der einfließenden Gewässer versandete oder aber durch Abspülung der sie vor dem Meer schützenden Lidi zu einem Meerbusen wurde.[16] Beides hätte die Existenz der Stadt in Frage gestellt. Daher wurden bereits früh erhebliche Anstrengungen zur Regulierung und Umleitung der Flüsse unternommen. In der Frühneuzeit wurden Brenta und Sile sogar ganz um die Lagune herum direkt ins Meer geleitet.[17] Entlang der Lidi errichtete man im 18. Jahrhundert in jahrzehntelanger Arbeit mit den Murazzi eine kilometerlange steinerne Schutzmauer – was sich heute in Zeiten steigender Meeresspiegel in dem gigantischen milliardenschweren Flutschutzwehrprojekt MOSE fortsetzt.[18]

Wie bei anderen Binnengewässern wurden auch beim Po die Rechte seiner Nutzung, Wegezoll, Mühlen, Flößerei u. s. f., eigentlich als königliches Prärogativ angesehen. Schon die langobardischen Herrscher, dann auch die römisch-deutschen Könige und Kaiser förderten den Verkehr auf dem Strom: Die Behinderung des Flussverkehrs wurde untersagt, Flusssperren verboten, die Freiheit der Schifffahrt postuliert und die Ufer befestigt. Die Regalien gelangten bereits im Früh- und Hochmittelalter durch Privilegierung zunächst vor allem in kirchliche und klösterliche, später in adlige und kommunale Hand.[19] So durfte man in Ferrara, wo wichtige Land- und Wasserwege zusammenliefen,[20] Zoll erheben, Hafengebühren verlangen und konnte – befördert durch Stapelzwang – zweimal im Jahr lukrative Messen betreiben. Diese hatten eine Ausstrahlung jenseits der Lombardei und Italien sogar über die Alpen. Auf den Jahrmärkten wurden Gewürze, Stoffe und Spezereien aus der Levante gegen Metallwaren, Pelze und Leder aus dem Norden getauscht – ganz ähnlich also wie am Rialto, womit Ferrara in klarer Konkurrenz zu Venedig stand.

Dabei wollten die Venezianer nicht nur das Salzmonopol für Padanien erlangen, sondern den Rialtomarkt überhaupt als einzige Drehscheibe zwischen Orient und Okzident etablieren. Zur Erlangung dieser ehrgeizigen Ziele war den Kaufleuten von Venedig jedes Mittel recht. Um das Salzmonopol durchzusetzen, was bis Mitte des

---

16 Vgl. Giovanni UGGERI, La laguna e il mare, in: CRACCO RUGGINI u. a. (Anm. 5), S. 149–173.
17 Vgl. Salvatore CIRIACONO, 7 agosto 1501. L'istituzione dei Savi ed Esecutori alle acque: un Ministero dell'ambiente ante litteram, in: Uwe ISRAEL (Hg.), Venezia. I giorni della storia, Rom 2011, S. 147–166; Bernd ROECK, Wasser, Politik und Bürokratie. Venedig in der frühen Neuzeit, in: Die Alte Stadt 20 (1993), S. 207–220.
18 Vgl. Nelli-Elena VANZAN MARCHINI, Venezia civiltà anfibia, Sommacampagna 2009.
19 Vgl. allgemein Duccio BALESTRACCI, La politica delle acque urbane nell'Italia comunale, in: Mélanges de l'École française de Rome. Moyen Âge, temps modernes 104 (1992), S. 431–479.
20 Vgl. allgemein Jacques HEERS, Rivalité ou collaboration de la terre et de l'eau? Position générale des problèmes, in: Les grandes voies maritimes dans le monde XVe–XIXe siècles, Paris 1965, S. 13–63; Hermann KELLENBENZ, Landverkehr, Fluss- und Seeschifffahrt im europäischen Handel (Spätmittelalter – Anfang des 19. Jahrhunderts), in: ebd., S. 65–174.

13. Jahrhunderts tatsächlich gelang,²¹ und um die am Stapel in Rialto gehandelten Waren abzusetzen, war der freie Zugang nach Padanien, einem riesigen Wirtschaftsraum mit zahlreichen Städten, essentiell. Konkurrenten, die die Einfahrt über das Podelta gefährden konnten, wurden daher von Anfang der ökonomischen Expansion gnadenlos niedergerungen. So gewannen schon länger gärende Auseinandersetzungen mit dem 35 Kilometer westlich von Venedig gelegenen Padua an Brisanz, als der Doge von Venedig den Mönchen des Lagunenklosters San Servolo im Jahre 819 Land im Brentadelta gab, um dort mit Sant'Ilario ein neues Kloster zu errichten.²² Die Gründung von Sant'Ilario mit seinen Gütern war ein allererstes Ausgreifen der Rialtostadt auf das Festland und sollte neben der Urbarmachung des Umlandes vor allem auch der Kontrolle über die der Lagune zufließenden Brenta dienen.²³ Zwischen Venedig und Padua ging es bei den Konflikten immer wieder um Rechte an den Wasserläufen und fruchtbaren Niederungen. Hier waren die für die Inselstadt essentiellen Güter Holz, Wein und Getreide zu gewinnen.²⁴ Im Verlauf einer militärischen Auseinandersetzung im Jahre 1372 errichtete Padua eine Kette von Forts entlang der Brenta.²⁵

Bevor die Flusspolitik Venedigs näher betrachtet wird, soll ein kurzer Überblick über sein Verhältnis zu weiteren im Deltabereich gelegenen Nachbarn gegeben werden. Am Südende der Lagune, also in unmittelbarer Nachbarschaft, lag Chioggia.²⁶ Es hatte zwar den langobardischen Angriffen, nicht aber denjenigen der Franken und dann der Ungarn widerstehen können, die die Stadt im 9. Jahrhundert zweimal zerstörten. Venedig konnte Chioggia seit dieser Zeit mit Schutzverträgen in politischer und wirtschaftlicher Abhängigkeit halten. Um 1200 war Chioggia gleichwohl eine wahre Kapitale des Salzes und die Lagune wohl der wichtigste Salzproduktionsort im ganzen Mittelmeer.²⁷ Als Venedig aber mit dem *ordo salis* von 1281 allen Händlern, die nach Venedig wollten, auferlegte, auf ihren Schiffen als Ballast einen hohen Anteil Salz anzubringen, gerieten die Salinen von Chioggia und auch die von Cervia

---

21 Vgl. Jean-Claude Hocquet, Venise et le monopole du sel. Production, commerce et finance d'une république marchande, 2 Bde., Venedig 2012; ders., La politica del sale, in: Giorgio Cracco u. Gherardo Ortalli (Hgg.), Storia di Venezia. Bd. 2: L'età del comune, Rom 1995, S. 713–736; ders., Le sel, enjeu et instrument de la domination vénitienne, in: Dante Bolognesi (Hg.), Ravenna in età veneziana, Ravenna 1986, S. 89–100.
22 Simonetti (Anm. 9), S. 53.
23 Vgl. Sante Bortolami, Il Brenta medievale nella pianura veneta. Note per una storia politico-territoriale, in: Aldino Bondesan u. a. (Hgg.), Il Brenta, Verona 2003, S. 215–225.
24 Vgl. Sante Bortolami, Acque, mulini e folloni nella formazione del paessaggio urbano medievale (secoli XI–XIV). L'esempio di Padova, in: Paesaggi urbani dell'Italia padana nei secoli VIII–XIV, Bologna 1988, S. 277–330.
25 Vgl. Aldo A. Settia, Insediamenti „fluviali" fortificati, in: Francesco Selmin u. Claudio Grandis (Hgg.), Il Bacchiglione, Sommacampagna 2008, S. 223–237.
26 Vgl. Chioggia e la sua storia, Treviso 1979; Ennio Concina, Chioggia. Saggio di storia urbanistica dalla formazione al 1870, Treviso 1977.
27 Hocquet, La politica del sale (Anm. 21), S. 713.

durch den massenhaften Import aus Alexandria und Apulien in die Krise.[28] Südlich davon, im alten Podelta, lag die Salzstadt Comacchio in ähnlicher Lage wie Venedig selbst an einer Lagune und lange Zeit am nächsten an den Flussmündungen des Po.[29] Die Stadt hätte leicht in die Rolle Venedigs wachsen können – doch wurde sie bereits im 9. Jahrhundert und dann erneut im 10. Jahrhundert von ihrer Konkurrentin zerstört und unterjocht. Die Bevölkerung wurde in Teilen sogar in die Lagunenstadt transferiert.[30]

Noch weiter im Süden war Ravenna mit seinem Hafen Classe einer der wichtigsten Flottenstützpunkte der Römer gewesen.[31] In der Spätantike wurde die Stadt wegen ihrer sicheren Lage inmitten von Sümpfen und der Versorgungsmöglichkeit über See zeitweise die Kapitale des Weströmischen, dann des Ostgotenreiches. In byzantinischer Zeit konnte Ravenna wie bald auch Venedig eine Scharnierfunktion zwischen dem transalpinen und dem padanischen Handel einerseits und dem Mittelmeer- und Orienthandel andererseits ausfüllen. Durch fortschreitende Verlandung seit dem 8./9. Jahrhundert, dem im 11./12. Jahrhundert sein Fernhafen zum Opfer fiel, ging Ravenna allerdings zunehmend seiner maritimen Bedeutung verlustig und wurde am Ende zu einer Stadt im Binnenland – hier waren naturräumliche Veränderungen stärker als die politisch-ökonomische Kraft.[32] Nach der Abschnürung des nahen Po di Primaro durch den Dammbruch von Ficarolo verlor die Stadt überdies auch ihre Möglichkeiten im Flusshandel.[33] Erzbischof Alberto musste im Jahre 1204 zum 4. Kreuzzug wohl gar auf venezianischen Schiffen in See stechen.[34] Durch Trockenlegungs- und Meliorationsmaßnahmen verlegte man sich vermehrt auf die Landwirtschaft.[35] 1443 geriet die Stadt dann für über sechs Jahrzehnte unter venezianische Herrschaft. Ganz im Süden schließlich hielt Venedig Ancona durch einen Kordon von abhängigen Nachbarn sowie seit 1228 mit Knebelverträgen klein.[36] Noch im 15. Jahrhundert focht

---

28 Vgl. DERS., Monopole et concurrence à la fin du Moyen Age. Venise et les salines de Cervia (XIIe–XVIe siècles), in: Studi veneziani 15 (1973), S. 21–133.
29 Vgl. Sauro GELICHI u. Diego CALAON, Comacchio. La storia di un emporio sul delta del Po, in: BERTI (Anm. 5), S. 387–416.
30 Zerstörungen 882/83 und 932. Jean-Claude HOCQUET, Le Saline, in: CRACCO RUGGINI u. a. (Anm. 5), S. 515–548, hier Anm. 4.
31 Vgl. Gian Carlo SUSINI (Hg.), Storia di Ravenna, Bd. 1: L'evo antico, Venedig 1990.
32 Vgl. Paolo FABBRI, Il controllo delle acque tra tecnica ed economia, in: Antonio CARILE (Hg.), Storia di Ravenna, Bd. 2,1: Dall'età bizantina all'età ottoniana, Venedig 1991, S. 9–25; Paolo FABBRI, Terra e acque dall'alto al basso Medioevo, in: Augusto VASINA (Hg.), Storia di Ravenna, Bd. 3: Dal mille alla fine della signoria polentana, Venedig 1993, S. 33–68.
33 Vgl. Giovanni SORANZO, L'antico navigabile Po di Primaro nella vita economica e politica della padano, Mailand 1964.
34 Augusto VASINA, Ravenna e Venezia nel processo di penetrazione in Romagna della Serenissima (secoli XIII–XIV), in: BOLOGNESI (Anm. 21), S. 11–29, hier S. 18.
35 Augusto VASINA, Ravenna, in: Lexikon des Mittelalters, Bd. 7 (1995), Sp. 481–484.
36 Walter LENEL, Die Entstehung der Vorherrschaft Venedigs an der Adria. Mit Beiträgen zur Verfassungsgeschichte, Strassburg 1897, S. 48.

Ancona aber eine Reihe von Seeschlachten mit der Serenissima aus – allerdings ohne durchschlagenden Erfolg.³⁷

Venedig schaffte es also im Verlaufe mehrerer Jahrhunderte – begünstigt durch natürliche Faktoren – einen Konkurrenten nach dem anderen auszuschalten und nicht nur auf See, sondern auch am Unterlauf des Po dominant zu werden. Die obere Adria war schon Mitte des 12. Jahrhunderts von einem arabischen Reisenden als „Golf von Venedig" bezeichnet worden.³⁸ Und tatsächlich hatten Eroberungen und Unterwerfungen im Osten an der Küste von Istrien und Dalmatien seit dem frühen 11. Jahrhundert und die Dominanz der eigenen Flotte dazu geführt, dass bald keiner mehr an der Lagunenstadt vorbeikam.³⁹ Der in Padua gebürtige Humanist Albertino da Mussato, ein Bewunderer Venedigs, nannte die Stadt um 1300 *maris Adriatici dominatrix*. Gleichzeitig hebt er hervor, ihr seien beinahe alle lombardischen Flüsse untertan.⁴⁰

Auf dem Weg zu dieser adriatisch-padanischen Vorherrschaft sollte sich Venedigs Lagunenlage zwischen Land und Meer als der entscheidende Vorteil erweisen. Bis Anfang des 14. Jahrhunderts setzte man am Rialto auf Verträge mit einzelnen padanischen Städten.⁴¹ Die Abmachungen sollten Freizügigkeit, Wegesicherheit und Zollfreiheit des Verkehrs auf dem Po von und nach Venedig garantieren:⁴² 1234 mit Ravenna, 1258 mit Ferrara, 1261 mit Treviso, 1277 mit Mantua und noch 1339 mit Padua – zum Vorteil für venezianische Händler und mit Verpflichtungen für die an der Küste gelegenen Städte wie Ravenna oder Ancona, ihre Waren zunächst in Venedig anbieten zu müssen.⁴³ Ein Zwangsmittel für die Flussanrainer war die Sperrung von Wasserstraßen, die im Verlauf von ökonomischen oder militärischen Aus-

---

37 Theo KÖLZER, Ancona, in: Lexikon des Mittelalters, Bd. 1 (1980), Sp. 580 f.
38 Gerhard RÖSCH, Lo sviluppo mercantile, in: CRACCO / ORTALLI (Anm. 21), S. 131–151, Anm. 8.
39 Vgl. Bariša KREKIĆ, Venezia e l'Adriatico, in: Girolamo ARNALDI, Giorgio CRACCO u. Alberto TENENTI (Hgg.), Storia di Venezia, Bd. 3: La formazione dello stato patrizio, Rom 1997, S. 51–85.
40 Albertino Mussato, De gestis Italicorum post mortem Henrici VII Caesaris, hrsg. v. Lodovico Antonio MURATORI, Mailand 1727, II,1, Sp. 583: *Nec memorandis Venetiis vacet Codicis nostri contextus, cum ea maritimarum Nobilissima Civitas, maris Adriaci [sic!] dominatrix, per finitimas maris, & terrae provincias antiquis modernisque admodum effulserit laudibus, suis formidolosa potentiis. [...] maris Argolici, Dalmatici, Libornorumque finium dominatus praebuerant, paeneque subjectis omnibus Longobardis ad eorum emolumenta fluminibus.* Vgl. Rino MODONUTTI, Albertino Mussato e Venezia, in: Atti e Memorie dell'Accademia Galileiana di Scienze, lettere ed arti in Padova 124 (2012), S. 2–24.
41 Gian Maria VARANINI, Venezia e l'entroterra (1300 circa–1420), in: ARNALDI / CRACCO / TENENTI (Anm. 39), S. 159–236, hier S. 164.
42 Vgl. Ermanno ORLANDO, Governo delle acque e navigazione interna. Il Veneto nel basso medioevo, in: Reti Medievali 12 (2011), S. 251–293; DERS., Statuti e politica stradale. Una fonte per la conoscenza della viabilità veneta, in: DERS. (Hg.), Strade, traffici, viabilità in area veneta. Viaggio negli stati comunali, Rom 2010, S. 11–76; Jean-Claude HOCQUET, I meccanismi dei traffici, in: ARNALDI / CRACCO / TENENTI (Anm. 39), S. 529–616.
43 Trevor DEAN, Venetian Economic Hegemony. The Case of Ferrara, 1220–1500, in: Studi Veneziani 12 (1986), S. 45–98, hier S. 62.

einandersetzungen in Padanien immer wieder vorgenommen wurde – und nicht nur von Venedig. Es wurden Holz-Wehre erbaut, mit Steinen beladene Kähne versenkt oder Eisen-Ketten über den Fluss gespannt, um die Durchfahrt zu hindern.[44] Durch das vielverzweigte Gewässergeflecht gab es zwar häufig einen alternativen Weg, doch war der nicht immer für große Schiffe geeignet.

Im Jahre 1162 untersagte Kaiser Friedrich I. anlässlich der Bestätigung der Rechte von Ravenna die Sperrung des Po di Primaro mit scharfen Worten:

> Darüber hinaus garantiert der Herr Kaiser nach bestem Vermögen die Offenheit des Wasserwegs des Po nach Ravenna. Wenn aber diejenigen, die ihn sperren, ihn nicht auf Befehl des Kaisers freimachen, nimmt der Herr Kaiser sie in seinen Bann als wären sie Feinde des Reiches.[45]

Gleichwohl nahm Ferrara acht Jahre später die auf halbem Wege nach Ravenna am Po di Primaro gelegene Festung Argenta ein, um Ravenna die Kontrolle am Fluss zu entziehen.[46] Im Jahre 1200 versuchte dann Ravenna umgekehrt seinen Nachbarn Ferrara zu blockieren, indem es just hier eine Kettensperre errichtete. Den Ferraresen gelang es aber, den Ort zu erobern und auch zu zerstören. Die Kette transportierten sie im Triumph in ihre Stadt und hängten sie in der Kathedrale auf. Die Steine, mit der die Kette befestigt war, wurden öffentlich ausgestellt. In dem am 25. September 1200 zwischen den beiden Orten geschlossenen Frieden versprachen beide Seiten dann aber, den Verkehr am Po di Primaro nicht mehr zu behindern und auch kein Kastell mehr zu errichten, was aber nicht eingehalten wurde. So musste Venedig aktiv werden, um zu verhindern, dass Ravenna in den 1320er Jahren Argenta wieder übernahm.

Immer wieder suchten die Ferraresen die Freiheit der Flussschifffahrt mit Verträgen zu garantieren, so 1193 mit Bologna, 1217 und 1219 mit Modena, 1217 und 1224 mit Verona sowie 1207 und 1226 mit Brescia, und dazu immer wieder auch mit Venedig, das mit seiner Flotte die Zufahrten vom Meer aus blockieren konnte: 1177, 1191, 1200, 1204, 1226, 1230 (als ein venezianischer *vicedominus* in der Stadt hingenommen werden musste), 1240, 1247, 1251, 1258 und 1278.[47] Ferraras zunehmende Machtlosigkeit zeigte sich allerdings bereits im Jahre 1240, als mit massiver Unter-

---

44 Im Jahre 1229 musste beispielsweise Papst Gregor IX. einen Konflikt zwischen dem Erzbischof von Ravenna und der Salzstadt Cervia lösen, wobei dem Metropoliten das Recht auf die Abgaben wegen der Kette des Hafens zugestanden wurde. Appendice ai monumenti Ravennati dei secoli di mezzo del conte Marco Fantuzzi, hrsg. v. Antonio TARLAZZI, Ravenna 1869, Bd. 1, S. 134–138 unter Nr. 78. Vgl. SORANZO (Anm. 33).
45 1162 Jun. 26, bei Savignano im Gebiet von Modena (D F I 372), hrsg. v. Heinrich APPELT (Die Urkunden Friedrichs I., Teil 2: 1158–1167, MGH Diplomata 10,2), Hannover 1979, S. 235: *Insuper dominus inperator stratam aque Padi versus Rauennam expediet, quando potuerit. Si vero illi, qui eam clauserunt, pro precepto domini inperatoris aperire noluerint, dominus inperator eos in banno suo quasi ostes inperii ponet.*
46 DEAN (Anm. 43), S. 66 f.
47 SORANZO (Anm. 33), passim.

stützung von Venedig das willfährige Geschlecht der Este zum Herren über die Stadt erhoben wurde. Der Preis auf wirtschaftlichem Gebiet war für Ferrara hoch: Es wurde aus dem Po-Handel ausgeschlossen, den sich Venedig vorbehielt.[48] Bald darauf patrouillierten bewaffnete venezianische Flottillen auf dem Fluss und im Jahre 1253 wurde nahe der Mündung des Po di Primaro, wo der Kanal von Ravenna ankam, von Venedig auf ravennatischem Gebiet zur Kontrolle und möglichen Sperrung des Flussverkehrs das wichtige Fort Marcamò errichtet: Nur noch Waren aus und nach Venedig sollten hier vorbeigelassen werden.[49] Die ‚Chronica parva Ferrariensis' kommentiert lakonisch: „Das Kastell wurde errichtet, damit keine Waren, die über das Meer oder von Ravenna her geführt wurden, über den Fluss ins Land gebracht würden, sondern nach Venedig."[50] Die ‚Annales Parmenses maiores' schreiben dazu: „Eine Burg, die von den Venezianern mit Gewalt und für Geld gehalten wurde, um die Lombarden in großer Abhängigkeit wegen ihrer Händler zu halten."[51]

Aus venezianischer Sicht sahen die Dinge freilich ganz anders aus. So schreibt Martin da Canal in seiner 1267 begonnenen Chronik ‚Les estoires de Venise' über Bologna, das sich ebenfalls in Marcamò festsetzen wollte:

> Und wenn mich einer fragen würde, wozu es führen würde, wenn die Bologneser dieses Kastell am Po befestigen, würde ich ihm erwidern, wenn sie ein Kastell machen, dann schlagen sie auch eine Brücke über den Fluss. Und wenn Venedig ihnen die Brücke nicht verwehrt, die sie über den Po und die anderen Flüsse schlagen, setzen sie sich in Ferrara und der ganzen Grafschaft und in allen Städten und Kastellen der Mark Treviso bis nach Ungarn fest, womit sie bereits begonnen haben; denn sie nehmen die Städte, die sich nicht verteidigen können, und unterwerfen sie, wie sie bereits fast die ganze Romagna unterworfen haben.[52]

---

48 BOCCHI (Anm. 13).
49 Weitere Forts wurden bereits zwischen 1240–1247 bei den Mündungen des Goro, Primaro, Volano und Magnavacca errichtet. VARANINI (Anm. 41), S. 164.
50 Ricobaldo da Ferrara (Anm. 11), S. 73, 118: *Castellum dictum Marchamoi* (sc. Marcamò), *quod Veneti struxerunt et tenebant ne quid mercationum partibus maris vel Ravenne perductum ad superiores partes per flumen possit perduci, sed ad civitatem Venetias pertraheretur.*
51 Annales Parmenses maiores ad 1309 Sept. 23, hrsg. v. Georg Heinrich PERTZ (Annales aevi Suevici, MGH Scriptores 18), Hannover 1866, S. 674–790, hier S. 751: *castrum, quod vocabatur Marchabos, quod situm erat fortisimum in ripa Paudi in districtu Ravene iuxta mare, quod tenebatur per Venetianos per fortiam et pro denariis, propter quod tenebant Lombardos in magna servitute pro mercatoribus; et ipsum castrum, sicud Deo placuit, per exercitum dicti domni legati* [sc. Arnoaldus Pelagrua] *per fortiam et prelium captum fuit, et postea in continenti in totum fonditus diruptum.*
52 Martin da Canal, Les estoires de Venise, Cronaca Veneziana in lingua francese dalle origini al 1275, hrsg. v. Alberto LIMENTANI, Florenz 1973, 139, S. 308 f.: *Et se aucun me demandoit a quoi monteroit se Boloignés fermasent un chastel desor li Pau, je lor respondrai que, se il feïsent li chastel, il feront maintenant un pont parmi le Pau: et se Venise ne lor defendoit le pont que il feroient desor li Pau et desor li autres flum, il doneront que sostenir a Feraire et au contat e a totes les viles et a chastiaus de la Marque Trevisane jusque en Ongrie, a se que il ont encomencié: que il vont prenant les viles que d'iaus ne se pevent defendre et les metent en lor subjection: si en a mise en sa subjecion presque tote Romagne.*

1271 sah sich Ferrara gezwungen, gegenüber von Marcamò ein Holzkastell zu bauen, was Venedig aber nicht tolerieren konnte. Es kam zum Krieg von 1273, in dem Ferrara unterlag. Im Jahre 1284 musste die Stadt einen für sie unvorteilhaften Pakt schließen. Der zu dieser Zeit in Ferrara lebende Franziskaner Salimbene de Adam beklagte heftig das Schicksal seiner Stadt. Er schrieb in seiner Chronik, die Venezianer hätten Marcamò errichtet, um die Lombarden in absoluter Knechtschaft zu halten. Im Kapitel „Von der fünffachen Verschlagenheit und Hinterlist der Veneter" heißt es, die Venezianer würden behaupten, der Po gehöre ihnen. Sie würden grundsätzlich jeglichen Handel an den Rialto zwingen und die Schifffahrtswege der Lombarden blockieren, damit diese nur dann noch das notwendige Getreide, Wein, Öl, Fische, Fleisch, Salz, Feigen, Eier, Käse, Früchte und alle anderen Lebensmittel der Romagna und der Mark Ancona erhielten, wenn sie es wollten.[53] Salimbene klagt auch die Verhältnisse in Ravenna an: Im Hafen liege stets ein bewaffnetes Schiff Venedigs, damit keiner mit Lebensmitteln passieren könne, womit die Venezianer die Lombarden abschnürten. Überdies zwängten sie Ravenna, auf eigene Kosten einen *vicedominus* als Aufpasser in ihren Mauern zu dulden.

Gerhard RÖSCH resümiert:

So hatte die venezianische Verkehrspolitik bis zur Mitte des 13. Jahrhundert ihr Ziel erreicht: Der Dogat kontrollierte alle Flussmündungen zwischen Istrien und dem Po [...] Auf diese Weise wahrte Venedig seine Interessen, ohne an eine direkte Herrschaft über die Terraferma denken zu müssen.[54]

Während sich Venedig bis dahin also zumeist noch darauf beschränkte, indirekt Einfluss auszuüben, sollte sich das bald ändern. In nachstaufischer Zeit wuchsen die Kommunen auf dem Festland immer mehr zu größeren Territorien zusammen, was als direkte Bedrohung wahrgenommen wurde. Nun galt es für Venedig die Kontrolle möglichst direkt zu übernehmen, indem Angehörige der venezianischen Familien ins Regiment einrückten, sei es als dominierende *vicedomini* (wie in Ferrara und

---

53 Salimbene de Adam, Cronica: a. 1250–1287, hrsg. v. Giuseppe SCALIA, Turnhout 1999, Bd. 2, S. 727: *Sed Veneti quinque calliditates sive malitias in isto negotio habuerunt. [...] Secunda, quia ita claudunt navigii viam Lombardis, quod nec a Romagnola nec a Marchia Anchonitana aliquid possunt habere, a quibus haberent frumentum, vinum et oleum, pisces et carnes et salem et ficus et ova et caseum et fructus et omnia bona que ad vitam spectant humanam, nisi Veneti impedirent. [...] Quarta, quia in portu Sancte Marie de Ravenna semper habent unam navem armatam, ne aliquis inde cum victualibus possit transire, claudendo Ravennatibus et Bononiensibus et Lombardis undique viam; quod nullatenus erat de pacto. Quinta, quia semper in civitate Ravenne ad expensas communis sui tenent unum hominem, quem vicedominum appellant, cuius offitium est quia debet considerare sollicite, cum diligentia maxima et cautela, ne Ravennates contra Venetos aliquid tractent nocivum seu ordinent, quod sit contra materiam istam; quod similiter nunquam fuit de pacto.*
54 Gerhard RÖSCH, Venedig und das Reich. Handels- und verkehrspolitische Beziehungen in der deutschen Kaiserzeit, Tübingen 1982, S. 41.

Ravenna) oder direkt als *podestà* (wie in dem auf dem Sile aus der Lagune erreichbaren, an der wichtigen Handelsroute nach Deutschland gelegenen Treviso). Am Ende schreckte die Serenissima auch nicht vor Eroberungen zurück. So wurde Ferrara in den Jahren 1308/09 kurzzeitig eingenommen, was der Markusrepublik Bann und Interdikt eintrug. Papst Clemens V. rief sogar den Kreuzzug gegen die Stadt aus. Nun, als Venedig sich einer Koalition zwischen dem Papst und oberitalienischen Kommunen, darunter allen seinen traditionellen Rivalen (Ravenna, Cervia, Bologna und Padua) gegenübersah, musste schließlich die Festung Marcamò geschliffen werden. Venedig war aber nicht bereit, Ferrara wieder auf Dauer Kontrollrechte im Podelta zuzugestehen.

Wie so oft gelang es Venedig auch diesmal, einen Verbündeten unter den Gegnern seiner Kontrahenten zu gewinnen: Verona versprach am 24. März 1310 gegen Beteiligung am Flusszoll und Salzlieferungen, einen neuen Kanal zu graben, der Venedig über die nahe der Lagune mündende Etsch einen Zugang zum Po erlaubte, und zwar oberhalb von ferraresischem Gebiet.[55] Tatsächlich war der Kanal bald fertiggestellt – doch nachdem er seine Drohwirkung erfüllt und zu einem günstigen Frieden geführt hatte, verlor er rasch an Bedeutung.

Venedig nahm just in diesen Jahren, erstmals im Jahre 1313, mit Galeerenkonvois die regelmäßige Flandernfahrt um Spanien herum auf.[56] Auf diesem Wege konnte ein großer Absatzmarkt für Levantewaren auf direktem Wege angesteuert und eine Alternative für Padanien und die mühsame Alpenüberquerung erschlossen werden. Im zweiten Jahrzehnt des 14. Jahrhunderts hatte Venedig aber schon wieder die volle Kontrolle über sämtliche aquatischen Zugänge von der Adria in den Unterlauf des Po zurückgewonnen. Im Jahre 1366 wurde dann zudem ein Zertifizierungssystem bekräftigt, das sicherstellen sollte, dass an Ferrara keine Waren vorbeigeführt wurden, die nicht zuvor in Venedig gehandelt worden waren.[57]

Venedig war zu Beginn des 14. Jahrhundert mit den Lagunensiedlungen und dem Dogado mit 120.000–160.000 Einwohnern eine der größten Metropolen Europas.[58] Im Jahre 1338 wurde mit Treviso erstmals eine größere Stadt und ihr Gebiet auf Dauer einverleibt. Der Ausbau eines weitergehenden Festlandsterritoriums wurde im 14. Jahrhundert aber noch als zu aufwändig angesehen. Man sah sich durch die Lagune im Rücken und die eigene Flotte in der Adria ausreichend geschützt. Auch die Lebensmittelversorgung, insbesondere mit Getreide, konnte über den Seeverkehr und Vorratshaltung sichergestellt werden. Die Erfahrungen des von 1378–1381 wäh-

---

[55] Vgl. Gerhard Rösch, I rapporti tra Venezia e Verona per un canale tra Adige e Po nel 1310 nell'ambito della politica del traffico veneziano, Venedig 1979.
[56] Vgl. Roberto Cessi, Le relazioni commerciali tra Venezia e le Fiandre nel secolo XIV, in: Nuovo Archivio Veneto 27 (1914), S. 5–116.
[57] Dean (Anm. 43), S. 67.
[58] Michael Knapton, Venice and the Terraferma, in: Andrea Gamberini u. Isabella Lazzarini (Hgg.), The Italian Renaissance State, Cambridge 2012, S. 132–155, 536–538, hier S. 132.

renden Chioggiakrieges aber, als genuesische Truppen vom Hinterland aus bereits bis zum Lido vorgerückt waren, sowie die Bildung mächtiger Signorien in der Nachbarschaft wie die der Carrara in Padua, die während des Krieges die Verkehrswege im Westen blockierten, und die der Skaliger in Verona, führten seit 1405 in Windeseile zum Ausbau der Terraferma, die am Ende vom Friaul bis vor die Tore Mailands reichte.[59] Damit war Venedig nicht mehr nur die Seemacht eines weitgestreuten Kolonialreiches, sondern auch eine große Landmacht in Italien geworden. Mit der Terraferma stand der Unterlauf des Po nebst allen wichtigen Gewässern um die Adria herum endgültig unter Venedigs direkter Herrschaft – Umleitungen von Flüssen waren nun leichter durchsetzbar. Auch ein Gutteil des Podeltas gehörte dazu, so im Norden Rovigo mit dem Polesine bis zum Po Grande und im Süden, wie erwähnt, zeitweise auch Ravenna – nicht allerdings Ferrara mit seinem Gebiet dazwischen, das auch nach drei Kriegen 1308–1310, 1405 und 1482–1484 nicht auf Dauer übernommen werden konnte. Darauf konnten die Venezianer nun aber getrost verzichten, nachdem sie die Stadt als Konkurrentin niedergerungen hatten.

Es hat sich gezeigt, dass der Aufstieg Venedigs als ökonomische und politische Großmacht im Hoch- und Spätmittelalter wesentlich von seiner günstigen naturräumlichen Lage nahe den Zugängen zur Hauptverkehrsader Padaniens mitbestimmt wurde. Im Gegensatz zu Konkurrentinnen im und um das Podelta gelang es der Stadt, auf Dauer seine amphibische Lebensweise zwischen Land und Meer zu bewahren und Vorteile daraus zu schlagen. In der Forschung wird allzu oft übersehen, dass die Seemacht längst, bevor sie mit ihrer Terraferma auch zur Landmacht wurde, die Kontrolle über die untere Poebene und damit leichten Zugang zu einem riesigen Absatzmarkt gewonnen hatte. Dies war überhaupt erst die Voraussetzung dafür, dass der Rialto als Drehscheibe zwischen dem Orient- und Okzidenthandel fungieren konnte.[60] Daher ist es eine Perspektivenverengung, in Bezug auf Venedig von einer reinen Thalassokratie zu sprechen oder wie Federic LANE von einer „Maritime Republic".[61] Andere italienische Emporien und reine Seerepubliken wie Amalfi oder Genua waren von der naturräumlichen Lage weniger begünstigt, hatten vor allem keinen leichten Zugang zu einem vergleichbaren Konnektivitätsnetz,[62] das sich durch die bequemen Wasserwege des Podeltas öffnete, und gerieten ins Hintertreffen.

---

59 Vgl. Michael KNAPTON, The Terraferma State, in: Eric DURSTELER (Hg.), A Companion to Venetian History, 1400–1797, Leiden 2013, S. 85–124; VARANINI (Anm. 41).
60 Vgl. Donata DEGRASSI, Lo spazio alto-adriatico nel medioevo e gli scambi tra mondo mediterraneo e mondo centro europeo (XII–XV secolo), in: Daniele ANDREOZZI, Loredana PANARITI u. Claudio ZACCARIA (Hgg.), Acque, terre e spazi dei mercanti. Istituzioni, gerarchie, conflitti e pratiche dello scambio dall'età antica alla modernità, Triest 2009, S. 269–302; RÖSCH (Anm. 38).
61 Frederic Chapin LANE, Venice. A Maritime Republic, Baltimore 1973.
62 Vgl. Edoardo DEMO, Dalla Terra ferma al Mediterraneo. Traffici, vie d'acqua e porti dell'Italia centromeridionale nelle strategie dei mercanti delle città del dominio veneziano (secc. XV–XVII), in: ANDREOZZI / PANARITI / ZACCARIA (Anm. 60), S. 245–268; Federigo MELIS, Le comunicazioni transpeninsulari sostenute da Venezia nei secoli XIV e XV, in: Economia e Storia 19 (1972), S. 157–174.

Georg Jostkleigrewe (Münster)
Herrschaft im Zwischenraum. Politik von oben, außen und unten in den Küstenlagunen des Rhone-Mittelmeer-Systems

Abstract: The French Mediterranean coast is formed by a series of lagunas which stretch from the Camargue delta of the river Rhône to the Aragonese border at Cap Leucate. After giving a short overview of the geographical features of the area and its economic use, the article focuses on seigneurial and political interactions within this 'interspace' between land and sea. On the one hand, it is asked whether the geomorphological structure of this area as well as its contemporary perception influences the local interactions between feudal lords, local communities, and royal officials. On the other hand, the article examines the repercussions of political evolutions in fluvio-maritime connectivity within the delta and the coastal area. The article demonstrates that the rise of French Royal authority and the monarchic state is of paramount importance to understanding the changing political realities within this area – but it argues furthermore that the growing importance of monarchic institutions is not the result of royal policy, but rather a side-effect of local politics marked by conflicting interactions between royal officials, local communities, and external (especially Genoese) actors.

Keywords: Frankreich, Languedoc, Camargue, politische Grenzen, statebuilding from below

1 Delta und Küstenlagunen des Rhone-Mittelmeer-Systems als aquatisch-terrestrische Kontaktzone. Forschungsperspektiven

Im Rahmen der auf der Berner Konferenz präsentierten Doppelsektion „Zwischen Fluss und Meer" hatte der vorliegende Beitrag die Aufgabe, die aquatisch-terrestrische Kontaktzone des Rhonedeltas und der westlich angrenzenden Küstenlagunen zu betrachten. Er bearbeitet damit ein Feld, in dem bereits reiche Vorarbeiten vorliegen. Aufgrund der curricularen Verbindung der Fächer Geschichte und Erdkunde im französischen Bildungssystem hat die französische Mediävistik eine reiche historisch-geographische Literatur hervorgebracht, die sich mit den Wechselwirkungen zwischen naturräumlichen Gegebenheiten und menschlichen Eingriffen befasst.[1]

---

[1] Zu der bisweilen offenkundig als Last empfundenen Verbindung der Fächer Geschichte und Geographie im französischen System und den nichtsdestoweniger vorhandenen Perspektiven der Zusammenarbeit vgl. Nacima BARON u. Stéphane BOISSELLIER, Sociétés médiévales et approches géogra-

Hinsichtlich der Rhonemündung sind die daraus resultierenden geomorphologischen Dynamiken daher bereits sehr viel detaillierter aufgearbeitet worden, als dies hier auch nur ansatzweise nachvollzogen werden kann.[2]

Auf der anderen Seite hat die Berner Doppelsektion aber auch Fragen diskutiert, die im Blick auf das Rhone-Mittelmeer-System noch nicht umfassend reflektiert worden sind. Dies gilt beispielsweise für die Wahrnehmung der Übergangsbereiche von Meer, Fluss und Land. Dass die Grenzziehungen zwischen den einzelnen Bereichen und die ihnen zugrundeliegenden Raumkategorien durchaus nicht selbstverständlich sind, gerät auch bei einschlägig arbeitenden Forschungsteams bisweilen aus dem Blick – selbst da, wo die Problematik der Abgrenzung von Land, Fluss und Meer auf den ersten Blick sehr viel stärker ins Auge springt als im Mittelmeer. So ist erst kürzlich mit Blick auf die nord- und westfranzösischen Küsten ausgeführt worden, dass die Grenzlinie zwischen Land und Meer die denkbar schärfste und natürlichste sei, mit der die Geschichtswissenschaft arbeiten könne.[3] Gerade hinsichtlich der französischen Biskaya- und Kanalküste ist eine derart apodiktische Feststellung erstaunlich: Selbst unter Berücksichtigung der Veränderungen, die durch neuzeitliche Ausbaumaßnahmen erfolgt sind, ist anzunehmen, dass die Gezeitenwirkung etwa in den großen Ästuaren dieser Küsten schon im Mittelalter erhebliche Abgrenzungsprobleme erzeugt hat – ganz zu schweigen von den Salzsümpfen und -gärten des Poitou und der Baie de Bourgneuf sowie den Fels- und Sandwatten des Kanals und der südlichen Nordsee.

---

phiques: un dialogue de sourds?, in: Être historien du Moyen Âge au XXIe siècle. Actes du congrès de la Société des historiens médiévistes de l'enseignement supérieur public, 38e congrès, Île de France, 2007, Paris 2008, S. 163–177.

2 An dieser Stelle sei neben den Arbeiten von Jacques ROSSIAUD, Le Rhône au Moyen Âge. Histoire et représentations d'un fleuve européen, Paris 2007 und DERS., Aigues-Mortes et le Rhône à la fin du Moyen Âge, in: Ghislaine FAVRE, Daniel LE BLÉVEC u. Denis MENJOT (Hgg.), Les Ports et la navigation en Méditerranée au Moyen Âge, Paris 2009, S. 77–85 (mit ausführlicher Diskussion der Wechselwirkungen zwischen fluvial-maritimen Dynamiken und menschlichen Regulierungsbemühungen vor allem im Bereich der Petite Camargue), nur verwiesen auf die Arbeiten zweier historisch-geographischer Forschergruppen, die dokumentiert sind bei Corinne LANDURÉ u. a. (Hgg.), Delta du Rhône. Camargue antique et médiévale (Bulletin archéologique de Provence, Suppl. 2), Aix-en-Provence 2004.

3 Ich beziehe mich an dieser Stelle auf einen mündlichen Diskussionsbeitrag eines Mitglieds der Arbeitsgruppe ESTRAN (Espaces, Sociétés, Territoires des Rivages Anciens et Nouveaux) im Rahmen der UMR LIENSs (Littoral Environnement et Sociétés) der Université de La Rochelle. Wie das umfassende Arbeitsprogramm der zweiten ‚Forschungsachse' dieser Forschergruppe belegt, nimmt die gemeinsame Arbeit die Wechselwirkungen zwischen Raumstruktur und Aktivitäten der unterschiedlichen Bevölkerungsgruppen „auf dem Meer", „an der Küste" und „im Hinterland" in den Blick, reflektiert aber nicht die Problematik der Abgrenzungen. Vgl. dazu die am 8. Dezember 2014 veröffentlichte Internetpräsentation der ‚axe de recherche' 2: „L'appropriation de la mer par les populations riveraines de l'Atlantique", http://lienss.univ-larochelle.fr/Axe-2 (letzter Zugriff am 04. 07. 2016).

Der vorliegende Beitrag handelt freilich von der französischen Mittelmeerküste, an der nicht mit nennenswerter Gezeitenwirkung zu rechnen ist. Konkret: Es geht um das Rhonedelta und die Küstenlagunen des Languedoc bis zum Étang de Leucate an der Grenze zum aragonesischen Roussillon – um eine Küste also, die mit etwa 250 Kilometern viel kürzer ist als die Biskaya- und Kanalküste, die humangeographisch betrachtet im 13. und 14. Jahrhundert aber wohl einen ebenso großen Raum erschloss, wie es der Atlantik und seine Nebenmeere vor dem Zeitalter der großen Entdeckungen waren.

Am Beispiel dieser mediterranen Delta- und Lagunenzone können eigentlich alle Fragen diskutiert werden, die in der Doppelsektion aufgeworfen worden sind. Dies gilt etwa für die Bedeutung der Rhonemündung als militärisches Ein- und Ausfallstor.[4] Die sarazenischen Raids des Früh- und Hochmittelalters sind einschlägig bekannt, ebenso die Rolle der Delta-Häfen im Kontext der hoch- und spätmittelalterlichen Kreuzzüge. Aus Saint-Gilles und Aigues-Mortes brachen größere und kleinere Expeditionen nach *outre-mer* auf, und auch Marseille – das physisch-geographisch gesehen bereits an der provenzalischen Calanques-Küste liegt, aber wirtschaftlich aufs Engste mit der Delta- und Lagunenzone verflochten ist – spielte in spätmittelalterlichen französischen Kreuzzugsplanungen immer eine große Rolle.[5]

Ausführlich zu diskutieren wäre auch die ungleich wichtigere Frage nach der Stellung des hier behandelten Mündungsgebietes in den Handels-, Verkehrs- und Kommunikationssystemen der mittelalterlichen Welt. So bildet das Rhonedelta den Drehpunkt eines sowohl maritimen wie terrestrischen und fluvialen Konnexionsbaumes, der die mittelmeerischen Handelsnetze mit dem Rhonetal und darüber hinaus mit dem eidgenössischen und oberdeutschen Raum einerseits, den burgundischen und nordfranzösischen Messeplätzen andererseits verband.[6] Mit Blick auf diese konnektive Rolle des Rhonedeltas betont Jacques Rossiaud übrigens die hohe Komplementarität der dortigen Orte: Lokale wie auswärtige Kaufleute nutzten unterschiedslos die Handelsplätze zwischen Avignon, Montpellier und Marseille, um Geschäfte zu machen und Charterverträge abzuschließen. Die Häfen und Reeden von Aigues-Mortes, Arles, Port-de-Bouc und Marseille machten sich bisweilen Konkurrenz; weit häufiger aber ergänzten sie einander. Um es mit Rossiauds Worten zu sagen: „Die

---

[4] Für eine exemplarische Analyse eines einschlägigen spätmittelalterlichen Beispielfalles vgl. Jacques Rossiaud, Dictionnaire du Rhône médiéval. Identités et langages, savoirs et techniques des hommes du fleuve (1300–1550), 2 Bde., Grenoble 2002, hier Bd. 1, S. 173f.

[5] Zur Bedeutung Marseilles für die Kreuzzugsprojekte des 13. und 14. Jahrhunderts vgl. die alte Arbeit von Charles de La Roncière, Histoire de la marine française, Bd. 1, Paris 1899, bes. S. 162f., 166–168, 184, 218–243, sowie Jules Viard, Les projets de croisade de Philippe VI de Valois, in: Bibliothèque de l'école des chartes 97 (1936), S. 305–316, bes. S. 314f.; Michel Mollat du Jourdin, L'État capétien en quête d'une force navale, in: André Corvisier (Hg.), Histoire militaire de la France, Bd. 1: Des origines à 1715, Paris 1992, S. 107–123.

[6] Vgl. hierzu Rossiaud (Anm. 4), Bd. 1, S. 165.

sozialen und Handelsverflechtungen zwischen den Städten des weitgefassten Deltas sind so zahlreich, dass man den Eindruck hat, es bloß mit den räumlich getrennten Vierteln eines einzigen städtischen Organismus zu tun zu haben."[7]

Der Fokus des vorliegenden Beitrags richtet sich nun auf einen dritten Bereich – auf die politischen bzw. herrschaftlichen Interaktionen im Zwischenraum von Meer, Land und Fluss. Entsprechend den Forschungsschwerpunkten des Verfassers beschränkt sich die Untersuchung dabei auf die spätmittelalterliche Periode und den westlichen Teil des Mündungsgebietes – also die Petite Camargue und die westlich daran anschließenden Lagunen. Im Blick auf den so abgegrenzten Bereich wird zum einen danach zu fragen sein, wie stark die geomorphologische Gliederung des ‚Zwischenraumes' von Meer, Land und Fluss und dessen zeitgenössische Wahrnehmung die dortigen politischen Interaktionen beeinflussten. Zum anderen sollen im Gegenzug auch die Rückwirkungen politischer Entwicklungen auf die fluvial-maritime Konnektivität in den Blick genommen werden. Der Beitrag beginnt mit einem ganz knappen Überblick über die physisch-geographische Struktur dieser Region und ihre dominierenden Wirtschafts- bzw. Abschöpfungsmechanismen sowie mit einer Skizze der Problematik mittelalterlicher Regulierungsbemühungen im weitgefassten Deltabereich.

2 Historisch-geographische Grundlagen

Das Delta der Rhone ist infolge des Anstiegs der Meeresspiegel seit der letzten Eiszeit entstanden. Die Nebenflüsse des Unterlaufs weisen eine stark schwankende Wasserführung auf und tragen in Hochwasserzeiten eine hohe Sedimentlast. Diese Sedimente lagern sich auf dem letzten Teilstück des Rhonelaufs ab, der kurz nach dem Zusammenfluss mit der Durance etwas südlich von Avignon praktisch kein Gefälle mehr aufweist.[8] Nördlich von Arles zweigt bei Fourques die Kleine Rhone ab, die über eine Reihe von Nebenarmen die Wasserflächen der Petite Camargue speist (und diese zugleich aufsedimentiert) und die während des Hochmittelalters über den Sca-

---

[7] Vgl. ROSSIAUD, Rhône (Anm. 2), S. 183: „Bref, les intrications commerciales et sociales entre les villes du grand delta sont si nombreuses que l'on a impression d'avoir affaire aux multiples *bourgs* topographiquement séparés d'un même organisme urbain dont le centre est la Roque des Doms [= Avignon]." Dass Avignon (und nicht Marseille, Genua oder Montpellier) als dominierendes Zentrum des Rhonedeltas angesprochen wird, dürfte an ROSSIAUDS spezifischem Fokus auf die Rhone liegen; nimmt man den Seehandel mit der Iberischen Halbinsel und der Levante in den Blick, würde die Bedeutung von Montpellier, Marseille und Genua für die Handelsverflechtungen im Delta stärker in den Vordergrund treten.
[8] Für einen knappen Überblick über Entstehung, Morphologie und derzeitige Entwicklung des Rhonedeltas vgl. Mireille PROVANSAL, Gilles ARNAUD-FASSETTA u. Claude VELLA, Géomorphologie du delta du Rhône, in: LANDURÉ u. a. (Anm. 2), S. 59–63; die Autoren resümieren knapp die einschlägigen Ergebnisse ihrer Forschungsteams an den Universitäten Aix-Marseille I und Paris 7.

mandre und die Radelle mit dem Étang de l'Or kommunizierte; dieser Étang bildet die östlichste der Lagunen, die die Küste des Languedoc säumen.[9] Bis heute speist ein Teil des Rhonewassers das südfranzösische Kanalsystem, das vom 17. bis zum 19. Jahrhundert ausgebaut wurde und oft auf spätmittelalterliche Kanäle zurückgeht, die ihrerseits zum Teil auf älteren natürlichen Wasserläufen beruhen. Auch am Hauptarm der Rhone sind südlich von Arles solche Abflüsse zu beobachten, die oft keine eigentlichen Mündungsarme ausbilden, sondern in den Lagunen der Camargue enden.[10]

In den Randzonen des Deltas hat man wohl immer schon, auf alle Fälle aber seit dem Hochmittelalter, die Gewinnung von Ackerland durch Eindeichung des Flusslaufes betrieben. Ansonsten ist die landwirtschaftliche Nutzung des schwer zu besiedelnden Deltabereichs zum Teil bis heute extensiv. Die Überschwemmungsgebiete – die übrigens im Mittelalter weithin mit Wald bestanden waren – wurden und werden als Viehweide genutzt,[11] die Lagunen mit Stellnetzen befischt.[12] Zugleich wird in bestimmten Bereichen Salzgewinnung praktiziert; die Salinen von Peccais etwa haben nicht unwesentlich zum Erfolg der Hafengründung in Aigues-Mortes beigetragen. Großen ökonomischen Nutzen erzeugen die Lagunen und die Wasserläufe des

---

9 Zur Bildung der Küstenlagunen und -sümpfe des Languedoc, die von den die südlichen Hänge des Massif central entwässernden Flüssen gespeist werden, vgl. Philippe LEVEAU, La paludification des plaines littorales de la France méditérranéenne. Héritage antique et évolution du milieu, in: Jean-Marie MARTIN (Hg.), Zones côtières littorales dans le monde méditerranéen au Moyen Âge: Défense, peuplement, mise en valeur (Castrum 7), Rom, Madrid 2001, S. 56–60. Zur stets nur prekären Verbindung zwischen dem Flusssystem der Rhone und den Étangs des Languedoc vgl. ebd., S. 59, unter Verweis auf Martine AMBERT, Le milieu naturel des étangs à l'époque médiévale, in: Les étangs à l'époque médiévale d'Aigues-Mortes à Maguelone (Catalogue de l'exposition du musée archéologique de Lattes), Lattes 1986, S. 19–28, hier bes. S. 22.
10 Eine anhand jüngerer Forschungsergebnisse überarbeitete Rekonstruktion des Laufs von Mündungsarmen und Küste seit prähistorischer Zeit bietet Gilles ARNAUD-FASSETTA, Le rôle du fleuve: les formations alluviales et la variation du risque fluvial depuis 5000 ans, in: LANDURÉ u.a. (Anm. 2), S. 65–77, hier S. 68, Fig. 3 A–F. Ältere Darstellung nach J. BÉTHEMONT, Le thème de l'eau dans la vallée du Rhône, Paris 1972, S. 63, bei LEVEAU (Anm. 9), S. 64.
11 Vgl. Marion CHARLET, Topographie du delta au Moyen Âge, in: LANDURÉ u.a. (Anm. 2), S. 277–283, hier S. 280 f. Ebenso wie die Grasflächen, die durch den Rückgang des Waldbestandes seit dem Hochmittelalter entstanden, wird auch der Wald nicht nur zur Gewinnung von Bau- und Brennholz sowie zur Jagd, sondern wie im Mittelalter üblich auch zur Viehmast genutzt, vgl. ibd., S. 281.
12 In den Lagunen des Languedoc wurde der Fischfang wohl vor allem mit Stellnetzen und ähnlichen Einrichtungen betrieben, die vor allem in den Graus – den Verbindungskanälen zwischen Étang und Meer – installiert wurden; vgl. in diesem Sinne die Aussage des *Pons Pagés* in einer ‚Enquête' zum Grau de Salses im Étang de Leucate: AN J 1029, fol. 9v–12r, hrsg. v. Jean RÉGNÉ, Examen d'une enquête relative à la limite méridionale de la vicomté de Narbonne du côté du Roussillon, in: Bulletin de la Commission archéologique de Narbonne 9 (1906–1907), S. 155–158, bes. S. 157 f.; *Pons* nimmt hier Bezug auf die Praxis der *obturatio* kleiner Seitenkanäle sowie auf strittige Fischereirechte im Grau und in den angrenzenden Bereichen von Meer und Étang. Auch in den Lagunen der Camargue wurde der Fischfang hauptsächlich mit Hilfe von Stellnetzen betrieben, vgl. CHARLET (Anm. 11), S. 282.

Deltas schließlich auch als Transportwege. Wie wir schon gesehen haben, ist das Mündungsgebiet von einem Kranz älterer und jüngerer Handelsstädte umgeben, was auch an kleineren Wasserwegen bedeutende Zolleinnahmen ermöglicht.[13] Die herausgehobene infrastrukturelle Bedeutung des Deltas wird noch dadurch akzentuiert, dass die durch Ablagerungs- und Verlandungsprozesse entstandene Mittelmeerküste des französischen Königreichs keine tiefen Häfen aufweist: Allein die Reeden von Port-de-Bouc auf der provenzalischen und von Aigues-Mortes auf der französischen Seite des Deltas konnten im Spätmittelalter ganzjährig vom Meer aus mit großen Schiffen angefahren werden. Tatsächlich haben Zeitgenossen ausgeführt, dass Aigues-Mortes der einzige Seehafen im östlichen Teil der französischen Mittelmeerküste sei[14] – eine nicht ganz unparteiische und keineswegs unstrittige Behauptung, wie wir noch sehen werden.

Mit den unterschiedlichen Formen der wirtschaftlichen Nutzung von Küstenniederung und Flussdelta gingen regulierende Eingriffe einher, die bisweilen entgegengesetzte Wirkung entfalteten, wie schon Jacques ROSSIAUD ausgeführt hat.[15] Die Uferbefestigungen, die in den Randzonen des Deltas der Urbarmachung von Ackerland dienten, begünstigten naturgemäß die unteren Abflüsse und führten zur Unterbrechung der natürlichen Verbindungen zwischen Rhone, Étang de l'Or und den ‚toten Wassern' von Aigues-Mortes.[16] Bis weit ins 16. Jahrhundert bemühte man sich im Großen und Ganzen erfolgreich, diesem Umstand durch wasserbauliche Maßnahmen zu steuern, die Reede von Aigues-Mortes für die Seeschifffahrt offenzuhalten und die Verbindung zwischen Hafen, Küstenlagunen und Rhonesystem zu gewährleisten. Nach Lage der Dinge konnte dies nur durch Zuleitung geklärten Flusswassers mithilfe künstlich angelegter oder vertiefter Kanäle (*roubines*) gelingen. Die Anlage dieser Roubines führte freilich in der Umgebung von Aigues-Mortes zu einer Herab-

---

13 Zur wirtschaftlichen Nutzung des Rhonedeltas und der angrenzenden Gewässersysteme vgl. den knappen Überblick bei CHARLET (Anm. 11), S. 280–282.
14 Vgl. die Aussage des *Petrus Belleruda, oriundus et habitator Montispessulani, olim mercator, homo justiciabilis domini regis Majoricarum*: AN J 915, Nr. 28, fol. 27r: *Item dixit quod dominus rex Francorum non habet aliquem portum in senescallia Bellicadri in mari nisi solum portum Aquarum Mortuarum nec alius portus est in mari in dicta senescallia*, zitiert nach Elisabeth LALOU u. Xavier HÉLARY, Enquête sur le denier pour livre payé à Aigues-Mortes. 1301 (Archives nationales, J 915, n°28), in: Enquêtes menées sous les derniers capétiens, hrsg. v. Elisabeth LALOU u. Christophe JACOBS (Ædilis. Publications scientifiques 4), Paris 2007, online unter http://www.cn-telma.fr/enquetes/enquete47/index/ (letzter Zugriff am 04. 07. 2016).
15 Zu den folgenden Ausführungen vgl. ROSSIAUD, Aigues-Mortes (Anm. 2), S. 77 sowie 81: „réaménagements [du cours fluvial et des relations entre fleuve et *stagna*] nés de la fondation, presque concomitante et antagoniste du port d'Aigues-Mortes et de l'enclos de Peccais" [= bedeutende lokale Salinen].
16 ROSSIAUD, Aigues-Mortes (Anm. 2), S. 81. Zu den Auswirkungen von Eindeichungsmaßnahmen auf Wasserführung und Fließgeschwindigkeiten im 19. und 20. Jahrhundert vgl. auch PROVANSAL, ARNAUD-FASSETTA u. VELLA (Anm. 8), S. 62.

setzung des Salzgehalts im Wasser und beeinträchtigte damit den Ertrag der nahegelegenen Salinen von Peccais – deren wirtschaftlicher Betrieb wiederum mit der Funktionstüchtigkeit des Hafens von Aigues-Mortes zusammenhing. Bereits der knappe geographische Überblick zeigt, dass das Rhonedelta und seine Randgebiete ein ausgesprochen komplexes System bildeten. Es kann daher kaum verwundern, dass auch die politischen Interaktionen in diesem Zwischenraum von Land, Fluss und Meer durch disparate und einander vielfach widersprechende Interessen geprägt waren.

3 Herrschaft im Zwischenraum

3.1 Abgrenzungen

In den bisherigen Studien des Verfassers stand die Frage im Vordergrund, welche Rolle die Rhonemündung und Küstenlagunen des Languedoc für die Herausbildung politischer Grenzziehungen in der spätmittelalterlichen Formierungsphase monarchischer Staatlichkeit einnahmen. Wie konnte die jahrhundertelang eher theoretische Grenze zum Arelat innerhalb weniger Jahrzehnte zur Außengrenze einer administrativen Monarchie werden – und wie ist die dabei zu beobachtende ‚Eroberung' der Rhone durch französische Amtsträger zu bewerten?[17] Sowohl im französischen wie auch im östlich-provenzalischen Bereich gibt es interessante Zeugnisse zur ‚Verstaatlichung' dieser Grenze. Zur Illustration sei hier allein ein Quellenzeugnis aus der Provence angeführt: Im November 1330 vereinbarten die Behörden der angevinischen Provence mit den genuesischen Extrinseci in Monaco die Abgrenzung eines ‚königlichen Meeresgebietes', in dem der Seeraub an Untertanen und Freunden des neapolitanischen Königs verboten sein sollte. Dabei wurde auch die geographische Erstreckung dieses Konventionsmeeres ausdrücklich definiert:

---

17 Vgl. hierzu Georg JOSTKLEIGREWE, Entre pratique locale et théorie politique: Consolidation du pouvoir, annexion et déplacement des frontières en France (début XIVe siècle). Le cas du Lyonnais et des frontières méditerranéennes, in: Stéphane PÉQUIGNOT u. Pierre SAVY (Hgg.), Annexer? Les déplacements de frontières à la fin du Moyen Âge, Rennes 2016, S. 75–96. Zum hier implizit aufgerufenen Konzept einer ‚staatlichen Aufladung' mittelalterlicher Grenzen durch nicht-staatliche, lokale Akteure vgl. Jean-Marie MOEGLIN, La frontière comme enjeu politique à la fin du XIIIe siècle. Une description de la frontière du *Regnum* et de l'*Imperium* au début des années 1280, in: Nils BOCK, Georg JOSTKLEIGREWE u. Bastian WALTER (Hgg.), Faktum und Konstrukt. Politische Grenzen im europäischen Mittelalter: Verdichtung – Symbolisierung – Reflexion, Münster 2011, S. 203–220; Jean-Marie MOEGLIN, Französische Ausdehnungspolitik am Ende des Mittelalters: Mythos oder Wirklichkeit, in: Franz FUCHS, Paul-Joachim HEINIG u. Jörg SCHWARZ (Hgg.), König, Fürsten und Reich im 15. Jahrhundert, Köln, Weimar, Wien 2009, S. 349–374. Zu den Herrschaftsansprüchen, die im Namen des französischen Königtums seit dem 13. Jahrhundert auf einen Teil oder die Gesamtheit von Fluss und Bett der Rhone angemeldet wurden, vgl. überblicksweise ROSSIAUD, Rhône (Anm. 2), S. 105–111.

> *Et esset dubium quantum mare regium duraret, quantum ad dictam conventionem pertinet, actum et declaratum fuit inter partes predictas quod mare regium censeatur quantum durat de capite dicti castri de Monacho versus occidentem usque ad gradum antiqui Rodani, seu brasserii dicti de Furcis, quo seu qua dividitur territorium ville regie de Mari a terra Aquarum Mortuarum et quantum protenditur infra dictos limites in via pelagi seu meridiei per quinquaginta milliaria.*[18]

Der Vertrag benennt eine Grenze, die wohl unter dem Horizont parallel zur Küstenlinie verläuft, sowie zwei Grenzlinien, die die Küste schneiden – darunter die gedachte Fortsetzung der Kleinen Rhone (bzw. des sogenannten *Rhône vif*, des westlichen Mündungsarms der Kleinen Rhone), die von jeher die Reichsgrenze bildete, hier aber charakteristisch als Grenze zweier lokaler Herrschaftsbezirke gefasst wurde.

Über die Binnengliederung von Meer und Land, von Fluss und Küstenlagunen und deren jeweilige Abgrenzung ist damit freilich noch nichts gesagt. Blicken wir daher auf weitere archivalische Dokumente: Als Quellen verfügen wir unter anderem über sogenannte ‚Enquêtes' oder ‚Inquisitiones' – über Textstücke also, die von königlichen Kommissaren im Rahmen der Klärung strittiger Herrschaftsansprüche an den Küsten des Languedoc verfasst worden sind.[19] Es fällt auf, dass die geographische Kategorisierung der Küstenlandschaften den Autoren dieser ‚Enquêtes' und vermutlich auch ihren lokalen Gewährsleuten in der Regel völlig unproblematisch erschien. Sie unterschieden zwischen drei großen Bereichen, in denen Herrschaftsrechte geltend gemacht werden konnten: das Meer, die Zone der Étangs und das Land.

Bei einer Untersuchung der französisch-aragonesischen Grenze zwischen den Herrschaften Leucate und Fitou einerseits sowie dem Roussillon andererseits geben verschiedene Zeugen Auskunft über den Verlauf der Grenzlinie durch Meer, Lagune und Land (*tam per mare quam per terram et stagnum*).[20] Der Lauf der politischen bzw. herrschaftlichen Trennlinie, die diese drei Zonen zerteilte, war offenbar höchst strittig; die Abgrenzung der drei Zonen oder Landschaftsformationen selbst hingegen erschien selbstverständlich oder doch zumindest nicht der Rede wert. Auch die Wasserverbindungen zwischen Meer, Lagune und Land bzw. Fluss sind terminologisch

---

18 Vertrag zwischen dem Seneschall der Provence und der *universitas castri de Monacho*, hrsg. v. Gustave SAIGE (Documents historiques antérieurs au quinzième siècle relatifs à la seigneurie de Monaco et à la maison de Grimaldi 1), Monaco 1905, S. 208–212 unter Nr. LXXVI, hier S. 209.
19 Der Trésor des Chartes des französischen Königtums bzw. der als ‚Supplément' bezeichnete zweite Teil der heutigen Serie J der Archives Nationales (AN) enthält eine Vielzahl solcher Untersuchungsdokumente, die nur zum Teil ediert sind. Teileditionen von Stücken mit Bezug auf die Rhone finden sich aufgrund des Grenzcharakters dieses Flusses etwa bei Fritz KERN, Acta imperii Angliae et Franciae ab anno 1267 ad annum 1313. Dokumente vornehmlich zur Geschichte der auswärtigen Beziehungen Deutschlands in ausländischen Archiven gesammelt, Tübingen 1911; eine Auswahl von ‚Enquêtes' und vergleichbaren Dokumenten ist auf der Grundlage von Robert FAWTIERS handschriftlich exzerpiertem *Corpus Philippicum* erneut transkribiert und online veröffentlicht worden, vgl. LALOU u. JACOBS (Anm. 14).
20 RÉGNÉ (Anm. 12), hier S. 155.

klar gefasst: Verbindungen zwischen Meer und Binnengewässern werden als Grau, (kanalisierte) Verbindungen zwischen Binnengewässern als Roubines, ‚lebende' Verbindungen zum Flusssystem der Rhone und anderen Flüssen als Brassière bezeichnet. Vermutlich gelten diese im Blick auf das französische Languedoc gemachten Beobachtungen auch für das provenzalische Delta: Die oben zitierte Rede vom *gradus antiqui Rodani seu brasserii de Furcis* lässt auch hier eine relativ klare Abgrenzung von Meer, Mündung und Flusslauf vermuten.

Ist die eingangs zitierte Einschätzung französischer Forscher also doch richtig? Stellen mittelalterliche Küstenlinien in der Regel klare Abgrenzungen dar, deren Wahrnehmung unproblematisch ist und die insbesondere keine politischen Probleme aufwerfen?

3.2 Herrschaftsmodi

Bis weit ins 13. Jahrhundert wird man diese Frage mit Blick auf den südfranzösischen Raum mit einem ‚Ja' beantworten. Dies liegt freilich nicht nur an der Klarheit der naturräumlichen Abgrenzungen, sondern auch an den spezifischen Herrschaftsstrukturen. Bis ins 14. Jahrhundert hinein war der dominierende herrschaftliche Abschöpfungsmodus dieses Raumes grundherrschaftlich geprägt. Trotz vielfältiger Auseinandersetzungen zwischen einzelnen Herren gab es dabei keine über den Einzelfall hinausweisenden Konfliktlagen, die mit der physischen Gliederung des Raumes zusammenhängen. Die Wahrnehmung von Herrschaftsrechten war de facto an unterschiedlich ausgeprägte Formen des Grundbesitzes gekoppelt. In der Gegend von Leucate etwa nahmen die Herren von Leucate Abgaben für Jagd und Fischerei in Étang, Graus und Meer ein, erhoben Transport- und Wegezölle in Étang und Grau und beanspruchten auch ein Strandrecht. Sie teilten manche ihrer Ansprüche mit dem Vizegrafen und dem Erzbischof von Narbonne, ohne dass diese beiden als Lehensherr bzw. Delegat der öffentlichen Gewalt etwa eine exklusive Nutzung des Strandrechtes, einen ausschließlichen herrschaftlichen Zugriff auf das Meer beanspruchten, wie dies mit allen daraus resultierenden Konflikten im Umfeld der sich verdichtenden Fürstentümer des späteren Mittelalters durchaus zu beobachten ist.[21]

Ähnliche Beobachtungen gelten auch für die Petite Camargue und den Étang de l'Or. Neben dem Bischof von Maguelone, der Lehensherr der meisten lokalen Herren war, gab es unter anderem die Grafschaft Melgueil, die seit dem 13. Jahrhundert im Besitz der aragonesischen Könige stand, die Herren von Lunel und Uzès sowie die

---

21 Zu den Rechten der Herren von Leucate vgl. RÉGNÉ (Anm. 12), S. 113–124; zur stets prekären, weil nur schwer durchsetzbaren Monopolisierung des Strandrechtes vgl. mit Blick etwa auf die spätmittelalterliche Bretagne Laurence MOAL, L'étranger en Bretagne au Moyen Âge. Présence, attitudes, perceptions, Rennes 2008, S. 257–268.

Stadt Montpellier unter ihrem aragonesischen Stadtherren. Bis ins späte 13. Jahrhundert wurde Herrschaft hier ausschließlich als Besitz der verschiedenrangigen Herren be- und gegebenenfalls auch gehandelt. In den 1250er Jahren erwarb Montpellier vom Bischof von Maguelone etwa das Recht, einen Grau zwischen dem Étang de l'Or und dem Meer anzulegen und durch diesen gegen Zahlung der üblichen Abgaben Handel zu treiben;[22] gegenüber dem Herrn von Lunel kauft sich die Gemeinde zur gleichen Zeit von dem an der Radelle erhobenen Zoll los – d. h. vom Zoll an der Wasserstraße zwischen Étang de l'Or, Rhone und der Reede von Aigues-Mortes.[23] Eine ausschließliche Zuständigkeit einzelner Akteure oder bestimmter Akteursgruppen, etwa für das Meer, ist auch hier nicht zu beobachten.

4 Auflösung des Zwischenraums?

Das Eindringen des landfremden französischen Königtums in diesen Zwischenraum änderte an den Verhältnissen zunächst nicht viel. Seit den 1220er Jahren war die Krone hier als Rechtsnachfolger des Grafen von Toulouse präsent und erwarb auf unterschiedlichen Wegen weitere Herrschaftsrechte – etwa im Bereich von Aigues-Mortes, wo Ludwig IX. bekanntlich seinen Kreuzzugshafen ausbauen ließ. Doch erst am Ende des 13. Jahrhunderts entwickelten sich daraus neuartige Kontroll- und Abschöpfungsmechanismen. Philipp III. bemühte sich (nicht sehr nachdrücklich), die italienischen Kaufleute aus Montpellier in die sogenannte ‚Konvention' der Königsstadt Nîmes umzusiedeln und zum Handel über den Hafen von Aigues-Mortes zu verpflichten.[24] Zugleich versuchte das Königtum, die Ausfuhr von Rohstoffen und münzbaren Metallen einzuschränken und installierte Sergents als *Gardes des passages* an der Küste

---

22 Vgl. Alexandre GERMAIN, Histoire du commerce de Montpellier rédigée d'après les documents originaux, et accompagnée de pièces justificatives inédites, 2 Bde., Montpellier 1861, hier Bd. 1, S. 209–212 (Anhang, Nr. 19): Abkommen bzw. Infeodationsvertrag bezüglich der Anlage eines Grau und dessen Nutzung durch die *universitas* von Montpellier, zwischen dem Bischof von Maguelone und den *consules maris* von Montpellier (20. Mai 1250). Laut AMBERT (Anm. 9), S. 27 wurde die künstliche Anlage dieses Graus nicht durchgeführt; stattdessen habe man den kurz darauf auf natürlichem Wege entstandenen Grau de Cauquillouse genutzt.
23 Vgl. GERMAIN (Anm. 22), Bd. 1, S. 218 f. (Anhang, Nr. 22): Gewährung eines Hauses und Bürgerrechtes in Montpellier an den Herrn von Lunel, im Gegenzug zum Verzicht auf die Erhebung des Radelle-Zolls (18. November 1251).
24 Zur Einrichtung eines Handelsmonopols in Aigues-Mortes vgl. unten S. 129–132. Zur angestrebten Verlegung der italienischen Kaufleute nach Nîmes unter Philipp III. und entsprechenden Zwangsmaßnahmen unter Philipp IV. vgl. GERMAIN (Anm. 22), Bd. 1, S. 121–129, ebd., Bd. 1, S. 277–284 auch das betreffende Edikt Philipps III. vom Februar 1278 (n. s.), sowie Eusèbe Jacob LAURIÈRE u. a., Ordonnances des roys de France de la troisième race. Recueillies par ordre chronologique, 22 Bde., Paris 1723–1849, hier Bd. 4, S. 669–672. Zu den ‚Konventionen' der vier Städte Paris, Nîmes, Saint-Omer und La Rochelle, in denen italienische Kaufleute Grundbesitz erwerben konnten, vgl. beispielsweise die Ordonnanz Ludwigs X. vom 9. Juli 1315, in: ebd., Bd. 1, S. 584–586.

des Languedoc; die Kontrolle der *ports et passages* wurde in den ersten Jahrzehnten des 14. Jahrhunderts dann systematisiert.[25] Schließlich sind in den letzten Jahren des 13. Jahrhunderts verstärkte Bemühungen zu verzeichnen, Aigues-Mortes zumindest bis zum Cap d'Agde als Monopolhafen für den Seehandel mit dem Languedoc zu installieren; den Hintergrund dieses Vorgehens bildeten vermutlich die Konflikte zwischen Philipp IV. und Bonifaz VIII. sowie die Kriege mit Flandern. Diese Bemühungen riefen Konflikte hervor, in denen nicht zuletzt auch die uns interessierende Frage nach der Zuordnung und herrschaftlichen Erfassung des Zwischenraums zwischen Fluss, Land und Meer verhandelt wurde.

4.1 Die ‚etatistische' Erzählung

Die bisherige Forschung hat diese Entwicklung zumeist aus etatistischer Perspektive gedeutet – als Resultat der gezielten Strategie eines zunehmend selbstbewussten Königtums und seines administrativen Herrschaftsapparates. Eine solche Interpretation findet in den Quellen auch durchaus Stütze. Betrachten wir etwa die Untersuchungen, die 1299 und 1300 aufgrund von Beschwerden der Kaufleute von Montpellier und des Königs von Aragón durchgeführt wurden, so ließen hier die Vertreter der königlichen Regionalbehörden – also nicht die untersuchenden Kommissare – eine klare Agenda erkennen, die auf die Durchsetzung des Hafenmonopols von Aigues-Mortes und den kompromisslosen Einzug der dabei abzuschöpfenden Abgaben abzielte.[26] Gegenüber den Bürgern von Montpellier hielten sie 1299 an dem mittlerweile an die Krone gefallenen Zoll an der Radelle fest. Auf die Vorhaltungen der Bürger, sie hätten die Zollabgabe an dieser Wasserstraße zwischen Montpellier, dem Rhonedelta und Aigues-Mortes durch einen Vertrag mit dem ehemaligen Zollherrn längst abgelöst, antworteten die Amtsträger, dass dies ohne Zustimmung des Königs geschehen und daher nichtig sei.[27]

---

25 Zur Umsetzung königlicher Handelsbeschränkungen vgl. als Überblick Élisabeth LALOU, Maître des ports et passages, in: Lexikon des Mittelalters, Bd. 6 (1993), Sp. 147f., sowie Robert-Henri BAUTIER, Chalon, Me Pierre de, in: Lexikon des Mittelalters, Bd. 2 (1983), Sp. 1662f.; Pierre de Chalon war bestimmend am Aufbau des französischen Zollsystems und der Außenwirtschaftskontrollen in den ersten Jahrzehnten des 14. Jahrhunderts beteiligt.

26 Vgl. beispielsweise die einschlägige Klage Montpelliers, AN J 892, hrsg. v. GERMAIN (Anm. 22), Bd. 1, S. 333f. (Anhang, Nr. 64): *Protestamur quod a tribus vel a IIIIor annis citra [...] officiales illustrissimi domini regis Francie indebite et injuste conati sunt impedire [...] quominus mercatores et navigantes cum navibus, lignis et navigiis libere, ut consueverant, possent [...] applicare ad plagiam et gradus [...] et honerare et exhonerare ibidem, et per ipsos gradus intrare et exire, et declinare ad portum Latarum [...] nisi primitus vadant et declinent ad portum Aquarum Mortuarum; et per violentiam et de facto quosdam mercatores et navigantes compulerunt apud Aquas Mortuas applicare.*

27 Vgl. AN J 892, hrsg. v. GERMAIN (Anm. 22), Bd. 1, S. 335 (Anhang, Nr. 64): *Protestamur quod [...] officiales* [senescalliae Bellicadri] *indebite et injuste compellunt [...] homines Montispessuli de mercibus*

Und auch gegenüber dem König von Aragón und den katalanischen Kauffahrern zeigte man sich kompromisslos. Diese hatten sich über den seit 1297 beobachteten Zwang zur Nutzung von Aigues-Mortes beschwert, weil das Seegebiet vor dem Hafen von genuesischen Korsaren verseucht sei; namentlich genannt wird Regniero Grimaldi, der Admiral Philipps IV. Vor allem aber widerspreche der Zwang der jahrzehntelang unbeanstandeten Gewohnheit, mit kleineren Seeschiffen die Graus von Vic und Cauquillouse direkt zu passieren, mit größeren hingegen in den Graus zu ankern und die Waren auf kleinen Nachen nach Montpellier zu führen. Die königlichen Amtsträger widersprachen dieser Behauptung; tatsächlich bestand die rechtlich entscheidende Frage letztlich wohl darin, ob diese Praxis in der Zeit effektiver königlicher Herrschaftsausübung mit Wissen königlicher Amtsträger und unangefochten bestanden habe oder nicht.[28]

Doch zeigt die Befragung der Zeugen, dass die Repräsentanten des französischen Königs sich noch auf weitere Argumente stützten, die eng mit dem hier interessierenden Problem der Wechselwirkungen zwischen Raumwahrnehmung und Herrschaft verbunden sind. Während die von der aragonesischen Seite aufgerufenen Zeugen auf Nachfrage zu verstehen gaben, dass die Hochseeroute von Katalonien nach Aigues-Mortes zwar möglicherweise die kürzere sei, die Unterlandfahrt und die Nutzung der

---

solvere vectigal sive pedagium in loco vocato ‚la Fossa', [...] licet dicti homines de Montepessulo [...] a domino de Lunello libertatem [...] obtinuissent non solvendi pedagium [...] in dicto loco. [...] [Antwort der Amtsträger:] *Dicta concessio [...] concessa hominibus Montispessuli per dominum de Lunello non potuit valere [...] quare dicta concessio non fuit facta cum assensu [...] domini Regis vel curie sue.*

28 Zu den Beschwerden der katalanischen Kauffahrer vgl. AN J 915, Nr. 28, hrsg. v. Elisabeth LALOU u. Xavier HÉLARY. Enquête sur le denier pour livre payé à Aigues-Mortes. 1301 (Archives nationales, J 915, n°28), in: Enquêtes menées (Anm. 14): *Officiales [...] senescalli Bellicadri [...] et ipse senescallus hominibus et mercatoribus regni Aragonum multas [...] indebitas novitates intulerunt et inferunt incessanter, specialiter in gradibus de Vico et de Cauquillosa [...] et in Aquis Mortuis, prohibendo ipsos mercatores et navigia eorum ad Montepessulanum [...] venientes, dictos gradus intrare et inde venire ad portum Latarum et ad Montempessulanum, immo compellendo eos ire invitos ad portum Aquarum Mortuarum et exonere et discargare ibidem merces suas et solvere ibidem denarium pro libra suarum mercium predictarum.* Zum Beweisziel der königlichen Amtsträger – dass die Nutzung der Graus nicht mit Wissen und Zustimmung der Behörden der Sénéchaussée Beaucaire erfolgt sei – vgl. die in Anm. 26 und 27 bereits zitierten Akten des Rechtsstreits zwischen Montpellier und der Sénéchaussée Beaucaire: AN J 892, hrsg. v. GERMAIN (Anm. 22), hier S. 366: *Proponunt et probare intendunt quod, si reperiatur aliquibus vicibus, a tempore dicte institutionis dicti portus citra, aliqua nivigia [!] applicasse in aliquibus littoribus Magalonensis diocesis, senescallie Bellicadri, et per illa littora venisse ad castrum Latarum* [= dem landseitigen Vorhafen von Montpellier an der Mündung des Lez in den Étang de l'Or], *quod predicta facta fuerint clam.* – In der zu Beginn dieser Anmerkung zitierten ‚Enquête', die anlässlich der katalanischen Beschwerde in den Jahren 1300 und 1301 durchgeführt wurde, wird das betreffende Beweisziel nicht ausdrücklich benannt, da sich die königlichen Amtsträger bzw. ihre Prozessvertreter weigerten, die im anhängigen Rechtsstreit zwischen Montpellier und der Sénéchaussée Beaucaire behandelten Streitpunkte erneut offiziell aufzugreifen; die Befragung der Zeugen zeigt aber, dass einer der Kernpunkte des Prozesses in der Frage bestand, ob die königlichen Amtsträger in Aigues-Mortes von der Nutzung der Graus wussten oder wissen konnten.

Graus aber die sichere und übliche Route darstelle,[29] betonten die ‚französischen' Zeugen, dass Aigues-Mortes der einzige Seehafen in der Sénéchaussée Beaucaire sei: *Dixit* [testis] *quod dominus rex Francorum non habet aliquem portum in senescallia Bellicadri in mari nisi solum portum Aquarum Mortuarum nec alius portus est in mari in dicta senescallia*.[30] Während für die Katalanen die Seefahrt nach Montpellier also erst jenseits der Étangs an der Festlandsküste endete und die Graus gewissermaßen nur Engstellen zwischen vorgelagerten Inseln bildeten, stellten sich die französischen Beamten auf den Standpunkt, dass das französische Festland dort beginne, wo das Meer ende – nämlich an den Graus.

4.2 Ein skeptischer Gegenentwurf: Politik von oben, außen, unten

Betrachtet man die Graus des Étang de l'Or, wie sie sich heute ohne menschliche Eingriffe darstellen, so erscheint die Argumentation der Amtsträger unwiderlegbar. Doch die mittelalterlichen Realitäten sprechen eine andere Sprache. Sowohl die Piraterieproblematik wie auch die häufige Verlandung der verschiedenen Roubines zwischen Aigues-Mortes und Montpellier zwangen das Königtum im 14. Jahrhundert mehrfach, die Nutzung der Graus freizugeben – und zwar trotz eines fortbestehendem Interesses an der Förderung von Aigues-Mortes.[31] Die im Namen des Königs geäußerten Herr-

---

29 Vgl. AN J 915, Nr. 28 (Anm. 28): [Aussage des *Guillelmus Salsina*]: *Super itinere maris req., dixit quod semper est rectius iter et brevius venire de Cap de Crois ad dictos gradus quam apud Aquas Mortuas cum magnis vel parvis navigiis* [ebenso in den Aussagen des *Stephanus Columberii* und des *Petrus Imberti*]; [Aussage des *Guillelmus Mercatoris*]: *Item super itinere maris requisitus, dixit quod ille qui est ad locum de Cap de Crois et vult venire apud Aquas Mortuas cicius veniet et aplicabit ad portum Aquarum Mortuarum quam venisset ad dictos gradus* [...]. *Dixit tamen quod parve barche non essent ause ire per magnum mare*.
30 AN J 915, Nr. 28 (Anm. 28): Aussage des *Petrus Belleruda*. Die Aussage entspricht dem ersten Beweisziel der königlichen Amtsträger, das in den oben, Anm. 28, zitierten Akten des Rechtsstreits zwischen Montpellier und der Sénéchaussée Beaucaire aufgeführt wird; vgl. AN J 892, hrsg. v. GERMAIN (Anm. 22), Bd. 1, S. 385: *In primis, proponunt et probare intendunt quod portus Aquarum Mortuarum est unicus et solus in senescallia Bellicadri institutus per dominum nostrum regem Francie, et quod de hiis est et fuit vox et fama publica in senescallia Bellicadri*.
31 Vgl. die einschlägige Erlaubnis Philipps V. vom 21. Juni 1317, hrsg. v. GERMAIN (Anm. 22), Bd. 1, S. 457–459; Supplik der Bürger von Montpellier betreffs Nutzung ihrer Graus und Bescheid Philipps VI. vom Juli 1333, der zunächst die Reparatur der Roubines zwischen Aigues-Mortes und Montpellier vorsieht, hrsg. v. GERMAIN (Anm. 22), Bd. 1, S. 485–488; Erlaubnis Philipps VI. zur Nutzung der Graus vom 31. März 1338 (n. s.), hrsg. v. GERMAIN (Anm. 22), Bd. 2, S. 158 f. (mit expliziter Erwähnung der Piraterieproblematik); Verlängerung der genannten Erlaubnis vom 6. April 1339 (n. s.), hrsg. v. GERMAIN (Anm. 22), Bd. 2, S. 162 f.; erneute Verlängerung vom 29. Juli 1340, hrsg. v. GERMAIN (Anm. 22), Bd. 2, S. 183 f.; Anordnung Philipps VI., die Opportunität einer grundsätzlichen Öffnung des Grau de Cauquillouse für den Handel von Montpellier zu prüfen, hrsg. v. GERMAIN (Anm. 22), Bd. 2, S. 214 f.; Erlaubnis des Arnoul d'Audrehem, Lieutenant du roi im Languedoc, vom 6. September 1364, Getreide durch den Grau de Cauquillouse nach Montpellier zu führen, hrsg. v. GERMAIN (Anm. 22), Bd. 2,

schaftsansprüche mochten absolut sein – die tatsächlichen Herrschaftsmöglichkeiten waren begrenzt.

Indes betrifft die Skepsis gegenüber der oben skizzierten etatistischen Erzählung nicht nur die Effizienz königlicher Herrschaftsdurchsetzung. Zu fragen ist auch, ob die beobachteten Entwicklungen tatsächlich das Ergebnis einer gezielten Strategie der monarchischen Zentralgewalt waren – und ob die Stellungnahmen lokaler Amtsträger immer die Position der königlichen Regierung repräsentierten. Betrachten wir noch einmal das Problem des Radelle-Zolls. Gewiss forderten die lokalen Amtsträger 1299 die Abgabe mit jener kompromisslosen Härte ein, die wir von den Legisten Philipps des Schönen erwarten; bezeichnenderweise wurde der königliche Prozessführer, Pierre de Béziers, seit 1300 vom *avocat du roi* Guillaume de Plaisians unterstützt, der wenig später zu den engsten Beratern Philipps IV. aufsteigen sollte.[32] Aber die Könige des 14. Jahrhunderts akzeptierten Montpelliers Freiheit vom Radelle-Zoll zumindest im Hinblick auf Getreide und Hülsenfrüchte. Sie gaben Anweisung, die Bürger der Stadt damit nicht zu belästigen – sehr zum Unwillen der Zollpächter übrigens, denn die entsprechenden Mandate mussten regelmäßig erneuert werden.[33]

Es ist also nicht unwahrscheinlich, dass die kompromisslose Haltung verschiedener lokaler Behörden gegenüber Montpellier zumindest teilweise auch durch partikulare finanzielle Interessen beeinflusst war, wie dies im Falle der Zolleinnehmer an der Radelle auf der Hand liegt. Von entsprechenden Einflussnahmen gingen übrigens schon die Montpellier ungünstig gesonnenen Amtsträger der Sénéchaussée Beaucaire aus, die an der Wende vom 13. zum 14. Jahrhundert mit allem Nachdruck auf der Rechtmäßigkeit des königlichen Hafenmonopols in Aigues-Mortes und auf dem Zwang zur Nutzung dieses Hafens bestanden. Wenn ihre eigenen Vorgänger die Nutzung der Graus durch Kaufleute aus Montpellier aus Nachlässigkeit geduldet haben sollten, so sei dies nicht zuletzt deshalb geschehen, weil sie selbst Einwohner dieser Stadt und ihren Mitbürgern freundlich gesonnen gewesen seien.[34]

S. 255 f.; entsprechende Erlaubnis Karls V. vom 4. August 1369, hrsg. v. GERMAIN (Anm. 22), Bd. 2, S. 275–277.
32 Vgl. AN J 915, Nr. 28 (Anm. 28), fol. 2v.
33 Vgl. die entsprechenden Mandate Karls IV. vom Sommer 1324, hrsg. v. GERMAIN (Anm. 22), Bd. 1, S. 466–470; Anweisung Philipps VI. an den Sénéchal von Beaucaire vom 22. Januar 1334 (n. s.), einen einschlägigen Rechtsstreit zwischen Montpellier und den Zolleinnehmern an der Radelle zügig zu bearbeiten, hrsg. v. GERMAIN (Anm. 22), Bd. 1, S. 495 f.; Mandat Karls V. an den Sénéchal von Beaucaire vom 11. August 1364, die Klagen Montpelliers gegen die Zolleinnehmer an der Radelle zu prüfen und, falls Montpelliers Zollfreiheit zu Recht bestehe, Abhilfe zu schaffen, hrsg. v. GERMAIN (Anm. 22), Bd. 2, S. 253 f.; Mandat Ludwigs von Anjou, Lieutenant du roi im Languedoc, an den Sénéchal von Beaucaire vom 15. März 1370 (n. s.), jeglichen Zwang zur Nutzung der Radelle als Transportweg nach Montpellier seitens der Zolleinnehmer zu verbieten und Zuwiderhandlungen gegebenenfalls *viriliter* zu unterbinden, hrsg. v. GERMAIN (Anm. 22), Bd. 2, S. 278 f.
34 Vgl. AN J 892, Akten des Rechtsstreits zwischen Montpellier und der Sénéchaussée Beaucaire, 1299, hrsg. v. GERMAIN (Anm. 22), hier S. 366: *Probare intendunt quod, si reperiantur contenta in pro-*

Und auch die Entwicklung des Hafenmonopols selbst ist nicht nur auf die Absichten der königlichen Zentralgewalt zurückzuführen, sondern auch auf die partikularen Interessen einzelner Akteure. Dies gilt vor allem für verschiedene genuesische Unternehmer, die im 13. Jahrhundert als Betreiber des Hafens auf die Einführung und Ausweitung des Monopols hinarbeiteten und die als Kriegsunternehmer die Machtmittel für dessen Durchsetzung bereitstellten. Seit den 1260er Jahren lag die Kustodie des Hafens regelmäßig in genuesischer Hand, und die Zeugen der späteren Untersuchungen schrieben den Genuesen übereinstimmend die Initiative bei früheren Versuchen zur Durchsetzung eines Hafenmonopols für Aigues-Mortes zu.[35]

5 Politik in den Küstenlagunen des Rhone-Mittelmeer-Systems. Konklusion

Die hier gemachten Beobachtungen zum Wandel der herrschaftlichen Interaktionsstrukturen im westlichen Teil des Rhone-Mittelmeer-Systems müssen notwendigerweise skizzenhaft bleiben; eine umfassende Aufarbeitung der komplexen politischen und ökonomischen Zusammenhänge innerhalb dieses Raumes ist an dieser Stelle nicht möglich. Knapp zu resümieren sind allein die oben angestellten Überlegungen zum Zusammenhang von Raumwahrnehmung, Herrschaft und fluvial-maritimer Konnektivität.

Im späten 13. Jahrhundert lässt sich zweifellos ein verstärkter Zugriff des französischen Königtums auf Mittelmeerküste und Rhonemündung sowie auf die dort abzuschöpfenden Werte beobachten. Die geographische Dreiteilung der Küstenzone – Meer, Étang und Festland – wurde dabei durch die Hervorhebung der binären Außengrenze des Königreiches überlagert. Dies stellte zweifellos eine Veränderung

---

ximo titulo evenisse [d. h., wenn die Graus tatsächlich infolge der Nachlässigkeit von Amtsträgern aus Beaucaire durch Kaufleute aus Montpellier genutzt worden seien], *evenerunt illis temporibus quibus preerant in officio thesaurarius domini nostri regis senescallie predicte Guillelmus de Mora, et successive dominus Raimundus Marci et dominus Raimundus de Rippa Alta, judices majores senescallie predicte, cives et incole Montispessuli, domino regi Majoricarum et concivibus suis Montispessuli in hac parte faventes.*
35 Vgl. AN J 915, Nr. 28 (Anm. 28): [Pro-aragonesische Aussage des Raemondus Vitalis:] *Quidam Januensis, qui vocabatur fr. Manuel, erat custos portus Aquarum Mortuarum, et sepe et sepius veniebat ad dictos gradus et quando [...] inveniebat aliquod navigium cum mercibus, quod venisset de Massilia vel de aliquibus aliis partibus orientalibus, compellebat incontinenti [!] redire apud Aquas Mortuas;* [profranzösische Aussage des Petrus Belleruda:] *Quidam Januensis vocatus Bocanegra, qui cum domino rege Francorum pactum fecerat [...] de construendis muris et fortaliciis ville Aquarum Mortuarum, de voluntate et mandato ipsius domini regis [...] instituit in dicto portu denarium pro libra quarumlibet mercium ad ipsum portum aplicantium. [...] Tunc temporis fuit similiter institutus custos in dicto portu qui tenebat lignum armatum [...] ad compellandum omnes transeuntes per vistam seu ventam Aquarum Mortuarum venire ad dictum portum et ibidem solvere denarium pro libra.*

der Interaktionsbedingungen im Rhonedelta und den westlich anschließenden Küstenlagunen des Languedoc dar und hatte insofern Rückwirkungen auf die fluvial-maritime Konnektivität.

Doch war der Zugriff des Königtums auf Delta und Lagunenzone weniger effizient und die tatsächliche Politik der Könige weniger radikal, als die ultra-royalistischen Forderungen mancher Amtsträger vermuten lassen. Gewiss war die französische Monarchie mitsamt ihrer Außengrenze im Spätmittelalter nicht mehr aus dem Zwischenraum von Meer, Land und Fluss fortzudenken. Aber die dortige Politik wurde weiterhin nicht nur vom Königtum, sondern auch von Untertanen und auswärtigen Akteuren gemacht – von oben, außen und unten.

Daniel Ziemann (Budapest)
Die Ambivalenz von Grenze und Austausch. Die untere Donau und das Schwarze Meer

Abstract: The present paper deals with the First Bulgarian Empire (680/681–1018 AD) and focuses on the role of the Danube River and the Sea of Azov in locating boundaries and creating contact zones. After a brief overview of the history of the First Bulgarian Empire, the paper explores the importance of these two bodies of water as literary motifs and historical-geographical entities during the early history of the Bulgarian Empire. It is striking that many origin stories include the motif of the crossing of rivers or the sea. Furthermore, some chronicles attribute an especially important role to the Sea of Azov. Priscus of Panion and Jordanes locate the origin of the Huns in this region and Procopius the place of origin of the Kutrigurs and Utigurs. Concerning the Bulgarians, the Byzantine chroniclers Theophanes the Confessor and Patriarch Nikephoros mention this precise region as the central area of so-called Old Great Bulgaria (ἡ Παλαιά Μεγάλη Βουλγαρία). It was from this region that the Bulgarians were supposed to have migrated to the southern reaches of the Danube River before they founded their empire in 680/681 AD. The paper shows, in the case of the Sea of Azov, how a literary motif was transmitted and applied to various peoples at different times. While historians are skeptical about the trustworthiness of the information concerning the origins of the Huns by the Sea of Azov, they normally do accept that this area lay at the center of so-called Great Old Bulgaria. The Danube was sometimes seen as a border zone and sometimes as a contact zone. With the establishment of the Bulgarians and the foundation of their empire on what had partially been Roman soil in 680/681, the Danube ceased to be the border zone it had been during the Byzantine Empire and became a central area of the Bulgarian Empire. However, at the end of the ninth century, the river once more was considered to be at the frontier.

Keywords: Erstes Bulgarisches Reich, Donau, Maiotis

1 Einleitung

Das Gebiet der unteren Donau war in der Spätphase des Römischen Reiches von permanenten Auseinandersetzungen und Migrationsbewegungen betroffen. Nach der Aufgabe Dakiens unter Kaiser Aurelian im Jahre 271 bildete die Donau für die nächsten Jahrhunderte die Grenze des Römischen Reiches. Obwohl militärisch geschützt, wurde der Fluss zwischen dem 4. und 7. Jahrhundert von zahlreichen Gruppen und Verbänden überquert. Diese strebten neben Beutezügen nicht selten eine Ansiedlung auf römischem Gebiet an. Hunnen, Ost- und Westgoten, Slawen, Awaren, Bulgaren und später die Ungarn nahmen den Weg über die Donau, bevor sie nach langen Wanderungen und jahrzehntelangen kriegerischen Auseinandersetzungen eigene Reiche bildeten. Wenn auch faktisch die Provinzen südlich der Donau bisweilen der römischen Kontrolle entglitten, so waren es erst im 7. Jahrhundert die Bulgaren, die zum ersten Mal ein Reich an der unteren Donau errichteten, das auch offiziell, in Form eines Friedensvertrages, Gebiete der ehemaligen römischen Provinzen umfasste. Das Erste Bulgarische Reich bestand mehr als drei Jahrhunderte und stellte eines der mächtigsten Herrschaftsgebilde Südosteuropas dar. Mehrfach zogen die Bulgaren vor die Mauern Konstantinopels. Im Westen reichte ihre Herrschaft im 9. Jahrhundert bis an die Grenzen des Frankenreichs. Die bulgarisch-byzantinische Nachbarschaft war geprägt von kulturellen Kontakten und militärischen Auseinandersetzungen. Während im 8. Jahrhundert zahlreiche Feldzüge der Byzantiner das Bulgarenreich an den Rand einer kompletten Unterwerfung brachten, waren die ersten Jahrzehnte des 9. Jahrhunderts nach der verheerenden Niederlage des Kaisers Nikephoros gegen die Bulgaren im Jahre 811 durch eine Expansion Bulgariens auf Kosten des Byzantinischen Reiches gekennzeichnet. Der bulgarische Khan Krum zog 812/813 vor die Mauern Konstantinopels und eroberte Adrianopel. Wenige Jahre später unter Khan Omurtag kam es zu einem Friedensschluss. 864/865 ließ sich der bulgarische Herrscher Boris auf Druck von Byzanz taufen und führte das Christentum byzantinischer Prägung in Bulgarien ein. Sein Sohn Symeon (893–927) beanspruchte den römischen Kaisertitel und erzielte in dauernden Kriegen gegen Byzanz weitgehende militärische Erfolge, ohne sein eigentliches Ziel zu erreichen. Nach seinem Tod herrschte zwar Frieden mit Byzanz, jedoch verlor das Bulgarische Reich an militärischer Stärke. Ivan Svjatoslav von Kiev eroberte 968 und 969 die bulgarische Hauptstadt Preslav und unterwarf ganz Nordostbulgarien. Der byzantinische Kaiser Johannes Tzimiskes (969–976) zwang Svjatoslav zwar 971 zum Abzug, verleibte jedoch den bulgarischen Kernbereich für einige Jahre dem Byzantinischen Reich ein. Ein erneuter Versuch einer bulgarischen Reichsbildung wurde von Zar Samuil (997–1014) unternommen, dessen Machtbasis nun nicht mehr an der unteren Donau, sondern bei Ochrid und Prespa im heutigen Mazedonien lag. Große militärische Erfolge und die daraus resultierende Expansion gegen die Byzantiner entfalteten keine dauerhafte Wirkung. Nach einer entscheidenden Niederlage im Jahre 1014 in der Schlacht von Kleidion unterwarf Kaiser Basileios II. (976–1025) 1018 schließlich die letzten verbliebenen Gebiete Bulgariens und verleibte sie dem Byzantinischen Reich ein.

Der folgende Beitrag möchte im Rahmen des Themas Wasser das Erste Bulgarische Reich aus der Perspektive der Donau und des Schwarzen Meeres beleuchten. Dabei können natürlich nur ausgewählte Aspekte hervorgehoben werden. Der Schwerpunkt soll dabei auf der Rolle der Donau als Grenz- und Kontaktraum und der Bedeutung einer bestimmten Region des Schwarzen Meeres, des Asowschen Meeres, als mythischer Ursprungsregion liegen. Dabei steht der symbolische Gehalt der Donau und des Asowschen Meeres in historiographischen Quellen im Vordergrund. Es soll der Frage nachgegangen werden, welche Bedeutung diesen Wasserlandschaften in den Quellen zugesprochen wird und welche Entwicklungslinien sich im Verlauf der Zeit ausmachen lassen.

Das Asowsche Meer, das von antiken Autoren als Maiotis bezeichnete Binnenmeer, wurde von verschiedenen Autoren als Ursprungsgebiet unterschiedlicher Völker, wie der Hunnen und Bulgaren, beschrieben. Dieses wohl in die Antike zurückreichende Motiv ist insofern bemerkenswert, als es von verschiedenen Autoren immer wieder an eine neue Situation angepasst und weiterentwickelt wurde. Obschon das Motiv von der Forschung erkannt wurde, fällt die Deutung hinsichtlich seiner Faktizität sehr unterschiedlich aus. Im Falle der Bulgaren sieht ein Großteil der Forschung darin weniger ein literarisches Motiv als eine historische Tatsache.

Der zweite Aspekt, die Rolle der Donau als Grenz- und Kontaktraum, umfasst die Zeitspanne des Ersten Bulgarischen Reiches. Dieses entwickelte sich im Gegensatz zum Römischen Reich, das sich ab 271 auf das Südufer beschränkte, zu beiden Seiten der Donau. Die Donau, deren Südufer in der Spätantike eine von Militärgarnisonen geprägte Struktur aufwies, wandelte sich während des Ersten Bulgarischen Reiches zu einer Zentralzone in der Mitte des Herrschaftsgebietes. Im Folgenden soll der Bedeutung des Flusses in den meist, aber nicht ausschließlich byzantinischen Quellen zum Ersten Bulgarischen Reich nachgegangen werden. Dabei steht die Frage im Vordergrund, inwieweit die Donau in den Quellen eine Grenz- oder eine Brücken- und Kontaktfunktion innehatte. Obwohl die Donau das Herzstück des Ersten Bulgarischen Reiches bildete und damit ihre Grenzfunktion zunächst verlor, scheint diese Funktion in einigen Bereichen weiterbestanden zu haben. Die Christianisierung rückte die Trennungsfunktion wieder stärker in den Vordergrund, bis die Donau Ende des 9. Jahrhunderts auch politisch wieder zur Grenze wurde.

2 Flüsse in Origo-Erzählungen

Die byzantinischen Chronisten Theophanes Confessor und Patriarch Nikephoros beschreiben zu Beginn des 9. Jahrhunderts das Eindringen der Bulgaren in das Gebiet südlich der Donau im Zusammenhang mit den Ereignissen der Jahre 680/681, die zur Anerkennung des Bulgarischen Reiches durch Byzanz führten. Die byzantinischen Autoren erläutern die Vorgeschichte dieser Ereignisse, die sich nördlich des Schwarzen Meeres abgespielt haben soll, in folgender Weise: Zur Zeit Kaiser Konstantins, der im Westen gestorben sei – gemeint ist dabei Kaiser Konstans II. (641–668), der in Syrakus starb – habe ein gewisser Kubrat, der Herrscher über Bulgarien und über die Kotragen, bei seinem Tod fünf Söhne hinterlassen. Obwohl er ihnen zuvor geraten habe, niemals auseinanderzugehen, sei nach nicht allzu langer Zeit Uneinigkeit zwischen den Söhnen aufgekommen. Deshalb hätten sie sich voneinander getrennt, wobei jeder das ihm untergebene Volk mitgenommen habe. Einzig Kubrats erster Sohn Batbaian habe den Rat seines Vaters befolgt und sei bis zum heutigen Tag in seiner angestammten Heimat geblieben. Kubrats zweiter Sohn namens Kotragos habe indes den Don überquert und sich gegenüber von Batbaian angesiedelt. Der vierte Sohn habe die Donau überquert, sich in Pannonien niedergelassen und die Oberherrschaft des Awarenkhagans anerkannt. Der fünfte Sohn habe sich zur Pentapolis bei Ravenna begeben und sich den Christen unterworfen. Der dritte Sohn namens Asparuch schließlich habe den Dnjepr und Dnjestr überquert, Flüsse, die nördlich der Donau lägen. Als er den Ort oder das Gebiet Onglos erreichte, habe er sich dort zwischen Dnjestr und Donau niedergelassen, da er diesen Platz für sicher und an beiden Seiten für unzugänglich hielt. An der Vorderseite sei er sumpfig, während er an der Rückseite von Flüssen umgeben sei.[1]

Später folgt in der Beschreibung die entscheidende Auseinandersetzung zwischen den genannten Bulgaren des Asparuch und den Byzantinern unter Kaiser Konstantin IV., der, als er bemerkt hatte, dass ein schändliches und unreines Volk sich jenseits der Donau am Onglos angesiedelt habe und die Umgebung der Donau überrenne und verwüste, befohlen habe, dass alle Themata nach Thrakien übersetzen sollten. Er habe eine Flotte ausgerüstet und sei gegen sie gezogen, zu Wasser und zu Lande.

Die folgende Auseinandersetzung endet mit einer Niederlage der Byzantiner und einem Friedensschluss, in dem sich die Byzantiner verpflichteten, Tribut zu zahlen und die Ansiedlung der Bulgaren im Gebiet zwischen dem Balkangebirge und der Donau zu akzeptieren.[2]

Auffällig an dem Bericht ist natürlich die Erwähnung der Flüsse, die hierbei offensichtlich mehr darstellen als eine bloße geographische Orientierung. Genannt werden der Don, Dnjepr, Dnjestr und die Donau. Einerseits erfüllen die genannten Flüsse die Rolle von Grenzen. Der Don trennt laut der Geschichte die beiden Söhne Batbaian und Kotragos. Um sich von den angestammten Sitzen zu entfernen, sind Flüsse zu überqueren. Flüsse markieren also die Grenzen zwischen den Reichen, sie markieren aber auch die Geburt eines eigenen Reiches, die Entstehung einer eigenen Identität. Nach der Niederlage der Byzantiner und der Ansiedlung der Bulgaren im heutigen Nordbulgarien wird auf die Schutzfunktion der Donau im Rücken des neu entstandenen bulgarischen Reiches hingewiesen. Die Eignung des Ortes oder Gebietes namens Onglos, an dem sich die Bulgaren zuvor niedergelassen hätten, ist ebenso durch die Schutzfunktion von Flüssen gekennzeichnet. An der Vorderseite sei es sumpfig, während er an der Rückseite von Flüssen umgeben ist.[3] Es gibt unterschiedliche

---

[1] Theophanes Confessor, Chronographia, hrsg. v. Carl DE BOOR, 2 Bde., Leipzig 1883–1885, ND Hildesheim, New York 1980, Bd. 1, S. 357 f.; The Chronicle of Theophanes Confessor, Byzantine and Near Eastern history, AD 284–813. Translated with Introduction and Commentary, hrsg. v. Cyril A. MANGO, Roger SCOTT u. Geoffrey GREATREX, Oxford, New York 1997, S. 497–499; Cyril MANGO (Hg.), Nikephoros, Patriarch of Constantinople. Short history (Dumbarton Oaks Texts 10), Washington D.C. 1990, Kap. 35, S. 86–89.
[2] Theophanes Confessor, Chronographia, hrsg. v. DE BOOR (Anm. 1), Bd. 1, S. 358 f.; MANGO / SCOTT / GREATREX (Anm. 1), S. 499 f.; Nikephoros, Historia syntomos 36, hrsg. v. MANGO (Anm. 1), S. 88–91.
[3] Theophanes Confessor, Chronographia, hrsg. v. DE BOOR (Anm. 1), Bd. 1, S. 358, Z. 1–4.

Vermutungen, was dieser Onglos bedeuten soll. Es mag sich um eine Region oder eine befestigte Anlage handeln. Mehrere Lokalisierungsvorschläge wurden hierfür vorgebracht.⁴ Carl DE BOOR, der die kritische Edition des Theophanes besorgt hat, dachte automatisch an einen Fluss und es gibt im Text gute Gründe, diesen vom Großteil der Forschung nicht aufgegriffenen Ansatz weiterzuverfolgen.⁵

Der historische Gehalt soll jedoch an dieser Stelle einmal nicht im Vordergrund stehen. In der Regel geht man von der Historizität des Erzählten aus, jedoch scheint es offensichtlich, dass in der Geschichte längere historische Prozesse zu einer Geschichte kondensiert wurden.⁶ Parallelquellen zu den Ereignissen räumen den Flüssen eine ähnliche Bedeutung ein. Bei Michael dem Syrer handelt es sich nicht um fünf, sondern um drei Brüder:

> In dieser Zeit (zogen aus) drei Brüder aus dem inneren Skythien, indem sie mit sich führten dreissig tausend Skythen, und sie kamen einen Marsch von 65 Tagen [und sie waren gekommen in einem Marsch von 65 Tagen]⁷ von jenseits des Gebirges Imeōn. Sie kamen in der Winterzeit, wegen des Auffindens von Wasser, und sie gelangten bis zum Strom Tanais, der aus dem See Mānṭiōs (Maiotis) herauskommt und sich in das Pontosmeer ergießt. Als sie nun an die Grenze der Romäer gelangt waren, nahm einer von ihnen, namens Bulgarios, zehn tausend Mann und trennte sich von seinen Brüdern, und überschritt den Tanais (Ṭāniōs) zum Strome Dōnbīs, der ebenfalls in das Pontosmeer mündet, und sandte an Maurīqē [Kaiser Maurikios, 582–602], er möge ihm Land geben, um dort zu wohnen und ein Bundesgenosse der Romäer sein.⁸

---

4 Gyula MORAVSCIK, Byzantinoturcica II, Die byzantinischen Quellen der Geschichte der Turkvölker, 2. Aufl. Berlin 1958, S. 213; Nicolae BĂNESCU, Ὄγλος – Oglŭ. Le premier habitat de la horde d'Asparuch dans la région du Danube, in: Byzantion 28 (1958), S. 433–440; Rašo RAŠEV, L'Onglos – témoignages écrits et faits archéologiques, in: Bulgarian Historical Review 1 (1982), S. 68–79; Cornel HALCESCU, Din nou despre Onglos, in: Studii şi cercetari de istorie veche şi archeologie (Bucureşti) 40/4 (1989), S. 339–351; Alexandru MADGEARU, Recent Discussions about Onglos, in: Mihaela IACOB, Ernest OBERLÄNDER-TÂRNOVEANU u. Florin TOPOLEANU (Hgg.), Istro-Pontica. Muzeul tulcean la a 50-a aniversare, 1950–2000. Omagiu lui Simion Gavrilă la 45 de ani de activitate, 1955–2000, Tulcea 2000, S. 343–348; Pavel GEORGIEV, Asparuhov Ongol, in: Bulgarian Historical Review 31/3–4 (2003), S. 24–38.

5 Theophanes Confessor, Chronographia, hrsg. v. DE BOOR (Anm. 1), Bd. 2, S. 680: Ὄγλος: *Flumen inter Danubium et Danastrin situm, ad cuius ripas Bulgari ex oriente in occidentem migrantes sedes constituunt.*

6 So Daniel ZIEMANN, Zwischen Geschichte und Mythos – Großbulgarien unter Khan Kubrat (7. Jh.), in: Bulgaria Mediaevalis 1 (2010), S. 17–49; Vasil N. ZLATARSKI, Istorija na bălgarskata dăržava prez srednite vekove. I Părvo bălgarsko carstvo, 1. Epoha na huno-bălgarskoto nadmoštie, 3. Aufl. Sofia 2002, S. 84–122; Dimităr ANGELOV u. Borislav PRIMOV (Hgg.), Istorija na Bălgarija, Bd. 2: Părva bălgarska dăržava, Sofia 1981, S. 69–75; Veselin BEŠEVLIEV, Die protobulgarische Periode der bulgarischen Geschichte, Amsterdam 1981, S. 149–155; Ivan Angelov BOŽILOV u. Vasil Todorov GJUZELEV, Istorija na srednovekovna Bălgarija. VII–XIV vek (Istorija na Bălgarija v tri toma 1), Sofia 1999, S. 74–84.

7 Franz ALTHEIM u. Ruth STIEHL, Michael der Syrer über das erste Auftreten der Bulgaren und Chazaren, in: Byzantion 28 (1958), S. 105–118, hier S. 110.

8 Chronique de Michel le Syrien, Patriarche Jacobite d'Antioche (1166–1199), hrsg. v. Jean Baptiste CHABOT, Bruxelles 1963, S. X, XXI, 363 f.; Übersetzung nach Josef MARQUART, Osteuropäische und ostasiatische Streifzüge. Ethnologische und historisch-topographische Studien zur Geschichte des 9. und 10. Jahrhunderts (ca. 840–940), Leipzig 1903, S. 484 f., ein Kommentar ebd., S. 488 f.

In einer Parallelüberlieferung des gleichen Textes bei Bar Hebraeus heißt es:

> Als sie zur Grenze der Römer gelangt waren, nahm einer von ihnen, dessen Name [da-šmēh; d-šemhōn] Bulgarios war, 10 000 (Mann) und überschritt den Tanais. Er schlug sein Lager auf zwischen den beiden Flüssen Tanais und Donau, die gleichfalls sich in das Meer Pontos ergießt.[9]

In einer armenischen Quelle, einer anonymen ‚Geographie', die von Teilen der Forschung in das frühe 7. Jahrhundert datiert und Anania Širakac'i zugesprochen wird, werden die Siedlungsgebiete der Bulgaren beschrieben: Die Gebiete seien durch das Rhipäische Gebirge, den Tanais-Fluss (Don) und die Maiotis (das Asowsche Meer begrenzt). Ein Fluss namens Korax (κόραξ / Rabe) fließe von Ost nach West zur gleichen Küste, also zum Schwarzen Meer. Von dort bis zu den kaukasischen Bergen erstrecke sich Sarmatien, nach Iberien und Albanien bis zum Kaspischen Meer an die Mündung des Flusses Soana. Im Anschluss werden fünf Flüsse aufgezählt, die vom Hippischen Gebirge in die Maiotis flössen, danach zwei weitere Flüsse vom Kaukasusgebirge. Schließlich heißt es dort, dass sich nördlich der Stadt Nikopsis die Völker der Turk'k und Bulgark befänden, die nach den Namen der Flüsse benannt seien: Kup'i Bulgar, Duči-Bulgar, Ołchontor-Blkar der Einwanderer, Č'dar-Bolkar.[10]

Die genannten Flüsse hat die Forschung natürlich zu identifizieren versucht, Kup'i soll der Kuban, Duči der Dnjepr sein.[11] Wichtiger für die gegenwärtige Fragestellung ist der Gedanke, dass Flüsse den Namen von Völkern zugrunde liegen könnten. Flüsse werden damit zu konstituierenden Bestandteilen von Ethnien. Dieses Modell beruht natürlich auf einem aus der antiken Literatur bekannten Modell. Die erwähnte armenische Geographie bezieht sich explizit auf Ptolemaios und sagt, dass die genannten Namen ihm fremd gewesen seien.[12] Sie schreibt damit Ptolemaios in gewisser Weise fort. Die Welt ist nach diesem Modell in Völker aufgeteilt, die sich bestimmten geographischen Regionen zuordnen lassen.

Neben Flüssen im Rahmen von Origo-Erzählungen treten Flüsse und im Allgemeinen Gewässer im Rahmen von Migrationsgeschichten auf. Dies zeigt die Geschichte mit den fünf Söhnen Khan Kubrats, deren Wanderungen alle zu Flussübergängen

---

9 The Chronography of Gregory Abû'l-Faraj 1225–1286 the Son of Aaron, the Hebrew Physician Commonly Known as Bar Hebraeus, Being the First Part of His Political History of the World, Translated from the Syriac, with an Historical Introduction, Appendixes, and an Index Accompanied by Reproductions of the Syriac Texts in the Bodleian Manuscript 52, hrsg. v. Ernest Alfred Wallis BUDGE, LONDON 1932, ND Amsterdam 1976, S. 84; deutsche Übersetzung bei Franz ALTHEIM, Geschichte der Hunnen, Bd. 2: Die Hephthaliten in Iran, Berlin, New York 1969, S. 29.
10 Robert H. HEWSEN, The Geography of Ananias of Širak (Ašxarhac'oyc'). The Long and the Short Recensions (Beihefte zum Tübinger Atlas des Vorderen Orients, Reihe B: Geisteswissenschaften 77), Wiesbaden 1992, S. 55.
11 Josef MARQUART, Die Chronologie der alttürkischen Inschriften. Mit einem Vorwort und Anhang von Prof. W. Bang in Löwen, Leipzig 1898, S. 88 f.; BEŠEVLIEV (Anm. 6), S. 146–148.
12 HEWSEN (Anm. 10), S. 55.

kondensiert werden. Die Bulgaren bewahrten offensichtlich dieses Motiv. Die sogenannte bulgarische Fürstenliste, in Altbulgarisch bzw. Altkirchenslawisch geschrieben, aber mit einer vielleicht altbulgarischen Zeitrechnung versehen, ist in drei relativ späten russischen Handschriften aus dem 15. und 16. Jahrhundert überliefert. Sie stammt aber wohl aus früherer Zeit, vielleicht aus dem 9./10. Jahrhundert. Dort werden Herrscher mit ihren Regierungszeiten aufgelistet, 13 insgesamt, fünf frühere, die jenseits der Donau lebten, acht diesseits der Donau. Der Donauübergang ist damit das entscheidende, die Fürstenliste strukturierende Element, da andere historische Ereignisse nicht genannt werden.[13]

Im Zusammenhang mit anderen Völkern steht häufig die Überquerung von Meeren an zentraler Stelle: Jordanes berichtet von der Überfahrt der Goten unter Berig von der Insel Scandza auf das Festland.[14] Auch Jordanes bezieht sich auf Ptolemaios und andere als Vorlage. Historiker und Archäologen diskutieren seit Langem die Historizität dieser Geschichte.[15] Paulus Diaconus führt auch die Herkunft der Langobarden auf Skandinavien zurück und beschreibt die Überfahrt unter den Anführern Ibor und Aio.[16] Widukind von Corvey schildert die Frühgeschichte der Sachsen als Einwanderungsgeschichte mit der Überquerung des Meeres als entscheidendem Element.[17]

Richtet man den Blick wieder zurück auf die Donau und das Schwarze Meer, so tritt ein Gebiet im Motivreservoir besonders in den Vordergrund, die Maiotis, das Asowsche Meer. Die byzantinischen Chronisten Theophanes und Nikephoros lokalisieren hier das sogenannte Großbulgarische Reich, das Reich des Kubrat in der zu Beginn erwähnten Geschichte mit den fünf Söhnen. Theophanes geht dabei in einer Beschreibung auf die Flüsse Don, Kouphis – gemeint ist bei Letzterem wohl der Kuban – und dort lebende Fische ein. Er schreibt, dass an der nord-, also der entgegengesetzten Seite des Schwarzen Meeres, der sogenannte Maiotidische See liege, in den ein großer Fluss namens Atel – also die Wolga – münde, der vom Ozean kommend durch das Land der Sarmaten fließe. Es folgen weitere Beobachtungen zu den Flüssen und sogar zu den dort lebenden Fischen.[18] Ganz offensichtlich wurden hier zwei Vor-

---

[13] Jooseppi Julius MIKKOLA, Die Chronologie der türkischen Donaubulgaren, in: Journal de la Société Finno-Ougrienne 30–33 (1913–1918), S. 1–25; Gyula MORAVCSIK, Byzantinoturcica II. Sprachreste der Türkvölker in den byzantinischen Quellen, 2. durchgearb. Aufl. Berlin 1958, S. 352–354; Mihail TIHOMIROV, Imennik bolarskih knjazej, in: Vestnik drevnej istorii (1946), S. 81–90.
[14] Jordanes, Getica, hrsg. v. Theodor MOMMSEN (MGH Auctores Antiquissimi 5,1), Berlin 1882, S. 53–138, hier 3,16, S. 57 f.
[15] Ebd., 3,16, S. 58; zur Diskussion s. Arne Søby CHRISTENSEN, Cassiodorus, Jordanes and the History of the Goths. Studies in a Migration Myth, Kopenhagen 2002.
[16] Paulus Diaconus, Historia Langobardorum, hrsg. v. Georg WAITZ (MGH Scriptores rerum Germanicarum in usum scholarum 48), Hannover 1878, 1,7, S. 57.
[17] Widukind von Corvey, Res Gestae Saxonicae, hrsg. v. Paul HIRSCH u. Hans-Eberhard LOHMANN (MGH Scriptores rerum Germanicarum in usum scholarum 60), 5. Aufl. Hannover 1935, 1,3, S. 5.
[18] Theophanes Confessor, Chronographia, hrsg. v. DE BOOR (Anm. 1), Bd. 1, S. 356 f.

lagen miteinander verbunden, eine, die die Fünfsöhnegeschichte erzählt, und eine weitere geographische Schrift.[19]

Auffällig ist, dass in diesem Raum zwar das Großbulgarische Reich angesiedelt wird, alle anderen Nachrichten zu den Bulgaren – im Übrigen auch Nachrichten zu früher datierbaren Ereignissen – sich jedoch in anderen Gegenden abspielen.[20] Die besagte Episode ist die einzige, die von Bulgaren am Asowschen Meer spricht. Genau das ist allen genannten Origo-Geschichten eigen: So spielt ja auch für Jordanes die Insel Scandza im Verlauf seiner Geschichte keinerlei Rolle mehr; die Geschichte der Goten entrollt sich stattdessen an der Donau und später in Italien. Beim gleichen Jordanes, der sich auf Priskos beruft, spielt nun die Maiotis im Zusammenhang mit der Urheimat der Hunnen eine Rolle. Hunnische Jäger hätten bei der Verfolgung einer Hirschkuh das andere Ufer der Maiotis in Skythien erreicht. Nach ihrer Rückkehr hätten sie den Zurückgebliebenen von der Entdeckung erzählt. Nur kurz darauf hätten sich diese aufgemacht und sich das Land unterworfen.[21] Für Prokop ist dieses Gebiet, die Maiotis, die Urheimat der Kutriguren und Utiguren. Er weiß von einem Herrscher zu berichten, der zwei Söhne namens Utigur und Kutrigur gehabt habe. Nach dem Tod des Vaters hätten sich die beiden Söhne ihre Herrschaft und ihre Völker untereinander aufgeteilt, daher seien sie Kutriguren und Utiguren genannt worden. Sie hätten an der Ostseite der Maiotis gesiedelt, bis man eines Tages während der Jagd eine Rehkuh entdeckt habe. Bei ihrer Verfolgung habe man das Wasser überquert, das sich zwischen der Maiotis und dem Schwarzen Meer befände. Als sie auf die andere Seite gelangten, hätten sie die dort lebenden Goten überfallen, umgebracht oder verjagt. In der Folge seien die Kutriguren dort geblieben, während die Utiguren wieder in ihre Heimat zurückgekehrt seien.[22] Die späteren Leser und Nachfolger Prokops wiederholen diese Geschichte mehr oder weniger genau.[23]

Josef MARQUART hatte bereits auf eine von Priskos über Jordanes bis zu Theophanes und Nikephoros sich ziehende Traditionslinie hingewiesen. Immer wieder sei von den Autoren der Übergang über die Maiotis gewählt worden.[24] Die Maiotis ist damit als Topos für das Herkunftsgebiet neuer Völker anzusehen, der weit in die antike Literatur zurückreicht.[25] Herodot verortete dereinst die Skythen in diesen bzw. angrenzenden Gebieten.[26] Priskos, die früheste bekannte Quelle, die den Ursprung der Hunnen mit

---

19 ZIEMANN (Anm. 6), S. 19 f.
20 Ebd., S. 34–40.
21 Jordanes, Getica (Anm. 14), 24,123–127, S. 89–90.
22 Procopius von Caesarea, De bellis, hrsg. v. Jakob HAURY u. Gerhard WIRTH, München 2001, VIII,5,1–13, S. 503–505.
23 Agathias von Myrina, Historiae, hrsg. v. Rudolf KEYDELL (Corpus Fontium Historiae Byzantinae, Series Berolinensis 2), Berlin 1967, V,11,2–3, S. 176–177.
24 MARQUART (Anm. 8), S. 530.
25 Zur Rolle von Flüssen in der antiken Poesie s. Prudence J. JONES, Reading Rivers in Roman Literature and Culture, Lanham 2005.
26 Herodot, Historiae, hrsg. v. Nigel Guy WILSON (Oxford Classical Texts), Oxford 2015, IV,11.

der Maiotis in Verbindung bringt, bezog sich bisweilen auf Herodot und führte damit das literarische Motiv in die byzantinische Geschichtsschreibung ein.[27]

Der Ortswechsel, die Migration von Völkerschaften, wird in all diesen Berichten zu einem Flussübergang oder dem Überqueren eines Gewässers kondensiert.[28] Der Übergang stellt damit nicht nur das Überschreiten einer Grenze dar, er ist zugleich konstitutiver Bestandteil einer Herkunftssage. Natürlich stellt sich die Frage nach der Historizität. Hinsichtlich der Hunnen wäre die Forschung wohl skeptisch, die Verortung des Großbulgarischen Reiches an der Maiotis scheint indes allgemein akzeptiert zu sein.[29] Dabei ist jedoch darauf hinzuweisen, dass Bulgaren – was immer auch für Gruppen unter diesem Namen zu verstehen sind – im Donauraum seit Ende des 5. Jahrhunderts kontinuierlich erwähnt werden. Mal tauchen sie als Bundesgenossen der Römer bzw. Byzantiner auf, mal werden sie als einfallende und plündernde Horden dargestellt. Ab der Mitte des 6. Jahrhunderts bilden Bulgaren einen wichtigen Bestandteil des Awarenreiches. Sie nehmen beispielsweise auch bei der Belagerung von Konstantinopel im Jahre 626 teil.[30] Für die Entstehung des Bulgarenreichs zwischen Donau und Balkangebirge Ende des 7. Jahrhunderts bräuchte man daher nicht unbedingt eine Einwanderungsgeschichte, da Bulgaren in dieser Region bereits etabliert waren. Das muss aber auch nicht heißen, dass die von Theophanes und Nikephoros überlieferte Geschichte völlig unhistorisch ist. Sie scheint jedoch längere Entwicklungen und Migrationen zu einer eingängigen Geschichte zu verschmelzen.

---

27 Roger Charles BLOCKLEY, The Fragmentary Classicising Historians of the Later Roman Empire, Bd. 2. Eunapius, Olympiodorus, Priscus, and Malchus (ARCA Classical and Medieval Texts, Papers, and Monographs 10), Liverpool 1983, S. 54 f.
28 Zu Beispielen von Flussüberquerungen aus der klassischen Literatur s. Edward C. ECHOLS, Crossing a Classical River, in: The Classical Journal 48 (1953), S. 215–224.
29 Vgl. ZLATARSKI (Anm. 6), S. 84–122; Mihail ARTAMONOV, Istorija hazar, Leningrad 1962, S. 157–169; BEŠEVLIEV (Anm. 6), S. 149–155; ANGELOV / PRIMOV (Anm. 6), S. 69–75; BOŽILOV / GJUZELEV (Anm. 6), S. 74–84; Uwe FIEDLER, Bulgars in the Lower Danube Region. A Survey of the Archaeological Evidence and the State of Current Research, in: Florin CURTA u. Roman KOVALEV (Hgg.), The Other Europe in the Middle Ages. Avars, Bulgars, Khazars, and Cumans (East Central and Eastern Europe in the Middle Ages, 450–1450, 2), Leiden, Boston 2008, S. 151–236, hier S. 152 f.; Daniel ZIEMANN, Vom Wandervolk zur Großmacht. Die Entstehung Bulgariens im frühen Mittelalter, 7.–9. Jahrhundert (Kölner historische Abhandlungen 43), Köln 2007, S. 142–160.
30 Vgl. ZIEMANN (Anm. 6), S. 34–40.

3 Die Donau als Grenze

Das Motiv des Übergangs über ein Meer oder einen Fluss beinhaltet natürlich den Gedanken der Grenze.³¹ Die Donau stellt zweifelsohne eine solche Grenze dar.³² Nach der Aufgabe der römischen Provinz Dakien unter Kaiser Aurelian im Jahre 271 diente auch die untere Donau wieder als Grenze des Römischen Reiches.³³ Die Donau wurde zum Limes. Dieses Bild vermitteln die Quellen jener Zeit: Einfälle fremder Völker werden meist mit dem Donauübergang in Verbindung gebracht. Die Goten kommen in der Perspektive der römischen Quellen aus den Gebieten jenseits der Donau; ebenso verhält es sich mit Hunnen, Awaren und eben auch den Bulgaren. Manche Quellen unterwerfen dieser Vorstellung auch ihre ethnische Terminologie. Autoren wie Prokop und Agathias subsummieren alle nördlich der Donau lebenden Völkerschaften unter der Sammelbezeichnung Hunnen und differenzieren nicht zwischen unterschiedlichen Gruppen.³⁴

Bisweilen wird nördlich der Donau eine Gegenwelt aufgebaut. Der Gesandtschaftsbericht des Priskos vom Hofe Attilas, der wohl auch einer ganz konkreten, tatsächlichen Gesandtschaft entstammte, diskutierte anhand eines Dialogs mit einem griechischen Kaufmann, der Hunne geworden war, die Vorzüge der römischen im Ver-

---

31 Vgl. Andreas RÜTHER, Flüsse als Grenzen und Bindeglieder. Zur Wiederentdeckung des Raumes in der Geschichtswissenschaft, in: Jahrbuch für Regionalgeschichte 25 (2007), S. 29–44; Felix BIERMANN, Flüsse und andere Binnengewässer als Grenzen, Besiedlungs- und Kommunikationslinien im slawischen Siedlungsgebiet. Eine Einführung, in: Felix BIERMANN u. Thomas KERSTING (Hgg.), Siedlung, Kommunikation und Wirtschaft im westslawischen Raum. Beiträge der Sektion zur slawischen Frühgeschichte des 5. Deutschen Archäologenkongresses in Frankfurt an der Oder, 4.–7. April 2005 (Beiträge zur Ur- und Frühgeschichte Mitteleuropas 46), Langenweißbach 2007, S. 1–11; Jean-François BERGIER (Hg.), Montagnes, fleuves, forêts dans l'histoire, barrières ou lignes de convergence / Berge, Flüsse, Wälder in der Geschichte, Hindernisse oder Begegnungsräume? Travaux présentés au XVIe Congrès international des sciences historiques, Stuttgart, St. Katharinen 1985.
32 Einen Überblick über den Forschungsstand zur Donau in römischer Zeit aus archäologischer Perspektive bietet John J. WILKES, The Roman Danube. An Archaeological Survey, in: The Journal of Roman Studies 95 (2005), S. 124–225; vgl. ferner für die untere Donau Rumen IVANOV, The Roman Limes in Bulgaria (1st–6th c. AD), in: Ljudmil Ferdinandov VAGALINSKI (Hg.), The Lower Danube Roman Limes (1st–6th c. AD), Sofia 2012, S. 23–42.
33 Vgl. Alaric WATSON, Aurelian and the Third Century, London, New York 1999, S. 54–56; Petar PETROVIĆ, Roman Limes on the Middle and Lower Danube, Belgrad 1996; Andrei BODOR, Emperor Aurelian and the Abandonment of Dacia, in: Dacoromania 1 (1973), S. 29–40; Nicolae GUDEA, Der Limes Dakiens und die Verteidigung der obermoesischen Donaulinie von Trajan bis Aurelian, in: Hildegard TEMPORINI u. Wolfgang HAASE (Hgg.), Aufstieg und Niedergang der römischen Welt. Geschichte und Kultur Roms im Spiegel der neueren Forschung, Teil II: Principat, Bd. 6: Politische Geschichte (Provinzen und Randvölker: Lateinischer Donau-Balkanraum), Berlin, New York 1977, S. 849–887.
34 Vgl. Max KIESSLING, Hunni, in: Paulys Realencyclopädie der classischen Altertumswissenschaft, Bd. 16 (1913), Sp. 2583–2615, hier Sp. 2601–2604; ZIEMANN (Anm. 29), S. 55.

gleich zur hunnischen Lebensform.³⁵ Jenseits der Donau existierte eine andere Welt; römisch-byzantinische Autoren projizierten Gegenentwürfe in sie hinein, so wie dies einst Tacitus mit den Menschen, die jenseits des Rheins lebten, getan hatte.³⁶

Jenseits der Donau siedelt Prokop die Slawen an, denen er eine Art demokratische Lebensform zuspricht.³⁷ Das Gebiet nördlich der Donau war den spätantikbyzantinischen Autoren fremd geworden, gleiches galt wohl auch für die ansässigen Bewohner der römischen Provinzen südlich der Donau. Das ‚Strategikon' des Maurikios, ein Militärhandbuch wohl vom Ende des 6. Jahrhunderts, gab Ratschläge zum taktischen Verhalten der Truppen, wenn sie in die wilden Slawengebiete nördlich der Donau vorstoßen sollten.³⁸ Offenbar war es Ende des 6. und Anfang des 7. Jahrhunderts nicht mehr üblich, militärische Vorstöße in jenes Gebiet zu unternehmen. Die byzantinischen Truppen rebellierten, als ihnen die Absicht eröffnet wurde, dort zu überwintern.³⁹

Das spätere Bulgarische Reich übernahm diese Grenzfunktion der Donau zunächst nicht. Erst später ab dem Ende des 9. Jahrhunderts bildete auch für das Bulgarische Reich die Donau wieder eine Grenze. Bis dahin war das Erste Bulgarische Reich beiderseits des Flusses präsent.⁴⁰ Schon die spätestens seit dem 6. Jahrhundert in den Balkanraum einsickernden slawischen Gruppen waren sowohl nördlich als auch südlich der Donau anzutreffen.⁴¹ Trotzdem erfüllte der Fluss nach wie vor die Funktion einer Trennlinie. Christliche Gefangene wurden nach dem Fall Adrianopels 813 innerhalb Bulgariens in die Gebiete jenseits der Donau verschleppt, vielleicht um

---

35 Priscus, Excerpta et fragmenta, hrsg. v. Pia CAROLLA (Bibliotheca scriptorum Graecorum et Romanorum Teubneriana), Berlin 2008; BLOCKLEY (Anm. 27), Nr. 11,2, S. 266–269; zu Priskos s. Barry BALDWIN, Priscus of Panium, in: Byzantion 50 (1980), S. 18–61; Dariusz BRODKA, Pragmatismus und Klassizismus im historischen Diskurs des Priskos von Panion, in: Andreas GOLTZ, Hartmut LEPPIN u. Heinrich SCHLANGE-SCHÖNINGEN (Hgg.), Jenseits der Grenzen. Beiträge zur spätantiken und frühmittelalterlichen Geschichtsschreibung (Millennium-Studien / Millennium studies 25), Berlin, New York 2009, S. 11–24.
36 Vgl. Wolfgang LANGE (Hg.), Die Germania des Tacitus. Erläutert von Rudolf Much, beträchtlich erweiterte Aufl., unter Mitarbeit von Herbert Jankuhn, Heidelberg 1967; Peter S. WELLS, The Ancient Germans, in: Larissa BONFANTE (Hg.), The Barbarians of Ancient Europe. Realities and Interactions, Cambridge 2011, S. 211–232.
37 Procopius von Caesarea, De bellis (Anm. 22), VII,14–28, S. 357f.
38 Maurikios, Strategikon, hrsg. v. George T. DENNIS u. Ernst GAMILLSCHEG (Corpus Fontium Historiae Byzantinae 17), Wien 1981, XI, S. 370–387.
39 Theophylactus Simocatta, Historiae, hrsg. v. Carl DE BOOR u. Peter WIRTH (Bibliotheca scriptorum Graecorum et Romanorum Teubneriana), Stuttgart 1972, VIII,5–8, S. 292–297.
40 Dies lässt sich auch archäologisch gut belegen. Vgl. hierzu zusammenfassend FIEDLER (Anm. 29), S. 151–236.
41 Hans DITTEN, Zur Bedeutung der Einwanderung der Slawen, in: Friedhelm WINKELMANN u. a. (Hgg.), Byzanz im 7. Jahrhundert. Untersuchungen zur Herausbildung des Feudalismus (Berliner Byzantinistische Arbeiten 48), Berlin 1978, S. 73–160; Stefka ANGELOVA, Po vǎprosa za rannoslavjanskata kultura na jug i na sever ot Dunav prez VI–VII v., in Arheologija 22/4 (1980), S. 1–12.

ihnen die Flucht zu erschweren. Von der Deportation berichten u. a. der sogenannte ‚Scriptor Incertus' und die Chronik Symeons des Logotheten, die hierbei vielleicht spätere Verhältnisse zurückprojizieren.[42]

Doch die Donau wurde spätestens Anfang des 10. Jahrhunderts wieder zur Grenze zwischen Herrschaftsgebieten. Konstantinos Porphyrogennetos und andere berichten vom Krieg der Byzantiner im Jahre 896 gegen den bulgarischen Zaren Symeon. Byzantinische Schiffe brachten die nördlich der Donau befindlichen Ungarn an das Südufer, um über Bulgarien herzufallen.[43] Die Donau hatte sich damit auch für die Bulgaren zur Grenze entwickelt. Dies zeigt sich bereits im 9. Jahrhundert im Zusammenhang mit der Christianisierung. Der bulgarische Herrscher Boris ließ sich im Jahre 864 oder 865 taufen und leitete damit die Christianisierung Bulgariens ein. Es folgte ein rascher Aufbau von Kirchenstrukturen.[44] Dieser erfolgte nach der Entscheidung für Byzanz statt für Rom im Jahre 870 von Konstantinopel aus. Zentren wie Pliska oder Preslav waren bald mit Kirchen übersät.[45] Zugleich etablierte sich ein Netz von

---

42 Scriptor incertus, Testo critico, traduzione e note. Introduzione di Emilio Pinto, hrsg. v. Francesca IADEVAIA, Messina 1987, S. 54 f.; Symeon Logothetes, Chronicon, hrsg. v. Staffan WAHLGREN (Corpus Fontium Historiae Byzantinae 44), Berlin, New York 2006, 128,2, S. 210 f.
43 Theophanes Continuatus, hrsg. v. Immanuel BEKKER, Bonn 1838, S. 3–431, hier S. 358–360; Ioannes Scylitzes, Synopsis Historiarum, hrsg. v. Ioannes THURN (Corpus Fontium Historiae Byzantinae – Series Berolinensis 5), Berlin, New York 1973, S. 176–178; Leon Grammaticus, Chronographia, hrsg. v. Immanuel BEKKER (Corpus Scriptorum Historiae Byzantinae), Bonn 1842, S. 267 f.; Symeon Logothetes, Chronicon (Anm. 42), S. 276 f.; Constantinus Porphyrogenitus, De administrando imperio, hrsg. v. Gyula MORAVCSIK, English translation by Romilly James Heals JENKINS (Corpus Fontum Historiae Byzantinae 1 – Dumbarton Oaks Texts 1), Washington D.C. 1967, cap. 40, S. 174–176; Vasil N. ZLATARSKI, Istorija na bălgarskata dăržava prez srednite vekove, Bd. 1: Părvo bălgarsko carstvo, Teil 2: Ot slavjanizacijata na dăržavata do padaneto na părvoto carstvo, Sofia 1927, S. 283–319; ANGELOV / PRIMOV (Anm. 6), S. 280–283; Ivan Angelov BOŽILOV, Car Simeon Veliki (893–927). Zlatnijat vek na srednovekovna Bălgarija, Sofia 1983, S. 87–94; BOŽILOV / GJUZELEV (Anm. 6), S. 247 f.; Jonathan SHEPARD, Bulgaria. The other Balkan 'Empire', in: Timothy REUTER (Hg.), The New Cambridge Medieval History, Bd. 3, Cambridge, New York 1999, S. 567–585, hier S. 570.
44 Ein Überblick mit weiterführender Literatur findet sich u. a bei ZIEMANN (Anm. 29), S. 345–412; zu Boris s. Vasil GJUZELEV, Săčinenija v pet toma, Bd 2: Knjaz Boris Părvi, ND Sofia 2014.
45 Zu Pliska s. Andrej ALADŽOV, Arheologičeska karta na Pliska, Sofia 2013; Kristijan Grigorov MILENOV, Pliska. Novijat evropejski centăr prez rannoto Srednovekovie, Sofija 2012; nach wie vor nützlich ist Karel ŠKORPIL, Materialy dlja bolgarskih' drevnostej, in: Aboba-Pliska, Izvestija Russkogo arheologičeskogo družestvo v Konstantinopole 10 (1905); weiterhin die Beiträge in der Zeitschrift Pliska-Preslav 1–10, Sofia, später Šumen 1979–2004; Ljudmila DONČEVA-PETKOVA u. Joachim HENNING, Părvostolna Pliska. 100 godini arheologičeski proučvanija, Frankfurt / M. 1999; Janko DIMITROV u. Rašo RAŠEV, Pliska, Šumen 1999; Joachim HENNING (Hg.), Post-Roman Towns, Trade and Settlement in Europe and Byzantium (Millennium-Studien 5/2), Berlin, New York 2007; zu Preslav s. die Zeitschrift Preslav 1–6, Sofia 1968–2004; Totju Kosev TOTEV, Veliki Preslav, Varna 1993; zur monastischen Infrastruktur s. Rossina KOSTOVA, Topography of Three Early Medieval Monasteries in Bulgaria and the Reasons for Their Foundation. A Case of Study, in: Archaeologia Bulgarica 2/3 (1998), S. 108–125; DIES., Bulgarian Monasteries, Ninth to Tenth Centuries. Interpreting the Archaeological Evidence, in: Pliska-Preslav 8 (2000), S. 190–202.

Klöstern, dies jedoch vor allem südlich der Donau.⁴⁶ Die Klöster dienten der kulturellen Vermittlung des byzantinisch geprägten Christentums in eine zumindest in linguistischer Hinsicht vor allem slawische Welt. Viele der Klöster haben, wie andernorts auch, eine Verbindung zu Flüssen. In seiner Übersetzung der Reden des Athanasios gegen die Arianer bemerkte der Mönch Tudor Doksov: „Auf Befehl des gleichen Königs habe ich, Černorizets Tudor Doksov, an der Mündung der Tiča im Jahre 6415, 14. Indiktion" – das ist das Jahr 907 – „aufgeschrieben, wo die heilige, neue, goldene Kirche vom gleichen König errichtet wurde".⁴⁷ Er bezog sich dabei auf Preslav, die Residenz Zar Symeons des Großen.

Die meisten Klöster lagen in der Nähe der urbanen Zentren des Ersten Bulgarischen Reiches. Die zwei größten Klöster im ländlichen Raum von Ravna und Karaach teke befanden sich ebenfalls jeweils am Wasser, Karaach teke an einer schon zur Römerzeit benutzten Wasserstelle fünf Kilometer von der Stadt Varna am Schwarzen Meer entfernt und Ravna am rechten Ufer des Provadijski Flusses, ebenfalls im Nordosten des heutigen Bulgarien. Beide Klöster wurden wohl Ende des 9. Jahrhunderts gegründet. Die Ausgräber, Rossina KOSTOVA und Kazimir POPKONSTANTINOV, vermuten vor allem missionarische Aufgaben für die dort befindlichen Mönche.⁴⁸ Die frühen Klöster und Kirchen scheinen sich auf das Gebiet südlich der Donau zu beschränken und setzen damit in gewisser Weise die Grenze der ersten Christianisierung zur Zeit des Römischen Reiches fort.⁴⁹

4 Die Donau als Kontaktraum

Die Überwindung eines Flusses oder Gewässers steht, wie die Ursprungsmythen zeigen, für den Eintritt in eine neue Zeit, eine neue geschichtliche Epoche. Zugleich beinhaltet das Motiv des Übergangs aber auch die Idee, dass fluviale Landschaften

---

46 Kazimir POPKONSTANTINOV u. Rossina KOSTOVA, Architecture of Conversion. Provincial Monasteries in the 9th–10th Centuries Bulgaria, in: Denis D. ELŠIN (Hg.), Architektura Vizantii i Drevnej Rusi IX–XII vekov. Materialy meždunarodnogo seminara (17–21 nojabrja 2009 goda) (Trudy Gosudarstvennogo Ėrmitaža 53), Sankt-Petersburg 2010, S. 118–132.

47 André VAILLANT (Hg.), Discours contre les Ariens de Saint Athanase. Version slave et traduction en français, Sofia 1954, S. 6 f.; Gerhard PODSKALSKY, Theologische Literatur des Mittelalters in Bulgarien und Serbien, 865–1459, München 2000, S. 52.

48 Kazimir POPKONSTANTINOV, Rossina KOSTOVA u. Valentin PLETNYOV, Manastirite pri Ravna i Karaačteke do Varna v manastirskata geografija na Bălgarija prez IX–X v., in: Valeri JOTOV u. Vanja PAVLOVA (Hgg.), Bălgarskite zemi prez srednovekovieto (VII–XVIII v.). Meždunarodna konferencija v čest na 70-godišninata na prof. Aleksandăr Kuzev (Acta Musei Varnaensis III/2), Varna 2005, S. 107–120; POPKONSTANTINOV / KOSTOVA (Anm. 46).

49 Georgi ATANASSOV, Christianity along the Lower Danube Limes in the Roman Provinces of Dacia Ripensis, Moesia Secunda and Scythia Minor (4th–6th c. AD), in: VAGALINSKI (Anm. 32), S. 327–380.

Kontaktzonen darstellen. Dies gilt natürlich auch für die Donau. Fast alle in den Quellen des 5. bis 7. Jahrhunderts erwähnten kriegerischen Auseinandersetzungen zwischen den römisch-byzantinischen Armeen und einfallenden Völkern spielten sich auf dem Boden der Provinzen ab, also nach einem Übergang über die Donau. Sie war keineswegs immer ein Hindernis. Vielmehr sorgte bisweilen auch die militärische Bedeutung des Flusses als Limes für eine Aufwertung der Region in struktureller Hinsicht. Aus der Peripherie konnten Zentren werden.[50]

Für viele Herrschaftsgebilde war die Donau eher Kontaktzone als Grenze. 376 wurde den Goten Fritigers der Donauübergang gestattet.[51] Danach existierten gotische Verbände auf beiden Seiten der Donau.[52] Der Machtbereich der Hunnen Attilas dehnte sich jenseits wie diesseits der Donau aus.[53] Auch das sich später an der mittleren Donau etablierende Awarenreich erstreckte sich beiderseits der Donau.[54] Das Erste Bulgarische Reich umfasste bis Ende des 9. Jahrhunderts sowohl Gebiete südlich als auch nördlich der Donau. Die Archäologie hat entsprechende Gräberfelder sowohl im heutigen Bulgarien als auch im heutigen Rumänien untersucht.[55] Aus der Zeit Khan Omurtags (815–831) ist eine Inschrift überliefert, die eines Kopans gedenkt, der bei einem Kriegszug im Dnjepr ertrunken war, ein Hinweis darauf, wie weit nach Norden das Erste Bulgarische Reich im 9. Jahrhundert ausgriff.[56]

---

[50] Karl STROBEL, Vom marginalen Grenzraum zum Kernraum Europas. Das römische Heer als Motor der Neustrukturierung historischer Landschaften und Wirtschaftsräume, in: Lukas DE BLOIS u. Elio LO CASCIO (Hgg.), The Impact of the Roman Army (200 BC–AD 476). Economic, Social, Political, Religious, and Cultural Aspects. Proceedings of the Sixth Workshop of the International Network Impact of Empire (Roman Empire, 200 BC–AD 476), Capri, March 29–April 2, 2005, Leiden, Boston 2007, S. 207–237.
[51] Ammianus Marcellinus, Res gestae, hrsg. v. Wolfgang SEYFARTH, Liselotte JACOB-KARAU u. Ilse ULMANN, Leipzig 1978, ND Stuttgart, Leipzig 1999, XXXI,4,7 und 12; vgl. auch Herwig WOLFRAM, Die Goten. Von den Anfängen bis zur Mitte des 6. Jahrhunderts. Entwurf einer historischen Ethnographie, 3. Aufl. München 1990, S. 79–84; Peter J. HEATHER, The Goths (The Peoples of Europe), Oxford u.a. 1998, S. 100–104; zur Beschreibung bei Ammianus Marcellinus s. speziell Stéphane RATTI, La traversée du Danube par les Goths. La subversion d'un modèle héroïque (Ammien Marcellin 31.4), in: Jan DEN BOEFT u. a. (Hgg.), Ammianus after Julian. The Reign of Valentinian and Valens in Books 26–31 of the Res Gestae, Leiden 2007, S. 181–199; Peter J. HEATHER, The Crossing of the Danube and the Gothic Conversion, in: Greek, Roman, and Byzantine Studies 27 (1986), S. 289–318.
[52] Andrew POULTER, Goths on the Lower Danube. Their Impact upon and behind the Frontier, in: Antiquité Tardive – Late Antiquity – Spätantike – Tarda Antichità 21 (2013), S. 63–76.
[53] Edward Arthur THOMPSON, The Huns (The Peoples of Europe), Oxford, Malden / MA 2000.
[54] Walter POHL, Die Awaren. Ein Steppenvolk in Mitteleuropa, 567–822 n. Chr., 2. Aufl. München 2002.
[55] Vgl. zusammenfassend FIEDLER (Anm. 29).
[56] Veselin BEŠEVLIEV, Die protobulgarischen Inschriften (Berliner Byzantinistische Arbeiten, 23), Berlin 1963, S. 281–285 unter Nr. 58.

Eines der wichtigsten Herrschaftszentren der Bulgaren, neben den im Landesinneren liegenden Städten Pliska und Preslav, war die Donaustadt Silistra.[57] Khan Omurtag ließ sich dort einen neuen Palast bauen.[58] Die Donau war somit eine Art Zentralgebiet des Reiches, eine Kernregion. Das Schwarze Meer und die Donau waren natürlich zugleich Transport- und Handelswege.[59] Byzantinische Münz- und Siegelfunde aus Tomis (Constanța) aus dem 7. und aus Silistra zwischen dem 6. und 9. Jahrhundert deuten auf fortwährende Kontakte mit Konstantinopel hin, lange nachdem die Städte dem byzantinischen Machtbereich entzogen worden waren.[60] Die Schüler der berühmten Slawenapostel Kyrill und Method, Kliment, Naum und Angelarios begannen ihr missionarisches Werk an der Donau, im damals unter bulgarischer Herrschaft stehenden Belgrad, von wo sie ins Innere Bulgariens gelangten.[61]

Die Donau als Transportweg war aber natürlich auch militärischer Expansionsweg. In der zweiten Hälfte des 8. Jahrhunderts zogen die Byzantiner in regelmäßigen Abständen mit einer Flotte an die Mündung der Donau, um Bulgarien zu erobern.[62] Alle Versuche scheiterten, vielleicht auch, weil Bulgarien noch kein administratives Zentrum besaß.

824 kam eine bulgarische Gesandtschaft zum ersten Mal an den Hof Ludwigs des Frommen mit der Absicht, einen Vertrag zu schließen. Ludwig der Fromme sei nicht zu Unrecht erstaunt gewesen, so berichten die Fränkischen Reichsannalen.[63] Die Bulgaren hatten inzwischen die an der mittleren Donau siedelnden *praedenecenti* angegriffen und waren damit in Nachbarschaft zum Fränkischen Reich getreten. Ihre militärische Expansion folgte damit der Donau entlang nach Westen.[64]

---

57 Georgi ATANASSOV, Zur Topographie des frühchristlichen Durostorum (Silistra, Bulgarien) im 4.–6. Jahrhundert, in: Mitteilungen zur christlichen Archäologie 14 (2008), S. 27–52; Peter SOUSTAL, Dorostolon – Silistra. Die Donaustadt im Lichte neuer Forschung, in: Christo CHOLIOLČEV, Renate PILLINGER u. Reinhardt HARREITHER (Hgg.), Von der Scythia zur Dobrudža (Miscellanea Bulgarica 11), Wien 1997, S. 115–126.
58 BEŠEVLIEV (Anm. 56), S. 247–260 unter Nr. 55.
59 Zur Schwarzmeerküste in der Antike s. Christo M. DANOFF, Pontos Euxeinos, Stuttgart 1961 (Sonderdruck aus Pauly-Wissowa, Realencyclopädie der classischen Altertumswissenschaft, Supplementband IX, Stuttgart 1962).
60 Georgi ATANASSOV, Rumen IVANOV u. Peti DONEVSKI, Istorija na Silistra, Bd. 1: Antičnijat Durostorum, Sofia, Silistra 2006, S. 338–340; Florin CURTA, Invasion or Inflation? Sixth- to Seventh-Century Byzantine Coin Hoards in Eastern and Southeastern Europe, in: Istituto Italiano di Numismatica, Annali 43 (1996), S. 65–224, hier S. 115 f.; Ion BARNEA, Sceau de Constantin IV empereur de Byzance trouvé à Durostorum, in: Revue roumaine d'histoire 20 (1981), S. 625–628.
61 Ilija ILIEV, Theophylakt von Ochrid, Βίος καὶ πολιτεία [...] Κλήμεντος ἐπισκόπου Βουλγάρων, in: Byzantinobulgarica 9 (1995), S. 62–120, hier XIV,42–XVI,47, S. 95–97.
62 Vgl. ZIEMANN (Anm. 29), S. 211–234.
63 Annales regni Francorum ad a. 824, hrsg. v. Friedrich KURZE (Monumenta Germaniae Historica, Scriptores rerum Germanicarum 6), Hannover 1895, ND 1950, S. 165 f.
64 Vgl. Vasil GJUZELEV, Bulgarisch-fränkische Beziehungen in der ersten Hälfte des 9. Jahrhunderts,

Es ist auch die Donau, über die das Ende des Ersten Bulgarischen Reiches herankam. Fürst Svjatoslav von den Kiever Rus drang zum ersten Mal 968 über die Donau plündernd nach Bulgarien vor und wiederholte dies ein Jahr später.[65] 971 setzte dann der byzantinische Kaiser Johannes Tzimiskes dem Nordteil des Bulgarischen Reiches ein Ende und etablierte wiederum die Donau als neue Grenze des Byzantinischen Reiches.[66]

5 Zusammenfassung

Die hier dargestellten Aspekte machen deutlich, dass Flüsse und Gewässer, in diesem Fall die Donau und zum Teil das Schwarze Meer, auf das hier nicht detailliert eingegangen werden konnte, komplexe Größen darstellen, die auf unterschiedlichen Ebenen zu behandeln wären. Der Fluss als physische Grenze ist evident, er stellt aber auch für die Region am unteren Donaulauf eine literaturhistorisch relevante und damit auch in ihrer Konstruktivität wirksame Größe dar. Der Entwurf einer Gegenwelt, die in die Räume jenseits der Donau projiziert wird, wäre hier zu nennen. Origo-Erzählungen wählen die Überquerung von Gewässern, um den Eintritt eines Volkes in die Geschichte, also in einen durch dichtere Quellenzeugnisse dokumentierten Ereignisablauf, darzustellen.

Damit ist der Fluss eben nicht in erster Linie als Grenze, sondern ebenso oft auch als Übergangs-, Transport- und Expansionsraum zu begreifen. Entlang des Flusses bewegten sich Herrschaftsgebilde. Der Übergang war kleinen Gruppen, aber oftmals auch großen Heeresverbänden ohne Weiteres möglich. Für viele Reiche stellte die Donau daher die Mitte ihres Herrschaftsbereichs dar. Das Beispiel der Donau zeigt somit eindrucksvoll – auf unterschiedlichen Ebenen – den Wechsel von Bedeutungen des Flusses innerhalb politischer, kultureller und wirtschaftlicher Kontexte.

---

in: Vasil GJUZELEV (Hg.), Forschungen zur Geschichte Bulgariens im Mittelalter (Miscellanea Bulgarica 3), Wien 1986, S. 135–159.
65 Vgl. ZLATARSKI (Anm. 43), S. 567–599; ANGELOV / PRIMOV (Anm. 6), S. 389–393; BOŽILOV / GJUZELEV (Anm. 6), S. 295–298.
66 Vgl. ZLATARSKI (Anm. 43), S. 605–632; ANGELOV / PRIMOV (Anm. 6), S. 394–397; BOŽILOV / GJUZELEV (Anm. 6), S. 298–300.

Thomas Wozniak (Tübingen)
Eisschollen in Konstantinopel – der Extremwinter des Jahres 763/764

Abstract: Historical research on aspects of the climate system such as precipitation, temperature, wind etc. is rare for the early and high medieval periods. Proxy archives are the main contributors, with numerous climate records such as ice core data, dendrochronological data, and others. The reconstruction of weather data based on historical material requires specific methodological analysis and competence in source criticism. By the use of indices with seven (or more) categories qualitative narrative descriptions of weather phenomena can be quantified. However, this method is only useful with regard to material from the late medieval and early modern periods, but can hardly be used for early and high medieval sources, since only a relatively small proportion (less than ten percent) of all major climatic events were deemed worthy of documentation by contemporary chroniclers. Between 500 and 1100 AD, more than 60 extreme winters were documented in annals and chronicles all over Europe. This paper focuses on one of these extreme events, from the winter of 763/764. At least 16 entries in chronicles describe the extreme cold in the year 763 and another 21 entries that of 764. For contemporary chroniclers, the unusually long duration of snow cover was worthy of note. The longest and most detailed eye-witness description is passed down from Theophanes the Confessor (760–818). His report states that the Black Sea was frozen from early October 763 to March 764 for 150 kilometers from the shoreline and to about 14 meters in depth. According to Theophanes, the snow layer covering the ice was about 9,5 meters deep. When the ice burst in February, some big pieces destroyed parts of the town and city walls of Constantinople. Altogether, the hard winter is reported in sources from Ireland, different European monasteries, and Byzantine authors.

Keywords: Umweltgeschichte, Klimageschichte, Naturereignis, Extremwinter, Konstantinopel

---

1 Einleitung

In einem Brief des Jahres 764 an den Bischof von Mainz entschuldigte sich der Abt von Wearmouth-Jarrow im nördlichen England dafür, dass er diesem die bestellten Bücher noch nicht geschickt habe. Als Grund gab er an, dass der vergangene Winter – also jener von 763 auf 764 – wirklich sehr schrecklich gewesen sei und die Insel und ihre Einwohner mit Kälte, Frost, Sturmwind und Regen gepeinigt habe. Das kalte Wetter habe die Hand des Schreibers verlangsamt.[1] Auch in den ‚Annales regni Francorum' findet sich ein Eintrag mit Bezug zur Witterung in besagtem Jahr: „Zu dieser

DOI 10.1515/9783110437430-010

Zeit herrschte ein so strenger und rauer Winter, dass die Rohheit der Kälte von niemandem in den Wintern der vergangenen Jahre geschaut werden konnte."²

Wie sind solche zeitgenössischen Darstellungen von Wetter und Witterung einzuordnen? Diese Aussagen scheinen auf einen Winter zu deuten, dessen Kälte deutlich vom sonstigen Erwartungshorizont der Zeitgenossen abwich. Aber ist die Nennung eines so kalten Winters nicht eher als allegorische Erzählung zu deuten? Wie kalt war es denn wirklich? Deutet nicht bereits eine Betrachtung des historischen Wetters auf ein zu positivistisches Geschichtsverständnis? Schlimmer noch, ist eine Untersuchung von historischer Witterung nicht grundsätzlich mit der Gefahr des Determinismus behaftet?

Mit kalten Wintern und ihrem Einfluss auf die Ereignisgeschichte haben sich für die Zeit des Früh- und Hochmittelalters erst einige wenige Studien (Fritz CURSCHMANN³, Curt WEIKINN⁴) beschäftigt, einen grundlegenden Überblick zu den Wintern im westlichen Europa in der Zeit von 396 v. Chr. bis 1916 hat Cornelius EASTON vorgelegt,⁵ für die Epoche ab dem Jahr 1000 hält auch die umfangreiche Sammlung der Winterereignisse von Pierre ALEXANDRE viele Daten bereit.⁶

MICHAEL McCORMICK und andere haben versucht, den extrem kalten Winter 763/764 als Folge eines Vulkanausbruchs zu deuten.⁷ Aktuelle methodische Über-

---

1 Die Briefe des heiligen Bonifatius und Lullus, hrsg. v. Michael TANGL (MGH Epistolae selectae 1), Berlin 1916, Nr. 116, S. 251: *Quia presentia preteriti hiemis multum horribiliter insulam nostrae gentis in frigore et gelu et ventorum et imbrium procellis diu lateque depressit, ideoque scriptoris manus, ne in plurimorum librorum numerum perveniret, retardaretur.*
2 Annales regni Francorum ad a. 763, hrsg. v. Georg Heinrich PERTZ u. Friedrich KURZE (MGH SS rerum Germanicarum 6), Hannover 1895, S. 23: *Facta est autem eo tempore tam valida atque aspera hiemps, ut inmanitate frigoris nullae praeteritorum annorum hiemi videretur posse conferri.*
3 Fritz CURSCHMANN, Hungersnöte im Mittelalter. Ein Beitrag zur deutschen Wirtschaftsgeschichte des 8.–13. Jahrhunderts, Leipzig 1900, ND Aalen 1970.
4 Curt WEIKINN, Quellentexte zur Witterungsgeschichte, 4 Bde., Berlin, Stuttgart 1958–1963.
5 Cornelius EASTON, Les hivers dans l'Europe occidentale, Étude statistique et historique sur leur température, discussion des observations thermométriques, 1852–1916 et 1757–1851, tableaux comparatifs: Classification des hivers 1205–1916, notices historiques sur les hivers remarquables, bibliographie, Leiden 1928.
6 Pierre ALEXANDRE, Le climat en Europe au Moyen Âge. Contribution à l'histoire des variations climatiques de 1000 à 1425 d'après de sources narratives de l'Europe occidentale (Recherches d'histoire et de sciences sociales 24), Paris 1987, S. 336–343.
7 Francis LUDLOW u. a., Medieval Irish Chronicles Reveal Persistent Volcanic Forcing of Severe Winter Cold Events, 431–1649 CE, in: Environmental Research Letters 8/2 (2013), (letzter Zugriff am 09. 07. 2016); Conor KOSTICK u. Francis LUDLOW, The Dating of Volcanic Events and their Impacts upon European Climate and Society, 400–800 CE, in: European Journal of Post-Classical Archaeologies 5 (2015), S. 7–30; Michael McCORMICK, Paul Edward DUTTON u. Paul A. MAYEWSKI, Volcanoes and the Climate Forcing of Carolingian Europe, A.D. 750–950, in: Speculum 82 (2007), S. 865–895, hier S. 878–881; Michael McCORMICK, Karl der Große und die Vulkane. Naturwissenschaft, Klimaforschung und Mittelalterforschung (Universitätsreden der Universität des Saarlandes 77), Saarbrücken 2008.

legungen zu solchen Versuchen und deren Problemen mit Hinweisen auf die ältere Literatur sind bei Martin BAUCH zu finden.[8]

Der Verfasser hat es im Rahmen eines Forschungsprojekts zu historischer Witterung unternommen, die extremen Naturereignisse zwischen dem 6. und dem 11. Jahrhundert systematisch ausschließlich aus historischen Quellen, vor allem aus Annalen und Chroniken, herauszufiltern.

Im Folgenden geht es nun um die extremen Witterungsereignisse, genauer um die thermischen Extreme, insbesondere die kalten Winter. Die Betrachtung von Elementen des Wetters, der Witterung und des Klimas hat in der Vergangenheit leider (zu) oft zu klimadeterministischen Aussagen geführt, von denen sich dieser Beitrag klar distanzieren möchte. Die klimatischen Elemente sind neben anderen naturräumlichen Voraussetzungen nur ein Faktor der Rahmenbedingungen, vor denen sich gesellschaftliche, kulturelle, politische und religiöse Entwicklungen vollziehen. Überspitzt ausgedrückt wurde die deterministische Betrachtung der klimatischen Bedingungen in der Vergangenheit dabei oft nach dem folgenden vereinfachenden Muster vorgenommen: Es war wärmer, also prosperierte das Römische Reich, es wurde kälter, also zerfiel das Römische Reich. Mit der sich verschlimmernden Kälte kam es zur „Völkerwanderung" und nach ein paar kalten Jahrhunderten zum „Mittelalterlichen Wärmeoptimum", auf das die „Kleine Eiszeit" folgte und wiederum eine sich durch menschliches Zutun beschleunigende Klimaerwärmung. Diese Modellvorstellung wurde für deterministische Deutungen und politische Instrumentalisierung genutzt.[9]

Im nächsten Abschnitt konzentrieren wir uns stattdessen auf die verschiedenen historischen Quellen und die damit verbundenen methodischen Probleme, besonders auf die kälteren Ereignisse, die dazu führen, dass Wasser in seinem Aggregatzustand von flüssig zu fest wechselt.

Die von Christian PFISTER entwickelten Klassifikationsmodelle, mit deren Hilfe aus qualitativen Quellenangaben quantitative Stufen gebildet werden können, lassen sich sehr gut für die Quellen des Spätmittelalters und der Frühneuzeit verwenden und waren wegweisend für die Auswertung der Quellen in Bezug auf die Witterung dieser Epochen.[10] Dieses System (s. Tab. 1) wurde später auf ein neunstufiges System

---

[8] Martin BAUCH, The Day the Sun Turned Blue. The Redated Kuwae Eruption in 1465 and Its Putative Climatic Impact – a Globally Perceived Volcanic Disaster in the Late Middle Ages?, in: Gerrit J. SCHENK (Hg.), Historical Disaster Experiences. A Comparative and Transcultural Survey between Asia and Europe (im Druck); Martin BAUCH, Vulkanisches Zwielicht. Ein Vorschlag zur Datierung des Kuwae-Ausbruchs auf 1464, http://mittelalter.hypotheses.org/5697, 10. April 2015 (letzter Zugriff am 09. 07. 2016).
[9] Raymond S. BRADLEY, Malcolm K. HUGHES u. Henry F. DIAZ, Climate in Medieval Times, in: Science 302 (17. Oktober 2003), S. 404 f.
[10] Christian PFISTER, Wetternachhersage. 500 Jahre Klimavariationen und Naturkatastrophen (1496–1995), Bern, Stuttgart, Wien 1999, S. 45 f.; Rüdiger GLASER, Klimageschichte Mitteleuropas. 1200 Jahre Wetter, Klima, Katastrophen, 3., aktual. u. erweiterte Aufl. Darmstadt 2013; Franz MAUELSHAGEN, Klimageschichte der Neuzeit, 1500–1900 (Geschichte kompakt), Darmstadt 2010, S. 55 f.

mit durchgezählten Kategorien erweitert;[11] zuletzt wurde ein neunstufiger Positiv/Negativ-Index vorschlagen, im Grunde ein erweiterter „Pfister-Index".[12]

Tab. 1: Klassifikationsvorschläge von Wintern, graphisch hervorgehoben sind die Extrembereiche, die in den Quellen zwischen dem 6. und 11. Jahrhundert dokumentiert wurden. Entwurf: Thomas Wozniak.

7-stufiger Index nach Pfister[13]			9-stufige Kategorien nach Shabalova / van Engelen[14]				9-stufiger Index nach Enzi u. a.[15]	
Index	Umschreibung	δ[16]	Index	Umschreibung	Frequenz	Temperatur	Umschreibung	Index
3	extrem warm, viel zu warm	180 %	1	extrem mild	1 %	6,2° C	great summers	4
			2	sehr mild	4 %	5,4° C		3
2	deutlich übernormal, sehr warm	130 %	3	mild	11 %	4,3° C		2
1	mäßig übernormal, zu warm	65 %	4	ziemlich mild	21 %	3,3° C		1
0	normal	0 %	5	normal	26 %	2,3° C		0
−1	mäßig unternormal, zu kühl	−65 %	6	kalt	21 %	1,2° C	cold winters	−1
−2	deutlich [unternormal], kalt	−130 %	7	strenge Kälte	11 %	−0,1° C	severe winters	−2
−3	extrem, viel zu kalt	−180 %	8	sehr strenge Kälte	4 %	−1,8° C	great winters	−3
			9	extrem strenge Kälte	1 %	−2,4° C		−4

---

11 Marina Shabalova u. Aryan F. V. van Engelen, Evaluation of Reconstruction of Winter and Summer Temperatures in the Low Countries, AD 764–1998, in: Climatic Change 58 (2003), S. 1–2, 219–242, 225; vgl. auch Aryan F. V. van Engelen, Jan Buisman u. Folkert Ijnsen, A Millennium of Weather, Wind and Water in the Low Countries, in: Phil D. Jones u. a. (Hgg.), History and Climate. Memories of the Future? New York, Boston, London 2001, S. 101–124.
12 Silvia Enzi, Mirca Sghedoni u. Chiara Bertolin, Temperature Reconstruction for North-Eastern Italy over the Last Millennium. Analysis of Documentary Sources from the Historical Perspective, in: The Medieval History Journal 16/ 1 (2013), S. 89–120.
13 Pfister (Anm. 10), S. 45 f.; Mauelshagen (Anm. 10), S. 55 f.
14 Shabalova / van Engelen (Anm. 11), S. 225.
15 Enzi, / Sghedoni / Bertolin (Anm. 12) S. 107–109: „great summers": sehr milde Temperaturen, die eine Kleidung wie im Frühling / Sommer erlauben, unzeitgemäßes Blühen von Pflanzen und Blumen, Ausbleiben von Niederschlägen aufgrund der milden Temperaturen; „cold winters": wiederholte Ereignisse sehr niedriger Temperaturen, Nordwind, Schwierigkeiten Wohnstätten warm zu halten; „severe winters": wiederkehrendes, aber kurzes Zufrieren von kleineren Wasserkörpern; „great winters": Vereisung großer Wasserkörper, von Wein, Essen oder Öl in Fässern, reichlicher Schneefall, Schnee auf sonst schneefreien Flächen, lange und heftige Periode von Temperaturen unter 0° C, schwere Schäden an Pflanzen.

Diese Methodik versagt allerdings weitgehend am Material des Früh- und Hochmittelalters. Das liegt daran, dass der Bereich zwischen den Stufen +2 und −2, die etwa 90 Prozent der Einträge späterer Quellen ausmachen, im Früh- und Hochmittelalter nicht dokumentiert wurden, sondern ausschließlich die verbleibenden zehn Prozent der kältesten oder wärmsten Extremereignisse, also die Stufen +3 oder noch öfter −3 nach PFISTER. Dies hängt mit der Häufigkeit der beschriebenen Ereignisse zusammen, so als würden in unserer Zeit nur die „Jahrhundertwinter" dokumentiert. Das folgende Schema (s. Tab. 2) verdeutlicht den Gesamtrahmen, in dem sich die historisch basierten Forschungsmethoden und die Menge der ausgewerteten Witterungselemente im Laufe der letzten 2000 Jahre entwickelt haben.

Das Schema zeigt als aktuellste Stufe die großräumigen Satelliten- und Radarmessungen, die erst seit einigen Jahren möglich sind. Davor hatte sich seit dem 18. Jahrhundert die Messung der Temperatur mit Instrumenten immer weiter verbreitet. Die oft tägliche Beschreibung des Wetters in Witterungstagebüchern setzte vereinzelt bereits im 14. Jahrhundert ein und ist sehr viel häufiger ab dem 16. Jahrhundert überliefert. Für die Zeit davor ist man auf mittelalterliche historiographische (Annalen, Chroniken) und hagiographische Quellen angewiesen. Auch die antiken Schriftkulturen beschrieben Naturereignisse teilweise sehr genau, wie etwa den Vesuvausbruch 79 n. Chr.[17] Noch weiter zurückreichende Ereignisse haben dann nur mehr ihren Erinnerungsschatten in Form von Mythen, Sagen oder Liedern hinterlassen, wie bei der Atlantis-Sage,[18] den Darstellungen über die Sintflut[19] oder den zehn Plagen im Alten Testament.[20]

Der Schwerpunkt der vorliegenden Studie liegt auf dem Früh- und Hochmittelalter und ist damit überwiegend auf die kurzen Einträge in Annalen und Chroniken angewiesen, die oft schon seit längerem in wissenschaftlichen Editionen vorliegen. Sie wurden hier aber nicht auf politische oder kulturelle Aussagen hin untersucht, sondern gegen den Strich gelesen und auf Naturereignisse und „Klimawandelfolgen"[21] hin durchsucht. Dabei wurden bisher über 120 historiographische Quellen gefiltert und anhand ihrer Entstehungs- und Überlieferungsorte analysiert. Methodische Schwierigkeiten sind zahlreich, denn die Chroniken bilden Überlieferungs- und Verbreitungsgruppen, innerhalb derer die Nachrichten voneinander abgeschrieben wurden, ohne dass die Schreiber selbst Augenzeugen der berichteten Naturereignisse

---

16 PFISTER (Anm. 10), S. 46, Tab. 2.4: δ = Abweichung in Prozent der Standardabweichung vom Mittelwert der Jahre 1901–1960.
17 Plinius der Jüngere, Epistulae, hrsg. v. Roger A. B. MYNORS (Scriptorum classicorum Bibliotheca Oxoniensis), Oxford 1963, 6,16 und 6,20.
18 Platon, Timaios, hrsg. u. übers. v. Thomas PAULSEN u. Rudolf REHN (Reclams Universal-Bibliothek 18285), Stuttgart 2009, 23c–25d.
19 Genesis 7,10–12.
20 Exodus 7,20–11,4.
21 Theo KÖLZER, Unwetter und die Folgen. Lüttich 1194–1198, in: Historische Zeitschrift 287/3 (2008), S. 599–627, hier S. 599.

Tab. 2: Chronologische Übersicht der Indexierfähigkeit aufgrund der Beobachtungsart. Entwurf: Thomas Wozniak.

Zeit	Art der Beobachtung	Häufigkeit	Mögliche Proxys	Indexierfähigkeit
ab. 20. Jh.	großflächige Satellitenmessung	durchgehend	Direkterfassung	Indexierung unnötig
ab 18. Jh.	instrumentelle Messungen	tage- bis stundenweise	Messung definierter Einheiten	Indexierung unnötig, für narrative Berichte sinnvoll
ab 16. Jh.	Beschreibung in Witterungstagebüchern	monats- bis tageweise	Messung undefinierter Einheiten	Indexierung notwendig und sinnvoll
ab 14. Jh.	Beschreibung in seriellen und historiographischen Quellen	jahr- bis monatsweise	Preis-, Ernte-, Weinlisten	Indexierung notwendig und sinnvoll
ab 12. Jh.	Beschreibung in historio- und hagiographischen Quellen	alle 1–10 Jahre	Los-Tage, Jahreszeiten ab 11. Jh.	Indexierung unter Umständen sinnvoll
ab 6. Jh.	Beschreibung in historio- und hagiographischen Quellen	alle 10–100 Jahre	Beschreibung von Einzelereignissen	Indexierung nicht sinnvoll, da 90 % nicht beschrieben
antike Schriftkultur	Beschreibung in narrativen Werken	einmalig alle 100–300 Jahre	Beschreibung von Einzelereignissen	Indexierung nicht sinnvoll
antike orale Kultur	Beschreibung in Mythen, Sagen, Liedern	einmalig alle 300–1000 Jahre	Atlantissage, Sintflut, bibl. Plagen	Indexierung nicht sinnvoll

gewesen sein müssen. Diese Abhängigkeiten sind teilweise schon geklärt, teilweise noch offen. Es lassen sich aber einige Großgruppen zusammenfassen: So bilden die Klöster in Flandern solche, ebenso jene in Irland, jene an der Loire sowie jene am Rhein, weiterhin die Klöster in Sachsen und in Bayern, aber auch die in Italien und im Nahen Osten. Ein weiteres Problem ist die unterschiedliche mikroklimatische, also regionale, Ausprägung von makroklimatischen, d.h. überregionalen oder globalen Entwicklungen. Während der Winter von 2014 auf 2015 bei uns als extrem mild empfunden wurde, sind in Teilen Südosteuropas und der USA deutlich überdurchschnittliche Schneemengen gefallen. Heutige Zeitgenossen hätten in den Quellen also sehr stark differierende Beobachtungen dokumentiert. Das führt zu der Frage, was sich überhaupt an zeitgenössischer Überlieferung zum Winter 763/764 finden lässt.

2 Der Verlauf des Winters 763/764 in Europa

Für die Zeit zwischen 500 und 1100 konnten im oben genannten Forschungsprojekt bislang insgesamt über 60 Jahre mit extremen Winterereignissen in den Quellen dokumentiert werden. Die meisten Nachrichten beschreiben einzelne Elemente, vor allem die Jahreszeiten in der Art *hiems magna* oder geben indirekte Temperaturhinweise aufgrund zugefrorener Wasserkörper wie Flüsse und Seen, aber auch über die Art und die Ergebnisse des Niederschlags, wie eine geschlossene Schneedecke. Teilweise gaben die Chronisten dabei tagesgenaue Daten für das Einsetzen der Schneedecke und das Abtauen des Schnees an. Die jeweils genannten Beobachtungen weichen in extremen Jahren sehr stark von den ermittelten Durchschnittswerten heutiger Normalperioden ab, so in den Wintern 859/860, 875/876, 975/976 oder 1067/68 mit einer vier- bis fünfmonatigen Schneebedeckung oder die Winter 708/709, 839/40, 993/994 oder 1076/1077 mit fast einem halben Jahr.

Im Folgenden geht es um den Winter des Jahres 763 auf 764, für den mindestens 37 Quellenbelege in Europa vorliegen. Probleme der zeitlichen Zuordnung ergeben sich auch daraus, dass ein Sommer immer in der Jahresmitte liegt und damit eindeutig chronologisch zugeordnet werden kann, während ein Winter am Übergang von einem Jahr zum nächsten liegt und damit je nach Schreiber in dem einen oder dem anderen Jahreseintrag dokumentiert wurde. 16 Chronisten setzten den Winter bereits in das Jahr 763[22] und verwenden dabei meist die Termini *hiems* (Winter) oder *gelu* (Frost). Es überwiegen die Adjektive *magna* und *maxima* mit fünf[23] bzw. drei Nennungen[24] sowie *valida* mit fünf.[25] Nur vereinzelt treten auf: *pessimum*,[26] *fortissimus*[27] und die

---

[22] Es besteht hier auch die Gefahr, dass es an unterschiedlichen Orten zwei kalte Winter – 762/763 bzw. 763/764 – gegeben haben könnte.
[23] Annales Colbazienses ad a. 763, hrsg. v. Wilhelm ARNDT (MGH Scriptores 19), Hannover 1866, S. 710–719, hier S. 713: *hyems ille magna*; Annales sancti Emmerammi Ratisbonensis maiores ad a. 763, hrsg. v. Georg Heinrich PERTZ (MGH Scriptores 1), Hannover 1826, S. 91–94, hier S. 92: *Hiemps magnus* (sic!) *erat*; Annalium Iuvavensium supplementa ad a. 763, hrsg. v. Georg Heinrich Pertz (MGH Scriptores 3), Hannover 1839, S. 121–123, hier S. 122: *Hiemps magna*; Annales ex annalibus Iuvavensibus antiquis excerpti ad a. 763 (MGH Scriptores 30/2), Leipzig 1934, S. 732: *Hiemps magna fuerat* (Annales Iuvavenses maximi) bzw. *Hiemps* [*magnus*] (sic!) (Annales Iuvavenses maiores).
[24] Danmarks Middelalderlige Annaler, hrsg. v. Erik KROMAN, Kopenhagen 1980, S. 36: *Hoc anno hyems maxima fuit*; Annales Rotomagenses Wigorniae Roffae Belli adaucti et continuati ad a. 763, hrsg. v. Felix LIEBERMANN (Ungedruckte anglo-normannische Geschichtsquellen), Straßburg, London 1879, ND Ridgewood / NJ 1966, S. 35–49, hier S. 38: *Hyemps maxima*; Annales Sancti Edmundi ad a. 763, ebd., S. 107–155, hier S. 121: *Hyems maxima*.
[25] Annales Weissemburgenses ad a. 763, hrsg. v. Georg Heinrich PERTZ (MGH Scriptores 1), Hannover 1826, S. 111: *Hiems valida*; Regino von Prüm, Chronicon cum continuatione Treverensi ad a. 763, hrsg. v. Friedrich Kurze (MGH Scriptores rerum Germanicarum in usum scholarum 50), Hannover 1890, S. 47: *Et facta est hiems valida*; Annales Laurissenses et Einhardi ad a. 763, hrsg. v. Georg Heinrich PERTZ (MGH Scriptores 1), Hannover 1826, S. 134–218, hier S. 144: *Facta est hiemps valida*; Annales Blandinienses ad a. 763, hrsg. v. Ludwig Bethmann (MGH Scriptores 5), Hannover 1844, S. 20–34, hier S. 22: *Hiemps valida*; Annales regni Francorum ad a. 763 (Anm. 2), S. 22: *Et facta est hiems valida*.
[26] Annales Sancti Amandi brevissimi ad a. 763, hrsg. v. Georg WAITZ (MGH Scriptores 13) Hannover 1881, S. 38: *Gelu pessimum*.
[27] Annales Iuvavenses minores ad a. 763, hrsg. v. Georg Heinrich PERTZ (MGH Scriptores 1), Hannover 1826, S. 88 f., hier S. 88: *Hiemps fortissimus*.

Kombination *grandis et dura*²⁸. Letztere wird aber ungleich häufiger in Annalen für das Folgejahr 764 genannt, deren entsprechende Aufstellung mindestens 21 Einträge enthält. Zu den bis dahin verwendeten Termini von *magnus*²⁹ und *valida*,³⁰ treten nun noch *grandis*³¹ und *durus*³² bzw. *dura*³³ (hart, andauernd) sowie *grandis et durus*³⁴ hinzu, aber teilweise auch Angaben des genauen Tags des Beginns und des Endes des Winters. Offensichtlich hat die ungewöhnliche und überdurchschnittliche Dauer des Extremwinters „stärker als gewöhnlich"³⁵ bei der Wahrnehmung durch die Chronisten zu einer überdurchschnittlichen Abweichung von deren Erwartungshaltung, also der Aufmerksamkeit der Beobachter für meteorologische Gegebenheiten, geführt, weshalb sie das Ereignis genau dokumentierten, teilweise sogar mit dem Tagesdatum versahen.

In genau diesen Tagesdaten liegt der Schlüssel für weitergehende Erkenntnisse, die in Tab. 3 separat aufgelistet werden. Es verwundert zunächst, dass je nach Region eine so unterschiedliche Dauer des Winters überliefert wurde. Vom nördlichen Rheinland mit nur zwei Monaten, über das südliche Rheinland, das Land an der Loire bis

---

28 Annales Einsidlenses ad a. 763, hrsg. v. Georg Heinrich PERTZ (MGH Scriptores 3), Hannover 1839, S. 138–149, hier S. 139: *Hiemps grandis et dura*.
29 Annales Maximiniani ad a. 764, hrsg. v. Georg WAITZ (MGH Scriptores 13) Hannover 1881, S. 19–25, hier S. 21: *Hiemps magnus erat*; Annalium Laubacensium continuatio ad a. 764, hrsg. v. Georg Heinrich PERTZ (MGH Scriptores 1), Hannover 1826, S. 10–15, hier S. 10: *Zelum magnum*.
30 Annales Hildesheimenses ad a. 764, hrsg. v. Georg WAITZ (MGH Scriptores rerum Germanicarum in usum scholarum 8), Hannover 1878, S. 12: *Facta est hiems valida anno 764*.
31 Annales Sangallenses breves ad a. 764, hrsg. v. Georg Heinrich PERTZ (MGH Scriptores 1), Hannover 1826, S. 64 f., hier S. 64: *Hiems grandis*; Annales Quedlinburgenses ad a. 764, hrsg. v. Martina GIESE (MGH Scriptores rerum Germanicarum in usum scholarum 72) Hannover 2004, S. 425: *Hiems grandis*; Annales Guelferbytani ad a. 764, hrsg. v. Georg Heinrich PERTZ (MGH Scriptores 1), Hannover 1826, S. 23–31, hier S. 29: *Tunc ille grandis hiemps profuit*.
32 Annales Weissenburgenses ad a. 764, hrsg. v. Oswald HOLDER-EGGER (MGH Scriptores rerum Germanicarum in usum scholarum 38), Hannover, Leipzig 1894, S. 9–57, hier 17: *Fuitque hibernus durus*.
33 Annales Fuldenses antiqui ad a. 764, hrsg. v. Georg Heinrich PERTZ (MGH Scriptores 3), Hannover 1839, S. 116* f., hier S. 116*: *Hîc hiemps dura / Hiemps dura*. Annales Sangallenses maiores ad a. 764, hrsg. v. Ildefons VON ARX (MGH Scriptores 1), Hannover 1826, S. 73–85, hier S. 74: *Hiems et dura*. Lampert von Hersfeld, Annales ad a. 764, hrsg. v. Oswald HOLDER-EGGER (MGH Scriptores rerum Germanicarum in usum scholarum 38), Hannover, Leipzig 1894, S. 3–304, hier 16: *Fuitque hyemps durissima*.
34 Annales Laureshamenses ad a. 764, hrsg. v. Georg Heinrich PERTZ (MGH Scriptores 1), Hannover 1826, S. 22–39, hier S. 28: *Hibernus grandis et durus*; Annales Mosellani ad a. 764, hrsg. v. Georg Heinrich PERTZ (MGH Scriptores 16), Hannover 1859, S. 494–499, hier S. 496: *Hibernus grandis et durus*; Annales Nazariani ad a. 764, hrsg. v. Georg Heinrich PERTZ (MGH Scriptores 1), Hannover 1826, S. 23–31, hier S. 29: *Hiems grandis et durus*; Annales Alemannici ad a. 764, hrsg. v. Georg Heinrich PERTZ (MGH Scriptores 1), Hannover 1826, S. 22–30, hier S. 28: *Hiemps grandis et dura*.
35 Annales Fuldenses ad a. 764, hrsg. v. Georg Heinrich PERTZ (MGH Scriptores rerum Germanicarum in usum scholarum 7), Hannover 1891, S. 8: *Hoc anno contigit hiems valida et praeter solitum prolixa*; Annales Sithienses ad a. 764, hrsg. v. Georg WAITZ (MGH Scriptores 13) Hannover 1881, S. 35–38, hier S. 35: *Hiems valida et praeter solitum prolixa*.

nach Irland mit drei Monaten Dauer, während in England und am mittleren Rhein drei bis vier Monate Dauer angegeben wurden. Mit großem Abstand wird die längste Kälteperiode für den Bereich des Schwarzen Meeres angeführt.

Tab. 3: Beobachtungen der Winterdauer / Schneebedeckung zum Winter 763/764. Entwurf: Thomas Wozniak.

Region (Ort)	Winteranfang	Winterende	Dauer
Irland			drei Monate[36]
England (Durham)	Winteranfang (Dezember)	Frühlingsmitte (15. April)	137 Tage[37]
Rheinland (Xanten)	1. Dezember	1. Februar	62 Tage[38]
Rheinland (Lorsch)	1. Dezember	15. März	106 Tage[39]
Rheinland (St. Gallen)	14. Dezember	15. März	92 Tage[40]
Westfranken (Saint-Amand-les-Eaux)	14. Dezember	15. März	92 Tage[41]
Schwarzes Meer (Byzanz)	Anfang Oktober	März	152 Tage

Daraus ergibt sich ein bestimmtes zeitliches Muster mit mehreren topographischen Schwerpunkten, für das im nächsten Schritt – der im vorliegenden Artikel noch nicht getätigt werden kann – ein zughöriges Hoch- und Tiefdruckmuster gefunden werden müsste, denn von solchen Mustern gibt es nur eine begrenzte Zahl. Die angegebene Dauer des Frostes ist in jedem Fall außergewöhnlich, zumal sie in der Region um Konstantinopel und das Schwarze Meer bei über einem Drittel des Jahres lag.

---

36 The Annals of Tigernach, hrsg. v. Whitley STOKES, 2 Bde., Felinfach 1993, Bd. 1, S. 262: *Great snow in almost 3 months. [...] Great dryness beyond the normal.*
37 English Historical Documents c. 500–1042, hrsg. v. Dorothy WHITELOCK (Rolls Series 75/2), 2. Aufl. London 1979, S. 242.
38 Annales Xantenses et Annales Vedastini ad a. 763, hrsg. v. Bernhard von SIMSON (MGH SS rerum Germanicarum 12), Hannover, Leipzig 1909, S. 38: *Gelu magnum a Kalendas Decembris usque ad Febr. stellae subito visae de caelo cecidisse ita omnes exterruerunt, ut putarent finem mundi imminere.*
39 Annales Laurissenses minores ad a. 766/764, hrsg. v. Georg Heinrich PERTZ (MGH Scriptores 1), Hannover 1826, S. 114–123, hier S. 117: *Facta est hiems valida anno 764 [a 19. Kalendas Ianuarii usque ad 17. Kalendas Aprilis].*
40 Annales Sangallenses Baluzii ad a. 764, hrsg. v. Georg Heinrich PERTZ (MGH Scriptores 1), Hannover 1826, S. 63: *19. Kalendas Ianuarii Sic incipit gelus, et finit in 17. Kalendas Aprilis.*
41 Annalium Petavianorum continuatio ad a. 764, hrsg. v. Georg Heinrich PERTZ (MGH Scriptores 1), Hannover 1826, S. 11–13, hier S. 11: *Eodem anno gelus magnus fuit 19. Kalendas Ianuarii usque 17. Kalendas Aprilis.* Annalium Sancti Amandi continuatio ad a. 764, hrsg. v. Georg Heinrich PERTZ (MGH Scriptores 1), Hannover 1826, S. 10–12, hier S. 10: *tunc fuit ille gelus pessimus, et coepit 19. Calendas Ianuarii, et permansit usque in 17. Calendas Aprilis.*

3 Berichte aus Konstantinopel

Die ausführlichsten Beschreibungen des harten Winters stammen aus Konstantinopel, wo Theophanes der Bekenner (760–818), der sich selbst als Augenzeuge deklariert, eine ganze Reihe von Details niederschrieb:

> In demselben Jahr herrschte seit Anfang Oktober eine große und sehr bittere Kälte nicht bloß in unserem Lande, sondern viel mehr noch im Osten, Norden und Westen, so dass an der Nordküste des Schwarzen Meeres in der Ausdehnung bis zu 100 Meilen [150 km][42] weit vom Lande und bis zu einer Tiefe von 30 Ellen [14,22 m][43] das Meer steinhart gefror, und zwar von Zinchia[44] bis zur Donau[45] und zum Kuphisstrom[46], ferner bis zum Danastris[47] und Danapris[48] und bis Nekropela[49] und zur übrigen Westküste, von Mesembria[50] bis Medeia[51]. Als das Eis noch von Schnee bedeckt wurde, nahm es weitere 20 Ellen [9,5 m] an Stärke zu, so dass das Meer dem Festland glich und Menschen, wilde und zahme Tiere von Chazarien,[52] Bulgarien[53] und dem Gebiet der anderen angrenzenden Volksstämme über diese Eisfläche gingen. Als im Monat Februar derselben 2. Indiktion auf Geheiß Gottes sich dieses Eis in sehr viele, verschiedengestaltige, berghohe Stücke auflöste und durch die Gewalt der Winde bis Daphnusia[54] und Hieron[55] abgetrieben wurde, gelangte das Treibeis durch die Meerenge[56] an der Hauptstadt vorbei bis zur Propontis[57]

---

42 Die Länge einer römischen Meile betrug 1,48176 Kilometer, damit wäre das Schwarze Meer etwa 150 Kilometer weit von der Küste aus zugefroren gewesen.
43 Die Länge einer griechischen Elle betrug 47,4 Zentimeter.
44 Bei den Slawen „Titscha" (bulg. *Тича*) genannt, heute Kamtschija in Nordostbulgarien, mit 254 Kilometern nach der Donau der längste Fluss der Balkanhalbinsel, der direkt in das Schwarze Meer fließt.
45 Mit einer Gesamtlänge von 2857 Kilometern ist die Donau nach der Wolga der zweitgrößte und -längste Fluss Europas.
46 Vom Elbrus fließt der Kuban über insgesamt 870 Kilometer bis ins Asowsche Meer.
47 Der Dnjestr ist ein 1352 Kilometer langer Fluss durch die Ukraine und Moldawien und mündet in das Schwarze Meer.
48 Der Dnjepr ist mit 2201 Kilometer der drittlängste Fluss Europas.
49 Vermutlich am Einfluss des Don in das Asowsche Meer gelegen.
50 Die Stadt Nessebar, mit thrakischen Wurzeln in Bulgarien, liegt in der Nähe von Burgas an der südlichen bulgarischen Schwarzmeerküste.
51 Midye, heute Kıyıköy, ist ein kleiner Ort im türkischen Thrakien an der südlichen Schwarzmeerküste in der Provinz Kırklareli.
52 Chasaren an der östlichen Schwarzmeerküste.
53 Bulgarien liegt an der westlichen Schwarzmeerküste.
54 Bithynien liegt an der südwestlichen Schwarzmeerküste auf asiatischer Seite.
55 Hieron liegt kurz vor der Öffnung des Bosporus zum Schwarzen Meer.
56 Der etwa 30 Kilometer lange Bosporus verbindet als Meerenge zwischen Europa und Kleinasien das Schwarze Meer mit dem Marmarameer. Er ist zwischen 700 und 2500 Metern breit sowie 36 bis 124 Meter tief.
57 Das Marmarameer (in der Antike: *Propontis*) verbindet über Bosporus und Dardanellen das Schwarze Meer mit der Ägäis.

und zu den Marmara-Inseln[58] und bis Abydos[59] und bedeckte die ganze Küste. Dessen war ich selbst Augenzeuge, denn ich betrat einen solchen Eisblock mit etwa 30 Altersgenossen und spielte darauf. Die Eisschollen führten auch wilde und zahme Tiere tot mit sich. Es konnte jeder, der wollte, ohne Hindernis vom Sophienpalast bis zur Hauptstadt und von Chrysopolis[60] nach St. Mamas[61] und nach Galata[62] auf dem Eis wie auf festem Lande wandeln. Einer von diesen Eisblöcken zerbrach an der Stiege, die zur Akropolis[63] emporführt, und zerstörte sie. Ein anderer, sehr großer Eisblock barst an der Mauer und erschütterte sie durch den Aufprall so gewaltig, dass auch innerhalb der Mauern gelegene Häuser ins Wanken gerieten. Er zerschellte in drei Stücke und legte sich an die Mauer der Mangana[64] bis zum Hafen des Rindermarktes; er überragte die Stadtmauer an Höhe. Unaufhörlich betrachteten alle Männer, Frauen und Kinder der Stadt diese Eisblöcke, dann eilten sie wieder unter Tränen und Wehklagen heim und wussten nicht, was sie davon halten sollten. Im selben Jahr, im Monat März sah man häufig Sterne vom Himmel fallen, so dass alle Beobachter meinten, es stehe das Ende der Zeiten bevor. Ferner trat eine solche Trockenheit ein, dass die Quellen versiegten.[65]

Wer schon einmal in Istanbul oder am Bosporus gewesen ist, kann kaum glauben, dass diese großen Wasserflächen gefroren gewesen sein sollen und denkt zwangsläufig an einen Topos. Der Schreiber habe allegorisch die für seine Wahrnehmung extrem abweichende große Kälte drastisch übertreiben wollen. Der Chronist schrieb zudem, dass, als das Eis noch von Schnee bedeckt wurde, es um weitere 20 Ellen [9,5 Meter] an Stärke zugenommen habe. Ein so enormer Wert scheint nun ganz und gar übertrieben, der ganze Bericht kann nur allegorisch gemeint sein. Aber: Auch im 20. Jahrhundert war der Bosporus schon zugefroren, so etwa im Winter 1929. Dabei wurden Schneeverwehungen mit Höhen von etwa zweieinhalb bis drei Metern beobachtet.

Wie hat unser Hauptgewährsmann Theophanes der Bekenner, der die Ausdehnung mit 150 Kilometern und die Dicke des Eises mit mehr als 14 Metern beschrieb, diese Stärke bestimmt? Da nicht davon ausgegangen werden kann, dass er ein Loch ins Eis sägen ließ, bis die ungefrorene Unterseite erreicht war, muss er seine Eishöhe über

---

58 Die sieben Marmara-Inseln liegen im südwestlichen Teil des Marmarameeres.
59 Schmalste Stelle der Dardanellen bei Çanakkale.
60 Skutari / Üsküdar ist heute ein Stadtteil auf der asiatischen Seite von İstanbul.
61 Das Mamas-Kloster wird in der Nähe des Xylokerkos-Tores (türk. *Belgrad kapi*) lokalisiert; vgl. Vassilios KIDONOPOULOS, Bauten in Konstantinopel, 1204–1328: Verfall und Zerstörung, Restaurierung, Umbau und Neubau von Profan- und Sakralbauten (Mainzer Veröffentlichungen zur Byzantinistik 1), Wiesbaden 1994, S. 15.
62 Galata war in byzantinischer Zeit eine eigene Stadt am nördlichen Ufer des Goldenen Horns.
63 Im Bereich des heutigen Topkapi Sarayı.
64 Mangana war eines der Stadtviertel des byzantinischen Konstantinopel; es befand sich am östlichsten Zipfel der Halbinsel.
65 Bilderstreit und Arabersturm in Byzanz: das 8. Jahrhundert (717–813) aus der Weltchronik des Theophanes, übers., eingeleitet und erklärt von Leopold BREYER (Byzantinische Geschichtsschreiber 6), Graz 1964, S. 80f.; vgl. auch Michael Glycas, Annales, hrsg. v. Immanuel BECKER (Corpus scriptorum historiae Byzantinae 24), Bonn 1836, 4, 220, S. 527; WEIKINN (Anm. 4), S. 14.

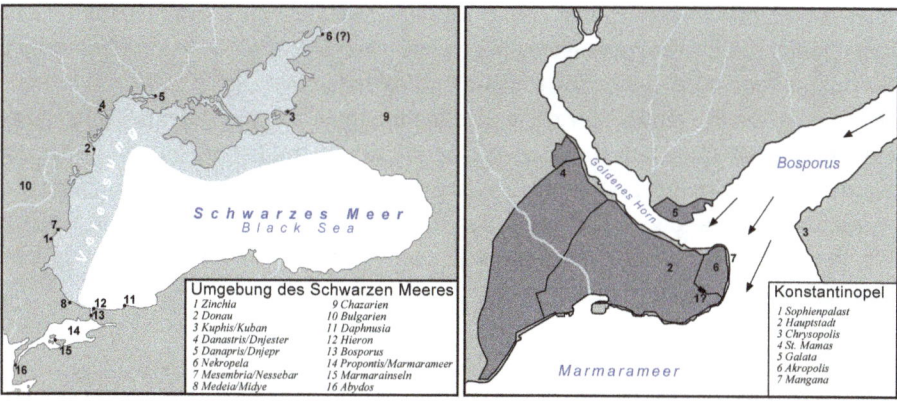

Abb. 1: Vereisung des Schwarzen Meeres und der Stadt Konstantinopel im Jahr 763/764. Entwurf: Thomas Wozniak.

eine andere Möglichkeit ermittelt haben. Ganz am Ende seines Berichtes beschreibt er seine Beobachtung, nach der das Eis die Stadtmauer an Höhe überragt habe. Von der Theodosianischen Stadtmauer, die vom Jahre 413 bis 1453 bestand, ist bekannt, dass die Hauptmauer zwölf Meter hoch war. Wenn das Eis diese Mauer überragte, wäre eine Höhe von 14 Metern denkbar, dem steht aber ein wichtiger Fakt entgegen: Da die Dichte von Eis (0,92 g/cm³ bei 0 °C) geringer ist als die von Meerwasser (1,025 g/cm³), ragen Eisblöcke nur zu einem geringen Teil aus dem Wasser. Eis schwimmt auf der Wasseroberfläche, weshalb sich ungefähr 85 bis 90 Volumenprozent unter dem Wasser befinden (Auftriebskraft des Wassers gegen Gewichtskraft des Eises) und nur etwa zehn Volumenprozent oberhalb der Wasseroberfläche. Würden die Eisblöcke 14 Meter aus dem Wasser ragen, müssten fast 100 Meter Eisvolumen unter der Wasseroberfläche vermutet werden. Das Marmarameer ist in der Nähe der Küste aber nur etwa 36 bis 124 Meter tief. Dies zeigt, dass Theophanes wohl eher das vorbeigleitende und in der Folge aufgestaute Eis gemeint haben kann, welches durch – wie er selbst mitteilte – Wind und Strömung an der Stadtmauer aufgetürmt wurde.

Als eine seltene Besonderheit führte der Autor getrennt von der Eishöhe auch die Schneehöhe mit 20 Ellen (9,5 Meter) an. Auch die Angabe dieser Niederschlagsmenge ist nicht unproblematisch, denn diese variiert je nach der Dichte der gefrorenen Niederschläge sehr stark.[66] 1000 mm Neuschnee entsprechen grob etwa 300 mm gesetztem Schnee oder etwa 100 mm Regen. Die Schneehöhe betrug, nach dem Chronisten,

---

[66] Das Maß für den Niederschlag ist die Menge des Niederschlagswassers, das an einem Ort der Erdoberfläche in einem definierten Zeitintervall aufgefangen wurde. Die Dichte von Schnee beträgt bei trockenem, lockeren Neuschnee etwa 30 Kilogramm je Kubikmeter und erreicht bei stark gebundenem Neuschnee bis zu 200 Kilogramm je Kubikmeter.

über 9.000 mm. Die modernen durchschnittlichen Niederschlagssummen für die Küstenregionen des Schwarzen Meeres liegen zwischen 580 und 1.300 mm, in Istanbul (Normalperiode 1961–1990) bei 692 mm,[67] dies entspräche etwa 2.000–4.000 mm Neuschnee. Demgegenüber liegt sie über dem Schwarzen Meer bei 829 mm – dies entspricht etwa 3.000 mm Neuschnee. Aber es gibt auch Küstenregionen im Südosten des Schwarzen Meeres, die über 2.200 mm Niederschlagshöhen erreichen, die, würden sie vollständig als Schnee fallen, bis zu 7.000 mm Neuschnee entsprechen könnten. Damit könnte die Schneehöhe je nach Verwehungs- und Verdichtungsgrad durchaus zutreffend beschrieben sein.

4 Ausblick

Insgesamt sollten die Angaben mittelalterlicher Annalisten und Chronisten weder absolut deterministisch noch rein allegorisch verstanden werden, denn einige Werte könnten doch auf Berichte von Augenzeugen hinweisen, so wie Theophanes es von sich selbst schrieb.

Das Ausmaß des harten Winters 763/764 bietet bei seiner Ausdehnung über Europa einige bemerkenswerte Besonderheiten: So breitete sich der Winter an zwei Stellen relativ früh aus: Einen ersten Kältekern bildete die Region England / Irland, einen zweiten, bereits ab Oktober, die Region Schwarzes Meer. Als drittes kam ab Anfang / Mitte Dezember das Rheinland hinzu. Fast in all diesen Regionen dauerte der Winter bis Mitte März, in England sogar bis Mitte April. Am frühesten zog sich die Kälte aus dem nördlichen Rheinland, konkret der Region um Xanten, zurück. Aber auch die Oberfläche des Schwarzen Meeres begann bereits im Februar wieder aufzubrechen. Ein Winter dieses Ausmaßes kommt nur alle 300 Jahre einmal vor. Der nächste Winter von ähnlicher Intensität wäre jener von 1076 auf 1077, dem eine wichtige Rolle in der politischen Geschichte auf dem Höhepunkt des Investiturstreits, dem ‚Gang nach Canossa', zugesprochen wird, dessen Betrachtung aber einer anderen Untersuchung vorbehalten bleiben soll.

---

[67] Im Schnitt die meisten Niederschläge fallen im November (89 mm), Dezember (122 mm), im Januar (99 mm) und im Februar (66 mm), dies ergibt in Summe 376 mm.

Hauke Horn (Mainz)
Baukultur am Mittelrhein. Beziehungen zwischen Fluss und Architektur im 13. und 14. Jahrhundert

Abstract[1]: The Middle Rhine Valley was one of the most important routes in Medieval Central Europe, connecting the old archiepiscopal sees of Cologne, Mainz and Trier through a natural corridor. This geostrategically and logistically important region preserves a remarkable density of high quality architecture dating from the early 13th to the late 14th century. This essay considers how the Rhine influenced this medieval architecture, and the relationship between the river and the buildings.

Firstly, it explores the geographic and topographic situation of the edifices, which can be located high above the river, like many castles, or in the river like the Pfalzgrafenstein near Kaub. In this regard the function of the Rhine as a transport route obviously plays an important role: some buildings were erected to control the river. Furthermore, river travel facilitated the transfer of knowledge and building techniques, as well as the shipment of building materials. Finally, the historical and political background has to be considered, since some of the mightiest lords in the Empire, including the archbishops of Mainz and Trier and the elector Palatine, competed for power within the Middle Rhine Valley. Thus a communicative transfer of signs can also be observed, as architecture was used for institutional, dynastic and political representation along the river.

Keywords: Mittelrhein, Pfalzgrafenstein (Kaub), Bacharach – St. Peter, Bacharach – Wernerkapelle, Gotik

1 Einleitung

Der Rhein verband im Mittelalter als natürlicher Wasserweg zahlreiche bedeutsame Städte und zählte aufgrund dessen zu den wichtigsten Verkehrsadern Mitteleuropas. Auf dem Weg von Mainz nach Köln muss der Rhein noch heute einen natürlichen Flaschenhals passieren, das Mittelrheintal, um das rheinische Schiefergebirge zu durchqueren. Durch den zusätzlichen Zufluss der Mosel in Höhe von Koblenz waren die drei Sitze der mächtigen Erzbischöfe von Köln, Mainz und Trier durch ein λ-förmiges Wasserwegesystem miteinander verbunden; weitere bedeutende Städte wie Speyer, Straßburg oder Basel lagen direkt am Rhein oder waren, wie Frankfurt, durch Nebenflüsse angebunden. Aufgrund dieses verkehrsgeografischen Beziehungsgeflechts, in

---

[1] Für die Korrektur des Abstracts danke ich herzlich Robert Bork von der University of Iowa (USA).

Verbindung mit der speziellen Topographie des Tals, kam dem Mittelrheintal eine herausragende geostrategische Bedeutung zu.

So wird verständlich, dass eine Vielzahl unterschiedlicher Akteure um die Herrschaft über den Fluss konkurrierte. Dabei gelang es keiner Partei letztlich die Vorherrschaft zu gewinnen, so dass eine Art Gleichgewicht der Kräfte entstand. Neben den drei geistlichen Kurfürsten gelang es auch weltlichen Herrschern, wie den Pfalzgrafen und den Grafen von Katzenelnbogen, sich nachhaltig am Rhein zu etablieren. Außerdem versuchten die Kommunen im Mittelrheintal, teils freie Reichsstädte, an den Machtstrukturen zu partizipieren. Schließlich übten vor Ort noch diverse Institutionen und Körperschaften, wie zum Beispiel die Ordensgemeinschaften, ökonomischen und zumindest lokalpolitischen Einfluss aus. Während die Akteure einerseits um Macht und Einfluss konkurrierten, so waren sie andererseits aber auch durch ein komplexes und dynamisches Netz von wirtschaftlichen, politischen und religiösen Interessen wie auch wechselseitigen Abhängigkeiten miteinander verbunden.

Ein erster Blick auf die Lage der Städte am Rhein offenbart zunächst einmal die trennende Kraft des Wassers. Als ein Relikt der Römerzeit, als der Rhein vor allem als natürliche, Schutz bietende Grenze fungierte, lag die überwiegende Zahl der bedeutsamen Städte auf der linken Rheinseite. Ein Blick auf die Herrschaftsräume im hohen und späten Mittelalter zeigt hingegen, das die trennende Kraft des Wassers zugunsten seiner Nutzung als Verkehrsader in den Hintergrund trat, denn die Territorien legten sich wie Riegel quer über den Fluss, um den jeweiligen Herrschern die Kontrolle über einen bestimmten Abschnitt des Flusses zu sichern.

2 Der Pfalzgrafenstein bei Kaub

In der Architektur kommt dies noch heute ganz offensichtlich am Pfalzgrafenstein bei Kaub zum Ausdruck, den der rheinische Pfalzgraf und spätere römisch-deutsche Kaiser Ludwig der Bayer 1327 als Zollburg auf einer kleinen Insel inmitten des Rheins gründete (Abb. 1).[2] Der Zoll wurde allerdings nicht auf der Inselburg, sondern in der Stadt Kaub entrichtet.[3] Hingegen markierte die Burg im Rhein die Grenze zum Territorium des Trierer Erzbischofs, der wenige Jahre zuvor die Herrschaft über die rheinabwärts in Sichtweite gelegene, ehemals freie Reichsstadt Oberwesel erlangt hatte. Nutzung und Lage des Pfalzgrafensteins machen deutlich, dass es sich vor allem um

---

2 Zur Gründung s. Eduard SEBALD, Der Pfalzgrafenstein und die Kauber Zollstelle im Kontext der Zoll- und Territorialpolitik der Pfalzgrafen bei Rhein, in: Burgen und Schlösser 47 (3/2006), S. 123–135, hier S. 123 f.; Lorenz FRANK, Die Baugeschichte des Pfalzgrafenstein bei Kaub am Rhein, in: Burgen und Schlösser 47/3 (2006), S. 143 f.; Magnus BACKES, Burg Pfalzgrafenstein und der Rheinzoll (Edition Burgen, Schlösser, Altertümer Rheinland-Pfalz, Führungsheft 11), Regensburg 2003, S. 12–14.
3 SEBALD (Anm. 2), S. 125; BACKES (Anm. 2), S. 20.

Abb. 1: Pfalzgrafenstein bei Kaub, 1. Hälfte des 14. Jahrhunderts, im Hintergrund Burg Gutenfels. Foto: Hauke Horn (2014).

eine zeichenhafte Architektur handelte, welche die pfalzgräfliche Gewalt über den betreffenden Rheinabschnitt manifestierte.

Die trutzig im Rhein stehende Inselburg entwickelte sich aus einem fünfeckigen Turm, der 1327 auf der Rheininsel errichtet und 1340 um eine Ringmauer mit Wehrgang ergänzt wurde (Abb. 2).[4] Die Architektur reagiert erkennbar auf die Lage im Strom. Die markante Spitze, die sich gegen die Strömung stellt, stammt zwar aus dem frühen 17. Jahrhundert, doch überspitzt sie im eigentlichen Sinne des Wortes die ursprüngliche Geometrie der Ringmauer, die in Form eines in zwei Achsen symmetrischen Sechsecks gebildet wurde.[5] Das Motiv der flussteilenden Spitze wies bereits der konstituierende Turm auf, dessen ungewöhnlicher, fünfeckiger Grundriss sich auf diese Weise erklärt.

---

[4] Zur Datierung s. FRANK (Anm. 2), S. 144, 147 f.
[5] FRANK (Anm. 2), S. 144–146, 148; BACKES (Anm. 2), S. 15 geht hingegen, wohl irrtümlich, von einer geraden, quer zur Strömung liegenden Südwand aus.

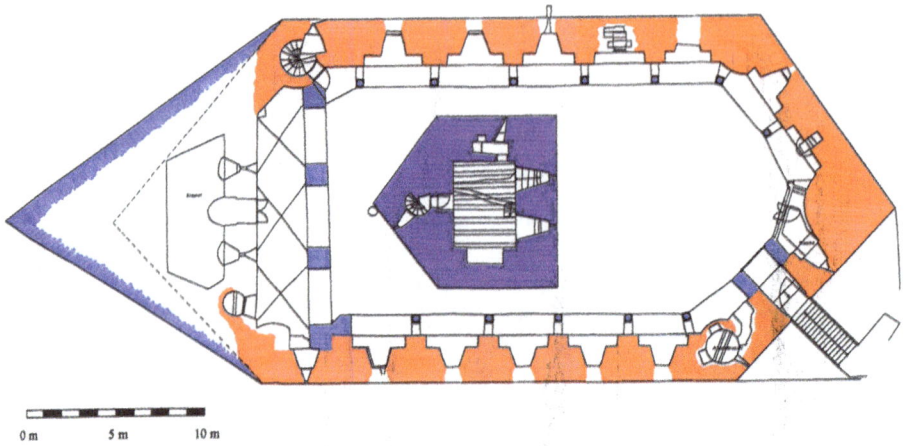

Abb. 2: Pfalzgrafenstein bei Kaub, Grundriss mit Bauphasen (lila: 1327, orange: 1340, blau: 1607). Planzeichnung: FRANK (Anm. 2), S. 143.

Die pfalzgräfliche Burg Gutenfels oberhalb von Kaub wurde zeitgleich zum Pfalzgrafenstein um 1340 mit einer Ringmauer verstärkt.⁶ Es gab folglich ein flussüberspannendes Bauprogramm, das die Herrschaft der Pfalzgrafen über den Rheinabschnitt bei Kaub in mehrerer Hinsicht festigen sollte: Es sicherte die Grenze zum Kurtrierer Territorium im Norden, verstärkte die Kontrolle über den Fluss und die damit verbundenen Zolleinkünfte und verklammerte die rechts- und linksrheinischen Besitzungen.

Eine vergleichbare Konstellation von Wehrbauten bestand im Herrschaftsbereich des Mainzer Erzbischofs bei Bingen und Rüdesheim, wo sich der Fluss am Taleingang verengte. Um die Kontrolle über den geostrategisch wichtigen Punkt zu festigen, wurde unterhalb der rechtsrheinischen Mainzer Burg Ehrenfels vermutlich in der ersten Hälfte des 14. Jahrhunderts der sogenannte Mäuseturm auf einer Rheininsel errichtet, dessen heutige Gestalt auf eine weitreichende Überarbeitung im 19. Jahrhundert zurückgeht (Abb. 3).⁷ Auf der linken Rheinseite komplettierte die Burg Klopp den herrschaftlichen Riegel quer zum Rhein.

---

6 SEBALD (Anm. 2), S. 131.
7 Dieter KRIENKE (Bearb.), Denkmaltopographie Bundesrepublik Deutschland – Kulturdenkmäler in Rheinland-Pfalz, Bd. 18, Kreis Mainz Bingen, Teil 1: Städte Bingen und Ingelheim, Gemeinde Budenheim, Verbandsgemeinden Gau-Algesheim, Heidesheim, Rhein-Nahe und Sprendlingen-Gensingen, Worms 2007.

Abb. 3: Mäuseturm bei Bingen (14. Jh.?), im Hintergrund Burg Ehrenfels. Foto: SEBALD (Anm. 2), S. 129.

3 St. Peter zu Bacharach

Das Pendant zur rechtsrheinischen Burg Gutenfels über Kaub stellte im pfalzgräflichen Machtbereich Burg Stahleck dar, die auf einem Felssporn oberhalb von Bacharach über den Rhein wachte und im heutigen Zustand großenteils eine Rekonstruktion des frühen 20. Jahrhunderts darstellt. Zusammen mit der ehemaligen Stifts- und Pfarrkirche St. Peter, deren an Wehrbauten erinnernder Turm weit sichtbar über die Dächer ragt, und der Wernerkapelle, deren Ruine sich heute malerisch auf einem Plateau über dem Ort erhebt, bildet Burg Stahleck eine vertikale Achse, die aus der horizontal-linearen Struktur des dem Flusslauf folgenden Ortsbildes deutlich heraussticht (Abb. 4). Die Herrschaft über Bacharach übte spätestens seit dem frühen 11. Jahrhundert der Kölner Erzbischof aus, der zur Mitte des 12. Jahrhunderts den Pfalzgrafen bei Rhein mit der Vogtei belehnte.[8] Die Pfalzgrafen, die seitdem bis ins frühe 13. Jahrhundert auf Burg Stahleck residierten, nutzten ihre Machtstellung, um

---

[8] Meinrad SCHAAB, Geschichte der Kurpfalz, Bd. 1: Mittelalter, 2. Aufl. Stuttgart 1999, S. 32; Winfried DOTZAUER, Die Pfalzgrafen am Mittelrhein, in: Franz-Josef HEYEN (Hg.): Zwischen Rhein und Mosel. Der Kreis St. Goar, Boppard 1966, S. 59–76, hier S. 62, 66 f.

Abb. 4: Bacharach mit St. Peter, Wernerkapelle und Burg Stahleck. Foto: Hauke Horn (2015).

spätestens im 13. Jahrhundert de facto die Territorialherrschaft über Bacharach zu übernehmen, wenn auch Köln de jure Grundherr blieb und gewisse Rechte, wie Teile der Gerichtsbarkeit, weiter ausübte.[9]

Genau in dieser Zeit, im ersten Drittel des 13. Jahrhunderts, wurde die Stifts- und Pfarrkirche St. Peter in Bacharach einem grundlegenden Neubau unterzogen (Abb. 5).[10]

---

9 SCHAAB (Anm. 8), S. 55; Winfried DOTZAUER, Die Geschichte der Stadt Bacharach, in: Franz-Josef HEYEN (Hg.): Zwischen Rhein und Mosel. Der Kreis St. Goar, Boppard 1966, S. 421–430, hier S. 422 f.
10 Die Datierung der kunsthistorisch noch wenig bearbeiteten Peterskirche in Bacharach ist wenig gesichert und stützt sich vornehmlich auf stilgeschichtliche Vergleiche. In der Literatur wurde meist eine späte Datierung des Neubaus um 1230/40 vertreten, die sich anscheinend am Neubau des Doms zu Limburg an der Lahn (ehemals Stiftskirche) orientierte. Vgl. beispielsweise Hans Erich KUBACH u. Albert VERBEEK, Romanische Baukunst an Rhein und Maas. Katalog der vorromanischen und romanischen Denkmäler, Bd. 1, Berlin 1976, S. 69–72. Demgegenüber schlägt der Autor eine Errichtung im ersten Drittel des 13. Jahrhunderts vor, die an dieser Stelle allerdings nicht eingehend diskutiert werden kann. Unter anderem spricht hierfür, dass der Baubeginn des Limburger Doms mittlerweile

Abb. 5: St. Peter, Bacharach, 1. Drittel des 13. Jahrhunderts. Foto: Hauke Horn (2015).

Obgleich an anderen Orten des Reichs bereits ein Aufgreifen der französischen Gotik beobachtet werden kann, zeigt der Neubau von St. Peter die Umsetzung einer Systematik und die Anwendung von Bauformen, die von der älteren kunsthistorischen Literatur als spätestromanisch klassifiziert wurden. Aus dieser stilgeschichtlichen Perspektive erschien die qualitätvolle und reich dekorierte Peterskirche rückständig und provinziell. Für einen geostrategisch wichtigen Ort, der an einer der bedeutendsten Verkehrsadern Mitteleuropas lag und zu jenem Zeitpunkt als Residenzstadt der Pfalzgrafen bei Rhein diente, sollte diese Einschätzung allerdings skeptisch stimmen.

---

aufgrund dendrochronologischer Untersuchungen einige Jahrzehnte früher um 1190 angesetzt wird. Vgl. Dethard von WINTERFELD, Der Dom zu Limburg. Eine architekturgeschichtliche Betrachtung, in: Caspar EHLERS u. Helmut FLACHENECKER (Hgg.), Deutsche Königspfalzen. Beiträge zur ihrer historischen und archäologischen Erforschung, Bd. 6: Geistliche Zentralorte zwischen Liturgie und Architektur, Gottes- und Herrscherlob, Limburg und Speyer (Veröffentlichungen des Max-Planck-Instituts für Geschichte 11/6), Göttingen 2005, S. 87–115, hier S. 88 f.

Sucht man nach Vorbildern für die Architekturformen von St. Peter, so wird man vor allem in Köln fündig, wo um 1200 zahlreiche Kirchen in dem kleinteiligen und reich dekorierten Stil erneuert wurden, den auch die Bacharacher Kirche ausmacht und der von der älteren Stilgeschichte unglücklich als Übergangsstil bezeichnet wurde. So findet sich beispielsweise das markante Vierpassfenster mit Kreisrahmen auch an der Kölner Andreaskirche. Auch das seltene Motiv im Inneren von St. Peter, ein rundbogiges Blendtriforium, über dem einfache ungeschmückte Obergadenfenster sitzen, hat eine Entsprechung ebenfalls in St. Andreas.

Die Bezüge der Bacharacher Peterskirche zum Kölner Andreasstift gehen jedoch über formale Vergleiche weit hinaus. Während sich die Pfalzgrafen die faktische Territorialherrschaft über Bacharach aneigneten, blieben die Patronatsrechte des Petersstifts beim Kölner Andreasstift, dem sie im 11. Jahrhundert vom Kölner Erzbischof übereignet wurden.[11] Dem Andreasstift stand deshalb das Recht zu, den Bacharacher Pfarrer zu benennen, der in der Regel aus dem Kreis der Kanoniker des Stifts bestimmt wurde und diese Funktion auch weiterhin bekleidete.[12]

Dass die Peterskirche in Bacharach genau in dem Zeitraum neu errichtet wurde, als die faktische Territorialherrschaft über den Ort vom Kölner Erzstift schleichend auf die Pfalzgrafen überging, kann somit kaum ein Zufall sein. Die dezidierte Verwendung Kölnischer Bauformen bringt vor dem historischen Hintergrund die Verbundenheit mit Köln im Allgemeinen und dem Andreasstift im Speziellen zum Ausdruck. Diese Verbindung zum Kölner Erzbistum manifestiert sich schließlich auch durch das Petruspatrozinium.[13]

4 Die Wernerkapelle zu Bacharach

Diese Sichtweise wird untermauert, wenn man den kurz nach 1287 einsetzenden Neubau der benachbarten Wernerkapelle historisch kontextualisiert (Abb. 6).[14] Bei der Ruine, die sich heute so malerisch über Bacharach erhebt, handelt es sich um die Reste eines kleinen, aber anspruchsvollen, gotischen Bauwerks, das eine ältere

---

11 Friedrich Ludwig WAGNER, Das frühe Kirchenwesen in den Viertälern von Bacharach, in: DERS. (Hg.): Bacharach und die Geschichte der Viertälerorte Bacharach, Steeg, Diebach und Manubach, Bacharach 1996, S. 197–208, hier S. 198 f.
12 Ebd., S. 200.
13 Ebd., S. 198: Friedrich Ludwig Wagner meint, dass „das Petruspatrozinium mit Sicherheit auf Köln als Gründer hinweist". Zudem deute das Petruspatrozinium seiner Ansicht nach auf eine Gründung in fränkischer Zeit hin.
14 Einige Schriftquellen, die Aloys SCHMIDT vorgestellt hat, deuten zusammengenommen darauf hin, dass bald nach der Beisetzung 1287 mit dem Neubau begonnen wurde. Vgl. Aloys SCHMIDT, Zur Baugeschichte der Wernerkapelle in Bacharach, in: Rheinische Vierteljahresblätter 19 (1954), S. 69–89, hier S. 74–77.

Abb. 6: Wernerkapelle, Bacharach, nach 1287. Foto: Hauke Horn (2015).

St. Kunibertkapelle an gleicher Stelle ersetzte und 1689 bei der Sprengung der Burg Stahleck durch französische Truppen ruiniert wurde.[15]

Als 1287 der anscheinend grausam zugerichtete Leichnam des Knaben Werner von Womrath in Bacharach aufgefunden wurde, beschuldigte der Mob die Juden in Oberwesel fälschlicher- und fatalerweise des Ritualmords an dem Jungen, was zu Pogromen am Mittelrhein führte. Seither wurde Werner vom Volk – ohne Kanonisation – als Märtyrer verehrt und als solcher in der alten Kunibertkapelle beigesetzt.[16]

---

[15] Der Vorgängerbau lässt sich trotz archäologischer Grabungen kaum fassen. Vgl. Pia HEBERER, Die Wernerkapelle in Bacharach. Eine archäologische Untersuchung zum Abschluss der Instandsetzungsarbeiten von 1981–1996, in: Denkmalpflege in Rheinland-Pfalz 47–51 (1992–1996) [erschienen 1999], S. 37–59, hier S. 43 f. Zur frühneuzeitlichen Baugeschichte s. ebd., S. 38–41; SCHMIDT (Anm. 14), S. 88.

[16] Wichtige jüngere Publikationen zum Wernerkult: Thomas WETZSTEIN, *Ad informationem apostolicae sedis*, Die Verehrung des Werner von Oberwesel und die Kultuntersuchung von 1426, in: Thomas FRANK, Michael MATHEUS u. Sabine REICHERT (Hgg.), Wege zum Heil. Pilger und heilige Orte an Mosel und Rhein, Stuttgart 2009, S. 97–134; Daniela WOLF, Ritualmordaffäre und Kultgenese. Der „Gute Werner von Oberwesel", Bacharach 2002; Gerd MENTGEN, Die Ritualmordaffäre um den „Guten Werner" von Oberwesel und ihre Folgen, in: Jahrbuch für westdeutsche Landesgeschichte 21 (1995), S. 159–198. Erst 1761 wurde Werner offiziell in den Heiligenkalender der Diözese Trier aufgenommen und 1963 wieder daraus gestrichen.

Die bald darauf einsetzende Wallfahrt war vermutlich das ausschlaggebende Moment für einen prächtigen Neubau.

Mit ihrer feinen und filigranen Formensprache, der weitgehenden Auflösung der Mauermassen zugunsten hoher, lichter Maßwerkfenster sowie dem Streben in die Vertikale setzt sich die Wernerkapelle von der Architektur ihrer erst wenige Jahrzehnte zuvor fertiggestellten Mutterkirche St. Peter deutlich ab. Stattdessen orientiert sich die Konzeption an der gotischen Architektur französischer Prägung, die seit Mitte des 13. Jahrhunderts durch die großen Kathedralbauprojekte in Köln und Straßburg zum architektonischen Maßstab im alten Reich erhoben wurde. Im Mittelrheintal stellte das in dieser Konsequenz ein Novum dar. Die Kapelle, die aufgrund ihrer exponierten Lage ohnehin aus der umliegenden Bebauung herausstach, setzte sich mit ihrer neuartigen Architektur noch stärker vom baulichen Bestand ab und fungierte als Landmarke. Stellt man sich die Kapelle mit den ehemals vorhandenen farbigen Glasfenstern vor, die bei richtigem Sonneneinfall das Gebäude zum Leuchten brachten, oder den Effekt in der Dämmerung, wenn Kerzen die Kapelle von innen heraus erstrahlen ließen, so muss die Wernerkapelle für die Reisenden auf dem Rhein eine geradezu überirdische Wirkung entfaltet haben. Angesichts der großen Zahl an Wallfahrern, die in mittelalterlichen Quellen mit einigen tausend pro Jahr taxiert werden[17] und somit einen wichtigen Wirtschaftsfaktor darstellten, mag der Landmarkencharakter des Sakralbaus durchaus mit einkalkuliert worden sein.

Im Hinblick auf das Thema Wasser sei nebenbei angemerkt, dass eine Quelle auf dem Plateau der Kapelle entsprang, deren Wasser von den Wallfahrern als wundertätig angesehen wurde.[18] Mittels eines relativ komplizierten Kanalsystems, dessen Zweck und Funktionsweise noch nicht befriedigend geklärt ist, wurde das Quellwasser unter der Kirche hergeleitet.[19]

Die Wernerkapelle ist für die Frage nach architektonischen Transferprozessen am Rhein von großem Interesse, auch aus wissenschaftsgeschichtlicher und methodischer Sicht. In der Literatur wurden die Transfers primär unter den Kategorien Kunstlandschaft und Stilgeschichte verhandelt. Bis heute wird lebhaft diskutiert, ob die Werkleute der Wernerkapelle aus Köln, Straßburg oder Mainz gekommen sind, wo 1287 große gotische Baukampagnen mit unterschiedlichen Zielsetzungen im Gang waren.

Paul CROSSLEY, der den älteren Forschungsstand in einem grundlegenden Aufsatz über die Bacharacher Wernerkapelle 2007 zusammengefasst hat, sprach sich, hauptsächlich auf Basis einer stilkritischen Analyse, wieder klar für den Kölner Dom als Referenzbau aus.[20]

---

17 SCHMIDT (Anm. 14), S. 85.
18 Ebd., S. 89.
19 HEBERER (Anm. 15), S. 44, 52f.
20 Paul CROSSLEY, The Wernerkapelle in Bacharach, in: Ute ENGEL u. Alexandra GAJEWSKI (Hgg.), Mainz and the Middle Rhine Valley. Medieval Art, Architecture and Archaeology (The British Archaeological Association Conference Transactions 30), Leeds 2007, S. 167–192, hier S. 179–185.

Demgegenüber brachten Yves GALLET und Julian HANSCHKE, die – anscheinend unabhängig voneinander – eine mittelalterliche Planzeichnung im Straßburger Musée de l'Oeuvre Notre-Dame als Grundriss der Bacharacher Wernerkapelle identifizieren konnten, zuletzt Straßburg wieder als Referenz der Architektur in die Diskussion ein.[21] Während GALLET nach quellenkritischer Diskussion des Plans vorsichtig Richtung Straßburg tendiert, meint HANSCHKE die Wernerkapelle auf Basis der Zeichnung sogar dem legendären Straßburger Baumeister Erwin von Steinbach zuschreiben zu können, lässt dabei jedoch die Befunde und Argumente der bisherigen Forschung leider außer Acht.[22]

Beim formalen Vergleich der Wernerkapelle mit den Kathedralen in Köln, Mainz und Straßburg lässt sich zunächst einmal feststellen, dass Ähnlichkeiten mit allen drei Bauwerken vorhanden sind. Das zeigt, wie sehr sich im alten Reich die Formensprache in der gotischen Architektur im letzten Viertel des 13. Jahrhunderts im Vergleich zur Formenvielfalt der Kirchen zu Beginn des Jahrhunderts vereinheitlicht hat. Geht man ins Detail, so lassen sich jedoch die deutlichsten Parallelen am Kölner Dom finden, wie es Paul CROSSLEY und früher bereits Maria GEIMER mit ihren ausführlichen stilkritischen Analysen gezeigt haben.[23]

Dies sei an zwei Beispielen punktuell ergänzt und unterstrichen: In der Ostkonche der Bacharacher Kapelle sitzen vierbahnige Maßwerkfenster (Abb. 7), deren Couronnements von Vierblättern im Bogenviereck bestimmt werden. Die schmuckvollen, nicht allzu häufig anzutreffenden Lilien an den Bogenansätzen verraten höchsten bildhauerischen Anspruch. Außerdem ist in jedem Pass ein Kleeblattbogen in zweiter Ordnung eingeschrieben. Eine identische Couronnementfigur findet sich an einem vierbahnigen Fenster am Nordturm auf dem Kölner Domfassadenriss F (Abb. 8), der zuletzt von Marc STEINMANN in das letzte Viertel des 13. Jahrhunderts datiert wurde.[24] Auch der Aufbau der Lanzettbahnen in Bacharach ähnelt dem Fenster auf der Kölner Zeichnung, ohne diesem genau zu entsprechen. Es wirkt, als hätte man den Kölner Entwurf für die schmäleren Bacharacher Fenster zusammengedrückt. Das würde die ungewöhnliche vertikale Streckung der Vierblätter in den Couronnements der Lanzetten erklären, welche die Ostfenster der Wernerkapelle kennzeichnen: Man passte

---

21 Yves GALLET, A Medieval Ground Plan of the Wernerkapelle at Bacharach. Plan Number 6 verso in the Musée de l'Oeuvre Notre-Dame at Strasbourg, in: Zoe OPACIC u. Achim TIMMERMANN (Hgg.), Architecture, Liturgy and Identity. Liber amicorum Paul Crossley, Turnhout 2011, S. 147–155; Julian HANSCHKE, Zwei mittelalterliche Baurisse der Wernerkapelle in Bacharach, in: INSITU 3/2 (2011), S. 149–160.
22 HANSCHKE (Anm. 21), S. 157.
23 CROSSLEY (Anm. 20), S. 179; vgl. auch Maria GEIMER, Der Kölner Domchor und die rheinische Hochgotik (Kunstgeschichtliche Forschungen des rheinischen Vereins für Denkmalpflege und Heimatschutz 1), Bonn 1937, S. 68–76.
24 Marc STEINMANN, Die Westfassade des Kölner Doms. Der mittelalterliche Fassadenplan F (Forschungen zum Kölner Dom 1), Köln 2003, S. 253–255.

Abb. 7: Wernerkapelle, Bacherach, Maßwerke, um 1300, links Ostkonche, rechts Südkonche. Zeichnung: Paul CLEMEN, Bacharach (Kreis St. Goar). Sicherungsarbeiten an der Wernerskapelle, in: Berichte über die Thätigkeit der Provinzialkommission für die Denkmalpflege in der Rheinprovinz und der Provinzialmuseen zu Bonn und Trier 6 (1901), S. 15–19, hier S. 18.

Abb. 8: Köln, Domfassadenriss F, letztes Viertel des 13. Jahrhunderts. Zeichnung: STEINMANN (Anm. 24), S. 25.

einen Entwurf für ein Domfenster (mit leichten Variationen in den Couronnements der Lanzetten) an die abweichenden Proportionen der Wernerkapelle an.

Die Figur des Dreistrahls im Couronnement der südlichen Maßwerkfenster der Wernerkapelle findet die nächste Entsprechung auf den Wimpergen am Chorobergaden des Kölner Doms, der ebenfalls in das letzte Viertel des 13. Jahrhunderts datiert wird.[25] Wie in Köln sind die Zwickel mit Dreipässen gefüllt und die Strahlen wie Maßwerkbahnen mit Dreiblättern bzw. -pässen im Couronnement ausgestaltet. Die Couronnementfigur der dreibahnigen Bacharacher Südfenster wirkt im Vergleich

---

25 Zur Datierung des Kölner Domchors s. zuletzt Maren LÜPNITZ, Die Chorobergeschosse des Kölner Doms. Beobachtungen zur mittelalterlichen Bauabfolge und Bautechnik (Forschungen zum Kölner Dom 3), Köln 2011, S. 272 f.

wie eine reduzierte und leicht modifizierte Variante des Blendmaßwerks am Kölner Domchor. Die Mittelbahnen der Bacharacher Maßwerke umschließen mit ihrem Spitzbogen einen Dreipass, der in Köln den unteren Zwickel ausfüllt. Das scheint eine kluge Anpassung der Maßwerkfigur von einem Wimperg an ein Fenster zu sein.

Abschließend bleibt festzuhalten, dass die Kölner Vergleichsbeispiele zeitlich nah an der über Quellen erschlossenen ersten Bauperiode der Wernerkapelle in den 1290er Jahren liegen. Analog zur Bacharacher Peterskirche muss der nach Köln weisende architektonische Formenvergleich aber auch vor dem historischen Hintergrund betrachtet werden. Die Wernerkapelle gehörte zum Bacharacher Petersstift, das, wie oben dargelegt, dem Kölner Stift St. Andreas inkorporiert war. Die Verbindung zu Köln kommt auch im ursprünglichen Patrozinium der Wernerkapelle zum Ausdruck. Im Mittelalter war die Kapelle wie ihre Vorgängerin gemäß den Quellen dem hl. Kölner Bischof Kunibert geweiht. Erst nach der Heiligsprechung Werners im 17. Jahrhundert scheint die Bezeichnung ‚Wernerkapelle' gebräuchlich worden zu sein. Der Leichnam Werners wurde in der Südkonche der Kapelle vor einem Altar beigesetzt, der neben dem hl. Kunibert auch dem hl. Andreas geweiht war, also dem Patron des Kölner Mutterstifts.

Auch die Grundrissform weist nach Köln (Abb. 9). Die signifikante Dreikonchenanlage gilt geradezu als Spezialität des Kölner Kirchenbaus und findet sich dort etwa bei Maria im Kapitol, St. Aposteln und Groß-St. Martin. In diesem Untersuchungsrahmen ist von besonderem Interesse, dass auch der Ostteil von St. Andreas als Variante eines Trikonchos ausgebildet war, bei dem die Konchen durch einen Hals von der Vierung abgesetzt wurden (Abb. 10).[26] Auch wenn der Chor im frühen 15. Jahrhundert weiter nach Osten verlängert wurde, so lässt sich der zentralisierende Charakter des Ostabschlusses noch gut nachvollziehen.

Alles zusammengenommen spricht folglich eindeutig für einen baukulturellen Transfer von Köln nach Bacharach: Die architektonischen Formen der Kapelle, ihr Grundriss und vor allem die institutionelle und personale Verflechtung mit dem Kölner Andreasstift stehen in Beziehung zur niederrheinischen Metropole. Der Kölner Bezug ist so evident, dass man in diesem Fall auch begründet die These aufstellen darf, dass Werkleute, die am Bau des Kölner Doms beteiligt waren, für den Bau der Wernerkapelle verantwortlich zeichneten.

Allein das Baumaterial weist buchstäblich in eine andere Richtung. Der rote Sandstein, aus dem die Quader der Wernerkapelle errichtet wurden (Abb. 6), stammt allem Anschein nach aus einem Steinbruch in Miltenberg am Main, welcher dem Mainzer Erzstift gehörte und in großem Umfang beim Bau des Mainzer Doms Verwendung fand, so dass er geradezu als Charakteristikum der Mainzer Baukunst gilt. Insofern

---

26 Zur Baugeschichte von St. Andreas s. Barbara KAHLE u. Ulrich KAHLE, St. Andreas, in: Köln, Die Romanischen Kirchen. Von den Anfängen bis zum Zweiten Weltkrieg (Stadtspuren. Denkmäler in Köln 1), Köln 1984, S. 154–182.

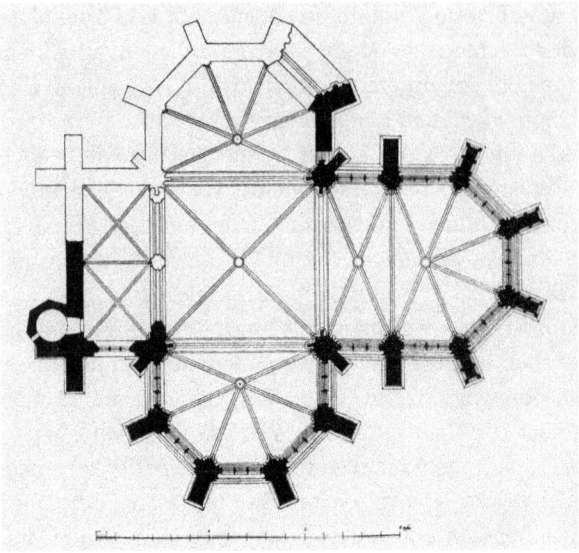

Abb. 9: Grundriss der Wernerkapelle, Bacherach (Teilrekonstruktion).
Planzeichnung: CLEMEN (Abb. 7), S. 16.

wurde der Miltenberger Sandstein als Argument für die Errichtung der Wernerkapelle durch eine Mainzer Werkstatt angeführt.[27]

Bei der Diskussion unberücksichtigt blieb jedoch die Funktion des Rheins als primärer Transportweg. Der Drachenfelser Trachyt, der für den Bau des Kölner Doms Verwendung fand, wurde im Siebengebirge südlich von Bonn abgebaut. Bei einem Transport nach Bacharach hätte das Schiff rund 110 Kilometer rheinaufwärts fahren und über ein halbes Dutzend Zollstationen passieren müssen. Bei einer Lieferung von Mainz nach Bacharach mussten hingegen nur 50 Kilometer zurückgelegt werden und es fielen weniger Zölle an.[28]

Den entscheidenden Ausschlag bei der Wahl des Steinmaterials dürfte jedoch die Fließrichtung des Rheins gegeben haben. Der Transport vom Siebengebirge hätte gegen den Strom erfolgen müssen, was einen erheblichen Aufwand mit sich gebracht hätte, denn die Schiffe mussten im Mittelalter rheinaufwärts mühselig getreidelt werden, das heißt, die Schiffe wurden von Pferden oder Knechten mittels Seilen am Ufer entlang gezogen.[29] Von Mainz aus konnte die Ware demgegenüber mit der Kraft der Strömung rheinabwärts geschifft werden. Hierbei kann davon ausgegangen

---

27 CROSSLEY (Anm. 20), S. 179.
28 Zum mittelalterlichen Zollwesen im Mittelrheintal s. Otto VOLK, Wirtschaft und Gesellschaft am Mittelrhein vom 12. bis zum 16. Jahrhundert (Veröffentlichungen der Historischen Kommission für Nassau 63), Wiesbaden 1998, S. 487–607.
29 VOLK (Anm. 28), S. 443–450.

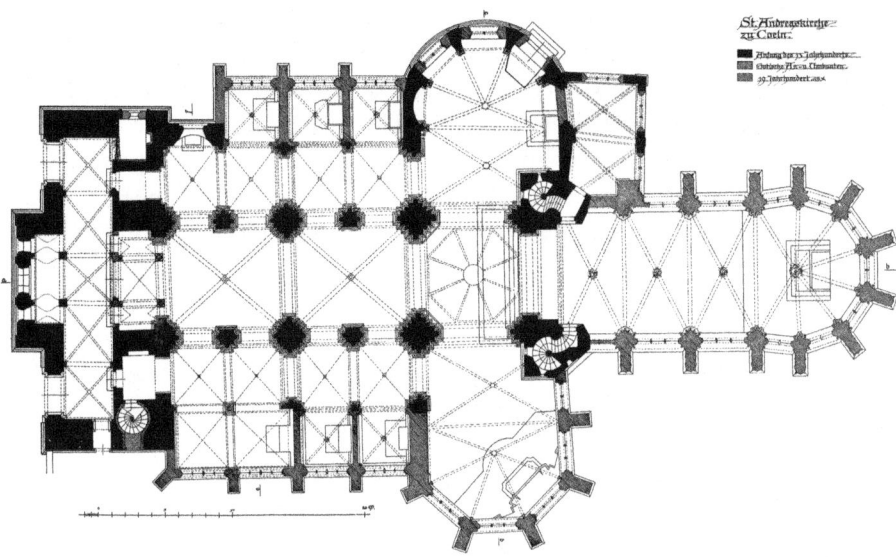

Abb. 10: Grundriss von St. Andreas, Köln. Planzeichnung: KUBACH / VERBEEK (Anm. 10), S. 507.

werden, dass in Mainz große Vorräte des Miltenberger Sandsteins vorrätig waren, denn seit ca. 1280 waren dort der Neubau der Liebfrauenkirche sowie eine große Umbaukampagne im Gang, um den Dom mit prächtigen, seitenschiffshohen Kapellen mit großen Maßwerksfenstern zu verbreitern. Der hierbei in großem Umfang verwandte Miltenberger Sandstein kann nicht sofort nach der Lieferung verbaut worden sein. Aus logistischen Gründen, denen auch heute noch jede Baustelle folgt, wird man sich wohl aber ein Lager in Mainz angelegt haben, aus dem sich die Bauhütte bediente.[30]

Die Verwendung des repräsentativen Miltenberger Sandsteins erklärt sich somit aus bauökonomischen Rahmenbedingungen der Lage am Strom. Den gleichen Voraussetzungen folgte auch die Einfuhr von Bauholz ins Mittelrheintal, das hauptsächlich vom Mainzer Holzmarkt bezogen wurde, von wo es rheinabwärts geflößt werden konnte.[31] Belegt werden kann dieser Weg der Waren beispielsweise mit einer Urkunde von 1338, die dem Zimmermann Arnold Kern am Ehrenfels für eine Lieferung Holz, die – und damit schließt sich der Kreis – für den Bau des Pfalzgrafensteins in Kaub bestimmt war, Zollfreiheit gewährte.[32]

---

[30] Diese gedankliche These zur Baulogistik ließ sich bei einer bauforscherischen Untersuchung der Wernerkapelle durch den Verfasser im Sommer 2015 bekräftigen. Die Ergebnisse werden an anderem Ort publiziert.
[31] VOLK (Anm. 28), S. 733f.
[32] Ebd., S. 374, 731.

Es lässt sich das Fazit ziehen, das der Rhein die Baukultur im Mittelrheintal auf ganz unterschiedliche Weise prägte. Der Fluss diente als Transportmittel für Baustoffe, aber auch als Verkehrsweg für Personen und den Austausch von Ideen. Manche Bauwerke mussten sich der Gewalt der Fluten entgegenstemmen; manche Bauwerke wurden errichtet, um den Fluss zu kontrollieren. Die Baukultur macht gesellschaftliche Verbindungen an der Rheinschiene sichtbar und legt ein Zeugnis ab für die regionale Vernetzung und den überregionalen Anspruch der Architektur am Mittelrhein.

Chun Xu (Heidelberg)
Between Chthonian and Celestial Powers: River Cults and Socio-cultural Control of the Yellow River in Ming China

Abstract: Hitherto much scholarly attention has been paid to the political and technological aspects of the Ming Yellow River administration, sparking off debates on issues such as engineering patterns, disaster mitigation institutions, or the formation of a hydraulic bureaucracy. The socio-cultural dimension has, however, received relatively little attention. This paper reflects on the ideological basis of and rationale for the Ming policies of coping with the Yellow River, examining the shifting conception of Yellow River floods. It also addresses the role of water cults in the cultural coping strategies which the Ming developed when facing the frequent fluvial disasters of the Yellow River and its tributaries. The paper sets out to show how local belief systems provided cultural mechanisms for dealing with water issues, and how the Ming state tapped into these systems to promote a sense of solidarity, drawing on cultural resources in their efforts to cope with water hazards.

Key words: water hazards, Ming Yellow River administration, water cults, popular religions, epistemologies of water

---

Throughout Chinese history, the Yellow River has been widely regarded as "the cradle of Chinese civilization".[1] Its fertile basin gave rise to the early Chinese dynasties, and remained the most prosperous region of the Chinese empire, arguably until the fall of the Northern Song Dynasty in the 12th century. However, the same river has also been an endless trouble. The huge quantity of silt it carries, as well as the radical variation in its flow, made the Yellow River a "restless, unpredictable, and dangerous stream".[2] In drought seasons, shortage of water menaced navigation and irrigation; in monsoon seasons, raging torrents could easily wipe out cities and farm fields across large parts of North China Plain. The constant threat of disaster posed by the river to the ruling dynasties of China became even direr in the late imperial period, due to the increas-

---

[1] CHANG Kwang-Chih, China on the Eve of the Historical Period, in: Michael LOEWE and Edward L. SHAUGHNESSY (eds.), The Cambridge History of Ancient China, Cambridge 1999, pp. 37–73, here p. 43.
[2] Randall DODGEN, Controlling the Dragon: Confucian Engineers and the Yellow River in Late Imperial China, Honolulu 2001, p. 11.

ingly frequent floods and course changes.³ During the 95 years under the Mongol rule, for example, the river burst its banks for 265 times, causing widespread chaos and devastation.⁴ To a certain extent, the very foundation of the Mongol-Yuan Dynasty was undermined by years of its efforts to tame the Yellow River, and buried eventually by the Red Turban insurgents risen from the corvée labour originally conscripted for the engineering project in 1351.

When the Ming Dynasty established itself as the ruler of All-Under-Heaven in the 14th century, it faced the same problem as its Mongol predecessor did – a troubling Yellow River. The Hongwu Emperor (1368–1398), founder of the dynasty, adopted a more conservative strategy in coping with Yellow River floods. Perhaps drawing lessons from the Yuan, he discontinued the ambitious "order-the-River" project and instead focused on post-disaster mitigation and relief.⁵ Nevertheless, changing conditions in the empire's political economy soon obliged his successors to once again take vigorous measures. It was in the mid-Ming period that a comprehensive Yellow River control system unrivalled in China's history came into existence, at the heart of which was the Yellow River-Grand Canal hydraulic complex, as well as a new river bureaucracy staffed by Confucian technocrats. A new set of river control philosophy and engineering patterns was developed, and would become a paradigm followed until the mid-nineteenth century.⁶

Initially, the ultimate guideline for this new river administration was to secure the Grand Canal transport. Following the Yongle Emperor's (1402–1424) courageous decision to move the imperial capital to Beijing, which was located less than 100 kilometres south of the Great Wall, the Sons of Heaven of the Ming Empire were in effect guarding the borderline themselves against their archenemy – nomads from the steppes. The massive garrison force stationed around Beijing and along the Great Wall, numbering more than 800,000 in the sixteenth century, had to be fed and paid by taxes collected mainly from the South, the economic heartland that contributed the majority of the imperial revenue.⁷ The Grand Canal connecting Beijing and the Lower Yangtze Delta therefore became the lifeline of the empire, to which the flooding Yellow River constituted a lethal threat. The Ming launched a series of engineering projects in their efforts to maintain a stable Yellow River and thus secure the grain-tax transport, rather than to protect people from floods. In a 1493 edict, the Hongzhi Emperor (1487–1505) bluntly made this principle clear: "In the past, ordering the

---

3 David PIETZ, The Yellow River: The Problem of Water in Modern China, Cambridge / MA 2015, pp. 25–27; SHEN Yi / ZHAO Shixian / ZHENG Daolong (eds.), Huanghe nianbiao. Junshi weiyuanhui ziyuan weiyuanhui cankao ziliao di 15 hao, Nanjing 1935, p. 7.
4 LIU Youfu / LIU Daoxing (eds.), Henan shengtai wenhua shigang, Zhengzhou 2013, p. 181.
5 CHENG Youwei (ed.), Huanghe zhongxiayou diqu shuili shi, Zhengzhou 2007, pp. 186 sq.
6 See DODGEN (note 2), pp. 13–26.
7 See Ray HUANG, The Ming Fiscal Administration, in: Denis C. TWICHETT and Frederick W. MOTE (eds.), The Cambridge History of China, Vol. 8, Part 2, pp. 106–171, here pp. 148–155.

[Yellow] River was only for shielding people from harm; today, ordering the River is for the fear of the transport being impeded and state plans retarded – its ramifications are not trivial."[8]

In the late Ming period, however, an even more pressing matter emerged, that is to prevent the Ming Ancestors Mausoleum (*ming zuling* 明祖陵) from Yellow River floods. In the mausoleum complex located near the Yellow-Huai confluence the Hongwu Emperor's grandfather had been buried, and cenotaphs of his great-grandfather and great-great-grandfather had been erected. Since the reign of Jiajing (1522–1567), the imperial court began to assign top priority to the safety of the mausoleum when facing devastating floods.[9] In 1575, for example, when the Yellow River and the Huai River burst their banks flooding the northern part of the South Zhili province, the Ming state started building a stone wall to protect the cypresses in the Mausoleum, whereas little was done to protect its subjects.[10] The imperial Board of Works affirmed this priority in a court memorial, stating that "[dealing with] floods threatening the Ancestors Mausoleum is the first priority; the next is the transport route; and then is people's lives".[11]

This order of priorities was to a great extent an unfortunate compromise to the constant financial stringency the Ming court experienced. Throughout the Ming period, maintenance of the embankment along the Grand Canal and the Yellow River imposed a heavy burden on the imperial treasury. Keeping the confluence of the two water courses safe became, therefore, the keystone of the imperial policy on river control, whereas the rest fell out of state favour. As a result, the Yellow River bursting its banks in places strategically insignificant was deemed by the Ming court an affordable loss – seats of prefectures and counties were relocated, farm fields abandoned, and millions of people left to wither.[12]

Historians today tend to interpret such strategy as a sort of mismanagement, censuring the Ming court for its deliberate omission of state's duty to protect people; to many, having the protection of a mausoleum as the state's ultimate concern is but a "superstitious" behaviour.[13] This critique however rests on our present-day concept of good governance, as well as science, which separates our material world from religion or "superstition". In the eyes of the Ming contemporaries, the Board of Works' principle was not necessarily less "rational" than what we think of science. In order to

---

[8] "古人治河只是除民之害 今日治河乃是恐妨運道 致誤國計 其所關係蓋非細故." Ming Xiaozong shilu, Taipei 1963, pp. 1356.
[9] See Ma Junya, Bei xisheng de jubu. Huaibei shehui shengtai bianqian yanjiu 1680–1949, Beijing 2011, pp. 36–39.
[10] Fu Zehong, Xing shui jin jian, Vol. 9, Shanghai 1936, p. 917; Ma (note 9), p. 39.
[11] "祖陵水患為第一義次之運道又次之民生." Zhu Guosheng, Nanhe zhi, 1625, j. 4.
[12] Ma (note 9), pp. 29–36.
[13] See, for example, Ma (note 9), pp. 29–55; Guo Tao, Zhongguo gudai shui kexue jishu shi, Beijing 2013, pp. 80–82.

understand the cultural dimension of Ming river politics, it thus behooves us to think in their own terms, and to look into the Chinese cosmology, in which such reasoning, as well as a long-standing attitude toward the flooding Yellow River, was engrained.

To the Ming political elites, the importance of the Ming Ancestors Mausoleum was twofold. It was first of all a matter of Chinese geomancy (*feng shui* 風水), the theory of which contended that a family's wellbeing was contingent upon how properly its ancestors were buried.[14] As emperors held All-Under-Heaven as a family, the destruction of the Mausoleum would logically, in the words of the Ming scholar-officials, "shake the state's foundation".[15] Equally important was the symbolic power of ancestors in Ming politics. Deeply rooted in Confucian philosophy and Chinese civilisation, ancestor veneration emphasising filial piety as the basis for all other moral virtues was integral in the Chinese political tradition. In the Ming period, ancestors' instructions (*zuxun* 祖訓 or *zuzhi* 祖制), virtually referring to a series of moral norms and regulations set by the Hongwu Emperor for his dynasty and empire, constituted a source of legitimacy. Whether these instructions were followed in practice or not, the term was frequently invoked by Ming emperors and their court officials in the political discourse to serve their respective purposes.[16] Failure to prevent the Ancestors Mausoleum from floods, in this connection, would undermine the moral authority of the Ming court, and thus harm both the imperial throne and the bureaucracy.

Such a practice of sorting out priorities reflects the Ming conception of Yellow River floods, which is in stark contrast to that in the early imperial period, when "ordering water", and, in particular, ordering the Yellow River, held significant rhetorical and metaphorical power in the political discourse of state legitimacy. In the early Chinese political theory, when a new dynasty rises and takes over the earthly imperium held by its predecessor, such a "revolution" (*geming* 革命) is always justified by the shifting Mandate of Heaven (*tianming* 天命). The theory states that the divine right of Chinese emperors to rule the world is granted by Heaven based on their moral virtues and their ability to govern justly – what Dingxin ZHAO terms as performance legitimation in his observation of historical state legitimacy in China.[17] One important manifestation of such a mandate was the ruler's ability to order flooding rivers. China's very first dynasty, the Xia, was allegedly founded by the legendary sage king Yü the Great (Dayü 大禹), who, by taming the ancient great flood that turned the world into swamps, restored the social and ecological order on earth. This accomplishment laid the moral and material foundation for Yü to establish himself as the

---

14 Andrew MARCH, An Appreciation of Chinese Geomancy, in: The Journal of Asian Studies 27/2 (1968), pp. 253–267, here p. 253.
15 "祖陵系我國家根本重地王氣所鐘命脈所系實聖子神孫億萬世無疆之丕基也." See ZHU (note 11), j. 4.
16 See WU Zhihe, Mingdai zuzhi shiyi yu gongneng shilun, in: Shixue jikan 3 (1991), pp. 24–33.
17 Dingxin ZHAO, The Mandate of Heaven and Performance Legitimation in Historical and Contemporary China, in: American Behavioral Scientist 53 (2009), pp. 416–433.

supreme ruler of All-Under-Heaven. The myth of Yü, transmitted through generations and entrenched in political ethos, therefore furnished an important source of sanctioning power for Chinese dynasties.[18] In China's political tradition, just governance was intrinsically linked to the ordering of water, which in turn constituted a moral imperative for the ruling authority.

Heaven nevertheless also revokes its mandate, and its intention to do so can be sensed by the humanity. According to the doctrine of *tian ren ganying* 天人感應 (resonance between Heaven and human beings), when a Son of Heaven fails to fulfil his governmental (and thus moral) obligations, calamitous and unusual/supernatural phenomena (*zaiyi* 災異) would occur as Heavenly warnings.[19] In this connection, a series of continual earthquakes, a wide-spread drought or locust plague, and even a mysterious fire in the imperial palace would all be deemed symptomatic of an emperor's moral failure, and sometimes a prophecy for the fall of the dynasty.[20] In order to retrieve Heaven's will, emperors would perform a variety of rituals, asking for redemption. In the Ming period, such rituals were predominantly referred to as *xiusheng* 修省 (meditation and self-reflection). In extreme cases, emperors even issue self-criticism edicts (*zuiji zhao* 罪己詔), recognising to the public the misdeeds of their government.[21]

Of course, what constitutes a calamitous event (*zaiyi*) and therefore a heaven-sent warning was well open to interpretation, and often the focus of political struggles.[22] In the early imperial period, whether disastrous floods, as fundamentally disordered water, should be recognised as heavenly signs symbolizing emperors' moral failure, was a recurrent subject of much political debate, and indeed an urgent issue that merited emperors' responses and sometimes even a propaganda campaign. Emperor Cheng of Han (33–7 BC), for example, changed his reign name to Heping 河平 (the Yellow River pacified) in 28 BC to emphasise his victory, however temporary, over a devastating flood; whereas Emperor Wenzong of Tang (826–840) issued an edict acknowledging his moral fault when the empire was troubled with widespread floods and droughts.[23] However, in late imperial China, Yellow River floods were seemingly no longer an issue of moral and religious nature. The well-known 1056 self-criticism edict by Emperor Renzong of Song (1022–1063), in which the Yellow River was the

---

18 See Chang (note 1), p. 72; Pietz (note 3), pp. 28–31.
19 Deborah Sommer, Tian ren ganying 天人感應 (Resonance between Heaven and Human Beings), in: Yao Xinzhong (ed.), Routledge Curzon Encyclopedia of Confucianism, London 2013, pp. 613 sq.
20 Cui Tao, Dong Zhongshu de rujia zhengzhi zhexue, Beijing 2013, pp. 128–135. See also Sun Yinggang, Shenwen shidai: chenwei, shushu yu zhonggu zhengzhi yanjiu, Shanghai 2015, pp. 14–22.
21 Li Yuan, Mingdai huangdi de xiusheng yu zuiji, in: Xinan Daxue xuebao shehui kexue ban 36 (2010), pp. 55–61.
22 See, for an example of interpreting fire and earthquakes in the reign of Emperor Wu Zetian (690–705), Sun (note 20), pp. 242–284.
23 See Ban Gu, Hanshu, Beijing 1975, p. 309; Dong Hao (ed.), Quan Tang wen, vol. 74, Beijing 1983, p. 776.

subject, was rather an apology for the emperor's wrong choice of engineering proposals.[24] Ming emperors performed *zuiji* mostly for the reason of fire incidents in the forbidden city, rather than a flooding Yellow River.[25] In other words, the frequent flooding of the Yellow River, though disastrous, was no longer potentially a heaven-sent punishment that could be mobilised in the political discourse. They were the normality, and in the Hongzhi Emperor's word, a "trivial" matter that did not necessarily disrupt the state's grand programme.[26]

We may launch into many explanations for this shift of interpretation when it comes to Yellow River floods, among which two historical trajectories are noteworthy. Firstly, during the Song Dynasty, meritocratic Confucian scholar-officials emerged to replace the old aristocracy as the ruling elite, concurrent with the rise of Neo-Confucianism. The doctrine of *tianren ganying* thereafter lost its prominence in the grand narrative of legitimation to a considerable extent.[27] Already in the late Northern Song period, though *tianren ganying* itself was not entirely abandoned, the received wisdom that saw natural disasters as divine retribution had provoked extensive criticism.[28] Grand Empress Dowager Gao (1085–1093), for example, famously asserted that "floods and droughts happen because of [the change of] season and are an inevitability"[29], in response to a self-reflection demanded by her courtiers.[30] Secondly, late imperial dynasties were capable of effectively mobilising and organising a larger labour force in their pursuits of ordering the Yellow River. This, as well as some new technological development in the manipulation of river systems, could have instilled a more active attitude.

Can we thus contend that, for the Ming cultural and political elite, the Yellow River floods were increasingly understood as a technical problem? Giving a clear answer to this question risks over-generalisation or simplification of the situation, and would imply a clear-cut dichotomy between the moral/religious and technical readings of Yellow River floods, whereas people mobilise both in different occasions to serve different ends, even in the present day. However, it is possible and indeed necessary for us to scrutinise which interpretation is stressed more often in the Ming political discourse and incorporated into a certain episteme that pervades the river politics. The mid-Ming great debate among the scholar-officials over different ways

---

24 Li Tao, Xu zizhi tongjian changbian, vols. 13–20, Beijing 1986, vol. 13, p. 4416.
25 See Li (note 21), pp. 55–61.
26 Ming xiaozong shilu (note 8), p. 1356.
27 See Sun Yinggang, Shenwen shidai zhonggu zhishi xinyang yu zhengzhi shijie zhi guanlianxing, in: Xueshu yuekan 45 (2013), pp. 133–147.
28 See Yan Ruting, Beisong tianren ganying zhengzhi sixiang zhi yanjiu, MA dissertation, Taipei 2008, pp. 43–64.
29 "旱涝自有時數." Li Tao, Xu zizhi tongjian changbian, vol. 26, Beijing 1992, p. 10561.
30 See Tsuyoshi Kojima, Political Idea on the Theory of Heaven's Warning in Song China, in: Toyo Bunka Kenkyusho Kiyo 107/10 (1988), pp. 1–87, here p. 20.

of ordering the river proves that the Ming contemporaries had a good understanding of the natural causes of floods, as well as of the various technologies employable to solve the problem. River officials were impeached for their incompetence in coordinating engineering projects, or for the proved ineffectiveness of their technologies, but not for their personal lack of moral virtues.[31] In this sense, the Yellow River floods were in practice deemed a governmental failure that necessitated technical solutions, whereas the moral dimension no longer represented an urgent theme for the ruling elites to address.

Examining the Ming state cult and many popular river cults provides us with another perspective to understand this shift of interpretation. During the Ming period, the cult of the Spirit of the Yellow River (*hedu* 河瀆, *dahe zhi shen* 大河之神), once flourishing in the early imperial period, featured no longer prominently in the state cult system, although it remained in the imperial Sacrificial Corpus (*sidian* 祀典).[32] Symbolic of this change is the fact that the Hongwu Emperor deprived the Spirit of the many titles bestowed by earlier dynasties, on the ground that the Spirit was not of human origin, and thus should not be holding titles only suitable for humans.[33] This new development was part of a series of reforms initiated by the energetic founder of the Ming dynasty, who aimed to refurbish and fix permanently a belief system to control the spiritual life of his tens of millions of subjects.[34] Temple complexes were created by imperial decrees in administrative centres down to the county level, usually including an altar dedicated specifically to the six spirits of wind, cloud, thunder, rain, mountain and river (*feng yun lei yu shan chuan tan* 風雲雷雨山川壇 or *shanchuan tan* 山川壇), where, according to Hongwu's vision, official prayers for timely rain and clear skies, or for the recession of floods would take place.[35] Along with the officially sanctioned temples dedicated to the spirits of important rivers, they became, at least in theory, the sites of state water rituals.

The official water cults designed by the Hongwu Emperor, worshipping the abstract force and elements of nature, were by no means a particular success. Already in the early Ming period, their influence was seemingly confined within city walls. Although Ming local gazetteers usually claim that such rituals were held regularly

---

31 For the example of Pan Jixun's impeachment in 1571 see Ming Muzong shilu, Taipei 1962, pp. 1549 sq.
32 See Niu Jianqiang, Mingdai Huanghe xiayou de hedao zhili yu heshen xinyang, in: Shixue yuekan 9 (2011), pp. 52–68, here pp. 61 sq.
33 See Romeyn Taylor, Official Religion in the Ming, in: Twichett / Mote (note 7), pp. 840–892, here p. 846.
34 See Romeyn Taylor, Official and Popular Religion and the Political Organization of Chinese Society in the Ming, in: Kwang-Ching Liu (ed.), Orthodoxy in Late Imperial China, Berkeley, Los Angeles and Oxford 1990, pp. 126–157, here pp. 137–139.
35 See Atsutoshi Hamashima, Zhu Yuanzhang zhengquan chenghuang gaizhi kao, in: Shixue jikan 4 (1995), pp. 7–15; Wang Jian, Li hai xiangguan: Ming Qing yilai Jiangnan Su Song diqu minjian xinyang yanjiu, Shanghai 2010, pp. 164–171.

according to imperial regulation, several essays which commemorate, for example, successful rain-making prayers, usually tell a different story – most of the essays, especially those survived as stone inscriptions, were dedicated to rituals held in places other than *shanchuan tan*.

Such contrast is a perfect reminder for how important popular water cult sites have been in local politics. Popular religions flourished in the countryside, filling the void left by the state cult. Local belief systems of water, practiced by the largely illiterate lay people, were centred upon miracles of anthropomorphic deities, who mainly functioned as tutelary deities of specific waters.[36] Unlike the formal state cult, popular rituals did not require the presence of imperial intercessors, namely the Confucian clergy. Rituals were organized and led by local elites (who themselves in some cases were of the Confucian gentry class and degree holders, but not necessarily scholar-officials); cult sites were therefore usually a focal point for local politics.

Along the Fen River, a major tributary to the Yellow River in the Province of Shanxi, a deity named Taidai (臺駘) was widely regarded as the tutelary god of the Fen, and gained increasing popularity among the locals since the Song period.[37] The cult itself might have originated from a mythic hydraulic engineer first documented in the Spring and Autumn period (771–467 BC), who, not unlike Yü the Great, tamed the Fen River floods and reclaimed land from swampy water. Originally a local cult in southern Shanxi, it had evolved in the Ming period to absorb several cults, forming a trans-local belief along the Fen River draining large parts of the province – among the eleven Taidai temples identifiable today, at least five were founded at latest during the Ming period.[38] Villagers gathered at these temples to offer sacrifices in exchange not only for the Fen to be stable, but also for timely rain.[39] The merge of these functions was probably due to the fact that, the cultic sites of Taidai became a space where the gathering lay people from different villages coordinated with water affairs. Although we lack textual evidence detailing the content of these rituals for investigating the situation in the Ming period, recent anthropological studies have proved that cult sites of Taidai as the forums for dealing with water issues have been well incorporated to the local tradition for centuries.[40]

During the reign of Jiajing, two powerful local clans residing near the provincial capital Taiyuan, who had been competing with each other over the entitlement to

---

[36] See TAYLOR (note 33), p. 846; for examples of water cults along the Fen River, see DUAN Youwen, Huanghe zhongxiayou jiazu cunluo minsu yu shehui xiandaihua, Beijing 2007, pp. 541–545, 561–570.
[37] ZHANG Junfeng, Zuxian yu shenming Taidai xinyang yu Ming Qing yilai Fenhe liuyu de zongzu goujian, in: Shanghai Shifan Daxue xuebao zhexue shehuikexue ban 44 (2015), pp. 132–144, here pp. 134–139.
[38] Ibid., p. 135.
[39] Ibid., p. 136.
[40] DUAN Youwen / WANG Xu, Fenhe zhi shen Taidai chuanshuo xinyang de wenhua chuancheng yu cunluo jiyi, in: Minzu wenxue yanjiu 6 (2013), pp. 81–96, here pp. 89–91.

water irrigation, both started to actively construct personal connections between their clans with Taidai. In 1533, the Gao clan built a Temple of Taidai as their lineage shrine. They justified this unusual move by composing and disseminating a story, in which Gao Ruxing高汝行, a prestigious imperial magistrate from the family, was personally rescued by Taidai from drowning in Yangtze River when he went to the distant Zhejiang province for his official post.[41] The new temple was to them a symbol of the family's gratitude for the deity. Two years later, perhaps as a response, their rival, the Zhang clan, who held the hereditary post of the canal master (*quzhang* 渠長), referred to a new genealogy claiming for the first time Taidai to be its ancestor, and renovated their lineage shrine also as a Taidai temple.[42] In the following centuries, the two temples developed to be regional centres of water rituals. The cult, to this point, had become an important cultural resource for social authority over water.

Although in this case local powerhouses were forging connections to Taidai mainly for irrigational rights, the cult did not lose its function as a protecting force against floods. Several decades later, when Li Jingyuan 李景元, the then Grand-Coordinator of Shanxi, launched an embankment project, he claimed to have found a statue of Taidai from the Temple of Jin 晉祠 (a tributary to the Fen River), and thereby built a new temple dedicated specifically to Taidai, "the protector for ten millennia 萬年保障".[43]

Indeed, the Ming state, like its predecessors, was always aware of the importance of utilising popular water cults. One of the reasons for the Confucian officials to do so, if not only, is that with each ritual disparate communities were connected that had been formed by the needs to cope with water hazards. These water communities were equipped with knowledge of water systems specific to local contexts, forming networks that not necessarily coincided with the state administrative boundaries. Such networks were rather formed within the same watershed, or for a shared source of irrigation. Imperial magistrates, whose authority was confined to their own precinct, would not be able to fully control the complex circumstances using only official resources. This situation is substantiated by many inscriptions recording magistrates taking soundings from locals on water matters, when they participated in local rituals. By actively tapping into these cultic systems, imperial officials would have access to the embodied knowledge of local circumstances provided by the lay people.

The cult of Fourth Son Golden Dragon Great King (*jinlong si dawang* 金龍四大王) provides another example of how the state was in fact actively promoting popular water cults. The cult was originally an ancestral cult dedicated to an apotheosized Southern Song patriot from Hangzhou, where people prayed to the Golden Dragon

---

41 Liu Dapeng, Jinci zhi. Taiyuan, Shanxi Provincial Library, j. 1. See Xing Long, Yi shui wei zhongxin de Jinshui liuyu, Taiyuan 2007, p. 24.
42 Zhang (note 37), pp. 137–141.
43 Chu Dawen, Shanxi tongzhi 230 juan, Cambridge / MA, Harvard College Library, Harvard-Yenching Library, vol. 69, seq. 6221.

for defence against floods. It later gained popularity among boatmen working on the Grand Canal. From the sixteenth century, when the Ming state started constructing a series of dikes, dredges and water gates, first near the confluence of the Yellow River and the Grand Canal, and then along the upper stream of the Yellow River, the cult spread westwards. People residing in the area near the River began to worship the Golden Dragon as the protector against floods.[44]

The driver behind this proliferation was, at least partly, the emerging hydraulic bureaucracy. As Randall DODGEN suggests, Ming river officials utilised the cult to express their identity and to enhance esteem for the contributions of their predecessors, whereas the local elites welcomed the new cult, seeking to add a local connection to it. Deceased river officials began to be apotheosized as Great Kings, memorized and worshipped for their successful engineering projects that protected localities from devastating floods. The result was a new belief system that crossed the geographical and bureaucratic borders, facilitating knowledge exchanges on many embankment repair sites.[45]

The imperial throne sanctioned the Golden Dragon cult, in response to river bureaucrats' petition, thus officially incorporating it to the canonical rituals. In DODGEN's words, the cults served as "the interface between the representatives of the imperial state and the terrifying power of nature", but it also created a sense of community between the state and its subjects, which was more than important when coping with the flooding of the Yellow River.[46] As an extreme example, a new temple dedicated to the Spirit of the Yellow River in Shawan 沙灣, which was built during the reign of Jingtai (1450–1456) in the strategic engineering site, not only incorporated the Golden Dragon, but also two other water cults originated from the Yangtze region.[47]

However, such incorporation was by no means a mere enlargement of the state Sacrificial Corpus. Ming scholar-officials always tried to appropriate popular religions, constructing Confucian values out of the proclaimed miracles, despite the fact that water cults posed little challenge to the orthodoxy.[48] Commonly found in stele inscriptions composed by Confucian scholars was the patterned language that links water engineering to Yü the Great. Such language is, again, inherently connected to the established discourse of water-performance in imperial China.

For the Ming state, dealing with the hazardous Yellow River was thus a complex campaign, including not only the political economy, but also a cultural tradition that pervades every spectrum of the Chinese society. From the Marxist materialist perspec-

---

44 Randell DODGEN, Hydraulic Religion: 'Great King' Cults in the Ming and Qing, in: Modern Asian Studies 33 (1999), pp. 815–833, here pp. 819–821, 826 f.
45 Cf. ibid., pp. 827–830.
46 Ibid., p. 832.
47 LU Yao, Shandong yunhe beilan. Beijing, National Library, j 12.
48 See TAYLOR (note 34), pp. 126–157; for the example of Great King cults, see DODGEN (note 44), pp. 816 sq.

tive that has been adopted by many historians in China, we may well interpret that the ultimate philosophy of the Ming state was to keep the empire stable at a minimum cost, and this is indeed reflected in its river control policies. As shown in the examples above, ordinary people's wellbeing was never the priority for the Ming court. However, looking into the cultural aspects and descending to the local level, we may see a different story. On the one hand, the Ming state was flexible to adapt to local conditions and to incorporate local knowledge systems in order to cope with Yellow River floods at lower costs; on the other hand, during the process of top-down state building, it also actively appropriated popular religions in its effort to exert firmer control over local water.

Implicit in the complex interactions between state and popular religions is also a contest between epistemologies: Whose knowledge was used to define water hazards and their solutions? With regard to the Yellow River floods, perceptions of disaster from different layers of the imperial power structure encountered and entangled with each other on the platform of religious rituals, showcasing the frictions between the top-down and bottom-up state-building processes.

Wassernutzung

Annapaola Mosca (Rom)
Navigation on Lake Garda from Antiquity to the Middle Ages

Abstract: This paper analyses some topographical aspects of the navigation on Lake Garda using different sources and, above all, archaeological data. The traffic on the lake was driven by the easy connections between the area of the lake and the Po Valley waterways system. In fact, the Po-Mincio-Garda system was not only important for local trade, but also for long distance traffic. There are several signs of there having been navigation on the lake in the Roman Age and, above all, epigraphic evidence of the existence of *collegia nautarum*; but there is also the proof of artefacts being imported from transmarine areas or from other northern Italian districts connected with the Po River system. Theoderic ordered that the shipping on the Mincio River should be preserved, due to the importance of that interregional traffic. It is uncertain whether the hydrogeological instabilities that occurred in 589 altered the trade flows, but the political situation surely did. From the end of the 6th century, and particularly during the 7th, there was a reduction in imported goods, even though artefacts coming from the neighbouring areas continued to arrive. It is likely that free navigation all around the lake was only recovered after Venice conquered it. As well as the description of Felice Feliciano, we have that of Marin Sanudo the Younger's journey along the lake.

Keywords: Garda, Mincio, Po, navigation, trade

1 Antiquity

The movement of traffic on Lake Garda is tied, in great part, to the easy connections between the lake area and the system of waterways in Northern Italy, since the Po River was the real heart of trade in Northern Italy.[1] The Po-Mincio-Garda system was sometimes more important than the eastern river and the road east along the Adige Valley not only for local traffic: Lake Garda and the Alpine Valleys were connected

---

[1] On Lake Garda in the prehistoric and protohistoric era: Raffaele DE MARINIS et al., Lavagnone (Desenzano del Garda): New Excavations and Palaeoecology of a Bronze Age Pile Dwelling Site in Northern Italy, in: Philippe DELLA CASA / Martin TRACHSEL (eds.), Wes'04. Wetland Economies and Societies (Collectio Archaeologica 3), Zürich 2005, pp. 221–232; Raffaella POGGIANI KELLER et al., Siti d'ambiente umido della Lombardia: rilettura di vecchi dati e di nuove ricerche, in: ibid., pp. 233–250, here pp. 239–244; Luigi FOZZATI et al., Underwater Archaeology and Prehistoric Settlement in a Great Alpine Lake: the Case Study of Lake Garda, in: Albert HAFNER / Urs NIFFELER / Ulrich RUOFF (eds.), Underwater Archaeology and the Historical Picture (Archäologie Schweiz; Antiqua 40), Basel 2006, pp. 78–87.

through this system of waterways by their natural effluent, the Mincio, a river with a length of 66 kilometres.

The first part of the Mincio River now has the same course as in Antiquity, because its course is determined by the morenic hills. Where the River Mincio enters the plain, it meanders widely near Pozzolo and Goito;[2] at this point, in Roman times, the river met the old Postumia road, which connected Cremona and Verona and, in this way, allowed a connection to the land traffic along the ancient military roads in Cisalpine. The river then descends eastwards to reach Mantua, a city founded by the Etruscans near the confluence of the Mincio and the Po, which flourished because of its location at the end of a tributary which opened to trade with the Alpine regions.[3]

By the middle of the 2nd century BC, we have the first mention of the sizable extension of Lake Garda, with a description of its length: this data was probably collected by the Greek Polybius and reused in the geographical work of Strabo[4] at the end of the 1st century BC. We know that the Romans made use of Lake Garda in their military expedition against the inner-alpine people, from the evidence of inscriptions found in Gallia.[5] In Latin literature the first references to navigation on Garda and Mincio, though vague and indirect, are from the late Republican period in the works of Catullus of Verona (carm. 4,1) and the imperial period in Vergil of Mantua (Georg. 2,160; 3,10–15), both of whom are authors connected to this particular landscape. We find references to the fishing grounds of Arilica and to the capture of eels in the encyclopaedia of Pliny the Elder in the 1st century AD (Nat. Hist. IX,75).

The location of the present town of Peschiera was the best place to establish a *vicus*, a sort of port-village, or *emporion* (2nd century BC – 5th / 6th century AD), which was a focal point for those travelling between the River Mincio to the south, Lake Garda to the north, and the road from Brixia to Verona. Black glazed pottery from the 2nd century BC and Dressel 1 amphorae arrived here.[6] From inscriptions found in

---

2 Anna M. TAMASSIA, Note di protostoria mantovana: Rivalta e la valle del Mincio, in: Studi Etruschi 35 (1967), pp. 361–379; Raffaele DE MARINIS, Bagnolo S. Vito (Mantova), in: ibid. 50 (1982), pp. 495–502; Luciano SALZANI, La necropoli gallica di Valeggio sul Mincio (Documenti di Archeologia 5), Mantova 1995; about Late-Antiquity / Middle Ages see: Anna M. TAMASSIA, Goito, in: Milano capitale dell'impero romano (286–402 d. C.). Catalogo della mostra, Milano 1990, pp. 282–283; Paola M. DE MARCHI / Elena M. MENOTTI / Lucia MIAZZO, La necropoli longobarda a Sacca di Goito: i primi materiali restaurati. Catalogo della mostra, Mantova 1994; Marco SANNAZARO, Elementi di abbigliamento e ornamenti "barbarici" da alcune sepolture della necropoli tardoantica di Sacca di Goito (MN), in: Maurizio BUORA / Luca VILLA (eds.), Goti nell'arco alpino orientale, Udine 2006, pp. 59–72.
3 Anna M. TAMASSIA, Mantova, in: Raffaele DE MARINIS (ed.), Gli Etruschi a nord del Po, vol. 2, Mantova 1987, pp. 187–190; Mauro CALZOLARI, I laghi di Mantova in età romana, in: Maria V. ANTICO GALLINA (ed.), Acque interne: uso e gestione di una risorsa, Milano 1996, pp. 123–128.
4 Polybius XXXIV 10,19 (= Strabo IV 6.12).
5 Christian MERMET, Santuaire gallo-romaine de Châteauneuf (Savoie), in: Gallia 50 (1993), pp. 95–138. See also Dion Cassius LIV, 22.
6 Giuliana CAVALIERI MANASSE, Testimonianze archeologiche lungo la sponda orientale, in: Elis-

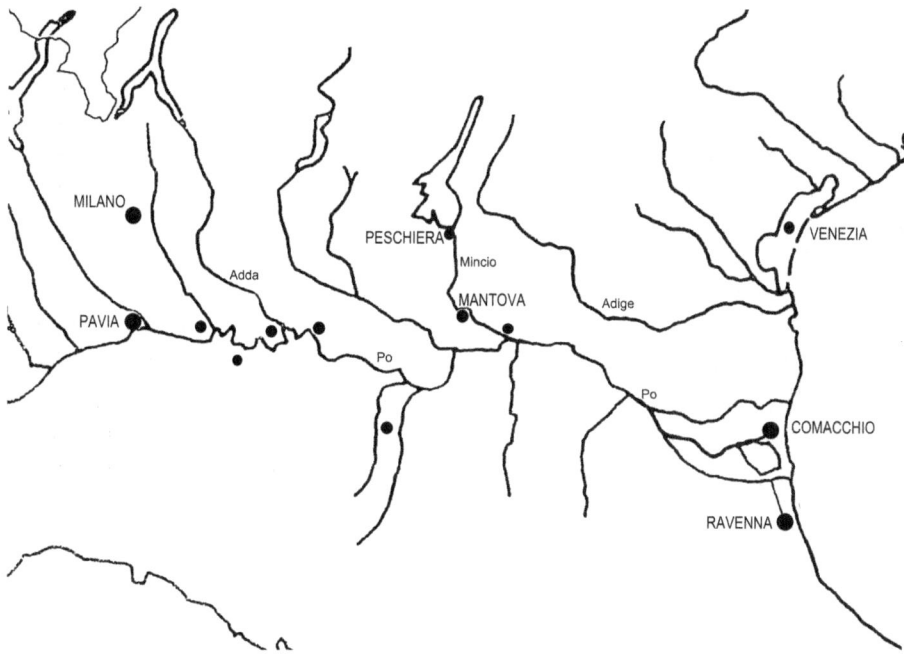

Fig. 1: Northern Italian waterways.

the upper part of the lake, near Arco and Riva, at the foot of the Alpine Valleys, and in the lower part of Lake Garda, most of which were found on the outskirts of the ancient Arilica, we know about the existence of naval corporations, the *collegia nautarum*.[7] These inscriptions suggest that the *collegia nautarum* probably already existed in the 1st century AD, but that they increased in importance in the period after Marcus Aurelius.[8] Besides the two main centres of the *collegia nautarum* on the shores of Lake Garda in Roman times there were other ports, perhaps less important, which were a refuge for vessels in bad weather and which allowed people to reach the luxurious villas, *vici* and *pagi* along the coast of the lake. We have indirect proof of navigation on the lake e.g. from inscriptions dedicated to the god Benacus or to Neptunus.[9] The spread of bricks and tiles with the stamp *Arrenii* is further evidence of internal navi-

---

abetta ROFFIA (ed.), Ville romane sul Lago di Garda, Brescia 1997, pp. 111–129; Brunella BRUNO / Giuliana CAVALIERI MANASSE, Peschiera del Garda: scavi recenti nel vicus di Arilica, in: Quaderni di Archeologia del Veneto 16 (2000), pp. 78–83.

7 Annapaola MOSCA, Caratteri della navigazione nell'area benacense in età romana, in: Latomus 50,2 (1991), pp. 269–284.

8 Alfredo BUONOPANE, Il lago di Garda e il suo territorio in età romana, in: ROFFIA (note 6), pp. 17–52, here pp. 29–30.

9 ID. (note 8), pp. 32–35.

gation on the lake. However, these artefacts have also been discovered in the villas of Toscolano and of Desenzano.[10] In Roman imperial times local stone, mined from the neighbouring district to the northeast, was transported on the lake.[11] Goods arrived at the lake through waterways from the late Roman republican age: black-glazed ware from the factories in the Po Valley and 'thin wall' pottery in the Augustan and Tiberian ages; 'Aco' ware in Augustan age, lamps from the Adriatic in the 1st and 2nd centuries, and red slip ware from Gallia. Glass artefacts also arrived from the Po Valley and the Adriatic from the 1st to the 4th centuries AD.[12] From the 3rd century AD, red slip ware was imported from Northern Africa. Some of the marbles that decorate the Roman villa of Toscolano came from overseas trade.[13] Archaeological evidence of ports has been found at Lugana Vecchia, near Sirmione, and at Padenghe: in the latter case, it was possible to recognize a pier – formed by two parallel lines of stakes whose gaps were filled with large blocks – which was very similar to others in Northern Italy. The port of Padenghe is connected with the Roman villas. The remains of a probable landing place were recognized in the eastern part of the Roman villa of Desenzano.[14]

---

10 ID. (note 8) pp. 27–29.
11 ID. (note 8), p. 26.
12 Serena MASSA, I materiali ceramici di uso quotidiano nelle ville sul lago e in quelle del territorio perilacustre, in: ROFFIA (note 6), pp. 289–297; on the upper area: Annapaola MOSCA, Ager Benacensis. Carta archeologica di Riva del Garda e di Arco IGM 35 I NE-I SE (Labirinti 63), Trento 2003, pp. 65–107; Cristina BASSI / Achillina GRANATA / Roberta OBEROSLER, La via delle anime. Sepolture di epoca romana a Riva del Garda, Riva del Garda (TN) 2010, pp. 68–218; on the eastern area: CAVALIERI MANASSE (note 6); Claudio NEGRELLI et al., I materiali degli scavi condotti sulla sommità della Rocca di Garda, in: Gian P. BROGIOLO / Monica IBSEN / Chiara MALAGUTI (eds.), Archeologia a Garda e nel suo territorio (1998–2003), Firenze 2006, pp. 61–153, here pp. 61–62; on the western coast: Annalisa COLECCHIA, Il materiale ceramico, in: EAD., L'alto Garda occidentale dalla preistoria al postmedioevo (Documenti di Archeologia 36), Mantova 2004, pp. 177–230, here pp. 186–195; Fausto SIMONOTTI, Toscolano Maderno (BS), Loc. Capra. Villa romana, in: Notiziario Soprintendenza Archeologica della Lombardia (2007), pp. 78–81; Stefania MAZZOCCHIN, Le ceramiche romane, in: Gian P. BROGIOLO / Brunella PORTULANO (eds.), La Rocca di Manerba (scavi 1995–1999, 2009) (Documenti di Archeologia 51), Mantova 2011, pp. 141–143. On the southern district: Serena MASSA, Aeterna domus: il complesso funerario di età romana del Lugone-Salò, Salò 1996; BRUNO / CAVALIERI MANASSE (note 6); Angelo GHIROLDI / Brunella PORTULANO, Sirmione (BS). Centro storico, in: Notiziario Soprintendenza Archeologica della Lombardia (2003/2004), pp. 126–129; IID., Sirmione (BS), Via S. Maria Maggiore, ibid., pp. 131–132. Elisabetta ROFFIA, Dalla villa romana all'abitato altomedievale. Scavi archeologici in località Faustinella-S. Cipriano a Desenzano, Milano 2007.
13 Elisabetta ROFFIA / Roberto BUGINI / Luisa FOLLI, Stone Materials of the Roman Villas around Lake Garda, in: Yannis MANIATIS (ed.), Proceedings of the Seventh International Conference of ASMOSIA Association for the Study of Marble and Other Stones in Antiquity (Thassos, 15–20 September 2003), Athens 2009, pp. 559–570. In general, on methods of transporting stones on the rivers, see Ben RUSSELL, The Economics of the Roman Stone Trade, Oxford 2013, pp. 105–110.
14 Elisabetta ROFFIA, Le ville della sponda meridionale e occidentale in: EAD. (note 6), pp. 129–140, here p. 132; POGGIANI KELLER et al. (note 1), p. 241.

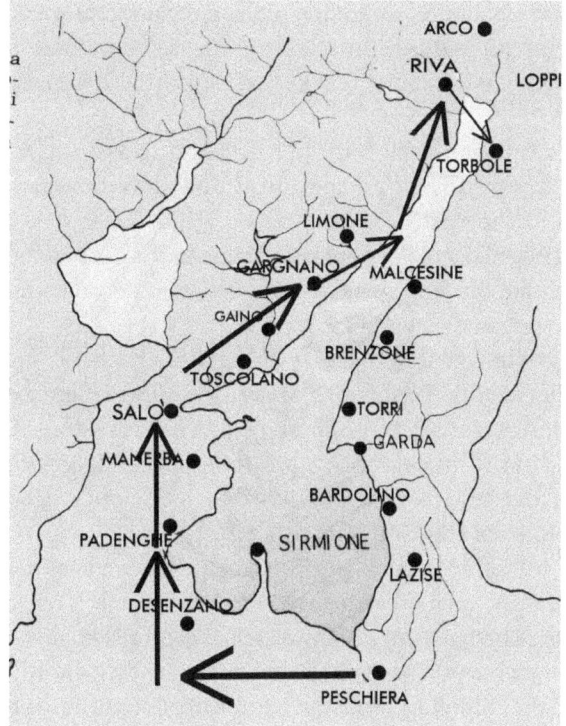

Fig. 2: Lake Garda.

2 From Late Antiquity to the 13th century

There is evidence of the existence of luxurious villas on the lake until the end of the 5th century, even if the first transformations in the southern part of the lake had already begun: the fire of the villa *Grotte di Catullo* is dated to the end of the 3rd century; we do not know whether this was connected to the arrival of the Alamanni in 265, under the emperor Gallienus.[15] In Late Antiquity the aspect of Sirmione changed. The peninsula was transformed into a *castrum*. The villa at the end of the peninsula was used as a cemetery. While the peninsula's northern walls date from the 5th century, according to archaeological data, confirmed by the presence of *militaria* objects, the southern walls are from no earlier than the 6th century.[16] From excavations carried out on the

---

[15] Elisabetta ROFFIA, Sirmione, le 'grotte di Catullo', in: EAD. (note 6), pp. 141–163, here pp. 161–163; EAD., Le fortificazioni di Sirmione. Nuove ricerche, in: Gian P. BROGIOLO (ed.), Le fortificazioni del Garda e i sistemi di difesa dell'Italia settentrionale tra tardo antico e alto medioevo (Documenti di Archeologia 20), Mantova 1999, pp. 21–37; Brunella PORTULANO, Materiali delle recenti ricerche nelle fortificazioni di Sirmione, in: ibid., pp. 39–44.
[16] Gian P. BROGIOLO, Continuità fra tarda antichità e altomedioevo attraverso le vicende delle ville, in: ROFFIA (note 6), pp. 299–313, here pp. 300–301; Gian P. BROGIOLO, Fortificazioni e insediamenti

lake's various shores, we can build up an understanding of the circulation of goods on the lake. Between the 4th and the 5th centuries, artefacts of African slip ware seem to increase;[17] this was probably due to the fact that the ports of the northern Adriatic were still functioning.[18]

Mantua, the town surrounded by water at the basis of Lake Garda, was an active trade centre in Late Antiquity, as is proven by the existence of an armour factory mentioned in the 'Notitia Dignitatum'.[19] The existence of this factory – like the existence of other weapons factories on the River Po and its tributaries, in the towns of Cremona and of Ticinum (Pavia) – suggests that the army could be supplied by waterways and that trade continued on the Po system into Late Antiquity.

From a written source we know that, in 523/526 under the reign of Theoderic, the fishing grounds in Arilica could not disturb the shipping of the River Mincio, because this river traffic was interregional, that is to say very important, as was the case along other Italian rivers. Theoderic found it necessary to move from his residences in Ticinum (Pavia) and in Ravenna and he took care to improve the ports of Ostiglia, Piacenza, Pavia and to maintain internal shipping activity.[20]

Reports have survived from 589 of hydrogeological instabilities, which caused overflowing in different parts of Italy, including the area around Verona.[21] These events, caused not only by climatic changes, but also by a lack of centralized power on the watercourses and roads, might have damaged trade on the waterways of Northern Italy and could have changed the shipping activity, but unfortunately we have no written sources on the subject. After this period, we know that the most important branch of the River Po lost its importance due to the accumulation of sediment near

---

nel territorio gardesano tra tardantichità e altomedioevo, in: Brogiolo / Ibsen / Malaguti (note 12), pp. 9–31.
17 Negrelli et al. (note 12), p. 66.
18 E. g. Marie B. Carre / Franca Maselli Scotti, Il porto di Aquileia: dati antichi e ritrovamenti recenti, in: Antichità Altoadriatiche 46 (2001), pp. 211–243; Andrea Augenti, Classe: archeologia di una città scomparsa, in: id. (ed.), Classe. Indagine sul potenziale archeologico di una città scomparsa (Studi e Scavi N. S. 27), Bologna 2011, pp. 15–24, here pp. 22–24.
19 See: Michael Vannesse, La défense de l'Occident romain pendant l'Antiquité tardive: recherches géostratégiques sur l'Italie de 484 à 410 ap. J. C. (Collection Latomus 326), Bruxelles 2010, p. 230.
20 Cassiod. var. V,17,6; V,20,3; John Moorhead, Theoderic in Italy, Oxford 1992, p. 21.
21 Greg. M. dial. III, 19; Paul. Diac. Hist. Lang. III, 23; see: Roberto Cassanelli, Paolo Diacono, storia dei Longobardi, Venezia 1985, pp. 126–127. For the geomorphological situation see: Mario Ortolani / Nereo Alfieri, Sur l'évolution morphologique de l'ancien delta du Po, in: Erdkunde 19 (1965), pp. 325–331; Mauro Marchetti / Doriano Castaldini, Aspetti geomorfologici e archeologici della pianura padana, in: Nicola Mancassola / Fabio Saggioro (eds.), Medioevo, Paesaggi e Metodi (Documenti di Archeologia 42), Mantova 2006, pp. 87–102, here p. 98. See also: Giovanni Uggeri, I canali navigabili dell'antico Delta Padano, in: Stefania Quilici Gigli (ed.), Uomo, acqua e paesaggio, irregimentazione delle acque (Atlante Tematico Topografia Antica Suppl. 2), Roma 1997, pp. 55–60.

its mouth, which impeded navigation; as a result, it came to be called Padovetere, that is to say *Padus Vetus*.²²

The reduction of imported goods from the end of the 6th century and above all during the 7th century reflected a deep economic transformation, which, however, did not mean the end of contact with the Mediterranean. At the end of the 6th / beginning of the 7th century, the Po Valley was divided between the Byzantines and Lombards; the border seems to have been in the district between Mantua, Modena and Bologna; this situation might have affected commercial activity along the routes, including shipping along the waterways. But in the second half of the 6th and during the 7th century amphorae from the Aegean (LRA2), Asia Minor (LRA3), and Gaza (LRA4) and of Palestinian origin (LRA5/6) are documented in Garda.²³ In S. Andrea di Loppio, between the lake and the Adige Valley, there is also a range of goods originating from the Eastern Mediterranean (LRA1, LRA2, LRA3, LRA4) and from African trade (*spatheia*).²⁴ At Gaino, fragments of LRA4 were discovered²⁵ while in the upper district, over Lake Garda, we also have LRA4.²⁶ Perhaps these amphorae could have been used to supply areas under imperial control – for example in Garda and Gaino, where there were supposedly Byzantine fortresses.²⁷ These could have arrived in the

---

22 On rivers in the Po area after the end of the 6th century: Stella PATITUCCI UGGERI, Carta archeologica medievale del territorio ferrarese, vol. 2: Le vie d'acqua in rapporto al nodo idroviario di Ferrara (Quaderni di Archeologia Medioevale 5,2), Firenze 2002, p. 7; EAD., Il sistema fluvio-lagunare, l'insediamento e le difese del territorio ravennate settentrionale (V–VIII secolo), in: Ravenna da capitale imperiale a capitale esarcale, Atti del 17 Congresso Internazionale di Studi sull'alto medioevo, Spoleto 2005, pp. 253–360, here p. 337.
23 These amphorae were used over a long period; on this problem, see NEGRELLI et al. (note 12), pp. 67–71; on the other hand, soap stone came to the lake from the western districts: see e.g. Chiara MALAGUTI, La pietra ollare, in: BROGIOLO / PORTULANO (note 12), pp. 179–181. Coarse ware in this period could arrive from the area near Brescia: Sara MORINA, Le ceramiche comini, in: ibid., pp. 145–178.
24 Barbara MAURINA / Claudio CAPELLI, Anfore tardo antiche dall'insediamento fortificato di Loppio–S. Andrea (Trentino-Italia), in: Michel BONIFAY / Jean C. TRÉGLIA (eds.), LRCW2, Late Roman Coarse Wares, Cooking Wares and Amphorae in the Mediterranean. Archaeology and Archaeometry (BAR I. S. 1662), vol. 2, Oxford 2007, pp. 481–489. On *spatheia* (6th / 7th century AD): Michel BONIFAY, Etudes sur la céramique romaine tardive d'Afrique (BAR I. S. 1301), pp. 87–153.
25 BROGIOLO et al., Archeologia (note 12), p. 50.
26 Enrico CAVADA, 'In Summolaco': continuità o discontinuità dell'insediamento, in: Gian P. BROGIOLO (ed.), La fine delle ville romane: trasformazioni nelle campagne tra tarda antichità e alto medioevo (Documenti di Archeologia 11), Mantova 1996, pp. 21–34. In the Giudicaria Valley, above the northwest district of Lake Garda, shreds of LRA4 were found: Enrico CAVADA / Elia FORTE, Progetto 'Monte San Martino/Lundo-Lomaso'. L'oratorio. Evidenze, modifiche, significati, in: Gian P. BROGIOLO (ed.), Nuove ricerche sulle chiese altomedioevali del Garda (Documenti di Archeologia 50), Mantova 2011, pp. 131–156, here p. 142.
27 Gian P. BROGIOLO et al., La fortificazione altomedievale del Monte Castello di Gaino (BS), in: ID. (ed.), Le fortificazioni del Garda e i sistemi di difesa dell'Italia settentrionale tra tardo-antico e alto medioevo (Documenti di Archeologia 20), Mantova 1999, pp. 45–54, here p. 49; BROGIOLO, Fortificazioni (note 16), pp. 19, 22; Alberto CROSATO / Chiara MALAGUTI / Nicola MANCASSOLA, Le indagini

lake area from the port of Ravenna, which was still functional, even though some *horrea* were no longer in use.[28]

From the 8th century, an important source called the 'Capitolare di Liutprando' dated to 715 has survived; but in the view of Carlo G. Mor, this document refers to an earlier period, between 603 and 643: the possibility of trading in the Lombard territories was confirmed for the inhabitants of Comacchio, probably still subjects of the Byzantine Empire, in accordance with pre-existing agreements. The *milites* from Comacchio could continue sailing along the Po to supply the Lombards with salt. The text lists the port of Capo Mincio, on the junction between the Mincio and the Po. The location of Capo Mincio can now be reconstructed on toponymic arguments, as the Po has changed its course. This port was linked to Porto Mantuano, and to the ports of Brescia, Cremona, Parma, Capo d'Adda (the mouth of Adda), Piacenza, and Capo Lambro (the mouth of Lambro).[29] It is highly likely that salt may also have arrived in the lake area by these means, perhaps with other goods. Until the 8th and 9th century glass artefacts arrived in small quantities, probably from the Po Valley, while coarse ware was probably produced locally, as in Limone sul Garda.[30]

Written sources, *diplomata*, attest that, until the 13th century, free navigation on Lake Garda could be practised by only some of the communities based around the lake.[31] In Rocca di Manerba a small quantity of glass artefacts have been dated to the 11th / 12th century, while soap stone continued to arrive from the western waterways.[32]

After the 11th century, following an increase in local autonomy, it seems that the new political and economic situation also influenced northern Italian waterways, as can be proven in the case of some towns. The waters were claimed by communities of citizens as inalienable and were considered an essential part of urban life – these kinds of sentiments were expressed, for example, by the towns of Mantua and Ferrara.

---

archeologiche sulla vetta della Rocca, ibid., pp. 30–60, here p. 39. However, amphorae seem to have been sent to supply a strategic district.

28 Andrea Augenti / Enrico Cirelli, Classe: un osservatorio privilegiato per il commercio della tarda antichità, in: Simonetta Menchelli et al. (eds.), LRCW3. Late Roman Coarse Wares, Cooking Wares and Amphorae in the Mediterranean (BAR I. S. 2185), vol. 2, Oxford 2010, pp. 605–610.

29 Carlo G. Mor, Un'ipotesi sulla data del 'pactum' c.d. Liutprandino con i 'milites' di Comacchio relativo alla navigazione sul Po, in: Archivio Storico Italiano 135 (1977), pp. 493–502. In the 8th century the port of Classe collapsed: Augenti / Cirelli (note 28).

30 On glass artefacts: Negrelli et al. (note 12), pp. 112–116; Alessandra Marcante, Il materiale vitreo, in: Brogiolo / Portulano (note 12), pp. 183–192, 311–312, here p. 183. On coarse ware: Silvia Nuvolari, Ceramica grezza, in: Alexandra Chavarria Arnau (ed.), La chiesa di San Pietro di Limone sul Garda: ricerche 2004 (Documenti di Archeologia 47), Mantova 2008, pp. 45–64.

31 E.g. during the 10th and in the 12th century, Malcesine had the privilege of trading olive oil with the monastery of San Zeno in Bardolino: Annapaola Mosca, Un portolano tardomedioevale del lago di Garda ricostruito attraverso Marin Sanudo, in: Paolo Gatti (ed.), Dalla tarda antichità agli albori dell'Umanesimo: alla radice della storia europea, Trento 1998 (Labirinti 33), pp. 244–273, here p. 249 with bibliographical references.

32 Marcante (note 30); Malaguti (note 23), pp. 311–312.

Such ideas lay behind the damming of the Mincio at the end of the 12th century. The project, designed by Alberto Pituino, aimed at preventing the river from flooding as well as improving the air quality in Mantua. Around the middle of the 12th century (1152), due to a geomorphological change in the Po Delta area, the northern branch of the River Po, called *Po di Venezia*, became the river's most important branch.[33]

Starting in the 13th century contacts with Venice seem to increase, as do other contacts with the northern Italian area.[34] At the beginning of the 14th century, the northern part of Lake Garda was under the control of Trento, as Dante attests ('Inferno' XX,67–69): the poet describes a point on the lake surface where the three bishops of Trento, Verona and Brescia could meet to bless their own district.

Starting in the 13th / 14th century Verona organized its military defence on the southern and eastern coast of the Lake. At the starting point of the Mincio, navigation was controlled by the fortress in Peschiera. This building was probably in the same location where ancient fishing grounds had been and indicates how important the position of this centre was as a bridge between the access to the lake and to the Po Valley waterways.[35] In 1393, the Mincio was controlled by new constructions, under the castle of Valeggio, by a bridge built in the period of Visconti domination: this building was designed to control the southern access to the lake.[36]

3 Venice

After the conquest of Lake Garda by Venice in 1440, with the incredible transportation of boats from the Adriatic Sea to Lake Garda, which were shipped along the Adige as far as Rovereto and then along a land route of about 20 kilometres, arriving at the lake at Torbole on the northern coast, we can assume that navigation took place all around the lake.[37]

---

[33] Stella PATITUCCI UGGERI, Sistemi fortificati e viabilità sul Basso Po, in: I Congresso Nazionale di Archeologia Medievale (Pisa, 29–31 maggio 1997), Firenze 1997, pp. 403–408; EAD. (note 22), pp. 9–11, 30. About the geomorphological change: Elia LOMBARDINI, Studi idrologici e storici sopra il grande estuario adriatico, I fiumi che vi confluiscono e principalmente gli ultimi tronchi del Po, in: Memorie del Reale Istituto Lombardo di Scienze e Lettere, classe Sc. Nat. sez. 2, 11, 2 (1869), pp. 50–55; ORTOLANI / ALFIERI (note 21).
[34] E. g. Alessandra MARCANTE, Il materiale vitreo, in: CHAVARRIA ARNAU (note 30), pp. 87–93, here pp. 80–93.
[35] The fortress became one of the strongpoints of the quadrilateral fortresses in the modern age.
[36] In this period artefacts arrived in the region of the lake from Brescia above all, but also from Veneto and the Po Valley: see MORINA (note 23); MALAGUTI (note 23). Venice exported 'nuppenbecher' in the 13th / 14th century: MARCANTE (note 30), here p. 184.
[37] A similar galleon, but dated in a later period, was found in the lake: Luigi FOZZATI / Massimo CAPULLI, Le navi della Serenissima: archeologia e restauro (XIII–XVI sec.), in: Lorenza DE MARIA /

In the 15th century we have the famous description of the journey made in 1464 by Felice Feliciano of Verona along the shores and the islands of Lake Garda to emulate the travels in the eastern Mediterranean of Ciriaco de' Pizzicoli of Ancona.[38] About twenty years later we have the description of the journey of Marin Sanudo the Younger. At the age of seventeen he, his cousin Marco, along with Giorgio Pisani and Pietro Vettori, *Sindaci in missione nella terraferma veneziana* (that is to say, ambassadors or explorers in the hinterland of Venice), travelled in areas under Venetian dominion from the 15th of April until the 3rd of October 1483.[39] We can now closely examine some aspects of Marin Sanudo's voyage in the area of the lake to better understand the tradition of navigation on Lake Garda.

At the beginning, Marin Sanudo describes Peschiera; he then focuses his attention on the lake.[40] Sanudo uses classical sources, historical knowledge and the official data of the Republic of Venice. His journey is mixed: it is either by land routes or by water. He refers to the Venetian conquest of 1440 and, especially, to the incredible crossing of the galley through the Nago pass between the River Adige and Torbole on Garda. He also refers to the victory of Venice at Riva and the *memorabilia* kept in Lazise.[41] Sanudo then goes to Mantua, to Crema and at the end returns to Lake Garda at the town of Salò.[42] He describes and draws this second stronghold and, at last, riding a horse along the western coast of the lake, he arrives in Gargnano.[43] Here he leaves the land route and, to avoid the discomfort of the rugged mountains, he boards a *ganzara*, a sort of local boat, by means of which he reaches Riva. So we can imagine that it was hard to travel by land over the north-western part of Benacus. He describes and carefully draws the fortress of Riva (Fig. 3). From here he travels to Arco and from the road he sees Tenno on his left, the stronghold of the bishop of Trento.[44] He then

---

Rita TURCHETTI (eds.), Rotte e porti del Mediterraneo dopo la caduta dell'impero d'Occidente, Soveria Mannelli (Catanzaro) 2004, pp. 239–252.

38 Paul KRISTELLER, Andrea Mantegna, London, New York 1901, pp. 472–473. See also Myriam BILLANOVICH, Intorno alla Iubilatio di Felice Feliciano, in: Italia Medioevale e Umanistica 32 (1989), pp. 351–358.

39 Rawdon L. BROWN, Marini Sanuti Leonardi filii patricii Veneti itinerarium cum syndicis Terre Ferme, Padova 1847; see now Marino Sanudo, Itinerario per la Terraferma veneziana, ed. Gian M. VARANINI, Roma 2014; for the relationships between Marin Sanudo and other humanists, see: Michael KNAPTON / John LAW, Marin Sanudo e la terraferma, in: ibid., pp. 9–54, here pp. 51–54. For the classical knowledge of Marin Sanudo see: Angela CARACCIOLO ARICÒ, Una testimonianza di Marin Sanudo umanista: l'inedito De antiquitatibus et epitaphis, in: Manuela FANO SANTI (ed.), Venezia e l'Archeologia. Un importante capitolo nella storia del gusto dell'antico nella cultura artistica veneziana (Rivista di Archeologia, Suppl. 7), Roma 1990, pp. 32–34.

40 Gian M. VARANINI, Testo e commento della redazione padovana, in: ID. (note 39), pp. 137–467, here pp. 250–253.

41 ID. (note 40), pp. 254–255.

42 ID. (note 40), pp. 312–315.

43 ID. (note 40), pp. 316–318.

44 ID. (note 40), p. 322.

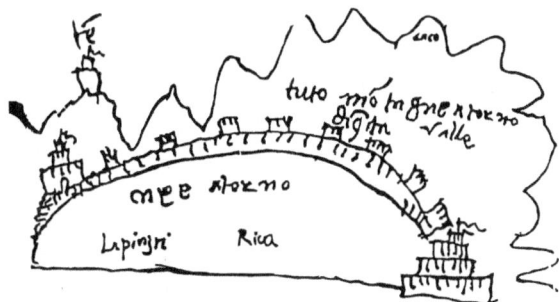

Fig. 3: Riva del Garda. Drawing from Marin Sanudo's 'Itinerario per la Terraferma veneziana' (1483), Padova, Biblioteca Universitaria, ms. 996.

goes back to Riva, from where he travels to Torbole by boat (*burchielo*) to avoid Mount Brione. From Torbole he climbs to Castel Penede, the castle built by the lord of Arco. Finally, he leaves the lake and goes to Rovereto, in the Adige Valley.[45]

It is possible to reconstruct the description of the lake provided by Marin Sanudo. From this description, we can identify a technical source of which he makes use, a sort of *portolano* of Lake Garda. After having referred to the depth of the waters of the lake, Marin Sanudo provides a list of the castles along the lake, drawn up in such a way as to suggest that it is a reproduction of a *portolano* of the Garda coasts. The *portolani* listed all the landing places along a sailing route and reported the distance necessary to sail from one port to another, as a sort of nautical map,[46] although, in the case of Marin Sanudo, there are some inconsistencies in the distances he offers.[47] Castles (22 castles are described in Sanudo's text) and settlements of different levels and importance are situated at unequal distances, connected to the shore and to the inland district that they had to control. Many of these castles are in the same position as previous settlements, even if the shape of the settlement appears transformed because of the change of power, society, and economy.[48]

---

45 ID. (note 40), pp. 326–327.
46 On *portolani*: Bachisio R. MOTZO, Il compasso da navigare, Cagliari 1947; Patrick GAUTIER DALCHÉ, Carte marine et portulan au XIIe siècle. Liber de existencia riverarum et forma maris nostri Mediterranei (Pise, circa 1200) (Collection de l'Ecole française de Rome 203), Roma 1995; see also: Nereo ALFIERI, I porti del litorale ferrarese e romagnolo nei portolani e nelle carte nautiche medievali, in: Civiltà comacchiese e pomposiana dalle origini preistoriche al tardo medioevo. Atti del Convegno nazionale di studi (Comacchio, 17–19 maggio 1984), Bologna 1986, pp. 661–682.
47 The word *mia* seems to be the plural of *miglio*; it is connected to the Venetian word *miglio* (= mt. 1738): Gian M. VARANINI, Descrizione del ms. 996 della Biblioteca Universitaria di Padova e del ms. It. VI 277 della Biblioteca Nazionale Marciana di Venezia, in: ID. (note 39), pp. 127–136, here p. 136.
48 On the continuity of the sites, until almost the 12th / 13th centuries: Gian P. BROGIOLO, Chiese e insediamenti medioevali nel territorio gardesano, in: ID. et al. (eds.), Chiese nell'alto Garda bresciano. Vescovi, eremiti, monasteri, territorio tra tardoantico e romanico (Documenti di Archeologia 31), Mantova 2003, pp. 11–18; here pp. 11–14; Fabio SAGGIORO, Paesaggi e popolamento nelle campagne gardesane tra età romana e medioevo, in: BROGIOLO / IBSEN / MALAGUTI (note 12), pp. 191–226, here pp. 209–212. On the problem of continuity and transformation see e. g. Alexandra CHAVARRIA ARNAU,

4 Conclusions. A lake landscape

Navigation on Lake Garda was not only relevant at a local level. It was also tightly linked to the northern Italian waterways system. There are several signs of navigation on the lake in the Roman era and we know that artefacts arrived in the Lake Garda district from long distance traffic. It seems that the import of African slip ware was still flourishing between the 4th/5th century AD, while, at the beginning of the 6th century, Theoderic ordered, in a general context, regarding other Italian rivers, that shipping activity should be preserved, due to the importance of interregional traffic. Meanwhile goods continued to arrive in the lake area. It is uncertain whether the hydrogeological instabilities that occurred in 589 altered trade flows, but the political situation surely did.

After the definitive collapse of ancient trade patterns, in the 7th century, waterways kept on working and salt continued to be transported along the waterways of the Po Valley. But until the 12th / 13th centuries only a small amount of goods arrived in the lake region from long-range transport, although artefacts from the neighbouring areas continued to. Unfortunately, we do not currently have any data on the trade of wooden or textile artefacts, or about other perishable goods. On the other hand, navigation on the lake surface was conducted in accordance with precise rules, due to the political situation: written sources suggest, in fact, that navigation without duties (*dazi*) on Lake Garda could be practised by only a few communities on the edges of the lake.

The influence of the trade activity of Venice is visible from the 13th century, probably in connection with the branch of the Po called *Po di Venezia*, as trade flows seem to confirm. The existence of economic contacts is proven by the archaeological evidence discovered, for example, in the last periods of use of the Rocca of Manerba, dated between the 14th and the 15th century. Traffic from the Adriatic coast seems to have increased from the middle of the 15th century;[49] e.g. glass artefacts suggest the existence of trade with Venice and its surrounding area.[50] This traffic continued until almost the 16th century.[51]

Lonato (BS). Abbazia medievale di S. Maria Assunta di Maguzzano, in: Notiziario Soprintendenza Archeologica della Lombardia (2010 / 2011), pp. 137–141.

49 Francesca VERONESE, Ceramica e ceramisti in area lombarda tra Medioevo e Rinascimento, in: BROGIOLO / PORTULANO (note 12), pp. 223–275, here pp. 231, 261.

50 See MARCANTE (note 30), here pp. 186–187, 313–314. On the other hand, soap stone from the western areas from the 13th to 15th century is also still found in the lake region: MALAGUTI (note 23), pp. 179–181.

51 Annalisa COLECCHIA / Van VERROCCHIO, La ceramica tardo e postmedievale, in: COLECCHIA (note 12), pp. 200–219, here p. 217; Silvia NUVOLARI, Ceramica rivestita, in: CHAVARRIA ARNAU (note 30), pp. 65–73; MARCANTE (note 34), pp. 87–96.

In the description of the journey made by Marin Sanudo the Younger in 1483, we have proof of an organized tradition of shipping activity all over the lake. His testimony also suggests that it was possible to reach the north-west coast of the lake only by boat, or at least that this was the better choice in the view of elite travellers of the period.

After the unification of the lake, the trade activity seems to have increased. The Venetians, masters of the sea and experts in the compilation of nautical maps and *portolani* of the Mediterranean from the beginning of the 13th century, used their experience on the lake waters.[52] We can see that some settlements along the lake coast, despite transformations, have kept their function connected to the lake activities over the centuries.[53]

After the waterways were improved and Venice and other towns of Northern Italy increased their political and economic power, the traffic on the waterways and Lake Garda changed, but the waterways are a channel that has always favoured the circulation of men and goods.

However, in the Late Middle Ages we also have evidence of kilns and factories scattered along the Po effluents and these seem to bear witness to the presence of commercial traffic on all northern Italian waterways.[54] The waterways, as a very functional means of connection, were therefore maintained throughout the centuries, with only brief periods of closure or reduction in traffic, despite political and environmental changes.

---

[52] MOSCA (note 31), p. 268.
[53] See e. g., on the western coast, Padenghe: POGGIANI KELLER et al. (note 1), p. 242.
[54] VERONESE (note 49), pp. 227–232.

Nicole Stadelmann (St. Gallen)
Austausch übers Wasser. Wirtschaftliche Beziehungen und Arbeitsalltag zwischen dem Nord- und Südufer des Bodensees[*]

Abstract: The article discusses the economic exchange of the so called *Bodenseestädte*. Well into the 19th century, the cities around and near Lake Constance were closely connected to each other. Lake Constance was thereby a key factor in regional interdependence. Using the evidence of missives – letters from cities or individuals to city councils – I examine the economic exchange between the north and south shores as well as the daily routine around and on the lake. The missives reveal how a variety of agents took part in regional trade and how established market places with privileged status attempted to prevent small villages and harbours without licensed shipping traffic from competing with them. However, individuals also took an active part in the trade around the lake. Not only merchants but also craftsmen migrated for work and jobs within the region. Local trade and the export-oriented textile industry were powerful connective forces within the region. With the local specialization in livestock farming and viticulture on the south shore of the Lake of Constance, preliminary steps towards a division of labour can be identified as early as the late Middle Ages. From the north to the south, crops were transported across the water, while from the south shore dairy products were sent to the other side. Furthermore, the textile industry was very important for the region, as, all around the lake, linen goods were being produced. The letters also provide an impression of how this trade functioned, as well as of the nature of everyday life around and on the water.

Keywords: Bodensee, Geschichte, Handel, Kommunikation, St. Gallen, Wirtschaft

1 Einleitung

Im Bodensee befindet sich bis heute die einzige nicht festgelegte und völkerrechtlich anerkannte Grenzziehung der Schweiz.[1] Diese Situation ist einzigartig und hat historische Gründe: Bis ins 19. Jahrhundert war der Bodensee das verbindende Scharnier für die umliegenden Gebiete. Er hielt die Bodenseeregion als eng verflochtener Wirtschafts- und Lebensraum zusammen. Der vorliegende Artikel greift anhand der

---

[*] Für Korrekturen und Hinweise danke ich Prof. Dr. Stefan Sonderegger und Dr. Dorothee Guggenheimer, Leiter resp. stellvertretende Leiterin des Stadtarchivs der Ortsbürgergemeinde St. Gallen.
[1] Swisstopo, www.swisstopo.admin.ch/internet/swisstopo/de/home/topics/survey/border/boundaries_different.html (letzter Zugriff am 01. 03. 2015).

DOI 10.1515/9783110437430-014

Briefschriftlichkeit der alten Reichsstadt St. Gallen Themen der wirtschaftlichen Kommunikation innerhalb dieser zusammenhängenden Region im Spätmittelalter auf. Dabei steht der Bodensee als Dreh- und Angelpunkt des wirtschaftlichen Austauschs zwischen seinem Nord- und Südufer im Zentrum des Interesses. Untersucht werden sowohl die verschiedenen Akteure, die rund um den Bodensee miteinander in Beziehung standen, als auch die regionalen Produkte, welche zwischen dem Nord- und Südufer ausgetauscht wurden. Insbesondere die Zusammenarbeit und Konkurrenz innerhalb der Textilwirtschaft, welche als ökonomische Klammer die ganze Region umfasste, dominierten die Begegnungen der Beteiligten. Im letzten Teil soll nach dem Alltag auf und um den See gefragt werden. Wie funktionierte der Handels- und Schiffsverkehr konkret? Nicht zuletzt aufgrund eines Ausnahmezustands – des Alten Zürichkriegs – und aus den in diesem Zusammenhang entstandenen Missiven öffnen sich interessante Einblicke in die gemeinsame Nutzung des Bodensees.

Bei den Missiven handelt es sich um adressierte und versiegelte Briefe, die von herrschaftlichen, städtischen oder privaten Boten zugestellt wurden. Dabei konnten Absender und Empfänger amtliche Stellen oder Privatpersonen sein. Diese Art der schriftlichen Kommunikation setzte im Spätmittelalter ein und nahm im Verlauf der frühen Neuzeit exponentiell zu. Missiven bilden in den meisten Archiven im deutschsprachigen Raum eine nicht edierte Quellengruppe. Im Stadtarchiv der Ortsbürgergemeinde St. Gallen lagern für die Zeit von 1400 bis 1800 über 30.000 Missiven, die von auswärts an die Stadt gelangten. Es sind schriftliche Quellen mit einem hohen Aktualitätsbezug, die u. a. wichtige Grundlagen für die Regionalgeschichte liefern.[2] Für den vorliegenden Artikel von Interesse ist der städtische Briefverkehr über den See hinweg, welcher Hinweise zum wirtschaftlichen Austausch übers Wasser liefert.

Die Überlieferungssituation der sankt-gallischen Missiven stellt sich folgendermaßen dar: Es sind bei weitem nicht alle Briefe erhalten. Zudem sind bis ins 17. Jahrhundert keine Missivenbücher in St. Gallen vorhanden, anhand derer die von dort ausgehende Korrespondenz nachverfolgt werden könnte. Es bleibt also unklar, wie viele Briefe der Rat der Stadt verschickt hatte. Eine Stichprobe lässt das Ausmaß der Verluste allerdings erahnen: Die erhaltenen Missivenbücher von Konstanz zeigen, dass die Stadt zwischen 1461 und 1471 dreißig Missiven an St. Gallen verfasst hatte.[3] Im Stadtarchiv der Ortsbürgergemeinde St. Gallen, beim Briefempfänger also, sind jedoch für diesen Zeitraum nur noch sechs Missiven aus Konstanz überliefert. Gut 80 Prozent der Briefe sind also gemäß dieser Stichprobe verloren gegangen. Quantitativ unterlegte repräsentative Auswertungen können aufgrund dieser Überlieferungssituation folglich nicht vorgenommen werden. Die vorhandenen Missiven liefern aber dennoch

---

2 Vgl. die unveröffentlichte Projekteingabe „Edition der St. Galler Missiven in Text und Bild, 1400–1650" des Stadtarchivs der Ortsbürgergemeinde St. Gallen beim Schweizerischen Nationalfonds.
3 Thomas BRUGGMANN, Unser fruntlich willig dienst zuo vor. Spätmittelalterliche Nachrichtenübermittlung über den Bodensee, in: Schriften des Vereins für Geschichte des Bodensees und seiner Umgebung 132 (2014), S. 41–56, hier S. 45.

Hinweise auf die Art und die Themen der wirtschaftlichen Kommunikation der Stadt St. Gallen mit anderen, v. a. am Nordufer des Sees gelegenen Bodenseestädten.

Als Bodenseestädte gelten im historischen Sprachgebrauch all jene Städte, die in engem Kontakt zum See standen und sich stark an der Bodenseeregion orientierten. Nicht nur in wirtschaftlicher Hinsicht, sondern auch bilateral und durch Bündnisse unterhielten die Städte dieses Raumes Beziehungen zueinander.[4] Der Begriff Bodenseestädte umfasst mehr als nur die direkten Anrainer des Gewässers. Der Austausch von Gütern über den See griff über seine Ufer hinweg aus auf Städte im Hinterland wie Ulm, Ravensburg, Isny oder St. Gallen. Solche Orte waren stark am wirtschaftlichen Austausch der Bodenseeregion beteiligt, auch wenn sie nicht direkt am See lagen. Dabei kann die Bedeutung des Wasserwegs für Transport und Handel kaum überschätzt werden.[5]

Der Bodensee hielt als Transportfläche jedoch nicht nur die Städte seiner Umgebung als eine Wirtschaftsregion zusammen, sondern verband seit römischer Zeit die Achse von Nord nach Süd über die Bündner Pässe (Chur – Bündner Pässe – Como – Mailand) sowie die Route von West nach Ost zwischen dem Rhein und der Donau (Augst – Windisch – Arbon – Bregenz – Kempten – Augsburg – Regensburg).[6] Ebenso wie die Alpen durch ihre wichtigen Handelswege zwei verschiedene Welten – die lateinische im Süden und die germanische im Norden – mehr miteinander verbanden als trennten,[7] ermöglichte der Bodensee auch im Mittelalter und der Frühen Neuzeit eine komfortable Verkehrsverbindung zwischen dem Deutschen Reich und der Lombardei. Insbesondere der Septimerpass wurde im Mittelalter sowohl von lombardischen Kaufleuten für die Spedition der oberitalienischen und orientalischen Produkte, als auch von deutschen Kaufleuten für den Transport ihrer Ware in die Lombardei und nach Genua als häufigste Passroute zwischen Nord und Süd benutzt.[8] Der Bodensee im Norden übernahm dabei mit dem Comersee im Süden eine verbindende Scharnierfunktion für Reisende auf der Nord-Süd-Achse, die den Septimerpass überquerten.[9]

---

4 Vgl. Stefan SONDEREGGER, Politik, Kommunikation und Wirtschaft über den See. Zu den Beziehungen im Bodenseegebiet im Spätmittelalter, in: Heimatkundliche Blätter für den Kreis Biberach 31 (2008), S. 33–44, hier S. 34–36.
5 Peter EITEL, Die Städte des Bodenseeraums – historische Gemeinsamkeiten und Wechselbeziehungen, in: Schriften des Vereins für Geschichte des Bodensees und seiner Umgebung 99/100 (1981/82), S. 577–596, hier S. 577.
6 Reinhold KAISER, Churrätien im frühen Mittelalter. Ende 5. bis Mitte 10. Jahrhundert, 2. Aufl. Basel 2008, S. 173–177.
7 Jean-François BERGIER, Die Wirtschaftsgeschichte der Schweiz. Von den Anfängen bis zur Gegenwart, Köln 1983, S. 12–14.
8 Werner SCHNYDER, Handel und Verkehr über die Bündner Pässe im Mittelalter zwischen Deutschland, der Schweiz und Oberitalien, Bd. 1, Zürich 1973, S. 16–34.
9 Karl Heinz BURMEISTER, Geschichte der Bodenseeschiffahrt bis zum Beginn des 19. Jahrhunderts, in: Schriften des Vereins für Geschichte des Bodensees und seiner Umgebung 99/100 (1981/82), S. 165–188, hier S. 166–167.

Zusätzliche Attraktivität für den internationalen Transitverkehr erhielten die Bündner Pässe durch die Anbindung an die Wasserwege des Walen- und Zürichsees sowie des Langensees.[10]

Die Handelsstadt St. Gallen war u. a. durch ihre Leinwandexporte in diesen internationalen Handelsverkehr involviert und profitierte von ihrer Nähe zum Bodensee und zur Nord-Süd-Route. So wurde Leinwand über den See nach Nürnberg transportiert, während lombardische Händler ihre Maultiere mit Leinwandfässern beluden und über die Bündner Pässe führten. Die Reichsstadt St. Gallen war ab der Mitte des 15. Jahrhunderts zum führenden Leinwandzentrum des Bodenseeraumes aufgestiegen und hatte die Stadt Konstanz, nachdem diese von Unruhen erschüttert worden war, allmählich von dieser Position verdrängt. St. Gallen war deshalb ein wichtiger Partner und starker Akteur im wirtschaftlichen Austausch über den Bodensee. Dies zeigt auch die überlieferte Briefschriftlichkeit, auf die im Folgenden eingegangen wird.

2 Akteure: Wer war am wirtschaftlichen Austausch beteiligt?

Rund um den Bodensee spielten verschiedene Akteure eine Rolle beim wirtschaftlichen Austausch über den See. Reichsstädte und kleine Marktorte, aber auch Privatpersonen nutzten den See als Kommunikationsfläche. Sie profitierten wechselseitig voneinander, standen aber gleichzeitig auch zueinander in Konkurrenz. Die einflussreichsten Akteure waren die alten Marktorte, die aufgrund ihrer Privilegien und Vorrechte den Handel in der Region unter sich aufzuteilen suchten. Am Nordufer des Sees waren dies die Städte Bregenz, Lindau, Buchhorn (heute Friedrichshafen), Konstanz, Radolfzell und Überlingen. Sie alle waren Ausfuhrorte mit einer konzessionierten Schifffahrt, die an ein Gebühren- und Abgabensystem gebunden und für einen wesentlichen Teil der städtischen Einnahmen verantwortlich war. Solchen privilegierten Umschlagsplätzen standen kleinere Marktorte gegenüber, auf welchen der Handel im ‚Winkel' betrieben werden konnte. Der Quellenbegriff ‚Winkel' bedeutete geheim, nicht überwacht; ihm haftete etwas Zwielichtiges an.[11] Es waren kleine Fischerorte und Landmärkte, die sich ohne besondere Privilegien am Handel über den Bodensee hinweg beteiligten. Sie operierten beispielsweise ohne konzessionierte Schifffahrt, mussten deshalb keine Abgaben an die Herrschaft leisten und konnten darum zu geringeren Tarifen arbeiten. Auch die gehandelten Güter konnten günstiger verkauft werden, da sie an keine städtische Preispolitik gebunden waren.[12] Diese Winkelmärkte traten in Konkurrenz zu den größeren Städten und wurden von den privi-

---

10 Werner MEYER, Das Hochmittelalter (10. bis Mitte 14. Jahrhundert), in: Handbuch der Bündner Geschichte, Bd. 1 (2000), S. 138–194, hier S. 142–143.
11 Frank GÖTTMANN, Winkelmärkte und Winkelhäfen. Zur Regelung des Kornhandels am Bodensee im 18. Jahrhundert, in: Konstanzer Blätter für Hochschulfragen 34 (1987), S. 54–69, hier S. 54.
12 Ebd., S. 64.

legierten Marktorten bekämpft. Auch die Stadt Lindau versuchte die für sie nachteiligen Winkelgeschäfte solch kleinerer Märkte zu unterbinden. So beklagte sich 1437 der Lindauer Rat in einer Missive nicht nur über die geheimen Winkelkäufe der St. Galler Kornhändler, sondern auch über die Konkurrenzhäfen Langenargen und Nonnenhorn. Der Lindauer Rat warf den St. Galler Händlern *haimlich[e] köff in den winckeln* mit den Lindauer Fuhrleuten vor. Die St. Galler Kornkäufer kauften ihr Getreide nämlich nicht immer auf dem Markt in Lindau, sondern auch in umliegenden Orten. Die kleinen Dorfmärkte, vielleicht auch nur einzelne Bauernhöfe, traten somit in Konkurrenz zum Kornmarkt in Lindau. Die Lindauer Fuhrleute transportierten danach im Auftrag der Kornhändler das Getreide an Lindau vorbei in die nahegelegenen, kleineren Ausfuhrorte Nonnenhorn oder Langenargen. Lindau appellierte an die Sankt Galler, es müsste auch in ihrem Interesse als Reichsstadt sein, sie bei ihrem Kampf gegen solche ländlichen Märkte zu unterstützen. In der Missive warnten die Lindauer vor großen Schäden für die Städte, wenn *die märgt in die dörffer geleit würden.*[13] Ebenso erwuchs der Stadt im Bodensee Konkurrenz aus den benachbarten Ausfuhrorten Langenargen und Nonnenhorn. Einnahmen aus dem Schiffsverkehr, Arbeitsplätze und Versorgungssicherheit für die Stadtbürger konnten durch eine solche Konkurrenz verloren gehen. Um diese Schäden abzuwenden, sollten die großen Reichsstädte nach der Meinung Lindaus gemeinsam vorgehen und sich gegenseitig unterstützen.

Die Befürchtungen Lindaus waren im Fall vom ambitionierten Langenargen nicht unberechtigt, wie zwei Missiven zeigen. Graf Hugo von Montfort pries nämlich im Februar und im Oktober 1450 sein neu eröffnetes Gredhaus in Langenargen an. Er hatte die Rechte für einen Jahr- und einen Wochenmarkt vom König erworben und bat den St. Galler Rat in einem Brief, den neuen Markt und sein Gredhaus den Bürgern und Kaufleuten der Stadt bekannt zu machen und anzupreisen.[14] Acht Monate später gelangte Graf Hugo von Montfort noch einmal mit demselben Anliegen an die Sankt Galler. Diesmal ersuchte er um die Erlaubnis, seine Märkte und das Gredhaus in Langenargen in der Stadt öffentlich durch den Überbringer der Missive ausrufen zu lassen. Er appellierte an die Obrigkeit, mit den St. Galler Kaufleuten zu sprechen, um diese zu überzeugen, seine Märkte zu besuchen und ihre Waren nach Langenargen zu bringen. Der neue Handelsplatz befand sich offenbar noch im Aufbau und musste Kundschaft anwerben. Das Fischerdorf Langenargen war eine der letzten Stadtgründungen im Bodenseegebiet. Es erhielt drei Jahre nach dem Marktrecht 1453 auch das Stadtrecht.[15] Die Konkurrenz rund um den Bodensee war groß, dennoch schien der Aufbau eines neuen, dörflichen Marktes, der Erwerb von Marktrechten und der Ausbau zur Stadt für Graf Hugo von Montfort lukrativ zu sein. Privilegierte Umschlagplätze wie Lindau fürchteten – wie aus der weiter oben behandelten Missive deutlich hervorgeht – denn

---

13 St. Gallen, Stadtarchiv der Ortsbürgergemeinde, Missiven, 21. 07. 1437.
14 Ebd., 21. 02. 1450.
15 EITEL (Anm. 5), S. 582.

auch den Wettbewerb mit solchen Landmärkten. Allerdings litt Langenargen zu sehr unter der Konkurrenz der umliegenden Orte, insbesondere vom nahen Tettnang. So wurde Langenargen nur teilweise ummauert und blieb vorwiegend Nebenresidenz der Grafen von Montfort.[16] Erst im 18. Jahrhundert schaffte es den Aufstieg und wurde vom noch im 17. Jahrhundert als Winkelhafen bezeichneten Örtchen zu einem der berechtigten Getreideausfuhrorte am nördlichen Bodenseeufer.[17]

Neben Städten und anderen Herrschaftsträgern waren auch Privatpersonen in den Handel über den See hinweg involviert. Dies zeigte die Erwähnung der St. Galler Kornkäufer, die an den Winkelgeschäften rund um Lindau beteiligt waren, ebenso wie die Werbung des Grafen von Montfort um sankt-gallische Kaufleute für den neuen Markt in Langenargen. Doch nicht nur Handel treibende Kaufleute waren über den See hinweg vernetzt, auch Handwerker nutzten das wirtschaftliche Potential der Region. Ein Austausch über den See fand nämlich auch durch Arbeitsmigration statt. Eine gesellschaftliche Gruppe, bei der Migration zur Ausbildung gehörte, waren die Handwerksgesellen. Peter EITEL hat die Konstanzer Gesellenbücher zwischen 1489 und 1579 ausgewertet. Die Resultate zeigen, dass die Zuwanderung von Gesellen aus der Region, vor allem aus den Städten Oberschwabens und des Allgäus, besonders groß war. Die meisten Handwerksgesellen kamen aus Kempten nach Konstanz. Danach folgten Ulm, Ravensburg, Lindau, Biberach, Augsburg und Memmingen, dann Isny und St. Gallen. Auch kleinere Städte wie Tettnang, Wangen, Waldsee oder Leutkirch waren für ihre Größe stark mit Gesellen in Konstanz vertreten.[18] Die regionale Wanderung konnte neben dem Verbleib im gleichen Kultur- und Sprachraum weitere Vorteile bieten, wie eine Missive von 1436 zeigt. Über den Rat von Lindau bat der dortige Meister Martin Dorn den Rat von St. Gallen um Hilfe. Ein Scherergeselle, der beim St. Galler Meister Eberli Brising arbeitete, sei mit der Bitte um eine zukünftige Anstellung zu ihm nach Lindau gekommen. Vor Zeugen habe er versprochen, auf den Sankt Johannestag (24. Juni) bei ihm mit der Arbeit zu beginnen. Der Geselle sei nun – am 14. Juli – aber immer noch nicht angekommen, weshalb er die St. Galler Obrigkeit bitte, mit Eberli Brising und seinem Gesellen zu sprechen und letzteren zu ihm zu schicken. Aufgrund des erwähnten Versprechens habe er nämlich keinen anderen Gesellen angestellt, sei aber auf einen solchen angewiesen. Er selbst hatte den beiden schon mehrmals Botschaften geschickt, jedoch ohne Erfolg[19] – ein Hinweis, dass Private nicht nur über amtliche Missiven, sondern auch direkt miteinander kommunizierten. Als zusätzlicher Vorteil beim Austausch innerhalb der Region konnte sich der Geselle, wie in der Missive beschrieben, vor seiner Wanderung bei einem potentiellen neuen Arbeitgeber bewerben.

---

16 Ebd., S. 582.
17 GÖTTMANN (Anm. 11), S. 56–57.
18 EITEL (Anm. 5), S. 591.
19 St. Gallen, Stadtarchiv der Ortsbürgergemeinde, Missiven, 14. 07. 1436.

Eine andere mobile Berufsgruppe waren die Schulmeister. Sie boten ihre Dienste an verschiedenen Orten an, waren meist ledig und deshalb ungebunden. So bewarb sich Gallus Bils, Schulmeister in Wangen, 1506 um die freie Schulmeisterstelle in St. Gallen. Er hatte gehört, dass die St. Galler Schule aktuell ohne Lehrer sei und bat den Rat um ein (Vorstellungs-)Gespräch. Um in Wangen nicht in Ungnade zu fallen, beschließt er den Brief mit der Bitte um Geheimhaltung. Selbst bezeichnete sich Gallus Bils in seinem Bewerbungsschreiben mehrmals als Nachbar.[20] Dies macht die Nähe und Verwobenheit der Bodenseestädte deutlich – die Nachbarschaft reichte im Verständnis der zur Region gehörenden Bewohner weit über die Ufer des Sees hinaus.[21] Diese ‚gefühlte' Nähe implizierte auch die rasche Verbreitung von Gerüchten und Informationen. Stellensuchende wie Gallus Bils wussten also stets, wo Vakanzen waren, auf die sie sich bewerben konnten.

Ein guter Leumund innerhalb der ganzen Region war deshalb unerlässlich, gerade auch, wenn Aufträge über die eigene Stadt hinausgingen. Handwerker beispielsweise wurden an verschiedenen Orten verpflichtet, wie eine Missive aufzeigt. 1497 bat der Rat von Überlingen um Reparaturleistungen von Hans Dietz, Bürger und Dachdecker in St. Gallen. Dieser habe vor einigen Jahren einen Kirchturm in Überlingen gedeckt und dabei versprochen, allfällig auftretende Mängel selbst zu beheben. Da das Dach nun beschädigt war, bat Überlingen um die schnellstmögliche Reparatur durch Hans Dietz.[22] Spezialisierte Arbeiten wurden von Fachkräften aus der Region vorgenommen. Diese wurden unter den Städten ausgetauscht und für schwierige Arbeiten weitergereicht.

3 Regionaler Handel: Austausch zwischen dem Nord- und Südufer des Sees

Doch mit welchen regionalen Produkten handelten die verschiedenen Akteure über den See? Die drei zu Beginn behandelten Missiven zeigen neben dem Wettbewerb und der Konkurrenz von Marktorten auch den Kornimport St. Gallens aus Süddeutschland. Überlingen war einer der wichtigsten Getreideexporthäfen für die Nordostschweiz. Dies unterstreicht nebst den Missiven das einzige erhaltene ‚Gredbuch von Steinach'.[23] Dieses Gredbuch erfasste die vom Nordufer importierte Ware, welche in

---

20 St. Gallen, Stadtarchiv der Ortsbürgergemeinde, Missiven, 21. 06. 1506.
21 Auch Gerüchte über den Tettnanger Konrad Kobler fanden den Weg über den See nach St. Gallen, s. hierzu S. 215 dieses Artikels.
22 St. Gallen, Stadtarchiv der Ortsbürgergemeinde, Missiven, 01. 08. 1497.
23 Frank GÖTTMANN, Getreidemarkt am Bodensee. Raum, Wirtschaft, Politik, Gesellschaft (1650–1810) (Beiträge zur südwestdeutschen Wirtschafts- und Sozialgeschichte 13), St. Katharinen 1991, S. 231–235.

Steinach 1477/78 verzollt wurde.²⁴ Die Einträge im Gredbuch zeigen, dass Getreide das wichtigste Gut war, welches vom Nordufer nach St. Gallen gelangte. Dabei konzentrierte sich der Kornhandel via Steinach vorwiegend auf Überlingen. Aber auch Getreide aus Radolfzell und Buchhorn (heute Friedrichshafen) wurde verzollt.²⁵

Für die Frühe Neuzeit ist die Abhängigkeit der Ostschweiz von Getreidelieferungen aus Süddeutschland gut untersucht.²⁶ Die Protoindustrialisierung führte zur Bindung von Arbeitskräften in der Heimarbeit. Spezialisierte Viehwirtschaft in den voralpinen und alpinen Gebieten des Toggenburgs und des Appenzellerlandes sowie zusätzlich das Heimgewerbe führten zu einer Vernachlässigung des Getreideanbaus. Spätestens in der Frühen Neuzeit hatte sich eine Arbeitsteilung über den See herausgebildet. Getreide wurde vom Nord- ans Südufer des Sees geliefert, in die entgegengesetzte Richtung wurden Molkereiprodukte und Geld transferiert.²⁷ Anhand der zuvor erwähnten Missiven sowie des Gredbuchs kann aber die Frage aufgeworfen werden, ob der Getreideanbau in der Ostschweiz aufgrund des Leinwandgewerbes und der landwirtschaftlichen Spezialisierung auf Viehwirtschaft nicht bereits im 15. Jahrhundert vernachlässigt worden und die Region bereits damals bis zu einem gewissen Grad von der Kornversorgung aus Süddeutschland abhängig war.

Umgekehrt exportierte St. Gallen aufgrund dieser landwirtschaftlichen Spezialisierung Molkereiprodukte ans Nordufer, wie auch folgende Missive zeigt: 1548 litt Überlingen unter Buttermangel und bat St. Gallen in einem Brief darum, wöchentlich 20 Zentner Schmalz über den Bodensee zu liefern. Dies könne mit demselben Schiff geschehen, welches – besetzt mit St. Galler Kornkäufern – regelmäßig von Steinach auf den Überlinger Wochenmarkt fahre. Es war nicht das erste Mal, dass St. Gallen Überlingen mit Schmalz versorgte. Wie in der Missive beschrieben, hatte wegen Konflikten mit der bäuerlichen Bevölkerung schon einmal Buttermangel in Überlingen geherrscht. Schon damals war St. Gallen eingesprungen und hatte die Stadt am nördlichen Seeufer mit dem Lebensmittel beliefert. So waren sich die Überlinger sicher, dass St. Gallen auch dieses Mal genügend Butter auf seinen Märkten auftreiben könne, um sie ein weiteres Mal – wie es in der Quelle heißt – zu *beschmalzen*.²⁸

---

24 St. Gallen, Stadtarchiv der Ortsbürgergemeinde, Bd. 451.
25 Stefan SONDEREGGER, Steinach – Stadtsanktgaller Satellit im fürstäbtischen Territorium, in: Marcel Mayer, Gitta Hassler (Hgg.), Die Steinach. Natur, Geschichte, Kunst und Gewässerschutz vom Birt zum Bodensee (Schriftenreihe der Stadt St. Gallen), St. Gallen 2012, S. 96–104, hier S. 103–104.
26 Albert TANNER, Korn aus Schwaben – Tuche und Stickereien für den Weltmarkt. Die appenzellische Wirtschaft und die interregionale Arbeitsteilung im Bodenseeraum, 15.–19. Jahrhundert, in: Peter BLICKLE u. Peter WITSCHI (Hgg.), Appenzell – Oberschwaben. Begegnungen zweier Regionen in sieben Jahrhunderten, Konstanz 1997, S. 282–307, sowie Frank GÖTTMANN, Appenzell und der Bodenseegetreidehandel im 18. Jahrhundert, in: ebd., S. 231–281.
27 Stefan SONDEREGGER, Landwirtschaftliche Entwicklung in der spätmittelalterlichen Nordostschweiz. Eine Untersuchung ausgehend von den wirtschaftlichen Aktivitäten des Heiliggeist-Spitals St. Gallen (St. Galler Kultur und Geschichte 22), St. Gallen 1994, S. 278–282.
28 St. Gallen, Stadtarchiv der Ortsbürgergemeinde, Missiven, 18. 07. 1548.

Auch Privatpersonen aus St. Gallen exportierten Schmalz über den See, wie der Entwurf einer Missive von 1450 zeigt. Als der Sankt Galler Wilhelm Ringgli Butter nach Konstanz auf den Markt bringen wollte, wurde er auf dem Bodensee von Gefolgsleuten des Truchsesses von Waldburg überfallen. Ihm wurde seine ganze Schmalzladung abgenommen. Im überlieferten Missivenentwurf bittet der Rat von St. Gallen um die Rückgabe der geraubten Ware.[29]

4 Textilwirtschaft: Produktion für den Export

Doch St. Gallen exportierte nicht nur Butter, sondern war seit Mitte des 15. Jahrhunderts auch Textilproduktions- und -handelszentrum der Region. Im Bereich des Leinenhandels bestanden engste Beziehungen im Bodenseeraum. Rund um den See wurde Leinwand hergestellt und nach Deutschland, Frankreich, Spanien, Italien und Polen ausgeliefert.[30] Das exportorientierte Gewerbe liess die Region noch stärker zusammenwachsen, schuf gleichzeitig aber auch Konkurrenz zwischen den verschiedenen an Produktion und Handel beteiligten Akteuren. Dies zeigt eine Reihe überlieferter Missiven. Ein Beispiel für die regionale Zusammenarbeit sind diverse Gesuche an die Stadt St. Gallen um Besichtigung von Einrichtungen des Leinwandgewerbes. 1491 beispielsweise bat der Rat von Ulm, ihrem städtischen Werkmeister, gleichzeitig Überbringer des Briefes, die sankt-gallische Mange (Leinwandpresse) zu zeigen, damit dieser die neue Presse in Ulm besser bauen könne.[31] Auch die Memminger wollten 1494 die sankt-gallische Leinwandpresse durch den städtischen Werkmeister anschauen lassen, da ihre reparaturbedürftig war.[32] 1544 nahmen im Auftrag der Stadt Isny zwei Bleicher und der Stadtwerkmeister die St. Galler Bleichen in Augenschein, da diese so kunstfertig angelegt seien. Die Stadt übernahm zudem die sanktgallische Bleicherordnung.[33] Vom Wissen St. Gallens als Leinwandzentrum profitierte also die ganze Region.

Die Herausbildung von über die Ufer ausgreifenden persönlichen Netzwerken war ein anderer Aspekt der seeübergreifenden Zusammenarbeit. In die Produktion und Distribution der Leinwand war der ganze Bodenseeraum involviert. Viele Handelshäuser und -firmen arbeiteten rund um den See Hand in Hand. Die Kaufleute und Geldgeber dieser Gesellschaften stammten aus der ganzen Region.[34] In der großen Ravensburger Handelsgesellschaft, die v. a. im 15. Jahrhundert aktiv war, fanden

---

29 Ebd., 28. 08. 1450.
30 Marcel MAYER, Leinwand, in: Historisches Lexikon der Schweiz, http://www.hls-dhs-dss.ch/textes/d/D13958.php (letzter Zugriff am 06. 07. 2015).
31 St. Gallen, Stadtarchiv der Ortsbürgergemeinde, Missiven, 08. 04. 1491.
32 Ebd., 24. 12. 1494.
33 Ebd., 04. 12. 1544; EITEL (Anm. 5), S. 589.
34 SONDEREGGER (Anm. 4), S. 38–39.

Kaufleute bzw. Kapitalgeber aus Ravensburg, Konstanz, Lindau, Isny, Wangen, Biberach, Memmingen, St. Gallen, Zürich und vereinzelt aus Ulm zusammen.[35] Seeübergreifende Verbindungen wurden in dieser Gesellschaft vorwiegend durch Heiraten neu eingegangen.[36] Auch die vom 14. Jahrhundert an gegründeten Städtebünde[37] trugen zur Entstehung von Netzwerken rund um das Gewässer bei. An gemeinsamen Beratungen kamen Gesandtschaften der Städte zusammen, die meist aus der Oberschicht – der reichen Kaufmannschaft – bestanden.[38] Bei solchen Gelegenheiten konnte man persönliche und geschäftliche Beziehungen knüpfen. Ein Beispiel für die Existenz solcher Netzwerke innerhalb der Region und die Bedeutung einer guten Reputation auch über den See hinweg liefert folgender, in einer Missive geschilderte Fall: Konrad Kobler, Bürger aus Tettnang, war um seinen guten Ruf und seine Ehre in St. Gallen besorgt, als er 1495 eigenhändig einen Brief an den St. Galler Rat verfasste. Darin nahm er Bezug auf ein Gerücht, dass der Sankt Galler Franz Hutter in Umlauf bringe. Dieser erzähle überall, dass er – Kobler – ihn umbringen wolle. Das sei aber nicht der Fall, versicherte Kobler nun. Die Bitte an den Rat lautete deshalb, mit Hutter zu sprechen und dieses Missverständnis aus dem Weg zu räumen. Falls der Sankt Galler einen Prozess anstrebe, so biete er sich an, vor seinem Herrn, dem Grafen von Montfort, vor Gericht zu treten.[39] In einem so vernetzten und zusammenhängenden Gebiet war das gute Ansehen auch über die Stadtgrenzen hinaus von Bedeutung. Gerüchte überquerten mühelos das Wasser, und man ließ ihnen auch dann nicht freien Lauf, wenn ihre Verursacher weit weg waren.

Neben den verbindenden Elementen führte die exportorientierte Textilwirtschaft auch zu Konkurrenz unter den beteiligten Akteuren. Die Bedeutung des Leinwandhandels für St. Gallen zeigt sich exemplarisch im ‚Gredbuch von Buchhorn': Leinwand war 1486/87 die von sankt-gallischen Kaufleuten am häufigsten ausgeführte Ware.[40] Die Stadt war denn auch um den Schutz ihres wichtigsten Exportprodukts bemüht. Die Qualitätsmarke St. Gallen wurde aktiv geschützt, auch an fremden Orten. Dies zeigt eine Missive aus Isny von 1493. Auf dessen Märkten wurden nämlich St. Galler Leinwandprodukte verkauft. 1493 mussten die Kaufleute aus Isny auf Druck der Obrigkeit St. Gallens bestätigen, nur noch dann ein Fähnlein an ihren Verkaufs-

---

35 EITEL (Anm. 5), S. 588.
36 Andreas MEYER, Die Große Ravensburger Handelsgesellschaft in der Region. Von der ‹Bodenseehanse› zur Familiengesellschaft der Humpis, in: Carl A. HOFFMANN u. Rolf KIESSLING (Hgg.), Kommunikation und Region (Forum Suevicum 4), Konstanz 2001, S. 249–304, hier S. 259.
37 SONDEREGGER (Anm. 4), S. 36–38.
38 EITEL (Anm. 5), S. 590 sowie Doris KLEE, Das St. Galler Säckelamtsbuch von 1419 als sozialgeschichtliche Quelle, in: Schriften des Vereins für Geschichte des Bodensees und seiner Umgebung 120 (2002), S. 105–129, hier S. 120–124.
39 St. Gallen, Stadtarchiv der Ortsbürgergemeinde, Missiven, 20. 01. 1495.
40 Hans Conrad PEYER, Leinwandgewerbe und Fernhandel der Stadt St. Gallen von den Anfängen bis 1520, Bd. 1: Quellen (St. Galler Wirtschaftswissenschaftliche Forschungen 16/1), St. Gallen 1959, S. 529–541.

ständen aufzustellen, wenn sie auch wirklich St. Galler Zwilch verkauften.[41] Auch in der eigenen Stadt versuchte St. Gallen Konkurrenz von seinen Märkten fernzuhalten, wie Missiven zeigen. 1493 wurde Leinwand eines Lindauer Gesellen in St. Gallen konfisziert, weil dieser an der St. Galler Schau – aus Angst oder Einfalt – fälschlicherweise aussagte, seine Leinwandstücke seien nach St. Galler Art gewirkt. Offenbar war St. Gallen als Textilzentrum um den Schutz seiner qualitativ hochwertigen Produkte immer stärker bemüht. Noch im 15. Jahrhundert hatte Arbeitsteilung und ein Veredelungsverkehr rund um den See geherrscht. So hatte Leinwand in den schwäbischen Städten produziert und für die Veredelung nach St. Gallen gebracht werden können, wo sie schließlich auch das St. Galler Gütezeichen erhalten hatte.[42] Ende des 15. Jahrhunderts war dies offenbar nicht mehr erlaubt. Die Lindauer Obrigkeit bat mit der Missive um die Rückgabe der konfiszierten Leinwand.[43] Konkurrenz existierte also nicht nur zwischen verschiedenen Marktorten, sondern auch um spezialisierte Güter.

Neben Konkurrenz und Partnerschaften schuf die dominante Textilwirtschaft auch Abhängigkeiten. Als Umschlagplatz war Buchhorn (Friedrichshafen) auf das St. Galler Gewerbe angewiesen, wie eine Missive von 1499 unterstreicht. Darin bat der Rat von Buchhorn die St. Galler Obrigkeit, den Leinwandhandel der Stadt auch weiterhin über seinen Hafen abzuwickeln. Der Brief war eine Antwort auf ein St. Galler Schreiben, in dem sich der Rat wohl über die mangelnde Sicherheit in Buchhorn beklagte. Die Stadt am See hatte die Klage sofort seinem Gredmeister und dem sich zur Zeit in Ulm befindenden Landvogt zukommen lassen.[44] Die Beschwerde der Sankt Galler wurde ernst genommen, weil Buchhorn vom Textilhandel St. Gallens abhängig war. Die Kleinstadt verdankte ihre ökonomische Existenz fast ausschließlich ihrer Bedeutung als Warenumschlagplatz[45] und war deshalb auf einen guten Ruf als sicherer Handelsort angewiesen. Noch 1588 beschreibt Montaigne die kleine Reichsstadt als Drehscheibe, zu der Güter aus Ulm, Nürnberg und anderen Städten auf dem Wagen herantransportiert wurden, um danach über den See auf den Rheinweg zu gelangen.[46] Umgekehrt wurden Leinenprodukte vom südlichen Ufer wohl via Buchhorn zum für den sankt-gallischen Textilexport wichtigen Handelspartner Nürnberg transportiert.

---

41 St. Gallen, Stadtarchiv der Ortsbürgergemeinde, Missiven, 28. 08. 1486.
42 EITEL (Anm. 5), S. 589.
43 St. Gallen, Stadtarchiv der Ortsbürgergemeinde, Missiven, 12. 04. 1493.
44 Ebd., 28. 09. 1499.
45 EITEL (Anm. 5), S. 588.
46 Michel de Montaigne, Tagebuch der Reise nach Italien über die Schweiz und Deutschland von 1580 bis 1581, hrsg. v. Hans STILETT, Frankfurt / M. 2002, S. 61.

5 Austausch übers Wasser: Der Handels- und Schiffsverkehr

Doch wie funktionierte der Austausch über den See in der Praxis? Einige Hinweise darauf lassen sich aus den Missiven gewinnen. Eine Vorstellung vom Handelsverkehr auf und um den Bodensee vermittelt ein Brief aus Lindau, der u. a. von einem versuchten Salzdiebstahl eines St. Galler Bürgers berichtet. Hans Buman habe aus dem Gredhaus in Lindau eine Scheibe Salz von Hans Melli entwendet. Letzterer hatte das Gredhaus als Lagerort für etliche Salzscheiben genutzt, die er auf dem Jahrmarkt in Lindau gekauft hatte oder noch verkaufen wollte. Er hatte das Salz im Gredhaus *an ainem ort zesammen gestelt*. In einem unbeobachteten Moment trug Hans Buman eine Scheibe davon auf dem Rücken zum See hinunter, wobei sie ihm herunterfiel. Der Vorfall machte den Gredmeister auf das Salz aufmerksam, worauf er in der Folge einen Abgang am im Gredhaus gelagerten Salz feststellte. Nach Befragung mehrerer anwesender Personen ging der Gredmeister auf der Suche nach dem Salz zum See hinunter und schaute in allen Schiffen nach. Dabei fand er Salz und Dieb in einem Schiff, bereit zur Überfahrt. Auf die Frage, woher er das Salz habe, antwortete der Sankt Galler, man habe ihm zwei Pfennige für das Heruntertragen der Ware zum See bezahlt. Den Auftraggeber kenne er nicht. Nachdem das Salz wieder von Bord und ins Gredhaus gebracht worden war, fand man heraus, dass die Angaben nicht korrekt gewesen waren und man einen Diebstahl vereitelt hatte. Der Dieb war zu diesem Zeitpunkt aber bereits verschwunden. Mit der Missive gelangte deshalb die Lindauer Bitte um Bestrafung dieses Vergehens an die St. Galler Obrigkeit.[47] Der detailliert geschilderte Vorgang liefert Einblicke in den alltäglichen Handelsverkehr. Die Gredhäuser standen an Warenumschlagsplätzen und wurden als Lagerort genutzt, wobei dem Gredmeister die Aufsicht oblag. Er war verantwortlich für die Ware und die Sicherheit am Hafen. In Steinach haftete der Gredmeister bis zu acht Tage nach Anlieferung der Ware persönlich für die Sicherheit und die korrekte Lagerung der Güter im Gredhaus.[48] Das Lindauer Gredhaus lag – anders als beispielsweise in Steinach oder Rorschach – nicht direkt am See. Die Ware musste also zuerst zum Wasser gebracht werden. Für diese Tätigkeit wurden Träger bezahlt. Schiffe warteten im Hafen auf die Träger und transportierten diese bei Bedarf mitsamt ihrer Ware über den See. Die Bodenseeschifffahrt erlebte mit dem Aufblühen des Handels auf den Märkten und in den Städten rund um den See im Hochmittelalter eine Blüte. Marktschiffe verkehrten seit der Mitte des 14. Jahrhunderts zwischen den Orten. Sie beförderten Waren und Personen zum jeweiligen Markt und hatten teilweise eine beachtliche Größe. 1383 fasste das Marktschiff von Lindau 60 Personen mitsamt ihren Gütern. Zudem wurde

---

47 St. Gallen, Stadtarchiv der Ortsbürgergemeinde, Missiven, 29. 12. 1442.
48 Achim SCHÄFER, Das Gredhaus in Steinach, in: Marcel MAYER u. Gitta HASSLER (Hgg.), Die Steinach. Natur, Geschichte, Kunst und Gewässerschutz vom Birt zum Bodensee (Schriftenreihe der Stadt St. Gallen), St. Gallen 2012, S. 113–122, hier S. 115.

ein regelmäßiger und stetiger Schiffsverkehr eingerichtet, denn die Marktbesucher waren auf pünktliche Ankunft und konstanten Transport angewiesen.[49]

Weitere Hinweise zur gemeinsamen Nutzung des Sees als Transportfläche sind dank des intensiven schriftlichen Austauschs aufgrund der Ausbreitung des Alten Zürichkriegs (1436–1450) in das Gebiet des Bodensees überliefert. Dieser Konflikt bezeichnet verschiedene kriegerische Auseinandersetzungen, die v. a. zwischen Zürich und Schwyz sowie der Herrschaft Österreich ausgetragen wurden.[50] Konstanz war in dieser offenbar unruhigen Zeit 1454 um den sicheren Handel auf dem *freien Bodensee* besorgt. Die Stadt schreibt in einer Missive an ihre Verbündeten, dass die Kaufleute – unter ihnen auch die für den Textilexport wichtigen Händler aus Nürnberg – auf dem See nicht mehr sicher seien und täglich überfallen würden. Sie befürchte deshalb, dass die Handelsleute den See und mit ihm auch die umliegenden Städte bald meiden würden. Um dieses Problem anzugehen, hatten die Konstanzer die Städte zu einer Beratung geladen. Da offenbar auch St. Galler Bürger an den Überfällen beteiligt waren, wurde auch ihre Heimatstadt eingeladen.[51] Die Missive zeigt einerseits, dass St. Gallen, obwohl es nicht direkt am Wasser lag, aktiv an feindlichen Auseinandersetzungen beteiligt war; andererseits macht sie deutlich, dass der in der Missive mehrfach genannte *freie Bodensee* eine Zone war, auf die alle ein Nutzungsrecht hatten. Niemand konnte Anspruch auf den See erheben, er war eine kollektiv genutzte Fläche. Um den Schutz dieser wirtschaftlichen Grundlage war man nach Möglichkeit gemeinsam besorgt.

Weitere Missiven berichten über die Gründe der Konstanzer Sorgen. Von auf dem See konfiszierter Ware, aber auch von Kriegsschiffen ist darin die Rede. Aus den Missiven geht zudem hervor, dass der Handel auf dem See in Krisenzeiten offenbar kontrolliert wurde: Eine Missive des Grafen Hugo von Montfort von 1445 nimmt Stellung zu einem Schreiben der St. Galler Obrigkeit. Er könne das Eisen, das er einem St. Galler Bürger auf dem Bodensee abgenommen habe, diesem nicht zurückgeben. Er sei verpflichtet, alles Eisen auf dem See einzuziehen, damit es nicht in die Hände des Feindes falle, der auf das Rohmaterial angewiesen sei. Dabei bat er um Verständnis und pochte darauf, dass St. Gallen den Transport von Eisen auf dem See ebenfalls unterbinden solle.[52] Der Bodensee erscheint dabei als gemeinsam genutzte Zone, die von vielen und sich teilweise auch widersprechenden Interessen geprägt war. Unterschiedliche Zielsetzungen führten zu Konflikten, die auch auf dem See ausgetragen wurden. So befuhren in dieser Zeit Kriegsschiffe den See, wie eine Missive von

---

49 BURMEISTER (Anm. 9), S. 167.
50 Martin ILLI, Alter Zürichkrieg, in: Historisches Lexikon der Schweiz, http://www.hls-dhs-dss.ch/textes/d/D8877.php (letzter Zugriff am 27. 07. 2015).
51 St. Gallen, Stadtarchiv der Ortsbürgergemeinde, Missiven, 04. 03. 1457.
52 St. Gallen, Stadtarchiv der Ortsbürgergemeinde, Missiven, 24. 11. 1445. Eine spätere Missive von 1446 zeigt, dass Graf Hugo von Montfort das Eisen dennoch zurückgegeben hatte. Dies aber erst, nachdem ihm im Gegenzug ein Schiff durch die St. Galler abgenommen worden war. Ebd., 07. 09. 1446.

Hans von Gensterndorf an den Rat von St. Gallen zeigt. 1446 hatten die St. Galler seinen Schwager, der im Dienst Herzogs Albrecht von Österreich[53] stand, auf dem See gefangen genommen. Auf dem Schiff befanden sich St. Galler Krieger und Söldner, ein Hauptmann und ein Schreiber.[54] Als Kriegsschiffe wurden meist landesherrliche Jagschiffe[55] eingesetzt. Im 15. Jahrhundert besaßen Bregenz, Fußach, Lindau, Meersburg, Überlingen und Konstanz solche Schiffe. Sie waren schneller als die herkömmlichen Schiffe und wurden in Friedenszeiten zu Kontrollfahrten auf dem See und gegen Schmuggel eingesetzt. Zudem dienten sie als schnelle Transportmittel für den Landesherrn und seine Gäste. Das Jagschiff von Bregenz war um 1637 mit Kanonen ausgerüstet und bot Platz für eine militärische Besatzung von bis zu 30 Mann sowie für 32 Ruderer.[56] Die Missive von 1446 zeigt, dass auch die Stadt St. Gallen – obwohl sie kein direkter Anrainer an den Ufern des Sees war – ein solches schnelleres Schiff besaß, das mit einer kriegerischen Besatzung ausgestattet werden konnte.

Auch St. Gallen gehörte offenbar zum Kreis der Bodenseestädte, die durch feindliche Angriffe übers Wasser bedroht wurden. Eine weitere Missive von 1454 unterstreicht diese Tatsache zusätzlich. Aus Kempten wurde St. Gallen von einem Gerücht unterrichtet, das einem Kemptner in einem Wirtshaus in Trient zu Ohren gekommen war. Dieser hörte, wie Bürger und Adlige aus der Region in Bregenz ein neues Schiff mit *viel volk* beladen wollten, um einen Ort am See einzunehmen. Der Rat von Kempten warnte St. Gallen vor diesen Gerüchten und riet zur Wachsamkeit.[57] Der See wandelte sich in Kriegszeiten von einer freien und gemeinsam genutzten Austauschfläche zu einer Gefahrenzone mit verletzbaren Grenzen.

6 Schluss

Als Transportfläche war der See bis ins 19. Jahrhundert der Kern der Region, welcher die Ufer miteinander verband. Heute lohnt sich der Warentransport übers Wasser nicht mehr. Die Distanzen sind zu kurz, als dass sich eine Verladung vom Auto oder der Schiene auf das Schiff lohnen würde. So wird der See umfahren und ist heute mehr Hindernis als verbindendes Element.[58] Dennoch ist der Bodenseeraum durch

---

53 Der Herzog Albrecht VI. übernahm den Oberbefehl im von seinem Bruder König Friedrich III. ausgerufenen Reichskrieg gegen die Eidgenossen. Vgl. ILLI (Anm. 50).
54 St. Gallen, Stadtarchiv der Ortsbürgergemeinde, Missiven, 10. 09. 1446.
55 Das Jagschiff war ein rasch bewegliches Schiff von langer, schmaler Form und leichter Bauart, das besonders bei kriegerischen Unternehmungen eingesetzt wurde. Schweizerisches Idiotikon 8 (1920), Sp. 364.
56 BURMEISTER (Anm. 9), S. 171–172.
57 St. Gallen, Stadtarchiv der Ortsbürgergemeinde, Missiven, 16. 07. 1454.
58 Matthias RHINER, Die Regio / Euregio Bodensee als natürlicher, realer, synthetischer, virtueller Lebens-, Wirtschafts- und Technologieraum, in: Mitteilungen des Kantonsschulvereins Trogen 78 (1998/99), S. 44–67, hier S. 44–46, 57.

seine Geschichte auch heute noch eine wirtschaftlich und kulturell zusammenhängende Region. Der Blick zurück ins Spätmittelalter hat gezeigt, dass der See die Region zu einem eng verflochtenen Wirtschaftsraum verband. Getreide, Leinwand, Salz, Eisen und Molkereiprodukte wurden zwischen dem Nord- und Südufer gehandelt. Die Alltagsbeziehungen der verschiedenen Akteure waren dabei gleichermaßen von Konkurrenz und Partnerschaft geprägt. Migration, private Geschäftsbeziehungen und der alltägliche Austausch rund um und auf dem See verbanden die Region nicht nur auf einer wirtschaftlichen und politischen, sondern auch auf einer sozialen und kulturellen Ebene.

Neue Forschungsergebnisse und bislang wenig untersuchte Aspekte zu diesem zusammenhängenden Wirtschafts- und Kulturraum verspricht die Edition der St. Galler Missiven bis 1650, welche in einem Langzeitprojekt des Stadtarchivs der Ortsbürgergemeinde St. Gallen geplant ist. Dieses Projekt, das punktuell auch die Edition der Gegenüberlieferung in Konstanz, Überlingen, Nürnberg und Ravensburg einplant, wird neue und vertiefte Erkenntnisse zum wirtschaftlichen Austausch innerhalb der historischen Bodenseeregion ermöglichen.

Paweł Sadłoń (Gdańsk)
Skippers from Gdańsk as Victims of Danish Privateers from the Turn of the 15th Century to the First Half of the 16th Century

Abstract: This paper describes the situation of shipmasters from Gdańsk, who were faced with the threat of privateers during the conflicts between Denmark and Sweden in the late 15th and early 16th century, focusing particularly on the period between 1491 and 1512 (until the treaty of Malmö). During the reigns of the Danish kings Hans (1481–1513) and Christian II (1513–1523), privateers under the royal flag fought for the maritime transport between Sweden and Hanseatic cities like Gdańsk (Lübeck, Stralsund etc.). The situation of shipmasters from this city serves as an illustration of the situation of Hanseatic sailors of this time; similarly, encounters between Danish privateers and the burghers of Gdańsk seem to be representative of late-medieval and early-modern privateering activity in Northern Europe. Based on surviving correspondence, it is possible to examine the cases of several burghers from Gdańsk who were victims of Danish privateers: how they were treated, why they were attacked, whether they faced any form of brutality, and whether they received help from the municipal authorities of Gdańsk. The paper also describes how these maritime disputes with the Danish Kingdom were solved.

Keywords: Privateer, Gdańsk, Maritime History, Hanse

Until the 19th century virtually all European countries with access to the sea waged naval war by means of privateers. Their task was to harass the maritime transport of the enemy. Very often ships under a neutral flag were also the victims of privateering activities, as in case of Danish privateers and ships from Hanseatic cities, including Gdańsk, in the 15th and 16th centuries.

After the Thirteen Years War with Teutonic Order between 1454 and 1466 and incorporation into the Polish Kingdom as part of Royal Prussia,[1] Gdańsk strengthen its position as one of the biggest and most important trade centres in the Baltic region.[2] This was only confirmed after the Anglo-Hanseatic Treaty of Utrecht in 1474.[3]

---

[1] Paul SIMSON, Geschichte der Stadt Danzig, vol. 1, Danzig 1913, p. 239.
[2] Henryk SAMSONOWICZ, Dynamiczny ośrodek handlowy, in: Edmund CIEŚLAK (ed.), Historia Gdańska, vol. 2, Gdańsk 1982, pp. 93–175; Edmund CIEŚLAK, Miejsce Gdańska w gospodarce europejskiej w XV w., ibid., pp. 77–92; Johannes Schildhauer, Zur Verlegung des See- und Handelsverkehrs im nordeuropäischen Raum während des 15. und 16. Jahrhunderts, in: Jahrbuch für Wirtschaftsgeschichte 4 (1968), pp. 187–211.
[3] SAMSONOWICZ (note 2), p. 127.

This Hanseatic city acted as a middleman between its economic hinterland in the Central-European Vistula basin and Western Europe. Making use of a wide array of economic and political privileges, granted by the Polish King Casimir IV, Gdańsk maintained an almost independent foreign policy, especially in Hanseatic matters.[4] But on the other hand, this city was neither a free municipal republic nor did it have formal territorial autonomy. Gdańsk also outclassed other big Prussian cities – i.e. Elbląg and Toruń – as a virtual leader in regional politics in the late 15th and 16th centuries.

At the same time – in the last decades of 15th century – north of the Baltic Sea, the Union of Kalmar between Denmark, Norway and Sweden was about to crumble. In 1481 Prince Hans of Denmark come into the inheritance of his father Christian I. A year later he divided the authority over his hereditary duchy of Schleswig-Holstein with his brother Frederic. In 1483 he was also finally elected as king of Norway, though he was not recognized as a monarch in Sweden, which was ruled by regent Sten Sture and an oligarchical group of noble families. He achieved the formal title of Swedish king only after a short war from 1496 to 1497 (backed by an alliance with the Muscovian ruler Ivan III), only to lose it during the wars from 1501 to1512.[5] In the latter conflicts, Sweden was supported by Lübeck and other Wendic cities, all members of the Hanseatic League.[6] There was considerable anger among these cities at the harassment of their merchant fleet by Danish privateers during the 1490s and the subsequent years; in contrast to Gdańsk, these cities were not keen to remain neutral.

As in other conflicts between Sweden and Denmark in the 15th and 16th centuries, the latter cut off the enemy from the maritime transport of supplies and military wares, which was usually provided by Hanseatic cities from the southern shores of the Baltic. For that purpose, Denmark possessed a fleet of privateers based mainly in Visby – the capital and biggest harbour in Gotland. Its location in the middle of the Baltic and close to the Swedish coast gave it great strategic importance. The king's

---

4 Edmund CIEŚLAK, Przywileje Gdańska z okresu wojny 13-letniej na tle przywilejów niektórych miast bałtyckich, in: Czasopismo prawno-historyczne 6/1 (1954), pp. 100–101; ID., Przywileje wielkich miast pruskich z XV w. jako etap rozwoju samorządu miejskiego, in: Rocznik Gdański 25 (1966), pp. 39, 44–45; Karol GÓRSKI, Dyplomacja polska czasów Kazimierza Jagiellończyka, 2, Lata konfliktów dyplomatycznych (1466–1492), in: Marian BISKUP / Karol GÓRSKI / Kazimierz Jagiellończyk, Zbiór studiów o Polsce drugiej połowy XV wieku, Warszawa 1987, p. 248; Stanisław MATYSIK, Prawo morskie Gdańska, Studium historyczno-prawne, Warszawa 1958, p. 66; ID., Prawo nadbrzeżne (Ius naufragii). Studium z historii prawa morskiego (Roczniki towarzystwa Naukowego w Toruniu, 54, 1, 1949), Toruń 1950, pp. 163–164; Henryk SAMSONOWICZ, Gdańsk w okresie wojny trzynastoletniej, [w:], in: Edmund CIEŚLAK (ed.), Historia Gdańska (note 2), pp. 74–76.
5 Ingvar ANDERSSON, Sveriges Historia, Stockholm 1975, pp. 125–127; Władysław CZAPLIŃSKI / Karol GÓRSKI, Historia Danii, Wrocław-Warszawa-Kraków 1965, pp. 158–159; Carl GRIMBERG, Sveriges Historia i Sammanhang med Danmarks og Norges, vol. 2, Stockholm 1906, pp. 121–123; Paul Douglas LOCKHART, Denmark 1513–1660. The Rise and Decline of a Renaissance Monarchy, Oxford 2007, pp. 4–5.
6 Antjekathrin GRASSMANN (ed.), Lübeckische Geschichte, Lübeck 1989, pp. 369–370.

vassal on the island, who resided in Wisborg castle, also commanded the privateers. During the reign of King Hans, this was a certain Jens Holgerssen Ulfstand.[7]

If one compares the situation briefly outlined above with the geographical location of Gdańsk and the role of maritime trade and transport in the economic condition of this city, it becomes clear why the maritime disputes with Denmark started. Shipmasters from Hanseatic cities were evidently the victims of Danish privateering actions, as they are virtually the only crew members mentioned in the sources connected with those disputes, namely correspondence and documents.[8]

Shipmasters from Gdańsk, or *Shippern*, as they were known, had their own guild (*Seeschifferzunft*) established before 1386, connected with the hospital of Saint Jacob, which acted as an alms house for seamen.[9] Their social standing was still relatively high in the 15th and early 16th centuries, but gradually decreased after this time. In the period under discussion, they were usually co-owners of the ships they commanded. The diversification of shares in a ship's ownership was a common form of insurance in this rather hazardous business. It was normal for one ship to have four or six owners, or more, including the skipper. The role of *Setzschiffer* (hired shipmaster without co-ownership) became more popular over the following centuries. It was a manifestation of the decline of the social and economic position of shipmasters.

Ongoing research into the issue of maritime disputes between Gdańsk and Denmark during the collapse of the Kalmar Union still makes it impossible to calculate the exact number of ships and cargoes from Gdańsk which were harassed by

---

[7] See: William Christensen, Ulfstand, Jens Holgersen, in: Carl Frederik Bricka (ed.), Dansk biografisk Lexicon, vol. 18 (1904), pp. 57–59; Curt Wallin, Jens Holgersen Ulfstand til Glimminge. Lensman, sjökrigare, borgbyggare, Österlenlana 1979. On the development of Danish navy see: Jørgen Barfod, Flådens fødsel (Marinehistorisk Selskabs skriftræke 22), København 1990.

[8] Sources can be found in the State Archive in Gdańsk – Archiwum Państwowe w Gdańsku (APG): 300,D – incoming documents and correspondence until 1525; 300,27 – Libri Missivarum (outgoing correspondence). The majority of these sources were edited in the 19th and 20th centuries: Hanserecesse von 1477–1530, Dietrich Schäfer (ed.), vol. 3, Leipzig 1888 (HR, t. III/3); Hanserecesse von 1477–1530, Dietrich Schäfer (ed.), vol. 4, Leipzig 1890 (HR, t. III/4); Hanserecesse von 1477–1530, Dietrich Schäfer (ed.), vol. 5, Leipzig 1894 (HR, t. III/5); Hanserecesse von 1477–1530, Dietrich Schäfer (ed.), vol. 6, Leipzig 1899 (HR, t. III/6); Hansisches Urkundenbuch, vol. 10, Walther Stein (ed.), München, Leipzig 1907 (HUB 10); Hansisches Urkundenbuch, vol. 11, Walther Stein (ed.), München, Leipzig 1916 (HUB 11); Liv-, Est- und Kurlandisches Urkundenbuch, Abt. 2, vol. 1, Hermann Hildebrand / Philip Schwartz / Leonid Arbusow (eds.), Riga, Moskau 1900 (LEK UB, t. II/1). Note that current archival classification numbers very often differ from those pre-1945, which were cited in those editions.

[9] Witold Aleksandrowicz, Bractwo Gdańskich Kapitanów Morskich na tle genezy bractw i związków żeglarzy w Europie oraz wybranych bractw i zrzeszeń w Polsce (XIII–XIV w.), in: Nautologia 8, 3/4 (1973), pp. 63–76; Adam Szarszewski, Szpital i kościół św. Jakuba w Gdańsku. Zarys historyczny, Toruń 2000. On ship possession in the 15th century in Gdańsk see: Charlotte Brämer, Die Entwicklung der Danziger Reederei im Mittelalter, in: Zeitschrift des Westpreußischen Geschichtsvereins 63 (1922), pp. 33–95.

privateers in the late 15th and the first decades of the 16th century. But it is possible to evaluate the intensification and decline of privateering activity in certain periods. Correspondence between Gdańsk, Lübeck and the Scandinavian states is a primary source for this research. The number of ships from Gdańsk – and from other Hanseatic cities – seized by Danish privateers increased significantly in the 1490s, especially during the war from 1496 to 1497. The number remained high during the short period of peace, which lasted until 1501, and remained high until Lübeck became involved in the Scandinavian conflict in 1509–1510. During the latter period, Hanseatic privateers from Lübeck seem to have been a more serious threat for shipmasters from Gdańsk than the occasional incidents involving Danish privateers. On the other hand, privateers from Gotland were also active in the Baltic later, during the reign of Christian II, king of Denmark from 1513.[10] It is worth noting that the authorities of Gdańsk almost established their own privateer fleet, in cooperation with the Polish king Sigismund I, during the war with Teutonic Knights from 1519 to 1521.[11] Nearly all of the Gdańsk shipmasters that were arrested by Danish privateers were charged with breaking the embargo on maritime trade and transport to Sweden. In the spring of 1497 two ships, commanded by Cleys Mickelsson and Steffen Dirxen – the latter of whom was from Gdańsk – were simultaneously seized by privateers and held in Visby. Fortunately, King Hans's personal intervention caused the ships to be brought back to the primary owners.[12] In June 1504, Hans Peterssen's ship was seized and taken to Visby by the privateer Jürgen Kock.[13] As in the previous case, she was returned after the privateers realized their error. A ship under the command of Pawel (sic!) Lemke probably never returned to Gdańsk: she was seized in 1509 on the charge of transporting cargoes destined for Stockholm and of transporting a Swede on board, who, the ship-owners claimed, was serving as an ordinary sailor.[14] The unfortunate Schiffer Hinrich Karlin

---

10 Even after Christian's deposition in 1523, the ruler of Gotland, Søren Norby, remained loyal to him: Lars J. LARSSON, Sören Norby och östersjöpolitiken 1523–1525, Lund 1986; ID., Sören Norbys fall, in: Scandia 35 (1969), pp. 21–57; ID., Sören Norbys skånska uppror, in: Scandia 30 (1964), pp. 218–269.

11 Stanisław BODNIAK, Żołnierze morscy Zygmunta Starego (1517–1522), in: Rocznik Gdański 9/10 (1935/36), pp. 209–222; Marian BISKUP, "Wojna pruska" czyli wojna Polski z Zakonem Krzyżackim z lat 1519–1521. U źródeł sekularyzacji Prus Krzyżackich, Oświęcim 2014, pp. 151–153, 464–472. About privateering in the Thirteen Years' War 1454–1466 see: ID., Gdańska flota kaperska w okresie wojny trzynastoletniej 1454–1466 (Biblioteka Gdańska. Seria monografii nr 3), Gdańsk 1953.

12 HR III/3, 756 (APG 300, D/30, 462); HR III/3, 757, also in: LEK UB II/1, 528 (APG, 300/27,7, p. 140v–141); HR III/3, 759 (APG 300/27, 7, p. 142v–143); HR III/3, 761 (APG 300 D/13, 208); HR III/3, 762, also in: LEK UB II/1, 537 (APG, 300 D/13, 209); HUB 11, 1000 (APG 300 D/13, 207).

13 HR III/4, 454 (APG 300 D/13, 249).

14 HR III/5, 119 (APG 300 D/9, 347); HR III/5, 120 (APG 300, 27/7, p. 259v); HR III/5, 121 (APG 300, 27/7, p. 260); HR III/5, 123 (APG 300, D/13, 256); HR III/5, 130 (APG 300, 27/7, pp. 267v–268v); HR III/5, 131 (APG 300, D/11, 256); HR III/5, 132 (APG 300, D/13, 258); HR III/5, 133 (APG 300, 27/7, p. 272v); HR III/5, 134 (APG 300, 27/7, p. 272); HR III/5, 245 (note 34) (APG 300, D/78, 49, p. 8); HR III/5, 351 (APG 300, D/14, 266); HR III/5, 460; HR III/5, 622 (APG 300, D/14, 280). Also see: Paweł SADŁOŃ, Sprawa zajęcia

explained in 1510, by means of a letter from his wife (see note 24, below), that he had been unaware of the embargo on trade with Lübeck when he sailed there with his Bording (a type of a ship).

The procedure for the return of goods seized in the course of the above-mentioned incidents shows that nearly all shipmasters were also co-owners of the seized ships. It is also possible that some of the cargo was their own property, due to the custom of *Führung* – the right of crewmembers to transport a certain amount of cargo on their own account.[15]

Grievances over the brutality of the privateers are very rare in the correspondence between Gdańsk and the Danish authorities. In fact, the opposite is frequently the case; accounts of several incidents make it plain that the standard procedure was to stop the ship, check her documents ("certificates", as they were called)[16] and cargo, and finally to arrest the ship, cargo, crew and their property. As in examples of privateering activity in other places and times – for example Dutch privateers of the 17th century,[17] English privateers of the 18th century[18] or Maltese participants in the Mediterranean *corso* of the early modern period[19] – Baltic privateers in the early 16th century usually avoided fighting on board or sea battles, mainly due to high risk of human and material losses.[20] This is, of course, quite contrary to stereotypes of corsairs or privateers.

The inspection of certificates seems to have taken place on the ship of the privateer. When the burghers of Gdańsk, Hans Stolevolt and Hans Hoker, were interrogated on board a privateering ship in 1510, they were separated from their own ship due to bad weather. Sometimes the inspection of cargo shipped by hulk or caravel

---

statku szypra Pawła Lemkego z 1506 roku, in: Argumenta Historica. Czasopismo naukowo-dydaktyczne 1 (2014), pp. 119–123.
15 Thomas BRÜCK, Der Eigenhandel hansischer Seeleute vom 15. bis 17. Jahrhundert, in: Hansische Geschichtsblätter 111 (1993), p. 27; Edmund CIEŚLAK, Położenie prawne marynarzy w wieku XIV i XV w świetle uchwał Związku Hanzeatyckiego, in: Zapiski Towarzystwa Naukowego w Toruniu 16, 1–4 (1950), p. 134; Christina DEGGIM, Zur Seemannsarbeit in der Handelsschiffahrt Norddeutschlands und Skandinaviens vom 13. bis 17. Jahrhundert, in: Hansische Geschichtsblätter 117 (1999), p. 13; Stanisław MATYSIK, Prawo morskie Gdańska (note 4), p. 189; see also article 15 of Gdańsk municipal law (Willkür) from the 15th century: Paul SIMSON, Geschichte der Danziger Willkür (Quellen und Darstellungen zur Geschichte Westpreussens 3), Danzig 1904, p. 55.
16 On maritime documents in late medieval and early modern Gdańsk see: MATYSIK (note 15), pp. 273–274.
17 Virginia West LUNSFORD, Piracy and Privateering in Golden Age Netherlands, New York 1995, pp. 30–31.
18 David J. STARKEY, British Privateering Enterprise in the Eighteenth Century, Exeter 1990.
19 Peter EARLE, Corsairs of Malta and Barbary, London 1970, pp. 140–141.
20 On the brutality of late-medieval pirates and the question of enemy-neutral cargo see: Ahasver VON BRANDT, Die Hansestädte und die Freiheit der Meere, in: ID. / Wilhelm KOPPE (eds.), Städtewesen und Bürgertum als geschichtliche Kräfte. Gedächtnisschrift für Fritz Rörig, Lübeck 1953, pp. 179–195, here pp. 190–191.

from Gdańsk had to be carried out in a harbour.[21] When, in 1511, the unlucky skipper Hinrich Groen was forced by privateer Andreas Bartun to change his destination to Copenhagen for this reason, he ran aground in Öresund.[22]

The location of encounters between privateers and Hanseatic ships is rarely mentioned in our sources. But when the location is specified, it is often the Öresund Strait or the waters close to Gdańsk Bay – as mentioned above in the case of the shipmaster Hinrich Groen, caught by a Scottish privateer in the service of the Danish near Cape Rozewie. Seized ships were usually kept in the harbours that served as the bases of the privateers: usually Visby on Gotland, less often Copenhagen. There the cargo was divided between the privateers and Danish authorities, which could lead to its dispersal to different locations – in 1507 cargo from Pawel Lemke's ship was taken to Visby and Copenhagen at the same time. Sometimes people from the royal court obtained a share of the seized cargo. For example, Poul Laxmannd, one of the most important people in Denmark, who held the title of *rikshofmester*,[23] obtained a portion of goods from ships captured by the privateer Henninghusen in the early 1490s and by the Gotland-based fleet of Jens Holgerssen Ulfstand in 1497.[24]

Attempts by the Gdańsk City Council to regain the seized ships and cargoes also involved the shipmasters, particularly if they were free from Danish captivity; examples are the shipmaster Heinrich Tegel, arrested in Öresund in 1497,[25] his colleague Hinrich Kerlyn in 1510,[26] and three Gdańsk burghers – Lorenz Koppe, Hans Trappe and Joachim Boensack – arrested in the same year.[27]

The outcome of such attempts depended on the king's favour and his judgment in each particular case. It is worth mentioning that King Hans sometimes accepted the claims made by Gdańsk and ordered the return of seized property to the rightful owners, as happened in the case of the shipmasters Cleys Mickelsson and Steffen Dirxen in 1497. But even then, the king had to repeat his orders and to force his vassals to make the restitution. There was no situation analogous to the case of Otte Torbiörnsson from Elfsborg fortress (Sweden), who had robbed a ship from Gdańsk in 1473 and was later a defendant in a trial.[28]

---

21 HR III/6, 20 (APG, 300, D/14, 283).
22 HR III/6, 183, 186.
23 On Poul Laxmannd see: Henry Bruun, Poul Laxmand og Birger Gunnersen. Studier over dansk politik i årene omkring 1500, København 1959; Sune Dalgård, Poul Laxmands sag. Dyk i dansk historie omkring år 1500 (Historisk-filosofiske Meddelser 79), København 2000.
24 HR III/3, 408; HUB 11, 779 (APG 300 D/13, 195); HUB 11, 1080 (APG 300 D/13, 214).
25 HR III/3, 764 (APG 300 D/13, 210).
26 HR III/6, 13 (APG 300 D/14, 282); HR III/6, 71 (APG 300/27, 8, p. 81v).
27 HR III/6, 15 (APG 300/27, 8, pp. 73–73v); HR III/6, 66 (APG 300 D/14, 285).
28 HUB 10, 206. (APG 300, D/11, 104); HUB 10, 234 (APG 300, D/11, 107); HUB 10, 274 (APG 300, D/11, 113); HUB 10, 275; HUB 10, 336 (APG 300, D/11, 118); 433.

In contrast to Lübeck, which fitted out so-called "peace ships" (*Friedeschiffe*) for antipiracy purposes[29] and finally declared war on Denmark in 1510, Gdańsk was explicitly neutral in northern European conflicts. The city council justified this decision by reference to the Danish threat to the Gdańsk merchant fleet, especially to ships coming back from Western Europe, i.e. Baye in France or London. Gdańsk and Denmark did not always treat one another as enemies; furthermore, they even had some common interests: free navigation of the Baltic straits, the accepting of Dutch and English maritime expansion in the Baltic, and a desire to abandon Lübeck as an intermediary in trade between East and West.[30] Orders made by King Hans to establish an embargo on maritime transport to Sweden, often repeated in correspondence with the Gdańsk City Council, did not raise any objections.

The city tried to solve maritime disputes with King Hans by negotiation, requests and appeals. They wrote letters to the royal chancery, sometimes at the expense of ship-owners and shipmasters, as in the case of a ship from Riga and its cargo from Gdańsk which were seized by privateers under the command of Detlef Arpe in 1512.[31] The city council sent envoys to Copenhagen with a list of grievances against the Danish privateers. For instance, municipal secretaries Ambrosius Storm[32] and Jürgen Zimmerman[33] travelled to Denmark before Hanseatic involvement in the war with Sweden in 1510.[34] In 1497 envoys from Gdańsk received a very cold reception from Jens Holgerssen Ulfstand at Wisborg castle in Gotland. Private individuals, like merchant Lukas Bolte or Caspar Meinrich in the 1490s, were also sent to resolve privateer issues.[35] Only in the case of Matthias Quessin, whose ship was seized in 1508,[36] did Gdańsk City Council resort to threats or repressive measures and seek the help of the Polish royal court.

---

29 Andreas KAMMLER, Die Bekämpfung des Seeraubes nach unveröffentlichten hamburgischen Quellen: Die Katherine 1493, in: Wilfried EHRBRECHT (ed.), Störtebecker. 600 Jahre nach seinem Tod (Hansische Studien 15), Trier 2005, pp. 211–219; about *Friedeschiffe* in the first half of the 15th century see: BISKUP, Gdańska flota kaperska (note 11), pp. 9–10; Ernst DAENELL, Die Blütezeit der Deutschen Hanse. Hansische Geschichte von der zweiten Hälfte des XIV. bis zum letzten Viertel des XV. Jahrhunderts, vol. 1, Berlin 1906, pp. 110, 132, 142.
30 SAMSONOWICZ (note 2), pp. 128, 132.
31 HR III/6, 409 (APG 300, 27/8, pp. 219–219v); HR III/6, 412 (APG 300, D/14, 299); HR III/6, 417 (APG 300, D/14, 300).
32 Witold SZCZUCZKO, Storm Ambroży, in: Stanisław GIERSZEWSKI / Zbigniew NOWAK (eds.), Słownik Biograficzny Pomorza Nadwiślańskiego, vol. 4 (1997), pp. 275–277; Joachim ZDRENKA, Urzędnicy miejscy Gdańska w latach 1342–1792 i 1807–1814: biogramy, Gdańsk 2008, p. 335; IDEM, Urzędnicy miejscy Gdańska w latach 1342–1792 i 1807–1814: spisy, Gdańsk 2008, pp. 77–79.
33 Witold SZCZUCZKO, Zimmerman Jerzy, in: GIERSZEWSKI / NOWAK (eds.), Słownik Biograficzny Pomorza Nadwiślańskiego (note 32), pp. 529–530; ZDRENKA, Urzędnicy [...]: biogramy (note 30), p. 387; ID., Urzędnicy [...]: spisy (note 30), p. 77.
34 HR III/5, 351 (APG 300 D/14, 266); HR III/5, 460, 461.
35 HUB 11, 1180. (APG 300 D/13. 214); HR 3/III, 7 (APG 300 D/13, 186).
36 HR III/5, 386 (APG 300, 27/7, pp. 309–309v); HR III/5, 460, 461; HR III/5, 622 (APG 300, D/14, 280).

Significant change with regard to this policy took place during the reign of King Hans's son Christian II. His support for Albrecht Hohenzollern, the great master of the Teutonic Order, coincided with a dramatic change in the rhetoric used by the Gdańsk authorities concerning Danish privateering operations in the Baltic. Finally, Gdańsk even took part in a naval conflict with Denmark from 1522 to 1523, ending with the siege of Copenhagen.[37]

The military events from the decade after the death of King Hans indicates that Gdańsk's attitude to the problem of Danish privateering resulted not only from economic but also from political reasons. The masters of the ships seized by privateers from Gotland or Copenhagen were the real victims, but they were victims in economical rather than physical terms. They faced the danger of stress, incarceration and interrogation, but not of the loss their lives. With respect to the ships that did not return to their original proprietors, their owners lost the money they had invested in co-ownership and *Führung*, as well as, in many cases, their private property. All shipmasters from Gdańsk – like those from other Hanseatic cities – knew about the Danish embargo on trade with Sweden. When they decided to set sail for Stockholm or Åbo, they took the risk while in possession of this knowledge. It was, most likely, a very profitable enterprise.

---

37 BISKUP (note 11), pp. 219–226; Ruleman BOESZOERMENY, Danzigs Theilnahme an dem Kriege der Hanse gegen Christian II. von Dänemark (Programm der Realschule erster Ordnung zu St. Petri und Pauli in Danzig), Abschn. 1–3, [Danzig 1860, 1864, 1872].

Beata Możejko (Gdańsk)
The Seven Voyages of the Great Caravel *Peter von Danzig* – a New Type of Ship in the Southern Baltic in the Late Medieval Period*

Abstract: The great caravel *Pierre de la Rochelle*, also known as *Peter von Danzig*, was a new type of ship that first appeared in the southern Baltic in 1462 on her maiden voyage to Gdańsk. Our knowledge about the structure of this vessel is based on a reconstruction by Otto LIENAU, a shipbuilding engineer who worked at the Technische Hochschule in Gdańsk (today's Politechnika Gdańska). This three-masted ship was damaged in bad weather and remained laid up on the Motława in Gdańsk for many years. In 1471, having been overhauled for use in the conflict between the Hansa and England, she set sail on her second voyage, this time as a warship named *Peter von Danzig*, commanded by the Gdańsk councillor Berndt Pawest. In September 1471, she called at a Dutch port. Her third voyage – made from January to March 1472 in the North Sea in search of English vessels – ended when she was damaged. The repairs were completed in June 1472. In August the Gdańsk privateer Paul Beneke took command of the caravel. In autumn 1472, on her third voyage, Beneke sailed her to Hamburg. In April 1473, on her fourth voyage, Beneke attacked two Burgundian galleys, capturing one with a valuable cargo that included Hans Memling's triptych 'The Last Judgement' (now held by the National Museum in Gdańsk). On her fifth voyage, she sailed to Hamburg and Stade, and on her sixth she returned to Gdańsk. The great caravel's final voyage took place in the summer of 1475, when she incurred severe damage in the Bay of Biscay near Rochefort and her maritime service came to an end.

Keywords: Warship, Great Caravel, Hans Memling's Triptych, Baltic and North Sea, Privateer Paul Beneke

---

Almost everybody in Gdańsk knows about the famous privateer Paul Beneke, captain of the great caravel *Peter von Danzig* (originally named *Pierre de la Rochelle*),[1] who by

---

* This article is based on research which I have published in a Polish-language monograph: Beata MOŻEJKO, "Peter von Danzig" Dzieje wielkiej karaweli 1462–1475, Gdańsk 2011 (reprinted in 2014), pp. 288. Therein, in the introduction, I present a summary of the research carried out to-date. My aim with this paper is to acquaint those readers not familiar with the Polish language of the most important findings detailed in this monograph.
1 In contemporary sources of the day this ship initially bore the name *Sanctus Petrus de Rupella*; see for example Hansisches Urkundenbuch (further cited as: HU), vol. 9, ed. Walther STEIN, Leipzig 1903, nr 122, 123, 127. It is obvious that the port in question was the one at La Rochelle; hence this ship has

chance captured Hans Memling's 'Last Judgement' triptych, which had actually been commissioned for a small church (or chapel) in Fiesole (Italy) by the Tani family.[2] However, few of them know that this great caravel was a new type of sailing vessel that first appeared in Gdańsk in the spring of 1462. Before dealing with the voyages of the great caravel, several remarks must be made about her construction.

A great caravel was a type of large sailing vessel built in the shipyards of Western and Northern Europe. This particular ship was most probably built in the early 1460s at La Rochelle, France. Originally named *Pierre de la Rochelle*, her construction was paid for by the merchant and shipowner Pierre Beuf (Boeff, Buf, Beff), who was a well-known exporter of Atlantic salt and had contacts with Hanseatic merchants in Bruges.[3] I looked for information about this vessel in the Archive at La Rochelle (Les Archives Municipales), but unfortunately there are no written records or drawings; we know only that three ships of this type – large, with three masts – were built at the La Rochelle shipyard at the same time.[4]

---

gone down in history as *Pierre de la Rochelle*. In 1471 she began to be referred to as *Peter von Danczk*, for example in Hanserecesse von 1431–1476 (further cited as: HR), II, vol. 6, ed. Goswin von der Ropp, Leipzig 1890, nr 540, whilst 19th- and 20th-century historical writings record the name *Peter von Danzig*. Cf. comments by A. Kammler, Up Eventur – Untersuchungen zur Kaperschifffahrt 1471–1512, vornehmlich nach Hamburger und Lübecker Quellen (Sachüberlieferung und Geschichte 37), St. Katharinen 2005, pp. 77–78, note 259. In this article I shall be using the historically recorded names: *Pierre de la Rochelle* and *Peter von Danzig*.

2 There are many publications about this triptych, which hangs in the National Museum in Gdańsk. Here, I will refer the reader to those I consider most noteworthy: in Polish: Michał Walicki, Hans Memling Sąd Ostateczny. Unfinished manuscript edited and completed by Jan Białostocki, Warszawa 1990; Antoni Ziemba, Sztuka Burgundii i Niderlandów 1380–1500, vol. I: Sztuka dworu burgundzkiego oraz miast niderlandzkich, Warszawa 2008, index; vol. II: Niderlandzkie malarstwo tablicowe 1430–1500, Warszawa 2011, pp. 442–447. Significant publications in English include: Barbara G. Lane, The Patron and the Pirate: The Mystery of Memling's Gdańsk Last Judgement, in: The Art Bulletin 73,4 (1991), pp. 623–664; Barbara G. Lane, Hans Memling Master Painter in Fifteenth-Century Bruges, Turnhout 2009; Paula Nuttall, From Flanders to Florence. The Impact of Netherlandish Painting 1400–1500, London 2004, index. Angelo Tani, an agent of the Medici Bank in Bruges, commissioned the triptych on the occasion of his marriage to Catarina Tanagali. A brief account of how Gdańsk came to own this masterpiece is given below.

3 The fact that he was the owner of a caravel is mentioned in: HU (note 1), vol. 9, nr 296; see also Archiwum Państwowe w Gdańsku (further cited as: APG), 300 D/17 B, nr 17 a. In the mid-15th century the burgher Pierre Buf was active in La Rochelle; it seems obvious that this refers to the same person: see Mathias Tranchant, Le commerce maritime de la Rochelle a la fin du Moyen Age, Rennes 2003, pp. 253, 313; see also Cartularie de l'Ancienne Estaple de Bruges, ed. Louis Gilliodts-Van Severen, vol. 2, Bruges 1905, nr 812, 942; see also Simonne Abraham-Thisse, Bretons et Hanséates à la fin du Moyen-Age. Relations politiques et diplomatiques, in: 1491 La Bretagne, terre d'Europe, ed. Jean Kerhervé / Daniel Tanguy, Brest-Quimper 1992, pp. 46, 52.

4 Tranchant (note 3), p. 221.

To this day, debate continues among historians and amateur historians as to whether the ship in question was a caravel or a carrack.⁵ It is highly significant that in contemporary sources it has always been referred to as a caravel.⁶ As observed by R. C. ANDERSON: "When a Southerner called a vessel a caravela or caravel he referred primarily to her rig, when the Northerner spoke of a karveel or carvel he meant a vessel with the newly introduced type of planking. [...] In the middle of XV century the one was a southern word for a small vessel with a particular rig and the other a northern word for a comparatively large vessel with flush planking".⁷ The rigging for a caravel consisted of a small square sail on the fore mast and lateen sails on the others.⁸

Our knowledge about the structure of the particular ship discussed in this article is based on a reconstruction by Otto LIENAU – a shipbuilding engineer who worked at the Technische Hochschule in Gdańsk (today's Politechnika Gdańska). He was also interested in the history of shipbuilding, and wrote a short book about the great caravel.⁹

---

5 In view of the restricted length of this text, only an overview of the most important historical publications is provided here. The appearance of the vessel discussed in this paper always features as a key historical event in various writings on the history of sailing ships. The opinion that *Pierre de la Rochelle*, alias *Peter von Danzig*, was a caravel has been expressed in monographs: Bernhard HAGEDORN, Die Entwicklung der wichtigsten Schiffstypen bis ins 19. Jahrhundert, Berlin 1914, pp. 56–63; Walther VOGEL, Geschichte der deutschen Seeschiffahrt, vol. I: Von der Urzeit bis zum Ende des XV. Jahrhunderts, Berlin 1915, p. 475; Frederick Ch. LANE, Venetian Ships and Shipbuilders of the Renaissance, Baltimore 1934, p. 42 and note 26; see also Richard W. UNGER, The Ship in the Medieval Economy 600–1600, London 1980, p. 220; KAMMLER (note 1), p. 134, note 542. In contrast, Przemysław SMOLAREK considered this ship to have been a caravel of the carrack type: *Dawne żaglowce*, Gdynia 1963, p. 53; as did Zbigniew BINEROWSKI / Stanisław GIERSZEWSKI, Rzemieślnicza produkcja drewnianych żaglowców od XIV do połowy XIX stulecia, in: Edmund CIEŚLAK (ed.), Historia budownictwa okrętowego na Wybrzeżu Gdańskim, Gdańsk 1972, pp. 130, 140; see also Ian FRIEL, who in 1990 stated that *Pierre de la Rochelle* was a caravel, but by 1995 believed that this ship was more likely to have been a frame-first construction carrack rather than a caravel: The documentary evidence for maritime technology in later medieval England and Wales, London 1990 (unpublished typescript held on microfilm at the British Library, London), cf. Ian FRIEL, The Good Ships. Shipbuilding and Technology in England 1200–1520, London 1995, p. 178. *Pierre de la Rochelle* is also referred to as a carrack by Henryk PANER, Wyspa Spichrzów w Gdańsku, in: Pomerania Antiqua 15 (1993), p. 155–188, here p. 170; and by Eugeniusz KACZOROWSKI, Dzieje okrętu od starożytności do współczesności, Warszawa 2002, pp. 86–87. Meanwhile, a *karvielscheep* of carrack type built in 1460 in Holland is mentioned by Jerzy LITWIN / Richard W. UNGER, Medieval Vessels, in: The Oxford Encyclopaedia of Maritime History, vol. 4 (2007), pp. 170–171.
6 APG (note 3), 300 D/17 B. 3 (former catalogue no. 2 a); B. 5; B. 10 300/27, 6, pp. 575–579, 600–603, 615–616, 667–668; k. 689; 300/43, nr 196, k. 216v; HU (note 1), vol. 9, nr 95, 122, 127, 262, 294, 296; HR (note 1), II, vol. 6, nr 522–524, 529–532, 534, 536–537, 540–541, 549, 558, 560.
7 R. C. ANDERSON, Carvel or Caravel, in: Mariner Mirror 18 (1932), p. 189.
8 SMOLAREK (note 5), p. 52.
9 Otto LIENAU, Geschichte und Aussehen des großen Kraweels "Der Peter von Danzig" 1462–1475. Versuch einer Rekonstruktion, Berlin 1942.

In the 'technical' section, which was of greatest interest to him, Lienau concluded that this was a three-masted vessel. Referring to iconographic evidence, he drew attention to a manuscript by René, Duke of Anjou entitled 'Livre du coeur d'amours espris', which he believed dated from 1460–1470,[10] and which supposedly featured an illustration of such ships, and to a miniature from 'Grandes Chroniques de France' dating from the early latter half of the 15th century.[11] In determining the size of the ship, her cargo-carrying capacity and displacement, he drew on information relayed in Caspar Weinreich's 'Danziger Chronik' that the vessel's length from helm to bow (stem post) was 25 fathoms, and her width from side to side was 21 ells and 3 fingers.[12] He also modelled his calculations on a reconstruction produced in 1941 by Karl Reinhardt of the carrack *Jesus von Lübeck*,[13] using this as the basis for determining several other of the ship's parameters, even though *Jesus von Lübeck* was built around 1544, more than 80 years later than *Pierre de la Rochelle*.

Lienau concluded that the ship was 52.2 metres long, and 12.14 metres wide, with a cargo-carrying capacity of 800 tons. She had three main sails (hence also three masts): the mainsail, foresail and mizzen sail, as well as her auxiliary (*ousileri*) sails.[14] The mainmast was said to have measured 41 m in length (rising 32 metres above deck and extending 9 metres below deck) and consisted of several sections.[15] Lienau also highlighted the fact that there would have been two boats aboard the caravel: a large 7.5-metre esping, and a smaller 4.5-metre boat. We also know that the ship was

---

10 This work was in fact written in 1457 by René of Anjou. The manuscript held in Vienna features 16 miniatures (though none depict a ship), as does the manuscript held in Paris – as deduced from: http://gallica.bnf.fr/ark:/12148/btv1b60005361/f398.image (accessed 8 July 2016). Writing about this work, Krystyna Secomska (Mistrzowie i książęta. Malarstwo francuskie XV i XVI wieku, Warszawa 1989, pp. 88–91) refers to a publication I have been unable to access: René [Anjou, Duc, I.], Livre du cuer d'amours espris ("Buch vom liebentbrannten Herzen"); Wien, Nationalbibliothek, Handschrift 2597 […], ed. Ottokar Smital / Emil Winkler, Wien 1926. In "Der Peter", p. 15, Lienau (note 9) includes a reproduction of a French miniature featuring ships, supposedly most likely based on the aforementioned publication, as he cites "Wien 1926". However, it seems that this reproduction must have come from another manuscript. For the most recent compilation of René's manuscripts, including those with miniatures featuring a depiction of ships, see Splendeur de l'enluminure: le roi René et les livres, ed. Marc-Édouard Gautier, Angers, Arles 2009.
11 Lienau (note 9), p. 8.
12 Caspar Weinreich's Danziger Chronik. Ein Beitrag zur Geschichte Danzigs, der Lande Preussen und Polen, des Hansabundes und der Nordischen Reiche, ed. Th. Hirsch / F. A. Vossberg, Berlin 1855, p. 2.
13 Karl Reinhardt, Rekonstruktion der Karacke "Jesus von Lübeck" (Veröffentlichungen des Instituts für Meereskunde, NF, B. Reihe, H. 16), Berlin 1941, p. 49. O. Lienau (note 9) also referred to the ship's bottomry bond of 1464, which itemised her sails and cordage (see below).
14 Lienau (note 9), p. 5 ff.
15 Lienau (note 9), p. 15. For a more detailed analysis of the parameters and calculations detailed by Lienau see Możejko (note *), pp. 11–13.

equipped with a large anchor and 19 guns. Later sources reveal that over 300 people could be taken on board.

The first known voyage of the caravel, named *Pierre de la Rochelle*, was without question the one she made as a trade ship commanded by Captain Aymar (Marcus) Beuf (nephew of Pierre Beuf),[16] leaving La Rochelle on the Atlantic coast, in all certainty crossing the North Sea into the Baltic Sea and thus reaching Gdańsk. The ship was carrying a cargo of Atlantic salt. This voyage ended in the spring of 1462 due to bad weather (high winds and a storm), which led to the collapse of the main mast,[17] resulting in the caravel being held up at the port of Gdańsk until 1471.

The ship came to the port of Gdańsk because of the trade links and contacts of the city's merchants (burghers) and the consumer demand for Atlantic salt in Prussia. Salt was imported to Gdańsk from France, from the coast of the Baie de Bourgneuf (near the town of Bouin),[18] and from Brouage, as well as from La Rochelle, where salt extracted from the evaporation ponds on the Île de Ré was traded.[19] However, we do not know exactly where the salt on board the caravel came from, though it would be logical to assume that it was from La Rochelle. Shipping French salt to Gdańsk was highly lucrative – the difference in the price of salt between France and Prussia ranging from 2% to 500% depending on the year. Gdańsk was a distributor of imported salt in the northern and eastern parts of the Baltic Sea, in Livonia and Sweden, where salt prices were even higher.[20] For example, in 1440 one last of salt from the Baie de Bourgneuf cost 12 *grzywnas* in France, rising to 24 *grzywnas* by the time it reached Gdańsk,[21] and in 1458 even costing as much as 30½ *grzywnas*.[22] In 1460 one last of salt from the Baie de Bourgneuf cost 15 *grzywnas* in Gdańsk, rising to 21–22 *grzywnas* in

---

16 HU (note 1), vol. 9, nr 296, p. 122. Aymar is the name by which the ship's captain is referred to in French-language sources and historical writings, whilst German-language sources and treatises refer to him as Marot or Marcus. For further details see Możejko (note *), p. 48.
17 Caspar Weinreich (note 12), pp. 1–2.
18 Ibid., p. 8, note 8 (Th. Hirsch) regarding the Baie de Bourgneuf salt trade; see also Henryk Samsonowicz, Handel zagraniczny Gdańska w drugiej połowie XV wieku, in: Przegląd Historyczny 47,2 (1956), pp. 283–352.
19 The most comprehensive, though now somewhat dated, work on the Hanseatic import of salt from the Baie de Bourgneuf is still the monograph by Arthur Agats, Der hansische Baienhandel, Heidelberg 1904; see also Samsonowicz (note 18), p. 328. On the subject of the salt trade in these regions and the related contacts with the Hansa see Simonne Abraham-Thisse, Les relations commerciales entre la France et les villes hanséatiques de Hambourg, Lübeck et Brême au moyen âge, in: Les relations entre la France et les villes hanséatiques de Hambourg, Brême et Lübeck. Moyen Âge – XIXe siècle (Die Beziehungen zwischen Frankreich und den Hansestädten Hamburg, Bremen und Lübeck. Mittelalter – 19. Jahrhundert) (Diplomatie et Histoire 13), Bruxelles et al. 2006, pp. 29–74.
20 Henryk Samsonowicz, Dynamiczny ośrodek handlowy, in: Historia Gdańska, vol. 2, ed. Edmund Cieślak, Gdańsk 1982, pp. 146–147.
21 Theodor Hirsch, Danzigs Handels- und Gewerbsgeschichte unter der Herrschaft des Deutschen Ordens, Leipzig 1858, pp. 258–259; Samsonowicz (note 18), pp. 328–329.
22 APG (note 3), 300 D/71, nr 47, a letter of 6 June 1458 written by the Gdańsk merchant Rythyer Mant,

Riga, and costing as much as 78–80 *grzywnas* in Königsberg.[23] It has been calculated that a consignment of salt shipped aboard a 70-last vessel (such as a hulk), even at the relatively low price of 10 *grzywnas* per last, would have yielded a gross income of 700 *grzywnas*, whilst freight costs rarely exceeded eight *grzywnas* per last.[24]

We know that the damaged ship was laid up on the Motława,[25] most probably at a site in line with St John's Church.

Nothing is known of the crew numbers during the caravel's first 'French' period of service, and we can only assume that the mariners onboard were from France (possibly from Brittany). Some of them (several perhaps) died and were buried in Gdańsk.[26] Rich citizens offered a number of loans to Aymar Beuf for the repair of the ship and the support of the crew.[27] The French captain, Aymar Beuf, and his successors also came into contact with the city's churches, such as that of the Blessed Virgin Mary, St John, and SS Peter and Paul, as well as with Dominican friars. The Frenchmen were also a source of employment and earnings (though often unreliable) for 'ordinary' Gdańsk citizens who provided services, such as tailors, bakers, barbers and washerwomen.[28]

In the autumn of 1463 Aymar Beuf left Gdańsk for France to reach La Rochelle, where his uncle Pierre was gravely ill. Before setting off, he appointed Pierre Bizart as his deputy,[29] leaving behind Pierre de Nantes to assist him; the pair had at their disposal a sum of around 510 marks for the ship's overhaul.[30] Following the death of Pierre Bizart shortly afterwards, Pierre de Nantes became the replacement captain on the caravel in Gdańsk. Of these three men, it was de Nantes who appears to have been the most concerned about the ship's fate. During his tenure numerous repairs were carried out on the caravel, in particular to her main mast. Analysis of historical records has revealed that Pierre de Nantes consulted one of Gdańsk's mayors –

---

which, however, includes the information that following the arrival of 25 ships laden with salt from the Baie de Bourgneuf, the price fell to 20–21 *grzywnas*.
23 Marian BISKUP, Gdańska flota kaperska w okresie wojny trzynastoletniej 1454–1466, Gdańsk 1953, p. 60.
24 SAMSONOWICZ (note 18), p. 329.
25 This is very clearly referenced in a notarial instrument of 16 February 1470, in the following statement: *acta sunt hec super glaciebus dicta flumenis Mottelaw deprope situm sepefate caravele*, HU (note 1), t. 9, nr 703.
26 I have managed to find an interesting and hitherto unused source – a set of accounts relevant to research into this ship and the fortunes of her crew, and in particular her captain and his successors: APG (note 3), 300 D/17 B, nr 7.
27 APG (note 3), 300 D/17 B, nr 7, k. 5 in; 300/59, nr 7, k. 51v.
28 APG (note 3), 300 D/17 B, nr 7.
29 Based on information gleaned from APG (note 3), 300 D/17 B, nr 11. For more about the appointment of a successor see also Theodor HIRSCH / Friedrich August VOSSBERG, Das grosse Krawel, die Gelayde und das Bild vom jüngesten Gerichte, in: Caspar Weinreich (note 12), p. 93. For general information (without citation of sources) about the fact that Aymar Beuf appointed Pierre Bizart as his successor, see ABRAHAM-THISSE (note 19), p. 133.
30 HU (note 1), t. 9, nr 122.

Johann Hildebrandt vom Wolde – about these repairs.[31] In order to raise the funds necessary to finish the repair work, Pierre de Nantes did not hesitate to act in breach of French law by borrowing money from two Gdańsk citizens – Rudolf Feldstete and Caspar Lange – at a very high rate of interest, using the caravel as collateral (known as a bottomry loan).[32] He received 385 marks in cash, meaning that once interest had accrued he would have had to return a staggering 1000 marks.[33]

This act not only flouted French and Hanseatic law, but was also to have far-reaching consequences. It has not been possible to establish how, after the death of Pierre Beuf, ownership of the caravel was assumed by the King of France, Louis XI.[34] Perhaps it came about because the ship was built on credit.[35]

News of this change in ownership did not reach Gdańsk until August 1464, with the return from France of Aymar Beuf accompanied by the king's representative, Pierre Quisanot. Both Frenchmen regarded the bottomry loan as contrary to French law, and at their command Pierre de Nantes, who was very close to finalising the caravel's repairs, was imprisoned in Gdańsk.[36] On the strength of a settlement reached in the autumn of 1464, Aymar Beuf and Pierre Quisanot repaid Rudolf Feldstete and Caspar Lange the 385 marks which they had loaned, promising to pay a small sum of compensation for lost interest. Ultimately, however, at the last minute they reneged on this last promise, leaving both Gdańsk citizens demanding compensation from the cash-strapped Pierre de Nantes. Fearing the plague, which was rife in Gdańsk at that time, both Frenchmen fled the city, appointing three Gdańsk citizens (the mayor – Johann Fere, Arndt Backer and Wilhelm Schneider) to supervise the caravel, which had deteriorated since the sudden curtailment of her renovation, and had even begun to list dangerously in September.[37] The refusal of the French to honour, not just the

---

31 For further details see Możejko (note *), pp. 63–64.
32 APG (note 3), 300 D/17 B, nr 3; HU (note 1), t. 9, nr 95, cf. Lienau (note 9), pp. 45–46. For a general overview regarding this loan see Abraham-Thisse (note 19), p. 133, where the consequences of this loan are also outlined, namely a dispute between France, Gdańsk and Poland that went on for many years, and led to Aymar Beuf demanding 10,000 crowns in compensation. For more on the subject of the bottomry loan, with references to earlier literature see Możejko (note *), pp. 65–67.
33 Możejko (note *), p. 68, note 123.
34 APG (note 3), 300 D/17 B, nr 4 and 6, see HU (note 1), t. 9, nr 122 and 296.
35 Otto Held, Die Hanse und Frankreich von der Mitte des 15. Jh. bis zum Regierungsantritt Karls VIII., in: Hansische Geschichtsblätter 18 (1912), p. 198, where we learn simply that the owner of the ship died leaving no heirs; meanwhile Jean Favier, Louis XI, Paris 2001, p. 619, states that the ship was taken over as a result of the death of her previous owner and an error made by the heir. He does not, however, explain what this error was.
36 For more details on this subject see Możejko (note *), pp. 76–90.
37 A full picture of these negotiations is gained from a compilation of the following sources: a settlement certified by notarial instrument, dating from 16 September 1464, between Gdańsk and France (confirmed twice – on 16 September 1464 and in July 1466: APG [note 3], 300 D/17 B, nr 5 a and b; a letter of 17 September 1464 from Gdańsk city council to Louis XI, King of France, HU [note 1], t. 9, nr 127; and an official statement made by Pierre Cosinoti in November 1464: APG [note 3], 300 D/

interest accrued on the loan, but even the small sum of compensation suggested as a compromise by the Gdańsk lenders,[38] became the immediate cause of the caravel being detained in Gdańsk's port, with all of the consequences which this entailed. In this instance, Gdańsk's city authorities were compelled to defend the interests of their citizens, Rudolf Feldstete and Casper Lange, not wishing to set a precedent in which one side could break the terms of an agreement without at least paying some form of compensation. In the autumn of 1464, Gdańsk used the caravel's equipment (her ship's boat, cannon, and gunpowder) for its own armies, then engaged in battle in Puck, though later the city authorities refused to admit to this fact officially.[39]

For several years the caravel continued to fall further into disrepair at the port of Gdańsk (on the Motława). The two interested parties – Gdańsk and France – could not come to an agreement, and by the late 1460s, letters sent by Gdańsk's city council were being left unanswered.[40]

In February 1470, a specially set-up Hanseatic commission defined the ship's condition as very poor, and so it was decided she should be scrapped.[41] These plans were never carried out because of the growing conflict between the Hansa and England.[42]

Gdańsk's city council decided that a major overhaul should be carried out on the caravel, and that she should be reserved for naval action under the command of the Gdańsk councillor Berndt Pawest,[43] who had the necessary experience because he had taken part in the war against the Teutonic Order (1454–1466). Many months later, the city council realised that he was a better diplomat than a commander.

The caravel set sail on her second voyage on 19 August 1471,[44] this time under a different name – *Peter von Danczik* – with over 350 people onboard (most of them mercenaries).[45] She was now a warship equipped with additional guns, four anchors, two wind-powered pumps and a third manual pump; there was probably also an esping aboard the ship. She was accompanied by a second vessel, a small caravel

---

17 B, nr 6. These sources are further complemented by an entry in a city council ledger dating from 19 September 1464: APG [note 3], 300/59, nr 7, k. 63 r).
38 HU (note 1), t. 9, nr 127.
39 For more on this subject see MOŻEJKO (note*), pp. 94–95.
40 For more on this subject see MOŻEJKO (note*), pp. 96–110.
41 APG (note 3), 300 D/17 B, nr 12; cf. HU (note 1), t. 9, nr 703 (an extensive register).
42 For further details of this conflict see T. H. LLOYD, England and the German Hanse 1157–1611. A Study of their Trade and Commercial Diplomacy, Cambridge 1991; Stuart JENKS, England, die Hanse und Preußen. Handel und Diplomatie 1377–1474, vol. II: Diplomatie, Köln, Weimar, Wien 1992.
43 Sources and existing literature about Pawest have been collated by Joachim ZDRENKA, Urzędnicy miejscy Gdańska w latach 1342–1792 i 1807–1814, vol. II: Biogramy, Gdańsk 2008, p. 233.
44 Caspar Weinreich (note 12), p. 9; cf. HR (note 1), II, vol. 6, nr 540.
45 This number of crew is mentioned in letters written by Berndt Pawest, e.g. on 12 March 1472 (HR [note 1], II, vol. 6, nr 540), he mentions that there were 300–400 people to feed; see also Caspar Weinreich (note 12), p. 9 (330 people), cf. Beilage I, p. 94 (350 people).

commanded by Michael Ertmann.⁴⁶ At some point both ships crossed the Sound, heading for the coast of Holland. On 16 October, after more than 50 days at sea, they reached the port of Bershuck, near the Zeeland port of Veere.⁴⁷ Bad weather during this voyage resulted in damage to *Peter von Danczik*'s rudder,⁴⁸ the smaller vessel being so badly damaged that it was not even worth repairing her.

Letters that Berndt Pawest sent regularly to the Gdańsk city council provide a wealth of information about this situation. We have over thirty of his letters – the most valuable sources for the history of this warship. He encountered severe problems with everything: his clothes, food and drink for the crew, as well as money for them.⁴⁹ The drama of the situation in which Pawest found himself is best reflected in one of his letters; in it he admits that he does not know what he should do: remain in port or set sail in search of the enemy.⁵⁰

Berndt Pawest did not wait for any other Hanseatic warships (from Lübeck or Hamburg), but instead set sail on 6 January, 1472, engaging in action in the North Sea, the English Channel and the Atlantic for nine weeks, up until 6 March 1472.⁵¹ This was the ship's third voyage.

When the English merchants and fishermen saw such a large a ship emerging from the sea mist they fled from the caravel. A small Breton vessel carrying wine was, however, successfully seized, though the caravel herself suffered as a result of sailing in bad weather, her planking being damaged. In an extremely critical situation, using pumps and with the hull provisionally plugged, the ship managed to reach the port of Sluis near Bruges thanks to the efforts of Berndt Pawest and his crew. Pawest was sure that God and St James had helped them.⁵²

The caravel was removed from the water and her hull was made watertight; timber was imported from Antwerp to carry out repairs and structural work, and ten ship's carpenters were employed.⁵³ The stay that this work entailed lasted from March until the end of June 1472, meaning that the caravel was unable to join in the actions launched at this time against the English by warships from Lübeck and Hamburg.

---

46 HR (note 1), II, Bd 6, nr 531.
47 This is the name of the port cited by Berndt Pawest in one of his letters: HR (note 1), II, t. 6, nr 532. The publishers of HR (note 1), II, t. 6 identified the port of Bershuck as follows: "Niederlande, nördl. Vorgebirge der Insel Walcheren, am Veerghate".
48 HR (note 1), t. 6, nr 530.
49 For more about these letters see MOŻEJKO (note *), pp. 34–42.
50 HR (note 1), t. 6, nr 532, 2, por. Caspar Weinreich, Beilage, II, nr 4.
51 The entire voyage was described at length by Berndt Pawest in a letter to the Gdańsk City Council. HR (note 1), t. 6, nr 338; cf. LIENAU (note 9), p. 23 ff. (excerpts of the same letter translated into modern German). This event is briefly commented on by HELD (note 35), pp. 121–237, 221–222; see also Beata MOŻEJKO, Wykorzystanie energii wiatru i rola żagli na przykładzie karaweli "Peter von Danzig" z drugiej połowy XV wieku, in: Kwartalnik Historii Kultury Materialnej 3-4 (2008), pp. 295–303.
52 HR (note 1), II, vol. 6, nr 338.
53 HR (note 1), t. II/6, nr 540, cf. Caspar Weinreich (note 12), Beilage, II, nr 12; LIENAU, (note 9), p. 26.

Ironically, this episode probably saved the Gdańsk vessel from the fate that befell her Lübeck counterparts on 19 July 1472, when they were set ablaze by the English near Weilingen.[54] During the repairs carried out on the caravel the townspeople of Bruges and the surrounding area came to see her and to marvel at this wonder of the world.[55]

Prompted by unfavourable circumstances, in particular the desertion of part of his crew, Berndt Pawest gained permission from the Gdańsk authorities to entrust the caravel to the command of the Gdańsk privateer Paul Beneke, who was noted for his numerous successes at sea.[56]

Paul Beneke took charge of the great caravel in the late summer of 1472. Under his direct command the warship set sail in September 1472, protected by an earlier-arranged convoy of Hanseatic ships taking a cargo of broadcloth to Hamburg. This was the caravel's fourth voyage. Berndt Pawest returned to Gdańsk, but was very soon sent on Anglo-Hanseatic peace negotiations to Utrecht.[57]

There was practically only one task set by Gdańsk: to fight the English; however, Paul Beneke had other plans. All of the evidence seems to suggest that by demanding a share in ownership of the caravel, Paul Beneke was planning to make use of her in an operation that was to bring him a significant prize, which would have been beyond his means whilst in command of a smaller vessel. Being fully aware of the situation at ports on the south coast of the North Sea and the English Channel, he had probably planned from the outset to attack a richly-laden galley (operated by the famous Medici Bank) plying routes between Pisa, the Netherlandish ports and England, he himself sailing under the flag of Burgundy, which was neutral in the conflict between the Hansa and England.[58] It is certain that when, after the winter break in sailing,

---

54 These repairs and military activities are described at length in Możejko (note *), pp. 143–161.
55 APG (note 3), 300 D/21, nr 98.
56 In the autumn of 1469 Paul Beneke took part in the war between the Hansa and England, joining forces with Martin Bardewigk to attack English and French merchant ships. On 1 January 1470, with Beneke sailing a small ship and Bardewigk a caravel, they captured a 300-last ship from England – "Joen from Newcastel": Caspar Weinreich (note 12), p. 6; Hans Fiedler, Danzig und England. Die Handelsbestrebungen der Engländer vom Ende des 14. bis zum Ausgang des 17. Jahrhunderts, in: Zeitschrift des Westpreussischen Geschichtsvereins 68 (1928), pp. 61–125, here p. 95. For more about Paul Beneke's exploits see Karl Koppmann, Beneke, Paul, in: Allgemeine Deutsche Biographie, vol. 2 (1875), p. 330; John D. Fudge, Cargoes, Embargoes, and Emissaries. The Commercial and Political Interaction of England and the German Hanse, Toronto et al. 1995, p. 69; see also Kammler (note 1), p. 79, note 267.
57 HR (note 1), t. II/6, nr 641; HR (note 1), t. II/7, nr 55.
58 On the subject of these galleys see Armand Grunzweig, Correspondance de la filiale de Bruges des Medici, Brussels 1931, pp. XXX–XXXI, nr 108, 114, 129, 133; Florence E. De Roover, A Prize of War: A Painting of Fifteenth-Century Merchants, in: Bulletin of the Business Historical Society 19, (1945), pp. 3–12; Florence E. De Roover, Le voyage de Girolamo Strozzi de Pisa à Bruges et retour à bord de la galère bourguignonne "San Giorgio", in: Handelingen Genootschap "Société d'Emulation" Brugge 91 (1954), pp. 117–136 (I am very grateful to Mr Hannes Lowagie of the University of Ghent, Belgium, for

he left Hamburg in the spring of 1473 it was with the intention of attacking these vessels, though officially he was to patrol routes up to the coast of northern Spain (to 'St James'), where he expected to surprise said ships as they returned from England. Ultimately, events unfolded somewhat differently: unpredictable weather delayed the galleys' departure from the Netherlandish ports, and Paul Beneke launched his assault on them much earlier, en route to England. On 27 April 1473, Beneke carried out his attack on two galleys on their way to England, in the vicinity of Dunkirk (near the port of Gravelines). He managed to capture one of the galleys (*St Andrew / St Matthew*), the other (*St Georg*) taking refuge in Southampton.[59] The great caravel, with captured galley, then headed for the Hanseatic ports, successfully attacking a Dutch ship on the way,[60] though as Beneke was unable to assign a prize crew to her, she was simply stripped of her goods and set free. The Gdańsk warship made a stop in mid-June 1473, first in Hamburg, and later in Stade.[61] This was the caravel's fifth voyage (counting the return passage as one whole trip).

Paul Beneke's position as commander of a warship – which the caravel was at that time – was particularly unusual because of the fact that the two warring sides (namely the Hansa and England) were ready to enter peace talks (negotiations in Utrecht) at that point. Thus, the daring attack on the Florentine galley (*St Andrew / St Matthew*), which in different circumstances may even have been deemed commendable, was met with consternation by the Hanseatic League.

For Paul Beneke it was a great military success to capture a prize vessel, and with it a rich bounty worth several times more than the budget of many a medieval state.[62] From the perspective of the crew and mercenaries, this was a reason to be happy, as it meant that they were entitled to a share of the seized goods. The attack itself proved problematic, if only because the galley had been sailing under the flag of Burgundy. Paul Beneke's later unlikely explanation that he had not noticed the coats of arms of the Duchy of Burgundy, were used as arguments in his defence, led by Berndt Pawest,[63] but did not convince the injured parties – Tommaso Portinari and other representa-

---

sending me a scanned copy of this article); Raymond DE ROOVER, The Rise and Decline of the Medici Bank 1397–1494, Cambridge 1963, pp. 346–347; Michael E. MALLETT, Anglo-Florentine Commercial Relations, 1465–1491, in: The Economy History Review, N. S. 15,2 (1962), pp. 250–265; Michael E. MALLETT, The Florentine Galleys in the Fifteenth Century, Oxford 1967, pp. 98–102.
59 Boarding was carried out during this attack, with resultant deaths and woundings. For details of Paul Beneke's assault on these galleys and the capture of one of them see MOŻEJKO (note *), pp. 186–192.
60 HU (note 1), t. 10, nr 242; see HR, t. II/7, nr 35, paragraph 108.
61 HR (note 1), t. II/7, nr 31.
62 The cargo carried by the captured galley included alum, broadcloth and valuables worth around 40,000 ducats: see HR (note 1), t. II/7, nr 41; cf. Goswin von der ROPP, Zur Geschichte des Alaunhandels im 15. Jahrhundert, in: Hansische Geschichtsblätter 28 (1900), pp. 119–136.
63 For further details see Możejko (note *), pp. 193–217.

tives of the Medici Bank in Bruges.⁶⁴ So it was that Paul Beneke involved Gdańsk, and other members of the Hansa, in an international conflict: those with an interest in the galley included the Medicis, a number of famous Florentine families, Pope Sixtus IV, and the Duke of Burgundy, Charles the Bold. The dispute over compensation had already begun during the course of negotiations in Utrecht.⁶⁵

In October 1473, the caravel, captained by Paul Beneke, set sail from the port of Stade on her sixth successive voyage, reaching Gdańsk, where she made a lengthy stop. After arriving in Gdańsk, Paul Beneke handed over a beautiful painting of the 'Last Judgement' that had been taken from the seized galley. It was placed in the Church of the Blessed Virgin Mary.⁶⁶ Centuries later the painting was identified as the 'Last Judgement' of the celebrated artist Hans Memling, who had worked in Bruges.

The caravel's maritime service came to an end as a result of her seventh voyage, which she made in 1475 from Gdańsk to La Rochelle. At some point before August 1475, the caravel had been badly damaged in the Bay of Biscay, not far from Rochefort, slightly south of La Rochelle. The damage was so severe that it marked the end of her service.⁶⁷

Thus, over the course of thirteen years the caravel *Pierre de la Rochelle* alias *Peter von Danzig* embarked on seven voyages, the first three of which ended in damage requiring repairs, two of them on a major scale. This entailed significant costs, which necessitated borrowing and even collateral loans. The damage in question was

---

64 Tommaso Portinari has never been the subject of an individual study; however, noteworthy references to him in the existing literature include Otto MELTZING, Tommaso Portinari und sein Konflikt mit der Hanse, in: Hansische Geschichtsblätter 33 (1906), pp. 101–123, here p. 102; GRUNZWEIG (note 58), pp. IX–XIV and Edward H. SIEVEKING, Die Handlungsbücher der Medici, in: Sitzungsberichte der Kais. Akademie der Wissenschaften in Wien. Philosophisch-Historische Klasse 151, 5, Wien 1905 (publ. 1906), p. 52. The greatest amount of biographical information about Tommaso Portinari and his various lines of business can be found in Raymond DE ROOVER, Money, Banking, and Credit in Mediaeval Bruges. Italian Merchant-Bankers, Lombards, and Money-Changers. A Study in the Origins of Banking, Cambridge (Mass.) 1948; and in particular in ID., The Rise (note 58); Richard J. WALSH, Charles the Bold and Italy (1467–1477). Politics and Personnel. With a Postscript and Bibliographical Supplement by Werner Paravicini and an Editorial Preface by Cecil H. Clough, Liverpool 2005, pp. 120–153 (Relations with Florence and the Activities of Tommaso Portinari), and also in an article by Marc BOONE, Apologie d'un banquier médiéval: Tommaso Portinari et l'Etat bourguignon, in: Le Moyen Age 105,1 (1999), pp. 31–54. Tommaso Portinari is also mentioned in passing in writings by art historians, if only for the fact that he commissioned several significant works: see, for example, Paula NUTTALL, Memling and the European Renaissance Portrait, in: Till-Holger BORCHERT (ed.), Memling's Portraits, exhibition catalogue, Bruges, Groeninge Museum, Madrid, Thyssen Collection and New York, Frick Collection, Ghent, Amsterdam 2005.
65 For further details of the consequences of the attack carried out by Paul Beneke see MOŻEJKO (note *), pp. 227–252.
66 HR (note 1), t. II/7, nr 71; the painting seized from this galley and hung in the Church of the Blessed Virgin Mary in Gdańsk is mentioned in the chronicles of Caspar Weinreich (note 12), p. 13 (including an annotation based on Georg Mehlman's chronicle).
67 APG (note 3), 300 D/17 B, nr 18; Caspar Weinreich (note 12), p. 17.

undoubtedly attributable in part to the sea, but also (and possibly primarily) to the caravel's imperfect construction.

From a research perspective, we could pose a question about what impact the presence in Gdańsk's port of the caravel *Pierre de la Rochelle* alias *Peter von Danzig* had on the development of shipbuilding in this city. The answer can only be provided by further detailed research into the history of sea-going vessels in Gdańsk. However, it seems that referring to written records will not suffice in this respect, and that materials recovered thanks to underwater archaeology may prove helpful, if not essential.

To this day the caravel remains imprinted in the public consciousness as the Gdańsk warship which the privateer Paul Beneke used to carry out his daring raid. This is especially true of visitors to the National Museum in Gdańsk and its exhibition of the 'Last Judgement' triptych by Hans Memling.

Jens Rüffer (Bern)
Funktionalität und Spiritualität.
Die Wasserversorgung bei den Zisterziensern

Abstract: The Cistercians developed a sophisticated system of water supply, which can still be studied on the site of their monasteries. Although written evidence is rare, a unique document has survived: an anonymous description of the monastery of Clairvaux written at the beginning of the 13th century. Starting from this description, this paper discusses the technical aspects of water management as well as spiritual ideas linked with water. The Cistercians did not invent the technical methods, but rather they perfected them, as can be seen from the so-called Wibert plan from Christ Church Canterbury. From a liturgical point of view physical cleanliness and sacred purity merged. Washing, bathing, and shaving often became extremely formalised activities, as will be shown with reference to the Maunday, where a dispute between Cluniacs and Cistercians arose.

Keywords: Zisterzienser, Clairvaux, Wasserversorgungsanlage, Wibert-Plan, liturgische Reinheit

Die Bedeutung, die die Zisterzienser dem Wasser beimaßen, drückt sich bereits in der Wahl vieler Abteinamen aus, wie Aiguebelle (*Aqua bella*), Fontenay (*Fontanetum*), Troisfontaines (*Tres fontes*), oder Fontefroide (*Fons frigidus*). Sauberes Wasser bildete eine entscheidende Lebensgrundlage für die Klostergemeinschaften. Ohne hinreichende Wasserversorgung waren weder ein erfolgreicher Ackerbau noch eine nachhaltige Vieh- und Fischzucht möglich. Fließendes Wasser stellte darüber hinaus die wichtigste Energiequelle dar. Wasser war aber auch für die physische und kultische Reinheit bedeutsam. All die genannten Aspekte haben materielle Spuren hinterlassen. Sie wurden bewusst mehr oder weniger aufwändig gestaltet.

Eine Beschreibung von Clairvaux aus dem frühen 13. Jahrhundert, deren Verfasser nicht bekannt ist, stellt die Bedeutung des Wassers für die Mönche in ungewöhnlicher Ausführlichkeit dar.[1] Nun sind in Beschreibungen von Klosterorten Bezüge

---

[1] Descriptio positionis seu situationis monasterii Claraevallensis, hrsg. v. Jacques-Paul MIGNE (Patrologiae cursus completus, Series Latina 185), Paris 1879, Sp. 569–574; übers. v. Pater Adalbert RODER und kommentiert v. Pater Kolumban SPAHR, in: Kolumban SPAHR, Beschreibung von Clairvaux im 13. Jahrhundert, in: Cistercienserchronik 68 (1961), S. 53–64. Der Text wurde in Auszügen bei Wolfgang BRAUNFELS, Abendländische Klosterbaukunst, 5. Aufl. Köln 1985, S. 304–307 publiziert. In überarbeiteter deutscher Übersetzung wurde der Auszug erneut abgedruckt bei Hermann Josef ROTH, *Descriptio positionis seu situationis Monasterii Clarae-Vallensis* – Beschreibung von Lage oder Zustand des Klosters Clairvaux, in: DERS. u. a. (Hgg.), Klostergärten und klösterliche Kulturlandschaften. Historische Aspekte und aktuelle Fragen, München 2009, S. 77–82.

zum Wasser und seiner Bedeutung keineswegs etwas Besonderes. In der Metapher des *locus amoenus* oder der des irdischen Paradieses wird immer auch auf das lebenssichernde Wasser Bezug genommen. Im zisterziensischen Kontext sei an Walter Daniels († nach 1170) Beschreibung der englischen Zisterze Rievaulx, eingebettet in die ‚Vita Ailredi', erinnert.[2] Außergewöhnlich an der ‚Descriptio Claraevallensis' ist die Schilderung der konkreten Aufgaben, für die das Wasser vor Ort genutzt wurde. Im Folgenden sei eine längere Passage aus dieser Beschreibung zitiert. Zwar scheint der Text infolge der hier erforderlichen Kürzungen möglicherweise etwas zu sehr verdichtet, doch bleibt die Intention des Schreibers gewahrt. Dieser konzentrierte sich auf die Schilderung der geographischen Lage und auf die Anlage der Wasserversorgung durch künstlich angelegte Wasserläufe, die vom Fluss Aube ausgehen, und die sich nach getaner Arbeit wieder mit diesem vereinen:

> Wo der Obstgarten aufhört, beginnt der Gemüsegarten, der durch unterbrochene Gartenbeete oder genauer durch dazwischen fließende kleine Bächlein abgeteilt ist. Mag es auch scheinen, als stehe das Wasser, so läuft es in Wirklichkeit träge dahin. [...] Das Wasser leistet hier einen doppelten Dienst: Fischzucht und Bewässerung der Gemüseanlagen. Dafür bringt die Aube [...] durch ununterbrochenen Zufluss neuen Zustrom. Dieser nimmt seinen Weg durch die vielen Werkstätten der Abtei und hinterlässt, seinem treuen Dienst entsprechend, überall reichen Segen. [...] Der Fluss nämlich durchschneidet die Mitte des Tales in einem gewundenen Bett, das nicht von der Natur aus so ist, sondern das der Fleiß der Brüder geschaffen hat. Das halbe Wasser entsendet er der Abtei [...]. Wenn er aber eingelassen ist, soweit die Mauer nach Art eines Pförtners dies gestattet, macht er zuerst einen Anlauf auf die Mühle, wo er gar sehr geschäftig ist und sich um vielerlei sorgt. Durch der Mühlsteine Wucht zerreißt er das Korn, und durch ein feines Sieb sondert er das Mehl von der Kleie. Dann füllt er schon im nahen Hause den Kessel und lässt sich auf dem Feuer kochen, um den Brüdern einen Trank zu bereiten, [...]. Aber damit ist er noch nicht fertig. Die Walker, die nahe der Mühle sind, laden ihn zu sich und verlangen mit Fug und Recht, dass, wie er sich in der Mühle um das Essen der Brüder gekümmert hat, er sich bei ihnen sorge, dass sie etwas zum Anziehen hätten. [...] Dann wird er von der Gerberei aufgenommen, wo er für die Herstellung dessen, was die Brüder für ihr Schuhwerk brauchen, seine emsige Arbeit anbietet. Dann durchsucht er in kleinen Gerinnseln, in viele kleine Arme sich aufteilend, in emsigem Lauf die einzelnen Werkstätten und sieht überall nach, ob etwas seiner Arbeit bedürfe. Ohne Widerspruch bietet er seine Dienste an, sei es zum Kochen, Sieben, Drehen, Bewässern, Reiben, Putzen, Waschen, Mahlen, Einweichen, und zu guter Letzt, damit ihm für den Dank nicht irgendetwas fehle oder seine Arbeit irgendwie noch unvollkommen sei, trägt er allen Unrat mit sich und lässt alles sauber zurück, und hat er die Arbeit, zu der er gekommen war, ausgeführt, so eilt er in schnellem Lauf zum Flusse zurück.[3]

---

2 Walter Daniel, Vita Ailredi 5, in: The Life of Ailred of Rievaulx by Walter Daniel (Oxford Medieval Texts), transl. from the Latin with Introduction and Notes by the late Sir Maurice Powicke, Oxford 1950, ND 1978, S. 12f.
3 Descriptio positionis (Anm. 1), Sp. 570A–571C: *Ubi pomarium desinit, incipit hortus intercisis distinctus areolis, vel potius divisus rivulis intercurrentibus. Nam licet aqua dormitans appareat, pigro tamen decurrit elapsu. [...] Aqua haec piscibus alendis, et rigandis oleribus duplici ministerio servit: cui Alba [...] indefesso meatu fomenta ministrat. Hic per multas abbatiae officinas transitum faciens, ubique pro fideli obsequio post se benedictionem relinquit: [...]. Ipse quidem mediam vallem flexuo-*

Der durchaus aufwändige Bau von Kanälen und Rohrleitungen wird bereits in der Lebensbeschreibung des Hl. Bernhard († 1153) besonders hervorgehoben.[4] Die archäologische Geschichte von Clairvaux ist noch zu schreiben,[5] an vielen anderen Klöstern lassen sich jedoch sorgfältig aus Quadersteinen gemauerte Kanäle nachweisen. Die selbst gewählte Maxime, im Talgrund oder an Talhängen zu siedeln, fernab der Zivilisation, erforderte vor allem Geschick in Melioration und Grundwassermanagement, denn oft musste zuerst das Gelände terrassiert, der Fluss verlegt oder der Sumpf trockengelegt werden.[6] Die Kirche wurde in der Regel immer am höchsten Punkt errichtet; sie sollte auch unter widrigsten Witterungsbedingungen nie vom Hochwasser bedroht sein. Um die Wasserkraft optimal nutzen zu können, war es in der Regel sinnvoll, den Fluss vor der Abtei anzustauen. Durch ein entsprechendes Gefälle konnte der nötige Wasserdruck erreicht werden. Um das Wasser als Energiequelle für Mühlen und Schmieden oder zur Reinigung der Latrinen nutzen zu können, war nämlich eine gewisse Kraft bzw. Fließgeschwindigkeit erforderlich. Gleichzeitig konnten Staustufen die Abteigebäude vor Überschwemmungen schützen und die am Oberlauf künstlich angelegten Teiche nahmen nicht nur Hochwasser auf, sondern sorgten auch für die Ernährung des Konvents, da in diesen zugleich erfolgreich Fischzucht betrieben wurde.[7]

Dem Brauch- bzw. Nutzwassersystem stand ein davon getrenntes Trinkwassersystem gegenüber, das meist aus einer Quelle gespeist wurde, die wiederum über

---

sum intersecans per alveum, quem non natura, sed fratrum industria fecit, dimidium sui mittit in abbatiam, [...]. *Intromissus vero quantum murus, portarii vice, permisit, primum in molendinum impetum facit, ubi multum sollicitus est, et turbatur erga plurima, tum molarum mole far comminuendo, tum farinam cribro subtili segregando a furfure. Hic jam vicina domo caldariam implet, se igni coquendum committit, ut fratribus potum paret,*[...]. *Sed nec sic se absolvit. Eum enim ad se fullones invitant, qui sunt molendino confines, rationis jure exigentes, ut sicut in molendino sollicitus est, quo fratres vescantur, ita apud eos paret, quo et vestiantur.* [...] *Excipitur dehinc a domo coriaria [sic!], ubi conficiendis his quae ad fratrum calceamenta sunt necessaria, operosam exhibet sedulitatem. Deinde minutatim se, et per membra multa distribuens, singulas officinas officioso discursu perscrutatur, ubique diligenter inquirens quid quo ipsius ministerio opus habeat; coquendis, cribrandis, vertendis, terendis, rigandis, lavandis, molendis, molliendis, suum sine contradictione praestans obsequium. Postremo, ne quid ei desit ad ullam gratiam, et ne ipsius quaquaversum imperfecta sint opera, asportans immunditias, omnia post se munda relinquit. Et jam peracto strenue propter quod venerat, rapida celeritate festinat ad fluvium* [...].; deutsche Übersetzung nach SPAHR (Anm. 1), S. 59 f.

4 Vita prima Sancti Bernardi Claraevallensis abbatis 2,29–31, hrsg. von hrsg. von Paul VERDEYEN SJ (Corpus Christianorum, Continuatio medaevalis 89B), Turnhout 2011, S. 109–111.

5 Clairvaux wurde nach der Auflösung zu einem Gefängnis umgebaut, dass immer noch besteht, weshalb weder größere bauarchäologische Untersuchungen noch Grabungen möglich sind.

6 Paul BENOIT u. Monique WABONT, Mittelalterliche Wasserversorgung in Frankreich. Eine Fallstudie. Die Zisterzienser, in: Frontinus-Gesellschaft Mainz e. V. (Hg.), Die Wasserversorgung im Mittelalter (Geschichte der Wasserversorgung 4), Mainz 1991, S. 185–226.

7 James C. BOND, Monastic Fisheries, in: Michael ASHTON (Hg.), Medieval Fish, Fisheries and Fishponds in England (British Archaeological Reports 1988, British Series 182), Oxford 1988, S. 69–112.

Rohrleitungen mit der Abtei in Verbindung stand. Um bereits Verunreinigungen des Wassers an der Quelle zu vermeiden, wurden die Quellen oft in Stein eingefasst und überdacht.[8] Mit Trinkwasser wurden in der engeren Klausur sowohl das Brunnenhaus bzw. die Reihenwaschanlage am kirchenfernen Kreuzgangflügel als auch die am Westende des Flügels befindliche Küche versorgt. Den Abwasserkanal legte man hingegen so an, dass er die Abfälle aus der Küche mitnahm und die Latrinen des Mönchs- bzw. Laienbrüdertraktes reinigte.

Da die Anlage von Trink- und Abwassersystem der Raumstruktur der Klostergebäude Rechnung zu tragen hatte, gehörte deren Planung bei einem Neubau der Klausurgebäude mit zu den ersten Aufgaben des Baumeisters. Eine besondere Herausforderung ergab sich, wenn über der alten Klausur eine in ihren Dimensionen erheblich größere errichtet werden sollte.[9] Beließ man jedoch den Kreuzgang in seinen alten Maßen, konnten bereits bestehende Abschnitte von Kanälen und Rohren wieder verwendet und in den Neubau integriert werden.

Die Zisterzienser haben vieles, was heute mit ihrem Namen verbunden wird, nicht erfunden.[10] Aber sie haben die Bedeutung verschiedener Wirtschaftsmethoden und Arbeitstechniken klug erkannt, diese perfektioniert und durch die enorme Zahl der Konvente geholfen, sie über ganz Europa zu verbreiten. Dass die Wasserversorgung im monastischen Kontext sich bereits Mitte des 12. Jahrhunderts auf einem sehr hohen Niveau befand, belegen zwei Dokumente, die aus Canterbury stammen und heute in der Bibliothek des Trinity College in Cambridge aufbewahrt werden. Im sogenannten Eadwine-Psalter, der im Skriptorium von Christ Church entstand und der nach der ganzseitigen Darstellung des Schreibers seinen modernen Namen erhielt, sind am Ende zwei Pläne eingebunden, die das Wasserversorgungssystem von Christ Church abbilden.[11] Beide Pläne lassen sich in die Zeit um 1158/60 datieren und dürften damit in die Amtsperiode von Prior Wibert (1151 1167) fallen, der in seinem Nachruf nicht nur für die Wasserversorgung gerühmt wird, sondern auch für die Erneuerung verschiedener Klausurbauten.[12] Christ Church in Canterbury, darauf ist hinzuweisen,

---

8 James C. BOND, Mittelalterliche Wasserversorgung in England, in: Frontinus-Gesellschaft Mainz e. V. (Anm. 6), S. 147–183, hier S. 156 f.
9 Vita prima (Anm. 4), II,29–31, S. 109–111.
10 Ernst TREMP, Mönche als Pioniere. Die Zisterzienser im Mittelalter (Schweizer Pioniere der Wirtschaft und Technik 65), Meilen 1997.
11 Cambridge, Trinity College, MS R.17.1, fol. 284v, 285r, 286r. Zur Zeichnung auf fol. 286r gehörte ein inzwischen verlorenes Blatt. Damit befand sich die vollständige Zeichnung ebenfalls auf einem Bifolium. Der Codex wurde im 17. Jahrhundert neu gebunden. Die 37. Lage, die ursprünglich aus zwei Bifolia bestand, enthält heute die doppelseitige Zeichnung sowie die Hälfte der zweiten. Vgl. Nicholas PICKWOAD, Codicology, in: Margaret T. GIBSON, Thomas Alexander HESLOP u. Richard W. PFAFF, The Eadwine Psalter. Text, Image, and Monastic Culture in Twelfth-Century Canterbury (Publications of the Modern Humanities Research Association 14), London 1992, S. 4–12. Zur Forschungsgeschichte s. Peter FERGUSSON, Canterbury Cathedral Priory in the Age of Becket, London 2011, S. 9–18.
12 Prior Wibert's *Obit* by Mary Pedley, in: FERGUSSON (Anm. 11), S. 152 f.

ist Metropolitankirche und Sitz des Primas von England. Die Kirche war jedoch nicht mit Kanonikern besetzt, sondern mit Mönchen, die nach der Regel Benedikts lebten. Insofern kam hier dem Prior eine besondere Verantwortung in der Leitung des Klosters und des Konvents zu.

Die doppelseitige Zeichnung (Abb. 1) zeigt detailliert den Kathedralbezirk mit dem neuen Wasserversorgungssystem. Die zweite Zeichnung (Abb. 2), deren eine Hälfte verloren gegangen ist, beschränkt sich auf die technischen Parameter der Wasserversorgung. Beide Zeichnungen wurden erst angefertigt, nachdem der Codex gebunden vorlag. Die Darstellung auf dem Bifolium (Abb. 1) verschließt sich einer einfachen Deutung, denn sie ist, wie Peter FERGUSSON jüngst gezeigt hat, mehr als eine Darstellung des Kathedralbezirks und mehr als eine Darstellung des Wasserversorgungssystems. Die Zeichnung hat auch metaphorische und symbolische Deutungsebenen als *civitas Dei* oder Jerusalem.[13]

Mit Blick auf die klösterliche Wasserversorgung ist hier nur der technische Aspekt von Bedeutung. Das im Plan dargestellte Wasserversorgungssystem ist erstaunlich detailliert erfasst und innerhalb der Darstellungskonventionen effizient graphisch umgesetzt. Dies wird dann besonders deutlich, wenn man sich gedanklich sowohl von den Standards der späteren Zentralperspektive als auch den frühneuzeitlichen Parametern technischer Zeichnungen frei macht. Zudem ist die Funktionsweise des Systems durch spezifische Darstellungskonventionen sehr leicht erschließbar.[14]

Die Gebäude um den Kreuzgang sind nach innen orientiert (Abb. 1). Sie und alle zur Wasserversorgung gehörenden wichtigen Elemente sind in lateinischer Sprache beschriftet bzw. farblich gekennzeichnet: mit Grün die Frischwasserleitungen, mit Rot das Verteilungsnetz und die Abwasserkanäle, mit Gelb das über die Dächer gesammelte Regenwasser. Das hydraulische System wird aus einer Quelle rund eineinhalb Kilometer vor dem Kloster gespeist. Das Wasser wird gesammelt, gereinigt und durch ein Rohrleitungssystem mit vier Absatzbecken bis zur Abtei geleitet. Auf dem Klostergrund führt die Leitung geradewegs zur Küche der Infirmerie und biegt dann nach Westen in den Kreuzgang der Infirmerie ab. Dort speist sie eine Brunnenschale im Obergeschoss des Brunnenhauses, das noch erhalten ist. Steigrohr und Fallrohr sind in der Zeichnung deutlich zu erkennen, auch der Grundablass am Steigrohr ist vermerkt. In der Darstellung sind alle Zapfstellen bzw. Absperrhähne durch einen kleinen Kreis bzw. durch ein stecknadelförmiges Element hervorgehoben. Von diesem Brunnenhaus wird das Wasser über das Fallrohr und die sich anschließende Leitung in das Brunnenhaus des westlichen Kreuzgangs geleitet. Von hier wird das

---

[13] FERGUSSON (Anm. 11), S. 42–46.
[14] Robert WILLIS, The Architectural History of the Conventual Buildings of the Monastery of Christ Church in Canterbury, X: Waterworks, in: Archaeologia Cantiana 10 (1868), S. 158–206; Klaus GREWE, Der Wasserversorgungsplan des Klosters Christchurch in Canterbury (12. Jahrhundert), in: Frontinus-Gesellschaft Mainz e.V. (Anm. 6), Die Wasserversorgung im Mittelalter (Geschichte der Wasserversorgung 4), Mainz 1991, S. 229–236; FERGUSSON (Anm. 11), S. 19–46.

Wasser über ein nun rot markiertes Verteilernetz zu verschiedenen Funktionsräumen im Kloster verteilt: Ein Strang führt über das Refektorium, die Küche und einen Raum, der zum Waschen der Fische diente, weiter nach Süden zum Brauhaus bzw. zur Bäckerei und endet schließlich im Brunnenhaus der *aula nova*. Von diesem Strang zweigt nach der Küche auf halbem Weg zum Brauhaus eine weitere Leitung zum Badehaus ab. Vom Brunnenhaus im Kreuzgang verläuft ein anderer Strang nach Osten über den Kräutergarten (*herbarium*) zum Brunnenhaus der Infirmerie, dann zum Fischteich im Nordosten und von dort schließlich nach Westen zum Brunnen auf dem Friedhof der Laien. Dieser wird durch eine Leitung gespeist, die vom Kräutergarten unter der Kirche hindurch zum Friedhof geführt wird. Das Abwasser wird am Haus des Priors gesammelt und dann, die Latrinen reinigend, in den großen Abwasserkanal geleitet. Dieser Abwasserkanal nimmt schließlich auch noch das von den Dächern herabfließende Regenwasser auf. Bemerkenswert ist zudem eine hohe Säule im Kreuzgang der Infirmerie (Abb. 1, linke Seite in der Mitte), die als Notwasserversorgung fungieren sollte. Sie konnte unabhängig vom Quellwasser über einen Schöpfbrunnen gefüllt werden. Die Höhe der Säule sorgte dann für den nötigen Druck, um das Wasser in die Gebäude verteilen zu können.

Zusammenfassend lässt sich festhalten: Der Plan zeigt ein ausgeklügeltes System der Wasserversorgung, das nicht mehr von einem Schöpfbrunnen abhängig ist, sondern ein Druckwasserleitungssystem nach dem Prinzip der kommunizierenden Röhren darstellt. Frischwasser, Regenwasser und Abwasser sind in der Zeichnung als eigenständige Komponenten durch ein dreifarbiges Leitungssystem hervorgehoben. Technische Elemente wie Absperrhähne, Zapfstellen, Steig- und Fallrohre, Absatzbecken sowie Reinigungsstellen des Rohrleitungssystems sind ebenfalls eindeutig ausgewiesen. Selbst an eine von der Quelle unabhängige Notwasserversorgung wurde gedacht.

Das technische Wissen dürfte zu jener Zeit Allgemeingut gewesen sein, wenngleich es in dieser Detailfülle weder archäologisch noch durch andere zeitgenössische Darstellungen nachgewiesen werden kann. Ob in Canterbury Prior Wibert als *concepteur* anzusprechen ist, bleibt offen. Mit Blick auf die lateinischen Inschriften und Erklärungen ist der Urheber auf jeden Fall im Kreis der Mönche zu suchen. Eine mit Canterbury vergleichbare Darstellung eines Wasserversorgungssystems ist, wenngleich in sehr schlechtem Zustand, erst aus späterer Zeit erhalten. Es handelt sich hierbei um den Wasserversorgungsplan der Londoner Kartause aus dem 15. Jahrhundert.[15]

Im monastischen Kontext gingen liturgische Reinheit und hygienische Standards Hand in Hand, wobei körperliche hygienische Vernachlässigung auch als ein positives Zeichen christlicher Askese betrachtet werden konnte und im Reformmönchtum

---

15 William Henry St. John Hope, XI. The London Charterhouse and its Old Water Supply, in: Archaeologia 58 (1902), S. 293–312.

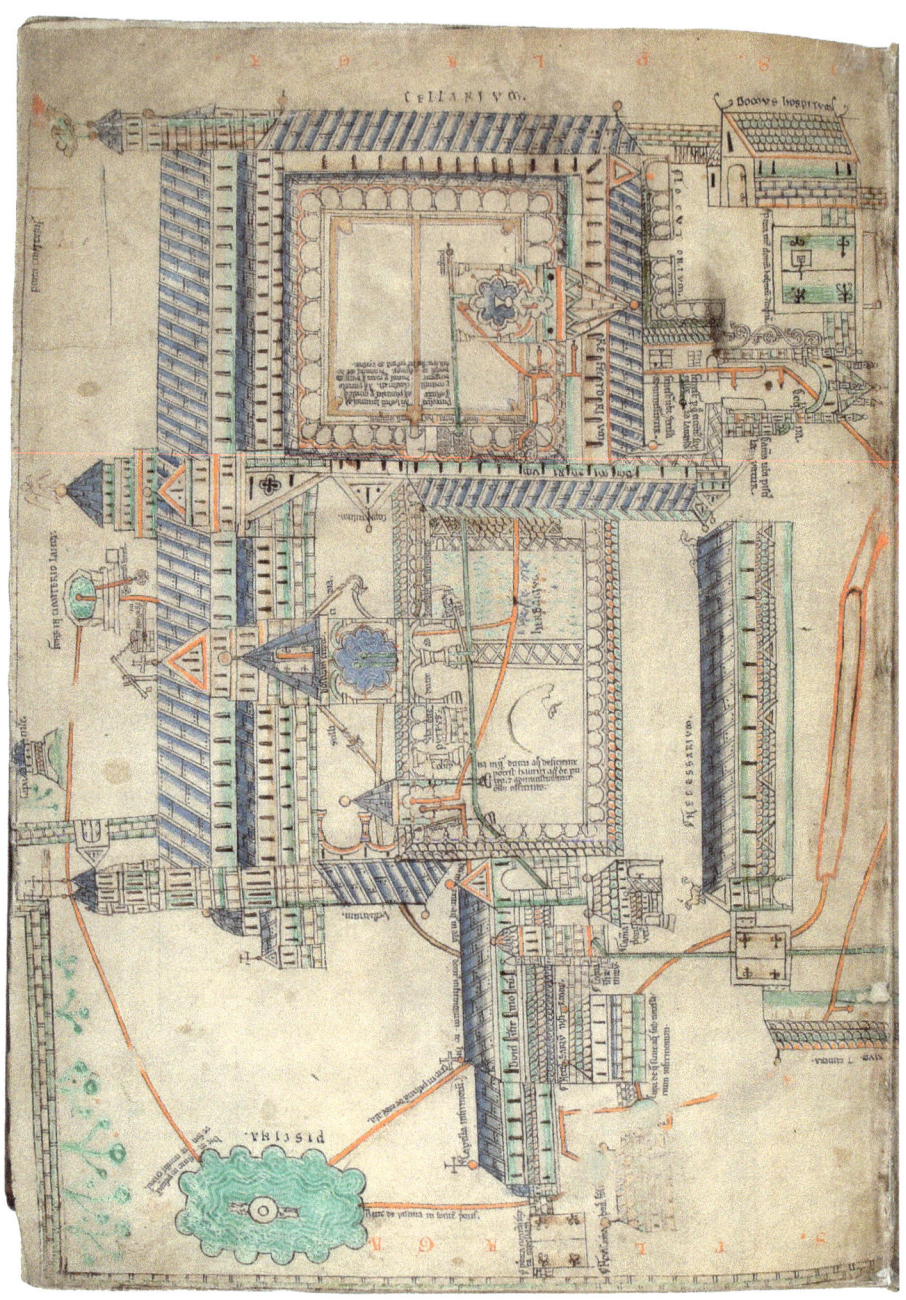

Abb. 1: Prior Wiberts Wasserversorgungsplan von Christ Church Canterbury. Cambridge, Trinity College, MS R.17.1, fol. 284v und 285r. Foto: Courtesy Masters and Fellows of Trinity College, Cambridge.

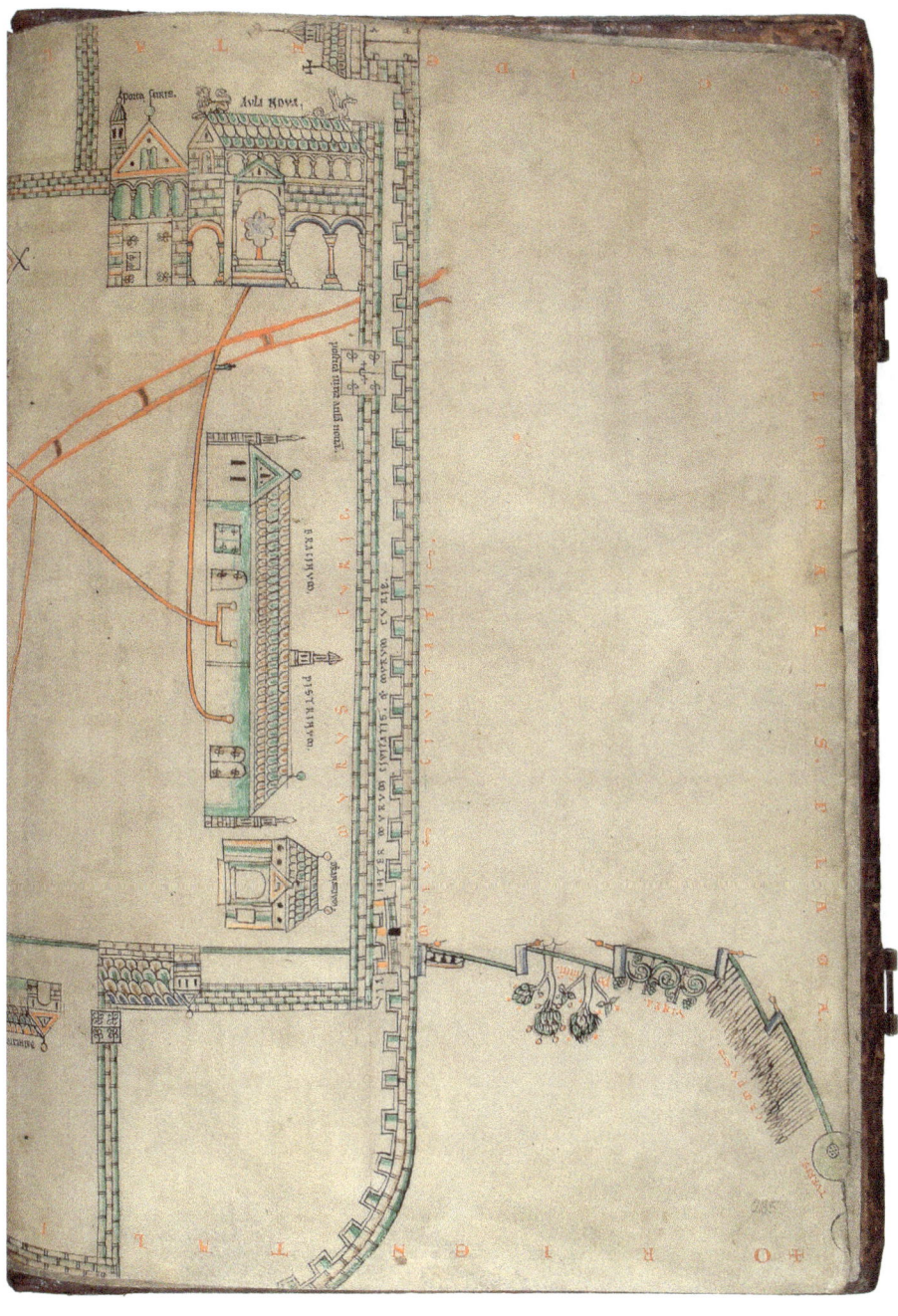

Abb. 2: Fragment des Wibert-Plans, reduziert auf die technischen Aspekte. Cambridge, Trinity College, MS R.17.1, fol. 286r. Foto: Courtesy Masters and Fellows of Trinity College, Cambridge.

Anlass zu Diskussionen gab.[16] Im monastischen Alltag wurde das Thema Sauberkeit oder Reinheit liturgisch beim Altardienst und beim *mandatum*, der Fußwaschung, gefordert, wobei die Diskussionen um die detaillierte Durchführung zeigen, wie schmal der Grat zwischen Ritus und Ritual war.[17]

Zu den eher körperlich hygienischen Maßnahmen zählten Händewaschen, Rasur und Bad. Die Zisterzienser haben all dies in ihren ‚Ecclesiastica Officia' geregelt.[18] Bei den Benediktinern wie auch bei den Zisterziensern war es üblich, dass sich die Mönche mehrmals am Tag Hände und Gesicht wuschen.[19] Dies geschah meist nach dem Aufstehen und vor den Mahlzeiten. Die cluniazensischen ‚Consuetudines' legten insbesondere beim Altardienst auf Sauberkeit größten Wert.[20] Der Waschraum für die Mönche, das Lavatorium, befand sich im Kreuzgang und wurde architektonisch sorgfältig gestaltet. Im zisterziensischen Kontext setzten sich zwei Gestaltungsparadigmen für Lavatorien durch: In Rievaulx und Fountains Abbey (Abb. 3) haben sich Reihenwaschanlagen in Form großer Waschbecken beiderseits des Eingangs zum Refektorium erhalten. Die klassische Variante ist jedoch das Brunnenhaus gegenüber dem Eingang zum Refektorium, in Form eines Zentralbaus mit meist polygonalem Grundriss (z. B. Le Thoronet, Heiligenkreuz).[21]

Die Lavatorien von Rievaulx und Fountains Abbey besitzen profilierte Blendarkaden und teilweise ornamental gestaltete Konsolen. Unterhalb der Konsolen verläuft eine horizontale Steinbank, die am Fußende mit einer Wasserrinne versehen ist. Die Arkaden der Lavatorien ordnen sich der Gestalt der Haupteingänge der Refektorien unter. Der Kulminationspunkt ist das Eingangsportal des Refektoriums. Die Rundbogenportale bestehen aus mehreren Bögen, die auf einem Band von Kapitellen auflie-

---

16 Gerd ZIMMERMANN, Ordensleben und Lebensstandard. Die Cura corporis in den Ordensvorschriften des abendländischen Hochmittelalters (Beiträge zur Geschichte des alten Mönchtums und des Benediktinerordens 32), Münster 1973, S. 109–117.

17 Diese eher pragmatisch vorgenommene Unterscheidung soll auf die Tatsache hinweisen, dass liturgischen Gesten eine Tendenz zum Formalismus innewohnt. Während beim Ritus Form und sinnstiftender Inhalt eine gewisse Balance wahren, droht beim Ritual die einst sinnstiftende Geste im Formalismus zu erstarren und damit ihr sinnstiftendes Potential zu verlieren; vgl. ZIMMERMANN (Anm. 16), S. 122 f., 209 f.

18 Ecclesiastica Officia 69,25; 76,4; 83,17; 83,33 f. (Händewaschen); 85 (Rasur), in: Ecclesiastica Officia. Gebräuchebuch der Zisterzienser aus dem 12. Jahrhundert. Lateinischer Text nach den Handschriften Dijon 114, Trient 1711, Ljubljana 31, Paris 4346 und Wolfenbüttel Codex Guelferbytantus 1068. Deutsche Übersetzung, liturgischer Anhang, Fußnoten und Index nach der lateinisch-französischen Ausgabe von Danièle CHOISSELET (La Coudre) und Placide VERNET (Cîteaux), übers., bearb. u. hrsg. v. Hermann M. HERZOG (Marienstatt) und Johannes MÜLLER (Himmerod) (Quellen und Studien zur Zisterzienserliteratur 7), Langwaden 2003.

19 Die Eremitenorden waren in dieser Hinsicht nachlässiger; vgl. ZIMMERMANN (Anm. 16), S. 117–133.

20 Vgl. ZIMMERMANN (Anm. 16), S. 118–129, 408 f. (Quellen III/12).

21 Vgl. BRAUNFELS (Anm. 1), S. 147; Heinrich GRÜGER, Cistercian Fountain Houses in Central Europe, in: Meredith LILLICH (Hg.), Cistercian Art and Architecture, Bd. 2 (Cistercian Studies Series 69), Kalamazoo / MI 1984, S. 201–222.

Abb. 3: Fountains Abbey, Reihenwaschanlage zu beiden Seiten des Eingangs zum Refektorium am Südflügel des Kreuzgangs. Foto: Jens Rüffer.

gen. Die in die Gewände eingestellten Säulen sind nicht mehr erhalten. In der Beurteilung der ästhetischen Wirkung dieser Reihenwaschanlage ist zu berücksichtigen, dass das einfache Pultdach des Kreuzganges nicht mehr existiert, weshalb die Lavatorien heute gleichsam als Fassadenelemente des Refektoriums erscheinen.[22]

Die Brunnenhäuser sind in der Regel aus sorgfältig behauenen Quadersteinen errichtet und, wie im Fall von Heiligenkreuz, im Inneren mit Blendarkatur versehen. Zudem besitzt dieses Brunnenhaus auch noch farbige Glasfenster mit figürlichen Malereien. Die oft übereinander angeordneten Brunnenschalen haben die Zeit nur selten überdauert. Manche wurden in nachmittelalterlicher Zeit durch zeitgenössische Formen ersetzt. Auf jeden Fall zeugt die sorgsame architektonische Gestaltung der Brunnenhäuser und Reihenwaschanlagen von einem besonderen Gestaltungswillen.

Im Kreuzgang fanden alle sechs bis acht Wochen auch die Rasur und das Schneiden der Tonsur statt. Die weißen Mönche taten dies paarweise unter Wahrung des

---

22 Weder Fountains Abbey noch Rievaulx Abbey besaßen ein Kreuzganggewölbe aus Stein. Der Witterungsschutz bestand hier lediglich aus einem einfachen Pultdach.

Schweigegebots, wobei der Abt die Paare bestimmte. Dafür wurden warmes Wasser, Kämme, Scheren und Rasiermesser bereitgestellt.[23] Die Rasur hatte für die Zisterzienser insofern eine besondere Bedeutung, als dass die Laienbrüder, auch *fratres barbati* genannt, neben der Kleidung auch am Bart als Konversen erkennbar waren.

Mit Blick auf die monastische Badekultur geben die ‚Ecclesiastica Officia' keine Auskunft. Im Allgemeinen lagen die Badetermine meist vor den großen Hochfesten. Zudem hatte das Bad eine medizinisch-therapeutische Bedeutung.[24] Die kranken Mönche dürften ihr Bad im Krankentrakt eingenommen haben, die gesunden vorzugsweise im Wärmeraum (*calefactorium*). Wegen der sexuellen Reize und Begehrlichkeiten wurde der formalen Seite des Badens große Aufmerksamkeit gewidmet. Die ‚Decreta' von Lanfranc († 1089) demonstrieren dies eindrucksvoll.[25]

Ein interessanter Streit zwischen Zisterziensern und Cluniazensern brach über den Ritus der Fußwaschung aus, die ihren Ursprung in der Gründonnerstagsprozession hat und an die Fußwaschung Jesu beim letzten Abendmahl erinnert.[26] Im Kapitel 108 der ‚Ecclesiastica Officia' wird die wöchentliche Fußwaschung am Sonnabend ausführlich beschrieben. Hier ist alles minutiös geregelt.[27] Von großer Bedeutung ist die Interpretation des *mandatum* als außerordentliche Demutsgeste.[28] Diese bestand jedoch ursprünglich im Waschen der schmutzigen Füße. Die Cluniazenser führten die sogenannte *praelavatio* ein. Alle Kandidaten traten mit bereits gesäuberten Füßen an, die dann in der Zeremonie nur noch mit Wasser benetzt wurden.[29] Dies wird dann auch im ‚Dialogus duorum monachorum' spöttisch vom Zisterzien-

---

23 Die ‚Ecclesiastica Officia' (Anm. 18) nennen in Kapitel 85 folgende Termine: innerhalb der sechs Tage vor Weihnachten, vor der Quadragesima, vor Ostern und Pfingsten, vor den Festen von Maria Magdalena (22. Juli), Mariae Geburt (8. September) und Allerheiligen (1. November).
24 Vgl. Hildegard von Bingen, Causae et curae, cap. 15, hrsg. v. Laurence MOULINIER, rec. Rainer BERNDT, Beate Hildegardis Cause et cure, Berlin 2003; ZIMMERMANN (Anm. 16), S. 124–126.
25 Alle Brüder, die ein Bad nehmen wollten, wurden vom Abt, vom Subprior oder von einem Seniormönch vorher belehrt und kontrolliert. Als Helfer fungierten nur reife Mönche. Novizen und Knaben durften nicht allein baden, sondern nur mit älteren Brüdern. Natürlich badete jeder in seinem Zuber, die durch Vorhänge voneinander getrennt wurden. Es galt auch hier Schweigegebot. Die Mönche wurden angewiesen, nach dem Waschen nicht länger aus Freude im Bad zu verweilen, sondern aufzustehen, sich anzuziehen und in den Kreuzgang zurückzukehren; Lanfranc, Decreta, hrsg. u. übers. v. David KNOWLES, Decreta Lanfranci Monachis Cantuariensibus Transmissa. The Monastic Constitution of Lanfranc, London 1951, S. 9f.
26 Zur Fußwaschung im Mönchtum allgemein s. Thomas SCHÄFER, Die Fußwaschung im monastischen Brauchtum und in der lateinischen Liturgie, Beuron 1956; zum Disput zwischen Zisterziensern und Cluniazensern s. Idung von Prüfening, Dialogus duorum monachorum II,62–63, hrsg. v. Robert B. C. HUYGENS, Le moine Idung et ses deux ouvrages. Argumentum super quatuor questionibus et Dialogus duorum monachorum, in: Studi Medievali, 3. Serie 13/1 (1972), S. 33–553, hier S. 153.
27 Vgl. Ecclesiastica Officia (Anm. 18), 108,27–44.
28 Vgl. Regula Sancti Benedicti, hrsg. u. übers. im Auftrag der Salzburger Äbtekonferenz (lat. / dt.), Beuron 1992, 35,9 u. 53,13.
29 Vgl. ZIMMERMANN (Anm. 16), S. 122f., 415 (Quellen III/33).

ser kritisiert, weil aus dessen Sicht die sinnstiftende Geste durch rein formalistisches Handeln entwertet werde. Was für die Fußwaschung der Mönche gilt, galt auch für die Fußwaschung der Armen am Gründonnerstag.[30]

Die knappe Darstellung zeigt, dass dem Wasser und der Wasserversorgung im monastischen Kontext große Aufmerksamkeit gewidmet wurde. Dies belegen die Systeme in ihrer technischen Anlage und in ihrer sorgfältigen, auf Dauer angelegten Bauweise. Im Typus des Brunnenhauses gewinnt die ästhetisch-gestalterische Dimension ihren pointiertesten Ausdruck. Aber auch die spirituelle Wertschätzung des Wassers ist von großer Bedeutung und begegnet uns auf unterschiedlichen Ebenen. Kultische und physische Reinheit hingen eng miteinander zusammen. Allerdings konnte die Vernachlässigung des Körpers im Reformmönchtum auch als Zeichen asketischer Leistung wahrgenommen werden. Am *mandatum* wurde jedoch deutlich, dass der Grat zwischen sinnstiftenden Gesten und formalistischem Handeln äußerst schmal war.

---

30 Hier wurden ursprünglich wirklich 13 Arme in den Kreuzgang geholt. Die Mönche wuschen deren Füße, trockneten sie ab und küssten sie. Anschließend gaben sie jedem eine Münze. Zum Abschluss erhielten die Armen noch eine Mahlzeit: Ecclesiastica Officia (Anm. 18), 21. Im 13. Jahrhundert wurde die Armenfürsorge für viele Klöster zu einem kostspieligen Problem. Im Rechnungsbuch der englischen Zisterze von Beaulieu Abbey finden sich deshalb genaue Anweisungen für den Pförtner, wer als arm zu gelten hatte und wer zur Fußwaschung zugelassen wurde. Am härtesten traf es die Prostituierten, denn sie bekamen nichts, ausgenommen in einer Zeit großer Not; vgl. Account Book of Beaulieu Abbey, hrsg. v. Stanley F. Hockey (Camden Fourth Series 16), London 1975, S. 174 f., Nr. 31.

Marco Leonardi (Catania)
Die Nutzung und Verwaltung des Wassers durch die Benediktiner im Val Demone und im Val di Noto im Spätmittelalter

Abstract: In 1092, Count Ruggero d'Altavilla allotted the Cathedral Church of Catania to a Benedictine monk, Angerius. From this point on, the history of western Sicily, whose territory coincides with the Valleys of Demone and Noto, was characterized by the presence of the Benedictine Order. The strongest evidence of the growing power of this religious order over the whole area was the control of water resources. Benedictine hegemony gradually influenced all aspects of the everyday life of those who lived in the vast territory between Messina and Noto. But how did the Benedictine monks achieve such hegemony? What was their role in relation to the increasing number of inherited estates in which water was of primary importance? How did they react to the clash with royal and episcopal power regarding the control of water resources? How and to what extent did the Benedictine presence in the Western part of the island influence the cultural perception of water as an element? The reader will discover how the usage and perception of water resources, already scarce in the 13th to 16th centuries, indirectly anticipated the present problem of 'sustainable development'.

Keywords: Wasserversorgung, Sizilien, Val Demone, Val di Noto, Benediktiner

1 Zur Einführung: der Quellenbestand

Die 1700 Benediktiner-Urkunden der vereinigten Bibliotheken *Civica e A. Ursino Recupero* bilden den Kern der schriftlichen Überlieferung des Wirkens der Benediktiner im Val Demone und im Val di Noto von der ersten Hälfte des 12. Jahrhunderts bis zur zweiten Hälfte des 19. Jahrhunderts.[1] Innerhalb des heterogenen Quellenbestandes weist das *Tabularium* der Klöster San Nicolò l'Arena zu Catania sowie Santa Maria zu Licodia Spezifika auf, für die in der Parallelüberlieferung wenig Vergleichbares zu finden ist.[2] Innerhalb des Gesamtbestandes enthalten 232 der Urkunden, die innerhalb des Tabulars in Regestform zusammengestellt worden sind, eine dichte Folge

---
[1] Zum Bestand des benediktinischen Pergamentcorpus s. Carmelo ARDIZZONE, Sul riordinamento della Biblioteca Comunale ai Benedettini, Catania 1903, S. 12. Für die Rezeption von Geschichte und Bestand der vereinigten Bibliotheken ‚Civica e A. Ursino Recupero' s. Cristina GRASSO, I Padri Benedettini: dall'Etna alla Cipriana, in: Aldo SPARTI u. Cristina GRASSO (Hgg.), Un millennio di storia tra le carte d'archivio. Documenti dall'XI al XX secolo e il progetto per l'Archivio Storico Multimediale del Mediterraneo, Catania 2003, S. 38–70, hier S. 44–49.
[2] Vgl. GRASSO (Anm. 1), S. 35, Anm. 3.

von Hinweisen auf das Element Wasser, welches mit einer Vielzahl verschiedener Ausdrücke bezeichnet wird, die ebenso auf die rein materielle Bedeutung für die Grundversorgung verweisen wie auf den kulturellen oder symbolischen Horizont der Menschen des Spätmittelalters.[3] Die zahllosen Erwähnungen von Wasser in einem weiträumigen Gebiet, das sich von Messina aus südwärts in Richtung der Ebene um Catania erstreckte und dessen bedeutendste Zentren Adernò, Agira, Calatabiano, Catania, Castrogiovanni, Cerami, Santa Maria di Licodia, Messina, Nicosia, Paternò, Piazza, Randazzo, Sciacca, Sutera, Taormina, Troina und Vizzini waren,[4] ermöglichen einen Blick auf einen Mikrokosmos, in dem sich vieles um das Wasser drehte, das nicht nur eine wichtige und unersetzliche Ressource für das alltägliche Überleben war, sondern das heute auch für die Forschung ein hervorragendes Beobachtungsfeld ist, um Lebensweisen und Horizonte der damaligen Bevölkerung herauszuarbeiten: Es zeigen sich unterschiedliche Denkmuster und ein reiches Feld an Wahrnehmungen des Wassers, die weit über seine Notwendigkeit oder seinen Gebrauch hinausgehen – ein Beispiel dafür, dass auch Rechtsquellen wie das Tabular für kulturhistorische Fragestellungen erschlossen werden können.[5]

2 Typologien der Wassernutzung durch die Benediktiner im Gebiet zwischen dem Val di Noto und dem Val Demone

Nachdem die anfänglichen, nicht zuletzt organisatorischen Probleme bei der Ausbreitung der Klöster angegangen und überwunden worden waren, erlebten die Nachfolger des heiligen Benedikt von Nursia im 13. Jahrhundert eine Phase der Konsolidierung in den felsigen, beinahe unbewohnten Gebieten am Fuße des Ätna ebenso wie in den belebten Städten, die zwischen dem Val di Noto und dem Val Demone in bergigen und ebenen Gegenden gleichermaßen entstanden waren.[6] Der Einzug der Mönche in das

---

3 Vgl. Carmelo ARDIZZONE, I diplomi esistenti nella Biblioteca Comunale ai Benedettini. Regesto, Catania 1927, S. 11.
4 Vgl. Paolo MILITELLO u. Giannantonio SCAGLIONE, Gli uomini, la città. Catania tra XV e XVII secolo, in: Lina SCALISI (Hg.), Catania. L'identità urbana dall'Antichità al Settecento, Catania 2009, S. 113–131.
5 Grundsätzlich ist die kulturgeschichtliche Deutung des Elements Wasser im *Regnum Siciliae* hervorgehoben worden von Salvatore TRAMONTANA, Il Regno di Sicilia. Uomo e natura dall'XI al XIII secolo, Turin 1999, S. 369–421. Vgl. auch Ignazio BUTTITTA, „L'acqua nelle sue profondità o le sorgenti ... che nate da se stesse erano dèi". Note sugli usi rituali dell'acqua in Europa, in: Giuliana MUSOTTO u. Luciana PEPI (Hgg.), Il bagno ebraico di Siracusa e la sacralità delle acque nelle culture mediterranee (Machina Philosophorum. Testi e studi dalle culture euromediterranee 42). Atti del seminario di studio (Siracusa, 2–4 maggio 2011), Palermo 2014, S. 69–114.
6 Zu den benediktinischen Siedlungen am Fuße des Ätna s. Vincenzo FALLICA, Monasteri Benedettini Etnei, Paternò 2006, S. 70–126; Antonio MURSIA, L'intervento dell'Élite normanna e dell'Ordine benedettino nell'ambito della ricristianizzazione latina dell'area simetico-etnea tra XI e XIII secolo, in: DERS., *Ora et labora*. L'incidenza benedettina nell'area simetino-etnea. Documenti e monumenti,

Kloster San Nicolò l'Arena zu Catania am 9. Februar 1578 – ein imposantes, südöstlich des Mauerrings und nahe dem Stadttor *Porta del Tendaro* gelegenes Bauwerk, markiert den Höhepunkt der kontinuierlichen Expansion der Benediktiner in Ostsizilien zwischen dem Spätmittelalter und der Frühen Neuzeit.[7] Die ersten greifbaren Spuren der zunehmenden Ausbreitung der Benediktiner im Gebiet des Val di Noto sind die zahllosen Schenkungsakte im Tabular der Klöster San Nicolò l'Arena zu Catania und Santa Maria zu Licodia, welche die Übertragung von Land aus Laienhand bezeugen, das von Wasserläufen gestreift wird und auf dem sich Brunnen oder Zisternen, Mühlen oder Furten befinden.[8]

Die ältesten Belege stammen aus der ersten Hälfte des 12. Jahrhunderts. 1122 beschloss der Graf von Paternò, der Normanne Enrico, *pro anima mea et uxoris meae Flandrine sive parentum et filiorum meorum* der Kirche Santa Maria di Valle Josaphat – benediktinischer Observanz – ein Stück Land zu schenken, zu dem eine Mühle gehörte, genannt *Bohali*. Der Schenkungsvorgang umfasste auch eine nicht näher beschriebene *piscaria [...] vero cum territorio usque ad divisionem Adernionis*, woraus auf ein Becken zur Fischzucht oder eine Vorrichtung zum Fangen von Süßwasserfisch geschlossen werden kann.[9] Aus der sozialen, kulturellen und wirtschaftlichen Heterogenität der Schenkungsgeber ist die Fähigkeit der Prioren abzuleiten, die im Sinne der Mönchsgemeinschaften ursprünglich als Orte geistiger Reinheit und der Weltflucht gegründeten Klöster zu Zentren stabiler Einflussnahme zu machen.[10]

Zwischen Januar und November 1200 stiftete der *rex Sicilie ducatus Apulie et principatus Capue*, Friedrich II. von Staufen, den Benediktinern von San Leo zu Paternò im benachbarten Viertel, genannt *de Siclis*, ein Stück Land zur Errichtung von Bauten zum Nutzen des Konvents, und er gestattete den Mönchen darüber hinaus die Nutzung einer Mühle gegen Zahlung eines Zinses von jährlich 28 *Tarì*, einer Summe, die erheblich niedriger war als die 100 *Tarì*, welche die vorigen Nutznießer zu zahlen hatten.[11] Der Staufer-König wollte den Benediktinern auf diese Weise ermöglichen, in einer gegenüber anderen Emphyteuten begünstigten Weise ihren Nahrungsbedarf zu sichern, indem er sie in die Lage versetzte, Korn zu mahlen und Oliven zu pressen,

---

Biancavilla 2015, S. 90–115, hier S. 104–107. Zur Bezirksunterteilung Siziliens in drei *Valli* s. Vincenzo Epifanio, I Valli della Sicilia nel Medioevo e la loro importanza nella vita dello Stato, Napoli 1938, S. 5.
7 Vgl. Matteo Gaudioso, L'Abbazia di San Nicolò l'Arena di Catania, in: Archivio Storico per la Sicilia Orientale 25 (1929), S. 199–243, hier S. 201–214; Carmelina Naselli, Letteratura e scienza nel Convento Benedettino di San Nicolò l'Arena di Catania, in: ebd., S. 245–349, hier S. 245 f.; Antonino Germanà Di Stefano, S. Nicolò l'Arena di Catania. Il Monastero e il Tempio, Catania 1991, S. 13.
8 Vgl. Saro Bella, Acque, ruote e mulini nella Terra di Aci. Le lotte per il dominio delle acque, 1300–1900, Belpasso 1999, S. 46–50.
9 Catania, Tabulario di San Nicolò l'Arena e Santa Maria di Licodia (fortan: TMSNACSML), Urkunde Nr. 4 (1122).
10 Vgl. Carmen Salvo u. Lorenzo Zichichi, La Sicilia dei Signori. Il potere nelle città demaniali, Palermo 2003.
11 TMSNACSML (Anm. 9), Urkunde Nr. 34 (1200).

essentielle Produkte für die Nahrungsmittelversorgung im Mittelmeerraum, vor allem für die Menschen im Landesinneren.[12] Der Versuch, mit Hilfe der Königsmacht die nahrungsmitteltechnische Unabhängigkeit sicherzustellen – hauptsächlich in Gestalt von Schenkungen an die Konvente von Santa Maria zu Licodia sowie von San Marco und San Leo zu Paternò –, bildete eine Schlüsselvoraussetzung für die weitere Ausbreitung im Territorium.[13]

In mehr als einem Falle zeigten die Verantwortlichen der klösterlichen Gemeinschaften bemerkenswerte Fähigkeiten, um dem Fehlen eines unabhängigen Zugangs zu Wasser organisatorisch und auch diplomatisch geschickt zu begegnen. Die Ergebnisse dieses ständigen Kontaktes zu denjenigen, die in Spätmittelalter und Früher Neuzeit das Monopol über die Süßwasservorkommen der Insel und über das Meer vor ihren Küsten innehatten, ließen nicht auf sich warten. König Friedrich IV. von Aragón entsprach im Februar 1362 einer *supplicatio [...] religiosi viri fratris Bartholomei Abbatis monasterii Sancte Marie de Licodia sanctorumque Leonis et Marci de Paternione* und privilegierte, ebenso benediktinerfreundlich wie sein Vater, die Mönche am Ätna mit der jährlichen Lieferung von 24 Fass eingelegten Thunfisches aus den königlichen Thunfisch-Fängen von Solanto und San Giorgio in der Nähe von Palermo.[14] Einige Jahre später (1369/1370) stiftete Friedrich IV. den Klöstern von San Leone und Santa Maria zu Licodia die Lieferung von insgesamt vier Doppelzentnern Aal und Schleie, die der Aalzucht von Lentini entnommen werden sollten, die ebenfalls in königlichem Besitz stand.[15] Ebenso bedeutsam für die Gewährleistung der bevorzugten wirtschaftlichen Selbstversorgung der Klöster war die Befreiung von Abgaben, welche die Bevorratung mit Nahrungsmitteln begünstigte: Erstmals ist dies für etwa 1156 bezeugt, als die Gräfin von Sizilien und Königin von Jerusalem, Adelheid (del Vasto), den Geistlichen der nahe Adernò gelegenen Kirche von Rovere Grosso das Recht einräumte, das Wasser aller durch ihr Gebiet fließenden Wasserläufe frei zu nutzen.[16]

Die Ausbreitung der Benediktiner im Gebiet des Val di Noto ist nicht ausschließlich durch Herrscherakte überliefert. Nicht selten finden sich Schenkungen einfacher Menschen wie etwa die des Priesters Robert, der für sein Seelenheil und für das seiner Eltern und Verwandten im November 1200 der Kirche Santa Maria di Valle Josaphat

---

12 Zu den Erbpachtverträgen in Sizilien zur Zeit Friedrichs II. von Staufen s. Vincenzo D'ALESSANDRO, Ceti dirigenti e forze sociali nel regno di Sicilia di Federico II, in: Gabriella ROSSETTI u. Giovanni VITOLO (Hgg.), Medioevo, Mezzogiorno, Mediterraneo. Studi in onore di Mario del Treppo, 2 Bde. (Europa mediterranea, Quaderni 12–13), Neapel 2000, Bd. 1, S. 267–281. Einen vertieften Gesamtblick auf die häufig verwendeten Nahrungsmittel im staufischen Sizilien wirft Anna MARTELLOTTI, I ricettari di Federico II. Dal „Meridionale" al „Liber de coquina", Florenz 2005, S. 267–281.
13 Vgl. z. B. TMSNACSML (Anm. 9), Urkunde Nr. 94 (22. 11. 1297).
14 TMSNACSML (Anm. 9), Urkunde Nr. 544 (06. 02. 1362).
15 TMSNACSML (Anm. 9), Urkunde Nr. 580 (27. 11. 1370).
16 TMSNACSML (Anm. 9), Urkunde Nr. 14 (Januar 1156).

zu Paternò *in perpetuum* ein Landstück, genannt *Tre Fontane*, übertrug.[17] Ausgehend von den ersten Jahrzehnten des 14. Jahrhunderts zeigt die Überlieferung in stetig zunehmender Häufung die Anwesenheit der Benediktineräbte als Vertragsparteien bei Tausch, Übereignung, An- und Verkauf zwischen den Klöstern und der Bevölkerung der beiden Täler. Auch das Wasser wird in den aufgesetzten Übereinkünften fortwährend erwähnt.[18]

Über den Abt oder seine Beauftragten traten die benediktinischen Klöster täglich in Kontakt mit dem heterogenen, aus vielen kleinen Orten bestehenden Mikrokosmos, in dem die Ressource Wasser nicht selten Gegenstand von Streitigkeiten war.[19] Gerade dieser Zustand von Rechtsunsicherheit, wenn es um Vor- und Nutzungsrechte ging, veranlasste 1356 die Paterneser Richter Andrea de Spulpi, Giacomino de Craparia, Enrico di Maestro Andrea und Lorenzo de Malgerio dazu, im Namen der Kommune eine Schenkungsurkunde für das Kloster Santa Maria zu Licodia aufzusetzen. Wenn diese Urkunde den Benediktinern auch *pro eodem monasterio et omnium monachorum ipsorum et functionibus eorum in perpetuum* die Schenkung einer Zisterne und eines Stücks Land in der Nähe des Klosters einräumt, so unterstreicht sie ausdrücklich, dass eine solche Schenkung weder der Kommune noch ihren Einwohnern das Recht beschränkte, die Zisterne für die eigenen Bedürfnisse zu nutzen.[20]

Die Existenz von Wasser in einem Gebiet bedeutete allerdings nicht *ipso facto* einen Vorteil oder die Möglichkeit, höhere Erträge zu erwirtschaften. Zeugnis hierfür legt etwa die zu einem deutlich reduzierten Zins erfolgte emphyteutische Übertragung von regelmäßig überschwemmtem Land in der Fiumara des Xirapotamo bei Messina 1247 an den Pächter Nicoloso de Riso aus dem Kloster San Filippo il Grande zu Messina ab. Das Land, aufgrund des regelmäßig über die Ufer tretenden Wasserlaufes dauerhaft von Steinen bedeckt, wird im Beleihungsakt beschrieben als ein Grundstück *ex quo nulla utilitas habeat seu comoditas habeatur, nec nos nec antecessores nostri ex eo recolimus*, das man also ehestmöglich ‚loswerden' wollte.[21]

---

[17] TMSNACSML (Anm. 9), Urkunde Nr. 35 (14. 05. 1200).
[18] Francesco BRUNI, La cultura e la prosa Volgare nel '300 e nel '400, in: Rosario ROMEO (Hg.), Storia della Sicilia, 10 Bde., Palermo 1980, Bd. 4, S. 181–279, hier S. 225.
[19] Zum Alltag im spätmittelalterlichen Val di Noto s. Laura SCIASCIA, Lentini e i Lentini dai Normanni al Vespro, in: Rossend ARQUÉS (Hg.), La poesia di Giacomo da Lentini. Scienza e filosofia nel XIII secolo in Sicilia e nel Mediterraneo occidentale, Palermo 2000, S. 9–33, hier S. 14–26; Biagio SAITTA, Beneficenza e assistenza nel territorio di Adernò nei secoli XII–XIV, in: DERS. (Hg.), Città e vita cittadina nei paesi dell'area mediterranea. Secoli XI–XV, Rom 2006, S. 605–615.
[20] TMSNACSML (Anm. 9), Urkunde Nr. 502 (30. 11. 1356).
[21] Zur ‚Unzugänglichkeit' des Landstückes ist in TMSNACSML (Anm. 9), Urkunde Nr. 54 (09. 10. 1247) zu lesen: *quod cum predicta ecclesia nostra haberet teneret et possideret quendam locum in predicta flumaria vocatum Xirapotamum, ex quo nulla utilitas seu comoditatis habebatur, nec nos, nec antecessores nostri ex eo recolimus, nec hactenus recolebant comoditatem aliquam percepisse cum iis et ut patet tenore stati expositus fluviali et lapidum innumeralitate reletus.*

Der Übergang von der zweiten Hälfte des 14. Jahrhunderts zu den ersten Jahrzehnten des 15. Jahrhunderts ist gekennzeichnet durch starke Veränderungen in den Außenbeziehungen der Klöster, wofür die Erhebung von Marziale, dem Abt des Benediktinerklosters Sant'Andrea de Insula zu Brindisi, zum Bischof von Catania im Jahre 1355 exemplarisch ist.[22] Zwischen 1392 und 1400 bestätigten zwei Urkunden der sizilisch-aragonesischen Könige Martin I. ‚des Jüngeren' und Martin II. ‚des Älteren' dem Kloster Santa Maria zu Licodia alle bis dato empfangenen Privilegien und verliehen dem Kloster ohne Einschränkung oder Begrenzung irgendeiner Art das Recht, die Hinterlassenschaften von Adligen sowie von Bürgern zu übernehmen.[23] Derartige Akte erweiterten die Kontrolle des Ordens über das Wasser noch erheblich und hatten weitreichende soziale und juristische Folgen.[24]

Während zwischen der zweiten Hälfte des 12. Jahrhunderts und über das 13. Jahrhundert hinweg die Schenkungen und Regulierungsmaßnahmen bezüglich der Nutzung von Wasser und Land beinahe ausschließlich von Herrschern, Angehörigen des hohen Adels oder der bischöflichen Autorität herrührten, so zeigen die im benediktinischen Tabular versammelten Quellen seit dem 14. Jahrhundert mehrheitlich, dass die Benediktinerklöster die Rolle des direkten Auftraggebers übernahmen, wenn es darum ging, Rechtsakte zu erwirken, mit denen sich die eigene Kontrolle der Nutzung von Wasserläufen auf Domanialgut ausweiten ließ. Dies belegt die Etablierung einer neuen Machtverteilung im Val di Noto und im Val Demone, die sich von der der vorangegangenen Jahrhunderte fundamental unterschied.[25] Der hierfür eindrücklichste Fall stammt aus dem Jahr 1438.[26] Das Plateau, genannt *della Reitana*, das zur Terra di Aci gehörte, war überaus reich an Wasser und befand sich am Hang östlich des Klosters San Nicolò l'Arena zu Nicolosi, auf dem die Mönche neben verschiedenen *ad emphyteusis* erhaltenen Grundstücken auch einen Lustgarten besaßen, welcher fortlaufend mit Wasser aus königlichem Domanialbesitz bewässert wurde.[27] Das gesamte Gebiet von Aci wurde nach 1420 vom König von Aragón und Sizilien, Alfons V. ‚dem Großmütigen', als Domanialgut dem kastilischen Adligen Fernando

---

22 Gaetano ZITO, Archivio Storico Diocesano di Catania. Inventario, Catania 1999, S. 21 f. mit Anm. 31.
23 TMSNACSML (Anm. 9), Urkunde Nr. 632 (31. 05. 1392). Für die Leitlinien der politischen Tätigkeit König Martins ‚des Jüngeren' im Gebiet von Catania s. Biagio SAITTA, Martino il Giovane e il territorio catanese, in: Enrico IACHELLO u. Paolo MILITELLO (Hgg.), L'insediamento nella Sicilia d'età moderna e contemporanea. Atti del convegno internazionale (Catania, 20 settembre 2007), Bari 2008, S. 23–28.
24 Vgl. Maria PORTOVENERO, Società e diritto nella Sicilia medievale, Borgomanero (Novara) 2013, S. 11–79.
25 Zum 14. Jahrhundert s. etwa ARDIZZONE (Anm. 3), Reg. Nr. 97 (20. 10. 1300), S. 74; Nr. 99 (24. 08. 1301), S. 75; Nr. 103 (15. 02. 1303), S. 76 f.; Nr. 106 (21. 09. 1303), S. 78; Nr. 108 (20. 01. 1304), S. 79; Nr. 109 (3. 03. 1304), S. 79.
26 Vgl. hierzu Vito M. AMICO, Lexicon topographicum Siculum, in quo Siciliae urbes, opida cum vetusta tum extantia, montes, flumina, portus, adjacentes insulae, ac singula loca describuntur, illustrantur, 3 Bde., Catania 1757–1760, Bd. 3, S. 10–34.
27 TMSNACSML (Anm. 9), Urkunde Nr. 714 (20. 02. 1440).

Velasquez Porrado verliehen, in Anerkennung seiner Treue und seiner Dienste für die königliche Familie der Trastámara von Aragón.[28] Unter Velasquez Porrado kam es zu dem Dekret des *Secreto* (obersten Finanzbeamten) von Aci, welcher die direkte Präsenz der königlichen Gewalt im Gebiet repräsentierte, in welchem den Mönchen das Recht zugesprochen wurde, das gleiche Wasser, welches die Mühlen der ganzen Gegend antreibe, „zur Bewässerung des eigenen Gartens, gelegen im Gebiet della Reitana" zu nutzen „ganz ohne jegliche Verbindlichkeit oder Bezahlung".[29]

Die Politik der Kontrolle über die Ressourcen erstreckte sich auch auf den Gebrauch der Wasserläufe als Transportwege.[30] Zwar sind im Val di Noto und im Val Demone oder auch im Val di Mazara (dem Westteil der Insel) nicht sehr viele Flüsse für Schiffe mit ladungsbedingt größerem Tiefgang schiffbar. Gleichwohl stellte es einen Vorteil dar, wenn man das Recht hatte, den Fischfang oder andere Güter mittels Flößen oder Barken transportieren zu können, ohne dafür Zoll zahlen zu müssen.[31] Die ersten Belege für eine Zollbefreiung benediktinischer Klöster stammen aus der ersten Hälfte des 14. Jahrhunderts. Am 24. März 1346 setzte in Catania der Notar Filippo di Santa Sofia einen Akt auf, welcher durch Festschreibung genauer Anteile das Passagerecht auf dem Fluss Giarretta zwischen dem Kloster Santa Maria di Licodia und der Syrakusaner Adligen Isabella Salvaggio aufteilte, das sie gemeinsam zu Erbe erhalten hatten, zusammen mit einigen Grundstücken im *Finocchiara* genannten Gebiet in der Nähe von Paternò. Auf Grundlage der erzielten Übereinkunft verfügte das benediktinische Kloster über den achten Teil der Passagerechte über den Fluss.[32]

Die fortschreitende Ausbreitung der Benediktiner in Ostsizilien und die stete Festigung ihrer Kontrolle über die Ressource Wasser sind nicht zuletzt an der Menge an Belegen abzulesen, welche Wasserläufe jeder Art in der Überlieferung repräsentieren.[33] Bewegt man sich vom Val Demone in nord-südlicher Richtung zum Val di Noto, so begegnen im Tabular fortlaufend die Namen von Flüssen sowie von Ländereien mit ihren Ufern. Beispielhaft sei die Fiumara von San Filippo il Grande bei Messina genannt, ferner die Flüsse Simeto (in der Nähe Paternòs), Polerio, de Lantelmo (in der Umgebung von Piazza), Giarretta (bei Catania) sowie Dittaino (in der Catane-

---

28 BELLA (Anm. 8), S. 33–41.
29 Ebd., S. 47, 276 mit Anm. 107.
30 Filippo CASTRO, Pescatori e barche di Sicilia. Studi e modelli, Palermo 2014, S. 32f.
31 Vgl. etwa die Inschrift auf einer Tafel aus dem 12. Jahrhundert im erzbischöflichen Palast von Catania: *Piscatores omnes iure / piscationis tenentur sol / vere Ecclesie Catanensis tamquam dominam maris [...] / quinti pisciu singulis / piscationibus captorum / Ex Archivio ab immemorabili.* Vgl. dazu Gaetano ZITO, Chiesa di Catania ‚Signora del mare' e marinai devoti, in: Antonio COCO u. Enrico IACHELLO (Hgg.), Il porto di Catania. Storia e prospettive, Syrakus 2003, S. 45–67, hier S. 45.
32 TMSNACSML (Anm. 9), Urkunde Nr. 341 (24. 03. 1346).
33 Domenico CHISARI, Mulini ad acqua nella Valle del Simeto, Catania 2011; Giuseppe PARASILITI, Viaggio nella Valle dell'Alcantara, Acireale 2014, S. 90–110.

ser Ebene).³⁴ Es zeigt sich deutlich, welchen Grad an Kontrolle über das Territorium und an Gewässerherrschaft die geistlichen Gemeinschaften der Benediktiner im östlichen Sizilien zwischen dem ausgehenden 13. und dem beginnenden 15. Jahrhundert erlangten.

3 Wassernutzung als Machtgrundlage: Wasserbau zwischen Grundversorgung und Selbstinszenierung

Im Jahr 1558 erteilte das Generalkapitel der Benediktiner, das im Oktober zu Mantua zusammengetreten war, Abt Giovanni Maria Candora die Erlaubnis, die Mönche des Ätna-Konvents von Nicolosi innerhalb der Mauern der Stadt Catania anzusiedeln.³⁵ Daraufhin begann die Errichtung des Klosters San Nicolò l'Arena. Während der Endphase der Bauarbeiten stellte sich freilich die Frage, wie die Klosteranlage mit Wasser zu versorgen sei. Tatsächlich hatten die Jahre unmittelbar nach dem Bezug des Klosters im Jahr 1578 gezeigt, wie mangelhaft und unzureichend ein Wasserversorgungssystem war, das ausschließlich auf Brunnen und Zisternen in der Umgebung basierte.³⁶ Darüber hinaus verfügte die Stadt am Ätna bereits seit dem 3. Jahrhundert nach Christus nicht mehr über einen Aquädukt; 1552 waren auf Befehl des Vizekönigs Juan de Vega die verbliebenen Bögen des aufgelassenen Aquädukts, soweit sie denn von der Augusteischen Zeit bis zur Epoche der Vizekönige den Naturgewalten hatten widerstehen können, zur Verstärkung der Stadtmauern wiederverwendet worden.³⁷ Einen eigenen Aquädukt zu besitzen, während die Stadt Catania zugleich nichts Derartiges besaß, hätte einem Kloster als erste und unmittelbare Folge wassertechnische Unabhängigkeit beschert.³⁸ Die Wasser-Autarkie des Klosters San Nicolò l'Arena zu Catania entband dieses von der Verpflichtung zur Nutzung von Brunnen und Zisternen, einer Auflage, die das Benediktinerkloster bis dahin in Abhängigkeit gegenüber adligen, bischöflichen und vizeköniglichen Kräften in Catania gehalten hatte. Darüber hinaus eröffnete sich ihm die Möglichkeit, all jene Gebiete zu kontrollieren – inner- wie außerhalb der Mauern –, die von der Bereitstellung einer dauerhaften Wasserversorgung profitieren würden.

---

34 ARDIZZONE (Anm. 3), Reg. Nr. 83 (26. 12. 1288), S. 67; Nr. 99 (24. 08. 1301), S. 75; Nr. 108 (20. 01. 1304), S. 79; Nr. 230 (11. 02. 1334), S. 129; Nr. 248 (22. 10. 1336), S. 136.
35 Salvatore Maria CALOGERO, Il monastero catanese di San Nicolò l'Arena. Dalla posa della prima pietra alla confisca post-unitaria, Palermo 2014, S. 11–30.
36 Vgl. Ofelia GUADAGNINO, Le acque di Catania nel divenire dei secoli, Catania 2001, S. 39.
37 Vgl. Pietro CARRERA, Delle memorie historiche della città di Catania spiegate in tre volumi, Catania 1639, Bd. 1, S. 99–102; Tommaso FAZELLO, De Rebus Siculis. Decas Prima, lib. III, Catania 1749 (1. Aufl. Panormus 1558); Ignazio PATERNÒ-CASTELLO, Viaggio per tutte le antichità della Sicilia, Neapel 1781, S. 34–36.
38 Vgl. Luigi TARALLO, Acquedotto dei Benedettini, in: Vittorio CONSOLI (Hg.), Enciclopedia di Catania, 2 Bde., Catania 1987, Bd. 1, S. 18–20.

Zwischen 1593 und 1597 hatten die Benediktiner-Patres bei der Leucatia ein wasserreiches Stück hügeligen und bewaldeten Grundes erworben, das etwa 18 Meilen Luftlinie vom Kloster entfernt, nord-östlich des Mauerrings gelegen war und in den Quellen *dua loca* genannt wird, weil es in zwei Güter unterteilt war.[39] Am Fuße eines der Hügel befand sich eine Quelle mit einer Ergiebigkeit von geschätzt 30 Litern pro Sekunde und der Fähigkeit, drei Mühlen anzutreiben.[40] Auf Betreiben des Abtes Mauro Caprara wurde zwischen 1644 und 1649 auf den außerhalb der Stadtmauern noch erhaltenen Ruinen des Vorgängerbaus ein Aquädukt errichtet, welcher (weitgehend unbedeckt) über ein System von Stützbögen quer durch das ganze Gebiet von der Leucatia bis in die Nähe des Klosters führte, um dann in einer Konstruktion namens *botte dell'acqua* zu münden.[41] Diese diente der Sammlung und Verteilung des Trinkwassers, welches über ein System von Rohren dem Kloster und dem südöstlichen Teil der Stadt zur Verfügung gestellt wurde. In seinem Verlauf trieb das Wasser zehn Mühlen an, was dem Kloster Einkünfte in Höhe von 650 Unzen eintrug.[42] Schäden durch die Naturgewalten erlitt der benediktinische Aquädukt vom Ausbruch des Ätnas 1669 bis in unsere Zeit nur in geringem Maße, so dass er, wenn auch mit geringerer Leistung als vom 17. bis zum 19. Jahrhundert, bis in die 1950er Jahre in Funktion blieb. Noch heute kann man in verschiedenen Teilen der Stadt Kanalteile sehen, die vom weitgehenden Abriss des Bauwerks verschont geblieben sind, welcher in den vergangenen 70 Jahren mit unterschiedlichen Plänen städtebaulicher Umgestaltung in Catania einhergegangen ist.[43] Ab der Frühen Neuzeit wurde die Funktion des Aquäduktes, Catania mit Wasser zu versorgen, zunehmend nicht mehr als Sicherung der Grundversorgung alltäglichen Lebens verstanden, sondern als Symbol für Macht und Autorität. Über so große Mengen an Wasser zu verfügen, ermöglichte nicht zuletzt die Errichtung aufwändiger Wasserkonstruktionen im Inneren des Klosters. Die marmorne Brunnenanlage im Kreuzgang von San Nicolò l'Arena wird über unterirdische Leitungen mit Wasser aus den *botte dell'acqua* gespeist; von der zweiten Hälfte des 17. bis zur zweiten Hälfte des 19. Jahrhunderts wurde der prachtvolle Brunnen zum Symbol des Reichtums an Wasser in freier Verfügungsgewalt der Benediktiner zu Catania überhöht.[44]

---

39 TMSNACSML (Anm. 9), Urkunde Nr. 618 (25. 03. 1388).
40 Luigi TARALLO, Scheda tecnica dell'acquedotto benedettino di Catania, in: Area Soprintendenza per i Beni Culturali e Ambientali Catania, Akte A, Katalog – Nr. 19/00182302, Betr.: Mulini ed Acquedotto Licatia.
41 Ebd.
42 Ebd.
43 Vgl. Maria Grazia BRANCIFORTI, Le Terme della Rotonda. Notizie preliminari degli interventi negli anni 2004–2008, in: DIES. u. Claudia GUASTELLA (Hgg.), Le Terme della Rotonda di Catania, Syrakus 2008, S. 2–21 (Luftaufnahme).
44 Antonino LEONARDI, Dalle acque della Licatia alle rane del prof. Bertè: la fontana secentesca del Monastero dei Benedettini, in: Agorà 31 (2009), S. 26–33.

4 Die Wahrnehmung des kulturellen und immateriellen Elements Wasser im Val di Noto und Val Demone

Rezeption und Perzeption des Elements Wasser seitens der Benediktiner im spätmittelalterlichen Val di Noto können nicht vereinfachend auf die Sphäre der bloßen materiellen Nutzung reduziert werden: Das Leben in den monastischen Gemeinschaften auf der Ostseite der Insel schloss ausdrücklich auch eine intellektuelle Komponente ein, verstanden im Sinne eines integralen Bestandteils des eigenen Weges zur spirituellen Vervollkommnung. Auch die symbolische Perzeption des Elements Wasser wirkte in diesen Prozess der geistigen Entwicklung hinein. Drei Quellen, entstanden zwischen 1303 und 1431, nennen als Wasser als Teil der juristischen Denomination der Notare, welche die Instrumente ausfertigten: *regius publicus civitatum terrarum et locorum Sicilie citra flumen Salsum notarius*.[45] Die Formulierung zeigt, dass der Fluss Salso als Element natürlicher Grenzziehung zwischen dem Val Demone, dem Val di Noto und dem Val di Mazara empfunden wurde.

Gleichermaßen reichlich fließt die Überlieferung des Tabulars für die Sphäre des Spirituellen. Ungeachtet der völlig trockenen und seriellen Sprache der Notare lassen sich in manchen Fällen bemerkenswerte Feinheiten ausmachen, wenn etwa zwischen den Zeilen einer testamentarischen Verfügung die reinigende Funktion des Wassers auszumachen ist und somit offenbar wird, welche symbolische Perzeption diesem Element seitens des Urhebers zuteilwird. In seinem Testament vom 15. März 1384 entschied Giovanni Russo, schwerkranker Bürger von Paternò und an der Schwelle des Todes, seine Besitztümer aufzuteilen, und äußerte die Überzeugung, *quod sicut aqua extinguit ignem ita elemosina extinguit peccatum*.[46] Das Zitat aus Sir 3,33 als Incipit eines Testaments offenbart, von welcher Art der dominierende kulturelle Nährboden war: Das Verständnis von Wasser als symbolisches Element, das auf einen Vorgang moralischer Erneuerung verweist und das Feuer des Bösen zu löschen imstande ist, zeigt, dass derartige Wahrnehmungen des Wassers nicht allein bei Theologen oder Geistlichen, sondern auch im Volk verbreitet waren.

5 Fazit

Die Auswertung der Beobachtungen, die sich anhand des benediktinischen Tabulars in Catania und seinen Erwähnungen von Wasser anstellen lassen, führt zu allgemeinen Überlegungen zur Qualität und Quantität des untersuchten Materials. Die Hegemonial- und Territorialpolitik, mit der sich die benediktinischen Gemeinschaften zwischen dem 13. und dem 16. Jahrhundert im Val di Noto und im Val Demone

---

45 ARDIZZONE (Anm. 3), Reg. Nr. 106 (21. 09. 1303), S. 78; Nr. 705 (Aug. 1431), S. 319 f.
46 TMSNACSML (Anm. 9), Urkunde Nr. 614 (15. 03. 1384).

zunehmend ausbreiteten und festsetzten, findet in einer regelrechten ‚Hamsterei' von Wasser-Ressourcen ihren stärksten Ausdruck. Dem Blick des Forschers eröffnet das Tabular der Klöster San Nicolò l'Arena in Catania und Santa Maria zu Licodia bisher unediertes Material zum Gebrauch und zur Wahrnehmung des Wassers bei den Benediktinern im Val di Noto und im Val Demone zwischen Spätmittelalter und Früher Neuzeit. Diese Befunde sollten zukünftig noch mit anderen Quellenbeständen zusammengeführt werden, um ein Gesamtbild rekonstruieren zu können, das so nah wie möglich an einer historischen Realität liegt, in welcher die Materialität und Immaterialität des Wassers eine Einheit bildeten.

María Aurora Molina Fajardo (Granada)
Territorial Organisation, Irrigation and Religious Space in the Islamic Kingdom of Granada. The Case of the Village of Acequias

Abstract: Acequias is a small town located in the southern part of Granada, in the region of Valle de Lecrín (Spain). Taking this *Andalusi* location as example, this paper will show how its medieval irrigation system defined the whole settlement, connecting very diverse spheres such as its territory, urban distribution, street allocation, religious spaces and even its toponyms.

Keywords: Valle de Lecrín (Granada, Spain), Nasrid Kingdom of Granada, Al-Andalus, Irrigation, Mosques

1 Introduction

The arrival of Islam in the Iberian Peninsula brought with it the appearance of a new agriculture in which water played an essential role. The introduction and adaptation of new Eastern crops (such as rice, sugarcane, citrus fruits and cotton) led to a major reorganisation of the previous agrarian space. The creation, development, and maintenance of an effective irrigation system – able to provide continuous water flow to the new vegetable species – affected every sphere of the territory and may be considered not only as a deliberate technological advance but also as a social development affecting the work and human organisation.[1] The design of an irrigation system, even a modest one, can only be understood by taking into account its geographical position and the ecosystem of the area together with the particular socio-cultural environment in which it originated; in this case, a peasant *Andalusi* society (categorised as a taxpayer and commercial one) which – at least in its origins – was characterised by strong familial links along with agnatic and endogamous relationships.[2]

---

[1] Some pioneer and classic studies linking the development of these agricultural spaces and their hydraulic clusters with the specific features of the *Andalusi* society are: Thomas GLICK, Irrigation and Society in Medieval Valencia, Cambridge 1970; André BAZZANA and Pierre GUICHARD, Irrigation et société dans l'Espagne orientale au Moyen Age, in: Paul SANLAVILLE and Jean MÉTRAL (eds.), L'homme et l'eau en Méditerranée et au Proche Orient I (Travaux de la Maison de l'Orient 2), Lyon 1981, pp. 115–140; Pierre GUICHARD, al-Andalus: Estructura antropológica de una sociedad islámica en Occidente, Barcelona 1976, reprint Granada 1998; Miquel BARCELÓ, El diseño de espacios irrigados en al-Andalus: un enunciado de principios generales, in: Lorenzo CARA BARRIONUEVO (ed.), El agua en las zonas áridas. Arqueología e historia, Hidráulica tradicional de la provincia de Almería, Almería 1989, pp. XV–XLXI.

[2] A complete work for understanding the Nasrid rural sphere and the relationship between the water,

Thus, we can understand these irrigation clusters not only for their functionality but also as closer to the concept of an agroecosystem,[3] connecting the hydraulic infrastructures with their territory, economy, and social order as well as their religious domain. In fact, we can think about the *Andalusi* territorial organisation and, in this case the Granadian one, through the existence of *alquerias* (or villages) mainly structured by an irrigation area.[4]

An interesting example to illustrate how an irrigation system could determine a particular territory and its social space is the town of Acequias, one of the places included in the River Torrente's hydraulic cluster. This village is located in the historical district of Valle de Lecrín, a rural and strategic zone in the southern part of Granada (Spain) irrigated by three rivers (Dúrcal, Santo and Torrente) and rich in natural resources.

The aim of this work is to explore, taking Acequias as a particular example, how an *Andalusi* irrigation system defined a complete settlement, connecting such diverse spheres as its territory, urban distribution, street allocation, religious spaces, and even its toponymy. Knowledge about this region and particularly about its irrigation is very limited: there are only a few recent works,[5] which are focused on other towns of Valle de Lecrín. The case of Acequias, although remarkable, has remained unexplored until now.

The methodology used for this study was intensive fieldwork based on the study of historic documents. As the starting point I took the data offered in various documentary collections written during the troubled Granadian 16th century. These are mainly a copy of a judicial decree of 1542,[6] two books about the *habices* goods of Acequias,[7] and the local Surveying and Demarcation Book ('Libro de Población', also known as 'Libro de Apeo y Repartimiento') made after the expulsion of the native

---

territory and society is Carmen TRILLO SAN JOSÉ, Agua, tierra y hombres en al-Andalus. La dimension agrícola del mundo nazarí, Granada 2004.

3 A complete definition of this term can be seen in Antonio MALPICA CUELLO, El agua en la agricultura. Agroecosistemas y ecosistema en la economía rural Andalusí, in: Vínculos de Historia 1 (2012), pp. 31–44.

4 For more information about this topic see Thomas GLICK, Paisajes de conquista. Cambio cultural y geográfico en la España medieval, Valencia 2007.

5 Juan F. GARCÍA PÉREZ, Los sistemas hidráulicos y su evolución en el Valle de Lecrín: Diseño de espacios irrigados y modalidades de riego tradicionales en la Alquería de al-Badul, in: Miguel JIMÉNEZ PUERTASA and Luca MATTEI (eds.), El paisaje y su dimensión arqueológica. Estudios sobre el sur de la Península Ibérica en la Edad Media, Granada 2010, pp. 247–282; Juan F. GARCÍA PÉREZ, Diseños hidráulicos de origen medieval en la zona norte del Valle de Lecrín. Transformaciones históricas de los agroecosistemas de regadío de la alquería de Dúrcal, in: Revista del Centro de Estudios Históricos de Granada y su Reino 26 (2014), pp. 93–132.

6 Granada, Archivo Histórico Diocesano de Granada (AHDGr), Acequias-572F.

7 This documentation can be consulted in: Granada, AHDGr (note 6), Signt. 572-F and Caja 44.

Morisco population in 1572.[8] Next, I visited and surveyed the village on numerous occasions trying to identify its medieval configuration and the structures described in the sources. At this point, the help of several elderly villagers, all of them farmers and users of the irrigation system, was important in order to understand some issues in context.

2 The territorial organisation and water supply of Acequias

Acequias is a small town located at the foot of the Sierra Nevada mountains, on a gentle slope bordering the River Torrente to the west and the *Barranco del Pleito* (El Pleito Cliff) to the east. It lies 872 m above sea level and has 101 inhabitants.[9]

The first information about this place, although dating from the 16th century, refers to the middle of the 15th century and, interestingly, is related to a conflict about water distribution.[10] In fact, these two factors (the water and its troubled regulation with other neighbouring villages) have been very significant for this site. This is even noticeable in its major toponymy: the name *Acequias* (from the Arabic term *al-sāqiya*) means 'irrigation canals', and *El Pleito* (the point where water leaves the Acequias' system and flows on to the next village, Mondújar) can be translated as 'the dispute'.

In 1572, during the elaboration of its Surveying Book, the settlement was described as a ruined and depopulated place due to the effects of war. Likewise, it is said that Acequias in Morisco times had 66 residents[11] who, after their expulsion, were replaced by 16 colonists mainly from the province of Jaén and also from Córdoba, Galicia, Toledo and Orán.[12]

According to the historical documentation, the medieval *alqueria* was organised into two different neighbourhoods: the *Barrio Alto* or High District and the *Barrio Bajo* or Lower District; a third place named Middle Quarter (*Barrio de en Medio*) is only occasionally mentioned. Nowadays, this medieval perimeter – totally connected to the existing water canals – has been partially maintained. The *Barrio Bajo*, today known as *Pago de las Casillas* (Small Houses Estate) has completely disappeared and has become farmland. In the last decades of the 20th century the village underwent some transformations: its eastern side, traditionally a place of threshing floors, was urbanised, becoming the *Barrio de las Eras* (Threshing Floors Quarter). Curiously, between this newer district and the medieval hamlet proper there is a middle space,

---

8 Granada, Archivo Histórico Provincial de Granada (AHPGr), Libros de Población del Reino de Granada-6393.
9 Population data for 2014, from the website of the Spanish National Institute of Statistics (Instituto Nacional de Estadística), www.ine.es (accessed 16. 07. 2016).
10 Granada, AHDGr (note 6), Acequias-572F.
11 Granada, AHPGr (note 8), Libros de Población del Reino de Granada-6393, fol. 15r.
12 Ibid., fol. 71r.

which is designated as the *Barrio Seco* (Dry Neighbourhood) because of its lack of water channels.

The irrigation of Acequias is entirely provided by the River Torrente's flow which, after rising in the nearby mountains of the Sierra Nevada, crosses the region through a deep valley, spreading out its water across eight different villages including Acequias.[13]

Determining the chronology of this particular hydraulic group is complex and it must be understood in the setting of the early history of al-Andalus.[14] The first information available about Acequias' irrigation dates from the 15th century, showing a fully established tradition. Conducting an archaeological study is difficult since the irrigation system has been used throughout the centuries with minor modifications.

As stated, the village obtains its water (both for irrigation and civil supply) from the River Torrente. As the main water provision for the village, understanding the ancient hydraulic design is essential for comprehending the place and its deserted medieval areas.

The water catchment is located in the vicinity of the town of Nigüelas[15] and, at this point is divided between Acequias and Nigüelas. The water used to be carried to Acequias by a gallery system (today substituted by a pipe) bored into the rock due to the steep terrain.[16] After a first gallery approximately of 79 metres length the water is collected in a pond (*desarenador*) where the flow becomes calm and loses some of its sediment. Next, the flow goes into a canal and, after 20 metres, it continues through another covered gallery with various overflow channels. Once the waterway crosses the river's cliff, it arrives in Acequias from its northern side, following roughly the same route as the footpath from Nigüelas.

This first section, known as the *Acequia Alta* (High Canal), first divides in a place near the town known as the *Molino Viejo* (Old Mill).[17] The partition results in one

---

[13] For general information about the irrigation in Valle de Lecrín see Francisco VILLEGAS MOLINA, El Valle de Lecrín. Estudio geográfico, Granada 1972, pp. 59–85.

[14] Some studies considering historical texts indicate that irrigation was mainly established in the Peninsula towards the end of the 10th century, although its origin might have been slightly earlier. See Carmen TRILLO SAN JOSÉ, El agua y la agricultura en el reino nazarí, in: Actas del III Congreso de Historia de Andalucía, Córdoba 2001, vol. 1: Andalucía Medieval 1, Córdoba 2003, pp. 211–230, here p. 216. Some works were carried out in the north of Morocco dating an effective irrigation practice to the second half of the 9th century. This is possibly a relevant contribution to the Peninsular casuistry. See Guillermo GOZALBES BUSCO and Enrique GOZALBES CRAVIOTO, El problema del agua y del regadío en el extremo occidental del Magrib en la Alta Edad Media, in: Lorenzo CARA BARRIONUEVO and Antonio MALPICA CUELLO (eds.), Agricultura y regadío en al-Andalus. Síntesis y problemas, Granada 1995, pp. 165–176, here p. 170.

[15] Geographic coordinates: longitude 03° 31' 38" W, latitude 36° 59' 10" N.

[16] Similar water catchments have been described in the neighbouring district of Las Alpujarras. See Patrice CRESSIER et al., Agricultura e Hidráulica Medievales en el Antiguo Reino de Granada. El Caso de la Alpujarra Costera, in: CARA BARRIONUEVO (note 1), pp. 545–562.

[17] Geographic coordinates: longitude 03° 32' 15" W, latitude 36° 58' 14" N.

channel for the village and its civil supply and a second one, named the *Acequia de las Eras* (Threshing Floors Channel) which irrigates the eastern farmlands. The canal continues to the urban area, where it has contributed since the medieval period to the development of a zone of hydraulic mills[18] and some ponds for retting flax and esparto.

After leaving this area of local industry, the flow enters the residential area arriving at the site that used to be the medieval High District, probably the most important one during the *Andalusi* period and the favoured one during the repopulation of Acequias. The core of this neighbourhood is a wide domestic group around a plaza, in which a medieval vaulted cistern for public provision was filled with water from the channel. Today this tank is partially preserved under a modern public construction.

From this point, the canal is divided again into two sections, running through the two main local streets. The eastern one is known as *La Seculilla* and carries the water across the settlement towards the former Lower District. Near this ancient district and after irrigating these middle lands, *La Seculilla* reaches the canal of *Las Eras* where the two join to become a single conduction. Meanwhile, the western canal enters *Calle Real* (Royal Street) arriving just in front of the local church, a place which can be identified as the medieval Middle Quarter. Between these two waterways (*La Seculilla* and the *Calle Real* channel) an urban group following a very regular pattern is located. From the historical documents and surviving structures we know that this site has been inhabited since at least the last part of the *Andalusi* period.[19] However, it seems to be from a later period than the High District, and it is probable that, in an early period, these regular plots were farmlands irrigated by both channels. In fact, a number of dwellings still keep wide vegetable gardens as part of the property.

Once the Royal Street channel reaches the church, it divides into two parts: the western one for the irrigation of Acequias' farmlands which feeds into the river, and the second one, known as the *Acequia de las Viñas* (Vineyards Canal), which follows the ancient pathway between Acequias' medieval neighbourhoods and arrives at the Lower District. Here, the flow joins the water coming from the union of *Las Eras* and *La Seculilla*, and forms one single canal, which follows the direction of the old medieval path to the nearby town of Mondújar.

Thus, it can be observed how the route of the water channels is connected with the configuration of local streets, which is a useful tool for understanding the partially lost medieval urban distribution.

---

18 Today Acequias preserves three mills and one old plot which used to be a mill: two oil mills named *Molino Viejo* and *Molino del Olivar*, and two flour mills known as *Molino de las Alberquillas* and *Molino del Sevillano*.

19 In this middle sector I have studied a monumental home that can be dated back to the 16th century. Using the local 'Libro de Apeo y Repartimiento' I have documented diverse Morisco families who used to live in these blocks. See María Aurora MOLINA FAJARDO, El espacio rural granadino tras la conquista castellana. Urbanismo y arquitectura con funciones residenciales del Valle de Lecrín en el siglo XVI, Granada 2012, pp. 372–381.

Fig. 1: View of Acequias territory and its irrigation system. A: Molino Viejo (Old Mill); B: High quarter (plaza and cistern); C: Church; D: Pago de la Iglesia Vieja (Old Church's plot) and Bancalillo del Horno de Poya (Small oven's terrace) in the Medieval Lower neighbourhood; 1: Las Alberquillas Mill; 2: El Sevillano Mill; 3: Del Olivar Mill; 4: Area with former ponds. Satellite view taken from Google Earth; map of Granada based on an original from Wikipedia. Both images adapted and modified by the author.

3 Water and the local medieval religious space

Along with the described link between Acequias' irrigation set and its territorial organisation, I detected a strong interrelation between the location of the primitive medieval sacred spaces (most of them totally or partially ruined) and the most significant nodes of the local water distribution system. In this section, I will look at the former Muslim sacred domain, considering the possible influence of Acequias' mosques on the division of the flow. The ideas presented here are based on the observation of some features of the local irrigation system and on the study of historical documents and various toponyms from the area.

As stated, the first information about this town and its irrigation system is a legal case from 1540.[20] The dispute involved neighbours from Acequias and the village of Mondújar and was related to the use of water for a certain number of hours. The root of the problem dates back to 1440 when Mahomad Abencaxon, native of Mondújar, decided to donate his allocated water ("half night of Mondújar's flow") to Acequias'

---

[20] Granada, AHDGr (note 6), Acequias-572F. For a paper describing this lawsuit see Manuel Espinar Moreno, Donación de aguas de Mahomad Abencaxon a los habices de la mezquita de Acequias (Valle de Lecrín) en 1440. Pleitos entre los vecinos en época cristiana, in: Miscelánea de Estudios Árabes y Hebraicos, Sección Árabe-Islam 56 (2007), pp. 59–80.

mosque, because of his poor relationship with his neighbours. In this manner, he broke with the established secular arrangement of water distribution, thus favouring Acequias, and impoverishing the already modest supply of Mondújar. Before that time and according to the manuscript, Acequias and Mondújar had the same number of hours of water supply assigned, since Acequias irrigated every day during the daytime and Mondújar did so during the night. Hence, Abencaxon's endowment (corresponding to Mondújar's entire supply on Sundays from sunset to the middle of the night) involved the removal of a flow from its original croplands located in Mondújar and their subsequent damage. At the same time, Acequias' mosque got an additional supply of water, which not only enriched its lands but also its resources, since the water was an attractive asset to be rented or sold to other localities.[21] In fact, this economic practice is registered in the document, which shows how in rainy years Acequias used to rent this water to poorer villages such as Mondújar, Chite, Talará or Murchas.[22] The cited lawsuit describes how a century later this water distribution conflict between Acequias and Mondújar had become a chronic issue, and even refers to several violent encounters between neighbours for obtaining the supply.

Beyond its historical value, this document is also interesting because it provides a wide collection of data, which invites us to think about a probable interrelation between the sacred sphere and local irrigation. During my fieldwork I observed how the two main water distribution nodes (between Acequias and Mondújar) were located near the local medieval sanctuaries. According to the record of *habices* goods in 1502, Acequias had a former mosque already consecrated as the local church, and two *rabitas*[23] (cited as *Alguazta* and *Alolia*) converted into Catholic shrines[24] whose precise location is unknown. The documentation describes how the church was located on the site of the mosque,[25] in a place between the two neighbourhoods which had been the physical centre of the town. Just in front of Acequias' church, as previously mentioned, there is a key division of water distributing *Calle Real*'s flow between

---

[21] For a paper about the trade of water resources see Cristina SEGURA GRAÍÑO and Juan Carlos de MIGUEL RODRÍGUEZ, La compraventa de agua de riego en el Valle de Andarax (Almería) en los siglos XV y XVI, in: En la España Medieval 23 (2000), pp. 387–394.
[22] ESPINAR MORENO (note 20), p. 77.
[23] The term *rabita* can be confusing because of its various meanings. In the context of the Kingdom of Granada we understand a *rabita* as a Muslim shrine, chapel or hermitage with a principally religious function but sometimes working also as a school, shelter or hospital. The *rabitas* used to be situated at the borders of villages or quarters near main roads, but also within the village as the epicentre of the local life between homes, public baths, or markets. For more detailed information about the *rabitas* of Andalusia see Manuel ESPINAR and Juan ABELLÁN, Las rábitas en Andalucía. Fuentes y metodología, in: Francisco FRANCO and Mikel de EPALZA (eds.), La Rábita en el Islam. Estudios interdisciplinares, San Carles de la Ràpida 2004, pp. 181–209.
[24] Manuel ESPINAR MORENO, Habices de los centros religiosos Musulmanes de la Alquería de Acequias en 1502, in: Anaquel de Estudios Árabes 20 (2009), pp. 50–81, here p. 64.
[25] ESPINAR MORENO (note 20), p. 71.

Acequias' western farmlands and its *Barrio Bajo*. This second channel, known as the *Las Viñas* Canal, used to run to Mondújar after leaving the Lower District of Acequias (today this channel is disused).

In order to locate the other two sanctuaries, I consulted a group of documents from 1592 related to Acequias' *habices* goods.[26] In the inventory of these endowments, I found information about a variety of buildings in the ancient *Barrio Bajo*, including a record of the approximate location of one of the shrines. Specifically, the document describes a ruined bread oven near a main street, and a *rabita* adjacent to that oven and the path between the two local quarters.[27] This particular *rabita* is sometimes cited as *yglesia menor* (minor or secondary church) and it is therefore likely that it was converted into a Catholic shrine, perhaps used while the main church was being built. After working on this abandoned settlement following the historical sources along with two local toponyms, I identified the location of this medieval *rabita*: it was situated on a plot (today an olive grove) adjacent to the old path that used to link the Lower District with the High District and Mondújar.[28] Remarkably this site is known as *Pago de la Iglesia Vieja* (Old Church's plot) and includes a preserved piece of wall of approximately 9 metres length and 1.5 metres height built on compacted earth. This archaeological remnant is possibly a side wall of the shrine. In addition, this plot is adjacent to a semicircular terrace named *El Bancalillo del Horno de Poya* (Small Oven's Terrace),[29] which together with the sources mentioned increases my belief that this was the precise location of the two medieval places. The location I propose for this shrine is again in front of the junction of several canals, specifically those carrying the supply to Mondújar. Once again, a sanctuary was situated on a significant flow distribution point, susceptible to disputes and where arbitration over water supply might have occurred.[30]

In this respect, it is important to think about the value of water in the Islamic world. Within this faith it is considered as a gift of God and its presence was a basic requirement in order to found a sacred place. Public baths, sources, cisterns and other important hydraulic structures were placed near the mosque. Likewise, the presence of water was a key issue also inside the mosques as part of the ritual ablutions.

Apart from this interrelation, water was a precious asset for these agrarian communities and its fair and equal division was frequently a point of conflict. Hence,

---

26 Granada, AHDGr (note 6), Acequias-572F, Escritura 134.
27 Ibid., fols. 7r, 7v.
28 Geographic coordinates of *La Iglesia Vieja* plot: longitude 03° 32' 25.30" W, latitude 36° 57' 57.16" N.
29 Geographic coordinates of *El Bancalillo del Horno de Poya* plot: longitude 03° 32' 25.39" W, latitude 36° 57' 57.68" N.
30 I have not been able to discuss the location of the third temple (another *rabita*) in this article. According to the local morphology, urban distribution, and irrigation system, I hypothesise that it could have been located in the plaza of the High District, presumably near the medieval cistern and again just near the aforementioned division of canals.

it is possible that the temples, landmarks for these rural environments, had some involvement (even if it was indirect) with this delicate issue, exercising some influence or arbitration on its partition. In this respect, the mosque itself might have had a strong interest in a fair distribution, since it owned, sold and rented parts of the water supply.

Furthermore, water in Acequias was traditionally managed through 'temporal irrigation turns': the litigation cited above specifies that each *marjal*[31] of land had fifteen minutes of water assigned.[32] The document also explains how the division of the flow was mostly measured by the prayer times, which were regularly announced from the minarets of the temples.[33] Temporal irrigation turns ruled by Muslim calls to prayer were quite common in Granada.[34] From the documentation we know that in the tower of the church (which was possibly the former minaret adapted as a bell tower since building of the new church commenced in 1546[35]) a sundial existed, which would have been the local reference for measuring time and the call to prayer.[36] Thus, the *muezzin's* call and the sun position could be understood as the logical ways to divide the day and hence the allocation of water. The interrelation between the religious spaces, the nodes of water supply and their timetables seems rather common in the sphere of the Kingdom of Granada. We know for example that in Almería there was a *rabita* named *Malata* (dating to 1216) with a yellow stone used both as a sundial and for the division of the water supply between different villages.[37] Another example of water distribution depending on prayer times (during the last years of the Nasrid period and the 16th century) has been studied in the village of Casarabonela.[38]

Hence, the management and distribution of water in Acequias was somehow linked to the local sacred sphere, and the relationship between the mosques, water infrastructure (in this case some flow distribution nodes causing conflict) and the dif-

---

31 *Marjal* (from the Arab *al-mrah* or *al-marah*) is an ancient agrarian unit of measurement used mainly in the territory of the old Kingdom of Granada. A *marjal* was exactly 528.42 m².
32 Espinar Moreno (note 20), p. 76.
33 The witness Fernando de Mendoça el Calah, native of Talara, gave the following testimony in relation to the flow division between Acequias and Mondújar: "que el dicho lugar de Açeca no tiene ny le pertenesçe nyguna agua de noche, sino es desde antes que amanesçer un poco hasta la oración y desde la oración hasta la mañana". In: Granada, AHDGr (note 6), Acequias-572F, fol. 27v.
34 Carmen Trillo San José, El tiempo del agua. El regadío y su organización en la Granada islámica, in: Acta Historica e Archaeologica Medievalia 23/24 (2002/2003), pp. 237–286, here p. 281.
35 For more detailed information about the church of Acequias see José Manuel Gómez-Moreno Calera, Las iglesias del Valle de Lecrín. Estudio arquitectónico I, in: Cuadernos de Arte 27 (1996), pp. 23–37, here p. 29.
36 Granada, AHDGr (note 6), Acequias-572F, fol. 4v.
37 Carmen Trillo San José (note 2), p. 128.
38 Fèlix Retamero, ¿'Como solía en tiempos de moros'? Los riegos después de las conquistas. El caso de Casarabonela, Málaga (siglos XV–XVI), in: Carles Sanchis-Ibor et al. (eds.), Irrigation, Society, Landscape. Tribute to Thomas F. Glick, Valencia 2014, pp. 116–131.

ferent quarters looked to define a social and territorial unit. Similarly, the important and varied roles developed by the Islamic religious centres seem to have included temporal regulation of the flow, which was the key to guarantee the peaceful coexistence of the communities, as well as the development of that peasant society.

Niels Petersen (Göttingen) / Arnd Reitemeier (Göttingen)
Die Mühle und der Fluss.
Juristische Wechselwirkungen

Abstract: The operation of medieval watermills involved several legal issues. In those eastern German regions that were colonized during the 11th century there are numerous sources providing information about the legal circumstances surrounding the building, owning and running of a mill. In those parts which had long before been settled by Germans, by contrast, mills had either existed since Roman times or were already in existence by the time they first appear in our sources. This makes a legal discussion of these aspects of mills rather difficult and theoretical. But mill technology constituted an intervention in the natural environment and hence in the rights of others. In particular, the retention of water through dams in order to regulate its flow onto the waterwheel led to conflict with the owners of land next to streams. In times of heavy rainfall or after periods of the spring snowmelt, natural inundation was intensified by the mills' water regulation installations. Fields were consequently damaged to an unprecedented degree. The resulting conflicts provide insight into the legal implications of running a mill. Two sorts of conflict are analyzed in this paper: those which resulted from flooding and those which concerned easement, servitude, and the exploitation of rivers by mill-owners, fishermen, water-transporters, and farmers. Examples from northern Germany show that, in case of conflict, the lord might become involved, but not necessarily as the owner of water rights but rather as one of the conflicting parties. The rights connected with running a mill seem to lie more often in the hands of landowners. The diversification of mill-technology, especially in mining, combined with the inundations mentioned above, resulted in grave ecological damage to fields due to the fluvial transport of toxic substances from the milling of ore.

Keywords: Mühlenrecht, Überschwemmung, Wasserrechte, Norddeutschland, Pochwerk

1 Einleitung

Bereits seit Jahrtausenden halfen Mühlen, dass sich Menschen die Energie des Wassers zu Nutze machten. Folglich steht die herausragende Bedeutung der Wassermühlen für das mittelalterliche Wirtschaftsleben außer Zweifel: Sie unterstützten die Herstellung von Nahrungsmittel, sie wurden für die Bearbeitung von Holz und Erz genutzt oder für die Textilerzeugung eingesetzt. Umso mehr verwundert es, dass die wissenschaftliche Beschäftigung mit der Geschichte des mittelalterlichen Mühlenwesens in Deutschland noch immer große Lücken aufweist, wie es sich für zahlreiche

Regionen gleichermaßen konstatieren lässt.¹ Neben Abhandlungen zu technischen Aspekten der Wassermühlen² liegen besonders Untersuchungen aus einer denkmalpflegerischen oder heimatkundlichen Perspektive zu Anlagen vornehmlich des 18. und 19. Jahrhunderts vor.³ Auch sind städtische Mühlen meist besser erforscht als diejenigen auf dem Land. Großen Gewerberegionen, beispielsweise der Tuchproduktion oder des Bergbaus, in denen Spezialmühlen eine Rolle spielen, haben eigene Darstellungen erfahren, weil bei ihnen die im Spätmittelalter einsetzende Diversifizierung der Mühlentechnik ausnehmend deutlich wird.⁴

Insbesondere die rechtlichen Rahmenbedingungen von Mühlenbesitz und Mühlenbetrieb stellen ein Forschungsdesiderat dar. Lassen sich die juristischen Grundlagen für die Gebiete der Neusiedlung beispielsweise über Verträge mit Lokatoren fassen,⁵ ist es im Altsiedelgebiet ungleich schwieriger, Eigentumsverhältnisse und Betriebsführung über einschlägige Stellen im Sachsenspiegel oder vergleichbare Rechtstexte hinaus rechtlich zu erklären.⁶ Gemeinhin wird aus dem naheliegenden Zusammenhang mit dem Wasserrecht auf regale Ansprüche geschlossen, wenngleich in dieser Hinsicht die Meinungen durchaus auseinandergehen.⁷ Die Stellung des

---

1 Vgl. die Ausführungen bei Christoph BACHMANN, Altbayerns erste bisher bekannte Mühlordnung. Die Ordnung der Ingolstädter Müller aus dem Jahr 1437, in: Sammelblatt des Historischen Vereins Ingolstadt 102/103 (1993/1994), S. 309–316. Die englischen Verhältnisse sind weit besser aufgearbeitet: John LANGDON, Mills in the Medieval Economy, England 1300–1540, Oxford 2004.
2 Vgl. hier vor allem die Veröffentlichungen von Dietrich LOHRMANN, z. B.: Wasserkraft- und Mühlensysteme im Mittelalter, in: Frank TÖNSMANN (Hg.), Geschichte der Wasserkraftnutzung, Kassel 1996, S. 11–22; DERS., Antrieb von Getreidemühlen, in: Uta LINDGREN (Hg.), Europäische Technik im Mittelalter, 800–1400, Berlin 1996, S. 221–232; DERS., Frühe Nutzung von Wasserkraft im mittelalterlichen Eisengewerbe, in: Technikgeschichte 62 (1995), S. 29–48.
3 Aufsätze finden sich in größerer Zahl in lokalhistorischen Zeitschriften. Sie behandeln meist auch ausführlich die Müllerfamilien seit dieser Zeit, so auch Wilhelm KLEEBERG, Niedersächsische Mühlengeschichte, Detmold 1964, welche bis heute die einzige überlokale Zusammenstellung der Mühlenstandorte in Niedersachsen darstellt. Das Niedersächsische Landesamt für Denkmalpflege gibt in loser Folge lokale oder regionale Übersichten zu historischen und rezenten Mühlenstandorten heraus. Vgl. zuletzt Rüdiger HAGEN u. Wolfgang NESS, Mühlen in Niedersachsen. Region und Stadt Hannover (Arbeitshefte zur Denkmalpflege in Niedersachsen 44), Petersberg 2015; Volkskundlich ausgerichtet ist Wilhelm BOMANN, Bäuerliches Hauswesen und Tagewerk im alten Niedersachsen, 4. Aufl. Weimar 1941, S. 149–159.
4 Günter BAYERL, Technik in Mittelalter und Früher Neuzeit, Stuttgart 2013, S. 118–121, 126 f.; Dietrich LOHRMANN, Frühe Nutzung (Anm. 2), S. 27–48.
5 Rüdiger MOLDENHAUER, Mühlen und Mühlenrecht in Mecklenburg, in: Zeitschrift der Savigny-Stiftung für Rechtsgeschichte, Germanistische Abteilung 79 (1962), S. 195–236; Harm WIEMANN, Beiträge zur Geschichte des Mühlenrechts. Dargestellt an Mühlen der Herrschaft Crimmitschau vom 14.–17. Jahrhundert, in: Zeitschrift der Savigny-Stiftung für Rechtsgeschichte, Germanistische Abteilung 66 (1948), S. 477–500.
6 Vgl. auch den Beitrag von András VADAS in diesem Band.
7 Reinhard HÄRTEL, Von Wasser- und Mühlenrecht im Hochmittelalter, in: Helfried VALENTINITSCH (Hg.), Recht und Geschichte. Festschrift für Hermann Baltl zum 70. Geburtstag, Graz 1988, S. 219–236;

Müllers als vermeintlich unehrliche Person, die aufgrund dieses Status zum Beispiel keine Zunft bilden konnte, scheint geringere Auswirkungen auf ihre Tätigkeit gehabt zu haben, als wiederholt geschrieben wurde.[8] Damit stellt sich die Forschungslage sowohl in thematischer Hinsicht als auch bezogen auf die Untersuchungszeiträume als sehr disparat dar. Die im Rahmen eines großen Überblickswerks zu leistende Synthese steht noch aus.

Die Komplexität der mit der Anlage und dem Betrieb einer Wassermühle im Laufe des Mittelalters verbundenen Rechtsprobleme steht im Zentrum der folgenden Untersuchung. Dabei sollen weniger die allgemeinen, gleichsam theoretischen Normen zu Mühlen-Bau und -betrieb dargestellt werden. Vielmehr ergaben sich aus der Interaktion zwischen der Maschine und dem Wasser Nutzungskonflikte und Probleme, deren Lösungen das Verhältnis von Mühle und Fluss konkretisierten. Sie resultieren nahezu zwangsläufig aus den Anforderungen der Mühlentechnik. Die Technik sowie die Gründe für die Vielzahl der Rechtsbereiche, welche die Errichtung und Arbeit einer Mühle erforderten, werden anhand von Fallbeispielen aus Norddeutschland analysiert. Hierfür werden zwei Problemkreise gebildet, die zu einer Vielzahl von Auseinandersetzungen führten: zum einen die Eingriffe in die natürliche Umwelt und zum anderen die sich oft überschneidenden Nutzungsrechte auf den Gewässern sowie zwischen Gewässern und Ufergebiet. Beide erlauben einen Einblick in die juristischen Grundlagen der Nutzung von Gewässern durch Mühlen im Mittelalter.

2 Technik

Die Notwendigkeit der Zerkleinerung von Getreidekörnern zur menschlichen Ernährung führte zunächst zur Entwicklung der Handmühle sowie anschließend zum Aufkommen der Wassermühlen, die fließendes Wasser als fortdauernden und kraftvollen Energieträger nutzten.[9] Besaßen die Wassermühlen in ihrer einfachen Form ein horizontales Wasserrad, dessen Drehgeschwindigkeit durch die Kontrolle des Zulaufs geregelt wurde, so konnten die technisch wirkungsvolleren Mühlen mit vertikalem Wasserrad wesentlich größere Wassermengen bewältigen sowie, abhängig von der

---

Guido KISCH, Das Mühlenregal im Deutschordensgebiet, in: Zeitschrift für Rechtsgeschichte, Germanistische Abteilung 48/1 (1900), S. 176–193; Carl KOEHNE, Das Recht der Mühlen bis zum Ende der Karolingerzeit. Ein Beitrag zur Geschichte des deutschen Gewerberechts, Breslau 1904; BACHMANN (Anm. 1) verweist zudem auf den Roncalischen Frieden und dort auf die *definitio regalium*. Konkrete Beispiele von Auseinandersetzungen über Mühlenrechte mit den Landesherren stammen meist jedoch erst aus dem 16. Jahrhundert.

8 Vgl. Ilka GÖBEL, Die Mühle in der Stadt. Müllerhandwerk in Göttingen, Hameln und Hildesheim vom Mittelalter bis ins 18. Jahrhundert (Veröffentlichungen des Instituts für Historische Landesforschung der Universität Göttingen 31), Bielefeld 1993, S. 161–173.

9 Vgl. Ernst SCHUBERT, Essen und Trinken im Mittelalter, Darmstadt 2006, S. 78–81.

Schlächtigkeit, mehr Kraft entwickeln.[10] Zugleich bot die oberschlächtige Wassermühle die Möglichkeit der Nutzung der Kraft auch für Hammerwerke, Sägewerke und vieles mehr. Die Vorteile wurden allerdings durch zwei Nachteile erkauft: Die Errichtung und der Betrieb einer oberschlächtigen Wassermühle waren sehr teuer, da beispielsweise die Getriebe, wie viele andere Elemente, nur von Spezialisten angefertigt werden konnten und zugleich verschleißanfällig waren. Auch war es für einen reibungslosen und fortwährenden Betrieb der Mühlen sowie zur Optimierung der Wasserzufuhr notwendig, Wasser aufzustauen, wodurch zugleich Gefahren durch Treibgut oder Eisgang reduziert wurden.

3 Rechtsgrundlagen

Mühlen waren Schnittpunkte verschiedener Bereiche des Rechts. Erstens fiel die Errichtung einer Mühle mit dem dazugehörigen Wehr unter das Wasserregal des Königs bzw. ab dem späten Mittelalter der Fürsten.[11] Hinzu kamen weitere Rechtseingriffe, denn ein Mühlenteich resultierte in Änderungen der Fischereirechte, die ebenfalls dem König oder Fürsten unterstanden.[12] Der Vergrößerung der Wasserfläche durch die Aufstauung stand die Verkleinerung der angrenzenden Ackerflächen gegenüber, so dass die aus dem Besitz sich ergebenden Rechte der Anlieger betroffen waren. Im Fall einer Aufstauung mussten die Ufer des Gewässers durch Deiche befestigt werden, was ebenfalls ein königliches resp. fürstliches Regal tangierte. Infolge der zahlreichen Rechtseingriffe waren Wassermühlen daher seit dem späten Mittelalter genehmigungspflichtig, was nachfolgend auch auf die Windmühlen übertragen wurde.[13]

Doch für Mühlen etablierten sich noch aus einem zweiten Grund Genehmigungsverfahren: Bereits im frühen Mittelalter war die Errichtung einer Mühle sehr kostspie-

---

10 Vgl. Adam LUCAS, Wind, Water, Work. Ancient and Medieval Milling Technology (Technology and Change in History 8), Leiden 2006, S. 29–41; Robert J. FORBES, Studies in Ancient Technology, Bd. 2, Leiden 1955, S. 88–101.
11 Heinrich GEFFCKEN, Zur Geschichte des deutschen Wasserrechts, in: Zeitschrift der Savigny-Stiftung für Rechtsgeschichte, Germanistische Abteilung 21 (1900), S. 173–217; im konkreten Fall in Hildesheim, Mitte des 14. Jahrhunderts: *Weret ock, dat me wolde buwen eine nie Molen na Mohlenrechte, dar nein gewest hedde, de scholde nicht buwen, sunder mit fulborde des landesherrn, und mit fulborde der Erffen*, Paul J. F. BOYSEN, Das Hildesheimer Mühlending, in: Zeitschrift des Harzvereins 10 (1877), S. 286–319, hier S. 316, Nr. 45.
12 Oft wurden die Mühlteiche eben sowohl zur Fischerei als auch als Energiespeicher für die Mühlen genutzt. Ein Beispiel ist das unten genannte Kloster Marienrode an der Trillke bei Hildesheim. Vgl. Ulrich KNAPP, Art. Marienrode, in: Josef DOLLE (Hg.), Niedersächsisches Klosterbuch (Veröffentlichungen des Instituts für Historische Landesforschung der Universität Göttingen 56), Bielefeld 2012, S. 1006–1015, hier S. 1010.
13 Vgl. die obigen Literaturnachweise in Anm. 5 und 7.

lig, so dass die Grundherren einen Mahlzwang für ihre Hörigen festlegten.¹⁴ Hiermit erfolgte zeitgleich die Durchsetzung einer Mahlabgabe, um den Betreiber der Mühle zu bezahlen. Mahlzwang und Mahlabgabe verursachten dann nachweisbar ab dem 10. Jahrhundert Auseinandersetzungen zwischen den Hörigen und dem Grundherrn sowie den Müllern. Erste Änderungen und Lockerungen resultierten aus dem Aufkommen der Städte und deren Wachstum, denn erstens stand die verfassungsrechtliche Grundsituation der Schwurgemeinschaft der Durchsetzung eines Mahlzwangs entgegen, zweitens waren in den Städten ausreichend finanzielle Ressourcen zur Errichtung auch spezialisierter Mühlen gegeben und drittens gab es ein wachsendes Reservoir von Personen, die auf die Leistung von Mühlen angewiesen waren. Folglich änderten die ökonomischen Gegebenheiten der Städte auch die Grundlagen des Betriebs von Mühlen.¹⁵

4 Umwelt

In Niedersachsen lag ein Großteil der Wassermühlen an kleineren Wasserläufen und folglich nicht am Hauptstrom der großen Flüsse.¹⁶ Diese Lage bot mehrere Vorteile: Die natürlichen Widrigkeiten des Mühlenbetriebs, vor allem Hoch- und Niedrigwasser sowie Eisgang, waren vergleichsweise leicht zu kontrollieren. Sofern das Gewässer nicht schiffbar war, geriet die Mühle auch nicht in Konflikt mit etwaigen Schiffern und musste von diesen auch keine Schäden befürchten. Doch bei kleineren Gewässern war es in der Regel nötig, das Wasser aufzustauen, um die benötigte Wasserkraft zu entwickeln. Diese Aufgabe war recht komplex, denn der Wasserstand konnte je nach Jahreszeit und Wetter beträchtlich variieren, doch während in trockenen Zeiten

---

[14] Vgl. KOEHNE (Anm. 7), S. 30, 41–48; DERS., Studien über die Entstehung der Zwangs- und Bannrechte, in: Zeitschrift der Savigny-Stiftung für Rechtsgeschichte, Germanistische Abteilung 25 (1904), S. 72–191; Karl. S. BADER, Studien zur Rechtsgeschichte des mittelalterlichen Dorfes, 3 Bde., Köln u. a. 1957–1973, hier Bd. 3, S. 36–44 (Leiheformen); Johannes MAGER, Günter MEISSNER u. Wolfgang ORF, Die Kulturgeschichte der Mühlen, Leipzig 1988, S. 126–132.
[15] Zu Mühlen unter kommunaler Leitung s. Ulf DIRLMEIER u. Gerhard FOUQUET, Eigenbetriebe niedersächsischer Städte im Spätmittelalter, in: Cord MECKSEPER (Hg.), Stadt im Wandel. Kunst und Kultur des Bürgertums in Norddeutschland 1150–1650, 4 Bde., Stuttgart 1985, Bd. 3, S. 257–280. Die Vielfalt von Mühlen in der Stadt wird am Beispiel Nürnbergs offenkundig: Vgl. Jürgen FRANZKE u. a., Räder im Fluss. Die Geschichte der Nürnberger Mühlen, Nürnberg 1986.
[16] Auswertung der historischen Mühlenstandorte anhand der Kurhannoverschen Landesaufnahme (1764–1786), der Gerlachschen Karte des Fürstentums Braunschweig-Wolfenbüttel (1763–1775), der Oldenburgischen Vogteikarte (1781–1810), der Karte von Nordwestdeutschland von K. L. Lecoq (1797–1805) sowie der Preußischen Landesaufnahme (1877–1912). Vgl. ergänzend dazu die Auswertung geschichtlicher Ortsverzeichnisse, der Forschungsliteratur, insb. die Historisch-Landeskundliche Exkursionskarte Niedersachsen, derzeit 17 Teile (Veröffentlichungen des Instituts für Historische Landesforschung der Universität Göttingen 2), Bielefeld 1964–2007 sowie diverse Quelleneditionen.

ein solches Staubecken eine zwingend nötige Wasserreserve umfasste, behinderte es nach größeren Regengüssen im Herbst sowie während der Schneeschmelze im Frühjahr den Abfluss und führte zu Überschwemmungen.[17]

Hinzu aber kamen ökologische Folgen des Betriebs, die einen zweiten Rechtskomplex berührten: Die Aufstauung des Gewässers hatte gemeinhin zwei Folgen, nämlich häufigere Überschwemmungen der Uferbereiche sowie eine Verlangsamung der Strömung in diesem Bereich.[18] Letzteres hatte auch biologische Konsequenzen: So konnte zum einen beispielsweise der junge Aal aufgrund der Stauanlagen kaum aufsteigen, was zu Fangausfällen in den in die Strömung gesetzten Reusen und Kisten beim Abstieg führte. Die Verringerung der Fließgeschwindigkeit durch Stauwehre führte zum anderen zu einem allgemeinen Temperaturanstieg des Wassers. Das wiederum hatte den Rückgang von Fischen wie dem Stör und dem Lachs zur Folge. Fischereirechte und Mühlenrechte waren noch im hohen Mittelalter eng miteinander verbunden; so gehörte zum Betrieb einer Wassermühle in der Regel das Recht, im Mühlteich zu fischen.[19]

Die vielfältigen Auswirkungen der Stauanlagen auf den Fluss und seine Anrainer lassen sich an einem Beispiel aus der Nähe Hannovers verdeutlichen. Am Fluss Leine lagen zwei Wassermühlen in kurzem Abstand hintereinander bei Lohnde.[20] Die flussaufwärts gelegene Mühle stand spätestens seit 1441 im Besitz der Zisterze Loccum, die flussabwärts gelegene Mühle befand sich seit 1324 im Besitz des Augustinerkonvents Marienwerder, das zudem das Recht besaß, vor Lohnde in der Leine zu fischen.[21] In den 1440er Jahren beklagten sich zahlreiche Einwohner der anliegenden Dörfer beim zuständigen Landesherrn, Herzog Wilhelm dem Älteren von Braunschweig-Lüneburg, über geschädigte Uferbereiche und überschwemmte Felder. Als Eigentümer der Wasserrechte vereinbarte der Herzog im Jahr 1456 mit den Streit-

---

17 Gefördert wurden Überschwemmungen auch durch den im Flussbett angesammelten Unrat. Entsprechende Gebote zur Säuberung des Mühlgrabens oder Bachlaufs finden sich beispielsweise um 1350 in Hildesheim: BOYSEN (Anm. 11), S. 305, Nr. 18; 1448 für das fränkische Birkenfeld oder für die österreichische Schwechat: Jacob GRIMM, Weisthümer, 6. Teil, Göttingen 1869, S. 47; Österreichische Weistümer, Bd. 7, Wien 1886, S. 688.
18 Zur Stauproblematik vgl. auch mit frühneuzeitlichen Beispielen Peter THEISSEN, Mühlen im Münsterland. Der Einsatz von Wasser- und Windmühlen im Oberstift Münster vom Ausgang des Mittelalters bis zur Säkularisation 1803, Münster u. a. 2001, S. 119–123; zu Trockenheit und Eisgang ebd., S. 125–128.
19 Angelika LAMPEN, Fischerei und Fischhandel im Mittelalter. Wirtschafts- und sozialgeschichtliche Untersuchungen nach urkundlichen und archäologischen Quellen des 6. bis 14. Jahrhunderts im Gebiet des Deutschen Reiches, Husum 2000, S. 132 f.
20 Eckdaten in HAGEN u. NESS (Anm. 3), S. 231.
21 In der Stiftungsurkunde wurden dem Kloster *duo molendina in Leina* sowie die Fischerei in den Nebenflüssen in Klosternähe übertragen, die genannte Mühle bei Lohnde jedoch erst später: Archiv des Klosters Marienwerder, bearb. v. Wilhelm von Hodenberg (Calenberger Urkundenbuch, 6. Abt.), Hannover 1858, Nr. 1, S. 112–114, 118; vgl. auch Uwe HAGER, Art. Marienwerder, in: DOLLE (Anm. 12), S. 1036–1044, hier S. 1040.

parteien einen Ortstermin, wo der beklagte Schaden (*de vaer unde den schaden des landes*)²² besehen wurde. Unstrittig war zu diesem Zeitpunkt bereits die Ursache, nämlich dass der Schaden *schach van stauwinghe weghen beyder molen*. Durch die Aufstauung des Leinewassers war Marschland auf etwa 20 Kilometern von Hochwasser betroffen.²³ Der Fürst stellte fest, dass der gleichzeitige Betrieb beider Anlagen fortan nicht mehr möglich sei und setzte den Klosterdelegationen auseinander, dass sie sich für eine einzige Mühle entscheiden müssten. Hierfür erhielten die Mühlenbetreiber vier Tage Bedenkzeit. Die Einigung sah schließlich vor, die obere Mühle des Klosters Loccum *ghensliken unde gruntliken* abzutragen und an dieser Stelle auch späterhin keine Mühle mehr zu bauen.²⁴ Dem Loccumer Müller wurde daher binnen Jahresfrist unter Erlassung seines Mühlenzinses von neun Pfund gekündigt. Das angrenzende Eigentum des Klosters wie Bauten, Wiesen, Höfe und Äcker, blieb davon unberührt. Fortan teilten sich also beide Klöster die Marienwerder Mühle und mussten gemeinsam darauf achten, dass der Mühlenstau zu keinem Schaden an den Ufern mehr führte. Sollte es jedoch dennoch zu Schäden kommen, die zweifelsfrei auf die Mühle zurückzuführen wären, so läge die Haftung allein beim Müller. Für die zukünftig gemeinsam zu betreibende Mühle wurde ein neuer Müller eingestellt, der gegen einen Zins von zwölf Pfund, den er zu gleichen Teilen an beide Klöster zu zahlen hatte, das Recht zum Mühlenbetrieb auf Lebenszeit erhielt.²⁵

Grundlage des Konflikts waren also die naturalen Gegebenheiten, denn für zwei Mühlen in kurzem Abstand hintereinander führte die Leine in Anbetracht ihres geringen Gefälles nicht genug Wasser. Folglich waren Wasserbaumaßnahmen nötig, was zu Schädigungen an den Ufergrundstücken führte, welche dadurch *gruntliken vordorven* wurden.

Beide Klöster besaßen ihre jeweiligen Mühlen mit vollen Rechten (*erfliken behorich*)²⁶. Die Mühlenstätte Marienwerders ging auf die Stiftungsurkunde des Klosters von 1196 zurück.²⁷ Die Loccumer Mühle wurde erstmals 1441 genannt, als das Kloster sie auf Lebenszeit gegen eine jährliche Zahlung von drei Pfund an den Grafen Julius von Roden-Wunstorf übertrug.²⁸ In dem oben genannten Konflikt von 1456 wurden die Grafen jedoch nicht erwähnt, so dass sie damals die Besitzrechte offenbar bereits wieder verloren hatten. Die exakte Legitimation des Landesherrn verschwimmt überdies im Nebel. Wurde er als Inhaber der Wasserrechte tätig? Dies wird nirgendwo explizit genannt, so dass die Intervention weniger an der Ausübung

---

22 Klosterarchiv Loccum II,2,9, S. 171.
23 Nämlich bis zur *Howisch* [...] *bi Rickelinge*. Archiv des Stifts Loccum, bearb. v. Wilhelm v. Hodenberg (Calenberger Urkundenbuch, Abt. 3), Hannover 1858, Nr. 851.
24 Ebd.
25 Nämlich zwei mal drei Pfund zu Ostern und zwei mal drei Pfund zu Michaelis.
26 Archiv des Stifts Loccum (Anm. 23), Nr. 851.
27 Archiv des Klosters Marienwerder (Anm. 21), Nr. 1.
28 Archiv des Stifts Loccum (Anm. 23), Nr. 840 (Regest); Original: Klosterarchiv Loccum II,2,9, S. 137.

des Wasserrechts gelegen haben mag, als vielmehr daran, dass seine eigenen Güter bei Ricklingen Schaden genommen hatten. Rechtsbeziehungen bestanden überdies grundsätzlich zwischen den Klöstern und ihren Müllern, denen der Betrieb gegen die Zahlung einer regelmäßigen Abgabe übertragen wurde. Die Müller in diesem konkreten Fall hatten die Mühle auch baulich instand zu halten, denn das Interesse musste für beide Seiten darin bestehen, die regelmäßigen Einkünfte zu sichern.[29] Nach dem Abbruch der Loccumer Mühle wurde der Zins für die noch bestehende Anlage anlässlich des neuen Vertrags mit dem Müller Heineke Notel um ein Drittel erhöht, was immer noch Einbußen für beide Klöster von einem Drittel bedeutete.[30] Im Jahr 1471, also 15 Jahre später, wurde die Mühle während der Hildesheimer Bischofsfehde zerstört.[31] Zum Zwecke des Wiederaufbaus erließen die beiden Klöster Loccum und Marienwerder dem Müller Notel auf fünf Jahre die Herbstzahlung des Zinses in Höhe von sechs Pfund und bekräftigten zugleich die Übertragung des Betriebs auf seine Söhne zu deren Lebenszeit.[32]

Für das Kloster Loccum war der Konflikt von 1456 nicht der einzige Streit um Mühlenrechte. Eine zeitlich weiter zurückliegende Auseinandersetzung enthüllt die mit Besitz und Betrieb verknüpften politisch-rechtlichen Komplexe. Gegen Ende des 13. Jahrhunderts standen sich an der Gehle, einem Seitenfluss der Weser, das Zisterzienserkloster Loccum und der Augustinerinnenkonvent Lahde unversöhnlich gegenüber. Aufgrund der gleichen Problematik – Hochwasser wegen Stauung – wurden die Güter Lahdes überschwemmt und waren nachhaltig geschädigt. Die Augustinerinnen stellten schließlich die Loccumer Nutzungsrechte am Gewässer infrage. Im Jahr 1292 wurde eine erste Einigung durch einen Schiedsspruch des Ahldener Archidiakons und eines Pfarrers versucht, deren Legitimation jedoch nicht begründet wurde.[33] Handelte es sich hierbei nun um eine Schlichtung im Auftrag der Klöster als Grundeigentümer oder des Bischofs oder anderer höherer Instanzen aufgrund des Wasserrechts? Sieben Jahre später, im Jahr 1299, befriedeten dann die Archidiakone von Ahlden und von Lohe den Streit und leiteten ihre Vermittlungstätigkeit wie folgt ab: *quod ille summus rex pacificus, cui [servir]e regnare est, subditos suos non litigiosos sed pacificos et quietos potius fore pia miseratione disposuit, nos super predicta causa de alto et de basso compromissione facta in suos arbitros elegerunt.*[34] Anders als an der Leine war es hier die Kirche, die zwischen den Klöstern unterschiedlicher Orden vermittelte. Die Gehle und das Kloster Lahde lagen im Gebiet des Hochstifts

---

29 Klosterarchiv Loccum II,2,9, S. 137, Regest: Archiv des Stifts Loccum (Anm. 23), Nr. 840.
30 Klosterarchiv Loccum II,2,1, S. 459, Nr. 804.
31 Vgl. Maria Fuhs, Hermann IV. von Hessen. Erzbischof von Köln 1480–1508, Köln, Weimar, Wien 1995, S. 37–43; Johannes Gebauer, Geschichte der Stadt Hildesheim, 2 Bde., Hildesheim, Leipzig 1922, Bd. 1, S. 123–127.
32 Klosterarchiv Loccum II,2,9, S. 50.
33 Archiv des Stifts Loccum (Anm. 23), Nr. 491.
34 Ebd., Nr. 532.

Minden, entsprechend wäre also allenfalls noch der Bischof selbst als Schlichter infrage gekommen. Als zwangsläufig erscheint es hier keinesfalls, dass ein Inhaber der Wasserrechte den Konflikt beendet.

Überschwemmungen und damit einhergehende Beeinträchtigungen in den Rechten der Nutzer bildeten auch ein gravierendes Problem an der Innerste, die bei Sarstedt in die Leine mündet, nachdem sie von der Quelle bei Clausthal im Harz eine Distanz von etwa 100 Kilometern und rund 500 Höhenmetern überwunden hat. Hier lagen bis zu 35 Mühlen am Hauptstrom und zahlreiche weitere an den Nebengewässern, womit im Schnitt alle drei Kilometer eine Mühle betrieben wurde. Auch wenn sich nicht alle Standorte für das Spätmittelalter belegen lassen, so deuten sie zumindest eine Tendenz an.[35]

Doch nicht nur die Anzahl der Wassermühlen war von Bedeutung, sondern auch ihre unterschiedliche Ausrichtung, die im Zusammenhang mit den verschiedenen Wirtschafts- und Gewerbelandschaften stand, die die Innerste durchfloss. Im Bergland gab es zwei Mühlen, von denen eine als Pochwerk, die andere recht früh als Papiermühle genutzt wurde. Das Pochwerk schlug, vereinfacht gesagt, als wassergetriebener Hammer die im Bergbau gewonnenen Stein-Erz-Verbünde auf.[36] Danach wurde das Material gespült, ‚geschlämmt' oder gewaschen, so dass man im Schlich das Erz leichter gewinnen und verarbeiten konnte. Damit das Pochwerk durchgehend arbeiten konnte, bedurfte es des regelmäßigen Wasserzuflusses, was aber im Bergland mit seinen frühen und langen Schneezeiten und den heftigen, kurzen Schmelzperioden ein großes Problem darstellte. Ende des 16. Jahrhunderts versuchte man daher, im Harz ein windgetriebenes Pochwerk zu errichten. Dies gelang trotz großzügiger finanzieller Förderung durch den Herzog nicht und wurde aufgegeben, nachdem der Konstrukteur heimlich geflüchtet war.[37] Das Erz wurde nach der Zerkleinerung in Schmelzhütten weiterverarbeitet, in denen das Wasser die Gebläse antrieb, die die Feuer am Laufen hielten. Dabei musste die Drehgeschwindigkeit der Welle möglichst konstant gehalten werden, was eine sehr genaue Regulierung des Wasserzuflusses bedingte.

---

35 Dies liegt zum einen an der disparaten Quellenlage für die einzelnen Mühlen und zum anderen daran, dass Mühlen in der Regel einfach irgendwann in der Überlieferung erscheinen und zu jenem Zeitpunkt bereits seit einer unbestimmten Zeit vorher existierten. An der Innerste besaß der Hildesheimer Bischof bereits früh bis zu zehn Mühlen, was als Anlass für die Entstehung eines gemeinsamen Mühlendings in der ersten Hälfte des 14. Jahrhunderts für 19 Mühlen zwischen Heinde und der Innerstemündung gilt; vgl. in diesem Sinne auch BOYSEN (Anm. 11), S. 286–319.

36 Vor den großen Pestwellen um die Mitte des 14. Jahrhunderts finden sich zahlreiche Erzmühlen; danach wird unter der Verwendung der Nockenwelle das Stampfen zur vorherrschenden Technik, weshalb seit dem 15. Jahrhundert zunehmend von Pochwerken die Rede ist. Vgl. Karl-Heinz LUDWIG, Technik im hohen Mittelalter zwischen 1000 und 1350/1400, in: DERS. u. Volker SCHMIDTCHEN, Metalle und Macht, 1000 bis 1600 (Propyläen Technikgeschichte 2), Berlin 1997, S. 9–205, hier 92f.

37 Die Bergchronik des Hardanus Hake, Pastors zu Wildemann, bearb. v. Heinrich DENKER (Forschungen zur Geschichte des Harzgebietes 2), Wernigerode 1911, S. 95, 134–137.

Weiter talwärts veränderte sich die Nutzung der Mühlen: In Groß Heere befand sich zwar noch eine wassergetriebene Hütte, die Schlackenmühle, gleich nebenan in Klein Heere wurde in der Pepermühle, später Bierbaumsmühle, schon früh Öl produziert. In Badeckenstedt arbeitete noch einmal eine Hütte, in Klein Rhene dann eine Sägemühle. In Wartjenstedt, Walshausen und Listringen lagen seit dem 12. Jahrhundert Getreidemühlen, die für die Weiterverarbeitung der in der Hildesheimer Börde erzielten Erträge benötigt wurden. Nähert man sich der Stadt Hildesheim, so lässt sich die angesprochene Diversifizierung der Mühlen besonders gut beobachten.[38] Die Hildesheimer Lademühle diente im 14. Jahrhundert als Kupfermühle. Die Bischofsmühle, die sich seit 1289 in kommunaler Hand befand, wurde früh mit zahlreichen Gängen ausgebaut, so dass Öl, Lohe, Pulver, Malz und Getreide verarbeitet werden konnten. Außerdem waren hier eine Stampfmühle, eine Schleif- und eine Walkmühle angegliedert. Vom südlich von Hildesheim gelegenen Dorf Hohnsen, das um 1300 verlassen wurde, blieb nur die Mühle übrig, praktisch als letzter Überrest der Siedlung, und diente, erst einmal in städtischem Besitz, als Walk-, Kupfer-, Papier- und Lohmühle. Schließlich folgten zwischen Hildesheim und der Mündung der Innerste in die Leine nur noch Getreidemühlen.

Die Erzverarbeitung am Oberlauf der Innerste führte nun im Laufe der Jahrhunderte bis ins 18. Jahrhundert durch ihre Einträge zu einer Versandung des Flusses. Dabei setzte sich der Sand besonders in den Mühlenstauungen aufgrund der dort geringeren Fließgeschwindigkeit ab. Die Müller passten schlicht die Höhe der Grundbäume fortlaufend an den steigenden Wasserspiegel an, anstatt die Flussrinne auszutiefen. Die natürlichen Hochwasser traten deswegen nun sehr viel stärker über die Ufer und führten zu Schäden an Gebäuden und Feldern. Letztere wurden besonders geschädigt, weil die Einträge aus der Harzer Erzverarbeitung, die durch fluvialen Transport bis nach Hildesheim gelangten, überdies giftig waren.[39]

Man kann davon ausgehen, dass Überschwemmungen als Folge des Mühlbetriebs von den Betreibern hingenommen wurden. Im folgenden Fall scheinen sie jedoch absichtlich herbeigeführt worden zu sein. Im Jahr 1232 warf Graf Heinrich von Schladen dem Dorstädter Augustinerinnenkloster mit seinem Propst Walter vor, es hätte mit seiner an der Oker gelegenen Mühle dessen Äcker absichtlich überflutet und jene damit *steriles fecerunt et infructuosos*, also bis zur Unfruchtbarkeit geschädigt.[40] Auch an anderen Stellen hätte es ihn behindert. Dabei waren die Grafen von Schladen ein Familienzweig der Edelherren von Dorstadt, der Stifter des Klosters. Der Graf

---

[38] Vgl. auch für das Folgende Adolf FLÖCKHER, Die Mühlen im Stadtbereich Hildesheim, in: Alt-Hildesheim 35 (1964), S. 11–41.
[39] Vgl. Jutta FINKE, Die Innerste-Mühlen im Hochstift Hildesheim um 1800, in: Hildesheimer Jahrbuch für Stadt und Stift Hildesheim 82 (2010), S. 21–58.
[40] Urkundenbuch des Augustinerchorfrauenstiftes Dorstadt, bearb. v. Uwe OHAINSKI (Veröffentlichungen der Historischen Kommission für Niedersachsen und Bremen 258 / Quellen und Forschungen zur Braunschweigischen Landesgeschichte 47), Hannover 2011, Nr. 24.

überließ schließlich seinen Dorstädter Sattelhof und die Pfarrkirche dem Kloster für 40 braunschweigische Pfund. Vielmehr noch, er gestattete etwa neun Jahre später dem Kloster die Anlage eines Grabens zur Errichtung einer neuen Mühle gegen Gewährung eines Kredits, bevor sich die Familie 1249 ganz von ihrem Besitz am Ort trennte.[41]

Ein solcher Mühlengraben besaß eine Reihe technischer wie rechtlicher Vorteile: Erstens konnte er technisch so angelegt werden, dass das Wasser durch ein entsprechendes Gefälle, eine regulierte Fließgeschwindigkeit, den Abschluss vom Hauptstrom und damit eine Regulierung des Wasserzuflusses optimal auf das Mühlrad geleitet wurde. Zweitens besaß der Erbauer eines Grabens meist alle Rechte an diesem Gewässer. Und schließlich geriet man auf diese Weise nicht in Konflikt mit anderen Nutzern, beispielsweise der Schifffahrt, Flößerei oder dem Fischfang. Gerade in einem urbanen, dicht besiedelten Umfeld mussten die Probleme der Wasserregulierung für den Mühlenbetrieb auf engem Raum durch künstliche Wasserläufe möglichst umgangen werden. Gewerbekanäle gehörten daher zum Bild der mittelalterlichen Stadt.[42] In Hildesheim begann man 1291 mit der Kanalisierung und der planmäßigen Anlage von Seitenarmen der Innerste vor und in der Stadt. Im Stadtgraben selbst wurden zwei Mühlen betrieben. Als die Hildesheimer Almersmühle 1249 vom Bartholomäusstift der Stadt überlassen wurde, sollte sie in den Stadtgraben verlegt werden. Dort konnte sie jedoch wiederum nur mit genügend Wasser betrieben werden, das erst dorthin geleitet werden musste. Etwaige Stauungen durften jedoch zugleich das klassisch mit Gärten eng besetzte extramurale Gebiet nicht beeinträchtigen.[43] Auf dem Land, wo der nötige Platz vorhanden war, errichtete man hingegen Freifluten bei den Mühlen, um den Flusslauf freizuhalten, was die Mühlenanlagen allerdings fortan vom Hauptstrom trennte.[44]

---

[41] Ebd., Nr. 37, 53.
[42] Dem ‚genius loci' des 16. Symposiums des Mediävistenverbands geschuldet vgl. Armand BAERISWYL, Sodbrunnen – Stadtbach – Gewerbekanal. Wasserversorgung und -entsorgung in der Stadt des Mittelalters und der Frühen Neuzeit am Beispiel von Bern, in: Dorothee RIPPMANN u. a. (Hgg.), „zum allgemeinen statt nutzen". Brunnen in der europäischen Stadtgeschichte. Referate der Tagung des Schweizerischen Arbeitskreises für Stadtgeschichte, Bern, 1.–2. April 2005, Trier 2008, S. 55–68, hier S. 63–65; vgl. zu Freiburg und Villingen Josef FUCHS, Stadtbäche und Wasserversorgung in mittelalterlichen Städten Südwestdeutschlands, in: Jürgen SYDOW (Hg.), Städtische Versorgung und Entsorgung im Wandel der Geschichte (Stadt in der Geschichte 8), Sigmaringen 1981, S. 29–42, hier S. 37–40.
[43] Vgl. FLÖCKHER (Anm. 38).
[44] BOYSEN (Anm. 11), S. 304–306, Nr. 15–21.

5 Der Fluss als Raum sich überlagernder Rechte und Anforderungen

Der Betrieb einer Mühle führte schließlich zu Konflikten mit anderen Nutzern, die ebenfalls Rechte am Fluss besaßen. Solche Auseinandersetzungen entstanden meist deswegen, weil die Reichweite der Nutzungsrechte unklar war. Gelegentlich musste ein Interessenausgleich aufgrund sich überschneidender Anforderungen herbeigeführt werden. Wassermühlen waren dabei schon aufgrund ihrer technischen Anforderungen klassische Auslöser für Konflikte um die Gewässernutzung.

Im Jahr 1249 übereignete Herzog Otto von Braunschweig dem Kloster Loccum den Meerbach, der aus dem Steinhuder Meer fließt und bei Neustadt in die Weser mündet *cum omni iure et utilitate, que inde poterunt provenire, in veram proprietatem ab ipsis monachis quiete perpetuo possidendum.*[45] Allerdings scheinen die Grafen von Schaumburg als Grundeigentümer über ihren Hof in Asbeke noch die Rechte an vier Fischwehren besessen zu haben, die sie erst ein halbes Jahrhundert später, nämlich im Jahr 1300, dem Kloster übertrugen. Die Übertragung mit den Resignationen der folgenden Hofbesitzer zog sich im Folgenden über 29 Jahre hin.[46] *Omni iure*, das vollumfängliche Recht am Fluss, war es also doch nicht gewesen, das verliehen wurde.

Auch an anderen Orten resultierten die unterschiedlichen Interessen von Nutznießern der Fließgewässer in Streitigkeiten: Seit der Mitte des 14. Jahrhunderts baute die Stadt Lüneburg die Ilmenau als Schifffahrtsweg aus, nachdem sie entsprechende Privilegien von den Herzögen von Braunschweig-Lüneburg erhalten hatte.[47] Über die Flüsse wurde der Großteil der für die Hanse so wichtigen Erträge der Lüneburger Salzproduktion zu den Verbrauchern transportiert. Zugleich benötigte die Saline mit ihren 216 Siedepfannen beständig Brennholz, das im 15. Jahrhundert auf dem Wasserweg über Elbe und Ilmenau vor allem aus Mecklenburg und der Altmark bezogen wurde. Folglich ließ sich die Stadt im Jahr 1348 von den Herzögen den Vorrang ihrer Schifffahrt auf der Ilmenau garantieren, wozu auch das Recht gehörte, Mühlen abzubrechen, wenn diese sie behinderten. Die Herzöge behielten sich allerdings sowohl das Grundeigentum am Ufer als auch das Recht vor, jenes zu befestigen.[48] Bereits 1343 hatte die Stadt drei am Oberlauf gelegene Mühlen vom Kloster Medingen mit dem Recht erworben, sie abzubrechen.[49] Eine vierte erwarb sie 1350 *mit disser molen*

---

[45] Archiv des Stifts Loccum (Anm. 23), Nr. 124.
[46] Klosterarchiv Loccum, Nr. 904, 905; Archiv des Stifts Loccum (Anm. 23), Nr. 735.
[47] Vgl. hier und für das Folgende Niels PETERSEN, Die Stadt vor den Toren. Lüneburg und sein Umland im Spätmittelalter (Veröffentlichungen der Historischen Kommission für Niedersachsen und Bremen 280), Göttingen 2015, S. 343–351.
[48] Urkundenbuch der Stadt Lüneburg, bearb. v. Wilhelm Friedrich VOLGER, 3 Bde., Lüneburg 1872–1877, Bd. 1, Nr. 439.
[49] Ebd., Bd. 1, Nr. 410.

don unde laten, tobreken unde maken, wat se willen.[50] Während die ersten drei Mühlen offenbar tatsächlich dem Fahrweg weichen mussten, blieb die später erworbene Emmendorfer Mühle bestehen und wurde vom Rat fortan verpachtet. 1392 ließ sich der Lüneburger Rat das Recht einräumen, dass auf den weiteren Wasserwegen im Fürstentum, vor allem auf der Elbe und ihren Nebenflüssen, Fischwehre so weit geöffnet werden sollten, dass die Schiffe nach Lüneburg hindurchfahren konnten.[51] Im Jahr 1407 bestätigten die Herzöge der Stadt noch einmal explizit, sie könne *de Elmenow brucken, und dicken, dupen und betern laten, alse de schip eren fryen gang hebben moget*, was sich auf den gesamten Flusslauf bezog.[52]

Der zur Elbe führende Unterlauf der Ilmenau dürfte aufgrund von Versandung zunehmend an Fahrt verloren zu haben, so dass die Lüneburger in der Folge hier besonders viel in die Vertiefung und Deichung investieren mussten. Dennoch kam insbesondere in trockenen Jahren die Schifffahrt zum Erliegen. Die Vertiefung des Flussbetts blieb dabei nicht unwidersprochen, so dass 1465 Herzog Otto den Lüneburger Rat um die Einstellung der Eindeichung der Kolke (größeren Ausspülungen am Flussufer) und des dadurch verschlossenen Zuflusses der Leseke in die Ilmenau bat. Der Herzog argumentierte damit, dass seinen Untersassen in Laßrönne durch die Eindeichungen ein Schaden von 200 Gulden entstehen würde und ihm dadurch jährlich 100 Mark an Abgaben ausfallen würden. Der Herzog selbst erleide aufgrund von Überschwemmungen großen Schaden am Lachsfang im Winsener Mühlenteich sowie an den Wiesen beim dortigen Schloss. Dabei erkannte er Lüneburgs Wasserbaurechte durchaus an und bat gar, der Rat solle es ihm nicht als Unwillen auslegen. Der Lüneburger Rat musste daher zwischen verschiedenen Interessen abwägen, denn die Kolke nahmen der Strömung zusätzlich ihre Kraft, so dass die Eindeichungen aus ökonomischen Gründen wichtig waren. Die folgenden Klagen der Lüneburger Schiffer deuten darauf hin, dass der Rat den Bitten des Herzogs dennoch nachgab. Im Jahr 1493 verschlossen die Lüneburger jedoch erneut eine solche Ausspülung an der Unterilmenau, nicht ohne die Anrainer zu entschädigen, was jedoch zu diversen weiteren Problemen führte: Der Weg zur Winsener Amtsmühle wurde nachfolgend für die Einwohner von Laßrönne und der Marschgebiete versperrt und zugleich konnte das im Winter von Norden in das Land eindringende Elbwasser nicht mehr ablaufen und blieb auf den Weiden stehen.[53] Am 10. Oktober 1498 trafen sich die betroffenen Einwohner mit den Lüneburger Bürgermeistern, dem Sodmeister und einem Ratsherrn zu einem Ortstermin, an dem auch der Herzog teilnahm. Der ebenso anwe-

---

[50] Ebd., Bd. 1, Nr. 457 (1350 Mai 6); vgl. auch Christian LAMSCHUS, Die Holzversorgung der Lüneburger Saline in Mittelalter und Früher Neuzeit, in: Silke URBANSKI, Christian LAMSCHUS u. Jürgen ELLERMEYER (Hgg.), Recht und Alltag im Hanseraum. Festschrift für Gerhard Theuerkauf zum 60. Geburtstag, Lüneburg 1993, S. 321–334.
[51] Urkundenbuch der Stadt Lüneburg (Anm. 48), Bd. 3, Nr. 1292.
[52] Stadtarchiv Lüneburg, AB 23 (1), fol. 102v.
[53] PETERSEN (Anm. 47), S. 347 f.

sende Winsener Vogt sah besonders seine Einnahmen aus der Mühle gefährdet und argumentierte gegen die Lüneburger, dass deren Schiffe einen immer größeren Tiefgang hätten. Auch meinte der Vogt, dass die Ilmenau trotz des trockensten Sommers seit wohl 20 Jahren immer noch ausreichend Wasser geführt habe. Der nachfolgend ausgehandelte Kompromiss erlaubte das sogenannte Zuschlagen des Kolkes, sofern eine genügend große Lücke gelassen werde, damit die Laßrönner und die Marschleute ihre Ernte mit einem Boot durch die Leseke in die Luhe zur Winsener Mühle bringen konnten.

Die verschiedenen Nutzer der Ilmenau wie die Anrainer vertraten somit völlig unterschiedliche und teilweise entgegengesetzte Interessen. Im Fall der Ilmenau als mittelgroßer Fluss mit einem damals vergleichsweise intensiven Schiffsverkehr mit flachkieligen Ewern mussten andere Nutzungsformen gegenüber der Schifffahrt zurücktreten. Um die nötige Wassertiefe und Strömung zu gewährleisten, wurde der Fluss nicht nur beständig ausgebaggert, sondern auch eingedeicht. Hierdurch wurden die Kolke wieder vom Fluss getrennt. Sie gehörten jedoch gemeinhin den Grundeigentümern, in deren Gebiet sie eingebrochen waren. Auch wurde in den Kolken nicht selten Fischfang betrieben. Die Lüneburger Initiativen unterbanden zudem den Querverkehr über die Furten, insbesondere wenn die Furten ebenfalls der Vertiefung zum Opfer fielen. Die Winsener Amtsmühle war deswegen nur über Umwege erreichbar. Überhaupt stellten Mühlen ein grundlegendes Problem für die Schifffahrt dar: Zum einen konnten Mühlenwehre und Stauungen das Gewässer soweit einengen, dass die Schiffe die Stelle nicht mehr passieren konnten. Zum anderen konnten sie die Treidelwege am Ufer behindern.

6 Fazit

Die Errichtung und der Betrieb einer Wassermühle waren im Mittelalter in technischer, ökonomischer und ökologischer Hinsicht anspruchsvolle Vorhaben, die zugleich eine große Vielzahl an Rechtsbereichen berührten. In den hieraus resultierenden und nunmehr untersuchten Konflikten lag die juristische Regulierung nicht zwangsläufig beim Inhaber der Wasserrechte, sondern auch bei denjenigen, die für die Wahrnehmung der Rechte der betroffenen Institutionen verantwortlich waren. Folglich traten die Landesherren in Erscheinung, doch waren sie insbesondere dann involviert, weil sie selbst geschädigt wurden oder aufgrund des Personenzusammenhangs als Schlichter auftraten. Hingegen mussten die Rechte des Grundherrn besonders beim Mühlenbau und Mühlenbetrieb beachtet werden.

Die technischen Anforderungen des Mühlenbetriebs, insbesondere die Notwendigkeit zur Wasserregulierung, resultierten offenbar in einer Verstärkung der natürlichen Hochwasser. Hinzu traten ökologische Schädigungen als Auslöser rechtlicher Auseinandersetzungen: Neben den Feldfrüchten litt wahrscheinlich vor allem der Fischbestand in den gestauten Gewässern. Weniger der Mühlenbetrieb selbst als vielmehr das dort verarbeitete Material führte, wie im Fall der Pochsande, nachhaltig zu ökologisch bedenklichen Konsequenzen. Die häufigste Ursache für Konflikte beim Betrieb der Wassermühlen bestand aber in der Konkurrenz der verschiedenen Gewässernutzer: Mühlen blockierten sowohl den Fischzug als auch die Schifffahrt und wurden deshalb, wie im Lüneburger Beispiel, abgebrochen oder verlegt oder gaben Anlass zum Eingriff in den Flusslauf. Die nachfolgend geschaffenen Freifluten, Mühlenkanäle und Mühlenteiche sind als Relikte einer historischen Kulturlandschaft oft bis heute erhalten geblieben.

András Vadas (Budapest)
Some Remarks on the Legal Regulations and Practice of Mill Construction in Medieval Hungary*

Abstract: The aim of this paper is to draw attention to the complexity of the regulations and customs relating to the construction of watermills on rivers in medieval Hungary. First, the laws of medieval Hungary will be discussed, followed by other legal evidence relevant to the study of the problem. During the analysis of medieval donations and court records, a frequent but insufficiently understood term will be examined, namely *locus molendini* (literally a 'milling-place'). I argue that the most important legal principles of mill construction were already established by the early fourteenth century.

Keywords: Legal history, watermills, water management, dispute settlement, *locus molendini*

1 Introduction

As soon as an economically important resource is identified and exploited, debates and quarrels begin around it. In the late medieval Hungarian Kingdom – at least according to a large number of written documents that have been passed down to us – disputes connected to water use were dominated by the problem of rights to different bodies of water by both individuals and institutions. What rights did a landowner have to a river that ran through his estate? How could someone restrict the flow of water from a river that sprang from his own property? How could he manipulate a water course in order to provide an income for himself? One – if not the main – motivation to manipulate waters in the Middle Ages was to provide energy for milling and other industrial activities. These back-ups, however, seriously affected the current of a river both up- and downstream of dams or other constructions that created an obstacle for the water. In this paper, attention will be drawn to the complexity of the regulations and customs regarding the construction of dams on rivers in medieval Hungary. Laws relating to water regulation will first be examined and then other products of medieval pragmatic literacy (called *oklevél* in Hungarian) which can be used to study the problem.

---

* This paper is a chapter from my ongoing Ph.D. dissertation at the Medieval Studies Department, Central European University, Budapest. I am grateful for the advice of my two supervisors, Katalin Szende and Alice M. Choyke, when writing this article. Present-day geographical names are used unless otherwise indicated.

DOI 10.1515/9783110437430-021

In works published in the early twentieth century, Hungarian historiography always paid at least some attention to questions connected to the history of water use; however, most studies were primarily concerned with technological issues. Much of this research dealt with various patterns of water use connected to major rivers and minor streams. Identifying the types of mills used in the medieval period certainly marked an important step.[1] From the interwar period onwards, some legal and, again, technological questions were highlighted with regard to water management in the pre-modern period, but despite the publication of some important pioneering works in the field, the studies had little impact in the long run.[2] It was only from the late twentieth century onwards that historians once again started to deal with the problem of water control and water use in the pre-modern period. In these works, technological, legal, and environmental aspects are still treated as separated from each other, whereas research perspectives of modern environmental history are still relatively new in Hungarian scholarship.[3] Only a few case studies aimed at integrating different research perspectives, but containing promising new research in this regard, have been published in recent years.[4]

---

[1] See, for example, Sándor TAKÁTS, Műveltségtörténeti közlemények. A magyar malom I–II, in: Századok 41 (1907), pp. 143–160, 236–249; Kálmán LAMBRECHT, A magyar malmok könyve. Történeti anyag (Iparosok olvasótára 21), Budapest 1915.

[2] Alajos DEGRÉ, Magyar halászati jog a középkorban (A Budapesti Királyi Magyar Pázmány Péter Tudományegyetem Jogtörténeti Szemináriuma Illés József Szemináriumának kiadványai 5), Budapest 1939; József HOLUB, Zala megye középkori vízrajza (A Göcseji Múzeum közleményei 23), Zalaegerszeg 1963; László MAKKAI, Östliches Erbe und westliche Leihe in der ungarischen Landwirtschaft der frühfeudalen Zeit, in: Agrártörténeti Szemle 16 [Supplementum] (1974), pp. 1–53; Attila SELMECZI KOVÁCS, Kézimalmok. Történeti rétegek – technikai regresszió, in: Ethnographia 92 (1981), pp. 204–232; Zsófia VAJKAI, Középkori malmaink, in: Walter ENDREI (ed.), Műszaki innovációk sorsa Magyarországon. Malomipar, vaskohászat, textilipar, Budapest 1995, pp. 36–47.

[3] See, moreover, the studies in the volume Gergely Krisztián HORVÁTH (ed.), Víz és társadalom Magyarországon a középkortól a XX. századig, Budapest 2014. See also DEGRÉ (note 2); István TRINGLI, A magyar szokásjog a malomépítésről, in: Tibor NEUMANN (ed.), Tanulmányok a középkorról (Analecta Medievalia 1), Budapest, Piliscsaba 2001, pp. 251–267; Tamás VAJDA, Árpád-és Anjou-kori vízimalmaink tájalakító hatása, in: Bence PÉTERFI et al. (eds.), Micae mediaevales II. Fiatal történészek dolgozatai a középkori Magyarországról és Európáról (Történettudományok Doktori Iskola – Tanulmányok, konferenciák 3), Budapest 2012, pp. 59–75 (with reference to his earlier works).

[4] For case studies see, for example, András KUBINYI, Budafelhévíz topográfiája és gazdasági fejlődése, in: Tanulmányok Budapest Múltjából 16 (1964), pp. 85–180, here pp. 129–140; István TRINGLI, *Sátoraljaújhely* (Hungarian Atlas of Historic Towns 2), Budapest 2011, cap. 26; Katalin SZENDE, Mills and Towns. Textual Evidence and Cartographic Conjectures from Hungarian Towns in the Pre-Industrial Period, in: Guy THEWES and Martin UHRMACHER (eds.), Extra muros, Vorstädtische Räume im Spätmittelalter und früher Neuzeit (Städteforschung A 91), Köln, Wien 2016 (in press); András VADAS, Körmend és a vizek. Egy település és környezete a kora újkorban (ELTE BTK Történelemtudományok Doktori Iskola. Tanulmányok – konferenciák 5), Budapest 2013.

2 Legal regulations and customs impacting water control in the medieval Kingdom of Hungary

It is impossible to establish the customs of water use based on the surviving royal decrees from medieval Hungary. In the most important compilations of the medieval laws of Hungary, such as the sixteenth-century work of Zakariás Mossóczy known as the 'Corpus Juris Hungarici' (first printed in 1584), one finds virtually nothing on rights to construct dams and mills by a water body. Their absence, however, does not mean that such regulations did not exist in medieval Hungary. In a short but important study, István TRINGLI summarized the main points of the Hungarian medieval and early modern regulations regarding watermill constructions. By analysing an early fifteenth-century lawsuit, he demonstrated that by that time an established custom existed regarding water control in the Hungarian Kingdom. The principle was fairly simple: as expressed in a document dated 1401, a new mill had to be constructed in a way that did not harm another mill's interests: *molendina taliter debeant edificari, quod preiudicium uni per aliud non inferatur*.[5] In this context "another" can be understood as any similar construction, meaning that a new mill should not cause harm to an older one.

In his article, TRINGLI also demonstrated that over time the concept of "loss" (*preiudicium*) was extended to any kind of economic loss caused to another landlord's estate, including a reduction of the fish population, harm to ploughed lands by flooding, and so on. Indeed, in the late medieval period, there are at least as many cases where the claimed losses were connected as much to ploughed lands as to other mills.[6] When dams broke because of floods or poor construction, they not only could cause major destruction to a downstream mill, but the water could also easily flood the lands around the river downstream. Therefore, a frequent source of debate and dispute in the later Middle Ages revolved around the height of these dams.[7]

Apart from charter evidence, the summary of the medieval customary law of Hungary written by István Werbőczy, royal judge and palatine in the early sixteenth century, is a key source for dealing with this question. His work, the so-called 'Tripartitum', is a major collection of all kinds of non-written but, by the early sixteenth century, more or less established customary common-law elements.[8] The fate of the

---

5 See, for example, Hungarian National Archives, State Archives, Collection of Diplomatics (MNL OL DL) 70 718, discussed in: TRINGLI (note 3). All the charters referred to by their "DL-number" or "DF-number" (Collection of diplomatic photographs) are available either as scanned photographs or as scanned originals in György RÁCZ (ed.), Database of Archival Documents of Medieval Hungary (DL–DF 5.1), Budapest 2010, http://archives.hungaricana.hu/hu/charters/search/ (accessed 21. 07. 2016).
6 See, for example, MNL OL DL (note 5), 14 969.
7 For example, MNL OL DL (note 5), 31 222, 70 170, 15 070, 15 098, 15 133, 15 344, 103 566, etc.
8 For a Latin-English bilingual edition of Werbőczy's 'Tripartitum' see Stephen Werbőczy, The Customary Law of the Renowned Kingdom of Hungary, A Work in Three Parts (The "Tripartitum"), ed. and

work is certainly interesting. It never became a sanctioned legal source; nevertheless, up to the nineteenth century it was the most important reference point when any sort of legal dispute arose.

The primacy of the earlier utility – whether being material or not – is again emphasized as a general principle in this work: "First, in respect of time, as has just been discussed: since the other person's privilege was given earlier, it cannot be abolished by a later one, not even through a derogatory clause."[9] There are almost no cases when this principle of primacy was not applied. The only question is: what happened if two landlords were about to build mills or other water-related constructions close to each other at the same time? An agreement preserved from 1461 demonstrates such a case and the solution seems to have been logical: the contesting parties both agreed to build a mill or a fishery on the same section of the Sárosd River (on the border of Zala and Somogy Counties in western Hungary, see Fig. 1) and concurred that if either party caused damage to the other's estate (by flooding the other's mill or lands) with his construction, they would not sue each other.[10] This example indicates that if there was no primacy in construction, the risk was shared by the two landowners; however, it will be necessary to identify a few other similar cases in order to reinforce this assumption.

As far as can be determined, the first case in which the role of construction time in such disputes was clearly expressed is the above mentioned court resolution from 1401. In the following pages I aim to show that this principle may have been applied much earlier in medieval Hungarian pragmatic literacy. In doing so, a frequently occurring term in medieval documentary evidence both in Hungary and western Europe, but almost never explained in the scholarship, will be discussed: the *locus molendini*.

3 *Locus molendini* – a place, a right, a claim?

In 1009, King Stephen I (1000–1038) conferred extensive rights and properties on the newly founded bishopric of Veszprém. He bestowed on the diocese fortresses with their lands, including all their utilities. The unknown author of the document listed

---

transl. by János M. Bak, Péter Banyó and Martyn Rady (The Laws of Hungary Series I: The Laws of the Medieval Kingdom of Hungary / Decreta regni mediaevalis regni Hungariae 5), Los Angeles 2005. On Werbőczy's work, see the studies in the volume y Gábor Máthé (ed.), A magyar jog fejlődésének fél évezrede. Werbőczy és a Hármaskönyv 500 év múltán, Budapest 2014 (in particular the contribution by István Tringli); Martyn Rady, Customary Law in Hungary, Courts, Texts and the Tripartitum, Oxford 2015.

9 Werbőczy, Tripartitum (note 8), 2,11,1: *Primo ratione temporis prout dictum est immediate. Quia prius emanavit privilegium alterius quod non potest tolli per posterius etiam cum clausula derogatoria.*

10 MNL OL DL (note 5), 15 540. The charter is mentioned in Csilla Zatykó, Adalékok egy 1460-as Zala megyei birtokmegosztó oklevélhez, in: Beatrix F. Romhányi et al. (eds.), "Es tu scholaris" – ünnepi tanulmányok Kubinyi András 75. születésnapjára (Monumenta historica Budapestinensia 13), Budapest 2004, pp. 125–131, here p. 128.

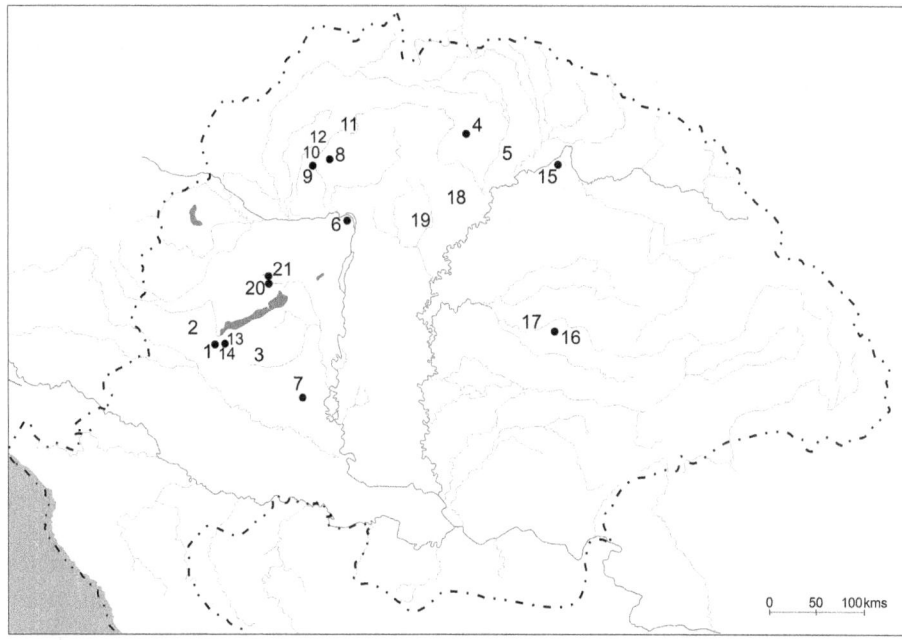

Fig. 1: Location of the geographical names within medieval Hungary referred to in this article:
1 – Sárosd River; 2 – Zala County; 3 – Somogy County; 4 – Gombaszög (Slavec);
5 – Hernád River; 6 – Kékes (Pilisszentlászló); 7 – Pécsvárad; 8 – Pukanec; 9 – Hronský Beňadik;
10 – Büksavnica River; 11 – Hron River; 12 – Verence River; 13 – Nagyszakácsi; 14 – Horohalya River;
15 – Rétközberencs; 16 – Cociuba Mare; 17 – Crişul Negru River; 18 – Heves County; 19 – Tarna River;
20 – Veszprém; 21 – Jutas.

these utilities as follows: *cum omnibus utensibus iugiterque pertinentiis, scilicet famulis familiaribusque, pratis, vineis, areis, edificiis, campis, terris, agris cultis et incultis, piscacionibus, aquis aquarumque decursibus, molendinis, viis, inviis tam exitibus quam intexitibus.*[11] As has been demonstrated elsewhere, these lists described all possible elements of ownership of a certain piece of land. Indeed, in many cases, the elements listed did not actually exist on the piece of land at the moment when the document in question was issued. Just to give an example, donations issued on estates situated in the entirely flat parts of the Great Hungarian Plain sometimes listed the incomes from mountains and valleys among the utilities.[12] In those lists of utilities, similar to

---

[11] For a critical edition of the charter see: György Györffy (ed.), Diplomata Hungariae antiquissima (accedunt epistolae et acta ad historiam Hungariae pertinentia), vol. 1: 1000–1131, Budapest 1992, pp. 49–53 (no. 8). On the critical issues of the charter see: Gábor Thoroczkay, Szent István okleveleiről, in: Századok 143 (2009), pp. 1385–1412, here pp. 1401–1404.
[12] Anikó Kiss, A gyulai várbirtok malmainak története, in: A Békés Megyei Múzeumok Közleményei 5 (1978), pp. 269–291, here p. 270.

the one quoted a few lines above, mills and also fishponds formed a part of the estate assets from the early eleventh century onwards, in addition to the lands, forests, etc. From the early fourteenth century onwards, however, a new element in these lists can be found, usually named directly after the mills: the *loca molendina*. In most of the cases this term is just an item in the list of utilities, but in dozens of other cases described in medieval legal documents, and up to the nineteenth or twentieth century, it meant something very specific.

Why were those places called *loca molendina*? Most of the historians who have discussed watermills describe the *loca molendina* as places where a mill once stood and where rebuilding could take place or where hydropower could once again have been generated by building an entirely new mill-house.[13] Some twentieth-century historians suggest that the term may have meant different things besides places where earlier mills had been located. Alajos DEGRÉ in his work on fishing rights in medieval Hungary remarked in a note that it should be thoroughly investigated, whether the term referred to the place of a former mill or the right to build a mill.[14] József HOLUB, in his pioneering attempt to reconstruct the medieval hydrography of Zala County, a region in western Hungary (see no. 2 on Fig. 1), drew attention to the fact that in many cases, *locus molendini* did not denote the actual place of an old or lost mill, but rather was a piece of land which may have accommodated a mill with all its necessary infrastructural elements. He also pointed to the fact that sometimes documents refer to lost mill-places (*locus molendini deserti*) which seemingly complicates the oversimplified definition of mill-places. The picture is even more confused if one considers the expression "abandoned mill" (*molendinum desertum*) that also occurred in a number of late medieval documents.[15] In the last few decades, apart from the above mentioned work by István TRINGLI, Tamás VAJDA also drew some attention to the problem

---

13 TRINGLI (note 3), p. 252 and also, for example, Kristóf KEGLEVICH, A garamszentbenedeki bencések és Újbánya polgárai a 14. század közepén, in: Gábor MIKÓ, Bence PÉTERFI and András VADAS (eds.), Tiszteletkör: történeti tanulmányok Draskóczy István egyetemi tanár 60. születésnapjára, Budapest 2012, pp. 137–144, here p. 144; or László FERENCZI, Molendinum ad aquas calidas. A pilisi ciszterciek az állítólagos "Fehéregyházán". Történeti topográfiai és tájrégészeti kutatás a pilisi apátság birtokán, in: Studia Comitatensia, NS 1 (2014), pp. 145–160, here p. 146. The problem has been raised in French and German historiography by Reinhard HÄRTEL, Vom Wasser- und Mühlenrecht im Hochmittelalter, in: Helfried VALENTINITSCH (ed.), Recht und Geschichte. Festschrift für Hermann Baltl zum 70. Geburtstag, Graz 1988, pp. 219–236, here p. 221; Mathieu ARNOUX, Les moulins à eau en Europe occidentale (IXe–XIIe siècle): aux origines d'une économie institutionelle de l'énergie hydraulique, in: L'acqua nei secoli altomedievali, 2 vols. (Settimane di Studio del Centro italiano di studi sull'alto medioevo 55), Spoleto 2008, vol. 1, pp. 693–746, here pp. 715–720.
14 DEGRÉ (note 2), p. 83, in particular note 48. For a similar definition see Dénes JANKOVICH B., Adatok a Körösvidék középkori vízrajzához és a vizek hasznosításához, in: Békés Megyei Múzeumok Közleményei 16 (1996), pp. 305–349, here p. 340.
15 See HOLUB (note 2), pp. 48 sq.; Pavol MALINIAK, Mlynárstvo na strednom Pohroní v stredoveku a na začiatku novoveku, in: Ján ŽILÁK and Pavel HRONČEK (eds.), Z histórie technicko-hospodárskeho využitia vodných tokov na strednom Pohroní, Banská Bystrica 2011, pp. 30–45, here p. 38.

of watermills in medieval Hungary. Despite having compiled long lists of references to mills and also to mill-places in medieval documentary evidence, VAJDA discussed the latter term only in a never published paper that he presented in 2011.[16]

Thus, it seems that the meaning of *locus molendini* varied significantly, depending on its context in Hungarian records of the fourteenth to sixteenth centuries. I will demonstrate this by discussing several examples and I will argue that the increasing appearance of the term can be connected to the development of customs regarding water use.

In the different legal documents consulted for this paper, single groups depending on the meaning of the term *locus molendini* can be distinguished: one of them consisted of charters in which the term indeed refers to a place where a mill once stood or at least to a place where some former construction work – either channel-digging or mill-house construction – had been carried out earlier.[17] As noted above, this is the sense with which the term *locus molendini* is usually identified in scholarly research.

Some documents, such as land divisions (*litterae divisionales*) or donations (*litterae donationales*), refer to all the elements comprising the infrastructure of a mill located on an estate, but as the mill was not in use at the time of the issuing of the document, the building complex was referred to as a mill with a mill-place.[18] In a

---

[16] Tamás VAJDA, Természeti adottságok szerepe és a környezet-átalakítás mértéke középkori vízimalmainknál (Paper presented at the second conference of the Hungarian working group of the European Society for Environmental History, Szeged, 5 November 2011). I acknowledge the author for sharing his paper with me.

[17] MNL OL DL (note 5), 1617 and 66 685: *deinde in meatu seu cursu ipsius putei venit ad fluvium Ipol, et descendit in ipsum fluvium ex inferiori parte molendini predicti comitis Michaelis et filiorum suorum, et deinde sursum in eodem fluvio Ipol eundo venit ad locum antiqui molendini, abhinc vadit ab locum molendini Mark filii Johannis prenotati*; see on this charter Imre NAGY and Gyula TASNÁDI NAGY (eds.), Anjoukori okmánytár, Codex diplomaticus Hungaricus Andegavensis, 7 vols., Budapest 1878–1920, vol. 1, pp. 10–13 (no. 8). – MNL OL DL (note 5), 77 809: *Et de illa transitur penes quoddam stagnum lateris a parte orientali adiacentis usque ad locum cuiusdam molendini antiqui, ab hinc transit in decursu aque ipsius molendinarii et atingit terram Pustawzud alio nomine Agagzug vocatam*; see on this charter Iván NAGY, Imre NAGY and Dezső VÉGHELY (eds.), A zichi és vásonkeői gróf Zichy család idősb ágának okmánytára. Codex diplomaticus domus senioris comitum Zichy de Zich et Vasonkeo, 12 vols., Budapest 1871–1931, vol. 4, pp. 178–185 (no. 153). – MNL OL DF (note 5), 207 754: *ab occidente est una terra, que dicitur Kisvar et ibi est unus locus molendini desolatus et est molendinum idem Iohannis sartoris et Georgi et Egidi fili Pauli Ianka, sic quod idem molendinum vendiderat avus uxoris Georgi, qui vocabatur Iacobus, vinea tamen pertinebat ad ecclesiam de Beel*; see also http://monasterium.net/mom/HU-PBFL/PannHOSB/1433_V_18/charter (accessed 21. 07. 2016).

[18] MNL OL DL (note 5), 2798 and NAGY / TASNÁDI NAGY (note 17), vol. 3, pp. 55–57 (no. 43): *quandam possessionem suam Fonchol vocatam in comitatu Abawyuariensi existentem inter possessiones Bakta Popy Fay Deuecher Toka et inter eandem possessionem Forrow adiacentem et eisdem undique [...] vicinantem simul cum uno loco molendini sui in quo edificium ad ipsum molendinum aptum et tres rothe lapides molares [...] situari possunt seu edificari, super fluvio Hornadvyze a plaga occidentali scilicet a parte dicte ville Forow adiacente cum omnibus utilitatibus et pertinenciis suis ac sub eisdem metis*

number of cases, however, it is only the presence of a few previously carried out works which testify that a landowner wanted to have a mill at the site, such as the artificial channel which was intended to divert the water towards the wheel.[19] Sometimes the whole river was diverted into a new bed in order to acquire water for milling, but the work stopped after creating the new riverbed. In 1476, for instance, the Pauline abbey of Gombaszög (now part of Slavec in Slovakia) exchanged some properties. The estate they gave away possessed a number of mill-places by the new bed they had created for the Hernád River. However, there was no working mill along this artificial riverbed before it was given over in 1476.[20]

Probably, the documents in which reference is made to abandoned (*locus molendini deserti*)[21] or old (*locus molendini antiqui*)[22] mill-places should also be connected to this widely accepted meaning of the expression *locus molendini*. One specific case, however, is worth mentioning here, because it suggested that for contemporaries a lost mill may have meant something other than a mill-place. In 1358 King Louis I (the

---

antiquis et limitacionibus quibus ipsam sui predecessores et [...] [possi]disset, dedisset, donasset et contulisset. For a similar case see MNL OL DL (note 5), 43 182.

19 MNL OL DL (note 5), 7521 and JANKOVICH (note 14), p. 337: *firmitatem vinculum quendam locum pro molendino aptum cum canali in superficie possessionis ipsorum Wgralregd vocate in fluvio Crisii ex opposito molendini eorum a parte possessionis eiusdem Ladislai Peterd predicte existentem pro fabrica molendini eidem Ladislao filio Jacovi dedissent donassent et contulissent immo dederunt donaverunt et contulerunt.* – MNL OL DF (note 5), 275 823: *intra metas dicte possessionis eorum Eghazasgesen super fluvio Zerethwa aut predicto ryvulo Holkenecheche locum molendini, ubi unus finis clausure ipsius molendini ad metas ipsorum Nicolai et Ladislai filii sui protendi posset et deberet et sine eo ipsum molendinum construi et edificari nequiret, ibi et in tali loco iidem Albertus et filii Ewdyn molendinum construi et edificari faciendi haberent facultatem contradictione ipsorum Nicolai et Ladislai filii sui in eo, quod finis clausure huiusmodi molendini ad metas eorum protenderetur, obviare eisdemque molendino in eodem portionem de regni consuetudine vendicare non valentibus.* – MNL OL DL (note 5), 63 858: *modo simili tradiderunt, contulerunt assignarunt antelato Nicolao filio Benedicti terram ipsorum cum loco molendini super possesionem Gargow in valle post quam vadit ductus aque seu fossatum ad molendinum cum cunctis utilitatibus et pertinentiis.*

20 MNL OL DL (note 5), 16 955: *Primo praefati frater Jacobus vicarius et conventus dicti claustri Beata Mariae Virginis quandam totalem sylvam antefati claustri Morichzewge vocatam in comitatu Zempleminiensi circa metas possessionis Kak peaedictae adiacentem, quam ab orientali antiquus meatus fluvii Hernad, ab occidentali vero partibus modernus meatus dicti fluvii Hernad circumiacerem, simul cum locis molendinorum super eidem meatibus existentem aliisque universis utilitatibus eiusdem silvae.*

21 See above NAGY / TASNÁDI NAGY (note 17), MNL OL DL (note 5), 1617 and MNL OL DF (note 5), 207 754. – See also MNL OL DL (note 5), 16 570: *Ea propter quendam locum molendini nostri episcopatus Varadiensis desertum cuius sicut et nos ita et predecessores nostri utilitatis modici fructus perceperunt, qualicunque causa ad presens desertum et penitus desolatum in fluvio Kyskeres supra opidum nostrum Pyspeky vocatum in campestri videlicet loco et intra terminos eiusdem habitum cum omnibus suis utilitatibus et pertinentiis ac emolumentis rite et legitime ad idem ab olim pertinentibus et spectantibus.* See for this case also: Beatrix F. ROMHÁNYI, "A lelkiek a földiek nélkül nem tarthatók fenn" – pálos gazdálkodás a középkorban, Budapest 2010, p. 82.

22 See, for example, MNL OL DL (note 5), 77 809, 58 445, 86 774, and 27 788.

Great) gave land to the Pauline abbey of Kékes (today Pilisszentlászló). The monks received estates that surrounded their newly founded monastery, for instance, adjacent to the nearby stream named Kékes, and came into possession of a lost and ruined mill as well as another mill-place. There was obviously a reason to describe the two pieces of land in different ways.[23]

In other cases, the toponyms of mill-places suggest an earlier functioning building may have been located there. As in many other cases, the locations were denoted as being someone's *molna* (the old Hungarian term for mills), such as *Conthmolna* (i. e., "the mill of Conth") or *Myskeemolna* (i. e., "the mill of Myske").[24] The references to mill-places with a specific number of wheels are similar to some extent. The first reference of this kind is preserved from 1216, included in a supposedly forged letter of confirmation (*litterae confirmatoriae*). In this one letter, a mill-place with a single wheel is noted.[25] A confirmation letter issued by the convent of Pécsvárad refers to a mill-place with three or four wheels,[26] while another from 1511 lists an abandoned mill-place called *Zekemolna* (i. e., "the mill of Zeke") with two wheels.[27] These specific numbers very likely referred to the number of wheels the former mill had on the same spot.

The last group of documents referring in some form to previous mills or works are the ones which describe the rebuilding of a mill at a mill-place, although they do not mention any infrastructural elements present on the site.[28]

The document analysed above uses the term *locus molendini* in order to explain which particular piece of land could be used or was planned for use in constructing a mill. Perhaps not many elements remained, but in most cases at least some parts of a previous mill complex may have been visible when the legal process regarding the land involved referred to the plot.

---

23 MNL OL DL (note 5), 7121 and Nagy / Tasnádi Nagy (note 17), vol. 7, pp.70 sq. (no. 40): *ad supplicationem et instantiam fratrum heremitarum de eadem inclinati, quoddam molendinum nostrum quodammodo patiens ruinam et desolatum, in rivulo Kekyspataka vocato, in territorio ville nostre regalis Zenthendre vocate habitum, et locum alterius molendini in eodem rivulo supra predictum molendinum existentem, ab omni iurisdictione et potestate castri Wyssegradiensis et castellanorum eiusdem prorsus et per omnia excepta et exempta, cum omnibus ipsorum utilitatibus et pertinentiis universis, auctoritate regalis excellentie eidem ecclesie sancti regis Ladislai et fratribus heremitis in ea deo famulantibus, elemosinalem et dotalitiam provisionem facientes, duximus concedenda, imo damus et conferimus pleno iure perpetuo et irrevocabiliter possidenda tenenda pariter et habenda.* The charter is also mentioned in Romhányi (note 22), p. 75. For abandoned mills, see also Maliniak (note 15), p. 38.
24 MNL OL DL (note 5), 15 680 and Nagy / Tasnádi Nagy (note 17), vol. 6, pp. 244–249 (no. 160).
25 The charter from 1216: MNL OL DL (note 5), 91 101. Other examples: MNL OL DL (note 5), 98 120 and 67 620.
26 MNL OL DF (note 5), 265 871.
27 MNL OL DL (note 5), 58 253: *in loco alterius deserti molendini similiter duarum rotharum Zekemolna nuncupato.*
28 MNL OL DL (note 5), 2553 (*reparari facere*); 43 505 (*restaurandum*); 17 428 (*reformare*).

Cases where no reference is made to the actual physical reality of any previous construction work will be briefly discussed below. The most evident examples are donations and other legal documents that refer to empty mill-places. These are preserved, for instance, in the forged estate conscription of the bishopric of Veszprém from 1082. Even though the conscription is a forgery made in the mid-1320s, it is relevant to my argument.[29] However, the document does not contain the only early reference to empty mill-places. For instance, a document from 1279 issued by the chapter of Esztergom contains the same term.[30]

A further group with a distinctly different meaning comprises of documents that refer to plots suitable for mills. In the twelfth and thirteenth centuries, although different expressions are employed, phrases with this meaning already occur. In these cases, the hydrographic and/or legal conditions provided a basis for building a mill. Such references can be found in leasing agreements from the late medieval period due to the fact that it was in the interest of both the landlord and the tenant that the contracts described the rights connected to the land in detail. A plot where one could build a mill for one's own use was much more valuable than arable farmland of the same size. Thus, it was important for the tenant that he had the right to use the water and, of course, the landlord could ask for more rent if there was a place for a mill. Some specific cases in this group of documents deserve further attention. The first to be discussed here is a leasing agreement between a burgher from the medieval mining town of Pukanec and the Benedictine abbey of Hronský Beňadik.[31] In this contract, dating from 1345 (or 1346), a burgher from the town leased a mill-place by the Büksavnica River, a rather insignificant watercourse flowing close to Pukanec. According to the agreement, the mill-place the burgher acquired was the nineteenth location of that kind from the influx of the Büksavnica River to the Hron River. Though there is no information in the contract concerning the exact place where this mill-place was situated along the altogether less than 20 kilometres distance of the river, it is unlikely that nineteen (or even more) mills could have functioned on this waterway at the same time.[32] In yet another contract issued by the same institution, the abbey

---

29 GYÖRFFY (note 11), pp. 228–240 (no. 81). For a new dating of the forgery see: Balázs Péter KARLINSZKY, A veszprémi káptalan a középkorban. A veszprémi székeskáptalan középkori birtokai (PhD dissertation), Piliscsaba 2013, pp. 17–24.
30 MNL OL DL (note 5), 67 264: *Item in terra Kochou Magister Etthuruh habet eandem partem, quam prius habuit metis distinctam et Nicolaus habet similiter eandem porcionem, quam prius habebat metis separatam et molendinum, quod est in Kochou iuxta ecclesiam cessit Magistro Etthuruh; aliud vero molendinum quod est ibidem in fine ville inferioris cessit magistro Nicolao et in locis molendinorum adhuc vacuis equalem partes habebunt porcionem.* For an edition see also Gusztáv WENZEL (ed.), Árpádkori új okmánytár. Codex diplomaticus Arpadianus continuatus, vol. 12, Budapest 1874, pp. 267 sq. (no. 225).
31 On the mill business of the Benedictines of Hronský Beňadik see KEGLEVICH (note 13).
32 *Concessimus seu condonavimus Jacobo, famulo Kaboldi urbararii domini regis, civi de Bakabania, super fluvium Byksewniche, intra metas possessionis nostri monasterii habitum unum fundum, seu*

let a mill-place by the even smaller Verence River which was the sixth plot of that kind from its influx.[33]

In the early modern period, the entire Hungarian Kingdom (as well as other parts of the Habsburg Empire) was surveyed and the folios of the survey maps systematically depicted mills and mill-places.[34] Despite the fact that mill-places usually remained visible for centuries, the two little rivers had altogether only five mills (either abandoned or functioning) in late eighteenth century.[35] In light of this observation and the general principles concerning the density of mills in the region, it is more likely that the Benedictines simply designated places which, in their opinion, were suitable for building a mill; some of them were then let on lease. The Benedictines were very active in these years in making use of their properties in this way; the monks at Hronský Beňadik were not the only orders to issue leasing contracts – another similar one survived concerning the abbey of Pécsvárad.[36]

Mentions of suitable plots for mills are also preserved in documents other than the ones from Hronský Beňadik and Pécsvárad. For example, in 1402 the nobles of the market town of Szakácsi (today Nagyszakácsi) gave a mill-place and one and a half acres of land to the local Pauline abbey to build a mill on it. The additional one and a half acres of land were necessary because the water of the small Horohalya River had to be diverted towards the mill-place and the channel ran from the stream through these lands. Most probably no work had previously been carried out in order to provide water for a mill at that particular site.[37]

The most interesting meaning of *locus molendini* occurs in documents regarding free choice mill-places. Perhaps the first example of that group is preserved in a *littera divisionalis* from 1345. In the document, two brothers from the village of Rétközberencs in northeast Hungary – a certain Dominic and Ladislas, the sons of Stephen,

---

locum molendini nonum decimum ab inferiori parte ipsius rivuli sursum numerando. For a new edition of the charter see Kristóf KEGLEVICH, A garamszentbenedeki apátság 13. és 14. századi oklevelei (1225–1403) (Capitulum 9), Szeged 2014, pp. 336 sq. (no. 8). For fairly similar lease contracts see ibid., pp. 334 sq. (nos. 5 and 6). On the regulations of distances between mills see Rüdiger MOLDENHAUER, Mühlen und Mühlenrecht in Mecklenburg, in: Zeitschrift der Savigny-Stiftung für Rechtsgeschichte, Germanistische Abteilung 79 (1962), pp. 195–236, here p. 221.

33 For the latest edition see KEGLEVICH (note 32), p. 336 (no. 7).
34 The maps of the military surveys are available at http://mapire.eu (last accessed 21. 07. 2016).
35 See, for example, András K. NÉMETH and Gábor MÁTÉ, Szempontok és példák a középkori eredetű malmok és malomhelyek folytonosságának vizsgálatához, in: Anikó BÁTI and Zsigmond CSOMA (eds.), Középkori elemek a mai magyar anyagi kultúrában (Tanulmányok a Kárpát-medence anyagi kultúrája köréből 1), Budapest 2014, pp. 47–68.
36 MNL OL DL (note 5), 3683. The charter is edited with some omissions in NAGY / TASNÁDI NAGY (note 17), vol. 5, pp. 267 sq. (no. 138).
37 MNL OL DL (note 5), 8856: *quoddam locum molendini ipsorum intra metas eiusdem possesionis Zakachy in fluvio Harahalya vocato habitum necnon duo iugera terrarum arabilium inter ipsum locum ipsius molendini in quibus alveum aque ipsius molendini edificandi preparari deberet necnon cursi antiquo meatu ipsius aque ac quoddam parvum pratum ibidem existens*.

son of Keled – shared the estate that they had inherited. According to their agreement, Dominic had the right to choose a place anywhere along a river called Sebusher (meaning "fast current") to build a mill.[38] In 1445, John, bishop of Oradea, gave one of his men, Nicolas, a piece of land called Kochuba (present-day Cociuba Mare in Romania) to settle peasants. Apart from land, Nicolas received a mill-place by the Crișul Negru River. However, the location of this future mill was not determined, but the beneficiary had the right to choose it.[39] In 1478, a charter putting an end to a lawsuit over a number of estates in Heves County left a certain Ladislas of Zewles in possession of a mill by the Tarna River; however, in exchange for that the sons of Michael of Besnyő had the right to choose a mill-place anywhere by the same river to build one for themselves.[40]

4 Mills and mill-places: how do they relate to each other?

Why, after all, do charters refer to mill-places? As discussed above, the most important point of the customary law regarding watermills and dam construction was that the earlier building was the one to be protected against the new one. The key factor seems to be that legal customs in the fourteenth to sixteenth centuries did not consider any difference between a mill and a place for a mill (mill-place). A new mill had to be adjusted to the other existing mills as well to all *loca molendina* in the surrounding area.

An example from 1315 confirms this assumption. When discussing this lawsuit István TRINGLI demonstrated that by the early fourteenth century it was already an established legal custom that a landowner had no right to endanger the other land-

---

[38] MNL OL DL (note 5) 96 258: *Nos magistri Nicolaus et Stephanus vicecomites de Zaboch et quatuor iudices de eodem significamus quibus expedit universis praesentium per tenorem quod magistri Dominicus et Ladislaus filii Stephani filii Keleed nobiles de Berench accedentes ad nostram personalem praesentiam et nobis uno ore equalique voce et concorditer atque sana mente significare curaverunt quod in universis eorum possessionis [sic!] ubique existentibus talem celebrassent in consequens divisionem quod recta dimidietas dicte possessionis Berench vocate a parte orientali dicto magistro Dominico simul cum suo proprio loco sessionali cessisset praeter locum cuiusdam molendini a parte meridionali in rivulo Sebuscher habitam [sic!] quod locum magistro Ladislao antedicto successisset et similiter dimidietas eiusdem possessionis dicto magistro Ladislao scilicet a parte occidentali suo loco similiter proprio sessionali succedissent. Item idem dominus magister Dominicus unum locum pro molendino ubi voluerit liberam habebit occupandi facultatem, residuas vero tam villam loca molendina, quam alias utilitates quovismodo vocitatas communiter possidebunt.*
[39] MNL OL DL (note 5), 44 405: *ex uberiori gracia nostra eidem Nicolao unum locum molendini prope dictam possessionem* [Kochuba] *in fluvio Fekethe Keres vocato gratiose concedimus ita ut ipse in dicto loco quem elegerit.*
[40] MNL OL DL (note 5), 18 035: *Idem Iohannes et Georgius pro ipso molendino per dictum Ladislaum de Zewles facto pro se modo simili unum locum molendini in dicto fluvio Tharna eligere et sibi ipsis aliud molendinum construi facere.* For another similar case see MNL OL DL (note 5), 64 552.

owners by building an indefinite number of mills on the same stretch of river.⁴¹ But from the point of view of this study the case has another important lesson. In the trial that took place before the bishop of Veszprém, the cathedral chapter and the nobles of the village of Jutas were about to share out the lands and a mill-place between the sons of Bagar. In the course of this division process a third party, a certain Master Mykse, protested that the construction of a new mill at the mill-place mentioned above would hurt his interest as the land in question was situated between two of his mills.⁴² It turned out, however, that a mill had indeed existed at the *locus molendini* in question in earlier times. The family of Mykse could not hinder the construction of this mill at that moment, but in 1315 Mykse saw an opportunity to question the rightfulness of the offending mill-place. He chose not to do this by questioning the right of building a mill at that mill-place, but by questioning the legitimacy of the original mill construction decades previously. The bishop accepted Mykse's objection and forbade the construction of a mill at that location. It seems that this prohibition was not implemented, because from the second half of the fourteenth century a number of documents mention a mill called *Bogarmolna* on the same estate.⁴³ In respect of this study, however, it is the reasoning within the lawsuit that deserves attention. Mykse was trying to obstruct the reconstruction of the mill not by emphasizing that at that moment there was no mill there, but by arguing that it was originally unlawfully built in this place. The reasoning of the charter makes clear that by the early fourteenth century the legal position of that piece of land did not change whether or not it concerned a mill or a place for a mill.

According to the legal evidence preserved, the number of watermills was rapidly increasing in the early fourteenth century. Ensuring one's right to use of a river was already of key importance at that time. In this process, documents referring to millplaces deserved special attention. From this time onwards, donations and letters of confirmation frequently mention *loca molendina* as parts of estates in the list of utilities. It is noteworthy that a significant number of forged documents from this period also included a number of mill-places – i.e., additionally inserted in earlier

---

41 TRINGLI (note 3), p. 255.
42 MNL OL DF (note 5), 281 805 and Ferenc KUBINYI (ed.), Diplomatarium Hontense. Oklevelek Hontvármegyei magán-levéltárakból, vol. 1: 1256–1399, Budapest 1888, pp. 61 sq. (no. 42): *tandem magister Mykse, filius Reynoldi, de genere Ratholdi, ibidem in instanti coram nobis personaliter comparens dixit protestando quod predictum molendinum filiorum Bagar olim inter duo molendina sua super eundem fluvium ab utraque parte tum superiori tum inferiori decurencia, in preiudicium eorum, per facti potenciam, in indebito et inconvenienti loco fundatum ac hedificatum extitisset et ne per constructionem molendini in loco molendini filiorum Bagar supradicto, sibi in posterum preiudicium valeat generari, neque dicta loca molendinorum suorum propriorum, et terre ad eadem pertinentes, in divisionem huiusmodi inmiscendo, occupentur et alienentur ab ipso, a rehedificacione ipsius molendini, et occupacione terrarum et locorum molendinorum suorum predietarum, fratres nostros capitulum et nobiles antedictos, perinodum protestacionis prohiberet et prohibuit coram nobis. Datum Wesprimii die et anno prenotatis.*
43 MNL OL DF (note 5), 201 008 and 201 009.

texts – such as the 1082 conscription from Veszprém referred to above. Having a mill-place designated in a charter was much cheaper than possessing actual works on the ground or building a whole mill, but was a good way to ensure future rights to use the water within an estate at any time.

Based on the analysis of the meaning of mill and mill-place expressions in various kinds of legal documents, it becomes clear that in the Middle Ages the *locus molendini* meant much more than the place of a formerly existing mill. As I have demonstrated, this term in many cases referred to places suitable for building a mill or to the permission to build a mill in a particular location. If this is true, the term *locus molendini* can be considered much more important in understanding the customary law on water usage than it was before.

Simone Westermann (Zürich)
Spätmittelalterliche Badekultur.
Der badende Körper und seine Visualisierung in den illustrierten ‚Tacuina sanitatis'

Abstract: This article discusses the practice and theory of bathing and their visualisation within the context of late-medieval Northern Italian courts. Through an analysis of the fourteenth-century illustrations of bathing found in the 'Tacuinum sanitatis' (health manual), I argue that the depictions of bathing, with its positive, erotic and pleasant connotations, helped to usher in a new and aestheticized view of the naked body, which laid the foundations for the great interest in bathing imagery that characterizes the following centuries. The 'Tacuinum sanitatis' was written by the Iraqi medic Ibn Butlān in the eleventh century and translated into Latin around 1200. The earliest fully illuminated versions, five in total, can be dated back to the late fourteenth century and originated in the courtly circles of Milan and Verona. The aim of the article is to show how these early illustrated versions of Ibn Butlān's text not only testify to a heightened interest in (Islamic) medical treatises within the political centres of Northern Italy, but also how this interest reflects a complex image of the body as an entity which includes medical, political, and erotic aspects. In connection to the literary culture of the time, the visualization of the practice of bathing exemplifies the striking plurality of meanings entailed in the representation of the body in the fourteenth century.

Keywords: Tacuinum Sanitatis, Ibn Butlān, Badekultur, Balneologie, Norditalien

1 Einleitung

„The bulblike women and rootlike men seem to have been dragged out of the protective darkness in which the human body had lain muffled for a thousand years."[1] Mit dieser Beschreibung des spätmittelalterlichen nackten Körpers schaffte es Kenneth CLARK seinerseits, mittelalterliche Körperdarstellungen in das Hinterzimmer der Kunstgeschichte zu verdrängen. Seit CLARKs Buch „The Nude. A Study in Ideal Form" von 1956 wurde der nackte Körper zwar zu einem beliebten Diskussionspunkt der Kunstgeschichte, der sich jedoch auf Darstellungen europäischer Kunst der klassischen Antike und ab 1500 n. Chr. beschränkte. Karl HERZOGs „Die Gestalt des Menschen in der Kunst und im Spiegel der Wissenschaft" von 1990 lässt, um nur ein Beispiel zu nennen, nach einer ausgiebigen Beschreibung der antiken Kunst bis

---

1 Kenneth CLARK, The Nude. A Study in Ideal Form, New York 1956, S. 308.

70 n. Chr. rund 1200 Jahre Kunstgeschichte aus und widmet Bildwerken von 1230 bis 1500 lediglich zwölf Seiten.[2] Erst seit den späten 1990er Jahren gibt es nun wieder ein vermehrtes Interesse daran, der Frage von Körperrepräsentation im Mittelalter nachzugehen.[3] Aufsatzsammlungen von Darryll GRANTLEY und Nina TAUNTON, „The Body in Late Medieval and Early Modern Culture", oder Sherry C. M. LINDQUISTs „The Meanings of Nudity in Medieval Art" zeigen neue methodische Ansätze, die CLARKS kategorische Stiltrennung von „Nackheit" (*nudity*) für alle Darstellungen von nackten Körpern, die nicht dem klassischen Ideal und der CLARK'schen Vorstellung von Kunst entsprechen, und „Akt" (*the nude*) als heroischen nackten Körper und Inbegriff der Kunst in Frage stellen und revidieren.[4]

Der folgende Aufsatz soll zu dieser aktuellen Frage einen Beitrag leisten und widmet sich einer in der Kunstgeschichte immer noch vernachlässigten Kategorie von Bildern, und zwar den illustrierten Gesundheitstraktaten und spezifisch den darin enthaltenen und bis anhin unkommentierten Badeszenen.[5] Letztere sind später, im 15. und 16. Jahrhundert, weder eine Seltenheit noch langweilige Bildsujets; im Gegenteil sind sie oft *loci* für hoch brisante und erotische Nacktdarstellungen, wie beispielsweise die heute verlorene Badeszene von Jan van Eyck (Abb. 1) oder die vielen Darstellungen von Bathseba im Bade. Doch wie kam es zu der Beliebtheit, die diese Szenen in der Renaissance genossen und wie sehen die Vorläufer dieses Sujets aus? Geht es bei spätmittelalterlichen Badeszenen lediglich um *vanitas*-Symbolik oder ist das Signifikat komplexer? Anhand der Darstellungen für die Begriffe mit Wasserbezug in den illustrierten ‚Tacuina' soll gezeigt werden, wie das Bad in der Kunst und in der damit verbundenen Reflexion spätmittelalterlicher Badepraktiken ein Imaginationsraum mit vielschichtigen Bedeutungsebenen wurde. Durch die Analyse der Miniaturen und ihres Entstehungskontexts wird deutlich, wie der nackte menschliche Körper in den Darstellungen zwischen medizinisch-hygienischer, politischer und ästhetisch-erotischer Anschauung changiert, eine Oszillation, die als wegweisend für spätere Badeszenen angesehen werden kann.

---

[2] Vgl. Karl HERZOG, Die Gestalt des Menschen in der Kunst und im Spiegel der Wissenschaft, Darmstadt 1990, S. 86–98.
[3] Besonders seit Mitchell B. MERBACKS, The Thief, the Cross and the Wheel: Pain and the Spectacle of Punishment in Medieval and Renaissance Europe, London 1999.
[4] Darryll GRANTLEY u. Nina TAUNTON (Hgg.), The Body in Late Medieval and Early Modern Culture, Aldershot u. a. 2000; Sherry C. M. LINDQUIST (Hg.), The Meanings of Nudity in Medieval Art, Farnham u. a. 2012.
[5] Wie schon Thomas DACOSTA KAUFMANN, Empiricism and Community in Early Modern Science and Art. Some Comments on Baths, Plants, and Courts, in: Anthony GRAFTON u. Nancy SIRAISI (Hgg.), Natural particulars: nature and the disciplines in Renaissance Europe, Boston 1999, S. 401–417, hier S. 401, hervorhob, wird die Bedeutung der Medizin in Diskussionen über das Spätmittelalter und die Frühe Neuzeit zu oft vernachlässigt.

Abb. 1: Nach Jan van Eyck, Frau bei der Toilette, Detail aus Willem van Haecht, Die Kunstsammlung von Cornelis van de Geest im Jahr 1650, Antwerpen, Rubenshuis. Foto: Antwerpen, Rubenshuis.

2 Das ‚Tacuinum sanitatis'

Das ‚Taqwīm al-ṣiḥḥa', das den lateinischen Namen ‚Tacuinum sanitatis' trägt, wurde um 1100 von dem christlichen, aus Bagdad stammenden Arzt Ibn Butlān verfasst. Das ‚Tacuinum' ist ein Ernährungs- und Hygienetraktat, der alles behandelt, was zu den sechs im Sinne Galens nicht-natürlichen Dingen (res non naturales) gehört, konkret Luft, Speise und Trank, Schlafen und Wachen, Ausscheidung und Verhaltungen, Bewegung und Ruhe sowie Gefühlsregungen.[6] Zu jedem behandelten Gegenstand wird angegeben, welche Natur dieser hat (*natura/complexio*), welche dieser nicht-natürlichen Dinge in der jeweiligen Situation am besten zu konsumieren/anzuwenden sind (*electio*), welcher gesundheitliche Nutzen daraus gezogen werden kann (*iuvamentum*), welchen Schaden diese Dinge bringen (*nocumentum*), wie der Schaden verhindert werden kann (*remotio nocumenti*) und welche Art von Menschen für den Gegenstand geeignet sind (*quid generant*). Die Handschrift erreichte Italien wahrscheinlich um 1200, wurde Mitte des 13. Jahrhunderts in Sizilien aus dem Arabischen ins Lateinische übersetzt und verbreitete sich sehr schnell als praktisches Handbuch zur Erhaltung und Genesung des Körpers.[7]

Die in Ibn Butlāns Gesundheitstraktat besprochenen Gegenstände, 280 an der Zahl, waren tabellarisch angeordnet, woher das Buch auch seinen Namen erhielt – *Taqwīm* bedeutet in etwa ‚Tafeln' –, und im Original nicht bildlich dargestellt.[8] Erst im 14. Jahrhundert entstanden illustrierte Handschriften, von denen heute lediglich fünf erhalten sind. Sie wurden in Norditalien hergestellt und befinden sich in Lüttich, Paris, Rouen, Rom und Wien. Die Größe und Präsenz der Abbildungen in den illustrierten Versionen im Vergleich zum stark gekürzten Text, lassen unwillkürlich Fragen nach der Auftraggeberschaft, dem Text-Bild-Verhältnis und der Funktion dieser Bilder für den Inhalt und den Gebrauch der ‚Tacuina' aufkommen.

Die fünf illustrierten ‚Tacuina' enthalten unterschiedlich viele Darstellungen, da es sich zum einen um gekürzte Versionen von Ibn Butlāns Originaltext handelt,

---

6 Lawrence I. CONRAD, Rezension zu: Le Taqwīm al-ṣiḥḥa (‚Tacuini sanitatis') d'Ibn Butlān: Un traité médical du XIe siècle, hrsg. u. übers. v. Hosam Elkhadem, Leuven 1990, in: Speculum 4 (1993), S. 1142f., hier S. 1142.

7 Die erste erhaltene Handschrift stammt aus dem Jahre 1266 und befindet sich in der Biblioteca Marciana in Venedig. Vgl. Luisa COGLIATI ARANO, The Medieval Health Handbook, New York 1976, S. 11; Franz UNTERKIRCHER, Das Hausbuch der Cerruti, Dortmund 1979, S. 211; für eine detaillierte Beschreibung der frühen Verbreitung des ‚Tacuinums' s. Cathleen HOENIGER, The Illuminated Tacuinum Sanitatis Manuscripts from Northern Italy, ca. 1380–1400. Sources, Patrons and the Creation of a New Pictorial Genre, in: Jean A. GIVENS, Karen M. REEDS u. Alain TOURWAIDE (Hgg.), Visualizing Medieval Medicine and Natural History, 1200–1550 (AVISTA Studies in the History of Medieval Technology, Science and Art), Aldershot, Burlington 2006, S. 51–82, hier bes. S. 54–57. HOENIGER fokussiert ihren Artikel auf die ‚Tacuina' in Paris, Rom und Wien, da sie aus stilistischen Gründen davon ausgeht, dass das Lüttricher ‚Tacuinum' nicht in Mailand, sondern im westlichen Veneto entstand. Es ist jedoch wahrscheinlicher, dass sich Künstler aus dem Veneto (wie Altichiero) in der Lombardei aufhielten – das „Porträt" von Gian Galeazzo zu Beginn des Lüttricher ‚Tacuinums' verweist deutlich auf die Auftraggeberschaft der Visconti. Im Gegenzug jedoch wurde vor kurzem das Wiener ‚Tacuinum' eher dem Umfeld von Veroneser Auftraggebern zugeschrieben. Vgl. in diesem Sinne Regina HADRABA, Tacuinum sanitatis in medicina, ungedr. phil. Diplomarbeit, Universität Wien, Wien 2011.

8 Vgl. UNTERKIRCHER (Anm. 7), S. 212; für eine Besprechung des innovativen Konzeptes der tabellarischen Darstellung bei Ibn Butlān s. Florence MOLY, Il tacuinum sanitatis alla corte die Visconti. Un testo arabo fra manuale medico e oggetto di curiosità, in: Catarina SCHMIDT ARCANGELI u. Gerhard WOLF (Hgg.), Islamic Artefacts in the Mediterranean World, Venedig 2010, S. 195–204, hier S. 195.

zum anderen da zeit- und ortspezifische Speisen und Objekte hinzugefügt wurden.[9] Besprochen werden Dinge, die aus den unterschiedlichsten Bereichen des Lebens herrühren, wie das Meer, Land, Speisen, Tiere, Pflanzen, Jahreszeiten und menschliche Alltagsaktivitäten, deren Darstellung für einen spätmittelalterlichen Künstler/ Handwerker, der wahrscheinlich in religiöser Kunst geschult war, keinesfalls zum Standardrepertoire gehörte.[10] Schon Julius VON SCHLOSSER verwies darauf, dass die Künstler dieser Handschriften gänzlich neue Bildlösungen finden mussten und sich von ihrem alltäglichen Erfahrungsraum inspirieren ließen.[11]

3 Badedarstellungen und Balneologie im späten Trecento

Die Darstellung aus dem Lütticher ‚Tacuinum' zeigt drei junge Frauen, die in einem Raum, der im Hintergrund nur durch eine Kleiderstange angedeutet ist, ihre Kleidung abgelegt haben. Nur noch mit einer kunstvollen Frisur geschmückt, steht eine von ihnen nackt in einem großen Bottich mit Wasser, der sich in der Bildmitte befindet, und animiert eine ihrer zwei Begleiterinnen, die ihr gegenüber schon einen Fuß auf einen kleinen Schemel gestellt hat, zu ihr ins Bad zu kommen. Die dritte Dame, die sich in der linken Bildhälfte befindet und am Bottichrand steht, ist schon mit dem Waschen der sich im Bad befindenden Frau beschäftigt. Die jungen Damen scheinen sich über das Bad zu freuen und ausgelassen miteinander zu kommunizieren. Unter der Szene, die drei Viertel einer Pergamentseite aus dem Lütticher ‚Tacuinum' einnimmt, steht der Titel *aqua delectabi[li]s caliditatis*, darunter befinden sich wiederum vier Zeilen, die über die Natur des warmen Wassers, dessen positive Effekte, etwaige Schäden und der Vorbeugung dagegen Auskunft geben (Abb. 2).

Gebadet wurde in Italien um 1400 viel. Wie aus der frühen Thermalliteratur und den ‚Tacuina' hervorgeht, wurde nicht nur in der Badestube, sondern auch in der Wohnstube und im Freien gebadet, in Flüssen oder Quellen. Im Lütticher ‚Tacuinum' steht der Abbildung für *aqua delectabi[li]s caliditatis* eine Darstellung von *balneum* gegenüber, die drei junge Männer zeigt, die in einer Grotte oder Quelle baden (Abb. 3). Die Illustration ähnelt Darstellungen von Thermalbädern wie jenen von Pozzuoli bei Neapel, denen Pietro da Eboli im späten 13. Jahrhundert ein viel rezipiertes Gedicht widmete.[12] In der ‚Tacuinum'-Darstellung werden wir einer sehr starken Intimität

---

9 MOLY (Anm. 8), S. 202.
10 COGLIATI ARANO (Anm. 7), S. 29.
11 Julius VON SCHLOSSER, Tacuinum sanitatis in medicina. Ein veronesisches Bilderbuch und die höfische Kunst des XIV. Jahrhunderts, in: Jahrbuch der Kunsthistorischen Sammlungen des allerhöchsten Kaiserhauses 16 (1895), S. 144–230, zitiert nach UNTERKIRCHER (Anm. 7), S. 221.
12 Vgl. Katharine PARK, Natural Particulars. Medical Epistemology, Practice, and the Literature of Healing Springs, in: GRAFTON u. SIRAISI (Anm. 5), S. 347–367, hier S. 349.

Abb. 2: Ibn Butlān, Tacuinum sanitatis, Detail *aqua delectabi[li]s caliditatis* (angenehm gewärmtes Wasser), ca. 1380, Lüttich, Universitätsbibliothek, ms. 1041, fol. 76r. Foto: Bibliothèques de l'Université de Liège.

gewahr, die in den Miniaturen des Duecento nicht vorhanden ist; zwei der Männer sitzen auf Schemeln, die ins Wasser gestellt wurden, und scheinen in ein Gespräch vertieft, während der dritte, links stehende Jüngling, dem Betrachter in seiner vollen Blöße gegenübersteht und schmunzelnd die Hand vor den Mund hält. Die Gegenüberstellung der drei jungen Männer in der Quelle und der drei jungen Frauen in der Badestube verweist auf die zwei wesentlichen Badeorte oder besser ‚Baderäume', die in den spätmittelalterlichen Definitionen vom Baden wiedergefunden werden kann:

Abb. 3: Ibn Butlān, Tacuinum sanitatis, Detail *balneum* (Bad), ca. 1380, Lüttich, Universitätsbibliothek, ms. 1041, fol. 75v. Foto: Bibliothèques de l'Université de Liège.

Notandum est quod balneum est duplex balneum, *scilicet humidum et aquosum, aliud est siccum scilicet terme vel stufe. Balneum quidem humidum et aquosum, aliud quidem est aqua* dulcis et domesticum, et artifitiale, *aliud est balneum* naturale et minerale, *scilicet ex minera vel vena aque prociliens.*[13]

---

13 Filippo d'Arezzo, Regimen sanitatis, Città del Vaticano, Biblioteca Apostolica Vaticana, Vat. lat. 4462, fol. 19rb (frühes 14. Jh.), zitiert nach Marilyn Nicoud, Les médecins italiens et le bain thermal à la fin du Moyen Âge, in: Médiévales 43 (2002), S. 13–40, hier S. 18 mit Anm. 23. Hervorhebungen durch die Verfasserin.

Die beiden Illustrationen im Lütticher ‚Tacuinum' stehen somit exemplarisch für die zwei Arten des Bades: dem natürlichen in der Therme und dem artifiziellen in der Badestube.

Das etwas spätere Pariser Manuskript zeigt hingegen für den Begriff *aqua calida* eine eher traditionelle Badestube, in der eine junge Frau, die bis zum Bauch in einem Bottich mit warmem Wasser sitzt, von zwei älteren Kammerfrauen gewaschen wird. Eine solche Waschszene deckt sich gut mit der Beschreibung von den Tätigkeiten in einer öffentlichen Badestube, wie es von Giovanni Boccaccio im ‚Decameron' von circa 1350 in der Novelle von Salabaetto wiedergegeben wird, in der ein Florentiner Kaufmann namens Salabaetto von einer jungen Frau aus Palermo, Jancofiore, in einer Badestube verführt wird: „Folgend betraten beide nackt den Baderaum, zusammen mit zwei Sklavinnen, und die Frau (Jancofiore) begann Salabaetto mit Moschusseife und Nelkenparfüm zu baden, und ließ sich dann ebenfalls von den zwei Sklavinnen waschen."[14]

Die Darstellungen von warmem Wasser in den Handschriften, die sich in Wien und Rom befinden und erst später um 1400 entstanden, zeigen eine Frau, die sich auch waschen lässt, in diesem Fall aber nur die Füße und Beine. Im Manuskript aus Rouen fehlt die Abbildung gänzlich.

Außer beim expliziten Begriff *balneum*, der jedoch nur im Lütticher ‚Tacuinum' vorkommt, geht es bei der medizinischen Erklärung der Begriffe mit Wasserbezug immer um das Trinken des Wassers, was die Frage aufkommen lässt, warum gerade Badeszenen zur Visualisierung der Begriffe dienen. Warmes Wasser, *aqua calida*, hat in den ‚Tacuina' beispielsweise den Nutzen, dass es zwar den Magen reinige, aber im Gegenzug feuchte Blähungen erzeuge, während kaltes Wasser gut für die Verdauung sei. Das Bad agiert jedoch bei vielen Speisen sowie wasserbezogenen Begriffen wie Salzwasser, Quellwasser und warmem Wasser oft als *remotio nocumenti*. Der Schaden, den beispielsweise Trinkwasser dem Körper zufügen könne, kann verhindert werden, wenn das Wasser beim Baden eingenommen wird. Durch das Baden erhält Wasser eine positive, therapeutische Funktion. Dargestellt wird somit nicht das Ding oder die Sache an sich, sondern der therapeutisch günstige Weg der Nahrungsaufnahme.

Dass gerade das Bad in vielen Instanzen als Mittel zur Schadenslinderung angegeben wird, verweist auch auf die Bedeutung, die es im 11. Jahrhundert im Vorderen Orient bei der Abfassung des ‚Taqwīm' innehatte. Allein in Bagdad wurden im späten 10. Jahrhundert 1500 öffentliche Badeeinrichtungen gezählt, die eine fundamentale Rolle im sozialen Gefüge der Stadt spielten.[15] In der römischen Antike und im Vorderen Orient hatten Baden und Wasser im Allgemeinen eine therapeutische Funktion, die in Italien im Trecento wiederauflebte und Teil einer fast ‚programmatischen'

---

14 Giovanni Boccaccio, Das Dekameron, übers. v. Karl Witte, München 1964, Tag 8, Nov. 10.
15 Vgl. Fanny Bessard, Pratiques Sanitaires, produits d'hygiène et de soin dans les bains médiévaux (VIIIe–IXe siècles), in: Bulletin d'études orientales 57 (2006/2007), S. 111–125, hier S. 111.

conservatio corporis wurde. Gesundheitsbücher und Balneologietraktate florierten in Italien im späten Trecento, wahrscheinlich auch als Reaktion auf die 1348 ausgebrochene Pest.[16]

Wie Katherine PARK und Marilyn NICOUD gezeigt haben, wurden Balneologietraktate im 14. Jahrhundert jedoch nicht unbedingt für die frühen medizinischen Fakultäten geschrieben, sondern vor allem für private Auftraggeber.[17] Der Entstehungskontext für die illustrierten ‚Tacuina‘ war ein höfischer, denn die Darstellungen gehen über eine reine Illustration der medizinischen Begriffe deutlich hinaus.[18] Die ‚Tacuina sanitatis‘, die sich heute in Lüttich, Paris und Rouen befinden, sind wahrscheinlich in Mailand zwischen 1380 und 1400 entstanden und werden Künstlern aus dem Umkreis von Giovannino de' Grassi zugeschrieben, der sich ab den 1370er Jahren in Mailand aufhielt und beispielsweise das berühmte Stundenbuch für Gian Galeazzo Visconti mit Miniaturen ausschmückte.[19] Wie Giovanni di Conversino da Ravenna in seinem autobiographischen Buch ‚Dragmalogia de eligibili vite genere‘ von 1402 berichtet, war „Bernabò, der Prinz von Mailand, gegenüber der Medizin sehr großzügig".[20] So waren es wohl auch Bernabò oder Gian Galeazzo Visconti, die die illustrierten ‚Tacuina‘ als private Schmuckhandschriften in Auftrag gaben. Das Lütticher ‚Tacuinum‘, die älteste der fünf illustrierten Versionen, wurde mit großer Sicherheit für Gian Galeazzo hergestellt, da sein Porträt, gekennzeichnet durch den markanten Bart, eine der ersten Seiten der Handschrift schmückt, eingebettet in eine höfische Szene für den Begriff ‚Pfirsich'.

Gian Galeazzo begeisterte sich rege für Baden und Balneologie.[21] Er besuchte und bewertete nicht nur eine Therme in der Toskana für Papst Urban V., ihm wurde auch von Francesco da Siena ein eigener balneologischer Traktat gewidmet, der ‚Tractatus de Balneis‘ von 1399.[22] Giovanni Dondi dall'Orologio, wohl der bekannteste Mediziner seiner Zeit und Professor an der Universität in Padua, verfasste ebenfalls einen Traktat über die Qualität von Thermalwasser und das interessanterweise direkt nach einem Aufenthalt am Hofe der Visconti im Jahre 1372.[23]

---

16 Vgl. NICOUD (Anm. 13), S. 33.
17 Vgl. PARK (Anm. 12); NICOUD (Anm. 13).
18 Vgl. DACOSTA KAUFMANN (Anm. 5), S. 406: „The splendid illustrations turn the herbal books [...] into luxury products that far surpass the practical needs of a university physician."
19 Die ‚Tacuina‘ in Wien und Rom wurden wahrscheinlich in Verona und Umgebung in Auftrag gegeben und illustriert. Vgl. ARANO (Anm. 7); MOLY (Anm. 8).
20 Giovanni di Conversino da Ravenna, Dragmalogia de eligibili vite genere, hrsg. u. übers. v. Helen LANNEAU EAKER, Lewisburg / PA, London 1980, S. 114.
21 Gian Galeazzo hatte wahrscheinlich selbst eine Badeanlage in seinem Castello Visconteo in Pavia anlegen lassen. Heute ist diese leider nicht mehr erhalten; vgl. Donata VICINI, Il Castello Visconteo di Pavia, Bd. 1: 1360–1920 Memorie e immagini (L'altra pavesità, 1), Pavia 1991, S. 49.
22 Vgl. NICOUD (Anm. 13), S. 21, 28 f.
23 Vgl. PARK (Anm. 12), S. 350.

4 Hof, Bad, Körper

Die Rolle aristokratischer Auftraggeber von balneologischen Traktaten, wie oben am Beispiel von Gian Galeazzo Visconti zu sehen war, fasst Thomas DACOSTA KAUFMANN wie folgt zusammen:

> The study of baths was undertaken for aristocratic patrons: some treatises were written in response to explicit request. These circumstances provide a much different social context for the empirical study of natural phenomena than does either Republican Florence or the Italian university and the *doctrina* promulgated therein.[24]

Das Interesse an den norditalienischen Höfen für Gesundheitstraktate im Allgemeinen und für das Baden als medizinische Kur hat meines Erachtens sowohl einen politischen Hintergrund als auch einen literarischen. Die noch jungen *Signori* im Norden Italiens, die Visconti, Scaliger und Carrara, versuchten ihre Stadtstaaten nicht nur politisch auf eine Stufe mit den älteren Großmächten der Halbinsel, wie die Republiken Venedig und Florenz, zu stellen, sondern wollten ihre Herrschaftsbereiche gleichsam als gesund, blühend und fruchtbar darstellen.[25] In den politischen Schriften von Marsiglio von Padua, einem gelernten Mediziner und wichtigen politischen Denker des frühen Trecento, ist der Staat gleich einem menschlichen Körper, für dessen Gesundheit die *Signori*, die Prinzen, verantwortlich waren.[26] Schon das Abfaulen eines Gliedes (eines Teils der Gesellschaft) oder schlimmer noch: das Versagen des Kopfes (des Prinzen selbst) könnte den Stadtstaat dem Untergang weihen. Sich um den Körper des Staates und jedes seiner Teile zu kümmern, war ein medizinischer Imperativ, um innerstaatlichen Frieden und Wohlstand zu erhalten. Jean CAMPBELL hat vor kurzem zeigen können, wie Ambrogio Lorenzettis ‚Allegorie der Guten Regierung' (1338/39) im Palazzo Comunale in Siena eine exemplarische Verbildlichung dieser Erhaltungstheorie des Staates ist und wie gerade das berühmte Motiv der Tänzer die biologisch regenerative Kraft der politischen Gemeinschaft verkörpert.[27] Auch im Lütticher ‚Tacuinum sanitatis' existiert eine solche Tanzszene, was die Verschränkung von politischem und medizinischem Denken unterstreicht.

Die *conservatio corporis*, die Erhaltung des Körpers, und der Erfolg dieses politisch-medizinischen Regimes kulminiert in den fröhlichen, jungen Menschen im Bade, deren Körper anscheinend keinen Makel aufweisen. Die Darstellung von Nackt-

---

24 DACOSTA KAUFMANN (Anm. 5), S. 402.
25 Zwei der ‚Tacuina' (heute in Rom und Wien) wurden um 1400 in Verona, dem Stadtstaat der Scaliger, in Auftrag gegeben, während die Carrara, Signori von Padua, Auftraggeber des berühmten ‚Herbarium Carrarese' waren.
26 Vgl. Vasileios SYROS, Die Rezeption der aristotelischen politischen Philosophie bei Marsilius von Padua, Leiden, Boston 2007, S. 89.
27 Vgl. Jean CAMPBELL, The Commonwealth of Nature. Art and Poetic Community in the Age of Dante, University Park / PA 2008, S. 107–120.

heit und Bad in diesem Rahmen kann auch in einer späteren Handschrift wiedergefunden werden und zwar in der Miniatur für den Monat August in den ‚Tres Riches Heures' des Duc de Berry (Abb. 4). Das Wohlbefinden der Untertanen im Blick des Fürsten ist durch das freie, ausgelassene Baden im Bildhintergrund symbolisiert.[28]

Doch die jeweils drei nackten Körper der jungen Männer und Frauen im Lütticher ‚Tacuinum' stehen nicht nur für ein medizinisch-politisches Denken, sie haben gleichsam einen erotischen Unterton inne.[29] Der ‚Decameron', d e r Bestseller des Spätmittelalters schlechthin, zeigt deutlich, dass Baden im 14. Jahrhundert nicht nur den Körper stärkte, sondern oft mit Beischlaf in Verbindung stand.[30] So kommt es nicht selten in den Novellen des ‚Decameron' vor, dass ein Geliebter mit Absicht auf ein abendliches Schäferstündchen bei seiner Geliebten ein Bad und ein reiches Mahl bestellt.[31] Auch in dem 1371/72 verfassten ‚Livre du Chevalier de la Tour', das zur ‚Erziehung der Mädchen' gedacht war, wird eine prominente Badeszene zur Vorbeugung gegen zu große Anziehungskraft von Frauen im Bad erzählt, und zwar die alttestamentarische Geschichte von Bathseba im Bade, die bei König David eine Flamme der Liebe und des Ehebruchs entzündete.[32] Wie Diane WOLFTHAL beschreibt, wurden im 15. Jahrhundert gerade in öffentlichen Badehäusern viele verschiedene Strategien angewendet, um das unerlaubte Beobachten von nackten Badenden des anderen Geschlechts zu verhindern. Dies half jedoch nicht viel und so kam es nicht selten vor, dass Frauen und Männer gemeinsam badeten, Badende sich weigerten, ihren Intimbereich zu bedecken oder Löcher in die Abtrennungen der Badebereiche schnitten, um freien Blick auf das andere Geschlecht zu haben.[33]

Ein voyeuristischer Blick trifft auch die drei badenden Frauen und Männer des Lütticher ‚Tacuinums', doch wird dieser Blick durch nichts gehindert; kein *peephole* ist nötig, wodurch der offensichtliche Voyeurismus gleichsam entwaffnet wird. Die Damen weisen keine *vanitas*-Symbolik oder religiösen Unterton auf, wie es so oft bei

---

28 Charles R. MACK, The Wanton Habits of Venus. Pleasure and Pain at the Renaissance Spa, in: Explorations in Renaissance Culture 26/2 (2000), S. 257–276, hier S. 273, hat gezeigt, dass im 15. Jahrhundert der Akt des Badens im Thermalwasser auch eine religiöse Seite besaß, die auf Fertilität und Regeneration abzielte: „Somewhere between the two extremes of spiritual rebirth and licentious debauchery came the general promise of fertility offered by a thermal visit".
29 Vgl. HOENIGER (Anm. 7), S. 72.
30 Hier sei angemerkt, dass auch die Rahmenerzählung des ‚Decameron' zur Zeit der Pest spielt und ebenfalls auf einer Art ‚medizinischer' Basis fußt.
31 Vgl. etwa Boccaccio, Dekameron (Anm. 14), Tag 2, Nov. 2.
32 Vgl. Hans BELTING, Spiegel der Welt. Die Erfindung des Gemäldes in den Niederlanden, 2. Aufl. München 2013, S. 151.
33 Diane WOLFTHAL, Sin or Sexual Pleasure? A Little-Known Nude Bather in a Flemish Book of Hours, in: LINDQUIST (Anm. 4), S. 279–297, hier S. 285.

Abb. 4: Brüder Limburg, Das Stundenbuch des Herzogs von Berry, Monatsbild August, 1412–1416, Chantilly, Musée Condé, ms. 65/1284, fol. 8v. Foto: RMN-Grand Palais (Domaine de Chantilly) / René-Gabriel Ojéda.

Badestube-Szenen des 15. und 16. Jahrhunderts der Fall ist.[34] Vielmehr erinnern die jungen Damen an die drei Grazien, die sich aus ihrer Umarmung gelöst haben, sich zufällig in einer spätmittelalterlichen Badestube wiederfinden und sichtlich vergnügen. Eine Allusion auf die drei antiken Jungfrauen könnte sogar intendiert gewesen sein, denn wie Giovanni Boccaccio in der ‚Genealogia deorum' berichtet, badeten diese der Legende nach zusammen in der Acidalischen Quelle und sind durch ihre Nacktheit und körperliche Verbundenheit sozial-politisch konnotiert: „Sie wollen, dass sie nackt hineingehen (in die Quelle), aus keinem anderen Grund, denn dass wir sehen, dass beim Streben nach Freundschaften nichts Erlogenes, nichts Gefärbtes und nichts Bekleidetes (Verborgenes) dazwischen stehen soll."[35] In dieser spätmittelalterlichen Definition avancieren die drei Grazien, die Töchter Jupiters, zu einer Verkörperung der tugendhaften Freundschaft und Allianz. Darüber hinaus sind sie die Begleiterinnen der Venus und bezeichnen ebenso einen erotischen Aspekt solcher freundschaftlichen Verbindungen, der auch bei den jungen Frauen des ‚Tacuinums' ins Auge fällt. Die gesunden, robusten Körper sowie der Haarschmuck, der ihre gehobene soziale Stellung zeigt und der bei der rechten Dame aus einem Blütenkranz besteht, verraten ihre Fertilität. Dass sich ihnen gegenüber gleichsam drei nackte junge Männer befinden, macht nicht nur deutlich, dass ein Bad für beide Geschlechter wohltuend ist, sondern resultiert ebenso in einer humorvollen Verkupplung der drei Paare – in dem Moment, in dem der Leser das Buch zusammenklappt.

5 Der medizinisch-politisch-erotische Körper

Die Badeszenen im Lütticher ‚Tacuinum' sind keine reinen Genreszenen – auch wenn ihr Künstler sich von öffentlichen Badestuben inspirieren ließ. Sie sind Teil eines gebundenen Systems, wie es Michael CAMILLE so treffend für den Körper im Mittelalter ausdrückte:

> The metaphorical power of the body to stand for ‚any bounded system' was never more relevant than during the Middle Ages when it served as the locus of a variety of social displacements, intensely-felt religious practices, medical and philosophical debate as well as courtly self-fashioning.[36]

---

34 Vgl. etwa Jill CASKEY, Steam and „Sanitas" in the Domestic Realm. Baths and Bathing in Southern Italy in the Middle Ages, in: Journal of the Society of Architectural Historians 2 (1999), S. 170–195, hier. S. 170; WOLFTHAL (Anm. 33), S. 285.
35 Giovanni Boccaccio, Genealogy of the Pagan Gods (Vol. 1, Books I–V), hrsg. u. übers. v. Jon SOLOMON, Cambridge / MA, London 2011, S. 745: *Nudas autem eas incedere non ob aliud voluere, nisi ut videremus, quia on captandis amicitiis, nil fictum, nil fucatum, nil palliatum intervenire debeat.*
36 Michael CAMILLE, The Image and the Self. Unwriting Late Medieval Bodies, in: Sarah KAY u. Miri RUBIN (Hgg.), Framing Medieval Bodies, Manchester, New York 1994, S. 62–99, hier S. 62.

Es ist das höfische System des Trecento, das diese ausgelassen badenden Körper möglich macht und positiv konnotiert. Zwar bleibt diese Körperschau im Rahmen des ‚Privaten', doch ist es fragwürdig, ob eine reine *vanitas-* oder Erotik-Komponente den Erfolg von Nacktszenen im Bade im Cinque- und Seicento erklären kann. Die Illustrationen der ‚Tacuina sanitatis' können als *missing link* zwischen medizinischen Theorien über den Körper und der höfischen Kunst und Literatur des Trecento angesehen werden, in der der menschliche Körper oftmals zu einem Politikum wurde. Vera SEGRE hat schon vor einiger Zeit herausgearbeitet, dass die Illustrationen der medizinischen Manuskripte auch stilistisch große Ähnlichkeiten mit den Miniaturen der literarischen Werke der Zeit haben, besonders bezüglich höfischer Kostüme und Gestik.[37] So sind die Charaktere des Pariser ‚Tacuinum sanitatis' dieselben, die die narrativen Szenen des ‚Guiron le Courtois', der von Bernabò Visconti in Auftrag gegeben wurde, bevölkern. Es ist natürlich derselbe Kreis von Künstlern, der hier tätig war, doch zeigt dies auch, dass sowohl die stilistischen wie auch die inhaltlichen Grenzen zwischen den so getrennt erscheinenden Feldern Medizin und Literatur im höfischen Kontext des 14. Jahrhunderts fluid waren.

Die Illustrationen der ‚Tacuina' sind nicht nur ein Hybrid zwischen Text und Bild: Das Verhältnis ist ausgewogen mit einer Tendenz zum Bild; sie stehen auch zwischen einer wissenschaftlichen Auseinandersetzung von Natur und einem sozialen (humorvollen, erotischen, politischen) Inhalt. Wie WOLFTHAL suggeriert, wurde der Körper im Mittelalter keineswegs nur negativ im Sinne von *vanitas* verstanden.[38] Die ‚Tacuina' zeigen, wie spätmittelalterliche Körper, nackt oder bekleidet, eine Fülle von positiv konnotierten Assoziationen beinhalten konnten, die ihre Darstellung und Visualisierung förderten und, in Sherry LINQUISTs Worten, den Körper zu einer der „most powerful legacies of medieval art" machten.[39]

---

[37] Vera SEGRE, Il Tacuinum Sanitatis di Verde Visconti e la miniatura milanese di fine Trecento, in: Arte Cristiana 88 (2000), S. 375–390, hier S. 376.
[38] Vgl. WOLFTHAL (Anm. 33), S. 291.
[39] Sherry C. M. LINDQUIST, The Meanings of Nudity in Medieval Art. An Introduction, in: DIES. (Anm. 4), S. 1–46, hier S. 2.

Wasser in Religion, Ritus und Volksglaube

Ueli Zahnd (Basel)
Die sakramentale Kraft des Wassers. Scholastische Debatten über ein augustinisches Bild zur Wirkweise von Weihwasser und Taufe

Abstract: "Whence has water so great an efficacy, as in touching the body to cleanse the soul?" This famous question from Augustine's 'Tractates on the Gospel of John' – asked rhetorically with regard to Baptism – was for centuries an object of concern for medieval theologians trying to explain the efficacy of the sacramental administration of grace. In particular, the striving for rationality within late medieval scholasticism seemed to encounter insurmountable problems, for how could it be that a corporeal element such as water could bestow something as spiritual as grace? How could a natural event such as the contact with water produce a supernatural purification of the soul? Augustine's own answer, that this was due to the belief in the accompanying words, was only one of several models that late medieval scholasticism developed and transferred from the question of sacramental efficacy to related problems such as the efficacy of holy water. Starting with a late scholastic tract on holy water, the 'De efficacia aquae benedictae' of Juan de Torquemada (written ca. 1437 at the council of Basel), this contribution explores the different models of explanation for the special power of water and illustrates the role that the particular properties of water assumed for the development of a general theology of the sacraments.

Keywords: Taufe, Weihwasser, Augustinus, Juan de Torquemada

In memoriam
Urs M. Zahnd († 2014)

In den späten dreißiger Jahren des 15. Jahrhunderts verfasste Juan de Torquemada, ein spanischer Dominikaner und hoch angesehener Theologe, der als Gesandter des Königs von Kastilien am Basler Konzil mitstritt, einen kleinen Traktat über die Wirksamkeit des Weihwassers.[1] Die Frage, inwiefern geweihtem Wasser eine eigene, intrinsische Wirkung zum Schutz der Gläubigen und zur Vertreibung der Dämonen innewohne, war aus scholastischer Perspektive nicht ganz unproblematisch, doch

---
[1] ‚De efficacia aquae benedictae' oder auch ‚Tractatus de aqua benedicta', im Folgenden zitiert nach der Ausgabe Rom 1475. Die genaue Abfassungszeit ist unklar: Thomas KAEPPELI, Scriptores Ordinis Praedicatorum Medii Aevi, vol. III (I–S), Rom 1980, plädiert für 1438, Thomas M. IZBICKI, Protector of the Faith. Cardinal Johannes de Turrecremata and the Defense of the Institutional Church, Washington 1981, S. 128 (Anm. 24) für den Jahreswechsel 1436/1437.

war sie nicht eigentlich eines der in Basel groß debattierten Themen.² Torquemada, der am Konzil zu einem der eifrigsten Verfechter des päpstlichen Primats wurde und konsequent gegen jegliche Zugeständnisse an die Hussiten zu wirken versuchte,³ hätte denn wohl auch besseres zu tun gehabt, wäre da nicht der böhmische Gesandte gewesen, Peter Payne, ein nach Prag emigrierter Engländer, der als Verteidiger einer radikalen hussitischen Richtung nach Basel gereist war, dort aber – nicht nur zu seinem eigenen, sondern auch zum Unmut Torquemadas – die mehrheitliche Kompromissbereitschaft und ein beiderseitiges Entgegenkommen in der Hussitenfrage nicht verhindern konnte.⁴ Denn dieser Peter Payne scheint in einer der Debatten insbesondere um den Laienkelch das Argument angeführt zu haben, dass der traditionelle katholische Ritus, der den Laien bei der Eucharistie die Teilnahme bloß an der Brotkommunion, und nicht *sub utraque specie*, an Brot und Wein, gestattete, die Wirkkraft der Eucharistie unter jene von geweihtem Wasser stelle.⁵

Das klang auch in traditionellen katholischen Ohren zuerst einmal skandalös, galt doch die Verwendung von Weihwasser nicht einmal als Sakrament, während die Eucharistie, die Vergegenwärtigung des Opfertods Christi, das höchste der Sakramente schlechthin war. Auf Bitten des Vorsitzenden des Konzils, seines Ordensbruders Johannes de Ragusa, nahm sich Juan de Torquemada daher der Problematik an und führte in seinem Traktat unter Rückgriff auf ein ganzes Bouquet von juristischen und theologischen Quellen aus,⁶ dass nicht nur dem Weihwasser selbst bei seiner Anwen-

---

2 *Locus classicus* der scholastischen Diskussion über das Weihwasser waren die Kommentare zu Petrus Lombardus, Sententiae in quatour libros distinctae IV, d. 6, c. 7, hrsg. v. Ignatius BRADY (Spicilegium Bonaventurianum 5), Rom 1971/81, S. 275 f.

3 Zu Torquemada vgl. neben IZBICKI (Anm. 1) auch Thomas PRÜGL, Modelle konziliarer Kontroverstheologie. Johannes von Ragusa und Johannes von Torquemada, in: Heribert MÜLLER u. Johannes HELMRATH (Hgg.), Die Konzilien von Pisa (1409), Konstanz (1414–1418) und Basel (1431–1449). Institution und Personen (Vorträge und Forschungen 67), Ostfildern 2007, S. 257–287, bes. S. 260; Ulrich HORST, Konziliarismus und Papalismus im Widerstreit von Juan de Torquemada bis Francisco de Vitoria, in: Bernward SCHMIDT u. Hubert WOLF (Hgg.), Ekklesiologische Alternativen? Monarchischer Papat und Formen kollegialer Kirchenleitung (15.–20. Jahrhundert) (Symbolische Kommunikation und gesellschaftliche Wertesysteme 42), Münster 2013, S. 55–75, hier S. 56–59.

4 Dazu William R. COOK, John Wyclif and Hussite Theology 1415–1436, in: Church History 42 (1973), S. 335–349, bes. S. 347; allgemein zu den Hussiten-Verhandlungen in Basel vgl. František ŠMAHEL, Die Hussitische Revolution (Schriften der Monumenta Germaniae Historica 43), Hannover 2002, Bd. III, S. 1560–1589.

5 So zumindest die Informationen, die aus Torquemadas Traktat (Anm. 1) zu gewinnen sind: Fraglich geworden sei ein *probleuma Reverendo magistro Iohanne de Ragusio primo Bohemorum articulo respondenti per magistrum Petrum Anglicum Prepositum [...] videlicet Utrum aqua benedicta sit maioris efficacie et virtutis quam sacramentum sensibile altaris* (fol. a1v).

6 Etwas mehr noch als aus dem ‚Decretum Gratiani' zitiert Torquemada aus der Bibel; fast gleich wichtig sind ihm zudem Hugo von St. Viktor und Thomas von Aquin. Darüber hinaus finden sich vereinzelte Verweise auf rund zehn weitere scholastische Quellen (Glossen zur Bibel und zum ‚Decretum', Geschichtswerke, Beda Venerabilis, Bernhard von Clairvaux, Petrus Lombardus, Wilhelm

dung tatsächlich eine eigene, intrinsische Wirksamkeit zukomme, sondern dass man durchaus mit Fug behaupten könne, diese Kraft sei größer als jene, welche in den eucharistischen *speciebus*, im Anschein des gewandelten Brots und des gewandelten Weins zu finden sei – denn dort sei eine solche Kraft überhaupt nicht vorhanden.[7] In gewisser Hinsicht schien Torquemada seinen hussitischen Gegner damit sogar zu bestätigen, nur war dies in des Spaniers Augen der Würde der Eucharistie in keiner Weise abträglich: Anders als bei den übrigen Sakramenten lag deren Kraft und Wert gerade nicht in den äußerlichen Elementen, die nach vollzogener eucharistischer Wandlung bloß dem Ansehen nach Brot und Wein waren,[8] sondern es wirkte die nicht wahrnehmbar gewandelte Substanz von Leib und Blut Christi. Damit bestätige sich gegen die Hussiten vielmehr, wie wenig man die Eucharistie *sub utraque specie* empfangen müsse, um ihrer vollen Wirkung teilhaftig zu werden.[9]

Dieser Traktat über das Weihwasser war äußerst erfolgreich. Dank der internationalen Plattform, die das Basler Konzil bot, und wohl auch dank der Tatsache, dass sein Autor zur schließlich siegreichen Seite der Papalisten gehörte,[10] fand er in ganz Europa Verbreitung. Bis heute ist er in gut fünfzig Handschriften erhalten,[11] noch im 15. Jahrhundert wurde er mehr als zehn Mal gedruckt und es folgten einige weitere Druckauflagen mindestens bis in die 30er Jahre des 16. Jahrhunderts hinein.[12] Dieser Erfolg überrascht – nicht nur angesichts der sehr spezifischen und nebensächlichen Thematik des Traktats, sondern auch wegen des nicht unproblematisch dünnen Eises, auf das sich Torquemada begab, indem er den sichtbaren Elementen der Eucharistie eine kleinere Wirksamkeit zusprach als dem Weihwasser und dafür

---

Duranti, Albertus Magnus, Petrus de Palude und Durandus von St. Pourçain) sowie auf die kirchliche liturgische Tradition. Zu Torquemadas Autoritätengebrauch vgl. auch PRÜGL (Anm. 3), S. 268–272.

7 Juan de Torquemada (Anm. 1), fol. c6v: *Patet probleumatis solutio quod in aqua benedicta modo quo supra dictum est sit aliqua virtus, sit aliqua efficatia ad effectus supra notatos, et quod in speciebus sacramentalibus secundum se consideratis circumscripto corpore Christi vero nulla sit virtus, nulla efficatia ad aliquem effectum causandum in ipsa anima.*

8 Ebd., fol. c4v: *Species predicte sacramentales secundum se, hoc est circumscripto corpore Christi, vero nullam habeat virtutem spiritualem nec efficatiam causalitatis cuiuscunque effectus in animo sus[cip]ientis sacramentum.*

9 Ebd., fol. c6v: *Ex quo patet correlarie quod ex opere operato sive ex parte ipsius sacramenti non est maior virtus huius sacramenti sanctissimi altaris sive efficaci[a] sub duabus speci[e]bus quam sub una specie, cum illa res et radix totius efficacie huius sacramenti non sit maior, non plenior, non perfectior sub duabus speciebus quam sub una.*

10 Vgl. PRÜGL (Anm. 3), S. 260f.

11 Grösstenteils verzeichnet bei KAEPPELI (Anm. 1), S. 31f.; zusätzlich zu nennen sind die Handschriften Krakau, Jagiellonische Bibliothek, Cod. 1240, fols. 96v–99v; Michaelbeuern, Stiftsbibliothek, man. cart. 69, fols. 189v–194v; München, Universitätsbibliothek, 4 cod. 33, fols. 106r–116v; Stuttgart, Württembergische Landesbibliothek, HB I 223; Venedig, Biblioteca dei Redentoristi 12, fols. 73ra–76ra.

12 Der früheste Druck ist nicht, wie bei KAEPPELI (Anm. 1), S. 32, vermerkt, Rom: Bartholomaeus Guldinbeck, 1475, sondern Rom: Antonius und Raphael de Volterra, ca. 1473/74. Der späteste frühneuzeitliche Druck scheint Krakau: Hieronymus Vietor, 1533 zu sein.

sogar in Kauf nahm, dass er das Verständnis der Wirkweise der Eucharistie von jenem der übrigen Sakramente abkoppeln musste.[13] Ohnehin war diese Wirksamkeitsfrage selbst nicht unproblematisch, rüttelte sie doch ganz grundlegend an den vorherrschenden, hierarchisch-kosmologischen Vorstellungen, weil sie unterstellte, dass die irdisch-körperlichen sakramentalen Elemente eine Wirkung auf die über-natürliche, dem irdischen Zugriff sonst entzogene Gnadenwirkung haben sollten. Wurde damit nicht die Ordnung zwischen Geschöpflichem und Ungeschöpflichem auf den Kopf gestellt, wurde nicht sogar die göttliche Freiheit ungebührlich eingeschränkt, da Gott doch seine Gnade nicht in Abhängigkeit von der Wirkung irdischer Elemente spendete?[14] Und auch wenn man sich in der Jahrhunderte alten scholastischen Diskussion, die dem Basler Konzil vorausging, unter Entwicklung ganz unterschiedlicher Modelle darauf eingelassen hatte, dass bei den sieben traditionellen Sakramenten eine solche Wirksamkeit allenfalls denkbar sei, liessen sich diese Überlegungen und Modelle dann so einfach auf das Weihwasser übertragen, nur weil dies als antihussitisches Argument von einigem Wert sein konnte?[15] Wie sollte das gehen, dass dem geweihten Wasser eine solch grosse, die Ebene des Körperlichen übersteigende Wirkmacht zukomme?

Es ist dies eine Frage, die mit Blick nicht auf das Weihwasser, sondern auf das Taufwasser bereits tausend Jahre früher kein geringerer als Augustinus gestellt hatte, der mit solchem Fragen nun aber das ganze mittelalterliche Nachdenken nicht nur über Taufe und Weihwasser, sondern über die Sakramente schlechthin bestimmen und damit letztendlich auch die Debatte am Basler Konzil vorentscheiden sollte. Im Folgenden soll es darum gehen, diese Entwicklung nachzuzeichnen und aufzuzeigen, wie aus dem fragendem Blick des Augustinus auf das Wasser und die in ihm liegende Kraft über einige Exponenten vor allem der spätmittelalterlichen Scholastik hinweg bis hin zu Juan de Torquemada und seinem Traktat zum Weihwasser die mittelalterliche Vorstellung über das Wesen der Sakramente und Sakramentalien entscheidend von der Symbolik des Wassers geprägt war.

Augustinus hatte sich in seinem Traktat über das Johannesevangelium staunend gefragt, woher diese so grosse Kraft im Wasser komme, dass es zwar bloss den Körper

---

13 Juan de Torquemada (Anm. 1), fol. c6r: *In hoc sacramento est fontana virtus, scilicet Christus Ihesus, ergo preter ipsum Christum contentum sub illis speciebus non est dicenda aliqua virtus particularis: illa enim esset superflua.* [...] *In aliis autem sacramentis ubi non est hoc modo presens id quod per essentiam est fontana virtus sunt necessarie quedam participate particulares virtutes.*
14 Zum Problemfeld der sakramentalen Wirksamkeit vgl. Irène ROSIER-CATACH, La parole efficace. Signe, rituel, sacré, Paris 2004; Ueli ZAHND, Wirksame Zeichen? Sakramentenlehre und Semiotik in der Scholastik des ausgehenden Mittelalters (Spätmittelalter, Humanismus, Reformation 80), Tübingen 2014.
15 In umgekehrter Richtung zu argumentieren war hingegen unproblematisch, vgl. Guido Briansonis, Collectarium super sententias, Paris 1512: *Sicut aqua benedicta virtute benedictionis habet vim terrendi daemones, et alias multas operationes, sic sacramenta* (q.1, c.2.1, fol. 8vb).

berühre, aber die Seele reinige.[16] Er formulierte dieses Staunen über das Wasser anlässlich der Auslegung von Johannes 15,3, wo Jesus zu seinen Jüngern sagte: „Ihr seid schon rein um des Wortes willen, das ich zu euch gesprochen habe." Warum, so fragte sich Augustinus, war hier vom reinigenden Wort, und nicht etwa von der reinigenden Taufe die Rede? Das konnte, so gab er gleich zur Antwort, nur daran liegen, dass auch bei der Taufe – und entsprechend beim Taufwasser – die eigentliche Reinigung durch das Wort vollzogen werde: Denn nehme man vom Taufwasser das Wort weg, so verbleibe nichts als Wasser; komme aber zum Element das Wort hinzu, dann werde es zum Sakrament und das Wasser zu einer Art sichtbarem Wort:

> Warum sagt er nicht: ‚Ihr seid rein wegen der Taufe, mit der ihr gewaschen worden seid', sondern sagt: ‚um des Wortes willen, das ich zu euch gesprochen habe', außer weil auch im Wasser das Wort reinigt? Nimm das Wort weg, und was ist das Wasser als eben Wasser? Es tritt das Wort zum Element und es wird Sakrament, auch dieses gleichsam ein sichtbares Wort.[17]

Für Augustinus war damit klar, dass der wesentliche Bestandteil an der Taufe nicht das Wasser, sondern das hinzukommende Wort sei,[18] und wenn er im Anschluss daran nun seine erstaunte Frage nach der Kraft im Wasser stellte, so beantwortete er sie auch gleich in eben diesem Sinne, dass es am Wort liege, und zwar nicht einfach am gesprochenen Wort, sondern am Wort, dem geglaubt werde:

> Woher kommt diese so große Kraft des Wassers, dass es den Leib berührt und das Herz abwäscht, außer durch die Wirksamkeit des Wortes, nicht weil es gesprochen, sondern weil es geglaubt wird? Denn auch im Wort selbst ist etwas anderes der vorübergehende Klang und etwas anderes die bleibende Kraft.[19]

---

16 Augustinus, In Iohannis Evangelium tractatus CXXIV, t. 80, n. 3, hrsg. v. Radbodus WILLEMS (Corpus Christianorum, Series Latina 36), Turnhout 1954, S. 529: *Unde ista tanta virtus aquae, ut corpus tangat et cor abluat?*
17 Ebd.: *‚Iam vos mundi estis propter verbum quod locutus sum vobis.' Quare non ait, ‚mundi estis propter baptismum quo loti estis', sed ait: ‚propter verbum quod locutus sum vobis', nisi quia et in aqua verbum mundat? Detrahe verbum, et quid est aqua nisi aqua? Accedit verbum ad elementum, et fit sacramentum, etiam ipsum tamquam visibile verbum. Nam et hoc utique dixerat, quando pedes discipulis lavit: ‚Qui lotus est, non indiget nisi ut pedes lavet, sed est mundus totus'* (Joh 13,10).
18 Was sich zum klassischen Verständnis eines Sakraments als Zusammenkommen von *elementum* und *verbum* verdichten sollte, eine Bestimmung, die sich allerdings nicht ohne weiteres auf alle Sakramente übertragen liess, vgl. die reiche Materialsammlung bei Damien VAN DEN EYNDE, The Theory of the Composition of the Sacraments in Early Scholasticism (1125–1240), in: Franciscan Studies 11 (1951), S. 1–20, 117–144, 12 (1952), S. 1–26.
19 Augustinus (Anm. 16), S. 529: *Unde ista tanta virtus aquae, ut corpus tangat et cor abluat, nisi faciente verbo, non quia dicitur, sed quia creditur? Nam et in ipso verbo, aliud est sonus transiens, aliud virtus manens.* Zum Sakramentenverständnis des Augustinus s. Philip CARY, Outward Signs. The Powerlessness of External Things in Augustine's Thought, Oxford 2008.

Unbedacht seines spezifischen exegetischen Kontexts sollte Augustinus' bildhafter Vergleich von äußerlich reinigendem Wasser und innerlich gewaschener Seele dank seiner Einprägsamkeit eine breite Rezeption erfahren, eine Rezeption allerdings, in der das Bild selbst so tragend wurde, dass in den Hintergrund trat, dass es Augustinus ursprünglich nicht nur als Frage vorgestellt, sondern auch mit einer Antwort versehen hatte. Als in den ersten großen systematischen Entwürfen der mittelalterlichen Scholastik im 12. Jahrhundert Väterzitate einzeln zusammengetragen und thematisch zu einem Gesamtbild der christlichen Lehre zusammengestellt wurden,[20] erhielt das Bild vom Abwaschen der Sünde in seiner augustinischen Formulierung einen festen Platz nicht nur in der Lehre von der Taufe, sondern von den Sakramenten im Allgemeinen.

In seiner großen Gesamtschau ‚Über die Heiltümer des christlichen Glauben' (*De sacramentis christianae fidei*) erhob Hugo von St. Viktor – weil das, was in der Taufe äußerlich vollzogen wurde, so ähnlich mit dem war, was als ihre innerliche Wirkung galt, – die Ähnlichkeit von sakramentalem Ritus und sakramentaler Wirkung zu einer allgemeinen Bestimmung dessen, was ein Sakrament sei;[21] ja, mehr noch, dank dieser Ähnlichkeit habe ein Sakrament die Möglichkeit, äußerlich zu repräsentieren, was innerlich vollzogen werde, und den Menschen damit zu belehren, was das sakramentale Geschehen sei.[22] Als Illustration dieses Wesens der Sakramente griff Hugo – nicht überraschend – das Beispiel des Wassers der Taufe auf: Das Wasser sei sichtbares Sakrament, und die Gnade die unsichtbare Sache oder die Kraft des Sakramentes.[23] Diese Ähnlichkeit machte das Wasser nun fast schon zu einem natürlichen Zeichen dessen, was sich im Sakrament vollzog. Hugo führte aus:

---

20 Dazu Stéphane GIOANNI, Un florilège augustinien sur la connaissance sacramentelle. Une source de Bérenger de Tours et d'Yves de Chartres?, in: Monique GOULLET (Hg.), *Parva pro magnis mundera. Études de littérature tardo-antique et médiévale offertes à François Dolbeau par ses élèves* (Instrumenta patristica et mediaevalia 51), Turnhout 2009, S. 699–723.
21 *Debet enim omne sacramentum similitudinem quandam habere ad ipsam rem cuius sacramentum est, secundum quam habile sit ad eandem rem suam representandam*: Hugo von Sankt Viktor, De sacramentis Christianae fidei I.9.2, hrsg. v. Rainer BERNDT, Münster 2008, S. 210. Ausführlich zur *similitudo* auch ROSIER-CATACH (Anm. 14), S. 66 f.; zusätzlich zur *similitudo* kommen bei Hugo als entscheidende Merkmale für ein Sakrament noch die *institutio* und die *sanctificatio* hinzu, vgl. Claus BLESSING, *Sacramenta, in quibus principaliter salus constat*. Taufe, Firmung und Eucharistie bei Hugo von St. Viktor, Diss. Wien 2009, S. 94.
22 Hugo von St. Viktor (Anm. 21), I.9.3, S. 212: *Propter eruditionem quoque instituta sunt sacramenta ut per id quod foris in sacramento in specie visibili cernitur, ad invisibilem virtutem que intus in re sacramenti constat cognoscendam mens humana erudiatur*; vgl. auch ebd., I.10.2, S. 224.
23 Ebd., I.9.2, S. 210: *Aquam baptismi per exemplo assumimus: ibi enim est aqua visibile elementum quod est sacramentum.* [...] *Est ergo aqua visibile sacramentum et gratia invisibilis res sive virtus sacramenti*.

> Es hat aber jedes Wasser aus natürlicher Beschaffenheit eine gewisse Ähnlichkeit mit der Gnade des Heiligen Geistes, weil nämlich, so wie dieses den Schmutz der Leiber abwäscht, jene die Verunreinigungen der Seele abwäscht. Und aus dieser ja doch mitgegebenen Beschaffenheit vermochte jedes Wasser eine geistliche Gnade zu repräsentieren.[24]

Entscheidend war nun aber, dass Hugo nicht nur einfach über das Taufwasser sprach, sondern das Taufwasser als Modellfall für die Sakramente im Allgemeinen nahm und entsprechend am Ende seines Beispiels ausführte: „Nach dieser Weise ist es erforderlich, auch in den übrigen Sakramenten diese Dinge zu erwägen."[25] Wie das im Einzelnen gehen solle, führte Hugo nicht aus, aber die Symbolik lag so auf der Hand, dass in Hugos direkter Nachfolge die Behauptung gerne aufgegriffen wurde, es hätten die sakramentalen Elemente eine Art natürlich repräsentierende Funktion dessen, was im Sakrament vonstattenging.[26]

Einer, der diesen Ähnlichkeitsanspruch besonders prominent übernahm, war Petrus Lombardus, der Verfasser jener berühmten Sammlung von Kirchenväter-Zitaten, den ‚Sententiae libri quatuor' aus der Mitte des 12. Jahrhunderts, die für die weitere mittelalterliche Scholastik – und darüber hinaus[27] – zu einem Basistext des universitären Theologiestudiums werden sollten. Petrus Lombardus trug im vierten Buch seiner Sentenzen, das den Sakramenten gewidmet war, deren repräsentierender Funktion als entscheidender Bestimmung Rechnung und definierte entsprechend ein Sakrament als „solcherart ein Zeichen der Gnade Gottes und eine Form der unsichtbaren Gnade, dass es deren Bild hervorruft und als deren Ursache fungiert".[28] Damit ging Petrus Lombardus allerdings noch einmal über Hugo von St. Viktor hinaus. Denn nicht nur evozierte ein Sakrament – dank seiner Ähnlichkeit – ein Bild von der unsichtbaren Gnade, sondern es wurde sogar als deren Ursache definiert. Ganz im Sinne der augustinischen Frage nach der Kraft des Wassers, das die Seele reinzuwaschen vermag (aber nicht eigentlich im Sinne der augustinischen Antwort), behauptete Petrus Lombardus nun auch einen kausalen Zusammenhang zwischen

---

24 Ebd.: *Habet autem omnis aqua ex nat[ur]ali qualitate similitudinem quandam cum gratia sancti spiritus quia sicut hec abluit sordes corporum, ita illa mundat inquinamenta animarum. Et ex hac quidem ingenita qualitate omnis aqua spiritalem gratiam representare habuit.*
25 Ebd., S. 211: *Ad hunc modum in ceteris quoque sacramentis tria hec considerare oportet.*
26 Vgl. ROSIER-CATACH (Anm. 14), S. 57–65.
27 Vgl. jüngst Lidia LANZA u. Marco TOSTE, The *Sentences* in Sixteenth-Century Iberian Scholasticism, in: Philipp W. ROSEMANN (Hg.), Mediaeval Commentaries on the Sentences of Peter Lombard 3, Leiden 2015, S. 415–502. Allgemein zur Sentenzentradition vgl. Philipp W. ROSEMANN, The Story of a Great Medieval Book. Peter Lombard's Sentences (Rethinking the Middle Ages 2), Peterborough 2007.
28 Petrus Lombardus (Anm. 2), IV d. 1, c. 4, S. 233: *Sacramentum enim proprie dicitur, quod ita signum est gratiae Dei et invisibilis gratiae forma, ut ipsius imaginem gerat et causa existat.* Zu dieser Definition und ihren Quellen vgl. bereits Damien VAN DEN EYNDE, Les définitions des sacrements pendant la première période de la théologie scolastique (1050–1240), Rom 1950 und nun auch ROSIER-CATACH (Anm. 14), S. 96–98. Zum Folgenden s. ZAHND (Anm. 14), S. 126.

Beschaffenheit der sakramentalen Elemente und der durch die Sakramente initiierten Gnadenwirkung. Erneut scheint dafür die Symbolik des Wassers Pate gestanden zu haben,[29] und damit war in der scholastischen Diskussion die Bestimmung verankert, dass den Sakramenten – damit sie als echte Ursachen der Gnade gelten konnten – eine eigene, intrinsische Kraft in der Bewirkung des sakramentalen Effekts zukommen müsse.

In der nachfolgenden Diskussion führte dies zu großen Debatten darüber, wie eine solche Wirkung zu verstehen sei, damit sie eben die Ordnung zwischen natürlichem Bereich, zu dem die sakramentalen Elemente und auch das Wasser gehörten, und übernatürlichem Bereich, zu dem die Gnade und ihre Wirkung gehörten, nicht in Frage stellte. Das wirkmächtigste Modell einer Verteidigung eines tatsächlichen, intrinsischen sakramentalen Effekts entwarf dabei zweifelsohne Thomas von Aquin in einem Kommentar zu den Sentenzen des Petrus Lombardus (vor 1256).[30] Ausgehend von einer gekürzten Version des Augustinus-Zitats, der er entnahm, dass die Sakramente die Gnade tatsächlich verursachen würden,[31] hielt er zuerst einmal fest, dass wegen der Autorität unter anderem des Augustinus alle gezwungen seien, die Sakramente für echte Ursachen der Gnade zu halten.[32] Um nun die Schwierigkeiten zu umgehen, die mit einer direkten Wirkung der natürlichen Sakramente auf die übernatürliche Gnade verbunden waren, führte er das Konzept einer ‚instrumentalen' Ursächlichkeit in die Sakramentendiskussion ein: Zwar wirkten die Sakramente nicht selbst, sondern seien bloss als Werkzeuge (qua Instrumente) der göttlichen Gnade am Gnadenvollzug beteiligt, doch blieben sie damit ursächlich ins Gnadengeschehen involviert, weil sie als Werkzeuge benutzt würden, während die eigentliche Handlung aber dem übernatürlichen, hauptsächlichen Akteur – nämlich Gott – vorbehalten sei.[33] Pate stand zur Erläuterung dieses Wirksamkeitsmodus einmal mehr das Bild des Wassers:

---

29 Zu seiner Rezeption des augustinischen Wasservergleichs s. Petrus Lombardus (Anm. 2), IV d. 3, c. 1, S. 243.

30 Die etwas modifizierte Theorie, die Thomas in seiner späteren *Summa Theologiae* entwarf, sollte erst in der Frühen Neuzeit rezipiert werden, dazu Klaus HEDWIG, *Efficiunt quod figurant*. Die Sakramente im Kontext von Natur, Zeichen und Heil (S.th. III, qq. 60–65 und q. 75), in: Andreas SPEER (Hg.), Thomas von Aquin: die summa theologiae, Berlin 2005, S. 401–425, hier S. 403f.

31 *Augustinus dicit:‚Quae est vis aquae ut corpus tangat et cor abluat?' Ergo habet aliquam virtutem* (Thomas von Aquin, Scriptum super Sententiis, IV d. 1, q. 1, a. 4, qc. 2, n. 108, hrsg. v. Maria Fabianus MOOS, Rom 1947, S. 28).

32 Ebd., n. 138, S. 34: *Propter auctoritates inductas necesse est ponere aliquam virtutem supernaturalem in sacramentis.* Vgl. ebd., n. 119, S. 31: *Omnes coguntur ponere sacramenta novae legis aliquo modo causas gratiae esse, propter auctoritates quae hoc expresse dicunt.*

33 Ebd., n. 124–127, S. 32: *Sciendum quod causa efficiens [...] potest dividi [...] in agens principale, et instrumentale. Agens enim principale est primum movens, agens autem instrumentale est movens motum. Instrumento autem competit duplex actio: una quam habet ex propria natura, alia quam habet prout motum a primo agente. [...] Dicendum est ergo quod principale agens respectu justificationis Deus est,*

Solcherart materiellen Werkzeugen kommt nämlich eine gewisse Tätigkeit gemäss ihrer eigenen Natur zu, so wie dem Wasser das Abwaschen oder dem Öl das Geschmeidigmachen des Körpers. Aber darüber hinaus, sofern sie Werkzeuge der rechtfertigenden göttlichen Barmherzigkeit sind, gereichen sie bloss instrumentell zu einer bestimmten Wirkung in der Seele. Und das ist es, was Augustinus sagt, dass das Taufwasser den Körper berührt und das Herz reinwäscht.[34]

Mithilfe der Symbolik des Wassers gelang es Thomas, sogar einen Lösungsvorschlag für die Ursächlichkeit der Sakramente zu entwickeln – doch so sehr auch dieses Modell ganz grundlegend von der Symbolik des Wassers geprägt war, die in erster Linie die Taufe betraf, hielt auch Thomas selbstverständlich dafür, dass es für die Sakramente im Allgemeinen galt und die Idee einer instrumentalen Ursächlichkeit auch auf die übrigen Sakramente zu übertragen sei.[35]

Nun blieb die Behauptung einer eigenen Kausalität der Sakramente nicht unhinterfragt. Der historisch wirkmächtigste Gegenentwurf zu Thomas stammte zweifelsohne aus der Feder von Johannes Duns Scotus,[36] doch wurde schon viel früher, sogar noch vor Thomas' Ausformulierung des ‚Mitwirkungs-Modells' Kritik an jeder Form von sakramentaler Ursächlichkeit laut. Einer der interessantesten frühen Kritiker ist der englische Dominikaner Richard Fishacre,[37] der ebenfalls in einem Kommentar zu den Sentenzen des Petrus Lombardus kurz nach 1240 seinem Unmut über die ‚Mitwirkungs-Theoretiker' Luft machte. Nach einer Auflistung von nicht weniger als elf Argumenten gegen eine eigene Wirksamkeit der Sakramente[38] hielt er entnervt fest, dass er entweder die Magister nicht verstehe, oder aber mehreren von ihnen ein Fehler unterlaufen sei.[39] Und um zu zeigen, wo dieser Fehler liege, griff er einmal mehr auf Beispiele mit Wasser zurück:

---

nec indiget ad hoc aliquibus instrumentis ex parte sua; sed propter congruitatem ex parte hominis justificandi [...] utitur sacramentis quasi quibusdam instrumentis justificationis. Für einen Überblick über die ausführliche Literatur zu Thomas' Modell der sakramentalen Wirkweise vgl. ZAHND (Anm. 14), S. 150.

34 Thomas von Aquin (Anm. 31), n. 127–130, S. 32 f.: *Hujusmodi autem materialibus instrumentis competit aliqua actio ex natura propria, sicut aquae abluere et oleo facere nitidum corpus; sed ulterius inquantum sunt instrumenta divinae misericordiae justificantis, pertingunt instrumentaliter ad aliquem effectum in ipsa anima. [...] Et hoc est quod Augustinus dicit quod aqua baptismi ‚corpus tangit et cor abluit'.*

35 Vgl. die im unmittelbaren Anschluss an das vorherige Zitat gezogene allgemeine Folgerung: *Et ideo dicitur quod sacramenta efficiunt quod figurant.*

36 Dazu ROSIER-CATACH (Anm. 14), S. 140–156; ZAHND (Anm. 14), S. 167–191.

37 Zu Fishacre vgl. James R. LONG u. Maura O'CARROLL, The Life and Works of Richard Fishacre OP. Prolegomena to the Edition of his Commentary on the *Sentences* (Bayerische Akademie der Wissenschaften. Veröffentlichungen der Kommission für die Herausgabe ungedruckter Texte aus der mittelalterlichen Geisteswelt 21), München 1999.

38 Dazu ZAHND (Anm. 14), S. 133.

39 Richard Fishacre, In IV libros sententiarum, d. 1, ad 6, q. 2, hrsg. v. Joseph GOERING, München i. E., S. 44: *Aut magistros non intelligo, aut plures falsum hic habent in manibus, aestimantes aliqui unum*

> Wenn dir Gott eines Tages sagen würde: ‚Erlaube Dir, eingetaucht zu werden, und wenn Du die und die Worte aussprichst, werde ich dich von deiner Krankheit heilen', und du machst dies und wirst darauf geheilt, dann kannst Du sowohl sagen, dass du durch das Wasser und die und die Worte geheilt worden bist, als auch durch Gott; aber das eigentlich Bewirkende der Gesundheit war Gott, und das Wasser und die Worte waren bloß etwas, ohne die es Gott nicht gemacht hätte.[40]

Was Fishacre damit ins Spiel brachte, war die Idee einer *causa sine qua non*, einer Bedingung, ohne deren Erfüllung gewisse Wirkungen nicht zustande kamen, die aber deswegen dennoch nicht im eigentlichen Sinne ursächlich ins Geschehen involviert war.[41] Ähnlich, so Fishacre, sei auch eine Geschichte aus 1 Sam 5 zu verstehen, in der Naaman, nachdem er siebenmal in den Jordan eingetaucht sei, auf das Wort des Propheten hin von der Lepra geheilt wurde: Auch Naaman könne sagen, dass ihn das Wasser geheilt habe oder der Prophet oder, im wahrsten Sinne, dass ihn Gott auf das Wort des Propheten hin durch das Wasser geheilt habe. So taufe und rechtfertige im eigentlichsten Sinne Gott, in einem übertragenen Sinne auch das durchs Wort geheiligte Wasser und der Priester.[42] Im Wissen um die intuitiv einleuchtende Symbolik des Wassers bemühte sich Fishacre, mit alternativen Wasserbeispielen von der Idee wegzukommen, dass das Wasser selbst eine Wirkung habe, und er versuchte dadurch, den ‚Mitwirkungs-Modellen' ein entscheidendes Element ihrer Überzeugungskraft zu nehmen.

Die Frage blieb allerdings, wie dann mit der Autorität eines Augustinus umzugehen sei, der doch wohl kaum bloße *causae sine quibus non* im Sinn gehabt haben konnte oder in übertragender Rede gesprochen hatte. Noch der genannte Franziskaner Johannes Duns Scotus mühte sich am Beginn des 14. Jahrhunderts mit dieser Autoritätenproblematik ab, weil ja Augustinus eindeutig von einer Kraft des Wassers gesprochen habe,[43] und es sollte noch fast eine Generation dauern, bis ein weite-

---

aliquid esse ex verbo et aqua in baptismo, et verbum esse formam et aquam materiam, et hoc coniunctum vere habere rationem efficientis immediati respectu iustificationis in anima, Deum vero agentem mediatum. Et alii, qui non hoc de verbo, sed potius dicunt aliquid divinum a verbo vocali fieri in aqua, et hoc esse formam, et similiter unum efficere cum aqua, et communiter ab utroque esse sanctificationem. Quod quomodo stare possit, vel hoc vel illud non video.

40 Ebd.: *Si diceret tibi Deus quacumque die sic: ‚Te permiseris immergi, et cum tali verborum prolatione sanabo te ab infirmitate tua', si hoc faciens, deinde curareris, et dicere posses te curatum per aquam et verba talia, et per Deum, et proprie efficiens sanitatis fuisset Deus, sed aqua et verbum sunt sine quibus non fecit.*

41 Zu den *causae sine quibus non* vgl. William J. COURTENAY, The King and the Leaden Coin. The Economic Background of ‚sine qua non' causality, in: Traditio 28 (1972), S. 185–209.

42 Richard Fishacre (Anm. 39), S. 44: *Sic Naaman, septimo mersus in Iordane, quod et typum gessit baptismi, ad verbum prophetae sanatus est a corporali lepra, et dici poterat quod eum sanasset aqua. Item, quod propheta. Item, verissime, quod Deus ad verbum prophetae per aquam. Sic propriissime Deus baptizat et iustificat, per extensionem sermonis, aqua sanctificata verbo et sacerdos.*

43 Johannes Duns Scotus, Ordinatio, IV d. 1, p. 3, q. 1–2, n. 324, hrsg. v. Joseph R. CARBALLO, Rom 2008, S. 115.

rer Franziskaner, Petrus Aureoli, zu Augustinus zurückkehrte und sich dessen Text genauer vornahm. Was er dort fand, ermutigte Petrus Aureoli, der die große Inszenierung nicht scheute, erneut in einem Kommentar zu Petrus Lombardus Sentenzen (ca. 1317) theatralisch auszurufen:

> Ich, ich habe bis zu diesem Zeitpunkt nicht eine einzige autoritative Stelle irgendeines Heiligen gesehen, welche eher die Schlussfolgerung dieses [Mitwirkungs]-Modells auszudrücken scheint als dessen Gegenteil, weshalb ich mich diesem Modell nicht anschließe, was ich umgehend tun würde, wenn ich hierfür die kleinste Autorität finden würde.[44]

Angesichts des bisherigen Verlaufs der Debatte musste diese Ankündigung mehr als erstaunen, doch Petrus Aureoli blieb einen Beweis nicht schuldig und zitierte umgehend die fragliche Augustinus-Stelle in ihrem Kontext, so dass er Augustinus' eigene Antwort auf die Frage nach der Kraft im Wasser wieder stark machen und damit aufzeigen konnte, dass auch Augustinus selbst diese Kraft nicht im Wasser, sondern im zugehörigen geglaubten Wort lokalisiert hatte.[45]

Für die unmittelbare Diskussion der Frage nach der sakramentalen Wirkweise hatten diese Einwände und Klärungen zur Folge, dass im weiteren Verlauf des 14. Jahrhunderts Verteidiger des ‚Mitwirkungs-Modells' zu einer fast vernachlässigbaren Minderheit wurden.[46] Allein, die Wassersymbolik hatte ja längst nicht mehr nur die Wirksamkeitsfrage, sondern die grundsätzliche Bestimmung, das grundsätzliche Verständnis dessen, was ein Sakrament sei, geprägt; und so sehr sich daher auch an der Oberfläche der Sakramentenlehre einige Verschiebungen vollzogen, hatte die Symbolik des Wassers ihre Kraft längst so weit ausgebildet, dass an die daran anknüp-

---

[44] Petrus Aureoli, Commentaria super sententiarum libros, IV, d. 1, q. 1, a. 1, Rom 1605, S. 9bC: *Ego autem non vidi adhuc auctoritatem aliquam alicuius sancti quae magis videatur exprimere conclusionem istius positionis quam eius oppositum, propter quod opinionem non teneo, quam tenerem utique si ad hoc auctoritatem minimam reperirem.*

[45] Ebd., S. 10aA–B: *Capio auctoritates, quas maxime opinio ista pro se allegat, et una quidem est Augustini super Ioannem [...]. Ecce quod circumstantia expressa verborum huius auctoritatis ipsa ostendit oppositum eius, quod opinio intendebat, videlicet quod virtus sacramenti cor abluens non sit virtus inhaerens sacramentis [...]. Hoc quod dicit manens, est contra opinionem dupliciter. Primo, quia opinio ponit qualitatem illam et virtutem esse in sacramentis tantum in fluxu et in fieri. Sed auctoritas dicit virtus manens. Secundo, quia isti ponunt virtutem illam formaliter inhaerere sacramentis. Ergo oportet quod transeat transeunte sacramento. Sed auctoritas dicit quod transeunte sono remanet virtus manens.* Vgl. Lauge Olaf NIELSEN, Signification, Likeness, and Causality. The Sacraments as Signs by Divine Imposition in John Duns Scotus, Durand of St. Pourçain, and Peter Auriol, in: Constantino MARMO (Hg.), *Vestigia, imagines, verba*. Semiotics and Logic in Medieval Theological Texts (XIIth–XIVth Century) (Semiotic and Cognitive Studies 4), Turnhout 1997, S. 223–253.

[46] Für die wenigen bekannten Beispiele vgl. Ueli ZAHND, Plagiats individualisés et stratégies de singularisation. L'évolution du livre IV du commentaire commun des *Sentences* de Vienne, in: Monica BRÎNZEI (Hg.), Nicholas of Dinkelsbühl and the *Sentences* at Vienna in the Early Fifteenth Century (Studia Sententiarum 1), Turnhout 2015, S. 85–267, hier S. 121.

fenden Grundbestimmungen der Ähnlichkeit, der Repräsentation und des wie auch immer gearteten Effekts nicht mehr zu rütteln war. Insofern erstaunt es nicht, dass in der traditionalistischen Wende der Scholastik im Übergang vom 14. zum 15. Jahrhundert das ‚Mitwirkungs-Modell' wieder salonfähig wurde und die Kritik an einer verkürzten Lesart des augustinischen Bildes weitgehend in Vergessenheit geriet:[47] Es stimmte dieses Bild inzwischen einfach zu gut mit dem allgemeinen Verständnis dessen überein, was ein Sakrament sei, denn schließlich hatte es dieses Verständnis ja auch grundlegend geprägt.

Einer der klarsten Vertreter einer intrinsischen sakramentalen Wirkweise war am Beginn des 15. Jahrhunderts kein geringerer als Jan Hus höchstpersönlich, der in der klassischen Terminologie des Thomas von Aquin die Sakramente für instrumentale Ursachen der Gnade hielt.[48] Tatsächlich erweisen sich bei genauerer Betrachtung nun sowohl der Hussit Peter Payne als auch der Dominikaner Torquemada als Verteidiger der Wassersymbolik im Sakramentenverständnis: Denn Peter Payne weitete das augustinische Bild der Wasserwirkung so konsequent auf die Eucharistie aus, dass er auch den eucharistischen Elementen eine vom Taufwasser inspirierte Wirksamkeit zusprechen wollte und entsprechend nicht hinnehmen konnte, dass einem Großteil der Gläubigen eines dieser Elemente und damit dessen Wirksamkeit entzogen blieb. In der scholastisch etablierten Wassersymbolik hingegen ging dies zu weit. Juan de Torquemada verteidigte implizit zwar die Allgemeingültigkeit des Wasserbildes, das sich auch auf das Weihwasser ausweiten ließ, so dass auch diesem ein eigener, intrinsischer Effekt zugesprochen werden könne, doch behielt er die scholastische Reserve einem allzu direkten, kausalen Einbezug der sakramentalen Elemente gegenüber bei, wie sie sich letztlich schon bei Augustinus und seiner ursprünglichen Formulierung des Wasserbildes gefunden hatte: Wie das äußerlich reinigende Wasser bloß repräsentierendes Instrument der innerlich reinigenden Gnade war, so waren auch die eucharistischen Elemente nur äußerlicher Anschein, deren innerer Effekt daher *sub utraque specie* ein- und derselbe blieb. Wo der eine auf die Wirksamkeit setzte, betonte der andere die Ähnlichkeit – und doch ging historisch gesehen beides, wenn nicht auf die so große Kraft *im* Wasser, so doch auf die Symbolkraft *des* Wassers zurück.

---

[47] Dazu ZAHND (Anm. 14), S. 374–378.
[48] Jan Hus, Super IV Sententiarum, IV d. 1, hrsg. v. Wenzel FLAIŠHANS u. Marie KOMÍNKOVÁ, Prag 1904, S. 514.

Hanns Peter Neuheuser (Köln)
Das Wasser als Naturelement und Zeichen in der mittelalterlichen Liturgie

Abstract: In medieval worships of the Latin Rite water is employed both for natural and symbolic purposes. This paper gives an overview of the chronological development of the liturgical use of water, inaugurated by the Franco-Gallic influence. Furthermore, the fundamental meanings of the symbol and its derivation from the Jewish Bible and – in the sense of the Christians – especially from St John's Gospel are discussed.

Keywords: Liturgie, Jüdische Bibel, Kirchweihe, Zeichensprache

1 Einleitung

In den okzidentalen Gottesdienstformen[1] ist kaum ein größerer Kontrast denkbar als zwischen den eingesetzten Naturelementen und Naturprodukten einerseits und den stilisierten Vollzügen mit ihrem artifiziellen Instrumentarium, das die bedeutendsten Kunstwerke seiner Zeit hervorgebracht hat, andererseits. Für die westlichen, gallisch-fränkisch geprägten Gottesdienstformen gilt aber: Durch die Einbeziehung von Naturelementen wie etwa Wasser und Naturprodukten wurden der hochkulturellen, aber ‚nüchternen' Liturgie römischer Provenienz neue anschauliche, d. h. optische, haptische und olfaktorische Dimensionen hinzugewonnen.[2] Öl, Wein, Wasser, Brot, Wachs, Weihrauchharz, Honig, Milch, Asche, Zweige des Palmenbaums und des Ysopgewächses etc. sind – zum Teil veredelte – Produkte der Natur, die dem abstrakten Ritus den Zugang zum Kosmos der Natur eröffnen. Dieser unübersehbare Kontrast reizt in Bezug auf den liturgischen Wassereinsatz (2) zur näheren Differenzierung, mindestens (3) zur Bestandsaufnahme der tatsächlichen Ingebrauchnahme von Wasser in einzelnen Riten sowie (4) zur Befragung der evozierten Zeichenhaftigkeit.

---

[1] Die nachfolgende Untersuchung klammert den Wassereinsatz in der Taufliturgie aus, da der zugrunde liegende Vortrag beim Symposon des Mediävistenverbandes 2015 in Bern mit dem diesbezüglichen Referat von Jürgen Bärsch abgestimmt war. Die nachstehenden Texte verwenden folgende Abkürzungen: GeV – Gelasianum vetus, hrsg. v. Leo MOHLBERG, Rom 1960; GeG – Sacramentarium Gellonense, hrsg. v. André DUMAS, Liber sacramentorum Gellonensis (CCSL 159), Turnhout 1981; OR – Ordo Romanus, hrsg. v. Michel ANDRIEU, Les Ordines Romani du haut moyen âge, Löwen 1948; PRG – Pontificale Romano-Germanicum, hrsg. v. Cyrille VOGEL u. Reinhard ELZE, Le pontifical romano-germanique du dixième siècle, Vatikanstadt 1963; PontRom XII – Pontifikaletyp des 12. Jahrhunderts, hrsg. v. Michel ANDRIEU, Les pontifical romain au haut moyen âge, Vatikanstadt 1938.
[2] Vgl. Hermann REIFENBERG, Fundamentalliturgie. Grundelemente des christlichen Gottesdienstes, Bd. 1, Klosterneuburg 1978, S. 139–142, 144 sowie Bd. 2, S. 132 passim.

2 Kontrast und Symbiose: Natürliche Materialien und artifizielle Instrumente

Der Mensch hat es in seinen Gottesdienstformen aller Zeiten verstanden, seine als ‚Segen' empfundene Umwelt und damit seine eigene Geschöpflichkeit in das rituelle Geschehen zu integrieren und in diesem Schöpfungszustand Gott zu präsentieren sowie förmlich segnen zu lassen.[3] Die hier nur beispielhaft aufgezählten natürlichen Materialien sind durchgängig Gegenstand des liturgischen Vollzugs sowie der retrospektiven theologischen Reflexion.

Die Kirche hat in ihrer elaborierten Liturgie die Herkunft der Naturstoffe stets gewürdigt und auch liturgisch geehrt, wenn wir etwa an das ausführliche ‚Bienenlob' im Osterpraeconium denken, das in seiner gallikanischen Prägung gleich eine ganze ‚Naturlehre' in poetischer Form enthält.[4] In diesen Zusammenhang wäre ebenso das Naturelement Wasser hineinzustellen, das man geradezu als „Grundelement des christlichen Gottesdienstes"[5] oder „simbolo primordiale"[6] bezeichnen darf, denn Wasser wurde in der Liturgie in trivial-praktischer, mehr aber noch in zeichenhafter Weise rituell eingesetzt, wobei seine Materialität im Bezug zur Realität und Imaginationsfähigkeit des Menschen gesehen wurde.

In der konkreten Handhabung der natürlichen Materialien ist nun von besonderer pragmatischer Bedeutung, dass der rituelle Einsatz, an den eine Zeichenhaftigkeit geknüpft ist, vorbereitet, organisiert und dass das Material auch wieder ‚entsorgt' werden muss. Es ist zu beachten, dass verschiedene Handlungen technisch-organisatorischer Art zur Handhabung der Naturelemente, zur Herstellung von Naturprodukten, aber auch zur Beschaffung, Bereitung, Abfüllung bis hin zur ‚Entsorgung' etc. eher im Hintergrund geleistet werden, etwa von Küstern im Laienstand – andere Handlungen ähnlicher Art sowohl von diesen Personen, als auch von geistlichen Amtsträgern innerhalb der Liturgie verrichtet werden. Anschauungsbeispiele bieten ergiebig die Feier der Karwoche, des Osterfestes und der Kirchweihliturgie. Zur Organisation und zum kontrollierten Einsatz des Naturelements Wasser hat sich ein Instrumentarium

---

[3] Vgl. immer noch das Standardwerk von Adolph FRANZ, Die kirchlichen Benediktionen im Mittelalter, 2 Bände, Freiburg / Br. 1909 (ND 1960), zu den Naturelementen und -produkten ausführlich Bd. 1; vgl. als erste Hinführung Reiner KACZYNSKI, Die Benediktionen, in: Gottesdienst der Kirche. Handbuch der Liturgiewissenschaft, Bd. 8, Regensburg 1984, S. 233–274.

[4] Zum Bienenlob vgl. Heinrich ZWECK, Osterlobpreis und Taufe. Studie zu Struktur und Theologie des Exsultet und anderer Osterpraeconien unter besonderer Berücksichtigung der Taufmotive, Frankfurt / M. u. a. 1986, S. 70–71, 95–96, 145–146, 186–187, 251; zur Textgeschichte des ‚Bienenlobs' vgl. vor allem Henry Marriott BANNISTER, The Vetus Latina Text of the Exultet, in: The Journal of Theological Studies 11 (1910), S. 43–54.

[5] Vgl. REIFENBERG (Anm. 2), Bd. 2, insb. S. 140–141.

[6] Vgl. Silvano MAGGIANI, Il simbolo dell'aqua. Riflessioni su un simbolo primordiale ripreso dal cristianesimo, in: Pius-Ramon TRAGAN (Hrsg.), Alle origini del battesimo cristiano. Radici del battesimo e suo significato delle comunità apostoliche, Rom 1991, S. 43–58.

von Gefäßen und Hilfsmitteln herausgebildet, um eine würdige Handhabung innerhalb des liturgischen Vollzugs zu gewährleisten. Neben dem Taufbecken und der Piszina im Chorbereich und ggf. in der Sakristei seien erwähnt: Kännchen (Ampullen), Teller, Becken, Eimer (Situla), Aquamanilien, Lavabogefäße, Aspergill und Ysop, Löffel, aber auch Textilien. Sie korrespondieren mit den Grundhandlungsarten des Hinzugießens, Abwaschens, Aspergierens, Eintauchens, Berührens, Verstreichens, Anhauchens, zeichenhaften Teilens, Ausschüttens etc. Die vielfältigen Formen dieser Gefäße lassen heute nicht immer mit Sicherheit ihre rituelle Zweckbestimmung erkennen, sofern sie nicht durch besonderen Schmuck einen Hinweis enthalten.[7] Textilien wie das Purifikatorium, das Korporale oder das Lavabotuch werden nur selten in den Rubriken liturgischer Bücher erwähnt, noch seltener haben sie sich erhalten.

Für die ehrfürchtige ‚Entsorgung' von rituell benutzten Flüssigkeiten wurde im Altarraum die Piszina eingerichtet. Auch das Ablutionswasser sollte nicht gar schmählich weggeschüttet, sondern an einem bestimmten Ort in der Sakristei oder neben dem Altar ausgegossen werden.[8] Ein eigenes Thema stellen ‚Unfälle' (*defectus*) im Kontext ritueller Handlungen dar, bei denen Flüssigkeiten aufgehoben werden müssen, im schlimmsten Fall auch der verschüttete konsekrierte Wein.

3 Die rituelle Handhabung des Wassers innerhalb der mittelalterlichen Liturgie

3.1 Die rituelle Vor- und Nachbereitung des Wassereinsatzes

Die Aufnahme von Handlungen an Naturelementen und Naturprodukten in die unmittelbare liturgische Handlung stellt grundsätzlich ein Zeichen der Akzeptanz der komplexen Materialität dar – dies umso mehr, als diese Handlungen auch vor und nach den liturgischen Vollzügen denkbar wären.

Mit der Einfügung von Salz und der Segnung wird das Wasser zum Weihwasser und damit geeignet, Menschen und Gegenständen den Segen Gottes zu übermitteln.[9]

---

[7] Vgl. als Beispiel Viktor H. ELBERN, Zum Verständnis und zur Datierung der Aachener Elfenbeinsitula, in: Das erste Jahrtausend, Textband 2, Düsseldorf 1964, S. 1068–1079.

[8] Vgl. Admonitio synodalis 26, hrsg. v. Robert AMIET, Une admonitio synodalis de l'époque carolingienne, in: Mediaeval studies 26 (1964), S. 12–82, Edition S. 41–69, hier S. 46: *Locus in secretario aut iuxta altare sit praeparatus, ubi aqua effundi possit, quando vasa sacra abluuntur*; vgl. auch Johannes Beleth, Summa de ecclesiasticis officiis 119, hrsg. v. Herbert DOUTEIL (CCCM 41A), Turnhout 1976, S. 222, Zeile 32.

[9] Zu dem komplexen Zusammenhang vgl. ausführlich Herbert SCHNEIDER, Aqua benedicta. Das mit Salz gemischte Weihwasser, in: Segni e riti nella chiesa alto medievale occidentale, Spoleto 1987, S. 337–367.

Die Segnung des Wassers entspricht einem eigenen rituellen Akt, in welchem die dienende Funktion des Naturelements deutlich wird.

Die Segnung des Taufwassers, vor allem in der Osternacht, ist das Urbild und der Kernritus jedes liturgischen Gebrauchs des Wassers, so dass man von einem assoziativen Ternar ‚Wasser – Taufe – Ostern' sprechen kann, dessen Konnotationen auch noch erhalten blieben, als die Taufen nicht mehr obligatorisch Bestandteil der Osterfeiern waren. Durch diese Bedeutungsaufladung kommt dem Wasser eine so hohe Bedeutung bei, dass bereits der vorbereitenden Handlung theologisches Gewicht beigemessen wird.[10] Die Eingießung des Chrisams findet sich schon in dem ca. 650–700 entstandenen ‚Ordo Romanus XI',[11] hinzu kamen Berührung und Zerteilen des Wassers, die mit der Katechumenatseröffnung korrespondierende, aus altgallischer Praxis nachgewiesene Anhauchung (*exsufflatio/insufflatio*) (vgl. auch Joh 20,22),[12] später, im Pontifikaltyp des 12. Jahrhunderts, die zusätzliche Einsenkung der Osterkerze in das Wasser: *manu dividat aquam in modum crucis [...], aquam manu tangat [...], faciat crucem super fontem [...], dividat aquam in quatuor partes [...], crucem faciat [...], ponat cereos [!] in aquam [...], sufflet in aquam tribus vicibus [...]*.[13]

In der Kirchweihliturgie wird zur Aspergierung des zu weihenden Altars, der Kirchenwände und des Fußbodens, und zwar zum ersten Mal wohl im ‚Sakramentar von Gellone' vom Ende des 8. Jahrhunderts, das sog. Gregorianische Wasser rituell aus Wasser, Salz, Asche und Wein gewonnen.[14] Zu jeder Beifügung wird vom Bischof ein ausdeutendes Gebet gesprochen.

Zur pragmatischen, d. h. semiliturgischen Vorbereitung des Konsekrationsaktes wird dem Wein Wasser beigemischt. Dieser, vom biblischen Einsetzungsbericht der Eucharistie nicht gedeckte Ritus wird bereits im 2. Jahrhundert von Justinus geschildert.[15] Schon der spätantike Kirchenvater Ambrosius wird in seiner Katechese ‚De Sacramentis' mit der Frage konfrontiert *Quid sibi vult admixtio aquae?* und antwortet aus der Jüdischen Bibel (Ex 17,1–7; vgl. 1 Kor 10,4) und mit dem Johannesevangelium (Joh 19,31–34).[16]

---

10 Vgl. die materialreich die theologiegeschichtliche Entwicklung aufzeigende Arbeit von Emil Joseph LENGELING, Die Taufwasserweihe der römischen Liturgie, in: Walter DÜRIG (Hrsg.), Liturgie. Gestalt und Vollzug, München 1963, S. 176–251, auch zur älteren Forschungsliteratur.
11 OR 11, 94, Bd. 2, S. 445.
12 Vgl. Arnold ANGENENDT, Der Taufexorzismus und seine Kritik in der Theologie des 12. und 13. Jahrhunderts, in: Albert ZIMMERMANN (Hrsg.), Die Mächte des Guten und des Bösen, Berlin 1977, S. 388–409; Joseph BRAUN, Ein unverstandenes und missdeutetes Zeichen im Ritus der Taufwasserweihe, in: Stimmen der Zeit 137 (1940), S. 217–224.
13 PontRom XII 32,22, Bd. 2, S. 243; vgl. auch die Tabelle bei Hermann A. P. SCHMIDT, Hebdomada sancta, Bd. 2, Rom u. a. 1957, S. 848–849; vgl. allgemein Eduard STOMMEL, Studien zur Epiklese der römischen Taufwasserweihe, Bonn 1950.
14 GeG 2416–2424, S. 360–362.
15 Vgl. Justinus, Apologia 1, 66,3 und 67,4, hrsg. v. Charles MUNIER (SC 507), Paris 2006, S. 304, 308.
16 Ambrosius, De sacramentis 5,2, hrsg. von Otto FALLER (CSEL 73), Wien 1955, S. 59.

Im Kontext der Altarweiheliturgie wird schon seit dem ‚Sacramentarium Gelasianum vetus' von ca. 750 die Ausgießung des Restwassers am Altarsockel rituell vorgenommen.[17]

3.2 Ritueller Gebrauch des Wassers in den liturgischen Vollzügen

Innerhalb der Messliturgie

Die sonntägliche Aspersion der Liturgiegemeinde mit Weihwasser, dem etwas Salz hinzugefügt wird,[18] ist eine gängige Praxis wohl seit der Spätantike; sie wurde nachweislich seit dem frühmittelalterlichen Wirken Pseudo-Isidors praktiziert.[19] Die Gesänge des *Asperges me* und – in der Osterzeit – des *Vidi aquam* begleiten den Akt.

Die Händewaschung des Priesters innerhalb des Oblationsritus und nach Empfang der von der Liturgiegemeinde dargebrachten, ggf. nicht ganz sauberen Naturprodukte diente zunächst der pragmatischen, später lediglich der zeichenhaften Vorbereitung der Hände vor Beginn des Messkanons. Das Begleitgebet *Lavabo* folgt Ps 26,6–12, der Ritus insgesamt der im ‚Ordo Romanus I' geschilderten frühmittelalterlichen Papstmesse.[20]

Im Rahmen der Entwicklung des Oblationsritus innerhalb der Messfeier erlangt die oben schon beschriebene Beimischung von Wasser in den eucharistischen Wein den Status einer Liturgie im engeren Sinne.

Die Purifizierung der Vasa sacra stellt im Grunde als bloße Reinigung der Gefäße nach dem Kommunionsakt der Messe einen sekundären Ritus dar, der erst um 900 mit dem Erstarken der Liturgiedisziplin genauere Vorschriften erhielt.[21] Das Ausspülen der *vasa* erzeugte überdies den sog. ‚Ablutionswein', welcher – wenngleich fast nur aus Wasser bestehend – seit dem 13. Jahrhundert als Ersatz für die Kelchkommunion galt.[22] Die regelmäßige ‚Entsorgung' der Ablution erfolgte durch den zelebrierenden Priester selbst, welcher die übriggebliebene Wein-Wassermischung konsumierte.

---

17 GeV 692, S. 108.
18 Vgl. den Überblick im monastischen Bereich bei FRANZ, Benediktionen (Anm. 3), Band 1, S. 633–644.
19 Vgl. Leo IV, Homilie 20 (Migne PL 115,679); Liber pontificalis 1,7 zu Papst Alexander, hrsg. v. Louis DUCHESNE, Le liber pontificalis. Texte, introduction et commentaire, Bd. 1, 2. Aufl. Paris 1955, S. 127; vgl. hierzu Heribert SCHNEIDER, Die Geburtsurkunde des Weihwassers und andere Liturgica bei Pseudoisidor (JK † 24), in: Wilfried HARTMANN u. Gerhard SCHMITZ (Hgg.), Fortschritt durch Fälschungen?, Hannover 2002, S. 89–110, 94–98; vgl. insgesamt Placide LEFEVRE, La bénédiction dominicale de l'eau, l'aspersion des fidèles et des lieux, in: Questions liturgiques 51 (1970), S. 29–36.
20 OR 1, 77, Bd. 2, S. 92.
21 Regino von Prüm, De synodalibus causis, Frage 66 und Kapitel 1,67, hrsg. v. Wilfried HARTMANN, Darmstadt 2004, S. 22, 66.
22 Zu den verschiedenen Praktiken der Ablution vgl. Josef Andreas JUNGMANN, Missarum sollemnia, Bd. 2, 4. Auflage Wien 1958, S. 504–520.

Außerhalb der Messliturgie

In der äußerst wichtigen Taufliturgie ist die fließende Benetzung des Täuflings mit Wasser für die Wirksamkeit des Sakraments unerlässlich. Die Besprengung mit Weihwasser hat vor allem in dem großen Bereich der Segnungen von Personen und Sachen ihren Platz[23] und findet zu allen Zeiten des liturgischen Jahres und in vielen Gottesdienstformen – bis zur Einsegnung des Grabes – statt.

In einer der frühesten Nachrichten über eine Kirchweihe im engeren Sinne nennt Gregor der Große im Jahre 601 drei Ritenelemente: die Wasserbereitung und Besprengung der Kirche mit Weihwasser, die Altarerrichtung und die Niederlegung von Reliquien,[24] welche fortan der bis dato als Weihe genügenden Messfeier voraufgehen.[25] Der elaborierte Ritus kennt neben der oben schon erwähnten Wasserweihe die Besprengung des Altars, der Außenwände, der Innenwände und des Fußbodens.[26]

Im Nachvollzug des biblischen Vorbildes steht der Ritus der Fußwaschung am Gründonnerstag[27] im Kontext der Passionsgeschichte Jesu (Joh 13,3–15).

Die Waschung der Altäre am Gründonnerstag mit Wasser und Reisigen gehört zur asketischen Vorbereitung der Karfreitagstrauer und des Ostertriduums. Sie ist schon bei Isidor von Sevilla nachgewiesen.[28]

4 Zeichenhaftigkeit des Wassers im Kontext der mittelalterlichen Liturgie

4.1 Grundlegung liturgischer Elemente mit Wasserbezug in der Jüdischen Bibel

Die Bedeutung der rituellen Verwendung von Wasser in der Liturgie wird deutlich an den Begleitgebeten und -gesängen. Dabei werden die Texte häufig der Heiligen

---

23 Vgl. FRANZ (Anm. 3), passim.
24 Beda Venerabilis, Historia ecclesiastica gentis Anglorum 1,30, hrsg. v. André CRÉPIN (SC 489), Paris 2005, S. 248. Hierzu Gregor der Große, Registrum epistularum 11,56 (a. 601), hrsg. v. Dag NORBERG (CCSL 140A), Turnhout 1982, S. 961–962.
25 Vgl. Vigilius, Epistola ad Profuturum (a. 538) 4 (Migne PL 69,18BC).
26 Vgl. der Überblick über die Elemente bei Hanns Peter NEUHEUSER, Mundum consecrare. Die Kirchweihliturgie als Spiegel der mittelalterlichen Raumwahrnehmung und Weltaneignung, in: Elisabeth VAVRA (Hrsg.), Virtuelle Räume. Raumwahrnehmung und Raumvorstellung im Mittelalter, Berlin 2005, S. 259–279, insb. die Tabelle S. 271.
27 PRG 99,287, Bd. 2, S. 77–78; vgl. Dionys STIEFENHOFER, Die liturgische Fußwaschung am Gründonnerstag in der abendländischen Kirche, in: Heinrich M. GIETL u. a. (Hrsg.), Festgabe Alois Knöpfler, Freiburg / Br. 1917, S. 325–339; vgl. auch Thomas SCHÄFER, Die Fußwaschung im monastischen Brauchtum und in der lateinischen Liturgie, Beuron 1956.
28 Vgl. Isidor von Sevilla, De ecclesiasticis officiis 1,29, hrsg. v. Christopher LAWSON (CCSL 113), Turnhout 1989, S. 32.

Schrift entnommen und die Gesamtdimension oft nur über den biblischen Kontext angedeutet.

Unmittelbare Vorausdeutung der Taufe

So wie die Arche des Noach die Kirche verkörpert, gilt die Errettung des Noach aus den Wassern der Sintflut (Gen 6,13–8,19) als Präfiguration der Taufe.[29] Der Katechese 1 Ptr 3,20–21 folgend waren die Menschen in Noachs Arche *salvae factae sunt per aquam* [!], so dass der Apostel den vergleichenden Schluss zieht: *quod et vos nunc similis formae salvos facit baptisma*. Ambrosius stellt den Instrumentalcharakter des Wassers klar: *Non aqua omnis sanat, sed aqua sanat, quae habet gratiam Christi* [...], *non sanat aqua, nisi Spiritus Sanctus descenderit et aquam illam consecraverit.*[30] Bereits nach Isidor knüpft die Geistbegabung des Taufwassers an das Schweben des Geistes vor Schöpfungsbeginn (*in principio*) an (Gen 1,1).[31]

Der Durchzug der Israeliten durch das Rote Meer (Ex 14),[32] die Errettung vor dem Verdursten durch das Wasserwunder des Mose am Wüstenfelsen (Ex 17,6; Dtn 20,11; 1 Kor 10,4), die glückliche Überquerung des Jordans durch die Israeliten (Jos 3)[33] und die Heilung des Naaman vom Aussatz durch das Untertauchen im Jordanwasser (insb. 2 Kön 5,10–14) haben im Erzählschatz des Judentums und Christentums einen festen Platz und fanden auch Eingang in die Liturgie. Der rettende Durchzug durch die Gewässer steht für die Bewahrung vor dem Tod und ist daher seit der gregorianischen Tradition Inhalt der Lesungen in der Osternacht.[34] Dass Johannes der Täufer mit Jordanwasser taufte und Jesus selbst im Jordan getauft wurde (Mt 3,13–17; Mk 1,9–11; Lk 3,21–22; vgl. Joh 1,29–34), verstärkte dem mittelalterlichen Menschen den assoziativen Eindruck.

Ekklesiale Vorausdeutungen

Dass Kirchengebäude unmittelbar auf Wasserquellen errichtet wurden, lässt sich – was im hohen Mittelalter mit seinem Bezug auf pagane Gewohnheiten schon Johannes Beleth andeutet[35] – ohne Bezugnahme auf die avancierte Zeichenhaftigkeit des

---

29 Vgl. Hartmut BOBLITZ, Die Allegorese der Arche Noah in der frühen Bibelauslegung, in: Frühmittelalterliche Studien 6 (1972), S. 159–170.
30 Ambrosius, De sacramentis 1, (5) 15, hrsg. v. Otto FALLER (CSEL 73), Wien 1955, S. 22; Rupert von Deutz, De divinis officiis 8,13, hrsg. v. Rhabanus HAACKE (CCCM), Turnhout 1967, S. 289–290.
31 Isidor, Etymologia 6, 19, 47–49, hrsg. v. Wallace Martin LINDSAY, Bd. 1, Oxford 1911, o. S.
32 Vgl. Franz Josef DÖLGER, Der Durchzug durch das Rote Meer als Sinnbild der christlichen Taufe, in: Antike und Christentum 2 (1930), S. 63–69.
33 Vgl. ebd., S. 70–79.
34 Zu dem Lesungsmaterial der Ostervigil vgl. Anton BAUMSTARK, Nocturna laus. Typen frühchristlicher Vigilienfeier, Münster 1957 (ND Münster 1967), S. 35–76 und den Index S. 210–239; vgl. auch die Tabellen bei SCHMIDT (Anm. 13), Bd. 2, S. 828–831.
35 Vgl. Johannes Beleth, Summa de ecclesiasticis officiis 110, hrsg. v. Herbert DOUTEIL (CCCM 41A),

Naturelements Wasser nicht verstehen. Gemäß der Ezechielvision ergießt sich die Tempelquelle vom Altar aus und strömt unter der Tempelschwelle hervor (Ez 47,1; vgl. auch Sach 14,8; Joel 4,18).

Die vier Paradiesesströme Euphrat, Tigris, Geon und Phison sind seit Augustinus[36] als die Archetypen der vier Evangelien gedeutet worden, die von der *fons vitae* Christi resp. aus dem petrinischen ‚Felsen' der Kirche ausgehend die Frohe Botschaft in die Welt bringen;[37] in der Kunst der Evangeliare und im Schmuck des Sakralgeräts führte dies zu entsprechenden Darstellungen, etwa des Lebensbrunnens.[38]

Der in der Kirchweihliturgie herangezogene Elischa (2 Kön 2,19–22) hatte durch die Beimischung von Salz das Wasser Jerichos wieder „gesundgemacht" und somit seine Tätigkeit innerhalb des Prophetenamtes unterstrichen. Nach Hrabanus Maurus verfolgen Wasser und Salz den gleichen Zweck (*idem officium*), indem Wasser von Schmutz reinigt und Salz die Fäulnis verhindert; die Beimischung von Salz zum Wasser dient somit der Verstärkung in der Wirkung.[39] Im übertragenen und christlich gedeuteten Sinne ist hier die Tauferinnerung gemeint.[40]

Das Wasser hatte aber nicht nur lebensspendende, sondern auch entsühnende Bedeutung: Der jüdische Ritus der Blutbesprengung des Altars (Lev 4,7b mit den Parallelstellen) wird in der christlichen Kirchweihliturgie durch eine ebenso extensive Wassergabe ersetzt.[41]

Die Adaption in liturgischen Texten
Wichtig erscheint, dass der Zeichencharakter des Wassereinsatzes nicht nur Reflexionsgegenstand der theologischen Traktatliteratur war, sondern in den liturgischen Texten zum Ausdruck kam. So die Bitte um Erneuerung, Erfreuung und Verlebendigung der Kirche durch das Wasser im Gebet über das Taufwasser, wie es das ‚Sacramentarium Gelasianum Vetus' ausdrückt.[42]

Turnhout 1976, S. 205; vgl. zur bauhistorischen Thematik Günther BINDING, Quellen, Brunnen und Reliquiengräber in Kirchen, in: Zeitschrift für Archäologie des Mittelalters 3 (1975), S. 37–56.
36 Vgl. Augustinus, De civitate Dei 13,21, hrsg. v. Bernhard DOMBART u. Alfons KALB (CCSL 48), Turnhout 1955, S. 404.
37 Vgl. Hrabanus Maurus, Commentaria in Genesim 1,12 (MPL 107,477–480).
38 Vgl. Paul A. UNDERWOOD, The Fountain of Life in Manuscripts of the Gospels, in: Dumbarton Oaks Papers 5 (1950), S. 41–138.
39 Vgl. Hrabanus Maurus, De institutione clericorum 2,55, hrsg. v. Detlev ZIMPEL (Freiburger Beiträge zur mittelalterlichen Geschichte, 7), Frankfurt / M. u. a. 1996, S. 420; SCHNEIDER (Anm. 9).
40 Vgl. Rupert von Deutz, De divinis officiis 7,20, S. 248–249.
41 Vgl. Hanns Peter NEUHEUSER, Christliches Gottesbild und Kirchenbild aus der Jüdischen Bibel. Die Quellen der hochmittelalterlichen Kirchweihliturgie, in: Klaus OSCHEMA u. a. (Hrsg.), Abrahams Erbe. Konkurrenz, Konflikt und Koexistenz der Religionen im europäischen Mittelalter, Berlin 2015, S. 291–306.
42 Vgl. GeV 445, S. 72–74.

Das Gregorianische Wasser, das einen Gegenstand ‚entsühnen' soll, bedarf zuvor selbst der Reinigung. In der Kirchweihliturgie wird zur Aspergierung des zu weihenden Altars, der Kirchenwände und des Fußbodens das so genannte Gregorianische Wasser rituell aus Wasser, Salz, Asche und Wein gewonnen. Bereits das Gebet des ‚Sacramentarium Gellonense' über das Wasser mit dem Initium *Exorcizo te, creatura aqua*[43] verdeutlicht die Intention des Ritus. Das gleiche gilt für das Gebet zur Herstellung der Salz-Asche-Mischung und für das Gebet zur Beimischung in das Wasser; zuletzt wird der Wein beigemischt.[44]

Der Gebetsfundus, der ausdrücklich auf die Reinigung des Wassers durch den Propheten Elischa (2 Kön 2,19–22) Bezug nimmt, gelangte in das wirkmächtige *Pontificale Romano-Germanicum* (PRG)[45] und erhielt weiter ausgebaut somit seinen obligatorischen Status in der universalkirchlichen Kirchweihliturgie. Salz im Wasser ist somit – wie in der Ezechielvision – ein lebensbedrohendes und zugleich lebensspendendes Element, „etwas Gutes" (Mk 9,50; Lk 14,34), nämlich ein Konservierungsmittel. Innerhalb der Kirchweihliturgie – insbesondere in der Textredaktion des PRG 40 – wird diese Auffassung in den Begleitgebeten ausgedrückt.[46]

Das Wasser wurde mit seiner heilenden Bedeutung nicht nur dem Altar und anderen Sakralgegenständen, sondern auch den Menschen zugewendet. So wurde oben bei der Erwähnung der Gemeindeaspergierung vor der sonntäglichen Messfeier der Gesang des *Asperges me* und des *Vidi aquam* angesprochen. Die Texte lauten: *Asperges me, Domine, hyssopo, et mundabor, / lavabis me, et super nivem dealbabor.*[47] In der Osterzeit wird anstelle des *Asperges* das *Vidi aquam* gesungen, das als von der Liturgie – bereits aus dem 7. Jahrhundert als Prozessionsgesang in der Ostervigil bekannt – adaptiertes Bibelzitat besonders interessiert: *Vidi aquam egredientem de templo a latere dextro, alleluja, / et omnes, ad quas pervenit aqua ista, salvi facti sunt [et dicent]: alleluja.*[48]

Das *Asperges me* entstammt dabei Ps 51, der mit seiner Reinigungsbitte die Möglichkeit anspricht, Sünden ‚abwaschen' zu können (vgl. auch 1 Kor 6,11) und hierbei wie Jes 1,18b die Metapher des weißen Schnees (*super nivem dealbabor*) bemüht. Das Besprengen soll ausdrücklich mit dem Ysop als einer bereits von Augustinus so

---

43 GeG 2417 und 2421 sowie 2423, S. 360–362; PRG 33,10, Bd. 1, S. 84; vgl. zum Folgenden Torsten-Christian FORNECK, Die Feier der Dedicatio ecclesiae im Römischen Ritus, Aachen 1999, S. 46.
44 PRG 33,12–14, Bd. 1, S. 84.
45 GeG 2421, S. 361; PRG 33,12, Bd. 1, S. 84: *per Heliseum prophetam*.
46 PRG 40, 28–30, Bd. 1, S. 137–139; vgl. FORNECK, Feier der Dedicatio ecclesiae (Anm. 43), S. 61–65; die Tradition der Salzbeimischung setzt sich fort in der Redaktion des PontRom XII 17,3–7, Bd. 1, S. 177–178.
47 Dokumentiert in der Überlieferung der Missalien und Gradualien; vgl. auch Corpus antiphonalium officii 148, Bd. 1, S. 419.
48 Vgl. OR 27, 77, Bd. 3, S. 365–366; Corpus Antiphonalium officii 75e, Bd. 1, S. 184.

apostrophierten *herba humilis*⁴⁹ vorgenommen werden. Die Erwähnung des schon aus dem Reinigungsakt der Tora bekannten Ysopeinsatzes (Num 19,18) betont das amtliche Instrument und den Akt des Amtsträgers (vgl. Ez 36,25). Der in der Osterzeit alternativ gesungene Vers *Vidi aquam* ist eine sprachliche Variante der Ezechiel-Vision über die Tempelquelle, welche sich vom Altar aus ergießt (Ez 47,1). Auch hier wird der instrumentale und ekklesiale Charakter des Wassereinsatzes betont.

4.2 Neutestamentliche Spiritualisierung der Wassermetaphorik

Die Wassermetaphorik der Jüdischen Bibel wird von dem mit Jordanwasser getauften Jesus in seiner Redeweise vom „lebendigen Wasser" als seiner Heilszusage aufgenommen (Joh 4,7–18); seine Wortprägung deutet – wie von Johannes dem Täufer vorhergesagt (Mt 3,11; Mk 1,8; Lk 3,16; Joh 1,33) – auf eine neue Taufe und eine „Geburt aus Wasser und Geist" hin (Joh 3,5; vgl. auch 4,2). Nach Rupert von Deutz ist der Heilige Geist der Heiliger (*sanctificator*) des Wassers.⁵⁰

Von hier aus eröffnet sich der Blick auf die ‚Wassertheologie' des Vierten Evangeliums. Es bedarf keiner Betonung, dass die mittelalterliche Liturgik neben ihrem Rekurs auf die Jüdische Bibel die christliche Spiritualisierung aufnimmt, welche insbesondere durch das Johannesevangelium ausgebreitet wird. Erwähnt werden sollen lediglich folgende Positionen:
- die Taufe nicht „nur mit Wasser", sondern „mit dem Heiligen Geist" (Joh 1,33; vgl. Mt 3,11; Mk 1,8; Lk 3,16),
- die Verkündigung Jesu am Jakobsbrunnen und die Verheißung des „lebendigen Wassers" (Joh 4,10–15),
- die Schilderung der Wunderheilung am Teich Bethesda und das neue Heilsverständnis Jesu (Joh 5,1–9; vgl. auch Joh 9,7–11),⁵¹
- der Verweis Jesu auf die Wasserspende am Laubhüttenfest (Joh 7,38–39),⁵²
- die Fußwaschung Jesu an seinen Jüngern als Zeichen für den ekklesialen Demutsdienst (Joh 13,3–15),⁵³

---

49 Vgl. u. a. Augustinus, De doctrina christiana 2,41 (62), hrsg. v. Joseph MARTIN (CCSL 32), Turnhout 1962, S. 75.
50 Rupert von Deutz, De divinis officiis 7,10, S. 235.
51 Gezeigt werden soll hier die überlegene Rolle Jesu gegenüber einem schon älteren Wundergeschehen. So etwa Luc DEVILLERS, Une piscine peut cacher une autre. A propos de Jean 5,1–9a, in: Revue biblique 106 (1999), S. 175–205, auch zu den verschiedenen Deutungen der Teiche im Umfeld des Jerusalemer Tempels.
52 Vgl. David FEUCHTWANG, Das Wasseropfer und die damit verbundenen Zeremonien, Wien 1911; zu diesem Komplex wird derzeit eine neue Studie vorbereitet.
53 Vgl. John Christopher THOMAS, Footwashing in John 13 and the Johannine Community, Sheffield 1991.

– das die komplexe eucharistische Theologie des Johannesevangeliums verdeutlichende Zeichen des Wasserflusses aus der Seitenwunde Jesu (Joh 19,34).[54]

Die oben bereits erwähnte Beimischung von Wasser in den „Messwein" innerhalb des Oblationsritus hat umfangreiche Reflexionen in der Liturgik, aber auch in der Dogmatik hervorgerufen,[55] zumal dieser Gestus gemeinsam mit der Brotbrechung die Passionsmemoria innerhalb des eucharistischen Geschehens darstellt.[56] Der mittelalterlichen Liturgik standen zur Deutung der Wasserbeimischung drei Erklärungen zur Verfügung: die vermutete Praxis Jesu im Abendmahlssaal, die heilsnotwendige Verbindung von Christus (Wein) und dem Volk (Wasser) und der Rekurs auf das getrennte Herausfließen von Blut und Wasser aus der Seitenwunde des soeben verstorbenen Jesus am Kreuz (Joh 19,34).[57]

Bis auf die Aussage zum Taufwasser sind die vorstehenden Erzählungen johanneisches Sondergut. Darüber hinaus sind auch an anderen Stellen des Neuen Testamentes Bezüge aus der Jüdischen Bibel auf Christus hergestellt worden; so etwa der wasserspendende Fels, der durch das Wirken des Mose sein Volk vor dem Verdursten in der Wüste rettet (Ex 17,6; vgl. Num 20,7–11; Ps 78,15–16) und von dem es bei Paulus heißt: „und dieser Fels war Christus" (1 Kor 10,4).

4.3 Zur Bedeutungsvielfalt der Wassermetaphorik

Abschließend sei noch einmal der Zeichenkanon zum Wassergebrauch in der Liturgie der lateinischen Ritenfamilie stichwortartig zusammengefasst. Neben den banalen Assoziationen von Wasser, die im Umkreis von Wüstengesellschaften entstanden und die primär mit den positiven Wirkungen der Erfrischung, Nährung, Kühlung, Heilung, Reinigung, Wachstumsförderung oder Verlebendigung verbunden sind, lassen sich im Kontext mittelalterlicher Liturgievollzüge insbesondere folgende zeichenhafte Merkmale erkennen: Wasser als Zeichen für die Schöpfung und die Erhaltung des Naturraums (Regenbitte etc.), Wasser als Mittel zur äußeren und inneren Reinigung (Händewaschung, Fußwaschung, Altarwaschung, Ablution, sachbezogene Aspersion etc.), fließendes Wasser als sakramententheologisches Instrument für die Taufe und die Osterfeier und somit als Zeichen des Heils, Wasser als Instrument des Segens

---

54 Vgl. John Paul HEIL, Blood and Water. The Death and Resurrection of Jesus in John 18–21, Washington 1995, speziell S. 104–113; Ignace DE LA POTTERIE, Le symbolisme du sang et de l'eau en Jn 19,24, in: Didaskalia [Lissabon] 14 (1984), S. 201–230.
55 Vgl. die Untersuchungen von HEIL (Anm. 54) und DE LA POTTERIE (Anm. 54) sowie Alf HÄRDELIN, Aquae et vini mysterium. Geheimnis der Erlösung und Geheimnis der Kirche im Spiegel der mittelalterlichen Auslegung des gemischten Kelches, Münster 1973.
56 Vgl. Leo HABERSTROH, Der Ritus der Brechung und Mischung nach dem Missale Romanum, Mödling 1937.
57 Vgl. den Überblick bei HÄRDELIN (Anm. 55).

und der Entsühnung (personale Aspersion), Wasser als Zeichen der Menschennatur und des Leidens in der Eucharistie. Erkennbar werden die reale und die zeichenhafte Einbeziehung der Natur als schöpfungstheologischer und inkarnationstheologischer Ansatz, woraus sich wiederum Interpretationen für die religiöse Weltaneignung ableiten lassen.

Wendelin Knoch (Hattingen)
Baptismus – Sacramentum (Hugo von St. Viktor). Kirchliche Vollmacht und Taufspendung ‚mit Wasser'

Abstract: The fact that water evokes ambivalent experiences is reflected in the very different rites, often framed in terms of religion, that give expression to the life-giving and protective as well as life-threatening and destructive powers of water. Firmly anchored in its biblical context, the Christian baptism, performed with water, is the basic grand Sacrament of divine love, attention and salvation.

Against the background of the everyday practice of washing and cleaning, baptism can be understood as a symbolic action. The baptismal rite, performed with the prescribed Trinitarian baptismal formula, and the visible performance of the religious, ritual action with fresh water distinguish baptism from ordinary washing. As exemplified by the statements of the school of Anselm of Laon and Hugh of Saint Victor, the theology of early scholasticism on the basis of Patristics demonstrated that the sacrament of Baptism was the mission founded by Jesus Christ. Therefore Christ's authority constitutes the sacred character and the validity of the Baptismal act as a sacred sign whose external form (formula, triple dousing or immersion, sacred signs) confirms the salvific efficacy of the act of baptism.

Keywords: Grundsakrament, biblische Rückbindung, kirchliche Vollmacht, trinitarische Spendenformel, Ritus mit Wasser

1 Vorwort

Die Sakramentenlehre der Frühscholastik[1], zu deren herausragenden Vertretern Hugo von St. Viktor gehört[2], und damit auch das Verständnis der Wassertaufe als ‚Grundsakrament' setzt die detaillierte Kenntnis der einschlägigen Aussagen der Heiligen Schrift, insbesondere des Neuen Testamentes sowie die der Vätertheologie voraus.[3] Auch Hugo greift auf die biblisch-patristische Tradition zurück, wobei ihm vor allem Ambrosius und Augustinus gewichtige Autoritäten sind. Nicht von ungefähr trägt Hugo den Ehrentitel ‚alter Augustinus' und ist auch von Thomas von Aquin hoch

---

[1] Wendelin KNOCH, Die Einsetzung der Sakramente durch Christus. Eine Untersuchung zur Sakramententheologie der Frühscholastik von Anselm von Laon bis zu Wilhelm von Auxerre, Beiträge zur Geschichte der Philosophie und Theologie des Mittelalters, NF 24, Münster 1983.
[2] Joachim EHLERS, Hugo v. St. Viktor, Lexikon des Mittelalters 5 (1991), Sp. 177 f. (Lit.).
[3] Josef FINKENZELLER, Die Lehre von den Sakramenten im Allgemeinen. Von der Schrift bis zur Scholastik (Handbuch der Dogmengeschichte 4, Fasz. 1, A), Freiburg / Br. 1980, bes. Kap. IV: Das Sakramentenverständnis der Frühscholastik, S. 78–125.

geschätzt. „Für den Aquinaten sind die Dicta Hugos *magistralia* und besitzen *robur auctoritatis*."[4]

Die Taufe, die als ‚Initiationssakrament' den Zugang zur Kirche als Gemeinschaft der „im Wasser und im Heiligen Geist Getauften"[5] gewährt, ist von der Autorisierung durch die Kirche hinsichtlich der Materie (Wasser), der Form (trinitarische Spendenformel) und der Intention auf Seiten des Spenders wie des Empfängers abhängig. Nur die in dieser Weise vollzogene und empfangene Taufe ist ‚gültig', also Heil spendend, weil deren Empfang zugleich die Vergebung der Sünden, zumal der Erbsünde, gewährt.

2 Hugo von St. Viktor († 1148) und seine Tauflehre[6]

2.1 Die *materia* der Taufe

Hatte bereits die Schule des Anselm von Laon († 1117), des ‚Vaters der Scholastik' die ‚geistliche Wirkung' der Taufe als die materielle Ursache (*materia*) der dem Täufling geschenkten Heilung der Seele durch Vergebung der Schuld betont,[7] so verdeutlicht Hugo diese Einsicht, indem er begrifflich das *sacramentum tantum*, also die im gebotenen Ritus vollzogene Abwaschung, von der *res sacramenti*, der in der Kraft des Gottesgeistes geschenkten Sündenvergebung unterscheidet. Mit anderen Worten ist das Wasser, das im Übergießen reinigt, zum Zeichen der Sündenvergebung und Heiligung geworden. *Illic gratia attribuitur ad remissionem peccatorum.*[8] Das begründet

---

4 Vgl. dazu ‚Summa Theologiae' 2,2, q5, a.1 ad 1, zitiert bei Martin GRABMANN, Die Geschichte der scholastischen Methode, 2 Bde., Freiburg / Br. 1909–11 (unveränderter Nachdruck, Darmstadt 1961), hier: II,231. – Hugo sind neben den Schriften des Augustinus, die er im Original studieren konnte, Gregor d. Gr. mit seinen *Moralia*, Pseudo-Dionysius, dessen Kenntnis ihm Scotus Eriugena vermittelt hat, sowie die Schriften des Ivo von Chartres wie auch die Werke der Anselm-Schule vertraut. Vgl. dazu: KNOCH, (Anm. 1), S. 75 mit entsprechenden Belegen.
5 Wilhelm GEERLINGS, Die Taufe, in: Reinhard GÖLLNER (Hg.), Gott erfahren. Religiöse Orientierung durch Sakramente. Theologie im Kontakt, Bd. 13, Münster 2005, S. 45–56, hier S. 46 f.: „Wie und wann die Christen die bei Johannes übliche Wassertaufe übernommen haben, wissen wir nicht. Die Übernahme dieses Brauches wird sehr früh geschehen sein, wie die Briefe des Paulus bezeugen [...]. In seinem um 58 verfassten Brief an die Korinther (1 Kor 1,13–17; 10,2; 15,29; Röm 6) erscheint die Taufe als in der gesamten Kirche selbstverständlicher Brauch [...]. Sichere Zeugnisse für das Vorkommen der Kindertaufe liegen erst gegen Ende des 2. oder zu Beginn des 3. Jh. vor."
6 Die Tauflehre wird behandelt in: Hugo von St. Viktor, De Sacramentis Christianae fidei, Liber secundus, pars sexta, PL 176, Sp. 441–459. Hugo beginnt seine Abhandlung über die Taufe in Kapitel 2 mit den Worten: *Si ergo quaeritur, quid sit baptismus, dicimus, quod baptismus est aqua diluendis criminibus sanctificata per verbum Dei* (De Sacr. II, 6,2 [PL 176, 443 A]).
7 Vgl. Franz BLIEMETZRIEDER, Anselms von Laon systematische Sentenzen (Beiträge zur Geschichte der Philosophie des Mittelalters 18/2–3), Münster 1919, S. 134.
8 De Sacr. II, 7,3 (PL 176, 460 f.).

zugleich die Heilsnotwendigkeit des Taufempfangs – unabhängig davon, dass auch nach der Taufe noch die Notwendigkeit fortbesteht, gegen das ‚Böse' anzukämpfen. Ist die ‚Heiligung' des Wassers als Taufwasser durch die Taufe Jesu von Nazareth im Jordan begründet, speist sich die ‚Heilkraft' der Taufe und ihre Wirksamkeit vom Tod Christi und der Vergießung seines Blutes her, in der Heiligen Schrift in der Aussage festgehalten, dass aus dem Leib des am Kreuz getöteten „Königs der Juden" „Blut und Wasser" herausgeflossen sind, nachdem einer der Soldaten eine Lanze in seine Seite gestoßen hat.[9] Bereits die Vätertheologie hatte das hin auf die beiden Sakramente Taufe und Eucharistie gedeutet.[10]

Somit ist die Taufe ein *sacramentum Christi*, ist das Wasser, welches aus der Seite Christi im Kreuz hervorströmte, *sacramentum baptismi*. Dieser Blick auf den Heilstod Christi macht deutlich: In der Taufe werden uns die Früchte des Heilshandelns Gottes in Jesus Christus zugewandt, vor allem die Sündenvergebung, die der Erbsünde wie der aktuellen Sünden. Deshalb ist der Taufempfang auch für Kinder heilsnotwendig.[11]

Ist somit die Taufe in den umfassenden Heilsplan Gottes einbezogen, so wird die Bedeutung der Taufe als christliches Sakrament gerade durch den Blick auf die Johannestaufe deutlich. Die Johannestaufe war nur ein äußeres Zeichen einer inneren Gesinnung; aber sie vermittelte keine Vergebung der Sünden. Die christliche Taufe besteht aber nicht nur in der äußeren *forma*, also dem Übergießen mit Wasser, sondern schenkt überdies als ‚geistliche Kraft' *virtus* auch die Sündenvergebung.[12]

---

9 Vgl. Johannes 19, 33.
10 Vgl. hierzu den tiefsinnigen Text des Anselm von Laon (hrsg. v. Odon LOTTIN, Psychologie et morale aux XIIe et XIIIe siècles, Bd. 5: Problèmes d'histoire littéraire. L'école d'Anselme de Laon et de Guillaume de Champeaux, Gembloux 1959, Sentenz De corpore Domini, S. 27 f., hier S. 28, Zeile 46–48). Anselm von Laon schreibt: *Aqua cum vino ideo in sacramento ponitur, ut aqua que cum sanguine a latere Christi fluxit representetur, que aqua populum figurat, vel baptismum, in quo populus per effusionem sanguinis Christi purgatur vel mundatur.* Zur Verbindung der Sakramente zu Christus und der Kirche vgl. die Aussage Augustinus': *Jam licet nobis ubique Christum quaerere [...]. Dormit Adam ut fiat Eva; moritur Christus ut fiat ecclesia. Dormienti Adae fit Eva de latere; mortuo Christo lancea percutitur latus, ut profluant sacramenta, quibus formetur ecclesia.* In: Ioan. evang. tract., 1814, zitiert in: Enchiridion Patristicum, hrsg. v. Marie Joseph ROUËT DE JOURNEL, Freiburg / Br. 1965, S. 589.
11 Gerhard MÜLLER, Katholische Dogmatik für Studium und Praxis der Theologie, Freiburg / Br. 1995, B. Die spezielle Sakramentenlehre, I. Die Grundlegung der christlichen Existenz. 1. Die Taufe, S. 658–678, hier S. 665 f. Zum ntl. Hintergrund schreibt Franz-Josef NOCKE mit Hinweis auf Apg 2,38: „Da die christliche Taufe mit der kurzen Formel ‚auf den Namen Jesu Christi' gekennzeichnet wird, kann dies als grundlegendes Geschehen in der Taufe gelten: Taufe ist Übereignung an Jesus Christus." (Spezielle Sakramentenlehre, I. Taufe, 2. Biblische Grundlagen; 2.7.2.2 Übereignung an Christus, S. 234 f., hier S. 235, in: HD, Bd. 2, S. 226–258; Lit. 259).
12 *Sacramentum utrobique quantum ad formam exteriorem idem fuit, sed quantum ad effectum idem non fuit, quia illic sacramentum solum fuit; nam remissio peccatorum non fuit; hic autem et sacramenti forma proponitur, et virtus sacramenti pariter in remissionem peccatorum condonatur* (De Sacr. II, 6 [PL 176, 451 D]).

Damit unterstreicht Hugo die Aussagen zur Taufe, die Paulus im Römerbrief zur geistlichen Wirkung der Taufe niedergeschrieben hat. Dieser zentrale Text sei eigens zitiert.

> Wisst ihr denn nicht, dass wir alle, die wir auf Christus Jesus getauft wurden, auf seinen Tod getauft worden sind? Wir wurden mit ihm begraben durch die Taufe auf den Tod; und wie Christus durch die Herrlichkeit des Vaters von den Toten auferweckt wurde, so sollen auch wir als neue Menschen leben [...]. So sollt auch ihr euch als Menschen begreifen, die für die Sünde tot sind, aber für Gott leben in Christus Jesus.[13]

Wer die Wassertaufe ‚auf den Namen Jesu' empfängt', wird durch sie in die Christusgemeinschaft und damit in die Gemeinde der an Christus als Erlöser Glaubenden aufgenommen.

Fügt sich Hugo also in Bezug auf die Taufe hinsichtlich deren *materia* der biblischen wie patristischen Tradition ein, so gilt dies auch für deren Vollzug. Damit die Taufspendung gültig ist, d. h. ein *sacramentum* zustande kommt, ist der Vollzug der Taufe, das Übergießen mit Wasser mit der vorgegebenen trinitarischen Spenderformel unabdingbar.

2.2 Die *forma* der Taufe

Hier greift Hugo das viel zitierte Augustinuswort auf: „Es kommt das Wort zum Element und es entsteht das Sakrament."[14] Daran anknüpfend gibt er die Begründung: „Denn Wasser allein kann wohl das Element sein. Aber Sakrament kann es erst werden, wenn das segnende Wort hinzukommt. Durch das Wort wird erst das Element geheiligt, um die Kraft des Sakramentes zu empfangen." Und er führt weiter aus: „Folglich kann, wo das Wort über das zu heiligende Wasser nicht ausgesprochen wurde, nicht das Sakrament der Taufe sein."[15] Dabei ist das Wort der Taufe die Formel der Heiligen Dreifaltigkeit: „Der Name des Vaters und des Sohnes und des Heiligen Geistes ist das Wort Gottes, durch welches das Element geheiligt wird, um Sakrament zu sein."[16] Dabei geht es nicht um das laut gehörte Wort, sondern um das Wort Gottes, dessen Anrufung Glaube bezeugt.

---

13 Röm 6,3–4.11.
14 Das Augustinuszitat: In Joh Tract. 80,3 (PL 35, 1840), zitiert bei: Heinrich WEISWEILER, Die Wirksamkeit der Sakramente nach Hugo v. St. Viktor, Freiburg / Br. 1932, S. 55.
15 Hugo schreibt: „Wenn man also fragt, was die Taufe sei, so antworten wir: Die Taufe ist das Wasser, das zur Tilgung der Sünde geheiligt ist durch Gottes Wort." (De Sacr. II, pars VI,cap.2 [PL 176, 443 B], dt. Übersetzung W. Knoch).
16 Ebd.; dt. Übersetzungen W. Knoch.

2.3 Glaube und Taufe

Die bereits genannte Definition des Sakramentes[17] gibt dem ‚Wort' eine entscheidende Bedeutung. Und dieses Wort, so argumentiert Hugo in Übereinstimmung mit der kirchlichen Tradition, bringt als Wort der Taufformel den Glauben zum Ausdruck. Damit stellt sich die Frage, ob es einen unsichtbaren, nicht hörbaren Ersatz für die Taufe geben kann. Bei der Formulierung einer Antwort findet Hugo in Ambrosius eine Stütze, wenn er im Blick auf die trinitarische Taufformel festhält: eine Leugnung eine der drei göttlichen Personen bei der Taufspendung zerstöre die Sakramentalität des Zeichens: *Si unum neges, totum subruis.*[18] Umgekehrt gilt aber auch: „Sollte man dagegen auch nur eine der drei Personen nennen und die beiden anderen verschweigen, aber im Glauben weder den Vater, noch den Sohn noch den Heiligen Geist leugnen, so kommt das Sakrament dennoch zustande."[19] So ist damit der Spielraum eröffnet, in Anerkennung der Heilsnotwendigkeit der Taufe und der Kraft des liebeerfüllten Glaubens auch der sogenannten ‚Begierdetaufe' in ihren festen theologischen Platz zu sichern. In diesem Fall nämlich ist „die Liebesreue und das ehrliche Verlangen nach dem Sakrament"[20] als Ersatzmittel für die Taufe möglich.

Ist somit dem grundsätzlich als heilsnotwendig gebotenen Empfang der Wassertaufe Rechnung getragen, bleibt noch zu klären, wer die Taufe ‚gültig' spenden kann. Es ist zu begründen, dass dies nicht nur dem Priester als *minister ordinarius* zuerkannt werden kann.

2.4 Spender und Empfänger der Taufe

Wenn über die *forma* der Taufe zu sprechen ist, rückt der Spender der Taufe in den Mittelpunkt. Zum einen ist ihm seitens der Kirche die Spendeformel verbindlich vorgegeben; zum anderen weiß der Priester, der, als *minister ordinarius* für die Kirche handelnd, die Taufe spendet, dass er zugleich selbst Zeuge des Glaubens ist, welcher mit dem Vollzug der Taufe nach außen hin fassbare Wirklichkeit wird.

Im Namen der Dreifaltigkeit werden jene getauft, die im Glauben an den *Deus trinus* getauft werden. „In seinem Namen tauft man jene, welche man im Glauben an den Vater und den Sohn auf den Heiligen Geist tauft."[21] Die Taufe ist also eine vom Glauben geprägte Handlung, die den Taufspender und den Täufling gleichsam zusammen bindet. In diesem Sinne bewusst vollzogen, weiß sich der Spender des

---

[17] S. o. Anm. 15. Die kurze Definition: *sacramentum est sacrae rei signum* findet sich bereits in De Sacr. I, 9,2 (PL 176, 317 C).
[18] De Sacr, VI,2 (PL 176, 446 D).
[19] Zitiert bei WEISWEILER (Anm. 14), S. 60, mit lateinischem Textzitat.
[20] Leo SCHEFFCZYK, Begierdetaufe, in: Lexikon des Mittelalters, Bd. 1 (1980), Sp. 1803.
[21] WEISWEILER (Anm. 14), S. 58 (PL 176, 445).

Sakramentes als Diener Gottes, der in seinem Tun seine Gottverbundenheit einbringt. Denn er handelt im Sakrament als Gottes Stellvertreter. Auch hier Augustinus folgend, sagt Hugo: „Christus, dessen Stellvertreter der Priester nur ist, tauft selber, lässt selber die Sünden nach, gibt selber in der Taufe den Geist ein."[22] Diese strikte christologische Rückbindung der Gültigkeit der Taufspendung ist zugleich die Begründung dafür, dass auch die Taufspendung durch einen Häretiker oder Ungläubigen gültig ist. Mit Verweis auf die ‚Heiligen Väter', u. a. auch von Augustinus vertreten, steht für Hugo fest,

> […] dass jeder, welcher einmal das Taufsakrament empfangen hat, unter keinem Vorwand es erneut erhalten darf, sei er nun innerhalb oder außerhalb der Kirche getauft, d. h. von einem Katholiken oder einem Häretiker, von einem Gläubigen oder einem Ungläubigen, welchen Standes, Alters, Geschlechtes er auch gewesen sei. Wenn der Täufling das Sakrament nur nach der rechten Form der katholischen Taufe erhalten hat, dann muss es als gültig angesehen werden.[23]

Die dem Täufling geschenkte Heilswirkung macht deutlich, dass in den in der Kirche gespendeten Sakramenten Gott präsent ist. Sakramente verhüllen gleichsam als Gefäße der Gnade die Medizin, die sie enthalten. An der Taufe wird exemplarisch deutlich: In dem, was der Taufspender rituell vollzieht, erweist sich Gott als Mitwirkender in diesem geistlichen Dienst, er, der selbst in der Gabe der Geber ist. Wird die Schöpfermacht Gottes im *opus conditionis* offenbar, der Schöpfung, so wird das Heilshandeln Gottes, das *opus restaurationis* in Jesus Christus sichtbar, in seinem Wort und Werk. Deshalb gewinnt erst dort Erlösung ihre Vollgestalt, wo nicht nur das Zeichen besteht, das über das Wasser gesprochene Wort, sondern die Taufe empfangen wird, das Taufwasser fließt. Damit hat Hugo die Tür zu einem tieferen Verständnis der Taufe und des Ritus ihrer Spendung geöffnet.

Diese Einsichten Hugos bündelnd, ist festzuhalten: Die Taufe, die nicht von ihrem Vollzug ablösbar ist, wird gespendet mit dem von der Kirche autoritativ festgelegten Ritus. Es ist das Übergießen des Täuflings mit fließendem Wasser, das, mit der trinitarischen Spendeformel verbunden, sichtbar macht, dass ein *sacramentum* gespendet wird, also ein wirksames Gnadenzeichen. Es ist also mit anderen Worten die den Ritus fixierende Kirche, welche verbürgt, dass das äußere Zeichen des übergegossenen Wassers unsichtbare Gnade, d. h. Heil schaffendes Wirken Gottes, gewährt. Vorausgesetzt, dass die auf das Heil des Täuflings hin gerichtete Intention (*recta intentio*) den Taufvollzug bestimmt, deshalb mit der trinitarischen Formel verbunden, ist das so vollzogene Übergießen mit Taufwasser ein ‚Heiliges Zeichen'.

---

22 Ebd., S. 68 (PL 176, 451).
23 Ebd., S. 62 (PL 176, 458).

3 Resümee und Ausblick

Die auf biblischem Fundament liturgisch geformte christliche Taufpraxis, in der Patristik theologisch fundiert, in der scholastischen Tauflehre dann weiter entfaltet, hat bleibende Aktualität, wie die dazu bereits am Beginn der Epoche der Frühscholastik (ca. 1040–1220) formulierten einschlägigen Aussagen aus der Schule des Anselm von Laon und vor allem des Hugo von St. Viktor exemplarisch belegen. Sie erweitern auch im Blick auf das ‚Wasser' dessen Bedeutung. Als Leben spendendes, Leben erhaltendes, aber auch bedrohendes Element ist Wasser hier gewichtet in der Rückbindung an Gott, den Schöpfer und Erlöser der Welt. So wird die Ambivalenz von Wasser in der Taufe durch die Zusage endgültigen Heiles theologisch aufgebrochen. Das alltäglich wiederholbare und wiederholte Übergießen und Abwaschen bezeugt im Akt der Taufe die Endgültigkeit des ein- und allemal gewirkten Heils durch Jesus Christus im Heiligen Geist. Das verbietet eine Wiederholung des Taufritus, schließt eine Wiedertaufe aus. Es macht zugleich die Notwendigkeit einsichtig, die Handlung des Abwaschens mit Wasser im äußeren Ablauf und verbaler Gestaltung festzulegen, um so ein unbestechliches Unterscheidungsmerkmal zu gewinnen. Mehr noch: Es gilt ein mit dem menschlichen Alltag verwobenes Geschehen von der einmalig-endgültigen Hineinnahme in die Gottesgemeinschaft durch Sündenvergebung und Geistbesitz nicht nur zu unterscheiden, sondern strikt zu trennen. Damit zeigt sich hier zum einen, dass die Christentumsgeschichte hinsichtlich des Taufsakramentes, unbeschadet aller Differenzierungen, eine bemerkenswerte Kontinuität aufweist in der Anerkennung der notwendigen Verbindung von äußeren Zeichen, der Abwaschung mit Wasser und einer inneren Wirkung, der Sündenvergebung und dem Geistempfang. Die Taufe ist also nicht von ihrem Vollzug abzulösen und damit von der autoritativen Festlegung des Spenderitus durch die Kirche, die sich ihrerseits Christus als dem *institutor baptismi* verpflichtet weiß. Das erklärt die Fixierung und die theologische Legitimierung des Wassers als *materia* des Taufsakramentes ebenso wie die trinitarische Taufspendungsformel als *forma baptismi*. Weil in der Heiligen Schrift überliefert, gilt – so Hugo wörtlich: *Verumtamen ecclesiastica consuetudo hanc potissimum in baptizando formam tenere elegit, quam ab ipso sanctificationis auctore ex prima institutitone servandam accepit.*[24] Zudem ist damit begründet, dass es nur eine Taufe geben kann, da diese aus dem ‚einen' Heilstod Christi für die Welt erfließt.[25] Taufe setzt in ihrem Vollzug als innere Reinigung, die das äußere Abwaschen mit Wasser

---

[24] PL 176, 447 D; dazu WEISWEILER (Anm. 14), S. 58 f.; Artur Michael LANDGRAF, Dogmengeschichte der Frühscholastik, 3. Teil: Die Lehre von den Sakramenten, Bd. 1, Regensburg 1954, S. 112, weist darauf hin, dass bei Hugo *forma* bedeutet: „[...] bei der Spendung des Sakramentes vorgeschriebenen Worte [...]." Damit steht er auch hier in der Tradition der Anselmschule.
[25] PL 176, 447 C.

bezeichnet, die Erlösung wirksam gegenwärtig, *in lavacro aquae, quae suavem habet purificationem,*[26] wie Hugo festhält.

Da die innere Heilswirksamkeit der Taufe aber auch ohne den äußeren Wasserritus zu erreichen ist, wird das Wasser in seiner Bedeutung zwar stark betont, zugleich aber auch relativiert.[27] Der dreigliedrige Argumentationsduktus trägt dem Rechnung: Die Kirche präsentiert das sichtbare Zeichen als Ausweis des christlich-trinitarischen Gottbekenntnisses. Die innere geistige Wirkung kann aber auch ohne den Empfang des äußeren Zeichens erreicht werden, wenn eine Handlung das Wasser substituiert: Hier ist vor allem das Martyrium zu nennen, die sogenannte Bluttaufe, oder für den Erwachsenen der Wille zum Taufempfang, der das rituelle Taufgeschehen ersetzt.[28] Damit ist die Heilsbedeutung des Taufempfangs unterstrichen, der allen Menschen offen steht, die ihren persönlichen Gottesglauben mit der Taufe bezeugen wollen. Dies gilt auch für die von Nichtchristen gespendete Taufe, insofern sie diesen Taufritus *intentione ecclesiae* vollziehen. Neben der mit der rituellen Abwaschung gegebenen Anerkennung der grundlegenden Bedeutung des Wassers ist dem Bekenntnis Rechnung getragen, dass, mit Hugo von St. Viktor gesprochen, die Sakramente ‚Gefäße der Gnade' sind, die sich dem Willen und dem Handeln Gottes verdanken. Zu dieser theologischen Rückbindung tritt die ekklesiale Verankerung. Der Spender der Taufe, mag er ‚amtlicher Repräsentant der Kirche' und damit ‚ordentlicher Spender' sein oder als ‚außerordentlicher Spender' hier wirken, leistet einen Dienst, der über das Wirken Gottes hinaus mit der Betonung der notwendigen ‚Intention' des Taufempfängers diesen als aktiven Partner betont, Taufe als ein ‚dialogisches Geschehen' bezeugt.

Halten wir also fest: Auf dem Fundament auch theologischer Tradition reflektiert, unterstreicht der Taufritus die vielschichtige Signifikanz des Wassers. Anthropologisch gewichtet, schließt die Rückbindung an das Bekenntnis zu dessen Schöpfung durch Gott das göttliche Ja zum Menschen als Ebenbild Gottes ein, als leib-geistliches Wesen also, das durch seine Sinne ausgezeichnet ist. Das mit sichtbarem Zeichen, hier dem Wasser gewährte Heil bezeugt diese Konstitution des Menschen und damit seine Würde unübersehbar.

Der Wasserritus verbietet zudem eine menschenverachtende Anonymisierung, trägt vielmehr der Tatsache Rechnung, dass der Mensch sich selber als Teil der Menschheit (als *communio*) begreift. Im Taufritus wird nicht nur sichtbar und fühlbar Gottes Heil bringende Nähe bezeugt. Mit Wasser, mit dem der Täufling drei Mal über-

---

26 PL 176, 449 B.
27 Bernhard DÖRR, Heilswille Gottes, in: Lexikon für Theologie und Kirche, 3. Aufl. Bd. 4 (1995), Sp. 1355–1357.
28 Von dieser Einsicht her ist schließlich auch die Lehre vom sogenannten *limbus puerorum* überwunden worden, die ungetauft sterbenden Kindern den Zugang zur vollen Seligkeit meinte, vorenthalten zu müssen, da eine ausdrückliche Willensbekundung nicht gegeben sei; vgl. Leo SCHEFFCZYK, Limbus, Lexikon für Theologie und Kirche, 3. Aufl. Bd. 6 (1997), Sp. 936f.

gossen wird, unter Aussprechen der trinitarischen Formel gespendet, wird die nicht sichtbare Bedeutung der Handlung als *sacramentum* glaubhaft. Das Übergießen mit Wasser zeigt: Der im Namen des dreifaltigen Gottes Getaufte ist durch den Dienst der Kirche unwiderruflich mit Jesus Christus und damit mit seiner Kirche verbunden. Im Horizont scholastischer Begrifflichkeit gesagt, erzwingt diese Einsicht ein Nachdenken darüber, was bzw. wer Kirche ist. Selbst die strikte Abweisung einer hierarchisch übergeordneten Kompetenz mit Berufung auf das allgemeine Taufpriestertum aller Christgläubigen bestreitet im Blick auf die mit Wasser gespendete Taufe nicht, dass die Anerkennung einer Taufhandlung als Spendung einer gültig-christlichen Taufe – den Taufwillen auf Seiten des Taufenden wie des Täuflings vorausgesetzt – an den Vollzug eines Ritus gebunden ist, der dem Taufenden autoritativ und damit auf biblischem Fundament, rückgebunden an Jesus Christus, apostolisch-kirchlich vorgegeben ist.

Jürgen Bärsch (Eichstätt)
Der Wasserritus der Taufe im Spiegel der mittelalterlichen Liturgiepraxis und -kommentare

Abstract: This essay examines the practice of baptism against the background of the sweeping changes in baptismal liturgy, which took place in the early Middle Ages, with infusion increasingly replacing immersion as the normative rite of baptism. Nonetheless, the interpretation of the role of baptism offered by theological and liturgical commentaries remains unchanged: namely as participation in the death and resurrection of Christ (Rom 6.3–5), even though the ritual performance no longer bears that symbolism.

Keywords: Liturgie, Liturgiekommentar, Ritus, Sakrament, Taufe

1 Einleitung

Wenn im Folgenden von der Taufe die Rede ist, muss man sich vor Augen halten, dass es sich dabei um ein höchst komplexes Ritual handelt, das bereits in der Spätantike eine umfängliche Ausgestaltung erfahren hatte.[1] Zwar übernahm das Mittelalter im Wesentlichen die liturgische Grundgestalt, trug in ihr aber deutliche Umakzentuierungen und nachhaltige Veränderungen ein. Diese bezogen sich sowohl auf den sozial- und mentalitätsgeschichtlichen Rahmen der Taufe als auch auf das religiöse Verständnis und die theologische Bestimmung des liturgischen Geschehens.

Darum ist es zunächst erforderlich, die hoch- und spätmittelalterliche Situation der Taufe kurz zu skizzieren. Darauf ist zu fragen, wie sich der Wasserritus der Taufe praktisch vollzog, um schließlich einige Deutungsmotive in den Liturgiekommentaren vorzustellen und im Blick auf das rituelle Geschehen zu analysieren. Vorweg zu sagen ist zudem, dass – schon aus zeitlichen Gründen – der Fokus ganz auf den Wasserritus der Taufe gelegt wird, weitere für das theologische Verständnis der Taufe

---

[1] Vgl. dazu die handbuchartigen Darstellungen zur Geschichte und Theologie der Taufliturgie, etwa bei Alois STENZEL, Die Taufe. Eine genetische Erklärung der Taufliturgie (Forschungen zur Geschichte der Theologie und des innerkirchlichen Lebens 7/8), Innsbruck 1958; Georg KRETSCHMAR, Die Geschichte des Taufgottesdienstes in der alten Kirche, in: Karl Ferdinand MÜLLER u. Walter BLANKENBURG (Hgg.), Leiturgia. Handbuch des evangelischen Gottesdienstes 5, Kassel 1970, S. 1–384; Burkhard NEUNHEUSER, Taufe und Firmung (Handbuch der Dogmengeschichte IV/2), 2. Aufl. Freiburg / Br., Basel, Wien 1983; Bruno KLEINHEYER, Sakramentliche Feiern I. Die Feiern der Eingliederung in die Kirche (Gottesdienst der Kirche 7,1), Regensburg 1989.

wichtige Riten wie etwa die Taufwasserweihe (*benedictio fontis*) ganz ausgeklammert bleiben müssen.²

2 Der Horizont der Taufliturgie im Mittelalter

2.1 Veränderte Rahmenbedingungen: Säuglingstaufe statt Erwachseneninitiation

Gemäß dem biblischen Vorrang des Glaubens vor der Taufe (vgl. Mk 16,16) zielte die Taufe als Bekehrungsritus auf Erwachsene, die nach einer mehrjährigen Glaubensschule, zumeist in der Osternacht im Wasserbad getauft und durch Handauflegung und Salbung gefirmt wurden, um ihre Initiation dann beim ersten Empfang der Eucharistie zu vollenden. Zwar kannte schon die alte Kirche die Taufe von Kindern und gar Säuglingen,³ sah dies aber als einen theologischen Sonderfall,⁴ der allerdings im Frühmittelalter unter der einflussreichen Erbsündenlehre des Augustinus, der antagonistischen Sicht von Teufel und Christus und dem massiven Heilsverlangen zum geforderten Idealfall wurde.⁵ Die Taufe der Säuglinge *quam primum*, also möglichst

---

2 Vgl. H. Scheidt, Die Taufwasserweihegebete im Sinne vergleichender Liturgieforschung untersucht (Liturgiegeschichtliche Forschungen 29), Münster 1935; Emil Joseph Lengeling, Die Taufwasserweihe der römischen Liturgie. Vorschlag zu einer Neuformung, in: Walter Dürig (Hg.), Liturgie. Gestalt und Vollzug. FS Joseph Pascher, München 1963, S. 176–251; Suitbert Benz, Die theologische Bedeutung der Taufwasserweihe in der Tradition der Kirche, in: Theodor Bogler (Hg.), Leben aus der Taufe (Liturgie und Mönchtum 33/34), Maria Laach 1963/64, S. 124–132.
3 Vgl. neben der in Anm. 1 genannten Literatur etwa Joachim Jeremias, Die Kindertaufe in den ersten vier Jahrhunderten, Göttingen 1958; Gerhard Barth, Die Taufe in frühchristlicher Zeit, 2. Aufl. Neukirchen-Vluyn 2002, S. 137–146.
4 Burkhard Neunheuser bezeichnet die Kindertaufe als ein „Anhängsel an die Erwachsenentaufe, theologisch und auch liturgisch." Burkhard Neunheuser, Die Liturgie der Kindertaufe. Ihre Problematik in der Geschichte, in: Hansjörg Auf der Maur u. Bruno Kleinheyer (Hgg.), Zeichen des Glaubens. Studien zu Taufe und Firmung. FS Balthasar Fischer, Zürich, Einsiedeln, Köln 1972, S. 319–334, hier S. 320–324, Zitat 324. Zur Gesamtgeschichte vgl. auch Antoine Chavasse, Histoire de l'initiation des enfants, de l'antiquité à nos jours, in: La Maison Dieu 28 (1951), S. 26–44; Jürgen Bärsch, Wie die Kirche Kinder taufte. Streiflichter aus der Geschichte als Anfragen für die Gegenwart, in: Ders. u. Andreas Poschmann (Hgg.), Liturgie der Kindertaufe, Trier 2009, S. 32–52.
5 Gerade die von Augustinus vorgefundene Praxis der Säuglingstaufe ist ihm ein Argument, um seine theologische Anschauung vom *peccatum originale*, das der göttlichen Vergebung durch die Taufe bedarf, zu begründen. Augustinus, De peccatorum meritis et remissione et de baptismo parvulorum I,18,55; I,34,63, in: Augustinus, Schriften gegen die Pelagianer 1, übers. v. Rochus Habitzky, Würzburg 1971, S. 134–139, 150–153. Vgl. dazu die immer noch lesenswerte Darstellung bei Frits van der Meer, Augustinus der Seelsorger. Leben und Wirken eines Kirchenvaters, 3. Aufl. Köln 1953, S. 326–330, 367–370. – Zu den im Frühmittelalter wirkenden Kräften vgl. Arnold Angenendt, Taufe im Mittelalter, in: Bettina Seyderhelm (Hg.), Tausend Jahre Taufen in Mitteldeutschland. Ausstellungskatalog,

bald nach der Geburt, erschien damit als drängende pastorale Pflicht, da ansonsten das Seelenheil der Kinder gefährdet erschien.⁶

Die Konsequenzen sind zahlreich: Eine katechumenale Vorbereitung, die freilich schon in der Spätantike ihre einstige Bedeutung verloren hatte, ist jetzt endgültig obsolet. Weil wegen des gefährdeten Heils zu jeder Zeit getauft werden muss, schwinden die alten Tauftermine Ostern und Pfingsten, womit auch die ekklesiale Dimension der Taufe weitgehend ausfällt.⁷ War die Taufe einst ein dialogisches Geschehen, bei dem der Taufbewerber mit seinem Glaubensbekenntnis eine unverzichtbare, aktive Rolle einnahm, erscheint die Taufe nun als rein klerikales Handeln am Säugling, unterstrichen mit der vom Priester gesprochenen indikativischen Formel *Ego te baptizo*.⁸ Da man trotz der gewandelten Gegebenheiten an der Gestalt der Erwachsenentaufe festhält, treten die Paten in den Vordergrund, die stellvertretend die Rolle des Täuflings übernehmen und für dessen nachfolgende Glaubensunterweisung verantwortlich zeichnen.⁹ Schließlich zerfällt aus weiteren Gründen die Einheit der

---

Regensburg 2006, S. 35–42, hier S. 35 f.; vgl. auch den Aufriss bei Lizette LARSON-MILLER, Die Taufe im frühmittelalterlichen Westen. Unsere veränderte Perspektive auf die „Dunklen Jahrhunderte", in: Martin STUFLESSER, Karen WESTERFIELD TUCKER u. Patrick PRÉTOT (Hgg.), Die Taufe. Riten und christliches Leben (Theologie der Liturgie 2), Regensburg 2012, S. 53–73.

6 Vgl. Pierre-Marie GY, Du baptême pascal des petits enfants au baptême „quamprimum", in: Haut moyen-âge. Culture, éducation et société. Études offertes à Pierre Riché, Paris 1990, S. 353–365.

7 Zwar sind Spuren der alten Tauftermine noch im Mittelalter erkennbar, wenn aus ‚repräsentativen' Gründen die Pfarrer der Münsteraner Altstadtpfarreien an Ostern und Pfingsten die zu taufenden Kinder *in recognitionem nutrias ecclesiae* zum Dom schickten. Vgl. Alois SCHRÖER, Die Kirche in Westfalen vor der Reformation, Bd. 1, 2. Aufl. Münster 1967, S. 222. Ähnlich hatte der Pfarrer von St. Martin in Köln jedes Jahr *duos cathecuminos* nach St. Maria im Kapitol zu überweisen, um sie dort von einem Stiftskanoniker taufen zu lassen, und zwar *in vigilia pasche et in vigilia penthecostes*. Wilhelm JANSSEN, Das Erzbistum Köln im späten Mittelalter 1191–1515. Zweiter Teil (Geschichte des Erzbistums Köln 2/2), Köln 2003, S. 87, Anm. 5. Weitere Beispiele bei Silvia SCHLEGEL, Mittelalterliche Taufgefäße. Funktion und Ausstattung (Sensus. Studien zur mittelalterlichen Kunst 3), Köln, Weimar, Wien 2012, S. 123 f., 134.

8 Das ehedem wichtigste Wort der Taufliturgie, das *credo* des Taufkandidaten, wird seit der Wende vom 7. zum 8. Jahrhundert durch die indikativische, vom Priester zu sprechende Taufformel abgelöst. Vgl. Arnold ANGENENDT, Bonifatius und das Sacramentum initiationis. Zugleich ein Beitrag zur Geschichte der Firmung, in: DERS., Liturgie im Mittelalter. Ausgewählte Aufsätze zum 70. Geburtstag, hrsg. v. Thomas FLAMMER u. Daniel MEYER (Ästhetik – Theologie – Liturgik 35), 2. Aufl. Münster 2005, S. 35–87, hier S. 36–40 (Erstveröff. 1977). – Joseph RATZINGER sah denn auch im Ersatz der dialogischen Taufform durch die indikative Taufformel einen Vorgang, in sich eine obrigkeitliche Sicht durchgesetzt habe, bei dem das aktive Spenden dem passiven Empfangen unverbunden gegenüberstand. Vgl. Joseph RATZINGER, Taufe und Formulierung des Glaubens, in: Ephemerides theologicae Lovanienses 49 (1973), S. 76–86.

9 Vgl. Bernhard JUSSEN, Patenschaft und Adoption im frühen Mittelalter. Künstliche Verwandtschaft als soziale Praxis (Veröffentlichungen des Max-Planck-Instituts für Geschichte 98), Göttingen 1991; Arnold ANGENENDT, Geschichte der Religiosität im Mittelalter, 4. Aufl. Darmstadt 2009, S. 473–476.

drei Eingliederungssakramente Taufe – Firmung – Ersteucharistie, so dass die Säuglingstaufe als Torso einer einst vollständigen Initiationsliturgie übrig bleibt.[10]

2.2 Wandel der Religionsmentalität und theologische Neuausrichtung

Auch die für das Frühmittelalter typische ritualistische, von der Formstrenge geprägte Liturgieauffassung nimmt nachhaltig Einfluss auf die Taufe.[11] Standen ehedem Umkehr und Glaube des Taufkandidaten, verstanden als Handeln Gottes am Menschen und ratifiziert in der Initiationsliturgie im Mittelpunkt, tritt mit dem Ausfall jeglicher persönlicher Disposition und Vorbereitung bei den Säuglingstaufen jetzt der Taufritus ins Zentrum. Die alten katechumenalen Elemente wie Glaubenswissen und Gebetserfahrung gerinnen zu rituellen Formeln.[12] Der einstige Umkehrprozess mit der Lösung vom gottwidrigen Leben geschieht nur noch rituell mittels Exorzismen, um – so die Auffassung – den vom Teufel beherrschten Menschen zu befreien und für den Einzug Christi zu bereiten.[13] Ritualistisch wird auch die genannte Taufformel verstanden. Nach Bonifatius († 754) muss sie auf den Buchstaben genau eingehalten werden, denn nur dann sei das göttliche Wirken garantiert; schon eine grammatikalisch falsch gesprochene Taufformel ließ ihn an der Gültigkeit der Taufe zweifeln.[14] Zu Recht spricht Georg KRETSCHMAR vom heiligen Ritus „der im allgemeinen tradiert und vollzogen wurde, auch wenn man ihn nicht mehr verstehen konnte".[15]

Mit der Konzentration auf den Ritus und dem allumfassenden Segensverlangen geht eine weitere massive Verschiebung im mittelalterlichen Sakramentenverständ-

---

10 Zur Abspaltung der Firmung als zweite postbaptismale, an den Bischof gebundene Salbung im Zuge der Übernahme der römischen Liturgie vgl. ANGENENDT (Anm. 8); KLEINHEYER (Anm. 1), S. 52–54, 193–204. Zum allmählichen Verfall der Taufkommunion und zur Lösung des Ersteucharistieempfangs von der Taufe vgl. Pierre-Marie GY, Die Taufkommunion der kleinen Kinder in der lateinischen Kirche, in: Zeichen des Glaubens (Anm. 4), S. 485–491; KLEINHEYER (Anm. 1), S. 242 f. Zu den Ersatzformen (Ablutionswein, Gang zum Altar) vgl. ebd., S. 243–245; Klaus Peter DANNECKER, Taufe, Firmung und Erstkommunion in der ehemaligen Diözese Konstanz. Eine liturgiegeschichtliche Untersuchung der Initiationssakramente (Liturgiewissenschaftliche Quellen und Forschungen 92), Münster 2005, S. 314, 421–430.
11 Vgl. ANGENENDT (Anm. 8), S. 74–79.
12 Vgl. KLEINHEYER (Anm. 1), S. 107–114, 126–134.
13 Vgl. ebd.
14 Vgl. Hubertus LUTTERBACH, Bonifatius – Mit Axt und Evangelium. Eine Biographie in Briefen, Freiburg / Br., Basel, Wien 2004, S. 176–181; zur Sache vgl. Erwin ISERLOH, Die Kontinuität des Christentums beim Übergang von der Antike zum Mittelalter im Lichte der Glaubensverkündigung des heiligen Bonifatius, in: DERS., Verwirklichung des Christlichen im Wandel der Geschichte, hrsg. v. Klaus WITTSTADT, Würzburg 1975, S. 11–23 (Erstveröff. 1954).
15 KRETSCHMAR (Anm. 1), S. 251; vgl. auch Victor SAXER, Les rites de l'initiation chrétienne du IIe au VIe siècle (Centro Italiano di Studi sull'Alto Medioevo 7), Spoleto 1988, S. 634–636; ANGENENDT (Anm. 9), S. 465–471.

nis einher. Es zielt nun nicht mehr auf die Mysteriendimension der Sakramentenfeier, sondern auf die punktuelle Austeilung von Segensmaterie, die durch die Konsekration zum ‚Sakrament' wird. Weil sich die göttliche Gnade in den materiellen Trägern wie Wasser, Öl, Brot und Wein verdinglicht, reduziert sich das Sakrament auf die Spendung durch den Bischof oder Priester; die Rolle des Empfängers sinkt dabei von der des aktiven Partizipanten zum Objekt der Gnadenvermittlung herab.[16] Zwar vermag die Scholastik hier korrigierend einzugreifen. Roland Bandinelli, der nachmalige Papst Alexander III. († 1181), versteht nicht das konsekrierte Taufwasser als das Sakrament, sondern die Abwaschung und Tauchung.[17] Dennoch konzentriert sich auch die scholastische Sakramententheologie auf den ‚essentiellen' Akt, den allein gültigen Vollzug und isoliert damit den Wasserritus (*materia*) mit der Tauformel (*forma*) als allein wesentlich und für die sakramentale Gnade bedeutsam.[18] Alles Übrige der Taufliturgie gilt als Ausschmückung, die der Frömmigkeit dient.[19] Gleichwohl bleiben, wie Arnold ANGENENDT gezeigt hat, die religiösen Wirkmächte unterhalb der theologischen Klärung lebendig und dominieren weithin das kirchliche Leben im Hoch- und Spätmittelalter.[20]

---

16 Zum metabolischen Sakramentenverständnis vgl. Arnold ANGENENDT, Religiosität und Theologie. Ein spannungsreiches Verhältnis im Mittelalter, in: ANGENENDT, Liturgie (Anm. 8), S. 3–33, hier S. 20 f. (Erstveröff. 1978/79).
17 Vgl. Die Sentenzen Rolands, hrsg. v. Ambrosius M. GIETL, Freiburg / Br. 1891, ND Amsterdam 1969, S. 264, Z. 10–13.
18 Vgl. Josef FINKENZELLER, Die Lehre von den Sakramenten im Allgemeinen. Von der Schrift bis zur Scholastik (Handbuch der Dogmengeschichte IV/1a), Freiburg / Br., Basel, Wien 1980, S. 82–84, 138–142; vgl. auch NEUNHEUSER (Anm. 1), S. 110. – Es ist bemerkenswert, dass die enge Konzentration auf die Materie des Wassers und die korrekt gesprochene trinitarische Formel auch in der Volksunterweisung (hier freilich aus der Sorge um die rechte Gestalt der Nottaufe), wie etwa bei den Predigten Bertholds von Regensburg, seinen Niederschlag gefunden hat. Vgl. Berthold von Regensburg, Vollständige Ausgabe seiner deutschen Predigten 2, hrsg. v. Franz PFEIFFER u. Josef STROBL, Wien 1880, S. 85 f.
19 Zu den Auswirkungen der scholastischen Liturgieauffassung auf das Verständnis der Sakramentenfeier vgl. Arnold ANGENENDT, Liturgik und Historik. Gab es eine organische Liturgie-Entwicklung? (Quaestiones disputatae 189), 2. Aufl. Freiburg / Br., Basel, Wien 2001, S. 142–149; Angelus A. HÄUSSLING, Liturgiereform. Materialien zu einem neuen Thema der Liturgiewissenschaft, in: DERS., Christliche Identität aus der Liturgie. Theologische und historische Studien zum Gottesdienst der Kirche, hrsg. v. Martin KLÖCKENER, Benedikt KRANEMANN u. Michael B. MERZ (Liturgiewissenschaftliche Quellen und Forschungen 79), Münster 1997, S. 11–45, hier S. 35–37 (Erstveröff. 1989).
20 Vgl. ANGENENDT (Anm. 16), S. 28 f.

3 Die Praxis des Wasserritus in der hoch- und spätmittelalterlichen Taufliturgie

3.1 Immersionstaufe als rituelle Repräsentation von Röm 6

Die liturgischen Traditionen in Ost und West kennen seit je her verschiedene Formen im Vollzug des Wasserritus bei der Taufe. Zumeist stieg der Taufkandidat in die Taufpiscina hinab und wurde auf sein *credo* bei jeder der trinitarischen Tauffragen mit Wasser übergossen.[21] Vor allem nachdem sich die paulinische Tauftheologie nach Röm 6,3–5, die die Taufe als sakramentales Mitsterben und Mitauferstehen mit Christus deutet, verstärkt durchsetzt,[22] erhält auch ihre rituelle Darstellung im Untertauchen (*immersio*) etwa durch das Hineinlegen ins Wasser im Sinne einer symbolischen Grablegung eine größere Bedeutung.[23] Dies deutet bereits an, dass theologische Konzeptionen und Deutungen gegebenenfalls Einfluss nehmen auf das Symbolgeschehen der Liturgie.[24]

Mit dem Vorherrschen der Säuglingstaufe im Frühmittelalter wurde die *immersio* offenbar als die primäre Form des Wasserritus angesehen und wohl auch vollzogen, wie die einschlägigen Quellen der römisch-fränkischen Taufpraxis und auch spätere Tauforanungen des 14./15. Jahrhunderts bezeugen.[25] Dafür sprechen die umfäng-

---

[21] So lassen sich die literarischen Quellen aus neutestamentlicher und patristischer Zeit bis weit in das 4. Jahrhundert deuten. Vgl. Eduard STOMMEL, Christliche Taufriten und antike Badesitten, in: Jahrbuch für Antike und Christentum 2 (1959), S. 514; KLEINHEYER (Anm. 1), S. 50.
[22] Vgl. dazu Jean DANIÉLOU, Liturgie und Bibel. Die Symbolik der Sakramente bei den Kirchenvätern, München 1963, S. 49–55.
[23] So dürfte in Mailand während der zweiten Hälfte des 4. Jahrhunderts die Übergießung vom Untertauchen abgelöst worden sein. Vgl. Josef SCHMITZ, Gottesdienst im altchristlichen Mailand. Eine liturgiewissenschaftliche Studie über Initiation und Meßfeier während des Jahres zur Zeit des Bischofs Ambrosius († 397) (Theophaneia 25), Bonn 1975, S. 144–147. – Zur symbolischen Darstellung der Taufe im Sinne von Röm 6 gehört auch die Gestaltung von Piscinien, die als sechseckiges (Tod des Herrn am sechsten Tag) oder kreuzförmiges Becken angelegt wurden. Vgl. KLEINHEYER (Anm. 1), S. 59–61.
[24] Jean DANIÉLOU formuliert denn auch pointiert: „Die paulinische Theologie, nach der die Taufe den Menschen Christus im Tode und in der Auferstehung sakramental angleicht, bestimmt wesentlich die Symbolik dieses Ritus, die überall wiederzufinden ist." DANIÉLOU (Anm. 22), S. 50. Auch andere tauftheologische Motive haben sich im Ritus niedergeschlagen. Vgl. ebd., S. 75–117.
[25] Vgl. etwa die Jungelasiana des 8. Jahrhunderts wie das Sacramentarium Gellonense Nr. 707, Nr. 2321 (Liber sacramentorum Gellonensis, hrsg. v. Antoine DUMAS u. Jean DESHUSSES [Corpus Christanorum. Series latina 159], Turnhout 1981, S. 100, 336), die Ordines Romani 28, Nr. 75; 30A, Nr. 10 (Les Ordines Romani du haut moyen-âge 3, hrsg. v. Michel ANDRIEU [Spicilegium sacrum Lovaniense 24], Louvain 1951, S. 407, 422]) oder im Pontificale Romano-Germanicum 99, Nr. 375; 107, Nr. 34 (Le Pontifical Romano-Germanique du dixième siècle 2, hrsg. v. Cyrille VOGEL u. Reinhard ELZE [Studi e testi 227], Vaticanstadt 1963, S. 106, 163). Zur Sache vgl. KLEINHEYER (Anm. 1), S. 119. – Für die altspanische Tradition ist ebenfalls die (allerdings einfache) *Immersio* bezeugt. Vgl. dazu Johannes KRINKE, Der spanische Taufritus im frühen Mittelalter, in: Johannes VINCKE (Hg.), Gesammelte Aufsätze zur Kulturgeschichte Spaniens, Bd. 9 (Spanische Forschungen der Görres-Gesellschaft), Münster 1954,

lichen Taufbecken (aus Stein, Holz oder Erz) jener Jahrhunderte[26] ebenso wie die vom Rituale Heinrichs I. von Breslau (14. Jh.) aufgenommene Ermahnung an die Paten, auf die Sauberkeit des Kindes zu achten, damit das Taufwasser nicht verunreinigt wird.[27]

Abgesehen vom Sonderfall der Erwachsenentaufe im Zuge von Missionierung oder bei der Judenbekehrung,[28] aber auch bei der Taufe eines Kranken dürfte nach Ausweis der Ritualien des 12. bis 15. Jahrhunderts der Taufritus weitgehend wohl wie folgt ausgesehen haben: Der Priester stand an der Westseite des Beckens, nahm den Säugling in beide Hände, hielt ihn mit dem Gesicht zum Wasser und tauchte ihn zunächst gen Osten, dann gen Süden und schließlich gen Norden in das Becken,[29] wobei er

---

S. 33–116, hier S. 95–97. – Beispiele für die *Immersio* bietet auch STENZEL (Anm. 1), S. 279. Zu beachten sind auch die entsprechenden Taufdarstellungen, vgl. Ulrich MIELKE, Taufe, Taufszenen, in: Lexikon der christlichen Ikonographie, Bd. 4 (1972), Sp. 244–247.

26 Die jüngste, kunsthistorische Studie unterscheidet zwischen repräsentativen Taufbecken (vor allem in den Kathedralen bzw. übergeordneten Kirchen) und den alltäglichen Taufbecken für die pfarrkirchlichen Bedürfnisse der regelmäßigen Säuglingstaufe. Dabei erkennt sie große Ungleichzeitigkeiten und plädiert eher dafür, die Immersionstaufe sei „im Hochmittelalter bereits unüblich geworden". Vgl. SCHLEGEL (Anm. 7), S. 114–177, 198–200, 247–261; Zitat S. 200.

27 *Interim videtur de immundancia infantis.* Adolph FRANZ, Das Rituale des Bischofs Heinrich I. von Breslau, Freiburg / Br. 1912, S. 19. Vgl. auch Ewald WALTER, Zum Taufritus im Bistum Breslau im späten Mittelalter, in: Archiv für schlesische Kirchengeschichte 55 (1997), S. 263 f.

28 Nach den Ritualien von Augsburg 1487 und Salzburg 1496 musste sich der erwachsene Taufkandidat dazu in einem eigenen (hölzernen) Tauffass niederknien, das dann das Taufwasser auffing. Anschließend war das Fass zu verbrennen oder durfte nur zu sakralem Gebrauch verwandt werden. Vgl. Hermann Josef SPITAL, Der Taufritus in den deutschen Ritualien von den ersten Drucken bis zur Einführung des Rituale Romanum (Liturgiewissenschaftliche Quellen und Forschungen 47), Münster 1967, S. 116.

29 Der erste Zeuge für die Tauchung in Kreuzform ist das Pontificale Romano-Germanicum 99, Nr. 376 (VOGEL u. ELZE [Anm. 25], S. 106); weitere Quellen sind z. B. die handschriftlichen Ritualien von Rheinau (12. Jh.) und Biburg (12. Jh.), das Hildesheimer Plenarmissale des 13. Jh. sowie die Agenden von Augsburg (14. Jh., 1487), Breslau (14. Jh.), Mainz (um 1400) oder Borken (um 1500), aber auch noch die Agenda communis 1512 oder die Mindener Agende 1522. Vgl. Gebhard HÜRLIMANN, Das Rheinauer Rituale. Zürich Rh 114, Anfang 12. Jh. (Spicilegium Friburgense 5), Freiburg / Schweiz 1959, S. 41; 123, Nr. 50; Walter VON ARX, Das Klosterrituale von Biburg. Budapest, Cod. lat. m. ae. Nr. 330, 12. Jh. (Spicilegium Friburgense 14), Freiburg / Schweiz 1970, S. 101; 212, Nr. 199; Andreas HEINZ, Eine Hildesheimer Missalehandschrift in Trier als Zeuge hochmittelalterlicher Taufpraxis, in: Die Diözese Hildesheim in Vergangenheit und Gegenwart 52 (1984), S. 39–55, hier S. 53; Franz HOEYNCK, Geschichte der kirchlichen Liturgie des Bisthums Augsburg, Augsburg 1889, S. 121 f.; FRANZ (Anm. 27), S. 19; Hermann REIFENBERG, Sakramente, Sakramentalien und Ritualien im Bistum Mainz seit dem Spätmittelalter, Bd. 1 (Liturgiewissenschaftliche Quellen und Forschungen 53), Münster 1971, S. 201; Benedikt KRANEMANN, Sakramentliche Liturgie im Bistum Münster. Eine Untersuchung handschriftlicher und gedruckter Ritualien und der liturgischen Formulare vom 16. bis zum 20. Jahrhundert (Liturgiewissenschaftliche Quellen und Forschungen 83), Münster 1998, S. 111; August KOHLBERG, Agenda communis. Die älteste Agende in der Diözese Ermland und im Deutschordensstaate Preußen nach den ersten Druckausgaben von 1512 und 1520, Braunsberg 1903, S. 23; Agende rerum ecclesiasticarum scd'm consuetum usum Minden. Dioecesis [...], Leipzig (Lother) 1522, fol. 14v.

die Taufformel *Ego te baptizo in nomine Patris, et Filii et Spritus Sancti* auf die drei Tauchungen verteilte.[30] Diese kreuzförmige Tauchung zielte weniger auf die Symbolik der Himmelsrichtungen, wobei der Beginn mit dem Osten sicher nicht unbedeutend war,[31] sondern auf die symbolische Darstellung des Kreuzes. Dies deuten nicht nur die Liturgiekommentare an, auf die wir noch zu sprechen kommen, sondern auch die beiden ersten Druckausgaben der Kölner Agenden von 1482 und 1500, die als primäre Taufform das Eintauchen des Täuflings vorsehen und dies ausdrücklich mit der rituellen Repräsentation des Kreuzesgeschehens, nämlich im Sinne von Röm 6 begründen.[32]

3.2 Wandel zur Infusionstaufe

Allerdings war die Immersionstaufe spätestens am Ende des 15. Jahrhunderts ein ‚auslaufendes Modell'. Bereits Thomas von Aquin († 1274) sieht im Untertauchen zwar das Urbild der Taufe deutlicher dargestellt, weshalb sie die allgemeinere und lobenswertere sei, aber die körperliche Abwaschung durch Übergießen oder Besprengen könne eben klarer die innere Abwaschung von den Sünden bezeichnen und sei damit ein legitimer Brauch.[33] Um diese alternative Praxis zu untermauern, verweist er auf das Vorbild der Apostel, die eine große Menge nur durch Aspersion zu taufen vermochten (vgl. Apg 2,41; 4,4) sowie auf den heiligen Laurentius, der – wie die *Legenda aurea* auszuführen weiß – im Gefängnis den Heiden Lucillus durch Übergießen mit Wasser getauft habe.[34] Schließlich könne der Mangel an Wasser, die Schwäche des Priesters oder des Täuflings eine *infusio* oder *aspersio* angezeigt erscheinen lassen. In der Folgezeit greifen manche Ritualien des 15. und 16. Jahrhunderts die Argumente des Thomas z. T. wörtlich auf[35] und lassen damit eine stufenweise Veränderung in der

---

30 Die Aufteilung der Taufformel auf die drei Tauchungen hat sich wohl seit dem Sacramentarium Gellonense (Nr. 2321) durchgesetzt (DUMAS u. DESHUSSES [Anm. 25], S. 336). Vgl. dazu STENZEL (Anm. 1), S. 196, Anm. 44.
31 Allerdings lassen sich gewisse Unterschiede in der Reihenfolge der Himmelsrichtungen erkennen. Während die erste Tauchung gen Osten allgemein ist, was zweifellos mit der herausragenden Symbolik der Ostung zu tun hat, schwankt bei der zweiten und dritten Tauchung die Wendung gen Norden und Süden.
32 *Et sciendum quod sacerdos debet baptisandum ad minus semel mergere in representationem sepulture et resurrectione iesu christi.* Zu Recht hat Thomas VOLLMER diese für eine Rubrik bemerkenswerte theologische Deutung hervorgehoben. Thomas VOLLMER, Agenda Coloniensis. Geschichte und sakramentliche Feiern der gedruckten Kölner Ritualien (Studien zur Pastoralliturgie 10), Regensburg 1994, S. 231.
33 Thomas folgert also: *immersio non est de necessitate baptismi*. Thomas von Aquin, Summa theologiae III, q. 66, 7. Zur Sache vgl. auch NEUNHEUSER (Anm. 1), S. 110.
34 Vgl. Jacobus de Voragine, Legenda aurea, 2 Bde., hrsg. u. komm. v. Bruno HÄUPTLI (Fontes Christiani Sonderband), Freiburg / Br., Basel, Wien 2014, hier Bd. 2, S. 117.
35 So etwa die Ritualien von Köln 1482, Konstanz 1482, Mainz 1551 und Würzburg 1564. Vgl. VOLLMER (Anm. 32), S. 231; SPITAL (Anm. 28), S. 181.

Taufform erkennen. So stellen etwa die Agenden von Augsburg 1487, Konstanz 1482 oder Speyer 1512 zunächst noch das „ehrwürdigere" Untertauchen den Formen des Übergießens voran, weisen auch darauf hin, die ältere Form nicht ohne wichtigen Grund zu ändern, um dann aber doch das Übergießen zu empfehlen, da es weniger Gefahren für das Kind berge.[36] Demnach hält noch der Priester den Säugling über dem Taufbecken und übergießt es mit Wasser, eine gelegentlich wohl durchaus nicht ungefährliche Prozedur,[37] weshalb bald die Paten das Kind über die Taufstelle halten und der Priester das Wasser mit der Hand, oder wie manche Ritualien rubrizieren, mit einem Tauflöffel schöpft.[38] Tatsächlich ist zum Ende des 16. Jahrhunderts die Tauchung zugunsten der Infusionstaufe weithin aufgegeben,[39] wenngleich gelegentlich noch nach dem Reformationszeitalter durch Untertauchen getauft worden sein mag.[40] Über die Gründe, die zum Wandel von der Immersion zur Infusion geführt haben, kann man nur spekulieren. Neben einem stark individualisierten und ritualisierten Verständnis der Taufe als unabdingbarer Heilsgabe dürfte sicher auch die allgemeine Schwächung des Symboldenkens und der Mysteriendimension der Liturgie im Spätmittelalter eine Rolle gespielt haben.[41]

Wie aber fand der Wasserritus nun seine Deutung in den Liturgiekommentaren?

---

36 Vgl. HOEYNCK (Anm. 29), S. 121 f.; DANNECKER (Anm. 10), S. 273; Alois LAMOTT, Das Speyerer Diözesanrituale von 1512 bis 1932. Seine Geschichte und seine Ordines zur Sakramentenliturgie (Quellen und Abhandlungen zur mittelrheinischen Kirchengeschichte 5), Speyer 1961, S. 124 f.
37 So z. B. die Ritualien von Mainz 1492, Speyer 1512 oder Münster 1592. Vgl. SPITAL (Anm. 28), S. 115, Anm. 652; KRANEMANN (Anm. 29), S. 110.
38 Bereits die Synoden von Lüttich (1287) und Cambrai (1300) verlangen, das Taufwasser mittels eines Gefäßes zu schöpfen. Vgl. SCHLEGEL (Anm. 7), S. 178. – Von einem Tauflöffel spricht das Brixner Rituale 1494. Vgl. Johannes BAUR, Die Spendung der Taufe in der Brixner Diözese in der Zeit vor dem Tridentinum. Eine liturgie-kirchengeschichtliche und volkskundliche Studie (Schlern-Schriften 42), Innsbruck 1938, S. 106.
39 Vgl. STENZEL (Anm. 1), S. 279.
40 Vgl. die Belege bei SPITAL (Anm. 28), S. 112–117.
41 Vgl. HÄUSSLING (Anm. 19), S. 36 f.; Josef Andreas JUNGMANN, Christliches Beten in Wandel und Bestand. Neuausgabe hrsg. v. Klemens RICHTER, Freiburg / Br., Basel, Wien 1991, S. 115–127. Zur stark ritualisierten Gestalt der Taufe als individueller Heilsgabe vgl. Andreas ODENTHAL, Pfarrlicher Gottesdienst vom Mittelalter zur Frühen Neuzeit. Eine Problemskizze aus liturgiewissenschaftlicher Perspektive, in: Andreas ODENTHAL, Liturgie vom Frühen Mittelalter zum Zeitalter der Konfessionalisierung. Studien zur Geschichte des Gottesdienstes (Spätmittelalter, Humanismus, Reformation 61), Tübingen 2011, S. 159–206, hier S. 196–201. Inwiefern eine theologische Aufwertung der Taufe durch die Reformkonzilien des 14. Jahrhunderts und eine mit dem pfarrlichen Taufrecht verbundene neue Aufmerksamkeit für das Taufsakrament, die Gabriele Signori ausgemacht hat, mit der weiteren Verkürzung des Wasserritus einhergeht, bleibt m. E. offen. Vgl. Gabriele SIGNORI, „baptismus est ianua omnium et fundamentum". Die Taufe in Dogmatik, Liturgie, Tafelmalerei und Kleinarchitektur in der zweiten Hälfte des 15. und zu Beginn des 16. Jahrhunderts, in: Enno BÜNZ u. Gerhard FOUQUET (Hgg.), Die Pfarrei im späten Mittelalter (Vorträge und Forschungen 77), Ostfildern 2013, S. 233–257.

4 Deutungen des Wasserritus in Liturgiekommentaren des Hoch- und Spätmittelalters

Wie die Liturgiebücher noch lange die Taufe als Teil der Ostervigil verzeichnen und damit pietätvoll an den altehrwürdigen Tauftermin der Kirche erinnern, so nehmen auch die Liturgiekommentare des Hoch- und Spätmittelalters ihre Darstellung der Ostervigil zum Anlass, um über die Taufe zu handeln.[42] Unter anderem kommen sie dabei auf den zentralen Kernritus des Taufgeschehens zu sprechen, der zunächst fraglos in der Gestalt der dreifachen Immersionstaufe erscheint.

Nehmen wir etwa Hugo von St. Viktor († 1141). Er sieht in seiner Schrift *De sacramentis christianae fidei* im dreifachen Untertauchen zunächst ein doppelgesichtiges Motiv. Einerseits wäscht die Immersion die Makel des alten Seins ab, reinigt also die fundamental gottabgewandte Existenz des Menschen, andererseits wird der Täufling im Untertauchen zugleich mit dem neuen Menschen bekleidet. Hugo bleibt demnach ganz beim rituellen Geschehen, bei dem das Wasser als natürliches Reinigungselement auch die innere Reinigung anzeigt und das Umhüllen des ganzen Körpers durch das Wasser die Umhüllung und „Bekleidung" mit dem neuen Sein darstellt.[43] Allerdings verknüpft er darüber hinaus dieses Neuwerden mit dem zentralen Christusgeschehen, dem Pascha-Mysterium, wenn er das dreifache Untertauchen als Mitbegraben im dreitägigen Tod Christi erkennt. Der Täufling, der im Wasser untergetaucht wird, wird demnach durch die Reinigung zum neuen Adam erneuert und erhält darin (!) Anteil am Todesschicksal Jesu, das ihn zum Leben führt. Hugo deutet also den Wasserritus nicht gewissermaßen additiv, indem er verschiedene Interpretationsmotive aneinanderfügt, sondern begreift das liturgische Geschehen als eine innere Einheit, die den Täufling verwandelt und in der Verwandlung Christus gleich gestaltet.

---

42 So Rupert von Deutz, De divinis officiis 6,34–35; 7,1–10 (Der Gottesdienst der Kirche, hrsg. v. Helmut u. Ilse DEUTZ [Fontes Christiani 33/3], Freiburg / Br. u. a. 1999, S. 867–885, 899–937); Hugo von St. Viktor, De sacramentis Christianae fidei II,6 (Über die Heiltümer des christlichen Glaubens, hrsg. v. Peter KNAUER u. Rainer BERNDT [Corpus Victorinum. Schr. 1], Münster 2010, S. 435–438); Johannes Beleth, Summa de ecclesiasticis officiis 110 (hrsg. v. Herbert DOUTEIL [Corpus Christianorum. Continuatio mediaevalis 41A], Turnhout 1976, S. 202–208); Sicard von Cremona, Mitralis de officiis VI,14 (hrsg. v. Gabor SARBAK u. Lorenz WEINRICH [Corpus Christianorum. Continuatio medaevalis 228], S. 505–523); Wilhelm Durandus, Rationale divinorum officiorum VI,83,1–41 (hrsg. v. Anselme DAVRIL u. Timothey THIBODEAU [Corpus Christianorum. Continuatio mediaevalis 140A], S. 413–429).
43 Im Hintergrund steht selbstverständlich die semiotische Theorie von Hugos Sakramententheologie, wenn er (wie Augustinus) am Beispiel des Wassers bei der Taufe die Beziehungen zwischen irdischer Materialität und göttlichem Handeln aufdeckt und die äußere Ähnlichkeit des Zeichengeschehens (*similitudo*), die Christus zu eigen nimmt (*institutio*), als Verweis auf das göttliche Gnadenhandeln erkennt (*sanctificatio*). Vgl. Hugo von St. Viktor, De sacr. I,9 (KNAUER u. BERNDT [Anm. 42], S. 239 f.). – Zur Sache vgl. auch Kirstin FAUPEL-DREVS, Vom rechten Gebrauch der Bilder im liturgischen Raum. Mittelalterliche Funktionsbestimmungen bildender Kunst im *Rationale divinorum officiorum* des Durandus von Mende (1230/1–1296) (Studies in the History of Christian Though 89), Leiden u. a. 2000, S. 95–136, hier S. 112–125.

Im weiteren Verlauf seiner Überlegungen vertieft er einige Einzelheiten des zentralen Taufaktes. Er interpretiert die dreifache Tauchung als dreifache Reinigung des Denkens, des Sprechens und des Wirkens. Man darf vermuten, dass dahinter die auch im *Confiteor* der Messe präsente Vorstellung steht, dass der Mensch in Gedanken, Worten und Werken zu sündigen fähig ist.[44] Auch der Materie des Wassers wendet er sich noch einmal zu, wenn er die Notwendigkeit des Gebrauchs von Wasser bei der Taufe als vollkommenes Reinigungselement bedenkt und eher ergänzend die alttestamentlichen Paradigmen der Taufe, die Sintflut (Gen 7), den Durchzug durchs Rote Meer (Ex 14) und das Reinigungswasser (Num 19; Hebr 9,13), anfügt, Motive, die bekanntlich bereits in der Tauftheologie der Kirchenväter breit entfaltet wurden.[45]

Ähnlich greifen schon Hrabanus Maurus († 856), später auch Sicard von Cremona († 1215) und Wilhelm Durandus von Mende († 1296) die patristischen Darlegungen auf und tradieren sie weiter. So sehen sie mit dem Eintauchen in das Wasser die Grablegung, mit der dreifachen Tauchung die dreitägige Grabesruhe Christi[46] und mit dem Emporheben aus dem Wasser die Auferstehung mit Christus symbolisiert.[47] Damit bleiben sie zunächst weitgehend auf der Linie der mystagogischen Erschließung der Kirchenväter, führen diese aber zugleich in einem bemerkenswerten Punkt fort.

Wir hatten gesehen, dass im hochmittelalterlichen Taufritus die kreuzförmige Tauchung eine wichtige liturgische Deutungskategorie bildete. Es fällt darum auf, dass Hugo über dieses rituelle Detail schweigt. Nicht so Johannes Beleth († um 1183) und in seinem Gefolge Sicard und Durandus. Sie beschreiben, offenkundig die tatsächliche zeitgenössische Taufpraxis im Blick, den Wasserritus als dreimaliges Untertauchen: „zuerst mit dem Gesicht zum Wasser und mit dem Kopf nach Osten, dann mit dem Kopf nach Norden. Das dritte Mal mit dem Kopf nach Süden, sodass dann ein Kreuz beim Untertauchen geformt wird, denn wer getauft wird, wird von der Welt

---

44 So etwa in der *Confiteor*-Fassung in Cluny (um 1080): *quia peccavi in cogitatione, locutione et opere*. Vgl. Josef Andreas JUNGMANN, Missarum Sollemnia. Eine genetische Erklärung der römischen Messe, Bd. 1, 5. Aufl. Wien 1962, S. 390.
45 Vgl. DANIÉLOU (Anm. 22), S. 78–102.
46 So sieht bereits Dionysius Areopagita im dreimaligen Untertauchen die dreitägige Grabesruhe Jesu dargestellt. Vgl. Dionysius Areopagita, De ecclesiastica hierarchia II,7 (Die Hierarchie der Kirche, hrsg. v. Hugo BALL u. Walther TRITSCH, München-Planegg 1955, S. 183).
47 Vgl. Hrabanus Maurus, De institutione clericorum I,28 (Über die Unterweisung der Geistlichen, hrsg. v. Detlef ZIMPEL [Fontes Christiani 61/1], Turnhout 2006, S. 197-199); Hugo von St. Viktor, De sacr. II,6,11 (KNAUER u. BERNDT [Anm. 42], S. 435); Sicard, Mitralis VI,14 (SARBAK u. WEINRICH [Anm. 42], S. 516); Durandus, Rationale VI,83,11–12 (DAVRIL u. THIBODEAU [Anm. 42], S. 419). Vgl. weitere bei Rudolf SUNTRUP, Die Bedeutung der liturgischen Gebärden und Bewegungen in lateinischen und deutschen Auslegungen des 9. bis 13. Jahrhunderts (Münstersche Mittelalter-Schriften 37), München 1978, S. 333 f. – Im Hintergrund stehen die Schriften des Cyrill von Jerusalem, Gregor von Nazianz, Basilius, Ambrosius u. a.; vgl. DANIÉLOU (Anm. 22), S. 50–55.

gekreuzigt und an das Kreuz Christi geheftet."⁴⁸ Mit dieser Deutung greifen sie über Röm 6 hinaus. Denn mit Gal 6,14 führen sie einen neuen, gleichwohl markanten Aspekt der paulinischen Tauf- und Kreuzestheologie an: Wer getauft ist, ist nicht allein mit dem Todesgeschick Jesu unverbrüchlich verbunden, Menschwerdung in der Taufe ist nicht nur Christuswerdung. Der Getaufte lebt damit fortan auch in einer neuen Seinsweise. Wenngleich er noch in der Welt lebt, ist er doch der rein irdischen Wirklichkeit enthoben und hat bereits Anteil an der Realität des eschatologischen Gottesreiches.

Dass diese Deutung, die Röm 6 mit Gal 6 verknüpft, keineswegs nur im theologischen Diskurs verblieben, sondern später offenbar auch in die Volkskatechese eingegangen ist, zeigt eine der frühesten fixierten volkssprachlichen Taufanreden. Die Taufansprache im Mainzer Rituale von 1551 erklärt nämlich den Anwesenden den Taufakt:

> „Da aber das Kindlein mit Wasser übergossen oder in das Wasser eingetaucht und wieder aus dem Wasser aufgehoben wird, bedeutet dass der alte sündige Mensch in der Taufe mit Christus begraben wird, und als ein neuer Mensch auferstehen soll, der fortan nicht mehr in Sünden, sondern in einem neuen, heiligen Leben wandeln soll."⁴⁹

Obwohl sich in dieser Zeit, wie angesprochen, die Gestalt des Wasserritus verändert (was die Ansprache ja auch explizit zeigt), hält man an der traditionellen Deutung fest. Damit aber verschieben sich liturgische Symbolik und theologische Behauptung.

Schließlich wenden sich die mittelalterlichen Liturgiekommentare auch der Dreizahl der Tauchungen zu. Wie schon gesehen, verbindet bereits Hugo die dreifache Immersion mit der Reinigung von den drei Arten (*modi*) der Sünde (Gedanken, Worte, Werke). Darüber hinaus sehen Hugos Zeitgenosse Honorius Augustodunensis († 1150/60), aber auch Sicard und Durandus im dreifachen Taufakt die drei Formen der Sünde, nämlich gegen das Naturgesetz, das mosaische Gesetz und das Gesetz des Evangeliums dargestellt.⁵⁰ Demgegenüber liegt wohl die Verknüpfung mit der die

---

48 So etwa Sicard: *Est autem in hunc modum mersio facienda: Primo recta facie uersus aquam et uerso capite ad orientem. Secundo uerso capite ad aquilonem. Tertio uerso capite ad meridem, ut crux in mersione formetur, quia, qui baptizatur, mundo crucifigitur et cruci Christo configitur.* Mitralis VI,14 (SARBAK u. WEINRICH [Anm. 42], S. 516). Die wörtlich identische Interpretation liefert Durandus, Rationale VI,83,12 (DAVRIL u. THIBODEAU [Anm. 42], S. 419). Johannes Beleth (eccl. off. 110) verzichtet auffälligerweise auf eine Deutung der kreuzförmigen Tauchung (DOUTEIL [Anm. 42], S. 204).
49 *Da aver das Kindlin mit Wasser übergossen oder in das wasser eingedaucht / vnd wider auß dem Wasser auffgehaben wirt / bedeuttet das der alt sündlich Mensch im Tauf mit Christo begraben werden / vnnd ein newer mensch auferstehen sol / der fürohin nit mehr in sünden / sonder in eim newen heiligen leben wandeln sol*. Hermann REIFENBERG, Volkssprachliche Verkündigung bei der Taufe in den gedruckten Mainzer Diözesanritualien, in: Liturgisches Jahrbuch 13 (1963) S. 222–237, hier S. 233.
50 Vgl. Honorius Augustodunensis, Gemma animae III,111 (PL 172, Sp. 673A); Sicard, Mitralis VI,14 (SARBAK u. WEINRICH [Anm. 42], S. 516); Durandus, Rationale VI,83,12 (DAVRIL u. THIBODEAU [Anm. 42], S. 419). – Weitere Hinweise bei SUNTRUP (Anm. 47), S. 336 f.

Immersion begleitenden trinitarischen Taufformel näher, da sie direkt auf den Ritus Bezug nimmt. Demnach verbindet die dreifache Tauchung den Täufling mit dem dreifaltigen Gott und macht darin die Erneuerung seiner Gottesebenbildlichkeit sichtbar.[51]

5 Resümee

Wir haben uns hier ganz auf einen kleinen, im Verständnis der scholastischen Sakramententheologie allerdings zentralen Teil der Taufliturgie konzentriert: auf die dreifache Tauchung oder Übergießung des Täuflings, verbunden mit dem trinitarischen Taufvotum. Dabei mussten zahlreiche, für das mittelalterliche Taufverständnis bedeutende Riten und deren theologische Deutungen wie auch die zahlreichen alttestamentlichen Präfigurationen der Taufe außen vor bleiben.[52] Aber schon der hier betrachtete kleine Ausschnitt zeigt, dass die mittelalterlichen Liturgiekommentare, bei allen Differenzen im Einzelnen, die christliche Taufe in großer Einmütigkeit mit den Kirchenvätern als Sakrament der Reinigung und Heiligung interpretieren. Beide Aspekte stehen dabei in einem engen, reziproken Zusammenhang und machen das in der Tauftheologie beherrschende Paradigma vom Mitsterben und Mitauferstehen mit Christus, vom Tod der Sünde und der Wiedergeburt zum neuen Leben sichtbar. Es ist bezeichnend, dass sich um 1500 die liturgische Praxis von der Immersions- zur Infusionstaufe ändert. Denn obgleich damit der Wasserritus seine Bildhaftigkeit zunehmend verliert, hält man weiterhin an den spätantiken und mittelalterlichen Deutungen des Taufgeschehens fest. Damit aber entfernen sich Liturgie und Theologie noch mehr voneinander, eine problematische Entwicklung, die sich vor allem im Zuge der Liturgiereform nach dem Tridentinum verhängnisvoll niederschlagen wird.

---

[51] Vgl. Sicard, Mitralis VI,14 (SARBAK u. WEINRICH [Anm. 42], S. 516); Durandus, Rationale VI,83,11 (DAVRIL u. THIBODEAU [Anm. 42], S. 418 f.). – Weitere Hinweise bei SUNTRUP (Anm. 47), S. 337.
[52] Vgl. SUNTRUP (Anm. 47), S. 308 f., 314–325, 339–342, 415–420, 450–452 u. ö.

Görge K. Hasselhoff (Dortmund)
Ubi aqua oritur – Zur Exegese von Genesis 1,2 und 1,6 f. zwischen Juden und Christen

Abstract: The narration of the creation of the world in Genesis 1 provides no explanation as to where the water on earth and in the world stems from. This article scrutinises commentaries (and similar texts) on Genesis 1 by Jewish and Christian authors from the 11th to the 14th centuries. For Jewish exegetes, Rashi's commentary on 'Bereshit' and Moshe ben Maimon's 'Guide for the Perplexed' are analysed. Whereas Rashi does not give any explanation of the origin of water, Maimonides gives a scientific explanation that is rather up-to-date for his time. For Christian exegetes, Meister Eckhart's two commentaries on Genesis and Nicolas of Lyra's commentary are examined. In his first commentary Meister Eckhart does not explain the origin of water, whereas his second commentary follows Maimonides' explanations as well as those of the ancient philosophers and his Dominican teachers. Nicolas' commentary does not follow verbatim either his Christian or Jewish predecessors, although he seems to be familiar with both Rashi's and Maimonides' explanations.

Keywords: Rashi, Maimonides, Meister Eckhart, Nikolus von Lyra, Urelemente

---

Die Genesis eröffnet damit, dass zwar Himmel und Erde geschaffen werden, das Wasser aber anscheinend vorhanden ist:

בְּרֵאשִׁית בָּרָא אֱלֹהִים אֵת הַשָּׁמַיִם וְאֵת הָאָרֶץ וְהָאָרֶץ הָיְתָה תֹהוּ וָבֹהוּ

Im Anfang schuf Gott den Himmel und die Erde. Und die Erde war *tohu wa-wohu* [in etwa: Chaos].

Weiter:

וְחֹשֶׁךְ עַל־פְּנֵי תְהוֹם

Und Finsternis über dem Angesicht der Tiefe [in der Vulgata wird daraus der Abyss].

Also: Alles ist im Dunkel! Dann das Entscheidende:

וְרוּחַ אֱלֹהִים מְרַחֶפֶת עַל־פְּנֵי הַמָּיִם

Und der Geist/Wind Gottes schwebte über dem Angesicht der Wasser.

Wasser ist also konstitutiv für die Erde vor dem Licht, aber wir erfahren nicht, wo es herkommt, es sei denn, wir begnügen uns damit, dass es Teil von Himmel und Erde ist und als solches geschaffen wurde. Am zweiten Schöpfungstag wird dann noch einmal präzisiert, dass ein Firmament – oder wie Luther es übersetzte: eine Feste – die Urwasser scheide.

In der antiken und frühmittelalterlichen jüdischen und christlichen Literatur werden diese und die weiteren Verse der Genesis als Texte über die Entstehung der Welt gelesen. Unter Titeln wie ‚(H)Exameron' (Sechstagewerk) oder auch ‚De Genesi ad litteram' entstanden spätestens seit dem vierten Jahrhundert zahlreiche Schriftkommentare, die die Weltentstehung nach dem Schöpfungsbericht thematisieren.[1] Die Frage, die die nachfolgenden Überlegungen leiten soll, ist, wie mit diesem Vorhandensein des Wassers an sich in der mittelalterlichen Exegese umgegangen wird, und wie überhaupt die Verse 2 und 6–7 von Genesis 1 bei ausgewählten jüdischen und christlichen Exegeten umgegangen wird. Für die Darstellung werden vier Exegeten und Denker ausgewählt, die jeweils exemplarisch für die litterale bzw. die philosophisch-theologische Exegese im Hochmittelalter stehen und die – mit der Ausnahme von Meister Eckhart, dessen Wirken nur indirekt belegbar ist – eine lange Wirkungsgeschichte hatten bzw. haben.[2]

1 R. Shlomo ben Yitzhaq (Rashi)

Den Anfang soll der aus Troyes stämmige und in den rheinischen Akademien des 11. Jahrhunderts ausgebildete Bibel- und Talmudkommentator Rashi (1040–1105) machen, dessen Exegese in einer Umbruchszeit der Auslegungs- und Geistesgeschichte steht.[3] Dabei soll hier nicht interessieren, ob der Name Rashi für die Einzelperson als Haupt der Akademie von Troyes steht oder als Sammelbegriff für die Exegeten seiner Schule, die sein Werk fortgeführt, ergänzt und abgeschlossen haben.[4]

Rashis Exegese ist gekennzeichnet durch die fortlaufende einfache erläuternde Paraphrase einzelner Begriffe aus dem Text, sei es mit einem französischen Begriff,

---

[1] Exemplarisch seien hier nur für die lateinischsprachige Antike die Kommentare des Ambrosius von Mailand und Aurelius Augustinus genannt (vgl. ‚Exameron', in: Sancti Ambrosii opera, Teil 1, hrsg. v. Karl SCHENKL [Corpus scriptorum ecclesiasticorum Latinorum 32,1]. Prag, Wien, Leipzig 1896/97, S. 1–261, und Sancti Aureli Augustini de Genesi ad litteram libri duodecim u. a., hrsg. v. Joseph ZYCHA [Corpus scriptorum ecclesiasticorum Latinorum 28,1]. Prag, Wien, Leipzig 1894); zu den antiken und frühmittelalterlichen Traditionen sei auf die zusammenfassende ‚Glossa ordinaria' verwiesen (vgl. Biblia latina cum glossa ordinaria. Facsimile reprint of the Editio Princeps Adolph Rusch of Strassburg 1480/81, eingel. v. Karlfried FROEHLICH u. Margaret T. GIBSON. Turnhout 1992).
[2] Ergänzend sei darauf hingewiesen, dass die Auswahl auch dadurch bestimmt ist, dass die beiden christlichen Exegeten als die jeweiligen Hauptrezipienten der beiden jüdischen Autoren gelten.
[3] Zu Rashi vgl. Avraham GROSSMAN, Rashi, übers. v. Joel LINSIDER, Oxford 2012 (hebr. 2006); Johannes HEIL, „Raschi – Der Lebensweg als soziale Landschaft", in: Daniel KROCHMALNIK u. a. (Hgg.), Raschi und sein Erbe. Internationale Tagung der Hochschule für Jüdische Studien mit der Stadt Worms, Heidelberg 2007, S. 1–22.
[4] Vgl. den hilfreichen Überblick in Devorah SCHOENFELD, Isaac on Jewish and Christian Altars. Polemic and Exegesis in Rashi and the Glossa Ordinaria, New York 2013, S. 38–41 u. ö.

sei es mit einem hebräischen Wort oder Satz. Am Beispiel von Genesis 1,2 soll das gezeigt werden.[5]

Hier wird zunächst der Begriff *tohu* mit Erstaunen und Überraschtsein erläutert, wie ein Einzelner erstaunt und überrascht sei über die Leere in etwas. Es folgt eine zweite Erklärung: תהו אשטורדישו״ן בלע״ז; *belaaz* steht dabei für den Gebrauch in der französischen Sprache, *estordison* ist dann das französische Äquivalent, im heutigen Französisch *étourdissant*. Es folgt eine knappe Erläuterung von *bohu* als Leere. Daran anschließend wird *al pney tehom* (‚über dem Angesicht der Tiefe') mit dem nachfolgenden *al pney ha-majjim* (‚über dem Angesicht des Wassers') erläutert, das seinerseits über der Erde (*she-al ha-aretz*) sei. Daran angeschlossen wird *we-ruach elohim merachäfät* (‚und der Geist/Wind Gottes schwebt') als הכבוד כסא (‚Thron der Ehre')[6] erläutert, עומד באויר (‚stehend in der Luft'). Ganz bildlich muss man sich also die Präsenz Gottes auf dem himmlischen Thron, der in der Finsternis über der Ursuppe schwebt, vorstellen. Dieses Schweben selbst wird weiter erläutert, indem das Verb מְרַחֶפֶת mit dem nachfolgenden *al pney ha-majjim* zusammengezogen und mit einer Anleihe aus *bChagiga* 15 a erläutert wird: ‚durch den Mund des Heiligen, gesegnet sei er und durch seinen Ausspruch: ‹wie eine Taube über dem Nest schwebt›.' Angefügt wird ohne direkte Anbindung, aber mit der üblichen Ausleitungsformel: אקובטיי״ר (*aqoveter*, neufrz. *couvrir*, ‚bedecken'). Soweit die Erläuterung von Vers 2; die Erläuterung der Verse 6–7 erfolgt nach einem ähnlichen Prinzip und hebt darauf ab, dass das Firmament in der Mitte des Wassers platziert wird; dem Wasser kommt außer seinem Dasein an sich kaum Bedeutung zu; es wird aber auch nicht darüber spekuliert, was es mit dem Wasser jenseits des Firmaments auf sich habe.[7]

Von anderer Art ist der zweite ausgewählte Kommentar.

2 Moshe ben Maimon (Moses Maimonides)

Moses Maimonides (1138–1204) hat zwar keinen eigenständigen Kommentar zu irgendeinem biblischen Buch abgefasst, dennoch enthält sein enzyklopädisches Hauptwerk ‚Führer der Unschlüssigen' eine Aneinanderreihung von Einzelauslegun-

---

[5] Da es keine kritische Ausgabe Rashis gibt, soll hier die Artscroll Series / Saperstein Edition genügen: The Torah, With Rashi's Commentary Translated, Annotated, and Elucidated by Yisrael Isser Zvi HERCZEG, Vol. 1: Bereishis / Genesis, Brooklyn, 13. Aufl., New York 2012, S. 5–7. – Bereits zitierte hebräische Wörter und Begriffe werden im Folgenden in Umschrift wiedergegeben.

[6] Inwieweit es sich hierbei um eine antichristliche Spitze handelt, indem Rashi hier nicht von der *Shekhina*, die in ihrer Funktion in einer gewissen Nähe zum lateinisch-christlichen Verständnis von Geist steht, kann hier nicht entschieden werden. Ich danke Annette Weber (Heidelberg) für den Hinweis.

[7] Es ist bemerkenswert, dass die in etwa zeitgleiche christliche Interlinearkommentierung der ‚Glossa ordinaria' ebenfalls nicht auf die Entstehung des Wassers selbst eingeht.

gen biblischer Texte;[8] das erkenntnisleitende Prinzip ist dabei, die Realität hinter der Bildwelt aufzuzeigen. Innerhalb des Werks findet sich in Buch II, Kapitel 20, eine Auslegung von Genesis 1. Wiedergegeben werden hier nur die Kerngedanken.[9]

Maimonides geht davon aus, dass die Erschaffung von unterer und oberer Welt auch die Schöpfung der Zeit mit sich bringt; insofern ist Schöpfung kein Werk des „Anfangs", sondern eines Prinzips (ראשית). Die Partikel *et* in *et ha-shamajjim we-et ha-aretz*, die gewöhnlich als Akkusativpartikel unübersetzt bleibt, deutet er als Äquivalent zu *'im* („mit'), weswegen in der Schöpfung alles zugleich erschaffen wurde, aber erst nach und nach sichtbar gemacht wurde. Der Begriff *aretz* („Erde' / ‚Welt') stehe synonym sowohl für die sublunar wahrnehmbaren Elemente (Erde, Wasser, Wind und Finsternis als elementares Feuer) als auch für das Gesamt aus sub- und supralunarer Welt. Die in Genesis 1,7 bezeichnete Trennung ‚zwischen dem Wasser' sei entsprechend nicht räumlich zu verstehen, sondern als eine Trennung der Formen des Wassers. (Diese Trennung ist analog zu der von Licht und Finsternis als der von Dasein und Fehlen von Licht.) Aus dem Wasser nun sei durch die Änderung der Form die Wölbung des Himmelsfirmaments geworden, so dass drei Arten von Wasser sind: Die Meere, die Himmelswölbung und das supralunare Wasser. (Es ließe sich auch sagen: Es handelt sich um Wasser in den drei Aggregatzuständen ‚flüssig' = Meere und Regen, ‚fest' = Himmelsgewölbe und ‚gasförmig' = außerhalb der Erde als dem Ort der Elemente.)

Im Vergleich sehen wir hier also, dass ‚Wasser' bei Maimonides eine (pseudo-) physikalische Ausdeutung innerhalb seiner Kosmologie erhält anders als bei Rashi, bei dem es nur da ist. Seine Herkunft wird zwar nicht explizit thematisiert, allerdings ist es als Teil der Urelemente als konstitutiver Bestandteil von ‚Erde' anzusehen.

Wenden wir uns vor diesem Hintergrund zwei christlichen Exegeten zu.

3 Eckhart von Hochheim (Meister Eckhart)

Der Dominikanertheologe Meister Eckhart hat zwei extrem selektive Kommentare zur Genesis hinterlassen, in denen jeweils nur einzelne Versteile kommentiert werden. Die Spekulationen um ihre Entstehung und ihr Verhältnis zueinander übergehe ich

---

[8] Zum ‚Führer der Unschlüssigen' als Bibelauslegung vgl. Herbert A. DAVIDSON, Moses Maimonides. The Man and His Works, Oxford 2005.
[9] Der Text ist in Übersetzung zugänglich in: Mose ben Maimon, Führer der Unschlüssigen, Übersetzung und Kommentar von Adolf WEISS, Bd. II (1924), 3. Aufl., Hamburg 1995, S. 198–218; sowie mit arabischem Text: Moses Maimonides, Wegweiser für die Verwirrten, eine Textauswahl zur Schöpfungsfrage; Arabisch / Hebräisch – Deutsch, übers. von Wolfgang von ABEL u. a., eingeleitet von Frederek MUSALL u. Yossef SCHWARTZ, Freiburg / Br. u. a. 2009, S. 276–303.

hier[10] und wende mich dem älteren, jedoch als zweitem überlieferten Kommentar[11] zu.

Schon in der – wahrscheinlich erst nachträglich angefertigten – Inhaltsübersicht (*Tabula*) des Kommentars deutet Eckhart an, dass er zu *spiritus dei ferebatur super aquas* zwölf Dinge zeigen bzw. darstellen will, alle Punkte sind jedoch auf Gott bezogen, keiner der Unterpunkte hat einen Bezug zum Wasser:

> *Ibi tanguntur duodecim proprietates dei. Prima, quod deus non est corpus. Secunda, quod nec est virtus in corpore. Tertia, quod est movens immobile. Quarta, quod est causa extra genus omne, perfectiones omnium generum praehabens. Quinta, quod est supremum in entibus et per consequens movere ipsius est motis ab illo suavissimum. Sexta, quod ipse non afficitur nec eget alio quolibet, sed est sufficiens sibimet et omnibus et per consequens est sua potentia, suus habitus, sua operatio, sua aeternitas, et sic de aliis. Septima, quod effectus nullus creatus adaequat eius potentiam. Secus de producto non creato, puta filio et spiritu sancto. Octava, quod deus producit effectus suos in creaturis non naturali necessitate, sed libera voluntate. Nona, quod effectus producti a deo non sunt in deo formaliter, sed praesunt virtute. Decima, quod omne productum ab ipso 'in ipso vita erat'* [Ioh. 1,4] *et vivere. Undecima, quod operatur in omnibus operibus naturae, moris et artis. Duodecima, quod et rerum mutabilium rationes immutabiles sunt in deo, rerum temporalium rationes sunt aeternae, et sic de aliis.*[12]

Dort wird zwölferlei berührt, was Gott [allein] eigentümlich ist. Erstens: Gott ist kein Körper. Zweitens: er ist keine Kraft an einem Körper. Drittens: er ist das Bewegende, das selbst unbewegliche ist. Viertens: er ist die Ursache, die außer jeder Gattung ist und die Vollkommenheiten aller Gattungen im Voraus hat. Fünftens: er ist das Oberste in [allem] Seienden; folglich bewegt er auf eine Weise, die für die von ihm Bewegten überaus lieblich ist. Sechstens: er wird von keinem anderen berührt noch bedarf er eines anderen, sondern er genügt sich selbst und allen, und folglich ist seine Potenz, sein Habitus, sein Wirken und seine Ewigkeit mit seinem Sein identisch, und so in [allem] anderen. Siebtens: keine geschaffene Wirkung kommt seiner Macht gleich. Anders verhält es sich mit dem, was [von ihm] hervorgebracht, aber nicht geschaffen ist, nämlich mit dem Sohn und dem heiligen Geist. Achtens: Gott bringt seine Wirkungen in den Geschöpfen nicht mit Naturnotwendigkeit, sondern aus freiem Willen hervor. Neuntens: die von Gott hervorgebrachten Wirkungen sind in ihm nicht in der [ihnen eigentümlichen] Form, sondern der Kraft nach im Voraus. Zehntens: alles von ihm Hervorgebrachte ‚war in ihm Leben' [Joh. 1,4] und Lebendigsein. Elftens: er wirkt in allen Werken der Natur, des sittlichen Handelns und der Kunst. Zwölftens: auch die Ideen der wandelbaren Dinge sind in Gott unwandelbar, die der zeitlichen ewig und so weiter.[13]

---

10 Vgl. dazu Loris STURLESE, Meister Eckhart in der Bibliotheca Amploniana. Neues zur Datierung des ‚Opus tripartitum' (1995), in: DERS., Homo divinus. Philosophische Projekte in Deutschland zwischen Meister Eckhart und Heinrich Seuse, Stuttgart 2007, S. 95–106; Alessandra BECCARISI, „Eckhart's Latin Works", in: Jeremiah M. HACKETT (Hg.), A Companion to Meister Eckhart, Leiden, Boston 2013, S. 85–123, hier S. 104–112.
11 Meister Eckhart, Liber Parabolorum Genesis, in: Meister Eckhart, Die Lateinischen Werke, Bd. 1, Magistri Echardi Prologi, Expositio Libri Genesis, Liber Parabolarum Genesis, hrsg. und übersetzt von Konrad WEISS, Stuttgart 1964, S. 445–702 (im Folgenden: LW I, mit Seitenzahl).
12 Eckhart, LW I, S. 461sq.
13 Übers. nach LW I, S. 461 f.

Zu V. 6 soll diskutiert werden, warum Tag Zwei, anders als Tage Drei bis Sechs nicht als gut bezeichnet werden.

> *Ibi invenies duas quaestiones notabiles et earum solutiones. Prima est, cum de opere secundi diei non sit dictum quod sit bonum propter hoc, quod binarius sit casus ab uno, ab ente et a bono, quae tria convertuntur et sunt id ipsum, quomodo ergo de operibus dierum tertii, quarti, quinti, sexti dictum sit quod sunt bona, cum tamen isti quattuor numeri plus recedant et cadant ab uno, ente et bono. Secunda quaestio est, quomodo septenarius, qui adhuc plus distat omnibus praemissis numeris, et benedicitur et sanctificatur.*[14]
> Dort findet man zwei bemerkenswerte Fragen und ihre Lösungen. Erstens: weil die Zwei Abfall von Einem, Seienden und Guten ist – denn diese drei sind miteinander vertauschbar und ebendasselbe – heißt es von dem Werk des zweiten Tages nicht, dass es gut sei. Warum heißt es dann aber von den Werken des dritten, vierten, fünften und sechsten Tages, dass sie gut seien, obwohl sich doch diese vier Zahlen weiter von dem Einen, Seienden und Guten entfernen und abfallen? Die zweite Frage lautet, warum die sieben, die noch weiter als alle bisher genannten Zahlen [von dem Einen] absteht, sowohl gesegnet als auch geheiligt wird.[15]

Die Ausführung im Kommentar selbst[16] entspricht den gemachten Ankündigungen.[17] Noch deutlicher als bei Rashi fällt auf, dass das Wasser – wenn überhaupt – als gegeben angesehen wird und anscheinend keiner Erläuterung bedarf. Im Gegenteil, die Bestimmung Gottes in der Erläuterung zu V. 2 entspricht weitgehend der dominikanischen Theologie albertisch-thomasischer Prägung. Das Naturelement Wasser hat in dieser vergleichsweise abstrakten Gedankenführung keinen Ort. Die Auslegung der Schöpfungswerke erschöpft sich in der Frage nach der Perfektion der Schöpfung an sich und der Zählweise der Tage.

Von anderer Art ist die Erläuterung im später als ersten überlieferten Kommentar.[18] Hier finden wir zu Vers 2a die gleichen kosmologischen Erklärungen, die auch Maimonides gegeben hat, insbesondere, dass die Erde aus vier Elementen zusammengesetzt sei. Auch wenn dieser Gedanke nicht originär maimonidisch ist, sondern wohl schon bei den Vorsokratikern vertreten wurde,[19] wird er von Eckhart von diesem übernommen.

Zu Vers 2c (*spiritus dei ferebatur super aquas*) nimmt die Erläuterung des Geistes im Sinne von Maimonides und Albertus Magnus breiten Raum ein; es wird jedoch eine Erläuterung von Wasser als einem der vier Elemente bzw. Orte (*loci*) eingefügt:

---

14 Eckhart, LW I, S. 465sq.
15 Übers. nach LW I, S. 465 f.
16 LW I, S. 508–513, 538–540.
17 Was nicht verwundert, wenn die *Tabula* tatsächlich nachträglich erstellt wurde.
18 Eckhart, Expositio Libri Genesis, in: LW I, S. 185–444, hier S. 206–229, 238–245.
19 In der christlichen Tradition findet sich der Gedanke auch schon bei Ambrosius, ‚Exameron' I,6,20 (Anm. 1, S. 17); allerdings wird er anders ausgeführt, so dass die Herkunft bei Eckhart eher von Maimonides abzuleiten ist.

Tertio sciendum quod hic notatur ordo naturalis elementorum. Cum enim dicit primo quod 'tenebrae erant super faciem abyssi', per tenebras autem, ut dictum est, ignis intelligitur, notatur quod ignis tenet primum locum sub caelo immediate. Cum autem sequitur: 'spiritus', aer scilicet, 'super aquas', notatur quod secundum locum tenet aer. Et cum sequitur: 'super aquas', patet quod tertium locum tenet aqua et consequenter terra quartum, id est ultimum; unde sequitur: 'congregatur aquae et appareat arida'.[20]

Drittens muss man wissen, dass hier die natürliche Anordnung der Elemente gemeint ist. Wenn er [Moses] nämlich zuerst sagt, dass Finsternis außen über dem Abgrund war, unter Finsternis aber, wie gesagt, das Feuer zu verstehen ist, so ist damit gemeint, dass das Feuer den ersten Ort unmittelbar unter dem Himmel einnimmt. Wenn aber folgt: der Geist, nämlich die Luft, [schwebte] über dem Wasser, so ist damit gemeint, dass die Luft den zweiten Ort einnimmt. Und wenn dann folgt: über dem Wasser, so ist klar, dass das Wasser den dritten und folglich die Erde den vierten und letzten Ort einnimmt; daher folgt: ‚es sammle sich das Wasser, und es erscheine das Trockene' (1,9).[21]

Für Eckhart lässt sich hier vorläufig festhalten: Die zunächst ausschließlich philosophisch-theologische Exegese wird nach dem Studium von Maimonides, Albert sowie den hier bislang nicht genannten Platon und Euklid naturwissenschaftlich geerdet. Das Wasser wird als Teil der Elemente in den Blick genommen, jedoch folgt Eckhart Maimonides nicht in allen Spekulationen; insbesondere die Deutung der Himmelsfeste als verfestigtes Wasser und damit die Spekulation über die kosmologischen Aggregatzustände wird nicht übernommen.[22]

4 Nikolaus von Lyra

Der vierte Autor, der uns hier kurz beschäftigen soll, ist der unmittelbare Zeitgenosse Eckharts und Franziskanermagister Nikolaus von Lyra (ca. 1270–1349), dessen ausführliche Bibelauslegung (‚Postilla super totam Bibliam')[23] zu einem der Standardwerke der mittelalterlichen Bibelauslegung gehört.[24]

Innerhalb seines Kommentars kommen alle das Wasser betreffenden Verse, die uns hier interessieren, in den Blick und Nikolaus geht auch sehr kurz auf das *aqua*

---

20 Eckhart, LW I, S. 219.
21 Übers. nach LW I, S. 219.
22 Die Untersuchung zum Wasser bei Eckhart ließe sich auf die Deutschen Schriften ausdehnen (Anregung von Racha KIRAKOSIAN, Cambridge / MA), allerdings spiegeln die von mir kursorisch untersuchten Stellen nicht die Frage der Herkunft des Wasser wider; z. B. in der Predigt Q 36A (Meister Eckhart, Die Deutschen Werke, Bd. II, hrsg. von Josef QUINT, Stuttgart 1971, S. 186–193, hier S. 188) werden zwar die vier Urelemente in eine kosmologische Anordnung gebracht, aber diese Anordnung sucht nicht nach der Herkunft, sondern dem Ziel (= Gott) der Anordnung.
23 Im Folgenden zitiert nach dem Druck in vier Bänden Straßburg 1492 (ND Frankfurt / M. 1971).
24 Vgl. Philip D. W. KREY u. Lesley SMITH (Hgg.), Nicholas of Lyra: The Senses of Scripture, Leiden u. a. 2000; Gilbert DAHAN (Hg.), Nicolas de Lyre: Franciscain du XIVe siècle, exégète et théologien, Paris 2011.

ein.²⁵ Zu V. 2 betont er, dass Erde und Wasser in einem Zusammenhang genannt werden. Beide Elemente seien gemischt und über ihnen schwebe der Geist, d. h. der Wille, Gottes.²⁶ Zu V. 6 erfolgt der knappe Hinweis, dass das Firmament zwischen den Wassern so zu verstehen sei: *aquas ab aquis i.e. celum cristallinum ab elementis*²⁷ (,Wasser vom Wasser, d. h. der kristalline Himmel von den Elementen'). Das Wasser selbst wird jedoch nicht eigens thematisiert. V. 7 betont die Äquivozität der Wasser auf beiden Seiten des Firmaments, wobei das supralunare Wasser die himmlische Natur bzw. das himmlische Wesen bezeichne, das sublunare Wasser von der Natur der Elemente ausgesagt werde.²⁸ Anders als zu anderen Stellen innerhalb des umfassenden Kommentarwerks, werden hier keine paganen, christlichen oder jüdischen Quellen angeführt.²⁹

5 Zusammenfassung und Ausblick

Überblicken wir die vier Auslegungen, so fällt zunächst auf, dass keine der Auslegungen die Entstehung oder die Beschaffenheit des Wassers thematisiert. Es ist Teil der Schöpfung. Dennoch ist ab Maimonides die naturwissenschaftliche Erläuterung, dass Wasser eines der vier Urelemente ist, (wieder) von Bedeutung. Für die christlichen Exegeten ist jedoch die Bestimmung der *ruach* bzw. des *spiritus* in V. 2 wichtiger. Die Separierung der Wasser durch das Firmament wird von allen vorgestellten Autoren thematisiert, die Interpretationen sind jedoch sehr unterschiedlich, wenngleich eine Nähe zwischen Rashi und Nikolaus in der Betonung der Trennung zu bestehen scheint, während Maimonides auf die unterschiedliche Beschaffenheit der Wasser abzielt (so angedeutet auch bei Nikolaus). Lediglich Eckhart lässt diese Frage aus. Bei keinem der Autoren finden wir eine wie auch immer geartete metaphorische Ausdeutung der Wasser. Die Frage nach der Herkunft des Wassers wurde anscheinend erst später gestellt und beantwortet.

---

25 Die Auslegungen finden sich in ‚Postilla super totam Bibliam' (Anm. 23), Bd. 1, fol. 22vb–23rb.
26 Vgl. ebd., fol. 22vb: *Et spiritus* [etc.], *i.e. super illam congeriem et comutionem elementorum predictam et vocatur nomine aquarum, quia sicut dictum est ipsa aqua cooperiebat terram, et altijs duobus elementis commixta erat modo predicto et accipitur hic spiritus dei, i.e. voluntas que ferebatur super illam congeriem elementorum, sicut voluntas artificis super materiam quam formare et ornare intendit.*
27 Ebd., fol. 23ra.
28 Vgl. ebd., fol. 23rb: *Diuisitque aquas etc. Hic aque dicuntur equivoce vt patet ex precedentibus, quia ille que sunt super firmamentum sunt de natura celesti, ille autem que sunt sub firmamento de natura elementati* [!].
29 Zu den Quellen innerhalb der Auslegung von Genesis 1–3 vgl. Corrine PATTON, Creation, Fall and Salvation, Lyra's Commentary on Genesis 1–3, in: KREY u. SMITH (Anm. 24), S. 19–43, die auf die (Nicht-) Erschaffung des Wassers jedoch nicht eingeht.

Isabel del Val Valdivieso (Valladolid)
Beliefs, Religious Practice and Superstition in Castile in the Late Middle Ages*

Abstract: Society in the late Middle Ages viewed water as essential to its survival, as a resource that could provide revenue and power to those able to control it, and as a threat because of the forces of nature that could make water the cause of death and destruction. In other words, water was seen as both beneficial and as the origin of disaster. Such ambivalence is reflected in all walks of life, and affected both the material as well as the immaterial realms.

Water was viewed as a purifying element, both in the physical (through hygiene or cleanliness) and spiritual (baptism) sense. In this latter domain, water played a key role in the mentality of medieval society with regard to religious practices and superstition alike.

Keywords: Water, Castille, Mentality, Medieval Society, 15th century

1 Introduction

Society in the late Middle Ages viewed water as essential to its survival, and as a resource that could provide both revenue and power to those able to control it. It was also seen as a threat because of the forces of nature that could make water the cause of death and destruction. In other words, water was perceived as both beneficial and as the origin of disaster. Such ambivalence is reflected in all walks of life, and affected the material as well as the immaterial.

Water involved a strong purifying element, both in the physical sense (through hygiene or cleanliness) and the spiritual sense (through baptism). In this latter domain, water played a key role in the mentality of medieval society vis-à-vis religious practices and superstition.

Based on these premises, our research focuses on the kingdom of Castile, the largest in the Iberian Peninsula in the 15th century, and concentrates on spiritual considerations as well as beliefs. Our aim is to explore and explain how, within this framework, water is seen as an element which can create life, having the ability to drive away certain dangers, whilst at the same time proving beneficial to the population's material and/or political interests.

---

* The present work has been carried out within the framework of Research Project HAR2012-32264, El agua en el imaginario de la Castilla bajomedieval, funded by the Spanish Ministry of Economy and Competiveness (MINECO).

To conduct our study, we draw on the rules and obligations imposed by bishops on their faithful in the provincial councils, specifically certain documents reflecting the practice of rogations and the treatise against superstition written by Fray Martín de Castañega, the Canticles of Saint Mary by Alfonso X the Wise, and the catechism of Pedro de Cuéllar. We also study some late 15th century chronicles in which water is linked to divine intervention, either in favour or against certain objectives, people or groups. We will attempt to mark out the limits set at the time between superstition and faith regarding the use of water, and the need for it in its just measure, neither in excess (flooding and negative consequences) nor through a lack thereof (the need for rain to ensure the harvest during periods of drought), and in certain circumstances.

2 The search for divine intervention to ensure it rained when necessary

Although cities, crafts and trade were already highly developed, agricultural activities remained a key element for the survival and development of Lower Middle Age feudal society. In Castile, as everywhere, agriculture played a crucial role in terms of generating income and wealth, and as a vital source of the food required to meet society's needs.

Given such a context, it is easy to understand that one of the population's main concerns was to secure a good harvest, and to prevent it from being lost. The main dangers were adverse weather conditions, war and plagues. Of particular interest here are matters concerning natural adversities which, whether in the form of drought or too much rain, posed the principal threat to crops, which still provided the basis for most foods.[1] Drought is evidently a major menace to crops. Yet, an over abundance of rainfall might also prove to have disastrous consequences. One clear illustration of this is to be found in the chronicles of Andrés Bernáldez. When referring to the autumn of 1485, he states that heavy rain fell non-stop for six weeks, an unprecedented event which nobody could recall ever having witnessed previously. As a result, Seville suffered major flooding that caused many dwellings and indeed whole areas of the city to collapse, seriously endangering the entire city and its inhabitants. Other towns and villages close to the river Guadalquivir also suffered major loss of human life, buildings, livestock, crops and vineyards, together with forested areas.[2]

---

[1] Vis-à-vis the matter of food, see Bruno LAURIAUX, Le Moyen Âge à table, París 1989; Jean-Louis FLANDRIN / Massimo MONTANARI (eds.), Historia de la alimentación, Gijón 2004, pp. 495–686; Beatriz ARÍZAGA BOLUMBURU / Jesús Á. SOLÓRZANO TELECHEA (eds.), Alimentar la ciudad en la Edad Media, Logroño 2009.
[2] Andrés Bernáldez, Historia de los Reyes Católicos don Fernando y doña Isabel, ed. Cayetano ROSSELL in: Historia de los Reyes de Castilla, vol. III, Madrid 1953, chap. LXXVIII, pp. 621–622.

The emotional impact this had on people accounts for the fact that chroniclers recorded such events in their works. One example was Alonso de Palencia who, in the summer of 1460, in other words during the harvest, writes that to the north of the Duero, in the area around Valladolid and Burgos, torrential rainfall led to many people being drowned and the destruction of crops and fruit.[3] Another chronicler of the time, Diego de Valera, also makes mention of this fact, referring to it as a divine signal, which in a narrative context may be interpreted as a bad omen.[4]

Whether due to a lack of rain or an excess of it, the harvest could be lost, such that people everywhere sought ways to avert these misfortunes when the danger was imminent. In order to obtain a good harvest, rain was needed at the right time and in the right amount to ensure that seeds sprouted and that plants grew. Too much or too little rain, or torrential rainfall, whether in the form of violent storms or hailstone, could ruin the crop. In addition to the financial losses this caused, it would also bring with it the threat of hunger or famine for months to come for those affected. Only if food could be procured on the market would it be possible to avert such a terrible disaster. Yet, in such instances, the high price of grain would pose a serious problem to those unable to afford it; in other words, the poorer sectors of society.

This explains the concern which the matter evoked, and also accounts for the fact that divine intervention was sought in an attempt to secure enough of the much needed rainfall to ensure that the earth bore its fruits, or to dispel the danger of the harvest being lost due to the damage caused by either too much rain or by its excessive violence.

In times of drought, processions were organised in an effort to attract rainfall by praying.[5] We know from municipal documentary evidence that the matter was deemed so important that the whole town was obliged to attend such rogations. When this initially proved unsuccessful and the need was so intense that life itself was in danger, children's and even flagellants' processions were organised, as we know happened in certain places such as Paredes de Nava in 1477, a year in which a devastating drought swept that particular area of Castile. Documentary evidence survives of both types of procession.

One relevant question concerns who these prayers were directed at, since this also provided insights into religious matters and the devotion of those involved.

---

[3] Alfonso de Palencia, Gesta hispaniensia ex annalibvs svorvm diervm collecta, ed. Brian TATE / Jeremy LAWRENCE, Madrid 1998, decade 1, book V, chap. X, p. 198.
[4] Diego de Valera, Memorial de diversas hazañas: Crónica de Enrique IV, ed. Juan de Mata CARRIAZO, Madrid 1941, p. 60.
[5] On the topic of praying for rain, see Jesús SANZ MUÑOZ, Cultura y simbología del agua. Sacro elemento, in: Revista del Ministerio de obras públicas y transportes 411 (1993), pp. 6–14; Modesto MARTÍN CEBRIÁN, Las rogativas, in: Revista Folklore 361 (2012), pp. 34–51; Antonio Luis CORTÉS PEÑA, Entre la religiosidad popular y la institucional: las rogativas en la España moderna, in: Hispania. Revista española de Historia 55/191 (1995), pp. 1027–1042.

Prayers were generally offered to God although they were also directed at particular saints or the Virgin. In the various towns and villages, prayers were directed at those saints considered to be closest, in other words those to whom the church was dedicated. Yet, such orations followed a specific order, since the patron saint of the town seems to have been the first to be called upon, almost certainly because they were deemed to have the greatest influence in the heavenly court, or were felt to be most likely to work a miracle, as is the case in Madrid, where faith in San Isidro is unquestionable.[6] A hierarchical order is thus established, since behind the patron saint help could be sought from other saints who were the object of devotion or who had had churches dedicated to them. Prominent in this hierarchy is the Virgin. Saint Mary, as she was known in the Canticles of Alfonso X the Wise, was considered an excellent intermediary between man and God, such that her followers recommended prayers be directed to her in order to obtain the much sought after rain. This occurred in the city of Jerez where, after several unsuccessful processions, prayers were finally directed at the Virgin, who brought about the much needed rains which saved the crop. The Canticle related that Jerez stood on the banks of the river Guadalquivir and that it was beset by a terrible drought. Faced with such a situation, a priest convinced the faithful to repent their sins and pray to the Virgin, imploring her to intervene. This evidently worked, since it did indeed rain abundantly.[7]

The material and earthly aspects of these processions imploring the rains are a further indication of the importance which lower medieval society attached to them. Local councils were in charge of organising them, paying those who organised them, and on occasions giving food to the participants in the form of bread, wine and cheese, as we know was the case in Paredes de Nava and other villages in the area in 1477.[8]

3 Averting the threat of a storm

If rainfall can prove beneficial when falling at the right time and in the right amount, it can also become a serious danger when this is not the case. Different sources of the time highlight this twin perception of water in an agricultural context as something

---

[6] Eduardo JIMÉNEZ RAYADO, El agua imaginada: rogativas y peticiones de lluvia en el Madrid medieval, in: Mª Isabel DEL VAL VALDIVIESO (ed.), La percepción del agua en la Edad Media, Alicante 2015, pp. 295–307.

[7] *En tôn a Virgen as nuves abrir / fez e delas gran chuvia sair / que quantos choraban fezo riir /e ir con grand' alegría*. Alfonso X el Sabio, Cantigas de Santa Maria, ed. Walter METTMANN, vol. 1, Vigo 1981, Cantiga 143 (*Como Santa María fez en Xerez chover por rogo dos pecadores que lle foron pedir por merçee que lles diesse chova*), pp. 504–505.

[8] Juan Carlos MARTÍN CEA, El mundo rural castellano a fines de la Edad Media. El ejemplo de Paredes de Nava en el siglo XV, Valladolid 1991, p. 393.

which is both essential and potentially dangerous, and the means adopted to bring about the former and prevent the latter.

What most seemed to terrify people of the time was a storm. In order to avert these, a system was used which is recorded in the decisions adopted by the synods of the Castilian dioceses, and in municipal documents, and which consisted of ringing the church bells. The fact that this was regulated by the synods may be explained because of the use of the bells, an instrument linked to churches and controlled by the ecclesiastical authorities. Usually, the municipal authorities were involved because it was they who paid the priests responsible in each church for ringing the bells whenever necessary.

As regards the municipal authorities, returning to the example of Paredes de Nava, we see that here it is the sacristans who ring the bells when a storm threatens, and who are paid for their services by the local council. When the danger was greatest, between May and late September, they had to ring the bells three times a day: at dawn, mid-day and in the evening, although if faced with a serious threat of a storm, they might be forced to spend the whole day ringing the bells non-stop, for which purpose turns were established amongst the four churches in the area. As for payment, the sacristan of the main church was paid more than those in the other three churches.[9] In the following centuries, similar events are recorded in other places such as certain towns in Cantabria. In 1508, the municipal authorities at Motrico hired the services of a priest to summon up clouds, as did the town of Laredo in 1547. Castro Urdiales was another town to engage such services, although here only in summer and with aim of warding off the danger of hail.[10]

As regards the matter of ecclesiastical control, in the synodal decisions taken in the dioceses of Palencia by Bishop Diego de Deza in 1500, express reference is made to ringing the bells in an effort to keep storms at bay. It was forbidden for too much money to be used to pay for such services, even with banquets, at the expense of money collected through tithes.[11] Yet, the matter was not only left in the hands of the church authorities, since treatise writers were also involved.

Fray Martín de Castañega, who took charge of ringing the bells, gave instructions concerning what was to be done to ward off the threat of a storm. Once the storm was deemed to be approaching, the bell would warn all the faithful that they should gather in the church and, surrounded by many candles, pray on their knees to the Holy Father; they would sing Salve Regina (Hail Holy Queen), a prayer directed at the Virgin, who was seen as intervening. The priest would then appear wearing a surplice and stole, and would read from the Bible. The faithful would then leave the church

---

9 Martín Cea (note 8), pp. 393–394.
10 Rosa María de Toro Miranda, La villa de Laredo en la Edad Media (1200–1516), Unpublished Doctoral Dissertation, Cantabria University 2014, p. 371.
11 Synodicon hispanum VII, Burgos y Palencia, ed. Antonio García y García / Bernardo Alonso Rodríguez, Madrid 1997, pp. 529–530 (henceforth cited as Synodicon hispanum VII).

in procession holding the cross and proceed towards the threatening cloud, singing various songs and saying different prayers. Having completed this, all that remained was to trust in God and to rest assured that if there was still a hailstorm it was because God wished to punish them or put them to the test.[12]

Yet, fear of the ills that could be brought on by a storm was so great that people also resorted to cloud conjurers in an effort to avert hailstorms. In his 1529 treatise against superstition, Castañega writes that such conjurers are to be found almost everywhere, that they are sometimes priests who climb up to the towers in order to be closer to the clouds and who are paid for their work. When the danger was imminent, they practised certain rites and uttered spells to prevent the storm from unleashing its wrath or to turn the hailstones into water and convert the threat into beneficial rain. Such practices were condemned by the author, who seeks to explain in rational terms why this is magic, and not a Christian act. Yet, Castañega's explanation of what causes the hailstorm does not divert him from his belief in divine intervention. He recommends praying so that God will prevent the water from the clouds freezing. In other words, he is asking for rain rather than hailstone to fall.[13] What we are faced with is an extremely fine line between magic and Christian rites. Indeed, the two differ not because of the intervention or otherwise of a priest, since some of those uttering spells may well have been priests, but rather in the words used.

4 Interpreting meteorological phenomena as an expression of divine will

Faith led to inexplicable phenomena or adverse circumstances which were hard to endure being seen as the intervention of the divine or the devil. This was true of all sectors of society, and helped people digest misfortunes and frustrations. At times, such meteorological phenomena were seen as a sign of what was to come, as was the case with the events of October 1470. This was when the swearing in of Joanna de Trastámara, the much disputed daughter of Enrique IV, as crown princess followed by her betrothal to the brother of the King of France, took place. When narrating these events, the King's official chronicler, Enríquez del Castillo, relates that on the return journey to Segovia, on the day after the ceremony, and when about to cross the mountain pass, the royal retinue was surprised by heavy rain, wind and snow which caused the death of several people and delayed the royal family's return to Segovia by a few days. The threat of civil war hung in the air at this time in Castile, given that part of the kingdom's nobility, headed by Isabel, the king's sister, opposed Joanna being rec-

---

[12] Fray Martín de Castañega, Tratado de las supersticiones y hechicerías y de la posibilidad y remedio dellas (1529), ed. Juan Robert MURO ABAD, Logroño 1994, pp. 62–66.
[13] Fray Martín de Castañega (note 12), pp. 57–59.

ognised as the monarch's legitimate daughter. In relation to this event, the chronicler states that the storm blocking the route of the royal retinue was seen as an ill omen for the interests of the king and his daughter.[14]

This was how Enríquez del Castillo narrated the events, reporting that the divine sign occurred after the solemn act of the swearing in and betrothal of princess Joanna. However, another chronicler of the time, who also reports these events, places the downpour before the start of the ceremony. Diego de Valera reports that, with the ceremony already underway, and even though it was a clear day, the skies suddenly darkened and it began to rain and hail. All those present sought refuge where best they could, without sparing a thought for the King's daughter, who had to be aided by a footman. The narrator says that the storm was seen by all as an ill omen, and Joanna's being left alone under the torrential rain as a portent of the misfortunes that would befall the kingdom because of her.[15]

Whatever the case, divine intervention is felt to be present, as is portrayed by the chroniclers when narrating certain events, particularly when confrontations were in evidence. One major aspect of feudal society was to wage war. In the period in question this involved the struggle against Muslim power, reflected in the Iberian Peninsula in the Christian monarchs' gradual conquest of Moorish held territory. Said enterprise leads us to the war for Granada, with the armies of the Catholic Monarchs engaging in a prolonged campaign that culminated with their entering Granada in January 1492.[16] Chroniclers narrating the shifting fortunes of said campaign refer on occasions to the presence or absence of rainfall as a miracle, a divine intervention from God favouring the Christian troops.

Water is clearly essential to human survival. Therefore, when under attack those besieged searched desperately for water, whilst the attackers sought to deprive them of it. When the enemy troops had managed to cut off the water supply to those defending, the latter could only hope and pray for the rain that would allow them to fill their wells and water tanks. Without rain, the besieged town was doomed. This was exactly what occurred during the siege of Malaga in 1487. In his chronicle, Diego de Valera felt that this circumstance was due to God wishing to favour Isabel and Ferdinand.

Another chronicler of the time, Alonso de Palencia, also attributes certain events, not to the expertise of the Castilian army or to the incompetence of the Nasrids, but to the will of God being done irrespective of man's actions. During the siege of Baza in 1489, an important stronghold on the Catholic monarchs' advance towards Granada, the Castilian troops were on the verge of exhaustion, which brightened the spirits of the besieged army who trusted that the autumn rains would render the situation of

---

14 Diego Enríquez del Castillo, Crónica de Enrique IV, ed. Aureliano SÁNCHEZ MARTÍN, Valladolid 1994, p. 361.
15 Diego de Valera (note 4), p. 177.
16 Miguel Ángel LADERO QUESADA, Castilla y la conquista del reino de Granada, Granada 1993; Miguel Ángel LADERO QUESADA, Las guerras de Granada en el siglo XV, Barcelona 2002.

the Castilians impossible, since the latter were enduring terrible shortages and disasters. It did indeed rain continuously and copiously for two weeks in late September and early October 1487, much to the joy of those besieged who were convinced that the Castilian troops would be forced to withdraw given that their situation was unsustainable due to the adverse weather conditions. Yet, God sought to tip the balance in favour of the Christians, such that the rains were followed by fifty days of good weather, which allowed the besieging army to sow the surrounding fields, thus raising their spirits and giving them hope. The favourable weather also allowed several months' provisions to arrive thanks to the improved road conditions. When Baza finally fell, the chronicler had no hesitation in attributing the success of the undertaking to God, stressing that it was thanks to divine will, and not to the efforts of the King and Queen or the kingdom, that a Castilian victory had been achieved.[17]

5 Water as a repairing and purifying element

As regards meeting both material and spiritual needs, whilst remaining within the sphere of religious belief, we see other practices in which water plays a leading role in the form of ceremonies where it was used because of the healing power it was believed to hold. It should be remembered that the medieval mind endowed water with tremendous symbolic value, and that it was held to be sacred, as can even be seen in legal works such as the Castilian King Alfonso X's Partidas or Seven-Part Code.[18]

The Christian notion of the world still revolved around the four basic elements, one of these being water, which played a key role. It is therefore hardly surprising that it should appear as a metaphor in many wide-ranging circumstances.[19] This explains why, for consecration, the chalice should contain wine and a little water. When seeking to justify this mixture, it is felt that water represents man since, just as water flows, so does human life, from birth to death. Water also refers to the blood mixed with wine which flowed from Jesus Christ's side on the cross, although it would seem that for Bishop Pedro de Cuéllar water basically represents man, which is why

---

[17] Alonso de Palencia, Crónica de Enrique IV, vol. III (War of Granada), ed. Antonio PAZ Y MELIÁ, Madrid 1975, pp. 232–234.

[18] Juan Antonio BONACHÍA HERNANDO, El agua en las Partidas, in: Mª Isabel DEL VAL VALDIVIESO / Juan Antonio BONACHÍA HERNANDO (eds.), Agua y sociedad en la Edad Media hispana, Granada 2012, pp. 23–25.

[19] The metaphor appears time and again when highlighting the need to calm spirits or seek peace. This is reflected in the letter which Diego de Valera purports to have sent to John II, entreating him to avoid conflict and war in the struggle for power in Castile, beseeching him to *derrame el agua de vuestra benigna clemencia sobre tan vivas llamas de fuego* (pour the water of your benign mercy on the burning flames of the fire), in order to avoid the *tantos males cuantos se esperan* (many troubles which are to befall). Diego de Valera, Crónica abreviada, ed. Juan de Mata CARRIAZO, in: Memorial de diversas hazañas, Madrid 1941, p. 311.

only a small amount should be present in the chalice compared to the amount of wine, given man's insignificance when compared to God. Water is endowed with tremendous value since the two elements, wine and water, are essential for consecration.[20] We see, for instance, how water is present in the central mystery of medieval Christianity, transubstantiation. But it is well known that this is not the only aspect of the liturgy in which it appears. It is also central to the sacrament of baptism, together with certain other practices and rites.

One widespread practice was to use the water in which holy objects, such as the chalice or relics, had been washed in order to heal people or animals. Here, the faithful, showing their conviction, trust and devotion, would ask priests for the water so that they could pour it over the sick person or animal, in the hope they would be cured by its healing power.[21] It should be pointed out that the water used to wash objects that have been in contact with holy vessels was of concern to the church and to priests, as may be seen in other sources, such as Pedro de Cuéllar's early 15th century catechism, which states that said water should be kept close to the altar.[22]

Castañega feels this to be common practice, and even admits, or at last does not condemn, certain rites linked to white magic, in other words witchcraft which seeks to do good. Such practices include writing a given word at the bottom of a cup, pouring water over it so that it is erased, and then drinking the water, a system used to improve marital relations, either to calm passions or to dispel evil.[23]

First and foremost, water held healing power for Christians, reflected particularly in baptism and other circumstances. It was, for example, used to remove venial sins given that, as Bishop Pedro de Cuéllar points out, those who receive holy water are cleansed of such stains.[24] When priests are summoned in communion to the house of someone who is ill, they are preceded by altar boys who, in addition to carrying lit candles and a small bell to announce their arrival, also carry holy water.[25] Yet, where water played its most central role was in the baptism ceremony, in which original sin was washed away.

As pointed out by Pedro de Cuéllar, two elements are essential when administering this particular sacrament: water and the word. Focusing on the former, we see how it must be poured over the head, deemed to be the most important part of the human body, since it was where reason was held to exist. Moreover, only water could be used. No other liquid was possible; nor could the water be mixed with anything

---

20 José Luis MARTÍN / Antonio LINAGE CONDE, Religión y sociedad medieval. El catecismo de Pedro de Cuéllar (1325), Salamanca 1987, p. 205. Also in: Synodicon hispanum VI, Ávila y Segovia, ed. Antonio GARCÍA Y GARCÍA, Madrid 1993, pp. 303–304 (henceforth cited as Synodicon hispanum VI).
21 Fray Martín de Castañega (note 12), p. 40.
22 MARTÍN / LINAGE CONDE, (note 20), p. 208. Also in: Synodicon hispanum VI (note 20), p. 307.
23 Fray Martín de Castañega (note 12), p. 38.
24 MARTÍN / LINAGE CONDE, (note 20), p. 194.
25 Synodicon hispanum VII (note 11), pp. 61, 184.

else. This appears to have been because of the symbolic value of water, or at least this is how it is explained by Cuéllar when he says that the sacraments are sources from which good comes forth: as water cleanses the body, so the sacraments cleanse the soul; as water cools and refreshes the body, so the sacraments refresh the soul against the heat and passion aroused by sin. Just as water feeds the ground so that it may bear fruit, so the sacraments help Christians to be virtuous and to do good deeds.[26] Probably in order to ensure that the baptismal water preserved all its properties, and was not contaminated or used incorrectly, in 1529 a synod of the bishopric of Segovia ordered that all baptism fonts be kept under lock and key and that the key remain in the safe keeping of the priest.[27]

6 Conclusions

In conclusion, it can be said that water plays a central role in the collective imagination of medieval society, since it was seen as essential to both material and spiritual life. Moreover, water, in its various manifestations, but above all in the form of rain (and its consequences), was perceived as an instrument employed by God to favour certain people or groups over others or to test the devotion of the faithful, or as a punishment for doing ill deeds.

Linked to this particular view of how water is understood, we find practices which fall half way between faith and superstition. These take the form of actions which, as we have seen in the case of rogations or attempts to avert storms, are difficult to balance between orthodoxy and magic. In the case of the threat of rain, one striking point is that we fail to find any examples of what happens when there is too much rain; in other words, when there is damage caused by excess water which inundates roads, and floods crops, which are then lost.

On a different note, those affected by the lack of rain or who fear an approaching storm, call on the divine to bring rain or to drive away the clouds. In the case of ceremonies considered to be orthodox, we see that an appeal is made to God, to certain saints, and above all to the Virgin, seen as the principal mediator who, taking pity on the suffering of the faithful, will intercede so that God will heed their prayers.

The attitude and expressions of lower medieval Castilians with regard to water highlight their faith in the divine and their belief that they will be rewarded if they follow the right path. They thus interpret certain natural phenomena which favour their interests as a manifestation of divine will and as a reward for having acted correctly. As we have seen, this serves to justify a political-military action, the struggle against the kingdom of Granada, which becomes a good and just cause, since they

---

[26] MARTÍN / LINAGE CONDE (note 20), pp. 186–188.
[27] Synodicon hispanum VI (note 20), p. 522.

are favoured by God who provides them with rain or causes a drought, whichever happens to support Castilian interests. On other occasions, if the meteorological phenomena prove detrimental to the faithful, this may be interpreted as either a punishment for some wrong-doing or as an opportunity which God is giving them to earn merit for the other life.

In sum, a link emerges between certain manifestations of water and the Christian faith, its use as a key element in certain rites and how it is perceived as an instrument in the hands of the maker to punish some and to reward others.

Rica Amran (Amiens)
L'antijudaïsme aux XIVe et XVe siècle : l'utilisation de l'eau*

Abstract: This study focuses on the different stereotypes dealing with the Jewish minority and *conversos*. The accusations against them were of four types:
a. The Jew associated to the *culture* of money.
b. Confessional accusations: the Jew was the *religious other*, the *infidel* in a Christian society.
c. The Jew as inferior, excluded and proscribed.
d. The Jew as personification of evil.
Within these categories (and distinguishing between the European situation and the Castilian milieu), we offer two examples of discourses related to water. The first is an accusation of *poisoning* water which is referred to as an explanation for the persecutions of 1391. It has a clear European influence and is quoted by Alonso de Espina in his *Fortalitium fidei*.
The second, also related to water, was an event that occurred in Córdoba in 1473 when a 10-year-old girl throws water out of a window at the time that a religious parade passes in front of her house: she was accused of throwing urine and the event gave occasion to an *anti-converso* reaction in the city resulting in the death and escape of numerous *conversos*.
We believe that the relatively peaceful coexistence (*convivencia*) of religious creeds ends at the end of the 14th century and water is one of the many elements utilized to exclude the Jews and the *conversos* from the mainstream and regnum.

Keywords: Jews, water, conversos, urban violence

1 Introduction

La présence de juifs dans la péninsule ibérique est attestée depuis la nuit des temps, mais ce n'est qu'à partir du Ier siècle que nous possédons des preuves matérielles de leur installation sur le sol péninsulaire.[1]

---

* Ce travail a été réalisé dans le cadre du Projet de recherche Har2012-32264, « L'eau dans l'imaginaire de la Castille du bas Moyen Âge », financé par le Ministère espagnol de l'Économie et de la Compétitivité (MINECO).
[1] Haim BEINART, Hispano-Jewish Society, dans : Cahiers d'histoire mondiale 11 (1968–1969), pp. 220–238 ; Haim ZAFRANI, Los judíos del occidente musulmán al-Andalus y el Magreb, Madrid 1994.

Nous pouvons supposer que la situation de cette communauté a beaucoup fluctué en fonction de ses rapports avec les seigneurs et les rois locaux, mais nous savons qu'elle a empiré à partir de la conversion de Recaredo au christianisme en 587, dû essentiellement au fait que pour la première fois l'unité politique du royaume devait reposer sur l'observance par tous les sujets d'une seule et même religion. A partir de là, les wisigoths soufflèrent le chaud et le froid sur cette communauté. En 695, les juifs furent même accusés de conspiration contre la couronne, ce qui amena les autorités, lors du XVIIe Concile de Tolède, à décréter la confiscation de tous leurs biens, la séparation des enfants de leurs parents pour donner à ceux-ci une éducation chrétienne, etc., c'est-à-dire que, dans le royaume d'Égica, une série de lois furent édictées qui, appliquées, auraient signifié la fin des juifs sur les terres de la péninsule.[2]

Cependant, l'arrivée des musulmans en 711, va enrayer la détérioration de cette situation, car, pendant le processus de conquête de la péninsule et leur installation, ils firent collaborer la minorité à l'étape d'administration des territoires occupés, profitant pleinement de sa connaissance des langues et des coutumes locales. Nous pouvons par conséquent dire que cette situation d'adaptation de cette communauté, d'abord à l'émirat de Córdoba, et ensuite au califat, s'est poursuivie sans interruption ; pour preuve la culture qu'elle développa au cours de ces siècles, période restée dans l'histoire comme celle des « siècles d'or du judaïsme hispanique ».

La situation se prolongera jusqu'à l'effondrement, vers l'an 1000, de cette unité politique que fut le califat et qui conduira les juifs à s'installer dans le nord de la péninsule, alors que dans le même temps, seront promulguées dans les royaumes chrétiens toute une série de lois visant à faciliter leur accueil, surtout en Castille.[3] Cette situation perdurera jusqu'à la fin du XIVe siècle, date à laquelle ce royaume changea de nature devant les bouleversements engendrés par les périodes de régence successives, par la mauvaise situation économique provoquée en 1348 par la propagation de la peste dans toute la péninsule, par la grande mortalité et la faim qui en ont résulté, etc.[4]

Il nous faut également constater l'apparition, dans ce panorama, d'un personnage, Fernand Martínez, qui prêcha de façon virulente contre cette minorité en l'accusant de tous les maux qui frappaient le royaume, et qui fut à l'origine, en 1391, de persécutions d'une ampleur inconnue auparavant sur le sol de Castille, conduisant pratiquement à la disparition des grandes juiveries du royaume. Cela eut pour conséquence d'amener un nombre important de juifs à abandonner la péninsule pour s'installer dans le nord de l'Afrique, pendant que d'autres, face au climat de violence de cette période, prirent la décision de se convertir. On les qualifia plus tard de « nou-

---

2 Rica AMRAN, De judíos a judeo-conversos reflexiones sobre el ser converse, Paris 2002 ; Raúl GÓMEZ SALINERO, Las conversiones forzosas de los judíos en el reino visigodo, Roma 2000.
3 Rica AMRAN, Alfonso VI y sus judíos. El estatus jurídico de la minoría, dans : Fernando SUÁREZ BILBAO / Antonio GAMBRA (éds.), Alfonso VI. Imperator totius orbis Hispaniae, Madrid 2012, pp. 321–331.
4 Luis SUÁREZ FERNÁNDEZ, Judíos españoles en la Edad Media, Madrid 1991.

veaux chrétiens » (certains intégrèrent complètement la société chrétienne, d'autres n'en respectèrent que les apparences, les judaïsants)[5].

L'intégration désormais de plein droit de ces *conversos* dans la société castillane[6], provoquant inévitablement une concurrence exacerbée avec les « vieux chrétiens », va conduire alors à une nouvelle situation, débouchant progressivement sur l'insurrection de Tolède en 1449[7] et sur l'apparition de la sentencia-estatuto la même année, prélude aux statuts de pureté de sang. Et même si cette rébellion fut endiguée par Jean II, le roi de Castille de l'époque, les révoltes continuèrent jusqu'en 1467, liées à l'évidence aux problèmes de succession durant le règne d'Henri IV, et ne cessèrent qu'avec la prise du pouvoir par Isabelle, la création de l'Inquisition en 1478[8] et l'expulsion de la communauté juive à partir de 1492.[9]

2 L'eau : juifs et *conversos*[10]

Nous allons travailler sur deux cas spécifiques dans lesquels l'eau intervient d'une manière ou d'une autre, et où la minorité juive et les nouveaux chrétiens, de par le mauvais usage qu'ils en font, se convertissent en ennemis de la société chrétienne.

2.1 Accusation d'empoisonnement de l'eau

Les stéréotypes relatifs à ce que nous appellerons l'‹ idéologie › antijuive, au cours du Moyen Âge, étaient spécifiquement liés à une série de questions particulières :

a – Juif : archétype négatif, on l'associe avec la culture de l'argent (juif usurier, avare, prêteur sur gages) ; l'argent était un fait nouveau dans la société chrétienne,

---

5 Philippe WOLF, The 1391 Pogrom in Spain, Social Crisis or Not?, dans : Past and Present 50 (1971), pp. 4–18; Manuel Ambrosio SÁNCHEZ SÁNCHEZ, Predicaciones y antisemitismo. El caso de San Vicente Ferrer, dans : Eufemio LORENZO SANZ (éd.), Proyección histórica de España en sus tres culturas, vol. 3, Valladolid 1993, pp. 195–204.
6 Jaime F. VENDRELL, La actividad proselitista de San Vicente Ferrer durante el reinado de Fernando I de Aragón, dans : Sefarad 13 (1953), pp. 87–104.
7 Eloy BENITO RUANO, Los orígenes del problema converso, Madrid 2001 ; IBID., La sentencia-estatuto de Pedro Sarmiento contra los conversos toledanos, dans : Revista de la Universidad de Madrid 6 (1975), pp. 277–306; Rica AMRAN, De Pedro Sarmiento a Martínez Siliceo. La génesis de los estatutos de limpieza de sangre, dans : Rica AMRAN (éd.), Autour de l'Inquisition. Etudes sur le Saint-Office, Paris 2002, pp. 33–56.
8 Julio VALDEÓN BARUQUE, Los conflictos sociales en el reino de Castilla en los siglos XIV y XV, Madrid 1975.
9 Luis SUÁREZ FERNÁNDEZ, La expulsión de los judíos de España, Madrid 1991.
10 Fernando DE LOS RÍOS, Religión y Estado en la España de los siglos XVI, Buenos Aires, México City 1957 ; Cecil ROTH, Los judíos secretos. Historia de los marranos, Madrid 1979.

mais à partir du XIIIe siècle nous ne trouvons plus de trace d'un rejet total du commerce (ceux qui ‹ commerçaient › n'allaient plus en enfer, mais au purgatoire) ; toutefois on réprouvait l'usure et l'avarice.¹¹

C'est dans ce domaine que le juif sera stigmatisé ; on oublie fréquemment que le commerce fait partie de ce ‹ tout › qu'au Moyen Âge on dénommait ‹ usure ›, mais lorsque celle-ci, pour des raisons évidentes, cesse d'être interdite, le prêt à intérêt continue d'être prohibé aux chrétiens, mais pas aux minorités, comme les juifs, puisque c'était une des rares activités qu'ils pouvaient exercer.

b – Confessionnelle : les juifs sont l'‹ autre › religieux, une ‹ enclave › infidèle dans la société chrétienne.

c – Le juif identifié comme l'‹ inférieur exclu ›. Image d'exclusion et de proscription.

d – Le juif apparaît aussi comme la personnification du mal : il était considéré comme maléfique, diabolique et criminel. Meurtrier présumé, conspirateur et cruel par nature.

Entre les IIIe et IVe siècles apparaît pour la première fois l'accusation de déicide, les juifs sont accusés d'avoir assassiné Jésus. Mais en même temps les idées de San Augustin sont prises en compte : il faut maintenir les juifs parmi les chrétiens comme des *testes veritatis*, c'est-à-dire des « témoins » de la nouvelle arrivée de Jésus, pour leur montrer l'erreur dans laquelle ils se trouvaient depuis des siècles.

Entre les IVe et XIe siècles c'est une période de persécutions, mais à partir du VIIIe siècle les relations sont bonnes ; condensation de tout l'antisémitisme entre les XIᵉ et XIIIe siècles, surtout à l'époque des Croisades, et que nous appellerons période anti talmudique.

Les sources talmudiques ‹ en cause › depuis la perspective ou les travaux réalisés par des conversos : Pedro Alfonso (du début du XIIe siècle), Alfonso de Valladolid (converti en 1321), Juan de Valladolid (converti à l'époque d'Henri II), Pablo de Santa Maria (converti aux alentours de 1390) et Jerónimo de Santa Fe (converti au début du XVe siècle). Il nous faut également ajouter à cette brève liste l'ouvrage *Pugio fidei* de Ramón Martí, au cours du XIIIe siècle.

Avec tous ces éléments que nous avons soulignés, surgiront, par conséquent, au cours du Moyen Âge, une série d'accusations :

a – L'infanticide rituel : la première référence connue date de 1150, récit d'un ecclésiastique Thomas de Monmouth qui rapporte une histoire survenue à Norwich en 1144,¹² le crime supposé de San Guillermo de Norwich, récit classique des crimes

---

11 José María MONSALVO ANTÓN, Teoría y evolución de un conflicto social. El antisemitismo en la corona de Castilla en la Edad Media, Madrid 1985.
12 Enrique CANTERA MONTENEGRO, La imagen del judío en la España medieval, dans : Espacio, Tiempo y Forma 2 (1998), pp. 11–38 ; Jeremy COHEN, The Flow of Blood in Medieval Norwich, dans : Speculum 79 (2001), pp. 26–65 ; José María MONSALVO ANTÓN, El enclave infiel. El ideario del ‹otro› judío en la cultura occidental durante los siglos XI al XIII y su difusión en Castilla, dans : Esther LÓPEZ

rituels. La situation se reproduira avec force à la fin du XIIe siècle, le chroniqueur juif Efraim de Bonn, qui avait déjà relaté les violences contre les juifs dans le bassin du Rhin au cours de la Deuxième Croisade, donnait des nouvelles des attaques violentes contre les juifs de France, d'Allemagne, des Pays Bas et d'Angleterre pendant la période qui va de 1171 à 1196.[13]

b – Profanation d'hosties : autre thème avec une connotation antijuive qui a servi d'endoctrinement. Stéréotype très répandu entre les années 1215 et 1264 (année de l'instauration par le pape de la fête du Corpus Domini).

Cependant, tout ce que nous venons d'évoquer est très différent dans la péninsule ibérique, et en Castille en particulier. Nous constatons une lointaine agressivité perceptible en France, en Allemagne ou en Angleterre.[14]

Nous pouvons souligner un épisode en 1035, à Mercadillos, à la mort de Sanche le Grand. Il y eut également des violences à leur encontre en 1109 à Tolède (peut-être à la mort d'Alphonse VI) et à León en 1230. Violence due à la vacance du pouvoir, et de la même façon que d'autres groupes sociaux proches du souverain furent attaqués, la minorité juive ne fut pas épargnée.

Les thèmes européens que nous venons d'énumérer ne seront abordés au XIIIe siècle que par un seul auteur, San Martino de León, qui meurt en 1203, chanoine de San Isidoro, auteur de *Sermones* de style isidorin et traditionnaliste ;[15] Alphonse X s'en souvient lorsqu'il élabore *Las Siete partidas*, stéréotypes pour certains d'entre eux, où il introduit une série de mythes et de clichés étrangers à la tradition hispanique. Les différends (que nous pouvons définir comme une « disqualification » publique des juifs), jouèrent également un rôle important dans la propagation de ces stéréotypes et de ces mythes, qui, à notre avis s'enracinèrent dans la péninsule à partir du XIVe siècle. Jusqu'à Abner de Burgos (Alfonso de Valladolid, sous le règne d'Alphonse XI, c'est-à-dire au milieu du XIVe siècle) nous n'en trouvons aucun exemple.

Nous pensons que la péninsule a bénéficié d'une situation très particulière, étant restée en marge du reste des autres pays européens jusqu'à une époque tardive ; sans prédications de Croisades, d'épouvantables massacres furent évités. Dans la péninsule, peut-être l'une des calomnies les plus répandues est celle qui souligne la participation des juifs dans la Perte de l'Espagne, par leur association avec les musulmans lors de l'installation de ces derniers et la prise de terres chrétiennes. Nous pouvons,

---

OJEDA (éd.), *Los caminos de la exclusión en la sociedad medieval. Pecado, delito y represión*, Logroño 2012, pp. 171–223.

13 Robert CHAZAN, 1007–1012. Initial Crisis for Northern European Jewry, dans : Proceedings of the American Academy for Jewish Research 38–39 (1970–1971), pp. 101–117 ; Jeremy COHEN, Essential Paper on Judaism and Christianity in Conflict from Late Antiquity to Reformation, New York 1991 ; Leon POLIAKOV, *Historia del antisemitismo*, Barcelona 1955.

14 Robert I. MOORE, *La formación de una sociedad represora. Poder y disidencias en la Europa occidental, 950–1250*, Barcelona 1989.

15 Christopher TAYERMAN, *Las guerras de Dios. Una nueva Historia de las cruzadas*, Barcelona 2007.

par conséquent, parler d'un fanatisme idéologique mais pas d'un fanatisme de croisade.[16]

Ce fanatisme ne s'implante pas avec facilité, car dans la péninsule les juifs ne vivaient pas dans des quartiers séparés, ces histoires paraissant en outre peu vraisemblables à leurs yeux. En Castille, nous constatons une série de différences : entre idéologie antijuive, motivations du souverain (intérêts matériels, luttes urbaines, stratégies de pouvoirs, etc.) et la « réglementation antijuive » (stade intermédiaire entre les deux précédentes)[17].

Mais dans tout ce que nous venons de rappeler nous ne voyons pas apparaître, au moins sur le sol castillan, la moindre accusation d'avoir empoisonné l'eau. Et pourtant il a toujours été prétendu, entre autres sujets, que les juifs avaient été accusés d'avoir empoisonné l'eau pendant la peste des années 1350 et que pour cette raison ils avaient été persécutés en 1391, lorsque cette maladie se propagea en Castille. Cependant, dans les documents, le seul qui rapporte cette accusation, dans la Castille du XVe siècle, est Alonso de Espina, lequel dans son *Fortalitium fidei*[18], dans sa 6e *crudelitas*, fait allusion à l'empoisonnement de sources et de puits, en prenant l'exemple de l'Allemagne, mais sans toutefois citer le moindre cas spécifique castillan.

Par conséquent, l'eau est utilisée comme ‹ prétexte › à des actes antijuifs, et nous croyons même que ce sont des explications postérieures à la période des événements, et nous pensons qu'elles ne sont pour les auteurs modernes et contemporains qu'un moyen de tenter d'expliquer les persécutions, au même titre que les légendes sur les rapts et les assassinats d'enfants ou la profanation des hosties.

2.2 Accusation de contamination de l'eau

Le second cas auquel nous nous intéressons ici est celui survenu dans la région andalouse, et plus spécifiquement à Córdoba[19], pendant la période de guerre civile qui vit s'affronter Henri IV et sa demi-sœur, la princesse Isabelle : les problèmes de succession se combinèrent avec les affrontements entre les différents nobles désireux d'imposer leurs propres intérêts.

En 1473, à la Cruz del Rastro commencèrent des émeutes qui se terminèrent par le pillage des maisons des *conversos* de Córdoba ; depuis le début de l'année, la

---

[16] Christopher TAYERMAN, Las cruzadas, realidad y mito, Barcelona 2005 ; Jeremy COHEN, The Friars and the Jews. The Evolutions of Medieval Antijudaism, Ithaca, London 1982.
[17] Robert CHAZAN, Medieval Stereotypes and Modern Antisemitism, Berkeley 1997.
[18] *Fortalitium fidei*, « De bello iudeorum », const. VII, en « De crudelitate iudeorum », fol. 144v.
[19] Antonio DOMÍNGUEZ ORTÍZ, La clase social de los conversos en Castilla en la Edad moderna, Madrid, 1955; John EDWARDS, Christian Córdoba. The City and its Region in the Late Middle Ages, Cambridge 1982 ; Rica AMRAN, Apuntes sobre los conversos asentados en Gibraltar, dans : En la España medieval 12 (1989), pp. 249–253.

tension était palpable dans la ville, suite à l'affrontement entre Alonso de Córdoba, seigneur d'Aguilar et le comte de Cabra ; tout avait commencé avec un petit incident, à la Cruz des Rastro, sur le passage d'une procession à travers la zone commerciale de la ville, dans la rue de la Foire, une fillette d'origine *converso*, à en croire les sources de l'époque, âgée de 8–10 ans, versa de l'eau au passage de la procession, mouillant légèrement le baldaquin de l'image sainte. Dans la ville, les vieux chrétiens avaient fondé la Confrérie de la charité, qui était à l'origine de l'organisation de cette procession, pour favoriser la ferveur religieuse.[20]

Le forgeron Alonso Rodríguez, qui faisait partie du cortège commença à s'insurger contre un tel fait, qui selon lui, était intentionnel, ajoutant que c'était de l'urine qui avait été versée de la fenêtre et non pas de l'eau ; l'écuyer Pedro de Torreblanca tenta de barrer la route aux exaltés. Blessé et piétiné par les membres de la Confrérie, il fut défendu par les siens, occasionnant une bataille rangée, ce qui obligea le cortège à battre en retraite dans l'église franciscaine de San Pedro del Real.[21]

Alonso de Aguilar, en tant que maire de la ville, persuada le forgeron de sortir de l'Église, lequel fut interpellé sur-le-champ et blessé lors de cette arrestation. Les partisans de la Confrérie en profitèrent pour prétendre que le forgeron était mort et ressuscité, et qu'il avait exigé que des mesures fussent prises contre les nouveaux chrétiens de la ville.

Tout cela donna lieu à de grands désordres et pendant trois jours les maisons et les propriétés des nouveaux chrétiens furent pillées. Pendant qu'Alonso de Aguilar essayait de contrôler la ville, Pedro de Aguayo tentait d'organiser la résistance armée des *conversos*. Une protection fut offerte dans le Vieux Château par le premier aux nouveaux chrétiens, à condition qu'ils s'y rendent par leurs propres moyens. Beaucoup perdirent la vie ou furent blessés en tentant de rejoindre ce lieu. A la suite de ces événements, un grand nombre d'entre eux abandonnèrent la ville pour se réfugier à Gibraltar, ou pour fuir vers l'Afrique du Nord ou l'Italie.[22]

Comme nous pouvons le voir le liquide renversé est le prétexte à l'origine de tous ces problèmes. La question qui se pose ici est de savoir si effectivement le produit

---

[20] Emilio CABRERA MUÑOZ, Violencia urbana y crisis política en Andalucía en el siglo XV, dans : Aragón en la Edad Media. Sesiones de trabajo del IV Seminario de Historia Medieval, « Violencia y conflictividad en la sociedad de la España bajomedieval », Zaragoza 1995, pp. 5–25 ; Juan Luis CARRIAZO RUBIO, La Casa de Arcos entre Sevilla y la frontera de Granada (1374–1474), Sevilla 2003 ; Carlos Manuel FERNÁNDEZ DE LIENCRES SEGOVIA, Inestabilidad política y hacienda española en el siglo XV. El enfrentamiento entre el duque de Medina Sidonia y el marqués de Cádiz, dans : Actas del VI Coloquio Internacional de la Historia Medieval de Andalucía. Las ciudades andaluzas (siglos XIII–XVI), Málaga 1991, pp. 525–535.
[21] John EDWARDS, The judeoconversos in Urban Life of Córdoba, 1450–1520, dans : Georges JEHEL et al. (éds.), Villes et sociétés urbaines au Moyen Ages. Hommage à M. Le Professeur Jacques Heers, Paris 1994, pp. 288–290 ; María Isabel DEL VAL VALDIVIESO, Isabel la Católica y su tiempo, Granada 2005.
[22] John EDWARDS, The Massacre of Jewish Christians in Córdoba, 1473–1474, dans : Mark LEVENE / Penny ROBERTS (éds.), The Massacre in History, New York, Oxford 1999, pp. 5–68.

versé au passage de la procession était ou non de l'eau ; l'eau, en tant qu'‹ élément › pur ne pouvait pas, en principe, être versée par les nouveaux chrétiens, symboles du mal et héritiers des stéréotypes que nous avons énumérés dans la première partie de ce travail. Même si c'était de l'eau, les nouveaux chrétiens ne pouvaient être tenus pour responsables.

Par conséquent il est évident, dans l'imaginaire des habitants vieux chrétiens du Córdoba de ces années 1474–1475, que seuls ceux-ci pouvaient avoir infligé une indignité à la procession. Cette ville andalouse deviendra un symbole, mais des émeutes semblables se produiront dans le panorama castillan à partir des années cinquante de ce XVe siècle, comme ce sera le cas à Tolède ou à Ségovie.

3 Conclusions

Nous pouvons considérer que la situation de la péninsule par rapport à ses minorités était extrêmement difficile. Cette coexistence qui existait en théorie, au XVe siècle, sera rapidement rompue face à la délicate situation politique et économique du royaume.

Comme nous l'avons vu, il y a deux types de ‹ discours ›, celui de tous les jours où les voisins chrétiens cohabitent avec les juifs et les nouveaux chrétiens, et un discours théologique, conçu dans des églises et des monastères, où l'on impose la séparation et la surveillance des infidèles et des mauvais croyants, comme seule façon de déceler l'hérésie.

Nous pouvons parler toutefois d'un troisième discours, intermédiaire, utilisé par ceux qui voulaient contrôler les nouveaux chrétiens, qui avaient acquis une grande force politique et économique. Ceux qui soutenaient cette vision utilisaient les stéréotypes qui circulaient en Europe pendant ces années, en le manipulant à leur propre convenance, et en les qualifiant d'hérétiques.

Un des symboles de ces ‹ rebelles hérétiques › est précisément l'eau, élément pur, dont ils feront un mauvais usage et avec lequel ils conspireront contre la société chrétienne. Dans le premier cas, en empoisonnant les puits et les sources d'eau, dans le second en faisant passer pour de l'urine ce qui est de l'eau, et en la jetant, comme des traîtres qu'ils sont, sur une procession religieuse.

Deux faces d'une même pièce qui démontraient en fin de compte l'impossibilité tant pour les juifs que pour les *conversos* de pouvoir faire partie intégrante de la société chrétienne.

Philologisch-literarische Annäherungen

Thomas Haye (Göttingen)
Die Rede des personifizierten Wassers im Briefcorpus des Petrus Damiani (1007–1072)

Abstract: In all his various capacities – as ecclesiastical politician, theologian, and author – Petrus Damiani (1007–1072) was one of the most eminent figures of the 11th century. His literary importance is primarily due to the large collection of his letters, in which he shows himself to be a rhetorically accomplished writer. The present paper analyses the tenth letter of the collection, addressed to a hermit named William who had refused to join the monastery at Fonte Avellana because of his unwillingness to abstain from drinking wine as required by the rules of the monastery. In Damiani's epistolary response to this refusal, Water itself takes to the stage in order to praise its own qualities in a long and polished speech, which covers practical as well as theologico-symbolic issues, backed up by biblical references. Whether this oration succeeded in persuading its addressee remains unknown.

Keywords: Petrus Damiani, Rhetorik, Briefliteratur, Kirchenreform, Fonte Avellana

Petrus Damiani (1007–1072) zählt als Kirchenpolitiker, Theologe und Literat zu den herausragenden Gestalten des 11. Jahrhunderts.[1] Seine Biographie sei hier in fünf kurzen Sätzen skizziert: Er wird 1007 in Ravenna geboren und studiert dort sowie in Faenza und Parma. Um 1036 tritt er in das Eremitenkloster Fonte Avellana (bei Gubbio) ein. Seit 1043 amtiert er als dessen Prior. Von 1057 bis 1067 ist er Kardinalbischof von Ostia. Er stirbt 1072 in Faenza. Zu den Herzensangelegenheiten dieses engagierten Gelehrten gehört die Reform klerikaler und monastischer Verhaltensmuster; zeit seines Lebens kämpft er für Askese und Armut sowie gegen Simonie und Konkubinat. Zahlreiche diesbezügliche Einzelvorschriften, insbesondere zum idealen Mönchsleben, gehen auf ihn zurück.[2] Um aber solche Reformen durchzusetzen, benötigt er die Macht der Überzeugung. Wie Oluf Schönbeck betont hat,[3] gehört Petrus Damiani zwar offiziell und nach eigenem Bekunden zu den Verächtern der

---
[1] Vgl. einführend Giuseppe Fornasari, P.[etrus] Damiani, in: Lexikon des Mittelalters, Bd. 6 (2002), Sp. 1970–1972; Kurt Reindel, Petrus Damiani, in: Neue Deutsche Biographie, Bd. 20 (2001), S. 229 f.; Maurizio Tagliaferri (Hg.), Pier Damiani: l'eremita, il teologo, il riformatore, Bologna 2009; Ruggero Benericetti, L'eremo e la cattedra: vita di san Pier Damiani, Mailand 2007. Zur deutschsprachigen Rezeption vgl. Volker Honemann, Petrus Damiani, in: Die deutsche Literatur des Mittelalters. Verfasserlexikon, 2. Aufl., Bd. 7 (1989), Sp. 501–504.
[2] Vgl. hierzu Christian Lohmer, Heremi conversatio. Studien zu den monastischen Vorschriften des Petrus Damiani, Münster 1991.
[3] Oluf Schönbeck, Peter Damian and the Rhetoric of an Ascetic, in: Michael W. Herren, C. J. McDonough u. Ross G. Arthur (Hgg.), Latin Culture in the Eleventh Century (Publications of the Journal

Rhetorik, gleichwohl steht er ihr de facto nicht feindlich gegenüber. Mehr noch: er ist in dieser *ars* bestens ausgebildet, er hat sie in Ravenna wohl selbst gelehrt,⁴ und er versteht es hervorragend, sie im eigenen Interesse anzuwenden.

Als Quellen zur Untersuchung seiner oratorischen Begabung können seine 54 erhaltenen Predigten, aber auch seine 180 Briefe dienen,⁵ da letztere vielfach nur verschriftete Reden darstellen und zugleich das zentrale Ausdrucksmedium seiner Reformbemühungen sind. In dem umfangreichen, stilistisch herausragenden Briefcorpus gehen somit Reform und Rhetorik Hand in Hand. Zu jenen Neuerungen, die Petrus Damiani in Fonte Avellana und anderen Klöstern durchzusetzen versucht, gehört das Verbot des Weinkonsums,⁶ eine für den italienischen Raum geradezu existentielle Frage, bei der Damiani die entsprechende Vorschrift der *Regula Benedicti* (cap. 40) argumentativ aushebeln muss.⁷ Für seine persuasive Arbeit ist eine sog. „Rhetorik des Verzichts"⁸ notwendig, mit deren Hilfe das radikale Verbot umgesetzt werden soll.⁹

Mustergültig präsentiert sich diese „Rhetorik des Verzichts" in Damianis im Jahre 1045 verfasster Epistel Nr. 10, welche an einen Eremiten namens Wilhelm adressiert ist.¹⁰ Der Text verweist auf eine außerliterarische Vorgeschichte: Wilhelm habe Damiani persönlich versprochen, dem Kloster Fonte Avellana beizutreten, doch nun weigere er sich, sein Versprechen einzulösen. Damiani stellt hierauf Mutmaßungen über die potentiellen Ursachen der Palinodie an. Wodurch werde Wilhelm abgeschreckt? *Dic, rogo, quid te ab heremi austeritate deterruit? Cur animum bellatoris Christi terror degener occupavit?* (S. 128, Z. 18 f.). Als einzig möglicher Grund fällt dem Autor der *vini sapor* (S. 128, Z. 19 f.) ein. Offenbar wolle Wilhelm nicht auf den – in

---

of Medieval Latin 5), Vol. 2, Turnhout 2002, S. 350–370, hier S. 350 f. (mit weiteren bibliographischen Referenzen zum Thema).

4 Vgl. Johannes von Lodi, Vita Petri Damiani, hrsg. v. Stephan FREUND, in: DERS., Studien zur literarischen Wirksamkeit des Petrus Damiani (MGH Studien und Texte 13), Hannover 1995, S. 177–265, hier S. 211, cap. 2: *Cumque discendi finem ex omni liberali scientia peritus fecisset, mox alios erudire* [...] *studiosissime coepit*. Da die Rhetorik zu den trivialen *Artes* zählt, dürfte auch sie von Damiani gelehrt worden sein.

5 Die Briefe des Petrus Damiani, hrsg. v. Kurt REINDEL (MGH Epist. 2. Die Briefe der deutschen Kaiserzeit 4), Bd. 1–4, Hannover 1983–1993.

6 Vgl. hierzu LOHMER (Anm. 2), S. 60, 71 f., 110 f.

7 LOHMER (Anm. 2), S. 71 f.

8 So der Titel eines Aufsatzes von Christian LOHMER, Rhetorik des Verzichts im mittelalterlichen Mönchtum, in: Lothar KOLMER (Hg.), Rhetorik des Genusses (Salzburger Beiträge zu Rhetorik und Argumentationstheorie 3), Wien, Berlin 2007, S. 213–233.

9 Tatsächlich hat Petrus Damiani das strikte Verbot des Weinkonsums später wieder gelockert (so in ep. 18); vgl. REINDEL (Anm. 5), Bd. 1, S. 133, Anm. 22.

10 Ed. REINDEL (Anm. 5), Bd. 1, S. 128–136 (hiernach die folgenden Zitate). Übersetzungen der Epistel bei: Guido Innocenzo GARGANO u. a. (Hg.), Pier Damiani. Opere, Vol. 1,1 (Lettere 1–21), Città Nuova 2000, S. 270–283 (Text der REINDEL-Ausgabe und italienische Übersetzung); Owen J. BLUM, Peter Damian, Letters, Vol. 1 (Letters 1–30), Washington 1989, S. 113–123 (nur englische Übersetzung).

Fonte Avellana verboten – Weinkonsum verzichten. Im Folgenden nimmt Damiani diese eigene Vermutung als Faktum und zeiht seinen Briefpartner indirekt der Feigheit und Verweichlichung. „Das bisschen Wein" (*modicum vinum*; S. 129, Z. 2), d. h. die in anderen Klöstern gewährte, insgesamt recht bescheidene Menge (0,5 – 1 Liter), werde ihn teuer zu stehen kommen. Durch einige Bibelzitate führt er ihm sodann die negativen Konsequenzen des Weinkonsums vor Augen. Er selbst rate den Mönchen von Wein, Fleisch, Geschlechtsverkehr und anderen physischen Genüssen ab, damit sie durch die Askese ihrem Schöpfer umso näher sein könnten.

Im Folgenden nimmt die Argumentation des Briefes eine überraschende Wendung: Da Wilhelm, so Damianis Unterstellung, Wasser hasse, werde jetzt dessen Personifikation auftreten, ihn in einer scharfen Rede attackieren und zeigen, dass er sich gegenüber den Wohltaten des Wassers als undankbar erweise: *Sed qui aquam odis, ipsa te aqua velut vivae vocis invectione conveniat et ingratum te suis esse beneficiis propriae assertionis allegatione convincat* (S. 129, Z. 14–16). Es folgt eine lange, rhetorisch ausgefeilte Rede, in der die Sprecherin *Aqua*, das Wasser, die eigenen Vorzüge preist. Wilhelms Verachtung ihr selbst gegenüber sei ungerecht. So habe sie ihn durch die Taufe vor dem Teufel gerettet und zum Erben des Himmels befördert. Wortreich schildert sie die Leistung der Reinwaschung von menschlicher Sünde. Fast jeden ihrer Sätze beginnt *Aqua* dabei mit dem Wort *Ego* und hebt auf diese Weise die eigene Bedeutung hervor. Verweigere ihr Wilhelm etwa deshalb den Respekt, weil sie jünger sei als die anderen Elemente der Natur (Erde, Luft, Feuer)? Die Frage ist selbstverständlich nur als rhetorische *occupatio* gemeint. Denn *Aqua* widerlegt sogleich den von ihr antizipierten Einwand, indem sie zeigt, dass im Rahmen der Schöpfung als erstes das Wasser entstanden sei. Der primäre, theologische Teil (S. 129, Z. 21– S. 130, Z. 11) ist damit abgeschlossen: *ut iam de spiritalibus sileam* (S. 130, Z. 12).

Man liest nun einen zweiten Abschnitt (S. 130, Z. 12–20), in dem der praktische Nutzen des Elementes für den Menschen hervorgehoben wird: Mit dem Wasser könne man den eigenen Körper waschen, auch die Kleidung und Gerätschaften. Ferner benötige man Wasser zum Anbau landwirtschaftlicher Produkte und bei der Seefahrt, zudem seien alle Lebewesen (d. h. Landtiere, Vögel und Fische) vom Wasser abhängig. Selbst die von Wilhelm so geliebten Weinreben müssten bewässert werden. Ohne die Unterstützung der *Aqua* würden die Reben verbrennen und die Mägen der „Säufer" könnten den Wein nicht aus überschwappenden Bechern einschlürfen: *protinus arefactae ignem potius pascerent, quam inundantibus poculis bibulorum ventres ingurgitarent* (S. 130, Z. 18–20). Das Bild des armen Wilhelm ist hier bis zur Karikatur überzeichnet: Jener Mönch, der lediglich „ein bisschen Wein" trinken möchte, avanciert zum schwerkranken Alkoholiker.

Es folgt ein dritter, kosmologisch-physikalischer Abschnitt (S. 130, Z. 21, – S. 131, Z. 21), dessen einleitendes kosmologisches Argument in der Aussage besteht, dass die gesamte Erde vom Wasser umgeben sei und von ihm vor einem Weltenbrand bewahrt werde. Die weiteren Ausführungen sind physikalischer Natur: Mit Hilfe des Wassers könne man eine Mühle betreiben, Wasser könne Stein aushöhlen, im Wasser entstünden Kristalle, mit denen sogar Feuer zu entfachen sei. Mit Wasser könne man sogar alte Steine erhitzen und verbrennen. Wasser sei für Ebbe und Flut verantwortlich. Flüsse änderten je nach Jahreszeit ihre Temperatur und ihren Aggregatzustand. Unerforschlich sei daher die Naturkraft des Wassers.

Der vierte Abschnitt betont die Bedeutung des Elementes im Bereich der *artes liberales* (S. 131, Z. 21, – S. 132, Z. 15). So benutze man in der Astronomie die Wasseruhr. Ferner sei die Musik aus dem Wasser entstanden, wie sich noch heute bei der Wasserorgel zeige. Die Liste der Vorzüge schließt mit einem erneuten Verweis auf die Bibel (S. 132, Z. 15–20): Das Wasser sei aus Christus hervorgegangen und habe, mit seinem Blute vermischt, die ganze Welt geweiht. Wenn Wilhelm nun die Summe aller Leistungen des Wassers betrachte, müsse er erkennen, dass sämtliche Elemente vom Wasser beherrscht würden: *Iam vero si cuncta superius comprehensa diligenter attendas, reliqua omnia meae ditioni subiecta elementa consideras* (S. 132, Z. 19–21).

Die abschließende Formel könnte darauf hindeuten, dass die Rede der *Aqua* hier ihr Ende finde, doch wird die diesbezügliche Erwartung des Lesers bzw. Hörers enttäuscht: Denn die bisherigen Ausführungen dienten lediglich als Prolog zu einem noch eindringlicheren Hauptakt: *Sed dum praeconia meae laudis enumero, quid sim, quid valeam, melius forsitan docebo, si te ad temetipsum reduco, quatenus, dum mea in te dominari iura perspexeris, de reliquis etiam meis viribus dubitare non possis* (S. 132, Z. 23 – S. 133, Z. 1). Während *Aqua* in ihrem bisherigen Selbstlob nur generell von ihren Vorzügen und Leistungen gesprochen hat, wird sie nun zeigen, wie sehr sie in ihrer Macht den Menschen, und damit auch den Menschen Wilhelm, beeinflusst, so dass dieser am Ende auch von ihren übrigen, schon genannten Kräften überzeugt sein wird. Hierzu begibt sich die Sprecherin in den medizinisch-physischen Bereich und führt die Humoralpathologie an: Als Mensch bestehe Wilhelm aus den bekannten vier Elementen (d. h. aus Luft bzw. Blut, aus Feuer bzw. gelber Galle, aus Erde bzw. schwarzer Galle sowie aus Wasser bzw. Schleim). Während die drei ersten im Rumpf des Menschen angesiedelt seien, throne das Phlegma (der Schleim bzw. das Wasser) im Kopf. Das Wasser fungiert somit als gleichsam königliche Leitflüssigkeit. Dieses medizinische Basiswissen wird nun gegen den armen Wilhelm in Stellung gebracht: Wie könne er es ablehnen, seinem Körper jene Flüssigkeit von außen zuzuführen, die ihn doch im Innern ganz und gar beherrsche und überhaupt nur funktionieren lasse? *In quo nimirum perspicue superbia vestra retunditur, que dum extrinsecus positam dedignatur haurire, assidue tamen cogitur me intra oris septa versare, et, ut ita loquar, me mecum fugis, dum quocumque te verteris, sine me esse non possis* (S. 133, Z. 10–13). Wilhelm wird hier nicht nur als arrogant geschildert, sondern auch als ein Mensch, der in unsinniger Weise vor sich selbst zu flüchten sucht. Seine Ablehnung des Wassers ist irrational und zum Scheitern verurteilt. In welchem Maße Gottes Abbild von der Flüssigkeit des Phlegmas abhängt, wird im Folgenden durch einen bildhaften Vergleich illustriert: Wie eine Wassermühle nur durch den Strom des Flusses das Getreide zu mahlen in der Lage sei, so müsse auch das Wasser beständig die Mühlen des Mundes, d. h. die Lippen und Kiefer, benetzen, damit die Zunge Worte formen könne: *Nam sicut aquimolum nequaquam potest sine gurgitis indundantia frumenta permolere, ita me necesse est inter utrasque* [Konj. Haye; *utrumque* Reindel] *humani oris molas sine intermissione decurrere, ut sua possit verba loquens lingua formare* (S. 133, Z. 13–16).

Wenn also Wilhelm, so das Fazit, ohne Wasser gar nicht funktionieren könne, warum lehne er es dann als Getränk ab? Die Rede der *Aqua* schließt sodann mit einem eindringlichen Appell: *Redi ergo ad me, fugitive, revertere, vir ingrate, et cui tuae es per omnia obnoxius, ne videaris habere fastidio nauseatus* (S. 133, Z. 18–20). Der Freund solle also wieder zu sich selbst finden und nicht länger den Eindruck erwecken, als habe er „vom Wasser die Nase voll" (*nauseatus*).

Nachdem die Sprecherin *Aqua* geendet hat, kommt nun erstmals auch Wilhelm zu Wort – wenngleich nur indirekt. Denn Petrus Damiani antizipiert jetzt mit Hilfe der rhetorischen *occupatio* mögliche Einwände, um diese sogleich zu widerlegen. Ein erster Einwand betrifft die medizinische Bedeutung des Weines: *At forsitan inquies, doleo caput, langueo stomachum* (S. 133, Z. 21). Wer an Kopfschmerzen oder Bauchweh leide, könne die heilende Kraft des Weines einsetzen. Doch Damiani wischt einen solchen, durchaus sachlich begründeten Einwand sogleich beiseite: Dies seien nur billige Ausreden verweichlichter Mönche: *Haec sunt emplasta mollium, haec palliatio carnaliter viventium monachorum. Satis macra haec cernitur excusatio* (S. 133, Z. 21–23). Statt mit Wein, so Damianis Empfehlung, könne man Kranke auch mit Wasser heilen. Er führt sodann erneut einige Bibelstellen an, um zu demonstrieren, dass der Einsatz von Wein unnötig, ja sogar schädlich und moralisch verderblich sei.

In diesem Zusammenhang lässt er einen zweiten Einwurf des angeblich verweichlichten Wilhelm zu (*Ad haec respondet languidus noster*; S. 134, Z. 16): Der Apostel Paulus habe aber doch im ersten Brief an Timotheus (5,23) den mäßigen Einsatz von Wein als Mittel gegen Krankheiten empfohlen. Damiani kann diese Bibelstelle nicht völlig ignorieren, versucht sie aber polemisch zu relativieren: Er würde sich wünschen, dass Wilhelm die vielen anderen Bibelstellen, in denen zur Askese geraten werde, genauso gut kenne wie diese eine Passage im Timotheus-Brief. Gegen den trägen Opportunisten führt Damiani nun die anderen Aussagen des Apostels auf, in denen vor dem Alkohol gewarnt wird. Auch müssten nicht alle biblischen Anweisungen, in denen zum Weinkonsum aufgefordert werde, gehorsam befolgt werden. Wenn Damiani hierbei von einer *felix inoboedientia* (S. 135, Z. 11 u. 12f.) spricht, so wandelt er allerdings, vielleicht ohne es zu ahnen, auf einem dogmatisch gefährlichen Pfad.

Die Unterweisung ist damit beendet. Damiani beteuert, dass er gerne mit Wilhelm solche freundschaftlichen Dispute führe (*Libet autem mihi, dilectissime, huiusmodi familiaritatis sermonibus diu tecum servata gravitate colludere, sed, ut ipse scis, non licet in brevi nisi breviter disputare*; S. 135, Z. 15f.). Durch eine solche Aussage deutet er zwar das literarische Spiel an, welches der Rede der *Aqua* inhärent ist, doch verweist er explizit auf das ernste Ziel des Gesprächs. Wilhelm solle sich endlich von den Ketten und Verlockungen seiner Sucht befreien und in vollendeter Askese leben. Damiani verdichtet hier die von Anfang an gepflegte Metaphorik der *militia Christi* zu einem eindringlichen Appell und unterfüttert diesen erneut mit zahlreichen Bibelzitaten, in denen generell dazu aufgerufen wird, für die Sache Gottes zu streiten. Erst am Ende des Briefes kehrt er noch einmal zum Kernthema zurück: *Diu est, dilectissime frater, quod tibi loqui aridis desiderii mei faucibus sitii, nunc accepta occasione, dum vinum a mensa monachorum reppuli, uberibus me sermonum rivulis satiavi* (S. 136, Z. 20–22). Geschickt nutzt Damiani hier die Sprache des Trinkens, um die Frage des Weingenusses auf scheinbar paradoxe Weise mit der textuellen Unterweisung zu verknüpfen: Indem er seinem Bruder Wilhelm (und anderen Mönchen) den Alkoholkonsum verbietet, stillt er seinen eigenen Durst nach einer Rede und einem Gespräch mit dem Freund. Dabei verweist der Begriff des *sermo* auf den satirisch-anklagenden Charakter, aber auch auf den Predigtstil des Textes.

Auch wenn der Brief auf die besondere Situation des Eremiten Wilhelm abstellt, welcher sein gegebenes Versprechen angeblich nicht gehalten hat, ist der Text zweifellos nicht nur an diese eine Person adressiert. Wie häufig im epistolographischen Corpus des Petrus Damiani, so handelt es sich wohl auch hier um einen ‚offenen Brief', der sich prinzipiell an alle Mönche richten kann. Der Text wird maßgeblich bestimmt von dem Vergleich zwischen Wasser und Wein sowie von deren jeweiligen Vorzügen und Nachteilen. Hierzu hat Damiani sämtliche Argumente, die er in der spätantiken und frühmittelalterlichen Literatur finden konnte, systematisch zusammengestellt und rhetorisch aufbereitet. Während die – zumeist negativen – Aussagen über den Weinkonsum vorzugsweise der Heiligen Schrift entstammen, sind die Bemerkungen über die positiven Qualitäten des Wassers überwiegend aus der Fachliteratur genommen: Quellen sind etwa die ‚Etymologiae' und ‚De rerum natura' des Isidor von Sevilla sowie die ‚Saturnalia' und der Cicero-Kommentar des Macrobius, zudem ‚De temporum ratione' und ‚De natura rerum' des Beda Venerabilis, ferner möglicherweise der Traktat ‚De universo' des Hrabanus Maurus und das ‚Exameron' des Ambrosius.[11] Zwar lässt sich ein direktes literarisches Vorbild, in dem das Thema in gleicher Weise behandelt würde, nicht ermitteln; doch steht der Brief in klar definierten texttypologischen Traditionen, mit denen Damiani offenkundig vertraut ist. Neben den bereits erwähnten Genera der Predigt, des unterweisenden Traktates und der Satire ist hier insbesondere die literarische Form des fingierten Streitgesprächs zu nennen (Damiani selbst verwendet das Wort *disputare*; S. 135, Z. 17). Dabei zeigt sich eine Parallele zu seiner im Jahre 1063 verfassten Epistel 89, der sog. ‚Disceptatio synodalis', in der er ein Streitgespräch zwischen einem Repräsentanten der römischen Kirche und einem Vertreter Heinrichs IV. inszeniert. Ferner begegnen seit dem 12. Jahrhundert thematisch ähnliche Dispute, in denen komparativ über die Vor- und Nachteile von Getränken gestritten wird. Fast alle großen europäischen Literaturen haben in dieser Zeit solche Streitgedichte hervorgebracht, in denen personifizierte

---

11 Detaillierte Nachweise bei REINDEL (Anm. 10).

Getränke, d. h. Wasser und Wein sowie Wein und Bier, ihre jeweils eigenen Qualitäten anpreisen.[12]

Darüber hinaus ist das literarische Kernstück des Briefes, die Rede der personifizierten *Aqua*, aus der *declamatio* (und hier speziell aus der *suasoria*) abgeleitet, wie sie seit der Antike im Rhetorikunterricht trainiert wird. Als ehemaliger Redelehrer war Damiani mit dem Genre bestens vertraut. Sofern er ein konkretes Modell vor Augen hatte, könnte es sich dabei um Seneca d. Ä., Quintilian (bzw. Ps.-Quintilian) oder Ennodius von Pavia (473/474–521; ‚Dictiones') gehandelt haben. Zu den rhetorisch vermittelten Techniken gehört es auch, innerhalb einer Rede ein personifiziertes Abstractum, eine Stadt, ein Land oder eine Tugend auftreten zu lassen. Es wird dabei aber leicht übersehen, dass dieselbe Methode auch in der jüdischen Literatur bekannt ist. So spricht etwa im biblischen ‚Liber Proverbiorum' die personifizierte *Sapientia* und preist ihre Vorrangstellung an (Prv 8). Innerhalb der lateinischen Literatur reicht diese – in Poesie und Prosa gepflegte – Variante des *genus demonstrativum*, in der eine Frauenfigur die eigenen Qualitäten anpreist, bis weit in die Frühe Neuzeit und wird etwa durch das von Erasmus verfasste ‚Lob der Torheit' repräsentiert.

Petrus Damiani kann sich mit seinem Brief Nr. 10 somit auf eine etablierte Tradition berufen. Die von ihm inszenierte Rede des personifizierten Wassers zündet ein wahres Feuerwerk von Argumenten und rhetorischen Kunststücken, doch damit sie überhaupt funktioniert, schreckt Damiani nicht vor einer Verzerrung der Sachlage zurück. Denn im ersten Schritt hat er dem armen Wilhelm unterstellt, dass er nur deshalb nicht in das Kloster Fonte Avellana eintreten wolle, weil dort der Weinkonsum strikt verboten sei. Wilhelm selbst hatte eine solche Begründung offenbar nicht angeführt. Die zweite, ebenfalls recht perfide Unterstellung besteht darin, dass Petrus Damiani das allzu menschliche Bedürfnis nach einem täglichen Schlückchen Wein (Damiani spricht selbst vom *modicum vinum*; S. 129, Z. 2), wie ihn auch die *Regula Benedicti* ausdrücklich erlaubt (cap. 40; *emina vini*), mit einer radikalen Ablehnung des Wasserkonsums gleichsetzt: *aquam odis* (S. 129, Z. 14). Eine solche Identifikation ist weder logisch zwingend, noch dürfte sich Wilhelm in dieser Weise geäußert haben.

Diese zweite Unterstellung ist ein besonders perfider sophistischer Trick, mit dessen Hilfe Damiani schweres moralisches Geschütz auffahren kann. Wilhelm erscheint als Lügner und Eidbrecher,[13] als Feigling,[14] als verweichlicht,[15] als alkoholabhängig,[16] als

---

12 Vgl. Hans WALTHER, Das Streitgedicht in der lateinischen Literatur des Mittelalters. Mit einem Vorwort, Nachträgen und Registern von Paul Gerhard SCHMIDT (Quellen und Untersuchungen zur lateinischen Philologie des Mittelalters V 2), Hildesheim u. a. 1984, S. 46–53.
13 *quod mecum [...] per sponsionem propriae fidei pepigeras, non implesti*; S. 128, Z. 17 f.
14 *deterruit*; S. 128, Z. 18 f.; *terror*; S. 128, Z. 19.
15 *muliebri blandicia*; S. 128, Z. 20; *mentem mollis viri*; S. 128, Z. 22.
16 *bibulorum*; S. 130, Z. 19.

arrogant,[17] als beleidigend,[18] als undankbar,[19] als naiv[20] sowie – zumindest indirekt – als Klosterflüchtling[21] und grundsätzlich als ein dummer und ungebildeter Mensch, der weder die Welt noch die Bibel kennt. Der Freund wird somit nach Kräften verunglimpft und lächerlich gemacht, weshalb Petrus Damiani diese Rede der *Aqua* zu Recht als eine Invektive bezeichnet (*invectione* S. 129, Z. 14). Invektivisch aufgebaut ist allerdings nicht nur die fingierte *oratio*, sondern der gesamte Brief.

Hinsichtlich ihrer perfiden Methode ist Damianis Epistel mit dem Werk eines berühmten oberitalienischen Zeitgenossen vergleichbar: Um die Mitte des 11. Jahrhunderts verfasst Anselm von Besate (bei Mailand) eine ‚Rhetorimachia', in der er im Rahmen einer brieflichen Rede seinen Vetter Rotiland zu didaktischen Zwecken heftig attackiert.[22] Ob dieser Rotiland lediglich eine fiktive Figur ist, lässt sich nicht entscheiden (so wie man sich auch nicht sicher sein kann, dass der von Petrus Damiani attackierte Wilhelm eine reale Person ist). Der Text des umherreisenden Redelehrers Anselm ist zwischen 1046 und 1048 wohl in Parma entstanden, d. h. in eben jener Stadt, in der auch Petrus Damiani um 1030 Rhetorik studiert hat. Seine im Jahre 1045 verfasste Epistel Nr. 10 weist keine direkten Bezüge zur ‚Rhetorimachia' auf, und es gibt auch keinen Beleg für die Vermutung, dass sich Anselm und Petrus gekannt hätten. Ihre beiden Texte verraten allerdings denselben Stil der rhetorischen Ausbildung, welche im frühen 11. Jahrhundert in Parma, Ravenna, Mailand und anderen oberitalienischen Städten gepflegt wurde. Während aber Anselm von Besate durch sein Lehrbuch ganz offen für das Potential der Redekunst wirbt, gibt sich Damiani in seinen monastischen Schriften ihr gegenüber reserviert. Wie jedoch die Epistel Nr. 10 eindrücklich illustriert, scheut sich Damiani in der Praxis keineswegs, für einen offenbar guten Zweck die pagane Rhetorik intensiv zu nutzen und dabei auch die Wahrheit zu verdrehen. In seinem Text manifestieren sich jene subversiven und demagogischen Kräfte, welche schon die heidnische Philosophie, vor allem aber das spätantike Christentum an der Rhetorik kritisiert hat. Mit seiner oratorischen Skrupellosigkeit reiht sich Damiani in jene mittelalterliche Phalanx begnadeter Redner ein (Abbo von Fleury, Bernhard von Clairvaux u. v. a.), deren wortreiche Distanzierung von der Rhetorik lediglich geheuchelt ist. Auf sie passt Heinrich Heines Dictum über „das alte Entsagungslied", wie es im ‚Wintermärchen' heißt:

---

17 *fastidis*; S. 129, Z. 18; *superbia*; S. 133, Z. 11; *fastidio*; S. 133, Z. 20.
18 *contumeliam*; S. 129, Z. 20.
19 *ingratum*; S. 129, Z. 15; *vir ingrate*; S. 133, Z. 19.
20 *philosophorum vanitatibus credis*; S. 131, Z. 16.
21 *fugitive*; S. 133, Z. 18.
22 Gunzo, Epistula ad Augienses, und Anselm von Besate, Rhetorimachia, hrsg. v. Karl MANITIUS (MGH. Quellen zur Geistesgeschichte des Mittelalters 2), Weimar 1958, S. 61–183. Gute Analyse des Textes bei: Alexander CIZEK, Topik und Spiel in der ‚Rhetorimachia' Anselms von Besate, in: Thomas SCHIRREN u. Gert UEDING (Hgg.), Topik und Rhetorik. Ein interdisziplinäres Symposium (Rhetorik-Forschungen 13), Tübingen 2000, S. 103–120.

Ich kenne die Weise, ich kenne den Text,
Ich kenn auch die Herren Verfasser;
Ich weiß, sie tranken heimlich Wein
Und predigten öffentlich Wasser.[23]

---

[23] Deutschland. Ein Wintermärchen, caput I, vv. 29–32, in: Heinrich Heine, Sämtliche Schriften, hrsg. v. Klaus BRIEGLEB, Bd. 4, 2. Aufl. München 1978, S. 578.

Sebastian Holtzhauer (Osnabrück)

Naufragentes in hoc mari – Zur Symbolik des Wassers in Berichten über die Seereise des Hl. Brandan

Abstract: The sea voyage, especially through open-water, was considered one of the most dangerous modes of travel during the Middle Ages due to unpredictable forces of nature and the numerous marvels (MHG *wunder*) that could be expected. This article explores medieval literary texts devoted to the seafaring Saint Brendan (German *Brandan*), focusing on the various forms and meanings of the sea and of water as well as their semantic shifts over time. For instance, the notion of the sea as a symbolic space filled with salvific history prevails in the Latin 'Navigatio sancti Brendani abbatis', initially written for a monastic audience. The exemplary abbot Brendan can be viewed as having transcended the perils of this space. By contrast, a further concept emerges in vernacular versions, especially in the German 'Reise'. Coincidence (*contingentia*) seems to dominate providence (*providentia*) within the narrative manifested in the repentant sinner Brendan who occasionally even fears the wonders and force of the sea.

Keywords: ‚Navigatio sancti Brendani abbatis‘, ‚Reise‘, Retextualisierung, Symbolik, Wasser

1 Brandan und die *mappae mundi*

Die Vita des irischen Heiligen Brandan, der im 6. Jahrhundert lebte und wirkte,[1] unterscheidet sich nicht maßgeblich von der anderer Heiliger. Was ihm aber schon recht bald nach seinem Dahinscheiden eine Ausnahmestellung in diesem erlesenen Kreis garantierte, sind seine Seereisen. Ich möchte mich im Zusammenhang mit dem Wasser, dessen Unerschöpflichkeit als „Reservoir kultureller Symbolwelten" Hartmut BÖHME betont,[2] in der Hauptsache auf den Aspekt des Meeres beschränken. Folgt

---

[1] Vgl. Clara STRIJBOSCH, The Seafaring Saint. Sources and Analogues of the Twelfth Century Voyage of Saint Brendan, Dublin 2000, S. 1. Weiterführende Forschungsliteratur zur Biographie Brandans findet sich ebd. in Anm. 3.

[2] Hartmut BÖHME, Umriss einer Kulturgeschichte des Wassers. Eine Einleitung, in: DERS. (Hg.), Kulturgeschichte des Wassers, Frankfurt / M. 1988, S. 7–42, hier S. 13. An anderer Stelle meint BÖHME: „Unzählig die Beziehungen, die die Kulturen real und symbolisch mit dem Wasser unterhalten" (ebd., S. 15); „Der Symbol- und Zeichengebrauch des Wassers wirkt bestimmend im Aberglauben wie in der Schöpfungstheologie, in der Brunnenkur wie der Taufe, im Mythos und der Lyrik, im Abenteuerroman wie im Seemannsgarn, in volksliterarischen Überlieferungen wie in metapoetologischen Erzählungen,

man dem frühen Erzählzweig der ‚Navigatio sancti Brendani abbatis‘,³ führt Brandan eine seiner Meerfahrten bis zur sogenannten *terra repromissionis sanctorum*. Dabei segelt er mit einer ausgewählten Gruppe von Mönchen teilweise wochenlang über das offene Meer, bevor er wieder auf eine Insel trifft – etwas, das man in der realhistorisch belegten Seefahrt möglichst zu vermeiden suchte.⁴ Insgesamt sieben Jahre müssen die Mönche reisen, ehe sie die Insel erreichen. Dabei folgt die Reise zyklisch dem Kirchenjahr, sie verbringen die wichtigsten liturgischen Feste an immer denselben Orten.⁵ Auf ihrem Weg erleben sie viele Wunder – gefährliche wie gnadenreiche. Daher erstaunt es nicht, dass die Insel des Brandan auf den *mappae mundi* des Mittelalters, wie etwa der Hereford-Karte oder der Ebstorfer Weltkarte, am Rand der Ökumene verortet wird. Es ist auf diesen Karten vor allem der äußere Ring, in dem Orte mit überwiegend utopischer Qualität zu finden sind, nicht zuletzt auch das irdische Paradies, das in der Stoff- und Motivtradition oft mit der *terra repromissionis sanctorum* überblendet wird.⁶ Auch die Topoi des Schreckens, wo unreine Völker und Fabelwesen leben, sind an den

---

im spontanen Traumbild wie in artifiziellen Wasserlandschaften, in der Wassermusik wie im Märchen, im Tempelritus und der Gartenbaukunst, in der Magie wie in der Psychoanalyse, in Sagen über Wassermonstren wie im heiligen Text über das Einwohnen Gottes im Wasser" (ebd., S. 19). Einen Schnitt durch die Zeiten und Kulturen zum Thema des Wassers und seiner Symbolik liefert die äußerst verdienstvolle Monographie von Karl Matthäus WOSCHITZ, Fons Vitae – Lebensquell. Sinn- und Symbolgeschichte des Wassers (Forschungen zur europäischen Geistesgeschichte 3), Freiburg / Br., Basel, Wien 2003.
3 Knappe Übersichten zu den einzelnen Erzählzweigen finden sich u. a. bei Clara STRIJBOSCH, Searching for a Versatile Saint. Introduction, in: Glyn S. BURGESS u. Clara STRIJBOSCH (Hgg.), The Brendan Legend. Texts and Versions (The Northern World 24), Leiden, Boston 2006, S. 1–9; Glyn S. BURGESS, Introduction. The Life and Legend of Saint Brendan, in: The Voyage of St Brendan. Representative Versions of the Legend in English Translation with Indexes of Themes and Motifs from the Stories, hrsg. v. William R. J. BARRON u. Glyn S. BURGESS, Exeter 2005, S. 1–12. Zu überlieferten Textzeugen, Editionen und Übersetzungen (bis zum Jahr 2000) s. Glyn S. BURGESS u. Clara STRIJBOSCH, The Legend of St Brendan. A Critical Bibliography, Dublin 2000, S. 1–103.
4 Vgl. Norbert OHLER, Reisen im Mittelalter, München, Zürich 1986, S. 64. Dort heißt es: „Die theoretisch mögliche große Geschwindigkeit der Schiffe wurde fast nie erreicht. Denn bis in die Neuzeit fuhr man aus Sicherheits- und Bequemlichkeitsgründen nicht den idealen Kurs, sondern in der Küstennähe bzw. von Insel zu Insel [...]. Bei drohendem Sturm wollte man sich in den Schutz eines Hafens, mindestens in den Windschatten einer Insel oder eines Kaps flüchten. An Land fand man frisches Trinkwasser, Nahrung und Feuerholz." Dass Reisen in Küstennähe bevorzugt wurden, belegen die zahlreichen Portolankarten, die in ihrer Darstellung auf die originalgetreue und detailreiche Abbildung von Küstenabschnitten spezialisiert waren. Die notwendige Engführung von Realgeschichte und Kulturgeschichte des Wassers begründet BÖHME (Anm. 2), S. 19–20.
5 Damit begegnet die Erzählung dem naheliegenden Vorwurf, dass die Mönche gegen das benediktinische Gebot der *stabilitas loci* verstoßen, vgl. hierzu auch Simone LOLEIT, Ritual und Augenschein. Zu Gedächtnis und Erinnerung in den deutschen Übersetzungen der ‚Navigatio Sancti Brendani' und der deutsch-niederländischen Überlieferung der ‚Reise'-Fassung (Essener Beiträge zur Kulturgeschichte 3), Aachen 2003, passim.
6 Vgl. Hartmut KUGLER, Der ‚Alexanderroman' und die literarische Universalgeographie, in: Udo Schöning (Hg.), Internationalität nationaler Literaturen. Beiträge zum ersten Symposion des Göttinger Sonderforschungsbereichs 529, Göttingen 2000, S. 102–120, hier S. 114.

Peripherien der Ökumene zu finden. Aber alles wird von Gott umfasst und gehalten, wie es die Ebstorfer Karte durch die am Rand des *orbis terrae* abgebildeten Glieder Jesu (Kopf, Hände, Füße) symbolisiert. Gott ist Schöpfer und Gestalter – *artifex* und *creator mundi*. Und dieser ständige Bezug von Kosmologie, Heilsgeschichte und Topographie – ein Signum mittelalterlicher Weltkarten schlechthin – ist auch der ‚Navigatio' eingeschrieben.

2 Das Meer als Allegorie und die ‚Navigatio'

Das Meer ist zunächst einmal im *sensus litteralis* ein gefährlicher Ort. Wer es befährt, muss der mittelalterlichen Enzyklopädie folgend nicht nur mit jeder Menge Fabelwesen, sondern auch mit enormen Naturgewalten rechnen. Um diese lebend zu überstehen, wandte man sich an eben jenen Gott, der auch das Weltmeer auf der Ebstorfer Karte umfasst. So berichtet Beda Venerabilis aus der Mitte des 7. Jahrhunderts, „während eines Seesturms hätten Reisende heiliges Öl, das ihnen Bischof Aidan in Erwartung des Unwetters mitgegeben hatte, auf die Wogen gegossen; daraufhin habe sich gleich der Wind gelegt".[7] Selbst Kolumbus, der sich mit dem größten nautischen Know-how seiner Zeit auf die Amerikafahrten begab, weiß sich in einem Orkan keinen anderen Rat, als eine Wallfahrt zu geloben.[8]

Dieses „Vertrauen in Gottes Hilfe",[9] das neben den Instrumenten und der Erfahrung des Steuermanns unabdingbar war, inszeniert die ‚Navigatio' literarisch, und zwar in einem monastisch geprägten Umfeld. So geht sie über den *sensus litteralis* hinaus und lässt eine Deutung des Meeres im Sinne der mittelalterlichen Hermeneutik mit ihrem vierfachen Schriftsinn zu. Derart lässt sich die Reise Brandans mit Walter HAUG als sieben Jahre währende „Fahrt durch das Meer des Lebens zur himmlischen Heimat" lesen.[10] Diese Allegorie der Schifffahrt hat eine lange Tradition.[11] Schon Columban hat dieses Bild für seine Predigten genutzt: „Columbanus, in one of his sermons, makes use of the image of the spiritual ship and the dangers at

---

[7] OHLER (Anm. 4), S. 69.
[8] Ebd. Auch Vasco da Gama wendet sich in der Not auf See an transzendente Mächte: „Wir waren an einem Punkt angekommen, an dem alle Manneszucht aufhörte. Während wir so in der Todesnot weiterfuhren, taten wir auf den Schiffen viele Gelübde an Heilige und Fürsprecher" (ebd., S. 74–75).
[9] Ebd., S. 67.
[10] Zuerst erschienen in der Reihe „Wolfram-Studien": Walter HAUG, Vom Imram zur Aventiure-Fahrt, in: Werner SCHRÖDER (Hg.), Wolfram-Studien 1, Berlin 1970, S. 264–298. Hier und im Folgenden wird nach der erneuten Veröffentlichung zitiert: Walter HAUG, Vom Imram zur Aventiure-Fahrt, in: DERS., Strukturen als Schlüssel zur Welt. Kleine Schriften zur Erzählliteratur des Mittelalters, Tübingen 1989, S. 379–407, hier S. 399.
[11] Vgl. Heimo REINITZER, Wasser des Todes und Wasser des Lebens. Über den geistigen Sinn des Wassers im Mittelalter, in: BÖHME, Kulturgeschichte des Wassers (Anm. 2), S. 99–144; Dietrich SCHMIDTKE, Geistliche Schiffahrt. Zum Thema des Schiffes der Buße im Spätmittelalter, in: Beiträge

sea to the believer in Christ, and as Christ as our Pilot (recalling the walk upon the sea of Galilee)".[12] Entsprechend heißt es auch im ‚Hymnus sancti Brendani confessoris' aus dem 11. Jahrhundert: *Is imploret nos salvari / naufragentes in hoc mari, / ferat opem cito lapsis / pressis mole gravis fascis.*[13]

Für die irischen Mönche der ‚Navigatio' ist der Ozean gleichbedeutend mit der Wüste als Ort der Abgeschiedenheit, womit sie sich in die Tradition der frühchristlichen Eremiten stellen.[14] Diese semantische Verknüpfung von Anachoretentum und Meer über die Analogie von Meer und Wüste behält selbst einige Jahrhunderte nach Entstehung der ‚Navigatio' ihre Aktualität. In der frühneuhochdeutschen Übersetzung des Kartäusers Heinrich Haller um die Mitte des 15. Jahrhunderts ist in der Vorrede zu lesen:

> Dÿe nachgeschriben hystorÿ vnd sach dye ist sagen von der wandrung vnd pilgramschaft des heyligen wrendani vnd von den grossen wunderwerchen dye got der herr durch jn gewarcht hat vnd wie er jn genërt vnd gespeyst hat syben jar mit seinen prüedern jn der wilden wüest vnd auf dem vngestuemen mer occeano vnd wye er jn pehuett hat mit seinen prüedernn vor den posen geysten vnd vor den wildenn tyernn vnd vor den graussamen merwundernn [...].[15]

wüest und *mer* erscheinen hier nicht als komplementäre Ausdrücke, sondern sie sind als semantisch deckungsgleich zu verstehen, gewissermaßen eine Zwillingsformel wie *wandrung vnd pilgramschaft* oder *genërt vnd gespeyst*.[16] Die Deklaration der See-

---

zur Geschichte der deutschen Sprache und Literatur 91 (1969), S. 357–385, und 92 (1970), S. 115–177; auch von Hugo RAHNER sind einige grundlegende Arbeiten zu diesem Thema erschienen.

12 Dorothy Anne BRAY, Allegory in the ‚Navigatio Sancti Brendani', in: Viator 26 (1995), S. 1–10, hier S. 2.

13 Original zitiert nach Ernst DÜMMLER, Gedichte aus Ivrea, in: Zeitschrift für deutsches Alterthum 14 (1896), S. 245–265, hier S. 256. Der Schiffbruch im Sinne einer Daseinsmetapher ist seit der Antike ein immer wiederkehrendes Bild, vgl. Hans BLUMENBERG, Schiffbruch mit Zuschauer. Paradigma einer Daseinsmetapher (Suhrkamp-Taschenbuch Wissenschaft 289), Frankfurt / M. 1979; vgl. auch BÖHME (Anm. 2), S. 26. Schon im ‚Hexaemeron' des Ambrosius findet sich am Ende einer längeren Ausführung zum Meer das folgende Gebet, das auch den Schiffbruch des Glaubens mit einbezieht, vor dem er bewahrt werden möchte: *Det nobis Dominus illa sucessuum flumina prospero ligno currere, tuto portu consistere, nequitiae spiritalis graviora quam ferre possumus, tentamenta nescire, fidei ignorare naufragia, habere pacem profundam: et si quando aliquid sit, quod graves nobis saeculi hujus excitet fluctus, evigilantem pro nobis habere gubernatorem Dominum Jesum, qui verbo imperet, tempestatem mitiget, tranquilitatem maris refundat, cui est honor et gloria, laus, perpetuitas a saeculis et nunc et semper, in omnia saecula saeculorum. Amen*, Original zitiert nach REINITZER (Anm. 11), S. 135, Anm. 12.

14 Vgl. Reinhold GRIMM, Paradisus coelestis, Paradisus terrestris. Zur Auslegungsgeschichte des Paradieses im Abendland bis um 1200 (Medium Aevum 33), München 1977, S. 106.

15 Zitiert nach: Sankt Brandans Meerfahrt. Ein lateinischer Text und seine drei deutschen Übertragungen aus dem 15. Jahrhundert, hrsg. v. Karl A. ZAENKER (Stuttgarter Arbeiten zur Germanistik 191), Stuttgart 1987, S. 3 unten, Z. 2–7.

16 Vgl. Christoph FASBENDER, Brandan-Probleme. Eine Nachlese zur Neuausgabe, in: Amsterdamer Beiträge zur älteren Germanistik 56 (2002), S. 103–122, hier S. 121. Vom Prinzip her drücken sich in diesen beiden Erscheinungsformen die Extreme von absolutem Wassermangel einerseits und größ-

reise als Pilgerfahrt befördert eine rein geistliche Lesart des Textes – genauso wie die Zuschreibung von Speisewundern und dämonischen Angriffen zum Meeresraum. Doch das alles Entscheidende ist auch hier: Das Meer ist der genuine Wirk- und Herrschaftsraum Gottes, in dessen Verfügungsgewalt sich der Seereisende begibt. Sobald Brandan in See sticht, wirkt Gott durch ihn Wunder und hält ihn am Leben, indem er ihn speist und vor allem Unheil beschützt.

Was Jean DELUMEAU für die kollektive Mentalität des Mittelalters behauptet, nämlich dass das Meer als „Ort der Angst, des Todes und des Wahnsinns" betrachtet wurde,[17] gilt nun gerade nicht für den Brandan der ‚Navigatio'. In den zahlreichen Begegnungen mit den Naturgewalten und Dämonen des Meeres erweist sich der Heilige als besonders mutig und garantiert das ein oder andere Mal durch rationale Entscheidungen sein Überleben und das seiner ihm unterstehenden Mönche. Als sie beispielsweise auf der Insel anlanden, die eigentlich ein riesiger Fisch ist, bleibt Brandan an Bord des Schiffes (*uir Dei sedebat intus in naui*[18]). Er weiß, was es mit der Insel auf sich hat, möchte seine Begleiter aber nicht ängstigen (*ne perterrerentur*[19]). Am nächsten Morgen wollen sich die Mönche über einem Feuer Essen zubereiten, da beginnt der Fisch langsam zu versinken. Es ist Brandan, der durch seine Voraussicht die anderen rettet, indem er jeden einzelnen von ihnen an der Hand in das Schiff zieht (*At ille singulos per manus trahebat intus* [sc. *in naui*][20]). Wie sich zeigt, ist das Meer für Brandan zudem nicht der sichere Weg in den Tod, sondern eine Bewährung und ein erster Schritt dahin, den Tod in der *imitatio Christi* zu bezwingen. Dass er die alltagsbezogene, profane Bedeutung des Meeres als „Ort der Angst, des Todes und des Wahnsinns" (s. o.) in seiner Heiligkeit komplett negiert, darf freilich nicht verwundern. Er verkörpert in der Tugend der *providentia* den göttlichen Heilsplan, erhält Weisung und befolgt sie anstandslos.[21] Er ist damit gewissermaßen ein ‚Wasser-Heros' wie Odysseus oder Kolumbus, sein Männerbild gründet dagegen

---

tem Überfluss an Wasser andererseits aus, vgl. BÖHME (Anm. 2), S. 13, wie sie beispielsweise das Volk Israel im Alten Testament innerhalb kurzer Zeit am eigenen Leibe spürt, vgl. ebd., S. 27–28. Aber auch, wenn man eine Übersetzung „öde Gegend, Wildnis" für *wüest* veranschlagt, ist die Analogie zum Meer als andersartige Einöde und Wildnis – man denke nur an die zur Formel geronnene Nominalphrase *wilde see* – schlagend.

17 Jean DELUMEAU, Angst im Abendland. Die Geschichte kollektiver Ängste im Europa des 14. bis 18. Jahrhunderts, Bd. 1, Reinbek / Hamburg 1985, S. 61.

18 Lateinisches Original hier und im Folgenden zitiert nach: Navigatio Sancti Brendani Abbatis, hrsg. v. Carl SELMER, Notre Dame / Ind. 1959, hier Kap. 10, S. 20, Z. 7.

19 Ebd., Kap. 10, S. 20, Z. 8.

20 Ebd., Kap. 10, S. 21, Z. 16–17.

21 Es darf allerdings nicht verschwiegen werden, dass die Erzählung diesbezüglich eine Differenz zwischen dem Abt und dem Rest der Gruppe etabliert, vgl. Brigitte STARK, *Terra repromissionis Sanctorum*. Die Reise des Heiligen Brendan zum irdischen Paradies, in: Jan A. AERTSEN u. Andreas SPEER (Hgg.), Raum und Raumvorstellungen im Mittelalter (Miscellanea mediaevalia 25), Berlin 1998, S. 525–539, hier S. 530.

nicht auf thalassalen Kampf- und Eroberungsdynamiken,²² sondern auf christlicher Demut und Ergebenheit.

3 Brandan als Sünder ('Reise'-Fassung)

Etwas anders ist es um den Brandan der 'Reise'-Fassung aus der Mitte des 12. Jahrhunderts bestellt. Für ihn ist die Seereise deutlich als *via purgativa* gezeichnet, denn er hat sich versündigt, indem er ein Buch verbrannte, in welchem von den Wundern Gottes die Rede ist: *er enwolde noch enmachte / des icht geloubic wesen, / wie er ez hette gelesen, / er ensehez mit den ougen sin*.²³ Damit ähnelt er dem ungläubigen Thomas, mit dem er in der 'Reise'-Fassung explizit verglichen wird. Das Meer wird zum Raum der Überzeugung durch die *adtestatio rei visae* Brandans, denn er bekommt von einem Engel den Auftrag, die Wunder selbst zu sehen und das verbrannte Buch neu zu schreiben (Fassung N). Das Novum ist hier „die Spannung zwischen Glauben und Wirklichkeit".²⁴ Brandan steht in der 'Reise'-Fassung mehr als Mensch denn als Heiliger „einer Welt gegenüber, deren wunderbarer, d. h. auf Gott bezogener Charakter der Enthüllung bedarf".²⁵ Es ist die Reise selbst, die ihn in seinem Glauben stärkt und heiligt, wie Julia WEITBRECHT in ihrer Dissertation dargelegt hat.²⁶ Damit unterscheidet sich die Art der Bewährung grundlegend von der der 'Navigatio' – das Meer wird zum „Raum von Wandel und Buße".²⁷ Die Reise wird, wenn auch nicht genealogisch, so doch phänomenologisch zur Zwischenstufe zwischen der 'Navigatio' und dem Aventiureroman, wie Walter HAUG aufzeigen konnte.²⁸ Das Abenteuer, das der Artusritter im Wald sucht, bestimmt auch die Reise Brandans zur See. Wenn man so will, stehen sich hier festländischer und thalassaler Kontingenzraum gegenüber.²⁹ Es ist sehr auffällig, wie oft sich Brandan oder eine andere Figur der Erzählung in der

---

22 Vgl. BÖHME (Anm. 2), S. 26.
23 Ich zitiere hier und im Folgenden – sofern nicht anders angegeben – die Fassung M, und zwar nach: Brandan. Die mitteldeutsche 'Reise'-Fassung, hrsg. v. Reinhard HAHN u. Christoph FASBENDER (Jenaer germanistische Forschungen, N. F. 14), Heidelberg 2002, V. 44–47.
24 HAUG (Anm. 10), S. 403.
25 Ebd.
26 Vgl. Julia WEITBRECHT, Aus der Welt. Reise und Heiligung in Legenden und Jenseitsreisen der Spätantike und des Mittelalters (Beiträge zur älteren Literaturgeschichte), Heidelberg 2011.
27 Ebd., S. 203.
28 Vgl. HAUG (Anm. 10), S. 403–405.
29 Vgl. Mireille SCHNYDER, Räume der Kontingenz, in: Cornelia HERBERICHS u. Susanne REICHLIN (Hgg.), Kein Zufall. Konzeptionen von Kontingenz in der mittelalterlichen Literatur (Historische Semantik 13), Göttingen 2010, S. 174–185. Für die 'Reise'-Fassung spricht auch WEITBRECHT (Anm. 26), S. 203, von Kontingenz.

‚Reise'-Fassung M dezidiert *versigelt*, d. h. sich segelnd verirrt.[30] Zudem wird die feste, dem Kirchenjahr folgende Stationenfolge der ‚Navigatio' hier vollkommen aufgehoben, was den Eindruck des ziellosen Umhertreibens noch zusätzlich verstärkt.

Mit dieser Kontingenz, die als Ausdruck archaischer Chaotik des Urwassers angesehen werden kann,[31] geht dann in der ‚Reise'-Fassung eine Unsicherheit auf Seiten Brandans einher: *uf dem abgrunde er swebete / in vil grozer ungewisheit. / were gote sine vart leit, / so were ez im gewesen ungewerlich.*[32] Teilweise ist es auch pure Angst: *do brachte sie in sorgen / ein visch, der was vreisan. / vor dem kiele er stete ran, / er wolde da verslinden den kiel / [...] in wart ein angest vil groz.*[33] Für den Brandan der ‚Reise'-Fassung wird das Meer damit immer wieder zu einem *locus horribilis*.[34] Der irische Abt ist, wie WEITBRECHT feststellt, „gerade kein Heiliger voller Gottvertrauen, dem nichts etwas anhaben kann", sein „harmonisches Verhältnis zur Transzendenz ist im Gegenteil [...] massiv gestört und soll im Verlauf der Reise wiederhergestellt werden".[35] In der ‚Reise'-Fassung geht er denn auch mit den anderen zusammen auf den Riesenfisch und wird genau wie sie vom Hinabsinken des Fisches überrascht: *einen durren boum sie vunden. / do sie den houwen begunden, / do gienc daz wilde lant / sin wec hin alzuhant, / daz der vil heilige man / den kiel kume wider gewan.*[36] Erneut hat Brandan große Angst: *der getruwe sente Brandan / was in vil engestlicher not.*[37] Allerdings erscheint diese Angst funktionalisiert, denn es heißt weiter:

---

30 So etwa HAHN u. FASBENDER (Anm. 23) in den Versen 285, 295, 300, 402, 630 etc.; in V. 246–247 heißt es in einer Anthropomorphisierung der Wellen, welche Brandan zu einem Objekt macht, das dem Willen des Wassers unterworfen scheint: *do namen sie die unde / und slugen sie in ein lant*; ähnlich V. 310: *do begonde sie ein wint triben*.
31 Vgl. BÖHME (Anm. 2), S. 28.
32 HAHN u. FASBENDER (Anm. 23), V. 932–935.
33 Ebd., V. 1420–1427.
34 Hier lassen sich *in nuce* auch mentalitätsgeschichtliche Zusammenhänge über das Wasser herstellen, wie sie BÖHME (Anm. 2), S. 24, für die kulturgeschichtliche Forschung zum Wasser einfordert: es reiche nicht hin, nur die Motiv- und Imaginationstypen des Wassers zu erfassen, z. B. das Leben als Schifffahrt, diese müssten vielmehr mit der Bildungsgeschichte von Subjektivität, insbesondere von Gefühls- und Imaginationsformen verbunden werden.
35 WEITBRECHT (Anm. 26), S. 204. Dazu auch LOLEIT (Anm. 5), S. 71: „Daß Brandan das Ordnungssystem, in dem er sich befindet, nicht durchschaut, kommt im Bild der geleiteten Reise zum Ausdruck: Nicht Brandan ist der ‚Steuermann', sondern das Spiel von Wind und Wellen als Instrumentarium des göttlichen Willens." Vgl. außerdem ebd., S. 143, Anm. 313; Helga NEUMANN, Reden über Gott. Brandans Meerfahrt – Diskursdifferenzierung im 15. Jahrhundert, in: Jan-Dirk MÜLLER u. Horst WENZEL (Hgg.), Mittelalter. Neue Wege durch einen alten Kontinent, Stuttgart 1999, S. 181–196, besonders S. 192.
36 HAHN u. FASBENDER (Anm. 23), V. 179–184.
37 Ebd., V. 206–207.

sus giengez im als got gebot. / daz tet got allez um daz, / daz erz geloubete deste baz, / daz daz buch die warheit saite. / alrest er do daz claite, / daz got nicht ungerochen liez, / daz er daz buch verburnen hiez. / er gedachte in sinem mute / ‚herre got du gute, / swer dir missetruwet, / wie liechte ez in geruwet! [...]'³⁸

Da er den Fisch aufgrund dessen, was er im Buch gelesen hat, im Nachhinein durchaus als Wunder Gottes zu deuten weiß, ist seine Angst eine Angst vor Gott und damit wiederum eine Tugend.³⁹ Sie verhilft ihm zur Einsicht, zur Reue, womit das Meer über seine furchterregenden Bewohner zum Raum der Belehrung, aber auch zum Gedächtnisort im Sinne der *ars memorativa* wird.⁴⁰

Zudem fällt beim Vergleich dieser Episode in der ‚Navigatio'-Fassung mit der ‚Reise'-Fassung die wiederholt betonte Bewaldung des Fisches in letzterer auf, wo das Tier in der ‚Navigatio' anfangs noch als steinige Insel ohne Grasbewuchs wahrgenommen wird: *Erat autem illa insula petrosa sine ulla herba*.⁴¹ Zeichenhaft werden hier die unterschiedlichen Realisierungsmöglichkeiten der Kontingenzräume – der undurchdringliche und keinen Horizont erkennen lassende Wald und das nur durch den Horizont begrenzte Meer – überblendet und dadurch verstärkt.⁴²

Pauschal zu behaupten, dass die ‚Reise'-Fassung von Kontingenz geprägt ist, griffe jedoch etwas zu kurz. Denn bei näherer Betrachtung fällt auf, dass der Eindruck des Zufalls entweder durch die Wahrnehmung der Figuren entsteht oder durch die Zuschreibung des Erzählers erfolgt. Eine absolute Kontingenz kann es in der mittelalterlichen Literatur nicht geben – oder um mit Mireille SCHNYDER zu sprechen: „[D]ie perspektivenlose, verwirrende Not ist Teil eines göttlichen Plans."⁴³ Kontingenz findet immer im Rahmen der Providenz statt, sie ergibt sich immer nur teilperspektivisch aus der defizitären Wahrnehmung einer Figur heraus.⁴⁴ Die räumliche und zeit-

---

38 Ebd., V. 208–218.
39 Vgl. Peter DINZELBACHER, Einleitung, in: DERS., Angst im Mittelalter. Teufels-, Todes- und Gotteserfahrung. Mentalitätsgeschichte und Ikonographie, Paderborn 1996, S. 9–25, hier S. 16. Vgl. auch Hartmut BÖHME, Himmel und Hölle als Gefühlsräume, in: Claudia BENTHIEN, Anne FLEIG u. Ingrid KASTEN (Hgg.), Emotionalität. Zur Geschichte der Gefühle (Literatur – Kultur – Geschlecht. Kleine Reihe 16), Köln 2000, S. 60–81.
40 Vgl. in diesem Zusammenhang LOLEIT (Anm. 5) zur *lectio* und *meditatio*.
41 SELMER (Anm. 18), Kap. 10, S. 20, Z. 5.
42 Zu der unmessbaren Weite des Raumes kommt eine vergleichsweise lange Zeit hinzu, die die Mönche auf dem Meer – und nicht auf Inseln – verbringen. Das ist ein Zug, der in der ‚Navigatio' durch die vermehrte Angabe von Zeiträumen besonders betont wird; dazu LOLEIT (Anm. 5), S. 31: „Das Meer ist nicht nur unübersehbar weit, sondern die Etappen der Fahrt sind zudem, im Vergleich mit den Aufenthalten auf den Inseln, extrem lang. Dadurch wird die Zeit, die die Mönche auf dem Meer verbringen, als ebenso unüberschaubar dargestellt wie der Raum."
43 SCHNYDER (Anm. 29), S. 177.
44 Vgl. bezüglich des Brandanstoffs WEITBRECHT (Anm. 26), S. 204, oder Udo FRIEDRICH, Anfang und Ende. Die Paradieserzählung als kulturelles Narrativ in der ‚Brandanlegende' und im ‚Erec' Hartmanns von Aue, in: DERS., Andreas HAMMER u. Christiane WITTHÖFT (Hgg.), Anfang und Ende. For-

liche Ordnung Gottes, der *ordo*, kann schlichtweg nicht außer Kraft gesetzt werden.⁴⁵ Das Meer ist und bleibt damit immer ein Ort der Gefahr, der aber, wenn man ihn als Raum göttlichen Waltens im *sensus spiritualis* begreift, transzendiert werden kann. Dann ist er immer noch notwendig, aber nicht mehr notwendig gefährlich.

Warum nun dieser Wandel der Brandanfigur und ihres Verständnisses vom Raum des Meeres? Das mag sicherlich in den wechselnden Umständen der Rezeption gründen, denen sich der Text in seinen verschiedenen Retextualisierungen anpassen muss, um das Identifikationspotential mit seinem Protagonisten aufrechtzuerhalten. In einem genuin monastischen Umfeld von Religiosen, in dem die lateinische ‚Navigatio' firmierte, wird Brandan vor allem als idealer Abt, als *imitator Christi* gezeichnet. Sobald die Geschichte – dann zumeist in Form der Volkssprache – in die Grenzräume zur monastischen Laiengemeinschaft (Konversen) bzw. zur höfischen Kultur eindringt, muss Brandan als ihr Handlungsträger offenbar modifiziert – und das heißt zumeist: menschlicher – werden.

4 ‚Orientierung' auf dem Meer

Dass das Meer ein Raum der Symbolik ist, den unterschiedliche Kulturkreise anders ausdeuten, kann auch an den Himmelsrichtungen und der Verortung bestimmter Jenseitsstätten aufgezeigt werden. Viele der lateinischen Handschriften der ‚Navigatio' verlegen das irdische Paradies in den Westen, was die Forschung durch den Einfluss der irischen Mythologie auf das dortige Christentum erklärt hat. Nach jener Vorstellung gibt es „eine paradiesische ‚Insel der Verheißung' (*tir tairngire*), die gegen Sonnenuntergang im Ozean liegt".⁴⁶ Das widerspricht nun aber der kanonischen Ansicht, wie sie beispielsweise einige Alexanderromane in Form der ‚Iter ad paradisum'-Episode exemplifizieren. Demnach kann das irdische Paradies nur im Osten, also Richtung Orient, zu finden sein. Und so verwundert es kaum, dass Brandan spätestens in

---

men narrativer Zeitmodellierung in der Vormoderne (Literatur – Theorie – Geschichte 3), Berlin 2014, S. 267–288, hier S. 276: „Die scheinbar zufällige Aggregation der Stationen wird durch die Koordinaten der Heilsgeschichte zusammengehalten."
45 Vgl. hierzu die Prosafassung der ‚Reise' (Ph = Heidelberg, Universitätsbibliothek, Cpg 60, fol. 174r), als sie *multum bona terra* erreichen: *vnd das selb land haiszet jn der haillgen gschrifft Bona terra vnd lit ver von der welt. wann nun das gott wolte, das sÿ das mer dar trůg, sÿ mŏchten sunst nit dar sin kŏmen vn die verhengnusz gotz.* Die direkte Gewalt über das Meer wird in einer weiteren Prosafassung der ‚Reise' (Pm = München, Universitätsbibliothek, 2° Cod. Ms. 688, fol. 250r) noch mehr betont: *vnd es lit ferre von diser welt. wann das got wolt, dz sy darin kemend vnd liesz sy das mer dar tragen, Sy mochtent sunst nit da hin komen sin, wann dz es got wolt.*
46 ZAENKER (Anm. 15), S. xi. Vgl. auch Andreas HAMMER, St. Brandan und das *ander paradîse*, in: Kathryn STARKEY u. Horst WENZEL (Hgg.), Imagination und Deixis. Studien zur Wahrnehmung im Mittelalter, Stuttgart 2007, S. 153–176, hier S. 165.

den Übersetzungen der ‚Navigatio' oftmals gen Osten segelt,[47] wie bei Johannes Hartlieb (kurz vor 1450): *so wellenn wir faren gein orient zw ainer insel die haist daz gelobt lannd der heiligen*,[48] und Heinrich Haller (nach 1450): *sy hetenn ainen grossen weyten weg czu varen gegen dem land orient*,[49] oder die Richtungsangabe *Westen* komplett wegfällt, wie im Falle von ‚Der Hilligen Levent'.[50] Die ‚Orientierung' des Paradieses ist auch in anderen volkssprachlichen Fassungen zu beobachten, so beispielsweise in der anglo-normannischen des ‚Benedeit' (Anfang 12. Jahrhundert),[51] der des ‚South English Legendary' (ca. 1300)[52] oder der venezianischen (14. Jahrhundert).[53] Dabei treten die Änderungen zwar selten konsequent über den ganzen Text hindurch auf, aber es wird doch deutlich genug, dass sie absichtsvoll vorgenommen wurden.[54] Das erscheint plausibel, wenn man die primäre Funktion der Himmelsrichtungen mit Karl ZAENKER darin sieht, „auf den verborgenen *sensus allegoricus* in der Erzählung hinzuweisen".[55] Diese Referenzfunktion der Himmelsrichtungen ist hingegen in der ‚Reise'-Fassung M nicht auszumachen. Angaben zur Verortung der beiden irdischen Paradiese sind nicht zu finden. Sofern überhaupt Richtungsangaben existieren, wirken sie vielmehr arbiträr. Generell „sind die wenigen Bestimmungen von Zeit und Raum [...] zumeist relativ: die Ereignisse verweisen aufeinander [...], nicht jedoch [...] auf den jenseits der Welt stehenden Gott",[56] was den bereits besprochenen Eindruck von Kontingenz in der ‚Reise'-Fassung zusätzlich untermauert.

5 Quellen, Brunnen, Flüsse, Seen

Im Zusammenhang mit dem irdischen Paradies bzw. den irdischen Paradiesen – in der ‚Reise'-Fassung gibt es zwei – rückt die Erzählung jedoch einen weiteren Aspekt des Wassers in den Vordergrund, der hier zumindest noch angedeutet werden soll: die Differenz vom Meer als Salzwasser einerseits und Quellen, Brunnen, Flüssen und

---

[47] Tendenzen zur ‚Um-Orientierung' sind aber auch schon in einigen lateinischen Handschriften auszumachen, vgl. ZAENKER (Anm. 15), S. xii.
[48] ZAENKER (Anm. 15), S. 10 unten, Z. 4–5.
[49] Ebd., S. 147 unten, Z. 11–12. Haller ist dabei nicht ganz konsequent, vgl. ebd., S. xii.
[50] Vgl. ebd., S. xi.
[51] *Tendent lur curs vers orïent* („They steer their course towards the east"), zitiert nach: The Anglo-Norman Voyage of St Brendan. Bilingual Edition, hrsg. v. Jude S. MACKLEY, Northampton 2013, V. 1641.
[52] *Riȝt euene toward þen est fourti dawas hi wende*, zitiert nach BARRON u. BURGESS (Anm. 3), S. 319, V. 683.
[53] „Let us sail towards the east, that we may go to the island which is called the Promised Land of the Saints", hier die englische Übersetzung zitiert nach BARRON u. BURGESS (Anm. 3), S. 165. Vgl. dazu auch die Begründung durch Mark DAVIE, ebd., S. 156.
[54] Vgl. etwa ZAENKER (Anm. 15), S. xi.
[55] Ebd., S. xiii.
[56] NEUMANN (Anm. 35), S. 190.

Seen als Süßwasser andererseits. Dies ist unter anderen eine Differenz, die sich in der Patristik als eine von Wasser des Todes und Wasser des Lebens wiederfindet.[57] Für die ‚Navigatio', wo sich auf den Inseln immer wieder Quellen, Brunnen und Flüsse finden, hat Simone LOLEIT festgestellt: „Deren Wasser kann als Metonymie für das Wasser der Paradiesflüsse gelesen werden und somit als lebendiges Wasser, das dem Meer als Ort von Sünde und Tod entgegensteht."[58] Diese Elemente, die in der ‚Navigatio' symbolisch auf das Sakrament der Taufe verweisen,[59] finden sich allerdings auch in der ‚Reise'-Fassung wieder. So fällt auf, dass Brandan über einen Fluss zum ersten irdischen Paradies gelangt: *vur sente Brandan / bie einem wazzer zu tale / kegen dem aller schonstem sale, / den ie kein ouge gesach. / darzu truc sie des wazzers bach.*[60] Der Fluss ist, genau wie die dort herrschende Finsternis, als ein typisches Schwellenelement auf dem Weg zu einem heiligen Raum zu sehen.[61] Womöglich ist der Fluss sogar als Phison, also einer der Paradiesflüsse zu denken, denn Ambrosius meinte, „man könne durch ihn leicht zum Paradies zurückkehren (*per hanc facile ad paradisum revertatur*)".[62] Über den Phison heißt es bei Ambrosius weiter: *Nomen est uni Phison; hic est qui circuit omnem terram Euilat, ubi est aurum. terrae autem illius aurum bonum est, ubi est carbunculus, et lapis prasinus.*[63] Auch der Fluss, auf dem Brandan zum Paradies fährt, weist einen goldenen und mit vielen Edelsteinen übersäten Grund auf.[64] Bei der Rückkehr sammeln Brandan und seine Brüder viel des Goldes und der Edelsteine ein, um es später für den schmückenden Bau von Kirchen zu nutzen. Inwiefern hier die exegetische Literatur mit ihrer allegorischen Ausdeutung dieser *res* mitschwingt, kann kaum geklärt werden.[65] Insgesamt scheint die Ähnlichkeit zur ‚Iter ad paradisum'-Episode etwa im ‚Straßburger Alexander' auffällig. Auch Alexan-

---

57 Vgl. dazu grundlegend REINITZER (Anm. 11).
58 LOLEIT (Anm. 5), S. 33.
59 Vgl. ebd., S. 32.
60 HAHN u. FASBENDER (Anm. 23), V. 472–476.
61 HAMMER (Anm. 46), S. 162. Für HAMMER zeigen allein schon „die Gefahren der Seereise [die] verdeutlichte Schwellensituation beim Übergang an", s. ebd. Dies gilt freilich auch für die „Anderswelt" der keltischen Mythologie, mit der die Brandan-Materia historisch verflochten ist, vgl. ebd., S. 165.
62 GRIMM (Anm. 14), S. 122; vielleicht sei das aber allegorisch zu verstehen, s. ebd.
63 Ambrosius Mediolanensis, Opera pars prima qua continentur libri: Exameron, De paradiso, De Cain et Abel, De Noe, De Abraham, De Isaac, De bono mortis, hrsg. v. Karl SCHENKL (Corpus scriptorum ecclesiasticorum Latinorum 32,1), Prag, Wien, Leipzig 1897, ‚De paradiso', III, 14. In Gen 2, 11–13 lauten die Informationen und Formulierungen bezüglich des Phison fast identisch, vom *carbunculus* oder *lapis prasinus* jedoch ist nicht die Rede: *nomen uni Phison ipse est qui circuit omnem terram Evilat ubi nascitur aurum et aurum terrae illius optimum est ibique invenitur bdellium et lapis onychinus*, zitiert nach: Biblia Sacra. Iuxta vulgatam versionem, hrsg. v. Roger GRYSON, Stuttgart 2007.
64 HAHN u. FASBENDER (Anm. 23), V. 459–465, V. 565–572.
65 Bei Ambrosius verweise das Gold auf die klugen Entdeckungen (*pro inventis prudentibus*), der glänzende *carbunculus* sei dann der Feuerschein der Seele; das Gold bedeute bei Augustinus die *disciplina vivendi*, der Karfunkel wiederum die *veritas*, die durch keine Nacht verdunkelt werde, s. GRIMM (Anm. 14), S. 126–127.

der reist auf einem der Paradiesflüsse, dem Euphrat, zum irdischen Paradies.⁶⁶ Dabei handelt es sich bei der Benennung des Flusses im ‚Straßburger Alexander' um eine signifikante Änderung, da in der recht festen ‚Iter ad paradisum'-Tradition eigentlich der Phison anstelle des Euphrats steht.⁶⁷ Genau wie in der ‚Reise'-Fassung M ist das Paradies dann mit einer Mauer umgeben, die die finale Grenze für die Reisenden darstellt. Die Tatsache, dass sich Brandan in absoluter Dunkelheit auf dem Fluss gen irdisches Paradies bewegt, könnte wiederum durch die Annahme des Augustinus, dass „die Paradiesesflüsse streckenweise unterirdisch verliefen",⁶⁸ beeinflusst sein.⁶⁹

6 Schluss

Es konnte kursorisch aufgezeigt werden, dass das Brandan-Corpus in seinen unterschiedlichen literarischen Ausformungen an der reichhaltigen Symboltradition des Wassers teilhat – vor allem an der patristisch geprägten. Die unterschiedlichen Eigen-

---

66 Vgl. Peter STROHSCHNEIDER u. Herfried VÖGEL, Flußübergänge. Zur Komposition des ‚Straßburger Alexander', in: Zeitschrift für deutsches Altertum und deutsche Literatur 118 (1989), S. 85–108; Markus STOCK, Kombinationssinn. Narrative Strukturexperimente im ‚Straßburger Alexander', im ‚Herzog Ernst B' und im ‚König Rother' (Münchener Texte und Untersuchungen zur deutschen Literatur des Mittelalters 123), Tübingen 2002. „[S]ehr im Widerspruch zu den vier Paradiesesflüssen" steht für GRIMM (Anm. 14), S. 110, der Fluss auf der *terra repromissionis sanctorum* in der ‚Navigatio'. Er teilt die Insel und hindert Brandan daran, weiter in das Paradies vorzudringen, womit er eine ähnliche Funktion wie die Paradiesmauer des ersten irdischen Paradieses in der ‚Reise'-Fassung erfüllt.
67 Vgl. STOCK (Anm. 66), S. 131.
68 GRIMM (Anm. 14), S. 122.
69 So heißt es auch auf der Ebstorfer Weltkarte zum Paradies (direkt unter dem Kopf Jesu): *In hoc fons oritur, qui in IIII flumina divitur, que quidem intra ambitum paradysi terra absorbentur, sed longe in aliis regionibus emergunt. Nam Physon, qui et Ganges dicitur in India de monte Orcobares oritur et contra orientem fluens oceano Orientali excipitur.* Erinnert sei in diesem Zusammenhang auch an die Flussfahrt im ‚Herzog Ernst B', auf der der Herzog auf einem Floß durch eine dunkle Höhle kommt, in der er zwischen vielen anderen einen besonderen Edelstein findet, der im Dunkeln leuchtet – den sogenannten „Waisen". Von ihm heißt es: *der stein gap vil liehten glast*, zitiert nach: Herzog Ernst. Ein mittelalterliches Abenteuerbuch, in der mittelhochdeutschen Fassung B nach der Ausgabe von Karl BARTSCH mit den Bruchstücken der Fassung A, hrsg. v. Bernhard SOWINSKI (Universal-Bibliothek 8352), Stuttgart 2009, V. 4459. SOWINSKI meint im Kommentar der Ausgabe, s. ebd., S. 390, dazu: „Wegen der ihm zugesprochenen Leuchtkraft wird er in anderen Versionen und in der Hs. *b* der Herzog-Ernst-Dichtung mit dem Karfunkel, der im Dunkeln leuchte, verwechselt." Und doch: Die mittelhochdeutsche Beschreibung klingt sehr nach dem *splendidus carbunculus*, den Ambrosius in ‚De paradiso', s. SCHENKL (Anm. 63), III, 15, für den Phison erwähnt und von dem Isidor sagt: *Carbunculus autem dictus quod sit ignitus ut carbo, cuius fulgor nec nocte vincitur; lucet enim in tenebris adeo ut flammas ad oculos vibret*, zitiert nach: Isidor von Sevilla, Etymologiarum sive originum libri XX, hrsg. v. Wallace M. LINDSAY (Scriptorum classicorum bibliotheca Oxoniensis), Bd. 2, Oxford 1911, ND Oxford 1957, XVI, 14, 1.

schaften des Meeres und ihre symbolischen Ausdeutungen, wie sie im Brandanstoff anzutreffen sind, finden sich bereits im ‚Hexaemeron' des Ambrosius nebeneinandergestellt – ich zitiere die Zusammenfassung nach REINITZER: „[E]inmal ist Meer der Lebensraum der Fische (Menschen), dann wieder lebensbedrohender Feind; einmal gibt es festen Halt, dann jedoch verschlingt und mordet es, bedeutet Strafe und Untergang; einmal reinigt es und wäscht Sünden ab, andererseits ist es selber unrein und sündenhaft."[70] Für die verschiedenen Bearbeitungen des Brandanstoffes konnten in der Betonung bzw. Vernachlässigung einzelner Charakteristika Akzentverschiebungen festgestellt werden. Diese gründen vor allem in der unterschiedlichen Figurenzeichnung Brandans, welche ein jeweils differierendes Zielpublikum im Blick hat. Andere Ausformungen des Wassers, die im Brandan-Corpus reichlich zu finden sind, sowie deren symbolische Bedeutungen konnten nur schlaglichtartig in den Fokus rücken. Insgesamt stellt eine auf das Wasser und seine Symbolik zentrierte Untersuchung im Brandan-Corpus nach wie vor ein Forschungsdesiderat dar.[71] In diesem Zusammenhang müsste auch der Frage nach keltischen Einflüssen, wie sie sich beispielsweise in der Verortung des irdischen Paradieses im Westen spiegeln, noch intensiver nachgegangen werden.

---

70 REINITZER (Anm. 11), S. 104.
71 Dieses Desiderat versuche ich in meinem Dissertationsprojekt zum Heiligen Brandan zu beseitigen.

Robert Steinke (Augsburg)
Providenz und Souveränität. Wasser als Element göttlichen und menschlichen Wirkens im ‚Gregorius' Hartmanns von Aue

Abstract: Throughout Hartmann von Aue's 'Gregorius', there are numerous instances of the narrator or characters interpreting story events as the results of divine or diabolic intervention. Nevertheless, there are also passages which stress the individual's power to act and the necessity of taking one's own decisions within – and in addition to – the context of super-natural influence. Both divine providence and human agency are represented through the image of the element of water. Thus, water functions as a sphere where divine providence and human sovereignty overlap and it illustrates a decisive characteristic of Gregorius' path to redemption, which is neither the result of unmitigated predetermination nor of pure autonomy, but the product of their interaction. The key to Gregorius' salvation lies in his own initiatives and his reactions to contingent experiences, which require independent actions and self-reliant choices.

Keywords: Hartmann von Aue, Gregorius, Providenz, Souveränität, Transzendenz

In der altgermanistischen Forschung wurde bereits verschiedentlich auf die Bedeutung des Elements Wasser für den ‚Gregorius' Hartmanns von Aue hingewiesen. Zum einen wurde wiederholt der christliche Symbolgehalt von Wasser und damit verbundener Figuren und Objekte hervorgehoben.[1] Da die einzelnen Stationen auf dem Lebensweg des Protagonisten stets mit einer Passage über ein Gewässer verknüpft sind, verwundert es nicht, dass das Hauptaugenmerk zum anderen auf der durch das Wasser gegliederten Struktur, der „maritime[n] Topographie"[2] der Erzählung liegt. So erkennen etwa Edith WENZEL und Horst WENZEL bezüglich des ‚Gregorius' im Wasser „das ungeordnete, bewegliche Element, das den Wechsel von einem Lebenszustand zu einem anderen signalisiert".[3] Peter STROHSCHNEIDER spezifiziert

---
[1] Walter OHLY, Die heilsgeschichtliche Struktur der Epen Hartmanns von Aue, Berlin 1958, S. 37; Hinrich SIEFKEN, Der sælden strâze. Zum Motiv der Zwei Wege bei Hartmann von Aue, in: Euphorion 61 (1967), S. 1–21, hier S. 12; Ulrich ERNST, Der ‚Gregorius' Hartmanns von Aue. Theologische Grundlagen – legendarische Strukturen – Überlieferung im geistlichen Schrifttum (Ordo 7), Köln, Weimar, Wien 2002, S. 92, 101–104.
[2] Albrecht HAUSMANN, Gott als Funktion erzählter Kontingenz. Zum Phänomen der ‚Wiederholung' in Hartmanns von Aue Gregorius, in: Cornelia HERBERICHS u. Susanne REICHLIN (Hgg.), Kein Zufall. Konzeptionen von Kontingenz in der mittelalterlichen Literatur (Historische Semantik 13), Göttingen 2010, S. 79–109, hier S. 106.
[3] Edith WENZEL u. Horst WENZEL, Die Tafel des Gregorius. Memoria im Spannungsfeld von Mündlichkeit und Schriftlichkeit, in: Harald HAFERLAND u. Michael MECKLENBURG (Hgg.), Erzählungen in Er-

diesen Befund zu der Feststellung, im ‚Gregorius' fungiere das Wasser als ein „Zwischen- und Schwellenbereich", der die höfische Welt und die geistlich konnotierte Welt trenne und aus dem sich für die Erzählung „strukturell ein Diesseits und ein Jenseits des Wassers"[4] entfalte. Die Hauptfigur überschreitet diese Schwelle im Laufe der Handlung viermal: bei der Aussetzung des inzestuös gezeugten Kindes auf dem Meer, bei der Abkehr vom Kloster als Ort der Jugend und dem Wiedereintritt in das höfische Leben, beim Rückzug auf die einsame Felseninsel als Buße für den unwissentlich begangenen Inzest mit der eigenen Mutter und schließlich bei der Rückkehr in die Welt nach der Berufung zum Papst.

Wasser stellt im ‚Gregorius' einen Übergangsbereich zwischen höfischer und geistlicher Weltorientierung dar, und es dient auch als Element, in dem sowohl göttliche als auch menschliche Handlungsmacht sichtbar und wirksam werden. Besonders augenfällig ist die Funktion des Wassers als Medium transzendenter Einflussnahme auf den Lebensweg des Helden. Von der Zeugung der Hauptfigur unter den Einflüsterungen Satans bis zu den Wundererscheinungen auf Gregorius' Weg nach Rom als designierter Papst ziehen sich Kommentierungen des Erzählers oder der Figuren durch den gesamten Text, die das Handlungsgeschehen als Ergebnis von Interventionen göttlicher oder teuflischer Macht interpretieren – und fast immer gehen diese überirdischen Lenkungen durch das Medium Wasser vonstatten. Erscheint das Leben des Protagonisten aufgrund der Vielzahl solcher Einflussnahmen als das Ergebnis kontingenter Vorgänge bzw. göttlicher Providenz[5], so zeigen sich gleichzeitig aber auch die Möglichkeiten, die menschlicher Handlungskompetenz im Rahmen dieser externen Einwirkungen zukommt. Der Beziehung zwischen lenkendem Gott und handelndem Menschen als Grundthema im ‚Gregorius' dient Wasser als Leitmotiv, dessen Symbolgehalt das zentrale Thema spiegelt: Ebenso wie Wasser im ‚Gregorius' nicht allein als ein Element dargestellt wird, dessen Gewalt der Mensch hilflos ausgeliefert wäre, erscheint auch die transzendente Lenkung, als deren Medium das Wasser fun-

---

zählungen. Phänomene der Narration in Mittelalter und Früher Neuzeit (Forschungen zur Geschichte der älteren deutschen Literatur 19), München 1996, S. 99–114, hier S. 111.

4 Peter STROHSCHNEIDER, Inzest-Heiligkeit. Krise und Aufhebung der Unterschiede in Hartmanns ‚Gregorius', in: Christoph HUBER, Burghart WACHINGER u. Hans-Joachim ZIEGELER (Hgg.), Geistliches in weltlicher und Weltliches in geistlicher Literatur des Mittelalters, Tübingen 2000, S. 105–133, hier S. 109–111.

5 Providenz und Kontingenz sind in Bezug auf mittelalterliche Literatur im Allgemeinen und Hartmanns ‚Gregorius' im Speziellen als enge Verwandte anzusehen, insofern Gott als für alle Ereignisse verantwortliches Agens stets präsent erscheint; vgl. dazu auch Armin SCHULZ, Erzähltheorie in mediävistischer Perspektive, hrsg. v. Manuel BRAUN, Alexandra DUNKEL u. Jan-Dirk MÜLLER, Berlin, Boston 2012, S. 298 (Hervorhebung im Original): „Providenz und Kontingenz bilden im Mittelalter kein gleichwertiges Gegensatzpaar, sondern eine Hierarchie [...]. Kontingenz ist nur im Kleinen möglich, *unterhalb* des göttlichen Heilsplans; in der Summe alles Einzelnen jedoch manifestiert sich die göttliche Providenz, auch wenn dies die menschliche Erkenntniskraft übersteigen kann."

giert, nicht absolut, sondern es tun sich stets auch Freiräume auf, die der Protagonist nach eigener Entscheidung ausfüllen muss.

Gleich zu Beginn der Haupthandlung, bei der Aussetzung des Kindes Gregorius auf dem Meer, verweist der Erzähler auf eine biblische Referenzfigur, in der sich die Verbindung zentraler Themen des ‚Gregorius' mit dem Motiv des Wassers spiegelt:

> *unser herre got der guote*
> *underwant sich sîn ze huote,*
> *von des genâden Jônas*
> *ouch in dem mere genas,*
> *der drîe tage und drîe naht*
> *in dem wâge was bedaht*
> *in eines visches wamme.* (v. 929–935)[6]

Die Verknüpfung der Episode mit der Jona-Geschichte irritiert zunächst, erinnert das in seiner Kiste auf den Wellen ausgesetzte Kind doch viel eher an die Figur des Mose als an Jona. In der Forschung stehen bezüglich der Jona-Referenz zumeist die typologische Vorausdeutung von Gregorius' Auserwähltenstatus und die Parallelität der wunderbaren Errettung im Fokus.[7] Doch ist damit noch nicht hinreichend die auffällige Wahl Jonas als Vergleichspunkt erklärt, da beide Aspekte auch mit Hilfe der im thematischen Kontext passenderen Mose-Figur hätten illustriert werden können. Der Mehrwert des Jona-Analogons indes liegt darin, dass hier zwei Themenkomplexe verhandelt werden, die für den ‚Gregorius' zentral sind, wenn auch mit je unterschiedlicher Akzentuierung: In beiden Texten geht es zum einen um die Frage der Reichweite bzw. Universalität von Gottes Gnade, zum anderen um die Auseinandersetzung des Menschen mit göttlicher Providenz und um die Möglichkeiten individueller Initiative.[8]

Der zweite Aspekt erfährt seine Insbildsetzung über das Element Wasser, das hierfür aufgrund seiner stofflichen Eigenschaften wie seines bildlichen Potentials den idealen Symbolträger darstellt. Im ‚Gregorius' bildet die Verknüpfung von Wassersymbolik und Providenzdiskurs ein den Text durchziehendes Leitmotiv, beginnend bereits mit der Aussetzung des noch ungetauften Kindes, dessen Existenz aufgrund der Umstände seiner Zeugung vor der Welt verheimlicht werden muss. Die Entschei-

---

[6] Zit. nach Hartmann von Aue, Gregorius, hrsg. v. Hermann PAUL, neu bearb. v. Burghart WACHINGER (ATB 2), 15. Aufl. Tübingen 2004.
[7] Vgl. z. B. ERNST (Anm. 1), S. 115; Volker MERTENS, Kommentar, in: Hartmann von Aue, Gregorius, Der arme Heinrich, Iwein, hrsg. u. übers. v. DEMS. (Bibliothek des Mittelalters 6), Frankfurt / M. 2004, S. 769–1108, hier S. 851; Waltraud FRITSCH-RÖSSLER, Stellenkommentar, in: Hartmann von Aue, Gregorius. Mittelhochdeutsch / Neuhochdeutsch, hrsg., übers. u. komm. v. DERS. (RUB 18764), Stuttgart 2011, S. 246–307, hier S. 271.
[8] Vgl. dazu Rüdiger LUX, Jona. Prophet zwischen ‚Verweigerung' und ‚Gehorsam'. Eine erzählanalytische Studie (Forschungen zur Religion und Literatur des Alten und Neuen Testaments 162), Göttingen 1994, S. 162; Friedemann W. GOLKA, Jona, 2. Aufl. Stuttgart 2007, S. 64.

dung über (ewiges) Leben oder (ewigen) Tod wird dem Ratschluss Gottes überlassen, und in der Tat wird die Errettung des Kindes aus der sturmumtosten See vom Erzähler als Eingreifen Gottes dargestellt, wenn es heißt, *daz die wilden winde* das Kind *wurfen swar in got gebôt, / in daz leben ode in den tôt* (v. 926–928).

Doch Gottes Einflussnahme erschöpft sich nicht mit dem Einholen der Kiste in das Boot zweier Fischer. Stattdessen scheint es, als ob nicht nur das Überleben des Kindes, sondern auch dessen Aufnahme in das Kloster der Planung Gottes folgt, wenn der Erzähler kommentiert, dass der Abt des im Boot versteckten Kindes *wart innen / von unsers herren minnen* (v. 1013f.). Auf diese Weise wird eine besondere Bindung des Abtes an das Findelkind begründet, die in der eigenhändigen Durchführung der Taufe und zugleich auch der Patenschaft des Abtes für Gregorius seine Fortsetzung findet.

Nachdem der Klosterschüler Gregorius durch einen Zufall erfährt, dass er der inzestuösen Beziehung zweier Geschwister entstammt, wird das Muster der Überantwortung des Schicksals an göttliche Fügung wieder aufgerufen, wenn Gregorius sich mit dem Wunsch nach Ritterschaft und der Suche nach seinen Eltern von der Klosterinsel verabschiedet. An Bord seines Schiffes bittet er darum, *daz in unser herre / sande in etelîchez lant / dâ sîn vart wære bewant* (v. 1828–1830), und gibt seinen Schiffsleuten den Befehl, *daz si den winden wæren / nâch ir willen undertân / und daz schef liezen gân / swar ez die winde lêrten / und anders niene kêrten* (v. 1832–1836). Als das Schiff daraufhin vom Wind in ein Land getragen wird, in dem sich eine Landesherrin der Bedrängnis eines Usurpators erwehren muss, erkennt Gregorius eine gottgegebene Möglichkeit ritterlicher Bewährung. An dieser Stelle ist von Seiten des Erzählers keine Rede davon, dass Gott die Route des Schiffes bestimmt habe, sondern diese Sicht ist allein Interpretation des Protagonisten selbst. Damit setzt Gregorius zum einen Gottes Hilfestellung unreflektiert voraus[9] und reduziert zum anderen seine eigenen Wünsche an seine Reise auf den Aspekt ritterlichen Kampfes. Die Enthüllung seiner Herkunft ist für ihn plötzlich nicht mehr von Interesse, folglich kommt es Gregorius nicht in den Sinn, dass ihm dieser Wunsch erfüllt wurde und es sich bei der Landesherrin um seine eigene Mutter handeln könnte.

So erlangt Gregorius zum Dank für seine Hilfe im Kampf die Hand der Herrscherin, ohne dass Mutter oder Sohn von ihrer Verwandtschaft ahnen. Für den Fortgang der Handlung spielt erneut Wasser eine Rolle: Täglich zieht sich Gregorius zurück, um heimlich die Schrifttafel zu betrachten, die ihm bei seiner Aussetzung beigegeben wurde. Eines Tages beobachtet eine Dienerin sein tränenreiches Jammern und berichtet ihrer Herrin davon. Gregorius' Klagen verweisen auf eine im Inneren der Figur wirkende Kraft, die mit ‚Wasser' in Form von Tränen ins Bild gesetzt wird und die seine Emotionen nach außen sichtbar macht. Die Aufdeckung des neuerlichen Inzests bewirkt eine Erschütterung seiner aktuellen Lebenssituation; in der Folge

---

9 So auch ERNST (Anm. 1), S. 93.

dieses Umbruchs ergreift Gregorius selbst die Initiative, lässt das weltliche Leben hinter sich und zieht als armer Büßer in die Wildnis.

Für seine Buße wird nun Wasser zum zentralen Element: Von einem Fischer wird er auf einer einsamen Felseninsel ausgesetzt und angekettet, der Schlüssel wird mit der höhnischen Ankündigung ins Meer geworfen, sollte dieser jemals wiedergefunden werden, sei dies der Beweis für Gregorius' Sündenbefreiung und Heiligkeit. Die unwirtliche Insel bietet die Kulisse für ein Wunder, das die schützende Hand Gottes über Gregorius erkennen lässt:

> *er enmöhte der spîse die er nôz,*
> *als ich iu rehte nû sage,*
> *weizgot vierzehen tage*
> *vor dem hunger niht geleben,*
> *im enwære gegeben*
> *der trôstgeist von Kriste*
> *der im daz leben vriste,*
> *daz er vor hunger genas.* (v. 3114–3121)

Ein aus einer Felsspalte quellendes Rinnsal, das sich jeden Tag zu einer kleinen Mulde voll Wasser sammelt, stellt Gregorius' einzige Nahrung dar, die ihn dennoch über siebzehn Jahre hinweg am Leben erhält. Mit seiner Buße auf der Felseninsel wird Gregorius zum Sinnbild des christlichen Menschen: Umgeben vom Meer der sündigen Welt, dem Sündenmeer, wird der Mensch vor dem Ertrinken gerettet durch das Vertrauen auf den Felsen Christus und damit auf die Gnade Gottes. Das irdische Wasser wird „als sündhaft, gefährlich und todbringend" angesehen – ein verbreitetes Motiv, an das der Erzähler anknüpft, wenn er von *den vil tiefen ünden / toetlîcher sünden* (v. 2483 f.) spricht, in die die des Inzests schuldige Mutter versunken sei.[10] Parallel zu dieser Vorstellung vom sündhaften Wasser existiert aber auch das Bild vom Wasser des Lebens, dem lebendigen Brunnen Christi,[11] von dem zu trinken zugleich Ausdruck des Glaubens und Mittel der Erlösung ist. Unter Berücksichtigung dieser ambivalenten christlichen Symbolik des Wassers erscheint Gregorius' Aufenthalt auf dem Felsen aufgrund des täglichen Trinkens des Wassers des Lebens als beständiger Nachweis des Glaubens und der Buße, die ihn letztendlich aus dem Sündenmeer und dem Wasser des Todes zu erretten vermag.

Diese Errettung erfolgt wiederum durch göttliche Weisung: Nachdem man sich in Rom nicht auf die Wahl eines neuen Papstes einigen kann, entschließt man sich,

---

10 ERNST (Anm. 1), S. 101.
11 Heimo REINITZER, Wasser des Todes und Wasser des Lebens. Über den geistigen Sinn des Wassers im Mittelalter, in: Hartmut BÖHME (Hg.), Kulturgeschichte des Wassers (Suhrkamp-Taschenbuch 1486), Frankfurt / M. 1988, S. 99–144, hier S. 106 f., 108 f.; vgl. auch Bernhard BLUME, Lebendiger Quell und Flut des Todes. Ein Beitrag zu einer Literaturgeschichte des Wassers, in: DERS., Existenz und Dichtung. Essays und Aufsätze, ausgew. v. Egon SCHWARZ, Frankfurt / M. 1980, S. 149–166, hier S. 152.

auf ein Zeichen Gottes zu warten, wer neuer Bischof von Rom werden solle. Daraufhin erhalten zwei Römer im Traum die Nachricht, der neue Papst sei auf einem einsamen Felsen in Aquitanien zu finden. Die beiden werden auf die Suche geschickt und erreichen schließlich das Haus des Fischers, der Gregorius vor Jahren auf dem Felsen aussetzte. In Erwartung eines lohnenden Geschäfts bewirtet der Fischer die Gesandten mit einem frisch gefangenen Fisch. In dessen Bauch wird der einst ins Meer geworfene Schlüssel der Fußfesseln wiedergefunden und es bewahrheitet sich die spöttische Prophezeiung des Fischers:

> *den slüzzel warf er in den sê,*
> *er sprach: „daz weiz ich âne wân,*
> *swenne ich den slüzzel vunden hân*
> *ûz der tiefen ünde,*
> *sô bistû âne sünde*
> *unde wol ein heilic man." (v. 3094–3099)*

Das Medium der Verkündigung göttlichen Willens und der Mitteilung von Gregorius' Auserwähltheit und Sündenvergebung ist damit erneut das Wasser. So wie der Fisch mit der Goldmünze im Maul im Neuen Testament (Mt. 17,27) als der die Schuld der Menschheit begleichende Jesus gedeutet wird,[12] so beweist der Schlüssel im Inneren des gefangenen Fischs im ‚Gregorius' die mitgeteilte Sündenvergebung für den Protagonisten und seine Eltern; der Fischer wird damit unwissentlich zum Propheten der Heiligkeit des neuen Papstes.

Dass sich im ‚Gregorius' göttliche Einflussnahme und Lenkung stets mit Hilfe von Wasser manifestieren, ist kein Zufall, denn so Hans BLUMENBERG, „[u]nter den elementaren Realitäten, mit denen es der Mensch zu tun hat, ist ihm die des Meeres [...] die am wenigsten geheure. Für sie sind Mächte und Götter zuständig, die sich der Sphäre bestimmbarer Gewalten am hartnäckigsten entziehen".[13] Die Gründe für die Zuschreibung des Wassers als Element des Transzendenten sind vielfältig: Zum einen ist das Wasser der Verfügungsgewalt besonders des mittelalterlichen Menschen enthoben; vor allem im Bereich der Schifffahrt war das Ausgeliefertsein an nicht kontrollierbare Kräfte deutlich spürbar. Zum anderen waren Gewässer nur schwer erkundbar, die Welt unter der Oberfläche blieb naturkundlichen Blicken verborgen; nicht umsonst wurden Fabelwesen außer an den Peripherien der bekannten Welt vor allem in den Tiefen des Meeres oder von Seen verortet. Und schließlich erscheint Wasser durch den Kreislauf aus Verdunstung und Regen ganz konkret als Stoff der Vermittlung zwischen Himmel und Erde.

---

[12] Marianne SAMMER, Fisch, in: Metzler-Lexikon literarischer Symbole, 2. Aufl. 2012, S. 121 f.
[13] Hans BLUMENBERG, Schiffbruch mit Zuschauer. Paradigma einer Daseinsmetapher (Suhrkamp-Taschenbuch Wissenschaft 289), Frankfurt / M. 1979, S. 9.

Indem alle wichtigen Wendepunkte der Handlung als Eingriffe transzendenter Mächte durch das Medium Wasser inszeniert werden, erscheinen die Figuren im ‚Gregorius' vordergründig als Spielbälle, die den Ratschlüssen höherer Instanzen ausgeliefert sind, die für den Menschen letztlich stets unergründlich bleiben. Diese Weltsicht findet ihren Ausdruck wiederum im Bild des Lebens als Schiffsreise, auf der der Mensch dem Auf und Ab der Wellen ausgeliefert ist und allein auf göttliche Gnade hoffen kann. In der christlichen Meerfahrtsymbolik führt allein das Vertrauen darauf, dass Christus das Schiff als Steuermann in den sicheren Hafen führt, zum ewigen Heil.[14] Im ‚Gregorius' – so scheint es – ist der Mensch also nicht Herr seines eigenen Lebensschiffs, er ist das Objekt der Gnade höherer Mächte.

Eine Lektüre, die Gregorius allein als das Objekt der Handlung, als Gegenstand transzendenten Wirkens erkennt, greift meines Erachtens jedoch zu kurz. Die Frage nach den Möglichkeiten subjektiver Handlungsfreiheit des Protagonisten im ‚Gregorius' ist in der Forschung bisher eher am Rande gestellt worden. Als einer von wenigen hat sich Ulrich ERNST zu diesem Thema geäußert, und auch er kommt zu dem Ergebnis, dass Gregorius nicht „nur passiv als Instrument göttlicher Ökonomie fungiert, vielmehr ist er stets als sittlich verantwortlich handelndes Individuum in der *narratio* präsent, so daß man allenfalls von einem Synergismus zwischen menschlichem Tugendstreben und göttlichem Gnadenhandeln sprechen kann".[15] Auch Ingrid KASTEN betont, dass bei Hartmann im Vergleich zu seiner Vorlage das „Moment der Eigenverantwortung im ‚Gregorius' doch einen signifikanten Raum" erlange, auch wenn gleichzeitig „der Objektstatus der Figuren nicht aufgehoben wird";[16] KASTEN relativiert diese Ansicht jedoch an anderer Stelle, wenn sie sagt, dass sich für Gregorius die „Vorstellung der Verfügbarkeit über das eigene Leben [...] als eine Illusion"[17] erweise, wodurch er sich am Schluss der Erzählung allein auf die Gnade Gottes verwiesen sehe.

Die aktive Rolle, die dem Protagonisten für die Handlungsführung zukommt, kann ob der Augenfälligkeit der transzendenten Einflussnahmen leicht übersehen werden, aber der Text bietet durchaus auch Passagen, die die Handlungsspielräume und die Notwendigkeit von Entscheidungen des Einzelnen neben und innerhalb des bestehenden Rahmens göttlicher Lenkung aufzeigen, wie auch Volker MERTENS bemerkt:

---

14 Vgl. Sibylle SELBMANN, Mythos Wasser. Symbolik und Kulturgeschichte, Karlsruhe 1995, S. 92.
15 ERNST (Anm. 1), S. 198.
16 Ingrid KASTEN, Schwester, Geliebte, Mutter, Herrscherin: Die weibliche Hauptfigur in Hartmanns ‚Gregorius', in: PBB 115 (1993), S. 400–420, hier S. 404.
17 Ingrid KASTEN, Subjektivität im höfischen Roman, in: Reto Luzius FETZ, Roland HAGENBÜCHLE u. Peter SCHULZ (Hgg.), Geschichte und Vorgeschichte der modernen Subjektivität, Bd. 1 (European Cultures. Studies in Literature and the Arts 11.1), Berlin, New York 1998, S. 394–413, hier S. 397.

> Es geht Hartmann um die Autonomiespielräume, die Gregorius beansprucht und ausfüllt. [...] Die leidvolle Erfahrung, in Krisensituationen zwar nach allgemeinen Vorgaben, letztlich aber doch autonom handeln zu müssen, machen alle Helden Hartmanns, die Artusritter Erec und Iwein ebenso wie Heinrich und Gregorius.[18]

Diese Handlungsmacht ist freilich nicht als Ausdruck völliger Autonomie eines Subjekts gegenüber äußeren Einflussfaktoren zu verstehen, denn die Lenkungsmöglichkeiten des Transzendenten werden im Text an keiner Stelle – weder vom Erzähler noch von den Figuren – in Frage gestellt.

Stattdessen können die Handlungsräume des Menschen treffender mit dem Begriff der Souveränität beschrieben werden, wie ihn Gernot BÖHME als Gegenentwurf zum Autonomiekonzept definiert:

> Dem Ideal der Autonomie setzte ich das der Souveränität entgegen. Versteht der autonome Mensch sich von seiner Selbstbestimmung her und betrachtet alles, was an ihm diese Selbstbestimmung bedroht und infrage stellt, als ihm nicht zugehörig, so ist der souveräne Mensch derjenige, der sich etwas widerfahren lassen kann.[19]

‚Souveränität' bezeichnet für BÖHME nicht die Herrschaft des Menschen über sich oder andere, sondern vielmehr die Anerkennung der Grenzen der eigenen Selbstbestimmung und des Eingebundenseins in größere, dem Zugriff des Einzelnen enthobene Kontexte:

> Der souveräne Mensch unterscheidet sich von dem autonomen gerade nicht durch eine Steigerung der Herrschaft über sich selbst noch über andere. Souveränität in diesem Sinne heißt eher, nicht über alles herrschen zu müssen. [...] Der souveräne Mensch weiß, daß er nicht die ganze Wahrheit vertritt und daß seine Form des Daseins nur einen Teil des Menschseins ausmacht. [...] Er wird mit sich selbst leben als Teil eines größeren Zusammenhanges.[20]

In diesem Sinne erweist sich Gregorius' Handeln als souveräne Initiative und Reaktion auf die Erfahrungen von Kontingenz und externer Lenkung, indem er gegen die transzendente Einflussnahme weder ankämpft noch sich in diese schlicht ergibt. Stattdessen nimmt Gregorius die erfahrenen Kontingenzen seiner Biographie als Herausforderung zur eigenständigen Wahl des richtigen Lebenswegs an.

Ebenso wie die Einflussnahme des Transzendenten werden auch diese Handlungsspielräume des Einzelnen mit Hilfe von Wasser ins Bild gesetzt. Das auf den ersten Blick eindeutig auf äußere Lenkung des Protagonisten zielende Leitmotiv des

---

18 MERTENS (Anm. 7), S. 794.
19 Gernot BÖHME, Ich-Selbst. Über die Formation des Subjekts, München 2012, S. 7.
20 Gernot BÖHME, Anthropologie in pragmatischer Hinsicht. Darmstädter Vorlesungen (Edition Suhrkamp, N. F. 301), Frankfurt / M. 1985, S. 287 f. Freilich bedarf die Adaption von BÖHMES Konzept der Souveränität auch Anpassungen an die Gegebenheiten mittelalterlicher Literatur, so etwa hinsichtlich der Religion, vgl. ebd., S. 288 f.

Wassers erweist sich also bei näherer Betrachtung als durchaus ambivalent. So fungiert Wasser im ‚Gregorius' als Überlappungszone des Zusammenwirkens von göttlicher Providenz und menschlicher Handlungsmacht. Gregorius demonstriert auch die Möglichkeit, sich über durch Wasser symbolisierte Bindungen und Wegweisungen hinwegzusetzen, was etwa an Gregorius' Verhältnis zum Abt deutlich wird: Dieser wird zwar durch die Taufe zu Gregorius' geistlichem Vater, doch seinem Wunsch nach einer monastischen Karriere verweigert sich Gregorius. Die mit der Wassertaufe hergestellte rituelle Verbindung zwischen Pate und Täufling ordnet Gregorius dem eigenen Streben nach Verlassen des Klosters und Eintritt in die höfische Welt unter. Das Besteigen des Schiffs mit dem Vorsatz, ritterliche Aventiure zu suchen und die eigene Herkunft aufzudecken, entspringt Gregorius' Motivation und ist nicht (oder nur indirekt) das Ergebnis äußerer Lenkung. Die Versuche externer Einflussnahme durch den Abt, der Gregorius von seinem Vorhaben abzubringen und ihn unter Hinweis auf die Gefahr weiterer sündhafter Verfehlungen zum Verbleib im Kloster zu bewegen sucht, wehrt Gregorius vehement ab. Wenn sich Gregorius dennoch der Lenkung durch Gott unterwirft, indem er den Seeleuten den Befehl gibt, Wind und Wellen bei der Steuerung des Schiffs freien Lauf zu lassen, so darf nicht übersehen werden, dass es sich hierbei um eine freiwillige Selbstauslieferung an göttliche Fügung und damit um einen souveränen Akt der Willensäußerung handelt.

Ähnlich wie bei seinem Weggang aus dem Kloster verhält es sich mit Gregorius' Entschluss zur Aufgabe allen weltlichen Besitzes und zum Aufbruch in die Einöde nach der Entdeckung des Inzests mit der Mutter. Auch hier geht der Impuls zur Beendigung des aktuellen und zum Übertritt in einen neuen Seinszustand vom Protagonisten selbst aus. Während kurz nach der Enthüllung über Gregorius berichtet wird, *sînen zorn huop er hin ze gote* (v. 2608), weist er nur wenige Verse später seine Mutter und Ehefrau an, mit Hilfe umfangreicher Stiftungen die Gnade Gottes zu erwirken, und erklärt:

> „[...] *sus senftet sînen zornmuot*
> *den wir sô gar erbelget hân.*
> *ich wil im ouch ze buoze stân:* [...]
> *dem lande und dem guote*
> *und werltlîchem muote*
> *dem sî hiute widerseit."*
> *hin tet er diu rîchen kleit*
> *und schiet sich von dem lande*
> *mit dürftigen gewande.* (v. 2734–2750)

Es ist zwischen beiden Textstellen also ein Sinneswandel Gregorius' erkennbar, indem er die Verantwortung für die eingetretene Katastrophe nicht mehr bei Gott sucht, sondern in eigenen Verfehlungen erkennt. Nach einem kurzen Moment des Affekts, der ihn an den Rand der Desperatio bringt, ist Gregorius zu einer souveränen Anerkennung der göttlichen Handlungsmacht fähig. Er betont in der Folge gerade die eigene Entscheidungs- und Handlungsfähigkeit und negiert damit die Vorstellung einer vollständigen Prädeterminiertheit des eigenen Lebens sowie einer voraussetzungslosen göttlichen Gnade, die eigene Entscheidungen letztlich ebenso überflüssig wie sinnlos machen würde.

Dem entspricht, dass Gregorius auch die Verantwortung für seine Buße in die eigenen Hände nimmt. Ohne fremde geistliche Anleitung und aus eigener Initiative wählt er die Einsiedelei als die ihm gemäße Bußform.[21] Bildlichen Ausdruck findet diese Form der Selbstbestimmung wieder mit Hilfe von Wasser, wenn es heißt: *er wuot diu wazzer bî dem stege* (v. 2766). Vorrangig dient dieses Motiv der Veranschaulichung von Gregorius' Entschluss, alle Bequemlichkeit zu meiden und jede Möglichkeit zur Selbstkasteiung wahrzunehmen. Doch bietet das aktive und selbstbestimmte Waten durch das Wasser auch ein Gegenbild zum passiven Befahren des Wassers auf dem Schiff, das auf äußere Lenkung angewiesen ist.

Die aktive und eigenverantwortliche Rolle, die Gregorius bei der Gestaltung seines eigenen Lebens zukommt und die die Bedeutung göttlicher Vorsehung komplementiert, zeigt sich am eindrucksvollsten bei der Wahl des schmalen Pfads, der Gregorius in die Wildnis und schließlich zu einer Fischerhütte an der Küste führt. Im Text heißt es hierzu:

> *Nû gie ein stîc (der was smal)*
> *nâhe bî einem sê ze tal.*
> *den ergreif der lîplôse man*
> *und gevolgete im dan*
> *unz er ein hiuselîn gesach:*
> *dar kêrte der arme durch gemach.* (v. 2771–2776)

Der Weg, der Gregorius letztendlich in die absolute Isolation auf der Felseninsel führt, ergibt sich also aus den Entscheidungen des Protagonisten. Wenn sein wundersames Überleben in der lebensfeindlichen Umgebung – wie dargestellt – als rettendes Eingreifen Gottes erkennbar ist, so darf zugleich nicht übersehen werden, dass es Gregorius selber ist, der überhaupt erst die Voraussetzungen dafür schafft, dass er diese grenzenlose Bußleistung vollbringen und schließlich die Gnade Gottes erlangen kann. Gregorius erweist sich gerade nicht als reines Objekt äußerer Vorherbestimmung, vielmehr findet er sich vor Entscheidungen gestellt, die er unabhängig treffen muss. Zwar ließe sich argumentieren, dass Gregorius' Entschlüsse zur Veränderung seiner aktuellen Lebenssituation jeweils auf gewissermaßen göttliche Einflüsterung zurückgingen, wobei der Text hierfür freilich keinen Hinweis liefert. Doch würde auch eine solche Sichtweise an der Beobachtung, dass Gregorius' Lebensweg als Ergebnis

---

[21] Ähnlich auch Christoph CORMEAU u. Wilhelm STÖRMER, Hartmann von Aue. Epoche – Werk – Wirkung, 3. Aufl. München 2007, S. 113; Horst BRUNNER, Die poetische Insel. Inseln und Inselvorstellungen in der deutschen Literatur (Germanistische Abhandlungen 21), Stuttgart 1967, S. 52.

des Zusammenwirkens göttlicher Lenkung und menschlicher Handlungsmacht dargestellt wird, nichts ändern.

So bietet sich in der Zusammenschau ein ambivalentes Bild: Vordergründig erscheint Gregorius' Lebensweg als das Ergebnis transzendenter Vorherbestimmung, wobei das Element Wasser als primäres Medium der Einflussnahme und Lenkung dient. Bei genauerer Betrachtung zeigt sich jedoch, dass diejenigen Situationen, in denen der Verlauf der Handlung durch höhere Mächte beeinflusst wird, stets initiiert werden von einer aktiven Entscheidung des Protagonisten: Sein Entschluss zur Beendigung der monastischen Karriere geht der Landung im Reich der Mutter voraus; die selbstauferlegte Buße und der eingeschlagene Weg in die Wildnis führen Gregorius erst auf die Felseninsel, die ihm die Möglichkeit auf göttliche Gnade eröffnet. Die Impulse zum Wechsel des bisherigen Lebenswegs gehen also in entscheidendem Maße von Gregorius selbst aus; erst nachdem ein neuer Weg eingeschlagen ist, erfolgt eine göttliche Lenkung und Fügung.

Dieser Befund lässt sich auch auf die Gesamthandlung übertragen: Der göttliche Gnadenakt, der Gregorius vom Sünder zum erwählten Papst transformiert, ist wie alle Ratschlüsse Gottes für den Menschen letztlich unergründlich und unerklärlich. Dennoch tritt er nicht voraussetzungslos und unmotiviert ein, denn erst durch seine exorbitante Buße auf der Felseninsel und durch die Aufgabe materiellen Besitzes, sozialer Bindungen, ständischer Identität und gar der eigenen Körperlichkeit kann Gregorius von Gottes Gnade erfüllt und damit erlöst werden. Gregorius' Weg zum Heil ist also der eines unvermeidlich sündhaften, doch nichtsdestotrotz im Angesicht transzendenter Macht souveränen Menschen, insofern er die Beschränktheit seiner eigenen Handlungsfreiheit erkennt und anerkennt, sich also im Sinne BÖHMES „etwas widerfahren lassen kann"[22], ohne gegenüber der von Gott als Agens verantworteten Kontingenzerfahrungen[23] in Verzweiflung zu verfallen. Auf diese Weise gelingt es ihm, innerhalb der vorgefundenen Zustände selbst zum aktiv Handelnden zu werden. Daraus ergibt sich die Spezifik von Gregorius' Erlösungsweg: Dieser ist weder das Produkt absoluter Vorherbestimmung noch liegt er allein in der Hand des Protagonisten, sondern er ist das Ergebnis des Zusammenwirkens von Providenz und Souveränität, von göttlicher Lenkung und menschlicher Initiative und/oder Reaktion. Der Schlüssel zur Erlösung liegt für Gregorius nicht allein im „Rechnen mit der Unberechenbarkeit Gottes",[24] sondern in der souveränen Reaktion auf diese Erfahrung, die ein eigenständiges Handeln und die eigenständige Wahl des Bußwegs erfordert.

Dieser Befund verdichtet sich in der impliziten und expliziten aquatischen Symbolik in Hartmanns ‚Gregorius': Kehrt man zurück zur bereits angesprochenen christlichen Seefahrtmetapher vom Schiff des Lebens, das von den Wellen des Schicksals

---

22 BÖHME (Anm. 19), S. 7.
23 Vgl. HAUSMANN (Anm. 2), S. 79 f., 106.
24 Ebd., S. 109.

auf- und abgetragen wird, so fügt sich hier auch die Ambivalenz der Wassersymbolik im ‚Gregorius' als Sinnbild des Zusammenspiels von göttlicher Providenz und menschlicher Souveränität ein. Der Entschluss zum Besteigen des Schiffs muss von Gregorius selbst ausgehen, damit die lenkenden Wellen transzendenter Mächte überhaupt wirken können. Um auf dem Meer der weltlichen Sünden in den sicheren Hafen des Heils geleitet zu werden, muss der Mensch sein Lebensschiff dem Steuermann Christus anvertrauen. Dies erfordert eine Anerkennung der göttlichen Einflussmacht ebenso wie die aktive Gestaltung der sich aus dieser ergebenden Handlungsspielräume und -erfordernisse.

Angelica Rieger (Aachen)
« D'une espee forbie et blanche estoit li pons sur l'eve froide » – Ponts fantastiques du monde arthurien

Abstract: In Old French medieval epics, water is an important carrier of symbolic meaning. It is a world unto itself, which links and divides different realms, either as a mysterious underwater-world, a border river, a protector of isolated islands, or as a life-giving or life-threatening substance, whether that water is inland or oceanic. At the same time, waterside architecture also plays a prominent role in these epics, which feature enchanted castles and palaces high above thundering waters, practical buildings like water-mills, or—and this is particularly significant—bridges. Old French epics are full of fantastic bridge constructions which, like the Sword bridge and its pendant the Underwater bridge in Chrétien de Troyes' 'Lancelot', lead to other worlds beyond the waters. This article studies these constructions, their meaning, and their function as symbols in Chrétien's 'Lancelot, the Knight of the Cart'. The poet imbues bridges with a threefold meaning, changing an entity well known to his audience into a fantastic and surprising universe, allowing the heroes to overcome their fear and surpass themselves, and proving the power of love.

Keywords: Roman Arthurien, Chrétien de Troyes, Lancelot, imaginaire médiéval, ponts

---

Dans la littérature médiévale, les éléments en général et l'eau en particulier portent une lourde charge de significations symboliques. L'eau est un monde à part qui unit et sépare les mondes médiévaux, soit sous forme d'un monde sous-marin mystérieux, d'une rivière frontière, de l'élément protecteur d'îles magiques ou encore de lacs et de mers vivifiants ou menaçants. Dans ces mondes aquatiques, les constructions architecturales jouent un rôle particulier : pensons aux châteaux-forts et aux palais enchantés au-dessus d'eaux mugissantes, aux constructions fonctionnelles comme des moulins à eau ou des ponts.

Le monde arthurien est un univers aquatique à part, dont la portée symbolique est évoquée par Emmanuèle BAUMGARTNER dans son analyse des « marines médiévales » : « La symbolique de l'eau, le réseau complexe des ponts, des gués, des rivières, l'espace des fontaines au creux des forêts jouent, on le sait, un rôle important dans le roman arthurien en vers comme en prose. »[1]

---

[1] Emmanuèle BAUMGARTNER, « Sur quelques 'marines' médiévales », dans : Bernard RIBÉMONT (éd.), L'eau au Moyen Age. Symboles et usages. Actes du colloque Orléans – Mai 1994, Orléans 1996,

Souvent, les ponts mènent dans des autre-mondes[2] ; toujours, ils marquent un moment de passage. Je me propose d'analyser ici le Pont de l'épée[3] ainsi que son pendant, *le pont dessoz eve,*[4] du 'Lancelot ou le chevalier' de la charrette de Chrétien de Troyes (vers 1177–81)[5] ; je m'intéresserai à la dimension et la fonction de ces constructions dans ce texte exemplaire tout en m'approchant de leurs valeurs imaginaires et symboliques à travers l'univers aquatique qui les conditionne.

La fascination de l'eau, ses symboles et usages au Moyen Age sont sujets à de nombreuses analyses entreprises depuis différents points de vue :

> Vitale et rituelle, l'eau de l'homme du Moyen Age irrigue plusieurs mondes. Qu'elle s'offre dans son immédiat surgissement – source, rivière, pluie –, ou dans la proximité d'une domestication encore élémentaire – puits, citernes, aqueducs, moulins –, elle baigne l'économie et la vie quotidienne, l'imaginaire et le religieux.[6]

Comme il ne sera pas possible d'aborder ici la totalité de ces mondes aquatiques médiévaux, je me concentrerai sur un aspect particulier de la synthèse entre l'élément naturel et la culture humaine, entre l'eau et les constructions architecturales qui la franchissent : les ponts.[7] A ces endroits de passage, les univers symboliques de l'eau

---

pp. 11–22, ici p. 21 ; v. aussi, à titre exemplaire la liste de Micheline DE COMBARIEU DU GRÈS, dans « L'eau et l'aventure dans le cycle du *Lancelot-Graal* », dans : Jean SUBRENAT et Bureau du C.U.E.R. M.A (éds.), L'eau au Moyen Age, Marseille 1985 (Sénéfiance 15), pp.111–155, ici p. 113.

2 Le terme est employé ici comme traduction du terme allemand « Anderswelt », c'est-à-dire un monde fictif, en dehors de la réalité.

3 Édition citée (textes et traductions) : Chrétien de Troyes, Œuvres complètes, éd. par Daniel POIRION, Paris 1994 : *Lancelot ou le chevalier de la charrette*, pp. 505–682, 1235–1299, citée par la suite : Lancelot, ici vv. 3028–3029 : « C'était une épée aiguisée et étincelante qui formait ce pont jeté au-dessus de l'eau froide. »

4 Lancelot, vv. 680–681 : « Le pont sous l'eau. »

5 Datation selon Jean-Marie FRITZ, Chrétien de Troyes, dans : Geneviève HASENOHR et Michel ZINK (éds.), Dictionnaire des lettres françaises. Le Moyen Age, Paris 1964, pp. 266–280.

6 V. p. ex. les études dans : Bernard RIBÉMONT (éd.), L'eau au Moyen Age. Symboles et usages. Actes du colloque Orléans – Mai 1994, Orléans 1996 (citation de la notice de l'éditeur) ; ou Jean-Pierre LEGUAY, L'eau dans la ville au Moyen Age, Rennes 2002 ; Paul BENOÎT, Paul WABONT et Monique WABONT, « Mittelalterliche Wasserversorgung in Frankreich », dans : Frontinus-Gesellschaft Mainz e. V. (éd.), Die Wasserversorgung im Mittelalter, (Geschichte der Wasserversorgung 4) Mainz 1991, pp. 185–226; Jacques JOUANNA, Pierre TOUBERT et Michel ZINC (éds.), L'Eau en Méditerranée de l'Antiquité au Moyen Âge. Actes, Paris 2012.

7 Les ponts arthuriens ont déjà été étudiés sous différents aspects, v. p. ex. Les ponts au Moyen Âge, éd. par Danièle JAMES-RAOUL et Claude THOMASSET, Paris 2008, notamment Xavier-Laurent SALVADOR, « Le pont dans l'écriture chrétienne médiévale », pp. 197–243, et Silvère MENEGALDO, « Simple pont et ponts multiples dans le roman arthurien médiéval : l'exemple de Fergus et de Perlesvaus », dans : Danièle JAMES-RAOUL et Claude THOMASSET (éds.), Les ponts au Moyen Âge, Paris 2008, pp. 109–117 ; et aussi, d'une manière plus générale, Joëlle DUCOS, « Science, magie et roman médiéval : De l'insertion du savoir dans le fictif », Texte. Revue de critique et de théorie littéraire (Toronto),

et du pont fusionnent. Il s'agira donc de cerner brièvement l'envergure symbolique de l'eau[8] qui coule sous le pont et celle du pont qui la traverse.

L'eau comme élément féminin, sous forme de cours d'eau, est, d'une part, un élément frais et clair. Elle représente le mouvement, le renouveau, la pureté et la jeunesse. D'autre part, plus elle est profonde et sauvage, plus elle prend des valeurs angoissantes, représente le danger tout court ou celui de la féminité engloutissante. Le cours d'eau est aussi un élément de partage, une frontière qui sépare un monde d'un autre. Particulièrement aux endroits où elle ne peut être traversée 'naturellement' par un être humain – à pied ou à cheval, par un gué –, l'eau est souvent inquiétante, menaçante, dangereuse ou périlleuse. C'est précisément le cas des eaux que traversent les ponts dans 'Lancelot' comme « sites les plus marqués du roman » où l'eau est « parfonde, perilleuse, bruiante, roide et noire ».[9]

Le symbolisme du pont, en correspondance avec sa fonction d'infrastructure permettant de franchir un cours d'eau – est, aussi bien dans la mythologie que dans la psychanalyse et la littérature, moins polyvalent : c'est un élément unificateur ou transitoire qui permet soit de joindre deux mondes séparés soit de passer de l'un à l'autre.

Toujours ancrés dans la réalité[10], ces ponts symboliques sont donc des constructions imaginaires. C'est ce champ de tension entre le fonctionnel et l'imaginaire qui

---

43–44 (2008), pp. 65–78, et Matilda Tomaryn BRUCKNER, « L'Imaginaire du progrès dans les cycles romanesques du Graal », dans : Emmanuèle BAUMGARTNER et Laurence HARF-LANCNER (éds.), Progrès, réaction, décadence dans l'Occident médiéval, Genève 2003, pp. 111–121.

8 Bien entendu, il ne sera pas possible ici de résumer son symbolisme pluriel si bien montré par Gaston BACHELARD, L'Eau et les rêves. Essai sur l'imagination de la matière, Paris 1942 ; je n'en retiendrai que les grandes lignes. En outre, v. p. ex. Brigitte CAULIER, L'Eau et le sacré. Les cultes thérapeutiques autour des fontaines en France du Moyen Age à nos jours, Paris 1990 ; Equipe d'accueil Moyen Age-Renaissance-Baroque (éd.), Sources et fontaines du Moyen Age à l'Age baroque. Actes du Colloque tenu à l'Université Paul-Valéry (Montpellier III) les 28, 29 et 30 novembre 1996, Paris 1998 ; Jean-Pierre GOUBERT et Monique CHOTARD, L'eau, puissance civilisatrice, Paris 2002 ; Danièle JAMES RAOUL et Claude THOMASSET (éds.), Dans l'eau, sous l'eau – le monde aquatique au Moyen Âge (Cultures et civilisations médiévales 25), Paris 2002 ; Gilbert DURAND, Symbolisme des eaux, dans : Encyclopædia Universalis (en ligne), http://www.universalis.fr/encyclopedie/symbolisme-des-eaux/ (dernière date de consultation 31. 07. 2015); Jules GRITTI, L'eau – mythes et symboliques, Le centre d'information sur l'eau, http://www.cieau.com/tout-sur-l-eau/les-mythes-et-symboliques (dernière date de consultation 31. 07. 2015); ainsi que le programme du colloque récent « Rationalités, usages et imaginaires de l'eau » organisé par Jean-Philippe PIERRON à Cerisy du 20 au 27 juin 2015, http://www.ccic-cerisy.asso.fr/eau15.html (dernière date de consultation 31. 07. 2015).

9 Gérard CHANDÈS, Le serpent, la femme et l'épée. Recherches sur l'imagination symbolique d'un romancier médiéval, Chrétien de Troyes, Amsterdam 1986, p. 127, liste des adjectifs p. 129.

10 Pour toute information technique, v. p. ex. Encyclopaedia Universalis, Paris 1996, vol. 18, s. v. « Ponts », pp. 694–705, ainsi que l'article « Pont » bien documenté sur http://fr.wikipedia.org/wiki/Pont (dernière date de consultation 31. 07. 2015) : la forme la plus naturelle d'un pont est celle d'un arbre renversé par le vent et resté fixé en travers d'un cours d'eau. Perfectionné par les hommes, le pont devient un ouvrage d'artisan et ensuite un ouvrage d'art. Les ingénieurs distinguent aujourd'hui cinq classes de ponts selon leur structure : les ponts voûtés, les ponts à poutres, les ponts en arc, les

m'intéressera par la suite. Comment Chrétien de Troyes transforme-t-il sa réalité vécue en construction fantastique ?[11] En homme du XIIe siècle, quels ponts a-t-il traversé, à Troyes et dans ses environs ? Et comment les a-t-il transformés en symboles du parcours de ses héros dans ses œuvres, et notamment dans son 'Lancelot ou le chevalier de la charrette' ?

Pour suivre cette transition du fonctionnel à l'imaginaire et/ou au fantastique, jetons d'abord un bref regard sur les ponts dans la réalité du XIIe siècle. Selon Jean-Pierre LEGUAY, ils y jouaient un rôle clé aussi bien au niveau culturel qu'économique ; il énumère différents types de construction :

> Des ponts, indispensables à la circulation terrestre, franchissent les fleuves au niveau des installations portuaires et constituent un élément important des relations terre-eau souvent évoquées dans cet exposé, un lieu de perception d'impôt appelé parfois pontage ou winage.
> [...] Les premières constructions étaient totalement en bois. Par la suite, la plupart des structures associent deux matériaux, la pierre pour les piles, le bois pour le tablier. Ces solutions, que nous hésitons à qualifier de primitives tant l'assemblage peut être ingénieux, sont loin d'avoir été abandonnées, notamment pour les entrées des portes fortifiées.
> Moins connus sont les ponts à ouverture mobile pour permettre le passage de navires, les 'ponts volants' formés par la réunion de bateaux, en principe temporaires, mais qui durent parfois longtemps.[12]

Il faudra donc imaginer un réseau de ponts en bois et en pierre, avec des constructions de maisons sur le pont[13] ou bien des constructions techniques, comme des moulins hydrauliques, sous les piles[14] :

> Le Moyen Âge voit s'édifier un nombre considérable d'ouvrages aux formes variées et hardies. Ces ouvrages se composent d'arches souvent très inégales, dont les voûtes sont en arc peu surbaissé, en plein cintre ou en ogive, cette dernière forme permettant de diminuer les poussées ; ils reposent sur des piles épaisses aux extrémités très saillantes au moins en amont. Les largeurs entre murs sont faibles et le passage présente toujours des rampes et des pentes très fortes.

---

ponts suspendus et les ponts haubanés : « Chaque type de pont est adapté à une plage de portée, les ponts suspendus permettant les plus grandes portées » ; v. aussi p. ex. Archives, objets et images des constructions de l'eau du Moyen Âge à l'ère industrielle, éd. par Liliane HILAIRE-PÉREZ, Dominique MASSOUNIE et Virginie SERNA, (Cahiers d'histoire et de philosophie des sciences 51), Lyon 2002.

11 Quant à la discussion du terme, je renvoie à Friedrich WOLFZETTEL, « Das Problem des Phantastischen im Mittelalter. Überlegungen zu Francis Dubost », dans : Das Wunderbare in der arthurischen Literatur. Probleme und Perspektiven, éd. par Friedrich WOLFZETTEL, Tübingen 2003, pp. 3–21.

12 LEGUAY (note 6), pp. 334–335.

13 V. p. ex. LEGUAY (note 6) : « Le Grand et le Petit Pont sont occupés par des maisons de toute condition. » (p. 371 ; v. également p. 455).

14 V. LEGUAY (note 6) : « Pour s'en tenir aux villes, beaucoup de ces outils modernes pour l'époque sont installés en bordure d'un fleuve. [...] Une troisième catégorie est autorisée à s'installer au niveau du tablier d'un pont, sous les piles, à condition de laisser un passage pour la circulation des bateaux » (pp. 351–352).

Les ponts en pierre apparaissent vers le XIe–XIIe siècle, comme par exemple le pont d'Eudes à Tours.[15]

La conscience contemporaine de la valeur du pont ressort très clairement aux moments de crise, de dangers de destruction et d'inondations :

> La destruction des passerelles, des portes fortifiées et des ponceaux branlants qui franchissent les bras morts, les fossés et les canaux, séparent les quartiers entre eux, une cité de ses faubourgs, une ville-pont des maisons sur l'autre rive (Rouen, Troyes). La perte des ponts est ressentie par l'ensemble des citadins comme la pire des catastrophes.[16]

Leur fragilité et la demande de soins qu'ils imposent pèse lourdement sur ceux qui en portent la responsabilité : « Un problème de financement se pose nécessairement au seigneur châtelain, à l'économe d'une abbaye propriétaire du pont ou à la municipalité. »[17] Des douanes seront donc imposées, des gardiens établis.

Tous ces aspects qui font partie de sa vie quotidienne et de son environnement habituel, vus et connus donc par Chrétien de Troyes[18], sont des éléments constitutifs de la construction de ponts imaginaires dans son œuvre. Mais, conteur professionnel et artisan du vers, il n'est pas soumis aux contraintes techniques imposées aux constructeurs médiévaux de ponts : il est libre de choisir le matériel de construction, de définir les conditions du passage et d'établir les gardiens de pont de son choix.

Ses constructions 'artisanales' narratives les plus hardies sont les deux types de ponts qui mènent Lancelot et Gauvain à la cour du roi Baudemagus et de son fils Méléagant : Le « Pont sous l'eau » et le « Pont de l'épée ».

Le premier grand changement dans les plans de construction de l'auteur est – ce qui peut paraître paradoxal quand on pense à la fonction primaire d'un pont réel – que leur fonction est plutôt d'empêcher que d'encourager ce passage. Je m'interroge-

---

15 « Ponts médiévaux en Occident », http://fr.wikipedia.org/wiki/Pont (dernière date de consultation 31. 07. 2015). En France, v. p. ex. aussi le pont Bénezet en Avignon (1187) et le Petit-Pont à Paris sur la Seine (1186) ; pour le pont d'Eudes v. aussi http://fr.wikipedia.org/wiki/Pont_d%27Eudes (dernière date de consultation 31. 07. 2015).
16 Leguay (note 6), pp. 453–456, ici p. 453.
17 Leguay (note 6), pp. 461–462.
18 Urban T. Holmes, et sister M. Amelia Klenke dessinent, dans Chrétien, Troyes, and the Grail, Chapel Hill 1959 (couverture intérieure), un plan de la ville de Troyes à l'époque de l'auteur qui visualise très bien qu'il vivait entouré d'eau dans une ville-pont ; v. aussi Manfred Gsteiger, Die Landschaftsschilderungen in den Romanen Chrestiens de Troyes : literarische Tradition und künstlerische Gestaltung, Winterthur 1958, pp. 7–18 : « Burgen und Städte ». Pour des exemples concrets autour du centre d'activités de Chrétien de Troyes, v. aussi p. ex. Annie Dumont, Jean-François Maillot et Sandrine Robert, « Le cours de l'Oise entre Janville et Conflans-Sainte-Honorine à travers l'analyse des archives médiévales », et Guy Lambert, « Les ponts, lieux au statut pluriel, Paris XVIe–XIXe siècle » dans : Archives, objets et images des constructions de l'eau 2002, voir Hilaire-Pérez / Massounie / Serna (note 10), pp. 223–239, 327–348.

rai donc par la suite aussi bien sur leur emplacement, que sur leur construction et leur fonction.

Les deux ponts mènent – à l'intérieur d'un royaume d'où aucun étranger ne peut sortir – au centre du pouvoir royal. La demoiselle interrogée par Lancelot et Gauvain à la poursuite de Méléagant et de la reine Guenièvre précise :

> « *Uns chevaliers molt forz et cranz,*
> *Filz le roi de Gorre, l'a prise,*
> *Et si l'a el rëaume mise*
> *Don nus estranges ne retorne,*
> *Mes par force el païs sejorne*
> *An servitune et an essil.* »
> (Lancelot, vv. 638–643 : « ‹ Un chevalier très fort et de très haute taille, fils du roi de Gorre, s'est emparé de la reine et il la retient au royaume dont nul étranger ne retourne, mais où il se trouve contraint à passer ses jours dans la servitude et l'exil. › »)

Sur la question de savoir comment se rendre à la cour du seigneur qui détient les étrangers – il s'agit de Baudemagus, père de Méléagant –, la demoiselle souligne que l'accès sans l'autorisation du roi est difficile :

> « *Dameisele, ou est cele terre ?*
> *Ou porrons nos la voie querre ?* »
> *Cele respont :* « *Bien le savroiz,*
> *Mes, ce sachiez, molt i avroiz*
> *Anconbriers et felons trespas,*
> *Que de legier n'i antre an pas,*
> *Se par le congié le roi non :*
> *Li rois Bademaguz a non.* »
> (Lancelot, vv. 645–652 : « ‹ Demoiselle, où se trouve cette terre ? Où chercher le chemin qui y conduit ? – Vous le saurez bientôt, répond la demoiselle, mais, sachez-le, vous y rencontrerez beaucoup d'obstacles et de passages dangereux, car on n'y entre pas facilement sans l'autorisation du roi ; le roi s'appelle Bademagu. › »)

Lancelot et Gauvain apprennent ensuite qu'ils ont le choix entre deux ponts dont elle décrira les particularités en détail :

> « *Si puet l'en antrer totevoies*
> *Par deus molt perilleuses voies*
> *Et par deus molt felons passages.* »
> (Lancelot, vv. 653–655 : « ‹ On peut entrer, cependant, par deux itinéraires périlleux et deux passages effrayants. › »)

Ces deux voies périlleuses et passages très félons sont le Pont sous l'eau et le Pont de l'épée. Ils ne sont accessibles qu'après le passage réussi de toute une série d'aventures.

Dans les deux cas, leur construction ne dévie d'un plan de construction d'un pont 'normal' que dans un seul élément. La demoiselle commence par la description du premier :

> « *Li uns a non : LI PONZ EVAGES,*
> *Por ce que soz eve est li ponz*
> *Et s'a des le pont jusqu'au fonz*
> *Autant desoz come desus,*
> *Ne de ça moins ne de la plus,*
> *Einz est li ponz tot droit en mi ;*
> *Et si n'a que pié et demi*
> *De lé et autretant d'espés.*
> *Bien fet a refuser cist mes,*
> *Et s'est ce li moins perilleus,*
> *Mes il a assez antre deus*
> *Avantures don je me tes.* »
> (Lancelot, vv. 656-667 : « ‹ L'un s'appelle le Pont Immergé, parce que ce pont passe entre deux eaux, à égale distance de la surface et du fond, avec ni plus ni moins d'eau de ce côté que de l'autre, et il n'a qu'un pied et demi de large, et autant en épaisseur. Il y a de quoi refuser cette perspective et encore est-ce la moins périlleuse. › »)

Nous avons donc affaire à une construction imaginaire qui tient beaucoup du pont réel puisque sa situation peut se décrire d'une manière précise, avec une terminologie technique et des mesures exactes : ce pont se situe exactement au milieu du niveau de l'eau et il est – avec la largeur d'un pied et demi – relativement étroit.

L'élément fantastique – celui qui perturbe la réalité – est un simple paradoxe : la construction contredit la fonction d'un pont réel de permettre à ses utilisateurs de passer au-dessus du cours d'eau. Au contraire, pour l'utiliser, celui qui veut passer doit se rendre au milieu de l'eau. C'est-à-dire qu'il doit renoncer aux fonctions protectrices d'un pont réel et s'exposer aux dangers dont celui-ci devrait en principe le protéger. Il affronte donc directement les forces de l'eau.

Et encore cette exposition de l'être humain aux forces de l'eau est-elle encore moins périlleuse que celle que lui réserve le Pont de l'épée :

> « *Li autres ponz est plus malvés*
> *Et est plus perilleus assez*
> *Qu'ainz par home ne fu passez,*
> *Qu'il est com espee tranchanz ;*
> *Et por ce trestotes les genz*
> *L'apelent : LE PONT DE L'ESPEE.* »
> (Lancelot, vv. 668-673 : « ‹ L'autre pont, de loin le plus difficile, et le plus périlleux, n'a en effet jamais été franchi par un homme. Il est tranchant comme une épée et pour cette raison les gens l'appellent le Pont de l'Épée. › »)

Ici, le mode de construction au-dessus du cours d'eau est respecté, mais le matériau de construction est dévié :[19] son tablier est en acier, tranchant « comme une épée ».

---

[19] Un tel changement n'est pas unique : on trouve également le Pont de Verre dans 'La Seconde Continuation de Perceval', et le Pont de Cuivre dans 'Les Merveilles de Rigomer'.

Le passage au-dessus de l'eau que la couverture du pont devrait en principe faciliter est rendu si difficile que – du moins c'est ce que la demoiselle prétend – personne n'a encore réussi à le traverser : contrairement à sa fonction habituelle d'offrir un passage sûr au passager, il l'expose au risque de se blesser et de glisser, de tomber à l'eau. Comme dans la première version, il doit ainsi risquer de s'exposer à l'élément duquel il devrait être protégé.

La technique de création de Chrétien de Troyes d'un pont imaginaire est donc la même dans les deux cas : il échange un seul élément constitutif par un élément paradoxal, extérieur à la réalité des constructions de ponts, pour le transformer en pont fantastique.

Il ne rajoute rien de plus : ces ponts peuvent être atteints par des chemins ordinaires et, sur la demande de Lancelot et Gauvain, la demoiselle leur indique précisément deux directions différentes :

> *Et la dameisele respont :*
> *« Vez ci la droite voie au Pont*
> *Desoz Eve, et cele de la*
> *Droit au Pont de l'Espee an va. »*
> (Lancelot, vv. 679–686 : « ‹ Voici la voie directe, répond la demoiselle, conduisant au Ponts sous l'Eau, et voilà celle qui conduit au Pont de l'Épée. › »)

Comme cela s'impose pour ce type de quête à un carrefour de routes, les deux chevaliers à la recherche de la reine Guenièvre prennent la décision de se séparer et doivent choisir l'un ou l'autre chemin. Lancelot laisse le choix à Gauvain qui opte – à tout hasard, car nul ne peut prévoir ce qui les attend – pour le chemin direct vers le Pont sous l'eau :

> *« Sire, je vos part sanz rancune :*
> *Prenez de ces deus voies l'une*
> *Et l'autre quite me clamez ;*
> *Prenez celi que mialz amez.*
> *– Par foi, fet mes sire Gauvains,*
> *Molt est perilleus et grevains*
> *Li uns et li autres passages ;*
> *Del prandre ne puis estre sages,*
> *Je ne sai preu le quel je praigne ;*
> *Mes n'est pas droiz qu'an moi remaingne*
> *Quant parti m'an avez le geu :*
> *Au Pont desoz Eve me veu. »*
> (Lancelot, vv. 685–696 : « ‹ Seigneur, je vous laisse le choix sans arrière-pensée : prenez l'un de ces deux chemins et cédez-moi l'autre ; prenez celui que vous préférez. – Ma foi, fait Monseigneur Gauvain, il y a bien des périls et des épreuves dans l'un et l'autre passage. Pour choisir je manque de compétence, et je ne sais de quel côté serait mon avantage. Mais je n'ai pas le droit de tergiverser puisque vous m'avez laissé le choix : je me destine au Pont sous l'Eau. › »)

Quant à Lancelot, il se conforme d'emprunter le soi-disant plus périlleux – si l'on veut en croire à la description de la demoiselle comme « plus malvés » (v. supra, Lancelot, v. 668) – Pont de l'épée :

> « – *Donc est il droiz que je m'an voise*
> *Au Pont de l'Espee, sanz noise,*
> *Fet l'autres, et je m'i otroi.* »
> (Lancelot, vv. 697–699 : « ‹ Il est donc juste que je m'en aille au Pont de l'Épée, sans discussion, fait l'autre, et je vais m'y employer. › »)

Chacun des deux s'expose aux aventures par lesquelles il faut passer pour arriver aux ponts : Lancelot, mis en garde à plusieurs reprises contre le danger qu'il court, arrive, en compagnie de deux jeunes compagnons de route, après toute une série d'aventures, au Pont de l'épée. C'est le moment pour Chrétien de Troyes de reprendre et préciser sa description :

> *Et vienent au Pont de l'Espee*
> *Aprés none vers la vespree.*
> *Au pié del pont, qui molt est max*
> *Sont descendu de lor chevax,*
> *Et voient l'eve felenesse,*
> *Noire et bruiant, roide et espesse,*
> *Tant leide et tant espoantable*
> *Con se fust li fluns au deable,*
> *Et tant perilleuse et parfonde*
> *Qu'il n'est riens nule an tot le monde,*
> *S'ele i cheoit, ne fust alee*
> *Aus com an la mer salee.*
> *Et li ponz qui est an travers*
> *Estoit de toz autres divers,*
> *Qu'ainz tex ne fu ne ja mes n'iert.*
> *Einz ne fu, qui voir m'an requiert,*
> *Si max ponz ne si male planche*
> *D'une espee forbie et blanche*
> *Estoit li ponz sor l'eve froide,*
> *Mes l'espee estoit forz et roide*
> *Et avoit deus lances de lonc.*
> *De chasque part ot un grant tronc*
> *Ou l'espee estoit closfichiee.*
> *Ja nus ne dot que il i chiee*
> *Por ce que ele brist ne ploit,*
> *Que tant i avoit il d'esploit*
> *Qu'ele pooit grant fes porter.*
> (Lancelot, vv. 3011–3037 : « Et ils arrivèrent au Pont de l'Épée vers le soir, passée la neuvième heure. À l'entrée de ce pont, qui était si terrible, ils descendirent de leur cheval et regardèrent l'eau traîtresse, noire, bruyante, rapide et chargée, si laide et épouvantable que l'on aurait dit le fleuve du diable ; elle était si périlleuse et profonde que toute créature de ce monde, si elle y était tombée, aurait été aussi perdue que dans la mer salée. Et le pont qui la traversait était

bien différent de tous les autres ponts ; on n'en a jamais vu, on n'en verra jamais de tel. Si vous voulez savoir la vérité à ce sujet, il n'y a jamais eu d'aussi mauvais pont, fait d'une aussi mauvaise planche : c'était une épée aiguisée et étincelante qui formait ce pont jeté au-dessus de l'eau froide ; mais l'épée, solide et rigide, avait la longueur de deux lances. De part et d'autre il y avait un grand pilier de bois où l'épée était clouée. Personne n'avait à craindre qu'elle se brise ou qu'elle se plie, car elle avait été si bien faite qu'elle pouvait supporter un lourd fardeau. »)

En comparaison avec la première description de la demoiselle, il n'y a que deux éléments nouveaux : le cours d'eau est très profond, sauvage et dangereux. Et, ce qui renforce la première description, non seulement personne ne l'a encore franchi, mais sa construction est absolument unique, différente de toutes les autres, du « jamais vu ».

Le tablier n'est plus « comme une épée », mais il s'agit réellement d'une épée, « longue de deux lances », coincée entre deux piliers de bois et, paraît-il, peu résistante. La longueur du pont est, pour traverser un petit cours d'eau, à peu près 'normale', étant donné que la longueur d'une lance est d'environ 2,50 à 3 mètres, mais elle est bien entendu excessive pour une épée.

Cette épée gigantesque est le symbole du masculin par excellence, relié au héros, Lancelot. Par ailleurs, par sa taille démesurée, elle diffère de l'objet réel bien connu dans la réalité de Chrétien de Troyes et de son public, tout en préservant néanmoins sa lame lisse et tranchante qui glisse et blesse celui qui la touche. L'épée représente donc un réel danger pour quiconque se risque à traverser le pont.

Selon ses deux compagnons, le pont est en outre gardé par des bêtes féroces difficilement identifiables: ils croient voir soit « deux lions » soit « deux léopards » qui gardent l'accès et la sortie du pont et essaient de dissuader Lancelot du passage par un long appel intense :[20]

Ce feisoit molt desconforter
Les deus chevaliers qui estoient
Avoec le tierz, que il cuidoient
Que dui lÿon ou dui liepart
Au chief del pont de l'autre part
Fussent lïé a un perron.
L'eve et li ponz et li lÿon
Les metent an itel freor
Que il tranblent tuit de peor
Et dïent : « Sire, car creez
Consoil de ce que vos veez,
Qu'il vos est mestiers et besoinz.
Malveisemant est fez et joinz
Cist pons, et mal fu charpantez.
S'a tant ne vos an repantez,
Au repantir vanroiz a tart.

---

[20] Pour une analyse détaillée de cet appel antithétique v. CHANDÈS (note 9), pp. 231–233.

Il covient feire par esgart
De tex choses i a assez.
Or soit c'outre soiez passez
Ne por rien ne puet avenir,
Ne que les vanz poez tenir
Ne desfandre qu'il ne vantassent,
Et as oisiax qu'il ne chantassent
Ne qu'il n'osassent mes chanter,
Ne que li hom porroit antrer
El vantre sa mere et renestre ;
Mes ce seroit qui ne peut estre,
Ne qu'an porroit la mer voidier
Poez vos savoir et cuidier
Que cil dui lÿon forsené,
Qui de la sont anchaené,
Que il ne vos tüent et sucent
Le sanc des voinnes, et manjucent
La char, et puis rungent les os ?
Molt sui hardiz quant je les os
Veoir, et quant je les esgart.
Se de vos ne prenez regart,
Il vos ocirront, ce sachiez ;
Molt tost ronpuz et arachiez
Les manbres del cors vos avront,
Que merci avoir n'an savront.
Mes or aiez pitié de vos
Si remenez ansanble nos !
De vos meïsmes avroiz tort
S'an si certain peril de mort
Vos meteiez a escïant ! »

(Lancelot, vv. 3038-3083 : « Mais ce qui achevait de démoraliser les deux compagnons qui étaient venus avec le chevalier, c'était l'apparition de deux lions, ou de léopards, à la tête du pont de l'autre côté de l'eau, attachés à une borne en pierre. L'eau, le pont et les lions leur inspiraient une telle frayeur qu'ils tremblaient de peur et disaient : ‹ Seigneur, écoutez un bon conseil sur ce que vous voyez, car vous en avez grand besoin. Voilà un pont mal fait, mal assemblé, et bien mal charpenté. Si vous ne vous repentez pas tant qu'il en est encore temps, après il serait trop tard pour le faire. Il faut montrer de la circonspection en plus d'une circonstance. Admettons que vous soyez passé (hypothèse aussi invraisemblable que d'empêcher les vents de souffler, les oiseaux de chanter, ou que de voir entrer un être humain dans le ventre de sa mère pour renaître ensuite ; une chose donc aussi impossible que de vider la mer). Comment pouvez-vous en toute certitude penser que ces deux lions enragés, enchaînés de l'autre côté, ne vont pas vous tuer, vous boire le sang des veines, manger votre chair et puis ronger vos os ? Il me faut déjà beaucoup de courage pour oser jeter les yeux sur eux et les regarder. Si vous ne vous méfiez pas, ils vous tueront, sachez-le-bien. Ils auront vite fait de vous briser et de vous arracher les membres, et ils seront sans merci. Mais allons, ayez pitié de vous-même, et restez avec nous ! Vous seriez coupable envers vous-même si vous vous mettiez si certainement en péril de mort, de propos délibéré. › »)

Il est intéressant de voir que les jeunes gens emploient, d'une part, des termes techniques d'usage pour une architecture de pont de bois : il est « mal fait, mal assemblé » et « mal charpenté » (« Malveisemant est fez et joinz / Cist pons, et mal fu charpantez », Lancelot vv. 49–50, v. supra) ; et d'autre part, avec les gardiens du pont en forme de bêtes féroces qui le déchireront, ils évoquent toute une ménagerie fantastique menaçante pour dissuader Lancelot de son projet.

Mais Lancelot rit de leur mise en garde d'un danger à moitié imaginaire et confirme qu'il est décidé à tout :

> *Et cil lor respont an riant :*
> *« Seignor, fet il, granz grez aiez*
> *Quant por moi si vos esmaiez ;*
> *D'amor vos vient et de franchise.*
> *Bien sai que vos an nule guise*
> *Ne voldriez ma mescheance ;*
> *Mes j'ai tel foi et tel creance*
> *An Deu qu'il me garra par tot :*
> *Cest pont ne ceste eve ne dot*
> *Ne plus que ceste terre dure,*
> *Einz me voel metre en aventure*
> *De passer outre et atorner.*
> *Mialz voel morir que retorner ! »*
>
> (Lancelot, vv. 3084–3096 : « Alors il leur répond en riant : ‹ Seigneurs, je vous sais gré de vous émouvoir ainsi pour moi ; c'est l'affection et la générosité qui vous inspirent. Je sais bien que vous ne souhaiteriez en aucune façon mon malheur ; mais ma foi en Dieu me fait croire qu'Il me protègera partout : je n'ai pas plus peur de ce pont ni de cette eau que de cette terre dure, et je vais risquer la traversée et m'y prépare. Plutôt mourir que de faire demi-tour ! › »)

Il reconnaît que les bêtes féroces ne sont que l'image de la peur que le pont inspire et qu'elles n'existent pas.[21] Il franchit le pont de la manière suivante :

> *Et cil de trespasser le gort*
> *Au mialz que il set s'aparoille,*
> *Et fet molt estrange mervoille,*
> *Que ses piez desarme et ses mains.*
> *N'iert mie toz antiers ne sains,*
> *Quant de l'autre part iert venuz !*
> *Bien s'iert sor l'espee tenuz,*
> *Qui plus estoit tranchanz que fauz,*
> *As mains nues et si deschauz*
> *Que il ne s'est lessiez an pié*

---

[21] Quant aux lions, v. CHANDÈS (note 9), pp. 44–45 : « Les deux lions-phantasmes du Pont de l'Épée que Lancelot, négligeant les pronostics fâcheux de ses compagnons, se prepare à affronter, ne le cèdent en rien au serpent par leur pouvoir anxiogène. [...] Devant l'épreuve, le héros se doit de rester impavide. »

Souler, ne chauce, n'avanpié.
De ce gueres ne s'esmaioit
S'es mains et es piez se plaioit
Mialz se voloit il mahaignier
Que cheoir del pont et baignier
An l'eve don ja mes n'issist.
A grant dolor si con li sist
S'an passe outre et a grant destrece ;
Mains et genolz et piez se blece,
Mes tot le rasoage et sainne
Amors qui le conduist et mainne,
Si li estoit a sofrir dolz.
A mains, a piez et a genolz
Fet tant que de l'autre part vient.
(Lancelot, vv. 3100-3123 : « Quant à lui, il fait de son mieux pour se préparer à traverser le gouffre. Pour cela il prend d'étranges dispositions, car il dégarnit ses pieds et ses mains de leur armure : il n'arrivera pas indemne ni en bon état de l'autre côté ! Mais ainsi il se tiendra bien sur l'épée plus tranchante qu'une faux, de ses mains nues, et débarrassé de ce qui aurait pu gêner ses pieds : souliers, chausses et avant-pieds. Il ne se laissait guère émouvoir par les blessures qu'il pourrait se faire aux mains et aux pieds ; il préférait se mutiler que de tomber du pont et prendre un bain forcé dans cette eau dont il ne pourrait jamais sortir. Au prix de cette terrible douleur qu'il doit subir, et d'une grande peine, il commence la traversée ; il se blesse aux mains, aux genoux, aux pieds, mais il trouve soulagement et guérison en Amour qui le conduit et mène, lui faisant trouver douce cette souffrance. S'aidant de ses mains, de ses pieds et de ses genoux, il fait tant et si bien qu'il arrive sur l'autre rive. »)

Ce n'est qu'après être arrivé de l'autre côté que Lancelot se souvient des soi-disant lions. Mais, même en consultant son anneau magique, il n'en découvre aucune trace :

Lors li remanbre et resovient
Des deus lÿons qu'il i cuidoit
Avoir veüz quant il estoit
De l'autre part ; lors s'i esgarde :
N'i avoit nes une leisarde,
Ne rien nule qui mal li face.
Il met sa main devant sa face,
S'esgarde son anel et prueve,
Quant nul des deus lÿons n'i trueve
Qu'il i cuidoit avoir veüz,
Qu'anchantez est et deceüz,
Mes il n'i avoit rien qui vive.
(Lancelot, vv. 3124-3135 : « Alors lui revient le souvenir des deux lions qu'il pensait avoir vus quand il était encore de l'autre côté ; il cherche du regard, mais il n'y avait même pas un lézard, ni aucune créature susceptible de lui faire du mal. Il met sa main devant son visage pour regarder son anneau et il a la preuve, comme il n'y apparaît aucun des deux lions qu'il pensait avoir vus, qu'il a été victime d'un enchantement, car il n'y avait là âme qui vive. »)

Bien sûr, Lancelot n'a pas pu traverser le pont sans se blesser, mais il a réussi à arriver devant le château royal, observé par Baudemagus et Méléagant.

Après s'être fait recevoir au château, Lancelot a hâte de retrouver Gauvain au Pont sous l'eau :

> *Et dit : « Congié prandre m'estuet,*
> *S'irai monseignor Gauvain querre,*
> *Qui est antrez an ceste terre,*
> *Et covant m'ot que il vandroit*
> *Au Pont Desoz Eve tot droit. »*
> *A tant est de la chambre issuz ;*
> *Devant le roi an est venuz*
> *Et prant congié de cele voie.*
> (Lancelot, vv. 4086–4093 : « Et il ajoute : ‹ Je dois prendre congé, car je vais partir en quête de monseigneur Gauvain, qui lui aussi est entré dans ce pays ; il était convenu entre nous qu'il se dirigerait droit vers le Pont sous l'Eau. › Alors, quittant la chambre, il est venu trouver le roi pour prendre congé en vue de ce voyage. »)

Presque arrivé, il est victime d'une intrigue menée par un nain qui le sépare de ses accompagnateurs et le rendra prisonnier :

> *Par le congié d'ax s'achemine*
> *Vers le Pont soz Eve corrant ;*
> *Si ot aprés lui rote grant*
> *Des chevaliers qui le suioient ;*
> *Mes assez de tex i aloient*
> *Don bel li fust s'il remassissent.*
> *Lor jornees molt bien fornissent,*
> *Tant que le Pont soz Eve aprochent,*
> *Mes d'une liue ancor n'i tochent.*
> *Ençois que pres del pont venissent*
> *Et que il veoir le poïssent,*
> *Uns nains a l'encontre lor vint.*
> (Lancelot, vv. 5058–5099 : « Avec leur autorisation il s'achemina rapidement vers le Pont sous l'Eau. Il avait derrière lui une troupe importante de chevaliers qui le suivaient mais, parmi ceux qui y allaient, il y en avait beaucoup qu'il eût préféré voir rester. Après de longues étapes ils approchaient du Pont sous l'Eau, dont ils étaient encore à une lieue de distance. Ils n'eurent pas le temps de s'en approcher plus ni de le voir qu'un nain vint à leur rencontre. »)

Lancelot n'y arrivera pas, mais ses compagnons arrivent juste à temps pour sauver Gauvain, qui, moins chanceux dans sa tentative de passage, est tombé à l'eau et risque de se faire emporter et de se noyer. C'est le dernier regard, presque neutre, de Chrétien de Troyes sur le Pont sous l'eau et le cours d'eau qu'il traverse :

> *Li plus resnable et li plus sage,*
> *Qu'il an iront jusqu'au passage*
> *Del Pont soz Eve, qui est pres,*
> *Et querront Lancelot aprés*

> *Par le los mon seignor Gauvain,*
> *S'il le truevent n'a bois n'a plain.*
> *A cest conseil trestuit s'acordent*
> *Si bien que de rien n'i descordent.*
> *Vers le Pont soz Eve s'an vont*
> *Et tantost qu'il vienent au pont*
> *Ont monseignor Gauvain veü,*
> *Del pont trabuchié et cheü*
> *An l'eve, qui estoit parfonde.*
> *Une ore essort et autre afonde,*
> *Or le voient et or le perdent.*
>
> (Lancelot, vv. 5107–5121 : « L'avis des plus raisonnables et des plus sages, il me semble, est qu'il convient de se rendre au passage du Pont sous l'Eau, qui est tout proche, et de ne se mettre en quête de Lancelot qu'ensuite, en profitant des conseils de Monseigneur Gauvain s'ils le trouvent à un endroit ou à un autre. Tous se rallient à cette suggestion, si bien que sans s'écarter ils se dirigent vers le Pont sous l'Eau. À peine arrivés au pont, ils ont aperçu monseigneur Gauvain qui avait perdu l'équilibre et s'était enfoncé dans l'eau, profonde à cet endroit. Tantôt il refait surface, tantôt il coule au fond ; tantôt ils le voient, tantôt ils le perdent de vue. »)

Ils réussissent de justesse à lui sauver la vie :

> *Il viennent la, et si l'aerdent*
> *A rains, a perches et a cros.*
> *N'avoit que le hauberc el dos*
> *Et sor le chief le hiaume assis,*
> *Qui des autres valoit bien dis,*
> *Et les chauces de fer chauciees*
> *De sa süor anruïlliees,*
> *Car molt avoit sofferz travaux,*
> *Et mainz perils et mainz asauz*
> *Avoit trespassez et vaincuz.*
> *Sa lance estoit, et ses escuz*
> *Et ses chevax, a l'autre rive.*
>
> (Lancelot, vv. 5122–5133 : « Ils s'approchent de cet endroit, agrippent Gauvain avec des branches, des perches, et des crocs. Il lui restait sur le dos le haubert, son heaume qui en valait bien dix autres, encore fixé sur la tête, et, encore enfilées sur ses jambes, des chausses de fer toutes rouillées de sueur, car il avait enduré bien des épreuves, traversé bien des périls et subi bien des attaques dont il avait triomphé. Sa lance, son écu et son cheval étaient restés sur l'autre rive. »)

Gauvain ne fait pas bonne figure dans ce passage, son équipement défait, partiellement rouillé est décrit avec un certain regard comique[22]. Mais revenu à lui, il ne

---

[22] L'analyse du personnage ambigu dans ce contexte mériterait d'être approfondie, v. dans ce domaine p. ex. l'étude d'Isabelle ARSENEAU, « Gauvain et les métamorphoses de la merveille. Déchéance d'un héros et déclin du surnaturel », dans : Francis GINGRAS (éd.), Une Etrange Constance. Les Motifs merveilleux dans les littératures d'expression française du Moyen Age à nos jours, Sainte-Foy (Québec) 2006, pp. 91–106.

tardera pas à recouvrir son rôle de héros et à s'enquérir du sort de la reine et de Lancelot :

> Mes ne cuident pas que il vive
> Cil qui l'ont tret de l'eve fors,
> Car il en avoit molt el cors,
> Ne des que tant qu'il l'ot randue
> N'ont de lui parole antandue.
> Mes quant sa parole et sa voiz
> Rot del cuer delivre la doiz,
> Qu'an le pot oïr et antandre,
> Au plus tost que il s'i pot prandre
> A la parole, se s'i prist;
> Lués de la reïne requist
> A ces qui devant lui estoient
> Se nule novele an savoient.
> (Lancelot, vv. 5134-5146 : « Ils ne pensent pas que celui qu'ils ont retiré de l'eau pouisse être encore vivant, car il avait absorbé beaucoupt d'eau, et tant qu'il ne l'eut pas rendue ils n'en purent obtenir un mot. Mais quand sa parole et sa voix retrouvèrent libre la sortie des poumons, et qu'on put l'entendre et le comprendre, au plus tôt qu'il put prendre la parole, il la prit. Il commença par demander à ceux qui étainet de vant lui s'ils avaient quelque nouvelle de la reine. »)

Sur le conseil de ses sauveurs, Gauvain, au lieu de partir à la recherche de Lancelot, quitte le pont avec eux pour se rendre auprès de la reine et demander le secours de Baudemagus :

> Mes sire Gauvains lor respont :
> « Quant nos partirons de cest pont,
> Irons nos querre Lancelot ? »
> N'i a un seul qui mialz ne lot
> Qu'a la reïne aillent ençois :
> Si le fera querre li rois.
> (Lancelot, vv. 5177-5182 : « Monsieur Gauvain leur demande : ‹ Quand nous allons quitter ce pont, irons-nous en quête de Lancelot ? › De l'avis unanime il vaut mieux d'abord aller trouver la reine ; le roi le fera rechercher. »)

Ils laissent le pont derrière eux ; et les deux ponts ne joueront plus aucun rôle dans le déroulement du reste de l'action.

Conclusion

Dans la tradition de Gérard Chandès, qui parle du passage « de l'obstacle, de l'ultime frontière dans ce cosmos concentrique où d'épreuve en épreuve s'enfonce Lancelot »,[23] la recherche a développé des tendances à voir dans l'écriture de Chrétien de Troyes un message transcendant et dans son Lancelot le symbole d'un cheminement vers un autre monde. Ainsi, il faut déchiffrer son passage du Pont de l'épée comme un rituel d'initiation et de transition. Par opposition, le passage raté du Pont sous l'eau par Gauvain serait un signe d'échec du meilleur chevalier et par conséquent, de la chevalerie tout court. Malgré la portée de ces approches, je pense que la relecture très 'textuelle' et de démythification que je viens de proposer permet aussi une interprétation plus 'terre à terre' de ces épisodes de traversée – ce qui m'amène aussi à émettre l'hypothèse qu'une telle relecture – subversive par rapport à la recherche – du corpus complet de l'auteur permettrait des perspectives intéressantes sur des phénomènes comparables à ceux des ponts[24].

Le Pont sous l'eau et le Pont de l'épée sont conçus sur la base de ponts contemporains par un professionnel de la narration qui surprend et inquiète son public. Avec peu de changements – l'emplacement du premier pont, le matériau de construction du second –, il crée des constructions extraordinaires, hors de la réalité et, par là même, fantastiques.

Mais ces deux ponts n'unissent pas deux mondes ni ne mènent à un autre-monde. Ils ne sont pas situés au passage du monde arthurien au pays de Baudemagus. Ils se situent à l'intérieur du royaume de Baudemagus, près de sa cour, sans pour autant former l'unique accès à cette cour : Méléagant y a bien dû mener la reine par un autre chemin.

Néanmoins, ils forment le seul accès possible pour des 'non-invités' – « Que de legier n'i antre an pas, / Se par le congié le roi non » (Lancelot, vv. 650–651 : « Car on n'y entre pas facilement sans l'autorisation du roi ») – leur rendant l'accès à cette cour très difficile, voire presque impossible. Comme dans la réalité médiévale, le propriétaire du pont impose les conditions d'accès, si bien que Lancelot et Gauvain, à la recherche de la reine, n'ont d'autre choix que celui entre ces deux ponts pour la retrouver. En plus, l'eau y est dangereuse ; la traversée demande du courage et les deux chevaliers doivent être prêts à risquer leur vie.

Bien que le choix du pont semble se faire au hasard, chacun arrive bien au pont qui lui convient. En principe, Gauvain est le chevalier arthurien le plus distingué des deux et la hiérarchie entre lui et Lancelot est claire. Elle se montre notamment dans

---

23 Chandès (note 9), p. 80.
24 Les résultats d'une analyse du profil de l'auteur avec la méthode du profilage que je prépare sur la base d'une étude présentée au Romanistentag à Würzburg en 2013 sous le titre « Chrétien revisited » indiquent la même direction.

l'attitude de Lancelot qui lui laisse le choix du pont. Le public arthurien s'attendra donc à un succès net de Gauvain. Mais le meilleur chevalier échoue et tombe à l'eau, tandis que Lancelot réussit son passage, même si ce n'est qu'à grande peine. Le raisonnement du narrateur est simple : c'est l'amour pour la reine qui le guide et lui donne la motivation et la force nécessaire :

> *Mes tot le rasoage et sainne*
> *Amors qui le conduist et mainne,*
> *Si li estoit a sofrir dolz.*
> (Lancelot, vv. 3119–3121 : « Mais il trouve soulagement et guérison en Amour qui le conduit et mène, lui faisant trouver douce cette souffrance. S'aidant de ses mains, de ses pieds et de ses genoux, il fait tant et si bien qu'il arrive sur l'autre rive. »)

L'Amour lui permet de se dépasser lui-même, de vaincre sa peur – les lions imaginaires – et sa douleur réelle mais aussi de dépasser Gauvain. C'est par cet exploit que Lancelot, après avoir surmonté cet obstacle ainsi que d'autres encore, se montrera digne de l'amour de la reine.

Chrétien de Troyes a donc réussi à doter ses ponts d'une triple importance : ils transforment une réalité connue par le public en un univers fantastique et surprenant, ils permettent à ses héros de vaincre leur peur et de se dépasser, et ils prouvent la toute-puissance de l'Amour.

Brigitte Burrichter (Würzburg)
La Fontaine de Barenton – Poetologische Implikationen der Gewitterquelle aus dem ‚Yvain'

Abstract: The fountain of Barenton plays an important role in Chrétien de Troyes' 'Yvain' and two novels which are based on it, Hartmann von Aue's 'Iwein' and Huon de Méry's 'Tournoiment Antéchrist'. In the description of the fountain and its *merveille* the authors display their poetological principles.

Keywords: Artusroman, Chrétien de Troyes, Hartmann von Aue, Yvain, Gewitterquelle

1 Einleitung

Die Gewitterquelle im Wald von Brocéliande findet sich in mehreren Werken des 12. und 13. Jahrhunderts, die sich zum größten Teil aufeinander beziehen. Im Folgenden wird ihre Entwicklung im ‚Roman de Rou' Waces, in Chrétiens de Troyes ‚Yvain ou Le chevalier au Lion', Hartmanns von Aue ‚Iwein' und schließlich Huons de Méry ‚Tournoiment Antéchrist' nachgezeichnet. Der Schwerpunkt liegt dabei auf der Beschreibung der Quelle und auf dem Verschütten des Wassers samt anschließendem Gewitter, die weitere Folge, den Kampf mit dem Quellenritter werde ich nur kurz erwähnen. Waces Text steht am Anfang und die nachfolgenden Autoren beziehen sich jeweils eng auf einen ihrer Vorgänger: Chrétien auf Wace, Hartmann und Huon auf Chrétien. Die Ausgestaltung der Quellenszene, so meine These, zeigt ihre je spezifischen poetologischen Grundlagen.

Waces Text ist die m. W. erste schriftliche Quelle, in der die Fontaine de Barenton erwähnt wird, Chrétiens Yvain die erste literarische Bearbeitung derselben – in beiden Werken firmiert sie als *merveille*, als Wunder.

Ich möchte daher einleitend die gattungsspezifische Einordnung der *merveille* bei Wace aufzeigen, der als erster in der Volkssprache den Versuch unternommen hat, die verschiedenen Erzählungen über den König Artus verschiedenen Kategorien zuzuordnen.

2 Die Wundergeschichten der Bretonen

Der ‚Roman de Brut' ist eine Übertragung der lateinischen Historia Regum Britanniae des Galfried von Monmouth ins anglo-normannische Altfranzösisch, fertiggestellt wurde er 1155. Wace verfasste den ‚Brut' wohl anlässlich der Krönung des jungen Heinrich II. Plantagenêt und seiner Frau, Aliénor von Aquitanien. Der englische

Dichter Layamon gibt in seiner Bearbeitung von Waces Text an, dieser habe sein Werk der Königin gewidmet.[1] Der Titel weist den Roman als Übertragung aus dem Lateinischen aus, *roman* bedeutet hier, wie um die Mitte des 12. Jahrhunderts üblich, „Text in der Volkssprache" und teilt lediglich die Sprache mit der späteren Gattung des Romans. In Waces Selbstverständnis handelt es sich um ein historiographisches Werk, das – obwohl in der Volkssprache geschrieben – weitgehend den Standards der lateinischen Historiographie entsprach. Der ‚Brut' umfasst, wie seine lateinische Vorlage, die Geschichte der Bretonen von ihrem ersten Herrscher Brutus, einem Urenkel des Aeneas, bis zum Sieg der Angelsachsen über die Briten im 7. Jahrhundert. Der Höhepunkt der langen Geschichte ist die Regierungszeit des Königs Artus, unter dem das Britische Reich seine größte Ausdehnung und Macht hatte. Artus erobert zunächst alle umliegenden Länder, in der sich anschließenden Friedenszeit baut er seinen Hof zum kulturellen Zentrum der ganzen westlichen Welt aus (seit Wace ist dessen Symbol die *Table Ronde*). Nach zwölf Jahren Frieden bricht er zur Unterwerfung Galliens auf, die später zum Krieg gegen Rom führt, der dann den Untergang des Artusreiches nach sich zieht.

In die Beschreibung der langen Friedenszeit fügt Wace den Verweis auf andere Geschichten ein, die wohl über diese Zeit im Umlauf sind, die aber nicht in seinen historiographischen Bericht gehören:

> *En cele grant pes que je di,*
> *Ne sai se voz l'avez oï,*
> *furent les mervoilles provees,*
> *Et les aventures trovees*
> *Qui d'Artur sont tant recontees*
> *Que a fables sont atornees*
> *Ne tot mançonge ne tot voir,*
> *Ne tot folor ne tot savoir.*
> *Tant ont li contëor conté*
> *E li fablëor tant fablé*
> *Por lor contes anbeleter,*
> *Que tot ont fet fable sanbler. (V. 1247–1258)*[2]

In diesem großen Frieden, von dem ich gesprochen habe, / ich weiß nicht, ob Ihr davon gehört habt, / wurden die wunderbaren Geschichten erwiesen / und die Abenteuer gefunden, / die von Artus so viel erzählt werden, / dass sie zu Fabeln geworden sind. / Nicht ganz Lüge und nicht ganz Wahrheit, / nicht ganz Dummheit und nicht ganz Wissen. / Die Erzähler haben so viel erzählt / und die Fabulierer so viel fabuliert, / um ihre Geschichten zu verschönern, / Dass sie alles wie eine Fabel erscheinen lassen.

---

[1] Layamon, Brut or Chronicle of Britain. A Poetical Semi-Saxon Paraphrase of The Brut of Wace, hrsg. v. Frederic MADDEN, London 1847, V. 37–44.

[2] Zitiert nach Wace, La partie arthurienne du roman de Brut, hrsg. v. Ivor D. ARNOLD u. Margaret M. PELAN, Paris 1962. Die Übersetzungen aus dem Altfranzösischen sind hier und im Folgenden von Vf.in.

Mervoilles und *aventures* zeichnen sich durch die besondere Art ihrer Tradierung aus: sie werden nicht schriftlich überliefert, ihre Erzähler kümmern sich nicht um die historische Wahrheit des Erzählten. Ihr Interesse gilt allein der Form: *Tant ont li contëor conté / E li fablëor tant fablé / Por lor contes anbeleter.*

Als Folge dieser Art der Tradierung ging diesen Geschichten der Bezug zum Referenten verloren, sie haben zwar (vermutlich) einen historischen Kern, in ihrer aktuellen Form ist dieser aber kaum oder gar nicht mehr zu erkennen. *Ne tot mançonge ne tot voir, / Ne tot folor ne tot savoir.*

Doch auch ein ernsthafter Historiker unterliegt manchmal der Verlockung der *merveille*. Und so berichtet Wace in seinem etwa 5 Jahre später entstandenen ‚Roman de Rou', der Geschichte der Normannen, über eine Expedition ins Land der Wunder, er geht in den Wald von Brocéliande, um dort mit dem Blick des Historiographen zu ergründen, was es mit den Wundergeschichten auf sich hat.

Einleitend beschreibt er den Wald:

> [...] Brecheliant
> Donc Breton vont sovent fablant,
> Une forest est mult long e lee
> Qui en Bretaigne est mult loee. (V. 6373–6376)[3]
> Brecheliant, / von dem die Bretonen viele Geschichten erzählen, / ist ein sehr großer und breiter Wald, / der in der Bretagne sehr berühmt ist.

Dort gibt es *merveilles*, die Wunder, die überall erzählt werden. Der Historiker macht freilich gleich eine Einschränkung – es gibt sie, sofern die Bretonen die Wahrheit sagen. In dieses Wunderland geht Wace, um seinerseits Wunder zu finden, allerdings vergeblich:

> La alai jo merveilles querre,
> Vi la forest e vi la terre,
> Merveilles quis, mais nes trovai,
> Fol m'en revinc, fol i alai;
> Fol i alai, fol m'en revinc,
> Folie quis, por fol me tinc. (V. 6393–6398)
> Dorthin ging ich, um Wunder zu suchen, / ich sah den Wald und ich sah das Land, / Wunder suchte ich, aber ich fand sie nicht, / töricht kam ich zurück, töricht ging ich hin; / töricht ging ich hin, töricht kam ich zurück, / Torheit habe ich gesucht, für töricht hielt ich mich.

Mit dem Blick des Historikers Wunder zu suchen ist töricht, man kann sie nicht finden. Eingebettet in die Erzählung von der vergeblichen Wundersuche in Brocéliande ist die Beschreibung der Quelle von Barenton, auch hier trennt Wace zwischen dem Faktum der Quelle und den unsicheren Erzählungen.

---

[3] Zitiert nach Wace, Le Roman de Rou, hrsg. v. Anthony J. HOLDEN, Paris 1971.

3 Die Gewitterquelle

Die Gewitterquelle, die in ‚Yvain' und den späteren Bearbeitungen des Romans seine zentrale Rolle spielt, wird erstmals bei Wace erwähnt.

3.1 Wace, ‚Le Roman de Rou'

Die Quelle selber ist ein Faktum, Wace hat sie selber gesehen, ihre Geschichte jedoch liegt in einem nicht näher bestimmten *früher*.

> La fontaine de Berenton
> sort d'une part lez le perron
> aler i solent veneor
> a Berenton par grant chalor,
> e a lor cors l'eve espuiser
> e le perron desus moillier
> por ço soleient pluie aveir.
> Issi soleit jadis ploveir
> En la forest e environ,
> Mais jo ne sai par quel raison. (V. 6377–6386)
> Die Quelle von Berenton / entspringt neben der Steinplatte. / Dorthin gingen die Jäger / in Berenton bei großer Hitze, / sie schütteten das Wasser über ihren Körper, / und sie machten auch den Stein nass, / dann fing es gewöhnlich an zu regnen. / Hier regnete es damals / im ganzen Wald und in der Umgebung, / aber ich weiß nicht, aus welchem Grund.

In Brocéliande gibt es die Quelle neben der Steinplatte (*perron* ist ein Trittstein oder eine größere Platte, ein flacher Stein). Früher – die Präzisierung ist für die spätere Rezeption wichtig – früher regnete es, wenn man Wasser vergoss. Warum es regnete, kann Wace nicht sagen, außerdem – siehe die Einsicht in die Torheit des Unternehmens – hat Wace dieses Wunder selber nicht gesehen. Die knappen Ausführungen über die Quelle werden in Chrétiens de Troyes ‚Yvain' zum Ausgangspunkt des zentralen Abenteuers.

3.2 Chrétien de Troyes, ‚Yvain'

Chrétien greift Waces Text auf und bezieht sich sehr eng auf ihn. Er kann die Kenntnis des Textes bei seinem Erstpublikum voraussetzen – seine Mäzenin ist Marie de Champagne, die älteste Tochter Aliénors, für deren Mann Wace den ‚Roman de Rou' geschrieben hatte. Ob Wace zur Zeit des ‚Yvain' (um 1175) noch gelebt hat, ist nicht bekannt, sein letztes Lebenszeugnis stammt von 1174. Chrétien zitiert nicht nur Waces Beschreibung, er bezieht auch ganz im Sinne von Waces Unterscheidung der Texte Stellung: Seine Geschichten spielen zur Zeit des großen Friedens der Artuszeit, er erzählt keine *historia*, das *fundamentum in re* der erzählten Begebenheiten spielt für ihn keine Rolle. Damit kann er die *merveilles* und *aventures* erzählen, die Wace ausgeklammert bzw. nicht gefunden hat. Zudem kann er in Bezug auf den ‚Roman de Rou' die Grenze zwischen *factum* und *merveille* verschieben, da er ja ausdrücklich – wie er im Texteingang des ‚Yvain' ausgeführt hatte – im *jadis*[4] schreibt, in der Zeit also, in der man an der Quelle noch Regen auslösen konnte. Er fügt Waces Bericht weitere Details hinzu, die wohl zum Teil aus der mündlichen Überlieferung – Waces *fables des Bretons* – stammen, zum Teil eine *amplificatio* des Prätextes sind, das also, was Wace *anbeleter* nennt.

Anders als Wace begegnet er den *fables des Bretons* nicht mit dem Blick des Historikers, der Fakten sucht, sein Zugang zu Geschichten lässt ihn *aventures* und *merveilles* finden – *trouver*, das im Französischen finden und erfinden bedeutet. Im ‚Erec' hatte Chrétien sein Werk als *bele conjointure* beschrieben, hier im ‚Yvain' greift er Waces theoretische Distinktion der Geschichten auf und charakterisiert sein Schreiben damit.

Calogrenant erzählt nach dem Festmahl den versammelten Rittern eines seiner Abenteuer. Er machte sich einst in den Wald von Brocéliande auf, um Abenteuer zu suchen – ganz wie Wace. Wie dieser kommt er zur Quelle von Barenton, er aber findet das Abenteuer der Quelle. Ein wilder Viehhirte weist ihm den Weg dorthin und gibt ihm erste Informationen.

Chrétien beschreibt in Calogrenants Erzählung die Quelle detailliert, dabei verteilt er die Informationen sehr gezielt auf die Erklärungen des Viehhirten und den Augenzeugenbericht Calogrenants. Der Hirte, der *vilain*, beschreibt, was tatsächlich da ist bzw. was er darüber sagen kann, Calogrenant ergänzt diese Ausführungen und provoziert das Abenteuer.

Auf Calogranants Frage nach möglichen Abenteuern antwortet der Viehhirte:

– A ce, fet il, faudras tu bien:
d'aventure ne sai je rien
n'onques mais n'en oï parler. (V. 367–369)
Auf die, sagte er, wirst du wohl verzichten müssen, / ich weiß nichts von Aventuren / und habe nie davon reden hören.

Der *vilain* ist damit in derselben Lage wie Wace – diesem waren die *aventures* nicht zugänglich, der Hirte weiß davon nichts. Aber er kennt die Quelle, die den Ritter vor eine schwierige Aufgabe stellen kann, da sie offenbar mit einem gefährlichen Brauch verbunden ist. Er gibt Calogrenant die Richtung an und beschreibt dann die Quelle.

---

[4] Vgl. bereits ganz am Anfang des Textes: *li deciple de son [Amors] convant, / qui lors estoit molt dolz e buens; / mes or i a molt po des suens* (V. 17 f.) (die Anhänger seiner Regel, die *damals* sehr angenehm und gut war; aber *heute* gibt es kaum noch welche). Chrétien de Troyes, Le Chevalier au Lion (Yvain), hrsg. v. Mario ROQUES, Paris 1982.

Bereits die erste Information geht dabei über Wace hinaus, die Quelle kocht und ist doch kalt: *La fontainne verras qui bout, / s'est ele plus froide que mabres.* (V. 380 f.) ‚Du wirst die Quelle sehen, die kocht / und die doch kälter als Marmor ist.'

Die weitere Beschreibung ist dreigeteilt: Bei der Quelle steht ein wunderschöner Baum, daran hängt eine Schale, neben der Quelle befinden sich eine Steinplatte und eine Kapelle. Diese Informationen schmücken den Bericht im Sinne des *anbeleter* aus, Chrétein schafft damit schon in der ersten Beschreibung einen Ort, der ungewöhnlich ist. Natur – der Baum – und Kultur – Schale und Kapelle – ergänzen sich dabei und schaffen den Rahmen für das Abenteuer.

Der *vilain* kann freilich nur erklären, was er kennt – so kann er weder das Material der Schale noch die Art des Steins richtig angeben.

> Onbre li fait li plus biax arbres
> c'onques poïst former Nature.
> En toz tens le fuelle li dure,
> qu'il ne la pert por nul iver.
> Et s'i pant uns bacins de fer
> a une si longue chaainne
> qui dure jusqu'an la fontaine.
> Lez la fontainne troverras
> un perron, tel con tu verras,
> je ne te sai a dire quel,
> que je n'en vi onques nul tel;
> et d'autre part une chapele,
> petite, mes ele est mout bele. (V. 382–394)
> Schatten spendet ihr der schönste Baum, / den Natur je schaffen konnte. / Er behält sein Laub immer, / denn er verliert es nicht im Winter. / Und dort hängt eine Schale aus Eisen / an einer so langen Kette, / dass sie bis zur Quelle reicht. / Neben der Quelle wirst du / eine Steinplatte finden, du wirst sehen, wie sie ist, / ich kann dir nicht sagen, was es für eine ist, / weil ich noch nie eine solche gesehen habe. / Auf der anderen Seite findest du eine Kapelle, / sie ist klein, aber sehr schön.

Die Auswirkungen des Verschüttens sind bei Chrétien weit drastischer als bei Wace – der Brauch der Quelle löst ein Gewitter aus, das alle üblichen Gewitter weit übertrifft. Die Aufzählung der Tiere, die das Gewitter vertreiben wird, greift den Wildreichtum aus Waces Bericht augenzwinkernd auf. Aus dem Regenwunder, von dem Wace nur unter Vorbehalt erzählte, wird das Unwetter.

Dem *vilain* ist mit seinem eingeschränkten Blick und in seiner Kulturferne nur die banale Realität zugänglich, allein die Tatsache, dass er im *jadis* lebt, in der Zeit also, in der sich die bretonischen Wundergeschichten zugetragen haben, ermöglichen ihm eine genauere Kenntnis der Quelle als dem Historiker des zwölften Jahrhunderts.

Ganz anders Calogrenant: Er ist ein gebildeter, kultivierter Ritter, der sich mit Abenteuern auskennt. Sein Bericht ergänzt die Informationen des *vilain* und präzisiert sie. Der Baum ist eine herrliche Fichte (oder Kiefer), die seiner Einschätzung nach jedem Regen standhält – er wird eines Besseren belehrt werden. Auch die Quelle ist viel schöner als der *vilain* sie beschrieben hatte, Calogrenant versichert seinen Zuhörern, die Wahrheit zu berichten, so wunderbar ist das Erlebte. Die Schale am Baum ist aus lauterem Gold, die Quelle brodelt wie kochendes Wasser. Der Stein daneben ist nicht nur ein Smaragd, er ist auch ausgehöhlt und mit Rubinen geschmückt. Die wertvollen Materialien und die hell leuchtenden Rubine verweisen die Quelle in den Bereich des feenhaften, Chrétien greift ganz offensichtlich auf diesen Bereich zurück, um den Ort des folgenden Wunders adäquat auszustatten. Dabei mögen die Feen, die Wace erwähnt, als Bildspender fungiert haben,[5] die Quelle rückt damit aber auf jeden Fall aus dem Bereich des ganz realen in eine wunderbare Sphäre.

> A l'arbre vi le bacin pandre,
> del plus fin or qui fust a vandre
> encore onques en nule foire.
> De la fontainne poez croire
> qu'ele boloit com iaue chaude.
> Li perrons ert d'une esmeraude,
> perciee ausi com une boz;
> e s'a quatre rubiz desoz,
> plus flanboianz et plus vermauz
> que n'est au matin li solauz
> quant il apert en orïant;
> ja, que je sache a enscïent,
> ne vous en mantirai de mot. (V. 419–431)
> Am Baum sah ich die Schale hängen, / aus dem lautersten Gold, wie es noch / auf keinem Markt je verkauft worden ist. / Ihr könnt mir glauben, / dass die Quelle wie heißes Wasser kochte. / Der Stein war aus einem Smaragd, / ausgehöhlt wie ein Fass, / vier Rubine waren darauf, / leuchtender und roter / als die Sonne am Morgen, / wenn sie im Osten erscheint; / ich werde euch wissentlich / mit keinem Wort anlügen.

Die Quelle allein, so wunderbar sie auch scheint, ist in Calogrenants Bericht freilich ganz offensichtlich dem Bereich des Faktischen zuzuordnen, denn das Wunder ist für ihn das Gewitter:

> La mervoille a veoir me plot
> de la tanpeste et de l'orage,
> dont je ne me ting mie a sage,
> que volentiers m'en repantisse
> tot maintenant, se je poïsse,
> quant je oi le perron crosé
> de l'eve au bacin arosé. (V. 432–438)

---

[5] Es gibt zahlreiche Versuche, das Quellenabenteuer auf folkloristische oder mythologische Elemente zurückzuführen, für meine Analyse ist dies freilich unerheblich, ich gehe von der Annahme aus, dass Chrétien eventuell vorhandene Motive frei kombiniert hat.

> Ich wollte das Wunder sehen / des Unwetters und des Gewitters, / ich halte mich deswegen für unklug / und ich würde es sehr gern ungeschehen machen, / ganz und gar, wenn ich könnte, / dass ich den hohlen Stein / mit dem Wasser aus der Schale begoss.

Die Erzählung des Wunders steht freilich von Anfang an unter dem Vorbehalt des Negativen, der Erzähler würde es gern ungeschehen machen. Schon eingangs hatte Calogrenant angekündigt, eine Geschichte seiner Schande erzählen zu wollen, nun nähert sich seine Erzählung offenbar dieser Schande. Sein Wunsch steht im Zeichen der Maßlosigkeit und des Leichtsinns: er folgt einer bloßen Lust – *me plot* – und er übertreibt – *trop i versai*. Die Folge ist ein Gewitter von ungeheuren Ausmaßen, das ihn in Angst und Schrecken versetzt. Aber Gott rettet ihn und beendet das Gewitter. Es folgt der Kampf mit dem Verteidiger der Quelle, in dem Calogrenant schändlich unterliegt. Er muss zu Fuß zurück in die bewohnte Welt gehen.

Chrétien teilt also in der Quellenepisode die Realität und die *merveille* im Sinne Waces auf die beiden Sprecher auf: Dem *vilain* ist nur die Realität, und vollständig auch nur die Realität der natürlichen Welt zugänglich, seine Beschreibung ist näherungsweise, nicht dem Gegenstand angemessen. Calogrenant als Vertreter einer Welt, in der sich *aventures* und *merveilles* ereignen, kann die Quelle in allen Details beschreiben. Sein Bericht ist in jeder Hinsicht eine Steigerung dessen, was Chrétiens Publikum aus Wace kennt, die Beschreibung ist dem Wunder angemessen und in dieser Hinsicht *bele conjointure*. Ein weiterer Aspekt steigert Calogrenants Bericht: Seine Reue gibt dem Quellenwunder besonderes Gewicht und steigert die Spannung darauf, worin denn nun die *merveille* besteht, die Wace nicht gefunden hatte.

Die Quintessenz seiner Erzählung ist ein nahezu wörtliches Zitat aus Waces Bericht. Calogrenant hat die *merveille* gesucht und gefunden und kommt doch genauso desillusioniert zurück wie der erfolglose Historiker: *Ensi alai, ensi reving; / au revenir por fol me ting.* (,Yvain', V. 577 f.)

> Merveilles quis, mais nes trovai,
> Fol m'en revinc, fol i alai;
> Fol i alai, fol m'en revinc,
> Folie quis, por fol me tinc. (,Roman de Rou', V. 6395–6398)
> Wunder suchte ich, aber ich fand sie nicht, / töricht kam ich zurück, töricht ging ich hin; / töricht ging ich hin, töricht kam ich zurück, / Torheit habe ich gesucht, für töricht hielt ich mich.

Ein Ritter, der sich leichtsinnig auf ein Abenteuer einlässt, das nicht für ihn bestimmt ist, handelt nicht klüger als ein Realist, der sich auf die Suche nach Wundern begibt. Die erfolglose Aktion Calogrenants zitiert überdeutlich die erfolglose Suche des Prätextes, sie legt die Grundlage für Yvains Abenteuer, wie Waces Bericht die Grundlage für Calogrenants Erzählung ist. Die Schachtelung der Erzählungen bildet, ganz im Sinne der *bele conjointure*, Chrétiens intertextuelles Vorgehen ab. Chrétien zieht also doppelten Nutzen aus dem Verweis auf seinen Prätext: Er erlaubt ihm eine theoretisch fundierte Verortung seines Schreibens, und er bietet seinem Publikum den Spaß des intertextuellen Rätsels.

Chrétiens Erzählung der Quelle und ihres Wunders bildet den Prätext für zwei Autoren, die ganz unterschiedlich damit umgehen, Hartmann von Aue und Huon de Méry. Zunächst zu Hartmann, der den ‚Yvain' um 1200 ins Mittelhochdeutsche überträgt.

3.3 Hartmann, ‚Iwein'

Hartmann kappt den Bezug zu Waces Text völlig, da sein Publikum den Text mutmaßlich nicht kennt. Das Verhältnis zu Chrétiens Text ist ein Doppeltes. Einerseits bildet er natürlich die Basis, Hartmann überträgt den Plot und meist auch die Argumentationsführung recht getreu ins Deutsche. Andererseits würde ich seinen Umgang mit dem Text nicht als intertextuelles Verfahren beschreiben: Der ‚Iwein' gewinnt nichts, wenn man den französischen Text kennt, Hartmann rechnet die entsprechende Kenntnis des Publikums nicht mit ein. Er gewinnt damit die Freiheit, den Text nach seinen Vorstellungen auszuerzählen – so würde ich das *tihten* (V. 30)[6] verstehen. Das Spiel mit dem törichten Historiker fällt weg, und damit Chrétiens Motivation, dessen Informationen dem wilden Viehhirten in den Mund zu legen. Hartmanns Waldmensch kann die Wunderquelle genau beschreiben:

> Noch hœre waz sîn reht sî.
> dâ stêt ein kapel bî:
> diu ist schœne unde aber cleine.
> kalt unde vil reine
> ist der selbe brunne:
> in rüeret regen noch sunne,
> noch entrüebent in die winde. (V. 565–571)
> Nun höre noch, was der Brauch der Quelle ist: / daneben steht eine Kapelle, / ein wahres Kleinod. / Kalt und ganz klar / ist der Quell: / weder Regen noch Sonne berühren ihn, / keine Winde machen ihn trüb.

Die Quelle ist kalt, allerdings brodelt sie nicht (und erscheint damit realistischer als in der Vorlage). Die Kapelle steht daneben, ebenso der Baum. Bei der Beschreibung des Steins zeigen sich Hartmanns Verfahren und seine Kunst: er schmückt die Beschreibung weiter aus und verleiht dem Objekt damit noch mehr Pracht.

---

6 Zitiert nach Hartmann von Aue, Iwein, in: DERS., Gregorius, Der arme Heinrich, Iwein, hrsg. u. übers. v. Volker MERTENS, Frankfurt / M. 2004, S. 317–767.

> unde ob dem brunne stêt ein
> harte zierlîcher stein,
> undersazt mit vieren
> marmelînen tieren:
> der ist gelöchert vaste.
> ez hanget von einem aste
> von golde ein becke her abe:
> jâne wæn ich niht daz iemen habe
> dehein bezzer golt danne ez sî.
> diu keten dâ ez hanget bî,
> diu ist ûz silber geslagen. (V. 581–591)
>
> Und oberhalb der Quelle steht / ein sehr schön verzierter Stein / auf einem Sockel von vier / marmornen Tieren: / der ist tief ausgehöhlt. / Von einem Ast hängt / ein Becken aus Gold herab. / Ich glaube nicht, dass irgendwer / edleres Gold besitzt als dieses. / Die Kette, an der es hängt, / ist aus Silber geschmiedet.

Das goldene Becken hängt an einer silbernen Kette, auch hier erweitert Hartmann die Beschreibung, zudem kennt sein Waldmensch nicht nur die edlen Materialien, sondern kann deren Qualität auch einschätzen. Die Quelle ist so von ihrer ersten Beschreibung an ein wunderbares Objekt. Die Androhung des Unheils baut auf Spannung: Da seine Zuhörer vermutlich die bretonischen Fabeln nicht kennen und damit noch nichts von der Gewitterquelle wissen, kann Hartmann sie im Ungewissen belassen und nur die Gefahr unterstreichen. Wenn Kalogrenant so mutig sein sollte, Wasser zu vergießen, könne er von Glück sagen, sollte er heil zurückkommen.

Die Beschreibung der Quelle durch Kalogrenant amplifiziert vor allem die des Baumes und der Vögel und gestaltet damit den Raum des zu erwartenden Wunders noch weiter aus; seine Linde gehört eindeutig schon nicht mehr der realen Welt an. In der Beschreibung der Quelle selbst und des Gewitters stellt Hartmann seine kunstvolle Sprache unter Beweis.

Die elaborierte *amplificatio* ist auch Huons de Méry großes Ziel, allerdings verknüpft er sie mit dem engen Bezug auf Chrétiens Text.

3.4 Huon de Méry, ‚Le Tournoiement Antéchrist'

Über Huons Identität ist nicht viel bekannt, nach Ausweis seines Prologs kämpfte er in der Truppe des jungen Königs Ludwig IX. gegen die (wieder einmal) aufständischen Bretonen – die politische Lage in Westfrankreich war am Anfang des 13. Jahrhundert äußerst gespannt. Ob diese Teilnahme Realität oder Fiktion ist, lässt sich ebenso wenig entscheiden wie die Verlässlichkeit des Schlusses, in dem sich Huon als Benediktinermönch ausweist. Der Verweis auf den Feldzug und den Friedensschluss, mit dem er endete, lässt aber das Jahr 1234 als Handlungsbeginn vermuten, die übrigen politischen Anspielungen legen eine Entstehungszeit des Werks nicht allzu lange nach 1234 nahe.

Huon erklärt im Prolog, dass es schwierig sei, ‚heute' noch eine gute Geschichte zu erzählen, wo doch alles schon erzählt sei. Wenn einem aber eine neue Geschichte einfalle, solle man sie auch verbreiten – und er hat eine gute Idee. Er hat sich eine Geschichte ausgedacht, auf die vor ihm noch keiner gekommen ist und nun, da Chrétien de Troyes, der beste aller Dichter tot ist, will er sie auch veröffentlichen.

Nach dem Ende des Krieges, so berichtet der Ich-Erzähler (den ich im Folgenden aus praktischen Gründen Huon nennen werde), dass er sich auf den Heimweg machen will, seinen Entschluss dann aber ändert:

> Pour ce que n'ert pas molt lointaigne
> La forest de Berceliande,
> Mes cuers, qui sovent me commande
> Fere autre chose que mon preu,
> Me fist fere aussi comme veu,
> Que j'en Brouceliande iroie.
> Je m'en tornai et pris ma voie
> Vers la forest sans plus atendre,
> Car la verté voloie aprendre
> De la périlleuse fonteine. (V. 54–63)[7]
> Weil der Wald von Brocéliande / nicht weit weg war, / gab mir mein Herz – das mir oft Dinge zu tun befiehlt, / die nicht zu meinem Vorteil sind – / den Wunsch ein, / nach Brocéliande zu gehen. / Ich kehrte um und nahm den Weg / zum Wald, ohne weiter zu zögern, / denn ich wollte die Wahrheit / über die gefährliche Quelle erfahren.

Brocéliande ist nicht weit, und er will die Gelegenheit nutzen, um nun seinerseits das Quellenabenteuer zu erproben – er dürfte einer der ersten belegten Literaturtouristen sein. Der Verweis auf sein leichtsinniges Herz deutet den Ausgang des Abenteuers schon an und greift Calogrenants Charakterisierung seines Unternehmens auf. Gut bewaffnet reitet Huon, bis er sein Zeil findet. Wie es sich gehört, verirrt er sich (die *gaste lande* ist zwar noch da, aber der Viehhirt fehlt), kommt dann aber in einer wunderbaren Mondnacht doch zur Quelle. Die Beschreibung des Weges und vor allem der Nacht (über 15 Zeilen hinweg) belegen, dass die *aemulatio* an das große Vorbild insbesondere in der *amplificatio* der Beschreibung besteht, sie wird später auch zu einer Steigerung des Plots führen.

> Sans fere aloigne ne séjour
> Vi la fonteine près de moi.
> Ce fut la quinte nuit de moi
> Que la trovai par aventure.
> La fonteine n'iert pas oscure,
> Ainz ert clere com fins argens.
> Molt ert li prez plesans et gens
> Qui s'ombroiot desoz l. arbre.

---

[7] Huon de Méry, Le Tournoiement de l'Antéchrist, hrsg. v. Prosper TARBE, Reims 1851, ND Genf 1977.

> Le bacin, le perron de marbre
> Et le vert pin et la chaiere
> Trovai en itele manière
> Comme l'a descrit Crestïens.
> En plus clere eve Crestïens
> Ne reçut onques jor bautesme. (V. 92–105)
>
> Da sah ich gleich / die Quelle ganz in meiner Nähe. / Es war in der fünften Nacht des Mai, / als ich sie per Zufall fand. / Die Quelle war nicht dunkel, / sondern war hell wie feines Silber. / Die Wiese war heiter und schön / im Schatten eines Baumes. / Das Becken, die marmorne Steinplatte / und die grüne Fichte und die Kette / fand ich genau so, / wie Chrétien sie beschreiben hat. / Und klareres Wasser empfing kein Christ / je bei der Taufe.

Er findet alles genau so, wie Chrétien es beschrieben hatte – der Verweis auf den Prätext ist hier ganz explizit, Huon lässt sich auch das Wortspiel mit Chrétiens Namen nicht entgehen.[8] Huon schreitet gleich zur Tat, stellt sie aber von Anfang an unter das Vorzeichen der Maßlosigkeit: Er verschüttet reichlich Wasser. Der Vergleich des Quellwassers mit dem Taufwasser und dem Heiligen Chrisam scheint hier Zufall, verweist aber schon auf die Art des Abenteuers, das Huon auslöst.

> Ne sembla pas que ce fust cresme,
> Quant le bacin ting en ma mein,
> Car tout aussi le puisai plein,
> Com se la vosise espuisier.
> Quant je mis la main au puisier,
> Tout le firmament vi troubler;
> Quant j'oi puisié, lors vi doubler
> Celé troublour en IIII. doubles,
> Et si fud mil tanz noirs et troubles,
> Quant j'oi sor le perron versé. (V. 106–115)
>
> Ich ging ich damit nicht um, wie mit heiligem Chrisam, / als ich die Schale in der Hand hatte, / denn ich schöpfte so viel, / als wollte ich [das Becken] leerschöpfen. / Als ich anfing zu schöpfen / sah ich, wie sich das ganze Firmament verdunkelte; / als ich geschöpft hatte, verdoppelte sich / die Schwärze ums Vierfache, / und es wurde tausend mal dunkler und aufgewühlter, / als ich [das Wasser] über die Steinplatte schüttete.

Ganz genau beschreibt er sein Vorgehen und die Folgen: als er die Hand eintaucht, verfinstert sich der Himmel, als er das Wasser schöpft, wird es noch dunkler, als er es schließlich verschüttet, wird es noch tausendmal dunkler. Auch das folgende Gewitter ist viel schrecklicher und heftiger als bei Chrétien – alle Zahlen sind vervielfacht (bei Chrétien blitzt es an vierzehn Stellen [V. 441], bei Huon an fünfhunderttausend [V. 120]). Angesichts dieser Ausmaße sieht er sich – wie sein Vorgänger Calogrenant – veranlasst, die Wahrheit des Erlebten zu versichern:

---

8 Chrétien selber hat im Porlog des ‚Erec' ebenfalls mit *Crestïens* und *crestiantez* gespielt (V. 25 f.).

> Je qui tôt seus i fui le se
> Ne talent n'en ai de mentir:
> Mes le ciel oï desmentir
> Et esclarcir de toutes pars;
> De plus de V. C. mille espars
> Ert la forest enluminée. (V. 116–121)
> Ich war ganz allein und ich weiß es / und habe keine Absicht, zu lügen: / Ich hörte, wie der Himmel zeriss / und es überall blitzte; / von über fünfhunderttausend Blitzen / wurde der Wald erleuchtet.

Er bereut es, überhaupt hier her gekommen zu sein (V. 126 f.), aber das hält ihn nicht von einer weiteren Dummheit ab: Im Glauben, das Unwetter besänftigen zu können, gießt er die Schale noch einmal aus – er verdoppelt also die Mutprobe.

> Or escoutez com je fui fous
> Et esperduz et entrepris,
> Qu'encor plein bacin d'eve pris
> Et sour le perron le flati:
> Mes se li ciex ot bien glati
> Et envoie foudres en terre,
> Lors doubla la noise et la guerre
> Que j'oi mené a tôt le monde;
> Car du tonnerre a la roonde
> Toute terre senti trembler.
> Je cuidai bien que asembler
> Feïst dex ciel et terre ensamble. (V. 132–143)
> Jetzt aber hört, wie dumm / und unvernünftig und irrsinnig ich war, / da ich noch einmal eine ganze Schale voll Wasser nahm / und über die Steinplatte schüttete: / Wenn bis dahin der Himmel richtig gewütet / und Blitze zur Erde geschickt hatte, / so verdoppelten sich jetzt der Lärm und der Krieg, / den ich auf der ganzen Welt ausgelöst hatte; / denn vom Donner ringsum / fühlte ich die ganze Welt erzittern. / Ich glaubte, dass Gott / Himmel und Erde aufeinander stoßen lassen wollte.

Das Unwetter wird noch schlimmer, und er erkennt seine Dummheit, schließlich hat er den Eindruck, dass der ganze Himmel aufreiße und die Heiligen auf die Erde herunterblickten.

> Cuidier me mist a grant meschief,
> Car le ciel vi de chief en chief
> Si descousu et si ouvert,
> C'on pëust bien a descovert
> Voër paradis, qui ëust
> Les ex dont voër i dëust;
> Et cil qui en paradis sont
> Porent bien voeër tot le mont
> Sanz coverture celé nuit.
> Cui qu'il veïssent, moi, ce cuit,

> Virent-il bien la leur merci,
> Droiz est, que je les en merci,
> Car il font bien a mercïer.
> Ne doi-je bien ceus gracïer
> Qui de meschief m'ont deffendu? (V. 153–167)
>
> Die Überheblichkeit brachte mich in eine schlimme Lage, / denn ich sah den Himmel von einem Ende zum anderen / so aufgerissen und offen, / dass man ganz offen / das Paradies hätte sehen können, / wenn man Augen hätte, die dazu würdig wären; / und diejenigen, die im Paradies sind / konnten die ganze Welt sehen, / ohne Schleier, in dieser Nacht. / Was auch immer sie sahen, ich glaube, / sie sahen mich, Dank sei ihnen, / es ist nur recht, wenn ich ihnen dafür danke. / Denn sie haben es wohl verdient. / Muss ich denn nicht denen danken, / die mich vor dem Unglück bewahrt haben?

Sie haben ein Auge auf ihn, den törichten Ritter, gehalten und sind ihm beigestanden. Er überlebt das Unwetter und sieht am Morgen die Vögel im Baum, auch hier übersteigt er seinen Vorgänger. So viele Vögel und, implizit, ein solches Unwetter hat Calogrenant nicht erlebt.

> Lors commença a aprochier
> Li jours dont l'aube ert ja venue.
> Joie firent en sa venue
> Trestuit li oiseillon menu,
> Car avolé sont et venu
> De partote Broucelïande.
> En bruce n'en forest, n'en lande
> N'en vit mes nus tant amassez:
> Souz le pin en ot plus assez,
> Que n'en i vit Calogrinans. (V. 186–195)
>
> Da begann sich / der Tag zu nähern und das Morgengrauen war schon da. / Vor Freude sangen bei seiner Ankunft / alle die kleinen Vögelchen, / denn sie sind alle hergeflogen / aus ganz Brocéliande. / In Busch und Wald und Heide / sah man niemals so viele zusammen: / In der Fichte waren viel mehr, / als Calogrenant gesehen hatte.

Der Verweis auf Calogrenat ist überraschend – Yvain wäre auf den ersten Blick eher zu erwarten gewesen. Calogrenants Bericht liefert das Ausgangsmaterial für die Schilderung, aber das allein reicht nicht: Wie das Abenteuer Calogrenants steht auch das Huons unter dem Verdikt des Leichtsinns und der *folie* (V. 144 f.), wie Calogrenant wird er dem Quellenritter unterliegen. Denn auch Huon provoziert den Hüter der Quelle, auch er sieht sich einem Angreifer gegenüber, gegen den er chancenlos ist. Es handelt sich um einen Mauren, der – wie Huon wenig später erfährt – direkt aus der Hölle kommt, wo er unter anderem das Amt des Kämmerers ausübt. Huon muss nun – um den Hauptteil der Erzählung kurz anzudeuten – mit seinem Bezwinger in Satans Truppe an einem Turnier teilnehmen, in dem sich die Mächte des Himmels und die der Hölle gegenüberstehen. Zunächst kämpft er eifrig auf Seiten der personifizierten Laster, wechselt dann aber mit himmlischer Hilfe das Lager und schließt sich den siegreichen himmlischen Mächten an.⁹ Aus dem Quellenabenteuer in der bretonischen Tradition wird eine *Psychomachie*, die mit der Rettung der sündigen Seele endet. Huons de Méry *aventure novelle*, seine ganz neue Idee besteht darin, das ritterliche Abenteuer der Artuszeit – und damit den Meisterpoeten Chrétien – ins Christliche zu wenden und damit in jeder Hinsicht zu übertrumpfen.

An der Beschreibung der Quelle von Barenton lässt sich also bei allen vier Autoren die poetologische und teilweise auch die epistemologische Zielrichtung nachvollziehen. Vom skeptischen, knappen Bericht des Historikers, den der Besuch der Quelle zur Einsicht in seine Grenzen führt, über Chrétiens gewitztes Spiel mit Wace bis zur Übertrumpfung des Meisters in der Übersetzung oder der Neugestaltung des Abenteuers bietet die Gewitterquelle reichlich Gelegenheit zum je eigenen *conter* und *fabuler*. Sie wird vom *merveilleux breton* zum märchenhaft Wunderbaren bei Hartmann und schließlich zum christlich-Wunderbaren bei Huon.

4 Schluss

Ich habe meine Untersuchung mit Wace begonnen, und ich möchte abschließend noch einmal auf ihn zurückkommen. *Ne tot merveille, ne tot voir* – so hat er die Erzählungen beschrieben, die wir heute fiktional nennen. Ich habe den Prozess des *anbeleter* über drei Autoren hinweg nachgezeichnet, nun möchte ich hinter die Texte zurückgehen und nach dem *voir*, dem faktisch Wahren der Quelle fragen, von dem Waces Prozess der Fiktionalisierung seinen Ausgang nimmt.

Was wissen wir über die Quelle, was ist ihr *fundamentum in re*? Alle Texte verorten sie im Wald von Brocéliande, die Quelle ist in Stein gefasst und sie ist bei Chrétien und in dessen Nachfolge bei Huon kalt, brodelt aber wie kochendes Wasser. Diese Merkmale, die auf die außertextliche Realität verweisen, können tatsächlich einer realen Quelle zugeordnet werden, der Quelle von Barenton in der Forêt de Paimpont (die traditionell mit Brocéliande identifiziert wird). Hier treten Gase aus dem Untergrund aus und lassen das Wasser sprudeln.¹⁰

Die bretonische *merveille* mit dem Regen- oder Gewitterzauber deutet darauf hin, dass es an dieser – mit dem brodelnden Wasser ja recht auffälligen – Quelle kulti-

---

9 Huon knüpft hier an sein zweites Vorbild, Raoul de Houdenc und dessen ‚Voie d'Enfer' an.
10 Solche ‚kochende Quellen' gibt es auch an anderen Orten, auch in der Bretagne, und es existiert eine ganze Reihe von Quellen, die mit der ‚Gewitterquelle' identifiziert worden sind, vgl. Emgann KARAES, La Bataille de Carohaise. Brocéliande et la source du Graal. Essai d'analyse et de résolution d'un chapitre des Romans de la Table Ronde, Lannouon 1996, S. 68, 78 f., 122 f. KARAES plädiert für eine andere Quelle, da die genaue Identifikation der Quelle aber weder für die mittelalterlichen Autoren noch für meine Analyse eine Rolle spielt, schließe ich mich der traditionellen Identifikation an, ohne sie damit verteidigen zu wollen.

sche Handlungen gab, aus denen die Fabulierkunst der Bretonen dann die *merveille* gemacht haben.¹¹

Die sprudelnde Quelle ist als Faktum bis heute zugänglich, der mit ihr verbundene Brauch, der Kult, ist im 12. Jahrhundert zur *merveille* geworden, an der unsere Autoren so viel verschönert haben, dass sie uns heute ganz als Lüge erscheint, ganz wie Wace dies theoretisch beschrieben hat.

---

11 Vgl. dazu die Ausführungen von Philippe WALTER in der „Notice" zu seiner Ausgabe des Yvain: Chrétien de Troyes, Œuvres complètes, hrsg. v. Daniel POIRON u.a., Paris 1994, S. 1170–1184, hier S. 1176.

Friedrich Wolfzettel (Frankfurt am Main)
Wassersymbolik und Zeitenwende bei Boccaccio

Abstract: Petrarch invented the 'Middle Ages', but Giovanni Boccaccio, his younger friend and admirer, did not fail to suggest similar ideas about the hoped-for dawning of a new age. The theme of water running in rivulets or rivers in particular seems to point to the 'Renaissance' of learning and of narrative art, to the liberation of body and mind, and to a new sensual and sexual sensibility. Significantly, in Boccaccio's narrative work, the theme is often linked to the victory of Venus as opposed to the defeat of Diana, the goddess of chastity. Whether this fact is due to the influence of the philosophy of Lucretius, rediscovered a century later, and his conception of a fluid cosmos is still an open question. A striking example of cultural renewal may be seen in the creation of a luxurious garden in the midst of winter by a Greek magician in the fourth novella of Book IV of the 'Filocolo' (1336–45). The copiously irrigated magical garden anticipates the garden of Pomena in 'Ameto' in which Pomena pretends to have preserved the lost traditions of the first centuries. Her garden equally points forward to the garden idylls of the 'Decameron'. More importantly, river landscapes become a new and major element in some narratives, from the early verse tale and dream vision 'Caccia di Diana' (1334 or 1338) to the drama of the 'Ninfale fiesolano' (1344–46?) and particularly in 'Ameto. Commedia delle ninfe fiorentine' (1341–42), in which sexual initiation and spiritual revival are symbolized by the scene of secular baptism in a river, presided over by Lia, the priestess of Venus.

Keywords: Venus, Garten, Fluss, Renaissance, Sexualität

Laudato si', mi Signore, per sor' aqua / La quale è molto utile et humile et pretiosa et casta. („Gelobt seist du, mein Herr, durch Schwester Wasser, gar nützlich ist es, demütig und kostbar und keusch.")[1] Eine Welt trennt diesen sechsten Teil des „Sonnengesangs" von Franz von Assisi von der Wassersymbolik, die das Gesamtwerk von Giovanni Boccaccio mehr als einhundert Jahre später trägt. Vom nützlichen und demütigen, vor allem aber keuschen Wasser des Hoch- und Spätmittelalters führt keine direkte Linie zur kosmischen und auch erotischen Funktion des Wassers in der sog. frühen Renaissance. Im Folgenden hierzu einige markante Stellen.

Boccaccios Prosaroman ‚Il Filocolo' (1336–45) ist eine Neubearbeitung des mittelalterlichen ‚Floire et Blancheflor'-Stoffes, der konsequent seiner mittelalterlichen Elemente entkleidet und antikisiert wird.[2] Die eingestreuten Novellen (*quistioni*) im

---

[1] Francesco d'Assisi, ‚Laudes creaturarum [o Cantico di Frate Sole]', in: Gianfranco CONTINI (Hg.), La letteratura italiana. Storia e testi, Poeti del Duecento, Bd. 1, Milano, Napoli 1960, S. 33, Strophe 6.
[2] Unklar ist, ob Boccaccio die afrz. Versionen des Romans kannte. Nach CRESCINI schließt das Werk

vierten Buch, verbunden mit dem Motiv des Reihum-Erzählens, machen den Roman zu einem Vorläufer des ‚Decameron'.[3] Von daher liegt es nahe, gerade in diesen Novellen eine programmatische Funktion zu sehen und z. B. den künstlich im Winter zur Blüte gebrachten Garten in der vierten Novelle – eine Kurzversion finden wir im ‚Decameron' X,5[4] – als symbolischen Ausdruck der Thematik der Erneuerung und ‚re-naissance' zu interpretieren. Die winterlichen Bedingungen, die auf das Absterben und ‚Überwintern' humanistischer Gelehrsamkeit in der Gegenwart des Autors verweisen, sollen kraft magischen Wissens überwunden werden. Äußerlich und auch in der nachfolgenden Diskussion geht es freilich in dem moralischen Exempel um einen Wettbewerb der *cortesia*: Ein Edelmann namens Tarolfo bedrängt eine verheiratete Dame solange mit seiner Liebe, bis sie ihm ihre Gunst für den Fall verspricht, dass er im Wintermonat Januar einen blühenden Maiengarten zu schaffen vermag. Verzweifelt sucht der Liebende einen Weg, das scheinbar Unmögliche zu verwirklichen, und findet endlich in Thessalien den sachkundigen alten Magier Tebano, der ihm zu Diensten sein will. Nach der Vollendung des Gartens erlaubt der Ehemann seiner weinenden Frau, ihr Versprechen einzulösen, aber Tarolfo ist von dieser Großherzigkeit so gerührt, dass er auf die Erfüllung seiner Liebe verzichtet. Am edelsten jedoch erweist sich der Magier, die Symbolfigur des Intellektuellen, der auf jede Belohnung verzichtet und die ursprüngliche Armut vorzieht.

Denn Tebano kommt aus Griechenland, der Heimat der antiken Künste und Wissenschaften, um in winterlicher Öde eine Landschaft der Fülle zu entwerfen, in der sich die genannten Werte der *liberalità* und *cortesia*[5] spiegeln. Nun spielt aber das Wasser in diesem Zauberkunststück der Erneuerung eine zentrale Rolle. Auf der Suche nach einem Platz findet Tebano nämlich ein Terrain in der Nachbarschaft eines

---

auch nicht an den populären ‚Cantare di Fiorio e Biancifiore' (kurz nach 1300) an, sondern geht wohl auf eine unbekannte italienische Fassung zurück, die der sog. *version populaire* des afrz. ‚Roman de Floire et Blancheflor' folgt. Hierzu Vincenzo CRESCINI (Hg.), Il cantare di Fiorio e Biancifiore [1899], ND Bologna 1969, 2 Bde., Bd. 1, S. 487. Von einem neuen Renaissancegeist spricht schon Adolfo BARTOLI, I precursori del Boccaccio e alcune delle sue fonti, Firenze 1876, S. 54–56; vgl. auch Janet L. SMARR, Boccaccio's Filocolo: Romance, Epic and Religious Allegory, in: Forum Italicum 12 (1978), S. 26–43 sowie Friedrich WOLFZETTEL, Zwischen Mittelalter und Renaissance. ‚Il Filocolo' von Giovanni Boccaccio, in: in: Florent GABAUDE, Jürgen KÜHNEL u. Mathieu OLIVIER (Hgg.), Études offertes à Danielle Buschinger par ses collègues, élèves et amis à l'occasion de son quatre-vingtième anniversaire (Collection „Médiévales" 60), Amiens 2016, S. 419–425.
3 Hierzu Pio RAJNA, L'episodio delle questioni d'amore nell ‚Filocolo' del Boccaccio, in: Romania 31 (1902), S. 28–81.
4 Ebd. Wie RAJNA (Anm. 3), S. 41–44, zeigt, finden wir das Motiv der *mission impossible* auch in ‚The Franklin's Tale' der ‚Canterbury Tales' von Geoffrey Chaucer und in der Geschichte der 40 Wesire des persischen ‚Tûtî-nâmech'.
5 Zit. nicht nach der älteren Ausgabe: Il Filocolo, hrsg. v. Salvatore BATTAGLIA (Scrittori d'Italia 162), Bari 1938, sondern nach: Giovanni Boccaccio, Decameron. Filocolo. Ameto. Fiammetta, hrsg. v. Enrico BIANCHI, Carlo SALINARI u. Natalino SAPEGNO (La letteratura italiana. Storia e testi 8). Milano, Napoli 1952, S. 765–899, hier S. 855.

Flusses (*allato ad un fiume*) und badet dabei gleich sein weißes Haar im fließenden Wasser (*i bianchi capelli nella corrente acqua bagnò*).[6] Mit Hilfe zweier Flugdrachen macht er sich auf die Suche nach geeigneten Wurzeln und Gräsern, die er an den Flüssen Ganges, Rhone, Seine, Po, Arno, Tiber, Don und Donau sammelt, um mit ihnen das Wasser der Fruchtbarkeit zu brauen. Indien, das Land der Weisheit, und die Alte Welt werden so im Zeichen des fließenden Wassers zu einem Kommunikationssystem verbunden, das in dem blühenden Garten am Fluss als einem Sinnbild der Regeneration seinen Ausdruck findet.

Der Sieg magischen Wissens über die materiellen Gegebenheiten dokumentiert die Kraft der Verwandlung, die der Garten als Ausdruck, aber auch der Lösung des Verfestigten konzentrierter Energie im Werk Boccaccios repräsentiert. In der vierten ‚Quistione' wird Tebano als Magier vorgestellt, der das Flüssige festzumachen und das Feste fließend zu machen versteht (*feci le correnti cose star ferme, e le ferme divenire correnti*).[7] Die quellengesättigten oder flussgesäumten Gärten in ‚L'Amoroso Visione' (1342) oder im ‚Ameto' (1344–46?) stehen denn auch für die Erneuerung des Wissens und die Harmonie von Natur und Kultur. Marina MASSAGLIA[8] hat darauf hingewiesen, dass die weißen Rosen im Garten der Pomena im ‚Ameto' die Kräfte der Regeneration und Wiederauferstehung symbolisieren. Tatsächlich erinnert der durch seine Pflanzensprache ausgezeichnete Garten der Pomena im ‚Ameto' (1341–42)[9] an den Garten des Tebano. Wieder finden wir eine lange Aufzählung von Flüssen von Frankreich und Italien bis Armenien, Ägypten und Indien; sie erscheinen als Lebensadern der dort wohnenden Völker, denen sie köstlichen Trunk (*dolcissimi beveraggi*)[10] schenken. Ein Brunnen bildet das Zentrum eines verzweigten Bewässerungssystems, in dem die Wasseradern den schönen Garten durchziehen (*il bello giardino rigavano tutto*)[11]. Entscheidend aber ist, dass sich Pomena selbst als Hüterin eines uralten Schatzes aus den ersten Jahrhunderten (*ne' primi secoli*)[12] vorstellt und den Garten so als ein Stück wiedergefundener Antike, als Bild der Kontinuität und Erneuerung über die Zeiten hinweg[13] ausweist. Von daher die Bedeutung des Wassers in den Gartenidyllen des ‚Decameron', in denen jede Erfrischung auf Wiedergeburt verweist. So wird der Garten mit Springbrunnen in der Einleitung zum dritten Tag – ebenfalls mit roten und weißen Rosenbüschen bestückt – zu einem Paradies verborgener und

---

6 Ebd., S. 850.
7 Ebd.
8 Marino MASSAGLIA, Il Giardino di Pomena nell' ‚Ameto' del Boccaccio, in: Studi sul Boccaccio XV (1985), S. 235–252, hier S. 236.
9 Giovanni Boccaccio, Decameron u. a. (Anm. 5), S. 901–1057, hier S. 970–983.
10 Ebd., S. 977.
11 Ebd., S. 973.
12 Ebd., S. 977.
13 Vgl. hierzu jetzt auch Sebastian BRATHER, Hans Ulrich GRUBER, Heiko STEUER u. Thomas ZOTZ (Hgg.), Antike im Mittelalter. Fortleben – Nachwirken – Wahrnehmung, Sigmaringen 2014.

offener Wasserläufe, ähnlich wie in der Vorrede zum siebten und zum achten Tag das Motiv des Erzählens selbst, auch eine Form der Regeneration, gegen die durch die Pest hervorgerufene Verwilderung vom Wasser gerahmt wird. Andere Beispiele wie der Liebesgarten im dritten Buch des ‚Filocolo', wo der Held zwei verführerische Mädchen an mäandrierenden Quellwassern trifft, wären zu nennen. Boccaccio übernimmt bezeichnenderweise z. T. mittelalterliche Motive, übersteigert und reinterpretiert sie aber in Richtung auf die angedeutete Zeitenwende, die Verflüssigung des Erstarrten. Die Erfrischung des Körpers bei der *brigata* des ‚Decameron' begleitet so den Neubeginn des Erzählens: „und sie erfrischten sich das Gesicht mit dem kühlen Wasser" (*e il viso colla fresca acqua rinfrescato s'ebbero*)[14], heißt es da. Im Ausgang des Mittelalters mit seiner Vorliebe für Seen und geheimnisvolle Quellen entdeckt Boccaccio die Kraft des lebendigen fließenden Wassers, was Gaston BACHELARD in seiner mythopoetischen Studie *L'eau et les rêves* von 1942 die *suprématie de l'eau douce*[15] genannt hat. Die weibliche, erotische Qualität, die BACHELARD dem fließenden Wasser attestiert,[16] findet im Werk Boccacios ihre vollendete Ausprägung.

Doch eben letzteres ist nicht auf den Garten beschränkt, der als komprimierte, künstlich und künstlerisch gesteigerte Natur neben dem natürlichen Wasser des Flusses steht. Im Mittelalter bezeichnet der Fluss vorwiegend ein Trennungssymbol zwischen zwei Welten. In ihrer großen Studie zum fahrenden Ritter hat Marie-Luce CHÊNERIE diesbezüglich von *frontières liquides* gesprochen.[17] Boccaccio, der Sebastian NEUMEISTER zufolge erstmals die nicht eingegrenzte Weite der Landschaft[18] sieht, macht aus dem Fluss das verbindende Symbol einer Entwicklung und aus der Flusslandschaft eine Landschaft der Fruchtbarkeit und Liebe. Von allen großen Flüssen von Frankreich bis Indien sammelt ja der Magier der eingangs genannten Erzählung die Kräuter des Lebens. Ich habe das Thema ansatzweise schon auf der Tagung ‚700 Jahre Boccaccio' in Marburg 2013[19] behandelt und greife im Folgenden nur das Wesentliche heraus. Gerade die Flusslandschaft steht unter dem Schutz der Göttin Venus, die in ihrer Funktion als Patronin und Schutzheilige bekanntlich das gesamte Werk des Autors prägt[20] und nicht selten in dem schon in der Antike geläufigen Motiv der Rivalität zwischen Venus und Diana, der Göttin erotischer Fülle

---

14 Giovanni Boccaccio, Decameron u. a. (Anm. 5), S. 188.
15 Gaston BACHELARD, L'eau et les rêves. Essai sur l'imagination de la matière, Paris 1942, Kap. VII.
16 Ebd., Kap. V.
17 Marie-Luce CHÊNERIE, Le Chevalier errant dans les romans arthuriens en vers des XIIe et XIIIe siècles, Genève 1986, S. 173–181.
18 Sebastian NEUMEISTER, Annäherung an die Natur. Bilder der Landschaft bei Boccaccio, in: Das Mittelalter 16 (2011), S. 131–148.
19 Friedrich WOLFZETTEL, Diana oder Venus: Funktionen der Landschaft im Erzählwerk Boccaccios, in: Christa BERTELSMEIER-KIERST u. Rainer STILLERS (Hgg.), 700 Jahre Boccaccio. Traditionslinien vom Trecento bis in die Moderne (Kulturgeschichtliche Beiträge zum Mittelalter und der Frühen Neuzeit 7), Frankfurt / M. u. a. 2015, S. 127–144.
20 Hierzu Winfried WEHLE, Venus magistra vitae. Boccaccios ‚Decameron': eine Revision des Sün-

und der Göttin der Keuschheit, thematisiert wird.[21] Ihr war bekanntlich auch ‚De rerum natura' von Lukrez gewidmet. Ob man allerdings von einem direkten Einfluss von Lukrez sprechen kann, muss wohl bis heute offen bleiben.[22] Die von Stephen GREENBLATT[23] beschriebene Wiederauffindung des Manuskripts durch Poggio Bracciolini und die verzögerte Rezeption des Textes Anfang des 15. Jahrhunderts dürfen ja nicht vergessen lassen, dass der seit den Kirchenvätern geächtete Schüler Epikurs und Demokrits, dessen unvollendetes Werk von Cicero herausgegeben wurde, auch im Mittelalter nicht völlig unbekannt geblieben war und gern zu Schulungszwecken herangezogen wurde. Auch Boccaccios Vertrautheit mit Epikur ist in dieser Hinsicht bedeutsam. Auf jeden Fall frappiert die Nähe der dynamischen Naturphilosophie des Lukrez und sein kürzlich von Gernot und Hartmut BÖHME herausgearbeitetes „Gesetz des Fluidalen und Metamorphotischen"[24] zu Boccaccios Aufwertung des fließenden Wassers. „Der Lukrezsche Kosmos ist der erotischen Form des Wasserhaften nachgebildet", schreiben die Brüder BÖHME: „Die Atomstruktur bildet einen Fluxus, einen flüssigen ‚kosmischen Leib'."[25] Sollten die Flusslandschaften Boccaccios die narrative Umsetzung dieser philosophischen Konzeption sein? Wie auch immer: Ob Boccaccio sich narrativ auf Lukrez bezieht oder dessen Rezeption im 15. Jahrhundert vorwegnimmt, es bleibt festzuhalten, dass auch bei Boccaccio eine dynamische Welt im Fluss gezeigt wird, in der „die Dinge fließen und fliegen".[26]

So kann schon die in Stil und Gattung noch mittelalterliche Traumvision ‚Caccia di Diana' (1334?–38?),[27] die noch aus der neapolitanischen Zeit des Autors stammt, als Manifest eines neuen Natur- und Menschenbildes und als Schlüssel zum Gesamtwerk interpretiert werden. Ein Jagdausflug führt die Göttin Diana mit ihrem jungfräulichen Gefolge gegen Mittag aus den unwirtlichen Bergen in eine Flussniederung, in der eine *nota amorosa* (XV; V.4)[28] eine Pan-Idylle andeutet. In einer erotischen Vision steigt ein nacktes Mädchen (*ignuda giovinetta*, XVII; V.3)[29] auf einer Wolke herab, während die

---

denfalls, in: Hanspeter PLOCHER, Til R. KÜHNLE u. Bernadette MALINOWSKI (Hgg.), Esprit civique und Engagement, Festschrift Henning Krauß, Tübingen 2003, S. 675–692.
21 Vgl. Guido MARTELLOTTI, Dante e Boccaccio e altri scritti dall'umanesimo al romanticismo (Saggi di lettere italiane, XXXI), Firenze 1983, S. 221–230.
22 Hierzu Giovanni GASPAROTTO, Lucrezio fonte diretta del Boccaccio?, in: Atti e memorie dell'Accademia patavina di scienze, lettere ed arti 3, 81 (1968), S. 5–54; Ettore BIGNONE, Per la fortuna di Lucrezio e dell'epicureismo nel Medioevo, in: Rivista di Filologia e di Istruzione classica 41 (1913), S. 230–262.
23 Zur Wiederentdeckung des Lukrez im 15. Jahrhundert Stephen GREENBLATT, The Swerve. How the World Became Modern, New York, London 2011.
24 Gernot und Hartmut BÖHME, Feuer, Wasser, Erde, Luft. Eine Kulturgeschichte der Elemente, München 2004, S. 180 f.
25 Ebd., S. 179 f.
26 Ebd., S. 192.
27 Vittore BRANCA (Hg.), Boccaccio, Caccia di Diana. Filostrato, Milano 1990.
28 Ebd., Str. XV, V. 4.
29 Ebd., Str. XVII, V. 3.

Wortführerin ein kollektives Gebet an Venus *santa dea, madre d'Amore* (XVII; V.8)[30] richtet. Die Mädchen geben daraufhin ihren Dienst bei der Göttin der Keuschheit auf, und das Bad im Fluss (beinahe eine Parodie des Bades im Lethe-Fluss im Irdischen Paradies Dantes) besiegelt die Bekehrung zu einer neuen erotischen Ganzheit. In Fortsetzung der Thesen von Horst BREDEKAMP und Stefan TRINKS[31] über utopische Landschaften des Mittelalters möchte man von der Entdeckung erotischer Horizontalität sprechen, welche die Vertikalität der mittelalterlichen Kultur überwindet.

Die tragische Variante des Konflikts zwischen Diana und Venus, der Keuschheit der Berge und der erotischen Flussaue ist ebenfalls Gegenstand des pastoralen Gedichts ‚Ninfale fiesolano' (1344–46?),[32] in dem der Fluss Mensola (bei Fiesole) in der Tradition Ovids die Metamorphose der unglücklichen Heldin begleitet. Denn die 15-jährige Nymphe hatte ihr Keuschheitsgelübde gebrochen und den Geliebten erhört, der zuvor für seine Liebe der Venus geopfert hatte. Ihr Sohn Pruneo wird später als Statthalter Fiesolos den Tod der Mutter rächen und die ordensähnliche Gemeinschaft der Jüngerinnen Dianas auflösen. Das Weiterleben Mensolas in einem kleinen Fluss – auch die Asche des Geliebten wird später an einem Fluss begraben – signalisiert die lebensspendende Kraft des fließenden Wassers, das an das berühmte französische Volkslied und Chanson von Guy Béart, ‚L'eau vive', erinnert. Wie NEUMEISTER in seinem schon genannten Aufsatz zeigen konnte, öffnet die Entdeckung der Süßwassersymbolik der Flussniederung einen neuen Blick auf das Phänomen Landschaft überhaupt. Boccaccio geht hier weit über die noch mittelalterlich anmutende Landschaftssymbolik seines Freundes Petrarca hinaus.[33] Die mit dem Sieg von Venus eingeleitete Zeitenwende ist so an ein neues Sehen der Wirklichkeit und einen ganzheitlichen Lebensentwurf gebunden.

Das ist nirgends deutlicher als in dem Schäfer- und Erziehungsroman ‚L'Ameto' (1341–42),[34] der als ‚Commedia delle ninfe fiorentine' schon im Titel auf den ‚Ninfale fiesolano' vorausweist, auf Grund seiner Komplexität aber den Abschluss unserer Überlegungen bilden soll. Der Roman beschreibt den Prozess der wachsenden Läuterung und Verfeinerung des rohen Waldmenschen Ameto, der eines Tages die halbnackten Nymphen beim Bade im Fluss erblickt und nach einer Phase roher Sinnlichkeit von der Nymphe Lia, der Priesterin der Venus, in die echte Liebe eingeführt wird. Das Heraustreten aus dem Dunkel der Naherfahrung des Waldes in die offene, lichtübergossene Flussaue ist wohl noch nie so eindringlich geschildert worden. Das

---

30 Ebd., Str. XVII, V. 8.
31 Horst BREDEKAMP u. Stefan TRINKS, Utopische Landschaft im Mittelalter, in: Das Mittelalter 18 (2013), S. 55–72, bes. S. 63.
32 Boccaccio, Ninfale Fiesolano, hrsg. v. Armando BALDUINO, in: Tutte le opere complete, hrsg. v. Vittore BRANCA, Milano 1974, Bd. 3, S. 273–421.
33 Hierzu Karlheinz STIERLE, Francesco Petrarca. Ein Intellektueller im Europa des 14. Jahrhunderts, München, Wien 2003, Kap. IV: Petrarcas Orte und Landschaften.
34 Giovanni Boccaccio, Decameron u. a. (Anm. 5), S. 901–1057.

Motiv der Wiedergeburt und *renaissance* wird auch durch den Brauch der Maifeier zu Ehren der Venus angedeutet. Und es ist bezeichnend, dass der Autor das Motiv des Reihum-Erzählens aus dem ‚Filocolo' fortführt und so die Brücke zwischen Wiedergeburt, Neuanfang und neuem Erzählen erneut vor Augen führt. Der Held fühlt schließlich, wie ihm die alten Kleider vom Körper gerissen werden und er in der klaren Quelle beim Fluss eine Art weltliche Taufe erfährt. Die von Franz von Assisi gerühmte reinigende Kraft des Wassers ist hier in den Dienst eines neuen Ideals leib-seelischer Ganzheit gestellt. Rainer STILLERS hat von den „sinnlichen Wegen zur Tugend"[35] gesprochen, zu einem neuen geistigen Sehen, das die erotische Erfahrung voraussetzt und einschließt. Ort und Promotor dieses neuen Sehens ist der Fluss, dessen fließendes Wasser die Dynamik des Blicks in die Zukunft, in eine Welt der ständigen Veränderung suggeriert. Der Fluss trennt nicht mehr – wie etwa noch der Fluss im Chrétienschen ‚Lancelot' oder vor der Gralsburg des Fischerkönigs im ‚Perceval' –, er ist Ausdruck der Dialektik des scheinbar Getrennten, Sinnbild der Hoffnung und der Weiterentwicklung. Wie in ironischer Anknüpfung an Dantes ‚Paradiso' schließt der Roman mit einem Gebet des Helden zur Venus, mit der zusammen dem Helden die Lichtvision der dreifachen göttlichen Liebe erschienen war.

Es ist klar, dass der Autor im ‚Ameto' seine eigene Geschichte sinnbildlich verfolgen wollte, das Erwachen aus dem instinktgeprägten Waldesdunkel (ein durchaus mittelalterliches Motiv!) zu einer Gewissheit in *felicitate* (Glück) und *gioia* (Freude). Im Fluss wird auch der zurückgelegte Weg deutlich, in dem die individuelle Biographie das Bewusstsein einer Zeitenwende einschließt. Boccaccio verwandte nirgends den von seinem älteren Freund geprägten Begriff des *medium aevum,* doch alles deutet darauf hin, dass die mit dem Motiv des Wassers verbundene Thematik der Regeneration und Erneuerung (des Menschen und des Wissens) eben diese epochale Distanz meint. Freilich eine Distanz, die keine Trennlinie impliziert und – wie die Forschung gezeigt hat – auf der mittelalterlichen Tradition aufruht. Anders als Petrarca kultiviert Boccaccio mithin die Auen zu beiden Seiten des Flusses und anders als sein älterer Freund bedarf er nicht der künstlichen Spannung zwischen irdischer und himmlischer Liebe, sondern betont die fließende Entwicklung der erotischen Initiation, die zur Grundlage eines neuen Menschheitsideals wird. Die reinigende Kraft des Wassers, von der bei Franz von Assisi die Rede ist, hat ihre Gültigkeit nicht verloren, aber das Wasser ist nicht mehr keusch, wie es die Gestalt der Diana und ihre Konnotationen von Berg, Wald und Einsamkeit suggerieren, sondern von lichtvoller erotischer Macht. Die Neuinterpretation des reinigenden Taufbads im Dienste der Venus stellt die mittelalterliche Tradition in einen neuen Kontext ganzheitlicher Erfüllung, die den Anbruch der neuen Epoche implizit unter das Zeichen des Wassers stellt.

---

35 Rainer STILLERS, Sinnliche Wege zur Tugend? Sinne, Affekte und moralische Intention in zwei narrativen Werken Giovanni Boccaccios, in: Joachim POESCHKE, Thomas WEIGEL u. Britta KUSCH (Hgg.), Tugenden und Affekte in der Philosophie, Literatur und Kunst der Renaissance, Münster 2002, S. 45–61.

Manuel Schwembacher (Salzburg)
Una fonte di marmo bianchissimo e con maravigliosi intagli – Brunnen in mittelalterlichen Gärten

Abstract: Water is essential for gardens, not only for the cultivation of plants, but also as a design element; fountains often number among the most impressive artificial features within gardens, whether in the medieval period or later. When considering fountains in a garden setting, it is possible to distinguish – as in other environments – functional, aesthetic and symbolic-associative aspects or layers. These three layers interact and mingle differently depending on context and setting. For instance, in literary depictions of medieval garden fountains, functional aspects often fade into the background or are not depicted at all, while aesthetic and symbolic-associative aspects dominate. Boccaccio's portrayal of the *cornice*-garden of the third day in the 'Decameron' is in that regard exceptional, not only because of its extent, but also because, unlike many other depictions, all three layers play an important role. This article discusses these layers in Boccaccio's garden of the third day with reference to other gardens, real and literary, concluding with a glimpse of two surviving medieval garden fountains in Monreale and Granada.

Keywords: Gartenkunst, Giovanni Boccaccio, Piero de Crescenzi, Decameron, Monreale, Alhambra

Ein Brunnen aus weißestem Marmor mit wunderbarer Steinschnittkunst – *una fonte di marmo bianchissimo e con maravigliosi intagli*[1] – bildet das Zentrum jenes Gartens der Rahmenerzählung in Giovanni Boccaccios um 1350–51 verfassten ‚Decameron', in welchem sich die *brigata* die Novellen des dritten Tages vorträgt.[2] Boccaccios

---
1 Giovanni Boccaccio, Decameron, hrsg. v. Vittore BRANCA, Florenz 1965, S. 315.
2 Zu den Gärten im Decameron Edith KERN, The Gardens in the ‚Decameron' Cornice, in: Publications of the Modern Language Association of America XLVI (1951), S. 505–523; Raffaella FABIANI GIANNETTO, Writing the Garden in the Age of Humanism: Petrach and Boccaccio, in: Studies in the History of Gardens and Designed Landscapes 23 (2003), S. 231–257; Manuel SCHWEMBACHER, Il ‚giardino' als Schauplatz. Inszenierungen von Gärten in Boccaccios *Decameron* und ihre frühe deutschsprachige Rezeption, in: Ingrid BENNEWITZ (Hg.), Giovanni Boccaccio. Italienisch-deutscher Kulturtransfer von der Frühen Neuzeit bis zur Gegenwart (Bamberger interdisziplinäre Mittelalterstudien 9), Bamberg 2015, S. 175–200. Gärten nehmen auch in anderen Werken Boccaccios eine prominente Rolle ein, etwa der von Pomona angelegte Garten in der unter dem Namen ‚Ameto' bekannten ‚Comedia delle ninfe fiorentine' oder der in der ‚Amorosa Visione' in den Canti XXXVIII und XXXIX beschriebene Garten mit seinem reich skulpturierten und farbenprächtigen Brunnen. Giovanni Boccaccio, Comedia delle ninfe fiorentine (Ameto), hrsg. von Antonio Enzo QUAGLIO, Florenz 1965, S. 92–96; Giovanni Boccaccio, Amorosa Visione, hrsg. von Vittore BRANCA, Florenz 1943, S. 166–172, 333–338.

idealtypischer literarischer Garten mit seinem wasserreichen Marmorbrunnen steht im Zentrum dieses Beitrages, der – mit Verweis auf weitere literarische, aber auch real existierende Anlagen – auf zentrale Aspekte zu Brunnen in mittelalterlichen Gärten eingeht.[3]

1 Wasser und Brunnen in mittelalterlichen Gärten

Zu den „key design element[s]"[4] eines Gartens gehört neben der Umfriedung den Anpflanzungen seit jeher das Wasser. Für jede Pflanze und damit für jeden Garten ist Wasser eine Notwendigkeit, eine *conditio sine qua non*, für deren Bereitstellung in mittelalterlichen Gärten oft ein beträchtlicher Aufwand betrieben wurde.[5] In der Praxis reicht das Spektrum von manuellem Heranschaffen von Wasser bis hin zu teils äußerst elaborierten Bewässerungssystemen, in die auch Brunnen integriert sein können.[6] Wasserversorgungsaspekte werden auch in praxisorientierten mittelalterlichen Traktaten thematisiert wie etwa im von Ibn Bassal um 1080 in Toledo verfassten ‚Buch der Agrikultur'[7] oder zu Beginn des 14. Jahrhunderts in Piero de Crescenzis ‚Ruralia Commoda'. Brunnen waren, besonders in mittelalterlichen Gärten

---

[3] Grundlegend zu mittelalterlichen Gärten sind etwa John HARVEY, Mediaeval Gardens, London 1981; Dieter HENNEBO, Gärten des Mittelalters (Geschichte der deutschen Gartenkunst 1), München 1962; Teresa McLEAN, Medieval English Gardens, London 1981; Silvia LANDSBERG, The Medieval Garden, London 1998; Michael LESLIE (Hg.), A Cultural History of Gardens in the Medieval Age (A Cultural History of Gardens 2), London u. a. 2013. Eine ungemein reiche Sammlung von mittelalterlichen und frühneuzeitlichen Illustrationen von Gärten findet sich bei Frank CRISP, Mediaeval Gardens. ‚Flowery Medes' and other Arrangements of Herbs, Flowers and Shrubs Grown in the Middle Ages, with some Account of Tudor, Elizabethan and Stuart Gardens, New York 1924, ND New York 1979.
[4] John Dixon HUNT, Design, in: Michael LESLIE (Hg.), A Cultural History of Gardens in the Medieval Age (A Cultural History of Gardens 2), London u. a. 2013, S. 19–40, hier S. 25.
[5] Technikgeschichtliche Voraussetzungen erläutert Klaus GREWE, Wasserversorgung und -entsorgung im Mittelalter. Ein technikgeschichtlicher Überblick, in: DERS. (Hg.), Die Wasserversorgung im Mittelalter (Geschichte der Wasserversorgung 4), Mainz 1991, S. 11–88. Allgemein zur sozialgeschichtlichen Dimension von Brunnen besonders im städtischen Kontext (ohne Gärten) Wolfgang SCHMID, Brunnen und Gemeinschaften im Mittelalter, in: Historische Zeitschrift 267, H. 3 (1998), S. 561–586.
[6] Verwiesen sei beispielsweise auf das komplexe spätmittelalterliche Bewässerungssystem von Gärten in Palermo, das auch die Anlagen von La Cuba und La Zisa integrierte. HUNT (Anm. 4), S. 33–34. Naomi MILLER, Medieval Garden Fountains, in: Elisabeth BLAIR MacDOUGALL (Hg.), Medieval Gardens, Washington D. C. 1986, S. 135–153, hier S. 142.
[7] Das ‚Kitāb al-qaṣd wa'l-bayān' fokussiert in sechzehn Kapiteln die Kunst des Gärtnerns und beschreibt eine reiche Zahl an kultivierten Pflanzen. Das erste Kapitel behandelt Wasserarten (Regen-, Fluss-, Quell- und Brunnenwasser), deren Qualitäten für die Gartenpflege sowie Bewässerungssysteme und die Situierung von Wasserbecken. John H. HARVEY, Gardening Books and Plant Lists of Moorish Spain, in: Garden History 3/2 (1975), S. 10–21 sowie www.filaha.org/author_Ibn_bassal. html#top (letzter Zugriff am 28. 01. 2015).

der oberen Gesellschaftsschichten, „fairly common"[8], vielfach aufwändig gearbeitet und wurden vorteilhaft im Gartengefüge in Szene gesetzt.

Allerdings haben sich relativ wenige Anlagen unüberformt erhalten; die Kenntnisse über mittelalterliche Brunnanlagen basieren daher auch auf archivalischen Vermerken und vor allem auf literarischen oder visuellen Darstellungen, also auf unterschiedlichen Quellen mit variierendem, sich ergänzendem Aussagewert.

Bei Brunnen im Kontext mittelalterlicher Gärten kann, wie auch bei anderen Brunnenanlagen, von einem Ineinandergreifen einer funktionalen, einer ästhetischen sowie einer symbolisch-assoziativen Ebene gesprochen werden. Dabei ist die Gewichtung dieser drei Ebenen changierend: Wenngleich bei realen Brunnen, freilich nach Situierung und Kontext variierend, wohl alle drei Ebenen von Relevanz waren, gilt das Hauptaugenmerk doch gerne den funktionalen Aspekten. Letztere treten in literarischen Schilderungen und visuellen Darstellungen hingegen oftmals zu Gunsten der ästhetischen sowie symbolisch-assoziativen Ebene in den Hintergrund oder werden gar nicht thematisiert. Dennoch muss im Allgemeinen von einem Zusammenspiel all dieser Ebenen gesprochen werden: das funktional-praktische erfährt eine Bereicherung beziehungsweise Erhöhung durch eine diese ergänzende und überlagernde symbolisch-assoziative Schicht, deren Charakter, wenngleich durch gewisse Grundkonzepte (wie etwa der Vorstellung eines Paradiesbrunnens) geprägt, schlussendlich individuell differenziert sein kann. Dies gilt im Besonderen für Brunnen im Kontext von Gartenanlagen. Alles in einem mittelalterlichen Garten Gegenwärtige findet eine metaphorische Bereicherung – John Dixon HUNT bezeichnet diese Prägungen als „enrichments" – durch Assoziationen sowie einen übergeordneten Sinngehalt, quasi als „metaphysical resonances [...] of [...] cultural activities",[9] wobei natürlich nur gemutmaßt werden kann, in welchem Ausmaß Gärten „were actually and in practice *designed* to promote them or whether it was just the interpretative instincts of its visitors that saw routine garden features as bearers of meaning, ideas, and concepts."[10]

Diese Prägungen gelten auch für literarische und visuelle Darstellungen von Gärten; exemplarisch wird auf die um 1330–1340 entstandene Miniatur des *Maestro del Codice Cocharelli*[11] im Codex Egerton 3781[12] verwiesen, in der ästhetische wie funktionale Aspekte präsent sind und die gleichzeitig zu Assoziationen einlädt (Abb. 1). Die seitenfüllende Miniatur, in die zwei Textspalten integriert sind, zeigt im Vordergrund einen Garten mit einem zentral positionierten, elaborierten Brunnen, um den sich eine Gruppe von zwei Männern, drei Damen und einem Kind, allesamt

---

[8] Willam D. WIXOM, A Glimpse at the Fountains of the Middle Ages, in: Cleveland Studies in the History of Art 8 (2003), S. 6–23, hier S. 8.
[9] HUNT (Anm. 4), S. 22.
[10] HUNT (Anm. 4), S. 23. Kursivsetzung übernommen.
[11] Zum Miniator Francesca FABBRI, Maestro del Codice Cocharelli, in: Dizionario biografico dei miniatori Italiani: Secoli IX–XVI (2004), S. 495–497.
[12] London, British Library, Egerton 3781, fol. 1r.

Abb. 1: London, British Library, Egerton 3781, fol. 1r. Foto: The British Library Board.

prunkvoll gekleidet, versammelt hat. Früchtetragende und blühende Bäume und Vögel sowie ein zweistöckiges Bauwerk rahmen die Szene, im Hintergrund liegt ein weiteres Gebäude mit einem Ziehbrunnen innerhalb der begrünten Umfriedung. Der architektonisch ausgefeilte Brunnen im Vordergrund, bei dem das Wasser von einer hohen, schmalen, mit einer Vogelskulptur bekrönten Säule in ein tiefe kannelierte Schale fällt, welche ihrerseits, auf einer Säule in einem viereckigen mit Blendarkaden verziertem Becken ruhend, das Wasser aus verschließbaren Wasserhähnen dorthin weiterleitet, ist in seiner Ästhetik einem noblen Lustgarten würdig und wird praktischen Erfordernissen durch die idealen Beckenhöhen gerecht; so lehnt das Kind beispielsweise am Rand des unteren Beckens und die Wasserhähne sind in Lendenhöhe. Gleichzeitig ist die gesamte Szenerie assoziationsaffin. Kontrastierend zu dem eleganten Brunnen im Vordergrund visualisiert der schlichte Ziehbrunnen mit Holzüberdachung und Seilwinde genuin praktische Aspekte der land- und hofwirtschaftlichen Wasserversorgung.

Auch der ‚Decameron'-Garten des dritten Tages besticht durch eine Fülle von *enrichments*, gleichzeitig thematisiert Boccaccio aber ebenso die ästhetische sowie die funktionale Ebene, freilich nicht in strenger Trennung, sondern in einer ineinandergreifenden Weise. Insofern ist seine Gartenschilderung auch deswegen herausragend, weil die sonst vielfach ausgeblendeten funktionalen Aspekte eine wichtige Rolle spielen.

2 Gartenbrunnen – Zum Zusammenspiel von funktionaler und ästhetischer Ebene

Den ästhetischen Charakter von Boccaccios Garten des dritten Tages prägen Struktur, Ordnung und Fülle. Die Anlage ist in ihrer Gesamtheit von einer *maravigliosa bellezza*,[13] durchzogen von geraden, mit Pergolen überspannten und von Wein überlaubten Wegen, die sowohl entlang der hohen Mauern als auch in Richtung Gartenmitte verlaufen, wo sich eine von Zitrusarten umsäumte Wiese erstreckt. In deren Mitte erhebt sich der marmorne Brunnen, welcher mit seinen plätschernden Wassermassen, die aus einer nicht näher beschriebenen, auf einer Säule positionierten Figur emporspritzen, kühlt und die Sinne erfreut:

> Nel mezzo del qual prato era una fonte di marmo bianchissimo e con maravigliosi intagli: iv'entro, non so se da natural vena o da artificiosa, per una figura, la quale sopra una colonna che nel mezzo di quella diritta era, gittava tanta acqua e sì alta verso il cielo, che poi non senza dilettevol suono nella fonte chiarissima ricadea, che di meno avria macinato un mulino.[14]

---

13 BRANCA (Anm. 1), S. 314.
14 BRANCA (Anm. 1), S. 315. Zu Ähnlichkeiten zwischen Boccaccios Garten des dritten Tages und dem Garten von Deduit im ‚Roman de la Rose' von Guillaume de Lorris KERN (Anm. 2), S. 254–256.

Der Fontänenbrunnen als Herzstück des gesamten Gartens offeriert Wasser in einem solchen Überfluss, dass bereits eine kleinere Menge zum Betreiben einer Mühle ausgereicht hätte. Und tatsächlich ist dies in der Folge auch der Fall, freilich außerhalb des Gartens. Somit wird im *cornice*-Garten Boccaccios die vom Brunnen ausgehende Speisung der Umgebung durch das über die Grenze diffundierende, die benachbarte Landschaft belebende Wasser, bedeutsam. Das Wasser

> che soprabbondava al pieno della fonte, per occulta via del pratello usciva, e per canaletti assai belli e artificiosamente fatti, fuori di quello divenuta palese, tutto lo' ntorniava; e quindi per canaletti simili quasi per ogni parte del giardin discorrea, raccogliendosi ultimamente in una parte dalla quale del bel giardino avea l´uscita, e quindi verso il pian discendendo chiarissima, avanti che a quel divenisse, con grandissima forza e con non piccola utilità del signore due mulina volgea.[15]

In dieser Passage lenkt der Autor das Augenmerk nicht nur auf die nutzbringende wie ästhetisch elaborierte, vom zentralen Springbrunnen ausgehende Wasserführung mit kleinen kunstvollen Kanälen innerhalb des Gartens, sondern auch auf die zielgerichtete Nutzung des Wassers außerhalb des Gartens, wo die nunmehr wieder in einem Kanal gebündelte Kraft des Wassers zum Antrieb zweier Mühlen verwendet wird und schließlich auch die umliegende Ebene versorgt. Dieser genuin praktische Aspekt, der für den Herren des Anwesens von *non piccola utilità*[16] ist, gerät bei Interpretationen gerne außer Acht,[17] ist jedoch im Hinblick auf die polyfunktionale Ausrichtung und Nutzung der Landvilla zentral. Denn bei dem von Boccaccio geschilderten Garten handelt es sich ja um keine landschaftlich isolierte Anlage, sondern um einen integralen Bestandteil des rural situierten Palastes: In Manier eines *walled garden* ist er *tutto dattorno murato*[18] unmittelbar *di costa [...] al palagio*[19] gelegen. Einbettungen von Gärten in unterschiedlichste architektonische, sakrale wie profane Kontexte sind natürlich bereits bei mittelalterlichen Anlagen der Regelfall. Für profane Gärten, die wie der ‚Decameron'-Garten des dritten Tages den Charakter eines Lustgartens hatten, ist Piero de Crescenzis agrar- und gartentheoretisches Traktat, die ‚Ruralia Commoda',[20] besonders aufschlussreich hinsichtlich der Gestaltung, Funktionalität und Wahrnehmung von zeitgenössischen spätmittelalterlichen Gärten: Aspekte des Wohlbefindens, der Sinnenfreuden und des Genusses sind essentiell. Wasser spielt hierfür eine bedeutende Rolle: Innerhalb des zwölf Bücher umfassenden, zwischen

---

15 BRANCA (Anm. 1), S. 315–316.
16 BRANCA (Anm. 1), S. 316.
17 Etwa bei KERN (Anm. 2).
18 BRANCA (Anm. 1), S. 314.
19 BRANCA (Anm. 1), S. 314.
20 Petrus de Crescentiis (Pier de' Crescenzi), Ruralia commoda. Das Wissen des vollkommenen Landwirts um 1300, hrsg. v. Will RICHTER. Zum Druck vorbereitet von Reinhilt RICHTER-BERGMEIER. Dritter Teil: Buch VII–XII, Heidelberg 1998.

1304 und 1309 verfassten Werkes nimmt das achte, mit dem Titel ‚De viridariis et rebus delectabilibus ex arboribus, herbis et fructu ipsarum artificiose agendis' – „Über Lustgärten und vergnügliche Dinge, die aus Bäumen, Kräutern und den Früchten derselben mit Kunst zu ziehen sind" – eine Sonderstellung ein, da es den Fokus darauf legt, wie Pflanzen Geist und Gemüt zu erfreuen vermögen und dadurch körperliche Gesundheit fördern, während in den restlichen Ausführungen der Schwerpunkt darauf liegt, wie sie dem Menschen durch Ertrag nützlich sein können.[21] Denn wie sich das Wohlbefinden der Psyche positiv auf die körperliche Gesundheit auswirkt, stehen auch Garten und Agrarbetrieb in Interaktion, strahlt doch die positive Wirkung des Lustgartens über dessen eigentliche Umfriedung auf das gesamte agrarisch geprägte Anwesen aus. Insofern sind Lustgarten und Anwesen mit Johanna BAUMAN „interdependent".[22] Crescenzi gliedert das achte Buch in acht Kapitel, von denen die ersten drei jeweils verschiedenen idealtypischen Gartenanlagen – von kleinen Kräutergärten *De viridariis herbarum parvis*[23] über mittelgroße Gärten von Menschen mittleren Ranges *De viridariis mediocrium personarum magnis et mediocribus*[24] hin zu Gartenanlagen von Königen und anderen erhabenen und reichen Herren *De viridariis regum et aliorum illustrium et divitum dominorum*[25] gewidmet sind – während die folgenden verschiedene gärtnerische Kulturtechniken wie Veredelungen, Formschnitt und Pfropfen unter dem Leitaspekt der *delectatio* thematisieren und das letzte Kapitel *De delectationibus ortorum et herbarum*[26] noch einmal explizit das durch Gärten und Kräuter ausgelöste Vergnügen behandelt.

Im Unterschied zu den restlichen Kapiteln, die Crescenzi mit gelegentlichen Verweisen auf antike und mittelalterliche Autoren im Wesentlichen selbst verfasst hat, ist jenes von den kleinen Kräutergärten im Prinzip verbatim aus Albertus Magnus' um 1260 entstandenem ‚Liber de Vegetabilibus et Plantis' übernommen. Unter dem Titel *De plantationibus viridariorum*[27] schildert Albertus Magnus einen idealen, klar

---

21 *In superioribus libris tractatum est de arboris et herbis, secundum quod utilia corpori humano existunt; nunc vero de eisdem dicendum est, secundum quod animae rationali delectationem afferunt et consequenter corporis salutem conservant, quia complexio corporis animi semper adhaeret affectui.* RICHTER (Anm. 20), S. 11.
22 „[T]he treatise describes a physical and economic structure in which the pleasure garden can exist, while the pleasure garden provides a mental and aesthetic framework that can be applied to the estate as a whole." Johanna BAUMAN, Tradition and Transformation: The Pleasure Garden in Piero de' Crescenzi's Liber ruralium commodorum, in: Studies in the History of Gardens and Designed Landscapes 22 (2002), S. 99–141, hier S. 117.
23 RICHTER (Anm. 20), S. 11.
24 RICHTER (Anm. 20), S. 13.
25 RICHTER (Anm. 20), S. 14.
26 RICHTER (Anm. 20), S. 24.
27 Albertus Magnus, Libri VII de Vegetabilibus et Plantis, hrsg. v. Augustus BORGNET (B. Alberti Magni Opera Omnia 10), Paris 1891, S. 293–294. Übersetzungen in HARVEY (Anm. 3), S. 6–7 sowie in Clemens Alexander WIMMER, Geschichte der Gartentheorie, Darmstadt 1989, S. 20–23.

strukturierten Garten,[28] in dessen Zentrum nach Möglichkeit Wasser in einem Steinbecken oder Brunnen gegenwärtig sein solle: *Si autem possibile sit, fons purissimus in lapide receptus derivetur in medium, quia ipsius puritas multam affert iucunditatem.*[29] Dieses im Stein gegenwärtige Wasser spendet große Annehmlichkeit, oder, wie es eine frühneuzeitliche Übersetzung von Creszenzis Traktat formuliert, *vil lust und wunn*.[30]

Crescenzi wiederum unterstreicht an anderen Stellen, etwa im achten Kapitel seines Gartenbuches, die aus wohlangelegten, nutzpflanzenreichen Gartenanlagen, welche idealerweise über eine Quelle oder einen Bach verfügen, hervorgehende Freude. Eine weitere Steigerung des Wohlgefallens ist durch die Kultivierung von *res inusitatas*,[31] von unnützen beziehungsweise unüblichen Dingen möglich, in dem Sinne, dass das Aussehen von Pflanzen durch spezielle Kultivierungstechniken dergestalt verändert werden kann, dass sie übernatürlich und wunderbar zu sein scheinen.[32] Wenngleich Crescenzi ausschließlich hortikulturelle Wunder aufführt, könnten auch mechanische Wunderwerke als *res inusitatas* bezeichnet werden, insbesondere jene technisch komplexen, ausgefeilten Brunnenautomaten des hohen und späten Mittelalters, deren Existenz zeitgenössische Quellen belegen[33] – verwiesen sei in diesem Kontext lediglich auf *les engins* und *les conduis* [...], *les estranges choses*[34] in

---

28 Wesentliche Aspekte sind für den Autor das Ansprechen der Sinne, eine klare Struktur und Gliederung des Gartens und die Erquickung, welche aus der Betrachtung der Pflanzen entspringt. Wichtige Gartenelemente sind neben der mittig positionierten Wasserquelle ein von Kräutern gesäumtes Rasenquadrat mit einer Rasenbank als Ruheort, Bäume und Rebenspaliere als Schattenspender sowie eine große Vielfalt an Obst- und Fruchtpflanzen, Heil- und Duftkräutern. Ein visueller Rekonstruktionsversuch des Gartens bei LANDSBERG (Anm. 3), S. 16.
29 BORGNET (Anm. 27), S. 294.
30 *Wer es müglich das ein klarer lautterer brunn darin moecht geleyt werden. wann der geb vil lust und wunn*. Petrus de Crescentiis, Vom Ackerbaw / Erdtwuocher / und Bauelüten. Von Natur / art / gebrauch und nutzbarkeit aller gewechsz / Früchten / Thyeren / sampt allem dem so dem Menschen dyenstlich in speysz / und Artzeneyung. Gedruckt von Hans Knoblauch dem Jüngeren 1531 in Straßburg. Exemplar der Universitäts- und Landesbibliothek Düsseldorf, Bl. CXXIIIIr, http://digital.ub.uni-duesseldorf.de/ihd/content/pageview/1403422 (letzter Zugriff am 04. 02. 2015).
31 RICHTER (Anm. 20), S. 24.
32 Werden beispielsweise viele Lauchsamen zu einem Packen zusammengebunden und eingesetzt, wachsen sie zu einer überaus großen Lauchpflanze zusammen; der Wuchs von Gurken kann durch entsprechend geformte Terrakottagefäße so beeinflusst werden, dass die Frucht letztendlich wie ein menschliches Gesicht oder ein Tier aussieht.
33 Der um 1320–40 entstandene, heute im Cleveland Museum of Art verwahrte französische Tischbrunnen vermag einen Eindruck der Raffinesse solcher Automata, hier freilich en miniature, zu geben. Stephen N. FLIEGEL, The Cleveland Table Fountain and Gothic Automata, in: Cleveland Studies in the History of Art 7 (2002), S. 6–49.
34 In Guillaume de Machauts vor 1342 vollendetem poetischen Werk ‚Remède de fortune' findet sich eine Beschreibung des für seine Brunnen und Wasserspiele berühmten Parks von Hesdin. Machaut vermerkt unter anderem technische Vorrichtungen und Automaten (*les engins*, Z. 813), Wasserläufe (*les conduis*, Z. 814) und außergewöhnliche Dinge (*les estranges choses*, Z. 815), leider ohne diese im

dem ab 1295 entstehenden Park von Hesdin³⁵ oder die Automata der Zisa in Palermo. Crescenzis Ansatz weiterverfolgend, lässt sich konstatieren, dass eine Steigerung des Wohlgefallens aber auch durch die Kultivierung der Anlage im Sinne einer künstlerischen Überhöhung, einer Ästhetisierung des Nützlichen und Notwenigen möglich ist, wenn etwa ein Bach reguliert, eine Quelle gefasst oder ein wohlgestalteter Brunnen errichtet wird.

Wohlgefallen und Freude am Garten sind in der Wahrnehmung der Protagonisten – und in der Folge der Rezipienten – in Boccaccios *cornice*-Anlage des dritten Tages essentiell; diese Aspekte werden durch symbolisch-assoziative Prägungen noch gesteigert.

3 Gartenbrunnen – Zur symbolisch-assoziativen Ebene

Der Brunnen als Herzstück des gesamten Gartens verfehlt genauso wenig seine Wirkung auf das Wohlbefinden der *brigata* wie der alle Sinne ansprechende Garten:

> Il veder questo giardino, il suo bello ordine, le piante e la fontana co' ruscelletti procedenti da quella tanto piacque a ciascuna donna e a' tre giovani, che tutti cominicarono affermare che, se Paradiso si potesse in terra fare, non sapevano conoscere che altra forma, che quella di quel giardino gli si potesse dare, né pensare, oltre a questo, qual bellezza gli si potesse aggiugnere.³⁶

In seiner Gesamtheit ist der Garten des dritten Tages von so vollkommener Schönheit, dass die *brigata* explizit das Irdische Paradies als imaginativen Referenzpunkt nennt und damit den besuchten Garten gleichsam als Vollendung gärtnerischer und hortikultureller Ambitionen feiert.³⁷ Mit dieser der *brigata* in den Mund gelegten Bezugsetzung greift Boccaccio freilich die Vorstellung einer unübertreffbaren Perfektion auf und thematisiert gleichzeitig das menschliche Bestreben einer vermeintlichen Wieder-

---

Detail zu beschreiben. Guillaume de Machaut, Remède de Fortune, hrsg. v. Margaret SWITTEN (The Medieval Lyric. Anthology II), South Hadley 1988, S. 30.

35 Zum Park von Hesdin Anne HAGIOPAN VAN BUREN, Reality and Literary Romance in the Park of Hesdin, in: BLAIR MACDOUGALL (Anm. 6), S. 115–134; Johanna BAUMAN, Verbal Representations, in: Michael LESLIE (Hg.), A Cultural History of Gardens in the Medieval Age (A Cultural History of Gardens 2), London u. a. 2013, S. 117–136, hier S. 130–131; FLIEGEL (Anm. 33), S. 16.

36 BRANCA (Anm. 1), S. 316.

37 Zum Irdischen Paradies Reinhold R. GRIMM, Paradisus Coelestis. Paradisus Terrestris. Zur Auslegungsgeschichte des Paradieses im Abendland bis um 1200 (Medium Aevum. Philologische Studien 35), München 1977; Alessandro SCAFI, Maps of Paradise. London 2013; Paola SCHULZE-BELLI, Garten Eden, in: Ulrich MÜLLER u. Werner WUNDERLICH (Hgg.), Burgen Länder Orte (Mittelaltermythen 5), Konstanz 2008, S. 639–658; Manuel SCHWEMBACHER, Reisen zum Irdischen Paradies. Mittelalterliche Annäherungen, Interaktionen und göttliche Gaben an Edens Grenze, in: Christa Agnes TUCZAY (Hg.), Jenseits. Eine mittelalterliche und mediävistische Imagination: Interdisziplinäre Ansätze zur Analyse des Unerklärlichen. Frankfurt / M. 2016, S. 115–135.

erlangung des Paradieses oder vielmehr der Kompensation des Verlustes durch Imitation. Der Verweis auf das Irdische Paradies ist auch insofern interessant, als dass es literarische[38] wie ikonographische Traditionen der Darstellung des Garten Edens mit einem Brunnen im Zentrum gibt, obgleich dieser nicht in der Genesis erwähnt wird. Der Schöpfungsbericht spricht zweimal von Wasser, zunächst von einer Quelle, die aller Wasser Urgrund ist – *fons ascendebat e terra irigans universam superficiem terrae* (Gen 2, 6) – sowie von dem in Eden entspringenden Paradiesfluss, welcher sich in vier *capita*, in die vier Paradiesströme aufteilt: *et fluvius egrediebatur de loco voluptatis ad inrigandum paradisum qui inde dividitur in quattuor capita* (Gen 2, 10). Der Vorstellung eines Brunnens in Eden kommt das Konzept des „im transzendenten Sinn ‚lebendige[n]' Wasser[s]"[39] entgegen, wie es zahlreiche Bibelstellen thematisieren, welche verschiedentlich als ‚Lebensbrunnen' ausgedeutet wurden.[40] Der *fons vitae* – die „Quelle des Lebens" oder der „Lebensbrunnen" – repräsentiert beispielsweise, ausgehend von der Qualität des Wassers als „lebenserhaltende[r] und fruchtbringende[r] Kraft",[41] die in Eden entspringende Quelle[42] oder die Flüsse oder auch das aus der göttlichen Weisheit hervorquellende, ewiges Leben verleihende Wasser, welches seinerseits mit der Taufe in Relation gebracht werden kann.[43] So vermögen auch die oftmals als veritable Brunnen realisierten Baptisterien und Taufbecken sinnfällige Assoziationen zu evozieren wie beispielsweise das berühmte spätan-

---

38 Belege bei Paul A. UNDERWOOD, The Fountain of Life in Manuscripts of the Gospels, in: Dumbarton Oak Papers 5 (1950), S. 41–138, hier S. 47.
39 Hans Martin VON ERFFA, Ikonologie der Genesis. Die christlichen Bildthemen aus dem alten Testament und ihre Quellen, Bd. 1, München 1989, S. 128.
40 So bezeichnet beispielsweise Jesus bei der Begegnung mit der Samariterin das von ihm offenbarte Wort Gottes als ein Wasser, das im Menschen zum *fons aquae salientis in vitam aeternam* wird – zum „Brunnen des Wassers, […] das in das ewige Leben quillt" (Joh 4, 14). Zu den Verheißungen des Messias gehört nach Jesaja *et eris quasi hortus irriguus et sicut fons aquarum cuius non deficient aquae* – „Und du wirst sein wie ein bewässerter Garten und wie eine Wasserquelle, der es nie an Wasser fehlt" (Jes 58, 11). Auch im Hohelied spielen mehrfach Brunnen eine zentrale Rolle, etwa *fons hortorum puteus aquarum viventium quae fluunt impetu de Libano* – „Ein Gartenbrunnen bist du, ein Born lebendigen Wassers, das vom Libanon fließt" (Hoh 4, 15). Weitere für das Konzept des ‚Lebensbrunnens' relevante Passagen bei VON ERFFA (Anm. 39), S. 132–133.
41 Friedrich MUTHMANN, Mutter und Quelle. Studien zur Quellenverehrung im Altertum und im Mittelalter, Basel 1975, S. 381.
42 So bezeichnet beispielsweise Ambrosius von Mailand (um 340–397) die Quelle in Eden als *fons vitae aeternae* und setzt sie mit Christus sowie mit *sapientia* gleich. Ambrosius von Mailand, De Paradiso Liber Unus, hrsg. v. Jacques-Paul MIGNE (Patrologiae cursus completus, Series Latina 14), Paris 1845, Sp. 291–332, hier Sp. 296. MUTHMANN (Anm. 41), S. 381, Anm. 41.
43 MUTHMANN (Anm. 41), S. 381. Weitere Ausdeutungen des Lebensbrunnens finden sich summarisch bei UNDERWOOD: „To some it existed in Eden, to others it stood in Eden as an allegorical figure of Christ or Ecclesia. To still others it stood for the Virgin or the Sacred Christian Scriptures, especially the Four Gospels." UNDERWOOD (Anm. 38), S. 49.

tike Lateran-Baptisterium, welches in einer unter Sixtus III. um 435[44] auf dem Epistyl angebrachten Inschrift als *fons vitae* bezeichnet wird: *fons hic est vitae, qui totum diluit orbem.*[45]

Gerade auch die in den als *paradisii*[46] bezeichneten, oftmals bepflanzten Atrien von großen frühchristlichen Kirchen situierten Brunnen wurden als Abbild des Lebensbrunnens sowie als „Kantharos oder Reinigungsbrunnen"[47] verstanden. Bekanntestes Beispiel hierfür ist der von Dante als *la pina di San Pietro*[48] bezeichnete Brunnen; die als *la pigna* oder *pignone* bekannte, 3,4 m hohe antike bronzene pinienförmige Brunnenskulptur, welche, überwölbt von einer bronzenen Kuppel und flankiert von bronzenen Delphinen und Pfauen, seit der Spätantike im Zentrum des Paradieses von St. Peter stand und 1070 beschrieben wurde.[49]

Wendet man sich von dieser sakralarchitektonischen Evozierung des Lebensbrunnens im ‚Paradies' einer Kirche als Schnittstelle zwischen Innen- und Außenraum hin zu bildlichen Darstellungen des Lebensbrunnens im Zentrum des Irdischen Paradieses, so ließe sich eine stattliche Zahl an Beispielen heranziehen. Die in bildlichen Darstellungen des Gartens Eden präsenten Brunnen können im frühen und hohen Mittelalter[50] durchaus partiell von Taufbrunnen inspiriert sein[51] oder aber im späten Mittelalter[52] geradezu exorbitante Dimensionen annehmen, wie jener in der um 1423 entstandenen Edenminiatur in ‚The Bedford Hours' (Abb. 2).[53] Im Zentrum dieser Miniatur erhebt sich der oktogonale Paradiesbrunnen in einem offenen, kuppelüberwölbten Säulenrundbau mit hohem, mehrstöckigem, spätgotisch reichem Architekturaufsatz als Herzstück des Gartens Eden. Um ihn herum schildert der Künstler in kontinuierender Darstellung prägnant die Szenen der Erschaffung Evas, der Benennung der Tiere, des Verbots, des Sündenfalls sowie der Vertreibung aus dem Paradies. Eine weitere Szenenabfolge spielt sich außerhalb der turmbewehrten Paradieseinfriedung, welche im Bildvordergrund gemauert, im hinteren Bildteil aber als Flechtzaun realisiert wurde, ab: Adam beim Harken, Eva beim Spinnen, die Opfergaben Kains und Abels, der Brudermord sowie der Tod Adams und Gottes Seelenauf-

---

44 Everett FERGUSON, Baptism in the Early Church: History, Theology, and Liturgy in the First Centuries, Cambridge 2009, S. 769.
45 „Dies ist der Lebensbrunnen, der den gesamten Erdenkreis reinwäscht." UNDERWOOD (Anm. 38), S. 54–55.
46 Maria Luise GOTHEIN, Geschichte der Gartenkunst, Bd. 1, Jena 1926, ND München 2010, S. 180–182.
47 MUTHMANN (Anm. 41), S. 384.
48 Dante Alighieri, La Divina Commedia. Testo critico, hrsg. v. Giuseppe VANDELLI, 13. Aufl. Mailand 1946, Inferno XXXI, 59, S. 259.
49 Zur *pigna* Rosalind HOPWOOD, Fountains and Water Features. From Ancient Springs to Modern Marvels. London 2009, S. 31–32; WIXOM (Anm. 8), S. 8.
50 MUTHMANN (Anm. 41), S. 381–382 mit zahlreichen Beispielen.
51 MILLER (Anm. 6) S. 139.
52 Eine Reihe von Beispielen bei MUTHMANN (Anm. 41), S. 383.
53 London, British Library, Add. Ms 18850, fol. 14r. Abbildung in SCAFI (Anm. 37), S. 45.

Abb. 2: London, British Library, Add. Ms 18850, fol. 14r. Foto: The British Library Board.

nahme des Verstorbenen. Wesentlich ist, dass die von vier Seiten des Brunnens hervorquellenden Wasserströme die Umfriedung des Gartens Eden durchdringen – durch sie ist der gesamte Weltenkreis mit dem Paradies verbunden und das Wasser gleichsam eine Gabe aus dem Irdischen Paradies. Auch im *cornice*-Garten Boccaccios ist, wie dargelegt wurde, die vom Brunnen ausgehende Speisung der Umgebung durch das über die Grenze diffundierende, die benachbarte Landschaft belebende Wasser, bedeutsam.

4 Formen mittelalterlicher Brunnen in Gartenkontexten – Zwei erhaltene Anlagen

Sowohl Albertus Magnus und Crescenzi in ihren theoretischen Traktaten als auch Boccaccio in seiner literarischen Schilderung beschreiben, ausgehend von eigenen Beobachtungen in Gärten, eine Palette von Möglichkeiten der Gartengestaltung, die – wie auch bildliche Zeugnisse bestätigen – offenbar zeittypisch waren.[54]

Leider haben sich aus der Zeit keine Gärten unüberformt erhalten, dies gilt im Wesentlichen auch für Brunnenanlagen. Zu den Ausnahmen gehören beispielsweise die in stark architektonischer Einbettung situierten Brunnen im Kreuzgang von Monreale sowie der Brunnen im Löwenhof der Alhambra.[55]

Aus dem letzten Viertel des 12. Jahrhunderts stammt die sogenannte *fontana del re* im Kreuzgang der sizilianischen Kathedrale Monreale (Abb. 3).[56] An der Südostecke des Kreuzgangs liegt ein mit jeweils drei Arkaden pro Seite eingefriedetes Geviert, in dessen Mitte sich der Brunnen erhebt. Im Zentrum einer flachen großen, auf einem Sockel ruhenden Marmorschale steht eine hohe, durch tiefe geometrische Reliefierungen an einen stilisierten Palmschaft erinnernde Säule, deren Spitze ein mit zwölf tanzenden Frauen, zwölf Löwenköpfen und Akanthusblättern reliefierter Globus bildet. Das Wasser quillt in dünnen Strahlen aus den Löwenmäulern hervor und ergießt sich über den Schaft in das Becken, welches daraufhin in einem oktogonalen Bodenbecken, das über zwei flache Stufen erreichbar ist, aufgefangen wird. Es ist dadurch sowohl zur Wasserentnahme und Reinigung als auch durch das Bodenbecken zur Fußwaschung optimal erreich- und nutzbar; zusätzlich bieten Sitzgelegenheiten in den Arkaden des Geviertes angenehme Verweilmöglichkeiten. Die *fontana del re* erfüllt so die funktionalen Zwecke der Wasserversorgung, der Erfrischung und (rituellen) Reinigung in einer ästhetisch äußerst ansprechenden Realisierung durch die harmonischen Proportionen des Brunnens, die schlanke Säulenform, welche die umliegenden Strukturen aufgreift und die elegante Einbettung in das architektonische Gefüge des Kreuzganggartens. Die Situierung fördert geradezu symbolisch-assoziative Konnotationen, etwa als Anspielung auf die Idee des Lebensbrunnens.

Nicht ungewöhnlich ist Situierung der *fontana del re* am Rand des Kreuzganges, da sowohl eine Platzierung im Zentrum der Anlage als auch unmittelbar am Rand

---

54 Robert G. Calkins, Piero de' Crescenzi and the Medieval Garden, in: Blair MacDougall (Anm. 6), S. 155–173, hier S. 164.
55 Weitere wichtige Brunnenanlagen in monastischem, aber auch urbanem Kontext bei Wixom (Anm. 8), S. 7–8.
56 Zur *fontana del re* Hopwood (Anm. 49), S. 23; Miller (Anm. 6), S. 141; Landsberg (Anm. 3), S. 60; Wolfgang Krönig, The Cathedral of Monreale and Norman Architecture in Sicily, Palermo 1965, S. 225–231.

Abb. 3: *Fontana del re*, Kreuzgang des Klosters Monreale, Sizilien. Foto: Manfred Kern.

des Hofes verbreitet war.⁵⁷ Dieser Innenhof war in der Regel Grünfläche im Stil einer kurz gehaltenen Grasfläche, gerne akzentuiert mit symbolträchtigen immergrünen Pflanzen wie Pinien oder Wacholder, ansonsten allerdings in der Regel nicht umfangreicher bepflanzt.⁵⁸ Dafür waren im Allgemeinen eigene umfriedete Bereiche wie ein *herbarium*, ein Kräutergarten, vorgesehen, welcher beispielsweise in dem um 1165 entstandenen Wasserversorgungsplan der Christ Church von Canterbury als unmittelbar an den Kreuzgang anschließend eingezeichnet ist.⁵⁹

---

57 LANDSBERG (Anm. 3), S. 36. Eine Fülle von Brunnenbeispielen im Kreuzgangkontext bei Clemens KOSCH, Wasserbaueinrichtungen in hochmittelalterlichen Konventanlagen Mitteleuropas, in: GREWE (Anm. 5), S. 89–148, hier S. 125–131.
58 LANDSBERG (Anm. 3), S. 35–36. Zu den verschiedenen Formen mittelalterlicher Klostergärten Paul MEYVAERT, The Medieval Monastic Garden, in: Elisabeth BLAIR MACDOUGALL (Anm. 6), S. 23–53.
59 Zum Plan Klaus GREWE, Der Wasserversorgungsplan des Klosters Christchurch in Canterbury (12. Jahrhundert), in: GREWE (Anm. 5), S. 229–236. Abbildungen bei GOTHEIN (Anm. 46), S. 185;

Abb. 4: *Patio de los leones*, Löwenhof der Alhambra, Granada. Foto: Manuel Schwembacher.

Während die *fontana del re* in christlich-monastischen Kontext eingebettet ist, entspringt der Brunnen im zwischen 1362 und 1391 entstandenen *patio de los leones* der Alhambra in Granada dem islamisch-maurischen Kulturkreis (Abb. 4).[60] Zwölf noch aus dem 11. Jahrhundert stammende, kreisförmig angeordnete, in alle Himmelsrichtungen blickende Löwenskulpturen tragen scheinbar gemeinsam auf ihren Rücken ein großes Bassin; aus ihren Mäulern läuft das Wasser in einen im Boden eingelassenen Auffangkanal, welcher vier Wasserrinnen speist, die kreuzförmig vom Brunnen ausgehen und damit den gesamten Innenhof in vier Kompartimente gliedern. Ursprünglich strukturierten den nunmehr mit Marmorplatten versiegelten Hof achtzig Zentimeter unter dem heutigen Niveau liegende, bepflanzte Parterre. Der

---

LANDSBERG (Anm. 3), S. 35–36. Vgl. dazu auch den Beitrag von Jens RÜFFER in diesem Band. Neben weiteren Gärten ist auch ein zentraler Brunnen im Kreuzgang mitsamt den diesen speisenden Wasserleitungen verzeichnet.

60 Zum Löwenhof der Alhambra Oleg GRABAR, Die Alhambra, Köln 1981, S. 58–69, 113–117; GOTHEIN (Anm. 46), S. 160–166; HOPWOOD (Anm. 49), S. 24.

markante Niveauunterschied zwischen den Pflanzenbeeten und den höher liegenden Wegen erfüllte mehrere Zwecke: er betonte nicht nur den geometrischen Aufbau der Anlage und garantierte, dass die emporwachsenden Pflanzen nicht architektonische Strukturen überlagerten, sondern kreierte auch gleichzeitig durch diese „sequence of sunken flower-beds"[61] die Illusion eines Blütenteppichs auf Gehniveau.

Diese beiden Beispiele illustrieren das Zusammenspiel der funktionalen, ästhetischen sowie symbolisch-assoziativen Ebene auf höchstem Niveau, ein Zusammenspiel, welches auch bei einem Brunnen spürbar ist, welcher 1986 im Rahmen einer Neuschöpfung eines ‚mittelalterlichen' Gartens, des *Queen Eleanor's Garden* in Winchester, inspiriert von historischen Quellen rekonstruiert wurde.[62]

5 *alla bella fonte*[63] – Resümee

Brunnen sind nicht nur bedeutsam hinsichtlich praktischer Erfordernisse der Bewässerung, sondern auch hinsichtlich einer Akzentuierung der Wirkung, die Gärten beziehungsweise spezielle Elemente in diesen Gärten auf das Wohlbefinden der sich darin Aufhaltenden haben. In ihrer Ausstrahlung durch *enrichments*, durch Konnotationen bereichert, vermögen sie, wie alle in einem Garten präsente Elemente, ihre Wirkung zu steigern. Positive Auswirkungen auf das Wohlbefinden im Kontext von Lustgärten werden etwa in Crescenzis gartentheoretisch-idealtypisch beschriebenen Anlagen geschildert, vergleichbare Aspekte treten auch in manchen literarischen Gärten zu Tage, zumal im *cornice*-Brunnengarten des ‚Decameron'. Die wenigen relativ unverfälscht erhaltenen mittelalterlichen Brunnenanlagen bestätigen diesen in literarischen und bildlichen Realisierungen oftmals so präsenten vielschichtigen Charakter.

---

61 James Dickie, The Hispano-Arab Garden: Its Philosophy and Function, in: Bulletin of the School of Oriental and African Studies 31/2 (1968), S. 237–248, hier S. 245.
62 Landsberg (Anm. 3), S. 60–61, 122–123.
63 Branca (Anm. 1), S. 316.

Dieter Röschel (Bonn)
Il a un lieu dessus la mer – Das Schloss der Fortuna in Christine de Pizans ‚Livre de la mutacion de Fortune'

Abstract: In her 'Livre de la mutacion de Fortune' finished in November 1403, Christine de Pizan employed the metaphor of the sea of life, navigated by the ships of existence of every human being. In describing the Castle of Fortune as a house on an island, the author refers back to an image that was already well established in the 'Roman de la Rose'.

Christine de Pizan instructed the book illuminator to design the miniatures according to her own ideas. The poet kept these drawings, so they could be used as models for the illumination of later codices as well. The instructions were noted on the collected gatherings of Christine de Pizan's works that were in the possession of the author, and served as antigraphs or patterns for subsequent manuscript copies. Occasionally, and depending on each case, Christine de Pizan would specify these instructions.

There were two different designs for the depiction of the Castle of Fortune, both of which are based on the poet's instructions. Christine de Pizan herself decided on which variant should be given preference for a manuscript in the making.

There is clear evidence suggesting that the book-illuminator, who was responsible for the miniatures in two of the later codices, worked along the detailed instructions by the author rather than basing them on his own understanding of the text: One of them presents the Castle of Fortune as being washed around by waves of the sea, while the other one has it swinging above the water.

Keywords: Christine de Pizan, Mutacion de Fortune, Castle of Fortune, manuscript illumination, instructions for illuminators

Christine de Pizan schrieb mit Unterbrechungen mehrere Jahre lang am ‚Livre de la mutacion de Fortune'.[1] Sie begann damit wahrscheinlich bereits 1400 und been-

---

[1] Vgl. dazu Christine de Pizan, Le Livre de la mutacion de Fortune, hrsg. v. Suzanne SOLENTE, Bd. 1, Paris 1959, S. IX–XI. In der ‚Advision Cristine' schreibt Christine de Pizan, dass ihr dies viel Mühe gemacht habe; sie lässt *Ombre* – eine Begleiterin der Dame Meinung, der sie bei ihrem fiktiven Aufenthalt in Athen an der Universität (gemeint ist das neue Athen, die Universität von Paris) begegnet – sagen: *Pour ce te vueil reprendre en aucune partie de tes ditz en ton livre intitulé De la mutacion de Fortune, lequel compilas par grant labour et estude.* („Advision Cristine', 2. Teil, Kap. 14, zit. nach: Christine de Pizan, Le Livre de l'advision Cristine, hrsg. v. Christine RENO u. Liliane DULAC, Paris 2001, S. 75.)

dete das Werk im November 1403.² Der ‚Livre de la mutacion de Fortune' ist ein in sieben Teile gegliedertes Lehrgedicht mit 23.636 paarweise gereimten, achtsilbigen Versen, in dem Christine de Pizan von einer fiktiven Begegnung mit Fortuna berichtet.

Darin erzählt sie erst einmal von den Schicksalsschlägen, die ihr selbst widerfuhren. Im ersten Teil des ‚Livre de la mutacion de Fortune' verwendete sie auch das Bild vom Schiff, in dem sie auf dem Meer des Lebens dahingeglitten sei. Mit kundiger Hand habe ihr Gatte das Boot gesteuert; mit seinem plötzlichen Tod sei diese Führung verloren gegangen und ihr Gefährt in den Stürmen des Lebens beinahe gekentert. Erst als Fortuna sie in einen Mann verwandelt habe, sei sie selbst in der Lage gewesen, das Schiff zu steuern:

Brief et court, bien me soz ayder	Kurz und gut, ich wusste mich wohl zu behelfen
De quan qu'il fault a nef conduire;	in allem was es braucht, um ein Schiff zu lenken;
Se si tost nel sos par moy duire	war ich auch zuvor nicht imstande, selbst zu steuern,
Y appris, si qu'en fu bon maistre,	so erlernte ich es und konnte es bald sehr gut,
Et tel me couvint a force estre,	und das war auch notwendig,
Pour moy et mes gens secourir,	um mich und meine Familie zu retten,
Se la ne vouloie mourir.	wenn ich nicht an Ort und Stelle sterben wollte.
Or fus je vrays homs, n'est pas fable,	So wurde ich ein wahrer Mann – das ist kein Märchen –,
De nefs mener entremettable,	der es versteht, ein Schiff zu steuern.
Fortune ce mestier m'apprist	Fortuna lehrte mich dieses Metier,
Et ainsi de ce fait me prist.	und auf diese Weise nahm sie mich in ihre Obhut.
[...]	[...]
D'entre ces roches me tiray,	Zwischen Felsen hindurch steuerte ich,
Ma nef appointay et tiray	führte mein Schiff und lenkte
Vers le lieu, dont je fus partie,	es an den Ort, von dem ich aufgebrochen war
Au premier de celle partie,	zu Beginn dieses Teils,
*Ou ma dame avoit sa demeure.*³	dorthin, wo meine Herrin ihren Aufenthaltsort hat.

Am Beginn des zweiten Teiles beschreibt Christine de Pizan das Schloss der Fortuna, dessen Eigenheiten und Bewohner. Die Lage des Gebäudes schildert sie folgendermaßen:

Il a un lieu dessus la mer,	Es gibt einen Ort über dem Meer,
Que l'en seult Grant Peril nommer:	den man „Große Gefahr" zu nennen pflegt:
Une haulte roche neÿve	Ein hoher, schneeweißer Felsen
Y a merveilleuse et soubtive,	ist dort, wundersam und geheimnisvoll,

---

2 Das geht aus dem Text selbst hervor, wobei der Tag unterschiedlich angegeben ist; in einigen Handschriften ist vom *XVIIIe jour* die Rede (Brüssel, Bibliothèque Royale, ms. 9508; Chantilly, Musée Condé, ms. 494 und Privatbesitz/ex-Phillips 207), in anderen (Den Haag, Koninklijke Bibliotheek, 78 D 42 und München, Bayerische Staatsbibliothek, Cod. gall. 11) vom *VIIIe jour*. Unter den vier frühen dominiert damit die Angabe 18. November, die Version in Den Haag und im späteren Münchner Kodex könnte ein Abschreibfehler sein; vgl. dazu SOLENTE (Anm. 1), S. XI.
3 ‚Le Livre de la mutacion de Fortune', 1. Teil, 12. Kapitel, Verse 1384–1394 und 1409–1413, zitiert nach SOLENTE (Anm. 1), S. 52 und S. 53. – Deutsche Übersetzung des Autors.

Dessus un grant chemin ferré,	über einem breiten Weg aus festen Steinen.
La siet un hault chastel querré	Dort steht ein hohes, heißbegehrtes Schloss,
Assis trop merveilleusement,	auf so wundervolle Art aufragend,
Ce semble droit enchantement,	dass es scheint, es stehe dort durch Zauberkraft;
Car. IIII. chayennes soustiennent	denn vier Ketten halten
Le lieu, ne sçay se elles tiennent	den Bau, ich weiß nicht, ob sie
A quelque chose ou a noyant,	an etwas befestigt sind oder nicht.
Mais toudis va en tournoyant	Aber tagaus, tagein dreht sich
La couverture, com sus roe	der Aufbau, als wäre er auf einem Rad
Fust assise, qui entour roe,	befestigt, das sich herumdreht;
Ne un point cil lieux ne sejourne	kein Punkt verweilt an einer Stelle,
Et le dessus sans cesser tourne,	und was darüber ist, dreht sich ohne Unterlass;
Ne nul n'y a le pié afferme,	und niemand steht auf festen Füßen,
Si est trop folz qui la s'afferme![4]	wenn er so tollkühn ist, sich dort aufzuhalten.

Ganz besonders eine Stelle des Schlosses sei das Ziel der Menschen:

Tout le monde celle part vire	Alle Welt strebt zu diesem Ort,
A cheval, a pié, a navire	zu Pferd, zu Fuß, zu Schiff,
Et la veulent leurs nefs encrer	und sie wollen ihre Schiffe dort ankern,
Et chacun s'efforce d'entrer	und jeder bemüht sich einzutreten
Ou chastel par la riche porte,	in das Schloss durch das prächtige Tor;
Mais nul n'y entre s'il n'a porte,	aber niemand tritt ohne Befähigung dort ein,
Car trop y a fiere avant garde.	denn zu furchterregend ist das Vorwerk.
[...]	[...]
Et Eür, qui est bel a droit,	Und Herr Glück, der natürlich Zutritt hat,
A Richece tient compaignie,	leistet Frau Reichtum Gesellschaft,
Pour ce qu'il est de sa lignie.	ist er doch mit ihr verwandt.
A la porte se tient devant,	So steht er vor dem Tor,
Pour respondre qui vient avant.	um denen zu antworten, die vortreten können.
Un vert chappel de laurier tient	Einen grünen Lorbeerkranz trägt
En sa main cil qui la se tient.[5]	jener in der Hand, der dort steht.

In den folgenden Teilen widmet sich Christine de Pizan unter anderem den im Schloss der Fortuna errichteten Thronen, auf denen bedeutende Persönlichkeiten sitzen und einem freskierten Saal. Die Autorin erzählt weiter von den Wechselfällen des Glücks durch den Lauf der Weltgeschichte. Sie beginnt bei der Erschaffung der Welt und endet mit Geschehnissen, die ihre Zeitgenossen betrafen – den französischen König, dessen Bruder und dessen Onkel.[6]

---

4 ‚Le Livre de la mutacion de Fortune', 2. Teil, 1. Kapitel, Verse 1461–1478, zitiert nach SOLENTE (Anm. 1), S. 59 und S. 60. – Deutsche Übersetzung des Autors.
5 ‚Le Livre de la mutacion de Fortune', 2. Teil, 1. Kapitel, Verse 1593–1599, sowie 2. Teil, 3. Kapitel, Verse 1738–1744; zitiert nach SOLENTE (Anm. 1), S. 63 und S. 68. – Deutsche Übersetzung des Autors.
6 Dabei bricht die Autorin die Präsentation von Beispielen aus der Geschichte nach Kaiser Augustus ab und setzt erst wieder mit *aucunes autres histoires, qui avindrent environ l'aage de la personne, qui*

Acht Exemplare des ‚Livre de la mutacion de Fortune', die unter der Aufsicht und Mitwirkung der Christine de Pizan entstanden, blieben erhalten, eines davon nur mehr als Fragment ohne Miniaturen.[7] Vier Handschriften des ‚Livre de la mutacion de Fortune', die alle ursprünglich mit jeweils sechs Miniaturen geschmückt waren, sind zwischen dem 18. November 1403 und dem März 1404 geschaffen worden.[8] Am erstaunlich kurzen Zeitraum kann nicht gezweifelt werden, da die Autorin eine der Handschriften bereits am 1. Januar 1404 Herzog Philipp dem Kühnen[9] und eine weitere im März 1404 dem Herzog Johann von Berry[10] präsentierte.[11] Für die Miniaturen war ein Künstler verantwortlich, den man seit den Arbeiten von Millard MEISS Meister der Épître d'Othéa (Meister der Epistre Othea) nennt.[12]

Bis Oktober 1405 wurde der ‚Livre de la mutacion de Fortune' in einer als ‚Livre de Cristine'[13] bezeichneten Sammelhandschrift nachgetragen und ebenfalls mit Bildern geschmückt. Der dafür verantwortliche Maler ist nur in diesem Kodex fassbar.

In den beiden späteren, etwa 1411 ebenfalls unter der Aufsicht der Christine de Pizan entstandenen Manuskripten (München, Bayerische Staatsbibliothek, Cod. gall. 11[14] und Paris, Bibliothèque nationale de France, ms. fr. 603[15]) beauftragte die Autorin den Meister der Cité des dames[16] mit der Ausführung der Miniaturen.

---

compilla ce dit livre ein (Rubrik zum 54. Kap. des 7. Abschnitts, zit.nach: Christine de Pizan, Le Livre de la mutacion de Fortune, hrsg. v. Suzanne SOLENTE, Bd. 4, Paris 1966, S. 68).

7 Paris, Bibliothèque nationale de France, n. a. fr. 14852; das Fragment besteht aus zwei Blättern, auf deren einem das Ende des 25., das gesamte 26. und der Beginn des 27. Kapitels des 6. Teiles und auf deren anderem die *table des rebriches* des 7. Teiles, die Rubrik des Teiles und die zum ersten Kapitel zu lesen sind.

8 Brüssel, Bibliothèque Royale, ms. 9508; Den Haag, Koninklijke Bibliotheek, 78 D 42; Chantilly, Musée Condé, ms. 494 und Privatbesitz / ex-Phillipps 207. Eine genaue kodikologische Beschreibung der hier angeführten Handschriften findet man in Gilbert OUY, Christine RENO u. Inès VILLELA-PETIT, Album Christine de Pizan, Turnhout 2012, S. 426–466.

9 Brüssel, Bibliothèque Royale, ms. 9508.

10 Den Haag, Koninklijke Bibliotheek, 78 D 42.

11 Aus der Abfolge, in der die Lagen der vier Handschriften kopiert und die Rubriken eingefügt wurden, lässt sich erschließen, dass auch jene beiden, für die kein Übergabedatum belegt ist, im selben Zeitraum geschaffen worden sein müssen.

12 Notnamen und Œuvre des Meisters der Epistre Othea definierte Millard MEISS, in: Millard MEISS, French Painting in the Time of Jean de Berry. The Limbourgs and their Contemporaries, Text- und Tafelband, London, New York 1974, S. 8–12, 23–41, 388, 389.

13 Chantilly, Musée Condé, mss. 492 und 493. Eine genaue kodikologische Beschreibung findet man in OUY, RENO u. VILLELA-PETIT (Anm. 8), S. 186–212.

14 Eine genaue kodikologische Beschreibung findet man in OUY, RENO u. VILLELA-PETIT (Anm. 8), S. 468–475.

15 In diesem Kodex ist der ‚Livre de la mutacion de Fortune' dem ‚Livre de fais d'armes et de chevallerie' nachgeschaltet (fol. 81 bis fol. 242). Wegen genauer kodikologischer Angaben vgl. OUY, RENO u. VILLELA-PETIT (Anm. 8), S. 294–306.

16 Auch den Notnamen und das Œuvre des Meisters der Cité des dames bestimmte Millard MEISS in MEISS (Anm. 12), S. 12–15, 377–382.

Wenn Christine de Pizan eine Handschrift mit einem ihrer Werke anfertigen ließ, griff sie auf eine Sammlung von Lagen in ihrem Besitz zurück, die ihr gesamtes Œuvre umfasste und jeweils als Vorlage für das Kopieren genutzt wurde.[17] Für die Ausführung der Miniaturen erteilte sie den Buchmalern Anweisungen. Denn die Künstler setzten sich im Spätmittelalter in der Regel nicht mit Texten auseinander und entwarfen dann dazu Bilder; sie führten die gewünschten Miniaturen nach Instruktionen aus. Diese Anweisungen stammten im Falle der Werke der Christine de Pizan von der Autorin selbst. Sie waren für die Maler bestimmt, nicht für die Leser, weshalb sie meist nicht erhalten blieben. Diese Instruktionen wurden üblicherweise in flüchtiger Schrift an den Seitenrändern vermerkt und nach Vollendung der Bilder getilgt. Glücklicherweise blieb eine dieser Anweisungen erhalten. In Paris, Bibliothèque nationale de France, ms. fr. 603 liest man auf fol. 127v:

Histoire doit estre en cest espace qui la veult faire en livre et doit estre sicomme une gra[n]t salle comme se elle fust painte et portrait te autour d'istoires de batailles et de roys et roynes a deux rencs.[18]	An dieser Stelle soll jener, der ein Buch herstellen will, ein Bild einfügen, und es soll einen großen Saal darstellen, der rundum in zwei Reihen mit Malereien und Darstellungen von Schlachten, Königen und Königinnen geschmückt ist.

Diese Instruktion wurde vom Schreiber irrtümlich mit roter Tinte am Ende der linken Spalte ausgeführt, als ob es sich um eine Rubrik vor der den vierten Teil in der rechten Spalte eröffnenden Miniatur handeln würde. Dieser Fehler belegt, dass Christine de Pizan die Maleranweisungen in abweichender Tintenfarbe in ihrer Lagensammlung vermerkt hatte und zwar nicht als Randbemerkungen, sondern im Text.

Wie präzise sich der Buchmaler an die Anweisung hielt, sieht man an den entsprechenden Miniaturen in den frühesten Exemplaren des ‚Livre de la mutacion de Fortune', beispielsweise in ex-Phillipps 207 auf fol. 54r (Abb. 1). Der Meister der Epistre Othea gestaltete einen großen Saal, an dessen freskierter Wand in zwei Zonen eine Schlacht neben einer Stadt und gekrönte Personen auf Thronen zu sehen sind. Der Raum ist leer, die Bodenplatten zeigt der Maler kühn verwirbelt.[19]

Die Buchmaler richteten sich zwar nach den Anweisungen, nutzten dabei aber – wo immer das möglich war – andere Bildvorlagen und transferierten daraus einzelne Elemente. Für die Darstellung des Schlosses der Fortuna boten sich in Paris zu Beginn

---

17 Das wird seit den Arbeiten von James LAIDLAW weitgehend akzeptiert. Christine de Pizan nahm an dieser Lagensammlung immer wieder Korrekturen und Veränderungen vor. Kopien nach diesem Exemplar spiegeln deshalb die jeweils aktuelle Version wider; vgl. dazu vor allem: James LAIDLAW, Christine de Pizan – a Publisher's Progress, in: Modern Language Review 82 (1987), S. 37–75.
18 Paris, Bibliothèque nationale de France, ms. fr. 603, fol. 127v. – Deutsche Übersetzung des Autors.
19 In den beiden späteren Handschriften (München, Bayerische Staatsbibliothek, Cod. gall. 11, fol. 53r und Paris, Bibliothèque nationale de France, ms. fr. 603, fol. 128r) präsentierte der Meister der *Cité des dames* im Saal der Fortuna, der von der Stirnseite aus dargestellt ist, wodurch die Fresken beider Längswände zu sehen sind, auch Christine de Pizan. Im Pariser Manuskript wird die Dichterin von zwei Hündchen begleitet. An der linken Wand sind die Fresken in drei Streifen gegliedert.

Abb. 1: Der Saal im Schloss der Fortuna; Privatbesitz, ex-Phillipps 207, fol. 54r.

des 15. Jahrhunderts als Quelle Miniaturen zum ‚Roman de la Rose' an. Dort wird das Gebäude folgendermaßen beschrieben:

Une roche est en mer seianz,	Ein Felsen liegt im Meer,
Bien parfont, ou milieu laienz,	tiefgegründet, in der Mitte drin,
Qui seur la mer en haut en lance,	der hoch über das Meer hinausragt,
Contre cui la mer grouce e tence.	gegen den das Meer grollt und kämpft.
[...]	[...]
En haut, ou chief de la montaigne,	Oben, auf der Spitze des Berges,
Ou pendant, non pas en la plaigne,	am Hang und nicht auf der Ebene,
Menaçant toujourz trebuichance,	stets vom Ruin bedroht
Preste de recevoir cheance,	und bereit, einzustürzen,
Descent la maison de Fortune;	steigt das Haus der FORTUNA herab;
[...]	[...]
L'une partie de la sale	Der eine Teil der Halle
Va contremont, e l'autre avale;	steigt nach oben, der andere senkt sich;
Si semble qu'el deie choeir,	und es sieht so aus, als ob sie einstürzen müßte,
Tant la peut l'en pendant voeir;	so sehr kann man sie hängen sehen;
N'onc si desguisee maison	ein so außergewöhnliches Haus hat,
Ne vit, ce cuit, onques mais on.	glaube ich, niemals jemand gesehen.
Mout reluist d'une part, car gent	Auf der einen Seite glänzt es sehr, denn sehr schön
I sont li mur d'or e d'argent.[20]	sind dort die Mauern von Gold und Silber.

---

20 ‚Roman de la Rose', Verse 5921–5924, 6079–6083 und 6093–6100, zitiert nach: Guillaume de Lorris und Jean de Meun, Der Rosenroman, hrsg. v. Karl A. Ott (Klassische Texte des romanischen Mittelal-

Seit dem Ende des 13. Jahrhunderts wird die *Maison de Fortune* durchaus textkonform auf Miniaturen zum ‚Roman de la Rose' als Gebäude auf einer Insel mit einer baufälligen linken und einer stattlichen rechten Seite gezeigt. Noch Anfang des 15. Jahrhunderts konnten Buchmaler an diese damals ungebrochene ikonographische Tradition anschließen.

Bereits Christine de Pizans Schilderung des Schlosses der Fortuna im ‚Livre de la mutacion de Fortune' ist von der Beschreibung im ‚Roman de la Rose' beeinflusst. Die Autorin wetterte zwar in einem Briefwechsel mit Pariser Gelehrten auf das heftigste gegen dessen Frauenfeindlichkeit,[21] die Werke der Dichterin belegen aber, dass sie den ‚Roman de la Rose' nicht nur sehr gut kannte, sondern sich von ihm auch inspirieren ließ.

Die Maleranweisung zur Miniatur zum Beginn des zweiten Teils der ‚Mutacion de Fortune' blieb nicht erhalten. Es ist aber davon auszugehen, dass der Buchmaler sie ähnlich getreu umsetzte wie die Instruktion für die Darstellung des Saales.

In den vier frühen Kodizes legte der Meister der Epistre Othea beim Bild, das das Schloss der Fortuna zeigt, den Akzent nicht auf die bildliche Umsetzung der Beschreibung des Gebäudes auf einem Felsen im Meer, die im ersten Kapitel des zweiten Teils zu finden ist, sondern auf den Empfang, der den Glücklichen zuteil wird, die zur Brücke und zum Tor gelangt sind, an dem Richesse und Eur warten (Abb. 2).

Damit wird vor allem gezeigt, was im dritten Kapitel geschildert wird. Dadurch verliert auch das Meer des Lebens, auf dem die Menschen ihren Weg suchen müssen, seine Bedrohlichkeit. Statt den Betrachter mit Schroffheit, Ausgesetztheit, Instabilität und Wandelbarkeit zu beeindrucken, wird verführt und gelockt: Eur bereitet den Ankömmlingen einen freundlichen Empfang – und wer würde nicht gerne von Richesse auf der Brücke vor dem Tor begrüßt werden? Die Insel der Fortuna erscheint keineswegs abweisend, man könnte eher von einem einladenden Schloss am Meeresstrand sprechen. Es ist weder ein Felsen noch sind die vier Ketten zu sehen. Alles scheint den Glücklichen möglich zu sein; prächtig ausstaffiert verlassen sie das Schiff. Nichts weist darauf hin, dass sie eine mühevolle Fahrt hinter sich haben.

Die Miniaturen im Brüsseler Kodex[22] und im heute in Chantilly gehüteten Manuskript[23] zeigen das Meer ruhig, die Schiffe gleiten scheinbar ungehindert über die spiegelglatte See. Von einer gefahrvollen Reise über das Meer des Lebens ist nichts zu sehen. Auf dem Bild im Den Haager Kodex[24] ist das Wasser bewegt, die Schiffe nähern

---

ters in zweisprachigen Ausgaben, Band 15, I), München 1976, S. 360 und S. 368. – Deutsche Übersetzung ebd., S. 361 und S. 369.

21 Über die berühmte ‚Querelle du roman de la Rose' gibt der Briefwechsel Auskunft, den Christine de Pizan unter dem Titel ‚Epistres sur le roman de la Rose' als eigenständiges Werk zusammenfasste.

22 Brüssel, Bibliothèque Royale, ms. 9508, fol. 14r.

23 Chantilly, Musée Condé, ms. 494, fol. 13r.

24 Den Haag, Koninklijke Bibliotheek, 78 D 42, fol. 13r; in der Handschrift in Privatbesitz fehlt die entsprechende Miniatur.

Abb. 2: Das Schloss der Fortuna; Den Haag, Koninklijke Bibliotheek, 78 D 42, fol. 13r. Foto: Den Haag, Koninklijke Bibliotheek.

sich aber ohne Mühe der Brücke, an der Eur die Ankömmlinge in Empfang nimmt. Allein schon die Positionierung der Figuren lässt keinen Zweifel daran, dass alle drei Miniaturen nach demselben Entwurf ausgeführt wurden. Das ikonographische Vorbild des ‚Roman de la Rose' ist in allen präsent. Da sich der Meister der Epistre Othea an die Instruktionen der Christine de Pizan hielt, muss die positive Sicht dieses letztlich sehr fragwürdigen Aufenthaltsortes von der Autorin selbst beabsichtigt gewesen zu sein.

Der Künstler, der für die Miniaturen zur nachgetragenen ‚Mutacion de Fortune' im ‚Livre de Cristine'[25] verantwortlich war, konnte ohne Zweifel die Entwürfe des Meisters der Epistre Othea als Vorlagen nutzen. Auch darauf wird das Schloss der Fortuna nicht auf einem exponierten Eiland im offenen Meer, sondern von einem Wasserlauf umströmt gezeigt.

In einer der etwa 1411 ebenfalls unter der Aufsicht der Christine de Pizan entstandenen Handschriften (Paris, Bibliothèque nationale de France, ms. 603, fol. 91r) präsentierte der Meister der Cité des dames das Schloss der Fortuna am Beginn des zweiten Teils des ‚Livre de la mutacion de Fortune' im Wesentlichen wieder in der von den früheren Kodizes vertrauten Weise, variierte aber einige Details (Abb. 3): Von einer Brücke, die zum Tor führt, an dem Dame Reichtum wartet, ist nun nichts mehr zu sehen; stattdessen gehen von der Insel schräg nach oben vier Ketten aus, bei denen nicht erkennbar ist, wo sie verankert sind. Wieder reicht Eur einem der per

---

[25] Chantilly, Musée Condé, ms. 493, fol. 244v.

Abb. 3: Das Schloss der Fortuna; Paris, Bibliothèque nationale de France, ms. 603, fol. 91r. Foto: Paris, Bibliothèque nationale de France.

Schiff Angekommenen die Hand. Die Figurengruppe wird diesmal im Vergleich mit den früheren Miniaturen gespiegelt gegeben.

Die vier Ketten stellen eindeutig eine Verbesserung der Bildaussage im Sinne einer größeren Nähe zum Text dar. Diese Ergänzung geht ohne Zweifel auf eine Adaption der Malerinstruktion durch Christine de Pizan zurück und nicht auf eine genaue Auseinandersetzung des Künstlers mit dem Text. Denn betrachtet man die Miniatur genauer, wird klar, dass der Maler die Vorlage nicht ganz verstanden hatte: Die schräg nach oben gespannten Ketten verleiteten ihn zur Annahme, dass das Schloss frei über dem Wasser hängen würde, setzte er doch das Blau des Himmels zwischen dem Rund der Insel und dem Meer fort. Aus dem auf einer Insel errichteten Gebäude wird dadurch ein Luftschloss über der See – wohl eine der originellsten Arten, wie man am Wasser bauen kann!

Auf der Miniatur zum zweiten Teil des ‚Livre de la mutacion de Fortune' im heute in München in der Bayerischen Staatsbibliothek aufbewahrten, etwa 1411 entstandenen Kodex[26] präsentierte derselbe Maler das Schloss der Fortuna in völlig anderer

---

26 München, Bayerische Staatsbibliothek, Cod. gall. 11, fol. 13r.

Abb. 4: Das Schloss der Fortuna; München, Bayerische Staatsbibliothek, Cod. gall. 11, fol. 13r. Foto: München, Bayerische Staatsbibliothek.

Weise (Abb. 4): Sie zeigt die exponierte Lage des Gebäudes auf einem Felsen über dem von Stürmen aufgewühlten Meer. An den beiden Toren des Schlosses erkennt man rechts die Herrin dieses Anwesens, Fortuna, links davon die Dame Richesse und den Jüngling Eur, der einen Lorbeerkranz in Händen hält. Vier Ketten sichern das instabil auf dem Felsen errichtete Bauwerk, ohne dass man erkennen könnte, wo sie ihren Ausgang nehmen. Drei Schiffe sind auf der – wie die Wellen zeigen – sehr bewegten See zu erkennen, dem Meer des Lebens, auf dem die Menschen den Launen des Schicksals ausgesetzt sind. Eindrucksvoll kommen auf der Miniatur die Gefährlichkeit dieser Fahrt zum Ausdruck und die Schwierigkeit, an die ersehnte Pforte beim Schloss der Fortuna zu gelangen. Kein Hafen bietet den Schiffen Schutz, kein Weg führt durch die Felschründe nach oben.

Da dem Meister der Cité des dames bei der Ausführung der Miniatur im Pariser Manuskript derartige Fehler unterliefen, ist ihm auch die frappierend textkonforme

Version im Münchner Kodex ohne präzise Instruktionen der Christine de Pizan nicht zuzutrauen. Wann die Autorin diese verfasste, ist unbekannt; wahrscheinlich wurde der entsprechende Entwurf nicht erst für die 1411 gemalte Miniatur geschaffen, sondern vielleicht bereits als mögliche Variante für das Bild in den vier frühesten Exemplaren konzipiert.

In jedem Fall entschied sich Christine de Pizan anfänglich dafür, der positiveren Sicht den Vorzug zu geben. Das Schloss der Fortuna wird auf den Miniaturen der früheren Kodizes einladend und freundlich präsentiert. Es scheint nicht sonderlich schwierig zu sein, über das Meer zur Brücke und zum Tor zu gelangen, wo Dame Reichtum und Eur warten.

Für die beiden späteren Kodizes verzichtete Christine de Pizan in zwei Schritten auf diese optimistische Sicht: Die Ketten, die aus dem Raum jenseits des Rahmens ins Bild reichen und eigentlich der Sicherung der Burg dienen sollen, machen die Fragilität und Gefährdung dieses Bauwerks am Wasser sichtbar. Der einfache Zugang über eine Brücke ist nicht mehr möglich. Im Pariser Kodex ist die See aber noch spiegelglatt und das Schloss der Fortuna scheint nicht sonderlich weit vom Land entfernt zu sein.

Der Münchner ‚Livre de la mutacion de Fortune' präsentiert eine sehr pessimistische Sicht: Ob eines der drei Schiffe je zur Insel gelangen wird, ist fraglich. Reichtum und Glück locken nicht mehr so einladend und freundlich. Die Bedrohlichkeit des Meeres des Lebens kommt in diesem Kodex eindrucksvoll zum Ausdruck.

Christine de Pizan erteilte dem Meister der Epistre Othea Instruktionen, nach denen er Entwürfe für die Miniaturen zum ‚Livre de la mutacion de Fortune' erstellte. Die Entwürfe blieben im Besitz der Dichterin und fanden auch für die Illustrationen späterer Kodizes Verwendung. Die Instruktionen waren auf den Lagen im Besitz der Autorin vermerkt, nach denen die Handschriften jeweils kopiert wurden. Christine de Pizan präzisierte fallweise die Anweisungen (beispielsweise bezüglich der Ketten).

Für die Darstellung des Schlosses der Fortuna gab es zwei Entwürfe, die beide auf Instruktionen der Dichterin zurückgehen. Christine de Pizan selbst traf die Entscheidung, welche Variante gewählt werden sollte. Die zunehmend pessimistischere Sicht der Autorin spiegelt möglicherweise die politischen Veränderungen wider. Herrschte Ende 1403, Anfang 1404 ein trotz ständiger Streitigkeiten zwischen den Herzögen königlichen Geblüts fragiler Frieden, stand Frankreich 1411 im Zeichen der kriegerischen Auseinandersetzung zwischen Armagnacs und Bouguignons. Dass der Meister der Cité des dames in einer der beiden späten Handschriften das Schloss der Fortuna nicht von Wogen umspült, sondern über den Wassern schaukelnd präsentierte, belegt, dass der Künstler nach Instruktionen arbeitete und die Miniatur nicht nach eingehendem Textstudium gestaltete.

Wassertiere in der Literatur

Sabine Obermaier (Mainz)
Wassertiere. Mittelalterliche Denkfiguren zur Erfassung einer unbekannten Welt

Abstract: The following introduction begins with a discussion of the concept of 'aquatic animals' (with a sideways glance at the work of the *animaliter* research project*). Next I explore how familiar (or unfamiliar) medieval people were with aquatic fauna and how familiar (or unfamiliar) modern scholars are with medieval aquatic fauna; finally, I focus on the modes of thought used by medieval people in their attempt to come to terms with the phenomena discussed.

Keywords: Wassertiere, Forschungsbericht, Denkfiguren, Fremdheit

1 Warum „Wassertiere"?

„Wassertiere" – das ist aus heutiger Sicht gewiss keine korrekte biologische Klassifikationskategorie. Das Mittelalter aber teilt – neben anderen Entwürfen, hier Plinius folgend – die Lebewesen nach ihrem elementaren Lebensraum (Erde, Luft, Wasser) ein: Tiere, die „in Meeren, Flüssen und stehenden Gewässern leben"[1] sind ‚Wassertiere'. Das Wasser ist dabei ihrem Namen bereits eingeschrieben: sie heißen *aquatilia* oder *aquatica*,[2] wenn man sie nicht einfach *pisces* nennt, was allerdings bei weitem

---
* Informationen zum *animaliter*-Projekt: http://www.animaliter.info.
1 So die Umschreibung des C. Plinius Secundus, Naturalis Historia, hrsg. u. übers. v. Roderich KÖNIG u. Gerhard WINKLER, München 1979, IX,1,1: [animalia] *aequorum, amnium stagnorumque*.
2 Sie heißen *aquatilia* z. B. bei Plinius (Anm. 1, Buch IX,7,23 u. ö.), *aquatica* z. B. bei Albertus Magnus, De animalibus libri XXVI, hrsg. v. Hermann STADLER, 4 Bde., Münster 1916–1920, XXIV,1. Das mhd. Wort *wazzertier* ist offenbar nur belegt bei Konrad von Megenberg, Das ‚Buch der Natur', hrsg. v. Robert LUFF u. Georg STEER, Tübingen 2003: BdN I.11: 37,4; I.27: 46,22; II.31: 126,25; III.A.0: 139,6; III.C.1: 257,15; III.C.9: 261,23. In Konrads Vorlage, der Redaktion III des ‚Liber de rerum naturis' des Thomas von Cantimpré, hrsg. von der Projektgruppe B2 des SFB 226 Würzburg-Eichstätt unter Leitung von Benedikt Konrad VOLLMANN, o. O. 1992 [Masch., Arbeitstext], steht an diesen Stellen meist *aquatilia*, aber nicht ausschließlich (vgl. Thomas III, S. 187,3 f.: *animalia que in aqua manent*; 79,2: *aquosum*; ohne Entsprechung: S. 139,6).

mehr umfasst als ‚Fische'³ und von denen die *monstra marina*, die ‚Seeungeheuer', bisweilen explizit geschieden werden.⁴

Wassertiere als „unbekannte Welt"? Sind Wassertiere im Mittelalter wirklich eine „unbekannte Welt"? Wer angelt oder mit Fisch handelt, wer Fisch zubereitet oder isst, wer am Meer, an einem Fluss oder einem See lebt, dürfte zumindest mit dem für ihn sichtbaren Teil der (regionalen) Wasserfauna recht gut vertraut sein.⁵ Eine „unbekannte Welt" dürfte die Wasserfauna jedoch für Menschen sein, die keinen unmittelbaren Zugang zu einem Gewässer haben; lediglich die Lebewesen aus den Tiefen des Meeres kennt noch niemand, da man noch nicht so tief taucht.⁶ Für diesen Unterschied symptomatisch ist die Diskrepanz im Umgang mit Wassertieren bei Konrad von Megenberg:⁷ Während Konrad in seiner ‚Yconomica' gut identifizierbare (Donau-) Fische beschreibt und sogar deren Geschmack beurteilt,⁸ enthalten die (nahezu ausschließlich auf Buchwissen gestützten) Wassertier- und Meerwunder-Kataloge aus seinem ‚Buch der Natur' (BdN III.C und III.D) viele schwer identifizierbare Wassertiere (z. B. den *chainviſch*, der möglicherweise Resultat eines Lesefehlers ist) sowie eine Reihe von Phantasiewesen (z. B. den Meermönch, die Sirene, die Nereide). Inventar

---

3 Vgl. Isidor von Sevilla, Etymologiarum sive originum libri XX, hrsg. v. Wallace M. LINDSAY, Oxford 1911, ND Oxford 1987, XII,6; Hrabanus Maurus, De Universo libri viginti duo, in: Patrologiae Cursus Completus [...]. Series secunda, Tomus CXI, hrsg. v. Jean-Paul MIGNE, Paris 1852, VIII,5; Alexander Neckam, De naturis rerum libri duo, hrsg. v. Thomas WRIGHT, London 1863, II,22–46; Bartholomaeus Anglicus, Liber de proprietatibus rerum, Frankfurt / M. 1601, ND Frankfurt / M. 1964, XXVI; Thomas von Cantimpré, Liber de natura rerum, hrsg. v. Helmut BOESE, Berlin 1973, VII; Vinzenz von Beauvais, Speculum naturale, Douai 1624, ND Graz 1964, XVII.

4 Ein eigenes Kapitel erhalten die *monstra marina* bei Thomas von Cantimpré (Anm. 3), VI; eigens genannt werden sie bei Alexander Neckam (Anm. 3), II,25, und bei Vinzenz von Beauvais (Anm. 3), XVII: *de piscibus, & monstris marinis*.

5 Von guten Kenntnissen über die Fische aus Rhein und Nahe zeugt z. B. das ‚Fischbuch' Hildegards von Bingen; s. Peter RIETHE, Einleitung, in: Hildegard von Bingen, Das Buch von den Fischen. Nach den Quellen übers. u. erl. v. DEMS., Salzburg 1991, S. 11–51, hier S. 36–41, und Ludwig GEISENHEYNER, Über die Physica der heiligen Hildegard von Bingen und die in ihr enthaltene älteste Naturgeschichte des Nahegaus, in: Berichte über die Versammlungen des Botanischen und des Zoologischen Vereins für Rheinland-Westfalen, Bonn 1911, S. 49–72, hier S. 67.

6 Literarisch geworden ist der Traum vom Tiefseetauchen im Alexanderroman.

7 Darauf hat bereits Sabine KRÜGER, Fische im „Buch der Natur" und in der „Oeconomica" des Konrad von Megenberg. Ein Beitrag zur Zoologie im Mittelalter, in: Die Naturwissenschaften 54 (1967), H. 11, S. 257–259, hier S. 258, hingewiesen. Es gibt nur fünf Übereinstimmungen: Hecht, Hausen, Stör, Aal und Flusskrebs.

8 Konrad von Megenberg, Werke / Ökonomik (Buch 1), hrsg. v. Sabine KRÜGER, Stuttgart 1973, I,4, 10,3, S. 324–329: *truta / vorha* – Forelle, *cynna / grua* – Zinne, *scretulus* – Schrätzel, *persicus* – Flussbarsch, *lucius* – Hecht, *barbatus* – Barbe, *carpo* – Karpfen, *alto* – Alten (m), *naso* – Nas / Näsling, *asca* – Äsche, *esox* – Hausen, *sturio* – Stör, *sleya* – Schleie, *angwilla* – Aal, *lampreda / murena* – Lamprete, *rupa* – Aalgruppe, *cephala* – Gruppe, *grassulus* – Gressling, *fundula* – Gründling, *cancer* – Flusskrebs.

wie Beschreibungsmodus von Wassertieren sind demnach nicht nur personenabhängig, sondern auch diskursgebunden: Kochbücher und diätetische Ratgeber sprechen anders über und über andere Wassertiere als Bestiarien und Naturenzyklopädien oder auch als medizinische Literatur und Reiseberichte – das ist nicht allzu überraschend.

Insofern wundert es auch nicht, dass eine übergreifende Studie, die die Welt der Wassertiere im Ganzen zu erfassen sucht, noch aussteht.[9] Dafür sind einzelne Teilbereiche recht gut erforscht, so z. B. die (früh)christliche Fischsymbolik,[10] das mittelalterliche Fischereiwesen und der Fischhandel,[11] die Rolle von Fisch als Nahrungsmittel[12] sowie die Bedeutung von Wassertieren in Bibel, Bestiarien und Naturenzyklopädien.[13] Beliebt als Forschungsthema sind auch die Seeungeheuer.[14] Rarität sind dagegen Monographien zu Symbolik und Funktion von Wassertieren in der Lite-

---

9 Die Fülle und Vielfalt der Wassertiere erschweren einen systematischen Zugriff. Allerdings gibt es inzwischen eine Reihe von instruktiven Sammelbänden, die die Wasserfauna gebührend berücksichtigen: Alberto GULLÓN ABAO, Arturo MORGADO GARCÍA u. José Joaquín RODRÍGUEZ MORENO (Hgg.), El mar en la historia y en la cultura, Cádiz 2013, Kap. „Las criaturas del mar"; Chantal CONNOCHIE-BOURGNE (Hg.), Mondes marins du Moyen Âge. Actes du 30ᵉ colloque du CUER MA. 3, 4 et 5 mars 2005 (Sénéfiance 52), Aix-en-Provence 2006; Danièle JAMES-RAOUL u. Claude THOMASSET (Hgg.), Dans l'eau, sous l'eau. Le monde aquatique au Moyen Âge (Cultures et civilisations médiévales 25), Paris-Sorbonne 2002, Kap. „Poissons et autres créatures aquatiques".
10 Alois HAAS, Ichthys. Fischsymbolik im frühen Christentum, in: Paul MICHEL (Hg.), Tiersymbolik (Schriften zur Symbolforschung 7), Bern u. a. 1991, S. 77–89; noch immer grundlegend: Franz Joseph DÖLGER, ICHTHYS, 5 Bde., Münster 1922–1957.
11 Angelika LAMPEN, Fischerei und Fischhandel im Mittelalter. Wirtschafts- und sozialgeschichtliche Untersuchungen nach urkundlichen und archäologischen Quellen des 6. bis 14. Jahrhunderts im Gebiet des Deutschen Reichs (Historische Studien 461), Husum 2000; DIES., Stadt und Fisch. Konsum, Produktion und Handel im Hanseraum der Frühzeit, in: Vierteljahresschrift für Sozial- und Wirtschaftsgeschichte 87 (2000), S. 281–307. S. auch den Sammelband von Michael A. ASTON (Hg.), Medieval Fish, Fisheries and Fishponds in England (British Archaeological Reports, British Series 182), 2 Bde., Oxford 1988.
12 Ernst SCHUBERT, Essen und Trinken im Mittelalter, Darmstadt 2006, Erster Teil, Kap. 6 und 7; Anne SCHULZ, Essen und Trinken im Mittelalter (1000–1300). Literarische, kunsthistorische und archäologische Quellen (Ergänzungsbände zum Reallexikon der germanischen Altertumskunde 74), Berlin u. a. 2001 (s. Register).
13 Francisco Javier MACIAS CÁRDENAS, Los animales marinos en los bestiarios medievales, in: El mar en la historia y en la cultura (Anm. 9), S. 159–170; Llúcia MARTÍN, Aquatic Animals in the Catalan Bestiari, in: Reinardus 21 (2009), S. 124–143; Claude THOMASSET, De la Bible à Albert le Grand, in: Dans l'eau, sous l'eau (Anm. 9), S. 59–77; Danièle JAMES-RAOUL, Inventaire et écriture du monde aquatique dans les bestiares, in: Dans l'eau, sous l'eau (Anm. 10), S. 175–226.
14 Chet VAN DUZER, Seamonsters on Medieval and Renaissance Maps, London 2013 [dt. Ausgabe: Darmstadt 2015]; Marina CAMINO CARRASCO, Los monstruos marinos en Plinio el Viejo, in: El mar en la historia y en la cultura (Anm. 9), S. 145–158; Marylène POSSAMAI, Monstres marins dans la littérature médiévale: mythologies et allégories, in: Mondes marins du Moyen Âge (Anm. 9), S. 389–404; Sylvie BAZIN-TACCHELLA, Merveilles aquatiques dans les récits de voyage de l'époque médiévale, in: Dans l'eau, sous l'eau (Anm. 9), S. 79–120.

ratur jenseits der Bestiarien und Naturenzyklopädien.[15] Nur wenige einzelne Wassertiere sind bislang genauer untersucht;[16] in unterschiedlicher Breite sind Wassertiere auch in den einschlägigen Lexika zu Tiersymbolik und geistlicher Tierdeutung vertreten.[17] In der mediävistischen Forschung sind Wassertiere durchaus noch ein gutes Stück „unbekannte Welt".

2 „Denkfiguren" zur Erfassung von Wassertieren

Auch die folgenden vier Beiträge können die großen Forschungslücken in diesem Bereich nicht schließen. Konzentriert auf Diskurse, in denen die Fremdheit der Wasserfauna im Vordergrund steht, erschließen sie jedoch eine Reihe von Denkfiguren, mit denen das Mittelalter sich die unbekannte Welt der Wassertiere vertraut zu machen sucht.

---

15 Für den französischen Bereich grundlegend (leider bisher nicht publiziert): Cécile LE CORNEC RO-CHELOIS, Le poisson au Moyen Âge: savoirs et croyances, [Diss. masch.] Paris 2008; s. aber auch die einzelnen Beiträge in: Mondes marins du Moyen Âge (Anm. 9); für die deutschsprachige Literatur gibt es nichts Vergleichbares, nur: Joseph KOCH, Das Meer in der mittelhochdeutschen Epik, Münster 1910, Kap. IV: Meeresgestalten, Seefauna und -flora.

16 Aal: Cécile LE CORNEC, L'anguille dans les textes scientifiques et littéraires médiévaux: Animal hybride et poisson de la gula, in: Reinardus 21 (2009), S. 98–114; Barnickelgans: Edward HERON-ALLEN, Barnacles in Nature and in Myth, Cambridge 1928; Biber: Bryony COLES, Beavers in Britain's Past, Oxford 2006 [archäologisch]; Flusspferd: Sabine OBERMAIER, Antike Irrtümer und ihre mittelalterlichen Folgen: Das Flusspferd, in: Jochen ALTHOFF, Sabine FÖLLINGER u. Georg WÖHRLE (Hgg.), Antike Naturwissenschaft und ihre Rezeption. Bd. 21, Trier 2011, S. 135–179; Hering: Kurt JAGOW, Kulturgeschichte des Herings, Langensalza 1920; Robert DELORT, Le hareng, in: DERS., Les animaux ont une histoire, Paris 1984, S. 285–313; Karpfen: Paul BENOIT, La carpe dans l'occident médiéval, in: Dans l'eau, sous l'eau (Anm. 9), S. 227–236; Krokodil: George C. DRUCE, The Symbolism of the Crocodile in the Middle Ages, in: Archaeological Journal 66 (1909), S. 311–338; Neunauge / Lamprete: Clara WILLE, Murena id est Lampreda. Quelques observations lexicologiques et culinaires, in: Reinardus 20 (2007), S. 170–187; Pelikan: Christoph GERHARDT, Die Metamorphosen des Pelikans. Exempel und Auslegung in mittelalterlicher Literatur. Mit Beispielen aus der bildenden Kunst und einem Bildanhang (Trierer Studien zur Literatur 1), Frankfurt / M. u. a. 1979; Sirene: Jacqueline LECLERCQ-MARX, La sirène dans la pensée et dans l'art de l'Antiquité et du Moyen Age, Brüssel 1997, ND 2002; Wal: Hélène CAMBIER, La baleine au Moyen Âge. Traditions textuelles et iconographiques [i. E.]. (Diese Übersicht kann selbstverständlich keinen Anspruch auf Vollständigkeit erheben).

17 Gaston DUCHET-SUCHAUX u. Michel PASTOUREAU, Le bestiaire médiéval. Dictionnaire historique et bibliographique, Paris 2002 (zu: Aal, Biber, Frosch, Hering, Pelikan, Sirene, Wal); Dom Pierre MIQUEL, Dictionnaire symbolique des animaux, Paris 1992 (zu: Auster, Biber, Fisch, Flusspferd, Frosch, Krokodil, Muschel, Pelikan, Polyp, Schwamm, Schwan, Wal); Dietrich SCHMIDTKE, Geistliche Tierinterpretation in der deutschsprachigen Literatur des Mittelalters (1100–1500), 2 Bde., Diss. Berlin 1968 (zu: Afforus, Aureum vellus, Canis maris, Cetus [Wal], Echinus, Ente, Fisch, Fisch mit acht Armen [Polyp], Frosch, Gans, Granus, Hecht, Hydra, Hydrus, Kalaos, Krebs, Leo marinus, Meauca, Meerochse, Monachus, Möve, Muräne, Muschel, Natrix, Schwan, Scolopendra, Serra, Serta, Sirene, Talpa, Taucher, Testeum, Wal [cetus]).

1. Parallelisierung und Analogisierung: Der (ursprünglich antike) Gedanke, dass jedes Lebewesen auf der Erde ein ihm entsprechendes Komplement im Wasser habe, ist eine der Denkfiguren, die es ermöglichen, sich die oft unbekannte Wasserfauna – über ihre Analogie zur Erdfauna – ein Stück weit vertrauter, ja überhaupt erst begreifbar zu machen (vgl. den Beitrag von Jacqueline LECLERCQ-MARX). Allerdings bringt diese Denkfigur auch eine Reihe von neuen, rein ‚enzyklopädisch' bleibenden Wassertieren überhaupt erst hervor: Thomas HONEGGERS ‚Wasserdrache' ist nur ein Beispiel dafür. Seine Existenz verdankt er allein „to the medieval encyclopaedist's desire for categorization".[18]
2. Kategorisierung und Klassifikation: Das Mittelalter macht sich unbekannte (Wasser-)Tiere begreifbar, indem es sie in bekannte Kategorien einordnet oder an bekannte Tiere bzw. Tierklassen anschließt (was übrigens auch dort geschieht, wo Wassertiere als ‚Landtiere im Wasser' dargestellt werden).[19] Das ausgeprägte Kategorisierungs- und Klassifikationsbedürfnis kann im Resultat aber auch dafür sorgen, dass die Konzepte der in Frage stehenden Tiere offen bleiben (so sind z. B. die Grenzen des ‚Wasserdrachen' zum *draco terrestris* und *aeris*, aber auch zur Seeschlange oder zum Leviathan fließend).[20]
3. Monstrifizierung und Kreation von ‚neuen' Monstern: Mit Denkfiguren wie der Parallelisierung / Analogisierung sowie der Kategorisierung / Klassifizierung werden bisweilen – wie bereits angedeutet – die bizarren Hybridwesen und Seemonster überhaupt erst geschaffen: Es entstehen Wesen, die nur in ihren Einzelteilen denk- und verstehbar sind, jedoch als Ganzes die Meeresfauna wieder fremd und unheimlich erscheinen lassen. Die Denkfigur der Monstrifizierung betrifft aber nicht nur die Hybridwesen, die aufgrund der Parallelisierung von Erd- und Wasserfauna entstanden sind; wir finden sie auch bei Tieren, die man nur aus der (antiken) Literatur kennt und deren reale Referenz (weitgehend) unbekannt ist, so z. B. beim Krokodil oder beim Flusspferd.[21] Insofern solche

---

18 S. HONEGGER, in diesem Band, S. 521–531.
19 Ähnlich verhält es sich beim Krokodil, das man – selbst wenn man wie Symon Simeonis (fl. 1322) ein reales Exemplar vor Augen hat – an den fabulösen Drachen anschließt (dies hat Richard TRACHSLER in seinem im Rahmen der Sektion ‚Wassertiere' am Mediävistensymposium gehaltenen, hier jedoch nicht publizierten Vortrag „Le Crocodile, cet inconnu" gezeigt). Vergleichbar ist auch der Umgang mit dem Flusspferd in den mittelhochdeutschen Alexanderromanen, s. OBERMAIER (Anm.16), S. 149–151, 154.
20 Ein ähnliches Phänomen lässt sich beim *porcus marinus* beobachten, der je nach Kontext und Interpret mit dem ‚Thunfisch', so bei KRÜGER (Anm. 7), S. 258, mit dem ‚Schweinswal' bzw. dem ‚Kleinen Tümmler', so bei RIETHE (Anm. 5), S. 37, 62, oder mit dem ‚Seehund', so bei GEISENHEYNER (Anm. 5), S. 67, identifiziert wird, sich aber in den Bildzeugnissen ganz und gar als Fabeltier präsentiert; s. das Bildmaterial bei Paul MICHEL, http://www.symbolforschung.ch/porcus+marinus (letzter Zugriff am 15. 02. 2016).
21 Nach Richard TRACHSLER (Anm. 19) erhält das Krokodil in der *Physiologus*-Tradition einen „statut surnaturel", indem es zu einem „monstre" transformiert wird. Auch das Flusspferd wird im mit-

Wassertiere aber als *monstra* eingeordnet werden können, werden sie wiederum denk- und verstehbar.

4. Multiplikation: Tiere, die man nicht oder nur begrenzt kennt, werden in mittelalterlichen Enzyklopädien gern ‚vervielfältigt'[22] – ein gutes Beispiel dafür ist der Wal (vgl. den Beitrag von Hélène CAMBIER): Mit *balena* wird das den Fischern und Küstenbewohnern bekannte Wassertier bezeichnet, das man am Meeresstrand real beobachten kann, mit *cetus* dagegen das rein imaginäre, wenn auch biblisch verbürgte riesengroße Seemonster.[23] Diese Denkfigur vergrößert aber auch das Wassertier-Inventar und unterstützt so den Eindruck von unüberblickbarer Fülle.

5. Mirabilisierung / Mythifizierung versus (Pseudo-)Rationalisierung: Hélène CAMBIER kann am Beispiel des Wals auch zeigen, wie das reale Tier durch den Verweis auf das imaginäre Tier ‚mirabilisiert', das imaginäre Tier aber durch den Verweis auf das reale Tier ‚rationalisiert' wird (dennoch kommt es nicht zu einer endgültigen Identifizierung von *cetus* mit *balena*). Dass naturgelehrte, rationale Einwände gegen einmal geschaffene Mythen nur schwer ankommen, insbesondere wenn sie sich in das theologische Weltbild des Mittelalters sehr gut einpassen,[24] zeigt das von Stephanie MÜHLENFELD präsentierte Beispiel der Barnikelgans. Die ätiologischen Mythen, die von der Dämonisierung bis hin zur Glorifizierung des ‚jungfräulichen' Tieres reichen, füllen nicht nur die Wissenslücke um die – nur ganz selten zu beobachtende – Vermehrung der – ansonsten gut bekannten – Barnikelgans, sondern machen den Wasservogel auf die *mirabilia* Gottes hin lesbar. Überdies bilden diese Mythen in den spätmittelalterlichen Reiseberichten die Vergleichsgrundlage für andere Fremdheitserfahrungen, die damit pseudo-rational als plausibel relativiert werden.

Kennzeichnend für alle diese Denkfiguren ist es, dass sie die Fremdheit, die sie auf der einen Seite zu minimieren suchen, auf der anderen Seite wiederum maximieren. Wassertier-spezifisch ist allerdings keine dieser Denkfiguren; man findet sie gene-

---

telhochdeutschen Alexanderroman zur Einschreibefläche für ein Fabeltier ganz eigener Art (s. dazu OBERMAIER [Anm. 16]), S. 152f., 155).

22 Mehrfachbenennung ein- und desselben Tieres findet sich z. B. auch beim Flusspferd, das bei Thomas von Cantimpré (Anm. 3) unter *ipothamus* (VI,28), *equus fluminis* (VI,20) und *equonilus* (VI,19) als jeweils anderes Tier beschrieben wird; dazu OBERMAIER (Anm. 16), S. 141. Bei Konrad von Megenberg wird der Delfin – sogar unter gleichem Namen – einmal unter den *merwundern* (BdN III.C.9) und einmal unter den *vifchen* geführt (BdN III.D.12), wobei betont wird, dass es sich um zwei verschiedene Tiere handelt: *Delphinus iſt ein vifch, der haizt delphin. Jdoch iſt er niht daz merwunder delphin, da von wir vor geſait haben. Der vifch iſt clainer denn daz ſelb merwunder, ſam Yſidorus ſpricht* (BdN III.D.12, 277,14–16).

23 S. CAMBIER, in diesem Band, S. 532–541.

24 Wir kennen Vergleichbares bei der Diskussion um die fehlenden Kniegelenke des Elefanten, mit dieser Stoßrichtung aufgearbeitet von Richard TRACHSLER, The Elephant's Knee-Caps and a New Dictionary of Medieval Animal Lore (Vortrag in der „animaliter"-Sektion, IMC Leeds 2008, bisher nicht publiziert).

rell im Umgang des Mittelalters mit exotischen Tieren[25] und mit Wundervölkern.[26] Wassertier-spezifisch sind aber die (im Vergleich zu anderen Tierklassen größeren) Benennungs-, Identifizierungs- und Klassifizierungsprobleme:[27] „Le poisson [und ich würde die Aussage vom Fisch auf das Wassertier allgemein ausdehnen] est l'animal le plus difficile à connaître et à nommer; son nom comme sa nature demeurent insaisissables."[28]

Die Ambivalenz, die dem Element Wasser als „symbole de vie et de mort"[29] zugeschrieben werden kann, prägt auch die Symbolik und Wertung der Bewohner des Wassers. So verkörpern die Wassertiere einerseits Fülle und Vielfalt,[30] Reichtum und Luxus,[31] andererseits werden sie als „inquietantes y terroríficos"[32] empfunden und erhalten gern „una valoración muy negativa".[33] Sie sind Teil jener ‚Anderwelt', die das Wasser repräsentiert oder durch Wasser begrenzt wird.[34] Insofern sind und bleiben sie für Landbewohner wie uns Menschen – trotz (wenn nicht gar: wegen) der genannten Denkfiguren – wohl immer ein Stück weit ‚Fremde'.

---

25 Marina MÜNKLER, Erfahrung des Fremden. Die Beschreibung Ostasiens in den Augenzeugenberichten des 13. und 14. Jahrhunderts, Berlin 2000, S. 156.
26 S. Rudolf SIMEK, Monster im Mittelalter. Die phantastische Welt der Wundervölker und Fabelwesen, Köln u. a. 2015, Kap. 8.
27 LE CORNEC ROCHELOIS (Anm. 15), S. 16 f.
28 LE CORNEC ROCHELOIS (Anm. 15), S. 688.
29 Claude LECOUTEUX, Les génies des eaux: un aperçu, in: Dans l'eau, sous l'eau (Anm. 10), S. 253–270, hier S. 253.
30 Schon der Genesis-Bericht erweckt nach THOMASSET (Anm. 13), S. 60, den Eindruck, „que Dieu peut produire des créatures de même espèce en nombre infini". Vgl. Israel SANTAMARÍA CANALES, Los animales marinos en el mundo griego, in: El mar en la historia y en la cultura (Anm. 10), S. 127–143, hier S. 129: „una fauna riquísima y muy abundante, repleta de especies de muy distinto tipo". Auch die Fischkataloge, die sich im mlat. ‚Ruodlieb', hrsg. v. Konrad Benedikt VOLLMANN, in: Frühe deutsche Literatur und lateinische Literatur in Deutschland 800–1150, hrsg. v. Walter HAUG und DEMS. (Bibliothek deutscher Klassiker 62, Bibliothek des Mittelalters 1), Frankfurt / M. 1991, S. 389–551, hier: X,39–48, oder im mhd. ‚Apollonius von Tyrus' des Heinrich von Neustadt, hrsg. v. Samuel SINGER (Deutsche Texte des Mittelalters 7), Dublin, Zürich 1967 (= ND d. Ausg. Berlin 1906), vv. 8886–8890, 18043–18056, finden, haben ebenfalls die Funktion, die Fülle und Vielfalt des jeweiligen Fischangebots zu dokumentieren.
31 LE CORNEC ROCHELOIS (Anm. 15), S. 512. Reichtum und Luxus akzentuieren auch die in Anm. 30 erwähnten Fischkataloge. Der „frische Fisch aus den Binnenseen" ist teuer, insbesondere der Hecht ist ein „ausgesprochener Luxusartikel", so SCHUBERT (Anm. 12), S. 128. Die billigeren und massenhaft konsumierten Arten wie Hering – dazu SCHUBERT (Anm. 12), Kap. 7 – und Kabeljau fehlen daher regelmäßig in Katalogen dieser Art.
32 MACIAS CÁRDENAS (Anm. 13), S. 163.
33 MACIAS CÁRDENAS (Anm. 13), S. 168. Allerdings betrifft dies in den Bestiarien (!), auf die sich MACIAS CÁRDENAS hier bezieht, nur einen kleinen Teil der Wassertiere; und Auslegungen *ad malam partem* sind in den Bestiarien natürlich nicht auf Wassertiere beschränkt. Im ‚Buch der Natur' Konrads von Megenberg (Anm. 2) aber werden Wassertiere wie Wassermonster in der Regel negativ ausgelegt.
34 Vgl. LECOUTEUX (Anm. 29), S. 261, 266 f.

Jacqueline Leclercq-Marx (Brüssel)
Une page d'histoire naturelle peu connue : les contreparties marines d'animaux terrestres dans la littérature didactique et encyclopédique

Abstract: Several English bestiaries of the 12th and 13th centuries contain an entire page which serves as an introductory illustration for the chapter devoted to fish, but depicts, amongst these fish, some quadrupeds whose bodies terminate in a large tail fin. Furthermore, a certain number of sea monsters are presented as the marine counterparts of certain terrestrial animals in most of the great encyclopediae and later treatises on natural history. Certain categories of human beings do not escape this phenomenon since there is also mention, in the same sources, of the 'sea monk' (*monachus marinus*) and the 'sea knight' (*miles marinus*) whose dual nature, at once human and animal, is described and often depicted without ambiguity. I propose to recall the origin of this tradition and to show how bestiaries and encyclopedias contributed to it.

Keywords: animaux aquatiques, bestiaires, encyclopédies, monstres, contreparties marines

1 Introduction

La croyance en une contrepartie marine de certains aspects du monde terrestre – sa faune notamment – filtre ici et là, tant dans la littérature que dans l'art du Moyen Âge, et nous en avons brièvement retracé la double tradition dans une étude antérieure.[1] Par contre, ses répercussions sur la matière des Bestiaires et des encyclopédies médiévales n'ont jamais été évaluées de manière précise.[2] C'est pourquoi nous nous proposons d'effectuer ce type de recherche ici, en partant des textes et de leurs illustrations, à moins qu'elles soient isolées, comme ces tableaux peints précédant

---

[1] Jacqueline LECLERCQ-MARX, L'idée d'un monde marin symétrique du monde terrestre. Émergence et développements, dans : Chantal CONNOCHIE-BOURGNE (éd.), Les mondes marins, Actes du 30e colloque du CUER MA, Aix-en-Provence mars 2005 (Sénéfiance 52), Aix-en-Provence 2006, pp. 259–271 – article dont on a repris ici une partie de l'introduction et quelques autres éléments.
[2] Sur la manière dont le monde marin apparaît dans ceux-ci, voir l'étude éclairante de Danièle JAMES-RAOUL, Inventaire et écriture du monde aquatique dans les bestiaires, dans : EAD. / Claude THOMASSET, Dans l'eau, sous l'eau. Le monde aquatique au Moyen Âge (Cultures et Civilisations médiévales XXV), Paris 2002, pp. 175–226.

DOI 10.1515/9783110437430-039

le chapitre des poissons, dans plusieurs bestiaires anglais où apparaissent, mêlés à ceux-ci, l'un ou l'autre bipède à queue de poisson.[3]

En fait, le concept même de monde marin parallèle du monde terrestre est d'origine antique, mais il subsista en partie au Moyen Âge, car il s'accordait avec l'idée qu'on s'y faisait du cosmos. On se rappellera à cet égard que durant cette période, le monde était perçu comme « formé d'étages qui, chacun, contenait et reflétait l'ensemble de l'univers », comme dans une sorte de jeu de miroirs, en vertu d'un analogisme cosmologique généralisé.[4] Rien d'étonnant dès lors qu'on ait cru que tout ce qui se trouvait sur terre, avait son analogue dans la mer. Il n'en reste pas moins qu'aucun témoignage ne fait état d'une telle homologie entre terre et ciel, malgré l'abondance de monstres ailés attestés dans la culture médiévale – ce qui confère à ce concept son caractère unique à défaut d'être original.

Contrairement à ce qu'on aurait pu croire *a priori*, les plus anciennes attestations connues de contreparties marines d'animaux terrestres sont étrangères à tout concept cosmologique, et appartiennent plutôt au registre ethnographique puisqu'elles sont mises en relation avec l'île mythique de Taprobane, dans l'Océan indien. À cet égard, c'est dans les ‹ Indica › de Mégasthènes,[5] historien et géographe grec du IIIe siècle avant Jésus Christ, qui semble s'être inspiré sur ce point d'Onésicrite, que se trouve un passage-clé, qui sera relayé par Strabon[6] et Pline, avant de passer chez Élien, et de se retrouver à peu près inchangé dans la littérature romanesque au XIVe siècle, dans le ‹ Roman de Perceforest ›.[7] En voilà la substance, telle qu'elle apparaît dans ‹ La Personnalité des animaux ›, somme zoologique qu'Élien le romain écrivit en grec à la charnière du IIe et du IIIe siècle :

> Il paraît en effet, que la mer qui entoure l'île de tous les côtés nourrit une quantité innombrable de poissons et de monstres marins. Ces monstres ont des têtes de lion, de panthère, de loup ou de bélier [...]. Leur partie caudale est très allongée et forme une spirale, et ils ont des pinces ou des nageoires à la place des pattes. D'après ce qu'on m'a dit, ils sont également amphibies et viennent brouter la nuit dans les champs.[8]

De ce point de vue, Pline (Hist. nat. 9, 3) avait été plus succint, mais son propos allait néanmoins dans le même sens, comme on peut en juger : « Là aussi des bêtes

---

3 Voir ibid.
4 Claude KAPPLER, Monstres, démons et merveilles à la fin du Moyen Âge, Paris 1980, p. 229.
5 Mégasthènes, Indica, fragment LIX, éd. Eugen A. SCHWANBECK, Bonn 1848, p. 177.
6 Strabon, Géographie, XV,1,15, éd. et tr. all. Stefan RADT, Göttingen 2005, p. 154 (texte grec) – p. 155 (tr. all.) : « Ringsumher gebe es grosse amphibische Meerestiere, die teils Rindern, teils Pferden, teils anderen Landtieren ähnlich seien. »
7 Développements à ce sujet dans notre article cité en note 35.
8 Élien, De natura animalium, XVI,18, éd. et tr. ital. Francesco MASPERO, Milan 1998, t. 2, p. 910, 912 (texte grec) et p. 911, 913 (traduction), tr. fr. et comm. Arnaud ZUCKER (La roue à livres), Paris 2002, pp. 166–167.

[marines], semblables à des bestiaux, viennent à terre et repartent, après avoir mangé des racines d'arbrisseaux ; certaines ont des têtes de chevaux, d'âne, de taureaux ; elles dévorent des plantations. »[9]

Ce qui fait toutefois l'intérêt du présent passage est qu'il est intégré à une encyclopédie animale et non plus à un traité de géographie, qu'il se situe dans l'introduction du livre consacré aux habitants des « mers, des fleuves et des étangs », et qu'il suit une affirmation à propos de la puissance génésique de la mer, qui nous intéresse en premier chef :

> On y trouve même beaucoup d'êtres monstrueux car les semences et les embryons s'y confondent et s'agglomèrent de multiples façons, roulés soit par le vent soit par la vague ; ainsi se vérifie l'opinion commune que tous les êtres naissant dans une partie de la nature se trouvent aussi dans la mer [...].[10]

Curieusement, notre auteur ne revient guère sur cette assertion et brouille même les pistes en évoquant l'hippocampe comme un animal possédant une tête de cheval sur un minuscule corps de limaçon. Et quand il aurait encore l'occasion de le faire, à propos de poissons dont le nom rappelle des espèces terrestres – comme les veaux et les chiens marins – il prend au contraire soin de préciser que c'est sur base de ressemblances physiques ou comportementales qu'on les nomme ainsi. Isidore de Séville ne dira rien d'autre[11] et se gardera bien de faire allusion à d'éventuelles contreparties marines – ce qui ne l'empêchera quand même pas de décrire les *equi marini* – les hippocampes – comme des êtres qui commencent en chevaux et finissent en poisson, en reprenant une glose de Servius sur un vers des ‹ Géorgiques › où il est fait allusion à un bipède marin.[12] Reprise au IXe siècle par Raban Maur, dans son ‹ De Rerum naturis ›,[13]

---

9 Pline, Histoire naturelle, IX,4, éd. et tr. Eugène DE SAINT-DENIS (Collection des universités de France), Paris 1966, p. 40.
10 Ibid., IX,2, p. 38.
11 Isidore de Séville, Étymologies, 12,4–6, éd. et tr. Jacques ANDRÉ, (Collection des universités de France), Paris 1986, p. 182 : « Plus tard, quand on connut peu à peu les espèces de poissons, on leur donna des noms soit d'après leur ressemblance avec des animaux terrestres, soit d'après leur aspect particulier ou leurs mœurs, ou d'après la couleur, la forme ou le sexe. » (Suivent de nombreux exemples.)
12 Ibid., 12,6,9, pp. 188–189 : *Equi marini, quod prima parte equi sunt, postrema soluuntur in piscem*, d'après Servius, Georg., 4, 389 : *Equi enim marini prima parte equi sunt, postrema resoluuntur in pisces* ; ibid., p. 188, n. 340 ; voir Caroline FÉVRIER, De l'hippokampos à l'equus marinus. Le cheval de mer, ou les vicissitudes d'une figure double, dans : Schedae 3,1 (2009), pp. 33–46, ici p. 40 ; ainsi que Sabine OBERMAIER, Antike Irrtümer und ihre mittelalterlichen Folgen. Das Flusspferd, dans : Jochen ALTHOFF / Sabine FÖLLINGER / Georg WÖHRLE (éds.), Antike Naturwissenschaft und ihre Rezeption, Trèves 2011, t. 21, pp. 135–179 en ce qui concerne la confusion entre cheval fluvial – l'hippopotame – et cheval marin, essentiellement dans l'illustration.
13 Raban Maur, De rerum naturis, VIII,5, éd. Jacques-Paul MIGNE, Patrologie latine, t. 111, Paris 1864, col. 237.

Fig. 1 : Raban Maur, De Rerum naturis. Page du chapitre *De piscibus*, avec les *Anfibia*, *Balena*, *Cetus* et *Equi marini*. Archivio di Montecassino, 132, p. 211 (dét.). Photo : Archivio di Montecassino.

cette mention est accompagnée par le croquis d'un authentique cheval marin, dans le célèbre manuscrit 132 du Mont-Cassin, qui en constitue une très intéressante copie illustrée, du premier quart du XIe siècle (fig. 1.).[14]

En fait, il faudra attendre le témoignage du ‹ Liber monstrorum ›, traité de tératologie non moralisé, écrit dans les environs de la Manche vers 700, et dont le texte se ressent très fort de la tradition antique, pour retrouver un développement sur la thématique qui nous occupe.[15] On y lit en effet, sans doute d'après Pline – même si notre auteur se réfère aux « fables des Grecs » que « toutes les bêtes et animaux terrestres (*bestias omnes et terrena animalia*) et plusieurs sortes de monstres et de bêtes (*cum variis monstrorum et beluarum generibus*) se trouvent dans la mer Tyrrhénienne, avec seulement deux pattes, leur corps étant recouvert d'écailles de la poitrine jusqu'à la queue » (*cum binis tantum pedibus, eo quod a pectore usque ad caudas squamosa corpora habent*) » (2, 32). Et dans le petit chapitre suivant, sans doute inspiré d'une mosaïque « faite à la manière grecque » (*Et per quandam picturam Graeci operis*), il est encore question, après l'évocation des féroces « chiens marins » et de la ren-

---

[14] Voir Giulia OROFINO, I codici decorati dell'Archivio di Montecassino. I codici preteobaldiani e teobaldiani, Rome 2000, p. 68 ; Marianne REUTER, Text und Bild zum Codex 132 der Bibliothek von Montecassino « Liber Rabani de originibus rerum ». Untersuchungen zur mittelalterlichen Illustrationspraxis (Münchener Beiträge zur Mediävistik und Renaissance-Forschung 34), München 1984, p. 124 (Katalog der Miniaturen).
[15] Liber monstrorum, 2,32–33, éd. et tr. angl. Andy ORCHARD, Pride and Prodigies. Studies in the Monsters of the Beowulf-Manuscripts, Cambridge 1995, pp. 304–305.

contre d'Ulysse et de Scylla, de « lions, tigres, panthères, onagres, lynx et léopards, ainsi que toutes sortes de bêtes sauvages et d'animaux qui sont passés (*transierint*) de leur région d'origine (*proprias regiones*) à la mer » (2, 33). On notera à cet égard, que ces derniers animaux sont présentés comme des transfuges puisqu'ils ont quitté leur élément naturel pour s'établir dans l'eau, ce qui a induit leur métamorphose en poisson. On retiendra aussi que pour la première fois, cette mer accueillante aux contreparties marines d'animaux terrestres, est individualisée puisque le phénomène est censé se passer exclusivement dans la mer Tyrrhénienne (*in mari Tyrrheno*) – localisation qui, avec le temps, aura tendance à se déplacer vers le nord, et plus particulièrement *in mari Britannico*. Mais ici, il n'en est pas encore question. Tout au contraire, puisque dans un chapitre précédent, des chiens (*canes*), « de couleur sombre dont la partie postérieure est commune à celle des poissons » sont également situés dans la mer Tyrrhénienne (2, 20), de même que des chevaux bipèdes dont l'avant-corps est celui d'un cheval et la partie postérieure, celle d'un poisson (2, 28). Dans ces deux derniers cas aussi, la source des *incredibilia* est attribuée aux poètes grecs et romains. Il n'en reste pas moins que, malgré ces assertions sceptiques, la réalité des hybrides est cautionnée par l'auteur dans le prologue de l'opuscule. Et nous ne pouvons que nous en émerveiller dans le cas présent, dans la mesure où l'auteur du ‹ Liber › ne pouvait pas ne pas connaître l'œuvre de Pline et d'Isidore dans lesquelles les *canes marini*, étaient notamment présentés comme de simples poissons. Pour ce qui est des *equi marini* – les hippocampes – l'affaire était plus ambiguë puisque nos deux auteurs avaient décrit leur tête de cheval,[16] et qu'Isidore les avait même présentés comme des hybrides ichtyomorphes.[17]

2 Le ‹ Physiologus › et les Bestiaires

C'est cette morphologie qui est également prêtée au « cheval d'eau » (*Peri tou udrippou*) qui figure dans la deuxième collection, dite ‹ byzantine ›, du ‹ Physiologus › grec.[18] Il s'agit d'une version remontant au plus tôt au Ve siècle[19] qui lui consacre un chapitre, à l'inverse de la première collection vraisemblablement antérieure de

---

16 Plin., Hist. nat. 9,3, éd. et tr. Eugène de Saint-Denis (Collection des universités de France), Paris 1955, p. 39.
17 Voir ibid.
18 Physiologos, 50 – deuxième collection, tr. fr. Arnaud ZUCKER d'après l'édition de Francesco SBORDONE, Grenoble 2004, p. 258 : « Le cheval d'eau a l'allure d'un cheval dans sa partie supérieure à partir du milieu du corps, et dans sa partie inférieure à partir du milieu du corps il a l'allure d'un énorme poisson. »
19 Arnaud ZUCKER rappelle ibid., p. 12, que suivant les critiques, la date de cette collection varie du Ve (SBORDONE) au XIe siècle (PERRY) : « Ces deux dates sont extrêmes, et comme la première est motivée par des arguments théologiques et la seconde par des considérations linguistiques la date vraisemblable doit être assez tardive. »

trois cent ans. Mais cet animal étrange, inséré dans un chapitre composite inspiré en partie d'un passage d'Hérodote (Enquêtes, 2, 93) sur la migration des poissons du Nil, n'est en rien mis en relation avec un monde parallèle : il sert uniquement à symboliser le chemin de la vraie foi en tant que guide des autres poissons, et disparaîtra dans la troisième collection et dans les traductions latines. Quoi qu'il en soit, le cheval d'eau fut sans doute représenté comme tel dans les plus anciens cycles d'illustration contemporains de sa formation, si l'on se réfère à des manuscrits italo-grecs tardifs qui semblent en conserver le souvenir. En tout cas, dans le ms. gr.IV.35 (1383), fol. 18v de la Biblioteca Nazionale Marciana à Venise, le chapitre y est illustré par des chevaux à queue de poisson entourés de poissons (fig. 2), de même que dans deux autres manuscrits conservés dans la Bibliothèque vaticane.[20] Sans qu'on puisse évidemment rien prouver, on peut sans doute postuler que la présence en Grande-Bretagne d'un manuscrit comprenant ce type de planche est à l'origine de celle où se mêlent poissons et bipèdes ichtyomorphes, qui figure en tête du chapitre consacré aux poissons dans plusieurs bestiaires anglais[21] (fig. 3 et 4). Une telle hypothèse se trouve en tout cas confortée par le fait que les chevaux marins y dominent toujours les compositions. On serait par ailleurs tenté d'attribuer à Théodore de Tharse, archevêque de Canterbury à la fin du VIIe siècle,[22] l'introduction d'un exemplaire illustré du ‹ Physiologus › grec en Angleterre – pour autant, bien sûr, que la deuxième collection dudit opuscule lui soit antérieure ou contemporaine.

---

20 Bibliothèque vaticane, Barb. gr. 438, fol. II et Ottob. Gr. 354, fol. 18. À noter qu'il s'agit de trois « manuscrits frères », de format voisin, écrits vers 1550–1570, sur un même papier filigrané caractéristique de Fabriano (nord de l'Italie) ; voir Xénia MURATOVA, La production des manuscrits du Physiologue grec enluminés en Italie aux XVe et XVIe siècles et leur place dans l'histoire de la tradition de l'illustration du Physiologue, dans : Actes du XVI. Internationaler Byzantinistenkongress, Vienne Octobre 1981, t. II/6. Kurzbeiträge 11, Mittel- und Westeuropa und das Postbyzantinische Griechentum vor 1800, dans : Jahrbuch der Österreichischen Byzantinistik, 32/6 (1982), pp. 327–340, ici p. 330, 333 et note 45 et EAD., I manoscritti miniati del bestiario medievale : origine, formazione e sviluppo dei cicli di illustrazioni. I Bestiari miniati in Inghilterra nei secoli XII–XIV, dans : L'Uomo di fronte al mondo animale nell'alto Medioevo (Settimane di Studio del Centro italiano di Studi sull'alto Medioevo 31, 2), Spolète 1985, pp. 1319–1362, ici pp. 1321–1322.
21 À noter qu'il n'y a pas de témoin connu de l'existence et du développement du ‹ Physiologus › en Angleterre avant la floraison soudaine des bestiaires qui en dérivent, au début du XIIe siècle. Voir également Xénia MURATOVA, Le Bestiaire médiéval et la culture normande, dans : Pierre BOUET / Monique DOSDAT (éds.), Manuscrits et enluminures dans le monde normand. Xe–XVe siècles. Colloque de Cérisy-la-Salle, Octobre 1995, Caen 1999, pp. 151–166.
22 En tout cas, ce personnage dont le célèbre Aldhelm fut le disciple connaissait le ‹ Physiologus › qu'il a utilisé dans ses propres travaux. Voir Michael LAPIDGE, Theodore and Anglo-Latin Octosyllabic Verse, dans : ID. (éd.), Archbishop Theodore. Commemorative Studies in his Life and Influence (Cambridge Studies in Anglo-Saxon England), Cambridge 1995, p. 278, à propos de II.27 *leo* : « The association of Christ and the lion derives almost certainly from ch. 1 of the *Physiologus* [...]. Given Theodore's background, he may have been familiar with the *Physiologus* in either a Greek or Latin version. »

Fig. 2: Physiologos. Illustration du chapitre consacré au Cheval d'eau. Venise, Biblioteca Nazionale Marciana, gr. IV.35 (1383), fol. 18v. Photo d'après : Xénia Muratova, I manoscritti miniati del bestiario medievale (note 20), pl. II.

La présence de cet étrange frontispice dans la demi-douzaine de bestiaires réalisés dans le nord de l'Angleterre, dans la deuxième moitié du XIIe siècle et la première moitié du siècle suivant, pose néanmoins question. En effet, leur appartenance à un même milieu n'explique pas tout, ni la circulation des modèles. À tout le moins, on peut s'interroger sur le besoin auquel répond la récurrence de ces miniatures totalement indépendantes du texte. Autant qu'on puisse en juger, elles constitueraient à la fois la réminiscence de ce type d'images sans correspondance dans les versions latines, et le manifeste de la croyance séculaire en une contrepartie marine du monde terrestre, étendue à tous les niveaux et particulièrement prégnante au niveau animal en Angleterre et en Irlande.[23] En d'autres termes, l'image de chevaux d'eau, entr'aperçus dans un ‹ Physiologus › grec importé en milieu insulaire, aurait suscité, chez au moins un copiste, l'envie de leur adjoindre d'autres monstres marins familiers pour exprimer l'idée d'une mer féconde en monstres marins – ce qui était tout à fait adapté pour le frontispice d'un chapitre sur les poissons, parfois monstrueux, dans un bestiaire. Sans qu'on puisse s'en étonner dès lors, ce type d'image fut copié à l'envi,

---

23 Ex. : LECLERCQ-MARX (note 1).

Fig. 3: Bestiaire. Frontispice du chapitre *Pisces*. Saint-Petersbourg, Bibliothèque nationale de Russie, Lat. Q.u. V.1, fol. 72v. Photo : Ilya Dines, Jérusalem.

ses éléments entrant manifestement en résonnance avec le *background* culturel de l'époque et du lieu.

Il n'en reste pas moins qu'il n'est jamais question, dans le texte des bestiaires, de contreparties marines d'animaux terrestres au sens strict. Plusieurs d'entre eux – les bestiaires anglais plus particulièrement – comprennent même dans l'introduction du chapitre des poissons, le passage des ‹ Étymologies › d'Isidore de Séville dans lequel il est dit que les appellations fondées sur un déterminé qui est un nom d'animal terrestre, ont été faites sur base de ressemblances physiques ou comportementales[24] – précision qui apparaît à vrai dire superflue dans un ouvrage qui en fait peu état. Mais quand il s'en trouve, le contenu de la notice est souvent conforme à l'esprit de l'avertissement. Ainsi, dans le manuscrit Cambridge University Library, Ii.4.26, copié en Angleterre à la fin du XIIe siècle, il y a une notice *Porci marini* concernant des poissons fougeant comme les cochons, entièrement reprise elle aussi d'Isidore de Séville (Etym. XII, 12). Et son illustration n'évoque en rien un porc.

---

24 ANDRÉ (note 11). Cette précision se trouve notamment dans le manuscrit Oxford, Bodleian Library, 764 (Angleterre, 1240–1250).

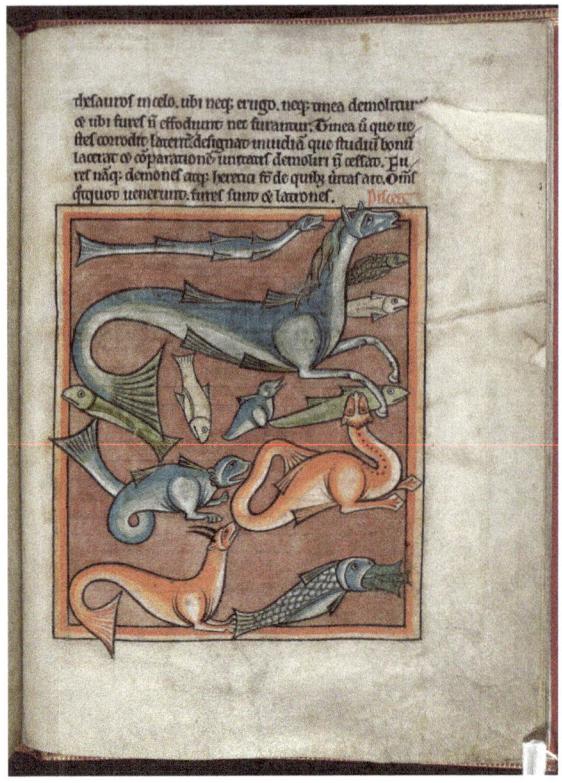

Fig. 4: Bestiaire. Frontispice du chapitre *Pisces*. Londres, British Library, Harley 4751, fol. 68r. Photo : British Library, London.

3 La littérature encyclopédique. XIIIe–XVe siècles

En fait, il faudra attendre le XIIIe siècle pour que les poissons dont le nom est calqué sur celui d'animaux terrestres, investissent en masse la littérature – en l'occurrence encyclopédique – après plus de six siècles de relative absence.²⁵ C'est que Thomas de Cantimpré qui fut particulièrement suivi en matière ichtyologique,²⁶ fit de nombreux

---

25 À noter que si la formation du vocabulaire relatif aux poissons par *la translatio a similitudine* a été formulée par Varron, De lingua latina 5,77, et a été pratiquée par de nombreux auteurs de l'Antiquité, tant grecs que latins, c'est chez Isidore de Séville qu'on trouve le plus de catégories lexicales, sans parler des noms qui diffèrent, comme le souligne ANDRÉ (note 11), p. 182, n. 321.

26 Voir l'étude très complète de Brigitte GAUVIN / Catherine JACQUEMARD / Marie-Agnès LUCAS-AVE-NEL, L'*Auctoritas* de Thomas de Cantimpré en matière ichtyologique (Vincent de Beauvais, Albert le Grand, L'*Hortus sanitatis*), dans : Kentron 29 (2013), pp. 69–108, et sur plusieurs points précis, John B. FRIEDMAN, Albert the Great's Topoi of Direct Observation and his Debt to Thomas of Cantimpré, dans : Peter BINKLEY (éd.), Pre-Modern Encyclopaedic Texts. Proceedings of the Second COMERS Congress, Groningen 1996 (Brill's Studies in Intellectual History 79), Leyde, New York, Cologne 1997, pp. 379–392.

emprunts à Isidore et aux auteurs de l'Antiquité ayant pratiqué la *translatio a similitudine*,[27] et notamment à Aristote et à Pline. Il reprit même la célèbre assertion de ce dernier sur les contreparties marines du monde terrestre en la limitant à certains quadrupèdes, dans l'introduction du chapitre sur les monstres marins de son ‹ Liber de natura rerum ›, tout en défendant l'idée que Dieu les avait créés tels quels :

> À part les cétacés, il y a cependant d'autres monstres, qui par leur diversité ou leur grandeur, montrent que Dieu est admirable. En effet, la terre n'a pas d'animal quadrupède que la mer n'en possède un partiellement semblable. Mais la mer montre aussi quantité d'êtres ressemblant aux oiseaux et aux serpents. Et il ne faut pas croire, comme certains l'ont pensé, que les monstres de ce genre ont été engendrés par des accouplements adultérins, mais que Dieu les a tous produits dès l'origine par des créatures originelles.[28] (tr. Michel WIEDEMANN)

C'est donc sans surprise qu'on découvre parmi les monstres marins le *cervus marinus* et autres *vituli maris* auxquels s'ajoutent l'*equus marinus* et une alternative au *lepus marinus* (*De alio lepore*) décrits quant à eux comme se terminant en queue de poisson.[29] Ainsi, lit-on à propos de ce dernier, et en contradiction avec les sources que nomme Thomas : « Ce lièvre marin, différent du précédent, est aussi, suivant Pline et Isidore, un poisson qui tient son nom de sa nature : il a la tête d'un lièvre terrestre, il est poisson par le reste de son corps. »[30] De manière plus déconcertante, il y a également une entrée *De monachis maris* à laquelle correspond la description d'un hybride d'homme et de poisson « dont la tête ressemble à celle d'un moine récemment tondu » et habitant *in mari Britannico*.[31] Dans ce cas-ci, Thomas ne précise pas sa source, mais il est possible qu'il connaissait l'existence de ces moines marins par la mention qu'en avait fait Godefroid de Viterbe, un chroniqueur germanique du XIIe siècle.[32] À moins qu'il ait simplement fait état d'une croyance répandue en région

---

[27] Le procédé est bien décrit et illustré dans Caroline FÉVRIER, Les animaux de la mer. Genèse d'un bestiaire fabuleux, des mosaïques romaines aux éditions illustrées de la Renaissance, dans : Kentron 23 (2007), pp. 31–53, ici pp. 35–36.
[28] Thomas de Cantimpré, Liber de natura rerum, VI., *Primo generaliter*, éd. Helmut BOESE, Berlin, New York 1973, p. 232 : *Exceptis autem cetis et alia monstra maris sunt, que sua diversitate vel magnitudine deum mirabilem predicant. Vix enim terra animal quadrupes habet, quod non in parte simile mare habet. Sed et volucrum similitudines atque serpentium mare frequenter ostendit. Nec credendum est, sicut quidam opinati sunt, huiusmodi monstra ex adulterinis commixtionibus generata, sed deum hec omnia inter primordiales creaturas originaliter procreasse.*
[29] Ibid., VI,18, *De equis marinis*, p. 239 : *Partim formam equi habet, et hoc in superioribus. Posterior vero pars eius terminatur in piscis naturam.*
[30] Ibid., VII,47, *De alio lepore*, p. 264 : *Lepus etiam alius quam predictus marinus piscis est, ut dicunt Plinius et Ysidorus, qui a re nomen habens caput habet ut lepus terrestris ; reliquo corpore piscis est.* À noter que cette notice-ci est incluse dans le chapitre des poissons et non dans celui des monstres marins.
[31] Ibid., VI,34, *De monachis maris*, p. 243.
[32] Godefroid de Viterbe, Pantheon, I,28 5, éd. Burkhard G. STRUVE (Rerum Germanicarum Scriptores 2), Ratisbonne 1726, p. 29.

rhénane où il séjourna longuement ? On conserve en tout cas au Mittelrhein-Museum Koblenz, un chapiteau roman d'origine locale sur lequel notre moine marin figure sans ambiguïté.[33] Une autre source possible serait le ‹ De naturis rerum › d'Alexandre Neckam[34] qui, à ma connaissance, fut le premier à l'évoquer, en même temps que le chevalier-poisson,[35] dans un texte à vocation encyclopédique. Le fait que Thomas de Cantimpré consacre aussi une notice à ce dernier (sous l'appellation de Zytiron) corrobore peut-être cette hypothèse.

Quoi qu'il en soit, ces quelques hybrides de poisson et d'animal ou d'homme se retrouvèrent peu ou prou dans les encyclopédies ultérieures, aux côtés des nombreux poissons et monstres marins dont seuls l'allure, la couleur ou le comportement les reliaient au domaine terrestre. Mais significativement, le rapport entre les deux catégories de monstres s'inversa au niveau de l'illustration, au fur et à mesure qu'on avança dans le temps. C'est ainsi que des copies tardives du ‹ Liber de natura rerum ›, et notamment un très bel exemplaire copié en Autriche au XVe siècle[36] comportent la représentation de nombreux quadrupèdes à queue de poisson et même d'oiseaux ictyomorphes – quatorze en tout – alors que le texte de Thomas n'a pas subi d'interpolations à ce niveau (fig. 5). Une même tendance s'observe dans les traités de la nature en langue vernaculaire et/ou imprimés, largement tributaires du ‹ Liber ›, comme le ‹ Buch der Natur › de Konrad von Megenberg[37] et l'‹ Hortus sanitatis ›[38] où l'on compte parallèlement un nombre important de « poissons » figurés sous la forme de bêtes terrestres éventuellement recouvertes d'écailles (fig. 6). Comme si l'assertion fondatrice de Pline, adaptée par les soins de Thomas et répandue partout grâce à

---

33 LECLERCQ-MARX (note 1), fig. 3. Ce chapiteau est en tout état de cause antérieur à 1200.
34 Alexandre Neckam, De naturis rerum, II,25 (*De monstruosis piscibus*), éd. Thomas WRIGHT (Rerum Britannicarum Medii Aevi Scriptores 34), Londres 1863, p. 144.
35 Sur ce monstre marin très présent dans la littérature romanesque des derniers siècles du Moyen Âge, voir Jacqueline LECLERCQ-MARX, Chevaliers marins et poissons-chevaliers. Origine et représentations d'une « merveille » dans et hors des « marges », dans : Adeline LATIMIER-IONOFF / Joanna PAVLEVSKI-MALINGRE / Alicia SERVIER (éds.), Merveilleux et marges dans le livre profane à la fin du Moyen Âge (XIIe-XVe s.). Actes du colloque Merveilleux, marges et marginalité dans la littérature et l'enluminure profanes en France et dans les régions septentrionales (XIIe-XVe siècles). Lille et de Rennes, octobre et novembre 2014 (Études du RILMA), Turnhout 2017.
36 Grenade, Biblioteca universitaria, C–67 (Autriche, XVe s.).
37 Ulrike SPYRA, Das ‹Buch der Natur› Konrads von Megenberg. Die illustrierten Handschriften und Inkunabeln, Cologne, Weimar, Vienne 2005 ; voir aussi, en ce qui concerne la tradition textuelle, Gerold HAYER, Konrad von Megenberg, ‹Das Buch der Natur› : Untersuchungen zu seiner Text- und Überlieferungsgeschichte (Münchener Texte und Untersuchungen zur deutschen Literatur des Mittelalters / Bayerische Akademie der Wissenschaften. Kommission für deutsche Literatur des Mittelalters 110), Tübingen 1998.
38 Hortus Sanitatis, Livre IV, Les Poissons, éd, tr. et comm. Catherine JACQUEMARD / Brigitte GAUVIN / Marie-Agnès LUCAS-AVENEL, avec la collaboration de Caroline FÉVRIER et de Françoise LECOCQ, Caen 2013.

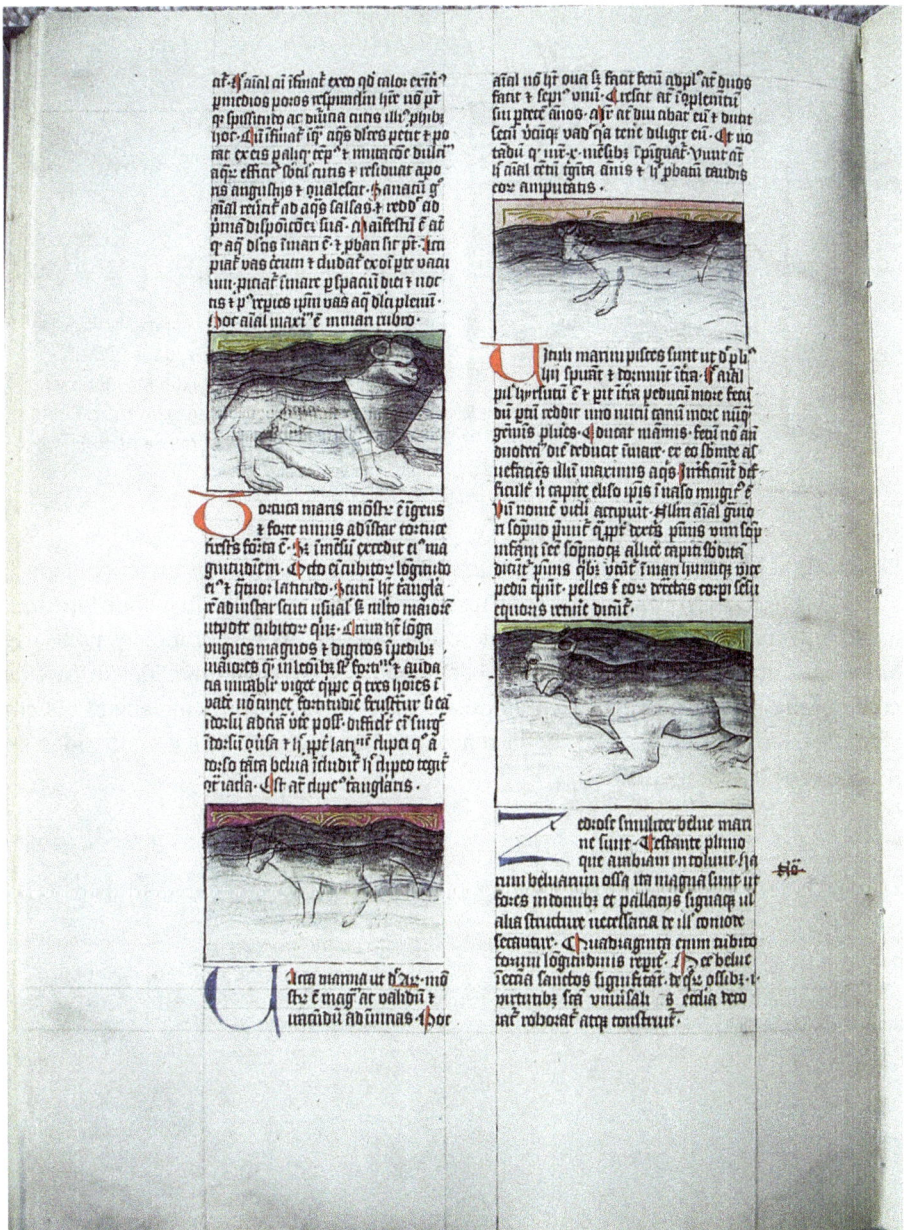

Fig. 5: Thomas de Cantimpré. Liber de natura rerum. Page des monstres *Tortuca maris*, *Vacca marina*, *Vituli marini* et *Zedrosus*. Grenade, Biblioteca universitaria, C–67, fol. 60v (Autriche, 1re moitié du XVe s.). Photo d'après : Luis Garcia Ballester (dir.), Facsimile du ms. Granada, Biblioteca universitaria, C–67, Grenade 1974.

Fig. 6: Hortus sanitatis. Page du *Lepus marinus*, dans l'édition princeps de Jakob Meydenbach, parue à Mayence en 1491. Photo : Bibliothèque royale de Belgique, Bruxelles.

l'extraordinaire diffusion de son encyclopédie[39] et à son *auctoritas* en ichtyologie,[40] avait réveillé d'anciennes croyances en un monde marin parallèle du monde terrestre, au point d'amener les illustrateurs à interpréter souvent au sens propre les noms des animaux dont ils avaient à reproduire la silhouette. C'est ainsi que l'idée diffuse de contrepartie marine subsista bien au-delà du Moyen Âge,[41] principalement via ces vignettes déconcertantes, nées de la rencontre d'un mot et d'une certaine idée du monde et de ses habitants.

---

[39] Baudouin VAN DEN ABEELE, Diffusion et avatars d'une encyclopédie : le *Liber de natura rerum* de Thomas de Cantimpré, dans : ID. / Godefroid DE CALLATAY (éds.), Une lumière venue d'ailleurs. Héritages et ouvertures dans les encyclopédies d'Orient et d'Occident au Moyen Âge. Actes du colloque de Louvain-la-Neuve, Mai 2005 (Réminiscences 9), Turnhout 2008, pp. 141–176.
[40] Pour reprendre le titre de l'étude de GAUVIN / JACQUEMARD / LUCAS-AVENEL (note 26).
[41] C'est ainsi que l'existence d'un évêque des mers représenté comme tel, est notamment attestée chez Conrad Gessner, Guillaume Rondelet, Aldrovandi, Ambroise Paré.

Thomas Honegger (Jena)
The Sea-dragon – in Search of an Elusive Creature

Abstract: This paper investigates the occurrence of the *draco marinus* in medieval and post-medieval texts, illustrations and maps, and discusses the question of why or why not, respectively, the sea-dragon constitutes an independent sub-category of *draco*. The evidence suggests that the dragon is a creature that inhabits the different elements so that the division into *draco maris*, *draco terrestris* and, theoretically, *draco aeris*, merely reflects a temporary feature and does not necessarily constitute a subdivision of classificatory relevance. As a consequence, the sea-dragon constitutes an optional category that is at the disposal of the scholar, author, or artist, when required.

Keywords: aquatic animals, sea-dragon, dragon, medieval literature, medieval encyclopedias

1 Introduction

The idea of an aquatic world mirroring (at least partially) in flora and fauna its counterparts on dry land has a long and venerable tradition.[1] The horse has its counterpart in the sea-horse, the dog in the sea-dog, the pig in the sea-pig[2] and even man finds an equivalent in the merman and mermaid, respectively. Yet in spite of numerous examples of terrestrial-marine pairings, the correspondence between the two realms has been neither compulsory nor complete nor systematic. Such a correspondence was optional and medieval scholars were not yet encumbered by the systemic constraints of a post-Linné taxonomy.[3] The search for the marine counterpart of the dragon is therefore a task with no guarantee for a successful happy ending even within the

---

[1] See Claude-Claire KAPPLER, Monstres, démons et merveilles à la fin du moyen âge, Paris 1999, pp. 229–232 and especially Jacqueline LECLERCQ-MARX, L'idée d'un monde marin parallèle du monde terrestre: émergence et développements, in: Chantal CONNOCHIE-BOURGNE (ed.), Mondes Marins du Moyen Âge (Sénéfiance 52), Aix-en-Provence 2006, pp. 259–270 for a comprehensive discussion of this phenomenon which goes back to Pliny's formulation in the introduction to Book IX of his 'Naturalis historia': *quicquid nascatur in parte naturae ulla, et in mari esse* (Pliny, Naturalis Historia / Naturkunde IX, ed. and trans. Roderich KÖNIG, with the assistance of Gerhard WINKLER, Munich 1979, quote p. 14). The most prominent example of a medieval depiction of this concept is probably the painted ceiling of the romanesque church of St. Martin in Zillis (Switzerland), dated to ca. 1140 AD.
[2] See, for example, Paul MICHEL's comprehensive discussion of the *porcus marinus* at http://www.symbolforschung.ch/porcus+marinus (accessed 6 June 2015).
[3] See, however, the '(in)famous' table of the animal kingdom in Carolus Linnaeus' first edition (1735) of his 'Regnum Animale', http://en.wikipedia.org/wiki/Systema_Naturae#/media/File:Linnaeus_-_Regnum_Animale_(1735).png (accessed 6 June 2015). *Draco* is listed under 'Paradoxa', a category that

DOI 10.1515/9783110437430-040

area of medieval zoology – let alone real-world fauna. Nevertheless, it is worth the trouble to take a closer look at the sea dragon since we can hope to find some tentative answers to the question of why or why not, respectively, medieval and later scholars differentiated between the various dragons on the basis to their habitat.

Ever since Linné abandoned the ragbag category of *paradoxa* where the dragons could have found a place in this brave new world of taxonomical rigour, they have been relegated more and more to the realm of literary fiction and their place in canonical zoology has been largely inherited and filled by the dinosaurs.[4] It is only in the pages of the publications on cryptozoology that dragons are still given (mock-?) scholarly attention, though even there we find them often associated with dinosaurs. The distinction between (very) big snakes[5] and dragons proper, too, does not seem to be quite clear. It therefore comes as no surprise that Loren COLEMAN and Patrick HUYGHE's "The Field Guide to Lake Monsters, Sea Serpents, and Other Mystery Denizens of the Deep" (2003) features an entry for the sea serpent yet none for the sea dragon. In this and many other aspects, modern cryptozoology, for all its donning of the trappings of modern science, still follows the path prepared by the medieval encyclopaedic tradition.

2 From *draco marinus* to *sædracan* and sea-dragon – a semasiological dragon-hunt

Beginning our search for the sea-dragon with a semasiological approach, we best start with Pliny who describes a *draco marinus* in his 'Naturalis Historia': *rursus draco marinus, captus atque inmissus in harenam, cavernam sibi rostro mira celeritate excavat* (Nat. Hist. IX, 82 xxvii).[6] Pliny is obviously not talking about sea-dragons

---

Linné created to accommodate all those creatures that defy classification and stand in opposition to his taxonomical endeavours.
4 See Thomas HONEGGER, From Bestiary onto Screen: Dragons in Film, in: Renate BAUER / Ulrike KRISCHKE (eds.), Fact and Fiction: From the Middle Ages to Modern Times. Essays Presented to Hans Sauer on the Occasion of his 65th Birthday (Texte und Untersuchungen zur Englischen Philologie 37), Frankfurt / M., pp. 197–215, especially pp. 200–208 and also Alexis DWORSKY, Dinosaurier. Die Kulturgeschichte, Munich 2011.
5 This terminological vagueness is already extant in Isidore's influential 'Etymologiae', where he categorizes the dragon as the biggest of all serpents and all animals on land (IV. De serpentibus, 4: *Draco maior cunctorum serpentium, sive omnium animantium super terram*. Isidore of Seville, De Animalibus, in: Isidori Hispalensis Episcopi Etymologiarum sive Orignum Liber XII, http://www.thelatinlibrary.com/isidore/12.shtml [accessed 5 June 2015]). This is adapted by Thomas of Cantimpré to *Draco maximus inter omnia terre animalia* (Thomas of Cantimpré, De natura rerum, ed. Helmut BOESE, Berlin 1973, here p. 281).
6 Pliny (note 1). Translation: "Again the sea-dragon, when he is captured and thrown onto the sand, digs for himself wonderfully quickly a cave with his snout."

proper, i.e. marine dragons, and indeed, his *draco marinus* is usually identified with the *Trachinus draco*, i.e. the greater weever fish (German *Petermännchen*). Similarly disappointing is the modern Leafy Seadragon aka Glauert's Seadragon (*Phycodurus eques*), a member of the fish family of the *Syngnathidae* which includes seahorses and pipefishes. The Leafy Seadragon may look a bit like a dragon – hence its name – yet its length seldom exceeds 10 inches.[7] The fact that a fish that is hardly bigger than a large teacup can be called 'dragon' may say something about man's changed relationship with dragons.[8]

The arguably first mention of a real sea-dragon is to be found in 'Beowulf'. The Old English epic poem not only features the first flying and fire-breathing dragon in the vernacular poetry of the English, but it also sports a variety of water- or shore-dwelling monsters, which occur in the description of the immediate surroundings of the mere where Grendel and his mother have their abode:

Gesawon ða æfter wætere wyrmcynnes *fela,*
sellice sædracan *sund cunnian,*
swylce on næshleoðum nicras *licgean,*
ða on undernmæl oft bewitigað
sorhfulne sið on seglrade,
wyrmas *ond* wildeor.
('Beowulf' 1425–30, recte markings by T. H.)

Or, in Seamus HEANEY's translation:[9]

"The water was infested
with all *kinds of reptiles*. There were writhing *sea-dragons*
and *monsters* slouching on slopes by the cliff,
serpents and *wild things* such as those that often
surface at dawn to roam the sail-road
and doom the voyage."[10] (italics by T. H.)

---

7 It was the German-born British zoologist Albert C. L. G. Günther who, in 1865, gave the Leafy Seadragon its scientific name *Phycodurus eques*.
8 See HONEGGER (note 4, here pp. 208–213) on the Disneyfication of dragons and their subsequent loss of dangerousness.
9 Beowulf (bilingual edition), trans. Seamus HEANEY, London 2007, here p. 99.
10 The usually very accurate and philologically faithful translation by Gerhard NICKEL (Beowulf und die kleineren Denkmäler der altenglischen Heldensage Waldere und Finnsburg. 1. Teil: Text, Übersetzung und Stammtafeln, ed. J. KLEGRAF et al., Heidelberg 1976, here p. 89. Italics are mine) gives the following version: "Sie sahen viele *Schlangenarten* [*wyrmcynnes*] und seltsame *Seedrachen* [*sædracan*] sich überall in den Fluten tummeln sowie auf den Uferklippen *Ungeheuer* [*nicras*], Drachen [*wyrmas*] und *wilde Tiere* [*wildeor*] liegen, die so oft am Morgen unheilbringende Fahrten aufs Meer hinaus unternehmen."

Without intending to undertake an analysis of the various expressions comprising the semantic field of 'monstrous animals'[11] in this passage, it becomes clear that the *sædracan* (acc. pl. of *sædraca*) mentioned do not belong to the same category as the imposing *draca/wyrm*[12] of the second part of the poem. The *sædracan* are, together with the *nicras*, smaller-scale sea-monsters that are dealt with by the hero almost by the dozen.[13]

The 'Beowulf' passage highlights one of the *cruces* of a semasiological approach: The same term, here *draca*, is used for sometimes widely differing animals, and the context is often not sufficient to establish the exact meaning of the word or to determine the nature of the animal we are talking about. It is very rare to find medieval scholars as obliging as the unknown Old English glossator who elucidates the Old English term *hron* by setting it into relation to other marine creatures: *Manducat unumquodque animal in mari alterum. Et dicunt quod vii minoribus saturantur maiores. ut vii fiscas sélaes fyllu, sifu sélas hronaes fyllu, sifu hronas hualaes fyllu*.[14] The gloss helps us to define more closely the animal referred to as *hron* (presumably a porpoise) as being in size somewhere in between the seal and the whale. Unfortunately, we have no similar gloss to elucidate the *sædracan* in 'Beowulf' and the question of what kind of creatures they are exactly will probably remain a mystery forever.

From a linguistic point of view, this deplorable 'semantic vagueness' of poetic texts is mainly due to the fact that the focus is on the monsters' narrative function. The *nicras*'s and *sædracan*'s main function is to constitute a challenge or obstacle to the hero's progress,[15] which is easily (or even better) done without giving the audience a full description of the monsters.[16]

---

11 BOSWORTH-TOLLER, in their An Anglo-Saxon Dictionary, (Joseph BOSWORTH, An Anglo-Saxon Dictionary, ed. Thomas Northcote TOLLER, Oxford 1898, http://bosworth.ff.cuni.cz [accessed 25 June 2015]) give the following translations: *wyrmcynne*: a reptile, serpent, a creeping insect, a worm; *nicor* (pl. *nicras*): a hippopotamus, a water-monster, cf. Icelandic *nykr* = a sea goblin; a hippopotamus; OHG *nichus* = a crocodile; *sædracan*: a sea-dragon, sea-serpent; *wyrm*: a reptile, serpent (but it also means, specifically for 'Beowulf' 2287 ff. *passim*, the fire-drake); *wildeor*: a wild beast.
12 The poet uses the two terms synonymously.
13 During his swimming-contest with Brecca, Beowulf slays nine *niceras* ('Beowulf' l. 575).
14 Quoted in BOSWORTH-TOLLER (note 11), s. v. *hran*. Translation: (Latin text) "In the sea one creature devours another. It is said that seven smaller ones are sufficient to satisfy the appetite of the bigger ones." (Old English text) "Seven fishes are sufficient to satisfy a seal, seven seals are sufficient to satisfy a *hron*, and seven *hronas* are sufficient to satisfy a whale."
15 See Kathryn HUME, From Saga to Romance: The Use of Monsters in Old Norse Literature, in: Studies in Philology 77 (1980), pp. 1–25 and Thomas HONEGGER, 'Draco litterarius': Some Thoughts on an Imaginary Beast, in: Sabine OBERMAIER (ed.), Tiere und Fabelwesen im Mittelalter, Berlin, New York 2009, pp. 133–145.
16 This point is beautifully illustrated in Lewis Carroll's nonsense-poem 'Jabberwocky' (in his 1871 'Through the Looking Glass, and What Alice Found There') which seems to describe a dragon-like monstrous creature.

We must therefore turn towards a different text-type to find a coherent description of the sea-dragon, which is in our case the encyclopaedic tradition. I have chosen Thomas of Cantimpré's encyclopaedic 'Liber de natura rerum' (1225–1241) since, on the one hand, it takes up and complements the older texts of the encyclopaedic tradition and, on the other, becomes one of the central points of reference for the later encyclopaedists.[17] Thomas of Cantimpré's 'Liber de natura rerum' also features a section on the monsters of the sea[18] where he gives the following description of the sea-dragon:

> *Draco maris monstrum est crudelitate horridum. Instar draconis terrestris in longitudinem extenditur, sed alis caret. Caudam tortuosam habet, caput secundum magnitudinem corporis parvum, sed hyatum oris horridum. Squamas et cutem duram habet. [...] Pinnas habet pro alis, quibus utitur in natando.*[19]

Please note that Thomas of Cantimpré explicitly links the *draco maris* with the *draco terrestris* by comparing their size and thus implicitly establishes the latter as the norm against which the former is to be seen. This means that the readers will take the *draco terrestris* as the blueprint[20] and the author has merely to point out the special or divergent features of the *draco maris*, such as the fact that it does not have wings but fins so that it is adapted to its marine habitat. The relatively clear identification and description of the sea-dragon (which I take to be the translation of *draco maris*)[21] by Thomas of Cantimpré is largely due to his adherence to the traditional correspondences between land- and water-animals. In his introduction to the 'Liber VI. De monstris et beluis marinis' he writes: *Vix enim terra animal quadrupes habet, quod non in parte simile mare habet.*[22] Provocatively speaking, we could say that the sea-dragon owes its existence to the medieval encyclopaedists' desire for categorization.

---

17 On Thomas of Cantimpré and his importance, see the entry by Christian Hünemörder in: Lexikon des Mittelalters online (Verlag J.B. Metzler, Vol. 8, cols 711–714, http://apps.brepolis.net.lexikon-des-mittelalters-online.han.ulb.uni-jena.de/lexiema/test/Default2.aspx [accessed 6 June 2015]).
18 Liber VI. De monstris marinis (note 5), here pp. 232–249.
19 Thomas of Cantimpré (note 5), quote on p. 237. Translation: "The sea-dragon is an exceedingly cruel monster. It exceeds the terrestrial dragon in length, but lacks wings. It has a coiled tail and a head that is, in relation to the size of the body, small; yet its maw is terrible. Its scales and skin are hard. [...] Instead of wings it has fins, which it uses for swimming."
20 See Thomas of Cantimpré (note 5), chapter XVI 'De dracone' (p. 281f.) in Liber VIII 'De serpentibus'.
21 As an encyclopaedist, Thomas of Cantimpré also includes Pliny's statement about (as scholars believe) the *Trachinus draco*, i.e. the greater weever fish, which, if captured and thrown onto the beach, buries itself quickly in the sand.
22 Thomas of Cantimpré (note 5), quote on p. 232. Translation: "The earth scarcely has a four-footed animal which is not found in some likeness in the sea." Thomas of Cantimpré, in the same passage, also stresses that the marine counterparts to the terrestrial creatures are part and parcel of God's creation and not the product of some deviation.

3 Picturing the beast

The semasiological approach to the *draco maris* has yielded a rather useful characterisation of the sea-dragon in form of Thomas of Cantimpré's entry in his encyclopaedia. A contemporary artist would have few problems producing an identikit picture. Thomas of Cantimpré's description is all the more important since the term *draco* and its translations / equivalents in the vernacular languages can refer to a wide variety of creatures. Looking back upon a long tradition of dragon-descriptions, Edward Topsell writes in his 'The History of Four-footed Beasts and Serpents' (1607 / 08, 1658):

> There be some dragons which have wings and no feet, some again have both feet and wings, and some neither feet nor wings, but are only distinguished from the common sort of Serpents by the combe growing upon their heads, and the beard under their cheeks.[23]

He adds a picture of three different dragons at the head of the chapter 'Of the DRAGON'[24] to illustrate his point. Unfortunately, neither Topsell nor his immediate predecessors (Aldrovandi and Gessner) do have a separate entry for the sea-dragon any more and we thus have no picture of such a creature. Of the early manuscripts of Thomas of Cantimpré's 'Liber de natura rerum', only a handful feature illustrations.[25] Fortunately, a late 13th-century French manuscript[26] provides a picture of the *draco maris*. It shows a wyvern-type dragon without wings or fins but with long pointed ears (see figure 1).[27]

This early case of a picture shows a general tendency we encounter also in later works of the encyclopaedic tradition, namely that they seem to be content with using pictures that retain only a very vague connection to the text they are supposed to illustrate.[28] The 1497 edition of the 'Hortus Sanitatis',[29] for example, uses the chapter by Thomas of Cantimpré on the *draco maris*, yet adds an illustration that has nothing

---

[23] See Edward Topsell, The History of the Four-footed Beasts and Serpents, London 1658, p. 705, https://archive.org/details/historyoffourfoo00tops (accessed 25 June 2015).
[24] See Topsell (note 23), p. 701.
[25] See Christian HÜNEMÖRDER, Thomas de Cantimpré: Liber de natura rerum. Farbmikrofiche-Edition der Handschrift Würzburg, Universitätsbibliothek, M. ch. f. 150. Einführung und Verzeichnis der Initien und Bilder, Munich 2001, p. 15.
[26] Valenciennes, Bibliothèque municipale, Ms. 320; Paris, last quarter of 13th century.
[27] Many of the creatures depicted in the section 'De serpentibus' (starting on folio 132v) show similar characteristics. See the scans of the illustrations at: http://www.enluminures.culture.fr/documentation/enlumine/fr/BM/valenciennes_264-05.htm (accessed 6 June 2016).
[28] Ulrike SPYRA, Das 'Buch der Natur' Konrads von Megenberg. Die illustrierten Handschriften und Inkunabeln, Cologne, Weimar, Vienna 2005, made an in-depth study of the illustrated manuscripts and early prints of Conrad of Megenberg's 'Buch der Natur', which takes up much of Thomas of Cantimpré's material. See especially her long chapter on the relationship between text and illustration (pp. 97–173).
[29] See Hortus Sanitatis, Strassburg 1497, http://tudigit.ulb.tu-darmstadt.de/show/inc-iv-201 (accessed 18 May 2015).

Fig. 1: *De dracone maris* from 'Liber de natura rerum': Valenciennes, Bibliothèque municipale, Ms. 320; Paris, 13th century; fol. 112v. Photograph: Bibliothèque municipale de Valenciennes – Cliché I.R.H.T. – C.N.R.S, reproduced by permission.

to do with the creature described in the text.[30] Instead of commissioning a purpose-drawn illustration, the compiler simply used a picture of what is believed to be a dragon without bothering to modify or adapt the creature to its new habitat.[31] This becomes obvious when we compare the picture of the *draco maris* with the one found in the entry on *draco*. What both chapters share is their almost complete disregard for the link between text and picture and the creature depicted in the chapter on the *draco maris* cannot possibly be accepted as an illustration of the creature described in the text.

The fact that the European dragon, in contrast to the Chinese or Asian dragon,[32] appears traditionally in a wide variety of forms may be partially responsible for this deviation.[33] The variability is visible even in illustrations of identical scenes, such as the ones depicting the enmity between the dragon and the elephant (see the rather diverse dragons in London, BL, MS Harley 3244, fol. 39v vs. London, BL, MS Harley 4751, fol. 58v)[34] and we can expect this diversity to influence the depiction(s) of the sea-dragon likewise.

---

30 The 'Hortus Sanitatis' uses the term *draco marinus* instead of Thomas of Cantimpré's *draco maris*. The illustration is to be found p. 564.

31 The illustration of the *draco* can be found on page 449 of the 'Hortus Sanitatis' (note 29). The illustration accompanying the entry for *Canis marinus* (Hortus Sanitatis [note 29] p. 564) shows that artists were, in theory, perfectly able to adapt the animal to its aquatic environment. Furthermore, pictures of 'aquatic dragons' already existed in the context of the story of Jonah where the creature swallowing the prophet was, from time to time, depicted as a sea-dragon. See, for example, the 9th century illustration in the Stuttgart Psalter (Stuttgart, Württembergische Landesbibliothek, Cod.bibl. fol.23, http://digital.wlb-stuttgart.de/purl/bsz307047059. [accessed 20 June 2015]).

32 See the in-depth study by Qiguang ZHAO, A Study of Dragons, East and West (Asian Thought and Culture 11), New York 1992 on the similarities and differences between the Western and the Eastern dragons.

33 Another reason is, of course, the printers' desire to save time and money by simply re-using the woodcuts already available.

34 See the digital scans available at http://www.bl.uk/manuscripts/Viewer.aspx?ref=harley_

There are various reasons why an attempt to find a picture of a sea-dragon by means of the semasiological approach or by linking text and illustration has been only partially successful, and the (imaginary) nature of the beast makes it difficult to use an onomasiological approach. Yet we can at least try and, armed with the signalment of the *draco maris*, go looking at depictions of marine monsters. The best hunting grounds for them prove to be medieval and Renaissance maps[35] where we actually do find some dragons – although hardly any that fully match Thomas of Cantimpré's profile of the *draco maris*. Thus, on the 1367 nautical chart by the brothers Pizzigani (Heidelberg, Biblioteca Palatina, Carta nautica no. 1612), we can clearly recognise a flying dragon abducting a human being from a ship that is simultaneously attacked by a giant octopus.[36] Likewise, we see on the *mappamundi* in Andrea Bianco's atlas of 1436 (Venice, Biblioteca Nazionale Marciana, MS It. Z. 76, map 9) two winged dragons in a watery abyss in the southern ocean.[37] VAN DEUZER (p. 53) points out that "the wave pattern at the southern edge of this feature indicates that the dragons are underwater." He (p. 54) further argues that the presence of Judas alone on a nearby island and the Latin inscription *nidus abimalium* suggests that the dragons guard the entrance to Hell. Their placement in the watery abyss is thus symbolic rather than naturalistic and the illustrator underlines this symbolic aspect by keeping their wings. The one drawing that features a creature that matches Thomas of Cantimpré's profile of the *draco maris* can be found off the west coast of Java Minor on a large manuscript world map of 1546 (see figure 2).[38]

The creature sports a relatively small head with what looks like horns, a long neck, a twisted long tail and the wings as well as the foreclaws seem to have been transformed into fins. It is by far the most sea-dragonish looking creature encountered so far and though we lack a label identifying the creature as a *draco maris Cantimpratensis*, there can be little doubt that this is what the artist had in mind.

---

ms_3244_f036r (London, BL, MS Harley 3244, fol. 39v, accessed 6 June 2016) and http://www.bl.uk/catalogues/illuminatedmanuscripts/ILLUMIN.ASP?Size=mid&IllID=47205 (London, BL, MS Harley 4751, fol. 58v accessed 6 June 2016).

35 See especially Chet VAN DUZER, Sea Monsters on Medieval and Renaissance Maps, London 2013. We have to differentiate between 'encyclopaedic maps', such as the *mappamundi*, and the portulan charts. The former have a tendency to use monstrous creatures to fill the large empty surfaces of oceans whereas the portulan charts, used for actual navigation, contain only relevant information and mostly do without embellishments.

36 See VAN DEUZER (note 35) fig. 24, p. 42 for an enlarged reproduction of the scene.

37 See VAN DEUZER (note 35) fig. 30, p. 52 for an enlarged reproduction of the scene.

38 Manchester, John Rylands Library, French MS 1*, https://chiccmanchester.files.wordpress.com/2010/12/map.jpg (accessed 20 June 2015); see also VAN DEUZER (note 35) fig. 82, p. 97.

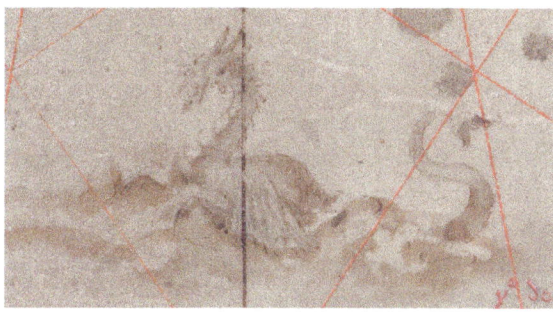

Fig. 2: Detail from the 1546 world map, John Rylands Library (Manchester), French MS 1* (1546). Photograph: University of Manchester, reproduced by permission.

4 Sea-dragon-forming

Apart from their unique appearance in the Old English epic 'Beowulf', sea-dragons seem to choose their habitat predominantly among texts of the encyclopaedic genre. This is largely due to the inherent systematics of this text-type, which favours the assumption that the marine world mirrors the terrestrial one. It is, however, also possible that under certain circumstances narrative patterns encourage the genesis of sea-dragons. Such is the case with the tale of Perseus and Andromeda, which constitutes my last example.

The classical tale features an unspecified sea-monster of the name *ketos*, which is often depicted as a giant fish- or whale-like creature.[39] Yet at an early stage the tale of Perseus and Andromeda comes under the influence of the 'dragon-slayer archetype'[40] and the *ketos* is shown time and again, though not exclusively, as a snake- or dragon-like monster. The 'development' is not linear from (whale-) fish-like monster to (sea-) dragon, but meanders back and forth and shows a great variety of shapes and forms.[41] These reach from the unspecified monster on a Corinthian vase,[42] a whale-

---

39 Henry George LIDDELL / Robert SCOTT, A Greek-English Lexicon, revised and augmented throughout by Sir Henry Stuart JONES, with the assistance of Roderick McKENZIE, Oxford 1940, define *ketos* as referring to any sea-monster or huge fish, as being used for the monster to which Andromeda was exposed (and thus also the name of the constellation); and in Pliny's 'Natural History', it is employed to refer to the spouting *cetacea*.
40 On the dragon-slayer motif in Indo-European cultures, see Calvert WATKINS, How to Kill a Dragon: Aspects of Indo-European Poetics, Oxford 1995.
41 See the collection of pictures of Perseus killing the monster available on the website of the Warburg Institute, http://warburg-archive.sas.ac.uk/vpc/VPC_search/subcats.php?cat_1=5&cat_2=114&cat_3=4229&cat_4=8279&cat_5=9040 (accessed 13 June 2016).
42 See the picture at https://commons.wikimedia.org/wiki/File:Corinthian_Vase_depicting_Perseus,_Andromeda_and_Ketos.jpg (accessed 25 June 2015).

like creature,[43] a wyvern[44] and a quadruped that is only slightly larger than a dog[45] to a fear-inspiring tusked monster.[46] As mentioned before, the great variability of the outer appearance of the dragons in Western European culture makes it easy to re-define and assimilate other monstrous creatures into the family of the *dracontes* in both the textual and pictorial traditions. The final stage, at least in the case of the sea-monster in the tale of Perseus and Andromeda, seems to be reached in the quilt by the contemporary quilt-artist Marilyn Belford, who adapted a typical fantasy dragon to an aquatic habitat by simply adding webbed feet.[47] The *ketos* has, for better or worse, finally been unambiguously identified as a *draco ferox maris*.

5 Conclusion

The *draco maris* has proven to be a rather elusive creature. Though we have early instances of mentions of the sea-dragon (e. g. Pliny), closer examination shows that it is more often than not a different creature than the marine brother of the 'Beowulf'-*wyrm*. Furthermore, there existed for a long time no permanent link to the pictorial tradition – a link that would have helped to define and stabilize the characteristics of the creature. The variegated nature of the Western dragon is partially responsible for this phenomenon and already the first illustrations of the *draco maris*, as found for example in the 13th-century manuscript of 'De natura rerum', show a certain disregard for the accompanying text – something that becomes even more pronounced in the early prints, as can be seen in the 'Hortus Sanitatis'. Furthermore, the sea-dragon has always been in competition with the sea serpent and the two have often been seen as identical – or, if not identical, at least interchangeable in their function(s).[48] The latter has, of course, the advantage of possessing a real-world counterpart and the fact that the encyclopaedists defined the dragon as the biggest of serpents must have additionally influenced the development in its favour.

---

43 See the picture by an unknown artist belonging to the Flemish school (early 17th century), http://warburg.sas.ac.uk/vpc/VPC_search/record.php?record=45891 (accessed 25 June 2015).
44 See the picture by Perino del Vaga (1501–1547), http://warburg.sas.ac.uk/vpc/VPC_search/record.php?record=46215 (accessed 25 June 2015).
45 See the picture by Giulio Bonasone (c. 1510 – after 1576), http://warburg.sas.ac.uk/vpc/VPC_search/record.php?record=46229 (accessed 25 June 2015).
46 See the picture by Piero di Cosimo (1462–1521), http://warburg.sas.ac.uk/vpc/VPC_search/record.php?record=46213 (accessed 25 June 2015).
47 See the picture of the quilt, http://marilynbelford.com/2012/03/18/mythology-gallery/#jp-carousel-417 (accessed 25 June 2015).
48 On the sea-serpent, see Loren COLEMAN / Jerome CLARK, Cryptozoology A To Z: The Encyclopedia of Loch Monsters, Sasquatch, Chupacabras, and Other Authentic Mysteries of Nature, New York 1999, pp. 215–219.

In the end we can only state that the *draco maris* constitutes indeed an elusive member of the *dracontes* family and neither its definitive nature nor its relationship with the *draco terrestris* is clearly established. Thus the dragon resembles in many aspects Leviathan, about whom the 'Hortus Sanitatis' writes: *Leviathan Hebraice dicitur draco. Fertur autem quod draco et in terra serpit et in aquis natat et in aere volat. Unde in Asia tribus nominibus appellatur, scilicet serpens et cetus et leviathan.*[49] Is the dragon simply a creature that inhabits the different elements so that the distinction into *draco maris*, *draco terrestris* and, theoretically, *draco aeris*, merely reflects a temporary feature and not necessarily a subdivision of classificatory relevance? The evidence, though by necessity exemplary rather than comprehensive, suggests such a solution – not least since the *draco maris* (Thomas of Cantimpré) and the *mertracken* (Conrad of Megenberg) are to be found in the *capitula de monstris et beluis marinis* and the chapter *von den merwundern* respectively, thus constituting a special category apart. Bartholomaeus Anglicus and, in his wake, John Trevisa do not introduce such a special category but discuss the dragon in general as *animales* and so Trevisa writes: *And þay [i. e. the dragons] wonyeþ somtyme in þe see and somtyme swymmeþ in ryueres and loyteþ somtyme in cause and in dennes.*[50] For them the dragon is an *animal* (and not a *monstrum maris*) that may be also encountered in the aquatic element. To create a special category would only be necessary if the concept of the aquatic world mirroring the terrestrial one were explicitly mentioned.

As a consequence, the sea-dragon constitutes an optional category that is at the scholar's, author's or artist's disposal if needed.

---

49 Hortus Sanitatis (1491), De animalibus, chapter 84, https://www.unicaen.fr/puc/sources/depiscibus/consult/hortus_fr/FR.hs.4.50 (accessed 26 June 2015). Translation: "Leviathan, in Hebrew, means dragon. It is said that the dragon crawls on land, swims in the water and flies in the air. That is why it has three names in Asia, namely *serpens*, *cetus* and *leviathan*."
50 John Trevisa, On the Properties of Things (John Trevisa's translation [1398/99] of Bartholomaeus Anglicus' De Proprietatibus Rerum [c. 1230]), Oxford 1975, vol. I, p. 1186.

Hélène Cambier (Namur)
Un grand poisson qui pose question.
La baleine au Moyen Âge

Abstract: For the medieval mind, the whale is a mysterious and very dangerous big fish, sometimes even seen as an incarnation of Evil. Descriptions of and stories about this creature give the impression that reality and legends constantly intertwine. However, after taking a closer look, one can see that the mythical aspect of the whale was debated among medieval authors. In texts the whale seems to live a 'double life': one in exegetical literature or in symbolic narratives, the other in texts closer to the everyday experience of men accustomed to the marine environment and its resources. This is reflected in the various terms referring to the whale: *cetus* relates to the fabulous monster, which swallowed Jonah, while *balena* is used for the 'big fish' caught in the sea. This 'double life' causes some difficulties for medieval authors: is the whale described by fishermen really the same as the whale which swallowed Jonah, mentioned in Bestiaries as a mysterious monster? From the 13th century onward, with new information provided by the observation of nature, disagreements arise between bookish information and empirical knowledge. Authors attempted to 'rationalize' fabulous stories about the whale, without challenging them.

Keywords: Zoologie médiévale, littérature encyclopédique, Bestiaires, animaux aquatiques, monstres marins, cetus.

1 Introduction

Dans l'imaginaire collectif du Moyen Âge, la baleine est considérée comme un grand poisson redoutable, voire une incarnation du mal.[1] Dans l'exégèse, elle représente avant tout le poisson monstrueux qui, selon la Bible, engloutit Jonas durant trois jours avant de le rejeter, vivant, sur le rivage. D'après le texte du Bestiaire, qui remonte d'ailleurs au ‹ Physiologus ›, la baleine est un animal diabolique : elle attire les marins imprudents en prenant l'apparence d'une île, ceux-ci accostent sur son dos et elle plonge alors dans les flots, les emportant corps et âmes dans l'abîme. Mais dans d'autres textes médiévaux, notamment des chroniques d'abbayes, des inventaires et d'autres documents administratifs, la baleine apparaît également sous un

---

[1] À propos de la baleine au Moyen Âge, voir Hélène CAMBIER, La baleine au Moyen Âge. Traditions textuelles et iconographiques, Bruxelles, Académie royale de Belgique, à paraître (monographie dérivée d'un mémoire de maîtrise).

autre visage : celui d'une précieuse ressource nourricière.[2] Ces sources montrent que la baleine semblait bien connue des communautés vivant près des côtes de la mer du Nord ou de l'Atlantique, où l'animal était pêché et venait parfois s'échouer sur la plage.[3] De la viande, de la graisse, des os ou des tendons de baleine étaient vendus dans les marchés reliés aux littoraux.

Pour l'Occident médiéval, la baleine n'a donc pas qu'une existence livresque, au contraire, par exemple, du crocodile. Elle semble même mener une ‹ double existence › : l'une, dans la littérature exégétique ou dans les récits de nature symbolique, l'autre, dans le champ d'expérience des hommes connaissant le milieu marin et ses ressources. Il est admis que l'on ne peut, pour le Moyen Âge, opposer réalité et imaginaire ; Robert DELORT a d'ailleurs bien montré que la baleine, animal en tous points exceptionnel, a de tout temps bénéficié d'une aura mythique – sa taille en fait, évidemment, une créature hors norme.[4] Dans cet article, le statut de la baleine au Moyen Âge est à nouveau interrogé, en étudiant comment la ‹ double existence › de la baleine apparaît dans les textes. De quelle manière les auteurs ont-ils traité les sources faisant autorité (la Bible et le Bestiaire) en ayant, parfois, connaissance de l'existence de la baleine non loin des rivages de l'Occident ? La confrontation entre la réalité (la baleine des pêcheurs) et l'imaginaire (la baleine de Jonas et l'île-baleine du Bestiaire) a-t-elle, à un moment, posé problème ? Nous allons étudier cela à travers une petite sélection de textes. Nous verrons d'abord les questions liées au vocabulaire de la baleine, puis quelques extraits où les auteurs ont volontairement mêlé réalité et imaginaire, dans le but de frapper l'esprit du lecteur. Nous nous pencherons ensuite sur quelques ouvrages encyclopédiques rédigés au XIIIe siècle. Ces textes sont en effet réputés avoir enrichi le discours traditionnel par de nouvelles données à prétention scientifique ; les notices consacrées à la baleine montrent clairement comment les auteurs ont traité ces informations parfois contradictoires.

---

2 À ce sujet, consulter notamment : Lucien MUSSET, Quelques notes sur les baleiniers normands du Xe au XIIIe siècle, dans : Revue d'histoire économique et sociale 42 (1964), pp. 147–161 ; Jean LESTOC-QUOY, Baleine et ravitaillement au Moyen Âge, dans : Revue du Nord 30 (1948), pp. 39–43.
3 Pour les historiens de la faune marine, il est toutefois très difficile de déterminer avec précision quelles espèces se cachent derrière les termes génériques employés par les auteurs. Voir l'étude de Fabrice GUIZARD, Retour sur un monstre marin au Haut Moyen Âge : la baleine, dans : Alban GAUTIER / Céline MARTIN (éds.), Échanges, communications et réseaux dans le Haut Moyen Âge. Études et textes offerts à Stéphane Lebecq (collection Haut Moyen Âge 14), Turnhout 2012, pp. 261–276.
4 Robert DELORT, La balena : realtà e mito nel Medioevo, dans : Luisella BATTAGLIA (éd.), Lo specchio oscuro. Gli animali nell'immaginario degli uomini, Turin 1993, pp. 31–39.

2 La baleine monstrueuse. Un problème de vocabulaire

Il convient tout d'abord de s'attarder sur la question du vocabulaire utilisé dans les textes médiévaux pour désigner la baleine. Une clarification s'avère nécessaire pour le lecteur qui consultera les sources anciennes ; cela jette en outre un éclairage intéressant sur notre propos, la confrontation entre la ‹ baleine de la réalité › et la ‹ baleine de l'imaginaire ›. Il faut en effet savoir que le terme *baleine*, que nous utilisons aujourd'hui à propos des textes médiévaux, recouvre en réalité, dans ceux-ci, un grand nombre de termes variés (*cetus, aspidochelone, balena, piscis, lacovie* ...). Les termes *cetus* et *balena* sont les plus courants. Le caractère confus qui règne dans leur emploi reflète bien sûr l'état des connaissances sur la baleine, mais malgré cette confusion, il est possible de distinguer une utilisation différenciée de ceux-ci. *Cetus* est le plus souvent associé à Jonas. Dans le Nouveau Testament, Matthieu utilise le terme grec *ketos* quand il fait référence à l'épisode du petit prophète (Mt 12,40) ; ce terme *ketos* (en latin *cetus*) désigne un grand monstre marin, d'une nature indéterminée, qui apparaît dans de nombreux textes de la mythologie gréco-romaine. C'est ce terme qui est utilisé par les exégètes (*Jonas in ventre ceti*). L'assimilation du *cetus* à la baleine (*balena*) est attestée à partir des XIe et XIIe siècles, mais exclusivement dans des textes en langue vernaculaire. Dans la tradition du Bestiaire, il n'a pas non plus toujours été question d'une baleine. Les anciennes versions du ‹ Physiologus › mentionnent un monstre marin (*ketos* ou *cetus*) mystérieux, qui a pour nom l'*aspidochelone* (ou, en latin, *aspido testudo*). Dans les Bestiaires, le monstre est cité avec d'autres poissons et, progressivement, il est ‹ assimilé › à la baleine. *Balena* apparaît dans les textes évoquant la pêche à la baleine ou la ‹ cueillette › de ‹ grands poissons › échoués sur la plage (récits hagiographiques, chroniques d'abbayes, documents administratifs, règles monastiques, inventaires, et autres).[5] *Cetus* et *balena* appartiennent donc à des traditions textuelles différentes. Celles-ci reflètent une certaine dichotomie entre le vocabulaire ‹ quotidien › et le vocabulaire utilisé par les auteurs, qui se réfèrent aux textes des autorités et en premier, la Bible et l'exégèse : le *cetus*, monstre marin légendaire, est lié à l'épisode de Jonas, à la littérature exégétique et érudite ; *balena* correspond à l'animal ‹ vivant ›, celui que l'on pêche (*balena* n'étant jamais employé par les exégètes). La distinction entre la *balena* et le *cetus* était déjà cristallisée dans les ‹ Etymologies › d'Isidore de Séville, dans lesquelles les créatures font l'objet de deux notices différentes : l'une pour la *balena*, l'espèce animale décrite par Pline, qui se distingue par sa taille impressionnante et son souffle puissant, l'autre pour le *cetus*, monstre fabuleux au corps aussi grand que des montagnes, qui engloutit

---

[5] Voir notamment l'inventaire des textes dressé par Stéphane LEBECQ pour le Haut Moyen Âge : Stéphane LEBECQ, Scènes de chasse aux mammifères marins (mers du nord, VIe–XIIe siècles), dans : Elisabeth MORNET / Franco MORENZONI (éds.), Milieux naturels, espaces sociaux. Études offertes à Robert Delort, Paris 1997, pp. 241–253.

Jonas.⁶ Cette nuance disparaît par l'emploi uniforme du terme *baleine* qui est fait aujourd'hui.

La lecture des textes médiévaux révèle que ce vocabulaire a posé problème aux auteurs, qui ont parfois douté que le *cetus* soit bien la même chose que la *balena*. *Le cete est gras poisson qui li plusor appelent balaine*, dit Brunetto Latini d'un ton hésitant.⁷ Richard de Fournival parle, quant à lui, d'une *manière de balaine* en évoquant le récit de la créature prise pour une île dans son ‹ Bestiaire d'amour ›.⁸ Pour Albert le Grand, la *balena* est la femelle du *cetus*.⁹ L'exemple le plus frappant est un extrait du ‹ Bestiaire divin › de Guillaume le Clerc : « Dans la mer, qui est grande et saine, vivent, dit l'auteur, l'esturgeon, la *baleine*, le turbot et le cachalot, et un grand poisson que l'on nomme marsouin. Mais il existe aussi un *monstre* tout à fait étonnant, très malfaisant et très dangereux ; il se nomme *cetus* en latin. »¹⁰ Guillaume le Clerc distingue ainsi très clairement la baleine, ici présentée parmi d'autres animaux marins très nourrissants pêchés en mer, et le *cetus*, monstrueux et mauvais.

3 Réalité et imaginaire au service du discours des auteurs

La question du vocabulaire étant éclaircie, je voudrais à présent montrer que, parfois, les auteurs ont volontairement entremêlé la légende et la réalité dans un but bien précis : rendre concret un texte allégorique, éclairer le sens des versets bibliques ou encore frapper l'imagination du lecteur. Quelques textes significatifs le montrent.

Raoul Glaber, par exemple, rapporte dans le deuxième livre de ses ‹ Histoires › le passage d'une baleine (*cetus*) au large des côtes normandes.¹¹ Cet homme de livre considère l'animal comme un présage des guerres qui allaient secouer la Gaule et les Îles Britanniques, un signe funeste, comme la comète au livre III ou l'éclipse solaire au livre IV. Pour légitimer son texte et montrer à quel point la baleine est un animal stupéfiant, l'auteur évoque la légende de saint Brendan, selon laquelle l'abbé aurait voyagé sur le dos d'une baleine. Pierre Damien, quant à lui, dans un texte destiné à l'édification des moines, illustre les dangers que représente la femme en comparant l'épouse infidèle à la baleine (*cetus*) qui, selon le ‹ Physiologus ›, trompe les marins en

---

6 Isidore de Séville, Etymologiarum sive originum libri XX, éd. Jacques ANDRÉ, Paris 1986, XII,6,7–8.
7 Brunetto Latini, Li livres dou Tresor, éd. Francis J. CARMODY, Los Angeles 1948, p. 132.
8 Richard de Fournival, Bestiaire d'amour, éd. Cesare SEGRE, Milan 1957, p. 97.
9 Albert le Grand, De animalibus libri XXVI, éd. Hermann STADLER, Münster 1921, XXIV,23. Cette idée est sans doute inspirée par la lecture de l'‹ Histoire naturelle › de Pline l'Ancien, où la *ballaena* apparaît comme une bête femelle. Voir aussi Isidore de Séville (note 6), XII,6,6, qui évoque le *musculus* comme étant le mâle (*masculus*) de la *balena*.
10 Guillaume le Clerc, Bestiaire divin, éd. Célestin HIPPEAU, Caen 1852, rééd. Genève 1970, XXVI, trad. Gabriel BIANCIOTTO, Bestiaires du Moyen Âge, Paris 1995, p. 91.
11 Raoul Glaber, Historiarum Libri Quinque, éd. John FRANCE, Oxford 1989, II,ii.

prenant l'apparence d'une île. Pour marquer davantage l'esprit de ses lecteurs, Pierre Damien ajoute une anecdote que lui avait rapportée un de ses moines : celui-ci aurait vu une baleine (*balaena*) prise sur les côtes normandes, tellement grande (conformément au ‹ Physiologus ›) qu'il a fallu quatorze chariots pour transporter la viande de sa langue. Pierre Damien utilise donc un fait concret pour rendre un texte allégorique plus démonstratif.[12]

Réalité et imaginaire se rencontrent aussi, à propos de la baleine, quand les théologiens placent l'étude de l'histoire naturelle au service d'une meilleure compréhension des textes bibliques. Les commentaires des chapitres 40 et 41 du Livre de Job par Thomas d'Aquin constituent un exemple fameux.[13] Ces deux chapitres livrent une description obscure des deux monstres mythiques Léviathan et Béhémoth. Or, selon Thomas d'Aquin, « pour bien comprendre le texte de Job, il faut y reconnaître une description historique de la baleine et de l'éléphant ».[14] Thomas d'Aquin a donc mis à profit les informations ‹ scientifiques › disponibles à propos de la baleine, dont des renseignements sur la chasse,[15] pour expliquer les caractéristiques de Léviathan.

Enfin, et l'on ne s'en étonnera pas, les carcasses de grands mammifères marins échoués sur les plages ont aussi alimenté les légendes. Ainsi, la taille immense de ces ossements a été bien utile aux exégètes qui ont dû expliquer le miracle de la sauvegarde de Jonas dans les entrailles d'un monstre marin. La bête devait être assez grande pour qu'un homme puisse y prendre place : saint Augustin en fournit les preuves en rapportant la taille gigantesque des côtes de créatures marines (*belluarum marinarum*) qu'il a pu voir exposées à Carthage.[16] À propos des ossements des grands animaux marins, l'on pourrait également évoquer la pratique de suspendre ces restes dans les églises ou d'autres lieux publics comme les hôtels de ville. Ces ossements ont-ils été liés au monstre de Jonas ou à l'île-baleine ? Malheureusement, selon les recherches

---

[12] Pierre Damien, Lettres, éd. Kurt REINDEL (MGH, Die Briefe der deutschen Kaiserzeit IV/3), Munich 1988, p. 503. Voir, comme parallèle, l'étude de Philippe CORDEZ consacrée à un passage du ‹ Livre des abeilles › de Thomas de Cantimpré, où cet auteur mentionne la corne de licorne exposée en l'église de Bruges afin de rendre plus concret un texte allégorique à propos de cet animal fantastique : Philippe CORDEZ, Materielle Metonymie. Thomas von Cantimpré und das erste Horn des Einhorns, dans : Kunsthistorisches Jahrbuch für Bildkritik 9/1 (2012), pp. 85–92.

[13] Sancti Thomae de Aquino Opera omnia. Expositio super Iob ad litteram, Rome [et al.] 1965, pp. 40–41.

[14] Carlos STEEL, Animaux de la Bible et animaux d'Aristote. Thomas d'Aquin sur Béhémoth l'éléphant, dans : Carlos STEEL / Guy GULDENTOPS (éds.), Aristotle's Animals in the Middle Ages and Renaissance, Louvain 1999, pp. 11–30, ici p. 19.

[15] Informations qu'il a puisées notamment chez Thomas de Cantimpré et Albert le Grand.

[16] Sancti Augustini Opera. Sect. 2 : S. Aurelii Augustini Hipponensis episcopi epistulae, éd. Alois GOLDBACHER, Ps. 2 : Ep. 31–123 (CSEL 34/2), Vienne 1898, ici : Ep. 102, 31, p. 571. Dans le même ordre d'idée, il est surprenant que les auteurs n'aient pas fait le lien entre la mention de Pline l'Ancien, selon laquelle les restes du monstre d'Andromède furent retrouvés à Joppé, et le récit de Jonas, puisque, selon la tradition, c'est là qu'embarqua le prophète.

de Philippe Cordez, les mentions médiévales d'os de bêtes marines exposés comme tels sont tardives (XVe siècle) et rares ;[17] un lien éventuel de ces restes avec le Bestiaire ou le Livre de Jonas n'est pas attesté pour le Moyen Âge (un os de la baleine de Jonas est mentionné à la cathédrale de Magdebourg, au XVIIIe siècle). Quoi qu'il en soit de cette pratique, les extraits vus plus haut ont montré que les auteurs ont pu, à propos de la baleine, entremêler à dessein la réalité et l'imaginaire, dans le but de renforcer l'effet de leur discours.

4 Réalité et imaginaire dans les encyclopédies du XIIIe siècle

Le troisième volet de cette étude est consacré aux notices traitant de la baleine dans les encyclopédies du XIIIe siècle, où apparaît, en filigrane, le problème posé par la ‹ double existence › de la baleine. En effet, ces textes se caractérisent par un certain enrichissement du discours traditionnel à propos des animaux, grâce à l'apport de nouvelles sources considérées davantage comme des textes ‹ à prétention scientifique ›, opposés aux textes au contenu merveilleux et symbolique (tels les Bestiaires). Le savoir livresque s'enrichit également de données provenant de l'expérience personnelle des auteurs : les historiens des sciences considèrent traditionnellement Albert le Grand comme le premier auteur médiéval à rapporter ses propres observations. Nous verrons donc ici comment les encyclopédistes ont traité leurs informations ; ce sera également l'occasion de poursuivre le débat ouvert par John Friedman sur les sources d'Albert le Grand.[18] Nous verrons que les notices consacrées à la baleine dans les ouvrages encyclopédiques s'avèrent particulièrement intéressantes pour cerner les méthodes de travail des auteurs.

Que disent les encyclopédistes à propos de la baleine ? Ils mentionnent tous les caractéristiques traditionnelles de la baleine, transmises depuis les auteurs antiques : sa taille gigantesque, son agressivité et le danger qu'elle représente pour les marins.[19] Ils ne manquent pas de rappeler l'épisode du séjour de Jonas dans le ventre du monstre, et même le récit du ‹ Physiologus ›.[20] En effet, une partie importante des sources uti-

---

17 D'après Philippe Cordez, les mentions se multiplient ensuite à partir du XVIe siècle, jusqu'au XIXe siècle : Philippe Cordez, Walknochen in Kirchen, dans : Hartmut Kühne / Enno Bünz / Thomas T. Müller (éds.), Alltag und Frömmigkeit am Vorabend der Reformation in Mitteldeutschland, Petersberg 2013, pp. 314–315.
18 John B. Friedman, Albert the Great's Topoi of Direct Observation and his Debt to Thomas of Cantimpré, dans : Peter Binkley (éd.), Pre-Modern Encyclopaedic Texts, Leyde 1997, pp. 379–392.
19 Chez Thomas de Cantimpré, plusieurs informations font l'objet d'interprétations allégoriques (la fragilité des baleines face à l'orque, sa faculté de soulever les flots, son caractère redoutable) : Thomas de Cantimpré, Liber de natura rerum, éd. Helmut Boese, Berlin 1973, VI,21,39,41. Voir à ce sujet Baudouin van den Abeele, Bestiaires encyclopédiques moralisés. Quelques succédanés de Thomas de Cantimpré et de Barthélemy l'Anglais, dans : Reinardus 7 (1994), pp. 11–30.
20 Vincent de Beauvais, Speculum Naturale, éd. Douai 1624, rééd. Graz 1964, XVII,33.

lisées par les auteurs sont des textes connus et consultés depuis longtemps : les ‹ Etymologies › d'Isidore de Séville, l'‹ Histoire naturelle › de Pline l'Ancien, les ‹ Hexaemera › de Basile de Césarée et Ambroise de Milan. Les auteurs citent toutefois de nouvelles sources, telles que l'ouvrage d'un certain Iorach (ou Iorath). Arnold de Saxe et Barthélemy l'Anglais, notamment, affirment avoir puisé plusieurs informations chez cet auteur : l'idée d'une nature terrestre de l'animal, l'origine de l'ambre gris que l'on collecte à la surface des flots, qui serait constitué, selon Iorach, du sperme séché des baleines, enfin, la description mystérieuse d'un combat de la baleine contre le Léviathan.[21] Les auteurs attribuent à Iorach une compilation de botanique et de zoologie qui n'a pas été retrouvée sous sa forme intégrale. Selon les recherches d'Isabelle DRAELANTS, il s'agirait d'un texte remontant à la fin de l'Antiquité, livrant les natures et les vertus des animaux et des plantes, enrichi progressivement d'ajouts multiples.[22] Sur un terrain plus concret, les auteurs fournissent également des explications, plus ou moins détaillées, sur la chasse à la baleine. Thomas de Cantimpré présente une technique de chasse selon laquelle les marins répartis dans plusieurs embarcations encerclent l'animal et le harponnent, information qu'il a puisée – il cite sa source – dans le ‹ Liber rerum ›, un texte qui n'a pas été retrouvé.[23] Albert le Grand évoque également différentes techniques de chasse à la baleine et rapporte plusieurs anecdotes liées à la prise de baleines sur les côtes de la mer du Nord. Il s'agit là, selon l'auteur, de ses propres observations, ou de témoignages de pêcheurs.

Les ouvrages encyclopédiques ne remettent donc nullement en cause les données traditionnelles à propos de la baleine. Arnold de Saxe, dont l'exposé est basé principalement sur Iorach et le ‹ De animalibus › d'Aristote, se distingue en ignorant le ‹ Physiologus › et d'autres œuvres allégoriques. Le plus souvent, les auteurs jux-

---

[21] Arnold de Saxe, De floribus rerum naturalium, éd. Emil STANGE, Erfurt 1907, II,7–8 ; Barthélemy l'Anglais, De proprietatibus rerum, éd. Francfort 1601, rééd. Francfort 1964, XIII; aussi chez Vincent de Beauvais (note 20), XVII,41 ; XX,38.

[22] Isabelle DRAELANTS, Le dossier des livres ‹ sur les animaux et les plantes › de Iorach : traditions occidentale et orientale, dans : Baudoin VAN DEN ABEELE / Isabelle DRAELANTS (éds.), Occident et Proche-Orient : contacts scientifiques au temps des Croisades. Actes du colloque de Louvain-la-Neuve, 24–25 mars 1997, Turnhout 2000, pp. 191–276. La notice de la baleine confirme les hypothèses d'Isabelle DRAELANTS à propos de l'origine et de l'histoire de ce texte pour l'instant perdu de Iorath. Plusieurs données semblent en effet confirmer différentes étapes de l'histoire de la transmission de ce texte. 1) Les caractéristiques du *cetus* (*cetus vel aspedo* chez Iorath, ce qui rappelle l'*aspidochelone* du ‹ Physiologus ›), proches de celles attribuées à la panthère de la tradition antique, montrent que le texte attribué à Iorach serait bien au départ une version païenne du ‹ Physiologus ›, livrant les natures de divers animaux, celles-ci pouvant être communes à plusieurs créatures. 2) La mention d'un combat du *cetus* contre le monstre marin Léviathan (désigné par *levin*, terme à consonance hébraïque, dans l'extrait de Iorach chez Arnold de Saxe) remonte sans doute au passage de Iorach dans la tradition orientale. 3) Le texte de Iorach est enrichi quand il arrive dans le milieu salernitain : c'est peut-être à cette étape que l'ambre est ajouté à la notice sur le *cetus* (en Occident, l'ambre apparaît dans le *Circa Instans*, traité de simples rédigé dans la deuxième moitié du XIIe siècle dans le milieu médical de Salerne).

[23] Voir FRIEDMAN (note 18).

taposent informations nouvelles et données anciennes. Prenons l'exemple de Thomas de Cantimpré. Celui-ci évoque la gueule de la baleine et semble décrire ses fanons, d'une manière vague et déformée : « Dans son gosier se trouve comme une membrane percée de nombreuses ouvertures qui ne laissent pas passer en son estomac ce qui est trop grand et corpulent. »[24] Cette information est immédiatement suivie par l'évocation de la grande taille de la gueule de la baleine, qui a pu engloutir Jonas ! L'auteur accole donc des éléments qui sont contradictoires, sans chercher à expliquer cette contradiction. Parfois, les auteurs tentent d'expliquer, de ‹ rationaliser ›, les récits des Bestiaires. Ainsi, les auteurs affirment qu'après l'âge de trois ans, le mâle, ne pouvant plus se reproduire, se retire en haute mer, où il peut grossir de manière incroyable et ressembler à une île.[25] Quant à l'odeur émise par la baleine pour attirer les poissons (seconde nature de l'animal, selon le ‹ Physiologus ›), elle peut être expliquée par la substance qui serait constituée du sperme séché de la baleine, l'ambre.[26]

Un concept nouveau apparaît chez les encyclopédistes : celui d'une nature terrestre de la baleine. Il apparaît chez Arnold de Saxe et est repris, sans doute par son intermédiaire, par d'autres auteurs. Il figurait déjà chez Hildegarde de Bingen : dans la ‹ Physica ›, l'abbesse explique en effet plusieurs caractéristiques de la baleine par son caractère terrestre, sa cruauté, sa voracité et sa taille immense traduisant sa parenté avec certaines bêtes sauvages.[27] Plusieurs encyclopédistes évoquent la nature terrestre de la baleine pour expliquer que, quand la baleine vieillit, du sable et des herbes peuvent s'accumuler sur son dos, donnant à la créature l'apparence d'une île. Mais ils ne relient pas systématiquement leurs informations à ce concept. Thomas de Cantimpré, notamment, mentionne que les baleines ne sont pas pourvues de branchies, mais bien de poumons (information trouvée chez Pline l'Ancien), sans établir un lien avec la supposée nature terrestre de l'animal.[28] Les auteurs ne reprennent pas non plus l'assertion d'Aristote, selon laquelle les baleines ressembleraient aux animaux terrestres car elles respirent par des poumons et nourrissent leurs petits de leur lait, au contraire des autres animaux marins.

Venons-en à la question de l'observation de la nature chez Albert le Grand. Celui-ci attribue plusieurs informations à son expérience personnelle, et notamment des explications sur la chasse et le récit de plusieurs prises de baleines. Il décrit également, de

---

24 Thomas de Cantimpré (note 19), VI,6. Je n'ai pas identifié la source de ce passage. Il pourrait s'agir du ‹ Liber rerum ›, cité par Thomas de Cantimpré à propos de la chasse à la baleine. Voir plus loin dans cet article.
25 Ibid. (note 19), VI,6 ; Vincent de Beauvais (note 20), XVII, XLII. Cette information pourrait-elle provenir aussi du ‹ Liber rerum › ?
26 Barthélemy l'Anglais (note 21), XIII.
27 Hildegarde de Bingen, Physica, éd. Jacques-Paul MIGNE (PL 197), Paris 1882, V,1. Hildegarde mentionne également la faculté du *cetus* à éloigner le diable. Ces divers éléments peuvent suggérer que l'abbesse a eu accès à des sources attachées au milieu salernitain, de même nature que la compilation attribuée à Iorach.
28 Thomas de Cantimpré (note 19), VI,6 ; Vincent de Beauvais (note 20), XVII,34.

manière déformée, le morse pourvu « de très grandes dents » qui ressemblent aux « dents de l'éléphant » et évoque des « formations cornées semblables à des cils »,[29] peut-être les fanons de la baleine. Les historiens ont souvent présenté la mention de la chasse à la baleine chez Albert le Grand comme étant un des premiers traitements de ce sujet dans la littérature occidentale, reposant sur l'expérience de l'auteur et des témoignages de chasseurs. En réalité, comme l'a montré John FRIEDMAN, Albert le Grand a certainement puisé une partie de ses informations dans des sources qu'il ne cite pas.[30] Il aurait notamment pu découvrir la description de la chasse en mer avec harpons dans le ‹ Liber rerum ›, peut-être par l'intermédiaire de Thomas de Cantimpré. Albert le Grand s'est approprié cette information par un stratagème habile, comme l'a démontré FRIEDMAN : il a enrichi l'extrait de détails divers, de manière à rendre le texte plus concret et à l'ancrer dans les régions qu'il connaît (*in nostris maribus*). Mais Albert le Grand décrit également une seconde technique de chasse pour prendre au piège les *ceti* qui ont « des broches très longues grâce auxquelles ils se suspendent aux rochers ».[31] Il s'agit en réalité d'une description de la chasse au morse, et non pas à la baleine. Ce passage ne se trouve pas chez Thomas de Cantimpré. Albert le Grand l'aurait-il repris à une autre source, peut-être le ‹ Liber rerum › ? Ce ‹ Liber rerum › n'a pas été retrouvé dans les manuscrits ; selon John FRIEDMAN, il pourrait s'agir d'un texte rédigé en Angleterre au tournant des XIIe et XIIIe siècles, par un auteur bien au courant de la faune marine et de la chasse pratiquée dans les mers du nord. Albert le Grand a pu y trouver les descriptions du *cetus* pourvu de poils et de dents (sans doute le morse), ainsi que des « cils » de la baleine (probablement les fanons). Des informations sur la faune nordique et la chasse au morse semblaient en tout cas circuler à l'époque, comme le montrent les Bestiaires de la troisième famille. Ceux-ci rapportent en effet, dans la notice consacrée aux baleines (*ballenae*) des informations sur la chasse aux morses et leurs défenses d'ivoire, selon des sources indéterminées ;[32] ils contiennent d'ailleurs d'autres notices sur la faune nordique (entre autres exemples, l'ours blanc). Comme l'avait proposé FRIEDMAN, d'autres auteurs ont donc pu, avant Albert le Grand, consigner des récits de chasses à la baleine rapportés par des marins. Revenons-en au texte d'Albert le Grand. En plus de ces indications sur la chasse à la baleine, il rapporte tout de même des anecdotes qui paraissent bien être de son cru : « j'ai été contemporain de plusieurs captures », dit-il (l'une en Frise, l'autre près de Maastricht).[33] Quoi qu'il en soit de l'origine de ces données, Albert le Grand confronte celles-ci à la tradition livresque, et il ose remettre en question les récits des autorités :

---

29 Albert le Grand (note 9), XXIV,23, trad. Laurence MOULINIER, dans ID., Les baleines d'Albert le Grand, Médiévales 11 (1992), pp. 117–128, ici p. 120.
30 FRIEDMAN (note 18).
31 Albert le Grand (note 9), XXIV,23, trad. MOULINIER (note 29), p. 125.
32 Ilya DINÈS, A Critical Edition of the Bestiaries of the Third Family, thèse de doctorat non publiée 2008. Cette catégorie de Bestiaires apparaît en Angleterre dans le courant du XIIIe siècle.
33 Albert le Grand (note 9), XXIV,23.

« Voilà ce que nous connaissons par expérience de la nature des cètes ; nous n'avons pas tenu compte des récits des Anciens qui ne correspondent pas à la réalité. »[34] Il n'évoque pas le récit de Jonas, et tempère les propos de ses prédécesseurs : « Les Anciens racontent que ce poisson occupe, par la largeur de son ventre, quatre arpents de terre, mais aucun des mariniers qui ont vu des cètes en abondance n'a jamais pu nous le confirmer. »[35] Et il doute fortement qu'on puisse prendre la baleine pour une île : « D'aucuns prétendent qu'après un seul coït, le cète ne peut plus s'accoupler avec la baleine, devient impuissant et gagne alors les profondeurs de la mer où il engraisse tellement qu'il devient aussi gros qu'une île ; mais je doute que cela soit vrai, et les plus expérimentés ne racontent rien de tel. »[36]

Les traditions textuelles attachées à la baleine ne connaissent donc pas de véritable rupture avec les encyclopédies du XIIIe siècle.[37] Les auteurs essaient éventuellement de ‹ rationaliser › les natures prêtées traditionnellement à la baleine (sa cruauté, sa faculté à prendre l'apparence d'une île) à l'aide de nouvelles sources, mais sans remettre en question les autorités. Seul, Albert le Grand affirme que son expérience personnelle – qu'il ne faut donc pas surestimer – ne correspond pas à ce que disent les Anciens.

5 Conclusion : la baleine, entre réalité et imaginaire

Animal mystérieux, presque invisible, qui se donne à voir à l'homme par intermittence, propulsant sa masse gigantesque au-dessus des flots ou échoué sur une plage, la baleine ne pouvait qu'enflammer les imaginations, et ainsi devenir un animal légendaire. Pourtant, réalité et imaginaire ne se confondent pas tout à fait. Les textes le montrent, à travers l'emploi d'un vocabulaire différencié, propre à diverses traditions textuelles. Il y a, d'un côté, la tradition des savants et des exégètes, qui parlent d'un monstre merveilleux, le *cetus* ; de l'autre, les textes plus proches des préoccupations de la vie quotidienne, qui mentionnent la *balena*, grand poisson comestible. Le *cetus* apparaît comme le statut supérieur, mythique, de la *balena*, et les auteurs ont pu utiliser l'un pour aller au secours de l'autre, pour rendre la réalité plus impressionnante ou, au contraire, rendre l'imaginaire plus réel. Les érudits ont toutefois hésité : la *balena* est-elle bien la même chose que le *cetus* ? Ils n'ont pas apporté de réponse définitive à cette question. Albert le Grand tenta d'écarter les légendes, mais le doute subsista longtemps encore après lui.

---

34 Ibid., trad. MOULINIER (note 29), p. 125.
35 Ibid., p. 121.
36 Ibid., XXIV,33 (note 29), p. 122.
37 Voir au sujet de la tradition encyclopédique Baudouin VAN DEN ABEELE, Le ‹ De animalibus › d'Aristote dans le monde latin : modalités de sa réception médiévale, dans : Frühmittelalterliche Studien 33 (1999), pp. 286–318.

Stephanie Mühlenfeld (Mainz)
Die ‚jungfräuliche' Barnikelgans –
Klerikal geprägte Denkmuster und ihr Einfluss auf die Wahrnehmung fremder Wasservögel

Abstract: The Barnacle Goose, a water bird familiar to most 13th-century theologians, features a number of *proprietates* excellently suited to salvific exegesis. They come into existence in a wholly chaste manner, requiring no copulation between adults of the species. A piece of fir wood simply floats in saltwater for a certain period, causing a little Barnacle-chick to 'hatch', which then appears to grow out of the wood.

This is the standard account to be found in the writings of Alexander Neckam, Jacob of Vitry, Thomas of Cantimpré and Conrad of Megenberg. Yet Thomas of Cantimpré already entertained some doubts concerning the fir wood theory and Frederic II argued against it in 'De arte venandi cum avibus'.

In my article, I investigate the way in which clerically-determined patterns of thought influenced the perception of unknown water birds and, looking also at (pseudo-)historical travelogues, discuss the functions these animals have within the texts.

Keywords: Barnikelgans, Denkmuster, Bestiarium, Exegese, Wassertiere

1 Einleitung

Wo kommen kleine Gänseküken her? Diese Frage lässt sich mit dem naturwissenschaftlichen Erkenntnisstand des 21. Jahrhunderts vollkommen problemlos beantworten; die Antwort darauf erscheint uns heute beinahe ebenso banal wie selbstverständlich.

Im Mittelalter hatte man aber ganz andere Vorstellungen, auf welche Weise dieser Entstehungsprozess vonstattengehen könnte – zumindest im Hinblick auf eine ganz besondere Gänseart: die Barnikelgans.

Genauer gesagt gibt es sogar zwei verschiedene Theorien zur Entstehung dieses Tiers. Hier ist insbesondere von Interesse, welchen Einfluss klerikal geprägte Denkmuster auf die menschliche Wahrnehmung dieses fremden Wasservogels gehabt haben könnten und ob ihnen in Bezug auf das Zustandekommen und die Ausdifferenzierung der Entstehungstheorien eine Schlüsselfunktion zukommt. Es wird also um ‚naturkundliche' Betrachtungen einerseits und christlich-kosmologische Vorstellungen andererseits gehen – zwei Aspekte, die für das Mittelalter freilich nicht scharf zu trennen sind.

Das mittelalterliche Weltbild ist ganz und gar von der Vorstellung der ‚Lesbarkeit der Welt' geprägt.¹ Damit ist auch die Wahrnehmung der Barnikelgans durch die Zwei-Bücher-Lehre bestimmt: Das erste Buch ist die Offenbarung im Wort, die Bibel. Das zweite ist die Natur selbst, die Offenbarung in der Schöpfung. Beide tun den göttlichen Plan und Willen kund. Daher lassen sich für das Mittelalter auch keine klaren Gattungsgrenzen zwischen ‚naturkundlichen' und theologischen Texten ziehen.

Abschließend soll mit Blick auf zwei spätmittelalterliche Reiseberichte gefragt werden, ob man sich im Mittelalter nicht möglicherweise doch auch jenseits dieses Offenbarungsdiskurses über die Barnikelgans Gedanken gemacht hat.

2 Theorien zur Entstehung der Barnikelgans

Vorerst ist klarzustellen, dass es sich bei der Barnikelgans – die auch als ‚Baumgans', ‚Ringelgans' oder mit ihrem lateinischen Namen als *branta bernicla* bezeichnet wird – um ein real existierendes Tier handelt, welches Einzug in einen Teil der mittelalterlichen Bestiarien gehalten hat.²

Darauf hinzuweisen ist nicht unwichtig, da in den Bestiarien auch Fabelwesen wie etwa Einhorn, Drache, Phönix oder Basilisk zu finden sind und diese als real existierende Tiere behandelt wurden.³ Antike Quellen, in denen man eine Erwähnung der Barnikelgans vermuten könnte – wie etwa der ‚Physiologus' oder die naturkundlichen Schriften von Aristoteles, Plinius und Solinus – informieren nicht über das Tier.⁴

Doch nun zu den beiden Entstehungstheorien. Die erste Theorie besagt, dass die Barnikelgans entsteht, wenn ein Stück Treibholz längere Zeit im Wasser liegt.⁵ Die zweite Theorie hingegen geht davon aus, dass das Tier an Bäumen wächst.⁶ Die beiden frühesten Textzeugnisse in lateinischer Sprache, welche die erstgenannte Theorie belegen, stammen von Alexander Neckam und Giraldus Cambrensis, wobei

---

1 Vgl. dazu Hans BLUMENBERG, Die Lesbarkeit der Welt, Frankfurt / M. 1981.
2 Wulf Emmo ANKEL, Das Märchen von den Entenmuscheln, in: Natur und Museum 92 (1962), S. 212 f.; David BADKE, Barnacle Goose, http://bestiary.ca/beasts/beast1195.htm (letzter Zugriff am 12. 07. 2016); Maaike VAN DER LUGT, Animal légendaire et discours savant médiéval. La Barnacle dans tous ses états, in: Micrologus. Natura, scienze e società medievali. Nature, Sciences and Medieval Societies VIII, 2 (2000), S. 351–393, hier S. 351 f.
3 Vgl. David BADKE, Beast-Index, http://bestiary.ca/beasts/beastalphashort.htm (letzter Zugriff am 12. 07. 2016).
4 VAN DER LUGT (Anm. 2), S. 352.
5 Benedikt Konrad VOLLMANN, Schiffshalter und Barnikelgans. Die Last des antiken Erbes in der mittelalterlichen Naturenzyklopädik, in: Robert LUFF u. Rudolf Kilian WEIGAND (Hgg.), Mystik – Überlieferung – Naturkunde. Gegenstände und Methoden mediävistischer Forschungspraxis. Tagung in Eichstätt am 16. und 17. April 1999, anlässlich der Begründung der „Forschungsstelle für Geistliche Literatur des Mittelalters" an der Katholischen Universität Eichstätt (Germanistische Texte und Studien 70), New York u. a. 2002, S. 109–124, hier S. 115.
6 Edward HERON-ALLEN, Barnacles in Nature and in Myth, Cambridge 1928, S. 13.

nicht eindeutig geklärt werden kann, welcher der beiden Autoren zuerst über das Tier schrieb.[7] Alexander Neckam weiß in seinem Werk ‚De naturis rerum', das in der Zeit zwischen 1157 und 1217 entstand,[8] Folgendes zu berichten:

> Der Vogel, der gemeinhin ‚Barnikelgans' genannt wird, hat seinen Ursprung in einem Stück Tannenholz, das lange Zeit im Meer aufgequollen ist. Von der Oberfläche des Holzes verströmt eine gewisse klebrige Flüssigkeit, die im Laufe der Zeit die Form eines kleinen Vogels annimmt. Dieser ist in Federn gekleidet und wurde mit dem Schnabel am Holz hängend gesichtet.
> Er wird von den weniger Besonnenen während der Fastenzeit gegessen, da er nicht durch das mütterliche Brüten eines Eies entsteht. Aber was ist das? Es ist sicher, dass Vögel bereits vor Eiern existierten. Sollen deshalb Vögel, die nicht aus Eiern stammen eher den Speisegesetzen für Fische unterliegen, als denjenigen, die für Vögel gelten, die durch Befruchtung entstanden sind? Haben die Vögel denn nicht – laut den unanfechtbaren Glaubenslehren der heiligen Schrift – ihren Ursprung im Wasser? Wie kann es sein, dass Barnikelgänse nur aus Holz entstehen, welches dem Meerwasser ausgesetzt ist oder dass sie von Bäumen stammen, die an den Kanten von Meeresklippen stehen?[9]

Giraldus Cambrensis, ein Zeitgenosse Alexander Neckams, berichtet in seiner ‚Topographia Hiberniae' (1188) ebenfalls von der Entstehung der Barnikelgans und erläutert genauer, woher die kleinen ‚Baumgänse' ihre Nahrung beziehen. Er schreibt diesbezüglich:

> In einem geheimnisvollen und unendlich wunderbaren Ernährungsprozess, bekommen sie durch den Pflanzensaft des Holzes oder durch das Meerwasser ihre Nahrung und wachsen. Ich habe mit meinen eigenen Augen oft mehr als tausend dieser kleinen Vogelkörper gesehen, die an einer Meeresküste, an einem einzigen Stück Holz herunterhingen. Sie waren noch eingeschlossen in ihre Schalen, aber bereits geformt. Weder aus der Paarung dieser Vögel entstehen die Eier – wie es bei den Vögeln gewöhnlich der Fall ist – noch bebrütet jemals ein Vogel bei ihrer Fortpflanzung ein Ei. An keinem Winkel der Erde scheinen sie sich der Wollust zu widmen oder zu nisten.

---

7 Ebd., S. 10–12.
8 Joseph GOERING, Alexander Neckam, in: Oxford Dictionary of National Biography (2004), http://www.oxforddnb.com/view/article/19839 (letzter Zugriff am 12. 07. 2016).
9 Alexander Neckam, De naturis rerum, hrsg. v. Thomas WRIGHT (Rerum Britannicarum medii aevi scriptores, or, Chronicles and memorials of Great Britain and Ireland during the Middle Ages), London 1863, Cap. xlviii (S. 99 f.): *Ex lignis abiegnis salo diuturno tempore madefactis originem sumit avis quae vulgo dicitur bernekke. A superficie itaque ligni exit quaedam viscositas humorosa, quae tractu temporis lineamenta corporis aviculae plumis vestitae suscipit, ita quod a ligno dependere videtur avicula per rostrum. Hac quidam minus discreti etiam tempore jejunii vescuntur, eo quod ex ovo non prodierit beneficio maternae incubationis. Sed quid? Constat quod prius fuerint aves quam ova. Numquid ergo aves quae ex ovis non eruperunt potius legem piscium quoad esum sequuntur, quam illae quae ex sementina traductione ortae sunt? Nonne item aves ex aquis originem sumpserunt, secundum caelestis paginae doctrinam irrefragabilem? Unde et bernekke non nascuntur nisi ex lignis salo obnoxiis, aut ex arboribus consitis in marginibus riparum.* – Übersetzungen von Quellentexten stammen, wenn nicht anders angegeben, von der Verfasserin.

Aus diesem Grund haben Bischöfe und andere Geistliche in einigen Teilen Irlands keine Skrupel, diese Vögel während der Fastenzeit zu verspeisen, als ob sie nicht aus Fleisch seien, weil sie nicht aus Fleisch geboren sind. Aber indem sie dies tun, versündigen sie sich. Denn wenn irgendjemand von dem Bein unseres ersten fleischlichen Vaters gegessen hätte, so könnte derjenige doch nicht davon freigesprochen werden, Fleisch gegessen zu haben – auch wenn Adam nicht aus Fleisch geboren wurde.[10]

Nun stellt sich die Frage, wie derartig eigentümliche Entstehungstheorien ihrerseits entstanden sein könnten. Eine Antwort darauf lässt sich finden, wenn man sich ein anderes Tier, die sog. Entenmuschel – mit lateinischem Namen *lepas anatifera* genannt – genauer ansieht.[11]

Diese Entenmuschel, die zwar das Wort ‚Muschel' im Namen trägt, aber eigentlich ein kleiner Krebs ist, siedelt sich meist in Form von ganzen Kolonien um ein Stück Treibholz herum an.[12] Sie besitzt an der Unterseite sogenannte ‚Zement-Drüsen', mit denen sie ein Sekret absondert.[13] Dieses klebrige Sekret ermöglicht es ihr, sich an Treibholz, Felsen und Bojen oder auch an den Rücken eines Walfischs anzuhängen.[14] Besonders bemerkenswert sind auch die sogenannten Cirren des Tiers.[15] Diese Ausläufer dienen dem kleinen Krebs zur Nahrungsaufnahme und das wohl Irritierendste an ihnen ist, dass sie tatsächlich wie Federn aussehen.[16] Höchstwahrscheinlich haben die Menschen im Mittelalter solche Entenmuscheln mitsamt Cirren an einem

---

10 Zitiert nach: Giraldus Cambrensis, Topographia Hiberniae, in: Anglica, Normannica, Hibernica, Cambrica, a veteribus scripta, Frankfurt / M. 1603, S. 706: *ex succo ligneo marinoque occulta nimis admirandaque seminii ratione simul incrementaque suscipiunt. Vidi multoties oculis meis plus quam mille minuta hujusmodi avium corpuscula, in litore maris, ab uno ligno dependentia, testis inclusa et jam formata. Non ex harum coitu (ut in avibus assolet) ova gignuntur, nec avis in earum procreatione unquam ovis incubat: in nullis terrarum angulis vel libidini vacare vel nidificare videntur. Unde et in quibusdam Hiberniae partibus, avibus istis tanquam non carneis quia de carne non natis episcopi et viri religiosi jejuniorum tempore sine dilectu vesci solent. Sed hi quidem scrupulose moventur ad delictum. Si quis enim ex primi parentis carnei quidem, licet de carne non nati, femore comedisset, eum a carnium esu non immunem arbitrarer.*
11 ANKEL (Anm. 2), S. 209–212; sehr schöne Fotos von *lepas anatifera*-Kolonien an einem Stück Treibholz lassen sich beispielsweise auf der Website des Rosario Beach Marine Laboratory finden. Vgl. Encyclopedia of Life, http://www.wallawalla.edu/academics/departments/biology/rosario/inverts/Arthropoda/Crustacea/Maxillopoda/Cirripedia/Lepas_anatifera.html (letzter Zugriff am 12. 07. 2016).
12 Alfons HUBER, Die Baumgans – Ihr Mythos und ihre Geschichte, in: Alte und Moderne Kunst XIV, Heft 103 (1969), S. 18–22, hier S. 18.
13 ANKEL (Anm. 2), S. 210.
14 HUBER (Anm. 12), S. 18.
15 HERON-ALLEN (Anm. 6), S. 8.
16 Eintrag *lepas anatifera*, http://animaldiversity.org/accounts/Lepas_anatifera/ (letzter Zugriff am 12. 07. 2016).

Stück Treibholz gesehen.[17] Diesem optischen Reiz ausgesetzt, entwickelte man dann die in unseren Augen so skurrile Entstehungstheorie.[18]

Interessant an der Entenmuschel ist zudem, dass sie auch heutzutage Biologen noch einige Rätsel aufgibt. Wie man herausgefunden hat, besitzen die meisten Exemplare sowohl weibliche als auch männliche Geschlechtsorgane.[19] Aus diesem Grund ging man über einen langen Zeitraum hinweg davon aus, dass das Tier als Hermaphrodit keinen Partner benötige, um sich fortzupflanzen.[20] Jedoch bemerkte schon Darwin, der sich eingehend mit dieser Spezies beschäftigte, dass es auch rein männliche Exemplare gibt.[21] Wie bei diesen Exemplaren die Fortpflanzung funktioniert, ist bis zum heutigen Tag nicht mit Sicherheit geklärt, denn es ist ihnen nicht möglich, sich zur Paarung fortzubewegen, und sie haften lebenslang dem jeweiligen Untergrund an, den sie sich einmal ausgesucht haben.[22] Es existieren natürlich verschiedene Theorien, wie sie ihre Art vor dem Aussterben bewahren; so wurde beispielsweise die Übertragung des Spermas durch das Wasser in Erwägung gezogen.[23] Diese Theorie ließ sich aber nicht anhand aller der von Biologen beobachteten Entenmuschelexemplare belegen.[24]

Doch zurück zur Barnikelgans. Ein weiterer Aspekt, der zur Herkunft und Genese der beiden mittelalterlichen Entstehungstheorien beigetragen haben dürfte, ist, dass man die Gänse wohl wirklich nie beim Brüten zu Gesicht bekam (Albertus Magnus, auf den später noch eingegangen werden soll, bildet hier eine Ausnahme, wenn er behauptet, den Vorgang mit angesehen zu haben).[25] Die Brutstätten der Tiere befinden sich nämlich „zwischen dem 60. und 80. Breitengrad auf Spitzbergen und Grönland", und in den Monaten Oktober und November können die Barnikelgänse in großer Zahl in den Nord- und Ostseeregionen beobachtet werden.[26]

Man könnte daher annehmen, dass die Entstehungstheorien auf einer ‚epistemischen Grenze' zwischen Wissen und Nichtwissen entstanden sind.[27] Sicher war man sich über die Existenz der Tiere sowie darüber, dass sie sich fortpflanzen und dass

---

17 Vgl. ANKEL (Anm. 2), S. 208–210.
18 Vgl. ebd., S. 209.
19 M. BARAZANDEH u. a., Something Darwin Didn't Know about Barnacles: Spermcast Mating in a Common Stalked Species (2013), http://dx.doi.org/10.1098/rspb.2012.2919 (letzter Zugriff am 12. 07. 2016).
20 Ebd.
21 HERON-ALLEN (Anm. 6), S. 8.
22 BARAZANDEH u. a. (Anm. 19).
23 Ebd.
24 Ebd.
25 VOLLMANN (Anm. 5), S. 116.
26 HUBER (Anm. 12), S. 18.
27 Zu dem Thema ‚epistemische Grenzen' vgl. auch Mireille SCHNYDER, Überlegungen zu einer Poetik des Staunens im Mittelalter, in: Martin BAISCH u. a. (Hgg.), Wie gebannt – Ästhetische Verfahren der affektiven Bindung von Aufmerksamkeit, Freiburg / Br. 2013, S. 95–113, hier S. 95.

Wasser innerhalb dieses Werdensprozesses eine entscheidende Rolle spielt. Unsicher dürfte man sich jedoch hinsichtlich der einzelnen Details dieses Vorgangs gewesen sein. Es entstand also eine Art ‚Leerstelle' im Wissen, die gefüllt werden musste, um die Erkenntnis über den göttlichen Schöpfungsplan zu ergänzen. Zugleich bedeutete jene Leerstelle aber auch eine Projektionsfläche für verschiedenste kulturelle Einschreibungen.[28]

Auch für die zweite Entstehungstheorie, dass die Barnikelgans an Bäumen wachse, lässt sich eine ganze Reihe an Text- und Bildzeugnissen finden.[29] Einer dieser Belege ist beispielsweise das Bestiarium des Pierre de Beauvais.[30] Jenes französische Bestiarium aus dem 13. Jh. bietet folgende Informationen über das Tier:

> Der Physiologus sagt, dass es auf dem Wasser eines Meeres einen Baum gibt, der Vögel gebiert, welche Gänsen ähneln. Aber sie sind ein wenig kleiner. Und wenn diese Vögel wachsen, so hängen sie mit dem Schnabel an dem Baum, bis sie reif sind. Und wenn sie reif sind, fallen sie von dem Baum herab, wie eine Birne, wenn sie reif ist. Und wenn diese Vögel herabfallen, so werden diejenigen, die ins Wasser fallen, davongespült und sind gerettet, sodass sie keine Angst vor dem Tod haben müssen. Und diejenigen, die außerhalb des Wassers auf den Boden herabfallen, die bleiben unbewegt liegen, sterben und sind verloren.[31]

Angesichts der beiden auf uns so befremdlich wirkenden Entstehungstheorien, kommt die Frage auf, ob im Mittelalter niemals Zweifel daran erhoben wurden. Diesbezüglich sind wohl an erster Stelle die Einwände des Albertus Magnus zu nennen, denn dieser schreibt in seinem Werk ‚De animalibus':

> Die *barliates*, so behaupten einige in lügnerischer Weise, seien dieselben Vögel, die das Volk ‚Baumgänse' nennt, und zwar deshalb, weil sie aus Bäumen entstünden. Man behauptet, sie hingen an deren Stamm und Zweigen und nährten sich von dem Saft, der sich hinter der Rinde befindet. Sie behaupten ferner, diese Vögel würden aus im Meer schwimmendem faulendem Holz erzeugt, insbesondere aus faulendem Tannenholz, und sie stützen ihre Aussage damit, dass niemand jemals bei ihnen Paarung und Eiablage beobachtet habe. – Dies ist völlig absurd, weil ich selber und viele Gefährten, die mich begleiteten, gesehen habe, wie sie sich paarten, Eier legten und ihre Jungen großzogen.[32]

---

28 Vgl. Udo FRIEDRICH, Menschentier und Tiermensch. Diskurse der Grenzziehung und Grenzüberschreitung im Mittelalter, Göttingen 2008, S. 14.
29 Vgl. beispielsweise HERON-ALLEN (Anm. 6), S. 21.
30 Ebd., S. 13.
31 Pierre de Beauvais, Bestiaire, hrsg. v. Charles CAHIER u. Arthur MARTIN, in: Mélanges d'archéologie, d'histoire et de littérature, t. 2, Paris 1851, S. 85–100 u. 106–232, hier S. 216: *Phisiologes nos dist qu'il est un arbre sor une aighe de une mer, qui porte oiseax qui resamblent ouwes, mais il sont I pou plus petit. Et quant ces oiseax croissent, il pendent par le bec à l'arbre tant qu'il sont meur. Et quant il sont meur, si cheent jus sicon une poire fait d'un arbre quant èle est meurre. Et quant cil oisel chient jus, cels qui chient en l'aighe il flotent en voie et sont gari, que il n'ont garde de mort. Et cels quichient de fors l'aighe sor la terre, cist demerent iluec tot coi gisant et muèrent et sont perdu.*
32 Ich übernehme diese Übersetzung des Albertus Magnus-Zitats von VOLLMANN (Anm. 5), S. 116.

Auch wenn angezweifelt werden darf, dass Albertus Magnus sich tatsächlich in die Regionen der Eismeergrenze begeben hat und dabei jene Beobachtungen anstellen konnte, bleibt dennoch seine dezidierte Absage an die skurrile Baumganstheorie bestehen.[33] Damit sollte er aber nicht der einzige Naturkundige bleiben, der sich kritisch und ablehnend zu den Entstehungstheorien äußerte.

Es dürfte wenig überraschen, dass auch Kaiser Friedrich II. von Hohenstaufen seine Zweifel daran hatte.[34] Er schickte sogar einige Abgesandte von Sizilien aus in den hohen Norden, wo sie nach der Barnikelgans suchen und herausfinden sollten, ob diese tatsächlich an Holzstämmen wächst.[35] Friedrich erteilte den Auftrag, ihm solche Hölzer als Beweismaterial mitzubringen.[36] Als die Gesandten ihm von ihrer Reise jedoch nur Hölzer mit daran haftenden Muscheln mitbrachten, war für ihn klar, dass er der Geschichte keinen Glauben schenken konnte.[37] So schreibt er in ‚De arte venandi cum avibus':

> Es gibt noch eine andere Art von Kleingänsen [...]; diese Gänse heißen Barnikel. Auch von ihnen wissen wir nicht, wo sie nisten. Einige jedoch tragen die Meinung vor, sie würden aus trockenen Bäumen entstehen. Sie sagen nämlich, es gäbe im hohen Norden Schiffshölzer, an denen aus Fäulnis ein Wurm entstehe, und aus diesem werde dann jener Vogel, der mit seinem Schnabel so lange am trockenen Holz hängt, bis er fliegen kann. Wir haben nun längere Zeit nachgeforscht, ob an dieser Behauptung etwas Wahres sei, und haben mehrere Abgesandte dorthin geschickt und sie veranlasst, uns solche Hölzer mitzubringen. Wir sahen eine Art Muscheln am Holz haften, aber diese Muscheln wiesen nirgendwo eine Ähnlichkeit mit Vögeln auf, und deswegen schenken wir dieser Meinung keinen Glauben, bevor uns dafür nicht ein überzeugenderes Argument geboten wird. Uns scheint, diese Meinung rührt daher, dass die Barnikelgänse in so weit entfernten Gegenden geboren werden, dass die Menschen nicht wissen, wo sie nisten. So kommen sie dann zu der erwähnten Meinung.[38]

VOLLMANN zitiert an dieser Stelle: Albertus Magnus, De animalibus libri XXVI. Nach der Kölner Urschrift hrsg. v. Hermann STADLER, 2 Bde. (Beiträge zur Geschichte der Philosophie des Mittelalters 15–16), Münster 1916–1920, hier Bd. 2, S. 1446, 10–17: *Barliates mentiendo quidam dicunt aves quas vulgus boumgans hoc est arborum anseres vocat eo quod ex arboribus nasci dicuntur a quibus stipite et ramis dependent suco qui inter corticem est nutritae. Dicunt etiam aliquando ex putridis lignis haec animalia in mari generari et praecipue ex abietum putredine, asserentes quod nemo umquam vidit has aves coire vel ovare. Et omnino absurdum est quia ego et multi mecum de sociis vidimus eas et coire et ovare et pullos nutrire sicut in antehabitis diximus.*
33 ANKEL (Anm. 2), S. 216.
34 VOLLMANN (Anm. 5), S. 117.
35 Ebd.
36 Ebd.
37 Ebd.
38 Ich übernehme hier Zitat und Übersetzung von VOLLMANN (Anm. 5), S. 117. VOLLMANN zitiert an dieser Stelle: Friedrich II., De arte venandi cum avibus, Bd. 1, hrsg. v. Carl Arnold WILLEMSEN, Leipzig 1942, S. 55, 3–17: *Est et aliud genus anserum minorum [...], que anseres dicuntur bernecle, de quibus nescimus etiam, ubi nidificant. Asserit tamen opinio quorundam eas nasci de arbore sicca. Dicunt enim, quod in regionibus septemtrionalibus longinquis sunt ligna navium, in quibus lignis de sua putredine nascitur vermis, de quo verme fit avis ista, pendens per rostrum per lignum siccum, donec volare possit.*

Aufgrund von Friedrichs Zweifeln und seinem Versuch, mittels Empirie eine Antwort auf die Barnikelgans-Frage zu finden, könnte man bereits einen Paradigmenwechsel annehmen, der von dem Nichthinterfragen des Buchwissens und dem deduktiven Erkenntnisparadigma wegführt und einer an Beobachtung und Versuch orientierten Naturkunde den Weg bereitet.

Doch auch wenn der Stauferkaiser in Bezug auf die Barnikelgans seinen empirischen Ambitionen nachging, bleibt festzuhalten, dass seine Widerlegung der alten Entstehungstheorien nicht deren Ende bedeutete.

Ein knappes Jahrhundert später schreibt Konrad von Megenberg nämlich in seinem ‚Buch der Natur':

> *Von dem bachad.*
> *Bachadis haizzt ein bachad vnd haizt etzwan ein wek. Daz iſt ein vogel, der wehſet von holtz, vnd daz holtz hat vil eſtt an im, dar auz die vőgel wachſent, alſo daz ir ze mal vil an dem pam hanget. Die vőgel ſind clainr wan die gens vnd habent fűzz ſam die ånten, ſie ſind aber ſwartz an der varb, reht ſam aſchen var. Sie hangent an den pamen mit den ſnåbeln vnd hangent an den rinden vnd an den ſtåmmen der pam. Sie vallend pei zeit in daz mer vnd wahſend auf dem mer, vntz ſi beginnend ze vliegen. Etleich låut auzzen die vogel, aber Innocentius der vierd pabiſt dez namen verpot die ſelben vogel in ainem concili ze Lateran.*[39]

Damit zeigt sich Konrad hier – im Anschluss an Thomas von Cantimpré – als Vertreter der zweiten Entstehungstheorie und trägt seinen Teil zu dem Fortbestehen des Mythos bei.[40] Dieser hielt sich sowohl in Texten als auch in verschiedensten Bildzeugnissen bis weit in die Neuzeit hinein.[41]

3 Klerikal geprägte Denkmuster

Auch klerikal geprägte Denkmustern dürften zu Aufkommen, Ausbildung und Tradierung dieser Entstehungstheorien beigetragen haben: Vier verschiedene exegetische Überlegungen von Klerikern des 13. Jahrhunderts lassen sich hier aufzeigen. Der erste Ansatz stammt von Hugo de Saint-Cher, dem französischen Dominikanermönch († 1263), der sich in seinen Schriften damit beschäftigt, ob auch Dämonen in der Lage sind, Mirakulöses ins Leben zu rufen und in einer Art ‚Schöpfungsakt' Tiere hervor-

---

Sed diutius inquisivimus, an hec opinio aliquid veritatis continet, et misimus illuc plures nuntios nostros, et de illis lignis fecimus adferri ad nos, et in eis vidimus quasi coquillas adherentes ligno, que coquille in nulla sui parte ostendebant aliquam formam avis, et ob hoc non credimus huic opinioni, nisi in ea habuerimus congruentius argumentum. Sed istorum opinio, ut nobis videtur, nascitur ex hoc, quod bernecle nascuntur in tam remotis locis, quod homines nescientes, ubi nidificant, opinantur id, quod dictum est.
39 Konrad von Megenberg, Das Buch der Natur, Bd. 2: Kritischer Text nach den Handschriften, hrsg. v. Robert LUFF u. Georg STEER (Texte und Textgeschichte 54), Tübingen 2003, S. 200.
40 HUBER (Anm. 12), S. 21.
41 Vgl. beispielsweise HERON-ALLEN (Anm. 6), S. 53.

zubringen.⁴² Dabei kommt er zu folgendem Ergebnis: „Dazu sagen die Lehrer, dass die Dämonen nur die (sc. Tiere) hervorbringen können, die aus verrottendem Material entstehen. Daher können sie gewisse Arten von Vögeln und Fröschen hervorbringen, die auf diese Weise entstehen."⁴³ Dämonen können also nichts erschaffen außer Tiere, die im Rahmen einer Urzeugung entstehen.⁴⁴ Diese Urzeugung wird häufig auch als ‚Spontangenese' bezeichnet. Beide Begriffe können synonym verwendet werden. Als Beispiele für derartige Tiere nennt Hugo de Saint-Cher „eine bestimmte Vogelart" – womit er sich auf die Barnikelgans bezieht – und Frösche. Diese Annahme begründet der Theologe damit, dass Dämonen nicht in der Lage seien, Sperma zu produzieren. Daher könnten sie keine Tiere erschaffen, die im Rahmen einer sexuellen Fortpflanzung entstünden. Die scholastische Debatte über die Fähigkeiten von Dämonen reicht noch sehr viel weiter und kann hier nicht in all ihren Aspekten thematisiert werden. Was jedoch auffällt, ist, dass innerhalb dieser Exegese ein sehr negatives Bild von der Barnikelgans – als einem dämonischen Tier – entworfen wird, das bei Theologen der nachfolgenden Generationen so nicht zu finden ist.

Ein weiterer Geistlicher, in dessen Schriften die Barnikelgans Erwähnung findet, ist der englische Franziskanermönch Nicolas von Ockham (um 1280).⁴⁵ Er reflektierte über die Frage, ob tatsächlich alle Menschen von Adam abstammen und ob aus diesem Grund auch die Erbsünde ausnahmslos an alle weitergegeben wird.⁴⁶ Der Theologe überlegt sich diesbezüglich zunächst: Da es einige Tiere gebe, die ganz ohne jegliche Art von Befruchtung entstünden – wie etwa die Barnikelgans – sei dies auch für den Menschen möglich. Gott flöße diesen – im Rahmen einer Spontangenese entstandenen – Menschen dann die vernunftbegabte Seele ein.⁴⁷ Das wohl Entschei-

---

42 VAN DER LUGT (Anm. 2), S. 375.
43 Ich übernehme dieses Zitat von VAN DER LUGT (Anm. 2), S. 375. VAN DER LUGT gibt als Quelle die folgenden beiden Handschriften an: Hugues de Saint-Cher, In 2 Sent., dist. 7, in: ms. Paris, Bibl. Nat., lat. 3073, fol. 36ra; ms. Città del Vaticano, Biblioteca Apostolica Vaticana, Vat. Lat. 1098, fol. 51rb–51va: *Ad hoc dicunt magistri, quod demones tantum possunt ea facere que fiunt per materiam putrefactionis, unde possunt facere quoddam genus avium et ranarum que fiunt hoc modo.*
44 Die nachfolgenden Ausführungen dieses Abschnitts zu Hugo de Saint-Cher entnehme ich ebenfalls VAN DER LUGT (Anm. 2), S. 375 f.
45 Ebd., S. 376.
46 Ebd. VAN DER LUGT zitiert an dieser Stelle Nicolas de Ockham, Quaestiones disputatae de traductione humanae naturae a Primo Parente, q. 4, hrsg. v. Saco ALARCÓN, Grottaferrata 1993, S. 153: *An omnia individua in specie humana processerint ex Adam primo parente unico.* – Übersetzung: „Ob jedes Individuum der menschlichen Art aus Adam als erstem und einzigem Erzeuger hervorging."
47 Ebd.: *Item, parentes faciunt ad productionem corporis tantum, et Deus infundit animam; sed in aliquibus animalibus videmus quod animal perfectum producitur sine semine, ut patet de bernaca; ergo ita potest esse de homine, quod eius corpus potest produci sine semine. Igitur cum Deus possit tali corpori animam infundere, sequitur quod id esset individuum in specie humana qui non processerunt ab Adam.* – Übersetzung: „Und ebenso erzeugen die Eltern nur zur Herstellung des Körpers, und Gott füllt die Seele ein; aber bei einigen Tieren sehen wir, dass ein vollendetes Tier ohne Samen hervorgebracht wird, wie es über die Barnikelgans bekannt ist; also kann es beim Menschen so sein, dass sein

dendste an seiner These ist die Annahme, dass, wenn der Mensch tatsächlich solchermaßen durch Spontangenese entstehe, Adam nicht der Urvater der Menschen sei.[48] Im Anschluss an diese Überlegungen kommt Nicolas von Ockham jedoch zu dem Ergebnis, dass Mensch und Barnikelgans eigentlich gar nicht 1:1 vergleichbar seien, da die Gans das Bestehen ihrer Art niemals durch sexuelle Fortpflanzung sichere, der Mensch aber gelegentlich schon.[49] Es folgen daraufhin weitere Ausführungen des Theologen bezüglich der Spontangenese beim Menschen.[50]

Eine dritte Auslegungsvariante der Barnikelgans ist in den Schriften des Giraldus Cambrensis zu finden.[51] Giraldus lebte und schrieb in einem Umfeld, in dem sich gerade eine anti-jüdische Literatur herausbildete. Ein für Giraldus absolut nicht nachvollziehbarer Aspekt des jüdischen Glaubens war die Weigerung, die jungfräuliche Empfängnis als wahre Begebenheit anzunehmen. Er war überzeugt davon, wenn die Barnikelgans jungfräulich bleiben und sich dennoch fortpflanzen könne, so sei dies auch für Maria anzunehmen.

Eine vierte Exegese-Variante bietet schließlich das Bestiarium des Pierre de Beauvais, auf das am Beginn bereits eingegangen wurde. Pierre verdeutlicht anhand der Entstehung der Barnikelgans die Notwendigkeit der Taufe. Wie erwähnt, geht der Geistliche davon aus, dass die Gans an Bäumen nahe dem Wasser wächst. Daher deutet er die Barnikelgänse, die reif sind und ins Wasser fallen, als die Christen, die getauft werden. Denn so schreibt er:

Körper ohne Samen hervorgebracht wird. Da Gott folglich einem solchen Körper eine Seele einflößen könnte, folgt, dass dies ein Individuum der menschlichen Art wäre, welches nicht aus Adam hervorgegangen ist."

48 VAN DER LUGT (Anm. 2), S. 376.

49 Ebd., S. 377. VAN DER LUGT zitiert an dieser Stelle Nicolas de Ockham (Anm. 46), S. 22: *Praeterea, non est simile de bernaca et corpore humano, quod est nobilissimum corpus [...]. Et propterea Commentator VIII Physicorum, specialiter loquens de homine, reprehendit Avicennnam, qui dicit, ut praeponit ei, quod ‚possibile est hominem generari e terra, sed convenientius in matrice. Et iste sermo ab homine qui dat se scientiae est valde fatuus'. Haec commentator. Nec etiam est bernaca animal perfectum, potens generare sibi simile; quia ut dicit Alexander, De naturis rerum, libro I, cap. 45, ‚Ex lignis abiegnis salo diuturno tempore madefactis originem sumit avis, quae vulgo dicitur bernaca'.* – „Außerdem verhält es sich nicht gleich mit der Barnikelgans und dem menschlichen Körper, welcher ein sehr edler Körper ist [...]. Und deshalb tadelt der Commentator der 8 Bücher über die Physik [Averroës], als er im Besonderen über den Menschen spricht, Avicenna, der sagt, wie er es ihm vorhält, ‚es ist möglich, einen Menschen aus der Erde zu erzeugen, aber angemessener, im Mutterleib. Und diese Äußerung von einem Menschen, der sich der Wissenschaft hingibt, ist sehr albern'. Dies sagt der Commentator. Und die Barnikelgans ist auch kein vollendetes Tier, das in der Lage ist, ein ihm Gleiches zu erzeugen. Denn wie Alexander in ‚De naturis rerum', 1. Buch, Kapitel 45 sagt: ‚Aus Tannenholz, das lange Zeit durch den Seegang benetzt worden ist, stammt der Vogel ab, der gemeinhin *bernaca* genannt wird'."

50 VAN DER LUGT (Anm. 2), S. 377.

51 Ebd. Die nachfolgenden Ausführungen dieses Abschnitts zu Giraldus Cambrensis entnehme ich ebenfalls VAN DER LUGT (Anm. 2), S. 377.

> Dies bedeutet, dass niemand Erneuerung erfährt oder vervollkommnet wird, wenn er nicht zuerst ins Wasser gefallen ist, wenn er also nicht im Namen der Taufe gewaschen wird. Und diejenigen, die nicht im Namen der Taufe im Wasser gewaschen werden, sind genauso verloren wie der Vogel, der vom Baum auf die Erde fällt, stirbt und verloren ist.[52]

Anhand der Erläuterungen dieses Bestiariums lässt sich bereits erahnen, wie sehr das Bild der Barnikelgans durch klerikale Denkmuster determiniert ist: Es ist der göttliche Wille, dass ein jeder Christ die Taufe empfängt, denn Taufe bedeutet Leben. Die Barnikelgänse, welche ins Wasser fallen, haben also Glück – ebenso wie die Menschen, die getauft werden. Die Gemeinsamkeit beider besteht darin, dass sie leben dürfen.

Ein weiteres, theologisch höchst kontrovers diskutiertes Thema stellte die Frage dar, ob die Barnikelgans während der Fastenzeit verspeist werden dürfe. Sowohl bei Alexander Neckam als auch bei Giraldus Cambrensis ist zu lesen, dass einige böse ‚Sünder' das Tier tatsächlich während der Fastenzeit verspeisen.[53] Das Argument dieser ‚Sünder' lautete, die Barnikelgans sei gar kein Fleisch, sondern könne gleich einem *frutto di mare* behandelt werden.[54] Die Zwistigkeiten, die sich um diese ‚Fastenspeise' rankten, gingen so weit, dass sich Papst Innozenz III. persönlich einschalten musste und im Rahmen des 4. Laterankonzils entschied, dass der Verzehr der Gans während der Fastenzeit verboten sei.[55]

Nachdem nun eine Reihe verschiedenster Exegese-Optionen aufgezeigt wurden, erscheint es interessant, einen kurzen Exkurs in die spätmittelalterliche Reiseberichterstattung zu unternehmen, um einen Teil der literarischen Bearbeitung des Barnikelgans-Mythos kennenzulernen.

4 Reiseberichte

Auch in spätmittelalterlichen Reiseberichten – wie etwa dem des Jean de Mandeville – ist die Barnikelgans zu finden.[56] Hier wird sie im Zusammenhang mit Baumlämmern erwähnt.[57] Bei Mandeville kommen nicht nur Gänse, die an Bäumen wachsen, vor, sondern auch Schafe.[58] Er schreibt um 1360 über diese Baumlämmer:[59]

---

52 Pierre de Beauvais (Anm. 31), S. 216: *Ce sénefie que nus hom n'est rengénéré ne parfais, se il n'est avant cheus en l'aighe où il est lavés en nom de baptesme. Et ceaus qui ne sont lavé en aighe par nom de baptesme, il sont perdu si comme li oiseax qui ciet de l'arbre sor la terre, qui mort est et perdu.*
53 HERON-ALLEN (Anm. 6), S. 11 f.
54 VOLLMANN (Anm. 5), S. 115.
55 Ebd.
56 HERON-ALLEN (Anm. 6), S. 18 f.
57 Ebd.
58 Ebd., S. 19.
59 Rudolf SIMEK, Erde und Kosmos im Mittelalter. Das Weltbild vor Kolumbus, München 1992, S. 75.

> Hie seit er von bômen die wachsend in dem land und tragent ain frúcht da ist flaisch und blût an. Nun hon ich uch geseit von etlichen landen, wie sie ligend und wa, und der vil sind under dem Grossen Cham von Chatay. Nun will ich uch sagen von etlichen landen und ynselen die hie diß halb ligend. Wenn man wôlte ziehen gen Chatay, gen India, gen Thartaria wert es, so fert man durch ain land das haisset Casdisle, das ist ain schôn land. Und da wachset ain frucht inder wiß als ******, wenn das grôsser ist. Und wen die frucht zittig ist und wen man es von ain ander bricht, so fint man dar inne ain tier, das haut fleisch und blût und bain und ist ainem jungen schauff gelich an wolle, also das sie das obs essend und das tier das dar inn wachset. Und daz ist ain groß wunder das die natur als wunnderlich wúrckt, aber das dunkt si nit ain wunnder. Item ir sôllend wissen das wir in unsern landen findent bôm die tragent frucht die werdent ze vogeln und sind gût zů essend, was ir aber uff die erden felt die sterbend als bald.⁶⁰

Auch bei den Baumlämmern könnte man vermuten, dass ein optischer Reiz der Auslöser für die Entstehungstheorie war, denn wenn man sich einmal eine Baumwollpflanze anschaut, so lässt ihr weißes Samenhaar durchaus die Assoziation mit Schafwolle zu.

Auch Odorico da Pordenone, ein italienischer Reisender des Spätmittelalters, berichtet von der seltsamen Barnikelgans.⁶¹ Sein Bericht wurde 1359 von Konrad Steckel ins Frühneuhochdeutsche übersetzt. In Steckels Übersetzung ist über die Barnikelgans zu lesen:

> Ich han auch gehórt daselbß, aber jch han sein selber nicht gesehn, daz da selbn pey den landn jn einem grössn chvnigreich, da die perg da sein, die da haizznt Montez Caspy, da die Roten Judn jn schulln beslossn sein – jn dem selbn chvnigreich, da waksnt jnn frúcht, die man latein ‹haisset› peponez, vnd sind alß vnser erdôppel oder pháedenn oder melonez. Si sind aber [...] grösser dann ein grozz kúrbiz. Vnd wenn si zeitig sind, daz man si auff túet, so vindt mann ein tyrlein darjnn, wol alß ein chlaines lémpel. Vnd wie ez vnglawblich dunkcht, ez ist doch wol múglich, wann manign mann wol gewissn ist vnd auch mír, daz in Jbernia, in dem landt pey dem Schottnlantt, eczleich pawm sind, da vogel auff wachsnt, vnd die sind desselbn pawmß rechte frucht, vnd wenn si nider vallent, chóment si auch auff daz wazzer, so lebent si zehant vnd vliessnt, vallent si aber auff daz land, so bleibnt si tod.⁶²

In Odoricos Bericht und folglich auch in Steckels Übersetzung klingen schon Zweifel an der Geschichte an, denn letzterer schreibt: *Ich han auch gehórt daselbß, aber jch han sein selber nicht gesehn* und dann folgt nochmals die Geschichte von den Baumlämmern. Abschließend sagt er aber bekräftigend: *Vnd wie ez vnglawblich dunkcht, ez ist doch wol múglich.* In seinen weiteren Ausführungen erklärt er daraufhin, die Baumgänse seien in „Ibernia", das bei Schottland gelegen sei, zu Hause.

---

60 Jean de Mandeville, Sir John Mandevilles Reisebeschreibung. In deutscher Übersetzung von Michael Velser. Nach der Stuttgarter Papierhandschrift Cod. HB V 86, hrsg. v. Eric John MORRAL, Berlin 1974, S. 151.
61 HERON-ALLEN (Anm. 6), S. 60.
62 Konrad Steckels deutsche Übertragung der Reise nach China des Odorico de Pordenone, hrsg. v. Gilbert STRASMANN, Berlin 1968, S. 119.

Resümierend kann festgehalten werden: Aus heutiger naturkundlicher Sicht sind die Theorien zur Entstehung der Barnikelgans natürlich schlicht falsch, denn Gänse – welcher Art auch immer – wachsen nicht an Bäumen. Bezieht man aber die mittelalterliche Zwei-Bücher-Lehre und den Wunsch, die Natur als Offenbarung von göttlichem Plan und Willen zu entziffern, in die Betrachtung mit hinein, so ergibt sich ein anderes Bild. Stellte sich eine Frage bezüglich der Auslegung der christlichen Glaubenslehre, so suchte man die Antwort in der Offenbarung der Bibel oder in der Offenbarung der Schöpfung. Es sind also bereits klerikal geprägte Denkmuster vorhanden, welche dazu führen, dass fremde Wasservögel – wie etwa die Barnikelgans – auf eine ganz bestimmte Weise wahrgenommen werden. Zu bedenken ist dabei freilich, dass Realität jeweils das ist, was der Einzelne als real wahrnimmt. Doch natürlich ist Wahrnehmung mehr als eine bloße Ansammlung von Sinnesdaten. Die Wahrnehmung war und ist durch die jeweiligen kultur- und epochenspezifischen Epistemen bestimmt. Wer gelernt hat, dass Barnikelgänse an Treibholzstämmen entstehen, der wird auch die Cirren der Entenmuschel als ‚Federn' wahrnehmen. Diese epistemische Eigenlogik der Wahrnehmung lässt den Blick auf die Entenmuschel zur Bestätigung des Barnikelgans-Mythos werden. Umgekehrt wird jener Mythos zum Beleg und Lückenfüller für verschiedenste Inhalte der christlichen Kosmologie.

Die mittelalterlichen Reiseberichte machen schließlich deutlich, dass die Geschichte von der Barnikelgans weiter genutzt wurde, um die Existenz des Schäfchenbaums glaubwürdiger erscheinen zu lassen. Eine seltsame Erklärung wird instrumentalisiert, um den Wahrheitsgehalt einer noch größeren Seltsamkeit – die wohl zu den *mirabilia* des Ostens gezählt werden kann – zu bestätigen.

Wasser in Architektur, Kunst und Kunsthandwerk

Esther P. Wipfler (München)
Brunnen und Quelle als Metaphern in der Bildenden Kunst des Mittelalters

la fontaine / bele et clere, serie et saine / de Sapience et de Clergie / et de vive Philosophie (Ovide moralisé)

Abstract: This paper explores the most frequent representations of fountains and of other sources of water which carried metaphorical meaning in medieval imagery. It concentrates on the relationship between textual accounts and visual images and the differences between Western and Eastern Christian iconography. The image of the fountain in the visual arts was inspired by many texts: not only by the Old and New Testaments, liturgical texts, prayers, and hymns, but also by Dante Alighieri's 'Divine Comedy', Ovid's 'Metamorphoses', the legends about Alexander the Great and by Christine de Pizan's 'Le Livre du Chemin de Long Estude'.

The metaphor of the well, spring, or fountain was most often used to refer to the concept of Christ or Mary as sources of life. Apart from the idea of the divine origin of life that is prominent in Christian art, the spring also symbolized moral purification and renewal. In response to legends about Alexander the Great and other oriental myths, this aspect of renewal was interpreted as a fountain of youth in the courtly art of the Late Middle Ages and almost immediately adopted by civic patricians. Fountains or wells as metaphors for inexhaustible divine love were contrasted with the image of the fountain of carnal love in courtly romances of the High Middle Ages; in the visual arts this did not become a common subject until the 15th century.

In the pictorial representation of these motifs all kinds of contemporary wells appear. Only in the presentation of Mary as the 'Life-giving Spring' (*Ζωοδόχος Πηγή*) in the tradition of the Eastern Church was the image of the basin used, almost without modifications, from the 14th century on.

Keywords: *fons vitae, fons sapientiae, fons signatus, fons gratiae, fons iuventutis,* Liebesbrunnen, Jungbrunnen

1 Zur Einführung

Der Beitrag behandelt die wichtigsten Motive der mittelalterlichen Quell- und Brunnenmetaphorik sowohl in der religiösen als auch in der profanen Kunst, wobei eine strikte Trennung in dieser Epoche auch hier nicht immer möglich ist.[1] Dabei liegt

---

[1] Ausführlich: Esther Pia WIPFLER, Fons. Studien zur Quell- und Brunnenmetaphorik in der europäischen Kunst, Regensburg 2014.

der Schwerpunkt auf den Differenzen bei der Text- und Bildüberlieferung sowie den unterschiedlichen Traditionen in West- und Ostkirche, wobei jedoch erstere im Vordergrund stehen wird.

Mit metaphorischer Bedeutung wurde das Bild des Brunnens oder der Quelle bis zum 14. Jahrhundert fast ausschließlich für Christus oder Maria verwendet. Die längste ikonographische Tradition hat dabei die Darstellung des Gottessohns als *fons vitae*. Daraus entwickelte man im Spätmittelalter die Vorstellung des Gnadenbrunnens.[2] Allerdings ist diese vor allem in der Ikonographie der Westkirche verbreitet. In der ostkirchlichen Bilderwelt wurde stattdessen das Motiv der Maria (mit Christus) als lebensspendende Quelle (Ζωοδόχος Πηγή) tradiert.

2 *Fons vitae*

Von der Leben spendenden und heilenden Kraft einer Quelle handeln viele Stellen im Alten und Neuen Testament, die dann auf Christus hin gedeutet wurden. Relevant für die ikonographische Tradition waren vor allem der Brunnen im Garten Eden (Gen 2,10: „Und es ging aus von Eden ein Strom, den Garten zu bewässern, und teilte sich von da in vier Hauptarme."), die Psalmverse 36,10 und 42,2 („Sie werden satt von den reichen Gütern deines Hauses, und du tränkst sie mit Wonne wie mit einem Strom."; „Wie der Hirsch lechzt nach frischem Wasser, so schreit meine Seele, Gott, zu dir."), die Prophezeiung des Jesaia (Jes 12,3: „Ihr werdet mit Freuden Wasser schöpfen aus den Heilsbrunnen.") sowie das Hohe Lied (Hld 4,15: „Ein Gartenbrunnen bist du, ein Born lebendigen Wassers, das vom Libanon fließt."). Die Verse des Hohen Liedes wurden dann vor allem marianisch gedeutet.

Häufig diente der Psalm 42 als Grundlage für eine Verbildlichung schon im frühen Christentum, zum Beispiel auf dem Mosaik im Mausoleum der Galla Placidia zu Beginn des 5. Jahrhunderts in Ravenna.[3] Hier ist der Text in wörtlicher Umsetzung durch zwei Hirsche an einer Quelle dargestellt. Christus selbst wird in vielen Fällen ebenfalls verbildlicht, und damit wird auf die metaphorische Bedeutung des Motivs explizit hingewiesen.[4]

Weitreichende Wirkung hatte die Interpretation des Kirchenvaters Ambrosius (gest. 397), der den Brunnen im Garten Eden mit Christus gleichsetzte und diesen als Quelle des ewigen Lebens, der Weisheit und der Gnade bezeichnete, dem die Tugenden entsprängen.[5] Auf der ganzseitigen Illustration eines Reichenauer Evangeliars aus dem frühen 11. Jahrhundert ist dargestellt, wie Christus als Lebensbaum aus der

---

2 Ebd., S. 45–59.
3 Clementina Rizzardi (Hg.), Il Mausoleo di Galla Placidia a Ravenna, Modena 1996, Abb. S. 56.
4 Weitere Beispiele: Wipfler (Anm. 1), S. 48 f.
5 Zu diesem und weiteren Exegeten ebd., S. 39–43.

von der Quelle umgebenen Erde erwächst.⁶ Die vier Evangelisten dagegen werden von den vier Strömen des Paradieses Euphrat, Tigris, Gichon und Phison getragen. Der dazugehörige Text verweist auf Joh 4,13, dass Christus die Quelle ewigen Heils sei.⁷ Die Metapher wird gelegentlich auch für die Darstellung der Evangelisten verwendet: Im Evangeliar Kaiser Ottos III. (Reichenau, um 1000) thront der Evangelist Lukas in der Mandorla über einem Fels, dem zwei Flüsse entspringen.⁸ Darüber hinaus trägt der Evangelist, in dessen Schoß Bücher liegen, mit ausgestreckten Armen Wolken, die sein Symbol, den Stier, sowie David, Ezechiel, Nahum, Habakuk und Sophonias umgeben. Die Inschrift erklärt: *Fonte patrum ductas bos agnis elicit undas* („Der Stier lockt für die Lämmer Ströme hervor, die aus der Quelle der Väter hergeleitet sind.").⁹ Lukas vermittelt also mit seinen Schriften den Gläubigen die Heilsbotschaft Christi, die von den Propheten des Alten Testaments angekündigt wurde. Erst im 15. Jahrhundert kommt es unter dem Eindruck der Passionsmystik zu einer Verknüpfung mit eucharistischem Gedankengut, die zur Ausprägung des Motivs des blutenden Christus als Versinnbildlichung des Quells der Gnade (*fons pietatis, fons misericordiae*) führte.¹⁰

In der Bilderwelt der Ostkirche war stattdessen das Motiv der Maria (mit und ohne Christus) als lebensspendende Quelle (*Ζωοδόχος Πηγή*) verbreitet, das die Gottesmutter in Orantenhaltung halb- oder ganzfigurig in einer Brunnenschale zeigt. So ist auch die Verwendung der Quell-Metapher für Maria zuerst in griechischen Texten belegt. Zu den ältesten Zeugnissen für die Verbindung von Maria mit der Quelle zählen die Verse 13 f. der vor 216 entstandenen Grabinschrift des Bischofs Aberkios von Hierapolis.¹¹ Dort ist von einem Fisch aus reiner Quelle, gefangen von einer reinen Jungfrau, die Rede. Der Wasser spendende Stein als Bild für Maria findet sich auch im 11. *Oikos* (Strophe) des ‚Akathistos-Hymnos'; im 21. *Oikos* wird sie dann als ein von Sünden reinigendes Bad verherrlicht. Auch im 20. *Anakreontikon* des Sophronios, Patriarch von Jerusalem 634–638, das in einer Handschrift des 13. Jahrhunderts überliefert ist, wird im Zusammenhang mit dem Berg Zion, dem angeblichen Sterbeort Mariens, diese als Fels bezeichnet, dem Ströme entspringen, die allen Menschen Heilung bringen.

---

6 München, Bayerische Staatsbibliothek, Clm 4454, fol. 20v: Pracht auf Pergament. Ausstellungskatalog München 2012, Kat.nr. 35 mit Abb. S. 173.
7 *Pax bonitas uirtus lux et sapientia Christus / signiferum supra tenet et generale quod infra / hac ope diuina paradysi calcat amoena / et uelut hic stando uictoris signa gerendo / in supra positis animalibus atque figuris / flumina lege pari dat mystica quatuor orbi / qui siti inde bibat saluus per saecula uiuat* (München, Bayerische Staatsbibliothek, Clm 4454, fol. 21r).
8 München, Bayerische Staatsbibliothek, Clm 4453, fol. 139v: Florentine MÜTHERICH u. Karl DACHS (Hgg.), Das Evangeliar Ottos III. Clm 4453 der Bayerischen Staatsbibliothek München, München u. a. 2001, S. 41 f., Taf. 42.
9 Vgl. MÜTHERICH u. DACHS (Anm. 8), ebd.
10 Ausführlich vgl. WIPFLER (Anm. 1), S. 59–87.
11 Vera-Elisabeth HIRSCHMANN, Untersuchungen zur Grabschrift des Aberkios, in: Zeitschrift für Papyrologie und Epigraphik 129 (2000), S. 109–116.

Abb. 1: *Ζωοδόχος Πηγή*, Mosaik, Ende 14. Jahrhundert, Istanbul, Kirche des Chora-Klosters, Esonarthex, nördliches Kuppeljoch. Foto entnommen aus: Paul A. UNDERWOOD, The Kariye Djami, Bd. 3, London 1967, S. 551. Bildrechte nicht feststellbar.

Der Hymnograph Joseph (816–886) verherrlichte die Gottesmutter als reinen Quell, aus dem Christus hervorgegangen sei. Diese Vorstellungen sind auch in lateinischen Texten seit dem 7. Jahrhundert, u. a. bei Ambrosius Autpertus (gest. 781), bezeugt, ohne aber Auswirkungen auf die Ikonographie zu haben.[12]

Darstellungen des Motivs sind seit dem 14. Jahrhundert aus der byzantinischen Kunst bekannt (Abb. 1). Der ikonographische Typus besitzt Vorläufer in einer Variante der mit erhobenen Händen betenden Gottesmutter (*Orans*). Mit ihrer Darstellung sind seit dem 10. Jahrhundert Reliefs mit durchbohrten Handflächen erhalten, von denen angenommen wird, dass sie Brunnenwasser spendeten. Die Entstehung des Motivs der *Ζωοδόχος Πηγή* wird auf ein spätantikes Brunnenheiligtum vor den Toren Konstantinopels zurückgeführt. Die ältesten Zeugnisse davon stammen aus dem 14. Jahrhundert, so berichtete Nikephoros Kallistos Xanthopoulos (nachgewiesen von der zweiten Hälfte des 13. Jahrhunderts bis vor 1328), dass Kaiser Leon I. (457–474) ein Heiligtum über der Quelle habe errichten und der Gottesmutter weihen lassen; durch die Quelle sei ihre Gnade in vielen Wundern wirksam gewesen, aber auch das Fest zur Erinnerung an die Wunder, die sich ereignet haben sollen, wurde erst im 14. Jahrhundert gestiftet.[13] Bezeichnenderweise wurde das Motiv im 14. Jahrhundert auch im funeralen Kontext dargestellt, so befindet sich die Darstellung der *Ζωοδόχος Πηγή* im Exonarthex des Chora-Klosters (Abb. 1) über dem Grab des Demetrios und symbolisiert dort die Hoffnung auf das ewige Leben; dafür hatte im frühen Christentum häufig die Symbolik von *Fons vitae* gedient.[14]

---

[12] Bibliographische Nachweise s. WIPFLER (Anm. 1), S. 103 f.
[13] Ausführlich mit weiteren Belegen und bibliographischen Nachweisen: DIES. (Anm. 1), S. 104–106.
[14] Ebd., S. 46.

3 *Fons sapientiae*, Eunoë und Hippokrene

Der Brunnen ist schon im Alten Testament eine vielfach verwendete Metapher für die unerschöpfliche Weisheit Gottes: Die wichtigsten Stellen enthalten das Buch Sirach (Sir 1,5: „Das Wort Gottes in der Höhe ist die Quelle der Weisheit, und sie verzweigt sich in die ewigen Gebote."), die Sprüche Salomos (Spr 18,4: „Die Worte in eines Mannes Munde sind wie tiefe Wasser, und die Quelle der Weisheit ist ein sprudelnder Bach."), das Buch Baruch (Bar 3,12: „Das ist die Ursache [dafür dass, Du, das Volk Israel, im Land deiner Feinde bist]: weil du die Quelle der Weisheit verlassen hast.") und das 4. Buch Mose (Num 21,16: „Und von da zogen sie nach Beer. Das ist der Brunnen, von dem der Herr zu Moses sagte: Versammle das Volk, ich will ihnen Wasser geben."). In der christlichen Exegese bezog man diese Worte zumeist auf den Gottessohn. Erst im Zeitalter der Scholastik wurde vereinzelt die Weisheit als solche personifiziert und als Quelle der sieben freien Künste vorgestellt: Auf einer Federzeichnung aus einem Salzburger Skriptorium, um 1150/55, das auf einem Einzelblatt ohne seinen ursprünglichen Kontext überliefert ist – man vermutet einen Kommentar zu Boethius oder Martianus Capella –,[15] gehen aus dem Leib der weiblichen Personifikation Ströme aus, die in den figürlichen Darstellungen der Künste enden. Doch sind solche Darstellungen selten.

Häufiger wurde auf die Flüsse des Paradieses Bezug genommen:[16] So knüpfte auch ein Buchmaler, der den letzten *Canto* von Dantes Purgatorium illustrierte,[17] deutlich an deren Ikonographie an, auch wenn hier andere Ströme gemeint sind. Diese symbolisieren weniger das Wissen als dessen Negation, das Vergessen, wobei eine moralische Ausdeutung im Sinne der Läuterung intendiert ist. Gleichwohl ‚meint' auch der Ich-Erzähler, Dante, zunächst vor Euphrat und Tigris zu stehen: *Dinanzi ad esse Eufratès e Tigri / veder mi parve uscir d'una fontana, / e, quasi amici, dipartirsi pigri*[18] („Euphrat und Tigris glaubt' ich da zu sehen, / Aus einer Quelle rinnend, säumig schier, / Wie Freunde, wenn sie voneinander gehen.").[19] Dante erinnert sich

---

15 New York, Pierpont Morgan Library, M. 982, fol. 1r; 29,7 × 19,5 cm; Franz NIEHOFF, Ordo et Artes. Wirklichkeiten und Imaginationen im Hohen Mittelalter, in: Ornamenta Ecclesiae, Ausstellungskatalog Köln, Bd. 1, S. 33–48 mit Kat.nr. A 11.
16 Belege und weiterführende Literatur s. WIPFLER (Anm. 1), S. 45–49.
17 Peter BRIEGER, Millard MEISS u. Charles S. SINGLETON, Illuminated Manuscripts of the Divine Comedy, Princeton 1969, Bd. 1, S. 295–300, hier S. 299 und Bd. 2, Pl. 421b; Harald WEINRICH, Lethe. Kunst und Kritik des Vergessens, 3. Aufl. München 2000, S. 44 f.; Charles Henry TAYLOR, Images of the Journey in Dante's 'Divine Comedy', New Haven u. a. 1997, Farbabb. 182; Paul PAPILLO, Sandro Botticelli, Morgan's M676, and Pictorial Narrative, Gothic Antecedents to a Renaissance 'Dante', in: Word and Image 23 (2007), S. 89–115.
18 Fredi CHIAPELLI (Hg.), Dante Alighieri, La Divina Commedia, Milano 1987, S. 338.
19 Dante. Die Göttliche Komödie. Vollständige Ausgabe. Mit fünfzig Zeichnungen v. Botticelli. Deutsch v. Friedrich Freiherrn VON FALKENHAUSEN, Frankfurt / M. 1974, S. 303.

dann an das Bad in der Lethe, das in ihm die Erinnerung an die schlechten Taten auslöschte. Nun aber lockt Eunoë, deren Wasser die Erinnerung an die guten Taten erneuert: *Ma vedi Eunoè che là diriva: / menalo ad esso, e come tu se' usa / la tramortita sua virtù ravviva*[20] („Doch sieh, es quillet Eunoë da drüben! / So führ ich hin, und den erstorben Mut / Beleb ihn.").[21] Im Gegensatz zur Lethe, dem mythischen Strom, von dem in Vergils ‚Aeneis' (6,713–715) Anchises sagt ... *animae, quibus altera fato / corpora debentur, Lethaei ad fluminis undam / securos latices et longa oblivia potant* („Die Seelen, denen das Schicksal neue Verkörperung schuldet, sie trinken an Lethes Gewässern sorgenlöses Nass und langes, tiefes Vergessen."),[22] ist Eunoë eine Schöpfung Dantes aus dem griechischen Präfix εὖ (gut) und νοεῖν (denken). Auf der Miniatur ist dargestellt, wie das Wasser aus Löwenköpfen fließt (Abb. 2), die Herrschafts- und Christussymbole zugleich sind und letztlich auf den Ursprung des Werdens und Vergessens verweisen. Der antike Mythos erscheint christianisiert. Sandro Botticelli blendete schließlich in seiner Zeichnung zu *Canto* 33 des Purgatoriums (Berlin, Kupferstichkabinett, Codex Hamilton 201), den Ursprung Eunoës gänzlich aus und zeigte stattdessen das Bad in ihrem Strom.[23]

Seit dem 14. Jahrhundert wird auch wieder das antike Bild der Quelle Hippokrene als Darstellung von *Fons sapientiae* verwendet, die vom Musenpferd Pegasus durch dessen Hufschlag erzeugt wird. Im ‚Ovide moralisé' (IV, 5707–5713), zum Beispiel in der Handschrift mit den Miniaturen des Meisters des Policratique aus der Zeit zwischen 1385 und 1390, wird sie als schön, rein, ernst und gesund beschrieben, wobei die Weisheit sowohl theologisch als auch philosophisch verstanden wird: *Pegasus le cheval volant [...] / Li chevaux a des piez hurté / Par grant ire et par grant engaigne, / En Elicone la montaigne: / Souz son pié sordi la fontaine / Bele et clere, serie et saine / De Sapience et de Clergie / Et de vive Philosophie.*[24] Das Bad der Neun Musen in der Hippokrene ist dort in einer eigenen Miniatur dargestellt.[25] Christine de Pizan griff beide

---

20 CHIAPELLI (Anm. 18), S. 338f.
21 FALKENHAUSEN (Anm. 19), S. 303.
22 Vergil. Aeneis. Lateinisch-deutsch, hrsg. v. Johannes GÖTTE, Berlin 1971, S. 260f.
23 Sandro Botticelli. Der Bilderzyklus zu Dantes Göttlicher Komödie, hrsg. v. Hein-Th. SCHULZE ALTCAPPENBERG, Ausstellungskatalog Berlin, London, Ostfildern-Ruit 2000, S. 214f.
24 Lyon, Bibliothèque municipale, ms. 742, fol. 78ra: Julia DROBINSKY, La narration iconographique dans l'Ovide moralisé de Lyon (BM ms. 742), in: Ovide métamorphosé. Les lecteurs médiévaux d'Ovide, Études réunies par Laurence HARF-LANCNER, Laurence MATHEY-MAILLE u. Michelle SZKILNIK, Paris 2009, S. 234 mit Abb. 9.
25 Lyon, Bibliothèque municipale, ms. 742, fol. 87r: Evamaria BLATTNER, Holzschnittfolgen zu den Metamorphosen des Ovid, Venedig 1497 und Mainz 1545 (Beiträge zur Kunstwissenschaft, Bd. 72), München 1998, Abb. 38. In späteren Illustrationen wird die erotisch konnotierte Badeszene offenbar vermieden und stattdessen die Quelle mit den Musen dargestellt, Beispiele s. Gerlinde HUBER-REBENICH, Sabine LÜTKEMEYER u. Hermann WALTER, Ikonographisches Repertorium zu den Metamorphosen des Ovid. Die textbegleitende Druckgraphik, Bd. 1,1, Berlin 2014, S. 64, B176–178.

Abb. 2: Die Quellen von Eunoë und Lethe, Dante Alighieri, Divina Commedia, Purgatorio, Canto XXXIII, Italienische Handschrift, Neapel (?), 1380/1385, New York, Pierpont Morgan Library, M676, fol. 89v (Detail). Foto: New York, Pierpont Morgan Library.

Szenen auf und verarbeitete sie 1402 und 1403 in ihrem Werk ‚Le Livre du Chemin de Long Estude'[26] für den französischen König Karl VI. zu einer Schlüsselszene: So sieht die Ich-Erzählerin, Christine, auf ihrem Weg (des Studiums) eine Quelle, die auf einem hohen Berg entspringt, in der neun Frauen baden und über der ein geflügeltes Pferd fliegt, und fragt danach ihre Begleiterin, die Sibylle. Diese antwortet, dass dies der Parnass sei, die neun Frauen die Musen, das geflügelte Pferd Pegasus; die Quelle sei jene des Wissens, aus der alle Weisen der Antike und auch Christines Vater getrunken hätten. In der Textillustration wurde wortgetreu das Bad der Neun Musen unterhalb des Parnass, darüber Pegasus, der am Ursprung der Quelle zum Flug ansetzt, in paradiesischer Landschaft dargestellt (Abb. 3).

Blickt man zum Vergleich auf eine frühneuzeitliche Interpretation von „fons sapieniae" von Hans Burgkmair für das Titelblatt Johannes Stammlers theologischer

---

26 Vgl. Ester ZAGO, III. Christine de Pizan, A Feminist Way of Learning, in: Equally in God's Image. Women in the Middle Ages, hrsg. v. Julia BOLTON HOLLOWAY, Constance S. WRIGHT u. Joan BECHTOLD, Bern u. a. 1990, S. 103–116, hier S. 108 mit Pl. V, 2.

Abb. 3: Hippokrene, Christine de Pizan, Le Livre du Chemin de Long Estude, französische Handschrift, Illuminatoren: Meister der Épître d'Othéa und Egerton Meister, 1407–1409, Paris, Bibliothèque nationale de France, Département des Manuscrits, Ms Français 836, fol. 5v (Detail). Foto: Paris, Bibliothèque nationale de France.

Schrift von 1508,[27] so kommt hier noch eine politische Komponente zum Tragen: Der Holzschnitt wurde wohl unter dem Einfluss von Konrad Peutinger konzipiert und zeigt die Quelle wahrer Weisheit, Christus, oben unter dem Kreuz thronend. Sie inspiriert *Religio*, die hier der Disputation vorsitzt. Diese Allegorie, die Kaiser und Papst auf gleicher Höhe vor Christus als Verkörperung der Kirche kniend zeigt, ist jedoch Ausdruck des Selbstverständnisses Kaiser Maximilians I. als christlicher Herrscher, der zwar der Kirche dient, aber dem Papst nicht untertan ist.

4 *Fons signatus* und *fons gratiae*

In der westeuropäischen Kunst ist das Hohe Lied, vor allem die Verse 4,12 und 4,15, die wichtigste literarische Grundlage für die Verwendung der Brunnenmetapher für Maria. Im Hohen Lied spricht bekanntlich ein Bräutigam seine Braut als verschlos-

---

[27] Tilman FALK, Hans Burgkmair. Studien zu Leben und Werk des Augsburger Malers, München 1968, S. 69 f. mit Taf. 48.

senen Garten, versiegelte Quelle, Quelle der Gärten sowie Brunnen der lebendigen Wasser an. Im hebräischen Original wurde an dieser Stelle das Wort für Quelle מַעְיָן (ma'Jan) verwendet. In der Vulgata ist in Cant 4,12 und 4,15 von *fons signatus*, *fons hortorum* und *puteus aquarum viventium* die Rede. Da *fons* in diesem Fall sowohl als Quelle als auch als Brunnen verstanden wurde, gebrauchte man zuweilen an der Stelle von *fons* auch *puteus*. Martin Luther übersetzte schließlich *fons signatus* zweifach mit „eine verschlossene Quelle, ein versiegelter Born", *fons hortorum* mit „Gartenbrunnen" und *puteus aquarum viventium* mit „Born lebendiger Wasser".

Wenn Maria metaphorisch als Brunnen angesprochen wurde, diente dies der Versinnbildlichung ihrer Reinheit, sowohl was ihre eigene Empfängnis als auch ihre Mutterschaft betrifft. Dies gilt auch für ihre Aufgabe als Vermittlerin göttlicher Gnade, sie wurde somit als *fons gratiae* verstanden. Die Verwendung der Metapher *fons signatus* für Maria ist seit dem 9. Jahrhundert belegt, *fons hortorum* ist dagegen in der lateinischen Dichtung des Westens erst im 11. Jahrhundert nachgewiesen.[28]

In der Bildenden Kunst ist das Brunnenmotiv als marianisches Symbol seit dem frühen 13. Jahrhundert belegt. Dabei wurden alle Brunnentypen gezeigt, die man aus der Alltagswelt kannte[29] und sonst auch für die Darstellung von Quellen oder Brunnen verwendete. Eine der ältesten bekannten rein marianisch deutbaren Verbildlichungen der Brunnenmetapher ist die Darstellung eines offenen Wasserbeckens unter den um 1230 entstandenen Miniaturen auf dem Rückdeckel eines Psalters in der Staatsbibliothek Bamberg, Msc. Bibl. 48, 1220–1230 (Abb. 4):[30] Salomon weist auf die runde, mit Wasser gefüllte Brunnenschale auf sechsseitigem Fuß hin, der Rosen beigefügt sind. Der Brunnen ist dabei eines von mehreren auf Maria bezogenen Motiven, welche die auf dem Regenbogen thronende Muttergottes mit dem Kind umgeben, neben Aaron mit blühendem Stab, Jesse mit Zweig und Ezechiel mit verschlossener Pforte. Auch in der nachfolgenden Zeit ist das Brunnenmotiv nur gelegentlich mit einer Bezeichnung verbildlicht, lediglich die Darstellung in einem verschlossenen Garten, dem *hortus conclusus*, wie er im Hohen Lied beschrieben ist, oder andere marianische Motive lassen eine eindeutige Identifikation zu.

---

28 Belege auch für die weitere Tradition s. WIPFLER (Anm. 1), S. 90 f.
29 Georg LILL, Brunnen, in: Reallexikon zur Deutschen Kunstgeschichte, Bd. 2 (1944), ND 1983, Sp. 1278–1310; Dorothee RIPPMANN, Wolfgang SCHMID u. Katharina SIMON-MUSCHEID (Hgg.), „zum allgemeinen stattnutzen." Brunnen in der europäischen Stadtgeschichte, Trier 2008; Saskia HUNSICKER, Holzbrunnenkonstruktionen des frühen und hohen Mittelalters. Funktionsweisen und Bedeutung am Beispiel von Süddeutschland und dem Elsass, Hamburg 2014.
30 Staatsbibliothek Bamberg. Handschriften, Buchdruck um 1500 in Bamberg, E. T. A. Hoffmann, bearb. v. Bernhard SCHEMMEL, Bamberg 1990, S. 96–98, Nr. 43; Die Handschriften des 13. und 14. Jahrhunderts der Staatsbibliothek Bamberg. Mit Nachträgen von Handschriften und Fragmenten des 10. bis 12. Jahrhunderts. Beschrieben v. Karl-Georg PFÄNDTNER und Stefanie WESTPHAL; mit einem Beitrag v. Gude SUCKALE-REDLEFSEN (Katalog der illuminierten Handschriften der Staatsbibliothek Bamberg 3, 1), Wiesbaden 2015, Nr. 48, S. 94 (Stephanie WESTPHAL).

Abb. 4: Psalter in der Staatsbibliothek Bamberg, Msc. Bibl. 48, Einband Rückseite, Miniaturen auf Pergament, 1220–1230. Foto: Staatsbibliothek Bamberg / Gerald Raab.

Fons hortorum wurde zumeist in Form eines Brunnens verbildlicht und ist von Darstellungen des *fons signatus* häufig nur durch die mangelnde Versiegelung zu unterscheiden, da beide zumeist in einer Gartenlandschaft bzw. im *hortus conclusus* dargestellt werden; der Aspekt des Leben spendenden Wassers, der nach Cant 4,15 mit dem Brunnen verknüpft ist, wurde oft durch ein offenes, manchmal auch Fische enthaltendes Becken ausgedrückt. Ein berühmtes Beispiel für letzteres ist das Tafelgemälde mit dem Paradiesgarten aus der Zeit um 1400 im Städel Museum in Frankfurt, das sog. Frankfurter Paradiesgärtlein (Eichenholz, 26,3 × 33,4 cm): Dort schöpft eine der Maria umgebenden Heiligen mit einer goldenen Kelle Wasser aus einem schlichten Kastenbrunnen, in dem kleine Fische schwimmen. Möglicherweise wurde schon eines der silbrigen Fischlein von dem – hier eindeutig marianisch als Sinnbild der Jungfräulichkeit zu deutenden – Eisvogel[31] gefangen. Südlich der Alpen wurde

---

[31] Sigrid u. Lothar Dittrich, Lexikon der Tiersymbole. Tiere als Sinnbilder in der Malerei des 14.–17. Jahrhunderts, Petersberg 2005, S. 84 f., 86.

das Brunnenmotiv im marianischen Kontext eher selten so aufwendig gestaltet wie auf dem zwischen 1420 und 1435 geschaffenen Tafelbild aus dem Kloster San Domenico dell'Acquatraversa in Verona, das Maria mit dem Kind im Rosenhaag zeigt (sog. Madonna del Roseto, Verona, Museo di Castelvecchio):[32] Er ist dort als leeres, offenes vierpassförmiges Becken mit einem Brunnenstock gestaltet, der an ein Tabernakel erinnert und mit den drei halbnackten Figuren auf Golgatha und damit den Opfertod Christi anzuspielen scheint. Darüber hinaus ist dargestellt, wie einer der Engel seine Hände vergeblich vor den Ausfluss hält und somit die Versiegelung des Brunnens vor Augen führt.

Auch die inschriftlich benannten Darstellungen weisen keine einheitliche Ikonographie auf: In der durch den Regensburger Buchmaler Berthold Furtmeyer nach einem niederländischen Druck von 1465 illustrierten Handschrift des Alten Testaments ist der Brunnen ähnlich gestaltet, jedoch in den Texten der Spruchbänder auf Deutsch mit allen Bezeichnungen versehen: *gezaiche*[n]*t prunn* [...] *prun*[n] *d*[er] *g'ert*[e]*n prun*[n] *d*[er] *lebe*[n]*tige*[n] *wass*[er].[33]

5 *Fons iuventutis*

Die Sehnsucht nach ewiger Jugend und Schönheit war in Verbindung mit der Vorstellung von der heilenden Kraft des Wassers für die Entwicklung der Metaphorik des Jungbrunnens bestimmend. Eine wichtige Quelle dafür waren die altorientalischen Paradiesvorstellungen. Schon in Mesopotamien stellte man sich die paradiesische Urzeit gesegnet mit einem langen Leben der Menschen vor.[34]

Von der Quelle der ewigen Jugend wird schließlich im sog. Wunderbrief Alexanders des Großen an Olympias und Aristoteles erzählt, der in den Alexanderroman aufgenommen wurde. Aus der Erzählung geht hervor, dass das Wasser des Brunnens nicht nur neues Leben, sondern auch Unsterblichkeit schenkte. Nach einer Fassung dieser Legende aus dem letzten Drittel des 12. Jahrhunderts liegt dieser Brunnen in Indien. Seine verjüngende Wirkung entfalte das Wasser, das aus den Paradiesflüssen Euphrat und Tigris stamme, vier Mal am Tag nach viermaligem Bade. Das jugendliche Alter, das man damit erreichen könne, sei 30 Jahre. Dieses Alter ist als Verweis auf das Sterbealter Christi mit 33 Jahren zu verstehen; dies wird in der Schilderung des Jungbrunnens im ‚Brief des Presbyter Johannes', dessen ursprüngliche Fassung um 1170

---

[32] Museo di Castelvecchio. Catalogo generale dei dipinti e delle miniature delle collezioni civiche veronesi, Mailand 2010, S. 92 f., Nr. 54 (Paola MARINI), dort Stefano di Giovanni (um 1375 bis nach 1435) zugeschrieben.
[33] Rainer KAHSNITZ, Die Handschrift und ihre Bilder [...], in: Die Furtmeyer-Bibel in der Universitätsbibliothek Augsburg, Kommentar hrsg. v. Johannes JANOTA, Augsburg 1990, S. 101 f., Abb. 41 und 42.
[34] M. P. STRECK, Paradies, in: Reallexikon der Assyriologie und vorderasiatischen Archäologie, Bd. 10 (1980), S. 332–334.

datiert wird, explizit erwähnt.[35] Es galt als Alter der Vollkommenheit mit einer eschatologischen Komponente. Nach dem Brief des Presbyters enthalte der Jungbrunnen reines Quellwasser, das allerlei Geschmacksrichtungen aufweise, die sich stündlich änderten. Die Quelle entspringe am Fuße des Olymps. Das Wasser fließe dann am Paradies vorbei, unweit der Stelle, wo die ersten Menschen daraus vertrieben worden seien.

Die Darstellung des Jungbrunnens in der Kunst lässt sich nur bis ins 14. Jahrhundert zurückverfolgen, so z. B. in der Handschrift des Roman de Fauvel, die in Paris nach 1318 angefertigt wurde:[36] Die Gruppe alter Leute mit Gehhilfen erscheint hier durch das Bad verjüngt auf der linken Seite. In der höfischen Kultur war die Motivik dann seit der zweiten Hälfte des 14. Jahrhunderts verbreitet[37] und gelangte schließlich auch in die religiöse Literatur, so ans Ende der Darmstädter Haggadah aus dem zweiten Viertel des 15. Jahrhunderts: Dort spielt sie einerseits auf die mit dem rituellen Bad verbundene Vorstellung der Läuterung, ja Wiedergeburt, an, andererseits führte sie die Gefahr der Promiskuität in den öffentlichen Bädern vor Augen, vor der gerade Frauen im heiratsfähigen Alter, für die diese Handschrift wohl gedacht war, gewarnt werden sollten.[38]

6 *Fontaine d'amour*

Das Motiv des Liebesbrunnens, das aus dem Kontext des Liebesgartens entwickelt wurde, war insbesondere in der französischen Kunst durch die höfische Epik (z. B. den ‚Rosenroman') geläufig, erreichte aber schon früh die italienischen Höfe: In der zwischen 1441 und 1466 für Francesco Sforza und Bianca Maria Visconti in Mailand angefertigten Handschrift ‚De Sphaera' baden die Kinder der Venus in einem marmornen Schalenbrunnen, der mit Putti dekoriert ist, von denen einige das Wasser spenden. Der Brunnen steht in einem ummauerten Garten, hinter dem sich ein Platz öffnet, an dem sich städtische Gebäude erheben. Die profane Szenerie erhält nur an einer Stelle einen religiösen Akzent: Der Brunnen ist mit einem kleinen Kreuz bekrönt.

---

[35] Bibliographische Nachweise s. WIPFLER (Anm. 1), S. 145 f.
[36] Paris, Bibliothèque nationale de France, fr. 146, fol. 42r. Zum Text und seiner Deutung Jean-Claude MÜHLETHALER, Fauvel au pouvoir. Lire la satire médiévale, Paris 1994; Margherita LECCO (Hg.), Ricerche sul ‚Roman de Fauvel', Alessandria 1993.
[37] Ausführlich: Anna RAPP, Der Jungbrunnen in Literatur und bildender Kunst des Mittelalters, Zürich 1976.
[38] Darmstadt, Universitäts- und Landesbibliothek, Cod. Or. 8, fol. 58r: Sarit SHALEV-EYNI, The Bared Breast in Medieval Ashkenazi Illumination. Cultural Connotations in a Heterogeneous Society, in: Different Visions. A Journal of New Perspectives on Medieval Art, Nr. 5, August 2014, S. 21–26, Abb. 7, http://differentvisions.org/issue-five/ (letzter Zugriff am 05. 01. 2016).

Abb. 5: Liebesbrunnen, Cassone, Venetien, Ende des 15. Jahrhunderts, Mailand, Civiche Raccolte d'Arte Applicata, Castello Sforzesco, Inv.nr. Mobili 28 (Detail). Foto: Esther Wipfler (2015).

In einem solchen Zusammenhang weist der Brunnen, sofern gestaltet, sonst eher durchgängig venerische Motivik auf: In der ‚Hypnerotomachia Poliphili' (1499) ist der der Fruchtbarkeit huldigende Brunnen nicht nur beschrieben, sondern auch abgebildet. Er ist dort mit den drei Grazien bekrönt, welche unbekleidet die Haltung der *Venus pudica* eingenommen haben. Dabei strömt das Wasser sowohl aus den Füllhörnern, die sie halten, als auch aus ihren Brüsten. Die Thematik des Liebesbrunnens war so beliebt, dass man sie vereinfacht auch auf luxuriösen Gebrauchsgegenständen darstellte wie auf Truhen oder Tischplatten.[39] Ein Cassone in Mailand aus dem späten 15. Jahrhundert (Abb. 5) zeigt auf der Vorderseite einerseits Damen, die aus dem Fenster einer Burg eine Jagdgesellschaft begrüßen, und andererseits die Höflinge am Brunnen im Wald.

Dabei ist der Kontext der Darstellung stets die freie Natur oder ein Garten, also ein nicht von der Etikette bestimmter Raum. Auch die Geschichte des berühmten Liebespaares Pyramus und Thisbe, die in Ovids ‚Metamorphosen' erzählt wird (4,55–166), nimmt ihren schicksalshaften Verlauf an einer Quelle außerhalb der Stadt, wo sich die beiden Liebenden heimlich treffen wollten. In der Illustration bildet ihre Darstellung deshalb ein zentrales Element: Während sie in den illustrierten Ausgaben des ‚Ovide moralisé' im 14. Jahrhundert, z. B. um 1385 in der Handschrift in Lyon, Bibliothèque municipale ms. 742, gefasst im schlichten Kastenbrunnen erscheint,[40] in der Zainerschen Ausgabe von Giovanni Boccaccios ‚Buch der hochberühmten Frauen' von 1475 als Stockbrunnen mit oktogonalem Becken ohne weitere Ausschmückung[41]

---

[39] Enrico COLLE, Museo d'Arti Applicate. Mobili e intagli lignei, Milano 1996, S. 133 f., Nr. 160; vgl. auch die Tischplatte mit diesem Motiv: Ebd., S. 328–331, Nr. 597 mit Abb.
[40] Lyon, Bibliothèque municipale, ms. 742, fol. 59v, http://numelyo.bm-lyon.fr/f_view/BML:BML_02 ENL01001Ms7422421&0=&&&BML:BML_02ENL01001COL0001&quick_filter&Array&Relevance&12&3 (letzter Zugriff am 16.03.2016).
[41] BLATTNER (Anm. 25), Abb. 24.

oder auf den Holzschnitten der ‚Bible des poëtes' in den Ausgaben von 1484 und 1493 als Felsquelle[42] dargestellt ist, gestaltete sie Johannes Wechtlin für einen Holzschnitt in Chiaroscuro um 1510 als mit Weinlaub dekorierten Schalenbrunnen. Dies verweist nicht nur auf die Rahmenhandlung der Erzählung, den Bericht einer Feier zu Ehren des Gottes Bacchus, sondern ist bereits ein erotisch konnotiertes Motiv. Der Brunnenstock ist schließlich mit einem bogenschießenden Amor bekrönt, dessen Augen verbunden sind. Er zielt auf die moralisierende Inschrift: *Quid Venus in venis possit furor ossib[us] h[a]ere[n]s / Pyramus hoc Thysbes funere mo[n]strat ama[n]s* („Was Venus in den Venen vermag, die Leidenschaft, die in den Knochen steckt, das zeigt der liebende Pyramus bei Thisbes Tod.").[43] Die Vorlage, die Wechtlin dabei verwendete, ein Stich von Marcantonio Raimondi aus dem Jahr 1505, zeigte die beiden Liebenden zwar nackt, und auch hier liegt Pyramus bereits tot am Boden, aber nicht bei einem Brunnen, sondern mit einem Sarkophag im Hintergrund. Die verstärkt erotische Ausrichtung des Themas ist also eine Zutat des Straßburger Künstlers.

Brunnenfiguren, wie Wechtlin sie darstellte, wurden dann in Nürnberg seit der ersten Hälfte des 16. Jahrhunderts im Bronzeguss hergestellt.[44] Den Amor zum hämischen Bauern mit federgeschmücktem Hut bzw. Narren pervertiert findet man schließlich als Brunnenfigur in Urs Grafs Interpretation der Geschichte von Pyramus und Thisbe in zwei Holzschnitten aus der Zeit um 1506/7 bis 1510 sowie 1525,[45] auch wenn es noch weiterhin Darstellungen dieses Brunnens ohne explizite erotische Ikonographie gab.[46]

7 Resümee

Die Bildmetapher der Quelle oder des Brunnens bezog man im Mittelalter am häufigsten auf den Aspekt der Lebensspende durch das Wasser. Angeregt durch die höfische Literatur, vor allem der Überlieferung zu Alexander dem Großen, wurde der Brunnen erst in der Kunst des Spätmittelalters auch mit profaner Deutung als Jungbrunnen vorgestellt. In der christlichen Kunst stand bei der Darstellung der Quelle – abgesehen von der Vorstellung des göttlichen Ursprungs des Lebens – die Bedeutung der

---

42 HUBER-REBENICH u. a. (Anm. 25), S. 48 mit B132f.
43 Giulia BARTRUM, German Renaissance Prints 1490–1550, Ausstellungskatalog London 1995, S. 66, Nr. 50 mit Abb. S. 64; Thomas NOLL, Albrecht Altdorfer in seiner Zeit. Religiöse und profane Themen in der Kunst um 1500, Berlin 2004, S. 339.
44 Nürnberg (1300–1550). Kunst der Gotik und Renaissance, Ausstellungskatalog Nürnberg 1986, Nr. 237.
45 Zu diesem und weiteren Beispielen aus der Zeit um 1500 NOLL (Anm. 43), S. 339–348 mit Abb. 149–153. Zum Narrenmotiv in diesem Kontext ferner Juliane MOHRLAND, Die Frau zwischen Narr und Tod. Untersuchungen zu einem Motiv der frühneuzeitlichen Bildpublizistik, Münster 2013, S. 257–259.
46 HUBER-REBENICH u. a. (Anm. 25), S. 49.

Reinigung und Erneuerung im Vordergrund, die moralisch als Läuterung interpretiert werden konnte, was sich noch in den Illustrationen von Dantes ‚Göttlicher Komödie' feststellen lässt.

Neben dem Brunnen oder der Quelle als Sinnbild der Unerschöpflichkeit göttlicher Liebe und Gnade, entstand zunächst im höfischen Roman des Hochmittelalters das Bild des Liebesbrunnens, das jedoch erst im Spätmittelalter in die Kunst übertragen wurde und dort noch lange nachwirkte.

Bei der bildlichen Darstellung scheinen alle bekannten Brunnentypen nahezu beliebig eingesetzt worden zu sein. Lediglich bei der ostkirchlichen Tradition ist der Schalenbrunnen bei der Darstellung der Muttergottes der lebensspendenden Quelle bis heute durchgängig seit dem 14. Jahrhundert verwendet worden.

Joanna Olchawa (Osnabrück)
Sirenen, Tauben und Löwen bei der Handwaschung. Die Bedeutung des Wassers in der Ikonographie der Aquamanilien

Abstract: Aquamanilia, zoomorphic and anthropomorphic vessels used for ritual handwashing, were produced in Western Europe since the twelfth century. Their unusual iconography – featuring lions, dragons, knights, busts, or deer – and its relationship to the context in which these objects were used, has been little studied. In the case of three examples – the siren aquamanile from Paris, the dove aquamanile from Cologne, and lion aquamanilia in general – it will be shown that the choice of forms and motifs is primarily oriented towards ethical and moral values and concepts, which are connected with virtues and vices. Furthermore, the element water and the beliefs associated with it play a decisive role within the iconography of these objects.

Keywords: Aquamanilien, Ikonographie, Sirene, Taube, Handwaschung

1 Einleitung

Weltberühmt ist der Nonnenchor des Frauenklosters Wienhausen in Niedersachsen für seine mittelalterlichen Wandmalereien.[1] Der rechteckige Saalbau ist um 1335 flächendeckend mit über einhundert Szenen ausgemalt worden, welche vornehmlich das Leben von Heiligen, Ereignisse aus dem Alten und Neuen Testament sowie die Darstellung des Himmlischen Jerusalem veranschaulichen. Zwischen elaborierten Blattranken mit Blüten, Blättern und Früchten sind im Gewölbe 36 Medaillons angebracht, in denen die Lebensgeschichte Jesu, seine Passion, Auferstehung und das Jüngste Gericht wiedergegeben werden. Eine Szene des vielfach restaurierten, aber doch im Wesentlichen mittelalterlichen Zyklus[2] sticht besonders hervor: namentlich das Medaillon im zweiten Joch mit der Vorführung Jesu vor Pontius Pilatus (Abb. 1). Jesus wird von mehreren Häschern an den Stadthalter herangedrängt, der am rechten Bildrand zu erkennen ist. Auf einem Thron sitzend hat er seinen Blick nach links zu Jesus gewandt, während seine Hände übereinandergeschlagen nach rechts gedreht sind. Aus einem figürlich gestalteten Gefäß gießt ihm ein Diener Wasser über die

---

[1] Wiebke MICHLER, Kloster Wienhausen. Die Wandmalereien im Nonnenchor, Wienhausen 1968; June L. MECHAM, A Northern Jerusalem. Transforming the Spatial Geography of the Convent of Wienhausen, in: Andrew SPICER u. Sarah HAMILTON (Hgg.), Defining the Holy. Sacred Space in Medieval and Early Modern Europe, Hants / Burlington 2005, S. 139–160.
[2] Zur Restaurierungsgeschichte: Ursula SCHÄDLER-SAUB, Mittelalterliche Kirchen in Niedersachsen. Wege der Erhaltung und Restaurierung (Regionale Kulturerbe-Routen 1), Petersberg 2000, S. 131–142.

DOI 10.1515/9783110437430-044

Abb. 1: Medaillon mit der Vorführung Christi vor Pontius Pilatus an der nördlichen Gewölbekappe im Kloster Wienhausen, um 1335. Foto: Foto Marburg / Dieter Schumacher.

Handflächen. Dargestellt ist folglich der im Matthäus-Evangelium beschriebene Moment, in dem der Stadthalter die Handwaschung ausführt und die Worte „Ich bin unschuldig am Blut dieses Menschen" ausspricht.[3] Die Szene ist in Zyklen um das Leben Jesu durchaus nicht ungewöhnlich, wohl aber ist es die Form des Gerätes, aus welchem das Wasser ausgegossen wird: Es ist ein stehender Löwe mit einem weit geöffneten Rachen, einem erhobenen Schwanz und einem bandförmigen Henkel.

Die Darstellung solch eines zoomorphen Gießgefäßes geht nicht auf den kreativen Einfallsreichtum der Maler oder des Stifterpaares zurück, zumal zwei weitere

---

[3] Die Vorführung Jesu wird geschildert in: Mk 15,1–15; Mt 27,2, 11–26; Lk 23,1–5, 23,13–25; Joh 18,28–40, 19,6–16, doch nur Matthäus nennt die Handwaschung: Mt 27,24. Zur Ikonographie: Andrea BLOCHMANN, Christus vor Pontius Pilatus und vor Herodes Antipas. Die Ikonographie der Darstellungen in der italienischen Kunst von den Anfängen im 4. Jahrhundert bis ins Cinquecento, online 2003, http://publikationen.ub.uni-frankfurt.de/frontdoor/index/index/docId/5562 (letzter Zugriff am 04. 03. 2016).

vergleichbare Abbildungen überliefert sind.⁴ Auch die Objekte selbst haben sich realiter erhalten, sie werden heute mit dem modernen Verabredungsbegriff als Aquamanilien bezeichnet.⁵ 1935 kompilierten die Bronzespezialisten Otto VON FALKE und Erich MEYER in einem noch heute wegweisenden Corpusband annähernd 400 jener Geräte, welche zwischen dem 12. und 16. Jahrhundert vornehmlich im Maasgebiet im heutigen Belgien, in Norddeutschland und ab ca. 1400 in Nürnberg entstanden sind.⁶ Neben Löwenfiguren kommen insbesondere Formen von Rittern und Reitern, Büsten und Halbfiguren sowie Widder, Pferde und Hirsche vor. So vielfältig dieses Motivrepertoire heutzutage anmutet, bleibt es bei einer genaueren Betrachtung begrenzt: Im 12. und frühen 13. Jahrhundert, also in den ersten einhundert Jahren seit der Genese der westmitteleuropäischen Werke, dominiert neben der Herstellung von Löwen vor allem diejenige von Mischwesen wie Drachen, Basilisken, Greifen, Kentauren und Sirenen. Auch wenn bei keinem einzigen der überlieferten Artefakte der Auftraggeber resp. Stifter eindeutig ermittelt werden kann, so ist bei der Form- und Motivwahl der Gießgefäße dennoch kaum von individuellen Vorlieben oder der Fortführung formaler Traditionen auszugehen. Der Beitrag möchte sich daher der Frage widmen, von welchen Kriterien die Ikonographie maßgeblich beeinflusst war. Veranschaulicht werden soll insbesondere eine Kategorie, namentlich das Element Wasser und mentalitätsgeschichtlich die mit ihm im Mittelalter verbundenen Vorstellungen.

Forschungsgeschichtlich fand das Thema um die Ikonographie der Aquamanilien schon im frühen 19. Jahrhundert sowohl aus archäologischer als auch (kunst-)geschichtlicher Perspektive große Beachtung. Der Historiker Leopold VON LEDEBUR wies 1843 erstmals darauf hin, dass auch in der islamischen Kultur vergleichbare Gießgefäße existierten.⁷ Tatsächlich lassen sich heute 21 Gefäße in Gestalt von Adlern,

---

4 Vgl. Bonmont-Psalter, Besançon, Bibliothèque Municipale, Ms. 54, um 1260; vgl. Ann-Barbara FRANZEN-BLUMER, Zisterziensermystik im Bonmont-Psalter, Ms. 54 der Bibliothèque Municipale von Besançon, in: Kunst und Architektur in der Schweiz 51,3 (2000), S. 21–38. Das Medaillon in Wienhausen wurde bisher noch nicht im Kontext von Aquamanilien erwähnt.
5 Der Begriff setzt sich aus den zwei lateinischen Wörtern *aqua* (Wasser) und *manile* < *manus* (Hand) zusammen, vgl. Thesaurus linguae Latinae, Leipzig 1906, 2. Bd., Sp. 365, s. v. *aquae manal(e)*. Schon in römischen Schriftquellen bezeichnet der Terminus bronzene Schalen und Schüsseln, welche zur Handwaschung genutzt wurden, vgl. Werner HILGERS, Lateinische Gefäßnamen. Bezeichnungen, Funktion und Form römischer Gefäße nach den antiken Schriftquellen, Düsseldorf 1969, S. 107. Die Einschränkung des Begriffes auf ausschließlich figürliche Geräte erfolgt erst im 19. Jahrhundert, zuerst in: Franz BOCK, Die Formen des Aquamanile, in: Mitteilungen der K. K. Central-Commission zur Erforschung und Erhaltung der Baudenkmale XII (1867), S. XXIX–XXXI, hier S. XXIX.
6 Otto VON FALKE u. Erich MEYER, Romanische Leuchter und Gefäße. Gießgefäße der Gotik (Bronzegeräte des Mittelalters 1), Berlin 1935. Einige der dort aufgeführten Geräte gelten als Kriegsverluste, andere sind durch archäologische Ausgrabungen oder Schenkungen aus Privatsammlungen neu zum Vorschein gekommen, so dass die Anzahl nahezu konstant geblieben ist.
7 Leopold VON LEDEBUR, zitiert in: Heinrich OTTE, Correspondenz-Nachrichten, literarische Neuigkeiten und Miszellen, in: Neue Mitteilungen aus dem Gebiete historisch-antiquarischer Forschungen VI,4 (1843), S. 165–192, hier S. 171.

Fasanen oder Pfauen, aber auch Tigern, Löwen und Hirschen ausfindig machen. Auf der Grundlage von Form- und Stilanalysen lassen sie sich den Entstehungsgebieten des heutigen Iran und Irak, Ägyptens und Spaniens zwischen dem 6. und dem 13. Jahrhundert zuordnen.[8] Vergleiche mit den westmitteleuropäischen Artefakten ergeben zwar allgemeine Parallelen, doch eine direkte Beeinflussung kann ausgeschlossen werden.[9] Innerhalb der islamischen Kultur orientierte sich die Wahl der Motive offenbar an den Vorstellungen der eigenen *Court Culture*, auch werden Formen weiterer zoomorph gestalteter Gefäße wie von Weinbehältern tradiert.[10] Diese höfisch ausgerichtete Ikonographie ließ die islamischen Geräte als ungeeignet für die Integration in den christlichen Ritus der Handwaschung erscheinen. Seit dem frühen 12. Jahrhundert entstanden eigenständige Formen, die den christlich geprägten Vorstellungen von Reinigung und Reinheit, von der Handwaschung und den Bedeutungen des Wassers besser entsprachen.

In einem weiterem Erklärungsmodell der ungewöhnlichen Ikonographie der Aquamanilien wurde – wie Harald WOLTER-VON DEM KNESEBECK es formulierte – „überall Kampf, Verfolgung und Zwang" gesehen.[11] Lediglich Klaus NIEHR ging in seinem monographischen Beitrag zum sogenannten Sirenen-Aquamanile in Berlin einer anderen Beobachtung nach.[12] Er veranschaulichte, dass das aus einem Frauenkopf, einem Vogelkörper und einem Fischschwanz bestehende Objekt unter Berücksichtigung der Beschreibung eines fiktiven Wesens in der ‚Ars Poetica' des

---

[8] Joanna OLCHAWA, Toreutische Aquamanilien. Genese, Verbreitung und Bedeutung im 12. und 13. Jahrhundert. Univ.-Diss. Berlin 2014 (Publikation in Vorbereitung); vgl. Almut VON GLADISS, Der frühislamische Bronzeguss. Tierbronzen in unterschiedlicher Funktion, in: Michael BRANDT (Hg.), Bild & Bestie. Hildesheimer Bronzen der Stauferzeit, 31. 05.–05. 10. 2008, Dom-Museum Hildesheim, Regensburg 2008, S. 29–42.

[9] Vgl. Erich MEYER, Romanische Bronzen und ihre islamischen Vorbilder, in: Richard ETTINGHAUSEN (Hg.), Aus der Welt der islamischen Kunst. Festschrift für Ernst Kühnel zum 75. Geburtstag am 26. 10. 1957, Berlin 1959, S. 317–322.

[10] Die meisten Adler- und Falken-Aquamanilien besitzen reliefierte Jagdhauben und verweisen hierdurch auf die Abrichtung der Vögel innerhalb der höfischen Jagdkultur. Die Pfauen-, Fasanen-, Hahn- und Tiger-Aquamanilien beziehen sich ikonographisch auf Tiere, die die höfischen Gärten bevölkerten und repräsentieren somit Macht, Wohlstand und Herrschaft der Elite. Einzig die Hirsch-Aquamanilien, die sich sowohl in der islamischen sowie der christlichen Kultur erhalten haben, jedoch unterschiedliche Formen annehmen, nehmen auf das Element Wasser Bezug, was durch die Rezeption des ‚Physiologus' bedingt ist; vgl. OLCHAWA (Anm. 8) (Publikation in Vorbereitung). Zu Aquamanilien und Weingefäßen: Assadullah Souren MELIKIAN-CHIRVANI, The Wine Birds of Iran from Pre-Achaemenid to Islamic Times, in: Bulletin of the Asia Institute 9 (1995), S. 41–98.

[11] Harald WOLTER-VON DEM KNESEBECK, Zur Inszenierung und Bedeutung von Aquamanilien, in: BRANDT (Anm. 8), S. 217–228, hier S. 224; vgl. Michael HÜTT, „Quem lavat unda foris", Aquamanilien. Gebrauch und Form, Mainz 1993.

[12] Klaus NIEHR, Horaz in Hildesheim. Zum Problem einer mittelalterlichen Kunsttheorie, in: Zeitschrift für Kunstgeschichte 52 (1989), S. 1–24.

Horaz (um 19 v. Chr.) erklärt werden könne.[13] Durch die Umsetzung einer Metapher, die Disharmonien als negativ und lächerlich begreift, in ein Objekt verkörpere das Wesen

> das Gegenbild zu vollendeter Kunst. Damit wäre sie [die ‚Sirene', Anm. J. O.] aber keineswegs bedrohlich, sondern allenfalls noch lächerlich. Und der eigentliche ‚Witz' des Gerätes ‚Sirenenaquamanile' läge nun darin, dass ‚temperiertes' Wasser mit einem Gebrauchsgegenstand über die Hände gegossen werden soll, der selbst *temperiem*, d. h. die gehörige Vermischung der einzelnen Elemente und damit das vollendete Gleichmaß nicht besitzt.[14]

Klaus NIEHR stellte nicht nur den hohen intellektuellen Anspruch bei der Festlegung des Motivs und dessen Umsetzung heraus, sondern bezeugte die zwischen der Form, der Ikonographie, dem ‚Inhalt' Wasser und dem Verwendungszusammenhang bestehende Einheit des Aquamaniles. Jene methodische Herangehensweise, die Ikonographie in Bezug auf das Wasser und die Handwaschung zu verstehen, kann an zwei weiteren Aquamanilien – dem Sirenen-Aquamanile in Paris und dem Tauben-Aquamanile in Köln – veranschaulicht werden.

2 Das Sirenen-Aquamanile in Paris als Visualisierung des Lasters Prahlerei

Eine Sirene im ‚herkömmlichen' Sinne ist innerhalb der Gattung der Aquamanilien heute in Paris zu sehen (Abb. 2).[15] Die Form des Gießgefäßes setzt sich aus einem Frauenkopf, einem weiblichen Oberkörper mit eingravierten Brüsten und dünnen Armen sowie einem rundlichen Vogelkörper zusammen. Als Aquamanile ist es gekennzeichnet durch seine Hohlförmigkeit, die Eingussöffnung am oberen Teil des Henkels und das Ausgussrohr, welches in die Gestalt integriert ist – das Wesen hält mit beiden Händen am Mund eine längliche, recht schmale Tülle.[16] Die Figur erinnert zunächst an die Beschreibungen der Sirene im weit verbreiteten ‚Physiologus', der wichtigsten Quelle für die allegorische Deutung von Tieren:

---

13 „Wollte zum Kopf eines Menschen ein Maler den Hals eines Pferdes fügen und Gliedmaßen, von überallher zusammengelesen, mit buntem Gefieder bekleiden, so dass als Fisch von hässlicher Schwärze endet das oben so reizende Weib: könntet ihr da wohl, sobald man euch zur Besichtigung zuließ, euch das Lachen verbeißen, Freunde?" Übers. nach: Eckart SCHÄFER (Hg.), Quintus Horatius Flaccus, Ars Poetica / Die Dichtkunst, Stuttgart 1972, S. 5; vgl. NIEHR (Anm. 12), S. 8.
14 NIEHR (Anm. 12), S. 14.
15 Paris, Musée des Arts Décoratifs, Inv. Nr. 27132, Maasgebiet, Mitte des 12. Jahrhunderts; vgl. Béatrice SALMON (Hg.), Chefs-d'œuvre du Musée des Arts Décoratifs, Paris 2006, S. 8–9 (Monique BLANC).
16 Die Eingusstülle stellt eine moderne Ergänzung dar, doch kann angenommen werden, dass sich der ursprüngliche Einguss an gleicher Stelle am oberen Teil des Schwanzes befunden hat. Die zweite Ausgusstülle am Bauch der Sirene in Gestalt eines Drachenkopfes ist ebenfalls nicht original, sondern eine spätere Hinzufügung.

Der Physiologus sagt über die Sirenen, dass die Sirenen sterbliche Wesen im Meer sind, und mit süßem Gesang betören sie die, die sie hören, dass sie in einen Schlaf verfallen, sogar bis zum Tode. Halb bis zum Nabel haben sie die Gestalt eines Menschen und halb bis zum Ende die einer Gans.[17]

Das hier vorausgesetzte Verständnis der Sirene als ein Meerwesen besitzt seinen Ursprung in Homers ‚Odyssee'.[18] Auch diese Erzählung erfuhr in mittelalterlicher Zeit eine allegorische oder gar typologische Auslegung: Odysseus konnte als Christus verstanden werden, der im Boot der Kirche durch die Gefahren der Welt segelte, während die Sirenen als Laster gedeutet wurden.[19] Im 12. Jahrhundert explizierte Honorius Augustodunensis (ca. 1080–1150/1151) in seiner Predigtsammlung ‚Speculum Ecclesiae' die Sirenen auf sehr anschauliche Weise: Die auf der Harfe Spielende verkörpere das Laster *avaritia* (Habsucht), die auf der Flöte Spielende *jactantia* (Prahlerei) und die Singende versinnbildliche *luxuria* (Wollust).[20] Das Meer wird in diesem Zusammenhang als *saeculum* verstanden, als das „grausige Meer dieser Welt", das mit dem trügerischen und gewalttätigen Erdenleben assoziiert wird.[21] Auf der Basis dieser Deutung kann das Sirenen-Aquamanile als Visualisierung des Lasters Prahlerei verstanden werden – die an den Mund gehaltene Ausgusstülle würde folglich eine Flöte darstellen und die runden, offenbar aufgeblasenen Backen den Akt des Spielens weiter unterstreichen. Ferner schlug Honorius Augustodunensis in ebendieser Predigtsammlung vor, die Sage von Odysseus und den Sirenen am Sonntag Septuagesima anzuführen, um der Langeweile der Zuhörer vorzubeugen.[22] Diese Passage verleitet erstmals zu der Annahme, dass das Sirenen-Aquamanile explizit in einem liturgischen Zusammenhang genutzt wurde und gar zu einer Veranschaulichung die Predigt beitragen konnte.

---

17 Übers. nach Otto SCHÖNBERGER (Hg.), Physiologus. Griechisch-Deutsch, Stuttgart 2005, S. 26. Zu den lateinischen Textfassungen der Strophen 41–47 vgl. Nikolaus HENKEL, Studien zum Physiologus im Mittelalter (Hermea. Germanistische Forschungen N. F. 38), Tübingen 1976, S. 173–175.
18 Hugo RAHNER, Griechische Mythen in christlicher Deutung, Basel 1989.
19 Vgl. Heike WILLEKE, Ordo und Ethos im Hortus Deliciarum. Das Bild-Text-Programm des Hohenburger Codex zwischen kontemplativ-spekulativer Weltschau und konkret-pragmatischer Handlungsorientierung, S. 360, online 2006, http://ediss.sub.uni-hamburg.de/volltexte/2006/2963/ (letzter Zugriff am 04. 03. 2016).
20 *Syrenes in insula maris fuisse et suavissiman cantilenam diversis modis cecinisse. Una quippe voce, altera tybia, tercia lyra canebat [...]. Quae humana voce cantat est avaricia, quae suis auditoribus hujuscemodi modulatur carmina [...] quae canit tybia est jactantia [...]. Quae melos exprimit lyra, est luxuria.* Honorius Augustodunensis, Speculum Ecclesiae, hrsg. v. Jacques-Paul MIGNE (Patrologiae cursus completus, Series Latina 172), Paris 1854, Sp. 855–856.
21 Hilde CLAUSSEN, Odysseus und Herkules in der karolingischen Kunst I. Odysseus und das „grausige Meer dieser Welt". Zur ikonographischen Tradition der karolingischen Wandmalerei in Corvey, in: Hagen KELLER (Hg.), Iconologia sacra. Mythos, Bildkunst und Dichtung in der Religions- und Sozialgeschichte Alteuropas. Festschrift für Karl Hauck zum 75. Geburtstag, Berlin 1994, S. 341–382.
22 Honorius Augustodunensis (Anm. 20), Sp. 855–856.

578 — Joanna Olchawa

Abb. 2: Das Sirenen-Aquamanile in Paris als Laster Prahlerei, Maasgebiet, 2. Hälfte 12. Jahrhundert. Foto: Paris, Musée des Arts Décoratifs.

3 Das Tauben-Aquamanile in Köln

Innerhalb der Ikonographie der Aquamanilien lassen sich jedoch auch Motive eruieren, die Vorstellungen nicht nur von Lastern, sondern auch Tugenden visualisieren. Nachvollziehen lässt sich dies beispielsweise anhand des Gefäßes in Gestalt einer Taube in Köln (Abb. 3), das um 1120 im Maasgebiet hergestellt wurde.[23] Das Werk ist weniger aus einer ikonographischen, als vielmehr einer historischen Sicht betrach-

---

23 Köln, Kolumba Kunstmuseum des Erzbistums Köln, Inv. Nr. H 9–16, Maasgebiet, 1. Viertel des 12. Jahrhunderts; vgl. Joachim PLOTZEK u. a. (Hgg.), Kolumba. Auswahlkatalog I. Erschienen anlässlich der Einweihung des Neubaus 14. September 2007, Köln 2007, S. 124. Eine weitere Taube hat sich in Fidenza, erhalten: Diözesanmuseum, Inv. Nr. O2; vgl. Renata SALVARANI u. Liana CASTELFRANCHI VEGAS (Hgg.), Matilde di Canossa, il papato, l'impero. Storia, arte, cultura alle origini del romanico, Casa del Mantegna, 31. 08. 2008–11. 01. 2009, Mailand 2008, S. 340–341, Nr. V 21 (Gianpaolo GREGORI).

Abb. 3: Das Tauben-Aquamanile in Köln, Kolumba-Museum, Maasgebiet, um 1120.
Foto: Köln, Kolumba-Museum / Joanna Olchawa.

tet worden, es wurde meist im Zusammenhang mit einer Chronik angeführt. In dieser berichtete Abt Rodulfus aus St. Trond (1108–1138), dass sein Vorgänger Theoderich (1099–1107) dem Kloster „eine Taube aus Kupfer, außen mit Gold und Silber geschmückt, als Behälter des Wassers zum Händewaschen" übergeben habe.[24] Im Vergleich mit dem erhaltenen Gerät zeigt sich, dass die beschriebenen Eigenschaften durchaus auf das Tauben-Aquamanile zutreffen – auch dieses besteht aus einer Kupferlegierung mit einer vergoldeten Oberfläche und mit Silbereinlagen an den Flügeln. Auch wenn bezeugt werden kann, dass Abt Rodulfus 1119 in Köln weilte und die Taube über seine Vermittlung in die Stadt gelangt sein könnte, ist die Provenienz des Aquamanile über das 19. Jahrhundert hinaus nicht gesichert und die vorgeschlagene Annahme folglich auszuschließen. Die schriftliche Erwähnung bezeugt lediglich die Existenz von westmitteleuropäischen Aquamanilien im frühen 12. Jahrhundert.

Vernachlässigt wurde bisher weitestgehend der Zusammenhang zwischen Ikonographie und Verwendungszweck. Der Vogel mit einem leicht erhobenen Kopf, den seit dem 19. Jahrhundert ein schmaler Kronenreif schmückt, hält nämlich in seinem Schnabel eine Frucht, die aufgrund ihrer Größe und ovalen Form als eine Olive gedeutet werden kann. Sie besitzt am vorderen Rand eine Öffnung, welche als Ausguss fun-

---

24 *Columbam etiam cupream, auro tamen superius argentoque variatam, continentem aquam ad opus manuum.* Camille de Bormann (Hg.), Chronique de l'abbaye de Saint-Trond, Bd. 1, Lüttich 1877, S. 78; Übers. nach: Walter SCHULTEN, Kostbarkeiten in Köln. Erzbischöfliches Diözesan-Museum. Katalog, Köln 1978, S. 85.

giert und von der aus ein teils vollplastischer Stängel mit kleinen Blüten und Blättern zum Rücken führt und dort den rundlichen, offenen Einguss umrahmt. Diese zwei Attribute – die Olive und der Stängel – verweisen auf die im Ersten Buch Mose im Alten Testament geschilderte Sintfluterzählung, der zufolge die zweite, von Noah ausgelassene Taube mit einem Olivenzweig im Schnabel zur Arche zurückkehrt.[25] Durch diesen Bezug wird nicht nur verdeutlicht, dass bei dem Aquamanile die Darstellung eines wirklichen Vogels und keines Symbols – wie des Heiligen Geistes beispielsweise – intendiert war. Die Taube galt nämlich seit frühchristlicher Zeit als ein reines und folglich tugendhaftes Tier,[26] da man der antiken Vorstellung folgte, es besäße keine gelbe Galle. Die Kenntnis jener Eigenschaften des Vogels war auch im 12. und 13. Jahrhundert gegenwärtig.[27] Die Wahl des Tauben-Motivs für ein Aquamanile stand folglich im engen Bezug zum Handwaschungsritus: Der ikonographische, durch die Attribute erfolgende Verweis auf die Sintfluterzählung stellte die Bedeutung des Wassers heraus. Auf diese Weise wurde formal auf den Verwendungskontext angespielt, schließlich dürfte zur Entstehungszeit des Artefaktes zu Beginn des 12. Jahrhunderts die neue Gattung der Handwaschgeräte in Westmitteleuropa kaum bekannt gewesen sein. Zweitens veranschaulichen die Eigenschaften des Tieres – Reinheit und Tugendhaftigkeit – auch die intendierte ethisch-moralische Reinheit des Ritus.

4 Löwen-Aquamanilien und weitere Formen

Auch weitere zoomorph gestaltete Gießgefäße machen mit ihrer Form und Motivik auf das Element Wasser aufmerksam: So kann das Basilisken-Aquamanile in Hannover in Anlehnung an Traktate wie die des Isidor von Sevilla (um 560–636) oder Bernhard von Clairvaux (um 1090–1153) betrachtet werden, da diese die Basilisken als Wasserwesen und ferner als Verkörperung der Sünde oder konkret des Lasters Neid beschrieben.[28] Die Hirsch-Aquamanilien hingegen lassen sich wie die Sirene in Paris auf der Grundlage des ‚Physiologus' deuten, in welchem der Hirsch als Feind der Schlange auftritt und zu ihrer Bekämpfung Wasser einsetzt: „Wenn die Schlange

---

25 Gen 8,8–11.
26 Tertullian, De baptismo. Lateinisch-deutsch, hrsg. v. Dietrich SCHLEYER (Fontes Christiani 76), Turnhout 2006, S. 180–181 (De bapt. 7.3).
27 Sicardus von Cremona, Mitralis, hrsg. v. Jacques-Paul MIGNE (Patrologiae cursus completus, Latina, Series Latina 213), Paris 1855, Sp. 242.
28 Hannover, Museum August Kestner, Inv. Nr 599, Norddeutschland, Mitte des 12. Jahrhunderts, s. Michael BRANDT (Hg.), Schatzkammer auf Zeit. Die Sammlungen des Bischofs Eduard Jakob Wedekin 1796–1870. Katalog zur Ausstellung des Diözesan-Museums Hildesheim, Hildesheim 1991, S. 79–81, Nr. 5 (Michael BRANDT); vgl. Isidor von Sevilla, Quaestiones in Vetus Testamentum, hrsg. v. Jacques-Paul MIGNE (Patrologiae cursus completus, Series Latina 83), Paris 1850, Sp. 220; Bernhard von Clairvaux, In Psalmum XC, qui habitat, sermones XVII, hrsg. v. Jacques-Paul MIGNE (Patrologiae cursus completus, Series Latina 183), Paris 1879, Sp. 237.

vor dem Hirsch in die Erdspalten flieht, geht der Hirsch hin und füllt seinen Bauch mit Quellwasser und speit es in die Erdspalten; so schwemmt er die Schlange herauf und zertritt sie und tötet sie."[29] So trägt das Hirsch-Aquamanile in London beispielsweise auf seinem Rücken ein schlangenartiges Wesen, welches gleichzeitig als Henkel fungiert.[30] Wie schon Michael HÜTT herausstellte, besteht folglich „zwischen dem Zeichen des Ausspeiens der Schlechtigkeit durch das Wasser, wie es das Tier versinnbildlicht, und dem des Abwaschens der Sünde [...] eine Analogie".[31]

Besondere Aufmerksamkeit gebührt den Löwen-Aquamanilien, die sich schon allein quantitativ von den anderen Motiven der Geräte unterscheiden.[32] Sie variieren nicht nur in ihrer Größe, ihrer auf den Hinterbeinen sitzenden, meist jedoch stehenden Form oder den gravierten Verzierungen auf ihrer Körperoberfläche. Auch zeichnen sie sich durch die Hinzufügung weiterer Figuren auf dem Rücken oder im Rachen aus, wodurch die Darstellungen einen narrativen Charakter erhalten. Auch ihre Entstehung innerhalb längerer Zeiträume in unterschiedlichen Regionen erschwert eine ikonographische Deutung. Denn je nach Kontext konnten dem Tier positive Eigenschaften wie Weisheit, Wachsamkeit und Gnadenhaftigkeit zugeschrieben werden; es wurde gar mit moralischen Qualitäten wie Tapferkeit, Stärke, Mut und Gerechtigkeit in Verbindung gebracht.[33] Doch jenseits der Deutung *in bonam partem* galt er ebenfalls *in malam partem* als „König aller Sünder".[34] Kaum lassen sich Anzeichen für eine kontextualisierte Deutung der Aquamanilien finden, lediglich der meist drachenförmige Henkel oder die Ausgusstülle in Gestalt einer menschlichen Figur, die den Eindruck erweckt, verschlungen zu werden, lassen eine negative Deutung des Löwen-Motivs zu. Innerhalb der Verwendung im Handwaschungsritus lässt sich noch eine weitere Sichtweise vorschlagen: Wie bei zahlreichen Taufbecken und Brunnen, die einen Sockel bestehend aus Löwenfiguren besitzen oder deren Wandung kleine Löwenköpfchen zieren, können auch die Löwen-Aquamanilien eine apotropäische, also eine das Wasser vor Dämonen schützende Funktion besitzen.[35] Somit können sie als Wächter, Hüter und Beschützer des Wassers verstanden

---

29 Übers. nach SCHÖNBERGER (Anm. 17), S. 49.
30 London, The British Museum, Inv. Nr. 1855,0711.1, Norddeutschland, Ende des 12. Jahrhunderts; vgl. VON FALKE u. MEYER (Anm. 6), S. 116, Nr. 550, Abb. 508.
31 HÜTT (Anm. 11), S. 112; vgl. Ulrich MÜLLER, Zwischen Gebrauch und Bedeutung. Studien zur Funktion von Sachkultur am Beispiel mittelalterlichen Handwaschgeschirrs (5./6. bis 15./16. Jahrhundert), Bonn 2006, S. 269.
32 Schon 1912 ist aufgefallen, dass über die Hälfte der erhaltenen Geräte die Form von Löwen besitzen, s. Heinrich REIFFERSCHEID, Über figürliche Gießgefäße des Mittelalters, in: Mitteilungen aus dem Germanischen Nationalmuseum (1912), S. 3–93, hier S. 30.
33 Zum Löwen vgl. MÜLLER (Anm. 31), S. 268.
34 Dietrich SCHMIDTKE, Geistliche Tierinterpretation in der deutschsprachigen Literatur des Mittelalters (1100–1500), Berlin 1968, S. 334–335.
35 Vgl. Ursula MENDE, Die Türzieher des Mittelalters (Bronzegeräte des Mittelalters 2), Berlin 1981, S. 132–134.

werden. Einschränkend sei jedoch darauf hingewiesen, dass die schiere Menge der Löwen-Aquamanilien noch eine andere Erklärung aufdrängt: Die unterschiedlichen, teils nebeneinander bestehenden Deutungen ermöglichten sicherlich die Integration des Löwen-Aquamaniles in divergierende regionale und zeitliche Zusammenhänge. Offenbar bestand gerade wegen der nicht festgelegten Auslegung eine hohe Nachfrage, die eine massenhafte Herstellung für den ‚freien Markt' zur Folge hatte.[36]

5 Aquamanilien und ihr ‚Inhalt' Wasser

Das Wasser selbst war im Gegensatz zu den Formen der Aquamanilien ausschließlich mit positiven Eigenschaften versehen. So formulierte der Kirchenvater Kyrill von Jerusalem schon im 4. Jahrhundert:

> Das Wasser ist etwas Großes und von den vier sichtbaren Elementen der Welt das schönste [...]. Der Anfang der Erde ist das Wasser, und am Anfang der evangelischen Geschichte ist der Jordan [...]. Die Waschung mit Wasser in Verbindung mit dem Worte Gottes ist es, welche die Welt von den Sünden befreit. Bei jedem Bündnis findest du Wasser.[37]

Auch Tertullian preist das beim Taufritus verwendete Wasser:

> Du hast, oh Mensch, vor allem das Alter des Wassers zu verehren, da es ein uralter Stoff ist, dann seinen Rand, da es Sitz des göttlichen Geistes war, (von ihm) offenbar damals bevorzugt vor den übrigen Elementen [...]. Nur das flüssige Element, eine Materie, die immer vollkommen, fruchtbar, einfach und von Hause aus rein ist, stellte Gott einen würdigen Träger.[38]

Neben Aussagen von Kirchenlehrern haben sich in den Schriftquellen auch Zeugnisse der Volksfrömmigkeit erhalten, die sich konkret auf das Ablutionswasser beziehen. Nicht nur zu Bonitus von Clermont (623–706) strömten im 7. Jahrhundert Kranke, um das bei seiner Handwaschung genutzte Wasser in der Hoffnung auf Gesundung zu trinken, auch bei dem Wasser des Priesters Johannes von Monte Cassino ging man um 1050 davon aus, dass es von Fieber heile und auch künftig vor Fieber schützen könne.[39] Deutlich wird bei diesen Quellen die Vorstellung, dass das nach der Kommunion gebrauchte Wasser nicht wegen der abgewaschenen und möglicherweise beinhalteten Partikel der Hostie die spezifische Heilkraft besaß, sondern nur jenes Wasser eine Heilkraft innehatte, welches von moralisch reinen Zelebranten benutzt wurde.

---

36 Joanna OLCHAWA, Die Magdeburger Aquamanilien des 12. Jahrhunderts als „Multiples", in: Walter CUPPERI (Hg.), Multiples in Pre-Modern Art, Zürich 2013, S. 95–119.
37 Des heiligen Cyrillus Bischofs von Jerusalem Katechesen, hrsg. v. Philipp HAEUSER, Kempten, München 1922, S. 51.
38 Tertullian, De baptimo 3.2 (Anm. 26, S. 164–165).
39 Adolph FRANZ, Die Messe im deutschen Mittelalter, Freiburg / Br. 1902, S. 108.

6 Aquamanilien im Kontext der Handwaschung

Quellen zu einer im weltlichen Kontext stattfindenden Handwaschung haben sich für das 12. und frühe 13. Jahrhundert kaum erhalten. Aufschlussreicher für das Verständnis der Aquamanilien, welche in ihrer Ikonographie eher auf einen liturgischen Kontext verweisen und deren Erwähnungen sich in Kirchenschatzinventaren nachweisen lässt, sind hingegen schriftliche Überlieferungen aus einem kirchlichen Zusammenhang. Die liturgische Handwaschung im Mittelalter war im Gegensatz zu den Beschreibungen im Alten Testament nicht primär kultisch konnotiert, vielmehr fand eine Ethisierung der Handlung statt.[40] Das kann schon in den Beschreibungen des Ritus bei Kyrill von Jerusalem nachvollzogen werden:

> Ihr habt gesehen, wie der Diakon dem Bischof und den Priestern, die den Altar Gottes umstehen, das Wasser zum Waschen reichte. Das tat er keinesfalls wegen leiblichen Schmutzes. Das ist es nicht: Am Leib hatten wir keinen Schmutz, als wir zu Anfang in die Kirche gingen. Das Waschen ist vielmehr Symbol dafür, dass wir uns von allen Sünden und allem Unrecht reinigen müssen. Weil die Hände Symbol des Wirkens sind, waschen wir sie und deuten damit klar die Aufrichtigkeit und Reinheit der Werke an. Hast Du nicht gehört, wie der selige David dir genau das mystagogisch erklärt und sagt: ,Ich werde meine Hände in Unschuld waschen und deinen Altar umschreiben, Herr (Ps 26,6)?' Also meint das Waschen der Hände: Von Sünden frei sein."[41]

Auch das die Handwaschung begleitende Verbum *largire*, wie es sich bereits in der ‚Missa Illyrica' aus dem frühen 11. Jahrhundert im Kontext der Vorbereitung der Eucharistiefeier vorkommt, betont die ethisch-moralische Konnotation: „Gewähre (*largire*) unseren Sinnen, allmächtiger Gott, dass, wie hier die Unreinheiten der Hände abgewaschen werden, so von dir die Befleckungen des Geistes gereinigt werden und in uns die Vermehrung der heiligen Tugenden blühen möchten."[42] Schon dem Aussprechen des *largire* wurde eine sündentilgende Kraft beigemessen. Die Waschung, auch wenn sie noch realiter ausgeführt wurde, wie auch das Wasser waren ausschließlich mit Reinheit oder dem Prozess der ethisch-moralischen Reinigung assoziiert.

Stellt man sich aus heutiger Sicht die mittelalterliche Handwaschung mit Aquamanilien wie denjenigen in Gestalt von Sirenen, Tauben oder Löwen vor, so erscheint die Waschung mit einem Tugend-Aquamanile gut nachvollziehbar: Der ‚Akteur' rei-

---

40 Zur Handwaschung: Josef Andreas JUNGMANN, Missarum sollemnia. Eine genetische Erklärung der römischen Messe, 2. Bd., Opfermesse, Freiburg / Br. 1962, S. 95–103; vgl. Martin LÜSTRAETEN, „Ich will meine Hände waschen inmitten der Unschuld [...]." Liturgietheologische Anfragen an den Ritus der Händewaschung, in: Diliana ATANASSOVA u. Tinatin CHRONZ (Hgg.), Σύναξις Καθολική. Beiträge zu Gottesdienst und Geschichte der fünf altkirchlichen Patriarchate für Heinzgerd Brakmann zum 70. Geburtstag, München 2014, 2. Bd., S. 419–440.
41 Cyrillus (Anm. 37), S. 382–383.
42 Übers. nach Andreas ODENTHAL, Liturgie vom Frühen Mittelalter zum Zeitalter der Konfessionalisierung. Studien zur Geschichte des Gottesdienstes (Spätmittelalter, Humanismus, Reformation 61), Tübingen 2011, S. 62.

nigte sich kultisch und ethisch-moralisch mit reinigendem Wasser die Hände und rief sich die Tugenden durch die sichtbaren Formen der Geräte in Erinnerung. Die Waschung der Hände mithilfe eines Laster-Aquamaniles konnte hingegen lediglich als Warnung vor Verfehlungen verstanden werden. Möglicherweise haben bei diesen Objekten die sogenannten ‚Laster-Schalen' einen ikonographischen Einfluss ausgeübt. Denn bei jenen Schalen, auf deren Innenwandung diverse Laster eingraviert sind, konnte nach der erfolgten Waschung der ‚Bodensatz', also die abgewaschenen Sünden, deutlich vor Augen geführt werden.[43]

7 Fazit

Seit dem frühen 12. Jahrhundert wurden in Westmitteleuropa zoomorph und anthropomorph gestaltete Gießgefäße für den Handwaschungsritus hergestellt. Ihre außergewöhnliche Ikonographie orientierte sich weniger an den islamischen Pendants, als vielmehr an den eigenen, christlich geprägten Vorstellungen von ethisch-moralischer Reinheit. Um ihren Verwendungszusammenhang als Handwaschgeräte insbesondere in der Zeit ihrer ersten Verbreitung auch formal kenntlich zu machen, wählten die Stifter und Auftraggeber Motive, die mit dem Element Wasser assoziiert wurden. Dies führt das Sirenen-Aquamanile in Paris vor Augen, dessen Motiv sich auf die ‚Odyssee' bezieht, wie auch das Tauben-Aquamanile in Köln, das durch seine Attribute die Darstellung der Taube der Sintfluterzählung intendiert. Gleichzeitig lassen sich diese Motive mit Tugend- oder Lastervorstellungen in Verbindung bringen, welche wiederum eng mit dem ethisch-moralischen Reinigungsvorgang der Handwaschung verknüpft sind. Auch wenn nicht alle Motive der Aquamanilien ausschließlich durch den Bezug auf das Element Wasser eine Erklärung finden, so kann herausgestellt werden, dass die Bedeutungszuschreibungen des Wassers ein wichtiges Element in der ikonographischen Deutung der Aquamanilien darstellen, durch welches erst eine Annäherung an das gesamtheitliche Verständnis der Werke möglich wird.

---

43 Vgl. Michael REINBOLD, Das Kunstwerk des Monats Juli. Eine Tugend-und-Laster-Schale des 12. Jahrhunderts, online 2010, http://cms2.niedersachsen.de/portal/live.php?navigation_id=24432&article_id=88734&_psmand=184 (letzter Zugriff am 04. 03. 2016).

Stefan Trinks (Berlin)
Der Christus im Kelch – Sonderikonographien des Wassers in San Juan de la Peña

Abstract: The symbolic function of water in the Christian Middle Ages can hardly be overestimated. The element appears at various pivotal moments in the Bible, such as the Baptism of Jesus. Water thus came to be the essential symbol for religious awakening or conversion. One iconographical tradition has been overlooked in scholarship, namely the conjunction between the Baptism and the Resurrection of Christ. It is the iconography of Christ standing in a chalice next to John the Baptist. This type of imagery will be examined through a capital discovered at the burial site of the Aragonese monarchs in the monastery of San Juan de la Peña, Spain. The cloister was conveniently located near a spring that provided the site with running water. This was not only reflected in the cloister's capitals, which depicted, amongst other things, the Baptism of Christ, but also in one of Christianity's most precious objects: the Holy Grail. This chalice of the Last Supper was sent to the monastery for protection from Muslim troops, who had invaded the Iberian Peninsula in 711. The chalice, which transforms water into wine and symbolizes the suffering of Christ in liturgy, can thus be considered both the beginning and the end of his passion: a symbol of resurrection. In this manner, the keepers of the chalice were buried right next to the object they sought to protect. It enabled them to express both their leading role in the Reconquista as well as their hopes for resurrection with the highly symbolic insignia of water and blood.

Keywords: San Juan de la Peña, Panteón, Royal Burial Ground, Beatus Apocalypse of Gerona, Baptism, Chalice of Christ

1 Einleitung

Für das Nachleben der königlichen Stifter der aragonesischen Königsgrablege im Felsenkloster San Juan de la Peña (Abb. 1) war die Verknüpfung von Taufe und Auferstehungshoffnung existenziell.[1] Der Darstellung der Taufe Christi, des wie die Könige ‚Gesalbten', wurde eine besondere Form gegeben, die mit der ersehnten Auferstehung korrespondierte und zugleich politisch konnotiert war. Die Klosteranlage des 10. bis 12. Jahrhunderts bildet eine Art künstlich geschaffenes Paradies als Herrschergrab-

---

[1] Aus der umfänglichen Literatur ausgewählt seien Achim ARBEITER u. Sabine NOACK-HALEY (Hgg.), Hispania Antiqua. Christliche Denkmäler des frühen Mittelalters vom 8. bis ins 11. Jahrhundert, Mainz 1999, v. a. S. 372–377; Joaquín YARZA LUACES u. Gerardo BOTO VARELA (Hgg.), Claustros Románicos Hispanos, León 2003, v. a. S. 247–256, 268–269.

Abb. 1: San Juan de la Peña: Klosteranlage von Westen, 10.–12. Jh. Foto: Stefan Trinks.

lege inmitten urwüchsiger Natur im sündenfreien Urstadium. Unter dem imposanten Naturwunder eines gigantischen Felsvorsprungs, daher der Beiname *de la Peña* – Johannes der Täufer *vom Felsen* –, figuriert es als Herrschaftszeichen und architektonischer Bedeutungsträger vor allem über eine ausgefeilt choreographierte Wassersymbolik in dem nach oben hin offenen Kreuzgang,[2] der von einem auskragenden steinernen Dach beschirmt wird. Bis zu seiner Zerstörung in den napoleonischen Kriegen stand in der Mitte des Kreuzgangs eine Brunnenschale, die vermutlich von der dem ‚Täufer-Felsen' entspringenden Quelle an der Kreuzgang-Ostseite gespeist wurde.[3]

---

[2] Wichtige Beiträge zur Symbolik des Wassers sind: Hartmut BÖHME, Kulturgeschichte des Wassers, Frankfurt / M. 1988; Karl Matthäus WOSCHITZ, Fons Vitae – Lebensquell. Sinn- und Symbolgeschichte des Wassers (Forschungen zur europäischen Geistesgeschichte 3), Freiburg / Br. u. a. 2003.

[3] Eine Grafik aus dem Jahr 1844 zeigt die romantisch efeuüberwucherte, aber baulich noch intakte zentralisierte Gestalt der Rahmung eines in den Boden leicht eingesunkenen Wasserbassins durch die Kreuzgangssäulen, vgl. YARZA LUACES u. BOTO VARELA (Anm. 1), S. 256. Viele spanische Forscher gehen zudem davon aus, dass die Quelle hinter dem Altar der Unterkirche fortgeführt wurde, was aufgrund fehlender Ausgrabungen leider nicht zu beweisen ist. Zu zentralisierenden Bauformen um Brunnen und deren semantischen Aufladung als Lebensquell vgl. Paul A. UNDERWOOD, The Fountain of Life in Manuscripts of the Gospels, in: Dumbarton Oaks Papers 5 (1950), S. 41–138, 45–46.

2 Natur und Kult

In San Juan de la Peña entspringt dem Fels eine Quelle (Abb. 2a), deren Wasser das Kloster in Richtung Kreuzgang auf natürliche Weise durchfloss. Ein langgezogenes Wasserbecken schließt heute an die gefasste Quelle an und sammelt das Wasser nicht in einer Zisterne, sondern oberirdisch sichtbar. Die visuelle Aussage dieser Durchsteckung von göttlich-erhabener Natur und menschengemachter Architektur war unmittelbar eingängig: da der mächtige Bergsporn als Naturwunder ein besonderer Teil der göttlichen Schöpfung ist, behütet Gott selbst das Kloster und stiftet lebensspendendes Wasser. Die ebenfalls direkt in den anstehenden Felsen getriebene Unterkirche wurde 922 geweiht, 1094 die Oberkirche mit ihren drei Apsiden. Nördlich schließt an die Kirche die Grablege der Könige von Aragón und Pamplona an, das seit der Frühneuzeit so genannte ‚Panteón de Nobles'. Die jeweils von Bögen mit Schachbrettfries überfangenen halbrunden Grabreliefplatten mit zahlreichen Chrismon- und Kreuz-Darstellungen als aragonesischem *Corporate Identity*-Zeichen lassen dieses wie ein antik-frühchristliches Kolumbarium wirken. Die erste Bestattung fand hier im Jahr 1083 statt. Die Grabanlage, wie der Kreuzgang unter freiem Himmel, steht ebenfalls unter dem Schutz des ‚göttlichen' Felsens darüber. Der Kreuzgang schließt südlich der Kirche an und wird von dieser aus durch ein Tor mit westgotischem Hufeisenbogen und Inschrift betreten.[4] Auf rechteckigem Grundriss (Abb. 2a) stehen auf der Kreuzgangwestseite über einem niedrigen Mauersockel acht teils gekoppelte Säulen in einem rhythmisierten Stützenwechsel, auf der Südseite fünf, auf der stark zerstörten Ostseite nur noch vier. Die ehemalige Nordseite ist gänzlich im 19. Jahrhundert abgegangen. Die Säulen werden wie in der Königsgrablege jeweils von Bögen mit Schachbrettfries überfangen (Abb. 2a), die ebenso wie im Panteón auf winzigen Halbsäulen ruhen. Diese offensichtliche architektonische und bauskulpturale Angleichung des Kreuzgangs an die Grablege des 11. Jahrhunderts wäre alleine schon ein triftiges Argument für eine frühere Datierung als das bisweilen noch heute vorgeschlagene 13. Jahrhundert;[5] insbesondere aber muss die idiosynkratische Kapitellskulptur dieses Königsklosters des sogenannten Meisters von San Juan de la Peña in das 12. Jahrhundert gerückt werden. Dass es sich um einen königlichen Auftrag aus dieser Zeit handeln wird, deutet bereits eine seltene Darstellung der Anbetung der Könige an, bei der Könige mit Kronreif anstelle der drei Weisen aus dem Morgen-

---

[4] Pedro DE PALOL, Spanien. Kunst des frühen Mittelalters vom Westgotenreich bis zum Ende der Romanik, München 1991, Abb. 59.
[5] Die Spätdatierungen leitete ein: Ricardo DEL ARCO, La Covadonga de Aragón, El real monasterio de San Juan de la Peña, Jaca 1919, S. 69. Hingegen datieren die beiden einschlägigen Forscherinnen zu dem Kloster Pamela PATTON und Ana Isabel LAPEÑA PAÚL auch anhand neuer archäologischer Grabungsfunde in die zweite Hälfte des 12. Jhs.; vgl. Pamela A. PATTON, Pictorial Narrative in the Romanesque Cloister. Cloister Imagery and Religious Life in Medieval Spain, New York u. a. 2004 sowie Ana Isabel LAPEÑA PAÚL, San Juan de la Peña. Guía histórico-artística, Zaragoza 1996.

Abb. 2a: San Juan de la Peña: Kreuzgang mit gefasster Quelle hinter dem Kapitell mit der Erweckung des Lazarus. Foto: Stefan Trinks.
Abb. 2b: San Juan de la Peña: Hochzeit zu Kana. Foto: Stefan Trinks.

land herrschaftlich einherreiten, sowie Zitate des markanten Stils in dem Königshaus nahestehenden Ritterstädten der Umgebung wie den *Cinco Villas*.[6]

3 Christus und die Kelche – Fluide Bilder

Insgesamt 17, meist gekoppelte Kapitelle aus dem 12. Jahrhundert sind in San Juan de la Peña erhalten, die bei der Rekonstruktion des Kreuzgangs teils in veränderter Anordnung eingebracht wurden.[7] Sie zeigen Darstellungen aus der Genesis wie den berühmten Adam dieses Bildhauers,[8] der sich bekümmert beim Sündenfall an die Kehle fasst, weil in der ‚Anatomie Sündenfall' der sündige Bissen als Adamsapfel quer liegt, sowie daran anschließend die Aufhebung des Sündenfalls durch Szenen aus dem Leben Christi. Selbst unter diesen wenigen erhaltenen Kapitellen sticht die Häufung von Wasserikonographie ins Auge: Die Berufung der Apostel Petrus und Andreas nach Mt 4,18–20 sowie die Berufung der Brüder Jakobus und natürlich Johannes in einem gleichnamigen Kloster nach Mt 4,21–22 ist ungewöhnlich mit gleich zwei Fischerbooten auf den hochschlagenden Wellen des Sees Gene-

---

[6] Die teils identischen Kapitellzitate bei: Angel CANELLAS LOPEZ und Angel SAN VICENTE, La España romanica, Bd. 4, Aragón, Madrid 1992, S. 37–52.
[7] Eine konzentrierte Rekonstruktion des Programms leistet Pamela A. PATTON, The Capitals of San Juan de la Peña. Narrative Sequence and Monastic Spirituality in the Romanesque Cloister, in: Studies in Iconography 20 (1999), S. 51–100.
[8] Ebd., S. 59–60.

Abb. 3: San Juan de la Peña: Kreuzgang-Südgalerie mit der Kelchtaufe Christi. Foto: Stefan Trinks.

zareth inszeniert,[9] die Hochzeit zu Kana (Abb. 2b) mit einer imposanten Reihung von Krügen,[10] die Auferweckung des Lazarus (Abb. 2a) und das letzte Abendmahl mit der markanten Fußwaschung auf der Rückseite des Doppelkapitells. Alle drei der aus vielen möglichen bewusst ausgewählten Wunderszenen referieren auf Wasser, Blut und Wein beziehungsweise die Auferstehung, sinnig im Rahmen einer Grablege.[11] Heute in der Südgalerie des Kreuzgangs von San Juan de la Peña findet sich zudem eine der erstaunlichsten Taufdarstellungen Christi im westlichen Mittelalter (Abb. 3). In einem anhand der Rippen als toreutische Metallschmiedearbeit charakterisierten Kelch kauert der nackte Christus,[12] auf dessen Kopf die Taube des Heiligen Geistes aufruht. Von links berührt noch die Hand des ansonsten restlos zerstörten Täufers die Brust Christi, der in Johannes' Richtung blickt, während rechts die Beine einer weiteren Assistenzfigur erhalten sind. Dass es sich tatsächlich um einen monumentalen

---

9 Ebd., S. 66, 69.
10 Eine auffällige Häufung der Wasser-Weinkrüge kann eine Betonung des dionysischen Kerns dieses ersten Transsubstantiationswunders nach dem Vorbild des Weingottes Bacchus-Dionysos bedeuten, der ebenfalls Wasser in Wein zu wandeln vermag. Zur dionysischen Basis der Johannes-Stelle vgl. z. B. Peter WICK, Jesus gegen Dionysos? Ein Beitrag zur Kontextualisierung des Johannesevangeliums, in: Biblica 85 (2004), S. 179–198 und WOSCHITZ (Anm. 2), S. 435–452.
11 Für alle Implikationen des christlichen Auferstehungsglaubens unverzichtbar: Caroline WALKER BYNUM, The Resurrection of the Body in Western Christianity: 200–1336, New York 1995.
12 Zu den Bildtraditionen des Eucharistiekelches in Kombination mit Verkörperungsvorstellungen Christi ist grundlegend Victor H. ELBERN, Der eucharistische Kelch im frühen Mittelalter, Berlin 1964.

Kelch handelt, zeigt der ausgeprägte und mit einem Tordelband versehene *Nodus*, der an Taufbecken meist fehlt. Vielleicht gabelte sich ursprünglich um den heute verlorenen Fuß des Kelches das Wasser des Jordans zusätzlich in zwei Ströme.[13]

Insbesondere der Vergleich mit weiteren spanischen Beispielen dieser Sonderikonographie soll im Folgenden den Verdacht erhärten, dass in dieser Grablege die ohnehin integrale Verbindung von Taufe und Tod durch das Untertauchen und damit symbolische Ertränken des sündhaften Menschen noch erweitert wurde.[14] Der Taufkelch war mit dem Abendmahlskelch und damit dem Gedanken von Christus als Opferlamm verknüpft, das sein Blut vergießt und damit – wie es in der Eucharistieformel heißt – „hinwegnimmt die Sünde der Welt", weshalb der Priester den Wein mit Wasser mischt, das dem biblischen Bericht (Joh 19,34) zufolge neben dem Blut aus der Seitenwunde des Gekreuzigten floss. Mit dem Abendmahlskelch setzt Christus vor seinem Tod die allein heilsspendende Eucharistie ein; Maria-Ecclesia fängt mit ihm in der mittelalterlichen Bildtradition als neue Eva bei der Kreuzigung das sündentilgende Blut und Wasser aus der Seitenwunde auf.[15] Der Kelch hat zudem, was meist vernachlässigt wird, seine wichtige typologische Vorprägung in Psalm 115,13–16:

> (13) *calicem salutis accipiam et nomen Domini invocabo (14) vota mea Domino reddam coram omni populo eius (15) gloriosa in conspectu Domini mors sanctorum eius (16) obsecro Domine quia ego servus tuus ego servus tuus filius ancillae tuae dissolvisti vincula mea*

Diese alttestamentliche Absicherung eines *calix salutis* gegen Bedrohungen von außen lag im 11. und 12. Jahrhundert nicht nur ganz auf der Linie der nordspanischen Könige, die den übermächtigen Arabern oft die gewalttätige Rachemetaphorik gottgewollter Kriege des Alten Testaments entgegenstellten, wie es die exzessiven Gewaltschilderungen der Makkabäer-Kriege in der Ripollbibel des 11. Jahrhunderts als Vorlage für den annähernd gleichzeitigen, Santa Maria de Ripoll vorgelagerten Triumphbogen mit seinen Schlachtenszenen schildern.[16] Junge Königreiche wie Aragón, das sich erst im 11. Jahrhundert konstituiert hatte, konnten damit im Sinne

---

13 Dieser Annahme ist auch PATTON, die diesem außergewöhnlichen Kapitell den bislang einzigen Artikel gewidmet hat, vgl. Pamela A. PATTON, Et Partu Fontis Exceptum, The Typology of Birth and Baptism in an Unusual Spanish Image of Jesus Baptized in a Font, in: Gesta 33/2 (1994), S. 79–92, hier S. 90, Anm. 21.
14 Vgl. Johannes KRINKE, Der spanische Taufritus im frühen Mittelalter, in: Spanische Forschungen der Görresgesellschaft 9 (1954), S. 33–116, hier v. a. S. 87.
15 Vgl. v. a. ELBERN (Anm. 12), S. 101. Mit Schwerpunkt auf den Anfängen der Gralsliteratur mit Chrétien de Troyes und der Sonderikonographie des lodernden Kelchs in Spanien, insbesondere im westpyrenäischen Bistum Urgell, vgl. Joseph Ward GOERING, The Virgin and the Grail. Origins of a Legend, Yale 2005, v. a. S. 112–142.
16 Vgl. Manuel CASTIÑEIRAS GONZÁLEZ, The Portal at Ripoll Revisited. An Honorary Arch for the Ancestors, in: John MCNEILL u. Richard PLANT (Hgg.), Romanesque and the Past. Retrospection in the Art and Architecture of Romanesque Europe, Leeds 2013, S. 121–142.

einer *invention of tradition*[17] die Erfüllung des Alten Testaments als *milites christiani* ihrer Zeit demonstrieren, die als die andauernde des Neuen Bundes verstanden wurde.[18] Darüber hinaus spielt der im Psalm explizit so bezeichnete „Heilskelch"[19] zentrale Themen einer Kelchsymbolik in einem Kreuzgang mit Herrschergrablege an: Er vermag auch deshalb eine Befreiungshoffnung von den Ketten des Todes (*dissolvisti vincula mea*) zu verkörpern,[20] weil der Abendmahlskelch der Liturgie theologisch bereits früh als heilsstiftendes Neues Grab, *Christi novum sepulchrum*, bezeichnet worden war.[21] Diese seltene Bildtradition scheint inspiriert von der ältesten bislang bekannten Darstellung einer Kelchtaufe Christi (Abb. 4), dem laut Kolophon 975 kopierten und illuminierten Apokalypsekommentar des Mönches Beatus de Liebana, der heute im Schatz der katalanischen Kathedrale von Gerona aufbewahrt und deshalb meist Gerona-Beatus genannt wird: Der jugendlich bartlose Christus steht in einem Kelch inmitten eines von großen Fischen durchschwommenen und von zwei Bäumen als Waldabbreviaturen flankierten Flusses,[22] der sich über ihm in zwei Ströme gabelt. Diese sind mit *Fons Ior* und *Fons Dan* bezeichnet. Der Täufer sitzt dabei gekrümmt auf einem mehrfach in diesem Beatus auf diese Weise gekennzeichneten violett geschuppten Felsen. Dabei ist Johannes nicht in den attributiven Kamelfellmantel gehüllt, sondern in ein priesterlich goldrotes Gewand mit blauem Ärmel gekleidet.

Grundsätzlich sind in den Beatus de Liebana-Apokalypsen Darstellungen Christi rar, wohl aufgrund der im islamisch geprägten Süden, aus dem die Hersteller dieser Handschriften stammten, stärkeren Zurückhaltung gegenüber Darstellungen Gottes. Das Thema erscheint nur in dem Beatus von Gerona und dessen Kopie in Turin, ist aber weder im biblischen Apokalypse-Text noch in den Apokryphen fundiert. Es steht als nicht-apokalyptisches Bild ohne Bezug zum Beatus-Text zwischen Kapitel XIV, 1–5, einer ausführlichen Abhandlung über den Antichristen und der Illumination des apokalyptischen *Agnus Dei* auf dem Berg Zion. Daher hat Wilhelm NEUSS vielleicht nicht zu Unrecht gemutmaßt, dass es sich bei diesem einigermaßen künstlich eingefügten Autoren-Portrait des Täufers in eine Apokalypsehandschrift um eine irrige Zusammenziehung von Johannes dem Täufer und dem Johannes der Apokalypse

---

17 Vgl. Eric J. HOBSBAWM, The Invention of Tradition, Cambridge u. a. 1992.
18 Vgl. Friedrich OHLY, Typologie als Denkform der Geschichtsbetrachtung, in: Natur, Religion, Sprache, Universität: Universitätstage 1982/83 (Schriftenreihe der Westfälischen Wilhelms-Universität Münster 7), Münster 1983, S. 68–102.
19 Ps 115,13.
20 Ps 115,16.
21 So z. B. von Hrabanus Maurus in seiner *Benedictio Calicis*, lib. I, cap. 33, vgl. MIGNE, PL, 107, 324 und ELBERN (Anm. 12), S. 119, sowie dort zu Honorius Augustodunensis, der im 12. Jh. auf die Patene als Grabtuch und Verschlussstein erweitert S. 97 u. 147.
22 Vielleicht ist das kindliche Aussehen Christi eine Anspielung auf die im westgotischen Taufritus präferierte Kindstaufe, vgl. Mireille MENTRE, Spanische Buchmalerei des Mittelalters, Wiesbaden 2006, S. 57.

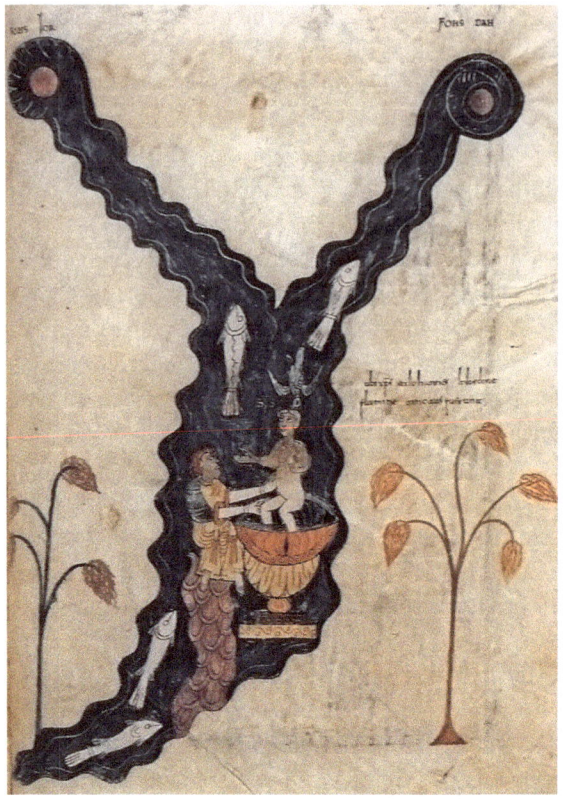

Abb. 4: Gerona, Domschatz der Kathedrale: Taufe Christi in Gabel-Jordan, Beatus Ms. 7, fol. 189r, um 975. Entnommen aus: MENTRÉ (Abb. 22), S. 56.

handele,²³ der im Mittelalter ohnehin häufig mit dem Johannes des Evangeliums assoziiert wurde.²⁴ Diese Verschmelzung und damit auch Akkumulation der Eigenschaften der ‚Drei Johannesse' wäre in einem dem Täufer gewidmeten Kloster sicher umso bereitwilliger aufgenommen worden. Für die herrschaftssymbolische Stärkung der Königsgrablege im Kloster war die Taufszene mit der an sie gekoppelten Auferstehungsverheißung von großer Bedeutung, betonte doch Christus selbst die Notwendigkeit der ‚richtigen' Taufe für die Auferstehung in Joh 3,5: „Wenn jemand nicht aus Wasser und Geist geboren wird, kann er nicht in das Reich Gottes kommen."²⁵

---

23 Wilhelm NEUSS, Die Apokalypse des hl. Johannes in der altspanischen und altchristlichen Bibel-Illustration. Das Problem der Beatus-Handschriften, Münster 1931, Bd. 1: Text, S. 190.
24 PATTON wendet ein, dass den beiden namentlich bekannten Künstlern des Beatus, Emeterius und Ende, als Klosterbrüdern wohl kaum ein solcher Fehler unterlaufen wäre, veranschlagt dabei aber vielleicht die gewollte typologisch-endzeitliche Zusammenziehung zu gering, ist doch Johannes der Täufer der letzte der großen Propheten mit erheblichem apokalyptischen Potential. Vgl. PATTON (Anm. 13), S. 90, Anm. 70.
25 Hierzu beispielsweise profund Robin Margaret JENSEN, Living Water. Images, Symbols, and Settings of Early Christian Baptism (Supplements to Vigiliae Christianae 105), Leiden 2011.

Bereits die sehr frühe Darstellung des 5. Jahrhunderts aus Aquileia, heute im dortigen archäologischen Museum aufbewahrt, zeigt in Ritzzeichnung auf einem Grabstein die bildlich wie inschriftlich formulierte Hoffnung auf Auferstehung durch die Taufe in einem kelchartigen Becken mit Riefelung, bei der die Geist-Taube als Zeichen der Auserwähltheit in einer *Sphaira* mit Sternenhintergrund auf den Täufling herabkommt.[26]

Zuvor bedarf es des Blutvergießens am Kreuz, verdichtet eingefangen in der Darstellung Christi im Opferkelch bei dessen Taufe ebenso wie als Vorausschau auf das Opfer bereits bei seiner Geburt.[27] Als eines von zahlreichen Beispielen insbesondere aus dem byzantinischen Bereich und aus Elfenbein, die sich als leicht transportable Bildreservoirs häufig in spanischen Kirchenschätzen finden, zeigt ein aus Konstantinopel stammendes Relief des 10. Jahrhunderts (Abb. 5a) direkt unter der Geburt Jesu dessen Waschung im Zentrum. Dieselbe Szene schließt auf einem über einem Meter hohen Steinrelief in der Pieve Santa Maria von Arezzo mit einem erstaunlich präsenten Joseph rechts ab (Abb. 5b), wie es auch an der etwa gleichzeitig zu Peña zu datierenden Westfassade der Kollegiatskirche Notre Dame la Grande von Poitiers zu sehen ist (Abb. 5d).[28] Das Blut, das trotz jungfräulicher Empfängnis aufgrund des notwendigen Geburtsvorganges an dem Menschensohn klebt, wird von der Hebamme Mariens und der namentlich im apokryphen Protoevangelium des Jakobus bekannten Zemeli / Salome unmittelbar nach der Entbindung abgewaschen,[29] womit der menschgewordene Gottessohn zum ersten Mal auf Erden symbolisch Blut lässt. In der armenischen Buchmalerei findet sich bisweilen sogar die Stammmutter Eva als eine der Jesus badenden Hebammen, mit der die Thematisierung der Schuld- und Sühnethematik auf die Spitze getrieben ist.[30] Dabei wurde bei diesem Bild des Gottessohnes im Kelch, das im 5. Jahrhundert im östlichen Teil des Imperium Romanum entsteht, das alte, aber noch virulente Bildformular des ersten Bades von Göttern und

---

26 Die Inschrift auf dem Relief über dem wahrscheinlich von Christus selbst getauften Kind lautet *Innocenti sp[irit]o quem elegit dom[inus] pausat in pace*, vgl. Ausst.-Kat. Credo. Christianisierung Europas im Mittelalter, hrsg. v. Martin KROKER, Christoph STIEGEMANN u. Wolfgang WALTER, Petersberg 2013, Bd. 2, S. 15–16.
27 Obwohl PATTON die für die Kelchtaufe wesentlichen Quellen wie z. B. Methodius und seine Tauf-Typologie aufführt, entgeht ihr mit der Ausblendung der für die Taufe integralen Blut-Metaphorik, insbesondere eben der Reinigung von der Blutschuld, der entscheidende Aspekt, so dass sie ohne befriedigende Deutung schließt; vgl. PATTON (Anm. 13), S. 86, 88–89.
28 Vgl. Achim BEDNORZ u. Rolf TOMAN, Die Kunst der Romanik. Architektur, Skulptur, Malerei, Köln 1996, S. 26. Bei den französischen Fällen des Bades Jesu wie etwa am rechten Portalpfeilerkapitell in St.-Trophime in Arles erscheint sogar die Taube des Heiligen Geistes als Zeichen der Trinitätsbeteiligung wie bei Christi Taufe, vgl. PATTON (Anm. 13), S. 86.
29 Protoevangelium des Jakobus 22,1; vgl. Emmanuel GARLAND, Comprender el sentido de las imágenes. El baño del Niño Jesús, in: Románico. Revista de arte de amigos del Románico 19 (2014), S. 27–33, hier S. 32f.
30 Vgl. Edith NEUBAUER, Die Magier, die Tiere und der Mantel Mariens. Über die Bedeutungsgeschichte weihnachtlicher Motive, Freiburg / Br. u. a. 1995, S. 47.

Heroen wie Dionysos, Achill, Alexander oder Ganymed übernommen,[31] nicht zuletzt, um den potenziell Konvertierungswilligen ein vertrautes Bild zu bieten. Dass es sich jedoch bei der Reinigung vom Blut keinesfalls um eine abseitige Ikonographie der Ostkirche handelt, erweist sich bereits darin, dass ein karolingerzeitliches Kreuzreliquiar ehemals im Allerheiligsten der katholischen Kirche, der Lateranskapelle Sancta Sanctorum in Rom, diese Darstellung im Zentrum seines Deckels zeigt (Abb. 5c), während es im Innern Kreuzpartikel mit Blutspuren birgt.[32] Über diese Bildfindungen wurde den Gläubigen veranschaulicht, dass es von Beginn bis Ende des irdischen Lebens Christi, von Inkarnation bis Kreuzestod, stets um die Dualität von leiblichem Blut und Wasser als zentralen Medien des Heils ging.

Derartige Purifikationsmetaphern prägt der nordafrikanische und in Iberien stark rezipierte Theologe Tertullian Anfang des 3. Jahrhunderts, wenn er in seinem Traktat „De baptismo", der ersten Monographie zur Taufe, bei der Beschreibung des Taufritus wiederholt die Worte *lavacrum*, also Waschgefäß, *aqua* und vor allem das Schlüsselwort aller Taufikonographie *ting(u)ere*, das heißt ‚benetzen', ‚eintauchen', ‚abwaschen' wie auch ‚salben',[33] gebraucht. Isidor von Sevilla, der europaweit im Mittelalter am stärksten rezipierte Enzyklopädist,[34] in Iberien im 11. Jahrhundert sogar in den Rang eines politisch stark konnotierten Nationalheiligen aufgestiegener Kirchenlehrer, baut die Idee des Reinwaschens und Weißfärbens im Begriff *tingere* aus, wenn er schreibt: *Nam sicut aqua purgatur exterius corpus, ita latenter eius mysterio per Spiritum sanctum purificatur et animus. [...] Prius enim foedi eramus deformitate peccatorum, in ipsa tinctione reddimur pulchri dealbatione virtutum [...]*;[35] dem äußerlichen Abwaschen von Verunreinigungen durch Wasser entspricht demnach eine innere Reinigung der Seele durch den Heiligen Geist, weil die Menschen, zuvor von der Ursünde verformt und befleckt, durch die *dealbatio*, das Weißen und Übertün-

---

31 Vgl. Ernst KITZINGER, The Hellenistic Heritage in Byzantine Art, in: Dumbarton Oaks Papers 17 (1963), S. 95–115, hier S. 101–105. Das Dionysosbad im Kelch durch die Nymphen nach dessen jungfräulicher Geburt beispielsweise war als monumentales Marmorrelief in der pamphylischen Stadt Perge mit ihrer frühen christlichen Gemeinde am Sockel der Bühnenfassade des römischen Theaters bis in die Spätantike immer zu sehen.

32 Das mit einem emaillierten Deckel versehene Kreuzreliquiar kann durch eine Widmungsinschrift auf das Papat von Papst Paschalis I. zwischen 817–824 datiert werden. Für eine Besprechung des heute in den Vatikanischen Museen aufbewahrten Reliquiars vgl. z. B. Peter LASKO, Ars Sacra, 800–1200, New Haven, London 1994, S. 46.

33 Hermann MENGE: tengere, in: Langenscheidts Großwörterbuch Lateinisch, Teil 1: Lateinisch-Deutsch. Unter Berücksichtigung der Etymologie (1988), S. 756: Etymologisch aus *teng*, benetzen, griech. τέγγω, ahd. dunkon = nhd. tunken.

34 Für den beispiellosen Wissenstransfer von der Spätantike in das frühe Mittelalter vgl. Hans-Joachim DIESNER, Isidor von Sevilla und seine Zeit, Berlin 1973, v. a. S. 25. Zu Isidors Einfluss auf die spanische Politik im 11. Jahrhundert: Manuel C. DÍAZ Y DÍAZ, De Isidoro al siglo XI. Ocho estudios sobre la vida literaria peninsular, Barcelona 1976, S. 143–201.

35 Isidor von Sevilla, Etymologiarum sive originum libri XX, hrsg. v. Wallace M. LINDSAY, Oxford 1911, VI,19,48 und 44.

Der Christus im Kelch – Sonderikonographien des Wassers in San Juan de la Peña — 595

Abb. 5a: Bad Jesu (Detail), 10. Jh., Baltimore, Walters Art Gallery Museum. Foto: Stefan Trinks.

Abb. 5b: Arezzo, Pieve Sta. Maria: Krippe und Bad Jesu, 12. Jh. Foto: Stefan Trinks.

Abb. 5c: Kreuzreliquiar mit Geburt und Bad Jesu, 817–824, Rom, Vatikanische Museen. Foto: Stefan Trinks.

Abb. 5d: Poitiers, Kollegiatskirche Notre Dame la Grande, Westfassade: Bad Jesu, Mitte 12. Jh. Foto: Stefan Trinks.

chen mit ‚Tugendhaftem' gereinigt wieder schön und makellos werden. Alles dreht sich somit um Blut als einfärbende Tinktur, die durch Christi Blutvergießen wieder weiß entfärbt wird. Damit ist von Isidor zugleich eine grundlegende Bedingung für eine erfolgreiche Heilung und Purifikation angesprochen, nämlich das apotropäische Prinzip, Gleiches mit Gleichem zu behandeln und dadurch zu löschen (*extinguere*): *Similia similibus curantur*. Auch die populäre mittelalterliche Vorstellung, dass Adam in Gestalt seines Schädels am Fuß des Kreuzes durch das hindurchfließende Blut Christi von allen Sünden und der Blutschuld gereinigt wird, geht auf dieses Prinzip zurück und wird von Isidor stark gemacht.[36] In der seltenen Darstellung der Kelchtaufe Christi von San Juan de la Peña werden die beiden Bilder von der Abwaschung des Blutes beim Bad des inkarnierten Gottessohnes und das im Kreuzgang zu sehende symbolische Eintauchen in den späteren Opferkelch bei dessen Taufe imaginativ vermengt wie bei der Eucharistie Wasser und das Symbolblut Wein.

Auch die Beischrift der Taufdarstellung im Gerona-Beatus (Abb. 4) betont mit dem Wort *tinctus* das Eintauchen, *ubi XP*[*istu*]*s et Iohannes in Iordone flumine tinctus fuerunt*.[37] Für die Gabelung des Jordans in zwei Ströme in Form eines pythagoreischen Ypsilon finden sich weitere Beispiele,[38] so zum Beispiel der Stuttgarter Psalter von um 820 aus der Abtei Saint-Germigny-des-Prés.[39] Dass eine konkrete Anspielung auf ein liturgisches Gerät vermutlich der Hauptgrund für die außergewöhnliche Darstellung mit Kelch ist, wurde bislang nicht gesehen. In der Zeit der Entstehung des Kreuzgangs mit seinen ikonographieauffälligen Kapitellen reklamiert das durch die Natur gut geschützte Felsenkloster für sich, eine der kostbarsten Reliquien Christi zu beherbergen: den Abendmahlskelch, der heute in Kopie auf dem Altar der Unterkir-

---

[36] Ebd., IV,9,5: „Jede Art der Heilung setzt aber entweder ein Gegenmittel oder etwas [dem Krankheitsauslöser] Gleichartiges ein." (Übersetzung des Verf.)

[37] Es handelt sich um etwas fehlerhaftes Latein, da es beim Plural „*XP*[*ristu*]*s et Iohannes*" eigentlich „*tincti*" heißen müsste und der Schreiber „*Iordone*" setzt.

[38] Stichwortgeber auf der Iberischen Halbinsel für die Zweiteilung in Ior und Dan ist wahrscheinlich die Stelle in Isidors Etymologien: „Der Jordan, ein Fluss in Judäa, ist nach zwei Quellen benannt, deren eine Ior genannt wird, die andere Dan. Während diese beiden weit voneinander entfernt, aber dann in einem Bett vereinigt worden sind, wird er daher Jordan genannt." (LINDSAY (Anm. 35), Etym. XIII,21,18. Übersetzung aus: Die Enzyklopädie des Isidor von Sevilla, übers. u. mit Anm. vers. v. Lenelotte MÜLLER, Wiesbaden 2008, S. 510), obwohl diese wiederum auf den Kirchenvater Hieronymus zurückgeht („Dan ist eine der Quellen des Jordan. Denn die andere wird Jor genannt, was [...] Bach bedeutet. Daher nennt man sie, nachdem sie sich aus zwei Quellen, welche gar nicht weit voneinander entfernt sind, in einem Fluss vereinigt haben, von da an Jordan", Hieron., Quaestion. in Gen., 14,14; Übersetzung nach: Ferdinand PIPER, Mythologie und Symbolik der christlichen Kunst von der ältesten Zeit bis in's sechzehnte Jahrhundert, Weimar 1851, S. 511) und dieser wieder auf jüdische Quellen (Josephus, Antiqu. Iud., Lib. I c. 10 § 1, Lib. V c. 3 § 1). Diese sehr frühe Aufarbeitung der besonderen Flussikonographie für die Kunstgeschichte leistet bereits im Jahr 1851 PIPER, ebd., S. 511–513.

[39] Der Psalter als Anregung wird bloß erwähnt bei MENTRE (Anm. 22), S. 48. Für eine Abb. vgl. Der Stuttgarter Bilderpsalter, Bibl. fol. 23, Württembergische Landesbibliothek Stuttgart (Faksimile-Band), Bd. 2: Untersuchungen, Stuttgart 1968, S. 163.

che gezeigt wird (Abb. 6a). Das Gefäß, das sich seit 1437 in der *Capilla del Santo Cáliz* der Kathedrale von Valencia befindet (Abb. 6b),[40] besteht aus einer antiken, wohl tatsächlich in Christi Lebenszeit geschliffenen oberen Schale aus blutrotem Achat, gefasst in eine hochmittelalterliche Halterung, die auf einem Fuß aus Onyx ruht.[41] In einer Urkunde, die am 14. Dezember 1134 in San Juan de la Peña selbst ausgestellt wurde, heißt es, dass das Kloster im Besitz jener Schale sei, die Christus und den Jüngern beim Abendmahl diente: „In einem Schrein aus Elfenbein befindet sich der Kelch, in welchem Christus, unser Herr, sein Blut geheiligt hat; der Heilige Laurentius übersandte ihn in seine Heimat, nach Huesca." Auch ein Jahr später, im November 1135, wird in einer Schenkungsurkunde Ramiros II. von Aragón derselbe „Kelch aus Edelstein" (*ex lapide pretioso*) ausdrücklich erwähnt.[42] Obwohl beide Dokumente Privilegien für das Kloster sichern und damit grundsätzlich der Fälschung verdächtig sind, wurden sie als authentisch eingestuft. Von größtem Interesse aber ist der Nachsatz der ersten Urkunde, dass Laurentius den Abendmahlskelch „in seine Heimat" übersandte. Tatsächlich bewahrte die Kirche San Pedro el Viejo in der wenige Kilometer von San Juan de la Peña entfernt gelegenen ehemaligen Hauptstadt Aragóns Huesca den Kelch bereits in westgotischer Zeit. Der Überlieferung zufolge stammt der Heilige aus einer dem antiken Osca benachbarten *Villa rustica*. Der Legende zufolge gelang es Laurentius kurz vor seiner Gefangennahme, den Kelch in seine Heimat Aragón bringen zu lassen, wo er seit der Antike an wechselnden Stationen präsentiert wurde: bis zur Eroberung der römisch-westgotischen Stadt Huesca durch die Araber 716 in der Bartholomäus-Kapelle der dortigen Kathedrale San Pedro el Viejo,[43] nach verschiedenen Schutzorten 1076 bis 1399 in San Juan de la Peña.[44]

Mit dem Besitz des Kelches war höchstes Prestige verbunden. Da noch andere Kirchen und Klöster für sich reklamierten, den ‚wahren' Kelch zu besitzen, verfing

---

40 André DE MANDACH, Auf den Spuren des Heiligen Gral. Die gemeinsame Vorlage im pyrenäischen Geheimcode von Chrétien de Troyes und Wolfram von Eschenbach (Göppinger Arbeiten zur Germanistik 596), Göppingen 1995, S. 30.
41 Der blutrote Achat der oberen Kelchschale ist aus einem Stein gefertigt. Antonio BELTRÁN vermutete Ende der 1950er Jahre, dass der obere und wesentliche Teil des Kelches, die Schale, zwischen dem 4. Jh. v. und dem 1. Jh. n. Chr. vermutlich in Ägypten, Syrien oder Palästina gefertigt worden ist. Der Fuß sei ursprünglich ein eigenes Gefäß ägyptischer Herkunft gewesen und im 10. oder 11. Jh. mit der Schale verbunden worden. Die heutige Gestalt des Gefäßes ist erstmals im Jahr 1399 dokumentiert. Da die Quellen des hier interessierenden 12. Jhs. durchgängig von „Calix" bzw. „Cáliz", also einem Kelch sprechen, ist die bisweilen geäußerte Annahme, die antike Achatschale sei vor ihrer Neufassung gleichsam frühchristlich-asketisch ohne jegliche Fassung gezeigt worden, hinfällig.
42 Zit. nach Juan Angel OÑATE OJEDA, El Santo Grial. El Santo Cáliz de la Cena. Su historia, su culto, sus destinos, Valencia 1952, 3. Aufl. 1990, S. 43. Vgl. DE MANDACH (Anm. 40), S. 32.
43 Vgl. YARZA LUACES u. BOTO VARELA (Anm. 1), S. 264 f.
44 DE MANDACH (Anm. 40), S. 30.

die überzeugendste ‚Translatio'-Konstruktion.⁴⁵ Mit seiner lückenlosen Abkunft von Christus selbst über Petrus als erstem Papst nach Rom und von dort über den Heiligen Laurentius auf die Iberische Halbinsel gekommen, konnte das aragonesische Felsenkloster mit einem besonders eindrucksvollen Stammbaum des Kelches aufwarten. Gegen Ende des 11. Jahrhunderts, als das arabische Heer Huesca erobert hatte, bildete die nicht hoch genug einzuschätzende Symbolik des Kelchs einen entscheidenden Faktor in der beginnenden Reconquista.⁴⁶ Was das Zeichen des Kreuzes für die Kreuzfahrerheere bedeutete, die ab 1096 Jerusalem zurückerobern wollten, war für die sich allmählich formierenden nordspanischen Königreiche das mit seinem kostbaren Besitz vielleicht der wichtigsten ‚Herrenreliquie' wesentlich überzeugender zu verteidigende Felsenkloster und der zu führende inländische Kreuzzug mit Taufbefehl im Zeichen des Kelches.⁴⁷

4 Schluss

Keine Grablege bringt im Mittelalter eine Sicherheit auf Auferstehungserfolg mit sich. Die Könige von Aragón und Pamplona inszenierten jedoch in ihrem Panteón zwei außergewöhnliche und symbolträchtige Argumente: Zum einen die wundersam hinter ihren Gräbern entspringende Quelle und in den Kapitellen eine permanente Thematisierung der heilsversprechenden Wassersymbolik, insbesondere in der Taufszene Christi, des Gesalbten,⁴⁸ in einem Opferkelch, deren Darstellung integral mit der Auferstehung durch Abwaschung der Sünden durch das Kelchblut verknüpft war. Dies konnte den hier bestatteten Königen ewiges Leben verheißen. Dass diese direkte Verknüpfung zum theologisch akzeptierten Grundbestand der Zeit gehört, erweist

---

45 Insbesondere die Abtei Glastonbury war in ihrer Translozierungslegende des Kelchs durch Joseph von Arimathäa kreativ, vgl. Stephan ALBRECHT, Die Inszenierung der Vergangenheit im Mittelalter. Die Klöster von Glastonbury und Saint-Denis (Kunstwissenschaftliche Studien 104), München u. a. 2002, S. 120.
46 Dass sich die beginnende Reconquista auch bildlich in der Königsgrablege niederschlug, zeigt sich u. a. darin, dass steinerne arabische Schleiertänzerinnen als Karyatiden die Bögen über den halbrunden Grabplatten stemmen müssen, vgl. Horst BREDEKAMP u. Stefan TRINKS, Die Freiheit der Skulptur – Tücher des Todes versus Tücher des Heils, in: Achim ARBEITER, Christiane KOTHE u. Bettina MARTEN (Hgg.), Hispaniens Norden im 11. Jahrhundert. Christliche Kunst im Umbruch, Petersberg 2009, S. 161–174, hier S. 165–166.
47 Zum Taufbefehl v. a. bei Karolingern und Ottonen vgl. Konrad HOFFMANN, Taufsymbolik im mittelalterlichen Herrscherbild, Düsseldorf 1968, S. 41–42. So zeigt ein Kapitell im Kreuzgang der Kathedrale von San Pedro el Viejo in Huesca wenige Meter von der ehemaligen Bartholomäuskapelle, die den Kelch ursprünglich beherbergte, einen Bischof, der erwachsene Täuflinge ebenfalls in einem Kelch mit Kreuzstab dahinter tauft. Für eine Abbildung vgl. YARZA LUACES u. BOTO VARELA (Anm. 1), S. 257.
48 Zur Verbindung der zusammen mit der Taufe vollzogenen Salbung von ‚Christos', des Gesalbten, und derjenigen der Herrscher vgl. HOFFMANN (Anm. 47), S. 94 f.

Der Christus im Kelch – Sonderikonographien des Wassers in San Juan de la Peña — 599

Abb. 6a: San Juan de la Peña: Unterkirche des Klosters mit Dreiapsidenchor und Altarmensa.
Foto: Stefan Trinks.

Abb. 6b: San Juan de la Peña:
Kopie des Abendmahlskelchs.
Foto: Stefan Trinks.

sich wiederum an einer Darstellung des Gerona-Beatus, der vermutlich bereits die visuelle Anregung für die Kelchtaufe gegeben hatte: Bei der Kreuzigung im christologischen Teil dieses Apokalypsekommentars fließt dessen Blut aus den Fußmalen direkt in einen der Peña-Taufszene eng verwandten Kelch, unter dem der mit ‚ADAM' bezeichnete, wie Lazarus mumienhaft in Grabbinden gewickelte Stammvater in einer veritablen Grabanlage mit Dreiecksgiebel ruht; der Stammvater dämmert stellvertretend für alle Verstorbenen seiner Reinwaschung und Auferstehung durch das im Kelch darüber gesammelte Blut entgegen.[49] Diese Horizontallagerung des Toten in Grabbinden entspricht genau der Darstellung der Auferweckung des Lazarus im Kreuzgang von San Juan de la Peña (Abb. 2a) in unmittelbarer Nähe der Kelchtaufe. Erneut wird hier durch narrative Verbindung der Kelch als Heilsmittler zwischen Christus und den Menschen und als Auferstehungsgarant in Szene gesetzt. Die Könige von Aragón und Pamplona waren mit dem mutmaßlichen Abendmahlskelch im Besitz derjenigen Reliquie, mit welcher Christus die Auferstehungsverheißung überhaupt erst eingesetzt hatte. Sie besaßen damit in einer symbolgläubigen Zeit eine entscheidende Machtinsignie für die proklamierte Rechtmäßigkeit ihrer Ansprüche innerhalb der Reconquista-Konkurrenz unter den Königen Nordspaniens.[50] Darüber hinaus bildete der Wasser und Wein verwandelnde Kelch für die in dem quelldurchflossenen Kloster bestatteten Herrscher gleichermaßen ein Pfand für irdischen Nachruhm wie für das erhoffte nach-irdische Fortleben.

---

49 Aufbewahrt in Gerona, Domschatz, Beatus Ms. 7, fol. 16v, vgl. DE PALOL (Anm. 4), Tafel XI.
50 Der Anspruch der Königreiche auf eine *Totius Hispaniae Monarchia* bei Michael BORGOLTE, Europa entdeckt seine Vielfalt: 1050–1250 (Handbuch der Geschichte Europas 3), Stuttgart 2002, S. 148.

Hans-Rudolf Meier (Weimar)
„Paradies der Erde" – Wasserinszenierungen in den Normannenpalästen Siziliens

Abstract: In and around Palermo there survives a singular collection of medieval palatial architecture that bears witness to the ability of the short-lived Hauteville Dynasty to display by means of an enormous building program their claim to sovereignty at this crossroads of the three Mediterranean cultures. The use of water is particularly notable in this program, as evidenced no less in contemporary descriptions than in the buildings and their surroundings.

Thus the garden palace Favara was surrounded by an artificial lake, which, as reported by Benjamin of Tudela in 1172, harboured several species of fish and served the king and his consorts for pleasure cruises. In this example of garden ekphrasis pastoral topoi and the praise of princes are combined with the erotic elements often characteristic of the genre. In his chronicler's description of Altofonte, a hunting residence situated on a mountain slope, the Archbishop of Salerno, Romualdus, praises the palace for its use of the purest subterranean waters. The interiors of the palaces of Cuba and Zisa, notable for their commemorative inscriptions in Arabic, were graced with highly elaborate fountains. The water created a connection between interior and exterior. The architectural and image visual program made manifest the ambition announced in the inscriptions: that the ensemble of buildings and gardens should realize an earthly paradise.

This contribution investigates the transcultural roots of the building program and its role in the politics of rulership, placing the use and significance of water at the centre of attention.

Keywords: Palastarchitektur, „Irdisches Paradies", Herrscherlob, Transkulturalität, versteinerter Garten

---

Zu den Schätzen der Berner Burgerbibliothek gehört der von einem Magister Petrus de Ebulo verfasste ‚Liber ad Honorem Augusti'.[1] Die um 1195 im Umkreis des Palermitaner Hofes angefertigte Handschrift ist mit ihren ganzseitigen Miniaturen eines der ältesten Bücher, das zeitgenössische Geschichte illustriert. Mit dem Ziel, den Anspruch Kaiser Heinrichs VI. auf das Erbe des sizilischen Normannenreiches zu legitimieren, schildert das Buch die Geschichte der normannischen Könige von der eigen-

---

[1] Petrus de Ebulo, Liber ad honorem Augusti sive de rebus Siculis. Codex 120 II der Burgerbibliothek Bern. Eine Bilderchronik der Stauferzeit, hrsg. v. Theo KÖLZER u. Marlis STÄHLI, Sigmaringen 1994; Sibyl KRAFT, Ein Bilderbuch aus dem Königreich Sizilien. Kunsthistorische Studien zum „Liber ad honorem Augusti" des Petrus von Eboli (Codex 120 II der Burgerbibliothek Bern), Weimar 2006.

mächtigen Konstituierung der Monarchie durch Roger II. im Jahre 1130 bis zum Sieg des Stauferkaisers über den normannischen Prätendenten Tankred und die Geburt Friedrichs II. im Jahre 1194. Text- und Bildseiten stehen sich jeweils gegenüber. Über mehrere Seiten ausführlich geschildert wird der Tod des aus staufischer Sicht letzten legitimen Normannenkönigs Wilhelm II. anno 1189. Diese Episode gipfelt bildlich in der Darstellung der trauernden Stadt Palermo auf fol. 98r (Abb. 1), überschrieben mit: *Civitas Panormi lugens super occasu speciosi*.² Anschaulich wird die mit einer Kette verschließbare Hafenbucht im Süden gezeigt, die von einer Burg, dem Castellamare, gesichert ist; darüber ist rechts im Norden der Stadt der Königspalast mit der Cappella Palatina dargestellt, dazwischen links die verschiedenen Viertel der explizit als polyethnisch charakterisierten Stadt: *Scerarchadium* – die Straße der Richter – mit arabischen Kadis, daneben *Calza*, das Quartier der Griechen, im Zentrum das älteste Viertel *Cassarum*, links davon der von Arabern bewohnte Neustadtteil *Ideisini*. Angehörige aller Bevölkerungsgruppen zeigen durch Gesten der Klage die einhellige Trauer über den Tod des Königs. Am oberen Bildrand links liegt außerhalb der Stadt das *Viridarium Genoard* – abgeleitet vom arabischen *gannat-al-ard*, Paradies auf Erden –, ein mit Vögeln, exotischen Pflanzen und Tieren belebter Park, in dem ein mehrgeschossiger Bau steht. Dieses „Paradies" soll im Folgenden anhand weiterer Quellen diskutiert werden.

Genoard ist die stadtnächste der drei großen königlichen Parkanlagen, die sich insbesondere im Bereich wichtiger Gewässer um die Stadt ausdehnen (Abb. 2). Über diese Parks und die in sie hineingesetzten Gartenpaläste schrieb 1184 der aus Valencia stammende Geograph und Mekka-Pilger Ibn Dschubair. Die Paläste des Königs seien „um den oberen Teil der Stadt herum verteilt wie Perlen, die den Hals einer jungen Frau umgeben. Der König wandelt durch die Gärten und Anlagen zur Unterhaltung und zum Vergnügen".³ Tatsächlich sind in den königlichen Anlagen um die Stadt mindestens sieben Bauwerke noch heute im Bestand nachweisbar.⁴ Ihre Lage und Umgebung bilden den direkten Konnex zum Tagungsthema: Alle sind sie mit Wasser – mit Quellen, Bassins und künstlichen Seen – aufs engste verbunden. Diese Verbindung von Palast- und Wasserarchitekturen wies die Könige als Garanten der Bewässerung aus, auf der die wirtschaftliche Prosperität der Region fußte.⁵ Die Palast-

---

2 Petrus de Ebulo (Anm. 1), S. 47.
3 Ibn Dschubair, Tagebuch eines Mekkapilgers, übersetzt u. hrsg. v. Regina GÜNTHER, Lenningen 2004, S. 247.
4 Guido DI STEFANO, Monumenti della Sicilia normanna. Seconda edizione aggiornata, hrsg. v. Wolfgang KRÖNIG, Palermo 1979, S. 90–99; Hans-Rudolf MEIER, Die normannischen Königspaläste in Palermo. Studien zur hochmittelalterlichen Profanbaukunst, Worms 1994; zuletzt (ohne erkennbar neue Aspekte): Christine UNGRUH, Die normannischen Gartenpaläste in Palermo. Aneignung einer mittelmeerischen Koiné im 12. Jahrhundert, in: Mitteilungen des Kunsthistorischen Instituts in Florenz 51 (2007), S. 1–44.
5 Henri BRESC, Les Jardins de Palerme (1290–1460), in: Mélanges de l'École Française de Rome. Moyen Age, Temps Modernes 84 (1972), S. 55–127.

"Paradies der Erde" – Wasserinszenierungen in den Normannenpalästen Siziliens — 603

Abb. 1: Petrus de Ebulo, Liber ad honorem Augusti, Bern, Burgerbibliothek, Cod. 120 II, fol. 98v: Palermo trauert um König Wilhelm II. Entnommen aus: Petrus de Ebulo (Anm. 1).

Abb. 2: Palermo, Lage der suburbanen Paläste. Entnommen aus: DI STEFANO (Anm. 4).

und Gartenanlagen beförderten die königliche Kontrolle über das Wasser, zugleich gaben Architektur und Ausstattung dieser Anlagen der königlichen Macht eine das Königtum überhöhende metaphorische Gestalt und schufen einen Rahmen für die performative Inszenierung höfischen Lebens.[6] Dass diese prachtvollen Anlagen und Paläste auch öffentlichkeitswirksam waren, bezeugt wiederum Ibn Dschubairs Reisebericht: Als seine Reisegesellschaft in Palermo ankam, wurde sie umgehend abgefangen und in den Palast geführt, um dort über ihre Pläne befragt zu werden, wie das mit allen Fremden gemacht werde. Dabei führte man die Ankömmlinge – um sie offensichtlich erfolgreich zu beeindrucken – nicht nur durch Höfe, Tore und Türme, sondern auch durch Kolonnaden, Gärten und Parks.[7]

1 König Rogers *Maredolce*

Den effektvollen Auftakt zur königlichen Residenzstadt bildete die Favara im Süden an einer Engstelle zwischen der Küste und einem *Maredolce* genannten See, die von allen auf dem Landweg nach Palermo Strebenden zu passieren war.[8] Bereits bei der normannischen Eroberung der Stadt soll dort, wie Amatus von Montecassino im 11. Jahrhundert in seiner Normannengeschichte schreibt, „ein Palast […] mit angenehmen Gärten, reich an Früchten und Wasser" gelegen haben.[9] Jüngere archäologische Untersuchungen haben bestätigt, dass Roger II. nach seiner Königskrönung 1130 sein *Solatium* tatsächlich auf den Grundmauern eines arabischen *Qasr* errichten ließ.[10] Aufwändig ausgebaut wurden dabei insbesondere die Wasseranlagen, angefangen von den Quellfassungen am Monte Grifone, die einen mittels eines Damms aufgestauten künstlichen See speisten (Abb. 3). In diesen See hinein ragte, dreiseitig vom Wasser umgeben, der Palast. Rückseitig gehörte zu diesem ein nur mehr durch Zeichnungen des 18. Jahrhunderts überliefertes Badegebäude. Im See lag gegenüber dem

---

6 Dazu auch William TRONZO, The Royal Gardens of Medieval Palermo. Landscape Experienced, Landscape as Metaphor, in: Arturo Carlo QUINTAVALLE (Hg.), Le vie del medioevo. Atti del convegno internazionale di studi, Parma 1998, Mailand 2000, S. 362–373, hier S. 364.
7 Ibn Dschubair (Anm. 3), S. 246.
8 Gemäß Petrus de Ebulo (Anm. 1), S. 188 f. stiegen sowohl Tankred als auch sein Widersacher Heinrich VI. jeweils hier ab, bevor sie in Palermo einzogen.
9 Amato di Montecassino, Storia de' Normanni, hrsg. v. Vincenzo DE BARTHOLOMAEIS (Fonti per la Storia d'Italia 76), Rom 1935, S. 278, übers. v. MEIER (Anm. 4), S. 54; für Hinweise zur Favara / Maredolce danke ich Antonio Russo.
10 *Solatium* = Trostspender i. e. der Bautyp, der dann neuzeitlich als Lustschloss bezeichnet wurde. Zu den jüngsten Untersuchungen: Emanuele CANZONERI u. Stefano VASSALLO, Insediamenti extraurbani a Palermo. Nuovi dati da Maredolce, in: Annliese NEF u. Fabiola ARDIZZONE (Hgg.), Les dynamiques de l'islamisation en méditerranée centrale et en Sicile. Nouvelles propositions et découvertes récentes / Le dinamiche dell'islamizzazione nel mediterraneo centrale in Sicilia. Nuove proposte e scoperte recenti (Collection de l'École Française de Rome 487), Bari 2014, S. 271–280.

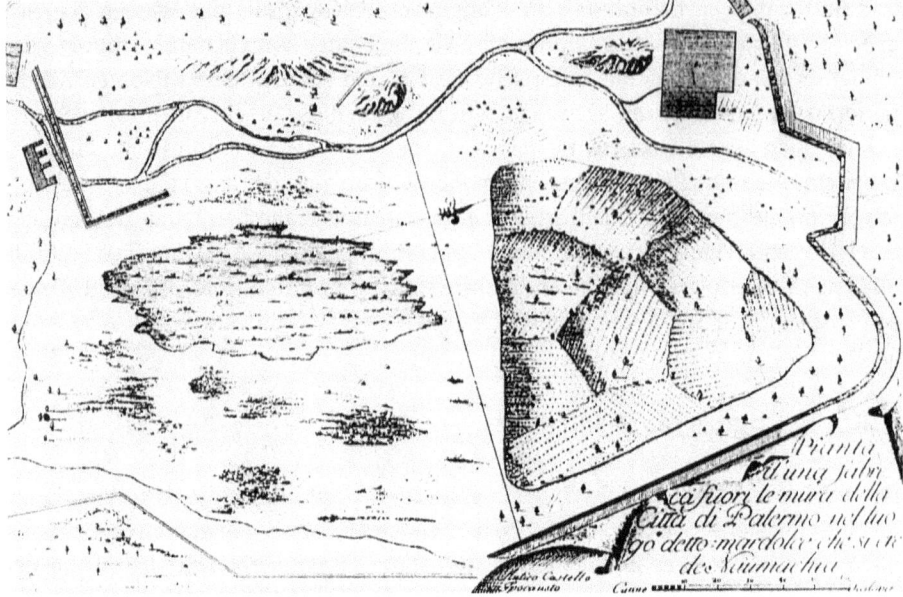

Abb. 3: Palermo, Übersichtsplan mit den im 18. Jh. sichtbaren Resten des Maredolce: Oben rechts die Favara, darüber (angeschnitten) das Badegebäude, unterhalb des Palastes die Insel und rechts der Damm bzw. die Umfassungsmauer des Sees; am linken Bildrand die dreikammerige Quellfassung. Entnommen aus: Andrea Pigonati, Stato presente degli antichi monumenti siciliani, o. O. 1767.

Palast eine durch Mauern gefestigte Insel. Heute noch sichtbare Spuren lassen den Aufwand erahnen, der für diese Wasser- und Landschaftsanlagen betrieben wurde.[11] Er wird zudem deutlich in den entsprechenden Schilderung aus dem Jahre 1153 des Chronisten und Salernitaner Erzbischofs Romualdus Guarna, aus denen auch der Konnex dieser Werke zur herrscherlichen *Magnificentia* evident wird:

> *Et ne tanto viro aquarum et terrae deliciae tempore ullo deessent, in loco, qui Fabara dicitur, terra multa fossa pariter et effossa, pulcrum fecit bivarium, in quo pisces diversorum generum de variis regionivus adductos jussit inmitti. Fecit etiam juxta ipsum bivarium, pulcrum satis et speciosum edificari palacium.*[12]

---

11 Silvana PRESCIA, Il complesso monumentale di Maredolce. Il ‚sollazzo' normanno alla ricercha di un nuovo paradiso, in: Kalós. Arte in Sicilia 24/3 (2012), S. 18–22.
12 Romoaldi II. Archiepiscopi Salernitani annales, hrsg. v. Wilhelm ARNDT (MGH Scriptores 19), Hannover 1866, Sp. 387–461, hier Sp. 426.

Romualdus schließt daran unmittelbar die Beschreibung des nächsten Parks an, jenes von Altofonte, wobei wiederum die Wassertechnologie besondere Erwähnung findet:

> *Quosdam autem montes et nemora, quae sunt circa Panormum, muro fecit lapideo circumludi, et parcum deliciosum satis et amenum diversis arboribus insitum et plantanum construi iussit, et in eo damas capreolos porcos silvestres iussit includi. Fecit et in hoc parco palatium, ad quod aquam de fonte lucidissimo per conductus subterraneos iussit adduci.*[13]

Vom See der Favara, seinem Fischreichtum und den „mit Silber und Gold überzogenen Schiffen [...], die dem König gehören, der damit zusammen mit seinen Frauen Vergnügungsfahrten unternimmt",[14] berichtete 1172 auch der weltreisende Jude Benjamin von Tudela, und schon zu Rogers Zeiten besang der aus Trapani stammende Dichter Abd-er-Rahman ibn-Abi-l'-Abbâs die von neun Bächen gespiesenen Fluten, die das Schloss umspülten, mit dem flüssigen Perlen gleichenden klaren Wasserspiegel und den Palmen, denen nie der Tau zur Erfrischung fehle und in deren Schatten Liebe in Frieden lebe.[15] Topoi von Natur- und Herrscherlob vermischen sich in dieser Garten-Ekphrasis mit den dieser Gattung oft eigenen Elementen der Liebesdichtung.

2 Die Zisa (die Mächtige): der Palast des „Machtwilligen"

Rogers Nachfolger, die Hauteville-Könige Wilhelm I. und Wilhelm II., bauten weitere *solatia* im Park Genoard, in dem mit Scibene schon ein rogerianischer Gartenpalast mit Brunnensaal stand.[16] Auch die Bauten der Wilhelme waren alle konstituierend mit Wasser verbunden. Auf die Cuba soprana, den Cubula genannten Pavillon und auf die Cuba kann hier nicht eingegangen werden.[17] Letztere hat als vornehmes Gefängnis einer von Friedrich von Aragón gefangen gehaltenen Restituta Bolgano in Boccaccios ‚Decameron' (5. Tag, 6. Geschichte) Einzug in die Weltliteratur gehalten, was in

---

13 Ebd.; deutsche Übersetzung dieser Quellentexte bei: Hans-Rudolf MEIER, „[...] das ird'sche Paradies, das sich den Blicken öffnet." Die Gartenpaläste der Normannenkönige in Palermo, in: Die Gartenkunst 5 (1994), S. 1–18.
14 Marcus N. ADLER, The Itinerary of Benjamin of Tudela, in: The Jewish Quarterly Review 18 (1905/06), S. 664–691, hier S. 688 f., übers. v. MEIER (Anm. 4), S. 55.
15 Paraphrasiert nach der deutschen Übersetzung von Adolf GOLDSCHMIDT, Die Favara des Königs Roger von Sizilien, in: Jahrbuch der Preußischen Kunstsammlung 16 (1895), S. 199–215, hier S. 201 f.; vgl. Umberto RIZZITANO, Storia e cultura nella Sicilia Saracena, Palermo 1975, S. 276–281.
16 Zu diesem MEIER (Anm. 4), S. 65–68; noch immer grundlegend: Adolf GOLDSCHMIDT, Die normannischen Königspaläste in Palermo, in: Zeitschrift für das Bauwesen 48 (1898), Sp. 541–590, hier Sp. 564–567.
17 Giuseppe CARONIA u. Vittorio NOTO, La Cuba di Palermo, Palermo 1988; MEIER (Anm. 4), S. 79–85; MEIER (Anm. 13).

der Forschung auch schon als Hinweis auf mögliche Rezeptionswege normannischer Palastbaukunst in die Architektur der Renaissance-Villen interpretiert wurde.[18]

Im Fokus soll im Folgenden die Zisa stehen. Dank ihrer vergleichsweise guten Erhaltung geben dort auch die Innenräume Auskunft über herrscherliche Wasserinszenierungen. Der Name des Palastes ist bei Romualdus überliefert, der in seiner Chronik ausführt, König Wilhelm habe bei Palermo einen hohen und in bewundernswerter Kunstfertigkeit ausgeführten Palast erbaut, der *Sisa* genannt werde und von schönen Obstgärten umgeben sei, durch die verschiedene Gewässer führten, die in köstliche Fischteiche mündeten.[19] *Sisa* / Zisa ist die Latinisierung des arabischen *aziz* (die Mächtige).[20] Der Name taucht auch im Gebäude selber auf in einer arabischen Stuckinschrift, die den Eingangsbogen zum zentralen Brunnensaal umzog und in Resten erhalten ist. Von den in Palastnähe nachgewiesenen Nebengebäuden ist die Kapelle sicher normannenzeitlich, während das für eine archäologisch nachgewiesene Badeanlage mit Hypokausten umstritten ist.[21] Der Palast ist ein dreigeschossiger kubischer Quaderbau, dessen Fassaden mit abgetreppten Blendbogen gegliedert sind (Abb. 4). Er ist streng achsialsymmetrisch um eine mittlere Raumeinheit organisiert, die unten über zwei Geschoße durchgeht und im obersten Geschoss (vor barocken Umbauten) mit einem Impluvium nach oben geöffnet war. Die zentralen Räume sind quadratisch, öffnen sich aber allseitig in queroblonge Nischen. Im Erdgeschoss bildet eine dieser Nischen den portalartigen Durchgang in einen hinter der Fassade durchlaufenden Flur, von dem drei in der Höhe gestaffelte spitzbogige Durchgänge in den Garten führen. Dort erstreckte sich vor dem Mitteleingang ein rechteckiges Wasserbecken, in dem einst eine Pavillonarchitektur eine Insel bildete. Innen und außen, Bauwerk und Garten, waren somit in chiastischer Weise miteinander verknüpft: Das Gebäude öffnet sich mit dem Brunnensaal in den Garten und holt diesen, wie gleich zu zeigen sein wird, auch ikonografisch in das Gebäude hinein; zugleich greift die Architektur durch den Pavillon in den Garten aus. Verbindendes Element ist das Wasser, das in einem Kanal auf der Achse durch den Saal fließt. Dieser Kanal weitet sich zweimal zu rechteckigen Becken, die quasi das Pendant zum kleinen Pavillon außen im Garten bilden: So wie dort die Mittelachse im Wasser mit einem Gebäude besetzt ist, so ist sie im Palastinneren durch einen Wasserlauf markiert. Wie wir aus Beschreibungen des

---

18 William TRONZO, Petrach's Two Gardens. Landscape and the Image of Movement, New York 2014, S. 25; eine nicht wirklich überzeugende Verbindung zu Palladios Villen sah Kurt W. FORSTER, Is Palladio's Villa Rotonda an Architectural Novelty?, in: Kurt W. FORSTER u. Martin KUBELIK (Hgg.), Palladio. Ein Symposium (Bibliotheca Helvetica Romana 18), Einsiedeln 1980, S. 27–34.
19 Romoaldi Annales (Anm. 12), S. 424 f.; zum Bau Ursula STAACKE, Un palazzo normanno a Palermo. La Zisa. La cultura musulmana negli edifici dei Re, Palermo 1991; MEIER (Anm. 4), S. 68–79; Giuseppe BELLAFIORE, La Zisa di Palermo, 2. Aufl. Palermo 1994.
20 Jeremy JOHNS, Die arabischen Inschriften der Normannenkönige Siziliens. Eine Neuinterpretation, in: Wilfried SEIPEL (Hg.), Nobiles Officinae. Die königlichen Hofwerkstätten zu Palermo zur Zeit der Normannen und Staufer im 12. und 13. Jahrhundert, Mailand 2004, S. 37–59 hier S. 47.
21 BELLAFIORE (Anm. 19), S. 72; MEIER (Anm. 4), S. 79.

Abb. 4: Palermo, Die Zisa, Hauptfassade von Südosten; vor dem großen Eingangsbogen sind die Reste des Wasserbeckens und darin die Fundamente des Pavillons erkennbar. Entnommen aus: STAACKE (Anm. 20).

16. Jahrhunderts wissen, verfügte der Gartenpavillon über ein großes Mittelfenster. Es ergab sich somit, dass man von dort zwar aus einem Gebäude – wenn gleich im Garten – in jenen Teil des Palastes hineinblickte, der zwar dessen Zentrum bildete, aber zugleich als Fortsetzung des Gartens gestaltet und durch das Wasser mit diesem verbunden war.

Das Wasser sprudelte aus einer mit einem Adlermosaik geschmückten Brunnenröhre in der rückwärtigen Wandnische des Brunnensaals und floss über einen thronartigen *Sadirwan* – eine von zwei Treppenläufen flankierte Marmorplatte, deren Relief im Wasser Wirbel verursacht – in den Kanal, der quer durch den Raum ins vorgelagerte Becken mündete (Abb. 5). Der Brunnensaal ist darüber hinaus mit bunten Mosaiken geziert, über den Nischen wölben sich ferner Stalaktitengewölbe – sogenannte *Muqarnas* – und in die Ecken sind Säulchen eingestellt, deren Kapitele mit Vögeln verziert sind. Geradezu idealtypisch für die ganze siculo-normannische Königskunst zeigt sich hier in der Ausstattung des Brunnensaals der Zisa die Verknüpfung der unterschiedlichen mediterranen künstlerischen Traditionen und ihre selektive Anwendung. Aus der arabischen Kunst stammen die seit dem 10. Jahrhundert nachweisbaren *Muqarnas* sowie der *Sadirwan*; letztlich geht der Wasserlauf im herrschaftlichen Aufenthaltsraum auf römische Wasser-Triklinien zurück, hat dann aber im arabischen Raum im *Salsabil*, dem mit fließendem Wasser ausgestatteten fürstlichen Aufenthaltsraum, eine besondere, eng mit Paradiesvorstellungen des

Abb. 5: Palermo, Zisa, Blick in den Brunnensaal mit dem vom *Sadirwan* ausgehenden Kanal. Im Vordergrund die Reste der den Palast und den König lobenden arabischen Stuckinschrift. Lithografie. Entnommen aus: Henry GALLY-KNIGHT, Saracenic and Norman Remains to Illustrate the Normans in Sicily, London 1840. Foto: Zürich, ETH-Bibliothek, Wissenschaftshistorische Sammlung.

Koran verknüpfte Wertschätzung erfahren.[22] Die Mosaiken hingegen stehen in der in Süditalien bereits im frühen 11. Jahrhundert reaktivierten byzantinisch-römischen Tradition, auch wenn sie hier keine spezifisch byzantinische Ikonografie zeigen. Die figürlichen Kapitelle schließlich zählen zur westlichen, i. e. romanischen Kunst.

In einer zeitgenössischen Homilie, die sich auf die Cappella Palatina im Stadtpalast von Palermo bezieht, werden Mosaiken als immer blühende – und damit der Natur überlegene – Wiese besungen.[23] Mit dem Plätschern des Wassers und den

---

[22] In der Sure 76 (Sure vom Menschen), Vers 18 wird der *Salsabil* explizit genannt in der Beschreibung himmlischer Köstlichkeiten.
[23] Teofane Ceramo, Homilia LV, hrsg. v. Jacques-Paul MIGNE (Patrologiae cursus completus, Series Graeca 132) Paris 1864, Sp. 953 f.

Vögeln der Kapitelle bilden sie im Brunnensaal der Zisa einen ‚versteinerten' Garten, der wesentliche Elemente des antiken Motivs des *locus amoenus* enthält, der in der Literatur des 12. Jahrhunderts zunehmend von dem – im arabischen Raum schon länger geläufigen – Topos des ‚Irdischen Paradieses' abgelöst wurde.[24] Die Umsetzung in Stein hebt den artifiziellen Charakter hervor und verstärkt damit den Bezug zum Bauherrn als Urheber dieses Paradieses. So ist es folgerichtig, dass das „Irdische Paradies" in der besagten Inschrift am Eingang zum Brunnensaal explizit mit dem Gebäude und dem Herrscher und Bauherr Wilhelm II. verknüpft wird:

> So oft du willst, sieh das Besitztum hier, das Schönste
> Des herrlichsten der Königreiche der Welt, Das Meer und das beherrschende Gebirge,
> Dess Gipfel von Narzissen ist gefärbt [...]
> Du wirst den großen König des Jahrhunderts sehen im schönen Palast,
> Ihm ziemt die Pracht, ihm ziemt die Freude,
> Hier ist das ird'sche Paradies, das sich den Blicken öffnet,
> Hier ist der *Musta'izz* und dies das Schloß El Aziz.[25]

Daneben ließe sich eine in Fragmenten erhaltene Inschrift aus dem normannischen Königspalast in Messina setzen: „Tretet ein, ihr Edlen des Königs, hier ist das wahre Paradies", und: „Wo die Gazellen weilen, ist keine Stätte für den trüben Gast, er stehe bei Seite."[26] Leider ist von diesem Palast ansonsten nichts erhalten, so dass sich nicht überprüfen lässt, wie sich dieses „Paradies" architektonisch artikulierte und welche Rolle dabei dem Wasser zukam.

Genoard, das „ird'sche Paradies", ist gemäß der hier skizzierten baulich-künstlerischen Inszenierung nicht einfach irgendein Garten, sondern der Garten schlechthin. Es liegt in der Macht des Herrschers, auf den alludiert wird, einen Ort unvergänglichen Friedens zu schaffen, eine Unvergänglichkeit, wie sie im ‚versteinerten' Garten des Brunnensaals umgesetzt ist. Der Zusammenhang zwischen dem Glanz des Königtums, dem Gedeihen des Landes und der sowohl pragmatischen als auch symbolischen Bedeutung des Wassers hierfür, wird auch deutlich im eingangs gezeigten Berner Codex des ‚Liber ad Honorem Augusti'. Zwar verfasste Petrus von Ebulo diese

---

[24] Ernst Robert CURTIUS, Europäische Literatur und lateinisches Mittelalter, München 1948, S. 200–206.
[25] Michele AMARI, Le epigrafi arabiche di Sicilia. Trascritte, tradotte e illustrate a cura di Francesco GABRIELI, 2. Aufl. Palermo 1971, S. 77–79, Nr. 10, in der deutschen Übersetzung nach GOLDSCHMIDT (Anm. 16), Sp. 573 mit geringfügigen Änderungen v. MEIER (Anm. 4), S. 68. Al Musta'izz (= der Machtwillige) war der persönliche *laquab* (Titel) von König Wilhelm II.: JOHNS (Anm. 20), S. 47.
[26] AMARI (Anm. 25), S. 123–125, deutsch nach: Erich CASPAR, Roger II. und die Gründung der Normannisch-Sicilischen Monarchie, Innsbruck 1904, S. 465; Annliese NEF, Venti blocchi frammentari con iscrizioni arabe in lode di Ruggero II dal Palazzo di Messina, in: Maria ANDALORO (Hg.), Nobiles Officinae. Perle filigrane e trame di seta, Caltanissetta 2006, Bd. 1, S. 503–507, Kat. Nr. VIII.2.

Schrift nach dem Ende des Normannenreichs, doch bedienten sich die die Hauteville beerbenden Staufer schon aus Legitimitätsgründen der Machtinszenierungen ihrer normannischen Vorgänger. Auf fol. 142r wird dort die nach dem antiken Mythos bei Syrakus zu lokalisierende *fons Arethuse* im *teatrum imperialis palacii* im Vorhof des königlichen Palastes lokalisiert, während auf der vorangehenden Seite die an das Auftreten des gerechten Königs in Jesaja 11,1–9 angelehnte Tierfriedenmetapher das Wasser mit dem königliches Wirken verknüpft: *tanta pax est tempore Augusti, quod in uno fonte bibunt omnia animalia*.[27]

3 Die normannische Palast- und Wasserarchitektur im zeitgenössischen Horizont

Zum Schluss ist wenigstens kurz auf die Frage nach Wirkung und Nachleben der sizilischen Paläste und ihrer herrscherlichen Wasserinszenierung einzugehen. In ihrer Pracht und ihrer hier nur kurz skizzierten Komplexität sind diese Gartenpaläste Produkte einer einzigartigen Konstellation am Schnittpunkt dreier mediterranen Kulturen. Allerdings sind ähnliche Hybridisierungsprozesse im 12. Jahrhundert auch andernorts in der Profanbaukunst bezeugt: So adaptierte man auch in den Palästen in Konstantinopel arabische Kunst, wissen wir doch beispielsweise von Nikolaos Mesarites, dass die *Mouchroutas* genannte Halle, die in der Mitte des 12. Jahrhunderts im Großen Kaiserpalast eingefügt wurde, eine von „persischen" Malern dekorierte Stalaktitendecke aufwies.[28] Ob die Anlagen in Palermo jedoch bezüglich der Rolle und Inszenierung des Wassers eine Nachfolge fanden, ist aufgrund der Quellenlage schwer zu klären. Sind die im 17. Jahrhundert von John Aubrey gezeichneten Strukturen in Woodstock Park tatsächlich Reste von Everswell, der von König Heinrich II. um 1170 gebauten legendären Anlage, könnte das ein möglicher Rezeptionsweg sizilischer Anregungen gewesen sein, zumal familiäre Beziehungen Kontakte zwischen den Herrschern belegen.[29] Allerdings neigt man heute dazu, diese Wasserbecken einer frühneuzeitlichen Parkgestaltung zuzuschreiben. Jüngst hat Sharon FARMER versucht, Schloss und Park von Hesdin sowie die *Gloriette* genannte Anlage in Leeds, beide im späten 13. und frühen 14. Jahrhundert angelegt, auf die Zisa zurückzuführen und den Formentransfer mit bezeugten Palermo-Aufenthalten von Graf Robert II. von

---

[27] Petrus de Ebulo (Anm. 1), S. 226–229.
[28] Lucy-Anne HUNT, Comnenian Aristocratic Palace Decoration: Descriptions and Islamic Connections, in: The Byzantine Aristocracy 9th to 13th Centuries (British Archeological Report, Int. Ser. 221), Oxford 1984, S. 138–170, hier S. 141; Alicia WALKER, The Emperor and the World. Exotic Elements and the Imaging of Byzantine Imperial Power, 9th to 13th Centuries C.E., Cambridge 2012, S. 144–164, 175.
[29] Howard Montague COLVIN, Royal Gardens in Medieval England, in: The Islamic Garden, hrsg. v. Elizabeth Blair MACDOUGALL, Washington D. C., 1986, S. 7–22, hier S. 21 f.

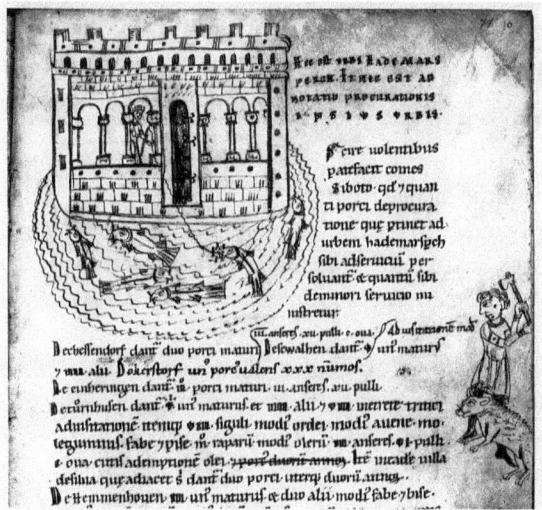

Abb. 6: Hademarsberg (Hartmannsberg), Idealdarstellung der Burg in der Falkensteiner Chronik, München, Bayerisches Hauptstaatsarchiv, Bestand KL Weyarn 1, fol. 11. Foto: München, Bayerisches Hauptstaatsarchiv.

Artois bzw. König Edward I. zu erklären.[30] Allerdings scheinen sowohl die als Aufhänger für die These dienende Namensähnlichkeit von *Zisa* und *Gloriette* als auch die Verbindung von Wasser, Palast und Garten zu allgemein, um daraus eine direkte Bezugnahme abzuleiten, zumal man im 12. Jahrhundert auch anderswo in der herrscherlichen Wohnarchitektur zumindest idealiter die Verbindung von Gebäude und Wasser suchte (Abb. 6).

---

30 Sharon A. FARMER: La Zisa / Gloriette. Cultural Interaction and the Architecture of Repose in Medieval Sicily, France and Britain, in: The Journal of the British Archaeological Association 166 (2013), S. 99–123.

Helga Steiger (Frankenhardt)
Der Marktbrunnen von Schwäbisch Hall.
Ein politisches Bildprogramm

Abstract: The municipal fountain of the former imperial town of Schwäbisch Hall is situated on the edge of the town's market place. It was built after the town council acquired the patronage of the church St. Michael in 1507. The council paid the sculptor, Hans Beuscher, 90 Gulden in 1511. After numerous restorations, the ensemble was replaced by a copy in 1962–64.

The fountain consists of three sculptures: Samson killing the lion, St. Michael conquering the dragon, and St. George with a lindworm. The sculptor obviously took famous contemporary works of graphic reproduction, specifically those of Albrecht Dürer, as his models. While comparable fountains of the time often depict sacred knights, only St. George is shown in armor. St. Michael is dressed in a clerical robe, Samson in civil costume. Therefore, the figures can be interpreted as symbols of the three estates: cleric, knight and commoner. This observation is confirmed by the differences in height.

At the fountain, the water runs out of the mouths of the three conquered beasts. The town's inhabitants achieved their wealth by "conquering" water to gain salt. The battle against bad water – and figuratively against evil – was one of the most important tasks in maintaining the city's wealth. Therefore, it is no wonder that the fountain was erected by the city council during a political conflict.

Keywords: Brunnen, Skulptur, Stadtbaugeschichte, Marktplatz, Druckgrafik, Schwäbisch Hall

---

1 Einleitung

Der Marktplatz der ehemaligen Reichsstadt Schwäbisch Hall besticht durch die symmetrische Anordnung der ihn umgebenden Gebäude (Abb. 1). Auch wenn er heute als konzipiertes Ensemble erscheint, ist er in seiner Anlage gewachsen. Mit dem wirtschaftlichen Aufschwung der Stadt durch Salzproduktion und Münzprägung im 12. Jahrhundert entstand vermutlich auch die Stadterweiterung am östlichen Rand.[1] Im Jahr 1156 wurde auf dem angrenzenden Bergsporn der Vorgängerbau der Kirche St. Michael geweiht. Die Kirche wurde durch eine hohe Stützmauer von der darunter

---

[1] Zur Stadtgeschichte vgl. Gerhard LUBICH, Geschichte der Stadt Schwäbisch Hall. Von den Anfängen bis zum Ausgang des Mittelalters (Veröffentlichungen der Gesellschaft für fränkische Geschichte, Reihe 10, Bd. 52), Würzburg 2006, und Andreas MAISCH u. Daniel STIHLER, Schwäbisch Hall. Geschichte einer Stadt, Künzelsau 2006.

Abb. 1: Der Marktplatz von Schwäbisch Hall, am hinteren Rand Brunnen und Pranger. Foto: Helga Steiger.

liegenden Siedlung getrennt. Zwischen 1490 und 1510 erreichte die Stadt dann eine unglaubliche Prosperität. Der Rat nahm zahlreiche Baumaßnahmen zur städtischen Befestigung und Repräsentation in Angriff, auch der große Chor von St. Michael wurde begonnen.²

Als der Stadtrat das Patronatsrecht über die Kirche nach langen Verhandlungen vom Kloster Comburg übernehmen konnte, hatte dies offenbar unmittelbare Auswirkung auf die Gestaltung des Marktplatzes: Der Rat ließ 1507 die trennende Stützmauer abbrechen und die breite Freitreppe errichten.³ Im Anschluss wurde auch der Marktbrunnen neu gestaltet und mit Skulpturen geschmückt (Abb. 2).⁴ Der Pranger wurde von seiner Lage an den alten Treppen zur Kirche St. Michael zum Brunnen

---

2 Helga STEIGER, Der Chorbau an St. Michael in Schwäbisch Hall. Ein Bauprojekt einer Reichsstadt im politischen Wandel, in: Katja SCHRÖCK, Stefan BÜRGER u. Bruno KLEIN (Hgg.), Die Kirche als Baustelle, Darmstadt 2013, S. 313–324. Zur Geschichte des Bauens in der Stadt vgl. Albrecht BEDAL, Haller Häuserbuch, Künzelsau 2014.
3 Die Neuanlage des Platzes ist bei den Haller Chronisten Johann Herolt und Georg Widman überliefert. Johann Herolt, Chronica, bearb. von Christian KOLB (Geschichtsquellen der Stadt Hall 1, Württembergische Geschichtsquellen 1), Stuttgart 1894, S. 140 f; Georg Widman, Chronica, bearb. von Christian KOLB (Geschichtsquellen der Stadt Hall 2, Württembergische Geschichtsquellen 6), Stuttgart 1904, S. 116. Vgl. dazu LUBICH (Anm. 1), S. 233: „Der gesamte Marktplatz muß in dieser Zeit eine tiefgreifende Veränderung erfahren haben, deren Ausmaß bei der momentanen Forschungslage noch überhaupt nicht zu überblicken ist." Zum Marktplatz: Karl WIMMENAUER, Der Marktplatz in Schwäbisch Hall, in: Jahrbuch Württembergisch Franken 64 (1980), S. 63–72; Gerhard SCHNEIDER, Archäologische Aufschlüsse und baugeschichtliche Befunde im Umfeld von St. Jakob und dem ehemaligen Franziskanerkloster in Schwäbisch Hall, in: Jahrbuch Württembergisch Franken 95 (2011), S. 203–231; Armin PANTER, Die Treppe von St. Michael in Schwäbisch Hall – statische Notlösung oder bauhistorisches Monument der Vorreformation, in: Jahrbuch Württembergisch Franken 92 (2008), S. 283–286.
4 Zum Brunnen vgl. Eugen GRADMANN, Die Kunst- und Altertums-Denkmale der Stadt und des Oberamtes Schwäbisch Hall, Esslingen 1907, S. 85; Eduard KRÜGER, Von spätgotischer Plastik in Schwäbisch Hall, in: Jahrbuch Württembergisch Franken 42 (1958), S. 84–116, bes. S. 96–101; Wolfgang DEUTSCH, Ein Haller Wappenstein. Studien zu Hans Beuscher (Schriften des Vereins Alt Hall 13), Schwäbisch Hall 1991; Bernhard DECKER, Die Bildwerke des Mittelalters und der Frührenaissance 1200–1565 (Bestandskataloge des Hällisch-Fränkischen Museums Schwäbisch Hall 1), Sigmaringen 1994, Katalognummer 23–26, S. 86–100.

Abb. 2: Der Haller Marktbrunnen mit seinem Figurenschmuck: Simson mit dem Löwen, St. Michael mit dem Drachen und St. Georg mit dem Lindwurm. Foto: Helga Steiger.

hin verlegt.⁵ Diese Maßnahmen dürfen nicht als Einzelaktivitäten betrachtet werden, wie Gerhard LUBICH zu Recht vermutet hat: „Man ist geneigt, anzunehmen, dass hier versucht wurde, innerhalb der Stadt einen Ort der Zentralität neu zu schaffen und zu gestalten."⁶ Die wichtigen Symbole städtischer Gewalt wurden am Platz konzentriert. Allerdings befand sich das Rathaus zu diesem Zeitpunkt noch einen Straßenzug weiter. Erst nach dem Stadtbrand 1728 wurde es an der Stelle der bereits 1534 geschlossenen Jakobskirche auf einer Achse mit der Kirche St. Michael unterhalb des Marktplatzes gebaut. Wie im Folgenden gezeigt werden soll, war es zum Zeitpunkt seiner Errichtung in erster Linie der Marktbrunnen, der zum Träger von verschiedenen gesellschaftlichen Funktionen wurde. Das stellte bereits der Haller Architekt Eduard KRÜGER fest: „Praktische Aufgaben, rechtliche Einrichtungen und religiöse Darstellungen sind am Markbrunnen in außergewöhnlicher Weise zu untrennbarer Ganzheit vereinigt."⁷

---

5 Überliefert bei Herolt (Anm. 3), S. 141: *Aber ongeverlich anno 1507 dise krem* [Kramläden, Anm. d. Autorin], *maur unnd plan abgeprochen unnd nachvolgenndt diese rottunde der staffel gemacht, denn marckht erweittert und denn branger zu dem vischprunnen gestelt.*
6 LUBICH (Anm. 1), S. 233.
7 Eduard KRÜGER, Von deutscher Brunnenkultur und von hällischen Brunnen in alter und neuer Zeit, in: Beilage zum württembergischen Zeit-Echo vom 10. Juli 1948. Vgl. auch DERS., Schwäbisch Hall mit Gross-Komburg, Klein-Komburg, Steinbach und Limpurg. Ein Gang durch Geschichte und Kunst, neu bearbeitet von Fritz ARENS u. Gerd WUNDER, Schwäbisch Hall 1982, zum Brunnen S. 114.

2 Archivalische Nachrichten zum Marktbrunnen

Ob sich der Brunnen schon vor der Umgestaltung des Platzes zu Beginn des 16. Jahrhunderts an dieser Stelle befunden hat, ist nicht überliefert. Ein Fischmarkt wird erstmals um 1280 urkundlich erwähnt, doch findet sich kein Hinweis auf die Lage oder das Aussehen des Brunnens.[8] Der Neubau des jetzigen Brunnens ist in der Steuerrechnung des Jahres 1511 dokumentiert: *hans bewschern bild hawer von den dreyen bilde*[n] *zum fischbru*[nnen] *zu machen LXXXX g*[u]*ld*[en] *den knechte*[n] *zu drinckgelt II ort.*[9] Mit der Bezahlung des Bildhauers Hans Beuscher wird daher das Ensemble aufgestellt gewesen sein. Die Skulpturen wurden in der Folge mehrfach repariert.[10] Im Jahr 1751 beispielsweise besserte der Bildhauer Georg David Lackorn an mehreren Stellen aus. Er hat *dem Bildnus St. Georgii einen neuen Arm mit dem Schwerdt angemacht, und dem Lindwurm einen neuen steinernen Fuß, nebst ein zerbrochenen alten Fuß angesetzt.*[11] Schon im 19. Jahrhundert wurde der ruinöse Zustand der Figuren beklagt.[12] Der Engel mit dem Reichswappen wurde damals erneuert, eventuell auch die Flügel Michaels. Der Haller Kunsthistoriker Wolfgang DEUTSCH stellte weitere Verluste durch Abarbeitungen fest.[13] In den Jahren 1962–64 wurden schließlich sämtliche Figuren ersetzt.

3 Die Skulpturen

Was heute am Brunnen zu sehen ist, sind somit Kopien aus dem Jahr 1964.[14] Für eine genauere Beurteilung des Ensembles kann auf einige ältere Fotografien zurückgegriffen werden. Die Originale wurden zerstört, nur einige Fragmente kamen ins Hällisch-Fränkische Museum, wo sie im Bestandskatalog von 1994 erstmals kunsthistorisch

---

8 Friedrich PIETSCH, Die Urkunden des Archivs der Reichsstadt Schwäbisch Hall, 2 Bde. (Veröffentlichungen der Staatlichen Archivverwaltung Baden-Württemberg 21 u. 22), Stuttgart 1967 und 1972, hier Bd. 1 (1156–1399), U 37, S. 69.
9 Stadtarchiv Hall, Steuerrechnung 4 a / 16, 1511, Heft 338.
10 Ein Überblick zu den Reparaturen bei DEUTSCH (Anm. 4), S. 41–44; 87, Anm. 127 und bei DECKER (Anm. 4). Zur Renovierung des Brunnens im Jahr 1620 und der ehemaligen Bemalung vgl. KRÜGER (Anm. 4), S. 101. Zu den Maßnahmen des Jahres 1723 vgl. auch Georg LENCKNER, Marktbrunnen und Pranger, in: Schwäbisch Haller Monatsspiegel 1960/8, S. 3. Der heutige Kasten wurde im Jahr 1787 errichtet.
11 Vgl. DEUTSCH (Anm. 4), S. 41, in Anm. 127 mit Verweis auf die Steuerrechnungen im Stadtarchiv Hall.
12 Heinrich MERZ, Die St. Michael-Kirche in Schwäbisch Hall und ihre Restaurationen, in: Christliches Kunstblatt 1863, S. 91–96, 108–112, 125–128, 134–139.
13 Vgl. DEUTSCH (Anm. 4), S. 43.
14 DEUTSCH (Anm. 4), S. 41. Die Kopien stammen vom Stuttgarter Bildhauerbetrieb Schönfeld nach ergänzten Gipsabgüssen von Ernst Yelin.

Abb. 3: Die Figur des St. Michael am Haller Marktbrunnen. Foto: Helga Steiger.

bearbeitet wurden.[15] Bernhard DECKER würdigte das Ensemble neben den vollrund ausgearbeiteten Skulpturen einer Ölberggruppe am Langhaus von St. Michael als „das größte frei aufgestellte Figuren-Ensemble des Spätmittelalters in der Stadt".[16]

Die drei Figuren des Brunnes reihen sich als Einzelfiguren an einer Brüstungswand hinter dem Becken auf, die somit den Hang zur Terrasse formt. Die Skulpturen stehen jeweils auf Konsolen und sind von unterschiedlich gestalteten Baldachinen überfangen. In der Mitte ist der Patron der benachbarten Kirche zu sehen: St. Michael in weitem, faltenreichem Gewand kniet über dem Drachen, von welchem nur der nach unten gedrehte Kopf und die Arme zu sehen sind (Abb. 3). Während der linke Arm hinter dem Gewand hochgeführt wird und die Hand in die Falten des Gewandes greift, versucht der Drache mit dem rechten Arm den Stoß der Lanze aufzuhalten, die Michael ihm in die Kehle stößt. Dabei zeigt der Heilige keine physische Gespanntheit, er scheint sich mehr auf die mit einem Kreuz bekrönte Lanze zu stützen. Die Geschlossenheit der Figur wird noch betont durch die den Oberkörper wie eine Schale hinterfangenden Flügel. Der Baldachin über dem Heiligen wird von kielbogig ausge-

---

15 DECKER (Anm. 4).
16 DECKER (Anm. 4), S. 86.

zogenen, überschnittenen Wimpergen mit kleinen Fialenbekrönungen und hängenden Schlusssteinen im Gewölbe gebildet.

Die beiden flankierenden Figurengruppen, die mit dem Rücken zur mittigen Gestalt stehen, ordnen sich dieser unter. Ihre unterschiedlich gestalteten Konsolen setzen tiefer an, und ihre Baldachine werden nicht über die Brüstung hoch geführt. Während St. Michael frontal gezeigt wird, sind die beiden Figuren von der Seite mit einer Wendung zum Betrachter hin positioniert. Beide Figuren stehen bzw. sitzen breitbeinig über dem zu bezwingenden Tier.

Die Figur links sitzt auf dem Rücken eines Löwen, der bereits in die Knie gegangen ist. Sie hat den Kopf des Löwen, dessen Mähne in langen Locken bis auf den Boden fällt, mit ihrem rechten Arm zum Betrachter hingedreht. Die linke Hand hat sie dem Tier in das geöffnete Maul geschoben. Damit ist eine Identifikation mit Simson möglich, der den Löwen bezwingt. Das Tier wird jedoch nicht, wie in Richter 14,5–6 beschrieben, zerrissen. Simson trägt eine zeitgenössische Tracht. Sein Rock bedeckt den Rücken des Tieres. Auf seinem Kopf sitzt ein Barett mit Feder, die langen Locken – Zeichen seiner Stärke – fallen auf die Schulter und den Rücken.[17]

Die Figur rechts ist die aktivste: Mit der linken Hand hat sie einen Lindwurm mittig am Kopf nach unten gedrückt. In der erhobenen rechten Hand hält sie ein Schwert hinter dem Rücken und holt damit zum Schlag aus. Die Person ist in eine Rüstung gekleidet, weshalb sie als der Heilige Georg identifiziert werden kann. Zeitgenössische Motive sind das Barett mit Feder und der inzwischen verlorene Spitzbart, der aber auf alten Fotografien noch zu sehen ist. Während auf vielen Georgsdarstellungen der Heilige auf einem Pferd sitzend den Drachen mit einer Lanze durchsticht, wird in Schwäbisch Hall der Todesstoß mit dem Schwert versetzt.[18]

Wolfgang DEUTSCH und Bernhard DECKER stellten für die Skulpturen in motivischer Hinsicht die Abhängigkeit von zeitgenössischer Druckgraphik, vor allem von Werken Albrecht Dürers, fest.[19] Die Darstellung des Heiligen Michael in einem geistlichen Gewand hat zwar mit der Skulptur am Pfeiler in der Vorhalle von St. Michael in der Stadt bereits Tradition, nicht aber das Motiv des zum Betrachter hin rückwärts fallenden Drachen. Es findet sich jedoch im zehnten Bild der 1497/98 entstandenen Apokalypse Albrecht Dürers, worauf schon Bernhard DECKER hingewiesen hat

---

17 DECKER (Anm. 4), S. 92, vermutet ein idealisiertes Selbstbildnis Hans Beuschers, auch wenn er davon ausgeht, dass der Kopf eine überzeichnete Kopie ist.
18 Das Töten des Drachens mit dem Schwert, aber ohne Pferd, wie es in der ‚Legenda Aurea' überliefert ist, wird eher selten dargestellt. Erst nach 1500 häufen sich Darstellungen des Heiligen, wie er siegreich über dem Drachen steht. Vgl. dazu Sigrid BRAUNFELS, Georg, in: Lexikon der christlichen Ikonografie, Sonderausgabe Bd. 6 (1994), Sp. 365–390. Um eine verschiedenartige Darstellung der Tiere in Schwäbisch Hall deutlich zu machen, wurde der Begriff des ‚Lindwurms' gewählt, der bereits von früheren Autoren verwendet wurde.
19 Vgl. DEUTSCH, der versucht hat, das Werk Beuschers zu rekonstruieren, und DECKER (beide Anm. 4). Eine Zusammenstellung der Daten zu Hans Beuscher lieferte bereits KRÜGER (Anm. 4), S. 94–96.

Abb. 4: Albrecht Dürer, Apokalypse, 10. Figur, 1497/98, Ausschnitt: Michaels Kampf mit dem Drachen. Foto: Germanisches Nationalmuseum Nürnberg, übernommen aus Daniel HESS u. Thomas ESER (Hgg.), Der frühe Dürer. Katalog zur Ausstellung im Germanischen Nationalmuseum, Nürnberg 2012, Kat. 133.

(Abb. 4). Auch für die Darstellung des Simson verweist er unter anderem auf einen Holzschnitt Dürers.[20] Nur für den Heiligen Georg konnte DECKER kein unmittelbares Vorbild benennen. Man könnte jedoch auf einen zeitlich vor die Jahrhundertwende zu datierenden Entwurf für ein Georgsfenster verweisen, bei dem zwar Georg auf einem Pferd sitzend dargestellt ist, aber das Motiv des kraftvoll erhobenen Schwerts gezeigt wird.[21] Damit kann man dem Bildhauer Hans Beuscher sicherlich eine gute Kenntnis des grafischen Werks Dürers bescheinigen. Der Haller Künstler nahm motivische Korrekturen vor, um die Vorbilder den Anforderungen anzupassen, die eine Umwandlung in eine Brunnenfigur erforderte.

Die Wand zwischen den Figuren ist nicht glatt gehalten, sondern durch ein Stabwerk gegliedert. Durch gegeneinander gesetzte Spitzbögen auf der linken Seite und Rundbögen auf der rechten Seite werden zwei Reihen mit je drei Feldern gebildet,

---

[20] Hinweis bei DECKER (Anm. 4), S. 95, 91. Vgl. auch Daniel HESS u. Thomas ESER (Hgg.), Der frühe Dürer. Katalog zur Ausstellung im Germanischen Nationalmuseum, Nürnberg 2012, Kat. 133 auf S. 449.
[21] Vgl. DECKER (Anm. 4), S. 98. Die Abbildung des Entwurfs für das Georgsfenster bei HESS u. ESER (Anm. 20), Kat. 155 auf S. 479.

die in ihrer Form an Wappen erinnern. Tatsächlich ist in der unteren Reihe jeweils mittig ein kleiner Wappenengel in die Bogenform eingepasst, der dem Betrachter einen Schild zeigt. Zur Rechten St. Michaels ist es der Schild des Reichsadlers, zu seiner Linken das Stadtwappen.[22] Etwas eigenartig mag dabei erscheinen, dass die Rundbögen auf der rechten Seite nicht symmetrisch angeordnet sind und die untere Reihe deutlich höher ist, weshalb auch das Stadtwappen höher steht. Als Ursache hierfür könnte man spätere Reparaturen und Austauschungen vermuten. Dagegen spricht jedoch, dass auch auf den älteren Fotografien zu sehen ist, dass die Stäbe der Rahmungen der Bildfelder und die Stäbe des Maßwerks miteinander verschmolzen sind und die Steinlagen bis in die Skulpturenrahmungen durchgehen. Offenbar ist die Anordnung der Skulpturen nicht zufällig. Auch die Höhenunterschiede, vor allem der Figuren, sind gewollt.

4 Zur Ikonografie

Auf den ersten Blick scheint es, als hätte man dem Stadtpatron St. Michael in typologischer Weise je einen Streiter des Alten und des Neuen Bundes beigefügt, um einen optisch repräsentativen Brunnen zu gestalten.[23] Am Ausgang des 15. Jahrhunderts war es üblich, an städtischen Brunnen auch Ritter oder Ritterheilige darzustellen. Dabei war eine mittig in einem Becken stehende Brunnensäule mit einer oder mehreren Figuren geschmückt. Beispielhaft soll auf den Ulmer Fischkasten verwiesen werden, der etwa dreißig Jahre vor dem Haller Brunnen entstanden ist. Rund um die hohe Fiale sind drei Ritter angeordnet (Abb. 5). Barbara ROMMÉ deutete dies als politische Aussage, denn so „betonte man die Höherstellung der freien Reichsstadt Ulm gegenüber anderen Städten, indem man gerüstete Ritter als Wappenhalter wählte und sich

---

22 Im später entstandenen Chorgewölbe von St. Michael begegnet diese Anordnung in den Schlusssteinen wieder: Der Schlussstein mit einer Darstellung St. Michaels im Mittelschiff wird von den Darstellungen des Reichswappens im Norden und dem Stadtwappen im Süden flankiert.
23 Zur Entwicklung von Brunnen und ihrer skulpturalen Ausstattung vgl. die Arbeiten von Anneliese RAUTENBERG, Mittelalterliche Brunnen in Deutschland, Diss. Freiburg / Br. 1965; Alois THOMAS, Brunnen, in: Lexikon der christlichen Ikonographie, Sonderausgabe Bd. 1 (1994), Sp. 330–336, und Adolf REINLE, Brunnen (B. Mittelalterliche Brunnen in Mittel- und Westeuropa), in: Lexikon des Mittelalters, Bd. 2 (1999), Sp. 767–774. Vgl. allgemein zu den sozialen, rechtlichen und repräsentativen Funktionen von Brunnen: Wolfgang SCHMID, Brunnen und Gemeinschaften im Mittelalter, in: Historische Zeitschrift 267 (1998), S. 561–586; Susanne KRESS, „Der Mann uff dem Brunnen". Die Wappnerbrunnen in Südwestdeutschland als städtische Identitäts- und Erinnerungssymbole im 16. Jahrhundert, in: Blätter für deutsche Landesgeschichte 136 (2000), S. 51–99; Dorothee RIPPMANN, „...zum allgemeinen statt nutzen". Brunnen in der europäischen Stadtgeschichte, in: DIES., Wolfgang SCHMID u. Katharina SIMON-MUSCHEID (Hgg.), „...zum allgemeinen statt nutzen", Brunnen in der europäischen Stadtgeschichte. Referate der Tagung des Schweizerischen Arbeitskreises für Stadtgeschichte 2005, Trier 2008, S. 9–24.

Abb. 5: Der Ulmer Fischkasten. Foto: Helga Steiger.

selbst damit in den Adelsstand erhob".[24] Sämtliche Ritter bringen ihren gesellschaftlichen Status durch ihre Rüstung auch deutlich zum Ausdruck. In Schwäbisch Hall dagegen ist nur St. Georg in ritterlicher Kleidung dargestellt. St. Michael ist in ein geistliches Gewand gehüllt, Simson trägt eine modische Bürgertracht.[25] Im Vergleich mit zeitgleichen Darstellungen zeigt sich, dass es durchaus denkbar gewesen wäre, sowohl St. Georg als auch St. Michael als Ritter darzustellen. Im Verlauf des 16. Jahrhunderts häufen sich auch Darstellungen Simsons in einer Rüstung. Doch offenbar wurde die differenzierende Kleidung am Haller Marktbrunnen bewusst gewählt. Daher kann vermutet werden, dass auf diese Art die mittelalterliche Ständeordnung verbildlicht werden soll. Nur so werden auch der Höhenunterschied der Figuren und

---

24 Barbara Rommé, Der Ulmer Fischkasten. Eine weitere Kooperation der beiden Syrlins mit Michael Erhart, in: Brigitte Reinhardt u. Stefan Roller (Hgg.), Michel Erhart & Jörg Syrlin d. Ä. Spätgotik in Ulm, Stuttgart 2002, S. 180–193, hier S. 180.

25 Decker (Anm. 4) spricht auf S. 90 im Hinblick auf die Kleidung Simsons von einer „fürstlichen Kleiderordnung". Doch zeigt der unmittelbare Vergleich mit der Darstellung eines Landsknechts auf dem Doppelwappen vom Haller Unterwöhrdtor, dass „Halskette, enge Beinkleider mit Wadenbinden und Schnallenschuhen und auf dem Kopf das Barett" durchaus als modische Details auch von anderen Schichten getragen wurden. Zum Wappenstein vgl. Decker, Kat. 27, S. 101–113 und Deutsch (beide Anm. 4).

die unterschiedlich reiche Ausstattung der Baldachine erklärbar. Auf der untersten Stufe steht der ungewappnete Simson, der den Löwen mit bloßen Händen bezwingen muss. Der höher stehende Georg hat als Personifikation des Adelsstandes das Recht zum Waffengebrauch. Und St. Michael als Vertreter des geistlichen Standes bezwingt den Drachen nicht mit körperlicher Gewalt, sondern mit dem Kreuzeszeichen. Der Marktbrunnen darf daher als Verbildlichung und Rechtfertigung der ständischen Gesellschaft gewertet werden. Der Pranger steht in logischer Konsequenz oberhalb des Heiligen Georg, welcher den Adelsstand repräsentiert: Dem Rat der Stadt, der in diesem Zeitraum noch von einer Adelspartei regiert wurde, oblag die Rechtsprechung. Brunnen und Pranger bildeten in Hall einen zusammengehörigen Rechtsort.[26] Der Brunnen spiegelte die angestrebte Ordnung der Stadt Hall, in der jeder auf seine Art zum Erhalt des Gemeinwesens beitragen soll. Verfehlungen wurden für alle sichtbar am Pranger geächtet.

Auffällig ist, dass das Wasser, das zur Speisung des Brunnentroges benötigt wird, aus Röhren in das Becken fällt, die in den jeweiligen Mäulern der Bestien stecken (Abb. 6). Das ist an sich nichts Ungewöhnliches, denn seit der Antike ist es ein beliebtes Gestaltungsmittel eines Brunnens, Wasser aus einem Löwen- oder Drachenmaul schießen zu lassen. Während hierzu jedoch in der Regel eine stilisierte Maske dient, wurde in Schwäbisch Hall ein besonderer Wert auf die Integration in eine Figurengruppe gelegt, bei der das wasserspeiende (Un-)Tier bezwungen wird. Für dieses originelle Motiv findet sich im Bereich der Brunnen während des Mittelalters offenbar kein Vergleichsbeispiel. Bei den späteren Brunnen des 16. Jahrhunderts wird der Held auf einer Säule stehend gezeigt, der Lauf des Wassers ist nicht in eine heroische Tat integriert. Beispielhaft kann hier – motivisch nahe stehend – auf den Berner Simsonbrunnen oder den Freiburger Georgsbrunnen verwiesen werden.[27] Offenbar suchte man in Schwäbisch Hall eine eigenständige Lösung, die das Bezwingen der Wassergewalt zum Ausdruck bringen sollte.

Genau aus dieser Tätigkeit bezog die Haller Siederschaft ihren Wohlstand. Der hällische Salzbrunnen, der seine Lage am Kocher hatte, wurde als Gottesgabe angese-

---

26 Dementsprechend deutet Bernhard DECKER (Anm. 4), S. 95, das Ensemble als Rechtsstätte. Vgl. auch Ulrich SCHULZE, Brunnen im Mittelalter. Politische Ikonographie der Kommunen in Italien (Europäische Hochschulschriften, Reihe 28, Bd. 209), Diss. Marburg 1990, Frankfurt / M. u. a. 1994, S. 35: „Die Rechtsprechung war ebenso wie die Taufe, ein ‚Rechtsakt', durch den ein Mensch erst das Recht zum Eintritt in das Reich Christi erwirbt, an die Verwendung fließenden Wassers gebunden. Dem Rechtsakt der Taufe entsprach der Brauch, Urteile nicht nur am Brunnen zu sprechen, sondern sie auch gleich dort zu vollstrecken." SCHULZE verweist auf die Zusammengehörigkeit von Marktbrunnen und Pranger in Schwäbisch Hall unter Bezugnahme auf die Arbeit von Hermann SPINDLER, Der Brunnen im Recht, Würzburg 1983.
27 Vgl. zu den Wappnerbrunnen KRESS (Anm. 23). Allgemein zu wasserspeienden Tieren vgl. RAUTENBERG (Anm. 23), S. 237–240. Ich danke Harald Wolter-von dem Knesebeck für den Hinweis, dass das Motiv des Reitens auf einem Wasserspender häufig bei Gebrauchsgegenständen wie Aquamanilien begegnet, vgl. auch RAUTENBERG (Anm. 23), S. 239 f.

Abb. 6: Skulptur des Simson mit Öffnung für die Wasserleitung im Löwenmaul (Original im Hällisch-Fränkischen Museum, Schwäbisch-Hall). Foto: Helga Steiger.

hen, die allerdings in beständiger Gefahr war. Die Chronisten schildern Überschwemmungen des Haals sehr genau.[28] Die Sieder unterschieden dementsprechend in gutes Wasser (die Sole) und schlechtes Wasser. Wenn schlechtes Wasser bei Überschwemmungen in den Haalbrunnen eindrang und damit die Ergiebigkeit der Sole herabsetzte, bedrohte dies die materielle Existenz der Stadt. Die Stadtbewohner waren sich bewusst, dass das Salz eine Grundlage ihres Lebens und ihres Reichtums darstellte. Es war ein beständiger Kampf, dies zu erhalten. Dieser Kampf gegen das ‚schlechte Wasser', und damit im übertragenen Sinn gegen Unheil generell, wird eindrucksvoll am Marktbrunnen demonstriert, der auch in Schwäbisch Hall der „bedeutendste profane Bildträger des ausgehenden Mittelalters" war.[29] In diesem Sinne hat bereits Eduard KRÜGER das Programm gedeutet: „Aus dem Rachen schrecklicher Tiere strömt das Wasser, die unheilvollen Dämonen der Natur werden gebändigt, so dass die bürgerliche Ordnung entstehen kann – das ist die leitende Idee."[30] Allerdings sollte keine bürgerliche Ordnung in unserem heutigen Verständnis gezeigt werden, sondern eine

---

28 Vgl. dazu Herolt, S. 148–150, und Widman, S. 378 (beide Anm. 3).
29 SCHMID (Anm. 23), S. 578.
30 KRÜGER, Brunnenkultur (Anm. 7).

ständische Ordnung, die Geistlichkeit, Adel und Bürgertum in den ihnen zugeteilten Rollen widerspiegelt.

5 Die Anlage als Wandbrunnen

Völlig ungewöhnlich für dieses motivisch sich an bekannten Bildvorlagen orientierende und politisch konservative Skulpturenprogramm ist die innovative Form. Bei zeitgleichen Brunnenkonzeptionen ist die Anlage der Figuren in einer Reihe vor einer rückwärtigen Wand nördlich der Alpen nicht zu finden.[31] Als Vergleichsbeispiel wurde verschiedentlich auf die Fonte Gaia in Siena (1409–19) von Jacopo della Quercia hingewiesen. Auch hier handelt es sich um einen kommunalen Brunnen, der errichtet wurde, als die Stadt eine gesicherte Wasserversorgung schuf. Nur vermutet werden kann – in technischer Hinsicht – eine mögliche Vorbildhaftigkeit der alten Fontana di Trevi in Rom, die bis 1453 dem kapitolinischen Senat unterstand und ebenfalls als kommunaler Brunnen diente. Auch sie hatte drei Wasserauslässe.[32] Für ihre Form als Wandbrunnen können ebenfalls weder Vorbilder noch Rezipienten genannt werden.[33]

Mit der Position an der nördlichen Schmalseite des Marktplatzes an einem terrassierten Hang wurde der Haller Marktbrunnen nicht zentral auf dem Platz inszeniert. Auf den ersten Blick scheint es, dass der Brunnen ganz pragmatisch an das Wasserleitungssystem der Stadt angeschlossen wurde, denn eine wichtige Zuleitung führte genau auf den Brunnen zu.[34] Im Zuge der großen Baumaßnahmen am Markt-

---

[31] Bereits Hans VOLLMER, Schwäbische Monumentalbrunnen (Kunstgeschichtliche Studien 1), Berlin 1906, verweist auf den Haller Marktbrunnen als einzigen monumentalen „Wand-Laufbrunnen" in Schwaben, vgl. S. 27f., 69f., 96. REINLE (Anm. 23), Sp. 774, nennt nur den Haller Marktbrunnen als Beispiel eines Wandbrunnens im deutschsprachigen Raum. Auch RAUTENBERG (Anm. 23) kann nur auf wenige Abbildungen und nur kleinere erhaltene Anlagen verweisen, S. 24: „Den Wandbrunnen als große architektonische Brunnenanlage scheint es im Mittelalter nicht gegeben zu haben."
[32] Vgl. dazu das entsprechende Kapitel bei SCHULZE (Anm. 26), S. 153–161, Abb. 31–33 auf S. 159.
[33] So SCHULZE (Anm. 26), S. 161. „Der einzige bekannte städtische Brunnen, die alte Fontana di Trevi, ist dagegen in ihren Formen anscheinend nicht rezipiert worden. Dennoch muß sie als das eigentliche Vorbild *aller* kommunaler Brunnen angesehen werden, ist sie doch der einzige öffentliche Brunnen Italiens, der von der Antike bis ans Ende des Mittelalters ununterbrochen mit fließendem Wasser gespeist wurde und somit das Konzept für den von einem Aquädukt gespeisten städtischen Laufbrunnen im Zentrum einer mittelalterlichen Kommune vorgegeben hat." (ebd., S. 39).
[34] Vgl. Andreas MAISCH, Die Wasserversorgung von Schwäbisch Hall, in: 40 Jahre Stadtwerke Schwäbisch Hall Gmbh 1971–2011, Schwäbisch Hall 2011, S. 6–27. Zur Wasserversorgung des Mittelalters gibt es umfangreiche Literatur, verwiesen sei auf Klaus GREWE, Wasserversorgung und -entsorgung im Mittelalter – ein technikgeschichtlicher Überblick, in: Die Wasserversorgung im Mittelalter (Geschichte der Wasserversorgung 4), Mainz 1991, S. 11–86; sowie auf das entsprechende Kapitel bei Gerhard FOUQUET, Bauen für die Stadt: Finanzen, Organisation und Arbeit in kommunalen Baubetrieben des Spätmittelalters. Eine vergleichende Studie vornehmlich zwischen den Städten Basel und Marburg (Städteforschung Reihe A, Bd. 48), Köln, Weimar, Wien 1999, S. 224–250.

platz hätte der Brunnen durchaus anders positioniert werden können, doch wurde für den gewählten Standort eine eigenständige Lösung entwickelt. Mehrfach wurde der Haller Kirchenmeister Konrad Schaller als möglicher Entwerfer des Brunnens genannt. Es ist jedoch zu vermuten, dass der Haller Stadtbaumeister Peter Lockorn, der nachweislich verschiedene Wasserbauten in der Stadt und im Umland gefertigt hat, für die technische Konzeption des Marktbrunnens verantwortlich zeichnet.[35]

Der Haller Marktbrunnen erweist sich in seinem Figurenprogramm und seiner Anlage als ein konkret für diesen Ort angefertigtes Ensemble. Er richtete sich zunächst an die Einwohner der Stadt: Jeder sozialen Gruppe kam eine bestimmte Aufgabe zu, die jeweils zum gleichen Ziel führen sollte: dem Gedeihen des Gemeinwohls. Zentrale Figur ist dabei St. Michael, der häufig in Orten mit Salzgewinnung zum Stadtheiligen gewählt wurde.[36] Mit der Darstellung der Figuren von Simson und dem Heiligen Georg werden die Stände der mittelalterlichen Gesellschaft dargestellt. Das Bildprogramm könnte daher durchaus vor dem Hintergrund der zu diesem Zeitpunkt schwelenden Großen Zwietracht gesehen werden.[37] Gegenüber dem Marktbrunnen befand sich, wie in anderen Städten auch, die Trinkstube des Adels. Ausgehend vom exklusiven Nutzungsrecht der Trinkstube durch den Haller Adel entwickelte sich ein Streit, der ab den Jahren 1510/12 – also zeitgleich mit der Errichtung des Brunnens – zu einer Umgestaltung der Zusammensetzung des Rates und zu einer gesellschaftlichen Veränderung der Haller Bürgerschaft führte. Der Marktbrunnen wurde offenbar durch den überwiegend adligen Rat errichtet, um bestehende politische Verhältnisse zu repräsentieren. Trotz einer schrittweisen Änderung zu einer bürgerlichen Ratsverfassung in den folgenden Jahrzehnten schien der Brunnen als Bestandteil des städtischen Gemeinwesens weiterhin eine hohe Akzeptanz erfahren zu haben. Dies belegen die regelmäßigen Ausbesserungsarbeiten und die Integration in das Brauchtum der Stadt.

---

35 In der Stadt erwarb sich Meister Peter Lockorn ein großes Ansehen, weshalb ihm auch der Neubau des Haalbrunnens übertragen wurde (s. Stadtarchiv Hall, Sulenpaw 4/1023).

36 Vgl. zur Entwicklung eines Kirchenheiligen zum städtischen Patron Hans-Jürgen BECKER, Defensor et patronus. Stadtheilige als Repräsentanten einer mittelalterlichen Stadt, in: Jörg OBERSTE (Hg.), Repräsentationen der mittelalterlichen Stadt (Forum Mittelalter 4), Regensburg 2008, S. 45–63.

37 Zur Zwietracht vgl. STEIGER (Anm. 2). Als „mahnende Anspielung auf Streitigkeiten in der Stadt" hat auch Werner Martin DIENEL die Figuren des Markbrunnens gedeutet. Werner Martin DIENEL, Der Marktbrunnen. Ein spätgotisches Meisterwerk des Bildhauers Hans Beuscher, in: Hohenloher Leben 1975/5, S. 10.

Liste der Beitragenden

Rica Amran
Université de Picardie Jules Verne
Chemin du Thil
F-80025 Amiens
rica.amran@gmail.com
rica.amran@u-picardie.fr

Prof. Dr. Jürgen Bärsch
Lehrstuhl für Liturgiewissenschaft
Katholische Universität Eichstätt-Ingolstadt
Ostenstraße 26–28
D-85072 Eichstätt
juergen.baersch@ku.de

PD Dr. Stefan Burkhardt
Historisches Seminar
Ruprecht-Karls-Universität Heidelberg
Grabengasse 3–5
D-69117 Heidelberg
stefan.burkhardt@urz.uni-heidelberg.de

Prof. Dr. Brigitte Burrichter
Neuphilologisches Institut – Romanistik
Universität Würzburg
Am Hubland
D-97074 Würzburg
brigitte.burrichter@uni-wuerzburg.de

Hélène Cambier
Département d'Histoire de l'art et archéologie
Université de Namur
Rue de Bruxelles, 61
B-5000 Namur
helenecambier@hotmail.com

Prof. Dr. Mª Isabel del Val Valdivieso
Departamento de Historia Antigua y Medieval
Facultad de Filosofía Letras
University of Valladolid
Plaza del Campus Universitario s/n
E-47011 Valladolid
delval@fyl.uva.es

PD Dr. Görge K. Hasselhoff
FB 14 Humanwissenschaften und Theologie
Technische Universität Dortmund
Emil-Figge-Straße 50
D-44227 Dortmund
goerge.hasselhoff@udo.edu

Prof. Dr. Thomas Haye
Zentrum für Mittelalter- und
Frühneuzeitforschung
Universität Göttingen
Humboldtallee 19
D-37073 Göttingen
thomas.haye@phil.uni-goettingen.de

Sebastian Holtzhauer, M.A.
Ältere Deutsche Literatur und Literatur der frühen
Neuzeit
Institut für Germanistik
FB 7 – Sprach- und Literaturwissenschaft
Universität Osnabrück
Neuer Graben 40
D-49074 Osnabrück
sebastian.holtzhauer@uni-osnabrueck.de

Prof. Dr. Thomas Honegger
Institut für Anglistik/Amerikanistik
Friedrich-Schiller-Universität Jena
Ernst Abbe Platz 8
D-07743 Jena
Tm.honegger@uni-jena.de

Dr. phil. Dr.-Ing. Hauke Horn
Institut für Kunstgeschichte und
Musikwissenschaft
Abt. Kunstgeschichte
Johannes Gutenberg-Universität Mainz
Jakob-Welder-Weg 12
D-55128 Mainz
hornh@uni-mainz.de

Prof. Dr. Gerlinde Huber-Rebenich
Institut für Klassische Philologie
Universität Bern
Länggassstraße 49
CH-3012 Bern
gerlinde.huber@kps.unibe.ch

Prof. Dr. Ruedi Imbach
2, rue de Jaman
CH-1804 Corsier-sur-Vevey
Schweiz
ruedi.imbach@unifr.ch
ruedi.imbach@paris-sorbonne.fr

Prof. Dr. Uwe Israel
Lehrstuhl für Mittelalterliche Geschichte
Philosophische Fakultät
Technische Universität Dresden
Zellescher Weg 17
D-01069 Dresden
Uwe.Israel@tu-dresden.de

PD Dr. Georg Jostkleigrewe
SFB 1150 „Kulturen des Entscheidens"
Universität Münster
Robert-Koch-Straße 29
D-48149 Münster
g.jostkleigrewe@uni-muenster.de

Prälat Prof. Dr. Dr. h.c. Wendelin Knoch
Im Bruchfeld 7
D-45525 Hattingen
wendelin.knoch@rub.de

Dr. Sebastian Kolditz
Historisches Seminar
Ruprecht-Karls-Universität Heidelberg
Grabengasse 3–5
D-69117 Heidelberg
sebastian.kolditz@zegk.uni-heidelberg.de

Jacqueline Leclercq-Marx
Département d'Histoire, Arts et Archéologie
Faculté de Philosophie et Sciences sociales
Université Libre de Bruxelles
CP 133/01
50, av. F. Roosevelt
B-1050 Bruxelles
jalecler@ulb.ac.be

Dr. Marco Leonardi
SSD M-STO/01 Storia Medievale
Dipartimento di Scienze Umanistiche
Università degli Studi di Catania
Ex Monastero dei Benedettini
Piazza Dante 32
I-95124 Catania
mleonardit@yahoo.it

Dr. Christoph Mauntel
Graduiertenkolleg 1662 „Religiöses Wissen im vormodernen Europa (800–1800)"
Eberhard Karls Universität Tübingen
Liebermeisterstraße 12
D-72076 Tübingen
christoph.mauntel@uni-tuebingen.de

Prof. Dr. Hans-Rudolf Meier
Professur Denkmalpflege und Baugeschichte
Bauhaus-Universität Weimar
Geschwister-Scholl-Straße 8
D-99421 Weimar
hans-rudolf.meier@uni-weimar.de

Dr. María Aurora Molina Fajardo
Department History of Art
Facultad de Filosofía y Letras
University of Granada
Campus universitario de Cartuja
E-18071 Granada
mamf1981@gmail.com

Prof. Dr. Annapaola Mosca
Dipartimento di Scienze dell'Antichità
Facoltà di Lettere e Filosofia
Università degli Studi di Roma "La Sapienza"
Piazzale Aldo Moro 5
I-00185 Roma
annapamo@tin.it

Prof. Dr. Beata Możejko
Department of Medieval History of Poland and Auxiliary Sciences to History
Institute of History
Universitiy of Gdańsk
Wita Stowsza 55
PL-80-952 Gdańsk-Oliwa
beatmoz@gmail.com

Stephanie Mühlenfeld
Graduiertenkolleg 1876 „Frühe Konzepte von Mensch und Natur: Universalität, Spezifität, Tradierung"
Johannes Gutenberg-Universität Mainz
Hegelstraße 59
D-55122 Mainz
smuehle@uni-mainz.de

Dr. Hanns Peter Neuheuser M. A.
Eichendorff-Straße 1
D-50823 Köln
AFZ.Fortbildungszentrum@lvr.de

Prof. Dr. Sabine Obermaier
Deutsches Institut
Johannes Gutenberg-Universität Mainz
D-55099 Mainz
soberm@uni-mainz.de

Dr. Jenny Rahel Oesterle
Transkulturelle Studien
Ruprecht-Karls-Universität Heidelberg
Marstallstraße 6
D-69117 Heidelberg
oesterle@uni-heidelberg.de

Dr. des. Joanna Olchawa
Kunsthistorisches Institut
Universität Osnabrück
Katharinenstraße 5
D-49074 Osnabrück
joanna.olchawa@uni-osnabrueck.de

Dr. Niels Petersen
Institut für Historische Landesforschung
Universität Göttingen
Heinrich-Düker-Weg 14
D-37073 Göttingen
niels.petersen@phil.uni-goettingen.de

Prof. Dr. Arnd Reitemeier
Institut für Historische Landesforschung
Universität Göttingen
Heinrich-Düker-Weg 14
D-37073 Göttingen
arnd.reitemeier@phil.uni-goettingen.de

Prof. Dr. Angelica Rieger
Interkulturelle Studien – Romanistik
RWTH Aachen
Kármánstraße 17–19
D-52062 Aachen
angelica.rieger@rwth-aachen.de

Prof. Dr. med. Dr. phil. Ortrun Riha
Karl-Sudhoff-Institut für Geschichte der Medizin und der Naturwissenschaften
Medizinische Fakultät
Universität Leipzig
Käthe-Kollwitz-Straße 82
D-04109 Leipzig
ortrun.riha@medizin.uni-leipzig.de

Prof. Dr. Christian Rohr
Historisches Institut
Universität Bern
Länggassstraße 49
CH-3012 Bern
christian.rohr@hist.unibe.ch

Dr. Dieter Röschel
Kunsthistorisches Institut
Universität Bonn
Roseggerstraße 56
A-8670 Krieglach
roeschel.dieter@sed.cc

PD Dr. Jens Rüffer
Institut für Kunstgeschichte
Universität Bern
Hodlerstraße 8
CH-3011 Bern
jens.rueffer@ikg.unibe.ch

Paweł Sadłoń M.A.
Faculty of History
Universitiy of Gdańsk
Wita Stowsza 55
PL-80-952 Gdańsk-Oliwa
sadlon5@wp.pl

Dr. Laury Sarti
Friedrich-Meinecke-Institut
Freie Universität Berlin
Koserstraße 20
D-14195 Berlin
laury.sarti@fu-berlin.de

Manuel Schwembacher M.A.
Fachbereich Germanistik
Universität Salzburg
Erzabt-Klotz-Straße 1
A-5020 Salzburg
manuel.schwembacher@sbg.ac.at

Nicole Stadelmann M.A.
Stadtarchiv der Ortsbürgergemeinde St. Gallen
Notkerstraße 22
CH-9000 St. Gallen
nicole.stadelmann@ortsbuerger.ch

Dr. Helga Steiger
Stettener Straße 14
D-74586 Frankenhardt
helga.steiger@stuckateur-kolb.de

Dr. Robert Steinke
Lehrstuhl für Deutsche Sprache und
Literatur des Mittelalters
Universität Augsburg
Universitätsstraße 10
D-86159 Augsburg
robert.steinke@phil.uni-augsburg.de

Prof. Dr. Michael Stolz
Institut für Germanistik
Universität Bern
Länggassstraße 49
CH-3012 Bern
michael.stolz@germ.unibe.ch

Dr. Stefan Trinks
Institut für Kunst- und Bildgeschichte
Humboldt-Universität Berlin
Georgenstraße 47
D-10117 Berlin
stefan.trinks@culture.hu-berlin.de

Dr. András Vadas, Assistant professor
Institute of History
Department of Medieval and Early Modern
European History
Eötvös Loránd University
Múzeum krt. 6–8. I/136
H-1083 Budapest
vadas.andras@btk.elte.hu

Simone Westermann M.A.
Kunsthistorisches Institut
Universität Zürich
Rämistraße 73
CH-8006 Zürich
simone.westermann@uzh.ch

Dr. Esther P. Wipfler
Zentralinstitut für Kunstgeschichte
Forschungsstelle Realienkunde
Katharina-von-Bora-Straße 10
D-80333 München
e.wipfler@zikg.eu

Prof. Dr. Friedrich Wolfzettel
Institut für Romanische Sprachen und Literaturen
Universität Frankfurt am Main
Norbert-Wollheim-Platz 1
D-60629 Frankfurt am Main
wolfzettel@em.uni-frankfurt.de

Dr. Thomas Wozniak M.A.
Seminar für mittelalterliche Geschichte
Fachbereich Geschichtswissenschaft
Eberhard Karls Universität Tübingen
Wilhelmstraße 36
D-72074 Tübingen
thomas.wozniak@uni-tuebingen.de

Chun Xu, Doctoral Candidate
Karl Jaspers Centre for Advanced Transcultural
Studies
Ruprecht-Karls-Universität Heidelberg
Voßstraße 2
D-69115 Heidelberg
chun.xu@asia-europe.uni-heidelberg.de

Prof. Dr. Ueli Zahnd
Philosophisches Seminar
Universität Basel
Steinengraben 5
CH-4051 Basel
ueli.zahnd@unibas.ch

Dr. Daniel Ziemann, Associate Professor
Department of Medieval Studies
Central European University
Nádor utca 9
H-1051 Budapest
ziemannd@ceu.edu

Register

Die Register erfassen vorrangig die historischen und fiktiven Personen-, Gruppen- und Institutionsnamen bzw. Orte, geographische und politische Einheiten, die im Haupttext der Beiträge genannt sind. Nennungen in den Anmerkungen wurden nur in substantiell scheinenden Fällen aufgenommen, die über reine Nachweise hinausgehen. Die Schreibung der Personennamen folgt – mit einigen begründeten Ausnahmen – für antike Namen nach dem Neuen Pauly, für mittelalterliche nach dem Lexikon des Mittelalters. Zur besseren Benutzbarkeit wurden stellenweise knappe Erläuterungen angefügt. Anonyme Werktitel finden sich im Personenregister (jeweils kursiv gesetzt), wohingegen Werktitel mit bekannter Autorschaft nicht eigens angeführt werden, sondern sich über den Namen des Autors bzw. der Autorin finden lassen.

Verzeichnis der historischen und fiktiven Personen sowie der anonymen Werktitel

Aaron 565
Abbasiden 63, 73,
Abencaxon, Mahomad (Bürger von Mondújar) 271f.
Abd-er-Rahman ibn-Abi-l'-Abbâs (sizil.-arab. Dichter) 607
Abdinghofer Arzneibuch 48
Abel 482
Aberkios (Bf. von Hierapolis) 559
Abner de Burgos (Alfonso de Valladolid) 390
Abū l-Qāsim az-Zahrāwī 53
Achill 594
Adam 347 Anm. 10, 363, 482, 545, 550f., 588, 596, 600
Adelheid del Vasto 258
Adelheid von Vilich (Hl.) 51
Aelianus, Claudius 509
Aeneas 450
Agathias 143
Aidan (Bf. von Lindisfarne) 408
Aio (Anführer der Langobarden) 140
Alarich (Kg. der Westgoten) 86
Albert von Stade 107
Albertino da Mussato 112
Alberto (Ebf. von Ravenna) 111
Albertus Magnus 38 Anm. 8, 323 Anm. 6, 372f., 478, 484, 501 Anm. 2, 535–541, 546–548
Alboin (Kg. der Langobarden) 84
Albrecht VI. (Hzg. von Österreich) 219
Albrecht von Preußen (Hochmeister des Deutschen Ordens) 228

Albukasim (Albucasis) → Abū l-Qāsim az-Zahrāwī
Aldhelm 513 Anm. 22
Aldrovandi, Ulisse 520 Anm. 41, 526
Alexander d. Gr. 14, 557, 567, 570, 594
Alexanderroman (→ auch *Straßburger Alexander*) 49, 414, 416, 502 Anm. 6, 505f.
Alexander III. (Rolando Bandinelli, Papst) 358
Alexander Neckam 14, 502 Anm. 4, 518, 542–544, 551f.
Alexander von Tralle(i)s 53
Alfons V. der Großmütige (sizil.-aragones. Kg.) 260
Alfons VI. (Kg. von Kastilien und León) 390
Alfons X., der Weise (Kg. von Kastilien und León) 376, 378, 382, 390
Alfons XI. (Kg. von Kastilien und León) 390
Alfonso de Spina (Alonso de Espina) 386, 391
Alfonso de Valladolid (Abner de Burgos) 389f.
Aliénor von Aquitanien → Eleonore von Aquitanien
al-Istakhri (Bagdader Kartograph) 68f., 72
al-Ma'mūn (abbasidischer Kalif) 63
al-Mas'ūdī, 'Alī ibn Ḥasan (arab. Kartograph) 4, 59, 63, 68–70
Alonso de Córdoba, seigneur d'Aguilar 392
Alonso de Palencia 377, 381
Alonso Rodríguez 392
Altichiero da Zevio 308 Anm. 7
Amatus von Montecassino 605
Ambrosius Autpertus 560

Ambrosius (Bf. von Mailand) 24, 336, 339, 345, 349, 364 Anm. 47, 368 Anm. 1, 372 Anm. 19, 402, 409 Anm. 13, 416–418, 481 Anm. 42, 538, 558
Ameto (Figur bei Boccaccio) 470
Amor 443, 448, 453 Anm. 4 (Amour als Allegorie), 470, 570
Anania Širakac'i (armen. Geograph) 139
Anchises 562
Andrea de Spulpi (Richter aus Paternò) 259
Andreas (Apostel) 175, 588
Andromeda 529
Angelarios (Schüler des Kyrill und Method) 148
Angelsachsen 450
Annales Parmenses maiores 114
Annales regni Francorum 150
Arethusa 612
Anselm von Besate 404
Anselm von Laon 345–347, 351
Aristoteles 3, 18 f., 21, 31–34, 43, 517, 538 f., 543, 567
Armagnaken 498
Arnald von Villanova 45, 54
Arnold von Sachsen 538 f.
Arnoul d'Audrehem 130 Anm. 31
Arpe, Detlef 227
Asparuch (Sohn des bulgar. Herrschers Kubrat) 137
Athanarich (Kg. der Ostgoten) 84
Attila (Kg. der Hunnen) 143, 147
Aubrey, John 612
Augustinus von Hippo 4, 10, 17, 22–25, 32, 321, 324–332, 340 f., 345–348, 350, 355, 363 Anm. 43, 368 Anm. 1, 389, 416 f., 536
Augustus (röm. Ks.) 490 Anm. 6
Aurelianus (röm. Ks.) 134, 143
Ausonius, Decimus Magnus 94
Averroës 551 Anm. 49
Avicenna 53, 551 Anm. 49
Awaren (→ auch Awarenreich) 134, 137, 143

Bacchus 570, 589 Anm. 10, 594
Backer, Arndt 235
Bandinelli, Rolando → Alexander III.
Bardewigk, Martin 238 Anm. 56
Bar Hebraeus 139
Bartholom(a)eus Anglicus 62, 65, 69 f., 531, 538

Bartholomaeus Salernitanus 54 f.
Bartun, Andreas 226
Basileios II. (byz. Ks.) 135
Basilius d. Gr. 364 Anm. 47, 538
Batbaian (Sohn des bulgar. Herrschers Kubrat) 136 f.
Bathseba 306, 315
Baudemagus (Kg. aus der Artussage) 435 f., 444, 446 f.
Béart, Guy (Chansonnier) 470
Beatus von Liébana 585, 591 f., 596, 600
Beda Venerabilis 42 Anm. 21, 322 Anm. 6, 402, 408
Benacus (Gottheit) 195
Benedeit 415
Benedikt von Nursia 246, 256
Beneke, Paul 8, 229, 238–241
Benjamin (b. Jona) von Tudela 601, 607
Beowulf 511 Anm. 15, 523 f., 529 f.
Berig (Anführer der Goten) 140
Bernáldez, Andrés 376
Bernhard von Clairvaux 244, 322 Anm. 6, 404, 580
Bernhard von Gordon 54
Berthold von Regensburg 358 Anm. 18
Beuf (Boeff, Buf, Beff), Aymar (Marcus, Marot) 233–235
Beuf (Boeff, Buf, Beff), Pierre 230, 233, 235
Beuscher, Hans 614, 617, 619 f.
Bianco, Andrea 528
Bienenlob 334
Bils, Gallus 212
Bizart, Pierre 234
Boccaccio, Giovanni 12, 312, 315, 317, 465–472, 476 f., 480, 483 f., 569, 607
Boensack, Joachim 226
Boëthius, Anicius Manlius Severinus 561
Bolte, Lukas 227
Bonasone, Giulio 530
Bonifatius 357
Bonifaz VIII. (Papst) 128
Bonitus (Bf. von Clermont) 582
Boris (bulgar. Herrscher) 135, 145
Botticelli, Sandro 562
Brandan (Brendan) 11, 406–418, 535
Breslauer Arzneibuch 54 Anm. 109
Bretonen 449–451, 458, 464
Brising, Eberli 211
Brutus (legendärer breton. Herrscher) 450

Buch der Erschaffung und Geschichte (arab. Werk, 1570) 61
Buch der Kuriositäten (arab. Werk, 10. Jh.) 63, 72, 75 Anm. 71
Bulgaren (→ auch Bulgarien) 6, 102, 134–137, 139–143, 145, 147
Bulgarios (legendärer Gründer der Bulgaren) 138 f.
Buman, Hans 217
Buoch von guoter spise 45
Buonaccorsi, Pietro → Del Vaga, Pierino
Burgkmair, Hans 563
Byzantiner (→ auch Byzantinisches Reich, Konstantinopel) 86, 102, 135, 137, 142, 145, 148, 199

Calogrenant (Ritter der Tafelrunde) 453–456, 459 f., 462
Candora, Giovanni Maria 262
Caprara, Mauro 263
Carrara (Adelsgeschlecht) 117, 314
Carroll, Lewis 524 Anm. 16
Cassiodorus 80, 106
Catullus, C. Valerius 194
Č'dar-Bolkar (mythisches bulgarisches Volk) 139
Celsus, Aulus Cornelius 53
Charybdis 85
Chasaren (Volk) 159 Anm. 52
Chaucer, Geoffrey 466 Anm. 4
Cheng (Ks. von China) 183
Chrétien de Troyes 12, 431–449, 452–460, 463, 471, 590 Anm. 15
Christian I. (Kg. von Dänemark) 222
Christian II. (Kg. von Dänemark) 228
Christine de Pizan 12, 488–499, 557, 562–564
Christus → Jesus von Nazareth
Chronica parva Ferrariensis 114
Cicero, Marcus Tullius 104 Anm. 88, 402, 469
Ciriaco d'Ancona (Ciriaco de' Pizzicoli) 202
Clemens V. (Papst) 116
Columban 408
Copho Magister (Pseudo-Kopho) 54
Cosinoti, Pierre 235 Anm. 37
Cuthbert (Hl.) 51 Anm. 81

Dante Alighieri 4, 17, 30–35, 201, 470 f., 482, 557, 561–563, 571
Darwin, Charles 546

David 315, 559, 583
Del Vaga, Pierino 530 Anm. 44
Demokrit 469
Descriptio Claraevallensis 243
Deutscher Macer (Odo von Meung) 48
Deutsches Salernitanisches Arzneibuch 54 Anm. 109
Diana 465, 468–471
Diego de Deza 379
Diego de Valera 377, 381 f.
Dietz, Hans 212
Dionysius Areopagita 346 Anm. 4, 364 Anm. 46
Dionysos → Bacchus
Dirxen, Steffen 224, 226
Dorn, Martin 211
Dowager Gao (Ks.in von China) 184
Duči-Bulgar (mythisches bulgarisches Volk) 139
Düdesche Arstedie 54 Anm. 109
Dürer, Albrecht 614, 619 f.
Durandus de San Porciano (Durandus von Saint-Pourçain) 323 Anm. 6

Eberhardsklausener Arzneibuch 48
Ebstorfer Weltkarte 62 Anm. 12, 66 f., 70 Anm. 56, 407 f., 417 Anm. 69
Ecclesiastica Officia 251, 253 f.
Eckhart, Meister (Eckhart von Hochheim) 11, 367 f., 370–374
Eduard I. (Kg. von England) 613
Efraim (ben Jakob) de Bonn 390
Egerton Meister 564
Egica (Kg. der Westgoten) 387
Eleonore (Aliénor) von Aquitanien (Kgin. von England) 449, 452
Elischa 340 f.
Emeterius (Künstler des Beatus) 592 Anm. 24
Ende (Künstlerin des Beatus) 592 Anm. 24
Ennodius, Magnus Felix 403
Enrico (Gf. von Paternò) 257
Enrico di Maestro Andrea (Richter aus Paternò) 259
Enríquez del Castillo, Diego 380 f.
Epikur 469
Ertmann, Michael 237
Erwin von Steinbach (Baumeister) 173
Euklid 373
Eva 347 Anm. 10, 482, 590 (neue Eva), 593
Ezechiel 340–342, 559, 565

Fabri, Felix 61 Anm. 8
Fatimiden 73 f., 76
Feldstete, Rudolf 235 f.
Feliciano, Felice 193, 202
Ferdinand II. (Kg. von Aragón) 381
Fere, Johann 235
Filippo di Santa Sofia (Notar) 261
Francesco da Siena 313
Franken (Volk, → auch Frankenreich) 110
　　Westfranken (Volk) 158
Franziskus von Assisi 51, Anm. 81, 465, 471
Friedrich I. Barbarossa (Ks., röm.-dt. Kg.) 113
Friedrich I. von Aragón (Kg. von Neapel) 607
Friedrich I. (Hzg. von Schleswig und Holstein, Kg. von Dänemark) 222
Friedrich II. (Ks., röm.-dt. Kg.) 14, 257, 542, 548
Friedrich III. (Ks., röm.-dt. Kg.) 219 Anm. 53
Friedrich IV. (Kg. von Aragón) 258
Fritiger (Anführer der Goten) 147
Furtmeyer, Berthold 567

Galenos von Pergamon 53, 307
Galfridus Monemutensis (Geoffrey von Monmouth) 449
Galla Placidia 558
Gallienus (röm. Ks.) 197
Gangolf (Hl.) 51 Anm. 81
Ganymedes 594
Gao (chines. Klan) 187
Gao Ruxing (chines. Beamter) 187
Gauvain 435 f., 438, 444–448
Geiserich (Kg. der Vandalen) 86
Genesis (1. Buch Mose) 4, 10, 17, 22 f., 367–374, 481, 507 Anm. 30, 588
Gensterndorf, Hans von 219
Geoffrey von Monmouth → Galfridus Monemutensis
Georg (Hl.) 15, 614, 616 f., 619 f., 622 f., 626
Gerlachsche Karte 280 Anm. 16
Gessner, Konrad 520 Anm. 41, 526
Giacomino de Craparia (Richter aus Paternò) 259
Gilbertus Anglicus 54 f.
Giovanni de Dondi dall'Orologio 313
Giovanni di Conversino da Ravenna 313
Giovannino de' Grassi 313
Giraldus Cambrensis 543 f., 551 f.
Glossa ordinaria 368 f.

Goten 80, 83–86, 140 f., 143, 147
　　Ostgoten (→ auch Ostgotenreich) 134
　　Westgoten 87, 134, 387
Gothaer Arzneibuch 54 Anm. 109
Gottfried von Viterbo 517
Graf, Urs 570
Gratiae (Grazien) 9, 317, 569
Gregor I. d. Gr. (Papst) 338 f., 346 Anm. 4
Gregor IX. (Papst) 113 Anm. 44
Gregorius (Figur bei Hartmann von Aue) 12, 419–430
Grendel (Ungeheuer im ‚Beowulf') 523
Grimaldi, Regniero 129
Groen, Hinrich 226
Guillaume de Lorris 476 Anm. 14, 493
Guillaume de Plaisians 131
Guinevere (Frau des Kg. Artus) 436, 438
Gulielmus Placentinus → Wilhelm von Saliceto

Habakuk 559
Haller, Heinrich 409, 415
Haly (Hali) Abbas 53
Hans (Johann) (Kg. von Dänemark, Norwegen und Schweden) 221–224, 226–228
Hartlieb, Johannes 38 Anm. 8, 415
Hartmann von Aue 12, 413 Anm. 44, 419–430, 449, 457 f., 463
Hauteville (normann. Adelsfamilie) 15, 601, 607, 612
Heinrich I. (Kg. des Ostfrankenreichs) 86 Anm. 52
Heinrich I. von Breslau 360
Heinrich II. Plantagenêt (Kg. von England) 449, 612
Heinrich IV. (Ks., röm.-dt. Kg.) 402
Heinrich IV. (Kg. von Kastilien) 380, 388, 391
Heinrich VI. (Ks., röm.-dt. Kg.) 601, 605 Anm. 8
Heinrich von Neustadt 507 Anm. 30
Heinrich von Schladen 285
Herbarium Carrarese 314 Anm. 25
Hereford-Weltkarte 66, 75 Anm. 71, 407
Herodot 141 f., 513
Herolt, Johannes 615 Anm. 3, 624 Anm. 28
Hieronymus, Sophronius Eusebius 596 Anm. 38
Hildegard von Bingen 20, 37–39, 44 f., 50, 52 Anm. 88, 502 Anm. 5, 539
Hiob 536
Hippokrates 52 f., 55
Hoker, Hans 225

Homer 577
Hongwu (Ks. von China) 180, 182, 185
Hongzhi (Ks. von China) 180 f., 184
Honorius Augustodunensis 42 Anm. 21, 62, 65, 70, 365, 577, 591 Anm. 21
Horatius Flaccus 576
Hortus sanitatis 518, 520, 526 f., 530 f.
Hrabanus Maurus 340, 364, 402, 510 f., 591 Anm. 21
Hugo I. (Gf. von Vienne) 87
Hugo von Montfort 210, 218
Hugo von Saint-Cher 549 f.
Hugo von St. Viktor 10, 322 Anm. 6, 326 f., 345–353, 363–365
Hunnen 134, 136, 141–143, 147
Huon de Méry (Trobador) 12, 449, 457–460, 462 f.
Hutter, Franz 215
Hypnerotomachia Poliphili 569

Ibn Bassal (arab. Botaniker) 473
Ibn Butlān (arab. Arzt) 305, 307 f., 310 f.
Ibn Ǧubair (Ibn Dschubair, span.-arab. Geograph) 602, 605
Ibn Ḥauqal (arab. Kartograph) 4, 59, 63 f., 72–74, 76
Ibor (Anführer der Langobarden) 140
Innozenz III. (Papst) 552
Iorach (Iorath) 538 f.
Isabella I. (Kgin. von Kastilien und Aragón) 380 f., 388, 391
Isidor von Madrid (San Isidro) 378
Isidor von Sevilla 4, 13, 42 Anm. 21, 59, 62, 64 f., 68, 76, 90 f., 338 f., 402, 417 Anm. 69, 510, 512, 515–517, 522 Anm. 5, 534 f., 538, 580, 594, 596
Ivan Svjatoslav (Fürst der Kiever Rus) 135, 149
Ivan III. Vasil'evič 222
Iwein (→ auch Yvain) 426, 449, 457

Jacopo della Quercia 625
Jakob (at. Patriarch) 27
Jakob von Vitry 14, 542
Jakobus d. Ä. (Apostel) 588
Jancofiore (Person im *Decameron*) 312
Jean II. (Hzg. von Berry) 315 f., 491
Jerónimo de Santa Fe 389
Jesaja (Prophet) 612, 481 Anm. 40

Jesus von Nazareth (Jesus Christus) 4, 15, 17, 26–30, 70 Anm. 56, 253, 322–325, 338–340, 342 f., 345, 347 f., 350 f., 353–355, 357, 359, 361 Anm. 32, 363–366, 382, 389, 398, 400 f., 408–410, 414, 417 Anm. 69, 423–425, 430, 481, 509, 513 Anm. 22, 557–560, 562, 564 f., 567, 572 f., 577, 585–600, 623 Anm. 26
Jiajing (Ks. von China) 181, 186
Jingtai (Ks. von China) 188
Johann (Bf. von Oradea) 302
Johann II. (Kg. von Kastilien) 382 Anm. 19, 388
Johann von Berry → Jean II.
Johanna ‚la Beltraneja' (Joanna de Trastámara, Infantin von Kastilien) 380 f.
Johannes der Täufer 15, 29 Anm. 36, 339, 342, 346 f., 585 f., 589, 591 f.
Johannes (Evangelist) 17, 26, 29, 321, 324 f., 334, 336, 342 f., 592
Johannes (Apostel) 588
Johannes (Autor der Apokalypse) 591
Johannes Beleth 339, 364 f.
Johannes de Ragusa 322
Johannes Duns Scotus 329 f.
Johannes Presbyter 567
Johannes I. Tzimiskes (byz. Ks.) 135, 149
Johannes von Gaddesden 54
Jona (Buch des AT) 13, 537
Jonas 421, 527 Anm. 31, 532–537, 539, 541
Jordanes 4, 78–81, 83–88, 135, 140 f.
Joseph (Stammvater Israels) 27
Joseph von Arimathia 598 Anm. 45
Joseph von Nazareth 593
Josephos Hymnographos 560
Juan de Torquemada 321–324, 332
Juan de Valladolid 389
Juan de Vega (Vizekönig in Sizilien) 262
Judas 528
Julius von Roden-Wunstorf 282
Jupiter 9, 317
Justinus Martyr 336

Kain 482
Karl (I.) d. Gr. 49
Karl (II.) d. Kühne 240
Karl IV. (Ks., röm.-dt. Kg.) 50
Karl V. (Kg. von Frankreich) 131 Anm. 31
Karl VI. (Kg. von Frankreich) 131 Anm. 33, 563
Kasimir Andreas IV. (Kg. von Polen) 222

Katalanische Weltkarte 72
Kerlyn, Hinrich 226
Kern, Arnold 177
Kliment (Schüler des Kyrill und Method) 148
Kobler, Konrad 212, 215
Kock, Jürgen 224
Kolumbus, Christoph 408, 410
Konrad von Megenberg 14, 38f., 501f., 506f., 518, 531, 542, 549
Konstans II. (byz. Ks.) 136
Konstantin (I.) d. Gr. (röm. Ks.) 41, 136
Konstantin IV. (byz. Ks.) 137
Konstantin VII. Porphyrogennetos (byz. Ks.) 101 Anm. 74
Koppe, Lorenz 226
Kotragen (Volk) 136
Kotragos (Sohn des bulgar. Herrschers Kubrat) 136 f.
Krum (bulgar. Khan) 135
Kubrat (Herrscher über die Bulgaren und die Kotragen) 136, 139 f.
Kunibert (Bf. von Köln) 175
Kupʻi Bulgar (mythisches bulgarisches Volk) 139
Kutrigur (legendärer Herrscher der Kutriguren) 141
Kutriguren (Volk am Schwarzen Meer) 134, 141
Kyrill (Slawenapostel) 148
Kyrill (Bf. von Jerusalem) 364 Anm. 47, 582 f.

Lackorn, Georg David 617
Lancelot 12, 431–448, 471
Lange, Caspar 235
Langobarden 140
Latini, Brunetto 37, 62, 65, 535
Laurentius 349, 597 f.
Laxmannd, Poul 226
Lazarus 15, 588 f., 600
Lemke, Pawel 224, 226
Leon I. (byz. Ks.) 560
Leviathan 505, 531, 536, 538
Lia 465, 470
Liber sacramentorum Gellonensis 347 Anm. 25
Libro de Apeo y Repartimiento 267, 270 Anm. 19
Libro de Población 267
Li Jingyuan (chines. Beamter) 187
Linné, Carl von 521 f.
Liutprand von Cremona 4, 78 f., 82–88, 200
Livre du Chevalier de la Tour 315

Lockorn, Peter 626
Lombarden 114 f., 199 f.
Lorenzetti, Ambrogio 314
Lorenzo de Malgerio (Richter aus Paternò) 259
Lothar III. von Süpplingenburg (Ks., röm.-dt. Kg.) 50
Lucillus (Figur aus der Laurentius-Legende) 349
Lucretius Carus, T. 465, 469
Ludwig der Bayer (Ks., röm.-dt. Kg.) 164
Ludwig der Fromme (Ks., fränk. Kg.) 148
Ludwig I. (Kg. von Ungarn) 298
Ludwig IX. (Kg. von Frankreich) 127, 458
Ludwig X. (Kg. von Frankreich) 127 Anm. 24
Ludwig XI. (Kg. von Frankreich) 235
Ludwig von Anjou (Lieutenant du roi im Languedoc) 131 Anm. 33
Lütticher Tacuinum 309, 312–317
Lukas (Evangelist) 559

Macrobius, Ambrosius Theodosius 402
Maestro del Codice Cocharelli 474
Maimonides → Moses ben Maimon
Mandeville, Jean de 552
Mant, Rythyer 233 Anm. 22
Marcus Aurelius (röm. Ks.) 195
Maria (Hl., Gottesmutter) 175, 234, 240, 298 Anm. 20, 376, 378, 551, 557–560, 565–568, 590 (Maria Ecclesia), 593, 595
Marie de Champagne 452
Mars 43
Marsilius von Padua 314
Martianus Capella 561
Martin (I.) d. J. (sizil.-aragones. Kg.) 260
Martin (II.) d. Ä. (sizil.-aragones. Kg.) 260
Martin da Canal 114
Martín de Castañega, Fray 376, 379
Martin von León 390
Marziale (Abt von Sant'Andrea de Insula zu Brindisi) 260
Matthäus (Evangelist) 42, 534, 573 Anm. 3
Maurikios (byz. Ks.) 138, 144
Mauro, Fra 4, 59, 72
Maximilian I. (Ks., röm.-dt. Kg.) 564
Medici (Familie) 240
Megasthenes 509
Mehlmann, Georg 240 Anm. 66
Meinrich, Caspar 227
Meister Alexanders Monatsregeln 45 Anm. 48
Meister der Cité des dames 491 f., 495–498

Meister der Épître d'Othéa 491, 564
Meister des Policratique 562
Méléagant (Ritter aus der Artussage) 435f., 444, 447
Melli, Hans 217
Memling, Hans 8, 229f., 240f.
Mesarites, Nikolaos 612
Method (Slawenapostel) 148
Methodios (Bf. von Olympos) 593
Michael (Erzengel) 617–620, 623, 626
Michael der Syrer 138
Mickelsson, Cleys 224
Ming-Dynastie 6, 179–185, 188f.
Mongolen 180
Montaigne, Michel de 216
Montfort, Gf.en von 210f., 215, 218
Morisken 268, 270 Anm. 19
Moses 23, 44, 51, 361, 365, 421, 561, 580
Moses ben Maimon (Moses Maimonides) 11, 369
Mossóczy, Zakariás (ungar. Rechtsgelehrter, 16. Jh.) 293
Musen 562f.

Naaman der Syrer 330, 339
Nahum 559
Naum (Schüler des Kyrill und Method) 148
Navigatio sancti Brendani abbatis 11, 406f.
Neptunus 195
Nicoloso de Riso 259
Nikephoros I. (byz. Ks.) 86, 135
Nikephoros I. (Patriarch von Konstantinopel) 6, 134, 136, 140–142
Nikephoros Kallistos Xanthopoulos 560
Nikolaus von Lyra 11, 367, 373f.
Nikolas von Ockham 550f.
Noah 361, 580
Norby, Sören 224 Anm. 10
Normannen (→ auch Normannenreich) 15, 102, 257, 415, 449, 451, 601, 605, 608f., 611f.
Notburga von Bühl (Hl.) 51 Anm. 81

Odo von Meung → Deutscher Macer 48
Odoricus von Pordenone 553
Odysseus (Ulixes) 410, 512, 577
Ołchontor-Blkar (mythisches bulgarisches Volk) 139
Oldenburgische Vogteikarte 280 Anm. 16
Olympias (Mutter Alexanders d. Gr.) 567

Omurtag (bulgar. Khan) 135, 147f.
Onesikritos 509
Ordo Romanus I 359
Ordo Romanus XI 358
Oreibasios 53
Orosius 80
Ortolf von Baierland 42 Anm. 22, 48, 55f.
Osterpraeconium 356
Ostgoten → Goten
Otto I. (Ks., röm.-dt. Kg.) 86
Otto III. (Ks., röm.-dt. Kg.) 559
Otto (Hzg. von Braunschweig) 287f.
Ovide moralisé 557, 562, 569
Ovidius Naso, Publius 470, 557, 569

Paracelsus, Philippus Aureolus Theophrastus v. Hohenheim 50
Paré, Ambroise 520 Anm. 41
Paschalis I. (Papst) 594 Anm. 32
Paulus (Apostel) 343, 346 Anm. 5, 348, 401
Paulus Diaconus 4, 79, 82–88, 140
Paulus von Aigina 53
Paulus von Burgos (Pablo de Santa Maria) 389
Pawest, Berndt 8, 229, 236–239
Payne, Peter 322, 332
Pedro de Cuéllar (Bf. von Segovia) 376, 382f.
Pegasus 562–564
Pelagius (Papst) 87 Anm. 58
Perseus 529f.
Peterssen, Hans 224
Petrarca, Francesco 470, 477
Petrus (Apostel) 588, 598
Petrus Alfonsi 389
Petrus Aureoli 331
Petrus Candianus IV. (Doge von Venedig) 108
Petrus Damiani 11, 397f., 401–404
Petrus de Crescentiis 473, 477, 479 Anm. 30
Petrus de Palude 322 Anm. 6
Petrus Lombardus 10, 327–331
Petrus Sarmiento 388 Anm. 7
Petrus von Aguayo 392
Petrus von Eboli 309, 601, 603, 611
Petrus von Torreblanca 392
Peutinger, Konrad 564
Philipp III. (Kg. von Frankreich) 127
Philipp IV. der Schöne (Kg. von Frankreich) 128f., 131
Philipp VI. (Kg. von Frankreich) 130 Anm. 31
Philipp der Kühne (Hzg. von Burgund) 491

Physiologus 505 Anm. 21, 512–514, 532–539, 543, 547, 575–577, 580
Piero di Cosimo 530 Anm. 46
Pierre de Beauvais (Pierre le Picard, Übersetzer eines Bestiariums) 547, 551
Pierre de Béziers 131
Pisani, Giorgio 202
Pizzigani, Brüder (Domenico und Francesco) 528
Platearius, Matthaeus 54
Platon 78, 373
Plinius d. Ä. 194, 509–512, 517 f., 521 f., 530, 534, 538 f.
Poggio Bracciolini, Gian Francesco 469
Polybios 194
Pomena 465, 467
Pomponius Mela 81 Anm. 17
Pontius Pilatus 572 f.
Portinari, Tommaso 239 f.
Preußische Landesaufnahme 280 Anm. 16
Priskos von Panion 141, 143
Prokopios von Caesarea 134, 141, 143 f.
Protoevangelium Jacobi 593
Pruneo (Figur bei Boccaccio) 470
Pseudo-Isidor 337
Pseudo-Kopho → Copho Magister
Ptolemaios (Geograph) 68, 72, 76, 139 f.
Punier 87
Pyramus 569 f.

Quessin, Matthias 227
Quintilianus, Marcus Fabius 403
Quisanot, Pierre 235

Radulfus Glaber → Rodulfus Glaber
Raemondus Vitalis 132 Anm. 35
Raimondi, Marcantonio 570
Ramiro II. ‚el Monje' (Kg. von Aragón) 597
Ramón Martí → Raymundus Martinus
Raoul de Houdenc 463 Anm. 9
Rases → Rhazes
Rashi → Shlomo ben Yitzhaq
Raymundus Martinus (Ramón Martí) 389
Reccaredus, Flavius 387
Rechiar (Kg. der Sueben) 87
Regimen sanitatis Salernitanum 45 Anm. 41
René von Anjou 232
Renzong (Ks. von China) 183
Reymans, Leonhard 41

Rhazes (Rases) 53 Anm. 96
Richard Fishacre 329 f.
Richard von Fournival 535
Ringgli, Wilhelm 214
Robert II. (Gf. von Artois) 612
Rodoald (Langobarde) 85 Anm. 41
Rodulfus (Radulfus) Glaber 535
Roger II. (Kg. von Sizilien) 602, 605, 607
Roman de Fauvel 568
Romualdus Guarna (Ebf. v. Salerno) 53, 601, 606
Rondelet, Guillaume 520 Anm. 41
Rosenroman (Roman de la rose) 488, 493–495, 568
Rudolf (Rodulf) von St. Trond 579
Ruggero d'Altavilla 255
Rus (Volk) 101, 149
Russo, Giovanni (Bürger von Paternò) 264

Sachsen (Volk) 140
Salabaetto (Figur im *Decameron*) 312
Salimbene de Adam 115
Salome (Zemeli, Hebamme Mariens) 593
Salomo 561, 565
Salvaggio, Isabella 261
Samson → Simson
Samuil (bulgar. Zar) 135
Sancho III. Garcés 390
Sanudo, Marco 202
Sanudo, Marin(o) d. Jg. 63 Anm. 20, 70, 193, 202–205
Sarazenen 86 f.
Satan 420, 462
Schaller, Konrad 626
Schaumburg, Gf.en von 287
Schneider, Wilhelm 235
Scriptor Incertus 145
Scylla → Skylla
Seneca, Lucius Annaeus d. Ä. 403
Servius (Vergilkommentator) 510
Sforza, Francesco 568
Shlomo ben Yitzhaq (Rashi, Bibel- und Talmudkommentator) 367–372, 374
Sibylle 563
Sicardus von Cremona 580 Anm. 27
Sigismund I. (d. Ä.) Jagiello (Gf. von Litauen, Kg. von Polen) 224
Silvester I. (Papst) 41
Simeonis, Symon 505 Anm. 19

Simson (Samson) 15, 614
Sixtus IV. (Papst) 240, 482
Skaliger (Adelsgeschlecht) 117
Skylla (Scylla) 512
Slawen 134, 144
Sokrates 78
Solinus, C. Iulius 543
Song (chines. Dynastie) 179, 183–187
Sophonias (Prophet) 559
Sophronios (Patriarch von Jerusalem) 560
Sorben 40
Stammler, Johannes 564
Staufer 258 Anm. 12, 602, 612
Steckel, Konrad 553
Stefano da Giovanni 567
Stephan I. der Heilige (Kg. von Ungarn) 302 Anm. 38
Stolevolt, Hans 225
Storm, Ambrosius 227
Strabon 194, 509
Straßburger Alexander 416 f.
Sture, Sten 222
Sueben 87
Svjatoslav → Ivan Svjatoslav (Fürst der Kiever Rus)
Symeon d. Gr. (bulgar. Zar) 135, 145 f.
Symeon der Logothet 145

Tacuinum sanitatis 10, 37 Anm. 2, 45 f., 305, 307, 310 f., 314, 318
Taidai (chines. Gottheit) 186 f.
Tanagali, Catarina 230 Anm. 2
Tang (chines. Dynastie) 183
Tani, Angelo 230 Anm. 2
Tani (Familie) 230
Tankred von Lecce (Kg. von Sizilien) 602, 605 Anm. 8
Tarolfo (Figur bei Boccaccio) 466
Tebano (Figur bei Boccaccio) 466 f.
Tegel, Heinrich 226
Tertullianus, Q. Septimius Florens 582, 594
Theoderich d. Gr. (Kg. der Ostgoten) 7, 193, 198, 204
Theoderich (Abt von Saint-Trond) 579
Theodoros von Tarsos (Ebf. von Canterbury) 513
Theophanes Confessor 6, 134, 136, 138, 140–142, 150, 159, 161 f.
Thisbe 570, 569
Thiudimer (Kg. der Goten) 85

Thomas von Aquin 4, 19, 21, 26, 31, 322 Anm. 6, 328, 332 f., 349, 536
Thomas von Cantimpré 516–519, 522 Anm. 5, 525–528, 531, 537–542, 549
Thomas von Monmouth 389
Timotheus 401
Topsell, Edward 526
Torbiörnsson, Otte 226
Trappe, Hans 226
Trevisa, John 531
Tudor Doksov (slaw. Mönch, Übersetzer) 146
Turk'k (Volk) 139
Tûtî-nâmech (pers. Geschichtensammlung) 466 Anm. 4

Ulfstand, Jens Holgerssen 223, 226 f.
Ulixes → Odysseus
'Umar (Kalif) 75 Anm. 72
Ungarn (Volk) 110, 135
Urban V. (Papst) 313
Utigur (legendärer Herrscher der Utiguren) 141
Utiguren (Volk am Schwarzen Meer) 134, 141

Vandalen 86
van de Geest, Cornelis 307
van Eyck, Jan 306 f.
van Haecht, Willem 307
Varro Terentius, M. 516 Anm. 25
Velasquez Porrado, Fernando 260 f.
Venus 42 f., 317, 441, 465, 468–471, 568–570
Vergilius Maro, P. 194, 562
Vesconte, Pietro 4, 60, 70–72, 76
Vettori, Pietro 202
Vigilius (Papst) 360 Anm. 25
Vinzenz Ferrer 388 Anm. 5
Vinzenz von Beauvais 537 Anm. 20, 539 Anm. 25
Visconti (Familie) 201, 308 Anm. 7, 313 f.
Visconti, Bernabò 313, 318
Visconti, Bianca Maria 568
Visconti, Gian Galeazzo 313 f.
Von der Wassersucht 54 f.

Wace 12, 449–457, 463 f.
Walter (Propst von Dorstadt) 285
Walter Daniel 243
Waräger (skandinav. Händler und Krieger) 101
Wechtlin, Johannes 570
Weinreich, Caspar 232
Wenzong (Ks. von China) 183

Werbőczy, István (ungarischer Rechtsgelehrter, 16. Jh.) 293 f.
Werner von Womrath 171
Westfranken (Volk) → Franken (Volk)
Westgoten → Goten
Wibert (Prior von Christ Church in Canterbury) 8, 242, 245–248
Widman, Georg 615 Anm. 3
Widukind von Corvey 140
Wikinger 86 Anm. 52
Wilhelm I. (Kg. von Sizilien) 607 f.
Wilhelm II. (Kg. von Sizilien) 602, 607, 611
Wilhelm d. Ä. (Hzg. von Braunschweig-Lüneburg) 281
Wilhelm Durandus von Mende 351 f.
Wilhelm Duranti 322 Anm. 6
Wilhelm von Auxerre 333 Anm. 1
Wilhelm von Saliceto (Gulielmus Placentinus) 54
William von Norwich 389
Wolfgang (Hl.) 51
Wulfstan von Haithabu (angelsächs. Reisender, 9. Jh.) 99

Xia (chines. Dynastie) 182

Yongle (Ks. von China) 180
Yuan (chines. Dynastie) 180
Yü d. Gr. (sagenhafter Ks. von China) 182, 186, 188
Yvain (→ auch Iwein) 12, 449, 452 f., 456 f., 462

Zainer, Günther 569
Zanj (Volk am Indischen Ozean) 73
Zemeli → Salome (Hebamme Mariens)
Zimmerman, Jürgen 227

Verzeichnis der Orte, politischen und geographischen Einheiten

Aachen (Aquae Granni) 49, 95 Anm. 35, 335, Anm. 7
Åbo 228
Abydos 160
Acequias 9, 266–274
Aci 260 f.
Adda 200
Adernò 256, 258
Adria 67, 83 f., 86, 88, 105 f., 112, 116 f., 196, 198, 201, 204
Adrianopel → Edirne
Ägäis 6, 159 Anm. 57, 199
Ägypten 63, 73, 467, 575, 597 Anm. 41
Aenaria insula → Ischia
Ärmelkanal (mare Britannicum) 64, 237 f., 511 f., 517
Ätna 256, 258, 262 f.
Africanum mare → Tyrrhenisches Meer
Afrika 64, 71 f., 74, 76, 80, 83, 86 f., 148 f., 204
  Nordafrika 63, 65, 69, 73 f., 84, 196, 594
Agira 256
Ahlden 283
Aiguebelle 242
Aigues-Mortes 120, 122–124, 127–132
Aix-en-Provence (Aquae Sextiae) 49
al-Andalus → Andalusien
Albanien 139
Alexandria 99, 103, 111
Allgäu 211
al-Mahdiyya 73
Almería 274
Alpen 84, 106, 109, 111, 116, 193–195, 208, 213, 566, 625
  Cottische Alpen 105
al-Qāhira → Kairo
Altmark 287
Amalfi 117
Ancona 111 f., 115, 202
Andalusien (al-Andalus) 226 f., 269 f., 272
Antwerpen 237, 307
Apennin 84, 105 f.
Appenzellerland 213
Apulien 111, 257
Aquae Aureliae → Baden-Baden
Aquae Cumanae → Baiae
Aquae Granni → Aachen
Aquae Sextiae → Aix-en-Provence

Aquae solis → Bath
Aquileia 84, 106, 593
Aragón 15, 118, 120, 125–129, 258, 260 f., 585, 587 f., 590, 597 f., 600, 607
Aralsee 69
Arbon 208
Arco 195, 202 f.
Arelat 124
Arezzo 593, 595
Argenta 107 Anm. 7, 113
Arilica 194 f., 198
Arles 99, 102 Anm. 78, 120–122, 593 Anm. 28
Armenien 467
Arno 99, 467
Asbeke 287
Asia Minor → Asien / Kleinasien
Asien 6, 64, 71, 74, 80, 86 Anm. 52, 159 Anm. 54, 160 Anm. 60, 527, 531
    Kleinasien (Asia Minor) 101, 159 Anm. 56, 199
    Ostasien 6
Asowsches Meer (Maiotis) 85, 134–136, 138–142, 159 Anm. 46 u. 49
Atel → Wolga
Athen 488 Anm. 1
Atlantikküste 233
Atlantis 154 f.
Atlantischer Ozean 64, 93 Anm. 20, 97 Anm. 51, 120, 230, 237, 533
Augsburg 208, 211, 360 Anm. 28 f., 362
Augst 208
Avignon 120 f., 435 Anm. 15
Awarenreich (→ auch Awaren) 142, 147

Bacharach 163, 167–176
Badeckenstedt 285
Baden-Baden (Aquae Aureliae) 49
Bad Hall 51
Bad Ragaz 50
Bagdad 63, 68, 73, 75 f., 307, 312
Baiae (Aquae Cumanae) 49
Baie de Bourgneuf 113, 233 f.
Balearen 81
Baltikum 222, 224, 227 f., 229
Bardolino 200 Anm. 31
Barenton 12, 449, 451, 453, 463
Basel 163, 321 f.
Bath (Aquae solis) 49

Baye (Finistère) 227
Bayern 155
    Oberbayern 50
Baza 381 f.
Beaucaire 129–132
Beaulieu Abbey 254 Anm. 30
Beijing 180
Belgien 574
Belgrad 148
Bershuck 237
Bethesda (Teich in Jerusalem) 342
Biberach 211, 215
Biburg 360 Anm. 29
Bingen 20, 37, 44, 50, 166 f., 539
Birkenfeld 281 Anm. 17
Biskaya (Golf von) 8, 119 f., 229, 240
Bithynien 159 Anm. 54
Bodensee 7, 206–220
Bogarmolna (Ort in Ungarn) 303
Bologna 113 f., 116, 199
Bonn 51, 176, 390
Borken 360 Anm. 29
Bosporus 6, 74, 159 f.
Bouin 233
Bozen 106
Braunschweig-Lüneburg (Herzogtum) 281, 287
Braunschweig-Wolfenbüttel (Fürstentum) 280 Anm. 16
Bregenz 208 f., 219
Bremen 99
Brenner 106
Brenta (Fluss) 106, 109 f.
Brescia (Brixia) 113, 194, 200 f.
Breslau (Wrocław) 360
Bretagne 126 Anm. 21, 234, 451, 463 Anm. 10
Brindisi 260
Britannien (→ auch England, Großbritannien) 85
Britische Inseln (→ auch England, Großbritannien) 535
Britisches Reich (Artussage) 450
Brixia → Brescia
Brocéliande 449, 451–453, 459, 462 f.
Brouage 233
Brügge 101 Anm. 72, 230, 237 f., 240, 536 Anm. 12
Buchhorn (heute Friedrichshafen) 209, 213, 215 f.

Büksavnica (Fluss) 295, 300
Bündner Pässe 208 f.
Bulgarien (Bulgarisches Reich, → auch
    Bulgaren) 134–137, 142, 144–149, 159
    Großbulgarisches Reich 140–142
Burgas 159 Anm. 50
Burgos 377, 390
Burgund 8, 87, 101, 120, 229, 238 f., 240
Byzantinisches Reich (→ auch Byzantiner) 68,
    135, 148 f., 200
Byzanz → Konstantinopel

Cabra 392
Calanques 120
Calatabiano (Ort in Sizilien) 256
Camargue 97 Anm. 48, 118 f., 121 f.
    Petite Camargue 119 Anm. 2, 121, 126
Cambridge 245, 248–250, 515
Çanakkale 160 Anm. 59
Canossa 162
Canterbury 8, 242, 245, 247–249, 485, 513
Cap d'Agde 128
Capo d'Adda 200
Capo Lambro 200
Capo Mincio 200
Casarabonela (Ort in Südspanien) 274
Castrogiovanni (Ort in Sizilien) 256
Castro Urdiales 379
Catania 8, 255–257, 260–265
Cerami (Ort in Sizilien) 256
Cervia 110, 113 Anm. 44, 116
Chalcedon 86 Anm. 52
China 179 f., 182 f., 188 f.
Chioggia 110, 117
Chite (Ort in Südspanien) 272
Chur 208
Cinco Villas 588
Clairvaux 8, 242, 244
Classe (Hafen von Ravenna) 101 Anm. 72, 111
Clausthal 284
Cociuba Mare (Kochuba) 295, 302
Comacchio 5, 99, 105, 108, 111, 200
Comersee 208
Como 208
Constanţa (Tomis) 148
Conthmolna (Ort in Ungarn) 299
Córdoba 268, 386 f., 391–393
Cottische Alpen → Alpen
Crema 202

Cremona 194, 198, 200
Crişul Negru (Fluss) 295, 302

Dänemark 8, 221–228
Dakien 134, 143
Dalmatien 112
Damme (Hafen bei Brügge) 101 Anm. 72
Dan 591, 596 Anm. 38
Danzig (Gdańsk) 7 f., 221–241
Danziger Bucht 226
Dardanellen 159 Anm. 57, 160 Anm. 59
Desenzano 196
Deutschland (Deutsches Reich) 56, 106, 116,
    208, 214, 276, 390 f.
    Norddeutschland 276, 278, 574
    Nordwestdeutschland 280 Anm. 16
    Süddeutschland 212 f.
Dittaino (Fluss in Sizilien) 261
Dnjepr (Duči) 137, 139, 147, 159 Anm. 48
Dnjestr 137, 159 Anm. 47
Don (Tanais) 66, 74, 137–140, 159 Anm. 49, 467
Donau 5 f., 37, 102, 104, 134–137, 139–149, 159,
    208, 467, 502
Dorestad 99
Dorstadt 285 f.
Duči → Dnjepr
Dünkirchen 239
Duero 377
Durance (Fluss) 121
Dúrcal (Fluss in Südspanien) 267
Durham 158

Ebro 97
Eden 481, 558
Edirne (Adrianopel) 135, 144
Ehrenfels 166 f., 177
Eismeer 548
Elbe 91, 96, 287 f.
Elbląg 222
Elbrus 159 Anm. 46
England (→ auch Britannien, Britische Inseln,
    Großbritannien): 8, 150, 158, 162, 229, 236,
    238 f., 246, 390, 513–515, 540
    Nordengland 514
Esztergom 300
Étang de l'Or 122 f. 126 f., 129 f.
Etsch 106, 116, 193, 199, 201–203
Eunoë 561–563
Euphrat 340, 417, 559, 561, 567

Europa 2f., 6, 21, 25, 49, 60 Anm. 5, 64, 68, 72, 74, 76, 80, 93, 116, 150f., 155f., 159, 162, 245, 323, 393
   Mitteleuropa 40, 51, 163, 169
   Nordeuropa 221, 230
   Südosteuropa 135, 155
   Westeuropa 14, 227, 230, 294, 572
   Westmitteleuropa 580, 584

Faenza 397
Fen (Fluss in China) 186f.
Ferrara 5, 105–109, 112–117, 199f.
Ficarolo 5, 107f., 111
Fiesole 230, 470
Flandern 116, 128, 155
Florenz 99, 240 Anm. 64, 314
Fonte Avellana 397–399, 403
Fontefroide 242
Fontenay 242
Fountains Abbey 251f.
Fourques 121
Franken (Region) 40
Frankenreich (→ auch Franken [Volk]) 135
Frankfurt am Main 163, 566
Frankreich 101, 118, 214, 227, 230, 233–236, 380, 390, 467f., 498
   Westfrankreich 458
Fraxinetum 102 Anm. 78
Freiburg im Breisgau 286 Anm. 42, 623
Friaul 117
Friedrichshafen → Buchhorn
Friesland 540
Fußach 219
Fusṭāṭ → Kairo

Gaino 199
Galata (Stadtteil von Istanbul) 160
Galizien (Region in Spanien) 85 Anm. 46, 268
Gallien 85 Anm. 46, 194, 196, 450, 535
Ganges (Phison) 340, 416f., 467, 559
Garda 199
Gardasee 7, 193–205
Gargnano 202
Garigliano (Fluss in Mittelitalien) 102
Gdańsk → Danzig
Gehle (Fluss in Niedersachsen) 283
Gelber Fluss → Huanghe
Genezareth (See) 588f.
Genua 84, 87, 117, 121 Anm. 7, 208

Geon → Nil
Germanicum mare → Ostsee
Gerona 585, 591f., 596, 600
Giarretta (Fluss in Sizilien) 261
Gibraltar (Straße von, Säulen des Herakles) 64, 78, 83, 392
Gichon (Fluss) 559
Giudicarie (Tallandschafen in der Gardaseeregion) 199 Anm. 26
Glan (Fluss im Saarland und in Rheinland-Pfalz) 37
Glastonbury 598 Anm. 45
Goito 194
Golf von Biskaya → Biskaya
Golgatha 567
Gombaszög → Slavec
Goro (Fluss) 114 Anm. 49
Gotland 222, 224, 226–228
Granada 9, 266–275, 381, 384, 472, 486
Grau de Cauquillouse 127 Anm. 22, 129f.
Grau de Salses 122 Anm. 12
Grau de Vic 129
Gravelines 239
Griechenland 86, 466
Grönland 546
Großbritannien (→ auch Britannien, Britische Inseln, England) 513
Großbulgarisches Reich → Bulgarien
Groß Heere 285
Gubbio 397
Gutenfels 165–167

Hamburg 99, 229, 237–239
Hangzhou 187
Hannover 281, 580
Hansestädte 8, 221–224, 228
Harz 284f.
Heiligenkreuz 251f.
Helikon 562
Hellespont 65, 86 Anm. 52
Hereford 66, 75 Anm. 71, 407
Hernád (Fluss in Ungarn) 295, 298
Hesdin (Park) 479f., 612
Heves (Grafschaft in Ungarn) 295, 302
Hieron (Ort in der Nähe des Bosporus) 159
Hildesheim 279 Anm. 11, 281 Anm. 17, 283–286, 360 Anm. 29
Hippisches Gebirge 139
Hippokrene 561f., 564

Histrien → Istrien
Hohnsen (Ort in Niedersachsen) 285
Holland (→ auch Niederlande) 231 Anm. 5, 237
Horohalya (Fluss) 295, 301
Hron (Fluss) 295, 300
Hronský Beňadik 295, 300 f.
Huai (Fluss in China) 181
Huanghe (Gelber Fluss) 6, 179–189
Huesca 597 f.
Hyrcanus → Kaspisches Meer

Iberien → Iberische Halbinsel
Iberien (antiker Staat im Kaukasus) 139
Iberische Halbinsel (Iberien) 11, 15, 65, 121, 266, 375, 381, 386, 390, 585, 596 Anm. 38, 598
Ibernia 553
Île de Ré 233
Ilmenau (Fluss in Niedersachsen) 287–289
Imeōn (Gebirge) 138
Indien 467 f., 553, 567
Indischer Ozean 4, 61, 65 f., 68 f., 71–73, 75 f., 80, 93, 509
Innerste (Fluss in Niedersachsen) 284–286
Ionisches Meer 65, 83
Ior 591, 596 Anm. 38
Irak 575
Iran 575
Irland 155, 158, 162, 514, 545
Ischia (Aenaria insula) 49
Isle of Man 81
Isny 208, 211, 214 f.
Istrien (Histrien) 85 Anm. 41, 106, 112, 115
Italien 7, 78 f., 84, 86–88, 105, 109, 117, 141, 155, 193, 195 f., 198, 200 f., 204 f., 214, 230, 308 f., 312–314, 467, 625 Anm. 33
    Mittelitalien 102
    Norditalien 9, 205, 305, 308, 392
    Oberitalien 7, 105
    Süditalien 610

Jaén (Provinz in Spanien) 268
Jangtse (Yangtze) 180, 187 f.
Java Minor (Sumatra) 528
Jericho 340
Jerusalem 246, 258, 342 Anm. 51, 559, 572
    (Himmlisches J.), 598
Jordan 330, 339, 342, 347, 582, 590, 592, 596
Judäa 596 Anm. 38
Jutas (Ort in Ungarn) 295, 303

Kades 51
Kärnten 39
Kairo (al-Qāhira, Fusṭāṭ) 103
Kalmar 222 f.
Kamtschija (Zinchia) 159
Kanaan 588 f.
Kantabrien 379
Kap Rozewie 226
Karaach teke (Kloster in Bulgarien) 146
Karlsbad 50
Karthago 536
Kaspisches Meer (Hyrcanus) 4, 64–66, 68–72, 75, 82, 139
Kastilien 11, 321, 375–377, 380, 382 Anm. 19
Katalonien 129
Katzenelnbogen 164
Kaub 6, 163–167, 177
Kaukasus 139
Kaystros (Fluss) 101
Kékes → Pilisszentlászló
Kempten 208, 211, 219
Kiev 135, 149
Kırklareli (Provinz in der europäischen Türkei) 159 Anm. 51
Kıyıköy (Midye, Ort in der europäischen Türkei) 159 Anm. 51
Kleidion 135
Kleine Rhone → Rhone
Klopp 166
Kochuba → Cociuba Mare
Köln 6, 51, 163, 167 f., 170, 172–177, 356 Anm. 7, 361 Anm. 35, 572, 576, 578 f., 584
Königsberg 234
Konstantinopel (Byzanz) 6, 80, 84, 86 f., 94, 101, 135 f., 142, 145, 148, 150, 158–161, 560, 593, 612
Konstanz 207, 209, 211, 214 f., 218–220, 361 f.
Kopenhagen 226–228
Korax (Fluss) 139
Kremsmünster 51
Kuban (Kup'i, Kuphis, Fluss) 139 f., 159
Kurisches Haff 91 Anm. 9
Kykladen 83

Lahde 283
Lambro 200
Langenargen 211
Langensee 209

Languedoc 5, 118, 120, 122, 124–126, 128, 130 f., 133
Lantelmo (Fluss in Sizilien) 261
Laredo 379
La Rochelle 119 Anm. 3, 127 Anm. 24, 229 f., 233 f. 240
Las Alpujarras 269 Anm. 16
Lazise 202
Leine (Fluss in Niedersachsen) 281–285
Lentini (Ort in Sizilien) 258
León 390
Leseke (Fluss in Niedersachsen) 288 f.
Lethe (Fluss) 470, 562 f.
Le Thoronet 251
Leucate (Kap, Étang) 118, 120, 122 Anm. 12, 125
Leutkirch 211
Levante 109, 116, 121 Anm. 7
Libanon 481 Anm. 40, 558
Licodia (Ort in Sizilien) 8, 255–261, 265
Limburg an der Lahn 168 Anm. 10
Limone sul Garda 200
Lindau 209–211, 215–217, 219
Lissabon 91
Listringen 285
Livland 233
Loccum 281–283, 287
Lohe 283
Lohnde 281
Loire 155, 157
Lombardei 109, 200, 208, 308 Anm. 7
London 61 Anm. 6, 99, 227, 247, 581
Lorsch 158
Lübeck 221 f., 224 f., 227, 237 f.
Lüneburg 287–290
Lüttich 37 Anm. 2, 308–315, 317, 362 Anm. 38
Lugana Vecchia 196
Lunel 126 f.

Maas (Fluss) 91, 95 Anm. 35, 98, 100
Maasgebiet 574, 578 f.
Maastricht 540
Madrid 378
Mäander (Fluss) 101
Magdeburg 537
Maghreb 64
Magnavacca (Fluss) 114 Anm. 49
Maguelone 126 f.
Mailand 117, 208, 305, 308 Anm. 7, 313, 359 Anm. 23, 404, 568 f.

Main 37
Mainz 150, 163, 166, 172 f., 175–177, 360 Anm. 29, 361 Anm. 35, 362 Anm. 37, 365
Maiotis → Asowsches Meer
Malaga 381
Malcesine 200 Anm. 31
Malmö 221
Malta 225
Mangana (Stadtteil von Istanbul) 160
Mantua 30, 112, 194, 198–202, 262
Marcamò (Festung im Podelta) 114–116
mare Britannicum → Ärmelkanal
Marienrode 279 Anm. 12
Marienwerder 281–283
Marmara-Inseln 160
Marmarameer (Propontis) 159–161
Marseille 99, 120 f.
Massif central 122 Anm. 9
Mazedonien 135
Mecklenburg 287
Medingen 287
Meerbach (kleiner Fluss in Niedersachsen) 287
Meersburg 219
Melgueil (Grafschaft in Südfrankreich) 126
Memel (Fluss) 91 Anm. 9
Memmingen 211 214 f.
Mensola 470
Mercadillos 390
Mesopotamien 567
Messina (auch Straße von M.) 83, 255 f., 259, 261, 611
Mevania (Insel) 81
Midye → Kıyıköy
Miltenberg 175–177
Mincio 9, 193 f., 198, 200 f.
Minden 284, 360 Anm. 29
Mitteleuropa → Europa
Mittelitalien → Italien
Mittelmeer 4 f., 61 f., 64–70, 72–76, 78 f., 81–85, 87 f., 92 f., 96 f., 107, 110 f., 118–120, 123, 132, 199, 202, 205, 225, 258, 601
Mittelrhein → Rhein
Modena 113, 199
Moldawien 159 Anm. 47
Monaco 124
Mondújar (Ort in Südspanien) 248, 270–274
Monreale 472, 484 f.
Monte Brione 203
Monte Grifone 605

Montpellier 120 f., 127–132
Mosel 37, 163
Motława 229, 234, 236
Motrico 379
Münster 356 Anm. 7
Murchas (Ort in Südspanien) 272
Myskeemolna (Ort in Ungarn) 299

Nago 202
Nagyszakácsi (Szakácsi) 295, 301
Nahe (Fluss) 37, 502 Anm. 5
Naher Osten 155
Narbonne 126
Naupactus 86
Neapel 309
Nessebar 159 Anm. 50
Neustadt (Ort in Niedersachsen) 287
Neustadt an der Aisch 50
Nicolosi (Ort in Sizilien) 260, 262
Nicosia (Ort in Sizilien) 256
Niederlande (→ auch Holland) 237–239, 390
Niedersachsen 277 Anm. 3, 280, 572
Niederschlesien 50
Nigüelas (Stadt in Spanien) 269
Nikopsis 139
Nil (Geon) 66, 69, 74, 101, 103 f., 340, 513
Nîmes 127
Nonnenhorn 210
Nordafrika → Afrika
Norddeutschland → Deutschland
Nordengland → England
Nordeuropa → Europa
Norditalien → Italien
Nordostschweiz → Schweiz
Nordsee 64, 119, 229, 233, 237 f., 533, 538
Nordspanien → Spanien
Nordwestdeutschland → Deutschland
Normandie 535 f.
Normannenreich (→ auch Normannen) 601, 612
Norwegen 222
Nürnberg 209, 216, 218, 220, 280 Anm. 15, 570, 574

Oberbayern → Bayern
Oberitalien → Italien
Oberschwaben 211
Oberwesel 164, 171
oceanus Germanicus → Ostsee
Ochrid 135

Oder, 91 Anm. 9, 99
Öresund 226
Österreich 51, 218 f., 281 Anm. 17, 518 f.
Oker (Fluss in Niedersachsen) 285
Okzident 109, 117
Olymp 568
Onglos (Gebiet im Schwarzmeerraum) 137 f.
Oradea 302
Orán 268
Orient 105, 109, 111, 117, 312, 414
Orkney-Inseln 81
Osca 597
Ostgotenreich (→ auch Goten) 106, 111
Ostia 397
Ostiglia 198
Ostschweiz → Schweiz
Ostsee (Germanicum mare, oceanus Germanicus) 8, 81 f., 93 Anm. 20 u. 23, 101, 222, 227, 229, 233
Ostseeraum 7 f., 221, 546
Otranto 86

Padanien 109 f., 113, 116 f.
Padenghe 196
Padovetere (Padus Vetus) → Po
Padua 107, 110, 112, 116 f., 313 f.
Paimpont 463
Palästina 199, 597 Anm. 41
Palermo 258, 312, 473 Anm. 6, 480, 601–606, 608–610, 612
Pamplona 587, 598, 600
Pannonien 137
Paradies 12, 15, 60 Anm. 5, 90, 243, 340, 407, 409 Anm. 14, 413–418, 461 f., 467, 470, 474, 480–483, 559, 561, 566–568, 585, 601 f., 609, 611
Paradiesflüsse 416 f., 567
Paredes de Nava 377–379
Paris 232 Anm. 10, 308, 312 f., 318, 435 Anm. 15, 488 Anm. 1, 492, 494, 497 f., 568, 572, 576, 578, 580, 584
Parma 200, 397, 404
Parnass 563
Paternò (Ort in Sizilien) 256–259, 261, 264
Pavia (Ticinum) 85 Anm. 41, 106, 198, 313 Anm. 21
Peccais 122–124
Pécsvárad 295, 299, 301
Pentapolis 137

Perge 594 Anm. 31
Peschiera 194, 201 f.
Petite Camargue → Camargue
Pfäfers 50
Pfalzgrafenstein 6, 163–166, 177
Phasis 78
Phison → Ganges
Piacenza 198, 200
Piave (Fluss) 106
Piazza (Ort in Sizilien) 256, 261
Pilisszentlászló (Kékes, Fluss und Abtei in Ungarn) 295, 299
Pisa 87, 238
Pliska 145, 148
Po 5, 7, 94 Anm. 30, 96 f., 104–109, 111–117, 193 f., 196, 198–201, 204 f. 467
    Padovetere (Padus Vetus) 199
    Podelta 9, 102, 106 f., 110 f., 116 f.
    Po di Primaro 107 f., 111, 113 f.
    Po di Venezia 201, 204
    Po di Volano 108
    Po Grande 5, 107 f., 117
Poitiers 593, 595
Poitou 119
Polen 214, 221, 235 Anm. 32
Polerio (Fluss in Sizilien) 261
Polesine (Gebiet in Venezien) 117
Pomposa 103
Port-de-Bouc 120
Porto Mantuano 200
Pozzolo 194
Pozzuoli 309
Preslav (Stadt in Bulgarien) 135, 145 f., 148
Prespa (Ort in Mazedonien) 135
Preußen 221 f., 233
Propontis → Marmarameer
Provadijski (Fluss in Bulgarien) 146
Provence 101 f., 124 f.
Puck 236
Pukanec 295, 300
Purgatorium 561 f.

Radelle (Fluss in Südfrankreich) 122, 127 f., 131
Radolfzell 209, 213
Randazzo (Ort in Sizilien) 256
Ravenna 84 f., 87, 91 Anm. 9, 99, 101 f., 106–108, 111–116, 137, 198, 200, 313, 397 f., 404, 558
Ravensburg 208, 211, 214 f., 220

Ravna (Ort in Bulgarien) 146
Regensburg 208, 567
Reichenau 558 f.
Reschenpass 106
Rétközberencs (Ort in Ungarn) 295, 301
Rhein 6, 37 f., 92, 94 Anm. 25, 95 Anm. 34, 99, 144, 155, 158, 163–167, 169, 172, 176, 178, 208, 216, 502 Anm. 5
    Mittelrhein 6, 163 f., 171 f., 176 f., 518
    Rhein-Maas-Delta 91, 98, 100
Rheinau 360 Anm. 29
Rheinland 157 f., 162
Rhipäisches Gebirge 139
Rhone 5, 94, 96 Anm. 42, 101, 104, 118, 121–127, 132, 467
    Kleine Rhone 121, 125
    Rhonedelta 5, 96 Anm. 41, 102 Anm. 78, 120 f., 123 f., 128, 132 f.
    Rhône vif 125
Rialto (Fluss/Kanal) 109 f., 112, 115, 117
Rievaulx 243, 251 f.
Riga 227, 234
Ripoll 590
Riva 195, 202 f.
Rocca di Manerba 200, 204
Rochefort 229, 240
Rom 86 f., 107, 145, 308, 312–314, 420, 423 f., 450, 594, 598, 625
Romagna 114 f.
Rorschach 217
Rotes Meer 65 f., 82, 339, 364
Rouen 308, 312 f., 435
Rovere Grosso (Ort in Sizilien) 258
Rovereto 201, 203
Rovigo 107 Anm. 7, 117
Rüdesheim 166
Rumänien 147, 302

Sachsen (dt. Bundesland) 155
Säulen des Herakles → Gibraltar
Saint-Amand-les-Eaux 158
Saint-Germigny-des-Prés 596
Saint-Gilles 120
Saint-Omer 127 Anm. 24
Salerno 42 Anm. 21, 45 Anm. 41, 53, 538 Anm. 22, 601, 606
Salò 202
Salso (Fluss in Sizilien) 264
Salzburg 360 Anm. 28, 561

San Juan de la Peña 15, 585–589, 596 f., 599 f.
St. Gallen 7, 158, 206–220
Sansibar 73
Santa Maria di Licodia (Ort in Sizilien) 256, 261
Sant'Ilario (Kloster) 110
Santo (Fluss in Südspanien) 267
Sarmatien 139
Sárosd (Fluss in Ungarn) 294 f.
Sarstedt 284
Scandza (Insel) 140 f.
Schleswig-Holstein 222
Schwäbisch Hall 15, 614 f., 619, 622–624
Schwarzes Meer 5 f., 64–68, 70 f., 82, 101, 134–136, 139–141, 146, 148 f., 158 f., 161 f.
Schwechat 281 Anm. 17
Schweden 8, 221 f., 224, 226–228, 233
Schweiz 50, 206
    Nordostschweiz 212
    Ostschweiz 213
Schwyz 218
Sciacca (Ort in Sizilien) 256
Sebusher (Fluss) 302
See Genezareth → Genezareth
Segovia 380, 384, 393
Seine 85 Anm. 46
Septimerpass 208
Sevilla 376
Shanxi (Provinz in China) 186 f.
Siebengebirge 176
Siena 314, 625
Sierra Nevada 268 f.
Sile (Fluss) 106, 109, 116
Silistra (Stadt an der Donau) 148
Simeto (Fluss in Sizilien) 261
Sipontum 86
Siracusa (Syrakus) 136, 261, 612
Sirmione 196 f.
Sizilien 8, 15, 69, 73, 84 f., 255, 257 f., 260–262, 264, 308, 485, 548, 601
Skandinavien 82, 140, 224
Sketische Wüste 103
Skutari (Üsküdar, Stadtteil von Istanbul) 160 Anm. 60
Skythien 138, 141
Slavec (Gombaszög, Ort in der Slowakei) 295, 298
Slowakei 40, 298
Sluis 237
Soana (Fluss) 139

Somogy (Grafschaft in Ungarn) 294 f.
Southampton 239
Spanien 83, 87, 116, 214, 266 f., 575, 585
    Nordspanien 239, 600
Speyer 163, 362
Spitzbergen 546
Spoleto 2
Sporaden (Inselgruppe) 83
Stade 229, 239 f.
Stahleck 167 f., 171
Steinach (Ort im Kanton St. Gallen) 212 f., 217
Steinhuder Meer 287
Stettiner Haff 91 Anm. 9
Stockholm 224, 228
Stralsund 221
Straßburg 163, 172 f., 570
Straße von Gibraltar → Gibraltar
Straße von Messina → Messina
Strymon 97
Süddeutschland → Deutschland
Süditalien → Italien
Südosteuropa → Europa
Sumatra → Java Minor
Sutera (Ort in Sizilien) 256
Swin (Fluss bei Brügge) 101 Anm. 42
Syrakus → Siracusa
Syrien 597 Anm. 41
Szakácsi → Nagyszakácsi

Taiyuan (Stadt in China) 186
Talará (Ort in Südspanien) 272, 274 Anm. 33
Taminaschlucht 50
Tanais → Don
Taormina 256
Taprobane (Insel) 80 f., 509
Tarna (Fluss) 295, 302
Tassiloquelle 51
Tejo (Fluss) 91
Tenno 202
Terraferma 103 A. 85, 115, 117, 202 f.
Tettnang 211 f., 215
Themse 96, 101
Thrakien 137, 159 Anm. 51
Tiber 87, 467
Tiča (Fluss) 146
Ticinum → Pavia
Tigris 340, 559, 561, 567
Toggenburg 213
Toledo 268, 387 f., 390, 393, 473

Tomis → Constanța
Torbole 201–203
Torrente (Fluss in Südspanien) 267–269
Toruń 222
Toscolano 196
Totes Meer 38
Treviso 112, 114, 116
Trient 201f., 219
Trier 163f., 166, 171 Anm. 16
Trillke (Fluss in Niedersachsen) 279 Anm. 12
Troina (Ort in Sizilien) 256
Troisfontaines 242
Troyes 368, 435
Truso (Ort an der Weichselmündung) 99
Tunesien 85
Turin 591
Tyrrhenisches Meer (Africanum mare) 83f., 87f., 511f.

Überlingen 209, 212f., 219f.
Üsküdar → Skutari
Ukraine 159 Anm. 47
Ulm 208, 211, 214–216, 621f.
Ungarn 9, 40, 110, 114, 135, 145, 291, 293–297, 301
Urgell 590 Anm. 15
USA 155
Utrecht 221, 238–240
Uzès 126

Val Demone 8, 255f., 260f., 264f.
Val di Mazara 261, 264
Val di Noto 8, 255–261, 264f.
Valeggio 201
Valencia 597, 602
Valladolid 377, 389f.
Valle de Lecrín 266f.
Veere 237
Venedig 5, 70, 91 Anm. 9, 103 Anm. 85, 105, 108–117, 193, 201f., 204f. 308 Anm. 7, 314
Veneto 201 Anm. 36, 308 Anm. 7
Verence (Fluss) 295, 301
Verona 30, 87, 113, 116f., 194, 198, 201f., 305, 313 Anm. 19, 314 Anm. 25, 567

Veszprém 294f., 300, 303f.
Visby 222, 224, 226
Vizzini (Ort in Sizilien) 256

Walcheren 237 Anm. 47
Waldburg 214
Waldsee 211
Walensee 209
Walshausen 285
Wangen 211f., 215
Warmbrunn 50
Wartjenstedt 285
Wearmouth-Jarrow 150
Weichsel 98f., 222
Weilingen 238
Weser 91, 99, 283, 287
Westeuropa → Europa
Westfrankreich → Frankreich
Westmitteleuropa → Europa
Wien 308, 312–314
Wienhausen 572–574
Wildbad (Schwarzwald) 50
Wildbad Burgbernheim 50
Wildbad Kreuth 50
Winchester 487
Windisch 208
Winsen (Ort in Niedersachsen) 288f.
Wolga (Atel) 140, 159 Anm. 45
Wolin (Ort an der Odermündung) 99
Wrocław → Breslau

Xanten 158, 162

Yangtze → Jangtse

Zala (Grafschaft in Ungarn) 294–296
Zeeland 237
Zekemolna (Ort in Ungarn) 299
Zhili (Provinz in China) 181
Zinchia → Kamtschija
Zion (Berg) 559, 591
Zürich 215, 218
Zürichsee 209

www.ingramcontent.com/pod-product-compliance
Lightning Source LLC
Chambersburg PA
CBHW060407300426
44111CB00018B/2850